1000MW超超临界火电机组施工技术丛书

土建工程施工

《1000MW超超临界火电机组施工技术丛书》编委会

（上册）

中国电力出版社
CHINA ELECTRIC POWER PRESS

内 容 提 要

本书是《1000MW超超临界火电机组施工技术丛书》之一。

全书共分十九章，内容包括主厂房全部工程，锅炉、汽轮机及所有辅机基础、烟道、电除尘器基础，集控楼、网络继电器楼工程，主变压器及封闭母线基础、屋外配电装置及500kV出线架构，烟囱、冷却塔，脱硫建筑工程及输煤系统结构工程，海水取水及海水淡化工程等一整套1000MW超超临界火电机组建筑工程的施工技术方案。

本书内容经过实践检验，施工方法先进可行，对行业内施工同类型机组具有重要参考借鉴价值，可作为各施工方工程技术人员、技术工人的施工工具书。

图书在版编目（CIP）数据

土建工程施工：全2册 /《1000MW超超临界火电机组施工技术丛书》编委会编. —北京：中国电力出版社，2014.2

（1000MW超超临界火电机组施工技术丛书）

ISBN 978-7-5123-5022-9

Ⅰ. ①土… Ⅱ. ①1… Ⅲ. ①火电厂-建筑工程-工程施工 Ⅳ. ①TU745.7

中国版本图书馆CIP数据核字（2013）第237753号

中国电力出版社出版、发行

（北京市东城区北京站西街19号   100005   http://www.cepp.sgcc.com.cn）

航远印刷有限公司印刷

各地新华书店经售

*

2014年2月第一版   2014年2月北京第一次印刷

787毫米×1092毫米   16开本   49印张   1195千字

印数0001—3000册   定价**150.00**元（上、下册）

1000MW 超超临界火电机组施工技术丛书

土建工程施工（上册）

编 委 会

主　　任	肖　英	刘利贤	韩长利	张玉宝	司衍华	
副 主 任	肖玉桥	冯宜清	杨世泽	李　斌	刘景昌	王庆平
	姚良炎	张龙涛	李凤友	孙留存	贾兴平	杨建军
	刘恩江	刘顺刚	朱育才			
委　　员	高　磊	董作龙	贾同友	王立萍	杨凤勇	王再进
	黄延东	楚广志	卢相军	王海新	靳香芹	谭江平
	刘志奎	潘　彬	马永光	侯国建	楚增宝	尤洪涛
	王千华	张　辉	樊庆钟	史光辉	贾强强	柴建勋
	史衍华	刘　猛	王忠凯	孔德明	刘　双	
主　　编	韩长利	张玉宝	李　斌			
副 主 编	肖玉桥	刘顺刚	孙留存	张龙涛	李凤友	刘恩江
	蒋　忠	黄延东	赵文义	李克远	王忠凯	史衍华
	李玉泰					
参　　编	高　磊	董作龙	贾同友	王立萍	杨凤勇	王再进
	楚广志	卢相军	王海新	靳香芹	谭江平	楚增宝
	尤洪涛	王千华	张　辉	樊庆钟	史光辉	贾强强
	柴建勋	史衍华	刘　猛	王忠凯	孔德明	刘　双
	刘志奎	潘　彬	马永光	侯国建		

　　近年来我国电力工业发展迅速，截至 2010 年底，全国电力装机容量已达到 9.62 亿 kW，年均投产装机容量超过 8970 万 kW，创造了我国乃至世界电力建设史上的新纪录。

　　随着电力工业的快速发展，我国火电建设中"上大压小"及煤电联营坑口电站的建设取得了重大成果。600～1000MW 超超临界的清洁高效机组，已成为新建项目的主力机型。

　　超超临界发电技术，是在超临界发电技术基础上发展起来的一种成熟、先进、高效的发电技术，可以大幅度提高机组的热效率，在国际上已经是商业化的成熟发电技术，世界上许多国家都在积极开发和应用超超临界发电机组。

　　当前，我国正大力发展超超临界火电机组，并实现了超超临界机组国产化，已有 30 多台 1000MW 机组处于投产和在建中。我国第一台 1000MW 超超临界燃煤发电机组——华能玉环电厂 1 号机组于 2006 年 11 月 28 日正式投入商业运行，从此，我国电力工业跨入了 1000MW 超超临界发电的世界先进行列。

　　我国电力工业今后还要大量地建设 1000MW 超超临界火电机组。到 2020 年，我国燃煤火电机组将新增约 3 亿 kW 的装机容量。截至 2010 年底，国内制造厂家已拥有 50 台 1000MW 超超临界机组的订单。

　　为了推动电力施工企业的发展，在未来几年内使广大工程技术人员能更好、更快、更多地掌握百万千瓦超超临界火电机组的施工技术，本书收集、整理了天津北疆、浙江玉环等电厂百万千瓦超超临界机组的施工经验，编写了《1000MW 超超临界火电机组施工技术丛书》，为今后施工同类火电机组提供技术依托和借鉴平台。

　　本丛书重点总结了天津北疆电厂等工程施工技术方案的精华，用于指导今后编写工程施工技术方案、技术措施和作业指导书。

　　本丛书共分 8 个分册，分别为《施工技术与管理》、《土建工程施工》、《锅炉设备安装》、《汽轮机设备安装》、《电气设备安装》、《热控工程施工》、《焊接工程施工》、《起重运输机械》，内容涵盖了一个现代化 1000MW 超超临界机组火电厂的方方面面（含海水淡化、脱硫脱硝等的施工）。

在本丛书编写过程中，山东电力建设第二工程公司北疆工程项目部、天津电力建设公司北疆工程项目部、天津国投津能发电有限公司北疆电厂、华能玉环电厂、山东电力建设第一工程公司、华电国际邹县电厂等单位的领导、专家给予了大力支持。山东电力建设第二工程公司北疆工程项目部的施工技术人员、档案中心以及钢结构公司的有关人员提供了宝贵资料并参加了编写工作，在此一并表示诚挚的谢意！

限于编者水平，加之时间仓促，书中疏漏或不妥之处在所难免，敬请读者批评指正。

编 者

2013 年 9 月

目 录

前言

第一章

1000MW 超超临界火电机组建筑工程施工技术综述

当前我国 1000MW 超超临界、高效低耗、绿色环保型火电机组的建设已取得举世瞩目的成就，进入了世界电力发展的先进行列。

我国火电厂建筑工程的技术和发展水平是与火电机组本身的发展与时俱进的，也取得了具有战略意义的辉煌成就。

火电厂建筑工程是火电机组赖以显示当今世界一流发电实力的巨大支撑。我国已建成投产或在建的百万千瓦超超临界机组电厂，其巨大的主厂房、烟囱、冷却塔、脱硫岛等建筑设施的设计、施工水平也进入了世界级的先进领域。

第一节 厂区测量

一、测量控制

1. 控制网的布设

厂区测量方案主要根据厂区总平面布置图、厂区地下设施布置图及控制桩确定厂区方格网，并将平面及高程桩标注在厂区方格网布设图上。布设遵循"从高级到低级、从整体到局部"的原则，而选点工作本着"全面规划，远近结合"的指导思想进行。

轴线控制网的布置原则按照已完成的方格网进行布置和测量，而且测量精度应保持一致，所建立的轴线控制网的控制桩点位精度为 1mm。方格网布设时要求相邻点通视良好，便于复测及校核，且导线边长大致相等，最短边不应小于 50m，便于扩展和加密。为确保工程施工的一致可靠性，先测量主厂房轴线控制网，然后再从该控制网上引出全厂控制网。首先沿厂区方格网点布设二等水准网，作为施工现场的高程控制网，然后根据厂区高程网布设各高程控制点。厂区高程控制网一般采用水准仪测量法，然后再用图根点加密。

2. 控制桩的埋设

控制桩采用夯入式钢管混凝土桩，并在桩顶面加不锈钢板。桩芯采用 $\phi48$ 钢管，并在加设的套管与钢管混凝土桩之间填充粗黄砂，以减小施工对桩位的影响。轴线控制网是整个施工区域内各种建（构）筑物轴线定位的依据。桩位埋设完毕后，在其四周用安全围栏加以隔离防护，并在钢管围栏上涂醒目的红白相间油漆。同时，悬挂明显警告标志，以避免桩位受到破坏，并对某些重要点位埋设永久标志。

在进行轴线控制网的布置时，为确保工程的施工质量，必须对主厂房、锅炉、烟囱等重要轴线进行有效的控制。因此，控制网的轴线应与汽轮机、锅炉和烟囱中心线保持一致。

3. 控制网的管理

轴线控制网应严格按照要求使用合格的测量仪器来施测，并清楚、详细、正确地做好原始记录，加强自检和互检工作；对方格网的测量资料进行认真校对和现场抽测，确认满足精度要求后，将数据记录及测设成果交监理进行验收，符合要求后，方可使用。

派专人负责轴线控制网桩的日常维护和巡查工作，并做好记录，发现问题及时汇报，同时做好维护和整修工作；轴线控制网桩的四周应保持良好的通视条件，严禁堆土、堆物，任意搭建和覆盖；若轴线控制网桩发生损坏，应及时采取补桩措施。补桩测量的成果应通过监理验收符合要求后，方可使用。

二、沉降观测

1. 沉降观测的原则

工程所有的建（构）筑物必须按设计要求埋设沉降观测点，否则按有关规范要求进行设置。沉降观测必须坚持"四定"原则：①固定人员观测校核整理成果；②固定使用水准仪及水准尺；③使用固定水准点；④按规定的日期、方法及路线进行观测。观测点较多时，应到现场进行整体规划，确定仪器的安放位置，便于今后每次都按固定路线进行沉降观测。每次进行沉降观测时，应及时做好观测的各项记录，并计算沉降量，填写有关表格和绘制沉降曲线图。

2. 沉降观测时间和次数

对于重要的结构，如汽轮机基座、锅炉基础、主厂房基础等，在基础垫层混凝土浇筑完毕后，及时做好沉降观测点标记，并进行沉降观测初始值的测定；待基础拆模后立即将其引测到基础顶面，同样做好沉降观测点标记，最后引测到设计规定的沉降观测点上。

对于一般建（构）筑物，按照施工规范要求，基础施工完毕后开始进行沉降观测。装饰工程完工后，竣工验收前观测一次。施工期间中途停工，在停工之日、复工之时，均应进行一次观测。施工期间总观测次数不应少于 6 次。当建（构）筑物发生不均匀沉降或严重裂缝时，应进行逐日或几天一次的连续观测。

第二节　主厂房施工

1. 主厂房回填施工

（1）材料要求。采用已开挖出的好土，土料应过筛，其颗粒不应大于 15mm。在回填前进行含水率测定，采用摊晾、洒水等方法，使回填的土尽可能达到最佳含水率。

（2）施工机械的选用。

1）土料的运输：机械采用自卸汽车运输到工作面。若因场地限制，自卸汽车不能直接运到工作面时，可运到工作面较近处，用机运翻斗车或小平车作为辅助运输工具。

2）土方的平整采用推土机，大面积回填采用压路机碾压为主，内燃式打夯机打夯为辅；小面积回填采用蛙式打夯机夯实。

（3）回填土施工。

1）回填施工前，现场应通过夯击试验确定回填土的最佳含水率，在最佳含水率状态下分层夯实，并把回填区域内的杂物、积水、淤泥、浮土等清除干净。回填所用土，应在回填前进行含水率测定，对含水率大的土，将其摊开，蒸发多余的水分；对含水率小的土，应喷洒适量的水，使回填用土尽可能达到最佳含水率。

2）土方回填应分层夯填，每层虚铺厚度不超过 250mm；用碾压路机压实回填，碾土方向应从填土两侧逐渐压向中心，其开行速度不宜过快，应低速前行，且多次碾压，应有 15～20cm 的重叠；用打夯机夯实回填，打夯机应依次夯打，不留间隙，应全面夯实，每层应按要求取样，试验符合设计要求后方可进行下一层的回填。

3）为了保证每层回填土铺设厚度均匀，应在基础或柱上用小木桩或其他方法标出每层铺土与压实后的高度，作为铺填厚度的标志。

2. 主厂房钢结构吊装

（1）吊装前的准备工作。

1）根据设计图纸编制详细的吊装方案，报甲方和监理工程师审批，以作为吊装工程施工的依据和技术性指导文件，并根据该施工方案对参加吊装的施工人员进行安全、质量、技术交底，做好夹具、吊索、缆风绳等工具的准备和检查。

2）垫铁准备：根据基础顶面的实测标高准备垫铁，垫铁表面应平整，且有一定的粗糙度，各种规格应互相搭配。

3）道路准备：根据吊装施工方案确定起重机的行车路线和停机点。铺垫厚度可根据现场实际情况和当时的气候状况进行增减。如起重机的行车路线和停机点有部分位于基础回填区时，应采用铺垫路基箱的方法予以解决。

4）钢构件卸车后，根据施工图纸、厂方加工图纸、供货清单等，对柱、梁、斜撑、檩条、屋架等构件和螺栓、垫圈进行编号。对构件的规格、数量、几何尺寸、加工质量、外观质量检查无误后，按规划的区域分类堆放整齐。易于丢失和散失的配件，如螺栓、垫圈，要按规格、批号、清点入库，建立发放、管理办法，由专人负责。

（2）吊装流程。吊装流程为基础复核、划线、找平及构件清点验收、编号、划线→放垫板→下段柱吊装、校正→柱间梁安装就位→下段柱整体校正→螺栓初、终拧→基础二次灌浆→中段柱安装→中段柱间的梁安装→整体校正、螺栓终拧→上段柱、梁安装→屋面梁、板安装→总体验收→平台现浇混凝土施工→转入下一轴间吊装。

1）划线。由专业测量人员用经纬仪根据主厂房定位方格网准确在基础混凝土顶面放出纵横中心线，并用红油漆作三角标识，然后用测距仪复核大、小对角线，做出详细记录。下段柱上下端均要用红油漆标出四边中心线；中段、上段柱只标上端中心线。

2）垫板。

a）在混凝土顶面准确放出垫板位置，用砍锤仔细凿平，确保垫板与混凝土接触紧密、平整，接触面在 75% 以上；

b）每个柱下放 4～8 组垫板，每组垫板不得多于 5 块，垫板应设置在靠近地脚螺栓的柱脚底板加劲板或柱肢下，二次灌浆前垫板间应焊接固定；

c）垫板的顶标高由水准仪测控，高差控制在 0.5mm 以内，再用水平尺检查水平度。

3）钢柱安装。钢柱运输前，清除构件上的油污、泥砂和灰尘，检查变形、缺陷情况，编号应正确，中心线应齐全。将吊攀与柱端用螺栓连接好，螺栓的抗剪合力不小于构件自重的 3 倍。

钢柱起吊前，挂好缆风绳、溜绳，搭好脚手架，拴牢爬梯。以上设施经认真检查无误后，挂钩单点起吊，起吊点尽量靠近就位点，以减少构件空中行走路径。吊到就位点上约

1.0m 时，由 2～3 人扶住，待柱子稳定不摆动后，缓慢松钩下落，对准地脚螺栓，一点点逐步下落，防止碰坏地脚螺栓丝牙。中段、上段柱就位后，先用 2 个冲钉销住，然后用临时螺栓穿住（临时螺栓数量不少于总数量的 1/3）。

用撬棒调整柱脚中心线，松钩使柱与基础压实，开始拉设缆风绳，注意拉设方向不要影响梁就位。在柱、梁形成稳定结构后，用经纬仪迅速对柱的垂直度进行观测，通过缆风绳校正垂直度，缆风绳拉紧后，即可脱钩。每节柱高度范围内的主梁在安装时，先用临时螺栓连接（不少于总数的 1/3，且不少于 2 个）待整体校正后，换装高强螺栓，尽快完成初拧、终拧，再装次梁、格栅等。根据要求，在主要构件就位后，必须立即进行校正并进行永久固定，不得待几个构件形成后再校正固定。

在校正上段柱的垂直度时，定位对点应从地控制点直接引上，不得以下段柱上端中心点为校正点。同一流水作业段、同一安装高度的一节柱，当各柱的全部构件安装校正、连接完毕并验收后，方可以地面引放上一节柱的定位轴线。

4）钢梁安装。钢梁安装先下后上、先里后外、先主梁后次梁。根据工程实际进行准备，可组合的提前组合校正好，节点连接板事先连上。采用两点捆绑法吊装，绑扎点应保证钢构件不变形，不损伤涂层下保持横平竖直，不得倾斜，以免给就位工作造成困难。就位时，先用两个冲钉销住，然后间隔上临时螺栓，边调整构件，边将螺栓拧紧。节点板的叠合接触面应平整，当接触有间隔，且小于 1mm 时可不处理；1～3mm 的间隙，应将高出的一侧磨成 1∶10 的斜面；大于 3mm 的间隙应加垫板。

3. 压型钢板底模混凝土楼层施工

（1）压型钢板安装。

1）压型钢板安装前，应在钢梁上放出压型钢板的定位线，相邻钢板端部的波形槽口应对正。

2）压型钢板吊装时，板下应放置不少于 4 组的垫木，且分布均匀，不得用绳索直接捆绑压型钢板，以免受勒变形。

3）压型钢板之间的搭接长度不少于 50mm，两块板之间镶嵌密实后固定。

4）焊接固定时，压型钢板底部有支撑构件时，用圆垫圈与构件焊接垫圈内侧固定，所用焊条的含碳量不得超过 3‰。

5）铆钉固定时，压型钢板底部无支撑沟件时，先用手枪钻在钢板连接处钻小于 $\phi6$ 的圆孔，然后用自攻螺钉铆住。

6）压型钢板固定时，如果图纸另有要求，则按图纸要求施工。

（2）钢筋。

1）钢筋施工按图纸和施工规范进行，使用前检查出厂合格证及进厂复检报告，准确进行钢筋翻样，挂好标识牌。

2）压型钢板凹槽内配筋根据设计要求选择合适的钢筋作垫块，凸起处用合适的混凝土块作垫块。

3）平台钢筋绑扎完毕后，应在上部铺设供人行走的脚手板，禁止直接踏在钢筋上行走。

（3）混凝土。

1）混凝土浇灌前，先清除压型钢板内的杂物及灰尘，并经四级验收合格后方可浇灌。

2）混凝土浇灌时严禁在同一位置堆积，以防压型钢板变形。

3）混凝土振捣严格按要求进行，振捣密实无蜂窝。

4）在浇灌过程中，应随时检测标高和维护压型钢板，如发现压型钢板变形、位移应立即停止混凝土浇灌。

（4）主厂房封闭。主厂房封闭施工顺序为先下后上。安装前，应先在钢构件上放出压型保温钢板的定位线，用经纬仪控制板的垂直度，用水准仪控制板的标高。屋面板安装前应先做天沟，并从檐口向上铺设，铺钉前先在檐口挂线，从左至右搭接宽度为一个波。屋面板的安装用起重机先吊到就近的屋面结构上，然后用人工搬运就位。墙板的安装采用卷扬机吊至预定位置，然后吊笼靠上，校正好后固定。压型保温钢板的固定方法为：用钻头在板与钢檩条之间钻孔，然后用自攻螺钉连接在一起。钻孔时，应对准檩中穿眼，螺钉穿眼应按由上往下、从左至右的顺序进行，螺钉必须垂直，螺钉的数量为每米3个。压型保温钢板的咬口应严密，不得漏水。平行咬口应互相平行，间距正确，高度一致，上下板的波形槽口应对正。

（5）钢煤斗施工。钢煤斗由招标方提供本体，钢煤斗安装根据本体到货的时间、结构图及组装图等资料，采用边安装边组装的方式进行。

（6）组装。弧形钢板吊装就位后，用拉紧器调整各块钢板的间距，达到要求后，下部用钢楔夹具予以固定，中部和上部采用刚性弧形模具予以临时固定，使接头部位的弧形平滑过渡。并用手拉葫芦调节其垂直度，然后即可点焊固定。

用弧形样板复核各部分的弧度是否符合要求，超出要求时，应采用正反丝扣推撑器和手拉葫芦进行调整直至达到要求，并及时用钢管或角钢在仓壁内部临时固定。

（7）焊接。

1）焊接准备。焊条的型号按设计要求进行采购，且有合格证或质保书。焊接前，应将焊条及焊剂进行烘焙处理（碱性焊条烘焙温度控制在300~500℃，酸性焊条的烘焙温度控制在75~150℃），烘焙时间为1~2h。烘干的焊条在烘箱中恒温100℃左右保存，随用随取，使用时应放在100~150℃的保温桶内。焊条的重复烘焙次数最多为两次。施焊前，应对各零部件的主要结构尺寸、坡口尺寸、坡口表面按要求进行验收，坡口表面不得有夹层、裂纹、加工损伤、毛刺及切割熔渣等缺陷。清除焊缝部位50mm以内的杂质、油污，并保持干净。用粗砂布打除焊丝上的氧化物，保证焊丝表面干燥、无水迹、油污等。

2）定位焊。定位焊施工时，为了减少间断焊接中夹渣的缺点，施焊电流应提高10%~15%，定位焊的起点和终点应平缓。交叉焊缝应在距交叉50~70mm处进行定位焊，定位焊采用和正式焊同样的焊条。

当遇到强行组装的焊缝时，焊缝长度应适当增加，尽量避免低温下强行组装定位焊。

定位焊施工完毕，应用角向磨光机对焊缝进行清理，直至焊缝表面完全露出金属光泽时立刻进行正式焊接，避免停顿和过夜。

施焊人员必须持证上岗，并严格按照焊接工艺评定所规定的参数进行。焊接长焊缝时，采用反向逆焊法施工或分层反向逆焊法施工。手工电弧焊时，采取多焊工同时对称施焊，尽可能消除焊接变形，同时为防止空气侵入焊接区域而引起焊缝金属产生裂纹和气孔，应采取短弧焊。多层焊接应连续施焊，盖面层采用多道焊，保证外观漂亮。减少母材在焊缝金属中的比例，每层焊道焊完后应及时清理，如发现有影响焊接质量的缺陷，则必须清除再焊。要求焊成凹面的贴角焊缝，采用船位焊，使焊缝金属与母材间平缓过渡。

对于等强度的对接和丁字接头焊缝，除按设计要求开坡口外，还应用气刨刨焊根，并清除根部氧化物后再进行焊接。焊后立即轻轻锤击焊缝金属表面，以消除焊接应力，减少变形。对于双面坡口焊缝，应用角向磨光机清根，待其全部露出金属光泽后，尽快施焊，如发现有缺陷，则必须清除后再焊。焊接过程中，焊缝出现裂纹时，焊工不得擅自处理，应申报焊接工程师清查原因，制定出修补措施后方可处理。

焊接结构变形时，如侧弯和旁弯较小采用热处理的方法进行火焰矫正。钢结构的加热温度控制在700～850℃，严禁超过钢材的正火温度（900℃），加热部位和点数应根据变形的实际情况和计算确定。加热部位呈三角形，若一次加热后仍有上拱，则再进行第二次加热，加热部位应在第一次加热部位的区域，加热方向由里向外，如果弯曲不均匀，可只在弯曲部位加热。

严格按照施工验收规范，结合图纸对构件的外形几何尺寸、安装尺寸、弯曲和变形等进行检查和验收，均应达到合格。焊缝表面不得有渣皮、飞溅物等，焊缝及热影响区表面不得有裂纹、气孔、凹陷和夹渣、咬边等缺陷。

对于D级焊缝，如设计有要求，则按设计要求进行超声波检验；如设计无要求时，则按焊缝长度的50％进行超声波检验，合格率应达到98％以上。

采用经过评定的工艺，同一部位的返修不超过两次。如超过两次，则编制返修方案并经焊接工师批准后实施。

钢煤斗已焊接好的筒节应水平堆放在枕木上，防止环向坡口被损坏。钢煤斗运输采用专用的型钢运输托架，筒仓壁与托架接触的部位用橡胶或其他软性材料垫衬。

钢煤斗由于采用了边安装边拼装焊接的施工方案，增加了高空作业的施工难度，因此需在仓壁内外搭设双排脚手架作为操作平台。上节仓筒准确吊装就位后，采用不锈钢板夹具临时固定并点焊连接固定，然后按焊接要求进行焊接。

安装采用4个吊点绑扎法进行吊装，4个吊点沿圆周均匀布置。安装时筒壁内部的临时支撑不得拆除，待点焊固定后方可拆除。

安装煤斗时，由底部向上安装，将底部坐在钢梁上，矫正后进行点焊连接，点焊牢固后即可松钩起吊另一个煤斗的下一节。两个煤斗交叉进行安装。

4. 主厂房地下设施施工

主厂房地下设施点多面广，分布于整个主厂房区域，且有诸多部位和地下结构紧邻甚至重叠，施工较为复杂；主厂房地下设施各基础、沟道埋深、大小参差不齐，形式多样，基层处理不一，有的有抗渗要求等，施工较为复杂；施工时，往往交叉作业多，相互制约，无法一次性连续施工，需穿插施工。凝结水泵坑结构较为复杂，应分多次施工，且凝结水泵预留孔精度要求高，施工难度较大。施工工艺为测量放线→土方开挖→垫层施工→基础（或结构）施工→土方回填。

(1) 施工测量。定位仪器为全站仪，高程用 NA2 型水准仪控制。用全站仪从附近柱轴线引测至基础、泵坑或沟道所需的轴线位置上或轴线左右，再根据图纸所标的纵横两方向的尺寸确定出基础、泵坑或沟道中心位置及边线位置。

(2) 钢筋、模板工程。模板采用标准钢模板为主，木模补缺的方案。附属设备基础、沟道及池坑外露部分考虑采用大模板，以使表面美观，达到工艺化精品效果。有抗渗要求的部位，对拉螺栓中间要加止水钢片。对预埋件、预埋管等可采用加筋固定的方法，必须保证埋件位置、标高准确，数量、型号正确。模板支设时注意牢固，避免跑模，保证正确的位置、形状及横断面，从而使最终的混凝土构件能够在允许的尺寸偏差之内。模板安装前应涂刷隔离剂，且应涂刷均匀。涂刷后应由专人检查，避免局部漏刷，影响混凝土表面观感。

支撑系统用钢管搭设脚手架以及PVC管穿对拉螺栓拉接，模板支撑要具有足够的强度、刚度和稳定性，模板垂直偏差不大于5mm，平直度不大于10mm，中心线位置偏差不大于5mm。

模板拆除后，对拉螺栓处采用以下措施修复：将PVC套管四周5cm范围内的混凝土打凿成圆台形，深度为3cm，清除圆台壁松动混凝土渣，并保持圆台壁粗糙；剔除外露PVC套管，剔除后的套管端部应平整，不应有尖锐棱角存在；用1：3水泥砂浆填堵塑料套管，外表平套管外口，厚度为10cm；24h后，用水湿润圆台壁，然后抹1.5cm厚1：3防水砂浆；经过24h后，用水湿润圆台壁，然后用1：3防水砂浆将圆台压实、填平、抹光。

进厂钢筋经检测中心取样合格后，方可使用。根据图纸要求做出钢筋翻样单，经审批合格后方可进行钢筋配料，钢筋配料统一在钢筋场制作。钢筋成品、半成品运至现场后，分别按规格、型号堆放整齐，底部用方木等垫高，防止泥水污染。现场钢筋必须按规格挂好标志牌，注明钢筋规格、型号、使用部位及试验结果、状态、情况。钢筋应被捆扎放置，并且保证离地面至少300mm。钢筋放置时可以不用覆盖，但是有凹痕的地方不能生锈，且关键部位的应力不能降低。钢筋应根据GB 50204—2000《混凝土结构工程施工质量验收规范》进行切割、弯曲和焊接。所有钢筋的数量、尺寸、规格及位置都应严格按照图纸布置。

在基础外模板支设加固完毕后，进行钢筋绑扎。钢筋绑扎严格按图纸设计规格、间距施工。垫块采用混凝土垫块，混凝土标号与基础承台混凝土标号相同，间隔1m布置，底板及侧墙布置成梅花形，在阳角处绑扎两块混凝土垫块，以保证钢筋笼不偏移。竖向钢筋接头连接方式采用焊接。

（3）混凝土工程。基础模板、钢筋施工完毕，经验收合格签证完毕后方可进行浇筑混凝土。混凝土由搅拌站集中送料，混凝土用输送泵浇筑。混凝土浇筑时，基础混凝土自由倾落高度不应超过2m。混凝土浇筑过程中，应分层循环进行，随浇随捣。混凝土浇筑应连续进行，在一层混凝土初凝之前，将上一层混凝土浇下并捣实完毕，确保上、下层混凝土紧密结合，浇筑间歇时间不应超过2h。

混凝土浇筑成型后，应及时进行保温养护。混凝土养护严格按要求及混凝土的施工规范、规定施工，面层混凝土用铁搓板压光后，洒上适量水分，先铺一层塑料薄膜用来保湿，再铺上一层干麻袋进行保温，确保成型混凝土的质量。养护期间派专人24h值班，保证混凝土表面长期湿润。较大坑池、附属设备基础的混凝土采用泵送入模浇捣；一般沟道及小型设备基础采用人工入模浇捣。深基础混凝土浇捣前，应对四周排水设施进行清理疏通，以保证混凝土浇捣质量。对有预埋件、埋管的部位，浇筑时对称浇捣并控制好混凝土上升速度，使其均匀上升，以保证埋件、埋管在浇混凝土过程中不出现位移或歪斜。在混凝土初凝后、终凝前进行两次抹面，以闭合收水裂缝。

第三节 汽轮机基础和锅炉基础施工

一、汽轮机基础施工

汽轮机基础为现浇钢筋混凝土结构，与主厂房基础同期施工。汽轮机基础分两次施工，第一次施工汽轮机底板,第二次施工上部结构;也可分三次施工,第一次施工汽轮机底板,汽轮机上部结构分两次施工。

汽轮机基础施工前,先进行图纸会审,并与安装专业复核预埋件、孔洞及地脚螺栓位置是否符合设计要求;对模板、钢筋进行放样,搭设支撑排架,框架柱钢筋施工完再进行模板封闭。汽轮机基础上部结构施工的排架采用钢管脚手架,脚手架经过计算后画出排架搭设施工图,经审核批准后方可进行施工。排架搭设前应在底板上弹出每排立杆的中心线,依据排架搭设施工图,第一次将排架搭至汽轮机基座大梁底,待混凝土浇筑完毕,再将排架搭至汽轮机运转层。

汽轮机基础采用大模板,施工前应做出大模板排版图,并经审核后方可实施。施工时严格按照排版图进行加工,统一用切割机进行下料,制作完毕后先进行预拼装,然后按照结构部位统一进行编号;模板用对拉螺栓固定。模板安装时用起重机配合,拼缝应横平竖直,上下左右一致。支撑系统用专门设计的钢管脚手架及对拉螺栓。钢筋在钢筋场统一制作,运至现场绑扎,钢筋接头按图纸设计要求采用相应的连接方式。预埋件用螺栓固定在模板上,地脚螺栓预埋采用样板架加套管固定的方法,在汽轮机基础的框架柱上预埋样板架,生根用铁件,样板架必须固定牢固,确保固定于样板架上的地脚螺栓在混凝土浇灌过程中不发生移位现象。采用两台泵车从汽轮机基座一侧开始浇灌,混凝土连续浇灌,不留设施工缝。

1. 汽轮机基础底板施工

(1) 测量放线。施工前,将垫层顶部清理干净,由测量人员组织木工在垫层上放出各中轴线及基础各中心线,用红油漆涂三角符号标志,经复核无误后交验收。中轴线及基础中心线经复核验收后,木工人员根据各基础中心线分别将基础模板边线(模板内边线)、基础收阶模板边线及上部柱段模板边线用墨线弹出,必要时,四角用红油漆涂三角符号标志,经复核无误后方可进行模板施工。

(2) 模板工程。模板表面应干净,无污渍及缺棱掉角现象。模板相互拼装时,在拼缝内填海绵条予以封堵,防止拼缝处漏浆,影响混凝土质量。模板(包括支撑)应根据具体要求画出几何图形,以便支模时能保证正确的位置、形状及横断面,从而使得最终的混凝土构件能够在允许的尺寸偏差之内。施工时,在地面预先按设计尺寸进行组合,与设计尺寸不符时,按设计尺寸进行切割,要求断面整齐,校核无误后再进行组合安装。模板安装前应涂刷隔离剂,且涂刷均匀。涂刷后应由专人检查,避免局部漏刷,影响混凝土表面观感。

(3) 钢筋施工。

1) 进厂钢筋经检测中心取样合格后方可使用。根据图纸要求做出钢筋翻样单,经施工负责人、钢筋分队审批合格后方可进行钢筋配料,钢筋配料统一在钢筋场制作。钢筋应被捆扎放置,并且保证离地面至少300mm。

2) 现场钢筋必须按规格挂好标志牌,注明钢筋规格、型号、使用部位及试验结果、状态、情况。放置时可以不用覆盖,但是有凹痕的地方不能生锈,且关键部位的应力不能降低。钢筋应根据要求进行切割、弯曲。所有的钢筋都应避免被铁锈、氧化皮、油等物质污染,因为一旦被污染可能会减少钢筋强度,并且降低与混凝土的黏结力。

3) 钢筋成品、半成品运至现场后,分别按规格、型号堆放整齐,底部用方木等垫高,防止泥水污染。钢筋绑扎严格按图纸设计规格、间距施工,基础底板钢筋间隔绑扎,柱头箍筋接头处全部绑扎,其余间隔绑扎。固定钢筋应用20号铁丝绑扎,铁丝的末端应嵌入混凝土中以防腐蚀。上层钢筋安装时采用钢筋马凳予以支撑固定，为保证马凳的稳定性，应采用一根立杆上下设两根水平钢筋的形式，马凳钢筋直径与主筋相同。垫块采用混凝土垫块，混凝土标号与基础承台混凝土标号相同，间隔1m布置，底板及侧墙布置成梅花形，在阳角处绑扎两块混凝土垫块，以保证钢筋笼不偏移。

（4）混凝土施工。

1）底板模板、钢筋施工完毕，经验收合格签证完毕后方可浇筑混凝土。采用两台泵车从汽轮机基座一侧开始浇灌，混凝土连续浇灌，不留设施工缝。混凝土浇灌前重新对钢筋、模板等仔细复核检查。充分清除模板中的垃圾和钢筋上的油污；自模板外侧将模板和垫层之间用1∶2水泥砂浆嵌填密实，防漏浆烂根。充分检查水、电源是否到位，电源箱、振动棒、振动器、夜间照明灯具等是否良好、正常；对所有施工人员进行详细的施工技术交底。现场应进行清理，为混凝土泵车出入提供方便；联系气象台，获知最近的天气状况，做好预防措施。混凝土浇筑时，基础混凝土自由倾落高度不应超过2m。基础尺寸较大，为避免浇筑过程中产生施工冷缝，拟采用分层循环浇筑的施工方法。浇筑间歇时间不应超过1h。基础混凝土第一层浇筑厚度应不大于15cm，以上每层厚度不大于45cm。

2）混凝土浇筑应连续进行，在一层混凝土初凝之前，将上一层混凝土浇下并捣实完毕，确保上、下层混凝土紧密结合，浇筑间歇时间不应超过1h。

3）混凝土振捣时，振动棒应快插慢拔，插点间距以30cm为宜，采用梅花形布点，深度不得超过振动棒长度的1.25倍，振捣时不得振动钢筋模板，振捣时间以混凝土面不显著下沉，气泡排净为宜。浇筑上层混凝土时，振动棒应插入下层混凝土约50～100mm，振捣时间一般为30s，严禁过振或漏振。

4）混凝土浇筑成型后，应及时进行保温养护。混凝土养护严格按要求及混凝土的施工规定施工，面层混凝土用铁搓板压光后，洒上适量水分，先铺一层塑料薄膜，用于保湿，顶面铺上两层麻袋。侧面包一层棉被，进行保温，确保成型混凝土的质量。养护期间派专人24h值班，保证混凝土表面长期湿润。同时，汽轮机基础底板为大体积混凝土，还应按照规定进行测温点的布置和测温。

2. 汽轮机基础上部结构施工

（1）施工工序和施工方法。施工工序为测量放线→框架柱脚手架搭设→框架柱钢筋绑扎（预埋件施工）→框架柱钢筋、预埋件验收→框架柱模板安装→框架柱混凝土浇筑→框架注模板拆除→框架柱脚手架拆除→顶板承力脚手架搭设、外侧防护脚手架搭设→底模安装→螺栓预埋→顶板钢筋绑扎→各类埋件预埋→侧模安装→质量验收→混凝土浇灌、养护。

（2）测量放线。根据施工图纸，将柱位和汽轮机中心线在底板上表面进行标示，同时按施工方案将支模用脚手架各立杆准确定位，并用红油漆做出标记，以便于脚手架搭设；待顶板模板安装完毕后，在模板表面将预埋件位置进行标示。

（3）脚手架搭设。

1）脚手架搭设施工工序：摆放扫地杆→逐根竖立立杆随即与扫地杆扣紧→装扫地小横杆并与立杆或扫地杆扣紧→安装第一步大小横杆（与各立杆扣紧）→安装第二步大小横杆→安装第三步大小横杆→连接立杆加设剪刀撑。

2）脚手板铺设时，注意铺平铺稳，且并排不得少于三块脚手板，脚手板两端用8号退火铁丝与脚手架管绑牢。脚手板采用对接平铺，在对接处，与其下两侧支撑横杆的距离应控制在 100～200mm。铺板严禁出现端头超过支撑横杆 250mm 以上未作固定的探头板。每层脚手板皆设置踢脚板，高度 150mm，并与脚手架钢管绑扎固定。

3）支撑体系搭设前须清理完地面杂物，保证立杆、扫地杆的位置准确；斜杆与地面成 45°～60°角；扣件夹紧钢管时开口处的最小距离不应小于 5cm。

4）脚手架立杆垂直度偏差应不大于 1/300，且最大垂直偏差应不大于 50mm。水平杆的水平度偏差应不大于 1/250，且全架长的水平偏差不大于 50mm。

5）为提高支撑系新的整体稳定性和抗倾覆能力。在支撑立柱间须用水平连杆将其连为一体，搭设时注意水平杆接头应错开，尤其注意立柱在纵横方向都要加设剪力撑。剪力撑沿竖直方向连续布置，四边与中间每隔四排支架应设置一道纵向剪力撑，两端与中间每隔四排支架立杆从顶向下每隔 2 步设一道水平剪力撑，每道剪力撑宽度不小于 4 跨，且不小于 6m。剪力撑搭接长度应不小于 0.8m，搭接部分的结扎不少于 2 道，且结扎点间距应为 0.6m。

6）在基础顶板支撑体系搭设完后，须对支撑体系进行专项检查，合格后才可转入下一工序的施工。浇筑基础顶板的混凝土时，安排专人观察模板及其支撑系统的变形情况，发现异常及时加固处理，以免发生质量和安全事故。

（4）框架柱模板工程。

1）柱模板加固方式主要分为顶板框架柱采用槽钢加固、长方形柱采用对拉螺杆加固、小方柱直接在外侧用钢管加固三种方式。

2）进厂钢筋经检测中心取样合格后方可使用。根据图纸要求做出钢筋翻样单，经施工负责人审批合格后方可进行钢筋配料，钢筋配料统一在钢筋场制作。钢筋须堆放整齐，并且保证距离地面至少 300mm。

3）现场钢筋必须按规格挂好标志牌，注明钢筋规格、型号、使用部位及试验结果、状态、情况。钢筋应根据要求进行切断、弯曲。所有的钢筋都须避免被铁锈、氧化皮、油等物质污染。钢筋成品、半成品运至现场后，分别按规格、型号堆放整齐，底部用方木等垫高，防止泥水污染。

4）柱钢筋绑扎工艺流程：弹柱子模板边线→剔除柱头混凝土表面浮浆→调整柱子主筋→套柱箍筋→搭接绑扎竖向受力筋→画箍筋间距线→绑箍筋。

5）柱钢筋绑扎：按图纸要求间距计算好每根柱箍筋数量，先将箍筋套在下层伸出的搭接筋上，然后立柱子钢筋，在搭接长度内绑扣不少于 3 个，绑扣要向柱中心。柱子主筋立起后，绑扎接头的搭接长度、接头面积百分率应符合设计要求。在立好的柱竖向钢筋上，按图纸要求划箍筋间距线。按已划好的箍筋位置线将已套好的箍筋往上移动，由上往下绑扎，固定钢筋用 20 号铁丝绑扎，采用缠扣绑扎。箍筋与主筋要垂直，箍筋转角处与主筋交点均要绑扎，主筋与箍筋非转角部分的绑扎点呈梅花点布置。

6）板钢筋绑扎工艺流程：清理模板→在模板上画线→绑板底层受力筋→绑扎顶层受力筋→绑扎竖向架立筋→绑扎中层水平筋。

7）板钢筋绑扎：清理模板上面的杂物，用粉笔在模板上划好底筋间距，按划好的间距摆放底层受力筋，采用顺扣绑扎。搭设内侧辅助脚手架，用于顶板顶层钢筋的绑扎，再绑扎顶层钢筋及中间竖向架立筋。顶层钢筋绑扎时留部分缺口，将中层水平钢筋放入，然后逐层绑扎，待钢筋绑扎完形成稳固钢筋笼以后再将内侧脚手架拆除。为保证钢筋竖向的稳定性，可在顶板钢筋内侧用钢筋绑扎剪力撑。

8）板钢筋绑扎点要求全部绑扎，固定钢筋用 20 号铁丝绑扎，铁丝的末端嵌入混凝土中以防腐蚀。上层钢筋安装时，采用钢筋马凳予以支撑固定，为保证马凳的稳定性，采用一根立杆上下设两棍水平钢筋的形式。马凳钢筋直径与主筋相同。垫块采用混凝土垫块，混凝土标号与基础顶板混凝土标号相同，间隔 1m 布置，布置成梅花形，在阳角处绑扎两块混凝土垫块，以保证钢筋笼不偏移。

9）钢筋绑扎后严禁踩踏，若因施工中造成的情况，应在混凝土浇筑前必须派钢筋工进行专门修复。

（5）地脚螺栓的施工。汽轮机基础地脚螺栓设计一般为直埋式，规格多，精度要求高。施工现场拟采用固定架加套管的固定方法。大致施工顺序为：

1）测定立柱位置，分别在汽轮机基础中间层混凝土柱头上，以汽轮机纵横定位中心线为准，测标出各立柱中心线，并测画到预埋件上。

2）柱吊装，在机头、机尾平台位置用起重机将八根立柱吊装就位、找正，使其中心与所测预埋件上的中心重合并垂直，然后把钢柱焊牢，将柱脚加劲板焊牢，根据其稳定性上部适当加支撑。

3）焊牛腿，为了便于固定架等后续工作的进行，一定要严格控制牛腿顶标高。

4）吊装固定架，按照在平台上预组装的分段次序，依次把钢架吊装就位于钢牛腿上，用两台经纬仪在纵横两方向同时找正后，固定、安装拉杆等加固件，使固定架整体水平。

5）测设永久性中心控制线，根据图纸设计要求，在固定好的固定架平面上测设出 5 条控制中心线，即纵向汽轮发电机中心线、横向高/低压缸中心线、发电机中心线、励磁机中心线。

6）中心线验收，中心线测放完毕，经验收签证后，在钢材上冲眼作永久性标记。冲眼时必须小心谨慎，不能冲偏，也不能冲得太大，必须小于 1mm。

7）测放螺栓位置线，以已经验收的中心线为准，依据图纸，严格按各自设备中心线放出各螺栓孔位十字中心线。

8）开孔，在上述测设螺栓中心线的基础上，根据各螺栓的套管直径开设比套管外径大 10mm 的同心圆孔。

9）螺栓安装，为减少交叉作业，加快工期，螺栓安装分两步进行，第一步是在地面平台上组合地脚螺栓和套管，第二步是地脚螺栓装于固定架上，即把以组合好的螺栓套管对号入座于样板架的孔内。

10）螺栓找正，螺栓找正要从中心、标高、垂直度三个方面同时进行。中心找正是先使套管与槽钢上螺栓孔中心重合，再用经计量局部校好的标准尺通过基座轴线丈量复核，丈量时必须经拉力、温度修正。标高利用自动调平的精密水准仪测设，标尺用钢板尺架仪器，位置必须稳固，测设由专人负责。垂直度用铁水平（或磁力线坠）和塞尺校正，两个方向可同时进行。

11）最终固定，螺栓统一调整好后，再将螺栓套管与样板架焊接固定，焊缝要尽可能对称，螺栓底部用角钢互相整连，并与样板架连牢。要求所有固定焊缝既要保证牢固，又不能焊的太多，以防因热应力变形使螺栓移位。

12）整体验收，所有螺栓、锚固板等安装完毕，逐级申请验收签证。

（6）混凝土施工。

1）模板、钢筋施工完毕，经验收合格签证完毕后方可进行混凝土浇筑。混凝土由搅拌站集中送料，混凝土浇灌前重新对钢筋、模板等仔细复核检查；彻底清除模板中的垃圾和钢筋上的油污；充分检查水、电源是否到位，电源箱、振动棒、振动器、夜间照明灯具等是否良好、正常；对所有施工人员进行详细地施工技术交底；对现场进行清理，为混凝土泵车出入提供方便；联系气象台，获知最近的天气状况，做好预防措施。混凝土浇筑须连续进行，在一层混凝土初凝之前，将上一层混凝土浇下并捣实完毕，确保上、下层混凝土紧密结合，浇筑间歇时间不超过 1h。

2）混凝土振捣时，振动棒采用快插慢拔方式，插点间距以 30cm 为宜，采用梅花形布点，深度不得超过振动棒长度的 1.25 倍，振捣时不得振动钢筋、模板和预埋件。振捣时间以混凝土面不显著下沉、气泡排净为宜，浇筑上层混凝土时，振动棒应插入下层混凝土约 50～100mm，振捣时间一般为 20～30s，严禁过振或漏振。

3）混凝土浇筑成型 8h 后，对面层混凝土用铁搓板压光，再铺一层塑料薄膜，用于保湿，然后在塑料薄膜上铺上两层麻袋进行保温。待混凝土浇筑完达到拆除侧模的条件，相关管理人员认可后，再将侧模拆除，在侧面包两层塑料薄膜然后再包一层棉被进行保温，棉被须用铁丝绑扎在基础顶板侧面，且须绑扎牢固，以确保成型混凝土的质量。养护期间，派专人进行值班，保证混凝土表面长期湿润。混凝土安排专人养护并及时做好养护记录。

3. 保证汽轮机基础施工质量措施

（1）汽轮机基础外形尺寸大，结构复杂，几何尺寸要求精度高，预埋螺栓及预埋件数量多，埋设要求精度高，施工前，认真熟悉图纸并会审。

（2）对基座施工轴线及标高点控制体系，保证其独立性不受施工干扰，使用仪器、测尺专一。

（3）模板支撑及加固必须经计算制订方案，实施过程中按方案认真执行。

（4）模板在安装前预拼、修整、打磨、编号、拼装模板对号入座，接缝处贴胶带或夹海绵胶条，保证模板严密平顺。

（5）预埋件用螺栓固定在模板内侧，位置及标高准确，与模板面结合紧密，拆模后与混凝土表面齐平。

（6）保证样板架的强度、刚度及稳定性，经计算确定所用钢材型号、规格，制作、安装尺寸准确。

（7）预埋螺栓设专人埋设，使其负责到底，并经常复核其标高和位置的准确性。混凝土施工过程中，技术人员 24h 观测其位置及标高，发现问题及时纠正。

（8）应优选水泥及外加剂，混凝土浇筑从一端开始，直到另一端，沿两纵梁方向同步进行，并确保混凝土浇筑的连续性。

（9）混凝土浇灌完毕，及时按要求进行养护，并按规定进行测温，随时关注混凝土表面的质量，保证措施得当，质量良好。

（10）汽轮机基础为大体积混凝土。

二、锅炉基础施工

1. 锅炉基础主要施工方法

锅炉基础为钢筋混凝土结构，基础施工所用模板以钢模板为主。钢筋由钢筋场统一下料制作，现场绑扎。混凝土由集中搅拌站制作，搅拌车送料，泵车浇灌，机械振捣。

锅炉基础钢筋制作，应根据图纸放样后进行，制作好的钢筋分类堆放，标识清楚。钢筋运输到现场过程中，采用低驾平板车，水平放置，以防变形。底层钢筋绑扎后，搭设临时钢管支撑，进行上部钢筋的绑扎，当全部钢筋绑扎完毕，外围模板安装支撑牢固，拆除临时钢管支撑，进行混凝土的浇灌。

锅炉基础属于大体积混凝土的施工，为保证基础的施工质量，在施工前，应根据当时外界气温环境及设计的基础混凝土强度等级进行温控计算，将基础混凝土内外温差及降温速率控制在规范允许范围内。用泵车从基础一侧开始浇灌锅炉基础，采用"分段定点，一个坡度，薄层浇筑，循序推进，一次到顶"的方法，混凝土连续浇灌，不留设施工缝。在施工过程中，应注意混凝土的入仓及振捣，以免产生离析或漏振。在每个浇筑带的前、后布置两道振动器，第一道布置在混凝土卸料点，主要解决上部混凝土的捣实。第二道布置在混凝土坡脚处以确保下部混凝土的密实。在混凝土的浇灌过程，如发生泌水现象须及时清除。混凝土浇灌完后，其表面水泥浆较厚，可先按标高用长括尺刮平，初凝前用铁滚筒碾压数遍，再打磨压实，以闭合收水裂缝。

2. 基础内地脚螺栓的固定

锅炉钢结构对基础直埋地脚螺栓的精度要求较高，直埋地脚螺栓施工时应采用目前国内更好的施工方法——组集式方法。因此，不但能确保螺栓预埋的位置、标高、垂直度达到设计要求，而且采用的固定架能够拆除，避免大量的钢固定架埋在混凝土内，节约钢材。

直埋地脚螺栓安装时，在基坑外先用角钢成组的立体固定架，装上地脚螺栓并固定。露出基础表面的螺栓口再用套板套住，套板是用带圆孔的钢板和用角钢焊接而成的，用以固定预埋螺栓的上部，并在固定框及套板上标出正交于主轴线的螺栓组中心线。直埋螺栓作业流程如图 1-1 所示。

基础垫层浇灌时，在固定架的位置上埋好预埋铁，待垫层上的轴线弹好后，装入整个固定架，上下中心线对准后，即用电焊把固定架底部和预埋铁固定，因此单个基础内的地脚螺栓即被固定。

为了避免浇灌混凝土时螺栓上部的偏斜，每个固定架之间都用两根槽钢固定，把多个基础连成一个稳定的整体，确保螺栓埋设的精度；而且待基础混凝土达到一定强度后，连接槽钢可以拆除，大大节省了钢材用量。

基础混凝土浇灌时，考虑到泵送混凝土的冲击力和振动棒的振动力，混凝土浇灌的方向应由基础中心向四周扩散，以抵消内力。同时，在基础纵横两方向上设置两台经纬仪，随时观测螺栓的偏移情况，若发生偏移，及时校正，确保直埋地脚螺栓的埋设精确度。

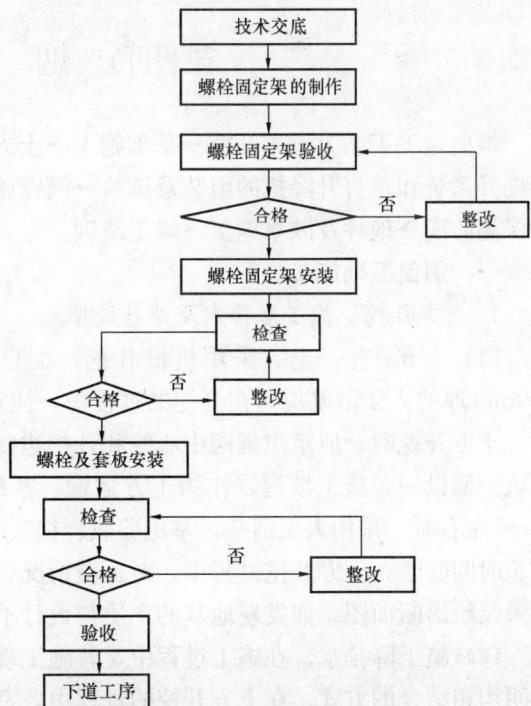

图 1-1 直埋螺栓作业流程

　　基础混凝土浇灌完毕，对地脚螺栓全数检查，在混凝土浇灌达到强度后，重新进行基础检查划线，复核基础面板和地脚螺栓的位置。最后，钢柱底板安装时通过地脚螺栓上的螺母调节其标高，用方框水平尺控制其平整度，待第一层钢结构安装好，结构整体校正并终拧并对柱脚进行两次灌浆，采用压力灌浆机施工法。

　　3. 保证锅炉基础施工质量措施

　　(1) 施工前，认真熟悉图纸并会审。

　　(2) 对基础施工轴线及标高点控制体系，保证其独立性不受施工干扰，使用仪器、测尺专一。

　　(3) 模板支撑及加固必须经计算制订方案，实施过程中按方案认真执行。

　　(4) 基础施工前，认真进行作业文件的编写，并对所有施工人员进行认真地交底。

　　(5) 模板在安装前进行挑选，选用符合要求的模板，并在模板支设的过程中，严格按照要求进行。

　　(6) 预埋件用螺栓及固定架施工前，应严格按照图纸设计进行施工，保证螺栓的位置准确；保证样板架的强度、刚度及稳定性，经计算确定所用钢材的型号、规格，制作、安装尺寸准确。

　　(7) 预埋螺栓设专人埋设、并经常复核其标高和位置的准确性。混凝土施工过程中，技术人员 24h 观测其位置及标高，发现问题及时纠正。

　　(8) 混凝土浇灌前，严格进行试配作业，并严格按照设计要求的混凝土强度进行施工确保混凝土浇筑的连续性。

　　(9) 混凝土浇灌完毕，及时按要求进行养护，并按规定进行测温，随时关注混凝土表面的质量，保证措施得当、质量良好。

第四节　烟　囱　施　工

　　烟囱施工工艺为土方开挖→基础施工→土方回填→烟道口以下筒壁及灰斗平台施工→液压提升系统和垂直升降机的组装及试验→筒壁施工→各层钢平台安装→钢内筒安装→钢内筒的保温防腐→地坪及散水施工→竣工清理。

　　一、烟囱基础施工

　　1. 土方开挖、施工降排水及地基处理

　　(1) 土方开挖。土方采用机械开挖，配自卸汽车运土至堆土场。机械开挖时，预留300mm 厚的人工清基层。在开挖的过程中，注意保护基底不受破坏。

　　土方开挖时，应定出烟囱中心线和开挖边线，土方采用机械开挖，分层进行，并在烟囱基坑一侧设一条施工坡道，作为土方运输、基础施工材料的进出通道。当开挖到距离基底30cm 左右时，采用人工清基，基坑验收合格后及时进行基础施工，避免基坑土被雨水浸泡或长时间晾晒。土方开挖过程中，对土质情况、地下水位和标高的变化随时测量，做好原始记录及绘出断面图，如发现地基的土质与设计不符时，应及时与设计单位联系处理。

　　(2) 施工降排水。在施工过程中，若施工现场需要降排水，则施工降排水采用管井与排水明沟相结合的方式。在土方开挖的过程中，密切注意基坑及水位情况，基坑在开挖的过程中，根据需要按一定的间距布置管井，放置混凝土管，并用潜水泵及时将井中的水排至周围的排水明沟。

(3) 碎石换填施工。由于烟囱区域采用碎石换填进行地基处理,因此开挖时应将不符合设计要求的土层挖除。然后按设计要求采用合格的碎石填料进行碎石换填,换填时一定要分层铺设和压实,压实一般采用碾压法或振捣法,当需换填的面积较大时,采用碾压法;当需换填的面积较小时,则采用振捣法或用振捣法补充碾压无法达到的地方。换填时,每层的铺设厚度为25～30cm,用人工摊平或推土机推平,在施工过程中加强监督和检查,确保换填合格。

2. 基础施工

基础施工的工艺流程为定位放线→垫层施工→绑扎基础底板钢筋→焊接钢筋骨架→绑扎上层钢筋→立模板→浇筑基础混凝土→混凝土养护及施工缝处理→绑扎环壁钢筋→立模板→浇筑混凝土。

(1) 定位放线及垫层施工。

按照图纸设计要求,烟囱基础总体上一般需分两次施工到顶,第一次从垫层顶施工至基础顶部;第二次对烟囱筒环壁及烟筒环壁进行施工。

待经过地基处理的基槽检验合格后,便可进行垫层的施工。在浇灌垫层混凝土之前,应进行抄平,浇灌后的混凝土标高应准确,表面应平整,不得有石子外露。垫层浇灌需用直尺刮平,保证表面平整度在10mm范围内。

(2) 模板施工。

根据放线确定的基础轮廓线、环基的内外模板线,待钢筋绑扎完毕,并经验收合格后,用普通钢模板组装。在模板组装前,应将模板清理干净,调整平整,并均匀池涂刷脱模剂。模板在组装时,应将模板上所有的U形卡孔用U形卡卡满,以防模板外胀。对拉螺栓外用蝶形卡将两根脚手管固定牢固,每一螺栓上不少于两个蝶形卡。

环形基础外模板应用普通钢模组装,模板间每隔2.4m加一梯形木板条,以保证其锥度和坡度,用对销螺栓将内外模板拉紧。在基础底板浇混凝土时,在筒壁环壁外侧1500mm处预埋钢筋,外露混凝土面200mm,以便于固定外模板地脚。内模板支撑用脚手管搭设满堂脚手架连接成一个整体。钢模板支撑用双钢管对拉螺栓、3型卡加固。一般来说,在台阶以下300mm及底面以上300mm左右各设一道。模板外侧用钢管加固,在地面上用短钢管设置地锚脚,与斜向支撑连接牢固,斜撑与地面的水平夹角不得大于60°。

支完模板后,清理模板内的杂物,测设混凝土面标高线,以保证混凝土标高的准确性。检查预埋件有无遗漏。为消除混凝土底部烂根通病,待模板支设完毕,在模板底部粘贴双面胶条,同时外侧用1:2水泥砂浆进行封堵。

(3) 钢筋工程。

钢筋应有出厂质量保证书,钢筋堆放应有标志,按规定抽样作力学性能试验;合格后使用的钢筋在加工过程中,若发现脆断焊接性能不良或力学性能显示不正常时,应根据要求对该批钢筋进行化学成分检验或其他专项检验。

钢筋加工前,应进行翻样,经技术负责人审查无误后方可下料。钢筋的规格、型号严格按照图纸及设计变更单进行施工,施工用的钢筋必须采用合格的原材料,并有施工单位的复试合格证。若钢筋需要代换时,必须经有关部门签证后方可施工。钢筋加工的开头尺寸必须符合设计要求,且在同一平面内不得回弯;钢筋表面应洁净、无损伤,油污、油漆、铁锈等应在使用前清除干净，带有颗粒或片状老锈的钢筋严禁使用钢筋碰焊。

根据经验，烟囱基础配筋从整体来看为空间网状，部分单根钢筋的长度较大，局部钢筋布置较密。在钢筋的绑扎过程中，施工难度较大，而且应保证整个基础钢筋的空间位置及其稳定性。因此，基础施工的关键就是如何组织好钢筋的绑扎。钢筋的绑扎顺序为第一层纵筋→第一层环筋→第二层纵筋→第二层环筋→钢筋骨架→竖向钢筋→双向网状钢筋→环基环向钢筋→局部加筋及预留插筋，层层布置，先下后上，先内后外，依次绑扎到顶。

钢筋的焊接在钢筋场进行，焊接方式按设计要求确定。焊工必须持有焊工考试合格证，并在规定的范围内进行焊接操作，所焊钢筋按规定进行抽样检查，不合格者不得使用。碰焊时，应清除钢筋端头约 150mm 范围内的铁锈、污泥等，以免夹具和钢筋接触不良引起打火。对于钢筋直径较小者，可采用连续闪光焊；对于钢筋直径较大，端面比较平整者，宜采用预热闪光焊。钢筋对焊接头处不得有横向裂纹，与电极接触处的钢筋表面不得有明显的烧伤，接头处的弯折不得大于 4°，接头处的钢筋轴线偏移不得大于 $0.1d$（d 为钢筋直径），同时不得大于 2mm。

环向钢筋下料具体长度可根据现场确定，长约 9m，且在一圈中应等分。环向钢筋接头宜选用焊接接头，搭接焊缝长 10d，同一截面的接头至少相隔一排。当采用绑扎接头时，搭接长度为 40d，但在同一截面的绑扎接头至少相隔三排钢筋，并且相邻接头的间距应大于 1m，以免结构截面受力后出现不均衡的破坏。

施工时，按设计要求保证基础底板下部的钢筋保护层厚度。钢筋绑扎时，钢筋的交叉点采用扎丝绑牢；箍筋弯钩叠合处，应沿受力方向错开设置。当钢筋采用搭接时，其长度除施工图中注明外，在受拉区Ⅰ级钢筋为 20d、Ⅱ级钢筋为 25d，接头应相互错开 30d，位于同一截面的钢筋接头数量应不大于总数的 25%；钢筋搭接每一接头内不少于三道扎扣，且每一接头应按规范错开。钢筋安装完毕，经验收合格后方可进行下一道工序施工。

（4）混凝土工程。

进场的混凝土需有质量保证书或产品试验报告，并对其品种、标号、出厂日朝等检查验收合格后方可使用；混凝土使用的粗细骨料由试验室按规定抽样试验合格后使用；混凝土外加剂必须有质量保证书；粉煤灰经试验室抽样试验合格后方可使用。施工前应检修机具，以保证机械状态良好；根据工程量检查好原材料的库存，做好原材料的质量记录及混凝土搅拌记录；浇灌过程中，每班设木工、钢筋工、电工在现场值班，经常检查模板、钢筋情况，发现异常情况及时处理，重大情况通知施工负责人采取措施。电工要经常检查电源线路的安全性。

浇灌过程中，架设水平仪随时检查浇筑标高。对于检测中心开出的混凝土浇灌通知单，搅拌站不得随意更改。在混凝土浇灌前，应对模板内的杂物清理；混凝土浇灌前应先浇 50～100mm 与混凝土同成分的水泥砂浆。底板混凝土的浇灌必须在钢筋、模板验收合格后方可进行，为了保证基础底板结构的整体性，底板混凝土应一次性浇灌完毕，在环基截面处留设施工缝。浇灌混凝土用两部泵车，为防止施工缝的出现，以一台泵车为主集中从一处浇灌，另一台泵车为辅，负责接缝工作。浇灌过程中使用插入式振动棒。由于基础钢筋比较稠密，因此混凝土在浇灌时，应振捣密实，且做到"快插慢拔"，振动时间以表面泛出灰浆不再出现气泡为准，振动应均匀，混凝土表面应刮平，施工缝留设在底板与环基的交接处，并进行拉毛处理。在进行环基混凝土浇灌前，应清除表面的水泥薄膜和松动石子，并充分湿润和冲洗干净，同时铺一层水泥浆，以便新旧混凝土紧密结合。

在振捣底部混凝土时，应小心并仔细地观察模板的变形情况，发现问题及时进行处理。混凝土浇灌过程中，应连续浇灌完成，不得留设施工缝。混凝土自高处倾落的自由高度不得超过 2m，竖向超过 2m 时，必须挂串筒下料，防止混凝土离析；混凝土振动棒应做到"快插慢拔"，振捣上一层混凝土时，应插入下层 50mm 左右，以消除两层间接缝，插点采用行列式或交错式均可，但不能混用，防止漏插，振动器距模板不能超过 200mm，不能紧靠模板；混凝土每层厚度为 400～500mm，混凝土倾角应不大于 30°，并保证在 2h 内完成接搓工作；混凝土应连续进行施工，当必须间歇时，时间尽可能短，并应在前层混凝土凝结前浇筑完毕；由于不可避免原因不能连续进行浇筑时，应及时性通知监理人员及技术负责人进行处理。为保证混凝土的强度，混凝土在搅拌车的时间不能太长，当浇灌速度太慢时，搅拌车应按顺序放料。

（5）质量保证措施及要求。

1）钢筋施工：钢筋的品种和规格必须符合设计要求。钢筋必须有出厂合格证、原材报告及施工单位的复试报告，钢筋的碰焊必须有焊接试验报告单；钢筋绑扎时，严格按设计要求进行，不得随意调整，钢筋的代换必须有代换单；绑扎的钢筋应牢固，不允许变形，缺松口数量不得超过 20%；钢筋表面应平直、洁净，不应有油污、损伤、片状老锈及麻点等；主筋长度偏差为 ±10mm，保护层偏差为 ±10mm。

2）模板工程：模板应有足够的强度、刚度、稳定性；模板表面光洁平整，无混凝土残渣及板面破损现象；模板表面应均匀涂刷脱模剂，以便模板拆除；板内部清理干净，无杂物；模板接缝宽度偏差不大于 1.5mm。

3）混凝土工程：混凝土组成材料的品种、规格、质量必须符合设计要求和有关规定，并应有合格的试验报告单和材质报告；混凝土严格按照配合比配制，并按规定取样作试验；混凝土要内实外光，无蜂窝、麻面现象，更不能有孔洞和漏筋现象；混凝土上表面标高偏差为 ±15mm，混凝土表面平整度 20mm；烟囱基础的混凝土属大体积混凝土，在混凝土配合比中采用双掺技术来满足混凝土的强度和耐久性，用泵送浇筑、表面养护等措施达到混凝土温度控制和抗裂的目的。

二、土方回填

烟囱零米以下基础施工完，模板及脚手架拆除，并清理干净后，便可进行基坑土方回填。土方回填时按两种方法进行施工：①基础环壁外回填采用机械运土、压路机分层辗压的方式进行；②环基以内的土方回填采用机械运土、人工夯填。回填土应为黏土、砂砾土或细砂，且土中不得夹杂垃圾或粒径超过 15cm 的大块石头，以免影响回填质量。

回填施工时，按照填土→压（夯）实→检验与试验→填土，依次循环至设计回填标高的施工顺序。对于基础环壁外侧回填土，可采用机械运土，压路机分层辗压，打夯机配合个别部位夯实的方式进行；环基以内的土方回填采用机械运土、蛙式打夯机夯打的方式进行，每填完一层，按照要求进行取样和试验，试验合格后方可回填下一层。对于机械回填按 30cm 一层，人工夯回填按 20cm 一层考虑。回填时，应注意回填土的质量，回填土不得含有砖、石及木料等垃圾，耕填土及有机含量超过 8% 的土不得作为回填土；回填土的含水率应控制在最优含水量范围内；回填时还应做好接棒处理。每层夯实后均应委托试验部门作土方回填的干密度试验，待试验合格后方可进行下一层的回填。

三、筒壁施工

在烟囱筒壁施工中，采用无井架液压提模装置，该施工方法的优越性在于：施工中利用电子操作、电脑监控、液压提升；不需设置揽风，减少了影响面；减少了井架晃动带来的影响，质量控制较好。该系统安全可靠，施工操作简便，筒壁曲线流畅、表面光滑。

1. 烟道口以下的筒壁施工

根据液压提模装置的施工特点，该装置系统组装高度设置在烟道口筒壁以上第三节后开始进行组装，并在装置组装前将两节轨道模板安装好（模板每节高1.5m）。组装前筒壁部分的施工通过搭设的脚手架，采用常规的翻模法施工。施工时，筒身内外搭设脚手架，内、外模板通过对销螺栓和钢管围檩连成一个整体，固定在内外脚手架上。施工时，应分节进行，施工工序为在施工完成第一、二节后施工第三节钢筋、模板，然后浇筑第三节混凝土→拆除第一节内外模板并清理刷油→竖向钢筋焊接和环筋绑扎→模板支设→模板固定（对销螺栓和围檩固定）→校正半径及壁厚→验收→浇灌混凝土→依次循环。

2. 烟道口以上的筒壁施工

烟道口以下的筒壁施工完后，随即组装液压提升装置，然后利用该系统进行筒壁施工液压提模装置系统的施工工序为拆除平台下第三节内、外模板（清理、刷油）→竖筋焊接→环筋绑扎→平台下第一节内、外模板支设（包括对销螺栓和围檩加固）→校正半径和壁厚→浇灌筒壁混凝土→提升门架（同时整个平台及随之提高）→系统调整平衡→电气、机械及设备检查→依次循环。

3. 模板的组装与拆除

在钢筋绑扎完毕，便可进行内外模板的组装。外模板为大型钢模板和轨道模板，内模板为普通模板和补偿模板，内外模板相互配套，共同完成筒壁施工。模板在组装前，应先画出模板组装图，按照模板的组装顺序，将模板依次排列好模板组装单元依轨道模板的数量而定，轨道模板同对应的内模板（补偿模板）之间采用对销螺栓连接，安装前加硬塑料套管，以保证筒壁厚度和螺栓的周转使用。其他内外模板的连接通过对销螺栓连接，中间加硬塑料管以保证壁厚和螺栓的再利用，并在内外模板的对销螺栓处加两道环向钢管做加固围檩，使之形成一个整体。模板拆除时，应由两人配合操作，并用棕绳提到上部平台上进行处理。拆除后的模板首先用油灰刀将表面的灰浆清理干净，将表面及棱角整平，然后均匀涂刷脱模剂，以备下次周转使用。

4. 钢筋工程

(1) 钢筋下料在地面制作，由小扒杆垂直运输吊运到施工平台上，均匀放置，随吊随用。钢筋每次吊重不得超过0.5t，钢筋捆绑要牢靠。当工作平台的半径大于起吊扒杆的回转半径或有风时，必须用溜绳拴住起吊重物，使之顺利的降落到施工平台上。

(2) 筒壁竖向钢筋接头采用电渣压力焊，每次焊接量不超过1/4，环向钢筋采用搭接，搭接长度为40d，内、外侧钢筋用钢筋拉钩。竖向钢筋的减少应当均匀，所绑钢筋的位置及数量要准确，环向钢筋的间距也应均匀绑扎。竖向钢筋接长后，为避免钢筋倾倒伤人，应在上面绑扎临时环筋，作为临时固定。钢筋的绑扎应在施工平台提升以后，并且内、外模板的半径调整准确无误后方可进行，且一次性绑扎完毕。钢筋保护层必须按照要求用高标号的砂浆块垫好。环向钢筋的绑扎数量应多出模板上口至少两道，以免上部钢筋绑扎时扰动下部混凝土，避雷导线筋为圆钢，接头采用双面搭接焊。

5. 混凝土的浇灌和养护

当内、外模板支设完毕，筒壁内、外半径及壁厚经过验收均符合设计要求后，方可浇灌混凝土。根据施工需要，37.0m以下的筒壁混凝土用泵车浇灌，37.0m以上的筒壁混凝土采用升降机送料，人工布料。施工时，要求从一点向闭合的另一端浇筑，采用赶浆法施工。浇灌前水平施工缝要清理干净并用水湿润，并用同标号的减石混凝土进行接搓。为减少混凝土对模板的侧压力，浇灌时应分层进行，每层不超过30cm，间歇不超过2h，每层下料应均匀，以免石子与砂浆分离，而影响筒壁混凝土的质量。同层混凝土要保持同一标高，每节混凝土在初凝前均应拉毛处理，拉毛方向以垂直于半径方向为宜，每次混凝土浇筑完毕，对施工平台要清理一次。混凝土的拌制根据施工季节及温度的不同作配比试验，选择优化配合比进行混凝土的拌制，混凝土从原材到成品直至混凝土达到龄期，进行跟踪管理。混凝土的养护利用高压水泵，采用淋水式水流养护。

6. 中心和半径的测量以及壁厚的控制

(1) 烟囱在施工过程中每施工一节，均需要进行找中心和半径测量，经验收合格后方可进行下一道工序的施工。

(2) 在基础施工完毕，将烟囱中心引到0m处焊在预埋件上的槽钢上，并打上十字中心线，在0m平台处设置一个摇线架，用来提升中心线钢丝绳，钢丝绳通过摇线架支设于中线架上，可前后调整，使其对中。在施工过程中，应经常检查线锤和槽钢上的中心点是否相符，确保中心不偏移。

(3) 筒壁半径测量应由专人负责，测量时以线锤的垂线为圆心，用计量检验合格的钢卷尺进行半径测量，以减少系统误差。测量时，拉力应均匀并保持同一平面，以减少系统误差。

(4) 在轨道模板处用硬塑料管留孔，在牛腿处及钢筋不利于放置混凝土支撑处也可用硬塑料管留孔。内外模板拆除后即可进行外壁的清理和对销螺栓孔的封堵工作。对销螺栓孔封堵采用与筒壁同标号的砂浆，施工前做好试配试验，确保封堵后与和筒壁颜色保持一致，封堵时内外对捣密实。

7. 埋件的安装

烟囱预埋件主要有内爬梯、信号平台和避雷装置三部分，另外，还有测温孔、沉降观测点的埋件，安装要求比较高。因此，施工中必须有可靠的施工措施，绝对不得漏埋。信号平台埋件用水平仪找平，埋设位置要保证准确无误，施工中安排专人负责。埋件安装时根据其所在位置制作成相应的弧度，捆绑在筒壁钢筋上，暗榫内事先用黄油涂抹，并用纸塞满，以防止混凝土砂浆灌进暗榫内，同时也便于寻找。爬梯中心线在0m施工完毕后即引到烟囱外，每50m作一点标志，安装埋件时，用经纬仪定出中心线，并以其为中心定出平台的埋件位置，根据设计标高和数量进行埋设。沉降观测标埋件在支设第一节模板时即放好，拆模后将观测标焊完并进行保护，以利于施工期间烟囱沉降的观测。

8. 烟道口和人孔洞的施工

(1) 施工时，应用经纬仪和水准仪将其中心定到相应的标高，洞口部位的内外模仍采用正常筒身模板，其侧模和洞口顶部底模采用50mm厚木板按半径方向拼制模板。木板要求刨平、刨光，尽量采用整料。减少拼接，以保证模板的整体性。脚手架的搭设和对模板的支撑要稳定、牢固，以保证模板不会变形；脚手架随施工高度分段搭设，管子要横平竖直，并设剪力撑，使之受力均匀合理。

（2）洞口处钢筋比较密，尤其是洞口加筋制作。焊接或绑扎要准确，以保证保护层厚度。洞口截面尺寸及位置要严格控制，满足《火电施工检验及评定标准》。特别注意的是：洞口处的顶模和侧模不能过早拆除，在筒壁施工超过洞上口，且混凝土强度达到设计强度的70％以上方可拆模。

四、钢平台的施工

1. 筒壁内钢平台的制作

（1）在熟悉设计图纸的基础上，对构件划线、下料，弯曲校正和修整打磨。

（2）对构件、连接板、加劲板进行制孔。

（3）在制作平台上放大样（1∶1）检查各组件的尺寸，并进行组装。

（4）根据提升方案和设计要求，如有断点连接，构件和加劲板一次制孔，依顺序进行整体拼装、焊接。

（5）分类标识，整齐堆放，运输至烟囱底部进行安装前的组装。

2. 钢平台的安装

混凝土烟囱内钢平台的安装在筒壁混凝土到顶后进行，安装顺序由上而下进行。

（1）平台安装提升系统的安装：筒壁顶部安装提升小扒杆，0m 固定好卷扬机，穿好钢丝绳，用于吊装各层钢平台。

（2）安装顶层平台：安装操作架利用筒壁施工操作平台，安装顶层平台分两部进行，与筒壁施工平台拆除时相碰的钢梁暂时不施工，其余钢梁利用筒壁操作平台全部安装完毕。

（3）施工平台安装：在混凝土筒壁施工至施工平台高度时，在平台下方环梁上安装临时走道，临时走道采用角钢制作，作为施工人员操作平台，钢梁采用 10t 卷扬机提升至施工高度后，使用链条葫芦进行水平调整，满足要求后安装就位。

（4）筒壁施工用系统拆除：顶层平台和施工平台全部施工完毕后即可拆除。

（5）其他各层平台安装：钢平台首先在 0m 进行拼装，然后用整体起吊安装。整体起吊使用三台卷扬机同时起吊，在梁端上焊上吊耳，卷扬机起吊钢平台需加设扁担梁，以避免起吊过程中钢梁变形；当钢平台离地面 2m 左右时在梁端挂活动脚手架，该脚手架随钢平台一起起吊，作为施工人员的作业平台。施工人员利用烟囱内布设的垂直升降机上下。施工人员作业过程中将安全带挂在带有自锁装置的保险绳上。

（6）钢梁安装中心控制方法：先根据钢梁设计位置，在 0m 层投出钢梁中心线及钢梁边线，在钢梁的安装过程中，经纬仪架设在钢梁边线投影位置上，其前视对准钢梁边线控制线，然后经纬仪对准安装过程中的钢梁边线。

（7）钢扶梯的安装方法：钢内筒与钢筋混凝土外筒之间安装一部折线扶梯，该扶梯安装在钢筋混凝土外筒的埋件上，该埋件在外筒施工时已按设计要求埋设，扶梯按照由下而上的顺序安装，扶梯部件使用卷扬机从钢平台的钢烟囱布置位置的孔洞中吊到钢平台上进行安装。

五、双钢内筒施工

1. 双钢内筒的制作

钢烟囱筒身制作流程为：划线、编号、下料；切割钢板，钢板定尺长度拼焊；卷制筒身钢板；焊缝外观检查，钢筒环圆校正；单节环圆纵向焊缝焊接；单节环圆拼装，安设上、下米字型支撑；多个单节环圆组成高 6～7m 的节段筒体；短节筒体内、外环向焊缝自动焊接；焊缝检验，合格后进行节段、段数、标高、板厚编号并平整放置。

2. 钢内筒的安装

（1）钢内筒安装采用液压提升倒装施工法。在烟囱内钢平台安装完成后，作为钢内筒施工的操作平台，该施工用平台经过设计复核，考虑了施工荷载。在混凝土筒壁施工时预留埋件，筒壁施工完成在筒壁焊接提升架并安装千斤顶和控制系统，根据设计图纸，将钢内筒分节制作，按照从上往下分节段的顺序用拖车运到安装场地。

（2）从烟囱安装大门到烟囱内部铺设两条轨道，轨道上放置一个轨道平板车，通过 50t 汽车式起重机把待安装的内筒节段放在轨道平板车上用人力推运到待安装位置。

（3）施工时，依据设计施工图，根据钢内筒的质量进行计算后，在钢内筒上安装提升吊钩，在烟囱顶部安装提升平台，在提升平台上安装 4 个液压提升千斤顶，提升吊点与提升千斤顶之间通过钢绞索连接。液压千斤在运动过程中其握紧机构提升钢绞索，钢绞索带动钢内筒上升。

（4）焊接好的钢内筒整体提升到一定高度后，将待装的第二节段运到该筒段下面，对口焊接并验收合格后再提升一个节段，依此方法进行安装到有提升吊钩的中间节段，把千斤顶的另外 4 个挂钩安装该节的 4 个吊点上。同时，拆除第一节段的 4 个吊点，再按前述方法安装，最终将 4 个千斤顶的提升挂钩全部安在该节段上，随后将每一节段逐一安装，直至钢内筒安装至设计位置。

（5）待安装的每个节段运到钢内筒中心的下方时，通过葫芦调整待装节段的垂直度和对接间隙，检查相邻节段竖向焊缝的交错位置，利用悬挂的操作平台进行环缝焊接。钢内筒经检验合格后，对筒体进行保温防腐，保温防腐工作随钢筒的安装每节段同步完成。

（6）单根钢内筒安装完成后，检查验收内筒的垂直度、高度和保温层，经监理工程师确认合格后，则将提升设备及千斤顶转移至第二条钢内筒位置，依前述方式提升安装。

3. 钢内筒内侧面 50mm 厚钾水玻璃耐酸砂浆防护层施工

在该烟囱的钢内筒内侧面设置 50mm 厚钾水玻璃耐酸砂浆防护层，因此在混凝土筒壁施工时在筒首埋设埋件，焊接施工用门形架，该埋件及门形架应经过计算确定。在门形架上挂施工用吊笼，吊笼为客、货两用，按烟囱自下而上的顺序对钢内筒的防护层进行施工。

六、航空标志漆的涂刷

航空标志漆施工中采用乘人吊笼、卷扬机提升。吊笼带有轴承转向轮，使其沿着筒壁能上下左右移动，涂刷时沿筒壁自上而下进行。上部施工时，地面应有专人负责施工区域的安全警戒。航标涂刷前，先用油灰刀和砂布将混凝土表面的浮浆、流痕清理干净，做到基层面平整、清洁、无油污现象，保证混凝土表面干燥。涂刷后，应保证涂刷均匀、颜色一致，无露底、脱皮、裂缝、起砂等现象。

七、信号平台制作安装

在筒身到顶后，待提升装置中外门架拆除完毕，便可进行信号平台的安装工作。信号平台的制作在钢平台组合场进行，尺寸准确，焊缝饱满，通长满焊，所有金属构件均需热镀锌处理。杆件间的焊接应在镀锌前完成。信号平台的安装通过筒首预埋的钢筋吊环进行施工。三脚架的安装位置要求准确，标高一致，螺栓在紧固时要牢固，安装时利用上料扒杆，将构件运到施工平台上分组安装，先安装三脚架，再安装平台板，最后安装围护栏杆，各构件未能安装牢固的，均应采取临时固定措施。安装时，构件应吻合，螺栓要拧紧，不得有漏螺栓现象，待每层平台的三脚架、平台板、围栏安装完毕，且检查无误后，方可进行下一层平台的安装。

八、避雷设施安装

应在回填土前按电气图纸要求布置避雷接地线，回填后立即进行接地电阻测试，实测值应符合设计要求。随着筒壁施工，竖向导线筋采用双面搭接焊连接沿筒壁一直施工到顶。避雷针及支撑件的安装要准确、牢固、防腐良好、针体垂直，垂直偏差不得大于针管直径。接地装置安装完毕，须进行接地电阻实测，整个避雷系统应进行导电检验。

九、沉降观测

在筒壁施工时，预埋暗榫，拆模后立即安装沉降观测点。基准点以网控水准点为准，定期进行观测并作好记录，施工中应注意保护好沉降观测点，以防高空落物或其他原因损伤。

第五节　冷却塔施工

一、冷却塔施工顺序

冷却塔施工顺序如图 1-2 所示。

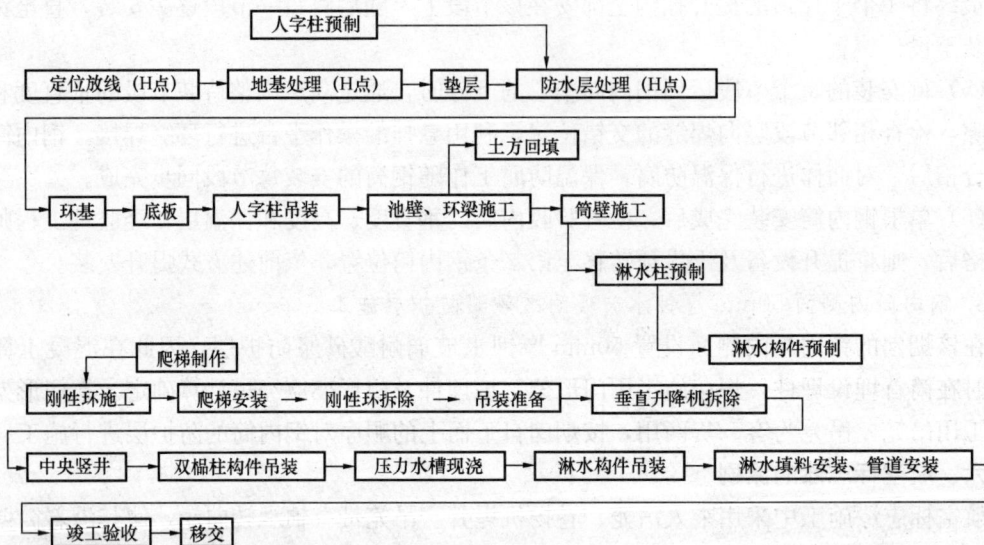

图 1-2　冷却塔施工顺序

二、环梁及以下部位施工方案

先在已处理好的地基上进行混凝土垫层施工，做灰饼控制标高，根据底板、环基、中央竖井等不同，进行标高控制。环基应按大体积混凝土结构施工。

1. 底板施工

（1）放线。防水层做好后，根据十字线控制桩，放出柱基础、支墩、环基、中央竖井、十字伸缩缝，底板施工用后浇带法。

（2）绑扎钢筋。底板钢筋上下层对称，为了保证上下层钢筋间距，必须配置撑铁，其纵横向间距不得大于1m，钢筋绑扎好以后严禁过车、人踩，钢筋搭接长度按施工规范现场定，钢筋接头位置，下层设在柱间跨，上层设在柱基中。

（3）伸缩缝模板。底板采取分块施工。环基、池壁及环基和底板之间、出水口、排泥车道均设伸缩缝。中间设橡胶止水带，施工时一定要固定好止水带，上下均用木模板支设，浇在混凝土内的一半止水带应用钢筋固定，夹止水带的木板在环向也应绕成整体，无夹板的部位应将木模板与夹板间的缝隙用 EPE 膜塞实，防止混凝土钻入伸缩缝内，混凝土浇筑首先填实止水带下部，然后再浇止水带上部，严防止水带走偏或翻卷。后浇带和底板接触部位设止水条，底板支模时应将止水条加固牢靠，严防止水条脱落。后浇带施工时，应将底板四周凿毛、清理、湿润，采用补偿混凝土浇筑，要求连续施工，不留施工缝。

（4）混凝土浇筑。混凝土浇筑采用混凝土输送泵布管入模，从一边开始向对称边退打，不留施工缝，施工时严格控制顶面标高，底板面应三次收面，压平抹光，底板浇筑完毕后应及时覆盖草帘浇水养护。

（5）止水带接头方法。采用冷接，先将接头切割成斜面并打毛，中间孔内塞一段普通胶管，用汽油洗净并晾干，在胶接面涂刷万能胶 2～3 遍，对接到位待干后用重物压数小时即可，丁字头只需搭接 1/2 带宽。

（6）伸缩缝施工。伸缩缝止水带下部的低发泡沫板应在第二块底板混凝土浇筑前放好，上部的止水腻子、石棉水泥均可在底板、环基及竖井基础施工完后进行。

2. 柱基支墩施工

柱基最少需配置 20 个木模板芯周转使用，外模用竹胶板支设，脚手钢管固定，木模板芯应在混凝土初凝前、在混凝土基本成型不致倒塌时抽拔，柱基竖筋应在底板浇筑时插入并固定，防止位移，柱基与底板的接触面应凿毛并冲洗干净，保证结合紧密。

（1）环基施工。环基施工顺序为定位放线→钢筋分挡线划分→布径向筋→布环向筋、绑扎→池壁钢筋分布、绑扎→人字柱插筋、预留洞口、预埋套管加密插筋、部分预埋套管安装、就位→止水带下方伸缩缝处理→封环基外侧模板→验收→混凝土浇筑→养护→拆模。

（2）施工方法。

1）定位放线：环基施工先放出人字柱内中心线、环基内外边线、水池池壁插筋位置线、出水沟洞口、进水管中心线、地表补充水管及其他需要在环基加筋的埋管位置线。

2）环形基础采用留设后浇带法施工，钢筋绑扎、模板支设、混凝土浇灌应间隔分段施工。混凝土浇筑过程中保证混凝土浇筑的连续性。混凝土浇筑前，应将进出水沟的止水带和伸缩缝止水带固定好，防止位移。

3）环基钢筋绑扎好后应将池壁钢筋支撑牢固，防止混凝土浇捣过程中发生位移。池壁竖向钢筋上部应用环向钢筋连成整体，并沿周长每 20m 左右加设钢筋支撑，防止倾倒和浇灌过程中偏移。

4）特别注意预留插筋及人字柱吊装铁件的埋设。

5）在环基顶面池壁下留水平施工缝，施工缝高于环基顶面 200mm，环向中部留凹槽缝，应避开水池壁钢筋。人字柱支墩预留插筋，待人字柱吊装完后，二次浇捣。池壁施工时，应清除表面浮灰、凿毛，清除松动石子，并认真清理，浇混凝土前用水冲洗，保持湿润 24h。

6）环基在夏季施工时应采取可靠的降温措施。

3. 池壁施工

（1）施工顺序。池壁内模、支撑加固架子（W 点）→池壁内侧环向钢筋→预埋套管、洞口加固筋（H点）→综合验收（包括中心控制点、池壁内模半径、环梁底人字柱固定支撑架子控制半径及标高、钢筋及其保护层厚度、预埋套管和洞口中心位置及标高等）→人字柱吊装、就位和调整［H点（分部验收）→池壁外环向钢筋（H点）→池壁外模及其加固架子（W点）→池壁混凝土浇筑→养护→拆模→池壁混凝土验收（H点）→土方回填（H点）］。

（2）施工方法及注意事项。池壁施工采用留设后浇带法施工，池壁模板现场拼装，大模板拼装前，应认真进行放样、配板计算和分挡计算，以确定双梯形木条两端截面尺寸，确保模板面平齐，无缝隙，并且进行对拉杆的计算，确定木条上螺杆眼的大小和位置；加工木条时，将眼打好，一般设对拉杆三层，M12螺栓；池壁内、外模组装时，应保证相邻模板缝错开，在各相邻模板间夹拼EPE模或脆塑纸，防止有模板缝漏浆。用螺杆进行内、外模板的对拉，对拉杆应进行施工计算和设计，确定螺杆的大小和长短，螺杆要设止水片并且两侧满焊，两端设短钢筋控制壁厚。模板上口用木条支撑以确保池壁上口尺寸。

池壁以控制内模上口半径为准，混凝土采用商品混凝土，混凝土用输送泵送至浇筑点入模，分层浇捣或由一点开始，浇筑到设计标高后，沿环向（两个方向）通过赶浆法同时进行浇筑，最后收口闭合，浇筑过程中，必须保证混凝土的连续浇筑，间歇时间不得超过上层作业面混凝土初凝时间，不得留施工缝，保证池壁混凝土的整体性；确因某些特殊原因（如确因原材供应不上，而其混凝土又已开始浇筑）应留施工缝时，必须在施工缝处混凝土初凝前；加以处理，做凹、凸形企口缝，并加止水铁皮，并将施工缝凿毛，清理冲洗干净，24h前浇水湿润但不得有积水后方可继续施工，严格控制上口标高，并用原浆抹平压光。

4. 人字柱施工

（1）施工顺序为人字柱π形支架搭设→人字柱吊装就位→人字柱排架搭设→环梁架子搭设。

（2）施工方法：人字柱采用预制吊装法施工。人字柱预制采用专用钢模板，在预制场预制。人字柱吊装采用钢性支撑。吊装前认真进行计算，以确定标高、半径，方可进行吊装施工。人字柱吊装采用90t、50t和25t汽车式起重机配合吊装，支撑采用专用钢性架支撑设施。

应注意在底板施工时预埋支撑用铁件，人字柱预制时预留上部固定用预留孔。吊装前认真进行计算，以确定标高、半径，确保人字柱吊装上部半径的准确和环梁施工。

5. 环梁施工

（1）施工顺序。环梁配底模（W点）→环梁第一节内模（W点）→环梁第一节钢筋（H点）→环梁第一节外模（W点）→环梁第一节混凝土浇筑→环梁第二节内模（W点）→环梁第二节钢筋（H点）→环梁第二节外模（W点）→环梁第二节混凝土浇筑甘至筒壁组装层施工完毕后拆除环梁模板及支撑架子→钢筋混凝土环梁分部工程验收（H点）。

（2）环梁施工。环梁施工包括两节带有牛腿的筒壁，施工高度为3.900m，环梁分三节施工，牛腿与环梁一次浇筑成型。

（3）架子工程。环梁架子在人字柱吊装完成后，依靠人字柱钢支撑搭设四排环向立杆，在施工作业面位置内外各采用挑架，环梁底板以内部分架子根据模板支设高度逐层搭高，作为内侧模板的支撑架。

（4）模板工程。环梁底板用50mm厚木模板，按倒圆锥曲面展开分段配制，底板与斜支柱交面为一椭圆，作出样板后在底板上照样板开孔，底板下方支垫方木，柱两侧大挡各5

根，排放在径向管上部，方本顶面须严格找平，然后再钉楔形三角马子并铺放底板，为防止漏浆，确保混凝土外观质量，底板表面用优质三合板满铺，并用三合板拼制进风口圆弧。

（5）环梁模板。分三节支设，内模用普通钢模板加木夹缝条分挡支设，钢管加固，外模用筒壁专用模板支设，方框架加固。

（6）钢筋工程。环梁U形筋由车间统一配制，环向钢筋由车间用闪光对焊接长至18m，拉至现场分类堆放，垂直运输采用在塔内布置一台折臂式起重机和移动式起重机吊运至作业面上，人工分类绑扎成型。环梁环向钢筋采用单面搭接焊，钢筋接头位置应相互错开。为保证内外钢筋间距，在内外钢筋间距为1000mm左右处设一根S形的拉接筋，并及时垫好混凝土保护层垫块，环梁竖向钢筋连接采用单面搭接焊。竖向钢筋绑扎过程中，注意接头位置相互错开，接头面积允许百分率为33%。钢筋绑扎完成后，注意按电气防雷接地要求敷设避雷针引下线与人字柱预埋引下线焊接连接，环向导线必须与每根引下线焊接。

（7）混凝土工程：环梁混凝土施工前，对人字柱成品保护工作必须完成。混凝土由搅拌站集中供应，泵车布料入模，环梁混凝土分三节施工，按塔筒分节，第一节和第三节分别带下层和上层牛腿与筒壁一次成型，混凝土浇筑时由一点开始，两台泵车向两侧相向进行，分层推进连续浇筑，分层浇筑中，严格控制间隔时间下以不超过混凝土初凝时间为限，防止因混凝土浇筑不及时而造成"冷缝"，为确保筒壁抗渗能力，施工缝宜留成凹槽形式，且施工缝必须连续均匀。混凝土浇筑完毕（初凝前后）用钢丝刷将混凝土表面水泥结晶体薄膜破坏。模板支设前，将施工缝处混凝土渣清理干净，浇筑上节混凝土前，洒水充分湿润，但不得有积水，混凝土浇筑后施工缝处应及时覆盖麻袋并洒水保温保湿养护。

三、筒壁施工

1. 垂直运输系统

材料运输采用在塔内对称布置两台垂直双笼升降机的运输系统，在筒壁下施工用折臂吊辅助进行材料运输，垂直升降机安装安排在环梁施工前完成，以便于后续施工。

2. 施工顺序及工艺流程

筒壁施工采用悬挂方框架翻模施工工艺，每施工完一节后再施工下一节。翻模施工顺序及工艺流程如下：

（1）组装层施工顺序及工艺流程。组装层为三节，由下向上依次施工。调整钢管脚手架至组装层底，控制底标高→复核第 i（$i=1$, 2, 3）节中心并计算半径（W点）→第 i 节分挡计算和分挡线划分→组装第 i 节内模板及方框架，首节模板斜撑固定在钢管脚手架上（W点）→绑扎第 i 节内环向和竖向钢筋→绑扎第 i 节内侧钢筋混凝土保护层垫块→绑扎第 i 节外环内和竖向钢筋→绑扎第 i 节外侧钢筋混凝土保护层垫块→第 i 节钢筋质量验收（H点）→组装第 i 节外模板及方框架→第 i 节模板及操作架系统质量、安全检查验收（W点）→测试第 $i-1$ 节混凝土强度［W点（>2MPa）］→第 i 节混凝土浇筑→第 i 节筒壁混凝土检查，实测中心、半径和壁厚（H点）→混凝土养护→第 $i+1$ 节施工（施工顺序和工艺相同）→第 $i+1$ 节施工（施工顺序和工艺相同）。

（2）喉部以下第 i 节施工顺序及工艺流程（$i>3$）。复核第 i 节中心并计算半径（W点）→测试第 $i-2$ 节混凝土强度［W点（>6MPa）］→第 i 节分挡计算和分挡线划分→卸第 $i-3$ 节对拉螺杆→拆除第 $i-3$ 节内模板，人工吊运至第 $i-1$ 节作业平台上，以备组装用→堵孔及基底处理（H点）→刷涂料（W点）→拆除第 $i-3$ 节内方框架及水平连杆，人工

吊运至第 $i-1$ 节作业平台上，以备组装用→组装第 i 节内模板及操作架（W点）→绑扎第 i 节内侧竖向、环向钢筋及混凝土保护层垫块→绑扎第 i 节外侧竖向和环向钢筋及混凝土保护层垫块（H点）→放置混凝土套筒垫→拆除第 $i-3$ 节外模板，人工吊至第 $i-1$ 节平台上，以备组装用＋外侧堵孔及表面打磨处理→混凝土质量检查（H点）→拆除第 $i-3$ 节外方框架及水平连杆，人工吊至第 $i-1$ 节作业平台上，以备组装用→组装第 i 节外模及操作架（W点）→上翻专用脚手板、护栏和安全网等安全设施→自升升降机＋模板及操作架系统质量、安全检查验收（W点）→测试第 $i-1$ 节混凝土强度［W点（＞2MPa）］→第 i 节混凝土浇筑→第 i 节筒壁混凝土检查，实测中心、半径和壁厚→混凝土养护→第 $i+1$ 节施工（施工顺序及工艺流程相同）。

（3）喉部以上第 i 节施工顺序及工艺流程（$i>3$）。复核第 i 节中心并计算半径（W点）→测试第 $i-2$ 节混凝土强度［W点（＞6MPa）］→第 i 节分挡计算和分挡线划分→卸第 $i-3$ 节对拉螺杆→拆除第 $i-3$ 节外模板，人工吊运至第 $i-1$ 节作业平台上，以备组装用→外侧堵孔及表面打磨处理→混凝土质量检查（H点）→拆除第 $i-3$ 节外方框架及水平连杆，人工吊运至第 $i-1$ 节作业平台上，以备组装用→组装第 i 节外模板及操作架（W点）→绑扎第 i 节外侧竖向、环向钢筋及混凝土保护层垫块→绑扎第 i 节内侧竖向环向钢筋及混凝土保护层垫块（H点）→放置混凝土套筒垫块＋拆除第 $i-3$ 节内模板，人工吊至第 $i-1$ 节平台上，以备组装用→堵孔及基底处理（H点）→涮涂料（W点）→拆除第 $i-3$ 节内方框架及水平连杆，人工吊至第 $i-1$ 节作业平台上，以备组装用→组装第 i 节外模及操作架（W点）→上翻专用脚手板、护栏和安全网等安全设施→模板及操作架系统质量、安全检查验收（W点）→测试第 $i-1$ 节混凝土强度［W点（＞2MPa）］→第 i 节混凝土浇筑→第 i 节筒壁混凝土检查，实测中心、半径和壁厚→混凝土养护→第 $i+1$ 节施工（施工顺序及工艺相同）。

3. 施工方法及注意事项

（1）模板及操作架施工。筒壁施工采用专用模板及操作架系统，其模板为一种，组装时一块模板为一挡，模板间采用承插方式，模板固定及所有施工荷载全部由悬挂于筒壁上的方框架系统承担，且必须保证每个杆件连接牢固、可靠，螺母及垫片必须上紧。

施工中，应保证方框架体系远离筒壁侧高、近筒壁侧低。因此有时应对方框架进行调整。在调整时，根据调整高度，制作斜形块，中部打眼，将其垫在方框架和连接槽钢间，穿加长螺杆，用螺栓连接，决不允许用铁丝捆绑。分挡时，不够一挡的，或不符合专用模板模数的，应采用定型模板。模板与方框架的组装应依次进行。为提高筒壁观感质量，模板支设时应错缝进行，调整错缝处设在爬梯安装处。模板安装前，应进行施工缝清理，所有模板应清理干净并均匀刷油。组装前，应认真进行分挡计算和划分，以分挡线为依据进行组装。

（2）混凝土套筒垫块施工和对拉螺杆。施工前，应对混凝土套筒垫块和对拉螺杆进行放样计算，设计出每层混凝土套筒垫块截面尺寸。

（3）筒壁钢筋工程。钢筋采用绑扎。为保证钢筋环向和竖向间距准确，先绑内层竖向筋及环筋，再绑外层竖向筋和环筋，并垫好保护层及两层钢筋网间的支撑，为了防止在大风情况下竖向钢筋的晃动影响钢筋位置的准确和与混凝土之间的握裹力，应在模板面上 1.5～2m 处绑扎一至两道环向钢筋，且用支架与内操作平台相连。

（4）混凝土工程。混凝土采用商品混凝土，每次混凝土浇筑完毕，应及时清理前、后台施工作业面、清除、冲洗工、器具上及搅拌机内黏附的混凝土。分类堆放工器具，做到工完、料尽、场地清。通过罐车把混凝土运至升降机下，垂直运输至施工面，人工用小推车沿方框架操作平台水平运至浇筑点，6节以下可采用泵车浇筑。筒壁混凝土浇筑由一点或对称两点开始沿圆周反方向分层拉坡对称浇捣。

混凝土浇筑过程中，经常检查钢筋的位置及其保护层厚度，模板平整度及其牢固性，接缝严实、平整，操作架的牢固性及其稳定性，同时清理钢筋、模板上的干水泥浆。每作业班至少派两名看护、修理、消缺的木工和钢筋工。每节混凝土浇筑完毕及下节施工前，应认真复核中心、半径、壁厚。如有超标，及时进行修正，修正时，应在其上各节的施工中逐渐纠正，每节纠正量不超过20mm。

混凝土浇满后，用木条在中部压槽。封闭模板前，清扫施工缝处的脏物和杂物，整掉已松动的石子，并洒水使施工缝充分湿润，保证浇筑混凝土时无积水和脏杂物；浇筑每节混凝土前，先铺一层20~50mm厚、同混凝土强度等级的减半石子混凝土或砂浆，以避免接缝处产生蜂窝、麻面或烂根，保证接缝质量。

混凝土养护采用在外筒混凝土面涂刷薄膜养生液的方法，养护过程中，做好各项记录，并及时归档、保存。

（5）水塔筒壁防水层涂料施工。水塔筒壁内表面均涂刷聚氨酯防潮防腐涂料，采用人工涂刷。涂料种类符合设计要求，必须具有产品合格证。为提高涂料与混凝土之间的黏结力，涂料涂刷前，对基底应认真进行处理。涂料必须按说明书规定的配合比和配料顺序进行配制，涂料施工时的室外气温应符合产品说明书要求。涂料施工现场必须有防火措施，设置消防器材，配料时应有防晒、防雨、防风等设施，施工操作人员要有相应的劳动保护措施。防水涂层采用人工涂刷，先刷底漆后刷面漆。涂层施工均应在涂膜表面干后，方可刷其上一层涂料，防止底层漆未干涂刷上一层漆时两层漆融合一起，影响防水涂层质量；涂层厚度应均匀，不得有漏涂、皱皮、气泡和破膜等现象；涂层厚度应符合设计要求。涂料是有机溶剂，易挥发，施工时应加强通风排气。涂料应储存在阴凉干燥处，储存时间不得超过保质期。

（6）堵对拉螺杆眼。拆内模、堵孔、刷涂料前后依次进行，工艺顺序为打对拉螺杆→拆内模→堵孔→刷涂料。打螺杆应由外向内打，内外各一人，用力不得太大，防止将混凝土打裂、拉伤或掉块，拆模也不得用力过猛，防止拉伤或砸伤混凝土，致使混凝土基底损伤；堵孔用石棉水泥堵塞，施工时，先往洞中塞入止水条，然后将石棉水泥从孔内外两侧同时塞入，并对打击实，表面收平压光，杜绝单侧填打或只堵不打。

（7）施工注意事项。模板及方框架拆除和混凝土浇筑时，严格控制混凝土强度，即拆模及拆方框架时，其上节混凝土强度不低于6MPa，混凝土浇筑对其下节混凝土强度不低于2MPa。刚性环拆除对其强度应达到设计强度的70%以上。拆除前技术员、质检员协同试验室试压同条件试块，满足要求后进行下道工序施工。

模板及操作架拆除时，应随即吊运至最上层作业平台，且分散均匀搁置，不得集中堆放，吊运用棕绳人工吊至最上层作业面，立即对其进行清理和检查，模板刷隔离剂，如有变形、开裂、破损、扭曲、弯曲、丝扣滑丝损坏的，则不得使用随即更换。组装前，认真进行模板的分挡计算和划分，原则上拆除和组装同时进行，对吊上多余或损坏的模板、方框架、连接杆件及螺钉螺母随时运往地面，不得在操作架久搁，以减少施工荷载；缺少部分及时上运补充。拆除和组装分四班进行，以十字线为界分四个作业区，各班组按有关规定及施工方案、作业指导书认真进行施工。模板及操作架组装完毕，由质检员组织班内自检和班间的互检，仔细检查半径、壁厚、曲线弧度线型、每一个杆件和螺钉，认真消缺，对不符合质量、安全要求的立即整改，自检、复检合格后申请三级检查验收。

筒壁模板应支设密合牢固，上下层模板间采取承插方式，上层模板插入下层模板的深度不得小于10mm。上下层模板连接应采用螺栓连接，以防止因混凝土浇筑而引起模板上浮，造成跑模或胀模现象，以影响塔筒混凝土外观质量和曲线。左右模板用围檩槽钢和倒钉（斜铁）固定，围模和倒钉均应符合设计要求，在施工中按其工艺要求并结合实际组织施工，严禁不设、漏设或未达到工艺标准要求，以确保模板连接牢固可靠和塔筒弧度。上道工序未完或未检查不交工的不得进行下道工序施工。

筒壁施工过程中，每隔5节进行一次标高测量，必要时应按实测标高对半径进行调整，调节筒体曲线的模板调节撑，在模板半径、坡度调节好后，必须将螺栓拧紧，同时方框架安装必须竖直，水平连杆必须牢固可靠，以保证其整体稳定性和空间刚度，防止失稳、漂移、扭转。

模板隔离剂涂刷应在操作架水平通道上进行，涂刷要均匀、色调一致，涂刷前用灰刀将模板上的浮浆或其他残杂物清理干净，涂刷时禁止一次浸油过多，使油污流、溅，污染钢筋和筒壁混凝土。采用的脱模剂应不影响混凝土表面色泽的一致性且不影响防水涂料与混凝土的黏结。

每节模板拆除后，对筒壁表面立即进行修整打磨，以确保筒壁混凝土外观质量。筒壁施工过程中，为防止筒壁混凝土污染，须采取在翻模体系外侧底部敷设彩条布，以防止混凝土洒落污染筒壁。

（8）中心吊盘组装和对中。塔筒施工通过中心吊盘控制中心。中心吊盘一般在筒壁施工到6~7节开始组装，施工第i节时，吊盘通过紧绳器组装固定在第$i-2$节筒壁操作架上，每天上翻一次。采用对称的4个挂钩用细钢丝绳将吊盘吊起，在吊盘上挂经检测的6把100m钢卷尺，以测定标高和半径。每次中心复核完毕，避免拉半径时中央吊盘上下摆动；特别注意的是在紧吊盘钢丝绳时，禁止过于用力将绳拉成水平。中心调节通过4根钢丝绳的紧收完成。中心复核完毕，量测中心吊盘至地面标高点的垂直高度，然后根据已知尺寸计算斜拉半径。中心测量采用激光对中方法，吊盘通过设于中央竖井上的紧线器及悬挂于门架上的导向滑轮来调节，吊盘上设对中靶，在每节筒壁支模前用竖直仪进行对中。

第二章

1000MW 超超临界火电机组建筑 工程专业施工组织设计案例

第一节 专业施工方案

一、测量定位

为使建筑物的定位准确，保证工程两台机组主厂房基础标高和轴线一致。由于考虑主厂房的整体性，控制点定位根据甲方提供的定位点外，与另一台机组的定位进行复核，以确保定位的准确。

根据先整体后局部、高精度控制低精度的工作程序，在主厂房区域的四周设置控制点，方格网控制点选定原则是控制主要轴线和利于施工放样、约束度大、安全、易保护的位置，通视条件良好，分布均匀。并根据现场实际条件，避开厂区的开挖沉降区。因此，准确地测定与保护好场地平面控制网和主轴线的桩位，是保证整个工程测量精度和施工顺利进行的基础。

土方开挖前根据甲方给定的永久性控制坐标和水准点（一级控制网），引测至工程施工区域，在工程施工范围设置临时测量控制网，零米以下基础施工前，校验临时测量控制网，设置施工期间正式的测量控制网。测量控制网尽量避开建筑物及施工机械场地操作、运输路线，并设有明显的保护标志。

1. 平面坐标轴线的控制

（1）施工前，所使用的测量仪器（经纬仪、全站仪、水平仪）必须经计量检定所检定合格，并保证在有效使用期内，方可使用。

（2）施工现场根据甲方、设计给出的原始坐标（不低于二级导线），确定建筑物的横、纵控制轴线点，将控制点浇筑 500mm×500mm×1500mm 的 C15 混凝土支墩上，并在混凝土支墩的顶面埋设 100mm×100mm 埋件。

因工程场地条件相对较差，现场设置的临时控制点只作为施工的临时转点，每次施测时要根据业主提供的原始作标点进行。

（3）控制网的测绘采用全圆测绘法进行角度测量。用极坐标法测角度误差，用激光自动测距仪测设方格网点并校核丈量偏差。精确地定出方格网的控制点，然后进行校核、平差后，使之满足精度要求。在埋件控制点上用手摇钻钻眼，铆上铜焊条，进行精确的放线后，按规程规范要求经监理工程师复测并验收合格后，方可正式使用。

（4）方格网控制点的保护，要避免车辆碰撞、碾压或大件、重物等放置其上。方格网控制点混凝土台表面略高于自然地坪。控制点周围严禁堆放杂物，在控制点的混凝土台外侧

0.5m处，用脚手管或钢筋焊成方框做临时围护栏杆，并刷上显眼的红白相间的油漆标志。如因工程原因必须破坏时，需征得监理工程师同意将坐标桩引测到其他可靠位置，施测合格后方可破坏，以新测控制点代替。

(5) 精度要求。导线的测量按二级导线施测，各偏差符合要求。

2. 高程控制

高程控制网采用四等水准测量方法，由甲方提供的厂区首级高程控制网点引测至方格网的控制点上，经监理确认后进行施工使用，并定期检查、校验。

所有控制点精测完成后，由项目部质量部门验收合格后，报甲方及监理验收，验收通过后，施测的施工控制网可以投入使用。

高程测量应符合四等水准网的要求，按双测回方法施测。

3. 轴线控制网的管理

(1) 定专人具体做好轴线控制网桩的日常巡查工作，并做好管理纪录，每月统计一次，发现问题及时汇报。

(2) 定专人具体做好轴线控制网桩的日常维护，管理桩四周防护隔离措施和警告标志。同时做好维护和整修工作。

(3) 轴线控制网桩的四周严禁堆土、堆物、搭建和覆盖，保持良好的通视条件。

(4) 轴线控制网桩严禁施工机械碰撞和损坏，以及其他各种人为的损坏行为。

(5) 加强各部门职工保护好测量设施的教育。

(6) 如轴线控制网桩发生损坏，应及时采取补桩措施，补桩测量的成果须通过监理验收符合规范要求以后，方可使用。

4. 沉降观测

为保证工程施工质量和以后机组安全运行在施工期间必须进行沉降观测。建（构）筑物的沉降观测点严格按设计和规范要求埋设，基础施工完毕后开始观测。建（构）筑物的沉降观测要求按照上部结构每施工完成一层观测一次。工程完工后，竣工验收前观测一次。当建（构）筑物发生不均匀沉降或严重裂缝时进行逐日或几天一次连续观测，并及时向业主、监理和设计汇报，采取相应的措施。

沉降观测的要求如下：

(1) 始终使用同一仪器、设备和专人观测。

(2) 采用环形闭合方法或往返闭法观测。

(3) 在基本相同的环境和条件下工作。

(4) 沉降观测资料及时整理，认真做好沉降观测成果表，对差异沉降超过设计规定立即报建设单位和设计单位。

5. 防止整体飘移的措施

由于工程地质条件较差，为保证工程的整体坐标与其他标段的控制点的正确对接。要求把误差控制在同一个系统内（平面误差和高程误差），各参建单位共用至少三个平面控制点和共用一个高程点，以达到误差统一。

(1) 首先，业主统一给出现场控制网的控制点，控制高程和平面位置，并加强对控制网的检测次数以满足施工精度要求。

(2) 确定本标段两条垂直的主轴线，在测放各区域控制点后，每隔2～3天即对主轴线复测一次，并且与之相关联的基础线均以此主轴线为依据测放，以保证其相邻关系正确。

二、基坑土方开挖

主厂房基础基坑开挖深度大部为－5.1m，在汽轮机基础底板位置开挖深度约为－7.5m，烟囱工程基坑开挖深度为－5.0m，上述区域地下静水位均为0.5～1.0m，均采用放坡开挖。

根据地质勘察资料显示，地下水类型为潜水。场地环境类型为Ⅱ类，当厂区回填到标高4.00m后，建（构）筑物基础埋深标高低于1.80～2.00m时，建（构）筑物基础就处于长期浸水状态。厂区内各土层为第四系松软沉积层，主要为第四系陆相、海相、海陆交互相沉积层，沉积物以黏土、粉质黏土为主，夹少量粉砂；土层的水平方向土质比较稳定，垂直方向变化较大，除表层有100cm的素填土外，下部主要以黏土和粉质黏土为主，其下部开挖的坑底为第四系全新中组海相沉积层，透水性能较差。根据工程地质及水文地质报告，本期工程主要建（构）筑物基础埋深均在地下水位线以下，故主要建筑物基础施工前均进行施工降水。

1. 降、排水

为阻止自由水流入基坑，在距基坑开挖上口线2m处设置一道挡水坎，将整个基坑围起，以使雨水不能流入基坑。

放基坑开挖上口线、底口线，开挖边坡放坡比例为1∶2（放坡比例可根据实际开挖深度适当调整），并分两步在开挖深度2.5m处设宽为2m缓台，以减小边坡的压力。在开挖的基坑底留设排水沟并间隔留置集水井，通过排水泵抽到基坑边缘的沉淀池内，每个沉淀池至少能满足6台水泵的排水，然后通过排水管道排入基坑边缘的污水井内，进行降排。

2. 土方开挖

开挖用挖土机械、配合人工一次开挖至基础垫层底标高，必要时（局部过深位置）采用分两层开挖的施工方案。

3. 土方开挖施工机械的选择

在主厂房深基坑土方开挖中，选择5台普通挖土机配合子卸翻斗车进行；烟囱深基坑土方开挖中选择2台普通挖土机进行，满足土方开挖要求。自卸运土车的配置数量满足挖土机不等待的要求即可。

4. 基坑的坡道设置

在基坑的固定端设置两条坡道，坡道宽度为8m，放坡坡度为1∶8。人员上下搭设标准爬梯锅炉区和厂房区各设两个。爬梯采用脚手管搭设或砖砌，并统一标准、符合安全等要求。

5. 土方开挖的技术要求

（1）挖土前由工程部召集参加施工的全体人员进行专业技术质量交底，交清任务、方法、注意事项，提出要求，并履行严格的交底签字手续。

（2）做好技术准备工作，放出挖土边线及坑内标高有变化的基础挖土线，提前测量场坪标高及挖土深度，计算挖土量。

（3）挖土机挖桩间土时不得碰撞灌筑桩，在桩间不能过铲时桩间土采用人工清挖，局部沟、承台坑亦采用人工开挖，挖桩间土时不得碰撞桩身。为避免超挖或扰动基底土，要采取加强观测和复核等措施控制标高。

（4）先开挖出集水井部位，用红砖干码将集水井做好并下好水泵，挖出一定工作面后及时设置排水沟，将排水沟引至集水井。

（5）严格按照施工方案开挖放坡，放坡系数可根据实际情况适当调整。

（6）为防止雨水流入基坑和破坏边坡，在基坑上口距基坑边 300mm 位置设置挡水埝，采用编织袋装土搭设，编织袋间要压紧、不透水，并经常维护。

（7）基础施工期间，在已开挖的边坡顶部及时搭设红白相间的钢管式围栏，夜间挂红灯警示。

（8）基坑四周 10m 范围内禁止堆土或存放各类原材料，防止压载造成塌方。

（9）开挖出的土方运到甲方指定的堆土区域。

6. 桩头处理

桩头处理要随挖土进度进行，即挖出一根桩，处理一根桩头，剔桩头采用空压机和人工相结合的方式，桩头处理前，要在桩头上面抄标高，桩头按照设计要求剔除混凝土后，保证桩体及钢筋深入到混凝土承台内的长度必须符合设计要求。钢筋外露长度符合设计要求，不足时要接筋。剔除后的桩头要求平整、整齐，标高符合设计要求，而且没有松动的混凝土。剔除后的碎块随挖运土方一起运走。

三、零米以下基础施工

1. 深基础施工顺序

主厂房基础、汽轮机基础底板基础、锅炉基础、电梯井基础等主要辅机基础均采用钢筋混凝土承台基础；汽轮发电机基座底板为钢筋混凝土整板式承台基础；烟囱基础为圆台式筏板基础；磨煤机基础为钢筋混凝土大承台式基础。

深沟深基施工顺序原则是：先深后浅、先大后小，基本上做到不重复开挖。深沟深基的支模采用脚手管、扣件、钢模板组合支模法。混凝土施工采用搅拌站集中搅拌，罐车运输，汽车泵浇筑的施工方案。由于考虑到各建筑同时施工，对整个厂房基础采用周围用汽车泵浇筑，中间基础布置泵管浇筑，混凝土输送管道用脚手管搭设的马道来支撑，马道搭设应牢固稳定，待基础施工完成后拆除。凝泵坑局部过深部位，在基坑开挖至池子底标高后，采用钢外护筒护壁，人工开挖至设计底标高。循环水管坑可采用分两层开挖的方法直接开挖到设计深度。

2. 钢筋混凝土承台基础

（1）垫层施工。清理基底至设计标高后地基验槽，现场根据施工图及业主提供的永久性坐标和水准点，放出垫层线，并用木方支出垫层模板。用罐车运送混凝土，混凝土泵车、配合人工手推车浇筑混凝土垫层，垫层浇筑完毕后，用铁抹子压光，使其表面平整光滑，垫层标高正确。

（2）放线。根据引测的高程控制点和测定的方格网控制线施放出其他各轴轴线，最后利用检定过的钢尺放出基础边线和柱子边线。

（3）基础模板。工程零米以下模板均采用定型组合钢模板，模板固定采用对拉螺栓，用脚手管做围檩共同加固。支模分两步进行，第一步施工基础承台和插入承台中的地梁，列间地梁留出插筋；第二步施工基础柱和插入柱的地梁及预埋螺栓。

模板使用前必须经过筛选、修整。对模板进行打磨、抛光和调平，抛光要磨出钢模板的本色，表面光洁，平整度保证小于 1mm。对不同厂家的模板检查模板肋齐全、板眼一致，并分别码放。便于控制其用于同一基础中，有利于控制组合钢模板拼缝的严密度和平整度。

模板施工前，先根据施工图纸划好配模图，分别编号。根据配模图挑出模板放于基础一侧，钢模板不够模数的需用木模镶拼，木模表面要刨光，并刷清漆，支模时模板不可乱用，做到模板与基础——对应。

基础承台支模采用对拉螺栓和脚手管围檩共同加固，脚手管外用 3 形扣件，外拧双螺母。为防止对拉螺栓不漏出混凝土表面，对拉螺栓内穿圆木垫块，拆模后剔出垫块，用与混凝土同配合比的水泥砂浆封堵。基础承台上下一般设两道对拉螺栓，对于基础承台太长的基础，木方下面用 II 形钢筋马凳支撑。

柱头支模仍用对拉螺栓和脚手管围檩加固，采用搭脚手架与脚手管围檩连为一体固定。

非承重模板拆除如柱模、梁侧，在混凝土的强度达到混凝土表面及棱角不因拆除模板而受到损坏时即可拆除。

模板零件随拆随收入工具柜内，不得随处乱扔，使用撬棍拆模时，为了不伤棱角在撬棍下垫以木块。

对拆下的模板、钢管及附件及时运到指定的地点按规格码放整齐，最后对拆除现场清理一次散落的零件全部捡回，对损坏的模板及配件挑出，统一处理。

（4）基础钢筋。工程钢筋采用现场加工制作，现场绑扎成形的施工方案，钢筋表面要洁净，无污染、损伤，带有油漆、老锈的钢筋不得使用；钢筋进厂要有合格证，进厂后要进行复试，合格后方可使用。钢筋放样严格按图纸进行，制作时要求品种、规格、尺寸正确，数量齐全及钢筋弯起角度的准确性，按要求 I 级钢端部均做 180°弯钩。钢筋在存放过程中，不得损坏标志，按批分别堆放整齐，状态标识清楚，并采取覆盖措施，预防带泥、锈蚀或油污。

碰焊接头制作前，要进行试焊，试验合格后方可进行大批量制作，制作完成后，再进行抽查检验、试验，合格后方可运至现场使用。

制成后的成品钢筋分类挂牌码放整齐，根据现场需要运至现场进行绑扎，钢筋运料采用拖拉机挂自制板车运至现场，人工抬入基坑。为保证施工现场的安全文明施工，运料随运随绑，减少占地面积。

钢筋接头：I 级钢筋均采用绑扎接头；II 级钢筋原则上 φ14 以下钢筋在现场采用搭接接头，φ14 以上钢筋在钢筋加工场采用碰焊接头，另外，在设计要求和现场的特定环境下，也可采用直螺纹等连接形式。

钢筋绑扎：施工顺序为先绑基础底部钢筋，待支完模后再绑柱插筋。绑扎前，先根据施工图的钢筋间距划好线，再进行绑扎。绑扎的钢筋要求横平、竖直，规格、数量、位置、间距符合设计和相关规范要求。绑扎不得有缺扣、松扣现象。钢筋网片相邻扣要互相交错，防止顺偏。钢筋保护层采用预制的水泥砂浆保护层垫块，厚度和主筋保护层相同，预埋好绑丝，垫块每间隔 400~600mm 绑垫在钢筋上。柱钢筋固定采用在基础承台顶模板上用脚手管卡一道方盘固定，保证插筋位置准确；并于上部搭脚手架再卡一道方盘固定，保证柱插筋的垂直度。绑柱钢筋采用搭脚手架进行，严禁踩踏箍筋及对拉螺栓进行绑扎。钢筋绑扎完成后，进行自检，并做好自检记录。

（5）基础混凝土。钢筋绑扎、支模后，经四级验收及隐蔽检查合格后方可浇筑混凝土。工程所使用的混凝土均采用现场搅拌站集中生产的形式，混凝土的水平运输采用混凝土罐车，厂房区域周围汽车泵 42m 浇筑范围内的基础采用混凝土汽车泵浇筑；其余区域采用地泵车，铺设泵管浇筑混凝土的方式。混凝土的浇灌先后顺序为：先深后浅，由扩建端向固定端顺序浇筑。

混凝土施工前，对水泥、砂、石及外加剂等材料进行试验，合格后方可进行施工。混凝土配合比必须经过试验室试配后给出。混凝土搅拌前对计量器具进行检验合格后方可搅拌，搅拌严格执行配合比投料。

混凝土输送泵管线的铺设要平直，转弯缓，接头严密。泵送前先用与混凝土配比相同的水泥砂浆润滑管道，泵车料斗内要有足够的混凝土，防止吸入空气堵管。混凝土浇筑分层进行，分层厚度为 500mm，混凝土振捣密实，振捣棒插入下层 50mm，以接合密实。浇筑时，设专人监护模板、钢筋变化，如发现变形、移动时，立即停止浇筑，并在已浇筑的混凝土初凝前修好。

浇筑第二层和第三层承台时，与下一层承台混凝土浇筑完时间错开 1.5h 左右，防止混凝土向上翻。混凝土施工缝设置在基础承台顶面，其他位置不得随意留置施工缝。浇筑柱头混凝土前，先将施工缝进行处理，剔除表面浮浆，露出部分石子，并清理干净，用水浸润不少于 24h。

为避免混凝土表面出现裂缝，基础各承台面和基础顶面，在混凝土初凝前用木抹子抹 3~5 遍，再用铁抹子压光，混凝土养护采用塑料布或湿润的草袋子覆盖并浇水养护，养护时间不少于 7 天。

3. 主厂房及锅炉基础大型预埋螺栓的固定措施

锅炉基础上大型预埋地脚螺栓是为了固定锅炉钢架钢柱用的，基础与基础之间，以及基础本身预埋地脚螺栓之间的相对尺寸的要求相当精确。因此，它的固定是一个很关键的工序。锅炉钢架的预埋地脚螺栓固定方案与主厂房基础柱的地脚螺栓固定方案基本相同。施工顺序是：在锅炉基础施工到基础顶面后，在锅炉基础的顶面上预埋螺栓固定架的铁件，然后把固定预埋螺栓的螺栓固定架焊在铁件上，再把锅炉的预埋螺栓固定在螺栓固定架上，然后再绑扎锅炉基础柱的钢筋，最后封模板。这些工作完成后，必须做整体的验收。验收项目包括锅炉基础的中心线与主厂房控制轴线的验收、锅炉基础之间的轴线的验收，以及锅炉基础柱本身预埋螺栓之间尺寸的验收。验收合格，确认螺栓固定牢靠后，方可浇灌混凝土。直埋螺栓的顶部露出混凝土面以外的部分，抹上黄油，用专用套管保护，以防止混凝土浇灌时污染破坏。

锅炉基础是典型的大体积混凝土基础，大体积混凝土浇灌的关键是合理地组织劳动力进行分区分层浇灌，使混凝土沿基础全高度均匀上升。浇灌时，要在下一层混凝土初凝之前浇捣上一层的混凝土，不使上下层产生施工缝。分层的厚度根据振捣器的棒长、振动力、混凝土的供应量和浇灌量大小而定，浇灌宜采取台阶式的分层推进。

浇灌的顺序宜从低处开始，顺着长边方向自一端向另一端推进，也可以采取从中间向两边或两边同时向中间推进。

浇筑混凝土时应控制混凝土均匀上升，避免混凝土由于上升高度不一致对螺栓固定架产生压力。基础顶面螺栓固定架下的混凝土要密实。在浇筑这一部位时，周围的混凝土应略高一些,再细心振捣,使混凝土压向钢架底,直至钢架四周及排气孔均看到混凝土浆冒出。

混凝土浇筑完毕后,为避免混凝土表面出现裂缝,要对基础各承台面和基础顶面进行覆盖并浇水养护,养护时间不少于7天。

4. 设备基础施工

大型设备基础侧模的固定方法,采用脚手管斜支撑固定。设备基础中的地脚螺栓孔用木板钉成锥形盒子,表面包上一层油毡,并在混凝土初凝后拔出,木盒子上口与加固模板的木方子钉牢,下口用钢筋与对拉螺栓焊接来固定。地脚螺栓埋设的位置、标高要求准确。采用型钢做定位架,将地脚螺栓与定位架焊牢。定位架必须牢固可靠,并不得与模板或模板加固件连接。定位架生根于提前预埋的锚固件或埋件上。

基础上表面的埋件采取加钢筋支腿的方法固定,按照板顶标高焊牢。并在埋件顶板挖振捣孔,保证埋件处的混凝土浇筑密实、不空鼓。

基础侧埋件采用M8螺钉固定在模板上,将螺钉拧紧,封模后检查螺钉模板外的外漏长度以确保每一块埋件与模板紧贴。

角铁埋件封模时先封带企口的相对两块模板,检查埋件角与模板企口边齐平后方可封其他两面模板。

5. 汽机房内循环水管坑、凝结水泵坑的施工

循环水管坑和凝结水泵坑,在汽机房内是最深的钢筋混凝土结构。由于地下水位较高,且有腐蚀性,对土建地下结构施工的影响非常大,其防水功能要求较高。如果施工不好,将来会给运行带来很多的不利影响。

考虑到工期和回填的影响,循环水管坑和凝结水泵坑施工分两步进行:第一步,施工至顶板下部适宜留置施工缝的部位;第二步,顶板施工。

循环水管坑和凝结水泵坑基础局部采用以砖代模的方式,即在基础垫层上用普通砖砌筑砖墙,砖墙内侧抹灰并刷一层沥青漆。底板与池壁不设水平施工缝,在顶板下部设置一道施工缝即可。

池壁使用现场定型加工制作,采用十二层胶合板大模板作为池壁的内模板,外膜采用钢模板,模板加固采取木方子围檩、对拉螺栓拉结和外加脚手管支撑联合加固的方式。施工缝按照设计要求设置钢板式止水带,止水带间连接必须满焊。

(1) 施工期间,做好降排水工作,使地下水位低于施工底面50cm以下,严防地下水及地面水流入基坑造成积水,影响混凝土正常硬化,导致防水混凝土强度及抗渗性降低。

(2) 模板采用对拉螺栓及脚手管联合加固的方式,原则上水池壁的模板固定不采用螺栓拉杆或铁丝对穿,以免在混凝土内造成引水通路。如固定模板用的螺栓必须穿过防水混凝土结构时,则采取螺栓加塞形垫和焊双道止水片的措施。即在螺栓或套管上加焊止水环,止水环必须满焊,环数符合设计要求。

(3) 防水、抗渗混凝土的技术应用。循环水管坑及凝结水泵坑的底板和侧板混凝土均为防水抗渗混凝土,要求混凝土连续浇灌不留施工缝。

1) 顶板、底板应连续浇筑,不应留施工缝。

2) 池壁只允许留设水平施工缝,其位置不留在剪力与弯矩最大处或底板与侧壁交接处,施工缝留在高出底板上表面300mm的位置上。施工缝采用金属止水片进行密封防水处理,施工简单,效果良好。

在施工缝上浇筑混凝土前，将施工缝处的混凝土表面凿毛，清除浮粒和杂物，用水冲洗干净，保持湿润，再铺一层与原混凝土配合比相同的水泥砂浆。

3）池壁浇灌混凝土时，从池壁的某一点开始浇灌，形成两个混凝土面，要求两个施工面均衡发展，任何一个混凝土面的停滞时间都不得超过混凝土的终凝时间，以防产生混凝土冷缝，而影响抗渗效果。浇筑混凝土的入模自由倾落高度若超过 1.5m 时，采用串筒、溜管等辅助工具将混凝土送入，以免造成石子滚落堆积现象。模板窄高、钢筋较密不易浇筑时，从侧模预留口处浇筑。

4）新旧混凝土结合面处理很关键。浇灌混凝土前，用与混凝土同等级的减半石子砂浆先湿润铺底，以利于新旧混凝土的结合。防水混凝土采用机械振捣密实，直到混凝土开始泛浆和不冒气泡为止，并避免漏振、欠振和超振，采用插入式振动器振捣。

5）保证混凝土原料及半成品符合要求，要求混凝土供应商提供混凝土原材的各种保证资料，混凝土试配报告，合格后方可选用。

6）防水混凝土的养护对其抗渗性能影响极大，因此，当混凝土进入终凝（约浇筑后 4～6h）即开始浇水养护并采用保水措施，养护时间不少于 14 天。

7）防水混凝土不宜过早拆模，拆模时混凝土表面温度与周围气温之差不得超过 15～20℃，以防混凝土表面出现裂缝。

8）防水混凝土工程的地下结构部分，拆模验收后要及时回填土，以利于混凝土后期强度的增长并获得预期的抗渗性能。

（4）预埋埋件的防水做法。用加焊止水钢板的方法，既简单又可获得一定防水效果。施工时，注意将埋件及止水钢板周围的混凝土浇捣密实，保证质量。

（5）池壁穿墙管的处理。在管道穿过防水混凝土结构处，预埋套管，套管上加焊止水环，要满焊严密，止水环数量按设计规定。安装穿管时，先将管道穿过预埋套管，并将范围找准，作临时固定，然后一端用封口钢板将套管焊牢，再将另一端套管与穿管间的缝隙用防水密封材料嵌填严密，并用封口钢板封堵严密。

四、大体积混凝土施工

烟囱、锅炉基础、汽轮机基座基础、磨煤机基础等均为大体积混凝土，其结构厚、形体大、钢筋密、混凝土数量大。大体积混凝土在凝固过程中水泥释放出的水化热很大，除了必须满足一般混凝土的施工要求外，还应控制温度变形裂缝的发生和发展。

1. 温控和防裂措施

为了有效地控制裂缝的出现和发展，必须控制混凝土水化热升温、延缓降温速率、减小混凝土的收缩、提高混凝土的极限拉伸强度、改善约束条件，实际施工中根据现场实际情况采取以下一种或几种措施：

（1）降低水泥水化热；

（2）提高混凝土的极限拉伸强度；

（3）大体积混凝土测温。

2. 浇筑措施

确保大体积混凝土基础的整体性，连续浇筑混凝土。施工时分层浇筑、分层振捣，同时保证上下层混凝土在初凝前结合良好，不致形成施工缝。

（1）基础平面面积小于 50m² 时，选用分段分层的浇筑方案。混凝土从底层开始浇筑，进行一定距离后回来浇筑第二层，如此依次向前浇筑各层。浇筑所用的方法，使混凝土在浇筑时不发生离析现象。混凝土浇筑高度超过2m时，加串筒浇灌。

（2）基础平面面积超过50m² 时，采用阶梯状斜截面推进浇筑。

3. 养护措施

大体积混凝土的养护主要为了保证混凝土有一定温度和湿度，主要通过浇水和覆盖相结合的办法。混凝土终凝后在其上浇水养护，在基础表面及模板侧面覆盖棉被保温，覆盖塑料布保水保湿，防止风干。在养护期间，定人定时进行测定混凝土温度，根据测温结果，调节保温层厚度，以保证混凝土内外温差不超过25℃，确保混凝土结构不出现温度裂缝。

大体积混凝土基础拆模，除应满足混凝土强度要求外，还考虑温度裂缝的可能性且混凝土中心温度与表面温度之差小于25℃方可拆除模板和保温层。

五、土方回填

主厂房基础采用级配砂石回填。首先回填锅炉房，再由汽机房依次向除氧煤仓间推进。回填分两次进行，第一次回填至基础承台上平，第二次回填承台以上部分。

主厂房的回填顺序原则上和混凝土的浇灌顺序一致。基础的回填工作穿插在基础施工期间进行，验收合格的基础分段、分层立即进行回填，按甲方和设计所要求的回填料进行回填，并保证回填土接茬的要求。在回填前，把基坑中的排水沟，用直径为5cm的碴石回填，做成盲沟，使其继续保持排水功能。

基础施工工程完成后，基坑回填前先进行基底处理。清除基坑底的杂物，且在边坡上口采取挡水措施，加固挡水埝，防止地表水流入基坑中，浸泡地基。经整体验收合格后进行回填作业。

回填程序采用纵向铺填顺序，以利于机械运作；横向部位空档采用人工小推车铺填。

分层回填，回填分层厚度按照设计要求，由自卸汽车运至基坑，成堆卸放，配以挖土机布置至基槽摊平，碾压机压实。取样测试，满足设计密实度（压实系数不小于0.94），再回填下一层。

六、主厂房建筑构件吊装方案

某电厂工程主厂房钢结构吊装主要采用轨道行走式平臂式起重机布置在汽机房内，沿B列纵向布置行车轨道（塔式起重机中心距B列5.0m），作为除氧煤仓间、汽机房钢结构和部分钢煤斗、汽机房B列轨道梁及屋架吊装的主吊机械；1台250t履带式起重机辅助吊装，主要负责C、D列一段钢结构的安装。吊装顺序为先由扩建端向固定端退吊完成。

C、D列煤仓间的钢煤斗在CD列钢框架吊装过程中采用平臂式起重机适时穿插进行。

汽机房的钢屋架采用两榀屋架组合成一个单元后吊装。在吊装每榀钢屋架前先将该跨的天车梁吊装完，然后立即进行该跨钢屋架的吊装，这样避免长时间吊装天车梁后造成A列柱的偏移。汽机房天车梁由平臂式起重机和250t履带式起重机，吊装就位。汽机房内的A1～A5列的运转层钢架由平臂式起重机退出前吊装部分，剩余部分待汽轮机基座施工后施工后，由40t汽车式起重机进入汽机房吊装就位。

集控楼上方的输煤栈桥由平臂式起重机退吊完成。

1. 钢结构厂房吊装

主厂房采用较好延性和韧性、轻质高强、抗振性能好的钢结构。

（1）除氧煤仓间钢结构的吊装。除氧、煤仓间钢柱分段吊装，先吊装好第一层并紧固，经验收合格后吊装第二层，其中 C、D 列柱要在焊接完成并经验收合格方可验收、吊装下一层。钢结构第一节柱找正完毕形成一单元后，柱底板与基础顶面之间二次灌浆，柱脚外露部分用混凝土浇筑保护。

第一段安装完，验收合格后可插入楼板的施工，并进行第二、三段的安装，方法同第一段，在吊装至煤斗层时插入钢煤斗的吊装和 B 列天车梁吊装。B 列的天车梁在除氧间结构吊至天车梁标高时（约第二段）吊装完成后进行吊装，天车梁吊起后直接放于牛腿上，找正后与牛腿固定。

（2）A 列的吊装。汽机房 A 列柱共分三段，逐段进行吊装。每层均扩建端吊装至固定端。汽机房内的 A1～A5 列的运转层钢架待汽机房吊装后由厂房吊装的主吊机械在拆除和退出前吊装部分，其余由 40t 汽车式起重机或 250t 履带式起重机进入汽机房内吊装就位。

2. 主厂房钢煤斗组合及吊装方案

C、D 列煤仓间的钢煤斗共有 6 个，煤斗的上部为圆柱体，下部为圆锥体钢煤斗支撑在 32m 层的钢梁上，钢煤斗单重约 67t。

钢煤斗按煤斗形状分一段锥体、二段筒体和支座节分别制作和吊装。

施工时当 C、D 列钢结构吊装到 32m 后，开始吊装钢煤斗。

吊装时首先吊装钢煤斗大梁，待煤斗大梁安装完毕后经验收合格，再将下段圆锥体挂在煤斗大梁上，然后逐段吊装上段圆柱体将其就位。

3. 天车梁吊装

汽机房的钢屋架在吊装前先将该跨的天车轨道梁吊装完，然后立即进行该跨钢屋架的吊装，这样避免长时间吊装天车轨道梁后造成 A 列柱的偏移。

4. 汽机房屋架吊装方案

汽机房跨度 34.0m，汽机房梯形钢屋架采用 H 型钢及钢檩条组成的有檩屋面系统。

根据同类型屋架施工经验，汽机房钢屋架按照组合单元的划分，两榀屋架组合成一个单元，即组成板凳式，每一个板凳上齐支撑后重量约为 45t。从扩建端向固定端，依次吊装就位。吊装机械选用 450t 履带式起重机单元式吊装就位。

汽机房屋架采用 4 点吊装，吊点必须对称设置，并且吊点设置在上弦、斜支撑的交点处；由于每榀屋架分两段制作，起吊之前两榀屋架连接的高强螺栓必须终拧结束。起吊之前验收屋架的起拱，起拱必须达到设计值要求方可起吊；每榀屋架吊装到位后必须两端紧固，将支撑安装就位，否则不允许吊装下一榀屋架。

5. 加热器平台施工

加热器平台的施工，由于考虑到汽轮机基座施工的影响，在汽机房吊装后由厂房吊装的主吊机械在拆除和退出前吊装部分，其余在汽轮机基座施工完后，由 40t 汽车式起重机进入汽机房内进行加热器平台的施工。汽机房平台采用钢柱、钢梁体系，钢主梁安装完成后，钢主梁、钢次梁安装完毕后，经验收合格可铺设现浇板底模。

各层平台板的现浇钢筋混凝土的浇灌可由混凝土泵车来承担。

6. 煤仓间跨集控楼输煤栈桥吊装方案

集控楼布置在两炉之间，输煤皮带通过栈桥从主厂房固定端进入煤仓间，因此连接两台机组的输煤栈桥横跨集控楼上方。按照组合单元的划分，栈桥分成 2 个桁架、桥面梁、屋面梁及上弦下弦进行吊装。

输煤栈桥组合机械为 50t 履带式起重机，吊装机械采用厂房的主吊机械或 450t 履带式起重机就位。

钢桁架的分片分段组装在钢结构加工场进行。然后用 20t 平板车将组件运至现场。先将钢桁架组合成一个平面整体，然后再将两榀平面钢桁架用上、下水平钢支撑来连接组合在一起形成空间桁架。在起重机工作半径内采用起重机的主钩、副钩进行八点绳索绑扎安装作业，绑扎点对称设置。钢桁架、钢支撑扶直及吊装时，为保证侧向稳定采用木方加固。整体钢桁架吊装就位后再用 250t 履带式起重机将全部剩余支架吊装就位。然后进行桥面现浇钢筋混凝土板、桥体封闭及水、电等内部装饰工程的施工。

七、主厂房各层楼板施工

汽轮机运转层、煤仓间各层楼面、除氧煤仓间屋面均采用钢梁＋现浇钢筋混凝土楼板组合结构，汽轮机中间层平台、除氧间各层楼面采用钢格栅板＋水平支撑（局部为现浇钢筋混凝土楼板）。

1. 现浇混凝土楼板施工方案

主厂房各层楼板从下到上依次施工，钢结构验收合格后即可支设混凝土楼板的临时支撑。楼板的支撑以扣件、脚手管及木方子组成。模板铺设好后，开始绑扎钢筋。钢筋加工配制完成，经检验合格后拉至现场，用起重机将钢筋吊至临时操作平台上，再进行局部绑扎。

楼板上的设备基础和支墩采取二次施工，即在楼板混凝土施工时在相应位置预留插筋，插筋（φ6）间距 200mm，插入混凝土 100mm，预留 100mm，楼板施工后在上面二次支模浇筑混凝土。

混凝土浇筑顺序为每层楼板进行一次性浇筑，浇筑方向从一侧开始。混凝土浇筑采用罐车运输、泵车浇筑（泵车达不到的地方考虑接泵管）的方式。振捣人员要求有丰富的混凝土施工经验，不得过振、漏振，各层板顶预埋件下部要振捣充分，防止埋件下部出现空鼓。

2. 压型钢板底模混凝土楼板施工方案

汽机房屋面及过桥楼板均为压型钢板做底模的现浇混凝土结构板。

（1）压型钢板底模的施工。

1）施工前绘制压型钢板排板图。

2）在压型钢板铺设前，清理钢梁顶面，并对有弯曲和扭曲的压型钢板进行矫正。

3）钢梁顶部上翼缘不涂刷油漆。

4）铺设压型钢板，既可作为浇筑混凝土的模板，又可作为工作平台，在板上直接绑扎钢筋，浇筑混凝土，为了保证工作平台的安全，必须保证板与板，板与梁焊牢固定。

（2）楼板的混凝土施工。混凝土浇筑顺序为每层楼板一次性浇筑，浇筑方向从一端向另一端推进。混凝土浇筑采用罐车运输、泵车浇筑（泵车达不到的地方考虑接泵管）的方式。振捣人员要求有丰富的混凝土施工经验，不得过振、漏振，各层板顶预埋件下部要振捣充分，防止埋件下部出现空鼓。此外，由于混凝土楼板厚度较薄，尽量采用平振的振捣方式。

八、汽轮机基座的施工

汽轮机基座与主厂房上部钢结构吊装同时进行，其垂直运输可利用平臂式起重机作为钢筋、模板运输的主要吊装机械。

汽轮机基座是一个比较复杂的混凝土基础结构，体积、工序多、工艺复杂；基础预埋件、预埋螺栓、预埋套管等数量大，且施工精度要求高；运转层是上部结构的核心部分，平面结构标高参差不齐，应加强测量控制；运转层以下柱子高度相对较大，需采取得力措施控制混凝土浇筑质量；因为机座外露混凝土在浇筑完成后不再有表面装修，所以对混凝土的外观质量有较高的要求；底板、柱子和运转层平台混凝土体积较大，需按照大体积混凝土施工。

汽轮机基座分五步施工，第一步施工到基础底板上平，第二步施工到首层框架柱顶，第三步施工到首层框架梁平台，第四步施工到运转层框架梁底，第五步施工到运转层平台。

1. 测量放线

利用主厂房控制网，放出汽轮发电机纵轴中心线、发电机中心线，经四级验收合格后，方可作为汽轮机基座施工基准线。高程控制点由方格网控制点高程点引入。

2. 支撑系统

汽轮机基座平台及纵横梁、柱均采用钢管扣件式普通脚手架，脚手架搭设成满堂红式，梁底立杆间距为 600mm，板底立杆间距为 1200mm，步距为 1200mm。整个脚手架在底端之上 100～300mm 处一律设纵向和横向扫地杆，并与立杆连接牢固，每个拐角处均加斜拉撑，在直线段外侧每间隔 6.0m 加一道斜拉撑，在脚手架中部设置剪力撑，斜撑和剪力撑用万能扣件和普通脚手管连接。

在汽机房固定端和汽机房中部处均搭设折返式步道，坡度为 1：3，宽度为 1.2m。步道满铺脚手板，在脚手板上每 300mm 钉一道防滑条。步道两侧搭设防护栏杆，每隔 2m 加设一道立杆。步道两侧用 250mm 宽脚手板作为踢脚板，并用 8 号铁丝和立杆绑扎牢固。整个步道满挂立网，只在操作平台上留出入口。

在汽轮机基座四周搭设环行步道和上料平台，步道宽度为 2.4m，上料平台宽 4m，外侧用 250mm 宽脚手板作为踢脚板，设置两道防护栏杆，并挂立网。

3. 钢筋工程

基座柱钢筋连接均为直螺纹套筒接头，施工时先在地面进行一端连接，另一端在施工部位拧紧，套管应戴在下层钢筋的上端。梁钢筋，部分难于穿绑的，采用现场直螺纹连接，其余均为碰焊连接。钢筋水平运输采用平板拖车，柱、板墙的钢筋垂直运输采用 30t 平臂式起重机满足。

箍筋的接头应交错布置，在纵向筋上，箍筋转角与纵向钢筋交叉部位绑牢，绑扣相互间成八字形。

钢筋绑扎的注意事项如下：

（1）绑扎钢筋时，不得碰撞埋件。

（2）设计图纸对各部位钢筋保护层都有明确要求，施工时要严格按图纸要求垫好混凝土垫块，确保钢筋位置准确。

（3）如果框架梁及纵梁外侧有钢丝网，施工人员应注意在绑扎梁底钢筋时，预先将钢丝网摆放好，梁绑好后，将钢丝网和梁箍筋绑好。

4. 模板工程

（1）支模方案。汽轮机基座上部结构施工用模板全部采用 15mm 的玻璃钢复合清水竹胶板，外钉木方子组合成定型大模板施工。

柱子模板加固采用对拉螺栓、背棱槽钢和脚手管、50mm×100mm 木方子围檩的联合加固系统；运转层平台梁底模采用钢管脚手架支撑，在钢管上沿梁纵向铺设 100mm×100mm

木方子，梁侧模用对拉螺栓、钢管围檩加固，沿梁长度方向设上下两层斜支撑；对拉螺栓、围檩、槽钢柱箍、支撑等的间距一律经计算后确定。

（2）梁模板支设。梁底用可调支托做支撑点，先在立杆上放可调支托，抄平后铺100mm×100mm木方子，间距600mm，本层木方子上铺100mm×100mm木方子，间距250mm。

（3）板底模板支设。板底模板支撑在脚手架体系上，脚手架横杆标高为板底标高减去模板厚度和100mm，先在脚手管上铺100mm×100mm木方子，间距为250mm，再将木模板钉在木方上。

为了不让对拉螺栓影响混凝土的外观质量，在对拉螺栓的两端紧贴模板处加塞型垫，拆除模板以后将垫从表面剔凿出来，然后割掉对拉螺栓，用高标号水泥砂浆填平压光。

板墙模板支设方法同柱子模板。

5. 埋件、螺栓的制作和安装

埋件的制作与安装。首先根据施工图纸统计出埋件工程量，钢板类埋件用切板机下料，型钢类埋件用无齿锯下料，大型钢管预埋，端口打磨平整。钢板类、扁钢类埋件采用T型焊，角钢埋件用贴角焊，焊缝饱满，无气孔、加渣、焊瘤、咬口等现象。为使埋件与模板贴紧，在埋件上边缘打12mm孔，柱、梁侧埋件安装要根据施工图纸位置，在钢筋上用石笔画出中心线，将埋件临时固定在钢筋上，支模板时，先在模板上于埋件螺栓的位置上钻12mm的孔，将螺栓穿入孔中，将螺母拧紧使埋件使埋件固定在模板上。安装板顶、梁顶埋件时，先根据埋件在施工图上的位置放好，然后用水准仪测量埋件顶面标高，调整好后，用电弧焊将埋件锚筋和梁箍筋、板上皮筋点住。

埋件制作安装注意事项如下：

1）严禁用火焊切割板材，截面尺寸较大且无法使用无齿锯的型钢，可先用火焊断料，然后用砂轮将断料处磨平；

2）埋件制作完后，要抽样试验合格后方可出厂使用；

3）固定埋件螺栓的垫片为40mm×40mm钢板，中间钻直径为12mm的孔。

4）预埋螺栓和预埋牛腿安装。

螺栓的安装、检查验收使用同一台校验合格的水平仪和同一把校验合格的钢尺，螺栓调整时用0.5mm钢丝挂好轴线，轴线要随时校验，在混凝土浇筑时要设专人随时检查螺栓的标高和位移情况，发现问题及时解决。

混凝土浇筑7天后可以拆除螺栓钢架，拆除顺序为先拆固定螺栓面梁再拆框架钢梁后拆钢柱，拆除螺栓面梁使用火焊时严禁割伤螺栓，起下槽钢时不得损伤螺栓丝扣，面梁拆下后在预埋螺栓丝扣处涂抹一层黄油并拧上螺帽，最后用塑料薄膜包裹用22号铅丝绑扎好。

汽轮机基座根据图纸设计设有预埋螺栓套管和预埋螺栓，为了保证预埋螺栓的位置准确，采用刚性支架进行固定。

采取固定架焊死在预先预埋在第一次浇灌混凝土中的型钢柱上，固定钢架采取单件安装现场焊接，钢柱、钢梁的安装、桁架的立杆、斜撑、短件可借助30t平臂式起重机或70t塔式起重机垂直运输至施工平台由人工安装的方法。安装顺序为先装钢柱后装钢梁再装立杆和斜撑，整体钢架安装完后再安装槽钢面梁和拉撑。

在梁底做木塞固定套管底端，上端固定于面梁上，在面梁上打孔，四面焊4个M10的顶丝来调整套管的水平位置，位置调整准确后把顶丝点焊住。

面梁安装好后在梁上放线定出螺栓位置，用火焊割出螺栓孔，孔的直径比螺栓直径大10mm，然后安装螺栓。螺栓安装时先用自带螺母临时固定在面梁上，螺栓的具体定位采用顶丝调整、固定板固定的方法，在面梁上螺栓的四面焊4个顶丝调整螺栓的水平位置，螺栓调整时先调整标高，标高通过螺栓自带螺母调整，标高调好后再调整水平位置。螺栓的标高和水平位置均调整好后，在螺栓下端用角钢做固定架焊接连接来保证螺栓垂直度。固定架按螺栓的排列方向设置，固定架两端设法与钢柱连接，中间用与上端面梁连接以增加固定架的刚度，用水平尺找好螺栓的垂直度后，把螺栓下端与固定架点焊住，为防止混凝土浇筑时螺栓中间变形，在螺栓中间用双道角钢连接成整体，所有连接处均采取焊接连接。

6. 混凝土工程

混凝土浇筑采用2台汽车泵和1台地泵、5辆罐车进行。泵车平行布置于A列外，铺设泵管进行浇筑。

封完模板后行基座的整体验收。基座的整体验收包括基座的中心线验收、基座的预埋大型螺栓中心线和标高的验收，以及基座的外形尺寸和预留孔洞位置的验收。在进行基座的整体验收时，建筑、汽轮机、电气、热控及有关部门都必须参加。全部合格后交甲方和监理验收。甲方和监理验收合格后方可浇灌混凝土。

汽轮机基座施工采用现场搅拌站集中搅拌，罐车运输，泵车浇筑的施工方案。

混凝土浇筑完成后、表面用木抹子找平、压实，不少于三遍，并在终凝前压一遍。混凝土采用自然养护，在混凝土浇筑完12h内用麻袋片、岩棉被覆盖在混凝土表面，并浇水养护28天，每天浇水次数保证混凝土表面处于湿润状态。柱、梁侧模板在混凝土强度达到70%后方可拆除，梁底、板底模板在混凝土达到100%后方可拆除。柱子模板拆除后包裹塑料布养护。

九、主厂房封闭施工

主厂房内墙和1.2m以下外墙，集控楼、网络继电器楼等采用加气混凝土砌块，汽机房、除氧间、煤仓间外墙从1.2m标高以上均采用保温型镀铝锌彩色压型钢板围护。

1. 加气混凝土砌块砌筑施工

(1) 砌体砌筑前准备。

1) 砌体砌筑前同样对已完成的梁板面应先进行轴线放样和找平，当厚度小于2cm时，采用水泥砂浆找平，当厚度大于2cm时应采用细石混凝土找平，严禁边砌筑边找平。

2) 根据砖的实际厚度和层高及砂浆允许厚度先确定单皮砖，以确定皮数杆和皮砖厚度。

3) 砌筑砂浆严格按照设计要求，并按现场实验室根据试配出具配合比执行。

(2) 砌体砌筑。

1) 填充墙砌筑时，底三皮和上三皮砖要求采用实心砖砌筑，窗台或洞口边缘也应砌筑实心砖，非120mm墙的加气混凝土砌块填充墙与120mm墙实心砖交接时，填充墙在交接的370mm范围内也应砌实心砖。

2) 第一皮砂浆和最后一皮砂浆以及卫生间、180mm以内砌筑砂浆和与混凝土柱、墙交接的竖向灰缝均要求采用水泥砂浆砌筑。

3) 填充墙最顶一皮砖应采用斜砌，斜角采用75°角，并应采用"挤、推"方法砌筑，顶皮砖砌筑时也可以在砌筑7天后再砌筑，以减少墙体收缩出现裂缝。

4）砌体过梁、木砖、铝合金固定点间距应在规范要求范围内结合加气混凝土砌块模数确定。

5）墙体拉结筋预埋间距应考虑到填充墙的模数，严禁预埋错位后再急弯就位，在设计认可条件下，拉结筋建议采用带肋冷轧钢筋，以克服预埋后圆钢端头调弯钩的困难。

6）穿墙水电管道或箱槽，在砌体砌筑过程应先预留或砌筑时直接走空心同时预埋，无法直接预埋或预留需打槽的应采用切割做法开槽，严禁直接敲打。

7）填充墙加气混凝土砌块砌筑时的灰缝、平整、垂直的要求与砖混结构相同，加气混凝土砌块砌筑在无施工困难情况下，宜竖砌。

2. 压型钢板围护

汽机房、除氧煤仓间均采用压型钢板围护，墙板采用吊篮在墙架梁外侧安装的形式。

封闭采取除氧煤仓间与汽机间同时施工的方式。除氧煤仓间，B列→C列→D列（包括墙架梁及檩条）。汽机间，先封闭汽机房屋面，再封闭A列，最后封闭扩建端。

具体作业顺序为：

（1）板材的垂直运输。墙板采用滑车及钢丝绳并用专用钓钩利用人工吊至安装位置，直接安装就位。地面的板材应按照安装位置就近整齐码放，并用铅丝随时绑扎。

（2）吊篮的挂设及负荷试验。上吊点安装后，吊篮应采用卷扬机将钢丝绳吊至上吊点位置，挂设牢固后穿挂手扳葫芦，并用铅丝将手扳葫芦钓钩绑扎，防止钢丝绳脱钩。采用手扳葫芦将吊篮起升至距地面100mm位置进行负荷试验，试验荷载为600kg，静止10min，扳动前进及后退手柄进行升降，检查吊篮各部分及上吊点的安全可靠性，无误后可投入使用。

（3）防坠落设施。为了防止施工吊篮操作失误时坠落，施工吊篮采用如下的措施：吊篮每个吊点采用两套防坠落安全器，或一套安全器一套采用绳卡代替。每个吊点采用两套相同钢丝绳。提升吊篮时应将安全器一直放置在操作位置上方。保护绳不能过于松弛，应随时调整。同时两吊点应起升一致，不得相差过大。吊篮承受荷载应严格控制，不得超重。吊篮另采用两根棕绳作三级保护。

（4）防触电措施。为了防止钢架带电后损伤钢丝绳，吊篮上吊点应采用橡胶板同钢丝绳绝缘。使吊篮成独立体系。使用的电源应有合格的漏电保护器，并随时检查电源线破损情况。

（5）吊篮的临时固定。安装用吊篮在人员下班后应放置在未安装板材的位置，并用铅丝或钢丝绳绑扎在檩条位置。

（6）人员上下吊篮设施。人员上下吊篮应在施工后将吊篮停在便于人员上下位置，并用铅丝绑扎后施工人员挂设安全带后从吊篮下来。这样也便于上班时上到吊篮。

（7）防板划伤措施。为了防止吊篮划伤板材，吊篮内侧应采用棉纱布将角钢包住，防止吊篮划伤板材。运输用吊架及手推车应用同样的办法处理后才能投入使用。为了防止顶板划伤，施工人员必须穿胶底防划鞋。同时不得在顶板上拖动其他材料。安装除氧间墙板时应将汽机房顶板做相应保护。

（8）找正措施。顶板安装前应采用钢尺校核结构的尺寸，并放基准线后方可进行顶板的安装。安装的同时应间隔3～5块板材进行调整一次，保证板材安装的准确性。墙板的安装应采用线坠及经纬仪共同找正，经纬仪进行上下通长的找正。线坠进行局部或单张板材安装时的找正。

十、集中控制楼施工

集中控制楼采用5层钢框架钢结构，为给电热专业设备安装提供充足的施工时间，集控楼基础出零米之后开始钢结构吊装。

集中控楼结构安装采用250t履带式起重机吊装，钢柱共分二段，采取分段吊装的方式。由于集控楼伸进煤仓间，因此集控楼靠近煤仓间侧钢结构应在跨煤仓间输煤栈桥吊装前完成该部位钢结构吊装。

十一、烟囱施工

某电厂工程设计为两台炉合用一座双内筒集束烟囱，地基为灌注桩基，已由桩基施工单位施工；由于烟囱基础埋深较深，在土方开挖前应做好施工降水；混凝土外筒体施工采用电动提升模工艺，钢内筒施工采用气顶方案，为保证施工质量，采用30kg线坠辅助激光找正的工艺配合施工。

1. 测量定位（含沉降观测）

根据设计要求，首先放出 X、Y 轴两条线，中心交点即为该建筑中心（三个中心点），校核无误后，在中心埋件上将中心点镶上铜丝，作为圆形构筑物基础施工的依据。中心十字线及圆心用红油漆标示。

基础施工还需施工出以下几条控制线，作为基础施工时模板、钢筋及基础外形尺寸的控制线：

(1) 圆板式基础支模半径。

(2) 筒壁竖筋半径。

(3) 上部结构柱插筋位置。

2. 降水

基坑采用集水井明沟排水降水方式，排水沟尺寸宽 300mm、深 400mm。在烟囱基础四周设 4 眼集水井，集水井均匀布置。

3. 挖土

采用 2 台挖掘机挖土，5 辆自卸汽车运土，人工修坡、清槽的方案，开挖深度至设计标高以上 200mm。然后采用人工清槽至设计标高，以避免机械开挖扰动原土层。基坑边坡留置为 1:2。开挖从北向南。在一侧留一 4m 宽坡道，坡度 1:8，作为施工的运输通道（用于基础回填和基础施工）。

4. 烟囱基础施工

基础施工分两步进行，第一步进行圆板基础的施工，第二步进行筒壁基础的施工。

作业程序为圆板式基础→上部环基→回填土→停止排水。

(1) 基础垫层。挖土后，经建设单位、监理工程师、设计人员验槽合格后，方可浇灌垫层混凝土。垫层浇灌范围大于基础外边 100mm。要求垫层严格按灰线支设模板，保证垫层圆弧。垫层混凝土要求随打随抹光，保证垫层标高及表面平整，不允许出现表面露石子等现象。

垫层施工时，为了承台模板根部的加固，沿圆周插设 $\phi16$ 钢筋短头（外露长度 50mm，间距 1000mm）。在圆心位置下 100mm×100mm 埋件，打完垫层后，把烟囱中心固定到埋件上。

(2) 确定基础钢筋定位措施。工程的钢筋在现场加工制作，现场绑扎成形的施工方案，钢筋在下料前要检查钢筋的出厂合格证及钢筋批次是否对应，并有试验室提供的复试合格报告。钢筋运料采用 50t 履带式起重机配合拖拉机挂自制板车运至现场，人工抬入基坑。

1）钢筋的连接形式有闪光对焊、直螺纹、搭接焊和绑扎接头。

2）钢筋绑扎定位。

a）钢筋绑扎顺序为底板筋→环向钢筋→马凳→内侧筒壁竖筋→马凳→内温度筋→根据钢筋位置半径进行找正。

钢筋按绑扎顺序，由加工场用拖板车运至现场，钢筋在运输过程中注意不要碰掉标识牌，并在基坑边上分类垫高码放。长料需多人抬时，要有听从统一指挥，步调一致，注意安全。

绑扎时先排好钢筋绑扎顺序，防止出现绑扎困难或返工现象，造成延误工期。烟囱底板钢筋绑完后，先立上层筋马凳（马凳代替部分温度钢筋），马凳沿圆心辐射状布置间距约 1.45m，马凳之间采用 φ14 钢筋连接牢固，以防倾覆伤人。然后摆放基础上钢筋，骨架成型后，开始整体绑扎。需采用搭设脚手架固定的钢筋，用上口半径和垫层上钢筋确定钢筋位置点，骨架成型后，把筒壁竖筋按间距和垫层线位置也固定在脚手架上，从门洞口一侧沿逆时针方向按 25% 接头四个为一组一次错开，然后绑扎上部钢筋、温度筋和侧壁钢筋，最后绑扎环壁钢筋。等基础钢筋成型后，再拆除脚手架。绑扎时严格按垫层上的钢筋线控制钢筋位置。

b）钢筋绑扎注意事项。

① 钢筋在绑扎过程中，要求平直，弧度准确，间距均匀（间距提前用粉笔分划出来），数量准确，绑扎牢固，绑扎成型后再仔细检查、核对，满足要求。最后清除钢筋施工过程中遗留下杂物和钢筋上的泥土、锈渍。

② 钢筋绑扎使用钢筋钩，绑丝要用专用工具切成，切时要一次切成，避免有毛须，影响绑扎质量，并容易扎伤手，切绑丝的长度要根据钢筋的直径计算，不能过长和过短。绑扎时所有的钢筋相交处都要绑，且不能有漏扣和松扣现象，钢筋绑扣不可均朝一个方向，要成八字扣。搭接接头要满足搭接长度要求，绑扎时不少于 3 扣。

③ 基础底板钢筋严格按图纸尺寸、位置绑扎，绑扎使用 22 号铅丝，每扣不少于 3 根。保护层垫块要提前预制，保护层垫块用与混凝土同配合比砂浆制成，并预埋好绑丝，绑在钢筋上垫块要垫实绑牢，避免在钢筋受扰动时或打混凝土时掉落出现漏筋现象。

④ 施工脚手架立管不可埋入混凝土内，底部用 φ28 钢筋插进脚手管顶住立管。

⑤ 为防止踩踏斜坡钢筋，绑扎基础斜坡钢筋时应铺上脚手板进行绑扎。

⑥ 绑扎钢筋时，注意预埋件、预埋管、人孔门洞、和烟道口位置，不得碰撞移动。

⑦ 所有水平施工缝均需设置插筋，插筋采用 φ8 钢筋，长度为 600mm，上下各 300mm，纵横间距均为 200mm。

⑧ 烟道口加强筋、筒壁竖筋、施工洞口的斜插筋，按垫层上预先放好的钢筋控制线绑扎，保证预留钢筋的位置、规格、数量准确。为保证筒壁竖筋在基础预埋的位置不被碰动，应提前上下绑扎两道环筋固定，以后施工不合适时再解掉。

（3）防止模板变形的措施。在基础施工中采用定型钢模板与木模板相结合的方法支设。

1）配模。首先应提前挑选好模板，选用表面平整、边角整齐、肋板齐全、无歪斜和变形的模板，严禁使用凹凸不平、变形及有锈蚀的模板，挑出的模板修整——用角膜砂轮把表面的油污、锈迹、油漆打磨干净，用干净布擦洗干净，表面打磨经检查合格后可涂刷脱模剂，码放整齐做好标识备用。

木模板提前加工，内侧压光，与钢模一起按配模方案分组，在穿螺栓处打眼，方便与钢模连接。支模前钢模板表面涂刷隔离剂，支模时模板缝相互错开，模板接缝处必须满打卡子。为保证模板接缝严密，在模板缝之间加垫海绵条，与模板缝的内沿平齐。基础承台模板支设采用里拉外顶的方法加固，模板严格按垫层线支设，下口加固利用 $\phi16$ 钢筋头及木楔子加固。模板外侧加固围檩采用脚手管弹弧，要求弧度必须准确，支撑利用在基坑坡角打钢管桩加固的方法，沿坑边每 5m 打一根，然后用脚手管相连，加固钢管通过连接钢管对模板进行加固，水平间距 1m，使外侧加固管连成整体。

2）支模。基础承台模板支设采用里拉外顶的办法加固，模板严格按垫层线支设，下口加固利用 $\phi16$ 钢筋头及木楔子加固。模板外侧加固围檩采用 $\phi25$ 钢筋弹弧，对拉螺栓 750mm×750mm，每个螺眼位置布置两根，沿基础周长布置，钢筋外侧使用 $\phi48×3.5mm$ 脚手管做背楞，内楞采用弹弧钢筋，方向与钢模板垂直，间距 500mm，外楞与模板平行设置，使用双根脚手管，对拉螺栓通过 3 型扣件与外钢楞连接，对拉螺栓应绷紧、不得松动和塌腰。要求弧度必须准确，顶撑利用在基坑坡角打钢管桩加固的方法，沿坑边每 3m 打一根，然后用脚手管相连，基础模板加固采用 $\phi12$ 对拉螺栓和钢管，对拉螺栓应根据组装模板几何尺寸下料，对拉螺栓顶头应与模板面平齐，通长对拉螺栓保证绷紧平直，螺栓头与模板贴紧后再把另一头焊接牢固。对拉螺栓与连接钢筋、连接钢筋与桩头根部钢筋搭接焊，注意焊接质量，不得出现咬肉现象，连接钢筋在焊接前必须调直。

上部环基模板支设同承台模板，内外模均采用脚手管加固，环基采用三道 $\phi16$ 对拉螺栓，木模对拉螺栓孔通过环基坡度和对拉螺栓间距实际放样打眼，木模与钢模板用钩头螺栓拧紧。环基上口用直径 14mm、长 950mm 的钢筋顶撑，保证上口尺寸大小，钢筋撑间距 800mm，环基根部预先在承台施工时埋设脚手管及钢筋短头加固，环基围檩里侧采用钢筋弹弧和外侧立钢管加固的方法，加固支撑通过连接钢管对模板进行加固，上下设三道，斜支撑与模板的夹角不得小于 45°，水平间距 1m，使内外侧加固管连成整体。

加固后的模板必须有足够的刚度和稳定性，利用中心仔细调整模板上下口半径。烟囱中心采用吊线锤的方法，搭设吊中架子把中心点引到脚手架上，根据半径尺寸通过拉大尺把模板内外口调准。由于钢筋绑扎、模板支设时间长，在混凝土浇灌前，必须将模板内的杂物和钢筋上的泥土、锈渍清理干净。

3）模板拆除。拆除时按先支的后拆，自上而下的原则，拆模时严禁用大锤和撬棍硬砸硬撬，以免损伤混凝土外观。拆下的模板、配件、脚手管，严禁抛扔，要有人接应传递，按指定地点堆放，并做到及时清理。倒运至模板场进行维修、保养，清除黏结的灰浆，分类码放备用。卡子、螺母在拆模时由专人及时清理装袋，避免乱扔。

钢筋、模板施工完成后，施工班组先进行自检，然后报项目部工程部进行三级验收。验收过程中，对不合格的地方及时整改，最后填写钢筋、模板工程报验单，报监理公司验收，对监理提出的意见认真做好记录，及时调整、改正，通过后进行下一道工序施工。

（4）基础混凝土。

1）施工安排。基础施工分两步进行，第一步进行圆板基础的施工，第二步进行筒壁基础至 0m 的施工。

烟囱圆板基础为大体积混凝土施工，混凝土浇筑配备2台泵车（其中1台大臂杆）同时从中点向边缘分层进行浇灌，6辆灌车运输混凝土，确保基础混凝土不留施工缝。内筒采用大臂杆和接地泵管浇筑。

基础筒壁混凝土采用一台泵车浇灌即可，运输使用两辆罐车。浇灌时注意分层进行，集中一点浇灌容易造成局部涨模。

拆除模板后，基础承台四周外表面及时涂刷防腐涂料。

2）烟囱大体积混凝土浇灌。为防止基础混凝土出现裂缝，对大体积混凝土施工采取了一系列措施。环基斜坡浇筑一次成型，混凝土外露表面要在混凝土初凝前用木抹子搓平、压光，如混凝土表面浮浆过多，应铺一层干净的石子，压入砂浆中，基础表面压进100mm，靠近模板边位置压入深度为300mm，并把周围浮浆清走，防止基础拆模后造成上表面麻面和表面裂缝，如发现异常应及时采取措施，然后再搓平压实、压光，铁抹子最少压4遍。模板两侧上表面的浮灰随压面随清理，保持模板表面光洁。并在混凝土终凝前随时检查混凝土表面有无裂纹，随时发现随时压实。

3）施工缝的留设和处理。烟囱基础混凝土环板和环壁位置设置一道水平施工缝，环壁混凝土浇灌前必须保证已浇混凝土的抗压强度应不小于 1.2N/mm^2，然后将施工缝表面水泥浆膜、松动的石子及垃圾清除干净，用錾子凿毛，并浇水充分湿润，用水浸润不少于24h，但不得留有积水。筒壁竖筋上的水泥浆也应清除干净。混凝土施工时，应先在施工缝处打与混凝土同配比的砂浆100～150mm厚，混凝土在浇筑时对施工缝处着重振捣，使新旧混凝土紧密结合，从而保证混凝土的施工质量。

4）混凝土养护和测温。烟囱基础承台压完面后，上面覆盖塑料薄膜和岩棉被进行保水、保温养护，使混凝土表面不失水，控制混凝土内外温差不超过25℃。为有效监控混凝土内外温度，在混凝土内部及表面（50～100mm）埋设测温导线，使用建筑电子测温仪测温，随时掌握混凝土内外温差，测温点沿烟囱圆周均布六点，每点布置三根导线，分别在底（垫层上200mm）、中、表三个地方，并做好保护，按编号做好测温记录。混凝土浇灌完后12h后开始测温，以后每4h测一次，12天后每天测两次，养护期不少于28天。并设专人对混凝土的温度变化情况，定时测温，昼夜进行监视，做好测温记录。当发现混凝土内外温差接近25℃时及时加强外部保温，使温差控制在允许范围内。当基础混凝土的温度趋向稳定后，可拆除基础模板。

5. 基础回填

（1）回填。基础回填前，要将模板拆除干净，并将对拉螺栓切掉，清理基坑内的扣件、模板卡子、木块等杂物。

（2）避雷接地极。在回填时，把烟囱避雷接地网同时做好，接地电阻实际测量合格后，再回填至室外地坪标高0m。

6. 外筒壁施工

外筒壁施工共分二个阶段进行：筒身9m以下采用搭设满堂红脚手架，无井架悬挂式三脚架倒模施工；9m以上采用电动提升模施工。

（1）9m以下。9m以下施工采用无井架悬挂式三脚架倒模施工方法。

模板采用1.5m高定型钢模板，4节模板向上翻，对拉螺栓直径M12，模板间的收分靠收分模板自身调节，三脚架之间的间距不得大于1.2m，围檩采用$\phi22$圆钢，半径调整采用花篮螺栓完成。

为加快施工进度，烟道口以下筒壁施工的垂直运输采用50t汽车式起重机，烟道口以下筒壁混凝土采用汽车泵浇筑混凝土，罐车运输。烟道口以下烟囱施工人员上下可以由筒壁外侧步道上下，步道搭设的宽度为1200mm，休息平台宽度为1000mm。当电动提升装置安装就位投入使用后，垂直运输主要由双笼电梯负责，50t汽车式起重机车退出烟囱区。

（2）9m以上施工。9m以上施工采用电动提升模施工方法，电动提升系统外圈为提升架与操作架，里圈为施工平台。该系统的升模原理是：在烟囱下部已施工的筒壁上等分布置操作架及提升架，操作架与提升架通过滑道及滚轮嵌套滑动配合，通过电动机、提升丝杆及提升螺母等与提升装置连接。操作架和提升架与轨道交替锚固、交替提升，从而带动操作架及施工平台由下往上逐层提升，进而完成烟囱上部各层施工。操作架顶梁上支设施工操作平台及提升架、天轮等设施，以供人员操作、材料垂直运输及施工布置，在提升井架顶部设有摇头扒杆，供运输钢筋和平台在中途改装时使用。

施工人员的上下由双笼施工电梯来承担。模板采用3节模板向上倒，上一层模板总是与下一层模板连接，这样能保证接缝严密，避免出现漏浆等影响外观质量的现象。烟道口以上的混凝土垂直运输由烟囱内部的吊笼来承担，水平运输由手推车来完成。

1）电动提升工艺流程。绑扎钢筋→支内侧模板→调半径→支外侧模板→打混凝土→松滑道绳、吊笼系统停止工作→提升架与操作架提升→拉紧滑道绳、吊笼恢复工作→拆最下层模板、模板打磨、倒运至上一层。

2）电动提升系统组装。电动提升系统利用50t汽车式起重机在地面进行组装。待筒身筒身施工到9m后开始组装，采用250t履带式起重机吊至施工面。组装前先在地面做负荷试验，合格以后方可在高空组装，在高空组装完成后仍需做荷载试验，试验合格以后才允许使用。

3）钢筋工程。烟囱钢筋的特点是工程量大、型号多、变化大，要特别重视施工质量，一旦发生错误，补救相当困难。为此，钢筋的制作必须按翻样的型号、尺寸、数量加工。环筋的弧度，均按其所在部位筒身弧度，提前加工成型，不得使用直筋绑扎。竖筋采用机械连接（具体按设计要求）。

a）钢筋的堆放及垂直运输。烟道口以下的钢筋主要依靠50t汽车式起重机来垂直运输；烟道口以上的钢筋运输使用电动提升系统的摇头扒杆运输，吊运到外操作架平台上，钢筋必须均匀堆放，随吊随用。不得集中堆放，以防平台产生偏载。

b）钢筋的绑扎。绑扎钢筋的顺序为先立竖筋，然后绑环筋。每节筒壁最上一道环筋应低于模板30mm。为保证钢筋平直和保护层的准确，每节应先绑最上一道环筋，并计算该节钢筋的半径，用钢尺拉准调好竖筋，然后再绑以下环筋。支完模板后用同样方法，在下一节模板顶处用环筋将竖筋固定。这样下一节的钢筋在浇筑混凝土时不易被移位。

竖向钢筋每1.5m配制一次，其根数为该断面总数的25%，并均匀布置在圆周上，竖筋接筋的原则是保证每个施工节不少于原设计标高要求的钢筋根数、规格和型号。当竖向钢筋需要减筋时，应对称减，减筋后应及时调整钢筋间距，使其均匀。当钢筋遇烟道口、信号孔时，可以切断，洞口加固筋按照设计要求布置。

c）钢筋施工中的注意事项及要求。采用摇头扒杆吊钢筋时，每次限重0.5t，先吊一圈外环钢筋和一圈内环钢筋，以便于固定竖筋，固定后再上竖筋，竖筋施工完以后再绑环筋，固定摇头扒杆的缆风绳要稳固，以防后倾。

4）模板工程。门洞口采用木模板、脚手管、100mm×50mm木方子支撑加固，烟道口采用木模与钢模相结合的支模方案，烟道口每节配一次模板。

配木模时必须实地放样，木模里侧光滑平整，不得有翘曲等现象。支木模时必须位置准确，缝隙严密，尤其阳角处理要符合要求，为使木模与钢模结合紧密，应采用螺栓固定，加固要牢固。

5）混凝土工程。烟道口以上筒壁混凝土70m以下采用地泵运输，70m以上采用电梯垂直运输。

a）混凝土的浇筑。混凝土浇筑前必须做好前台、后台的各项准备工作。每节混凝土的浇筑要求连续进行，一节模板内不得留施工缝。因此，混凝土浇筑时应从筒壁的一处为起点，同时分别向两侧进行，最后在一处会合完成浇筑。

为使混凝土表面美观，要求混凝土浇筑到与模板齐平，以使水平施工缝与模板水平缝对齐，然后用木抹子将混凝土面找平，最后用纱布将模板边擦干净。

b）施工缝的处理。烟囱筒身施工，每节高1.5m，因而施工缝较多，为了保证烟囱的整体强度必须做好施工缝的处理工作。

每浇筑一节混凝土后，用木抹子抹平，待混凝土初凝后用铁刷子在混凝土表面刷麻面，然后清除混凝土表面的水泥浆和松动的石子，并清扫干净。浇筑混凝土时，应先浇水湿润并应冲洗干净表面的浮浆及尘土，不得有积水。混凝土浇筑前应先浇一层与混凝土同标号的水泥砂浆，在施工缝处的混凝土要仔细振捣，使新老混凝土充分结合密实。

c）混凝土的养护。由于烟囱高度较高，风力大，为防止混凝土浇筑后施工缝处出现风干裂缝，应在混凝土上表面清扫干净后马上浇水养护。为保证混凝土外观质量和强度，在钢模板拆除后必须在内外壁马上涂刷养护液，该养护液在空中可形成一层薄膜，使混凝土表面不失水，保持内在的湿润。

d）混凝土浇筑注意事项：在浇筑混凝土时，应经常检查模板及三脚架、围箍等的情况，当有变形或松动时，应立即停止浇筑，并应在已浇筑的混凝土凝结前修整好；振捣棒的操作要做到"快插慢拔"，并应尽量避免碰撞钢筋、模板、预埋管、预埋件等；浇筑混凝土时，无论是泵送或是吊笼打混凝土，都应在浇筑处放一张铁盘与模板对齐，以防漏浆污染筒身。

6）施工电梯附臂。为了解决施工人员上下的安全问题，在烟囱内部设一台不带对重的新型电梯，可以一直到顶，施工电梯每6m与筒壁附臂一次。施工期间电梯应设专人管理，定期测量电梯的垂直度及斜度，确保职工的人身安全。施工筒身时，提前把暗榫埋进筒壁，要求位置准确。

7）找中方案。找中采用激光找中心和线坠吊中的双控方法。每5节用激光找中，其余用吊线坠的方法，达到双控的目的。电动提升模组装完以后，利用中心鼓圈吊线坠，吊线坠比较直观。线坠重50kg，为避免风荷的影响，把烟道口及施工洞口临时封闭起来。

8）电动提升系统的拆除。采用电动提升系统自身拆除的方案，拆除顺序为操作架与提升架→拆模平台→辐射架及钢圈→井架及中心鼓圈。

拆除操作架与提升架时，先用型钢把辐射梁系统支撑于筒壁上，使操作架与辐射梁平台脱开，然后用上部的2t卷扬机把操作架与提升架放至地面。里侧的拆模平台等零星设施利用上部的 2t 卷扬机及吊笼拆除，滑轮吊点固定在上部井架上。

拆除辐射梁时滑轮吊点固定在上部井架上，用 2t 卷扬机吊住一头从烟囱内部顺直放至 0m。所有附件拆除以后，只剩下中心鼓圈和井架，把一个吊笼升到顶部固定到井架上，然后用 8 个 5t 倒链慢慢把中心鼓圈与井架交替放至筒首下 2m 左右，利用钢丝绳吊住滑轮用自身的吊笼把它运至 0m。

9）电梯的拆除。电梯的拆除采用自身拆除的方案。电梯节可以利用电梯笼子顶上的小扒杆自身拆除，每次拆节以后需把限位开关重新装上，拆除附臂时利用电梯笼子用槽钢在上面做推拉式平台伸至筒身，然后在上面铺脚手板，人站在上面松螺栓及拆附臂。附臂拆完以后移至吊笼上放至 0m，这样逐步把电梯拆完。

10）航空色标带的施工。烟囱的航空色标随外筒一起施工，不再另做吊篮施工航空色标。在施工外筒时要做好防护措施，以防污染航空色标。航空色标施工应注意以下几点：

a）涂刷前应先把基层处理干净，然后才能涂刷。

b）涂刷时从上到下进行，以防污染已刷的油漆。

c）不得使用滚刷，以防油漆洒落，只允许使用刷子。每个小油漆桶必须带盖，以防吊篮升降时油漆洒落。

d）油漆涂刷时每班带多少用多少，下班以后油漆不允许留在吊篮上，吊篮升降过程中，油漆桶要盖好，以防油漆洒落。

7. 钢内筒及钢平台

（1）钢平台施工方案。烟囱外筒身与钢内筒间自上而下设置有 8 层钢平台，0m 至顶部的钢平台与钢平台之间设置有上、下钢扶梯及钢梯间休息平台。在每层钢平台上设有止晃件以阻止钢内筒水平向晃动（但不限制其竖向变形）。顶部平台为钢梁、压型钢板作底模的钢筋混凝土现浇板结构，并有防水措施。其余钢平台采用钢梁，上铺花纹钢板，在钢内筒外围形成连通走道。钢梁与钢梁之间采用电焊连接。钢平台原材料的材质按设计要求选用，电焊条型号根据母材选用。钢构件除锈防腐按照设计要求施工。

钢平台的组件制作在钢结构加工厂进行，然后采用卷扬机吊装就位在高空将各组件拼装形成各层平台。

钢平台安装在外筒壁施工完成后开始，垂直运输装置的布置是平台施工的关键，工程拟采取的方案为利用原有电动提升装置和新布置的卷扬机、小扒杆等形成垂直运输系统及操作平台，通过垂直运输系统将各部件分别吊运到设计的安装位置，拼装成平台。

其施工流程为准备工作→0m 层卷扬机布置→顶部小扒杆安装→小扒杆穿钢丝绳→最上层平台安装→二次井架→顶层部分平板及混凝土→3t 回转吊安装→二次吊笼安装→提升平台安装→下部各层（从上至下逐层进行）平台及以上钢梯安装→扫尾工作。

（2）钢内筒的安装。钢内筒为 60m 以下为自立式，以上为悬挂式结构，悬挂部分 60m 一段，每段悬挂于两层平台上，节间采用插口连接。根据此特点，钢内筒的安装拟采用等直径钢制高烟囱气顶倒装法进行，该方案具有安装速度快、安全可靠等优点。与纯自立式钢内筒烟囱不同的是需要先按照整体自立的方式施工，在钢内筒气顶到位后将吊点全部装好、吊挂在平台上，然后在分节处割开，然后安装插口。气顶法施工原理如图 2-1 所示。

气顶倒装法原理是利用钢内筒等直径的特点，按倒装顺序，先组焊内筒顶端，把顶端段组装到一定的高度后，上设临时封头，下设气顶底座，使在已组焊的内筒段与气顶底座构成一组可以伸缩的汽缸体。在气顶底座的底部有从气源装置进来的管道，气源装置能提供气压顶升必需的压缩，当一定参数的压缩空气通入后，根据密封容器内气体对周壁压强相等的原理，作用在筒壁四周的压力相互平衡而稳定。而作用在上封头的气体压力形成对筒体的向上顶升，当顶升力超过了包括上封头在内的筒体重量，并能克服钢筒内壁与密封环的摩擦力时，筒体便向上运行。当已焊筒体底口达到与后续筒节的连接处时，及时关闭进气阀，使筒体稳定在此高度，在它的下面组焊上后续筒节，然后再充气顶升，不断重复，直到筒体达到设计高度，最后拆除封头和气顶底座等施工附件，钢内筒便组装完成。

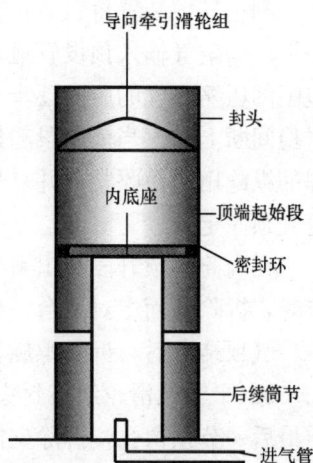

图 2-1　气顶倒装法原理图

1）设备预制。主要包括支撑梁、封头、气顶底座、螺旋轨道、组焊钢平台等。

a）支撑梁：支撑梁采用桁架结构，横跨混凝土上筒首，其下弦高出混凝土筒首 6.5m 左右，承重最后根据施工图纸验算而定，为了安装、运输、拆除的方便，需分段制作（单件重量小于 500kg）。主梁制作完成后按相应的规范进行验收，并以 1.25 倍设计荷载进行地面承载试验。

b）气顶底座：气顶底座设在钢内筒底部，高 11.5m，其外观似活塞，由出底板、活塞杆、活塞头、密封圈组成，并在活塞杆上设置 3 层内作业平台。要求头部制作椭圆度控制在 10mm 内，周长误差控制在 5mm 内，密封下撑板应与杆垂直，垂直度偏差不大于 3mm，下撑板圆度不大于 3mm，下撑板与底板平行度不大于 3mm，气顶底座安装时，垂直度控制在 1/2000 以内，中心偏差不大于 20mm。密封圈下撑板螺栓控根据角型密封圈配钻，气顶管道进出口等气顶装置就位后割制。

2）筒体板预制。钢内筒计划分 6m 一节，筒体板预制的过程包括材料的检验、排板放样、下料坡口、压头卷圆三个过程。

3）气顶钢内筒施工。由于支承梁安装于混凝土筒首，因此在混凝土筒身结顶时，要预埋 4 块用于安装支承梁支腿的预埋铁。螺旋轨道、焊接平台立柱需做基础。

施工准备前，根据基础坐标确定缸内筒底板及其螺栓位置，同时确定气顶底座位置，钢内筒底板就位，底板螺栓进行一次灌浆。利用电动升模系统的吊笼和扒杆支承梁部件提升至顶层平台，拆除电动升模系统。

在外筒的顶层的平台上搭设脚手架，利用 5t 倒链组装主梁及倒装支腿，并装上栏杆、滑轮组、临时避雷针、风速仪。然后穿好 $\phi26$ 跑绳，连接地面预先设计布置的 4 台 10t 卷扬机，要求支撑梁轴线偏离烟囱轴线不大于 10mm，滑轮组中心偏离内筒中心不大于 20mm。

利用支撑梁下来的 4 个 20t 滑子分别组对 1、2 号钢内筒筒首约 11m，先把预制好的钢内筒连成定段（第一节）6m＋5m 长的钢段（第二节），由顶至下 6.9m 处设置封头。并将两段提升至第二层平台处；气顶装置内筒运进烟囱并利用支撑梁下来的钢丝绳将其就位，在第二层平台的适当位置设置吊点，用 $\phi19.5$ 钢丝绳，穿滑轮，就位的下段 5m 长的钢段（第三节）；用支撑梁下来的钢丝绳再将第二层平台处的 2 段待顶钢内筒落下套在气顶内筒上，将第三节与之连接。

利用气顶装置将三节顶起至地四节内筒高度，气顶操作台有专人控制气阀及压力，从气源把压缩空气输入预设管道，再由气顶底座输入压缩空气，使封头与气顶底座之间被筒壁所包围的压缩空气的压力逐步上升。上升至此筒顶升所预计好的压力时，点动 10t 卷扬机使其平稳间断上升，当该筒段超过后续筒节的高度时，关闭进气阀，随后把后续筒节最后一条未焊的纵缝用葫芦收紧，并点焊住，然后组对将第四节与第三节下部焊接，如此做法直至钢内筒到顶固定。

在内筒已顶升段超出平台时，装上施工用导轮一组，每个内筒 4 个。内筒预升至最后一节时，拆除地面组对平台，最后一节预留一处让气顶管道通过。

气顶结束后，拆除螺旋轨道、焊接平台、焊接烟道、加强板，割开烟道。利用支撑梁和 46.50m 平台处滑轮组将封头和气顶底座分件从烟道口吊出。然后，拆除气顶管道，补完内筒最后一节预留孔，拆除支撑梁及吊索具，连接内筒与内筒底板，内筒底板螺栓二次灌浆，内筒检查、测试和验收。

二个钢内筒全部顶升完毕，并通过检查验收合格后才进行安装止晃点等工作。每层止晃点的槽钢在钢内筒正式顶升前，分别运至各层平台上，保温采用吊篮，用 2 台 5t 卷扬机起吊，分层保温。上料采用预留孔用 2t 卷扬机上料。钢内筒顶升及保温阶段，烟囱里边比较暗，每层需做临时照明。

十二、其他

1. 架构和支架施工

其他架构和支架主要包括烟道支架、一次风机、送风机、引风机检修支架等。

(1) 基础施工。钢筋混凝土基础的施工为一般常规方法，采用脚手管、钢模板、扣件组合支模法，混凝土浇灌使用罐车、泵车。

(2) 钢支架施工。钢支架采用加工场制作、现场组拼的形式，用 50t 汽车式起重机吊装就位。

2. 沟道施工

(1) 挖土清槽。基槽人工清槽后进行基底验槽，合格后立即进行垫层混凝土施工时。

(2) 模板工程。模板采用定型钢模板，在局部尺寸不符合模数处配以木模。钢楞采用 $\phi 48 \times 3.5mm$ 钢管，支撑采用 100mm×100mm 木方。支外模时在混凝土垫层施工完，待其初凝强度达到 1.2MPa 后在其表面弹出沟道中心线、外模边线，然后支外模、内模和顶模。支内模前把事先加工好的铁件焊接在内侧立筋上，在铁件扁铁上每 300mm 焊一根 $\phi 10$ 钢筋，其长度为混凝土壁厚减扁铁厚，这不仅能够保证沟壁尺寸，还能使铁件扁铁露在混凝土表面。模板加固时一定要仔细认真，以防止侧壁胀模，模板垂直度用木楔校正。

(3) 钢筋工程。钢筋加工采用加工场加工、现场绑扎的形式，接头采用绑扎接头。钢筋运输采用机械运至坑边。钢筋保护层用事先预制成形的砂浆块栓 20 号铁线绑在主筋上，以免混凝土振捣时脱落或移位。绑扎侧壁钢筋时，网片之间应设置拉子筋，底板钢筋绑扎完在上层网片下设置马凳筋，以保证双层钢筋间距。

(4) 混凝土工程。垫层混凝土浇筑，在垫层施工中必须严格按测量所给的标高控制坡度，混凝土表面应压平，为下道工序弹线支模创造条件。浇筑过程中严格按测量所提供标高控制混凝土标高，以保证沟道底板的流水坡向，采用平板式振捣器，振捣器的移动间距应能保证振捣器的平板覆盖到已振实部分的边缘。为达到结构防水抗渗的目的，在施工底板混凝土时，将施工缝设置在距底板 300mm 高侧壁位置，并加设钢板止水板。侧壁混凝土采用插入式振捣器，每一点振捣时间为 20～30s，至达到混凝土表面呈水平且不再显著下沉为止。在施工电缆隧道时，要注意施工缝的处理，要严格按照规范施工，避免人为地造成渗漏点，给工程带来隐患。隧道的伸缩缝必须按设计位置留设，按设计加设止水带。

(5) 混凝土养护。混凝土采用覆盖草袋浇水养护的方式。

3. 采暖、通风、空调及给排水工程施工方案

采暖、通风、空调及给排水工程施工应在墙面抹灰工程施工完进行，采暖散热器组装打压合格后方可安装，采暖及给排水管道由合格焊工施焊，丝接的管道用麻丝（或生料带）挤缝拧牢。采暖及给排水工程施工完后均应进行系统水压实验，其实验方法采用打压泵进行，实验压力应符合设计要求及施工规范要求。

4. 照明工程施工方案

照明穿线暗管敷设，在墙体砌筑及地面工程施工时穿插进行施工，不得遗漏，明管敷设、导线敷设、照明器具及配电箱盒应在涂料工程施工前完成。明管敷设管子要平直、牢固，盒箱安装牢固可靠。

十三、季节性施工措施

1. 雨季施工措施

(1) 雨季施工准备。

1) 在开工时布置好现场的排水沟道设施。在雨季到来之前，做好现场施工区域、物资办事处以及生活区现有排水沟道的疏通工作。在地势较低、容易集水的部位设集水井，砌排水沟与场区的排水沟或雨水井连通，以便及时将雨水排走（特殊情况设排水泵排至厂区外）。

2) 施工前期现场临时道路在雨季前要硬化，并用机械碾压。施工过程中施工道路考虑永临结合，保证道路畅通、现场排水通畅。

3) 对现场机电设备及配电系统进行绝缘检查和接地电阻测定，保证所有用电设备绝缘良好，接地电阻不大于 4Ω。对施工电源、生活用电源进行全面的检查测试，防止漏电。

4) 施工电梯、平臂式起重机、龙门式起重机、照明灯塔等设备设置防雷设施，避雷针的接地电阻不得大于 4Ω。

5) 现场的变压器、电源箱要加装防雨罩，防止雨水流入。施工电源配电装置集装箱顶要做防水处理，防止漏雨。下口接线必须使用 PVC 管进行保护，并进行电缆接头的防水处理。

6) 施工现场的电焊机集中放置，并安装在集装箱内，布置在高于场地的基础台上。一次线集中布置并加防护套管，二次线集中布置并架空，采用快速接头。

7) 准备塑料薄膜、苫布、草袋子和编织袋等雨季施工材料。

8) 雨季到来前对施工现场的临时设施进行修缮和加固，对库房、工棚等进行全面检查、修补，防止因漏雨损坏工机具及施工用材料。

9) 对设备和材料的堆放场地进行检查、填垫、平整，做到排水设施齐全、完好及沟道畅通。设备及材料要架高存放并采取防雨措施，怕潮的设备或材料应入库存放。室外的设备和材料重新码放，并准备好苫布等防雨设施。

10) 对设备堆放处、棚库、库房（尤其是存放油料、油漆等易燃物品的库房）等处进行全面检查，保证通风良好，全面消除火灾隐患，并设有足够的灭火器，防止火灾。

11）对所有起重机的路基进行检查、维护，保证其排水顺畅。检查、检修所有起重机防风设施（夹轨钳、铁鞋等）使其达到使用要求。

12）成立防汛小组，编制《防汛工作预案》，清点雨衣、雨靴及铁锹、潜水泵等防汛用具，数量不足时重新购置。

13）设专人负责消防工作，对消防器材进行全面检查，保证消防器材的时效性。

14）机械操作工、电工、电焊工持证上岗，熟悉并掌握触电紧急救护知识。

15）电焊工在潮湿的部位作业时，加垫绝缘板并设监护人。

16）准备足够并满足设备及材料要求的保管库房，对有特殊环境要求的设备材料进行特殊保护。

（2）场区防汛排水措施。

1）施工现场马路两侧积水处排水明沟，上铺铁箅子，使雨水汇至马路两侧的集水井内排走。排水沟与厂区雨水井相连通。

2）定期清理现场的排水沟，保持排水通畅。

3）定期对排洪沟进行防洪检查，对淤积部位进行清理，确保排洪沟畅通，每月例行检查一次。进入雨季，每次大雨过后均要进行检查，并及时清理。

4）成立现场防汛指挥小组及防汛抢险队。

（3）雨季安全施工措施。

1）对所有参加施工作业的人员进行三级安全教育，进行雨季施工常识及消防、排水器材使用方法的培训，掌握处理相关事故的知识。

2）根据施工特点，在露天作业集中的地方，搭设防雨篷。

3）雨季施工人员应衣着灵便，谨防因雨滑导致高空作业刮绊摔伤或坠落。

4）机械操作工、电工、电焊工持证上岗，熟悉并掌握触电紧急救护知识，使用机械前检查电气设备的绝缘是否良好。电焊工在潮湿的部位作业时，加垫绝缘板并设监护人。

5）除对现场机电设备的接地和绝缘情况进行定期测试外，定期对平臂式起重机、施工电梯等高架设备的避雷接地进行测试，做好测试记录，不符合要求的必须在整改完后投入作业。

6）现场的变压器、配电室电源箱要加防雨设施，并定期巡检，检查元件是否受潮，检查现场的施工电源箱、电焊机集装箱是否严密不漏，并对其采取防雨措施，以免受潮。

7）暴雨、大风、汛期后，对临时设施、脚手架、机电设备、电源线路等进行检查并及时修理加固，有严重危险的应立即排除险情。机电设备及配电系统应按有关规定进行绝缘检查和接地电阻测定。

8）雨后及时排除设备及施工场所周围的积水，施工前先检查施工电源、电气设备的接地、接头是否干燥、绝缘，检查合格后方可使用。

9）遇有雷雨、六级或六级以上大风及其他恶劣天气时，停止吊装及露天、高处作业。

10）平臂式起重机作业结束后，要将起重机起重臂停到自由旋转状态，特殊情况下采取加限位器或机械方法限制在规定的范围，并有专人检查。龙门式起重机作业结束后夹好夹轨钳，做好防风工作。移动式履带式起重机在飓风到来前扒杆，现场要考虑足够的施工场地。

11）起重作业时，起吊较长吊件前要绑扎好溜绳，防止起吊后风吹打转。

12) 准备好水泵等排水设备，如路基、设备堆放处等地发生积水时要及时排出，防止长时间浸泡基土。

13) 严禁违章使用电源，私拉电源线。风雨天注意周围是否有电源线断落，防止触电。

14) 发生火情立即采取补救措施并及时上报。

15) 交叉作业搭设安全网或防护平台，做好隔离设施。

16) 脚手架上工作必须正确使用安全带，穿防滑鞋。

17) 雨后注意地面防滑，积水及时清除。

18) 作业周围环境整洁，无其他杂物及易燃、易爆物品。

19) 氧气瓶、乙炔瓶不得靠近热源及电气设备，夏季要防止曝晒。

(4) 建筑工程雨季施工措施。

1) 土方工程防雨措施。

a) 土方施工组织。

① 基础施工至基础承台第一步时，按要求及时拆除基础模板，经监理验收后及时回填，尽量缩短基坑暴露时间。

② 合理安排施工时间，尽量避免降雨量大的天气进行回填。

③ 回填土施工快速作业法，投入足够的人力、物力和机械设备，采用多台压实机械，快速进行施工，保证回填土的施工质量。

④ 在基坑内，控制回填速度，做到边回填、边夯实、边检验、边覆盖（必要时）。

⑤ 采用核子密度仪进行回填土密实度检验，缩短检验时间，保证工程质量。

b) 土方回填。

① 基础土方回填时必须待混凝土隐蔽验收合格后方可进行，为保证回填土质量，取土、运土、铺土和压实等工作连续进行，并严格控制含水率，保证回填质量。

② 回填采取基坑内基础密集区域用人工回填，基坑大面积回填用机械碾轧。

③ 随时做好天气的监测工作，抓住雨季晴天的每一段时间，加大人力和机械的投入，尽快进行回填。

④ 机械回填时，用自卸汽车运土，用推土机铺土、摊平、碾轧。每层铺土厚度为350mm，用推土机自下而上分层铺填，且铺填时严禁一次铺填厚度过厚。压路机来回行驶碾轧，并应重叠一半。

压实方法：用压路机进行压实，采取"薄填、慢驶、多次碾压"的方法，填土厚度不超过350mm，碾压方向应从两边逐渐压向中间，边角、边缘压实不到之处，辅以人工和小型夯实机具，压至以轮子下沉量不超过1～2cm为宜。根据土质情况试验确定压实遍数。

⑤ 质量检验：土方回填时，要对每层回填土进行质量检验。用核子密度仪验收，必须达到设计压实系数后方可回填下一层。

2) 雨季零米以下基础施工。

a) 组织措施：快速进行基础施工，保证雨季施工不影响总工期安排。

① 提前做好施工前的准备工作，雨季施工材料、机具提前购置，保证工程使用。

② 混凝土搅拌站利用现场的2台搅拌机，具备充足的浇灌混凝土的条件，建筑实验室具备做试验的条件。

③ 提高机械化施工水平，加快基础施工的速度，从而减少基础施工的时间。混凝土浇灌采用泵车和罐车结合的方法，减少搭、拆浇灌混凝土的脚手架的时间和人为倒运混凝土泵管所耽搁的时间，加快混凝土基础浇灌的速度。

④ 安排昼夜两班施工，连续作战，合理紧凑安排每一道施工工序。

⑤ 基础施工队伍各自独立施工，并行作业。

b) 施工方案。

① 钢筋工程。钢筋加工场周围应排水畅通，避免雨水浸泡钢筋，钢筋应架空放置，以免沾上泥水。有锈蚀的钢筋除锈后按规范检验合格后方可使用。对现场在雨季泥泞的特点，要求在绑扎钢筋的现场设清理站，准备抹布、清水、刷子等清理工具，并设草袋子或铁算子，进入钢筋存放场或钢筋绑轧现场必须清理干净鞋底，禁止穿沾泥的鞋进入钢筋存放场或钢筋绑轧现场。钢筋碰焊接头降温之前禁止被雨水淋着，应采取保护措施，如先放在棚子里和用石棉布覆盖。钢构件或预埋件雨后焊接，必须先用火焊烤干后，方可施焊。

② 模板工程。模板支撑应牢固，适当夯实地基，避免地基下沉。钢模板刷轻机油避免模板表面生锈影响混凝土外观质量。若模板经雨水浸泡而生锈，需重新除锈并用棉布擦油后，方可浇筑混凝土。

③ 混凝土工程。混凝土浇灌时应预先掌握天气情况，避免混凝土浇筑时下雨影响混凝土质量。雨季施工每天对砂石的含水量进行测量，每班不少于三次，必要时增加监测次数，及时调整配合比，保证混凝土的和易性。制定混凝土雨季施工措施，运输时车辆加装防雨设施，浇灌时搭设防雨篷，及时用塑料布进行铺盖，保证施工的混凝土不遭雨淋。如无法避免时要准备好塑料布、排水泵等，及时苫盖、排水，避免雨水冲刷、浸泡混凝土造成混凝土表面起砂、漏筋、孔洞等缺陷。

④ 脚手架工程。在基土上搭设脚手架，基土应夯实，脚手架根部垫脚手板或木方子，防止脚手架下沉失稳。雨后及时检查脚手架的稳定情况，若有根部下沉应及时进行加固，脚手架地基处的积水及时排走，防止雨水浸泡基土。脚手架检查合格，挂牌后使用，并定期检查脚手架稳定情况，发现问题及时整改。

⑤ 其他。现场临时水泥库应搭设好防雨棚。对于建筑物资管理，首先对院内场平进行平整，使地势中间部位略高，排水坡度为 0.1%，雨水排向物资部旁排水沟内，对于严禁雨淋的建筑材料及建筑安装工程设备及时使用苫布覆盖，并注意天气预报，在雨到来前做好各种防护工作。

2. 冬季施工措施

根据规定，凡室外日平均温度连续 5 天稳定地低于 5℃时按冬期混凝土要求施工。

(1) 建筑专业冬季施工措施。

1) 施工准备。

a) 冬季施工应准备足够的塑料布、苫布、棉被、电热毯、电暖气等加热升温设备。

b) 根据施工情况，室内做好供暖，门窗安装好，确保室内施工温度不低于 5℃。

c) 根据冬季施工混凝土工程的量，准备好防冻剂。

d) 现场应准备施工用的热水源。

e) 搅拌站配备小型锅炉满足冬季混凝土搅拌所需热水。

f) 运输混凝土的罐车做好保暖蓄热工作。

2) 冬季混凝土施工采取的措施。

a) 混凝土冬季施工选用综合蓄热法和掺抗冻剂的办法。

b) 混凝土的拌制。混凝土原材料将水加热采用热水搅拌，水可加热到80℃左右，投料顺序为骨料和水，待搅拌一段时间后，搅拌机内温度降低到40℃左右时，再投入水泥搅拌，混凝土的搅拌时间比平时延长30s，并不少于90s。为防止混凝土假凝，严禁让水泥与80℃以上的热水直接接触。为防止冬季砂子结冰，提前将材料进行储备，必要时可以对砂子进行加热处理。严格控制水灰比，水灰比不宜大于0.6，并加适当的早强剂，严格控制水泥用量，最少不宜少于300kg，并严格控制混凝土出机温度不低于10℃。

c) 混凝土运输。混凝土运输使用混凝土罐车，并做保温措施，运输选用最佳路线，并有人疏导交通，保证罐车交通顺利，减少运输过程中的热量损失。

d) 混凝土的浇筑。混凝土浇筑前应先将混凝土内积雪等杂物清理干净，并将其他机械、工器具准备就绪，混凝土不得直接浇筑在冻胀性的土地上，浇筑混凝土尽量不在雪天，若必须在雪天浇筑混凝土，则必须在浇筑地点用苫布搭设防雪棚，防止雪落入模板内。混凝土入模后要加强振捣，确保混凝土内部密实。在浇筑混凝土前，必须提前预埋好测温导线，导线分层埋好，并绑扎牢固。严禁将感温触点接触在钢筋或埋件模板上，测温要及时，并记录好内外温差。混凝土入模温度不得低于5℃和高于25℃，最好控制在15℃左右。当室外温度低于−15℃或有寒流，应停止施工。

e) 混凝土养护。混凝土养护的主要目的是保证在混凝土温度降到0℃之前，达到抗冻临界强度，抗冻临界强度一般为设计强度的30%。养护采用蓄热法，即利用搅拌加热和混凝土中水泥的水化热，保温养护。混凝土养护采用封塑料布保水，用苫布加棉被保温的办法，保证保温条件。控制混凝土的拆模时间，拆模时间根据现场的同条件试块确定。养护过程中做好测温工作，派专人测温，每昼夜不少于4次，对于出机及入模温度每2h测量一次，大气温度每天不少于4次。

f) 混凝土试块。按规定每100m³或每台班做一组同条件试块，为拆模工作多做一组同条件试块。一组为对照28天强度用，一组拆模用，同条件试块的试验时间由技术员通知。

g) 钢筋施工。

① 钢筋在负温状态下会出现冷脆现象，冬季施工中使用钢筋，施工过程中要加强管理和检验。钢筋在运输和加工、绑扎过程中注意防止撞击。

② 钢筋负温冷拉温度不宜低于−20℃，且冷拉设备仪表及液压工作系统油液根据环境温度选用，并在使用温度条件下配套校验。

③ 钢筋焊接在室内进行，若在室外进行必须搭设挡风棚，且温度不得低于−20℃。焊接后未冷却的接头严禁碰到冰雪。焊接时防止接头温度温差太高，搭接焊由中间引弧，向两侧运弧，立焊从中间引弧，向上运弧后再向下运弧。

④ 钢筋闪光对焊在室内进行，并在室内安装暖气取暖。焊接时采用预热闪光焊，调伸长度增加10%~20%，以增加加热范围，降低冷却速度，改善接头性能，预热时接触压力适当提高，预热时间适当增长。

(2) 机械专业冬季施工措施。

1) 对消防器材进行全面检查，对消防设施做好保温防冻工作。

2）检修、起重作业中一定要把劳动保护用品佩带齐全且要正确使用，高空作业前要把设备、物件上积雪、冰霜清理干净后进行作业，作业中严防天气突变，风吹失稳。

3）冬季衣物较厚，检修、起重作业中严防磕碰。

4）起重作业中，在起吊吊件之前应仔细检查，如遇吊件与地面发生冻结，应采取适当措施使吊件脱离与地面的冻结，不得强拉硬拽野蛮施工，正式起吊前清理吊件上冰雪及冻结物。

5）起吊迎风面积大的吊件时必须绑扎溜绳，防止风吹打转。

6）检修、起重作业需多人配合施工时，应在施工前明确分工，施工中精力集中，协调作业。

7）各种施工机械的减速箱要及时加注冬季防冻液，保证其正常工作。

8）施工机械及汽车的水箱应采取保温措施，机械停用之后，无防冻液的水箱应将存水放尽。

9）油箱或容器中的油料及早加入与地区气候适应的抗冻剂。若油料冻结时，要采用热水或蒸汽化冻，严禁用火烤化。

10）汽车及汽车式起重机在冰雪路面上行驶时要加装防滑链。

11）起重机操作人员在作业前要把轨道、机台、抱闸上的积雪、霜清理干净。

12）如遇六级及六级以上大风，雪、雾等恶劣天气时禁止吊装作业。

13）轨道式起重机在结束作业之后，必须上好夹轨钳，做好防风工作。

14）库房内存放的油料、油漆等要做好防冻、防火工作；油料、油漆等易燃、易爆品应单独库房存放，严禁与其他物品、工具混杂存放。

15）库房的门窗孔洞要及时封闭，防止雪进入。

3. 冬、春季防风措施

为保证多风季节工程的施工质量和施工安全，根据施工网络计划，针对各专业的施工特点，采取如下措施：

(1) 大型机械冬、春季防风措施。

1）大型履带式起重机。大型履带式起重机的日常停车管理按照大型机械管理运行规则执行。因为大型履带式起重机移动不方便，所以日常停放在经常作业位置。作业结束后将吊钩升到最高位置，副臂放到最大幅度（塔式工况），关闭发动机，锁好操作室。

日常管理的实施由履带式起重机机长负责进行，机械施工公司负责检查。项目部机械专工定期抽查，发现问题及时整改。

在接到六级以上大风的天气预报时，将履带式起重机开出主厂房作业区沿线的障碍物清除，所需的走道板准备充足，做好履带式起重机开出主厂房作业区前的防风准备工作。

2）龙门式起重机。龙门式起重机每日工作后将吊钩升到最高位置，将起重小车开到柔性支腿附近，夹好夹轨器，并用专用铁鞋加强，防止龙门式起重机移动。

日常管理的实施由龙门式起重机机长负责进行，机械施工公司负责检查。项目部机械专工定期抽查，发现问题及时整改。

在接到六级以上大风通知时，检查龙门式起重机刹车、夹轨器、防雷、接地以及缆风绳情况，重点检查轨道两端的止挡器，确保牢固、可靠，铁鞋准备充足，做好龙门式起重机的防风准备工作。

（2）防飓风措施。飓风季节前建立一套应变抗灾程序，明确各有关部门及人员的职责，防止或减少飓风和突发性暴风雨所造成的财产损失，确保人身和财产安全。

1）防飓风组织机构。

a）成立防飓风领导小组。组长，项目经理；副组长，现场经理；成员，安全保卫部、工程管理部、质量管理部、综合管理部、物资办事处、财务办事处等。

b）飓风、暴雨季节到来前的应急行动与措施。

① 飓风季节到来前，项目部防飓风领导小组召开会议，部署有关防飓风各项工作。

② 对以下防飓风工作进行检查落实：储备所需的防飓风物资；查电动工器具、配电盘柜、电源线路、电焊机等，避免人身触电；疏通现场的排水系统，清理杂物；检查基坑边坡，发现问题及时处理；检查现场大型机械的防雷接地，接地电阻不得超过规定标准；检查现场设备、设施、建（构）筑物的防雷接地，接地电阻不得超标准；搬迁可能被淹的物资、设备；对临时建筑物（如车棚、工棚、简易房等）进行必要的加固、修缮或拆除；检查露天存放的设备材料，采取有效措施，避免被雨水侵蚀；检查防洪设备（泵、水带、临时电源等），确保随时可用；检查所有房屋门窗是否齐全有效。

③ 项目部防飓风领导小组每年组织进行一次防飓风演习。

2）大型机械防飓风措施。

a）平臂式起重机。

① 日常停车管理。停止作业时，各操作手柄扳回到零位，切断总电源，关闭操作室门窗并上锁；检查润滑油料、棉纱头等易燃品，应集中装入有盖的防火箱内，其存放量一般不超过一周的用量；应把回转机构中的液压推杆制动器的制动抱闸抱紧，同时使伸臂的受风面积处于大风方向平行的位置，塔机尾部朝风向。

② 飓风预警时的防范措施。在接到飓风3号预警时，平臂式起重机停止作业，把回转机构中的液压推杆制动器的制动抱闸松开，使其处于自由旋转状态。

③ 突发性暴风雨情况下的防范。突发性暴风雨预测、预报较困难，在施工过程中，机械调度人员应随时观察天气状况，遇到该天气情况或接到2～4h内有暴风雨的预报，及时通知防飓风领导小组和平臂式起重机机长，停止作业，防范措施与对待飓风3号措施相同。

b）大型履带式起重机。

① 日常停车管理。大型履带式起重机的日常停车管理按照大型机械管理运行规则执行。因为大型履带式起重机移动不方便，所以日常停放在经常作业位置。作业结束后将吊钩升到最高位置，副臂放到最大幅度（塔式工况），关闭发动机，锁好操作室。日常管理的实施由履带式起重机机长负责进行，机械施工公司负责检查。项目部防飓风领导小组定期抽查。发现问题及时整改。

② 飓风预警时的防范措施。飓风2号预警：在接到飓风2号预警时，将履带式起重机开出主厂房作业区沿线的障碍物清除，所需的走道板准备充足，做好履带式起重机开出主厂房作业区前的防风准备工作。飓风3号预警：在接到飓风3号预警时，履带式起重机停止作业，在道路上趴杆，关闭发动机，锁好操作室，人员撤离。突发性暴风雨情况下的防范：突发性暴风雨预测、预报较困难，在施工过程中，机械调度人员应随时观察天气状况，遇到该天气情况或接到2～4h内有暴风雨的预报，及时通知防飓风领导小组和履带式起重机机长，

停止作业，将履带式起重机停放在主厂房附近，吊钩升到最高位置，履带式起重机臂杆正对主厂房，将副臂放到主厂房上，副臂头部离厂房顶部1m，使主厂房不承受吊车荷载，关闭发动机，锁好操作室，人员撤离。在主厂房区域以外作业的大型履带式起重机遇到上述情况，立即停止作业，视周围条件，将起重机臂杆放倒。关闭发动机，锁好操作室，人员撤离。

c) 龙门式起重机。

① 日常停车管理。龙门式起重机每日工作后将吊钩升到最高位置，将起重小车开到柔性支腿附近，夹好夹轨器，并用专用铁鞋加强，防止龙门式起重机移动。并将防风缆风绳与轨道固定。日常管理的实施由龙门式起重机机长负责进行，机械施工公司负责检查。项目部防飓风领导小组定期抽查，发现问题及时整改。

② 缆风绳的设置。每台龙门式起重机设置4根缆风绳，缆风绳两端有绳扣，一端用卡环与龙门式起重机支腿上部连接，另一端用卡环固定在轨道上。龙门式起重机作业时，将缆风绳盘起，挂在起重机的支腿上。

③ 飓风预警时的防范措施。飓风2号预警：在接到飓风2号预警时，检查龙门式起重机刹车、夹轨器、防雷、接地以及缆风绳情况，重点检查轨道两端的止挡器，确保牢固、可靠，铁鞋准备充足，做好龙门式起重机的防风准备工作。飓风3号预警：在接到飓风3号预警时，龙门式起重机停止作业，停放在指定的停车位置（该停车位置处有专用防风地锚），夹好夹轨器，并用专用铁鞋加强。将缆风绳与地锚连接，检查无误后，切断电源，人员撤离。突发性暴风雨情况下的防范：突发性暴风雨预测、预报较困难，在施工过程中，机械调度人员应随时观察天气状况，遇到该天气情况或接到2~4h内有暴风雨的预报，及时通知防飓风领导小组和龙门式起重机机长，停止作业，将吊钩升到最高位置，将起重小车开到柔性支腿附近，龙门式起重机就地停放在作业位置，夹好夹轨器，并用专用铁鞋加强，防止龙门式起重机移动，并将防风缆风绳与轨道固定，检查无误后，切断电源，人员撤离。

3) 大型库房防飓风措施。生产区大型库房包括搅拌站的水泥库、物资办事处的建材库、化工库、二三类库、焊条库、研门间，以及钢筋加工场的钢筋棚库和木工棚库。

a) 防飓风措施。

① 钢屋架焊接采用普通角铁拼焊，焊缝高度12mm，屋面瓦采用瓦楞铁，库房的敞开面及大门开口尽量朝向背风面。

② 在库房四角骨架上用φ12圆钢设地锚锚固拉紧。为防屋顶瓦楞铁被整块刮起或刮断，屋面上每坡楞铁的两端处用φ14钢筋加固，并用12号铁丝把钢筋和屋架绑好，在瓦楞铁上12号铁丝穿孔处加设防水垫片。

③ 飓风来临时，所有大型库房的门窗都必须关闭好，并适当加固。

④ 需要防潮或防水的物资，用防水苫布盖好并用重物压住；重要物资及时运入棚库中。

⑤ 保持供应道路和排水沟畅通，并标识出飓风时期最小的必须电源连接点。

⑥ 每个水泥仓设置四根缆风绳，缆风绳与地锚连接。

b) 飓风后的措施。

① 恢复电源设施设备，启动备用泵排水。

② 组织抢险队员，及时将库中的积水排出，将被淹泡的物资及时倒出。

③ 检查并维修被飓风损坏的门窗及屋面等，做好记录。

④ 及时检查飓风造成的损失，情况严重用摄像、照片等形式予以记录。

第二节　施工质量、环境保护和安全文明施工

一、施工质量保证措施

1. 创优措施

(1) 保证钢筋接头合格率 100％的措施。

1) 所有操作工均持证上岗。

2) 钢筋闪光对焊正式施工前调整好焊机参数。

3) 机械接头加工完毕全数进行自检。

4) 严格按要求进行力学性能试验。

(2) 保证混凝土 R28 强度合格率 100％的措施。

1) 控制原材料尤其是水泥、混凝土外加剂的进货质量。

2) 优化混凝土配合比，在混凝土生产前和生产中，认真积累混凝土的各种配合比资料。对重要混凝土认真进行试拌工作，通过各种配合比结果的对比，从中选择最优配合比，以确保混凝土的强度符合设计要求和规定要求，同时减少混凝土离散性。

3) 在混凝土生产过程中，加强各配合比组分的计量控制，同时根据现场砂、石的含水率的变化及时调整配合比，混凝土搅拌时严格控制计量。

4) 严格按要求施工，加强混凝土施工控制。

5) 混凝土浇灌后认真按方案要求做好养护。

6) 标准试块及时送标养室养护。

(3) 结构部分埋件创优措施。

1) 埋件制作时，采用切板机或切割机下料。

2) 埋件焊接时，采用多次成型、跳焊等方法焊接控制焊接变形；对于角钢埋件，采用制子固定角钢，减少焊接变形。

3) 加工完的埋件，板埋件平整度良好，角钢埋件是否弯曲，角度是否为 90°，变形埋件采用调直机调直。

4) 埋件安装时用螺钉将埋件固定在模板上，将螺钉拧紧，如果模板强度不够，采用 50mm 方竹胶合板片中间打孔做垫片，减少模板变形。

5) 角铁埋件封摸时先封带企口的相对两块模板，检查埋件角与模板企口边齐平后方可再封其他两面模板。

6) 板顶的埋件安装时，用加钢筋支腿的方法固定，按照板顶标高焊牢。

7) 封模后检查螺钉模板外的外漏长度以确保每一块埋件与模板紧贴。

8) 控制埋件位置标高正确，控制模板上打孔位置端正。

(4) 混凝土外观工艺质量创优措施。混凝土的表面工艺质量是建筑工程外观工艺的关键，是直接反映工程施工水平的窗口，必须引起所有施工人员的高度重视。根据工程现场的实际情况，特制订保证混凝土的表面工艺质量措施。

1) 制订施工方案，根据工程对象、结构特点，结合具体条件，研究并制定模板支撑、

混凝土浇筑、混凝土养护、混凝土的成品保护的施工方案。

2) 模板表面清理干净，刷隔离剂；模板安装时严格按要求施工，接缝处夹垫海绵胶条，与垫层之间的缝隙用砂浆堵严；模板加固采用型钢柱箍无对拉螺栓加固。

3) 考虑好模板之间的关系（等口、盖口），计算好配模几何尺寸，模板支设应保证模板支撑的稳定性和模板接缝的密合性。为保证混凝土表面内实外光，清水混凝土外露结构部分采用大模板，模板拼缝采用胶条拼严。

4) 严格控制浇筑高度和浇筑速度，承台基础施工时，第一步混凝土浇筑至二层台模板下皮，待混凝土接近初凝时再浇筑二层台混凝土，二层台浇筑前必须把溅在模板上的灰浆擦干净。板墙浇筑高度一步不超过 500mm，待混凝土接近初凝时再浇筑第二步。

5) 砂石料严格控制含泥量及石粉含量，严格控制落灰高度，浇筑高度超过 2m 时必须使用串桶或软管下灰，防止混凝土离析。

6) 施工缝接茬部位必须清理干净、浇水湿润，先浇 50mm 厚与混凝土标号相同的砂浆或减半石的混凝土。

7) 严格控制振捣，对混凝土施工人员进行专业培训，提高施工水平。振捣严格按操作规程进行，不得漏振或过振。

8) 大体积混凝土施工时按浇筑顺序进行，分层浇筑，准备人工炒盘措施，防止出现施工缝。

9) 混凝土浇筑后表面用木抹子找平用铁抹子压光。

10) 混凝土浇筑后加强养护，一般采用覆盖麻袋片浇水养护，大体积混凝土采用保温养护并进行测温、记录，养护时间最少不少于 10 天。

11) 由于混凝土的沉降及干缩产生的非结构性的表面裂缝，应在混凝土终凝前予以修整。水平结构的混凝土表面，应适时用木抹子磨平搓毛两遍以上，必要时，还应用铁滚筒压两遍以上，以防止产生收缩裂缝。混凝土浇筑完开始养护，为保证混凝土表面质量，同条件试块强度达到 70％时，方进行拆摸，防止损坏混凝土表面、棱角，并注意成品保护。

12) 为保证混凝土表面颜色一致，对混凝土配合比进行优化，保证混凝土连续施工。

13) 浇筑前，将杂物清除干净，浇筑时底部先垫 100mm 厚同配合比去石子砂浆，保持接触面良好。

14) 浇筑时，确保振捣均匀、密实，控制混凝土坍落度和浇筑的连续性，夏季施工温度高，当温度超过 40℃时，应有隔热措施。

(5) 保证直埋螺栓各项允许偏差合格率 100％的措施。

1) 根据设计图纸等情况事先通过计算制作敷设架。

2) 敷设架应在钢筋施工前固定牢固，防止偏移，直埋螺栓与敷设架固定牢固。

3) 混凝土施工前对直埋螺栓各项允许偏差进行测量，使之合格率达到 100％时方可浇混凝土。

4) 混凝土振捣时加强对直埋螺栓的保护，加强对敷设架的监测。

(6) 质量通病预防措施。回填土沉陷、夯压不密实质量通病预防措施如下：

1) 回填前清理基坑内积水、淤泥和杂物。

2) 严格分层回填、夯实。

3) 离基础较近的边角采用人工回填，用手推车送土，用手工工具回填，自下而上分层铺填，每层虚铺厚度为30cm，夯实用蛙式打夯机，夯实不到的离基础较近的边角处用汽夯夯实。

4) 用压路机进行填方压实，采用"薄填、慢驶、多次"的方法，回填料厚度不超过30cm，碾压方向应从两边逐渐压向中间，边角、边缘压实不到之处，辅以人工和小型夯实机具。压实密实度，压至轮子下沉量不超过1~2cm为度，压实遍数为6~8遍。

5) 压实排水要求：已填好的回填料如遭水浸，将表面积水清除后方能进行下一道工序；填方应保持一定的横坡，中间稍高两边稍低，以利于排水；当天回填，在当天必须压实。

6) 质量检验：回填时，要对每层进行质量检验；用核子密度仪检验，符合设计要求后才能填筑上层。

(7) 模板漏浆捣固不实、表面不平整质量通病预防措施。

1) 混凝土表面麻面主要通过充分润湿模板，控制模板支设的严密性；充足振捣，并防止漏浆，振固后养护好。

2) 露筋主要通过控制混凝土的保护层厚度来避免露筋。

3) 蜂窝通过优化材料的配合比，均匀搅拌混凝土，充足振捣避免蜂窝的产生。

4) 孔洞通过充足振捣混凝土，避免砂浆严重分离，石子成堆，砂子和水泥分离而产生孔洞。

5) 缝隙及夹层主要是合理地处理好混凝土内部的施工缝、温度缝、收缩缝。

6) 缺棱掉角，首先充分润湿模板，避免棱角处混凝土中水分被模板吸去，水化不充分而产生；其次拆模时注意棱角的保护。

(8) 屋面渗漏质量通病预防措施。

1) 找平层施工前先将基层清理干净。

2) 找平层砂浆铺设按照由高向低进行，铺设前先进行贴饼冲筋，然后用靠尺找平，严格控制好坡度。

3) 找平层两个面的相接处均作成圆弧，圆弧半径不小于150mm。

4) 屋面面积较大时，找平层设置分格缝，分格缝纵横间距不大于6m。

5) 找平层表面凹凸不平时，将凸起部分铲除，低凹部分用1:2水泥砂浆掺15%107胶补抹。

6) 找平层表面有起砂、起皮时，将起皮处表面清除，用水泥浆掺胶涂刷一层，并抹平压光。

7) 卷材施工前，先检查找平层含水率，含水率控制在8%以下时，方可施工卷材。

8) 卷材铺贴严格按照规范进行，当坡度小于3%时卷材平行于屋脊铺贴，当坡度大于15%时卷材垂直于屋脊铺贴，双层卷材时卷材不得相互垂直铺贴。

9) 卷材铺贴时，先在排水比较集中的部位做附加层处理，然后由低向高铺贴。

10) 卷材的搭接应顺流水方向，短边搭接不小于150mm，长边搭接不小于100mm，上下两层应错缝搭接。

(9) 建筑装修工程质量通病预防措施。建筑装修工程常见质量通病主要有墙面抹灰空鼓、裂缝，楼地面面层空鼓、开裂、起砂等，外墙门窗标高不一致及上下窗子错位、门窗两边距墙壁面不一致。

1) 防治墙面空裂：

a) 在抹灰前先进行墙面的清理和修补，保证无污物，墙面上洒水充分湿润；

b) 控制抹灰厚度，分层施工；

c) 对于光滑的混凝土面层，抹灰前混凝土表面必须凿毛湿润后再进行抹灰面层的施工，粗造的混凝土面可用界面剂进行处理；

d) 混凝土梁柱与砖墙交接处抹灰时绷一层钢丝网，防止抹灰墙面由此处开裂。

2) 防治楼地面面层空鼓：

a) 混凝土楼地面面层施工之前，先将混凝土基层清理干净，提前一天浇水湿润；

b) 严格控制水泥砂浆的水灰比，使水灰比不可过大；

c) 在施工地面之前，先刷一遍素水泥浆，严格做好随刷随铺。

(10) 防治混凝土地面和楼地面面层开裂。

1) 控制主厂房零米以下回填土的质量，防止因回填下沉而造成地面裂缝。

2) 对于楼地面面积较大的房间，如汽机房、锅炉房等房间的楼地面施工时镶嵌玻璃分格条。

3) 防治楼地面面层起砂：

a) 控制砂子的粒径和含泥量，使用强度等级较高的水泥，严格控制水灰比。

b) 掌握好面层的压光时间，压光不少于 3 遍。

c) 连续养护时间不少于 7 天。

(11) 防治外墙门窗标高不一致及上下窗子错位。

1) 外墙门窗安装前在每樘窗下弹出水平线，使该层窗处在水平标高上。

2) 外墙墙面上用经纬仪打点弹出门窗中心线，使上下窗在一条垂线上。

(12) 防治门窗两边距墙壁面不一致。

1) 墙面底层灰抹灰完毕后安装门窗框，以抹完灰的墙面将门窗框的位置找正；

2) 门窗框安装完毕在门窗口抹灰前，对门窗框的安装质量进行检查验收，对安装时出现的门窗框不正、迈步、安装不牢等问题及时进行整改。

(13) 沟道及盖板质量通病预防措施。

1) 为保证沟底坡度，上口平直，做垫层时严格控制坡度，每隔 10m 抄一个标高点，挂白线控制坡度，垫层表面进行用 2m 铝合金靠杠抹灰，然后对垫层进行严格的验收，坡度不足的地方进行抹灰修改，保证坡度，以保证沟道沟底及上口的坡度，使沟道内不积水。

2) 为保证沟道侧壁不起伏，上口纵向成线，支模过程中，严格按模板边线支模；用线坠对侧壁进行检验，保证沟道壁的垂直度，然后在沟道外模上口挂通线，发现不在线上的模板，重测垂直度，并调直模板。

3) 企口采用包木模的木方，两边与模板上口固定，保证刚度，再持线找直，侧壁内模采用木模板，严格控制截面尺寸。

4) 保证沟底坡度，沟度瓦工压光也必须采用 2m 铝合金，靠杠抹灰，保沟底坡度。

5) 保证盖板模板、模具几何尺寸正确，盖板浇筑混凝土时，控制表面平整度及厚度，原浆压光。

2. 原材料、成品检验计划与接受准则

(1) 原材料、成品检验计划。

1) 开工前根据厂家、设计院图纸及工程承包合同编制工程质量检验计划。质量检验计划应规定单位工程、分部工程、分项工程检验放行级别,各级检验人员负责相应级别验收项目的检验,具体检查项目、检测方法、采用设备及抽检百分比等。检验计划按照专业进行划分,包括土建专业、锅炉专业、焊接专业,质量检验计划按照相关专业的《火电施工质量检验评定标准》执行,并符合电力行业的有关规程、规范、业主及相关方要求。

2) 材料到货后物资办事处保管员根据物资进货检验计划组织进货检验,原材料外观检验由办事处负责,物资采购管理程序中现场需作抽检物资清单规定的需要抽样试验的材料,由办事处负责抽样送检,委托试验单位负责检验。现场需作抽检物资清单以外需要复检的物资,由工程部识别,并确定复检项目。

3) 保温、耐火、防火涂料及防腐涂料等材料不论是甲方供、厂供或自采,都必须进行现场抽样复检。

(2) 接受准则。

1) 机组正式投产前,完成启动试运及各阶段的交接验收;

2) 完成批准设计文件所规定的内容;

3) 工程使用的主要建筑材料、建筑构配件和设备的进厂试验、检验报告资料齐全;

4) 完成检验和试验计划的整体使用功能检测;

5) 满足工程所执行标准、规程规范及业主的要求。

二、安全及文明施工措施

1. 安全保证措施

(1) 安全技术措施计划制定与实施。项目总工程师组织,由项目工程技术部门和安全保卫部门负责编制年度安全技术措施计划,经过项目经理审批后与施工计划同时下达,同时考核。项目各职能部门在分管范围内组织实施,安全监察部门负责监督。

(2) 安全与环境目标管理措施。项目部按照目标管理程序与绩效测量与监视程序执行项目安全目标的实施与监控管理。

项目部依据公司年度安全工作总目标分解、制定项目年度安全工作目标,在该基础上将项目的职业健康安全和环境管理目标层层分解,逐级落实,制订各部门分目标,达成项目安全工作目标管理方案。项目部通过定期对安全目标管理方案实施有效性地监测,管理与控制项目安全与环境目标管理方案的落实与纠偏,确保目标的顺利达成,保证项目安全工作目标的实现。

在实际工作中以安全体系运行和持续改进为管理模式,实施安全目标管理。将项目的职业安全健康管理目标层层分解,逐级展开,通过上下协调,制订各层次、各部门直至每个人的分目标,使总目标指导分目标,分目标保证总目标,从而建立起一个自上而下层层展开、自下而上层层保证的目标运行体系。通过安全目标管理事先对各部门、各级人员规定明确的责任和任务,并对完成这些责任和任务规定时间、数量、质量要求和保证措施进行管理。通过目标要求把人和工作统一起来,使成员不但了解工作的目的、意义和责任,而且对工作产生兴趣,从而实现自我控制和自我管理,真正做到"要我安全"到"我要安全"的转变。为提高安全目标的管理效能,目标在实施过程中和完成后进行考核、评价,并对有关人员进行奖励或惩罚,通过科学化、民主化的考评管理,调动所有人员的积极性,推动安全管理工作不断前进。

1）危险源辨识与风险评价。

a）项目部由安全保卫部门组织，工程管理、综合管理、物资等相关部门参加，每年度按照施工进度和项目危险辨识和环境辨识的主要内容，结合公司不可容许风险和重要环境因素一览表的内容，对项目危险源和环境因素辨识评价，制定控制措施，经项目部领导（一般指总工程师）认可后，按照专业报公司系统审核，安全保卫部汇总，报管理者代表审批，形成项目危险因素和环境因素一览表，年度发布。

b）项目部安全保卫部门每月组织工程管理、综合管理、物资等相关部门，结合公司季度危险因素、环境因素控制清单、项目危险因素和环境因素一览表，进行本单位危险源、环境因素的辨识、评价，并制订控制措施，形成月不可容许风险和环境因素控制计划，经本单位主管领导（一般指总工程师）审批，每月发布。

c）项目部在单项工程开工前，由工程管理部门针对单项工程组织危险源、环境因素的辨识、评价，在作业指导书中辨识、识别出危险因素和环境因素，作业指导书中的危险因素和环境因素由工程、安全保卫部门审核，总工程师审批。

2）劳动防护用品管理措施。项目执行公司职业健康安全与环境体系《安全防护、劳动保护用品管理规定》，由使用单位、项目工程技术部门、安监部门根据工程需要编制购置计划，经项目经理批准后购置。安监部门、物资采购部门审查生产单位（或专营商店）企业营业执照、生产（经营）许可证、产品出厂合格证、使用证明书、省市级技术监督部门认可的质检机构检验出具的检验报告和地方政府管理部门的资质要求等一系列相关资料。项目安监部门、专业公司、分包商安监人员依据安全防护、劳动保护用品配备表监督、检查、指导施工人员正确佩戴和使用安全防护、劳动保护用品，各级安监人员在检查中发现严重污损、意外损坏的安全防护用品，应及时记录，并以"问题整改通知单"形式要求所在单位退旧领新，报废的防护用品退库后，由物资部门统一处理，确保劳动防护用品的使用处于良好状态。

3）安全防护设施管理措施。及时完善安全防护设施确保安全施工，针对工程施工准备、开工、施工高峰、工程结尾阶段，每月施工计划应列出安全防护设施的需求计划，在临边（走道、平台、屋面、楼板等临边）设置可靠的安全防护栏杆；在孔口（预留孔洞口、电梯井口、楼梯口、通道口等）设置可靠的安全防护网和安全防护栏杆；在高处作业攀登和行走设置钢爬梯、水平安全防护绳等。严格安全防护设施的维护与管理，并随时调整、不断完善各个施工区域的安全防护设施，做到施工区域安全设施齐全、严密、有效。

4）安全技术施工措施。项目执行公司职业健康安全与环境体系《安全技术措施与计划管理规定》，做到一切施工活动都要制定书面的作业指导书，同时制定安全施工措施交底，并在施工前对所有参加施工的人员进行交底，交底方和被交底方实行双签字，无安全施工措施或施工前未交底严禁施工。对重大的起重作业、高空作业、带电作业等危险作业项目的安全技术措施及方案实施办理安全施工作业票，执行公司《安全施工作业票管理规定》。

5）违章控制措施。

a）分层级控制违章，重点治理领导层、管理层、施工作业层严重性违章行为。

b）执行奖惩制度。违章违纪的奖惩主要体现为对险兆事件执行"三不放过"制度；对于制止违章违纪避免险兆扩大的行为给以重奖，对于肇发险兆事件的给以重罚，做到防微杜渐、治小防大。

c）控制违章制度。项目执行公司职业健康安全与环境体系《千工日违章管理办法》，每月由项目安监部门根据各施工单位人员数量和违章次数，统计千工日违章率。对千工日违章率达到 0.2% 的单位，项目安监部下发千工日违章率超标警告通知书，给予超标单位负责人警告，并要求制定具体保证措施予以纠正；对千工日违章率达到 0.3% 的单位，要求超标单位负责人向项目部主管安全经理提交书面检查，同时安全保卫部门对该单位进行停工再教育，经安全考试合格后方可重新施工。牢固树立"凡是违章行为，就视为事故"的思想，落实各施工单位的安全管理责任，控制施工人员的违章行为，保证施工安全。

6）施工用电管理措施。

a）施工用电依据相关规范和工程施工组织设计，编制《现场临时用电施工组织设计》，用来指导临时用电工程的设施布局和线路敷设以及所采取的安全措施。

b）施工现场临时用电工程采用 TN-S 系统，设置专用保护零线，使用五芯电缆，配电系统采用三级配电两级保护。施工电源分级管理，施工电源箱按一、二、三级分类管理，配电箱均使用标准闸箱（一机、一闸、一漏保）。现场供电值班室布置临时用电、临时电源系统图，明确标注用电设备型号、容量、线缆负荷面积、计量表及配电箱号。

c）严格执行施工用电线路及设备检修和恢复送电的工作程序，检修程序为办理作业票→断开电源→悬挂标识牌和装设遮栏→验电和接地→检修。恢复送电程序为收回全部工作票→检查工作人员离开工作现场及接地线拆除→电气试验→恢复送电。施工现场临时用电设施由项目部组织电气专业安装，由项目部相关安监人员验收，电源使用单位负责所辖设施的日常管理和维护，项目部的安监人员定期进行安全检查，确保施工现场临时用电设施安全和工程的顺利进行。

7）临边洞口防护措施。

a）楼板、屋面、阳台等临边防护设施的设置。高处作业平台的边缘、大型设备孔洞四周、高处作业禁止通行区域、暂时封闭的高处作业通道等，全部设置防护栏杆，工程设计有正式防护栏杆的随施工完毕，立即将正式栏杆安装就位，否则及时搭设临时防护栏杆。对临边高处作业，全部设置防护措施，用密目式安全立网全封闭，作业层另加两边防护栏杆和 18cm 高的踢脚板。

b）预留洞口防护措施。进行洞口作业以及在因工程和工序需要而产生的，使人与物有坠落危险或危及人身安全的其他洞口进行高处作业时，全部设置防护设施。用木板全封闭，短边超过 1.5m 长的洞口，除封闭外四周还应设有防护栏杆。

c）通道口防护措施。设防护棚，防护棚用不小于 5cm 厚的双层木板搭设。两侧应沿栏杆架用密目式安全网封闭。施工时设专人监护。

d）电梯井口防护。设置定型化、工具化、标准化的防护门；在电梯井内每隔两层（不大于 10m）设置一道安全平网。

e）楼梯边防护。设置 1.2m 高的定型化、工具化、标准化的防护栏杆，下边做 18cm 高的踢脚板，外侧用密目网封闭。

8）交叉作业防护措施。

a）用脚手管和木脚手板（或钢板）搭设防护隔离棚。

b）设专责安全员进行不间断的监护。

c）视工程情况，也可以采取时间差进行插入式施工。

d）施工双方密切配合，保持通信畅通。

9）其他部位防护措施。

a）基坑周边，尚未安装栏杆或栏板的阳台、料台与挑平台周边，雨篷与挑檐边，无外脚手架的屋面与楼层周边及水箱与水池周边等处，全部设置防护栏杆。

b）头层墙高度超过3.2m的二层楼面周边，以及无外脚手架的高度超过3.2m的楼层周边，在外围架设安全平网一道。

c）分层施工的楼梯口和梯段边，安装临时护栏。顶层楼梯口随工程结构进度安装正式防护栏杆。

d）脚手架与建筑物通道的两侧边，设防护栏杆。地面通道上部装设安全防护棚。双笼井架通道中间，分隔封闭。

e）各种垂直运输接料平台，除两侧设防护栏杆外，平台口设置安全门或活动防护杆。

f）接料平台两侧的栏杆，自上而下加挂安全立网。

g）杯形、条形基础上口，未填土的坑槽，以及人孔、天窗、地板门等处，均按洞口防护设置稳固的盖件。

h）施工现场通道附近的各类洞口与坑槽等处，除设置防护设施与安全标志外，夜间还设红灯示警。

10）脚手架管理措施。

脚手架搭设前编制施工方案，25m以上且不足50m高度脚手架，搭设方案中有搭设图纸并说明脚手架基础做法；50m以上脚手架，除搭设方案中有搭设图纸并说明脚手架基础做法外，还应有设计计算书及卸荷方法详图。脚手架搭设完毕后，必须经过项目安监部、工程部、搭设单位、使用单位共同验收，验收使用脚手架检查验收表，验收合格的脚手架由搭设单位统一挂牌后方可使用。脚手架验收合格交付使用后，由使用单位负责日常检修、维护保管，尤其在大风、暴雨后及解冻期应加强检修，任何人不得擅自拆卸或损坏脚手架的任何部件。项目安监部根据现场脚手架备案记录，定期对脚手架进行安全检查和监督管理。

脚手架的拆除必须有拆除措施，拆除前由施工负责人进行交底和双签字，并设警戒区域和设专人监护。

2. 消防管理

（1）建立消防组织，落实防火责任制。按照"谁主管、谁负责"的原则，建立各级人员的防火责任制。项目经理是本项目的第一防火责任人，全面负责本项目的消防工作，项目部与各分包单位签订消防安全责任书。建立安全防火组织机构网络，落实到人。建立专职和义务消防组织，加强管理教育，给予必要的训练时间和工作条件；项目部成立防火安全领导小组，各班组设义务消防员。在各级负责人的领导下具体做好本部门、本部位的消防工作。现场消防系统或消防设施按区划分，并指定专人负责定期检查和维护管理，保证完好可用。义务消防队定期组织活动，并做到有计划、有组织、有内容。义务消防队消防活动每季不少于一次，消防演习每年不少于一次。制订管理方案和有针对性的防火计划，紧急处理火警、火险、火灾的预案。现场保卫值班室配置工程消防设施图。施工现场重点防范、合理配置消防器材和设施，定期检查、更换保持良好的消防器材，做到有备无患。防止施工现场（厂区、生活区）火灾事故发生，保证施工、生产、生活有一个良好秩序。

（2）消防宣传。

1）通过消防宣传，提高广大干部、群众防火的警惕性和自觉性，增强法制观念，提高项目部和群众的自防自救能力，使群众理解和支持消防工作。

2）宣传内容。中华人民共和国消防工作方针、政策、消防法规、技术规范与标准，以及各级政府有关消防工作的指示，各项防范措施，普及防火灭火知识，火灾案例等。

3）宣传机构。由保卫、安监、工会、宣传、党团组织等部门人员组成；组织热心于消防宣传工作的群众，充分发挥他们的作用，逐步建立起专门工作者与群众相结合的消防宣传网络。

4）形式和方法。坚持从工程项目实际出发，因地制宜、灵活多样地采取各种形式，广泛、深入的开展消防宣传。如新闻宣传、知识竞赛、消防宣传板、消防标语、专业培训等，调动职工群众学习、贯彻、执行消防法规的积极性；按照先普及后提高、自上而下、层层学习、层层受教育的原则，不断扩大普及教育面。

（3）教育和培训。项目部综合管理部负责对新入场人员进行场前保卫、消防教育，并经考核合格后方可准许上岗。教育有记录、有内容、有考核依据和结果，并存档备查。定期对职工群众进行消防培训（至少半年一次），有记录、有考评。

（4）重点防火部位管理。

1）防火重点部位是指火灾危险性大、发生火灾损失大、伤亡大、影响大的部位和场所、一般指燃料油罐区、控制室、调度室、通信机房、计算机房、档案室、锅炉燃油及制粉系统、汽轮机油系统；变压器、电缆间及隧道、蓄电池室、易燃易爆物品存放场所以及各单位主管认定的其他部位和场所。在油区、带电区、运行区作业和从事重大危险作业，严格逐级审批制度，安全保卫部经常检查施工单位落实作业指导书的安全施工措施，监督安全施工作业票安全措施的现场实施。在油区作业采取仪器测量油气，防火、防爆安全距离，隔离作业的措施。在带电区采取停电、隔离、悬挂安全警示牌、作业设监护人等措施。运行区作业，采取设置安全隔离带与运行区隔离，悬挂安全警示牌、标志牌、站岗巡视的措施。重大危险作业有周密的施工组织，有针对性的施工方案和安全防护措施，从人力、机械、材料、施工步骤、作业环境方面确保施工全过程的安全。

2）防火重点部位或场所建立岗位防火责任制、消防管理制度和落实消防措施，并制订本部门或场所的灭火方案，做到定点、定人、定任务。

3）防火重点部位或场所有明显标志，并在指定的地方悬挂特定的牌子，其主要内容是防火重点部位或场所的名称及防火责任人。

4）对防火检查进行有组织、有计划的定期检查，对检查结果进行记录，对发现的火险隐患立案并限期整改。

5）防火重点部位或场所以及禁止明火区如需动火工作时，必须执行动火工作票制度。

6）对火灾危险性很大，发生火灾时后果很严重的部位或场所进行动火作业，在首次动火时，各级审批人和动火工作票签发人到现场检查防火安全措施是否正确完备。测定可燃气体、易燃液体的可燃蒸汽含量或粉尘浓度是否合格，并在监护下做明火试验，确无问题后方可动火作业；动火部门负责人或技术负责人、安监保卫人员始终在现场监护；动火工作在次日动火前必须重新检查防火安全措施并测定可燃气体、易燃液体的可燃蒸汽含量或粉尘浓度，合格方可重新动火；动火工作的过程中，每隔2～4h测定一次现场可燃性气体、易燃液体的可燃蒸汽含量或粉尘浓度是否合格，当发现不合格或异常升高时立即停止动火，在未查明原因或排除险情前不重新动火。

7）对于易燃易爆的材料除专门妥善保管之外，同时配备有足够的消防设备，所有施工人员都应熟悉消防设备的性能和使用方法。

8）以经警和安全员为骨干，组建义务消防队伍，定期开展学习和训练，做好突发及应急事件的准备工作。

3. 机械、交通管理

（1）大型机械管理。

1）机械进场的控制。对现场的所有机械进行控制和认可，并建立进场机械的动态台账。机械进入工程现场后，对其逐一进行验证认可，对符合要求的机械，填写能力认可表，对不符合要求的机械，要求机械出租单位更换、限期整改或退出现场。确保施工（生产）机械处在安全状态。

2）起重机械安装（拆除）管理。对于进入现场安拆的起重机械（含施工电梯），施工单位必须具有相应的施工资质。起重机械安装、拆除人员必须经劳动部门培训，考核合格，持证上岗。施工前编制施工方案，经项目部审核、批准。确保拆装过程中人员和机械设备的安全。施工中对其监督，投入使用前进行验收及负荷试验。

3）使用过程中的检查。所有施工（生产）机械（包括自有、外租）都配置随机安全操作规程牌。发现施工（生产）机械安全装置问题，或受到不良环境因素影响时，立即采取停机检查，制定保护措施及时检修。

使用过程中，对现场机械的安全文明情况进行巡视和检查，对发现的问题向责任单位下达整改单并限期责任单位整改和提交反馈。确保施工（生产）机械在施工过程中的安全。

4）操作人员的教育。对进入现场所有的机械操作工，在进行安全入场教育时，由综合管理部组织，项目部机械管理工程师负责进行一次相关机械安全操作规程的入场学习培训；对进入现场（与施工质量有直接关系）的钢筋机械、混凝土机械、焊接机械和机加工机械的操作工同时还要进行一次相关机械技术操作规程的入场学习培训。

5）起重机械操作人员管理。机管工程师负责掌握和控制工程现场起重机械操作人员的持证情况，经常查验现场起重机械操作人员操作证件，对无证操作的情况立即制止，并按有关规定进行处罚。

6）现场的机械安全文明管理。

a）现场在用机械外观整洁，环境有序，标识规范，状态完好，防护设施齐全，无安全隐患。机械操作场所有统一规范的安全操作规程标牌。

b）不用机械按（待修、待用、封存、待报废等）状态分类统一存放，明确标识，码放整齐，有必要的防雨防潮设施。

c）机械操作人员文明操作，起重机械操作工持证上岗，机械使用记录真实完整。

（2）工器具的管理。购置电动工器具，有检验报告、产品合格证、电工认证标志。使用单位使用电动工器具前经过电气专业人员检验绝缘良好后再使用。购置风动、手工具、小型机械有产品合格证，使用单位在使用前检查其完好情况。定期检查、检测电动工器具、风动、手工具、小型机械的完好和安全使用情况，确保操作人员安全和工机具的安全使用。

（3）交通管理。

1）对进厂、出厂运输，厂内运输进行现场交通管理。施工通道保持环通、路面平坦、雨季无泥泞积水，车辆转弯半径合理。

2）现场道路不得任意挖掘或截断，如因工程需要，必须开挖时，应与有关单位事先协调，统一规划。道路修复及时，安全警示牌、安全防护栏杆、夜间警示红灯齐全。

3）进厂道路和施工道路设置明显的交通及限速标志，指示路牌、警示牌；危险地区设"危险"、"禁止通行"等警告标志；运输高峰及路面较窄部位设交通指挥。

4）进厂施工的机动车辆，经车况（机器设备、各转动部位、制动刹车装置良好）检查合格后，发场内通行证。使用单位负责本单位机动车辆的日常的交通安全管理。

5）场内运输不超载，安全行驶不超速，对重心较高的物体放置中心合理、捆绑牢固，加垫枕木、楔子塞牢，防止滚动。所有施工车辆每次运输做到安全措施齐全，确保施工现场（厂区）运输车辆的交通安全。

4. 特殊作业措施

（1）防火、防爆措施。涉及建筑专业的施工压力容器主要有氧气、乙炔气瓶，压缩气瓶仓储、运输、使用必须符合《锅炉、压力容器管理规定》。物资部检查供货方的生产、经营许可证及相关的资质证书和供货方压缩气瓶的定期检验记录，并组织工程、安监、保卫进行资质评审，合同中要明确送货人员及车辆要遵守公司的要求。安全保卫部门定期对压缩气瓶储存仓库、安全使用情况进行监督、检查。

保卫消防部门对施工现场各区域进行防火、防爆规划，严格日常管理。对现场重点防火部位如乙炔氧气瓶库、生活及生产临建、化学危险品库、建材库等，配备完善的消防设施、器材，并布置标志，严格执行防火规定，保证消防通道的畅通。专职消防人员要定期检验各种消防设施确保消防器材合格和适用。

1）仓库、宿舍、加工场地及重要设备旁应有相应灭火器材，一般按建筑面积 120m² 设置灭火器一个。

2）消防设施应有防雨、防冻措施，并定期进行检查、试验，确保灭火器有效。

3）灭火器、砂桶等消防器材应放置在明显、易取处，不得任意移动或遮盖，严禁挪作他用。

4）办公室、工具房、休息室、宿舍等房屋内严禁存放易燃、易爆物品，如油漆、汽油和乙炔等。

5）施工中严格执行氧气、乙炔瓶直立防倾倒措施和安全间距，且乙炔瓶防回火装置、各压力表等齐全、有效。

6）易燃物品存放及使用的地点，冬季采用安全的取暖设施，均要满足防火的要求。

7）结冻的油类物质、乙炔气、氧气管道等严禁用明火直接解冻。

8）严格执行明火作业票制度。动火作业有切实可行措施，严格审批和执行程序，监护人到位。施工完毕，仔细检查确认无误后，办理消票。

（2）防暑降温措施。根据施工特点适当调整作息时间，露天作业集中的地方，搭设休息棚。给职工发放必要的防暑降温用品，现场配备充足的饮水点。在容器及管道内施工时，设通风装置，加强通风，外部设监护人。

5. 建筑专业反事故措施

(1) 管理措施。

1) 严格按照《火力发电厂基本建设工程启动及竣工验收规程》和"25 项反措"的规定，积极配合调试单位做好整套启动试运工作，目标明确，责任到人，实行设备运行挂牌制，加强试运纪律，认真执行试运制度，保证各个系统运行状态良好且安全可靠。

2) 积极参与重要调试方案和措施的制定。

3) 参加整套启动的试运人员在整套启动前认真学习调试措施，以便更好的协助调试人员及运行人员完成整套启动的调试工作。

4) 试运在岗人员要精心监护，不定时对运行设备进行检查，并做好记录，如发现设备异常，马上通知试运负责人员并采取必要的安全保护措施，确保设备安全。

5) 参加整套启动的试运人员必须在试运指挥的统一组织、协调下，严格按照启动规则及程序操作。

6) 认真做好消缺工作，严格执行工作票制度，以确保人身、设备的安全。

7) 认真编写整套启动试运转期间的消防、保卫措施，专门设置消防、保卫组织机构，配备消防、保卫人员配合试运。

8) 加强试运期间的缺陷管理。对分部试运过程中发生（现）的缺陷，统一登记在缺陷管理台账上，属于建筑专业施工中的问题按监理工程师提出的意见进行整改，其他问题配合责任单位的消缺工作。消缺项目必须明确消缺单位或责任人，并明确消缺时间。消缺后必须由质量部验收后再报监理确认。有必要重新进行试运时，按试运管理程序重新组织试运工作。缺陷发现人认可签字，才能确认缺陷消除。

(2) 主要事故防止措施。

1) 高处坠落、高处坠物事故的防止措施。对涉及高空作业施工项目，项目部严格执行危险源辨识和风险评价，落实责任人和监督负责人；严格执行安全施工措施，对重大的起重作业、高空作业、带电作业等危险作业项目的安全技术措施及方案实施办理安全施工作业票制度；严格执行安全防护设施管理措施和劳动保护用品管理措施，控制违章行为，杜绝高处坠落、高处坠物事故的发生。

a) 在制定施工方案时，尽量考虑地面组合，减少高处作业的频次。

b) 高处作业的平台、走道、斜道等装设 1.2m 高的防护栏杆和 18cm 高的踢脚板，或设防护立网。

c) 高处作业区周围的孔洞、沟道等处设盖板、安全网或围栏。

d) 特殊高处作业与地面设联系信号或通信装置由专人负责。

e) 在夜间或光线不足的地方进行高处作业，布置有足够的照明。

f) 在气温高于 35℃进行露天高处作业时，施工集中区域设棚子并配备适当的防暑降温设施和饮料。

g) 遇有六级及六级以上大风或恶劣气候时，停止露天高处作业。雨天气进行露天高处作业时，采取防滑措施。

h) 凡参加高处作业的人员全部进行体格检查。经医生诊断患有不宜从事高处作业病症的人员不得参加高处作业。

i) 施工人员上下脚手架走斜道或梯子，不沿绳、脚手立杆或栏杆等攀爬，也不任意攀登高层构筑物。

j）高处作业区附近有带电体时，传递绳使用干燥的麻绳或尼龙绳，严禁使用金属线。

k）特殊高处作业的危险区设围栏及"严禁靠近"的警告牌，危险区内严禁人员逗留或通行。

l）非有关施工人员不得攀登高处。登高参观的人员由专人陪同，并严格遵守有关安全规定。

m）垂直攀登时，使用安全自锁器；在单梁上行走及作业时，需架设水平扶绳，铺设安全网。

2）高处坠物事故的防止措施。

a）高处作业地点、各层平台、走道及脚手架上堆放的物件不超过允许载荷，施工用料随用随吊。

b）高处作业人员配带工具袋，较大的工具系保险绳；传递物品时，严禁抛掷。

c）高处作业时，点焊的物件不得移动；切割的工件、边角余料等放置在牢靠的地方或用铁丝扣牢并有防止坠落的措施。

d）交叉作业场所的通道保持畅通；有危险的出入口处设围栏或悬挂警告牌。

e）隔离层、孔洞盖板、栏杆、安全网等安全防护设施严禁任意拆除；必须拆除时，办理移动防护设施申请，在工作完毕后立即恢复原状并经验收；严禁乱动非工作范围内的设备、机具及安全设施。

f）交叉施工时，工具、材料、边角余料等严禁上下投掷，使用工具袋、箩筐或吊笼等吊运。严禁在吊物下方接料或逗留。

3）倾倒、崩塌事故的防止措施。

a）土石方开挖前了解水文地质和地下设施情况，制订施工技术措施和安全施工措施。

b）挖掘土石方采取自上而下的方法进行，严禁使用挖空底脚的方法，避免崩塌事故发生。

c）在深坑及井内作业应采取可靠防坍措施。

d）在电杆或地下构筑物附近挖土时，其周围必须有加固措施；在靠近建筑物挖掘基坑时，应采取相应的防塌陷措施。

e）雨季开挖基坑时，应注意边坡稳定，必要时可适当放缓边坡坡度或设置支撑；施工时应加强对边坡和支撑的检查，施工中应采取措施防止地面水流入坑内。

f）混凝土结构施工，模板安装、拆卸严格按作业指导书进行施工，模板未固定前不得进行一道工序。

g）模板及支撑应满足结构及施工荷载要求，不得使用严重锈蚀、腐朽、扭裂、劈裂的材料。

h）钢柱等结构吊装时，基础连接螺栓未固定前，不得拆除拖拉绳，并悬挂警示牌，防止其他人员误动。

4）脚手架事故的防止措施。对涉及脚手架施工项目，特别是大型脚手架施工项目，严格执行《建筑施工安全检查标准》和公司《脚手架施工管理办法》，脚手架的搭设、拆除必须由专业持证架子工担任，必须经过项目安保部、工程部、搭设单位、使用单位共同验收合格，挂牌使用。严格执行脚手架日常维护管理制度和脚手架日常检查制度，确保脚手架安全使用。

a) 搭设、拆除、更改脚手架时，事前编制施工措施。实际作业时，由持证架子工实施。

b) 架子搭设之后，分级验收，挂牌标识。

c) 搭设、拆除脚手架时，采取安全措施。如采用缆风绳、区间隔离、设监护人等。拆除脚手架时，严禁从高处往下扔架子管、扣件。

d) 因施工需要临时拆除部分防护设施进行作业时，事先提出移动防护设施申请，采取防止坠落的安全措施设置。

5) 吊装、起重事故的防止措施。

a) 起重机械安装、拆卸由机械化施工专业安装队伍完成，自检、负荷试验合格后，报地方所在地技术监督局检验，颁发准用证后方可使用。

b) 起重机械操作人员、指挥人员需经培训、考试合格后，持证上岗，吊装作业严格执行"十不吊"。

c) 起重机械执行点检制度、维护保养制度和交接班制度确保机械处于良好状态。

d) 吊装作业前检查绳索、卡具、倒链等合格，通信工具良好。

e) 凡属下列情况之一者，必须办理安全施工作业票：起吊重量达到起重机械额定负荷的90%；两台及两台以上起重机械抬吊同一物件；起吊精密物件、不易吊装的大件或在复杂场所进行大件吊装；吊装爆炸品、危险品时；在输电线路下方或其附近作业时。

f) 遇大雪、大雾、雷雨等恶劣气候，或因夜间照明不足，指挥人员看不清工作地点、操作人员看不清指挥信号时，不得进行起重吊装作业。

g) 当作业地点的风力达到五级时，不得进行受风面积大的吊装作业；当风力达到六级及以上时，不得进行起吊作业。

6) 火灾事故的防止措施。凡涉及施工现场动火项目、办公区、生活区取暖项目等，必须严格执行重点防火部位及动火管理措施和防火、防爆措施，严格落实项目部各级安全消防责任制，加强对易燃、易爆重点防火部位的管理，做到有预案、有制度、有负责人、有消防设施和器材，落实消防检查制度，避免火灾事故的发生。

a) 消防设施定期进行检查、试验，保持消防水畅通、灭火机有效；消防水带、砂桶（箱、袋）、斧、锹、钩子等消防器材放置在明显、易取处。

b) 严禁在办公室、工具房、休息室、宿舍等房屋内存放易燃、易爆物品。

c) 在易燃、易爆区周围动用明火，办理动火工作票并经批准后采取相应措施方可进行。

d) 挥发性的易燃材料，不得装在敞口容器内和存放在普通仓库内。装过挥发性油剂及其他易燃物质的容器，及时退库并保存在距构筑物不小于25m的单独隔离场所；装过挥发性油剂及其他易燃物质的容器未经采取措施，严禁用电焊或火焊进行焊接或切割。

e) 凡进入易燃、易爆区的机动车辆的排气管加设防火罩。

f) 仓库的易燃物品的存放，必须有严格的隔离措施，并有明显的危险标识。

7) 触电事故的防止措施。施工现场、生活区用电严格按施工用电管理措施执行，全部采用 TN-S 系统，采用三相五线制，采用工作零线和保护零线分开的接零保护。配电系统采用三级配电两级保护和一机、一闸、一漏保措施。严格执行施工用电检测制度，定期对电源箱、铁工棚、机电设备等进行接地电阻测试，定期对漏电保护器进行测试。对电动工器具执行使用前检测制度，粘贴合格标识。严格执行施工用电巡检制度，发现不合格项，立即整改完善，杜绝触电事故的发生。

第三章

建筑工程前瞻性施工措施

第一节 工 程 测 量

一、测量工程

（一）作业程序、方法

1. 施工工艺流程

控制桩选点→草测控制点桩位→控制桩浇筑混凝土→安装埋件→精测点位→施工放线→检查验收。

精密水准测量→施工高程测量→检查验收→沉降观测。

2. 施工方法及要求

（1）主厂房矩形控制网的测设。

1）测设准备工作。

a）依据厂区总平面布置图和便于使用保存的原则，确定控制桩的位置和坐标。

b）选靠近主厂房，且相距稍远的两个方格网点作为控制点，在一点上安置仪器，另一点作后视方向。

c）全站仪安置在方格网点上后，先检测方格网点间的距离和角度，比较其实测值与理论值。

d）全站仪不加投影改正，需要加温度和气压改正；实测值与理论值差别较大时，要检查仪器的光学对中和棱镜对中三脚架的垂直度。

2）草测桩位、浇筑控制桩。

a）用全站仪放出主厂房控制网矩形 4 个角点，打上木桩，钉上小钉。

b）为了桩位的准确，挖坑前每个木桩用工程线引出 4 个小木桩。

3）精确测定控制桩位置。

a）控制桩浇灌 2～3 天后，桩位稳定了，可开始测设其精确位置。

b）在选定的基点上安置全站仪，精确对中整平，后视作为基准方向的另一方格网点，依次放出控制网矩形的四个角点。

c）放点时，先在钢板上放出方向线，在线上移动对中三脚架，放出点位，用铅笔划出十字线作为点位中心；然后重新后视，测定该点位。确认无误后，用钢钉在钢板上钉一小孔。

d）在 4 个角上分别安置仪器，检测 4 条边、对角线和 4 个直角，经调整合格后，镶入铜芯。

e）在对角线上的两点安置仪器，按上述方法，放出所有控制桩的位置，并 100%检测后，镶入铜芯。

4）编制控制桩成果表。

其他建（构）筑物的控制桩测设均参照上述方法进行。

（2）厂区精密水准测量。使用水准仪配合钢尺，通常按二等水准的要求施测，观测前要对水准仪和水准尺进行检验校正。

（3）施工放线和高程测量。

1）建（构）筑物的轴线控制桩做好后，可用经纬仪直接放基础垫层线、螺栓线和安装线，用全站仪或钢卷尺来检查；当垂直角较大时，经纬仪要正倒镜观测取其平均值。

2）给定的施工高程点，必须用另一已知点或两次仪器高来检查；用钢卷尺传递高程时，钢卷尺要配拉力计在已知边上比长。

3）用激光垂准仪传递烟囱的中心位置时，每次沿90°方向测定四次，取其平均值。

4）以上所有的测量工作均需同时得到检核方算完成。

5）及时填报施工测量记录。

（4）沉降观测。

1）沉降观测测量点，宜分为基准点、工作基点和沉降观测点。其布设应符合下列要求：

a）每个工程至少应有3个稳固可靠的点作为基准点；

b）工作基点应选在比较稳定的位置。对通视条件较好或观测项目较少的工程，可不设立工作基点，在基准点上直接测定变形观测点；

c）沉降观测点应设立在变形体上能反映变形特征的位置。

2）每次沉降观测时，必须符合下列要求：

a）采用相同的图形（观测路线）和观测方法；

b）使用同一仪器和设备；

c）固定观测人员；

d）在基本相同的环境和条件下工作。

3）在施工期间的沉降观测应符合下列规定：

a）基础施工完毕后开始观测。

b）建（构）筑物每增加1~2层应观测一次。

c）烟囱、煤罐等每升高15~20m观测一次。

d）中途停工，在停工之日，复工之时，均应进行观测。

e）从建成到移交生产，每月观测一次。

f）施工期间总观测次数不应少于6次。

4）使用仪器、观测方法及要求：按二等水准测量的技术要求施测。

5）填写沉降观测记录。

（二）质量通病预防

质量通病及预防措施见表3-1。

表3-1　　　　　　　　　　　　质量通病及预防措施

项次	质量缺陷预想	预防措施
1	全站仪镜站的对中误差	作业前检验、校正三角基座的光学对中器和对中杆的垂直度
2	水准测量误差	（1）作业前检验、校正水准仪，检验、校正水准尺的圆水准器； （2）用竹竿等支撑以扶正扶稳水准尺

项次	质量缺陷预想	预防措施
3	轴线定位偏差	(1) 检验依据的控制点或控制线; (2) 用正倒镜检核并取平均值
4	高程偏差	(1) 用另一已知高程的点复核; (2) 用两次仪器高检核。

二、锅炉及主厂房轴线测设

1. 施工前的准备工作

(1) 熟悉图纸并按作业程序依次进行图纸会审,提前解决图纸设计尺寸,利用设计尺寸推算、较核设计坐标。

(2) 由图纸设计轴线,根据施工情况及测量控制精度,设计主轴线。

(3) 编制施测作业指导书及施测进度计划。

(4) 做好工具、器具的校验、检修工作,以确保施工期间仪器设备能满足测设精度要求。

(5) 复核设计院提交的方格控制网的精度。

2. 轴线选取及布桩

(1) 某电厂 2 号锅炉轴线间距纵向 B1~B10 为 71.9m,横向 K1~K8 为 71.3m,为了满足设备安装精度要求,纵向选择 B1、2 号锅炉中心线(包括凝汽器中心线与主厂房 17 轴同线)及 B10 轴,横向选择 K3、K6 及 K8 轴;B 标段承建厂房 12~22 轴段,故纵向分别布线 12、15、17 及 21 轴,横向为 A、汽轮发电机中心线、B 及 D 轴线。主厂房 D 列与锅炉 K3 轴间距为 29.9m。

(2) 轴线桩布置在基坑上,采用混凝土现浇,预埋 300mm×300mm 钢板一块。桩离基坑边约 5m,便于稳定及通视良好。

3. 仪器选取

根据相关规定,平面控制精度需满足二级导线精度要求,高程控制需满足三等水准要求。故根据实际情况,用全站仪进行平面控制测量,仪器测角精度为 ±2″,测距精度为 ±(2+2ppm);高程控制采用水准仪,往返测精度为 3mm/km。以上仪器均满足施工测量要求,可使用。

4. 外业测设

(1) 平面控制测量。A 排外布桩以建 1 和建 2 为已知起始点对轴线桩进行放样,放样结束后,采用测回法进行检核、调整,直到满足 2 级导线精度要求,轴线间测距精度满足 1/20000;扩建端布桩以建 1 和建 4 为已知起始点对轴线桩进行放样、施测;炉后轴线桩以建 5 和建 4 为已知起始点对轴线桩进行放样、施测;固定端以建 5 和建 4 为已知起始点对轴线桩进行放样、施测。

(2) 高程控制测量。由于厂区地质条件较差,设计院移交的水准点相互间可能存在不均匀沉降,故厂区采用地质条件较好,沉降小的水准点作为高级控制点,然后进行加密,布置成闭合水准网,采用三等水准观测方法进行观测。

5. 内业计算

轴线桩平面控制测量平差,采用符合导线平差方法进行平差;高程控制的水准点,采用闭合水准网平差方法进行平差。

三、厂区建（构）筑物沉降观测方案

（一）观测程序和方法

1. 观测工艺流程

观测工艺流程如图 3-1 所示。

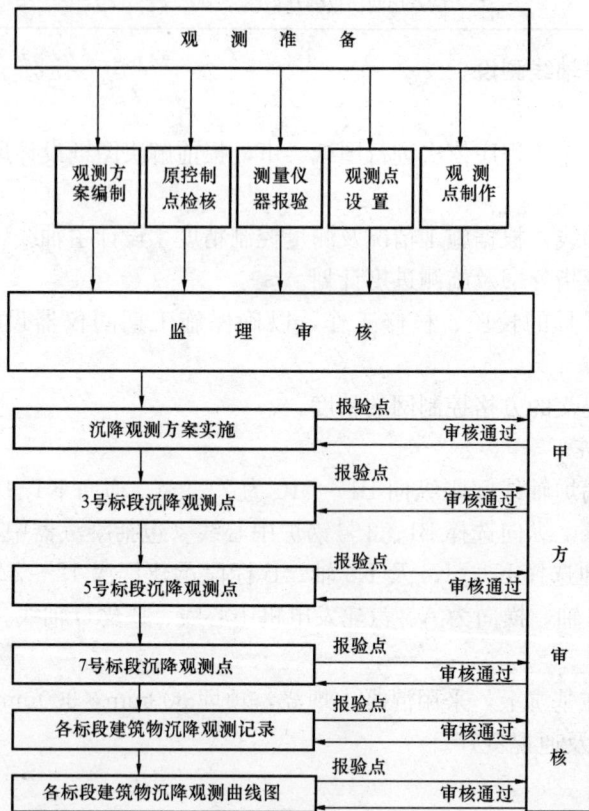

图 3-1　施测工艺流程图

2. 观测要求

（1）观测精度应满足变形测量三等水准测量的有关要求。

（2）按照工程测量相关规范要求。

（3）采用相同的观测路线和观测方法。

（4）使用同一仪器和设备。

（5）固定观测人员。

（6）在基本相同的环境和条件下工作。

3. 观测方法

（1）观测路线。

1）采用二等水准测量，起算点为当前在使用的水准点 YD-8，高程值为 3.6746m，1985 年国家高程基准。由 YD-8 引测，途经 YD-4、YD-3、YD-10、YD-9、YD-11、YD-2、YD-5、YD-14 至 YD-8 形成闭合环路线。使用 LeicaNA2 水准仪配平板测微器、2m 条形铟钢尺，采用仪器"两次安平"的方法，后前前后读数、观测。测量满足二等水准观测的技术要

求，并进行路线总长、环形闭合差、每千米高差中误差的计算和调整，确保精度满足测量要求。

2）观测路线示意如图 3-2 所示。

3）各标段建（构）筑物选择的高程点与观测路线。监测点、监测网的布置一定是建立在甲方一级控制点的基础之上，并要保证一级控制点的成果是经监理、甲方确认、并视为可行的。按照二等水准测量方法，经测量和平差无误后进行各标段建筑物的沉降观测，3 号标段与 7 号标段 2 号锅炉择取控制点 YD-14，5 号标段距离控制点较近的建（构）筑物视情况分别择取控制点 YD-4、YD-3、

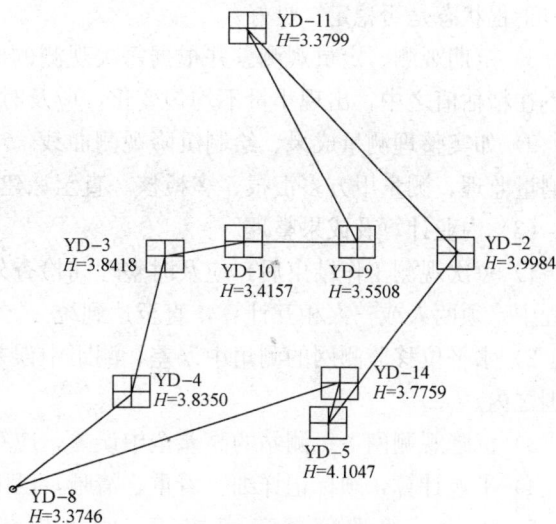

图 3-2　观测线路示意图

YD-10、YD-9、YD-11，在进行各建筑物上的沉降观测点时，仍然按照二等测量方法进行。

4）在每次进行沉降观测时，都要确保固定人员，固定仪器，以免出现和造成不必要的误差，或误差偏大、或偏小。

5）在进行观测当中，要随时做好详细记录，包括天气状况、风向、温度，操作人员，监理是否旁站、是否认定等。

6）在每次观测之前，对所使用的仪器主机及其附件，是否仍然保证其原来的精度性、稳定性、可靠性。定期进行计量检定、检验校正，并做好检验校正日期。

7）控制点的选择及最后确认高程值经监理和甲方认可，并要考虑和明确观测周期，以及建筑物、构筑物的特征、沉降速率、精度要求，尤其是工程的工程地质条件等因素综合布置、考虑，并根据其建筑物、构筑物的变化量及变化情况进行适当调整，但在适当调整过程中，须经相关领导的同意。

（2）观测点布置。布设二等水准控制网→设置建筑物沉降观测点→定期观测→记录、整理、分析观测数据→绘制沉降曲线→竣工移交沉降观测成果。

1）对于 2 号锅炉的沉降监测网，已布设成闭合环、节点和附合水准路线。

2）水准基点仍然采用经监理、甲方确认的高程控制点 YD-8 测至控制点 YD-14，每次进行沉降观测时均引用控制点 YD-8 高程，该控制点已埋设在变形区以外的基岩上也可利用作为基点。

3）沉降观测点的制作，须经监理或甲方同意、认定方可落实。宜采用不锈钢、顶部为半凸球状的圆钢，使其在雨淋等情况不会出现生锈等现象。

4）沉降观测点的布设，已考虑能够反映建筑物、构筑物变形特征、变形明显的部位。

5）沉降观测点应焊接稳固、明显、结构合理，不易被破坏，不能影响建筑物的美观和使用。

6）沉降观测的各项记录，必须注明观测时的气象情况和荷载变化。

7）建筑物四角以及建筑物沿外墙每 10～15m 处或每隔 2～3 根钢柱上，都要布置垂直监测点，为使在监测过程中更能详细、如实地放映出建构筑物的变化情况，是否均匀、正

常、工程状态是否稳定、良好。

8）定期观测、定员观测。并根据每次观测的成果，精心比较，计算不能有误，倘若变化不在精估值之中，出现小量不均匀变化，应及时在进行观测，其时间不能相隔太长。

9）如实整理测量成果、绘制沉降观测曲线，中间不能漏值、漏项、漏次。并及时与相关测量监理、测量甲方多汇报、多检核。直至让建立和甲方认定、同意以后为止。

（3）内业计算及成果整理。

1）每次观测工作结束后，应及时整理和检查外业观测手册，是否正确无误，检查整理过程中，须两人或三人相互计算，直至达到统一。

2）水平位移监测网的测角中误差、测距中误差以及各条件方程险差，是否在规范允许范围之内。

3）沉降观测网，每测站的高差全中误差，应符合规范规定。

4）平差计算，须标记详细、着重、清晰，已随时上交领导、监理、甲方审核。

5）内业计算取值精度按三、四等规范要求：高程为 0.10mm，垂直位移量为 0.10mm。

（二）质量控制点的设置和质量通病预防

质量事故预想及反措见表 3-2。

表 3-2　　　　　　　　　　　质量事故预想及反措

项次	质量事故预想	预防措施
一、沉降监测网整体下沉和上浮		
1	整体下沉、上浮	（1）核对原始资料； （2）认真计算检核
2	前后视距误差较大，平差有误	（1）多次平差，重复测量； （2）仪器精度定期校核； （3）高程控制点及观测点做好保护
二、局部与个别观测点明显沉降和上浮		
1	局部柱或承载体明显下沉和上浮	（1）定期复查观测点； （2）仪器精度定期校核； （3）以及控制点是否变动
2	个别沉降观测点明显变化	（1）定期复查沉降观测点； （2）仪器精度定期校核； （3）做好各部位沉降点的保护和检查是否别破坏和移动

（三）沉降测量结束后需整理的资料

（1）正式报验单。

（2）二等水准测量原始记录。

（3）各标段各建筑物的沉降观测记录。

（4）沉降观测点为布置图。

（5）沉降观测曲线图。

（6）变形分析报告。

第二节 钢 筋 加 工

一、钢筋加工

1. 钢筋管理

(1) 钢筋进场把关验收，堆放场地要平整，严禁直接放置在泥土上，钢筋下要加方木垫格，垫格间距以保证将钢筋垫高离地面 20cm 为准。

(2) 钢筋按规格分类码放，并插好标识牌，标识牌应标明钢筋的品种、规格、牌号、检验状态等。

(3) 每批钢筋进场均按规格、批号、炉号分别进行进场复试。同一规格、同一炉号钢筋一次进场，不大于 60t 时取一组试件进行复检，大于 60t 时取两组试件。

(4) 钢筋加工应严格按照钢筋翻样进行，长短料搭配，尽量减小浪费。

2. 试验

(1) 一般要求。

1) 钢筋应进行屈服点、抗拉强度、延伸量和冷弯试验。

2) 钢筋必须按不同钢种、等级、牌号、规格及生产厂分批验收，分别堆存，且应立牌便于识别。

3) 所有钢筋的试验必须在监理工程师同意的试验室进行。

(2) 钢筋试验。

1) 提供钢筋时应有工厂质量保证书（或检验合格证），否则，不得使用于工程中。当钢筋直径超过 12mm 时，应进行机械性能及可焊性性能试验。

2) 进场后的钢筋每批（同种、同等级、同一截面尺寸、同炉号、同厂家的每 60t 为一批）内任选 3 根钢筋，各截取一组试样，每组 3 个试件，一个试件用于拉力试验（屈服强度、抗拉强度及延伸率）；一个试件用于冷弯试验；一个试件用于可焊性试验。

3) 当钢筋加工过程中出现焊接、机械连接的情况时，应取样进行试验，其中焊接每 300 个接头就应取样一组，接头不足 300 个时也应取样一组，取样每组 3 件。当采用闪光对焊时，除需做对拉实验外，还要每组再送 3 件做弯曲实验。机械连接每 500 个接头做一组实验，每组 3 件。

3. 钢筋的加工

钢筋加工程序为确定用料→除锈（除污迹）→调直→切断→弯曲成型。

(1) 钢筋除锈。

1) 钢筋表面洁净，油污和用锤敲击时能剥落的浮皮、铁锈等应在使用前清理干净。

2) 钢筋除锈一般可以通过两种途径：一是钢筋冷拉或调直工程中除锈，二是工具或电动角磨机带钢丝刷的方法除锈。

3) 在除锈过程中发现钢筋表面的氧化铁鳞落现象严重并已损伤钢筋截面，或在除锈后钢筋表面有严重的麻坑、斑点伤蚀截面时，应降级使用或剔除不用。

(2) 钢筋调直。

1) 钢筋调直采用 GT4-14 型数控钢筋调直切断机。

2) 采用钢筋调直切断机调直细钢筋时，要根据钢筋的直径选用调直模和传送压辊，并正确掌握调直模的偏移量和压辊的压紧程度。

3）钢筋调直后其抗拉强度一般要降低10％～15％。使用前应加强检验，按调直后的抗拉强度选用。如果抗拉强度降低过大则可以适当降低调直筒的转速和调直块的压紧程度。

4）采用冷拉方法调直钢筋时，HPB235级钢筋的冷拉率不宜大于4％，HRB335、HRB400、RRB400级的钢筋冷拉率不宜大于1％。

（3）钢筋切断。

1）钢筋切断除在调直时采用调直机切断外，还采用GQ40型钢筋切断机。

2）将同规格钢筋根据不同长度长短搭配，统筹排料；一般应先锻长料，后锻短料，减少短头，减少损耗。

3）锻料时避免出现短尺量长料，防止在量料中产生累计误差。为此宜在工作台上标出尺寸刻度线并设置控制锻料尺寸用的挡板。

4）钢筋切断机的刀片，应由工字钢热处理制成。安装刀片螺栓要紧固，刀口要密合，间隙不大于0.5mm。固定刀片和冲切刀片的距离：对于直径小于20mm的钢筋宜重叠1～2mm，对于直径大于20mm的钢筋宜留5mm。

5）在切断过程中如果发现钢筋有劈裂、缩头或严重的弯头等必须切除；如果发现钢筋硬度与该钢种有较大出入，应及时向负责的技术人员反映，查明情况。

6）钢筋的断口不得有马蹄形或起弯等现象。

（4）钢筋弯曲成型。钢筋弯曲成型采用GW40及4-14型弯钩机进行加工。

1）受力钢筋。

a）HPB235级钢筋末端应作180°弯钩，其弯弧内直径不应小于钢筋直径的2.5倍，弯钩的弯后平直部分长度不应小于钢筋直径的3倍。

b）当设计要求钢筋末端需作135°弯钩时HRB335级、HRB400级钢筋的弯弧内直径不应小于钢筋直径的4倍，平直部分长度应符合设计要求。

c）钢筋做不大于90°弯折时，弯制出的弯弧内直径不应小于钢筋直径的5倍。

2）箍筋。除焊接封闭箍筋外，箍筋末端应作弯钩。弯钩形式应符合设计要求，当设计无要求应符合下列规定：

a）弯弧内直径应不小于受力钢筋的直径。

b）弯折角度：对于一般结构，不应小于90°，对于有抗振要求的结构应为135°。

c）箍筋弯后的平直部分长度：对于一般结构，不宜小于直径的5倍；对有抗振要求的结构，不应小于直径的10倍。

（5）钢筋直螺纹连接。钢筋直螺纹加工采用GHG-40型滚丝机，加工时丝距及丝长要满足设计要求，如过短则与套筒连接不够紧固，过长则影响钢筋强度。

4．钢筋的管理

钢筋加工的成品、半成品应有明确标识，并分类码放整齐。

钢筋在使用过程中严格按公司贯标要求进行跟踪管理，严格按施工程序发放，对现场实际用料跟踪检查，确定用料部位，作好用料记录。

二、钢筋防锈

1．进料过程

在进料中，加大检查力度，严格控制钢筋质量，检查出厂合格证及试验报告，保证材料的可追溯性。对存有损伤，带有油渍、片状老锈和麻点的钢筋严禁进入工地。进入工地的钢筋，要编号挂牌，分类放置，下部用道木垫起，并准备足够的塑料布进行覆盖保护。

2. 加工过程

钢筋加工场周围应排水畅通，避免雨水浸泡钢筋，钢筋架空放置，以免沾上泥水。加工场地设加工棚，焊接及制作过程中防止雨淋。同时，焊接前接头要打磨除锈，以保证钢筋焊接的质量。对于制作完毕的，要编号挂牌，分类放置，放置时下部要用道木垫起，以防止污染。在施工过程中加强管理和检验，钢筋在运输和加工过程中注意防止撞击、刻痕等。

3. 现场施工过程

针对现场雨季泥泞的特点，要求在绑扎钢筋的现场要设清理站，准备抹布、清水、刷子等清理工具，并设草袋子或铁算子，进入钢筋存放场或钢筋绑扎现场必须清理干净鞋底，禁止穿沾泥的鞋进入钢筋存放场或钢筋绑扎现场。对于施工缝部位需凿去混凝土表面浮浆及松动石子时，钢筋表面污染的混凝土要用铁刷打磨干净。同时涂刷模板油时不得污染钢筋。

对于已经出现的钢筋锈蚀，一般可以通过以下两个途径进行除锈：一是在钢筋冷拉或钢丝调直过程中除锈，对大量钢筋的除锈较为经济省力；二是用机械方法除锈，如采用电动除锈机除锈，对钢筋的局部除锈较为方便。此外，还可采用手工除锈（用钢丝刷、砂盘）、喷砂和酸洗除锈等。在除锈过程中发现钢筋表面的氧化铁皮鳞落现象严重并已损伤钢筋截面，或在除锈后钢筋表面有严重的麻坑、斑点伤蚀截面时，应降级使用或剔出不用。对于钢筋表面、油渍、漆污和用锤敲击时能剥落的浮皮、铁锈等应在使用前清除干净。在焊接前，焊点处的水锈应清除干净。对已经绑扎好的钢筋，必须进行彻底的除锈清理，除锈工作使用钢丝刷进行，清除工作要求全面彻底，不得存在锈渣现象。

第三节　厂区道路及排水沟施工

1. 施工顺序

测量放线→厕所拆除及化粪池回填→定位桩与电线杆的迁移→土方施工→400mm厚毛石后级配砂石找平→400mm厚毛石后级配砂石找平→200mm厚级配砂石碾压调整标高→土工隔栅→铺设200mm厚级配砂石碾压→排水沟施工（C10素混凝土垫层→排水沟两侧砌砖）→铺设碎石屑100mm厚碾压→C30混凝土180mm厚路面→平道牙安放就位及填缝→路肩回填土→排水沟内侧壁砂浆抹面

2. 施工方法

（1）道路施工前，对所开挖的区域进行定位放线，确定施工范围，按照开挖顺序确定行车路线，明确平均标高和设计标高，当路基不够宽时加宽处理与老路基形成搭接50cm左右。

对施工穿越道路的沟管道采取措施，避免因管线敷设而引起路面施工完后重新开挖。按设计要求的范围和标高平整施工场地。基坑开挖到预定高程后，铺设400mm厚毛石后级配砂石找平，18～20t压路机碾压4遍；再铺设400mm厚毛石后级配砂石找平，18～20t压路机碾压4遍，再用冲击碾碾压20～30遍，最后两遍的冲击碾碾压下沉量小于5mm。再铺设200mm厚级配砂石碾压调整标高，双向土工格栅一层，铺设200mm厚级配砂石碾压，排水沟施工，铺设碎石屑100mm厚碾压，浇筑C30混凝土180mm厚路面，平道牙施工，路肩回填土。

（2）土方施工。根据原始测绘记录及图纸标注基层标高和坡度，确定各段开挖深度。开挖采用反铲挖土机、翻斗车进行。配合人工进行平整，清理边坡和边线。

（3）基层晾晒。

（4）毛石及级配碎石施工。按上述施工方法逐层铺设碾压压实，压实后用核子密度仪检测，50m² 取样不少于一点。

（5）混凝土施工。排水沟C10垫层混凝土搅拌要求严格按配合比进行，要求搅拌均匀，和易性好，用混凝土灌车进行运输，浇筑混凝土时切勿集中放灰；混凝土浇筑后用平板振捣器振实，用人工平整，用木抹子抹平，达到60％强度以后，方可拆除模板，拆模时应注意勿碰伤混凝土边角；混凝土养护，在压光、拉毛12h后，表面覆盖塑料薄膜及以草袋覆盖，并洒水保持湿润，周围设防护栏杆，以防车辆行驶，在养护初期禁止行人和堆放物品，混凝土强度达到设计要求的80％以上时可停止养护，一般不少于14天；在混凝土浇筑的同时现场要做试块每100m³ 做一组，保证试块的几何尺寸，使混凝土内实外光。

3. 其他要求

道路修筑完毕，将路边原有标志杆进行恢复。路边2m范围内进行平整，路边修筑路肩宽度为1m。

第四节　冬雨季施工与防台风措施

一、冬季施工措施

（一）冬季施工具体措施

1. 冬季施工前的准备工作

（1）进入冬季施工前，应编制冬季施工措施，并组织有关人员学习、交底。

（2）进入冬季施工前，对掺外加剂人员、测温保温人员、锅炉司炉工和管理人员，应专门组织技术业务培训，学习工作范围内的有关知识，明确职责。

（3）与当地气象台站保持联系，及时接收天气预报，防止寒流突然袭击。

（4）根据实物工作量提前组织有关机具、外加剂和保温材料进场。

（5）做好冬季施工混凝土、砂浆掺外加剂的试配试验工作，由试验室分阶段提出施工配合比。

（6）图纸准备。冬季施工项目，必须复核施工图纸是否适应冬季施工要求。

（7）全面检查施工用水及采暖管道，对损坏处进行修复并做好管道保温工作。

2. 施工用水

入冬前，对厂区施工用水井、管道、阀门等进行一次全面彻底的检查，杜绝可能出现的隐患，对埋在地下的管道，埋土深度不够的地方重新进行埋土覆盖，防止管道内的水上冻，影响施工用水；对外露的施工用水管道采用岩面板进行保温，上面裹两层玻璃丝布，再刷一道沥青漆进行保温；阀门处管道采用内缠棕绳外面采用水泥混合砂浆覆盖进行保温，防止堵塞和冻坏阀门。在冬季施工中，应经常派人进行检查，对可能出现的隐患进行彻底清除，保证施工过程中的正常用水。

3. 土方工程

(1) 土的防冻。地基（地槽）挖出后，应有防冻措施，可采取以下两种方法：

1）覆土保温。地基、地槽挖出后，上部覆盖 25～35cm 的松土。

2）保温材料防冻。面积较小的基槽防冻，可以直接用保温材料覆盖。

(2) 回填山皮土。

1）把山皮土用土预先保温，在入冬以前，将挖土堆积一处，进行严密保温，等冬季需要回填时，将内部含有一定热量的土挖出进行回填。

2）回填前将基底的冰雪和保温材料扫干净，方可开始回填。

3）用人工夯实时，每层铺土厚度不得超过 300mm，夯实厚度为 200mm。

4）在冻胀土上的地梁设备基础等，其下面有可能被冻胀土隆起的地方，要垫以矿渣等松散材料。

4. 砌体工程

冬季施工中的砌体工程，主要指砌砖和砌石。

砌体工程和冬季施工方法，根据现场情况，宜采用掺外加剂法。

(1) 一般要求。

1）普通砖及石材在砌筑前，应清除表面污物、冰雪等，遭水浸后冻结砖不得使用。

2）砂浆宜优先采用普硅酸盐水泥拌制，冬季砌筑不得使用无水泥拌制的砂浆。

3）拌制砂浆使用的砂，不得含有直径大于 1cm 的冻结和冰块。

4）冬季施工时砂浆稠度应比常温下适当增加，使用时砂浆温度应大于或等于 5℃，砂浆拌制时间应适当延长，比常温下搅拌时间增加 0.5～1 倍，通常以正常搅拌时间的 1.5 倍为搅拌时间。

5）砌体使用的石灰膏，要采取覆盖保温措施防冻，如遭冻结，应经融化后方可使用。

6）冬季施工中，每日砌筑后应在砌体表面覆盖保温材料。

7）砂浆拌和采用热水，水的温度不宜超过 80℃。

(2) 外加剂法。外加剂是指在砂浆拌和水中掺入适量氯盐，砂浆在砌筑后方可以在负温条件下硬化。

1）将盐类应先溶解于水，然后投入搅拌。

2）氯盐对钢筋有腐蚀作用，砌体中埋设的钢预埋件，应采用无氯盐类防冻剂。

3）普通砖在正温度条件下砌筑时，砖应适当浇水湿润，可用喷壶随浇随砌。在负温条件下砌筑时砖不浇水，但砖表面的灰砂、冰雪必须清除。

5. 抹灰工程

抹灰工程冬期施工有热作法和冷作法两种施工方法，热作法一般适用于房屋内的抹灰工程，冷作法一般适用于房屋外部的零星抹灰工程。根据目前工地的实际情况，对室内抹灰采用热作法施工，对室外抹灰采用冷作法施工。

(1) 热作法施工的具体操作方法与常温施工基本相同，但应注意以下几点：

1）需要抹灰的砌体，应提前加热，使墙面保持在 5℃ 以上，以便湿润墙面时不致结冰，使砂浆与墙面黏结牢固。

2）用临时热源（如火炉等）加热时，应当随时检查抹灰层的温度，如干燥过快发生裂纹时，应当进行洒水湿润，使其与各层（底层面层）能很好地黏结，防止脱落。

3）用热作法施工的室内抹灰工程，应在每个房间设置通风口或适当开放窗户，进行定期通风，排除湿空气。

4）用火炉加热时，必须装设烟囱，严防煤气中毒。

5）抹灰工程所用的砂浆，应在正温度的室内或临时暖棚中制作砂浆使用时的温度，应在 5℃以上，为了获得砂浆应有温度，可采用热水搅拌。

6）室内施工时，应设专人进行测温，室内的环境温度，在地面上 50cm 处为准。

（2）冷作法施工中的注意事项如下：

1）冷作法施工所用砂浆，必须在暖棚中制作。砂浆使用时的温度，应在 5℃以上。

2）砂浆中掺入亚硝酸钠作防冻剂。

3）砂浆中掺入氯化钠作防冻剂时，氯盐防冻剂禁用于高压电源部位和油漆墙面的水泥砂浆基层。

4）防冻剂应由专人配制和使用，配制时先制成 20％浓度的标准溶液，然后根据气温再配制成使用浓度溶液。

5）采用氯盐作防冻剂时，砂浆内埋件的铁件均需涂刷防锈漆。

6）抹灰基层表面如有冰霜雪时，可用与抹灰砂浆同浓度的防冻剂热水溶液冲刷，将表面杂物清除干净后再行抹灰。

6. 钢筋工程

（1）在负温条件下，钢筋力学性能发生变化，具有冷脆性，因此冬季施工过程中，钢筋在运输加工工程中注意防止撞击，刻痕等缺陷。

（2）钢筋焊接。

1）冬季在负温条件下焊接钢筋，应尽量安排在室内进行，如必须在室外焊接，其环境温度不宜低于－20℃，风力超过三级时应有挡风措施，焊后未冷却的接头应进行保温，严禁碰到冰雪。

2）闪光对焊的焊机房应保持正温，在碰焊机房安置燃煤火炉。如负温闪光对焊，宜采用预热闪光焊或闪光—预热—闪光焊工艺，并应采取其他措施：

a）调伸长度增加 10％～20％，以利于增大加热范围，增加热储备量，降低冷却速度，改善接头性能。

b）变压器级数应降低 1～2 级，以保证闪光顺利对准。

c）在闪光过程开始以前，可将钢筋接触几次，使钢筋温度上升，以利于闪光过程顺利进行。烧化过程中期的速度适当放慢。

d）预接时的接触压力适当提高，预热间歇时间适当增长。

3）负温电弧焊与常温电弧焊相比，应首先选择好焊接参数。焊接时必须防止产生过热、烧伤和裂纹等缺陷。为防止接头热影响区的温度梯度突然增大，进行帮条电弧焊或搭接电弧焊时，第一层焊缝先从中间引弧，再向两端运弧；立焊时，先从中间向上方运弧，再从下端向中间运弧，以使接头端部的钢筋达到一定的预热效果。在以后的各层焊缝的焊接时，采取分层控温施焊。层间温度控制在 150～350℃，以起到缓冷的作用。坡口焊的加强焊缝的焊接，也应分两层控温施焊。Ⅱ级钢筋电弧焊接头进行各层施焊时，采用回火焊道施焊法，即最后回火焊道的长度比前层焊道在两端各缩短 4～6mm，以消除或减少前层焊道及过热区的淬硬组织，以改善接头的性能。焊接电流应略微增大，焊接速度略微放慢。在焊接过程中，一般采用短弧施焊，防止断弧，且不要产生烧伤现象和在非焊接部位引弧，以免钢筋受损。

7. 混凝土工程

（1）混凝土的运输和浇筑。

1）冬季施工运输混凝土，选择最佳运输路线，缩短运距，使热量损失尽量减少。

2）混凝土搅拌车应适当覆盖保温材料，减少热量损失。

3）混凝土在浇筑前，应清除模板和钢筋上的冰雪和污垢。

4）混凝土浇筑时，应对混凝土泵管进行保温。以防止在浇筑过程中，混凝土冻结堵塞泵管。

5）浇筑基槽垫层混凝土时，基土应进行保温，以免遭冻。

6）分层浇筑厚大的整体式结构时，已浇筑层的混凝土温度，在未被上一层混凝土覆盖前，不应低于计算规定温度，也不得低于2℃。

（2）混凝土的养护。根据现场条件，冬季施工混凝土的养护，优先选择蓄热法养护，即浇筑后的混凝土周围保温材料严密覆盖，利用预加的热量和水泥的水化热量，使混凝土缓慢冷却，并在冷却过程中逐渐硬化，当混凝土温度降至0℃时可达到抗冻临界强度或预期的强度要求。混凝土浇灌完毕后，及时在其外侧覆盖一层塑料布和三层草帘，并用铅丝绑扎牢固，以防掉落使混凝土受冻。

（3）施工注意事项。

1）对大体积混凝土施工应严格执行《大体积混凝土施工措施》。

2）混凝土构件预埋测温管，同时绘制好测温管布置图（测温管均要编号），测温管在易于散热的部位设置。

3）模板及保温材料，要在混凝土达到规定强度，其温度冷却到5℃后方可拆除。当混凝土与外界温差大于15℃时，拆模后的混凝土表面应采取保温措施使其缓慢冷却。混凝土的初期养护温度不能低于防冻剂的规定温度，否则采取保温措施。当温度降低到防冻剂的规定温度以下时，其强度不能小于$5.0N/mm^2$。混凝土在养护期间做好防风、防失水，对边角部位的保温层厚度，要增大到面部外的2～3倍。

4）加强保温养护，做好混凝土养护的测温记录，每次测量都做好内外温差的比较，发现异常及时采取加强保温措施。

5）混凝土搅拌、运输、浇筑、成型、养护过程中的温度和覆盖保温材料均要进行热工计算。

8. 起重运输及吊装作业

（1）冬季施工对吊装产生的不利影响。

1）汉沽地区冬季大风天气不断，十分不利于吊装工作的开展。

2）冬季多雨雪天气，道路湿滑，容易结冰，不利于运输工作的开展。

3）冬季温度低，施工机械和汽车水箱中的水容易结冰。

4）汉沽地区冬季温度低、湿度大，晚上钢结构构件上容易结冰，不利施工。

5）冬季温度低，焊接质量不容易保证。

6）冬季温度低不利于油漆工作的开展。

（2）应对措施。

1）汽车及轮胎式机械在冰雪路面上行驶必要时应装防滑链。

2）施工机械和汽车的水箱应保温，停用后，无防冻液的水箱应将水放尽。

3）冬季使用的吊索具，在使用前要认真检查是否有脆裂现象；在气温低于－15℃时，倒链的负荷减半；起重机械落钩时，派专人监视卷筒钢丝绳是否松脱。

4）冬季施工时，加强检查大型起重机械，在使用过程中操作人员要注意观察和感听起重机有无异常声响。

5）冬季雪天要及时清扫起重机及轨道上积雪，施工作业面积雪要清扫干净。

6）遇有六级及以上大风或恶劣天气时应停止露天高处作业和起重吊装作业，在霜天或雨、雪天气起重作业要采取防滑措施，迎风面较大如受热面组件等设备起吊时应选在无风天气。

7）轨道式起重机在大风天气和下班前必须按要求打好夹轨钳，履带式起重机塔式工况时必须将杆头爬下，并转到顺风方向。

8）现场通道以及脚手架、平台、走道应及时清除积水、霜雪，并采取可靠的防滑措施。

9）安全网等防护设施必须到位，个人防护物品如防滑鞋、安全帽、安全带等要正确使用。

10）施工现场严禁明火取暖。特殊情况如需采用明火作为临时措施，应经消防部门批准，做好防火措施，并设专人看护。

11）露天的焊接工作容易受到大风天气的影响，在工作量集中区域，可搭设临时挡风棚。

12）允许焊接的最低环境温度如下：碳素钢－20℃，低合金钢及普通低合金钢为－10℃，中高合金钢为0℃。在－20℃以下及大风、沙尘暴天气停止施工。

13）焊完的合金焊口焊完后如不马上进行热处理，须将焊口用保温材料包裹，使之缓冷。

14）冬季气候干燥、风大，焊工在现场进行作业时，应在焊前清理周围易燃物，有电缆线的地方注意用石棉布遮盖。高空作业时，下面要有专人看护，防止现场火灾的发生。

15）冬季遇下雪天气，应及时将保温材料、已安装完的主保温层暴露部分的积雪清理干净，以确保保温材料的通风与干燥。

16）凡遇雨、雪、大风、大雾、结露等恶劣天气及5℃以下气温时，均不应进行室外油漆防腐作业。

17）大风到来之前，大型起重机及时做好防风措施，龙门式起重机加地锚固定。

18）主厂房上部结构等露天高空作业用脚手架，应增加抗风设计，在大风雨过后，经过重新检查、验收后再用。

19）用篷布覆盖设备、材料时，要将篷布扎牢，并用地锚固定。

20）冬季运输堆存钢结构时，必须采取防滑措施。构件堆放场地必须平整坚实，无水坑、地面无结冰。绑扎、起吊钢构件的钢索与构件直接接触时，要加防滑隔垫。凡是与构件同时起吊的节点板、安装人员使用的挂梯、校正用的卡具、绳索必须绑扎牢固。构件上有积雪、结冰、结露时，安装前应清除干净，但不得损伤涂层。栓钉焊接前，应根据负温度值的大小，对焊接电流、焊接时间等参数进行测定，保证栓钉在负温度下的焊接质量。

9. 屋面工程

(1) 屋面工程的冬季施工,应选择无风晴朗天气进行,充分利用日照条件提高面层温度。在迎风面设置活动的挡风装置。

(2) 屋面各层施工前,应将基层上面的积雪、冰霜和杂物清扫干净。所用材料不得含有冬雪冰块。

(3) 用沥青胶结的整体保温层和板状保温层应在气温不低于−10℃时施工,用水泥、石灰和乳化沥青胶结整体保温层和板块保温层应在气温不低于5℃时施工。如气温低于上述要求,应采取保温防冻措施。雪天和五级风以上天气不得施工。

(4) 找平层为水泥砂浆时,砂浆强度等级不得小于M5,砂浆中可掺入氯化钠作防冻剂。

(5) 找平层为沥青砂浆时,基层应平整干燥,先满涂冷底子油1~2道,干燥后方可做找平层。

(6) 防水层采用卷材时,可用热熔法或冷粘法施工。热熔法施工时气温不应低于−10℃,冷粘法施工时气温不得低于−5℃。当采用涂料做防水层时必须使用溶剂型涂料,施工时气温不得低于−5℃。

(二) 冬季施工安全控制措施

(1) 冬季施工时,要采取防滑措施。

(2) 冬季施工架子、斜坡、人行道路、施工道路等均需采取防滑措施。大雪后必须将施工现场清理干净后才能施工,所有孔洞必须加设盖板。

(3) 施工机械在雨、雪天行驶应察明道路情况,并降低车速,提高警惕,防止发生侧滑等不安全问题,严禁急刹车。

(4) 严禁明火取暖或用大功率炽热热源取暖,人员离开时必须拔下电热毯及生产、生活电暖器等电器插头。严禁现场施工人员随便生火取暖。

(5) 严禁明火起车及烧烤油管路、油箱。

(6) 车辆在冰雪路面上行驶时应加装防滑链。

(7) 大雪后必须将架子上的积雪清扫干净,并检查马道平台,如有松动下沉现象,务必及时处理。

(8) 施工时如接触气源、热水,要防止烫伤,使用氯化钙、漂白粉时,要防止腐蚀皮肤。

(9) 现场火源,要加强消防安全管理,专人看管;使用天然气、煤气时,要防止爆炸;使用焦炭炉或天然气、煤气时,应装设烟囱,并注意室(棚)内通风换气,防止煤气中毒。

(10) 日常检查与"四防"周检查相结合,切实做好"防风、防冻、防火、防滑"工作。

(11) 安全监察部应及时了解天气情况,如天气预报中有台风或暴风雨等恶劣天气,安全监察部门以最快的速度通知建筑工程处及相关部门,启动应急预案。做好一切防护措施,确保设备和人身安全。

(12) 霜冻天气吊装作业必须采取可靠的防滑措施(如清除霜冻),严禁穿硬底鞋高处作业。

(13) 施工人员个人安全防护用品应齐全、合格,必须正确使用。

（14）施工现场布设充足的消防器材，严禁明火取暖。

（15）所有使用的电热取暖器具，下班前必须断开电源，严禁下班后无人时，继续通电使用。

（16）做好防火、防触电工作。对现场易燃物及时清除，设好警戒，挂好警示牌，并加强监护。动火严格执行动火作业票制度，并真正按作业票的措施施工，遵守消防规定，防止火灾发生。所有电源必须由专业电工人员拉设并经常检查，发现磨损等异常及时处理。线盘和电动工具必须有漏电保护器，并每天检查是否灵敏、可靠，防止触电现象的发生。

（17）办公室、工具室、宿舍内严禁存放易燃、易爆物品，易燃、易爆物品应分类存放，妥善保管，并有醒目的警示标志。

（18）氧气瓶、乙炔瓶及管道阀门冻结时，严禁用火烘烤，可用热水浸布的方法，缓慢解冻。

（19）一切机动车辆车况必须保持良好，遇有暴雨、冻雪及大雾天气严禁出车，特殊情况需出车时，必须采取可靠的防滑、防雾措施。

（20）起重机械必须保持良好的工作状态，各制动部分灵敏、可靠，操作工必须严格执行"十不吊"规定。

（21）根据工地施工的具体情况，组织好每次的安全检查，发现问题，及时处理，使本工地的安全施工始终处在"可控、在控"状态。

（22）施工采暖供热的设施必须悬挂明显的标志，施工时防止人员烫伤。

（23）禁止流动吸烟。

（三）冬季施工环保措施

（1）因冬季施工所采用的外加剂均为化学药品，因而必须加强这方面的管理，防止混用、错用以及散失。

（2）室内取暖应装设烟囱并经常通风换气，以便保持室内空气清新，防止煤气中毒；风和日丽时应注意开窗换气。

（3）现场火炉要设置燃料堆放点、灰渣堆放点，防止乱堆、乱放，以及混杂一起堆放。

（4）禁止将施工垃圾放入火炉中燃烧，尤其是燃烧塑料、橡胶废品，会产生毒气污染周围空气。

二、雨季施工措施

（一）施工准备

雨季施工具有突然性，由于恶劣天气往往不期而至，这就需要雨季施工的准备和防洪措施及早进行。雨季施工还带有突击性，雨水对建筑结构和地基基础的冲刷或浸泡具有严重的破坏性，必须迅速及时保护，才能避免给工程带来损失。雨季施工往往持续时间长，对此应有充分的估计，提前做好安排。

（1）进入雨季施工前，应编制雨季施工措施，并组织有关人员学习、交底。

（2）与当地气象站台保持联系，及时接收天气预报，做好抗大风和防汛的准备工作，必要时加固在建工程。

（3）现场排水。施工现场的道路、设施必须做到排水畅通，雨停水干。要根据实际情况采取措施，防止滑坡和塌方。

（4）做好原材料、成品和半成品的防雨防潮工作。易受潮、变形的成品应在室内堆放，怕雨淋的材料、物品要及时入库保管，无法入库的应覆盖塑料薄膜。水泥应存入库房并垫起离地约 30cm，离墙边应在 30cm 以上，且做到先收先发，后收后发，库房应不漏不潮，尽量封闭；临时露天暂存水泥也应用防雨篷布盖严，堆垛要垫高 50cm，四周设排水沟，垛底采取防潮措施；施工现场砂石料堆放地应浇筑一层素混凝土；钢筋堆放场尽量采用混凝土地面或在其下加垫枕木，上用防雨篷布盖严，严禁遭雨水浸泡；对怕雨淋和需防潮的半成品材料，应搭设大棚或存入室内，并通风良好。

（5）备足排水需用的水泵及有关器材，准备适量的塑料布、油毡等防雨材料。

（二）施工措施

雨季施工主要考虑露天作业，场地的使用和零米以下的工程施工。对一般工程的露天作业，遇大雨或暴雨时可暂停施工。待雨过后再进行施工，但必须对混凝土工程做施工缝的处理工作，尤其对正在浇灌结构的关键部位，应用篷布、雨布等防水材料予以保护，防止雨水冲刷。现浇框架浇灌混凝土的时间安排应根据天气决定，避开雨天，同时应准备一定数量的防雨布，以防施工中突然降雨。

1. 土方和基础工程

（1）所有的施工场地均分区设排水沟，并对场设排水坡度，对雨水进行疏导，保证雨停场地即可使用。通向作业点的道路均用砖石垫高，以保证雨天可通行。

（2）道路设排水沟，根据道路宽度和实际情况，设单边排泄水沟和双边排水沟。

（3）零米以下工程施工，特别是大型基础的施工，给坑四周设围堰、截流沟保证雨水不流入基坑，在基坑内采用明沟加集水井的降水方案，从井点抽取的水通过胶皮管或消防管排入临时排水沟，然后排入厂区排水沟。

（4）循环水管基坑、海水淡化区域上部挡水堰重新修整恢复，坑底沿四周挖明沟与积水井相通，以便于雨水的排放。同时要经常检查坑壁土的稳定情况，发现隐患及时处理，防止滑坡、坍塌现象发生。

（5）雨季前夕开槽的工程应加大放坡，并做好支护方案，基坑的临边防护、安全边坡、坑壁支护、坑壁荷载等都必须符合相关要求，以防雨水浸湿边坡土壤，造成塌方。基坑深度超过 5m 要有专项支护设计，且支护方案需经专门论证。深基坑采用护坡措施，视情况可采用抹水泥砂浆或用塑料布覆盖的方案，定期对毗邻建筑物、重要管线、道路基坑边坡进行沉降和变形观测，并做好检（观）测记录，防止下雨基坑浸泡造成意外坍塌和滑坡。

（6）雨季中开槽的工程，槽底应预留 20～30cm 的余土不挖，待验槽后再清底，并随即打上垫层。

（7）基坑四周应留排水沟或盲管，疏通原有排水泄洪系统，并配备足够的抽水泵，必要时，隔 30m 左右应留一个集水井，集水井要设挡土设施以防淤塞，装好水泵，接通电源，搭好机棚，派专人日夜值班。

（8）基坑坡道应采取防滑措施，便于车辆、人员上下。

（9）土方回填尽量避免雨季施工，必须回填时，要严格控制土料含水率，过湿的土料应晾晒；当天铺土，当天夯实，雨天积水要及时抽出，浸泡的部分晾晒后重新夯实或换土。

2. 钢筋工程

（1）若排架搭设在回填土上，要检查回填土是否夯实，排架底部不应直接坐落于回填土上，避免雨天因雨水浸泡回填土而影响排架的稳定性。

脚手架工程必须有良好的防电、避雷装置，钢脚手架、钢垂直运输架均应有可靠接地，高于四周建筑物的脚手架和垂直运输架应设避雷装置。排架顶部要设避雷针及接地线，以防遭雷击。

（2）落地式外脚手架地基应具有足够的承载力，架子地基应平整夯实，排水好，无积水，以避免脚手架整体或局部沉降；脚手架应设置足够牢固的连墙点，依靠建筑物结构的整体刚度来加强和确保脚手架的稳定性。

（3）钢筋的加工制作。一般均是露天作业，是影响工程进度的关键工序，应设简易的工作棚以保证雨天不停工。

（4）钢筋工程。钢筋堆放地应整平压实，并高于现场地面，用垫木将钢筋架起 15cm，避免因雨水浸泡而锈蚀，加工好的成品、半成品雨天应覆盖，防止锈蚀，大风暴雨天气，施工层上钢筋工程应停止作业，防止雷电伤人。

3. 混凝土工程

（1）模板隔离层在涂刷前要及时掌握天气预报，以防隔离层被雨水冲掉。

（2）遇到大雨要停止浇筑混凝土，已浇部位应加以覆盖。现浇混凝土应根据结构情况和可能，多考虑几道施工缝的留设位置。

（3）雨季施工时，应加强对混凝土粗细料骨料含水量的测定，及时通知搅拌站调整混凝土搅拌时的用水量，及时调整施工配合比，保证混凝土的强度。

（4）大面积的混凝土浇筑前，要了解 2～3 天的天气预报，尽量避开大雨。混凝土浇筑现场要预备大量防雨材料，以备浇筑时突然遇雨进行覆盖。

（5）支撑模板的地基要密实，并在模板支撑和地基间加好垫板，雨后及时检查有无下沉。

（6）工具室应提前准备好塑料薄膜，阴雨天浇灌混凝土时，已浇灌完的混凝土上应及时覆盖塑料薄膜。

（7）在地基或基土上浇筑混凝土，应清除淤泥和杂物，并有排水和防水措施。

4. 吊装工程

（1）构件堆放地点要严整坚实，周围要做好排水工作，严禁构件堆放区积水、浸泡，防止泥土沾到预埋件上。构件堆放要高出地面 15cm 以上，防止积水。要经常检查施工道路是否碾压坚实，是否有开裂、塌陷现象。如有发生，立即加固，以保证安全和雨季车辆的正常通行。

（2）履带式起重机车路基必须高出地面 15cm。严禁雨水浸泡路基。

（3）雨后吊装时，要现做试吊，将构件吊至 1m 左右，往返上下数次，稳定后再进行吊装工作。

5. 砌筑工程

（1）基础工程应分段施工，工作面不宜过大，以便防护。

（2）过湿的砖不要上墙，砂浆稠度应减小。

（3）每天砌筑高度不宜过大，以保证墙体稳定；大雨天应停工。

（4）收工时，墙上应码一皮杆砖或用编织布覆盖。

6. 屋面、抹灰工程

（1）屋面防水工程应尽量避开在雨季施工，由于进度要求必须在雨季施工时，应有可靠的防护措施，准备足够的覆盖材料。找平层、保温层尽量采用干做法，并力争当天施工，当天封闭，随时覆盖。

（2）雨天严禁油毡屋面施工，油毡、保温材料不能淋雨。

（3）雨天不准进行室外抹灰，至少应预计1~2天的天气变化情况。对已经施工的墙面，应注意防止雨水污染。

（4）室内抹灰尽量在做完屋面后进行，至少做完屋面找平层，并铺一层油毡。

（5）雨天不宜做罩面油漆。

（6）对已做好的屋面，要及时将雨水管接至地面，防止雨水流至墙面造成污染，并抓紧进行建筑物四周散水坡的施工，伸缩缝及时灌注沥青。

7. 机械防雨

（1）雨季前应仔细检查防雷、防风、防洪工作。疏通排水沟，动力电源、露天机械和重要设备要架好防雨罩和篷布覆盖，对高耸建筑物如烟囱等施工时设好避雷装置，漏电保护装置应灵敏有效，并经常检查绝缘情况。

（2）施工用电盘、闸箱要加防雨罩。漏电保护装置应灵敏有效，并经常检查绝缘情况。高空设备如塔式起重机、外用电梯及建筑物要安装避雷装置。

（3）暴风雨天气要停止一切高空作业。雨天、雾天必须作业时，要做好防雨防滑及防触电的措施。停工一定要停施工用电，不能停工时，电工必须跟班并对线路及施工用电盘及时巡回检修。

（4）潜水泵要保持良好的工作性能，电源线充足且绝缘，随时准备应急之用。

（5）现场所有机电设备应提前搭设好防雨棚（罩），雨季期间设专人经常检查机电设备的接零接地保护装置，每次雨后必须检查，以保证机电设备的正常运转。对塔式起重机的基础、钢结构、塔身垂直度、附着装置、地锚等进行全面的安全使用监测；塔式起重机的接地装置、埋入深度、距离、地线截面应符合相关要求，接地电阻小于4Ω；对无安全保险装置或安全装置不灵敏、不起作用的塔式起重机，要及时检查修理。

（6）塔基与建筑物之间做到无积水，防止因积水而造成塔基下沉。

8. 防雷措施

（1）雨季为了防止雷电袭击造成事故，在施工现场高出建筑物的塔式起重机、人货电梯、钢脚手架等，必须装设防雷装置。

（2）施工现场的防雷装置一般由避雷针、接地线和接地体三部分组成。避雷针装在高出建筑物的塔式起重机、人货电梯、钢脚手架的最高端上。

（3）接地线可用截面积不小于16mm²的铝导线，或截面积不小于12mm²的铜导线，也可用直径不小于8mm的圆钢。接地体有棒形和带形两种，棒形接地体一般采用长度1.5m、壁厚不小于2.5mm的钢管或5mm×50mm的角钢，将其一端打光并垂直打入地下，其顶端离地平面不小于50mm；带形接地体可采用截面积不小于50mm²，长度不小于3m的扁钢，平卧于地下500mm处。

（4）防雷装置的避雷针、接地线和接地体必须焊接（双面焊）。焊接的长度应为圆钢直径的6倍或扁钢厚度的2倍以上，电阻不宜超过10Ω。

（三）雨季施工安全措施

1. 防风、防滑安全措施

（1）阴雨天应尽可能避免高空作业，若高空作业应正确戴好安全帽，扎好安全带，穿防滑鞋。

（2）带电设备、带电工器具、电源线绝缘性能良好，下雨时严禁露天使用碘钨灯。

（3）使用潜水泵抽水时应加装漏电保护器，看泵人员操作要穿绝缘雨靴、戴好绝缘手套，严禁在潜水泵工作时下到水里去，以免触电伤人。同时设专人监护，无关人员不得靠近。

（4）大风阴雨天气，排架上不要放置工器具、钢模、未绑的架板等，以免刮落伤人。

（5）雷雨天现场人员尽可能到室内避雨，严禁在屋檐下或排架下站立，以防遭雷击。

（6）六级以上（含六级）大风天气时，应停止高空作业、起重作业。

（7）大风过后，应进行脚手架方面的专项检查，包括脚手架是否已动摇，高处脚手架、临空处的物料是否处于安全状态，发现隐患及时处理。

（8）与当地气象台（站）保持联系，及时接收天气预报、大风警报，做好这方面的预防工作。

（9）根据当地的气候，在大风到来之前，做好防风准备，提前将拉设的安全密目网拆除，以减少排架的迎风面积，正确拉设防风挡风绳。

2. 安全防护

（1）各类起重机械要注意检查防雷接地是否安全有效，塔基不准积水，并且设排水措施，轨道式起重机每天作业完毕，将轨钳卡牢，防止遇大雨时滑走。如遇雷雨大风天气或六级以上大风时，不得进行塔式起重机拆装或吊装作业，操作人员要班前、班后对起重机械进行一次有效的安全检查，做好交接班记录。

（2）各单位必须经常检查生产、生活用电线路、设备的绝缘情况、漏电保护器的灵敏有效性，接地、绝缘、防雷电阻的测试，并做好记录，发现隐患立即整改；电气设施、设备完好，做到接地规范良好，并经常进行检查，电焊机要做好接地保护及防雨措施，电焊把线要做到无破损、无漏电，电焊工要使用干燥的绝缘手套；各类电气设备要采取防雨措施，必须保证施工现场的电气开关闸刀、插座、插头的完好，如有破损及时更换，施工完后，要做到人走拉闸。雷雨天气禁止电工登杆作业，禁止倒闸操作，雨天抢修电路施工要针对具体情况制定安全措施，使用手持电动工具，要保证良好的供电线路必须有漏电保护器，潮湿作业施工照明用电必须采用安全电压。

（3）高层井架的缆风绳需补齐绞紧，脚手架要加扫地杆；搭设在软地基上的脚手架要垫通板，地基要有良好的排水措施，并且要经常检查基础的沉降。

（4）基础作业必须按规定放坡，必须设立监护人员，并经常检查沟壁情况，雨前基坑上部多余的弃土，应及时清理，减轻坡顶压力，雨后应及时对坑槽边坡和护壁支撑结构进行检查，如发现有松动、裂纹情况，必须采取支撑或加固措施，深基坑超过 5m 必须有设计计算。

（5）落地式钢管脚手架底应当高于自然地坪 50mm，夯实整平，留一定的散水坡度，在周围设置排水措施，防止雨水浸泡脚手架，遇到大雨和六级以上大风等天气，应当停止脚手架的搭设和拆除作业，大风、大雨后，要组织人员检查脚手架是否牢固，如有倾斜、下沉、松扣、崩扣和安全网脱落、开绳等现象，要及时进行处理。

3. 雨季施工消防工作

(1) 消防器材有防雨防晒措施，地下消火栓要高出地面防止泡水。

(2) 储存电石的仓库应防雨防潮。

(3) 对化学品、油类、易燃品应设专人妥善保管，防止受潮变质及起火。

(4) 现场储存生石灰要远离易燃品。

三、防台风施工措施

(一) 程序

1. 台风、暴雨季节到来前的应急行动与措施

(1) 每年 4 月，项目部防台风领导小组召开会议，部署有关防台风各项工作。

(2) 对以下防台风工作进行检查落实：

1) 储备所需的防台风物资。

2) 检查电动工器具、配电盘柜、电源线路、电焊机等，避免人身触电。

3) 疏通现场的排水系统，清理杂物。

4) 检查边坡，发现问题及时处理。

5) 检查现场大型机械的防雷接地，接地电阻不得超过规定标准。

6) 检查现场高大设备、设施、建（构）筑物的防雷接地，接地电阻不得超标准。

7) 搬迁可能被淹的物资、设备。

8) 对临时建筑物（如车棚、工棚、简易房等）进行必要的加固、修缮或拆除。

9) 检查露天存放的设备材料，采取有效措施，避免被雨水侵蚀

10) 检查防洪设备（泵、水带、临时电源等），确保随时可用。

11) 检查所有房屋门窗是否齐全有效。

(3) 项目部防台风领导小组每年组织进行一次防台风演习。

2. 台风、暴雨信息发布

综合部接到台风预报后，及时向项目部防台风领导小组报告，并通过网络、电话、宣传栏向部门和职工发布台风、暴雨信息。

3. 台风 1 号时的应急行动

当接到台风 1 号信息时，项目部防台风领导小组召开会议进一步部署具体的防台风工作，各部门、专业公司立即行动起来，进入防台风、排洪戒备状态，并采取以下行动：

(1) 检查所有门窗是否齐全有效。

(2) 清理户外松散物品，对露天存放的设备、机具材料进行遮盖，并采取有效的措施，避免遮盖物被台风吹起。

(3) 保证所有屋顶、地面、地下排水系统畅通无阻。

(4) 保证应急设备（如泵、水带、临时电源、急救车辆等）随时可用。

(5) 检查供电线路、配电箱、变压器等良好，具有一定的防雨、防台风能力。

(6) 检查仓库的防台风、防洪措施是否完备。

(7) 户外精密仪器、设备尽可能移到室内，不能移到室内的要采取妥善保护措施。

(8) 检查有无滑坡区域，搬迁可能受影响的设备、材料。

(9) 现场所有临时高杆照明全部放下。

(10) 保证通信线路、仪器设备可用，尤其是防台风专用电话、电传、对讲机、手机等必须处在开机状态。

（11）安排专人值班。

4. 台风 2 号时的应急行动

（1）防台风领导小组安排专人 24h 值班。

（2）综合部要保证防台风和抢险人员的用车。

（3）综合部要保证食堂有 72h 的食物。

（4）所有车辆要停放在避风场所。禁止停放在防波堤上、距护岸 100m 范围内、取土场、采石场、泄洪区、简易车棚下等处。

（5）供电、供水、通信、车辆等重要岗位要有专人值班。

（6）现场各抽水点安排专人 24h 值班。

（7）完成塔式起重机和大型履带式起重机放倒前的准备工作。

5. 台风 3 号时的应急行动

（1）大型起重机放倒至水平状态。

（2）中断一切户外生产活动。

（3）切断非必须使用的水、电。

（4）应急人员待命。

6. 台风 4 号或台风 5 号时的应急行动

（1）人员必须留在室内，避开迎风的门窗。

（2）必要时启用应急抢险人员。

7. 台风、暴雨后的工作

（1）对生活区、生产区和工作区进行全面的检查，发现有较大的损失应进行拍照、摄像和记录。并在台风解除信号后 24h 内将检查情况以及台风损失评估报告向公司汇报，并提供给业主和监理。

（2）总结本次防台风工作的经验、教训，对项目部防台风措施做进一步改进。

（二）记录

（1）项目部对于防台风工作应做的记录；

（2）检查记录；

（3）台风信息发布记录；

（4）台风、暴雨后的损失评估报告；

（5）台风、暴雨后的事故报告；

（6）防台风工作总结。

（三）大型机械防台风措施

1. 平臂式起重机

（1）日常停车管理。

1）各操作手柄扳回到零位，切断总电源，关闭操作室门窗并上锁。

2）检查润滑油料、棉纱头等易燃品，应集中装入有盖的防火箱内，其存放量一般不超过一周的用量。

3）应把回转机构中的液压推杆制动器的制动抱闸抱紧，同时使伸臂的受风面积处于大风方向平行的位置，塔机尾部朝风向。

4）锁好双面夹轨器，保证在非工作状态下塔式起重机不能在轨道上移动。

（2）台风预警时的防范措施。在接到台风3号预警时，平臂式起重机停止作业，将车移动至固定端，把回转机构中的液压推杆制动器的制动抱闸松开，使其处于自由旋转状态；将塔身在30m标高以上与主厂房钢架临时加固；锁好双面夹轨器，同时用锚固杆将塔式起重机固定在轨道端部的锚固点上，确保起重机不能在轨道上移动。

（3）突发性暴风雨情况下的防范。突发性暴风雨预测、预报较困难，在施工过程中，机械调度人员应随时观察天气状况，遇到该天气情况或接到2~4h内有暴风雨的预报，及时通知防台风领导小组和平臂式起重机机长，停止作业，防范措施与对待台风3号措施相同。

2. 大型履带式起重机

（1）日常停车管理。大型履带式起重机的日常停车管理按照大型机械管理运行规则执行。因为大型履带式起重机移动不方便，所以日常停放在经常作业位置。作业结束后将吊钩升到最高位置，副臂放到最大幅度（塔式工况），关闭发动机，锁好操作室。

日常管理的实施由履带式起重机机长负责进行，机械施工公司负责检查，项目部防台风领导小组定期抽查，发现问题及时整改。

（2）台风预警时的防范措施。

1）台风2号预警。在接到台风2号预警时，将履带式起重机开出主厂房作业区沿线的障碍物清除，所需的走道板准备充足，作好履带式起重机开出主厂房作业区前的防风准备工作。

2）台风3号预警。在接到台风3号预警时，履带式起重机停止作业，在道路或者炉后道路上趴杆，关闭发动机，锁好操作室，人员撤离。

（3）突发性暴风雨情况下的防范。突发性暴风雨预测、预报较困难，在施工过程中，机械调度人员应随时观察天气状况，遇到该天气情况或接到2~4h内有暴风雨的预报，及时通知防台风领导小组和履带式起重机机长，停止作业，将履带式起重机停放在主厂房附近，吊钩升到最高位置，履带式起重机臂杆正对主厂房，将副臂放到主厂房上，副臂头部离厂房顶部1m，使主厂房不承受起重机荷载，关闭发动机，锁好操作室，人员撤离。

在主厂房区域以外作业的大型履带式起重机遇到上述情况，立即停止作业，视周围条件，将起重机臂杆放倒。关闭发动机，锁好操作室，人员撤离。

3. 龙门式起重机

（1）日常停车管理。龙门式起重机每日工作后将吊钩升到最高位置，将起重小车开到柔性支腿附近，夹好夹轨器，并用专用铁鞋加强，防止龙门式起重机移动，并将防风缆风绳与轨道固定。

日常管理的实施由龙门式起重机机长负责进行，机械施工公司负责检查，项目部防台风领导小组定期抽查，发现问题及时整改。

（2）缆风绳的设置。每台龙门式起重机设置4根缆风绳，绳两端插成绳扣，一端用卡环与龙门式起重机支腿上部连接，另一端用卡环固定在轨道上。龙门式起重机作业时，将缆风绳盘起，挂在起重机的支腿上。

（3）台风预警时的防范措施。

1）台风2号预警。在接到台风2号预警时，检查龙门式起重机刹车、夹轨器、防雷、接地以及缆风绳情况，重点检查轨道两端的止挡器，确保牢固、可靠，铁鞋准备充足，作好龙门式起重机的防风准备工作。

2）台风 3 号预警。在接到台风 3 号预警时，龙门式起重机停止作业，停放在指定的停车位置（该停车位置处有专用防风地锚），夹好夹轨器，并用专用铁鞋加强。将缆风绳与地锚连接。检查无误后，切断电源，人员撤离。

（4）突发性暴风雨情况下的防范。突发性暴风雨预测、预报较困难，在施工过程中，机械调度人员应随时观察天气状况，遇到该天气情况或接到 2~4h 内有暴风雨的预报，及时通知防台风领导小组和龙门式起重机机长，停止作业，将吊钩升到最高位置，将起重小车开到柔性支腿附近，龙门式起重机就地停放在作业位置，夹好夹轨器，并用专用铁鞋加强，防止龙门式起重机移动。并将防风缆风绳与轨道固定。检查无误后，切断电源，人员撤离。

（四）大型库房防台风措施

生产区大型库房包括搅拌站的水泥库、物资办事处的建材库、化工库、二三类库、焊条库、研片间，以及钢筋加工场的钢筋棚库和木工棚库。

1. 防台风措施

（1）钢屋架焊接采用普通角铁拼焊，屋面瓦采用瓦楞铁，库房的敞开面及大门开口尽量朝向背风面。

（2）在库房四角骨架上用圆钢设地锚锚固拉紧。为防屋顶瓦楞铁被整块刮起或刮断，屋面上每坡楞铁的两端处用钢筋加固，并用铁丝把钢筋和屋架绑好，在瓦楞铁上铁丝穿孔处加设防水垫片。

（3）台风来临时，所有大型库房的门窗都必须关闭好，并适当加固。

（4）需要防潮或防水的物资，用防水苦布盖好并用重物压住，重要物资及时运入棚库中。

（5）保持供应道路和排水沟畅通，并标识出台风时期最小的必须电源连接点。

（6）每个水泥仓设置 4 根缆风绳，缆风绳与地锚连接。

2. 台风后的措施

（1）恢复电源设施设备，启动备用泵排水。

（2）组织抢险队员，及时将库中的积水排出，将被淹泡的物资及时倒出。

（3）检查并维修被台风损坏的门窗及屋面等，作好记录。

（4）及时检查台风造成的损失，情况严重用摄像、照片等形式予以记录。

第四章

主厂房土方开挖及基础施工措施

第一节 土方开挖施工

一、主厂房基础土方开挖施工

（一）作业程序、方法和内容

1. 施工方案

某电厂主厂房基础土方开挖工程采用机械大开挖的形式施工。挖掘机开挖、人工跟随机械后清槽，自卸汽车运土，一次开挖至设计标高。基坑排水采用明沟排水的方式，延基坑周边设置排水明沟，每30m左右设置一个集水井，然后用水泵将集水井内的水排到1号锅炉南侧的排水沟中。基础桩桩头处理工作随土方开挖同时进行。开挖顺序为自扩建端至固定端方向。随挖土进程，在距基坑上口边1000mm处设设置挡水坎，挡水坎用素土堆筑而成，底宽500mm，上平宽300mm，高300mm，表面拍光。坡道两侧采用编织袋装土挡设。

2. 施工工艺流程

完善施工环境、修筑施工通行道路→控制点的设置和复检→放基坑各开挖阶段上口线、底口线→土方开挖、桩头处理、排水→地基验槽。

3. 施工方法及要求

（1）完善施工环境、修筑施工道路。在土方开挖前首先在基坑范围内修筑临时道路，以满足土方运输车辆的通行。道路修筑采用拆房土作为原料，道路宽度、厚度和布置以满足土方运输车辆通行方便为准。

（2）控制点的设置和复检。在土方开挖前首先在场地上放出土方开挖上下口线，尤其是标高不同的位置更应严格控制，以防超挖、开挖不到位等现象发生。因此必须设置临时测量控制点，临时测量控制点布置在基坑上口四角，供随时测量使用。临时控制点采用木桩制作，在每次使用前应根据业主提供的基准点复核准确性。

（3）放基坑开挖上口线、底口线。基坑开挖上下口线的施放按照主厂房基础开挖图和方案的要求进行，尤其是不同开挖标高的位置和范围要明确，施工前交底要清楚，以避免超挖和开挖不到位。

（4）土方开挖。主厂房基础土方开挖采用挖掘机开挖并配合人工清槽，桩间距离小、挖掘机挖斗不能通过的桩间土采用人工开挖。主厂房基础土方机械开挖时基底预留200mm的预留层，预留层采用人工清除，以避免机械开挖时扰动基底土，预留层厚度根据实际情况调整，但必须保证不扰动基底土。槽底土采用人工清理，人工清槽底的速度须与机械开挖速度一致。

基坑土方开挖边坡放坡坡度为1∶1.5；基础施工时需要预留工作面，工作面宽度为基础垫层边至排水沟内侧边 1m。在固定端 BC 列间设置机动车上下坡道，坡道宽度为 8m，放坡坡度为 1：8；人员上下基坑采用人行坡道上下。人行坡道的做法是在边坡砌筑人行台阶，用脚手管搭设护栏，材料上下坡道采用脚手管、脚手板搭设而成。

土方开挖过程中严格按照设计要求的开挖深度进行操作，严禁超挖，在临近开挖深度时，要求机械操作人员控制好铲斗的入土深度，测量人员跟随测量，严格控制标高。人工在进行护坡修坡时，要求将坡面修理平整，不得凹凸不平。汽车在装土时，倒车派专人指挥。在机械挖土时严禁碰撞桩头，以防机械碰撞使工程桩偏移或损坏。

由于主厂房内设备基础众多，基底标高各不相同，开挖前，要提前与设计、监理单位沟通施工方案，并请设计进行交底，在充分了解图纸和设计意图的前提下，进行主厂房区域的基础开挖工作。施工时，基础底标高设计不同的，严格按照主厂房开挖图中设计的尺寸进行放坡和砌筑挡土墙。

（5）截桩。

1）截桩的施工顺序。标注出设计标高→剔桩头→人工局部处理→清除钢筋上的污物→钢筋调直。

2）截桩桩头的方法及要求。截桩工作与土方开挖同时进行，随开挖随截桩，随即将桩头运走。截桩采用人力铁錾子剔凿的方式，截桩前，在桩身侧面提前用红油漆标注出设计标高，用錾子将设计标高上的混凝土保护层剔掉，将钢筋从混凝土中分离开，然后将桩在设计标高上 5cm 位置撬开，将桩头放倒，再人工用錾子慢慢将桩头剔到设计标高。截桩过程中要保证桩体及钢筋预留的长度符合设计要求。如果出现钢筋长度不满足设计要求时，要进行接筋，接筋采用双面搭接焊的连接形式进行。剔除后的桩头要求表面混凝土平整、钢筋顺直，混凝土顶标高符合设计要求，而且没有松动的混凝土。剔除后的碎块随时挖出基坑运到指定地点。当桩头超过 2m 长时，可分两次凿除，以方便运输。

3）施工的要求。在土方开挖时，严禁挖掘机从侧向对桩体进行磕碰、撞击，防止引起断桩、碎桩事件出现，在开挖至距离桩头 500mm 的时候，要求有专人指挥，以提醒开挖人员防止超挖对桩身造成损害。

当出现有质量缺陷的基础桩时，及时向监理汇报并做好原始记录（含摄像资料），由监理组织，请设计出具施工方案后再作处理，对于基础桩钢筋长度不能满足要求的，经监理确认后采用双面搭接焊的形式进行接长。桩头钢筋变形较大的要进行调直，桩头钢筋上残留的水泥浆要清理干净。

凿桩的过程中，要经常检查桩头的稳定性，严防桩头倾倒。放倒的桩头碎块要及时运出，截桩剔凿出的钢筋派专人保护，避免造成污染和被破坏。

（6）土方开挖期间预防桩位偏移的措施。

1）土方开挖过程中严格控制开挖深度，严禁挖掘机碰撞桩身。

2）土方开挖时一律按照作业指导书要求的放坡系数放坡。

3）对已经开挖出的基础桩，测量人员要有针对性的跟踪监测，如发现基础桩位置发生变化时须及时通知现场负责人员进行处理。对于没有达到设计强度的桩基，提前用小红旗做出标记，在施工过程严禁碾压和碰撞。

4）开挖过程中注意对基底及边坡土体的监测，发现异常立即上报。

（7）施工排水。施工排水系统由基坑底部的排水明沟、盲沟、集水井、潜水泵和基坑上部的排水沟、集水坑、潜水泵组成。在土方开挖前将基坑上部的排水系统预先形成，保证基坑内的水能够随时排除。厂区排水沟、集水井采用机砖砌成，表面抹水泥砂浆，排水时将集水井的水排到监理和业主指定的地点。

基坑内集水井和排水明沟随开挖随设置，集水井采用机制红砖砌成，集水井底部标高应低于槽底 1400mm 以上，集水井用红砖码成，在基坑内放置好后要求在其四周回填透水性很好的碎石，集水井截面为 800mm×800mm，深 1500mm。延基坑周边每隔约 30m 设置一座（当基坑内水量较小时可适当减少集水井数量，反之则增加），每个集水井内设置至少 1 台潜水泵，必要时适当增加。排水沟深 500mm，上口宽 500mm，下口宽 300mm，沿基坑周围布置，排水沟外边距基坑边坡坡脚 500mm，排水沟侧壁采用竹芭护坡，排水沟坡度为 1%，坡向集水井。在槽底设置一定数量（以槽底无明显积水为准）的排水盲沟，盲沟采用人工开挖，沟上口宽 300mm，下口宽 300mm，深 400mm，沟内回填透水性好的碎石，盲沟排水坡度为 2%，采用双向排水，坡向基坑四周排水沟，盲沟的尺寸可根据实际情况调整，以满足排水需要为准。

在施工过程中加强对基坑集水井和排水沟的管理，定期检查集水井和排水沟的情况，当发现有淤泥流入时，及时派人进行清淤，以保证基坑内的水及时排出。

（二）质量通病及预防措施

质量通病及预防措施见表 4-1。

表 4-1   质量通病及预防措施

项次	质量事故预想	预 防 措 施
1	边坡塌方	（1）确定合理的边坡坡度； （2）开挖超高处加临时支撑； （3）地下水降至坑底以下，并做好坑边的排水； （4）坑边 5m 范围内避免重载车辆碾压
2	基坑泡水	（1）基坑周围设排水设施和挡水坎； （2）做好基坑内的排水工作
3	滑坡	（1）做好基坑周围和基坑内的排水工作； （2）边坡及时加固，禁挖坡脚； （3）避免基坑近距离的震动和重压
4	边坡，坑底超挖	（1）机械开挖预留 20cm 人工挖土； （2）全程监测边坡和坑底标高
5	长度、宽度尺寸误差大	精确测量，严格施工

二、主厂房基础土方开挖及降水施工

（一）主要施工作业方案

某电厂主厂房基坑土方开挖主要采用机械大开挖，人工配合清槽的施工方法进行。降排水采用明沟和集水井降水，泥浆泵和潜水泵进行排水。

开挖不得碰撞桩基，当挖至桩头标高 −3.4m（局部 −4.3、−5.3、−5.8m）后，桩间土采用人工清挖，局部沟、承台坑亦采用人工开挖。为避免对地基土的扰动，根据开挖后现场实际情况在基底标高以上预留 500mm 一层土进行人工清理。

　　从场地土的工程性质及场地土的工程地质条件看，场地地下水的稳定水位埋深较浅，基坑坑壁直立性较差，施工期间为保证基坑坑壁稳定，采用 1：1.5 放坡的坡度值。严禁在坡顶堆载，也要注意来自坡顶施工机械的动载。不同深度的基础开挖后采用砖模支护不放坡，并在基坑里面四周布置排水明沟和集水坑。

　　基坑开挖完成后，在基坑里面四周布置排水明沟和集水坑，然后用泥浆泵和潜水泵将水从集水井抽出通过排水管排往 A 列外泥浆池，以降低基坑四周自然水位。

　　(二) 具体施工工艺流程

　　1. 施工前的准备工作

　　(1) 熟悉图纸并按作业程序依次进行图纸会审，提前解决施工交叉及专业交叉问题，定出施工方案。

　　(2) 按图纸、其他设计文件及施工方案作好材料计划，备好各种原材料、周转性材料及措施性材料。

　　(3) 编制施工作业指导书及工程质量检验计划，进行施工前的技术及安全交底。

　　(4) 做好工具、器具、机械的校验、检修工作，以确保施工期间机械能正常运行。

　　(5) 布置现场施工用水、施工用电，要保证施工期间的水、电及现场照明等工作。

　　(6) 完成施工方案及资源的报批工作。

　　2. 测量工程

　　(1) 2 号主厂房轴线采用 SET210 型全站仪进行测放，过程加密控制桩采用 J2 经纬仪进行。标高用 S3 级水准仪从 1、2、5 号控制桩引测。

　　(2) 测好各方向的中心线及标高线并经监理验收后方可进行开挖。

　　3. 开挖

　　布置两台挖掘机自南向北进行退挖，每台挖掘机配备两台自卸运土车，1 台装载机和清理土方工人各 20 名。开挖自上而下水平分层进行，第一次挖到 −3.4m (局部 −4.3、−5.3、−5.8m) 左右漏出桩头，第二次挖到 −4.6m (局部 −5.5、−6.5、−7.0m) 左右，为避免破坏地基土，改为人工开挖直到基坑底标高 −5.1m (局部 −6.1、−7.1、−7.6m)。开挖过程中严格按照 1：1.5 进行放坡，设专人现场跟班测量，随时控制放坡情况和基底标高，边挖边检查坑底宽度及坡度，不够时及时修整，至设计标高 −5.1m (局部 −6.1、−7.1、−7.6m)，再统一进行一次修坡清底，检查坑底宽和标高。不同深度的基础开挖后采用砖模支护不放坡。

　　为方便施工在北侧留设 6m 宽坡道，坡度根据现场实际情况设为 1：6~1：8，同时采用拆房土进行护坡。

　　弃土必须及时运出，在基坑边缘上严禁堆土和堆放材料以及移动机械时，以保证边坡的稳定。弃土应按照指定地点进行弃土，并及时用装载机进行平整，严禁随意弃土，并安排专人对运土道路进行清理。

　　基坑开挖同时在边坡顶上设立挡水沿 (包括局部深坑)，挡水沿上宽 0.4m，下宽 0.8m，高 0.5m，挡水沿中心线距边坡 0.6m。挡水沿应彻底压实并拉线将边坡棱角修理整齐，做到既美观又切实起到挡水作用。

　　开挖后应在基坑四周挡水沿外侧 300mm 处设立安全围栏，安全围栏采用 φ48 脚手架管搭设，脚手架搭设要做到横平竖直，所有架管均应涂红白相间漆。搭设完后围栏上应挂上警示牌，夜间也必须有明显警示标志。

基坑挖完后应进行验槽，做好记录，如发现地基土质与地质勘测报告、设计要求不符时，应与监理研究及时处理。

4. 降排水

开挖完成后，在基坑四周离坡底边线约 300mm 左右用人工挖出一条上口宽约 500mm，下口宽约 300mm，深约 500mm 有 0.5% 双向流水坡度的排水沟，坡向集水井，在四角和四边设置集水井，集水井截面 800mm×800mm，井壁用 MU10 红砖、MU5 水泥砂浆砌120mm 厚挡墙加固，并在井壁内放置直径 500mm 水泥管。至基底以下井底应填以 20cm 厚碎石或卵石，水泵抽水龙头应包以滤网，防止泥砂进入水泵。水泵抽水后通过排水管（约700m 长）从扩建端一侧排往 A 列外泥浆池。降排水应连续进行，直至基础施工完毕，回填土后才停止。

5. 截桩

根据图纸会审提供的资料，在桩顶设计标高−4.9m（局部−5.9、−6.9、−7.4m）以上仍有 1.5m 桩头需要截去，施工时分两次进行截桩，在开挖到−4.6m（−5.5、−6.5、−7.0m）左右时先截去桩头上部的 0.8m，开挖到基底标高以后在桩基的−4.9m（−5.9、−6.9、−7.4m）处周围画线，以此线为标准截去剩余桩头。截桩时先使用空压机带风镐在桩侧面进行打眼后截断，然后人工进行细部处理，严禁直接用机械或工具从上部破桩。最终桩顶标高误差控制在 0～+30mm 之内，同时还要确保桩头主筋外漏长度不小于 800mm（或部分桩为 1150mm），在第二次破桩前要严格对照桩位图，按照图纸确保桩头主筋外漏长度。若破桩后发现钢筋长度不够 800mm（或部分桩为 1150mm）时，应进行伸长搭接。

（三）施工注意事项

（1）为防止桩移位和地基扰动必须注意以下事项：

1）挖土应自南向北，自上而下水平分层、放坡退挖，以减少挖掘机对地基土体的压力，避免涌土、挤桩。

2）严格控制开挖深度，严禁挖掘机碰撞桩基。桩间土采用人工清挖，挖掘机开挖其他部位的土方时，需要围绕桩头开挖，每台挖掘机配备专人指挥。对已开挖出的工程桩，测量人员需有针对性地跟踪监测，如发现工程桩位置发生变化后及时通知现场负责人员，需立即停止施工、回填或卸载。局部沟、承台坑亦采用人工开挖。

3）车辆行走尽量避开桩基，如确实无法避开时要确保桩上端有 500mm 以上覆土。

4）截桩时从侧面用风镐截桩，禁止直接从上部破桩。

5）根据开挖后现场实际情况在基底标高以上预留 500mm 以内一层土进行人工清理。

6）开挖过程中注意对基底土体的监测，发现有涌土现象立即停止开挖，增大退挖放坡系数，调整开挖深度及开挖速度，采用编织布袋装土反压，以达到平衡基坑内外土体压力、消除基坑底部隆起。

（2）土方开挖严格按照 1:1.5 放坡，不得偏陡。基坑开挖完成后，按照要求严格修理边坡。

（3）对照主厂房基础开挖图和主厂房区域桩位图控制开挖范围及标高，尽量少扰动桩基，保证桩顶标高满足设计要求。

（4）派专人对水泵和集水井进行日常检查和维护，确保降排水连续进行，严防基坑进水和地面积水。

（5）开挖要严格对照图纸进行，人工配合机械开挖，严禁直接用机械挖到标高。

（6）人工清理基坑标高偏差 0～－20mm，表面平整度不得大于 20mm，采用水准仪随时控制基坑底标高。

（7）人工清理基坑时严禁载重车辆进入基坑内，以防基底土质破坏，采用手推车外运土方。

（8）严禁超挖，若有超挖现象，严格按设计要求处理至基础底标高并经监理验收合格。

（9）施工过程中若遇与雨雪天气，则在边坡上临时覆盖编织布袋进行临时覆盖。

（10）开挖后如遇回填土，需请勘测单位现场验槽，若回填土均匀性、密实性不符合设计要求，应全部清除。

第二节　基础工程施工

一、主厂房基础施工案例一

（一）施工方案

（1）模板系统。采用普通钢模板，并采用对拉螺栓外套圆木垫加固。

（2）支撑系统。基础承台及短柱加固支撑均采用普通脚手管顶撑。

（3）施工分段。

第一步，独立基础承台及联系梁（部分基础待地脚螺栓安装完在施工承台和柱段）；

第二步，基础柱段；

第三步，剪力墙、基础梁支墩、基础梁。

（4）混凝土施工。采用现场搅拌站集中搅拌，罐车运输，用泵车结合地泵浇筑，用插入式振捣棒振捣。

（5）养护方式。采用覆盖塑料布养护，大体积混凝土表面除覆盖塑料布外在包裹保温被。

（二）施工工艺流程

完善施工环境→地基处理→桩头凿毛处理、钢筋除锈→垫层施工→垫层表面处理→垫层放线及验收→承台、联系梁钢筋制作及绑扎→承台、联系梁钢筋验收→承台、联系梁模板安装及加固→承台、联系梁模板验收→承台、联系梁混凝土浇筑→柱段放线及验收→螺栓架、地脚螺栓安装→柱段模板安装及加固→柱段混凝土浇筑→柱段混凝土养护→模板拆模→剪力墙施工→基础梁支墩、基础梁施工→基础回填→基础工程验收→基础交安。

（三）施工方法及要求

1. 测量放线

用全站仪利用甲方给定的施工建筑方格网点直接进行基础施工测量工作。

2. 地基处理工程

（1）土方开挖采用机械大开挖，人工配合清槽，直接开挖到设计标高－5.100m。

（2）基础桩头采用人工凿桩，桩锚入承台 100mm，主筋由桩顶锚入基础承台 800mm，灌注桩主筋超长的，在满足锚固长度后截掉，如果主筋长度不足锚固长度，采用双面搭接焊的焊接形式进行补长。

3. 钢筋工程

(1) 钢筋工程施工方案。钢筋接头连接形式有绑扎、闪光对焊、直螺纹连接。钢筋绑扎采用加工场加工制作,运输至现场绑扎成形的施工方案,钢筋运料采用自制板车运至现场,再由人工抬入基坑。为保证施工现场的安全文明施工,运料随运随绑,减少占地面积。

(2) 钢筋加工。

1) 钢筋加工程序为确定用料→除锈(除污迹)→调直→切断→弯曲成型。

2) 确定用料严格按照钢筋翻样单上要求的规格、数量加工配置;钢筋表面如有油渍、铁锈、泥土应在使用前清理干净;对局部有弯曲的钢筋采用人工调直后,方可使用。

3) 钢筋弯曲成型时,应根据钢筋翻样单上尺寸,先划出弯起点位置。先加工一根钢筋,根据放样尺寸调整弯曲的位置和尺寸,调整合适后再成批加工。

4) 钢筋加工的成品、半成品根据具体要求分别作明确标识,并分区域码放整齐。

5) 承台受力筋直径大于或等于22mm 的均采用直螺纹连接接头,直螺纹的操作者要持证上岗,钢筋连接前,先做一组班前试件,拉力试验合格后再进行大批加工。钢筋加工过程中,每加工一部分就将套好丝的钢筋与钢套筒进行试套,如有问题及时修正。钢筋直螺纹接头500 个接头为一批,一组 3 个试件,作抗拉试验。

(3) 钢筋绑扎。

1) 钢筋绑扎顺序为绑扎承台钢筋→插柱钢筋→绑扎柱钢筋。

2) 绑扎内容:

a) 绑扎前,先根据施工图的钢筋间距划好线,然后再进行布筋、绑扎。

b) 绑扎的钢筋要求横平竖直,规格、数量、位置、间距正确,绑扎不得有缺扣、松扣现象。钢筋绑扣不可均朝一个方向,要成八字扣。

c) 因为基础钢筋较多,所以基础承台底钢筋保护层用混凝土垫块控制,其他侧面采用砂浆垫块控制。垫块应提前加工,保证绑钢筋位置准确。

d) 在施工基础承台时,柱插筋位置要用脚手管在底部和上部卡两道方盘来固定和保证钢筋的位置正确,由于钢筋高度高,上部固定架子要与其他基础连为整体。

绑扎承台上柱短钢筋前,要提前将地脚螺栓安放并固定好。

4. 模板工程

(1) 模板工程的紧前工作为钢筋工程,待钢筋验收合格后马上进行施工。

(2) 工程所用模板均采用新的定型组合钢模板,钢模板加固采用基础内置对拉螺栓,沿模板高度方向每500mm 一道,沿基础纵方向每750mm 一道,模板外侧用脚手管加固。

(3) 模板使用前,必须对模板进行必要的修理,将模板表面用钢丝和角磨砂轮磨平磨光,涂刷隔离剂,模板经周转使用后,表面有砸出坑的、模板肋开焊、断裂的、弯曲的必须挑出,修理后再投入使用。

(4) 为了保证浇灌后的混凝土工艺美观,对拉螺栓与模板交接部位设带直径13mm 孔的圆木垫,以防止混凝土浇筑时,由螺栓孔处漏浆。混凝土浇筑完毕将圆木垫剔出,用角磨砂轮将对拉螺栓头割掉,使用同基础混凝土同配比且加膨胀剂水泥砂浆分两次对木垫坑进行填堵,填堵后的面层要压光。模板在拼装时必须表面平整、光滑,模板缝间要加塞优质海绵条,模板上的孔洞要堵死,以防漏浆,并避免拆模后的混凝土外露石子。

（5）模板卡使用前必须仔细检查其完好性，不得使用带裂及锈蚀严重的模板卡。在模板支设过程中所有的模板接缝处都加设模板卡，注意模板卡圆环向下，且在支设模板时注意模板眼对正。

（6）模板支设步骤：

1）模板支设前应先涂刷好脱模剂，脱模剂应涂刷均匀，无流淌现象。

2）根据施工控制桩放出模板外边线及其他控制线，作为模板就位依据。

3）用水平仪引测好模板支设的标高，在模板的底脚用砂浆找平。

4）逐块拼装模板，同一条拼缝上的 U 形卡，不宜向同一方向卡紧，对拉螺栓孔应平直相对，穿插螺栓不得斜拉硬顶，螺栓上要加圆木垫，圆木垫要紧贴模板。模板的底脚与垫层上的插筋生根，在模板外侧用木楔子顶紧。

5）模板拼装时模板缝间夹不吸水海绵条，海绵条宽大于 10mm，将模板缝堵死，以防漏浆。

6）模板支设的同时要用脚手管进行加固，加固时将脚手管下端打入基槽，然后再用脚手管与模板拉斜撑进行加固。

7）柱模垂直度用加固脚手管找正，垂直度用线坠验收。

8）安装模板注意事项：

a）安装模板前，先检查钢筋是否影响安装并予以纠正；

b）模板内侧用布抹一薄层隔离剂，严禁使用大面积滚涂（滚刷）；

c）所有接缝必须加不吸水的海绵胶条，且海绵条不得外露；

d）模板安装前，要检查模板处理是否过关，保证模板表面光滑，外形方正，强度符合使用要求。

5. 混凝土工程

（1）基础施工采用现场搅拌站集中搅拌，罐车运输，泵车浇筑的施工方案。

（2）水泥使用 P.O42.5R，石子使用 5～25mm 级配碎石，砂使用中砂（河砂），一级粉煤灰，外加剂使用泵送剂，型号及掺量等由试验部门做混凝土试配后确定。

（3）混凝土浇灌两次，施工缝留在承台上部，个别基础由于上部地脚螺栓过长，将施工缝留设在基础承台一步台阶和二步台阶交接部位。

（4）混凝土的浇灌采用混凝土输送泵车泵送，搅拌采用两台全自动搅拌机（理论混凝土搅拌速度 $100m^3/h$）搅拌，6 台混凝土罐车运输。

（5）其他如水、电等在施工前及时与来源部门沟通，确保混凝土施工过程中不出现其他问题。如不能确定必须出具备用方案，否则视为条件不具备，不能进行混凝土浇筑。

（6）混凝土浇灌的同时施工现场做试块。每工作班制作 1 组试块（混凝土浇筑量不超过 $100m^3$，若超过 $100m^3$，每增加 $100m^3$，制作 1 组，增加不足 $100m^3$ 也需制作 1 组），同时按要求留置同条件试块。

（7）混凝土浇灌注意事项。

1）浇灌前应检查模板内是否有垃圾、木片、泥土、积水等，如有必须清理干净，检查钢筋的数量、位置是否准确，钢筋上如有油污应清理干净。

2）用振捣棒振捣混凝土时，要做到"快插慢拔"，以防止混凝土分层、离析及振捣棒抽出时所造成的空洞，在振捣上一层时，应插入下层混凝土中 50mm 左右，以消除两层之间的接缝，同时在振捣上层混凝土时，要在下层混凝土初凝之前进行。振捣棒的插点要均匀分布，以免造成混乱而发生漏振，每次移动的距离应不大于振捣棒作用半径的1.5倍。一般振捣棒的作用半径为30～40cm，每一插点的振捣时间为20～30s，以混凝土表面呈水平不再显著下沉，不再出现气泡，表面泛出灰浆为准。振捣棒距离模板不应大于作用半径的0.75倍，不得紧靠模板振动，且应尽量避免碰撞钢筋、预埋螺栓孔等。浇筑混凝土过程中，必须设专人监视模板、脚手架、钢筋等的情况，防止变故，有情况及时处理。

3) 泵送混凝土时采用臂杆输送，注意不要碰到插筋和模板，以免钢筋和模板发生位移；泵送混凝土时泵管里不能推入空气，不能推入已离析的混凝土，以免堵塞管道，如已推入，泵车要反推，将混凝土吸出来。

4) 混凝土养护。混凝土浇灌完成后要及时进行养护，方法为待混凝土终凝后在上表面覆盖一层塑料布。为了防止混凝土基础内外温差过大，塑料布表面包裹一层棉被，大体积的基础混凝土终凝后开始用电子测温仪测温，通过检测混凝土内外温差，来确定混凝土表面覆盖棉被的曾数。

(8) 施工缝应严格清理，用钢钎将混凝土表面凿毛并清扫干净，混凝土浇筑前，提前24h湿润将起表面湿润，混凝土浇筑时先将表面积水清理干净，然后浇筑5～10cm与混凝土同配比的水泥砂浆，在浇筑混凝土。

(9) 混凝土试块取样、成型及养护方法：制作混凝土试块所用的拌和物应从施工现场罐车放出的混凝土中提取，并在取样后立即制作试块。拌和物分三层装入试模，每层的装料厚度为50mm。插捣用钢制捣棒，端部应磨圆，插捣次数为每$100cm^2$至少12次。插捣完后，刮除多余的混凝土，并用钢抹子抹平。试块成型后，应覆盖其表面，同条件试块拆模后，应放置在靠近相应结构部位或结构部位的适当位置，并应采用相同的养护方法；标准养护试块在20℃±5℃条件下静置1～2昼夜，然后拆模。拆模后试块应立即放到标准养护室中进行标准养护。

(10) 基础承台、柱段、支墩、联系梁模板和基础梁侧模板拆除前，应在混凝土强度能保证其表面及棱角不因拆除模板而受损时方可进行。基础梁模板底模要待混凝土强度达到80%才能拆除。

6. 防腐工程

根据图纸要求和设计师交底要求，基础垫层顶面、基础-0.500m以下外露部位全部涂刷环氧煤沥青涂料。

每次垫层施工完后待表面完全干燥再涂刷环氧煤沥青涂料，涂刷前要将垫层表面彻底清扫一边，待表面经过四级验收合格后，开始涂刷，涂刷时要涂刷均匀、一致。基础垫层每边要留5～10cm不涂刷，用于施工放线、弹墨线。

基础表面的环氧煤沥青涂料，待基础进行完隐蔽验收，经监理确认后进行。施工前也要彻底将基础表面清扫干净。

环氧煤沥青涂料施工时，要注意防火，沥青涂料属于易燃物质，施工时，基坑内严禁有明火作业；涂刷时不能污染其他任何材料，要选择晴朗、通风的天气施工。

二、主厂房基础施工案例二

(一) 主要施工作业方案

某电厂2号机组主厂房A列基础、B/C/D列基础、汽轮机运转平台基础、循环水泵坑基础、凝结水泵坑基础使用木胶板大模板，采用内拉外支法（内部使用对拉螺栓，外部使用方木和钢管）进行加固。

2号机组主厂房A列基础CT1、CT2、CT3共分三次施工，第一次施工基础，第二次施工连系梁，第三次施工带螺栓柱头部分。CT4、CT5共分二次施工，第一次施工基础及带螺栓柱头部分，第二次施工剪力墙部分。施工完以后及时进行防腐和回填。

2号机组主厂房B、C、D列基础CT2、CT4、CT8共分三次施工，第一次施工基础，第二次施工连系梁，第三次施工带螺栓柱头部分。CT5、CT6、CT7共分二次施工，第一次施工基础及带螺栓柱头部分，第二次施工剪力墙部分。施工完以后及时进行防腐和回填。

2号机组主厂房汽机运转平台基础16～18轴基础共分三次施工，第一次施工基础，第二次施工连系梁，第三次施工带螺栓柱头部分。12～15轴、19～22轴间基础共分二次施工，第一次施工基础及带螺栓柱头部分，第二次施工剪力墙部分。施工完以后及时进行防腐和回填。

凝结水泵坑共分三次施工，首先施工水泵坑−9.2～−5.9m部分（根据现场的实际情况，考虑其他基础的施工，外模使用预留钢套管，内模采用木模制作，绑扎钢筋，浇筑混凝土至−5.90m）。第二次施工底板（−5.9～−1.75m），第三次施工侧壁−1.75m以上部分。

循环水管坑共分二次施工，A列CT3基础，汽轮机运转平台CT5基础施工完，强度达到要求，经验收合格后，及时进行级配砂石回填到循环水泵坑垫层标高。第一次施工循环水泵坑−6.4～−5.0m基础底板，第二次施工−5.0m以上侧壁。

汽轮机底板施工完，再施工凝结水泵坑及循环水管坑施工。之间的缝隙用橡胶止水带连接。

钢筋在加工场制作完成，汽车或拖拉机运至现场。

混凝土采用搅拌站集中搅拌，罐车运输，混凝土泵车或拖泵布料，人工机械振捣。基础混凝土施工及养护采用大体积混凝土施工措施进行。

根据现场情况，划分为5个施工区：A列基础区域；B、C、D列基础区域；汽机运转平台基础区域；循环水泵坑基础区域；凝结水泵坑基础区域。自南向北流水施工作业，合理组织人力、物力，确保工程顺利进行。

具体的施工顺序为垫层定位放线→混凝土垫层→垫层防腐→基础放线→基础承台施工→连系梁施工→基础柱头螺栓固定架底标高以下部分施工→螺栓固定架安装→地脚螺栓安装→柱头施工→剪力墙施工→防腐→回填→二次浇灌。

（二）具体施工工艺及流程

1. 施工前的准备工作

（1）熟悉图纸并按作业程序依次进行图纸会审，提前解决施工交叉及专业交叉问题，定出施工方案并经批准。

（2）按图纸、其他设计文件及施工方案作好材料计划，备好各种原材料、周转性材料及措施性材料。

（3）编制质量检验计划，进行施工前的技术及安全交底。

（4）做好工具、器具、机械的校验、检修工作，以确保施工期间机械能正常运行。

（5）布置现场施工用水、施工用电，要保证施工期间的水、电及现场照明等工作。

（6）土方开挖完毕，在经过地质、设计、监理和业主联合验收后，开始安排基础垫层的施工。

2. 垫层施工

（1）垫层为 C15 混凝土，浇筑时根据现场情况，采用泵送浇筑，局部以小方车辅助运输浇灌。

（2）垫层每边要比基础宽至少 100mm，以保证模板施工的要求。

（3）垫层施工时必须清理地基处理的污泥、垃圾。

（4）严格控制垫层标高及平整度，为上部基础施工创造条件。

3. 放线与高程控制

（1）放线所用的全站仪、经纬仪、水准仪、钢尺要经校核合格且在有效期内。

（2）根据设置在主厂房周围的矩形方格网引出各柱列各轴线的定位控制桩。

（3）用经纬仪将纵横轴线引入基坑内，并测设在基础垫层面上，以红油漆标在垫层面上，沿边口均匀做上红油漆标号，每条轴线均应双向控制，以便校核。

（4）根据轴线放出基础的外边线控制线。短柱施工前，将柱双向轴线引上承台面，并放出柱边线，再弹上墨线。

（5）在同一行或同一列上基础或短柱施工时，应以钢尺复核其模板外口的平齐程度及相互间的距离。

（6）为减少高程控制的误差，由专业测量人员将基坑外附近的水准点转测到主厂房基坑内，并做出符合要求的高程控制点。

（7）放线完后必须经各级质检人员进行验收。

4. 钢筋工程施工

（1）准备工作。

1）所有材料必须有合格证和试验报告。

2）检查钢材等材料的出厂合格证及钢筋抗拉试验报告单，并保证材料的可追溯性。钢筋领用由专人负责，认真做好钢筋领用记录。

3）钢筋焊前作好焊接机械的调试工作，配置考试合格的焊工进行同条件试焊，委托检测中心做钢筋碰焊接头抗弯、抗拉试验。

4）焊工必须持证上岗，并对所焊接头逐个检查，按焊接规程进行抽头试验。

5）检查钢筋品种、质量、规格、数量是否满足施工要求，是否符合设计要求。

6）准备绑扎用的铁丝、绑扎工具、绑扎架及控制混凝土保护层用的水泥砂浆垫块。

（2）钢筋制作与绑扎。

1）钢筋在钢筋场集中碰焊、调直。按翻样及现场实际情况进行下料，并标识明确，然后运至现场使用，运输时不得破坏钢筋标志。

2）钢筋制作要严格按图纸和钢筋翻样表进行，并合理利用材料，尽量降低成本。

3）钢筋制作完毕，要编号挂牌，分类放置，放置时下部要用道木垫起，以防止污染。钢筋绑扎前要把钢筋表面清理干净，方可绑扎。

4）施工缝部位凿去混凝土表面浮浆及松动石子，钢筋表面污染的混凝土要用铁刷打磨干净。

5）所有主筋均应按设计要求垫好混凝土预制垫块或塑料垫块、控制保护层厚度。

6) 钢筋绑扎前，要核对成品钢筋的型号、规格、直径、尺寸和数量是否与料单、料牌相符，如有错漏应纠正增补。钢筋表面应平直、洁净，不得有损伤，带有油渍、片状老锈和麻点的钢筋严禁使用。焊接钢筋同心度、平直度要满足规范要求。

7) 钢筋绑扎采用 22 号镀锌铁丝绑制。基础钢筋绑扎前，先在垫层上标好基础边线，然后按先下层后上层，先里层后外层的顺序绑扎。双层网片基础用 $\phi20$ 或 $\phi25$ 钢筋马凳支撑，在钢筋与模板之间加设塑料垫块以保证保护层厚度。为保证柱基之间竖向钢筋不位移，采用 $\phi48\times3.5mm$ 钢架管连接牢固，横纵方向形成整体，并用卡扣卡死，与满堂脚手架连接固定。

8) 钢筋绑扎一定要按图纸要求控制好间距，绑扎要牢固，不得有松扣缺扣现象。绑扎丝尽量全部向里弯（弯向混凝土内），避免在混凝土浇筑后，绑扎丝外露。钢筋的级别、种类、直径应按设计要求采用，当需代换时，应征得设计单位的同意，并经过计算以后进行。

9) 钢筋接头主要采用闪光对焊，设置在同一构件内的焊接接头应相互错开。在任一焊接接头中心至长度为钢筋直径的 35 倍且不小于 500mm 的区段内，同一根钢筋不得有两个接头。在该区段内有接头的受力钢筋截面面积占受力钢筋截面面积的百分率，受拉区不宜超过 50%，受压区不限制。所有焊件均应有合格焊工操作进行焊接，且焊接试件必须试验合格。钢筋闪光对焊接头每 300 个同类型接头（同钢筋级别，同钢筋直径）作为一批，焊接接头应符合规范要求。

10) 钢筋焊接前接头要打磨除锈，以确保钢筋焊接的质量，并按规范由检测中心随机抽样试验，焊头要平直，不能弯曲，若发现不合格的接头要按规范要求加倍取样，合格后方可使用。

11) 施工过程中要加强管理和检验，钢筋在运输、加工过程中注意防止撞击、刻痕等缺陷。

5. 模板工程施工

(1) 基础模板采用胶合板大模板，采用内拉外支法施工。基础角部板缝处用双面胶条塞实。梁和基础柱采用钢管作箍与支撑系统形成整体。

(2) 木胶板必须按"取大舍小，取小补缺，重复利用，及时回收"的原则进行下料。在使用之前，必须结合主厂房基础截面的大小，充分考虑模板的重复利用的次数，原则上短柱模和基础模必须分开使用，避免"以大裁小"，造成浪费。对所有模板进行统一编号，按照编号依次进行安装。下料后的模板边角必须采用清漆进行处理，防止被水侵蚀后，局部强度降低，变形和厚度增加等现象。

(3) 所有模板必须在后场下料、制作，严禁在现场下料。所有模板在使用前，必须在后场刷脱模剂处理，严禁使用滚筒滚的方法处理，必须采用破布抹的方法，以防止涂刷的过厚、过多或者不均匀现象。严禁在施工现场进行刷脱模剂，减少对钢筋和环境的污染。

(4) 所有模板在使用前应根据对拉螺栓设计的间距提前在后场打孔，一般比设计的对拉螺栓大 2mm，多余的毛刺清除掉并用清漆涂刷处理。严禁在现场使用电钻钻眼。

(5) 当木胶板模板在进行平面或转角拼接时，为了确保其密闭性能，采用直口对接后在接口处用 48mm×100mm 木方加固。

(6) 基础及柱头模板楞木采用 48mm×100mm 木方外，其余均采用钢管作楞进行固定。

其间距不宜大于 150mm。所有的模板拼缝必须采用双面胶带处理，防止产生漏浆现象。

（7）对拉螺栓应沿基础和柱头高度和水平方向等间距均匀排列，上下对齐。在对拉螺栓两头采用专门加工制作的塑料堵头进行封堵，为防止漏浆在塑料头上加橡胶密封圈。

（8）模板拆除时采用整装整拆，从上至下依次拆除，拆除时不得硬拉、硬翘等方法，另外还要保护成品混凝土不受损坏。拆除后的模板不得从高处抛扔，必须采取传递的方法进行，轻拿轻放。选择平整的场地进行堆放，拆除多少运输多少，及时清运出施工现场拉至后场进行模板的清理、刷脱模剂工作。一次使用后的模板严禁不清理就进行刷脱模剂使用，严禁在施工现场刷脱模剂。

拆除后的模板因存在钉眼现象，不适合二次使用，因此在维修时钉眼处用橡胶锤敲平，另外采用 108 胶掺合白水泥、石膏粉做成腻子进行修补，待凝固后，用砂纸轻轻打磨，清理干净，最后刷上清漆防水，使用前刷油处理。

6. 预埋螺栓施工

为避免在主厂房基础柱头上留施工缝对结构造成危害，根据基础柱头的大小，高度及螺栓长度的不同，施工时 74 个柱头分别采取两种不同的方法对螺栓进行固定。

（1）预埋螺栓施工。施工工序为地脚螺栓固定支架制作→地脚螺栓固定支架安装→地脚螺栓安装→验收。

（2）螺栓固定支架制作。

1）制作前认真对照施工图中螺栓位置、型号进行核对。

2）在螺栓固定架底部 4 个脚处安装螺帽以便调整支架的标高及水平，确保螺栓的垂直度。在固定架顶部定位钢板螺栓孔处安装 4 个螺母以便调整螺栓的位置。所有构件采用现场加工，电焊工须持证上岗，焊缝无裂纹、咬边、气孔等缺陷。

（3）螺栓固定支架安装。固定支架制作完毕后与柱头预埋铁件通过焊接连接。支架要用铁水平尺找平；经纬仪定准轴线，在螺栓支架顶部拉设细钢丝通线。需用钢尺定位的要用有效期内的标准尺，并用弹簧秤进行拉力控制，在相同距离时要求拉力一致，并由专职人员进行温度、尺长、斜距改正工作。

（4）地脚螺栓领用。地脚螺栓及配件由厂家供应，在领料时应核对型号、数量、尺寸及配件是否齐全，并做好记录。把地脚螺栓及配件上预埋部分的油污清洗掉。

（5）地脚螺栓安装。安装时以施工图中的地脚螺栓及支架详图来测定螺栓的顶标高。标高原点统一从控制桩上引测。螺栓定位中心线用经纬仪投射，并拉设细钢丝通线。螺栓安装时要求通过对根部和底部两处测距来控制其垂直偏差不大于 2mm。在测距过程中由专职测量人员负责温度、尺长、斜距改正工作，待达到要求后，立即调整固定钢板。安装完毕后应对上部外露螺栓、螺母用棉布包裹以防浇筑混凝土时污染。

（6）施工过程中的质量保护。在施工过程中要防止螺栓变形、锈蚀，注意保护螺钉、螺帽，不得随意用气焊、电焊烧烤或切割螺栓，但为施工方便，可对下部螺母进行点焊。

7. 混凝土工程施工

（1）浇筑混凝土前的检查工作。

1）检查扣件规格与对拉螺栓、配套和紧固情况。

2）对拉螺栓及支柱的间隙。

3）各种预埋件的规格尺寸、数量、位置及固定情况。

4）模板结构的整体稳定性。

5）插筋是否插好，钢筋保护层垫块是否垫好。

6）混凝土浇灌前，应进行验收，对模板、钢筋及支撑逐项检查，发现问题及时处理。

（2）准备工作。

1）混凝土的浇灌实行挂牌制度，责任到人，以确保混凝土的质量。

2）联系施工用电管理单位，确保电力全天候供应。

3）搅拌站要把搅拌楼、混凝土泵车、罐车等工器具提前充分检修好，以保证混凝土浇灌的正常供应。

4）要确保足够的水泥、砂子、石子等材料，并应符合规范及设计要求。

5）砂、石的含泥量不得超过要求，不得使用过期、受潮的水泥。

6）混凝土浇筑期间建筑工程处、搅拌站要安排值班人员，负责协调现场混凝土浇筑工作。

7）组织好现场施工人员、机械设备等；电工要安装好充足的照明设备；修筑好混凝土罐车的运输道路，并且能满足在雨天时正常运行。

（3）混凝土浇筑程序。

1）基础承台的浇筑采用分层浇筑，并保证上下层不留施工缝，每层混凝土的浇筑厚度控制在 30cm 左右，每层浇筑应从低处开始。

2）短柱混凝土浇筑前，柱底应先铺 50mm 厚同标号砂浆。

（4）混凝土的性能要求。

1）检测中心在施工前做好混凝土的配比工作，并核实所使用水泥性能是否符合设计及规范要求，水泥的出厂时间是否符合要求。施工中要严格按配合比搅拌混凝土。严格控制混凝土的坍落度，必须满足相关规定，不合格产品严禁使用。

2）选择合适的砂、石级配。

3）砂石骨料的含泥量应加以严格控制，不得超过规定的含泥量（砂不大于 3%，石子不大于 1%）。

（5）混凝土浇筑期间应注意以下问题：

1）加强气象预测、预报工作，掌握天气变化情况，以保证混凝土连续浇筑的顺利进行，确保混凝土的质量。

2）浇筑混凝土时，必须防止混凝土的分层离析，混凝土浇筑时，其自由倾落高度不应超过 2m。搅拌站应严格按实验室提供的配合比进行搅拌，并认真填写混凝土的搅拌记录。建筑工程处现场要做好混凝土浇筑记录，以确保混凝土搅拌质量。在现场做好坍落度试验并记录，如坍落度与原规定不符时，应及时通知检测中心和搅拌站调整配合比。

3）混凝土施工过程中，检测中心应严格按要求提取试样做坍落度试验及试件，并做出混凝土强度报告，做到对混凝土质量的跟踪检查及控制。

4）混凝土浇筑过程中，应及时将浮浆清理出模板外，以保证混凝土的质量。

5）柱顶螺栓外露部分外包塑料布，浇筑混凝土时要控制好混凝土的上升速度，使其均匀上升，同时避免泵管碰撞螺栓支架。

6）为加强混凝土的振捣工作，施工时应分工明确，责任到人，制定相应的奖罚措施，对出现质量问题的个人进行处罚。

（6）混凝土振捣。

1）振捣器的操作，要做到"快插慢拔"。

2）混凝土分层浇筑，在振捣上层时，应插入下层混凝土5cm左右，以消除两层之间的接缝，在振捣上层混凝土时，要在下层混凝土初凝之前进行。

3）每一插点振捣时间一般15～20s，应以混凝土表面不再显著下沉、不冒气泡、表面浮出灰浆为准。

4）振捣器水平移动位置间距不应大于450mm，振捣棒离开模板150mm，且尽量避免碰撞钢筋、预埋件等。

（7）混凝土养护、验收。

1）混凝土采用蓄热养护。混凝土浇筑前，侧面模板必须挂棉毡覆盖；基础顶面待混凝土终凝后立即覆盖一层塑料薄膜，然后用一层棉毡覆盖，以形成保温层，利用混凝土硬化过程中释放的热量，来维持基础混凝土本身温度。

2）混凝土的养护工作要设专人日夜三班养护，要经常检查养护情况，及时做好混凝土的养护记录，并根据实际情况随时调整养护措施。

3）在基础中设置测温孔，做好测温工作。养护期间前3天每4h测温一次，第4天以后每8h测温一次，当混凝土内外温差小于10℃时停止测温。在测温的同时，做好测温记录，当混凝土内外温差大于25℃时，应根据预先设计的方案采取适当的措施，将温差控制在25℃以内。

（8）混凝土的防腐。0.500m以下钢筋混凝土构件均需刷环氧煤沥青厚浆型涂料两遍，厚涂层与混凝土黏结力不小于1.5N/mm。刷抹聚合物砂浆，厚度5mm。注意承台底部处的桩顶不得黏上涂料。

8. 回填

（1）回填前应将基坑内的积水、淤泥、杂物清理干净。

（2）回填前对需隐蔽的工程进行隐蔽验收合格。

（3）根据现场情况及施工进度，采用级配砂石分层回填碾压夯实，分层厚度不大于250mm，压实系数不小于0.96。

（4）每层虚铺厚度不得大于350mm，在合适位置标志好回填厚度控制线和回填皮数。

（5）回填时应在基础的两侧同时进行，不得在基础一侧堆置回填料过高。回填从基坑最低处开始。当基础的另一侧不能回填时，能回填的一侧要进行放坡回填，坡度不得小于1∶1.5，每层接缝处应作成斜坡形，上、下层接缝应错开不小于0.5m。

（6）打夯前应将填土初步整平，打夯要按一定方向进行，一夯压半夯，夯夯相接，行行相连，两遍纵横交叉，分层夯打。虚铺厚度不大于350mm，每层压实遍数为3～4遍。

（7）用蛙式打夯机等小型机具夯实时，首先将填料初步整平，打夯机依次夯打，均匀分布，不留间隙。虚铺厚度不大于350mm，每层压实遍数为3～4遍。

（8）采用振动压路机进行填方压实时，应采用"薄填、慢行、多次"的方法，碾压方向应从两边逐渐压向中间，碾轮每次重叠宽度约15～25mm，避免漏压。运行中碾轮边距填方边缘应大于500mm，以防发生溜坡倾倒。边角、边坡边缘压实不到之处，应辅以人力夯或小型夯实机具夯实。

（9）回填夯实后应做回填试验，严格执行见证取样制度，每层50～200m²进行取样一组，每层不少于一组。

（10）回填过程中注意成品保护，严禁损坏基础边角。

9. 基础工程二次灌浆

（1）2 号主厂房基础工程二次灌浆采用 HSGM 防腐型灌浆料，主厂房区域共有 74 个柱头需进行二次灌浆。二次灌浆厚度设计为 50mm（施工时按照提供的灌浆申请单要求施工）。

（2）施工前准备。

1）灌浆料浇灌施工前，应准备搅拌机具、模板、灌浆设备及养护物品。

2）设备就位调整完后，对已凿毛的混凝土表面进行彻底清扫、对设备底板、地脚螺栓用棉纱将锈、油污等清除干净。地脚螺栓孔中的积水必须清除干净。

3）灌浆前 24h，对混凝土基础表面洒水以保持湿润状态，但表面不得有积水，混凝土清理完后，周围支上模板。模板应牢固，所有的缝隙要进行密封（特别是模板与混凝土之间），以避免灌浆料漏出。

（3）基础处理及支模。

1）钢架柱基板就位调整完后，对已经凿毛的混凝土表面的粉尘、杂物等彻底清扫、对柱底板、地脚螺栓用棉纱将锈、油污等清除干净。

2）浇灌前，对混凝土表面洒水湿润 24h，但表面不得有积水。

3）混凝土清理完后，周围用木胶合板做模板，周围用方木进行加固。所有的缝隙要用双面胶带或海绵条等密封（特别是模板与混凝土之间），以避免漏浆。

4）模板高度应高出设备底板底面或要求灌浆高度 30mm。

（4）搅拌。

1）灌浆料采用手电钻式搅拌器（电钻功率大于 100W），搅拌桶为金属制成（直径150mm、高度 250mm 左右），搅拌时先将水及少许灌浆料倒入桶内，搅拌 30s 左右，将剩余的灌浆料倒入桶内，总搅拌时间为 3～5min。搅拌时上下左右移动搅拌器，以使桶底和桶壁黏附的料能够充分搅拌，但叶片不要提出浆液面，以免空气被过多带入或造成浪费。

2）搅拌用水宜使用饮用水，水温以 5～35℃ 为宜，且宜使搅拌好的浆料呈塑性状态（非大流动性）为原则，不可用水量过大或过少。对用水量现场要有量筒进行计量。

（5）浇筑。

1）灌浆料应尽量从一侧浇入，以利排出底板与混凝土之间的空气，使灌浆充实。严禁浇筑的同时用竹片、铁片等工具进行插捣和引流，以免产生气泡。

2）灌浆开始后，必须连续浇筑，不能间断，尽可能缩短灌浆时间。

3）灌浆至拆模期间所浇筑的台板不能振动，以免损坏未凝结的灌浆层。

4）灌浆层表面若有泌水现象，可布撒灌浆料干料，以吸干水分。

5）浇灌时应按照规定留置试块。

6）明确责任制。每道工序安排专人负责，并做好施工纪录。

7）灌浆期间锅炉工程处要安排专人现场监督。

8）因目前处于雨季，要做好浇灌过程中防雨物资的准备。

（6）收浆。灌浆料的初凝时间约为 2～4h，终凝时间为 4～8h。必须在初凝后即对暴露在空气中的灌浆层表面进行收浆，收浆后需进行养护。

（7）养护。收浆后应立即加盖湿润的麻袋片覆盖。终凝后对灌浆层进行浇水养护，要使麻袋片始终处于湿润状态，养护期不少于 7 天。

第三节 大体积混凝土工程

一、施工准备

1. 混凝土原材料

(1) 水泥。选用水化热较低的水泥，以降低混凝土浇筑后产生的水化热。水泥进场必须有出厂合格证、出厂日期，进厂后及时复试，合格后方可使用。

(2) 砂。选用颗粒坚硬且干净的河砂，平均粒径为 0.35～0.5mm，细度为中砂。砂中含泥量不大于 3.0%，含泥块量不大于 1%，进场后按批进行抽验，合格后方可使用。

(3) 碎石。采用未风化的火成岩、玄武岩、花岗岩、石灰岩等破碎的碎石，颗粒级配 5～25mm 含泥量不大于 1%，含泥块不大于 0.5%，进场后按批进行抽验，合格后方可使用。

(4) 水。使用现场提供的水源。水中所含物质对混凝土、钢筋不应产生影响混凝土的和易性和凝结；有损于混凝土强度发展，降低混凝土的耐久性，加快钢筋腐蚀及导致钢筋脆断，以及污染混凝土表面。

(5) 粉煤灰。为了降低水泥用量，改善混凝土的和易性和降低水化热等，在混凝土中掺加适量的粉煤灰代替水泥。粉煤灰应有出厂合格证，合格后方可使用。

(6) 外加剂。为了提高混凝土的技术指标，在混凝土中添加适量的外加剂，如冬季在混凝土中需添加防冻剂，为了加快混凝土的凝结硬化过程在混凝土中加入早强剂等。外加剂应有出厂合格证，合格后方可使用。

2. 混凝土试配

在混凝土施工前必须按图纸设计要求做好混凝土的试配和试验工作，根据现场实际施工需要优化配合比，浇筑样板墙比较，选用混凝土外观效果较好的配合比。

3. 机械及计量检验

(1) 混凝土浇筑前搅拌站将原材料和外加剂准备充足，冬季应进行苫盖，并清除砂石表面的冻块；夏季施工时应对砂石料进行覆盖，必要时可以浇水湿润，使其蒸发散热。

(2) 检查搅拌机、混凝土输送泵车、罐车、铲车等的机械性能，保证随时可以投入使用。

(3) 检查计量设备的精度，保证投料的准确性。

4. 其他准备工作

(1) 保证水电供应。在大体积混凝土浇筑前，以工程联系单的形式通知甲方，要确保水、电、照明不中断。为了防止停水停电，搅拌站备用一台发电机，施工前先应在浇筑地点准备一定数量的原材料（如砂、石、水泥、水等）和人工拌和捣固用的工具，以防出现意外的施工停歇缝。

(2) 保证混凝土供应。为防止生产过程中发生意外，开盘前与附近的其他搅拌站达成协议：如果单位搅拌站出现故障，能及时提供合格的混凝土供应，防止出现不必要的施工缝，影响混凝土质量。

(3) 掌握天气季节变化。加强气象预测的联系工作。在混凝土施工阶段应掌握天气的变化情况，特别在雷雨季节或寒流突然袭击之际更应注意，以保证混凝土连续浇筑的顺利进行，确保混凝土质量。

（4）根据浇筑的季节施工特点，应准备好在浇筑过程中所必需的抽水设备和防雨、防暑、防寒等物资。

（5）在严冬或酷暑季节，为施工人员准备好防寒或防暑用品，以提高施工人员的工作效率。

5. 作业过程对控制点的设置

（1）为了有效控制大体积混凝土裂缝的出现，主要在控制温升和减少温度应力等方面采取措施。主要控制配合比中水泥用量、坍落度、外加剂的品种。

（2）混凝土浇筑前检查测温导线的埋设情况，一定要牢固。

（3）选择适宜的混凝土浇筑方案，控制施工时温度和速度，严格控制混凝土表面标高。

（4）混凝土浇筑后及时养护和测温，并做好记录。根据测得的温度变化情况调整保温措施。

（5）混凝土标养试块及同条件试块强度检查，符合设计强度要求。

（6）施工工艺流程为混凝土生产→运输→浇筑→试块留置→养护及测温。

二、施工方法及要求

1. 混凝土生产

（1）混凝土由现场搅拌站负责集中供应，在混凝土搅拌过程中要求严格按试验室开具的配合比生产，未经试验人员允许严禁随意改动配合比。

（2）混凝土开盘之前，搅拌机应先加水空转数分钟，将积水倒尽，使拌筒充分润湿。搅拌第一盘时，考虑筒内壁上的砂浆损失，石子用量应按配合比规定减半。

（3）搅拌后的每盘混凝土要做到基本卸尽，在全部混凝土卸出之前不得再投入拌和料，更不得采取边出料边进料的方法。

（4）混凝土原材料按重量计的允许偏差分别为：水泥、外加剂混合料±2％；粗细骨料±3％；水、外加剂±2％。

（5）严格控制混凝土搅拌时间，宜控制在 70～90s。

（6）尽量降低混凝土的出机温度。

2. 混凝土运输

（1）混凝土装入罐车由搅拌站运至浇筑现场，在运输途中，混凝土搅拌筒应始终不停地作慢速转动，从而使筒内的混凝土拌和物可连续得到搅动，以保证混凝土通过运输后，不致产生分层、离析现象。罐车等待停放时搅拌筒也不能停止转动。

（2）混凝土必须能在最短的时间内均匀无离析地排出，出料干净、方便，能满足施工的要求。

3. 混凝土浇筑

（1）大体积混凝土的浇筑应根据工程结构特点、平面形状和周围施工场地等条件，选择适宜的位置。浇筑过程应由远而近，在同一区域的混凝土，应按先竖向后水平结构的顺序，分层连续浇筑；浇筑水平结构混凝土时，不得在一处连续布料，应在 2～3m 范围内水平移动布料，且宜垂直于模板。

（2）搅拌车在卸料前，要求混凝土在料筒内高速运转，确保放料时混凝土质量均匀。混凝土输送泵管线应平直，转弯缓，接头严密。泵送前先用与混凝土配比相同的水泥砂浆润滑管道，泵车料斗内要有足够的混凝土，防止吸入空气堵管。

（3）浇筑混凝土时，混凝土自由倾落高度不得超过 2m，以保证混凝土不致发生离析现象。

（4）采用插入式振捣棒振捣混凝土时，要做到快插慢拔：快插是为了防止先将表面混凝土振实而与下面的混凝土发生分层、离析现象；慢拔是为了使混凝土能填满振动棒抽出时所造成的空洞。在振捣过程中，宜将振动棒上下略为抽动，以使上下振捣密实。

（5）混凝土分层灌注时，每层混凝土厚度应不超过振动棒长的 1.25 倍；在振捣上一层时，应插入下层中 5cm 左右，以消除两层之间的接缝，同时在振捣上层混凝土时，要在下层混凝土初凝前进行。

（6）混凝土浇筑分层厚度，一般不超过 500mm。当水平结构的混凝土浇筑厚度超过 500mm 时，可按 1：6～1：10 坡度分层浇筑，且上层混凝土应超前覆盖下层混凝土 500mm 以上。

（7）每一插点要掌握好振捣时间，过短不易捣实，过长可能引起混凝土产生离析现象，对塑性混凝土尤其重要。一般每点振捣时间为 20～30s，且应视混凝土表面呈水平不再显著下沉，不再出现气泡，表面泛出灰浆为准。

（8）振动器插入点要均匀排列，可采用行列式和交错式的次序移动，不应混用，以免造成混乱而发生漏振。每次移动位置的距离应不大于振动棒作用半径的 1.5 倍。一般振动棒的作用半径为 30～40cm。

（9）振动器作用时，振捣器距离模板不应大于振捣器作用半径的 0.5 倍，并不宜紧靠模板振动，且应尽量避免碰撞钢筋、预埋件等。

（10）振捣时采用插入式振捣器，振捣的方法有两种。一种是垂直振捣，即振动棒与混凝土表面垂直；一种是斜向振捣，即振动棒与混凝土表面成 40°～45°角。大体积混凝土振捣应采用垂直振捣与斜向振捣相结合。

（11）混凝土浇筑过程中，要派专人检查模板，发现跑模、胀模及时处理。

（12）混凝土浇筑时要注意每个部位不能停顿时间过长，在混凝土初凝前要及时浇筑新的混凝土，防止出现冷缝。梁、板中间不得留设水平施工缝。

（13）对于有预留洞、预埋件和钢筋密集的部位，应预先制订好相应的技术措施，确保顺利布料和振捣密实。

（14）浇筑柱混凝土时（汽轮机基础柱子、锅炉基础柱段一般截面较大），柱底部应先填以 50～100mm 厚与混凝土成分相同的水泥砂浆，以减少柱烂根现象发生。混凝土的水灰比和坍落度，应随浇筑高度的上升，酌情递减。并且在浇筑过程中，应用垫板将柱上口围成斜坡形，尽量减少混凝土飞溅污梁模板。

（15）混凝土浇筑完后，应及时将伸出混凝土表面的钢筋整理顺直，并清理钢筋和预埋件上沾的水泥浆。

（16）混凝土浇筑至上表面后，由于振捣过程中石子会下沉，致使最上部的粗骨料减少，混凝土凝结硬化过程收缩易产生裂缝，防治办法为在浇筑到上部发现有浮浆时，将混凝土浇筑高出设计标高一些，然后将浮浆铲除掉。

4. 混凝土试块留置

（1）混凝土试块是用于检验结构混凝土质量的试件，应在浇筑地点随机取样制作。检验评定混凝土强度所用试件组数，应按下列规定留置：

1）每拌制 100 盘且不超过 100m³ 的同配合比的混凝土，其取样不得少于一组；

2）每工作班拌制的同配合比的混凝土不足 100 盘时，其取样不得少于一组；

3）当一次浇筑混凝土超过 1000m³ 时，同一配合比的混凝土每 200m³ 取样不得少于一组；

4）同条件试块的取样留置要分情况对待，每次取样至少留设一组同条件试块。

（2）混凝土试块取样、成型方法。制作混凝土试块所用的拌和物应从同一罐车运送的混凝土中取出，并在取样后立即制作试块。插捣用钢制捣棒，端部应磨圆，将混凝土插捣密实。插捣完后，刮除表面多余的混凝土，并用铁抹子抹平、压实。试块成型后，应覆盖其表面，在 20℃±5℃ 条件下静置 1～2 昼夜，然后拆模。

（3）混凝土试块养护措施。标养试块成型后送实验室标养室，进行标准养护；同条件试块的养护：随现场浇筑混凝土的部位一并苫盖草袋或塑料布浇水养护。

5. 混凝土养护

由于大体积混凝土在养护期间必须严格控制其内外温差，确保不出现有害裂缝，以确保混凝土质量，因此养护是一项十分关键的工序。应根据气候条件采取不同的温控措施，并按需要，测定浇筑后的混凝土表面和内部温度，将温差控制在设计要求的范围内。当设计无具体要求时，温差应控制在 25℃ 范围内。下面介绍两种夏季和冬季常用的方法。

（1）覆盖浇水养护。利用平均气温高于 15℃ 的自然条件，用塑料布、麻袋片等材料对混凝土表面进行覆盖并浇水，使混凝土在一定的时间内保持水泥水化作用所需的适当温度和湿度条件。

1）覆盖浇水养护应在混凝土浇筑完毕后的 12h 以内进行。

2）混凝土的浇水养护时间，对大体积混凝土，应控制在混凝土内部最高温度不高于室外最低气温 25℃ 时，方可停止保温养护，且养护不得少于 14 天。

3）混凝土需要浇水养护，所浇筑的水温要高于混凝土表皮温度，浇水次数应根据能保持混凝土处于湿润的状态来决定。

4）混凝土的养护用水应与拌制水要相同。

5）当日平均气温低于 5℃ 时，不得浇水。

（2）覆盖保温养护。当天气日平均气温低于 15℃ 时，大体积混凝土表面应进行覆盖保温。如混凝土表面覆盖棉被进行保温，覆盖后要将棉被缝隙用铅丝绑牢，尤其是混凝土迎风面和边角处更容易受风、冻，覆盖时须特别注意。

6. 测温

（1）混凝土浇筑前根据结构特点布置测温导线，绘制测温线布置图。测温线应布置在有代表性的部位，在混凝土底部、中部和上部分别布置，以掌握不同部位的混凝土温度变化。

（2）测混凝土内部温度时，将露在混凝土外部的测温导线插头插入测温仪插口内，就会在测温仪显示屏上显示出温度数值；测混凝土表面温度时，将测温仪的外置探头伸入保温层或塑料布内，同样在显示屏上会显示出混凝土表面的温度数值。

（3）混凝土浇筑后及时进行测温工作，记录温度变化情况，当内、外温差超过 25℃ 时应及时采取措施增减保温以控制温度变化。

（4）测温记录要求。

1）混凝土升温期间，每 2h 测温一次；

2）混凝土降温期间，每 4h 测温一次；

3）温度平稳后即可停止测温，将测温记录整理规范并绘制温度变化曲线图，作为施工资料保留。

7. 大体积混凝土的裂缝质量问题与防治措施

（1）大体积混凝土与普通钢筋混凝土相比，具有结构厚、体积大、钢筋密、混凝土数量多、工程条件复杂和施工技术要求高的特点。除了必须满足普通混凝土的强度、刚度、整体性和耐久性等要求外，主要就是如何控制温度变形和裂缝的发生和开展。

（2）混凝土裂缝的种类。

1）由于大体积混凝土的截面尺寸较大，水泥用量多，在混凝土硬化期间水泥水化过程中所释放的水化热所产生的温度变化和混凝土收缩，以及外界约束的共同作用，而产生的温度应力和收缩应力，是导致大体积混凝土结构出现裂缝（表面裂缝、贯通裂缝）的主要原因。

2）表面裂缝是由于混凝土表面和内部的散热条件不同，温度外低内高，形成了温度梯度，使混凝土内部产生压应力，表面产生拉应力，表面的拉应力超过混凝土抗拉强度而引起的。

3）贯通裂缝是由于大体积混凝土在强度发展到一定程度，混凝土逐渐降温，这个降温引起的变形加上混凝土失水引起的体积收缩变形，受到地基和其他结构外界条件的约束时引起的拉应力，超过混凝土抗拉强度时所可能产生的贯通整个截面的裂缝。

4）这两种裂缝不同程度上都属有害裂缝。

（3）混凝土裂缝产生原因。

1）水泥水化热的影响。水泥在水化反应过程中会产生大量的热量，这是大体积混凝土内部温升的主要热量来源。因为大体积混凝土截面厚度大，水化热聚集在结构内部不易发散，所以会引起混凝土结构内部急骤升温。水泥水化热引起的绝热升温，与混凝土结构的厚度、单位体积的水泥用量和水泥品种等有关。混凝土结构的厚度越大，水泥用量越多，水泥早期强度越高，混凝土结构的内部温升越快。大体积混凝土测温试验表明，水泥水化热在 1～3 天内放出的热量最多，大约占总热量的 50%；混凝土浇筑后的 3～5 天内，混凝土内部的最高。

混凝土的导热性较差，浇筑初期混凝土的弹性模量和强度都很低，对水泥水化热急剧升温引起的变形约束不大，温度应力自然也比较小，不会产生温度裂缝。随着混凝土龄期的增长，其弹性模量和强度相应不断提高，对混凝土降温收缩变形的约束也越来越强，即产生很大的温度应力，当混凝土的抗拉强度不足以抵抗此温度应力时，便容易产生温度裂缝。

2）内外约束条件的影响。各种混凝土结构在变形变化中，必然受到一定的约束，从而阻碍其自由变形。阻碍变形的因素称为约束条件，约束又分为内约束和外约束。结构产生变形变化时，不同结构之间产生的约束称为外约束，结构内部各质点之间产生的约束称为内约束。外约束又分为自由体、全约束和弹性约束三种。建筑工程中的大体积混凝土，承受的温差和收缩主要是均匀温差和均匀收缩，故外约束应力占主要地位。

大体积混凝土与地基浇筑在一起，当温度变化时受到下部地基的限制，因而产生外部的约束应力。混凝土的早期温度上升时，产生的膨胀变形受到约束面的约束而产生压应力，此时混凝土的弹性模量很小，徐变和应力松弛均较大，若超过混凝土的极限抗拉强度，混凝土就会出现垂直裂缝。

3）外界气温变化的影响。大体积混凝土结构在施工期间，外界气温的变化对防止大体积混凝土开裂有着重大影响。混凝土的内部温度是由浇筑温度、水泥水化热的绝热温升和结构的散热温度等各种温度的叠加之和组成。浇筑温度与外界气温有着直接关系，外界气温越高，混凝土的浇筑温度也越高；如果外界气温下降，会增加混凝土的温度梯度，特别是气温骤然下降，会大大增加外层混凝土与内部混凝土的温差，因而会造成过大的温度应力，易使大体积混凝土出现裂缝。

大体积混凝土由于厚度大，不易散热，而且持续时间较长。温度应力是由温差引起的变形所造成的，温差越大，温度应力也越大。因此，研究和采取合理的温度控制措施，控制混凝土表面温度与外界气温的温差，是防止混凝土裂缝产生的另一个重要措施。

4）混凝土收缩变形的影响。混凝土收缩变形的影响，主要包括塑性变形和体积变形两个方面。

a）混凝土塑性收缩变形。在混凝土硬化之前，混凝土处于塑性状态，如果上部混凝土的均匀沉降受到限制，如遇到钢筋或大的混凝土集料，或者平面面积较大的混凝土，其水平方向的减缩比垂直方向更难时，就容易形成一些不规则的混凝土塑性收缩性裂缝。这种裂缝通常是互相平行的，间距一般为 0.2～1.0m，并且有一定的深度，它不仅可以发生在大体积混凝土中，而且可以发生在平面尺寸较大、厚度较薄的结构构件中。

b）混凝土的体积变形。混凝土在水泥水化过程中要产生一定的体积变形，但多数是收缩变形，少数为膨胀变形。掺入混凝土中的拌和水，约有 20% 的水分是水泥水化所必需的，其余 80% 将要逐渐蒸发，最初失去的自由水几乎不引起混凝土的收缩变形，但随着混凝土的不断干燥而使吸附水逸出，就会出现干缩变形。

（4）控制温度和收缩裂缝的技术措施。

1）为了有效控制有害裂缝的出现和发展，必须从控制混凝土的水化升温、延缓降温速率、减小混凝土收缩、提高混凝土的极限拉伸强度、改善约束条件和设计构造等方面全面考虑，结合实际采取措施。

2）降低水泥水化热。

a）选用低水化热或中水化热的水泥品种配制混凝土。

b）充分利用混凝土的后期强度，减少每立方米混凝土中水泥用量，以尽量降低水化热。

c）使用粗骨料，尽量选用粒径较大，级配良好的粗骨料；掺加粉煤灰等掺和料或掺加相应的减水剂、改善和易性、降低水灰比，以达到减少水泥用量、降低水化热的目的。

3）降低混凝土入模温度。

a）选择较适宜的气温浇筑大体积混凝土，尽量避开炎热的天气浇筑混凝土。夏季可采用低温水搅拌混凝土，可对骨料喷洒冷水或对骨料进行覆盖以避免日光直晒。

b）掺加相应的缓凝型减水剂，如木质素磺酸钙等。

4）加强混凝土的温度控制。

a）在混凝土浇筑之后，做好混凝土的保温养护，缓缓降温，充分发挥徐变特性，减低温度应力。夏季应注意避免曝晒，注意保湿；冬季应采取措施覆盖保温，以免发生急剧的温度变化发生。

b）采取延长保温养护时间，大体积混凝土浇筑完后，基础侧面全部用棉被进行保温，混凝土表面压完面后，表面覆盖一层塑料布，然后覆盖一层棉被，棉被上在覆盖一层塑料布。根据温差情况在调节棉被层数。合理的拆模时间，延缓降温时间和速度。

c）加强测温和温度监测与管理，电子测温实行信息化控制，随时掌握混凝土内的温度变化。将混凝土内外温差控制在20℃以内，当温度接近20℃时采用增加外保温的方式，以有效控制有害裂缝的出现。

d）烟囱基础、汽轮发电机基础底板等超大体积基础施工时，在混凝土内预埋盘管，采用内降温形式来降低混凝土内部温度。

8. 成品保护

（1）混凝土浇筑前，先将预埋螺栓、钢筋外面用塑料布包裹，用铅丝绑牢，防止被混凝土污染。

（2）浇筑混凝土时，要保证钢筋和垫块的位置正确，不得直接踩踏布筋，不碰动预埋件和插筋。在楼板上搭设浇筑混凝土使用的浇筑人行道，保护楼板钢筋的位置。

（3）不得用重物冲击模板，不得在梁、板模板上堆积过多的施工材料，以防模板变形。

（4）在浇筑混凝土时，要对已经完成的成品进行保护，对浇筑上层混凝土时流下的水泥浆要派专人及时清理干净，洒落的混凝土也要随时清理干净。

（5）浇筑大体积混凝土时尤其要注意对预埋螺栓、埋管、埋件的成品保护。混凝土振捣时振捣棒不得触碰到预埋物。在浇筑混凝土过程中要保证有技术人员随时对预埋物的标高、位置进行检查，发现偏差及时调整。

（6）混凝土浇筑完成后及时将预埋螺栓、埋件、钢筋表面污染的混凝土清理干净。

（7）已浇筑的混凝土要加以保护，必须在混凝土强度达到1.2MPa以后，方可在混凝土面上进行操作及安装结构用的支架和模板。

第四节　主厂房基础回填

一、主厂房区域基础回填施工案例

1. 施工方案

为了满足工期要求，主厂房区域采用机械回填，局部人工配合的施工方法。

2. 施工工艺流程（见图4-1）

3. 施工方法及要求

（1）施工方法。

1）填土前，应将基坑内的杂物全部清除干净。

2）检验土质。检验回填土料的种类、粒径，有无杂物，是否符合规定，以及土料的含水量是否在控制范围内；如含水量偏高，可采用翻松、晾晒或拌制干料等措施；如遇填料含水量偏低，可采用预先洒水润湿等措施。

3）回填料要求：主厂房区域基坑内全部回填级配砂石，压实系数不小于0.96。

4）回填土以机械回填为主，人工配合回填机械填不到的地方。填土应分层铺摊。每层铺土的厚度应根据土质、密实度要求和机具性能确定，按表 4-2 选用。

表 4-2　　　　　铺土厚度及压实遍数要求

压实机具	每层铺土厚度（mm）	每层压实遍数（遍）
振动碾	500～1500	6～8
蛙式/电动式打夯机	200～250	3～4

5）碾压机械压实填方时，应控制行驶速度，振动碾控制在 4km/h。

6）碾压时，轮（夯）迹应相互搭接，防止漏压或漏夯。长宽比较大时，填土应分段进行。每层接缝处应作成台阶式斜坡，碾迹重叠 0.5～1.0m，上下层错缝距离不应小于 1m。

7）填方超出基础表面时，应保证基础边缘部位的压实质量。

8）在机械施工碾压不到的填方部位，应配合人工推料回填，用蛙式或电动打夯机分层夯打密实。蛙式打夯机夯打时一夯压半夯，夯夯相叠，两排重叠 20cm。

9）回填土方每层压实后，应按规定用核子密度仪进行现场检测，测出回填土的实际干密度、含水量，达到要求后，再进行上一层的铺料。每层回填土试验取点应与下层回填取点应错开 1m 以上。

图中流程：

回填料进场 → 检查含水率（不合格/合格）→ 基底清理 → 检查（不合格/合格）→ 分层布料 → 机械/人工整平 → 分层夯实 → 分项工程验收 → 抽样检查（不合格/合格）→ 回填下一层 → 下一分部工程施工

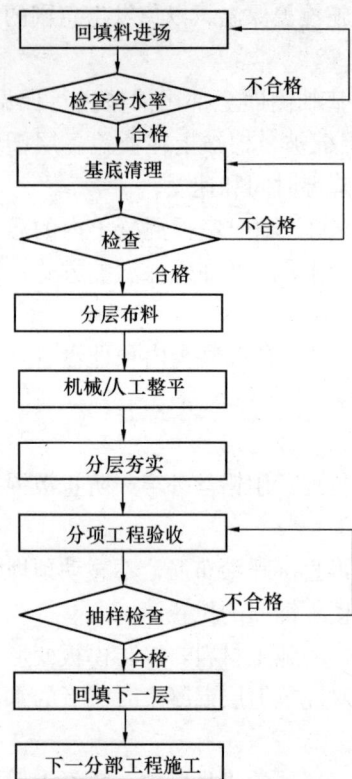

图 4-1　施工工艺流程

10）填方全部完成后，表面应进行拉线找平，凡超过标准高程的地方，及时依线铲平，凡低于标准高程的地方，应补土找平夯实。

（2）成品保护。基础回填时，基础承台、柱段的阳角部位用角钢、木条做护角。机械车辆进出基坑严禁碰撞基础，打夯机、振动碾在作业时要和承台、柱段保持 10cm 以上的安全距离，避免磕楞掉角，损坏基础混凝土。在回填到基础柱头顶端时，地脚螺栓要安装保护套管，并且砌筑护墙，避免机械碰撞到地脚螺栓。

二、主厂房基础回填施工案例

1. 施工方案

基础回填采用塘渣回填，分两次进行。第一次回填至基础承台顶面标高处，第二次回填待基础短柱施工完成，模板拆除后一次性回填至设计标高。此二次回填时采用挖掘机在弃土场取土，由自卸汽车运至基坑，成堆卸土，配以挖掘机或装载机推土摊铺的方案进行分层回填分层夯实，每层回填虚铺厚度为 300mm，采用压路机碾压或蛙式打夯机夯实，交接处或临时阶段处应作成 1：3 的阶梯坡，每层互相搭接，其搭接长度应不少于 0.5m，上下层错缝距离不少于 1m，接缝部位不得在基础、墙角、柱墩等重要部位。用核子密度仪取点测试，满足设计压实度，验收合格后再回填下一层。

2. 施工工艺流程

备料（塘渣）→地下混凝土结构验收→基底清理→铺土→压实→验收→回填下一层→逐

层回填至设计标高。

3. 施工方法和要求

（1）施工方法。

1）运土。

a）用自卸汽车运土至基坑边，用挖掘机或装载机推至基槽摊铺。机械不能满足的边角地段，人工配合推小推车回填。

b）卸土推平和压实工作须采取分段交叉进行。

2）平整。

a）填土应由下而上分层铺填，每层虚铺厚度为300mm。不同标高不得居高临下，不分层次，一次堆填。

b）有条件的区域填土程序宜采用纵向铺填顺序，以便利于装载机运作。

3）填土的压实。利用碾压机进行碾压，特殊边角地带采用蛙式打夯机夯实，经过检测合格后方可进行下一层回填。

4）密实度实验。抽样人员现场用核子密度仪抽查取样，当场读数，然后交由实验室出报告。

（2）作业要求。

1）在基础土方回填前先清除基底上的杂物，并应采取措施防止水流入地表填方区，浸泡地基。同时对排水沟、盲沟及集水坑进行处理，排水沟、盲沟采用30～50mm砟石填至基底标高－4.50m。最后做好水平高程的测试工作，在基础承台与短柱上每隔300mm用红油漆划一道标高控制线。

2）深浅两基坑相连，应先填夯深基础，填至浅基坑标高时，再与浅基坑一起填夯。

3）分段分层填土，交接处应作成大于1∶3的斜坡，每层互相搭接，其搭接长度应不少于0.5m，上下层错缝距离不少于1m，接缝部位不得在基础、墙角、柱墩等重要部位。

4）采用机械压实的填土，在基础周围用人工以蛙式打夯机夯实3～4遍或压路机开到振动状态来回碾压3～4遍。

5）成品保护。基坑土方回填时必须注意对基础棱角、柱头钢筋及预埋螺栓的保护，回填时所有机械（包括推土机、装载机、振动碾、机动车等）在基础附近工作时，必须设专人进行指挥、监护，不得碰撞、损坏基础混凝土的棱角；在柱头钢筋附近工作时，设围栏或挂警示旗；在预埋螺栓附近工作时，必须对预埋螺栓的套丝部分裹塑料布进行保护。对于基础承台上边角处，为避免损坏混凝土棱角，用木夯夯实，木夯的夯实遍数由实际测试确定。

6）填土应预留一定的下沉高度，以备行车、堆重或干湿交替等自然因素作用下土体逐渐沉落密实。

7）每层填土压实后都应做压实度试验，用核子密度仪当场抽验。进行抽验必须由实验室专业人员进行。

（3）雨期施工。

1）雨期施工的填方工程，应连续进行尽快完成，工作面不宜过大，应分层分段逐片进行。重要或特殊的土方回填，应尽量在雨期前完成。

2）雨施时，应有防雨措施或方案，要防止地面水流入基坑和地坪内，以免边坡塌方或基土遭到破坏。

4. 质量通病的预防

质量控制及质量通病预防见表 4-3。

表 4-3　　　　　　　　　　　质量控制及质量通病预防

项次	质量事故预想	预 防 措 施
1	回填土沉陷	(1) 回填前清理积水、淤泥、松土和杂物； (2) 严格分层回填、夯实； (3) 回添的源土不得含有砖头、瓦砾及大直径土块； (4) 禁止用水沉法回填
2	回填土夯压不密实	(1) 控制源土的含水率，过干适当加水湿润，过湿翻晒或加石灰； (2) 出现橡皮土要挖出换填； (3) 控制夯实的遍数和回填机械的能力
3	基坑清理不干净	(1) 对操作工进行技术交底； (2) 加强检查； (3) 严格施行检验制度

第五章

主厂房钢结构施工措施

主厂房钢结构的施工，是火电厂建筑工程的重要内容，其整个施工过程，闪烁着现代化施工的工艺和建筑设计、施工造型美的外貌，集中体现了现代化火电厂雄伟磅礴的气势。

第一节　主厂房钢结构吊装

一、主厂房钢结构吊装案例一

（一）作业的程序方法和内容

1. 施工方案

施工过程中，每安装完一层钢架，就进行找正，合格后对高强螺栓进行终紧（焊接节点为焊接作业），进行四级验收，之后再安装上一层钢架。在每层钢架安装的过程中相应的平台、楼梯、栏杆随即安装，为下一层的安全施工创造条件。

2. 施工工艺流程（见图 5-1）

3. 施工方法和要求

（1）构件码放。根据构件供应厂家和施工现场的实际情况，主厂房上部结构结构钢构件本着边加工制作边吊装的原则，原则上现场不大量存放钢构件。为便于结构构件的安装，构件进场后应进行合理的堆放。

进场构件全部码放在现场指定的堆放场地，并本着就近吊装、减少二次搬运的原则。主要堆放场地指定在固定端。如果构件进场速度快，则需要业主另外指定存放场地。

堆放场地应当平整、干燥、坚实，并备有足够的垫木、垫块，使构件得以放平、放稳。场地应便于排水，场地外侧应设排水沟道。侧向钢度较大的构件可以水平堆放，当多层叠放时必须使各层垫木在同一垂线上。大型构件的小配件应当放在构件的空挡内，用螺栓或铁丝固定在构件上，连接板不得露天存放，应有防雨防污染措施。

堆放时分区码放，即同一轴线同一层的构件码放在一起；各区构件再分类码放，梁、柱要分开。现场急需安装的可以直接堆放到吊装设备的回转半径之内，按照吊装顺序先吊装的码放在上头，后吊装的码放在下头。

存放场地应设专人进行管理，并按供货要求和供货清单进行清点，资料存档。构件堆放时 H 型构件应立放，不得平放。每个构件的支点不得少于两个，支点的位置宜在构件端部 1/7 跨度处，叠放时不得超过 3 层并用道木或木方正确地分层垫好垫平。支点应上下对齐（垫木在同一垂线上）。

高强螺栓严禁露天存放，应有专门的仓库，随用随取。

构件堆放场地四周（除通道口）设防护栏杆，加密目网。

```
                              ┌─────────────────────┐
                              │检查吊装设备、工具数量及完│
                              │好情况                 │
                              └──────────┬──────────┘
┌─────────────┐     ┌────────┐          │
│按吊装顺序运至现场并│────→│准备工作 │←─────────┤
│分类、分区堆放    │     └───┬────┘          │
└─────────────┘         │        ┌─────────────────┐
                         │        │特殊工种复试:焊工、架子工、│
                         │        │起重工、油漆工等        │
                         ↓        └─────────────────┘
                    ┌────────┐
                    │放线及验线 │
                    │(轴线、标高)│
                    └───┬────┘
                        ↓
                ┌──────────────┐
                │预埋螺栓验收及钢筋 │
                │混凝土基础面处理   │
                └──────┬───────┘
                       ↓
                ┌──────────────┐
                │构件中心及标高标识 │
                └──────┬───────┘
                       ↓
                ┌────────┐          ┌──────────────┐
                │安装柱、梁 │←─────────│安装操作吊篮及通道 │
                └───┬────┘          └──────────────┘
┌─────────────┐   │
│调整标高、轴线、 │──→┌──────────────┐
│坐标、垂直度   │   │高强度螺栓初拧、终拧 │
└─────────────┘   └──────┬───────┘
                        ↓
                ┌──────────────┐
                │柱与柱节点连接    │
                └──────┬───────┘
┌─────────────┐       │
│框架整体校正   │──────→┌──────────────┐
└─────────────┘       │梁与柱、梁与梁节点连接│
                       └──────┬───────┘
                             ↓
                      ┌────────┐
                      │超声波探伤 │
                      └───┬────┘
                          ↓
                ┌──────────────┐
                │零星构件(隅撑)安装 │
                └──────┬───────┘
                       ↓
                    ◇验收◇─────不合格────→┌────────┐
                       │                  │缺陷处理 │
                       │合格               └────┬───┘
                       ↓                       │
                ┌──────────────┐               │
                │下一节流水段准备工作│←───────────────┘
                └──────────────┘
```

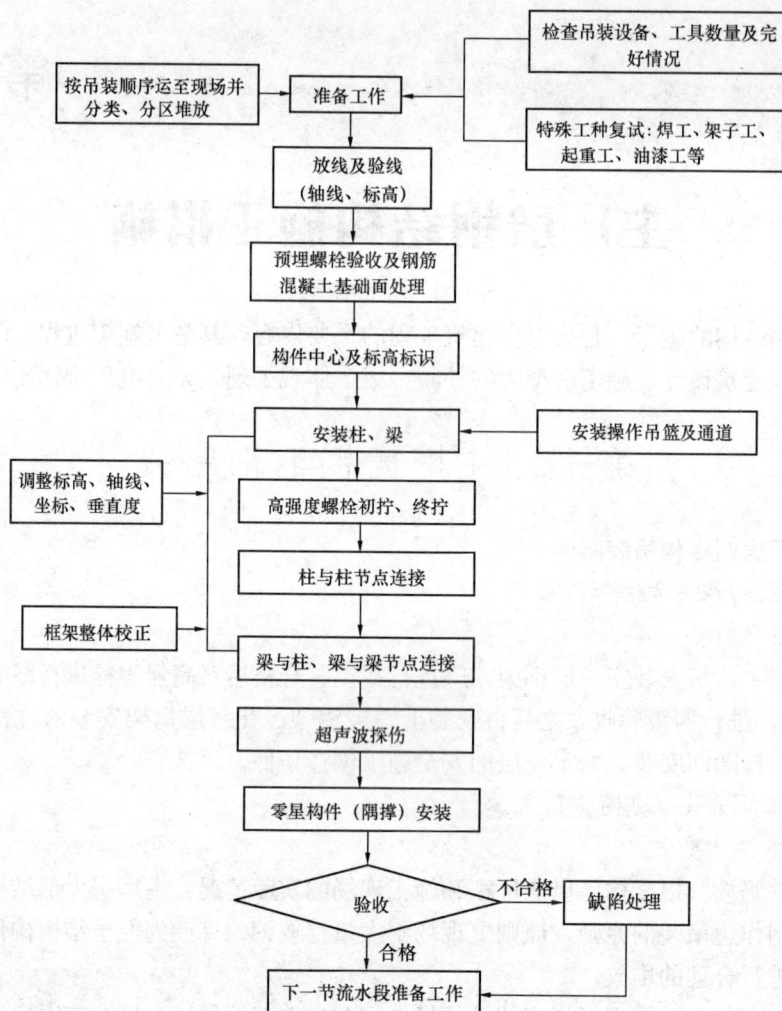

图 5-1　施工工艺流程

　　(2) 测量控制及划线校验。在安装作业之前，先要在混凝土基础柱面弹出十字轴线（要求十字线延伸到基础柱头立面，用红油漆做标记，便于钢柱垂直度控制和二次灌浆之后留存）。

　　混凝土柱头要清理干净，用灌浆料做垂直受力垫块。

　　在做垫块前，通过控制点把柱脚板下边缘设计标高标注在每根地脚螺栓上。垫块外形尺寸为 150mm×250mm，上表面置 10mm 钢板找平。钢板的上表面要与钢柱底板下表面标高一致，垫块制作采用标准化模具。

　　柱面中心线、1m 线划线：利用角尺、钢板尺测量柱面及腹板中心，测量时以各节点螺栓孔中心线为基准，将该线与柱面宽度中心进行比较。如能重合，说明制造无误差，若不能重合，应以梁安装螺孔中心确定柱中心。用样铣在柱底和顶部打上样铣眼并分别连成线，用记号笔作出明显三角标记，应注意选测点处的油漆应刮净，保证准确度。钢柱中心线应在柱顶部和底部都做出标记，并延伸到柱脚板上。钢柱的 1m 线应从最高段的钢柱顶端向下确定

（如不具备条件，也可从第一段柱柱顶向下返）并作好标记。

构件弯曲度以腹板中心线为基准，用玻璃管水平调平。调平后分别测互成 90°角的两个方向的柱弯曲度。采用绷钢丝的方法，测中点最大弯曲度。扭曲度测量较困难，可在柱子对角吊线坠，看上下翼缘板是否在同一面内，如果其差值满足不大于 1/1000 柱长且不大于10mm，即认为其合格。

（3）钢柱吊装。检查螺栓连接副连接情况，眼距不合适的应用绞刀绞镗，严禁动用火焊或锤击。

将连接板接触面清理干净，无铁锈、油污、油漆、毛刺和其他影响紧密连接的外来杂物，可用钢丝刷、砂布进行打磨，但应注意打磨程度，不应破坏摩擦面。

在柱顶部钢梁节点下约 1m 处设置柱头脚手架。个别柱头脚手架因安装垂直支撑需要不能闭合，必须在上完垂直支撑后补齐，或用 2 片安全网围起，上抱卡时，必须将螺栓紧牢。柱上的柱头脚手架及爬梯，未经安全员检验同意不得进行吊装。钢柱吊装之前，钢柱四面的揽风绳应在柱顶固定牢固。

立柱采用单根吊装，就位时一段柱底部中心线应于基础中心线重合，其他高段柱中心也应彼此重合。每根柱的定位轴线必须从地面控制轴线直接引上去，不得利用下一节柱的柱顶轴线为上一节柱的定位轴线，以确保每一节柱的安装正确无误。由于纵向框架梁与柱的连接设计为铰接，结构设有柱间支撑刚性跨时应在每层结构吊装找正并及时安设了柱间支撑后，才能拆除临时支撑或缆绳。

钢柱可通过柱顶 4 根缆风绳临时固定，从互成 90°角的两个方向上架两台经纬仪检查左右前后两个方面的垂直度。一段的标高以 1m 标高线为基准进行测量。其他高段柱顶标高从1m 标高线向上用钢尺测量。应认真记录每根柱子的柱顶标高误差值，以便预防由于误差积累造成的严重超标发生，影响其他杆件安装。检查合格后，紧固地脚螺栓。

钢柱施工应注意以下几点：

1）因基础柱头的地脚螺栓数量比较多，钢柱就位时应缓慢下落，防止划伤地脚螺栓的螺纹；

2）钢柱轴线、标高调整好之后，应及时拧紧地脚螺栓，拉紧缆风绳；

3）钢柱固定完毕之后应及时安装梁及支撑，以便形成稳固的结构；

4）柱底板和基础顶面之间的二次灌浆应在第一层钢结构四级验收完毕之后进行；

5）钢柱接点螺栓施工完毕之后将接点板除锈并及时补漆（底漆由设备厂家提供）；

6）钢柱吊点强度需要通过计算。

（4）基础二次灌浆。

1）施工前的准备工作。

首先，做好水源的准备工作，保证水源的洁净，垫块和二次灌浆搅拌用水必须清洁无污染，不得用海水搅拌。搅拌桶和运输工具进行提前清洗。

其次，灌浆前应复查设备所在基础方位、标高、垂直度。基础表面应平整，上表面与设备底座间距离最少为 1cm。灌浆时支设模板，模板间的接缝、模板与基础表面的接缝可用水泥净浆、胶带勾缝、密封严密必须达到不漏水的程度。支护模板时要注意必须将基础中心线引至基础立面。灌浆料搅拌地点应尽可能靠近需要灌浆的基础。

最后，灌浆前将混凝土基础凿毛面清理干净，确保灌浆层和结构层的黏结牢固。基础表面先用压缩空气机吹一遍，再用喷水枪冲洗一遍使基础表面无留存砂石块、水泥碎渣、刨花棉丝等杂物。灌浆前24h，须将基础表面充分洒水，全面湿润，灌浆前1h用压缩空气吹净浮水，使其表面达到湿润。特别注意拐角、地脚螺栓处不得有积水。

2) 灌浆料的施工。模板支设完毕，并且基础表面完全润湿后，检验模板保证不漏浆的情况下开始灌浆的施工，每次灌浆做3组试块。灌浆时采用斜溜槽灌浆法用容积10kg左右的桶装运送灌浆料，经过斜溜槽直接灌入模板内。灌浆前应准备3~5个桶，以保证灌浆的连续施工。

灌浆料施工时，料从搅拌桶内出来必须立即灌浆，其停滞时间不能超过20min。拌制前计划好用量，不能过时储存。拌制前先加80%的水，然后加灌浆料以便形成硬稠灰浆，并搅拌1min，再加入剩余的水。

灌浆过程中可能出现跑浆现象，应配备1个木工和1个瓦工随时处理堵漏和现场清理工作。灌浆过程中为防止窝堵空气而产生孔洞，应当从一侧进行灌浆，必须保证排气孔的通顺，剪力槽内必须灌满且不得有气泡，灌浆开始后必须连续进行，不得中断。如果搅拌完的拌和物表面有浮水，表明水量过多，应加一些灌浆料干料，适当搅拌将浮水"吃"光，有浮水会降低膨胀效果。采用一次灌浆法，灌浆工程中不能停顿，必须一次灌完。

3) 养护和成品保护。灌浆后24h内，灌浆料体不可受到振动。在该过程中必须有专人对灌浆的基础进行看管，灌浆后采用必要数量塑料袋及草帘覆盖或岩棉被覆盖养护7天。养护过程中，以灌浆料的表面湿润并且无积水为标准。

(5) 梁及支撑的安装。梁和支撑外观检查应无裂纹、重皮、锈蚀、损伤；厂家焊缝符合焊接要求；梁长度偏差符合相关规定；弯曲、扭曲均不大于1/1000梁长且不大于10mm，其余各种尺寸符合图纸要求。

梁和支撑应对照图纸进行编号检验，明确其所在位置及方向，以防错用。

相邻两根柱子就位后，进行梁的安装。应达到以下要求：标高偏差±3mm；水平度偏差不大于3mm；中心线偏差±3mm；接合板安装平整，位置正确，与构件紧贴；高强螺栓紧固。

杆件装配螺栓紧固牢固（吊装前进行检查验收），然后进行构件安装偏差校正，检查验收。螺栓数量不能少于该节点孔数的1/3，且不能少于两个，定位销不能多于安装螺栓的30%。梁采用两点起吊，起吊前将两头拴好拖拉绳以控制构件在空中的运动方向，避免碰撞其他构件。

根据具体情况，考虑梁与垂直支撑在地面进行组合，宜采用普通螺栓连接，待正式安装后，再替换成高强螺栓拧紧到规定的紧固力。考虑梁与垂直支撑在地面采用安装螺栓进行组合时螺栓不宜拧紧以保证连接板有一定活动量即可。

柱、梁构件安装就位后，应立即进行校正、固定。当天安装的钢构件应形成稳定的空间体，不能形成稳定体时，收工前应用倒链打紧。钢结构的安装校正应考虑风力、温差、日照等外界环境的影响。当一层钢结构中的构件全部装完后，进行整体检查，确认无误后，终紧这一层全部高强螺栓，作好自检记录。

梁和支撑在紧固完成之后将接点板认真除锈补漆。

(6) 高强螺栓施工。

1) 高强螺栓施工是钢结构施工工序中重要的一道工序，必须充分给予重视。现场高强度螺栓连接副统一由甲方供应，进厂的高强度螺栓连接副必须按照要求进行抽检，合格后才能使用。

2）摩擦面要求。安装高强度螺栓前做好接头摩擦面清理，不允许有毛刺、铁屑、油污、焊接飞溅物，用钢丝刷沿受力垂直方向除去浮锈。摩擦面应干燥，没有结露、积霜、积雪。并不得在雨天进行安装。

3）高强螺栓的保存。高强度螺栓连接副从出厂至安装前严禁随意开包。在运输过程中应轻装、轻卸，防止损坏，防雨、防潮。当出现包装破损、螺栓有污染等异常现象时，应及时用煤油清洗，并按高强度螺栓验收规程进行复验，经复验扭矩系数或轴力合格后，方能使用。

工地储存高强度螺栓时，应放在干燥、通风、防雨、防潮的仓库内，并不得损伤丝扣和沾染脏物。连接副入库应按包装箱上的注明规格、批号分类存放。安装时，要按使用部位，领取相应规格、数量、批号的连接副，当天没有用完的螺栓，必须装回干燥、洁净的容器内，妥善保管并尽快使用完毕，不得乱放、乱扔。

4）高强螺栓穿孔。高强度螺栓应自由穿入螺栓孔内。如果需要扩孔应提前提出申请。扩孔数量不得超过一个接头螺栓孔的1/3，扩孔直径不得大于原孔径再加2mm。严禁用气割进行高强度螺栓的扩孔工作，应在接头板充分夹紧的状态下用绞刀扩孔。

5）高强螺栓施工顺序。严格按照从中间向四周扩展的顺序，执行初拧、终拧的施工工艺程序。初拧扭矩用终拧扭矩的30%～50%，再用终拧扭矩把螺栓拧紧。一个接头上的高强螺栓，应从螺栓群中部开始安装，逐个拧紧。初拧、终拧都应从螺栓群中部开始向四周扩展逐个拧紧，并要求防止漏拧。工字形构件的紧固顺序是上翼缘→下翼缘→腹板。同一段柱上各梁柱节点的紧固顺序是先紧柱上部的梁柱节点，再紧固柱下部的梁柱节点，最后紧固柱中部的梁柱节点。

构件接头如有高强度螺栓连接又有焊接连接时，按先紧固后焊接（即先拴后焊）的施工工艺顺序进行，先终拧完高强度螺栓再焊接焊缝。

（7）节点油漆。

节点油漆做法：环氧富锌底漆两道，75μm；环氧云母中间漆三道，125μm；丙烯酸聚胺面漆两道，60μm（第一道40μm，第二道20μm）。

1）表面处理和环境保证。

a）用布头、铲刀、稀料、水将钢结构表面的灰浆、灰尘、油污等清理干净，有焊瘤、铁锈及不易清理的部位应使用电动角磨砂轮、纱布进行清理，使其表面无焊瘤、棱角、毛刺、锈迹，对加固筋（由型钢制作）应仔细清理干净。经手工、机械工具对钢架接点处除锈以后，钢材表面应达到无油污、锈斑和氧化皮的标准。

手工除锈：用砂布、铲刀、钢丝刷、破布等工具打磨金属表面，除去污染物。

机械除锈：用角向砂轮、钢丝轮对锈蚀表面进行机磨，清理掉表面的毛刺、焊渣、油污、锈蚀及氧化皮等。

b）表面处理完毕，底漆涂刷前再次用布头、干毛刷等将设备或管道表面进行清理，直至表面无尘土及其他杂物。

c）室外不能在强烈阳光直射、雨、雪、雾、大风沙天气及露点以下时施工。如清晨施工，有露水必须风干或加热干燥后涂装。若环境相对湿度大于80%时，温度低于5℃时，应停止露天施工。

d) 表面处理合格后，应及时完成第一道底漆涂装（底漆种类符合设计要求），以避免二次生锈或污染。

2) 涂装方法。

a) 涂刷。油刷蘸漆时，刷头毛侵入涂料深约 1/3，然后在桶的内壁轻轻把刷头两面各拍一下，做到"蘸少、蘸勤"。

b) 涂刷时，掌握"先竖后横（或先横后竖）、再斜终理"，横、斜刷时不要再蘸漆，理时先将漆刷上的漆在桶边轻轻刮干净，再在漆面上下直刷、理顺。

c) 涂刷规律是先上后下、先里后外、先左后右、先难后易。

d) 漆刷时常有掉毛现象出现，应及时小心地摘除，并随时补刷，与周边漆膜理顺。

e) 每一道涂刷完要检查合格后再进行下一道的涂装，最后一道面漆要在上道漆实干后进行。

f) 金属表面有凹凸处要用腻子填平，并经粗磨、细磨，表面平整光滑后，方可涂刷。

g) 涂料在使用前，涂料桶要提前倒置 5～7 天，开桶后必须充分搅拌使涂料的稠稀度、颜色混合一致，用配套的稀释剂调整黏度至合适的程度。

h) 漆刷要清洁，不允许带有杂质，尤其是使用旧漆刷，要彻底清洗掉因旧漆硬化后形成的残余碎漆皮。

3) 对检验不合格整体产品、局部部位和破损处必须进行返工和修补。

a) 补口部位表面处理，涂底漆、封闭漆及面漆的技术要求同前。

b) 涂层补伤：铲除已损伤的涂层，如仍未露铁，只需补涂面漆，如已露铁，必须进行表面处理，除去锈迹，然后按要求涂底漆、封闭漆及面漆。

(8) 垂直钢爬梯。结构安装时人员上下采用垂直爬梯，钢爬梯制作要标准化。钢柱安装前在地面提前安装好临时爬梯。垂直爬梯必须固定牢固，爬梯尽量安装在柱子的小面上，以免影响钢梁的安装。

爬梯与钢柱固定方法：爬梯上端用不小于 10 号铅丝固定，爬梯上部固定点不少于 4 点，其中两点固定在围栏上，两点固定在钢柱上。爬梯下部固定在钢柱上，固定点两端各一点，并且保证固定点牢靠。钢爬梯必须与攀登自锁器配合使用。

(9) 防坠落措施。防人员坠落主要从以下几个方面考虑：

1) 人员爬垂直爬梯时，采用坠落自锁装置，解决爬梯无保护的问题。自锁装置使用时应注意不能装反。人员爬行时，自锁装置始终应在人员的上方。

2) 安装钢梁及支撑时，人员站在操作平台上，安全带挂在人员上方牢固可靠处上。安装同主梁连接的钢梁及支撑时，主钢梁部位挂安全防护绳，人员将安全带挂在防护绳上行走。当主梁安装完成后应及时挂设安全网，并在结构外侧搭设挑网。

3) 安装人员在各层水平行走时，应在通道中通行。通道采用脚手板铺设，利用脚手管搭设水平防护栏杆。如果不具备通道搭设条件，施工人员在安装就位的横梁上水平移动时，必须将安全带挂在水平的安全防护绳上。在各层平台施工过程中，施工人员将安全带挂在安全防护绳上所有安全防护绳应牢固地固定在钢柱或其他牢固可靠的构件上。

4) 安装使用的工具，如扭矩扳手、扳手、撬棍、角磨机等应采用安全保护绳，防止坠落。施工人员应配备工具带。

5）所有施工人员必须穿防滑鞋。雨后钢结构表面湿滑，秋季钢结构表面结露湿滑，冬季雪、霜后，施工人员应特别注意。

6）现场不得随意在钢梁表面堆放物品、杂物，如确需堆放，应有对应措施，防止高空坠落。

（10）现场力能布置。电源布置应随施工进度进行适当调整，保证施工的需要，主要考虑电焊机、电动工具、氧气乙炔等。

（11）现场通信联系。指挥人员同机械操作人员的联系采用对讲机及旗帜、口哨等。因为气候原因，施工过程中可能出现大雾；夜间施工可能出现视觉模糊等，所以吊装作业特别是自升塔式起重机作业应特别注意信号明确，指挥人员可以采用多种指令相结合的方式以弥补不足。

项目部有关管理人员、现场施工主要负责人、安装队队长、安全员等人员手机保持开机状态，不得随意离开现场。

（二）质量通病的预防

（1）施工人员认真作好设备安装前的检查工作，特别是立柱的尺寸、变形是否满足图纸和相关规范要求。对每一根柱、梁的检测值准确、详细记录。

（2）对构件进行外观检查，无裂纹、分层、撞伤等缺陷；节点接合面无严重锈蚀、油漆、油污等杂物；焊缝外观检查无裂纹和咬边情况等。

（3）构件的堆放高度不应大于3层，每层构件摆放的枕木应尽量放置在同一垂直面上，以防止构件变形。

（4）对高强度螺栓连接副进行相应的现场抽样检验后方进行施工，认真做好高强度螺栓连接副的使用跟踪情况。

（5）加强对高强度螺栓施工的管理，防止在施工中对高强度螺栓进行串用、代用，以保证每个节点的高强度螺栓的露扣长度一致，并保持在2～3扣；高强螺栓不得露天存放。

（6）在结构安装过程中被安装的摩擦面表面的浮锈吊装前用钢丝刷手工除锈，再用漆刷将锈尘扫净。

（7）在高强度螺栓终拧后为防止扭矩系数发生变化而影响检查的准确性要对节点封闭措施，节点封闭可采用厚漆或防锈漆进行节点防腐。

（8）在高强度螺栓终拧后在对节点进行防腐前用钢丝刷手工除锈、除污，刷漆要做到色调均匀一致、棱角分明，无透底斑痕，脱落、皱纹、流痕、浮膜、漆粒及明显刷痕。

（9）在构架安装的过程中严禁对部件随意切割。

二、主厂房钢结构吊装案例二

1. 准备工作

（1）熟悉图纸并按作业程序依次进行图纸会审，提前解决施工交叉及专业交叉问题，编制施工方案并经批准。

（2）按图纸、其他设计文件及施工方案作好材料计划，备好各种周转性材料及措施性材料。

（3）编制质量检验计划，进行施工前的技术及安全交底并签字确认。

（4）做好工具、器具、小型机械的检修、校验工作，以确保施工期间机械能正常运行。

（5）布置现场施工用水、施工用电，要保证施工期间的水、电及现场照明等工作。

（6）确认柱头凿毛、清理完成，基础十字线完备，柱头地脚螺栓无弯曲、严重锈蚀后，进行基础施工交付安装工序，然后才能进行结构吊装。

（7）吊装机械到场并通过验收合格。

（8）需安装的构件已到现场并且验收合格。

（9）设备开箱检验、清点完毕，高强度螺栓连接副复检合格，抗滑移实验合格，满足安装使用要求；高强度螺栓按批次、型号存放，并挂牌标记。指定高强度螺栓库管人员，负责高强度螺栓的领用及汇总工作。

（10）开工报告得到批复。

（11）施工用软爬梯、柱头脚手架等安全设施准备完毕并检验合格。

（12）现场所使用的焊条必须经物资部统一采购，要存放在通风干燥的库房，施工使用之前要按照说明书进行烘干。

（13）现场使用的氧气、乙炔瓶、电焊机等已采取保护措施，并定点放置。

2. 构件码放

（1）原则上现场不大量存放钢构件，为便于结构构件的安装，构件进场后应进行合理的堆放。

（2）进场构件全部堆放在现场指定的堆放场地，主要堆放场地指定在扩建端。

（3）堆放场地应当平整、干燥、坚实，并备有足够的垫木、垫块，使构件得以放平、放稳。场地应便于排水，场地外侧应设排水沟道。侧向钢度较大的构件可以水平堆放，当多层叠放时必须使各层垫木在同一垂线上。大型构件的小配件应当放在构件的空挡内，用螺栓或铁丝固定在构件上，连接板不得露天存放，应有防雨防污染措施。

（4）堆放时分区码放，即同一轴线同一层的构件码放在一起；各区构件再分类码放，梁、柱要分开。现场急需安装的可以直接堆放到吊装设备的回转半径之内，按照吊装顺序先吊装的码放在上头，后吊装的码放在下头。

（5）存放场地应设专人进行管理，并按供货要求和供货清单进行清点，资料存档。构件堆放时 H 型构件应立放，不得平放。每个构件的支点不得少于两个，支点的位置宜在构件端部 1/7 跨度处，叠放时不得超过 3 层并用道木或木方正确地分层垫好垫平。支点应上下对齐（垫木在同一垂线上）。

（6）高强螺栓严禁露天存放，应有专门的仓库，随用随取。

3. 测量控制及划线校验

（1）横向、纵向轴线控制。在安装作业之前，先要在混凝土基础柱面弹出十字轴线（要求十字线延伸到基础柱头立面，用红油漆做标记，便于钢柱垂直度控制和二次灌浆之后留存）。

（2）标高控制。混凝土柱头要清理干净，用 M10 砂浆做垂直受力垫块。在做砂浆垫块前，通过控制点把柱脚板下边缘设计标高标注在每根地脚螺栓上。

（3）柱面中心线、1m 线划线。利用角尺、钢板尺测量柱面及腹板中心，测量时以各节点螺栓孔中心线为基准，将此线与柱面宽度中心进行比较。如能重合，说明制造无误差，若不能重合，应以梁安装螺孔中心确定柱中心。钢柱中心线应在柱顶部和底部都做出标记，并延伸到柱脚板上。钢柱的 1m 线应从最高段的钢柱顶端向下确定（如不具备条件，也可从第一段柱柱顶向下返）并作好标记。

（4）构件弯曲度。以腹板中心线为基准，用玻璃管水平调平。调平后分别测互成 90°角的两个方向的柱弯曲度。采用绷钢丝的方法，测中点最大弯曲度，其值应不大于 1/1000 柱长且不大于 10mm，扭曲度测量较困难，可在柱子对角吊线坠，看上下翼缘板是否在同一面内，如果其差值满足不大于 1/1000 柱长且不大于 10mm，即认为其合格。

4. 钢柱吊装

将连接板接触面清理干净，无铁锈、油污、油漆、毛刺和其他影响紧密连接的外来杂物，可用钢丝刷、砂布进行打磨，但应注意打磨程度，不应破坏摩擦面。

在柱顶部钢梁节点下约 1m 处设置柱头脚手架。个别柱头脚手架因安装垂直支撑需要不能闭合，必须在上完垂直支撑后补齐，或用两片安全网围起，上抱卡时，必须将螺栓紧牢。柱上的柱头脚手架及爬梯，未经安全员检验同意不得进行吊装。钢柱吊装之前，钢柱四面的缆风绳应在柱顶固定牢固。

立柱采用单根吊装，就位时一层柱底部中心线应与基础中心线重合，其他高层柱中心也应彼此重合。每根柱的定位轴线必须从地面控制轴线直接引上去，不得利用下一节柱的柱顶轴线为上一节柱的定位轴线，以确保每一节柱的安装正确无误。由于纵向框架梁与柱的连接设计为铰接，结构设有柱间支撑刚性跨时应在每层结构吊装找正并及时安设了柱间支撑后，才能拆除临时支撑或缆绳。

钢柱可通过柱顶四根缆风绳临时固定。从互成 90°角的两个方向上架两台经纬仪检查左右前后两个方面的垂直度。一层的标高以 1m 标高线为基准进行测量。其他高段柱顶标高从 1m 标高线向上用钢尺测量。应认真记录每根柱子的柱顶标高误差值，以便预防由于误差积累造成的严重超标发生，影响其他杆件安装。检查合格后，紧固地脚螺栓。

钢柱施工应注意以下几点：

（1）因基础柱头的地脚螺栓数量比较多，钢柱就位时应缓慢下落，防止划伤地脚螺栓的螺纹；

（2）钢柱轴线、标高调整好之后，应及时拧紧地脚螺栓，拉紧缆风绳；

（3）钢柱固定完毕之后应及时安装梁及支撑，以便形成稳固的结构；

（4）柱底板和基础顶面之间的二次灌浆应在第一层钢结构四级验收完毕之后进行；

（5）钢柱接点螺栓施工完毕之后将接点板除锈并及时补漆（底漆由设备厂家提供）。

5. 梁及支撑的安装

梁和支撑外观检查应无裂纹、重皮、锈蚀、损伤；厂家焊缝符合焊接要求；梁长度偏差符合相关规定；弯曲、扭曲均不大于 1/1000 梁长且不大于 10mm，其余各种尺寸符合图纸要求。

梁和支撑应对照图纸进行编号检验，明确其所在位置及方向，以防错用。

杆件装配螺栓紧固牢固（吊装前进行检查验收），然后进行构件安装偏差校正，检查验收。螺栓数量不能少于该节点孔数的 1/3，且不能少于两个，定位销不能多于安装螺栓的 30%。梁采用两点起吊，起吊前将两头拴好拖拉绳以控制构件在空中的运动方向，避免碰撞其他构件。

根据具体情况，考虑梁与垂直支撑在地面进行组合，宜采用普通螺栓连接，待正式安装后，再替换成高强螺栓拧紧到规定的紧固力。考虑梁与垂直支撑在地面采用安装螺栓进行组合时螺栓不宜拧紧以保证连接板有一定活动量即可。若现场情况允许，几根梁也可采取串吊的方法同时起吊。

柱、梁构件安装就位后，应立即进行校正、固定。当天安装的钢构件应形成稳定的空间体，不能形成稳定体时，收工前应用倒链打紧。钢结构的安装校正应考虑风力、温差、日照等外界环境的影响，找正和下一次校核宜在同一时间段进行。当一层钢结构中的构件全部装完后，进行整体检查，确认无误后，终拧这一层全部高强螺栓，作好自检记录。梁和支撑在紧固完成之后将接点板认真除锈补漆。

6. 基础二次灌浆

（1）施工前的准备工作。

首先，做好水源的准备工作，保证水源的洁净，二次灌浆搅拌用水必须清洁无污染，不得用海水搅拌。搅拌桶和运输工具提前进行清洗。

其次，灌浆前应复查设备所在基础方位、标高、垂直度。基础表面应平整，上表面与设备底座间距离最少为 1cm。灌浆时支设模板，模板间的接缝、模板与基础表面的接缝可用水泥净浆、胶带勾缝、密封严密必须达到不漏水的程度。支护模板时要注意必须将基础中心线引至基础立面。灌浆料搅拌地点应尽可能靠近需要灌浆的基础。

最后，灌浆前将混凝土基础凿毛面清理干净，确保灌浆层和结构层的黏结牢固。基础表面先用空气压缩机吹一遍，再用喷水枪冲洗一遍使基础表面无留存砂石块、水泥碎渣、刨花棉丝等杂物。灌浆前 24h，须将基础表面充分洒水，全面湿润，灌浆前 1h 用压缩空气吹净浮水，使其表面达到湿润。特别注意拐角、地脚螺栓处不得有积水。

（2）灌浆料的施工。模板支设完毕，并且基础表面完全润湿后，检验模板保证不漏浆的情况下开始灌浆的施工，每次灌浆做 3 组试块。灌浆前应准备 3～5 个桶，以保证灌浆的连续施工。

灌浆料施工时，料从搅拌桶内出来必须立即灌浆，其停滞时间不能超过 20min。拌制前计划好用量，不能过时储存。拌制前先加 80％的水，然后加灌浆料以便形成硬稠灰浆，在这种稠度下搅拌 1min，再加入剩余的水。

灌浆过程中可能出现跑浆现象，应配备 1 个木工和 1 个瓦工随时处理堵漏和现场清理工作。灌浆过程中为防止窝堵空气而产生孔洞，应当从一侧进行灌浆，必须保证排气孔的通顺，剪力槽内必须灌满且不得有气泡，灌浆开始后必须连续进行，不得中断。如果搅拌完的拌和物表面有浮水，这表明水量过多，应加一些灌浆料干料，适当搅拌将浮水"吃"光，有浮水会降低膨胀效果。灌浆工程中不能停顿，必须一次灌完。

（3）养护和成品保护。灌浆后 24h 内，灌浆料体不可受到振动。在该过程中必须有专人对灌浆的基础进行看管，灌浆后采用必要数量塑料薄膜及毛毯覆盖养护 7 天。养护过程中，以灌浆料的表面湿润并且无积水为标准。

7. 高强螺栓施工

（1）施工工艺流程如图 5-2 所示。

（2）摩擦面要求。对 Q345 钢，摩擦面的抗滑移系数要求不小于 0.50，对 Q235 钢，摩擦面的抗滑移系数要求不小于 0.45，如果接触面间嵌有垫板，垫板的接触面也有同样的要求。安装高强度螺栓前做好接头摩擦面清理，不允许有毛刺、铁屑、油污、焊接飞溅物，用钢丝刷沿受力垂直方向除去浮锈。摩擦面应干燥，没有结露、积霜、积雪。不得在雨天进行安装。

```
高强螺栓轴力试验合格
        ↓
连接件摩擦系数试验合格
        ↓
检查连接面清除浮锈、飞刺与油污
        ↓
安装构件定位、临时螺栓固定
        ↓
校正钢柱达预留偏差值
        ↓
紧固临时螺栓冲孔检查缝隙 ──→ 超标加填板
        ↓
确定可作业条件（天气、安全）
```

扭矩系数试验定控制值
        ↓
高强螺栓扳手校验、检查合格

```
换掉临是螺栓 ──→ 安装高强螺栓、拧紧
        ↓
初 拧
        ↓
终 拧 ──→ 记录表
        ↓
检 查 ──→ 合 格
        ↓           ↓
不合格        验 收
        ↓
节点全部拆除高强螺栓重安装
```

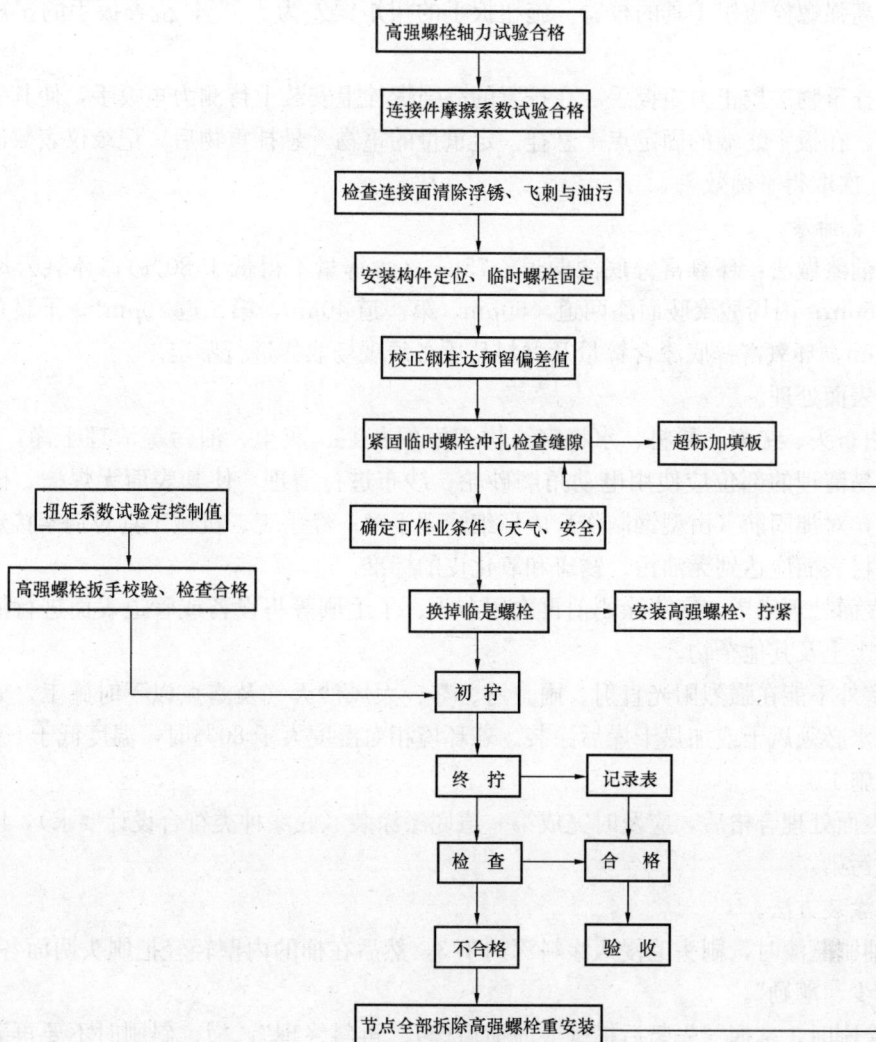

图 5-2 高强螺栓施工工艺流程

（3）高强螺栓的保存。高强度螺栓连接副从出厂至安装前严禁随意开包。在运输过程中应轻装、轻卸，防止损坏，防雨、防潮。当出现包装破损、螺栓有污染等异常现象时，应及时用煤油清洗，并按高强度螺栓验收规程进行复验，经复验扭矩系数或轴力合格后，方能使用。工地储存高强度螺栓时，应放在干燥、通风、防雨、防潮的仓库内，并不得损伤丝扣和沾染脏物。连接副入库应按包装箱上的注明规格、批号分类存放。安装时，要按使用部位，领取相应规格、数量、批号的连接副，当天没有用完的螺栓，必须装回干燥、洁净的容器内，妥善保管并尽快使用完毕，不得乱放、乱扔。

（4）高强螺栓穿孔。高强度螺栓应自由穿入螺栓孔内。如果需要扩孔应提前提出申请。扩孔数量不得超过一个接头螺栓孔的 1/3；扩孔直径不得大于原孔径再加 2mm。

（5）高强螺栓施工顺序。严格按照从中间向四周扩展的顺序，执行初拧、终拧的施工工艺程序。一个接头上的高强螺栓，应从螺栓群中部开始安装，逐个拧紧。初拧、终拧都应从螺栓群中部开始向四周扩展逐个拧紧，并要求防止漏拧。

（6）高强螺栓施扭工具的校验。施扭扳手的扭矩误差为±5％，检查扳手的扭矩误差为±3％。

用悬挂重物法校正力矩扳手。在拧紧的高强螺栓上安装上待测力矩扳手，使其手柄处于水平状态，在扳手终端的固定点上悬挂一定重量的重物。悬挂重物后，记录仪表数值，测量进行3～5次取得平衡效果。

8. 节点油漆

节点油漆做法：环氧富锌底漆两道，75μm（含锌量不得低于80％）；环氧云母中间漆三道，125μm；丙烯酸聚胺面漆两道，60μm（第一道40μm，第二道20μm），干膜总厚度不小于260μm，环氧富锌底漆含锌量及材料品质必须现场取样进行鉴定。

（1）表面处理。

1）用布头、铲刀、稀料、水将钢结构表面的灰浆、灰尘、油污等清理干净，有焊瘤、铁锈及不易清理的部位应使用电动角磨砂轮、纱布进行清理，使其表面无焊瘤、棱角、毛刺、锈迹，对加固筋（由型钢制作）应仔细清理干净。经手工、机械工具对钢架接点处除锈以后，钢材表面应达到无油污、锈斑和氧化皮的标准。

2）表面处理完毕，底漆涂刷前再次用布头、干毛刷等将设备或管道表面进行清理，直至表面无尘土及其他杂物。

3）室外不能在强烈阳光直射、雨、雪、雾、大风沙天气及露点以下时施工。如清晨施工，有露水必须风干或加热干燥后涂装。若环境相对湿度大于80％时，温度低于5℃时，应停止露天施工。

4）表面处理合格后，应及时完成第一道底漆涂装（底漆种类符合设计要求），以避免二次生锈或污染。

（2）涂装方法。

1）油刷蘸漆时，刷头毛侵入涂料深约1/3，然后在桶的内壁轻轻把刷头两面各拍一下，做到"蘸少、蘸勤"。

2）涂刷时，掌握"先竖后横（或先横后竖）、再斜终理"，横、斜刷时不要再蘸漆，理时先将漆刷上的漆在桶边轻轻刮干净，再在漆面上下直刷、理顺。

3）涂刷规律是先上后下、先里后外、先左后右、先难后易。

4）漆刷时常有掉毛现象出现，应及时小心地摘除，并随时补刷，与周边漆膜理顺。

5）每一道涂刷完要检查合格后再进行下一道的涂装，最后一道面漆要在上道漆实干后进行。

6）金属表面有明显的凹凸不平处要用腻子填平，并经粗磨、细磨，表面平整光滑后，方可涂刷。

7）涂料在使用前，涂料桶要提前倒置5～7天，开桶后必须充分搅拌使涂料的稠稀度、颜色混合一致，用配套的稀释剂调整黏度至合适的程度。

8）漆刷要清洁，不允许带有杂质，尤其是使用旧漆刷，要彻底清洗掉因旧漆硬化后形成的残余碎漆皮。

（3）对检验不合格整体产品、局部部位和破损处必须进行返工和修补。

1）补口部位表面处理，涂底漆、封闭漆及面漆的技术要求，同前。

2）涂层补伤：铲除已损伤的涂层，如仍未露铁，只需补涂面漆，如已露铁，必须进行表面处理，除去锈迹，然后按要求涂底漆、封闭漆。

3）对安装前施工的构件，安装完毕后，施工人员及技术人员应再次进行检查，对预留部位、破损部位及吊点部位（吊点部位应进行打磨）进行补涂。

9. 钢格栅安装

各楼层钢格栅安装严格按照钢格栅布置图安装。钢格栅安装需要在钢梁表面弹线，以便使拼缝横平竖直。钢格栅如有凹陷、肋条脱落等损坏情况，应进行更换。钢格栅和钢梁连接采用焊接或夹具，并将连接点做好防腐。

10. 起重机梁安装

在吊装每榀钢屋架前先将该跨的起重机梁吊装完，然后立即进行该跨钢屋架的吊装。

（1）吊装方案。起重机梁吊装逐跨推进，采用两点水平起吊。起重机梁吊至位置后进行找正，用连接板进行螺栓连接或焊接固定。

起重机梁轴线的找正以跨距为准设定基准点，沿纵向拉钢丝，再用线锤检验各起重机梁的轴线。测量误差较大时，采用撬棍、钢楔等进行校正。

用钢卷尺和弹簧秤在厂房两端柱进行测量，必要时垂度进行校正计算，当误差大时，采用撬棍及千斤顶进行修正。标高可采用在梁的端部增设垫板。

（2）轨道安装。起重机轨道型号在吊装前应仔细核对，轨道通过压板、垫板、楔型垫板、垫圈、弹簧垫圈及螺栓等安装零件紧紧地将钢轨压紧。轨道的接头采用焊接或夹板（鱼尾板）连接。

（3）注意事项。

1）所有构件在吊装前必须经过验收合格，并办理好交接签证，方可进行吊装作业。

2）构件必须有明确的编号，在吊装或组合前认真清点并核实构件编号、方向，严防混用、错用。

3）轨道压板应与轨道紧密接触，压板与垫板的连接焊缝，必须在轨道调整妥善后施焊。

4）车挡、压板、垫板以及螺栓和螺帽（在轨道安装调整完毕后）均须涂红丹两道，调和漆两道。

11. 汽机房屋盖结构吊装

（1）钢屋架安装。钢屋架从伸缩缝向扩建端方向依次吊装，每吊装完一榀固定一榀，螺栓紧固完毕之后将斜支撑安装上去。檩条施工在屋架和支撑固定完毕之后进行。

吊装过程中注意以下几点：

1）屋架吊装之前 A 列和扩建端必须形成稳固的结构，梁和支撑施工完毕，高强螺栓终拧完成；

2）吊点必须对称设置，并且吊点设置在上弦、斜支撑的交点处；

3）安装时必须确保钢屋架在塔式起重机工作半径之内；

4）起吊之前验收屋架的起拱必须达到设计值要求方可起吊；

5）每榀屋架吊装到位后必须两端紧固，将支撑安装就位，否则不允许吊装下一榀屋架。

（2）钢檩条安装。檩条安装前必须按图纸及有关规定作防锈防腐处理。

严格执行檩条布置图，并先检查檩条支托的正确性，檩条安装时檩距符合设计要求，且同排檩条成一直线。焊接时左右两根檩条的焊缝长度均不应小于 60mm，高度不应小于40mm，并要求焊缝充实、饱满、无假焊、漏焊现象。焊接完成后，除掉焊口药皮，然后在焊接部位作防腐处理。

（3）屋面板施工。待钢檩条施工完毕，进行压型钢板做底模的现浇面施工。

12. 垂直爬梯

结构安装时人员上下采用软爬梯。钢柱安装前在地面提前安装好临时软爬梯。垂直软爬梯必须固定牢固，爬梯尽量安装在柱子的小面上，以免影响钢梁的安装。爬梯与钢柱固定方法：爬梯上端用 8 号铁丝固定，爬梯上部固定点不少于 4 点，其中两点固定在围栏上，两点固定在钢柱上。爬梯下部固定在钢柱上，固定点两端各一点，并且保证固定点牢靠。爬梯必须与攀登自锁器配合使用。

13. 防坠落措施

（1）人员爬垂直爬梯时，采用坠落自锁装置，解决爬梯无保护的问题。自锁装置使用时应注意不能装反。人员爬行时，自锁装置始终应在人员的上方。

（2）安装钢梁及支撑时，人员站在操作平台上，安全带挂在人员上方牢固可靠处上。安装同主梁连接的钢梁及支撑时，主钢梁部位挂安全防护绳，人员将安全带挂在防护绳上行走。当主梁安装完成后应及时挂设安全网，并在结构外侧搭设挑网。

（3）安装人员在各层水平行走时，应在通道中通行。通道采用脚手板铺设，利用脚手管搭设水平防护栏杆。如果不具备通道搭设条件，施工人员在安装就位的横梁上水平移动时，必须将安全带挂在水平的安全防护绳上。在各层平台施工过程中，施工人员将安全带挂在安全防护绳上所有安全防护绳应牢固地固定在钢柱或其他牢固可靠的构件上。

（4）安装使用的工具，如扭矩扳手、扳手、撬棍、角磨机等应采用安全保护绳，防止坠落。施工人员应配备工具带。

（5）所有工器具、高强螺栓、其他物品等均不得抛掷。

（6）所有施工人员必须穿防滑鞋。雨后钢结构表面湿滑，秋季钢结构表面结露湿滑，冬季雪、霜后，施工人员应特别注意。

（7）现场不得随意在钢梁表面堆放物品、杂物，如确需堆放，应有对应的措施，防止高空坠落。

第二节 汽机房钢屋架吊装

1. 施工工艺流程（见图 5-3）

2. 施工方法和要求

（1）构件运输。屋架运输在汽机组合场装车，采用组合场龙门式起重机。屋架运输采取每次只运输一榀屋架（两片），每吊装一榀再运输下一榀的思路。

（2）屋架组合。屋架分片运至现场组装时，拼装平台应平整。组拼时应保证屋架总长及起拱尺寸的要求。焊接时焊完一面检查合格后，再翻身焊另一面，做好施工记录。经验收后方准吊装。屋架及天窗架也可以在地面上组装好一次吊装，但要临时加固，以保证吊装时有足够的刚度。

（3）屋架吊装。由于屋架上、下弦部分区域设计有垂直和水平支撑，在屋架吊装前，根据屋架垂直和水平支撑的布置，需要在部分屋架上下弦布置沿屋架上下弦通长的安全绳；屋架有垂直支撑连接位置搭设安全作业平台，平台搭设标准符合安全使用要求。屋架吊装前，在每榀屋架两端各设一道棕绳，用来在地面调节屋架位置。屋架吊装顺序从扩建端至固定端

```
┌─────────────────┐      ┌──────────┐      ┌──────────────────┐
│ 制作完成并经过四级 │─────▶│  准备工作  │◀─────│ 检查吊装设备、工器具 │
│ 验收（包括防腐）  │      └──────────┘      │ 数量及好坏情况    │
└─────────────────┘           │    ◀───┐    └──────────────────┘
                              │        │    ┌──────────────────┐
                              │        └────│ 特殊工种进场：焊工、 │
                              │             │ 架子工、起重工等   │
                              │             └──────────────────┘
┌─────────────────┐      ┌──────────┐
│ A、B列钢架高强螺栓、│─────▶│ A、B列钢架 │
│ 轴线、标高等施工完毕 │      │ 四级验收通过 │
└─────────────────┘      └──────────┘
                              │
                         ┌──────────┐
                         │ 屋架现场组合 │
                         │ 并验收    │
                         └──────────┘
                              │
                         ┌──────────┐      ┌──────────┐
                         │ 屋架就位、 │─────▶│ 起吊前屋架 │
                         │ 连接固定  │      │ 安全设施设置 │
                         └──────────┘      └──────────┘
                              │
                         ┌──────────┐
                         │ 屋面檩条、 │
                         │ 支撑安装  │
                         └──────────┘
                              │
                          ╱────────╲   不合格   ┌──────────┐
                         ╱   验收   ╲─────────▶│ 缺陷处理  │
                          ╲────────╱          └──────────┘
                              │ 合格
                         ┌──────────┐
                         │ 下一段流水 │
                         │ 施工作业  │
                         └──────────┘
```

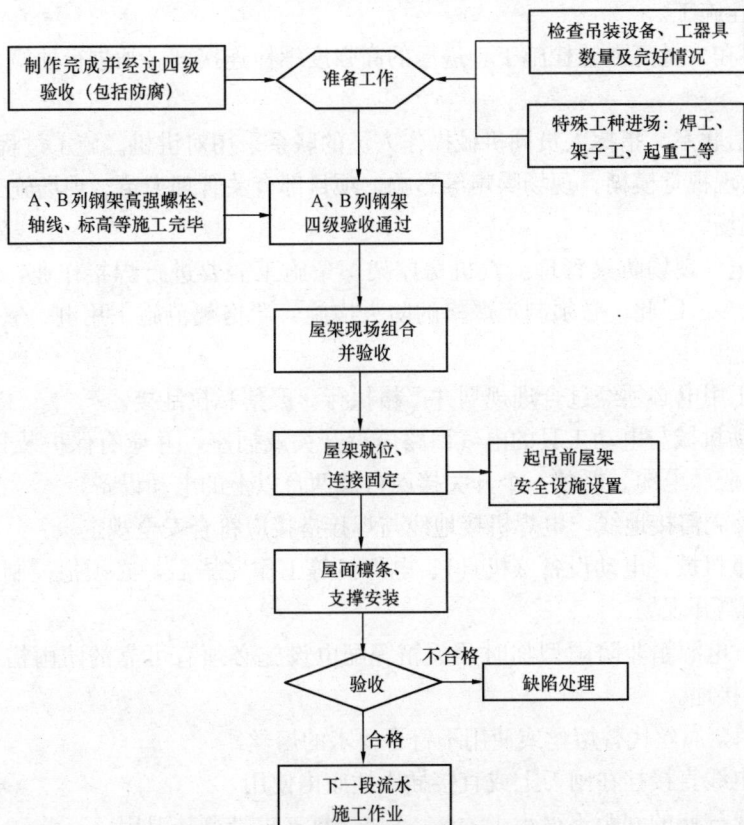

图 5-3 施工工艺流程

方向进行。

（4）屋架起吊及就位。屋架吊装起吊时离地 50cm 时暂停，检查无误后再继续起吊。屋架起吊必须要慢，防止屋架起吊过程中碰撞厂房钢架、汽轮机基座脚手架等，设专人指挥。

安装每榀屋架时，在松开吊钩前初步校正。对准屋架支座中心线或定位轴线就位，调整屋架垂直度，并检查屋架测向弯曲，将屋架临时固定后脱钩。脱钩后立即将屋架螺栓穿齐，将支座螺栓拧紧，侧向高强度螺栓穿齐后初紧、终紧。每榀屋架固定采取多重保护措施加以固定，首先屋架两侧拉设 8 道缆风绳防止屋架变形，同时将每榀屋架两端用钢丝绳与主厂房钢柱捆绑在一起，待屋架位置确定将两榀之间的垂直支撑、水平支撑连接固定，最后将屋架与厂房钢柱牛腿焊接固定。

1）垂直支撑与水平支撑安装。垂直支撑与水平支撑在地面进行组合，组合后吊装。支撑就位时，施工人员分别在上、下弦将固定螺栓穿孔，进行临时固定，在确保构件稳固后起重机脱钩。

2）屋面檩条安装。屋面檩条为焊接檩条，直接焊接在屋架上弦上。安装之前必须在屋架上弦上标出檩条位置。次项工作可在屋架吊装之前，在地面上完成。屋架就位后先进行点焊，然后再松钩，防止因为屋架上弦坡度引起檩条滑移失稳。檩条安装就位后，尽快进行焊接作业。

3）高强螺栓施工。

屋架安装存在少量高强螺栓施工。进厂的高强度螺栓连接副必须进行抽检，合格后才能使用。

4）现场通信联系。指挥人员同机械操作人员的联系采用对讲机。施工过程中可能受雾、夜间施工可能出现视觉模糊、现场噪声等影响。项目部有关管理人员、现场施工主要负责人不得随意离开现场。

5）施工用电、现场防火管理。汽机房屋架檩条施工需要进行焊接作业，施工范围大，汽机房交叉作业多。因此，必须制定严格的防火措施，严格规范施工用电、氧气乙炔管理。必须做到以下几点：

a）现场施工用电必须经过合理规划并严格执行。严禁私拉乱接。

b）连接电动机械与电动工具的电气回路应设开关或插座，并应有保护装置。移动式电动机械应使用橡胶软电缆。严禁一个开关接两台及两台以上的电动设备。

c）电焊机外壳需接地线。电焊机接地线与焊接搭接应符合安全规定。

d）操作起重机械、电动设备（机具）、电焊机等工作完毕后，必须把控制器拨至零位、切断电源后才能离开现场。

e）配电盘、电源箱非防雨型临时开关箱等配电设施必须有可靠的防雨措施。配电盘、电源箱要有可靠接地。

f）严禁使用金属丝代替熔丝或使用不符合要求的熔丝。

g）严禁将电线直接挂在闸刀上或直接插入插座内使用。

h）乙炔、氧气瓶的间距不得小于 8m，乙炔、氧气皮带严禁混用。

i）乙炔瓶、氧气瓶使用时必须直立并固定牢靠，严禁卧放，气瓶上必须装两道防振圈。

j）乙炔瓶、氧气瓶必须装防回火装置。不得将气瓶与带电物体接触。

k）气瓶内的气体不得用尽。液化石油气瓶必须留有 0.1MPa 的剩余压力。

6）现场防火要求。

a）屋架防腐油漆、防火涂料属于易燃易爆物品，原则上现场不得存放，需要使用到物资部仓库领用。

b）油漆施工必须避免上方有焊接、切割等动火作业，避免电火花引起火灾。

c）现场不得堆积易燃物品，如需要存放，必须有专门措施，经消防保卫部门认可。

d）现场焊接、切割等作业，下方必须铺防火毯。防火毯由专业组做计划，物资部门采购。

e）施工人员进入现场，不得携带火种。消防器材不得随意乱动。

f）严格执行动火作业票制度，电气焊作业必须办票，必须明确监护人。

g）动火作业结束后，作业人员必须检查现场，确保清除全部火种，及时消票。

第三节　钢结构防腐及油漆

一、钢结构喷砂防腐施工案例

（一）作业程序、方法和内容

1. 施工方案

（1）表面处理和环境保证。

1）将表面的灰浆、灰尘、油污等清理干净，有焊瘤、铁锈及不易清理的部位应使用电动角磨砂轮、纱布进行清理，使其表面无焊瘤、棱角、毛刺、锈迹，对加固筋应仔细清理干净。

2）喷砂施工艺为：

a）喷砂除锈前，使用空压凿刀或硬金属刮刀去除油漆和铁锈。

b）喷砂除锈达到等级：Sa1级，即钢结构构件表面清洁，无灰尘、碎屑、厚锈层、可见的油脂和污物；Sa2级，彻底的喷砂除锈，即表面应无可见的油脂、污物、氧化皮、铁锈、油漆涂层和杂质基本清除，残留物应附着牢固；Sa2.5级，非常彻底的喷砂除锈，即表面应无可见的油脂、污物、氧化皮、铁锈、油漆涂层和杂质，残留物痕迹仅显示点状或条纹状的轻微色斑；Sa3级，喷砂除锈至钢材表面洁净，即表面应无可见的油脂、污物、氧化皮、铁锈、油漆涂层和杂质，表面具有均匀的金属色泽。

c）必须在已喷砂的表面去除灰尘，可以使用无油空气压缩机或特殊的吸尘器，或在施工第一度油漆前扫砂。

d）每次喷砂一小块面积，施工一度底漆以保护这些区域。底漆在施工后应迅速干燥，喷砂除锈可在新涂装区域附近继续进行。

e）喷砂后的钢铁表面不得受油、蜡等有机物的污染。若局部受到油脂污染，必须彻底清除。

f）喷砂前钢材表面若黏有油污应先清除油污后喷砂。

g）喷砂设备必须配备性能良好的油水分离器。

3）表面处理完毕，底漆涂刷前再次用布头、吸尘器等将设备或管道表面进行清理，直至表面无尘土及其他杂物。

（2）涂装方法。全厂设备及管道经基层清理后，在内、外表面部位喷涂或涂刷。

1）涂刷。

a）油刷蘸漆时，刷头毛侵入涂料深约 1/3，然后在桶的内壁轻轻把刷头两面各拍一下，做到"蘸少、蘸勤"。

b）涂刷时，掌握先竖后横（或先横后竖）的原则，先将漆刷上的漆在桶边轻轻刮干净，再在漆面上下直刷、理顺。

c）涂刷规律是：先上后下、先里后外、先左后右、先难后易。

d）漆刷时常有掉毛现象出现，应及时小心地摘除，并随时补刷油漆，与周边漆膜理顺。

e）每一道涂刷完要检查合格后再进行下一道的涂装，最后一道面漆要在上道漆实干后进行。

f）涂料在使用前，涂料桶要提前倒置 5～7 天，开桶后必须充分搅拌使涂料的稠稀度、颜色混合一致，用配套的稀释剂调整黏度至合适的程度。

g）漆刷要清洁，不允许带有杂质，尤其是使用旧漆刷，要彻底清洗因旧漆硬化后形成的残余碎漆皮。

h）调配好的底漆必须在 6h 内使用完毕。

i）底漆涂层的层间间隔时间：底漆与面漆的涂刷间隔为 24h，表干时间为 2h。

j）底漆涂刷完毕检查验收合格后方可进行面漆涂刷，面漆涂刷应保证均匀一致，漆膜平整光滑，第二道面漆涂刷应待第一道面漆实干后进行，油漆表面不得有流痕、漏涂、气泡、掺杂及混色等缺陷；每道油漆涂刷前必须用测厚仪检验其厚度。

k）焊口部位施工：在安装焊口处预留100mm左右，端部不做油漆，待焊口焊接完毕至常温后再除渣除锈，按要求进行涂装。

l）油漆破损部位修补：铲除已损伤的涂层，未露金属面的部位，只需补涂面漆；已露金属面的部位，必须进行表面处理，除去锈迹，然后按要求涂底漆、面漆。不合格点的修补：当油漆涂层出现流坠、涂刷不严、颗粒等缺陷时，应及时进行修补处理，使其达到施工技术要求。

m）涂刷施工：涂刷时用力应均匀，走刷要平稳，整体颜色一致，涂料涂刷不得有透底、颗粒、脱落、流挂等缺陷。

2）喷涂方法。

a）喷涂是利用压缩空气或其他方式做动力，将涂料从喷枪的喷嘴中喷出，成雾状分散沉积形成均匀涂膜的一种涂装方法。

b）喷涂前必须稀释，喷涂时有相当一部分涂料随空气的扩散而损耗。

c）高压无气喷不仅适宜喷涂普通涂料，还特别适宜喷涂高黏度的涂料。效率比普通喷涂高2倍左右，涂料损失极少。

3）对检验不合格整体产品、局部部位和破损处必须进行返工和修补。

a）补口部位表面处理，涂底漆、面漆的施工，同前。

b）对施工的设备及管道安装完毕后，施工人员及技术人员应再次进行检查，对预留部位、破损部位及吊点部位（吊点部位应进行打磨）进行补涂油漆。

4）室外不能在强烈阳光直射、雨、雪、雾、大风沙天气及露点以下时施工。如清晨施工，有露水必须风干或加热干燥后涂装；若环境相对湿度大于80%时，温度低于5℃时，应停止露天施工。

5）设备及管道防腐完成后，在起吊、运输和安装过程中应使用软吊带或钢丝绳用软布缠裹后吊装，垫块加垫软布或胶皮，防止破坏油漆涂层。

2. 作业工艺流程（见图5-4）

3. 作业方法及要求

(1) 表面清理：除油、除尘、除水分、氧化皮等杂质。

(2) 除锈方法：人工、机械、喷砂。

(3) 涂层施工法：滚刷、涂刷、喷涂。

（二）质量通病预防

质量通病预防见表5-1。

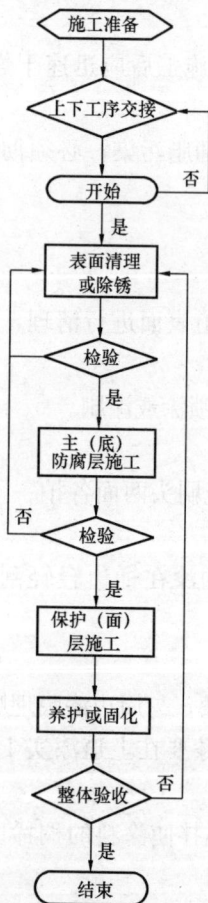

图5-4　钢结构喷砂防腐施工工艺流程

表 5-1   质量通病及预防

项次	质量通病	预防措施
1	材料不合格	油漆（防火）材料使用前进行检查，合格后方可使用，喷砂用砂子必须干燥且含水率不大于 2%
2	除锈不彻底或不除锈	明确除锈等级，选用工具合理，除锈完毕经检验合格后方可涂刷或喷涂底漆
3	油漆涂刷或喷涂时有透底、流痕、起鼓、皱折、漏刷等现象	油漆调的均匀，涂刷时技术合格，每道漆涂刷后必须检查（或修补）合格后方进行下道漆涂刷或喷涂

二、主厂房钢结构油漆施工案例

（一）作业工艺流程（见图 5-5）

（二）施工方案

1. 表面处理和环境保证

（1）用布头、铲刀、稀料、水将钢结构表面的灰浆、灰尘、油污等清理干净，不易清理的部位应使用纱布进行清理，使其表面无棱角、毛刺，对加固筋应仔细清理干净。

（2）经手工、机械工具对钢结构清理以后，钢材表面应达到无尘土、油污的标准。

（3）表面处理完毕，面漆涂刷前再次用布头、干毛刷等将钢结构表面进行清理，直至表面无尘土及其他杂物。

（4）清理施工范围环境表面及地面尘土、杂物等，不允许有飞扬的尘土。

（5）室外不能在强烈阳光直射、雨、雾、大风沙天气及露点以下时施工。如清晨施工，有露水必须风干或加热干燥后涂装。若环境相对湿度大于 80% 时，温度低于 5℃ 时，应停止露天施工。

（6）表面处理合格后，应及时完成面漆涂装，以避免二次污染。

2. 涂装方法

（1）钢结构经清理后，在钢结构表面涂刷油漆。

（2）涂刷。

1）油刷蘸漆时，刷头毛侵入涂料深约 1/3，然后在桶的内壁轻轻把刷头两面各拍一下，做到"蘸少、蘸勤"。

2）涂刷时，掌握"先竖后横（或先横后竖）、再斜终理"，横、斜刷时不要再蘸漆，理时先将漆刷上的漆在桶边轻轻刮干净，再在漆面上下直刷、理顺。

3）涂刷规律是先上后下、先里后外、先左后右、先难后易。

4）漆刷时常有掉毛现象出现，应及时小心地摘除，并随时补刷，与周边漆膜理顺。

5）每一道涂刷完要检查合格后再进行下一道的涂装，最后一道面漆要在上道漆实干后进行。

6）金属表面有明显的凹凸不平处要用腻子填平，并经粗磨、细磨，表面平整光滑后，

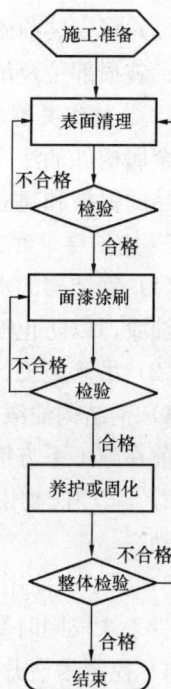

施工准备

表面清理

不合格 ← 检验 → 合格

面漆涂刷

不合格 ← 检验 → 合格

养护或固化

不合格 ← 整体检验 → 合格

结束

图 5-5 油漆施工工艺流程

方可涂刷。

7）涂料在使用前，涂料桶要提前倒置5～7天，开桶后必须充分搅拌使涂料的稠稀度、颜色混合一致，用配套的稀释剂调整黏度至合适的程度。

8）漆刷要清洁，不允许带有杂质，尤其是使用旧漆刷，要彻底清洗掉因旧漆硬化后形成的残余碎漆皮。

3．返工和补修

对检验不合格整体产品、局部部位和破损处必须进行返工和修补：

（1）补口部位表面处理，涂底漆、封闭漆及面漆的技术要求，同上述施工要求。

（2）涂层补伤：铲除已损伤的涂层，如仍未露铁，只需补涂面漆，如已露铁，必须进行表面处理，除去锈迹，然后按要求涂底漆、封闭漆及面漆。

（3）对安装前施工的构件，安装完毕后，施工人员及技术人员应再次进行检查，对预留部位、破损部位及吊点部位（吊点部位应进行打磨）进行补涂。

4．其他相关要求

金属构件油漆（或防腐）施工结束后必须进行固化，固化时间按产品说明书，此时应做好产品的保护和建立警示牌制度。

5．施工要求和高空作业方法

（1）钢结构的水平钢梁上表面在隔栅板下方的涂装部分，应先施工此处，随后进行其他部位油漆，以防止喷漆时的污染，可对下方的设备及附件用彩条苫布或塑料布遮盖。

（2）吊篮施工。

1）钢结构油漆防腐中，所有站在平台、步道上无法施工的部位，采用吊篮施工。吊篮使用前在施工下方铺设一层安全网。

2）施工中使用的起重滑车必须用钢丝绳扣和卡环固定在牢固可靠的钢结构上，防止绳扣滑动。

3）施工中使用的吊篮板应选择优质的红白松木，并用棕绳将两端绑扎牢固，绑扎棕绳应不少于八根同时受力。

4）控制吊篮升降采用棕绳，其与吊篮绳之间的连接必须牢固，并应用钢丝绳卡索住绳头。

5）控制吊篮升降棕绳的控制端绳头必须固定在牢固物件上。

6）吊篮上的施工人员必须将安全带挂在吊篮绳上。

7）吊篮施工时必须加设一根安全自锁器专用绳，吊篮施工人员必须正确使用安全自锁器。

8）吊篮在施工前须进行承重试验（请安监部门参加）。每天施工前应仔细检查所有绳索，发现断股的绳索严禁使用，经检查吊篮的各个组成部分全部合格后方可使用。

9）施工人员在系好安全带和安全自锁器后方可进入吊篮，离开平台；施工人员在进入安全区域后方可摘除安全带和安全自锁器。

10）所有棕绳和钢丝绳在钢梁转角处均应加设护角。

11）施工人员在吊篮上作业时，必须将升降绳的上端固定在牢固的部件上；安全绳两端均固定牢靠。

12）所有参与吊篮使用的人员必须精神状态良好，精力充沛，注意力集中，心思缜密，责任心强。

13）施工过程中应单独设有一名监护人员，监护人员必须随时注意施工中出现的各种不安全现象，发现问题及时处理。

（3）封闭墙架顶部梁上施工。

1）施工人员可站在紧身封闭梁上进行施工。

2）施工人员必须将安全带系在上方的封闭梁上。

3）施工人员必须栓挂好速差自控器，做到双重保护。自控器上端用安全绳扣固定在上方的封闭梁上，另一端系在施工人员身上。

4）施工人员在施工、走动过程中，不能同时摘除两种安全防护绳，应保证无论在任何一种情况下，始终至少有一条安全防护绳。

（4）脚手架的使用。

1）钢结构的油漆（或防腐）施工，可以利用保温的脚手架进行施工。

2）脚手架的搭设必须由专业人员进行，油漆（或防腐）施工人员每天施工前应检查脚手架的稳定性，发现问题及时处理。

（5）架设辅助安全绳法。

1）施工人员必须系好安全带，并挂在施工上方牢固的钢结构上。

2）施工人员的安全带无处拴挂时，采用架设辅助安全绳法进行施工，安全绳应固定在牢固的钢结构上。

3）施工人员应将安全带挂在安全绳上，方可离开工作平台，施工人员在钢梁上施工、行走的过程中均不得摘除安全带。

（6）爬梯的应用。

1）在锅炉平台隔栅板下方的钢梁或钢结构下部进行油漆（或防腐）时，采用拴挂爬梯的方法进行施工。

2）爬梯上端与平台隔栅或其他结构固定，爬梯下端用棕绳与下方结构固定牢固，防止晃动。

3）爬梯双挂，其上铺设脚手板，脚手板铺设平稳绑扎牢固。

4）施工人员上爬梯之前应系好安全带或速差自控器，安全带或速差自控器待施工人员到安全区域后方可摘除。

第四节　钢煤斗制作及吊装

一、钢煤斗制作案例一

（一）作业的程序方法和内容

1. 施工工艺流程

放样→制作圆弧样板→放线和下料→卷制（等曲度板、不等曲度板、加固槽钢）→筒体部组拼和锥体组拼（停工待检点）→焊接→校正→焊缝检验→不锈钢内衬施工→喷砂除锈→防腐涂料涂装。

2. 施工方法和要求

（1）放样。为尽可能地节省板材，同时考虑到下步运输和吊装需要，筒体和锥体各分为

2 段进行施工，在钢平台上按 1：1 足尺放样，经技术员和质检员验收后方可下料。放样时，保证水平拼缝与原煤斗焊缝错开。不锈钢板的拼缝间隙为 3mm。

（2）下料。钢板主要采用自动气割机进行下料，无法使用自动气割机切割的部位或其他型钢采用手工切割，磨光机打磨。焊接坡口加工采用半自动切割机。不锈钢板的下料采用等离子切割机。

切割前，应除去钢材表面的污垢、油脂，并在下面留出一定的空间，以利于熔渣的吹出。

切割时，自动切割机割件表面距离焰心尖端 2～5mm，要调节好切割氧气射流的形状，达到并保持轮廓清晰，风线长和射力高。

钢板下料划线根据图纸给定的尺寸进行，下料前先放线，手工下料应平稳，切口齐整，不得有缺口、弯曲等超标外观缺陷，弧板的弧度尺寸应准确。

煤斗直筒在外侧做坡口，锥体部分在内侧留设，坡口加工采用 V 形坡口，单边坡口角度为 22°，钝边 2mm。

不锈钢使用等离子切割机时，应注意以下事项：

1）开始切割前，检查所有连线是否可靠连接。

2）打开主机电源开关，在气体流动的情况下，调节减压阀。

3）切割枪与工件接触，割枪伸出工件边缘 1/2、略向切割方向倾斜，以便吹掉融化金属，顺利开成割口。

4）切割时，割枪的移动速度应保持匀速。切割工件要垫空，保持割口畅通。

（3）卷制。钢板卷制前，先在卷板机上、下辊之间设置弧形钢垫板，将需卷制的钢板两端头直线段排除后，再取下弧形垫板，对钢板进行整体卷制。

1）等曲度板的卷制：将端部直线段已排除过的工件放入卷板机上下辊之间，保持上下辊平行，经过几次往复的由小到大的卷制，便可滚出等曲度的圆筒部分。卷制过程中，随时用弧形样板检查弧度是否符合要求。圆弧度不够时，可使上轴辊下降，直至滚出圆弧符合图纸及样板要求。

2）不等曲度板的卷制：在卷板机翻转轴承侧加一靠模，再将端部直线段已排除过的扇形板放入卷板机上下辊之间，使扇形钢板弧度较小的一边紧贴靠模，保持上下辊平行，经几次往复卷制，便可卷制出不等曲度的锥形筒体部分。同时，考虑到扇形板紧贴靠模的一侧在卷制过程中有磨损，因而扇形板在下料时，应使扇形板弧度小的一边留有 3mm 磨损余量。

3）加固圈角钢卷制：将两根角钢，背靠背拼成双肢角钢，点焊牢固后，用液压千斤顶配相应的弧形模具进行顶弯，在顶弯过程中要随时用弧形板检查弧度，以保证弧形的圆滑与准确。

（4）弧段拼对。

1）筒体竖向缝拼对：根据筒体直径在钢平台上放样，在圆圈线内、外点好靠铁，随后将筒体弧段板依次吊立就位，吊装就位完即可校正竖向拼缝，若两板竖向拼缝处错位，可采用加楔铁矫正；若竖向拼缝处有间隙或咬口，可用倒链或花兰螺栓接撑。待校正合格后即可点焊、焊接。

2）筒体环向缝拼对：先在下段筒体顶面沿内侧每隔 2m 左右焊定位靠山，然后用龙门式起重机将上段吊入，拼接时，应使上下两段筒体的竖向拼缝错开，焊缝间距大于 300mm。

拼对时严格控制尺寸，严禁强力对口，以保证煤斗筒体尺寸的制作精度。

（5）煤斗分段加工。

1）根据现有设备及材料供货情况，煤斗下部锥体分段加工，然后按曲度组对。

2）煤斗上部筒体分段加工，考虑到运输方便，在组合场将其组对，运至现场后再组对成一节。

3）考虑到运输方便，裙座部分独立加工，运至现场吊装就位后再与筒体进行连接。

（6）锥体、筒体检验。锥体拼对后，应同筒体校核、检验，检验锥体大小口的直径。特别是大口直径应为制作的负偏差，以方便安装。锥体还要检查小口中心尺寸应符合设计要求。

（7）焊接。

1）坡口形式采用 V 形坡口，横焊缝坡口角度为 45°，纵焊缝坡口角度为 60°，钝边 2mm。直筒部分的下半部分不开坡口。

2）焊缝尺寸要求。锥段环、立焊缝（对接焊缝）为熔透焊缝，焊缝高于母材不小于 2mm，一圈焊接完后铲平。

3）焊接过程。

a）焊缝两侧必须清理干净，彻底清除氧化铁、铁锈、油污等。对接焊缝焊接时应保证根部焊透，如出现根部未焊透，应进行清根处理后再进行焊接，锥体段环焊缝焊接时，如因卷板而出现对口不合要求时，应增加一道封底焊，焊完后焊缝磨光。

b）对加固圈加肋板上三条焊缝交叉处焊缝外观质量较难掌握的问题的处理，应采用以下方法进行焊接，首先先焊平仰焊缝的打底焊，待立焊缝焊完后，再进行平（仰）焊缝盖面。可保证三条焊缝处的质量，解决交叉处焊缝成型不好的现象。

c）直筒段对接，加固圈拼装，应保证点固焊缝质量，点固焊宜采用 50/200 形式进行点固焊，进行点固焊焊接电流应比焊接时大 10%。

d）由于煤斗属于大型钢结构，在筒、锥体各段的焊接时，立焊缝在焊接顺序上不作特殊要求，环焊缝焊接时，宜采用在 3 点、6 点、9 点、12 点，四人对称朝同一方向进行焊接，同时筒内设角钢斜支撑防止焊接变形。

e）在 30mm 厚的裙座加固圈中 T 型接头环焊缝中，除采用四人对称焊接外，再加固圈每一挡焊接时，宜采用与相邻挡进行交叉焊接，尽量减少焊缝处在高温时停留的时间，防止产生角变形和层状撕裂。在加肋板两侧应先进行打底焊，然后盖面焊完一侧后再焊另一侧，防止产生角变形。

f）焊接过程中，应加强自检，对有表面缺陷的焊缝，应及时进行补焊。

g）焊后及时自检，焊接完后必须彻底清理干净药皮和焊缝周围的飞溅。每个焊工应在自己的施焊部位打上钢号。

所有坡口对接焊缝应完全熔透，锥体内壁焊缝焊后铲平、磨光，按图纸要求分别按一、二级焊缝的检验标准分别进行检验。检验分为外观检验和超声波探伤试验，一级焊缝 100% 探伤检验，二级焊缝 20% 抽查进行探伤检验。锥体的焊接及外观质量检验全部合格后，才能进行不锈钢内衬施工。

（8）内衬不锈钢板施工。把卷制好后的不锈钢板依次贴到锥段上，施工时用撬杠压紧或用加楔铁的办法使不锈钢板与原煤斗面板贴紧，因为锥段分为两段，所以内衬在施工时按其分段进行焊接。

不锈钢板焊接时注意以下事项：

1）不锈钢内衬的焊接宜采用小的线能量，手工焊焊接电流约为焊条直径的 20～30 倍。

2）焊接时宜采用短弧直线前进，严禁摆动焊条。

3）每道焊缝在第一道焊完后冷却至 200℃ 以下时再进行第二道焊接，焊第三道盖面焊时，应等第二道焊完后冷却至 200℃ 以下时再进行。

（9）煤斗的除锈工作。加工场地的除锈采用空气压缩机进行喷砂除锈，现场组装时的除锈，采用人工除锈，钢煤斗在喷砂除锈后 12h 内应立即涂装底漆，以免发生二次生锈。

喷砂过程中应注意以下事项：

1）喷砂除锈使用的石英砂粒度应为 1～4mm，所以在喷砂前应对石英砂进行过筛，即可装入储砂罐内，进行喷砂。

2）使用空气压缩机时，应按操作规程正确开、停车。开车前应检查各管路是否通畅，管中有无堵塞现象；打开给水泵，给冷却水系统管道供水；转动减荷阀手轮，使螺杆上升，关闭减荷阀；打开止回阀前的放空阀。以上工作完成后，接通电源，启动压缩机，进入空负荷运转，运转正常后，打开减荷阀，调节储气罐排气阀门，达到所需压力。

3）喷砂罐装填沙子时，装填容积的 80％ 即可，不可装满。

4）装填沙子时，先关闭所有进气阀门，然后打开储砂罐上部的排气阀卸压后，最后打开盖子装沙子。

5）喷砂时，枪口离煤斗壁的距离保持在 100～200cm，操作人离煤斗壁的距离为 1m 左右。

6）喷砂时，喷枪不得垂直对准喷砂面，喷枪的角度以 45°～70° 为宜。

7）喷砂完后，应对地上的沙子进行过筛回收。

8）喷完后的煤斗表面，用压缩空气吹扫一遍。

9）喷砂除锈后的表面级别应达到 Sa2.5 级，符合规定。

（10）煤斗外表喷漆。

1）施工前的准备。施工前应对涂料的名称、型号和颜色及质量进行检查，是否与设计规定或选用要求相符；检查制造日期，是否超过储存期，超过储存期的涂料，应开桶检验，如未发生变质，则仍能使用。

2）配漆。按油漆产品说明书指定的比例配合各组分搅拌均匀，油漆的稠度根据材料性能和环境温度而定。

3）油漆刷涂。刷涂时，按从上到下的顺序，后一刷至少覆盖前一刷 1/2，以达到没有明显界限的效果，杜绝漏涂。

底层处理完毕，经验收合格后，在 8h 内（湿度大时为 4h）尽快刷涂底漆。待底漆充分干燥后再涂刷次层油漆，一般不宜小于 48h，第一遍和第二遍油漆涂刷时间不应超过 7 天。

毛刷需先进行试刷，避免在正式作业面上出现掉毛现象。

进行最后一遍面漆施工，需合理安排作业，配置足够的油漆，避免二次配漆造成结构表面的色差。

油漆刷涂应厚度均匀，不得有脱皮、流坠、皱皮、裂纹、气泡、涂膜粗糙等质量缺陷。

（二）质量通病的预防

质量控制及质量通病预防见表 5-2。

表 5-2   质量控制及质量通病预防

	质量事故预想	预 防 措 施
制作	喇叭口及曲线部位接缝处出现戴帽现象	(1) 按照 1∶1 放样，下料划线时留有切割余量 2～4mm； (2) 下料前由质检人员符合放样尺寸
	加工件切割后不清除氧化铁	(1) 加强外观检查； (2) 强化交底，加大管理力度
	焊后不清除药皮	(1) 焊工持证上岗； (2) 加强外观检查； (3) 强化交底，加大管理力度

二、钢煤斗安装施工案例

1. 煤斗吊装方案

在煤斗梁施工完成之后，首先将锥体用钢丝绳和倒链吊挂在煤斗梁上，然后是支座的安装和固定，最后进行筒体的安装（筒体安装和第五段钢架的垂直支撑交叉进行，避免出现煤斗筒体安装完之后无法安装钢架支撑）。吊装机械煤斗吊装完成之后进行煤斗对口。

2. 施工工艺流程（见图 5-6）

3. 施工方法和要求

（1）构件运输、码放及进场检验。为了减少场地的占用和变形的产生，运到现场的钢煤斗应及时吊装上去。

煤斗制作在现场完成，具体制作地点在锅炉组合场。制作过程按照预定的分段方案进行。制作完成之后，用载重汽车从组合场地运至吊装位置。运

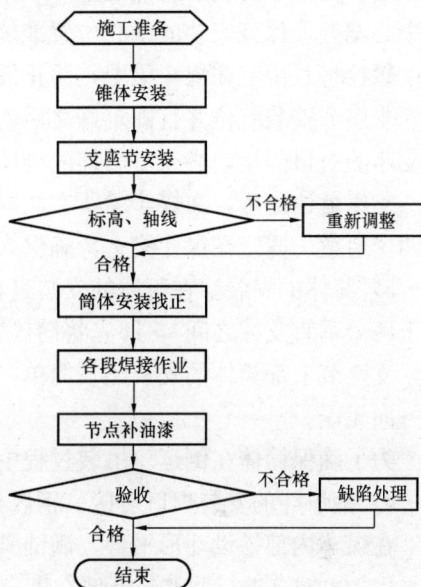

图 5-6 施工工艺流程

输路线均为混凝土路面，路面平整坚实，无障碍物，载重汽车可以顺利通行。

运输之前对运输车辆进行检修，确保运输车辆正常运行。煤斗装车、运输、卸车应缓慢进行，防止因碰撞、挤压等情况产生煤斗变形。装上车的煤斗在运输过程中用钢丝绳和倒链固定，车辆在厂区行驶要慢。

钢煤斗应及时进行验收，主要验收外观尺寸、筒体和锥体的内外径、焊口情况及支座的连接板等，发现问题及时汇报，不得将存在质量隐患的构件吊装上去。锥体制作后，应同筒体校核检验，检验锥体大小口的直径。特别是大口直径应为制作的负偏差，筒体应为正偏差，方便安装。锥体还要检查小口的偏心尺寸应符合设计的要求。

（2）轴线、标高控制。在安装作业之前，先要仔细验收煤斗梁的轴线、标高。

钢煤斗的轴线、标高控制主要是通过分段后的支座部分来控制的。因为钢煤斗筒体安装前首先安装的是支座节，在支座节上根据制作偏差放出定位轴线。并校核钢煤斗的中心位置。如有偏差应及时调整。支座节应精确定位，保证上部构件的位置准确。

（3）各段煤斗吊装。

1）锥体吊装。

煤斗梁施工完毕并经过验收之后，首先进行钢煤斗锥体的安装。锥体制作后，应同筒体校核检验，检验锥体大小口的直径。特别是大口直径应为制作的负偏差，筒体应为正偏差，方便安装。锥体还要检查小口的偏心尺寸应符合设计的要求。

用钢丝绳将锥体固定在煤斗大梁上，是临时的固定措施，等支座节安装就位之后才可以将锥体正式对口焊接。

2）支座节吊装。钢煤斗安装前应提前将支座底板安装就位，并在底板上根据制作偏差放出定位轴线。并校核钢煤斗的中心位置。如有偏差应及时调整。

支座节安装是煤斗安装过程中主要的安装环节。支座节应精确定位，保证上部构件的位置准确。支座节安装后应保证上口水平，保证上部构件的垂直度。支座节安装之前应严格校核中心偏差，保证安装的中心位置准确无误。支座节安装后应及时调整好标高和轴线，用高强度螺栓将其固定在煤斗梁上，防止发生偏移。

支座节安装就位并且固定好之后就可以将其和锥体焊接在一起。如果不能及时完成锥体和支座的对口焊接，必须对吊挂的锥体采取二道保护措施。

支座就位之后，在煤斗梁所在层的钢梁上搭设通道，在每个煤斗周围搭设环形通道，以上两个通道均固定在煤斗梁上，确保人员作业安全。

3）筒体的安装。在筒体的安装过程中，需要和钢架第四段的垂直支撑穿插进行（筒体位于两个垂直支撑之间），即先将筒体安装就位，紧接着安装筒体两边的钢架支撑。

支座节上部筒体的安装比较简单，采用起重机吊装到位后调整筒体的位置准确，保证安装方向无误。

为了确保筒体在倒运、吊装过程中不致变形，应对筒体进行加固。

4）钢煤斗的安装焊口对接。钢煤斗各部构件安装就位后可开始进行对口焊接。

在煤斗内部搭设环形平台，满铺脚手板，进行锥体接口的对口并焊接。锥体位置有偏差时采用10t倒链进行调整。外部在煤仓间平台上搭设脚手架进行对口及焊接操作。对口焊接操作时应铺设防火毯。

5）电源布置。电源布置应随施工进度进行适当调整，保证施工的需要。主要考虑电焊机、电动工具等。现场施工用电源应灵活布置，也可以利用现有的其他电源。

（4）现场通信联系。施工过程中人员的上下联系采用对讲机，指挥人员同机械操作人员的联系采用对讲机及旗帜、口哨等。由于气候原因，施工过程中可能出现大雾；夜间施工可能出现视觉模糊等，所以吊装作业特别是起重机作业应特别注意信号明确，指挥人员可以采用多种指令相结合的方式以弥补不足。在施工作业之前，指挥员应同起重机司机统一旗语、哨音等，以免出现起重机司机误解指挥人员意图而出现危险。

三、钢煤斗制作案例二

根据煤斗吊装顺序，先制作斜锥部分，然后支撑钢梁，最后加工竖壁。

煤斗内衬在斜锥部分组装完毕后，立即进行施工且在吊装之前完成，减少高空作业与施工难度。煤斗支承钢梁施工方案按焊接实腹钢梁的工艺流程实施。

煤斗内衬安装顺序为下料加工、成型→安装→熔洞点焊→打磨。

1. 钢材的领料

钢材到货后，检查钢材规格、材质、尺寸应符合图纸要求，并索取材质证明书，现场材料归类摆放，标识清楚。

2. 下料

计算钢煤斗一节的展开图形，根据展开图在制作场地上拼接钢板，接缝处钢板打坡口并将坡口处的氧化铁及飞溅物清理干净，然后点焊牢固。在拼接完的钢板上按 1∶1 比例画出展开图形并均分成三段，经技术员验证无误后，用自动割刀下料。

3. 焊接

钢煤斗所有坡口对接焊应完全焊透，斗壁焊缝焊后磨光，焊缝除特殊注明外按照二级质量检验，高度按照图纸严格执行。

（1）焊条必须按说明书要求进行烘烤，使用时应装入温度在 100～150℃ 的保温筒内，随用随取。

（2）焊缝质量标准。焊缝高度高低差小于 1mm，并应圆滑过渡到母材，焊缝不允许有裂纹、未熔合、气孔、夹渣等缺陷，咬边深度小于 0.5mm，咬边长度不大于焊缝全长 15%，焊接不得在母材上起弧。焊缝缺陷原因及排除等见表 5-3。

表 5-3　　　　　　　　　　　　　　　焊缝缺陷的原因及排除

焊缝缺陷名称	特　征	产生原因	检验方法	排除方法
焊缝形状不符合要求	由于焊接变形缝造成焊缝形状翘曲或尺寸超差	（1）焊接顺序不正确； （2）焊前准备不当，如坡口、间隙过大或过小，未留收缩余量		外部变形可用机械方法或加热方法校正
焊缝尺寸不符合要求	焊接增高量和宽度不符合技术条件，存在过高或过低，过宽或过窄及不平滑过渡的现象	（1）焊接坡口不合适； （2）操作时运条不当； （3）焊接电流不稳定； （4）焊接速度不均匀； （5）焊接电弧高低变化太大		过宽、过高的焊缝可用机械方法去除，过窄、过低的焊缝可用熔焊方法焊补
咬边	沿焊缝的母材部位产生的沟槽或凹陷	（1）焊接工艺参数选择不当，如电流过大、电弧过长； （2）操作技术不正确，如焊枪角度不对，运条不适当； （3）焊条药皮端部的电弧偏吹； （4）焊接零件的位置安放不当	（1）目视检查； （2）用量具测量	轻微的、浅的咬边可用机械方法修锉，使其平滑过渡。严重的、深的咬边应进行焊补
焊瘤	熔化金属流淌到焊缝之外的未熔化的母材上之所形成的金属瘤	（1）焊接工艺参数选择不当； （2）操作技术不佳，如焊条运条方法不当，在立焊时尤其容易产生； （3）焊件的位置安放不当		可用铲、锉、磨等手工或机械方法除去多余的堆积金属
烧穿	熔化金属自坡口背面流出，形成穿孔的缺陷	（1）焊件装配不当，如坡口尺寸不合要求，间隙过大； （2）焊接电流太大； （3）焊接速度太慢； （4）操作技术不佳		消除烧穿孔洞边缘的残余金属，用补焊方法填平孔洞后，再继续焊接

续表

焊缝缺陷名称	特　征	产生原因	检验方法	排除方法
焊漏	母材熔化过深，致使熔融金属从焊缝背面漏出	(1) 焊接电流太大； (2) 焊速度太慢； (3) 接头坡口角度、间隙太大	(1) 目视检验； (2) 宏观金相检验； (3) X 射线探伤	可用铲、锉、磨等手工或机械方法去除漏出的多余金属
气孔	熔池中的气泡在凝固时未能逸出而残留下来所形成的空穴，分为密集气孔、条虫状气孔等	(1) 焊件和焊接材料有油污、锈及其他氧化物； (2) 焊接区域保护不好； (3) 焊接电流过小，弧长过长，焊接速度太快	(1) X 射线探伤； (2) 金相检验； (3) 目视检验	铲去气孔处的焊缝金属，然后焊补
夹渣	焊后残留在焊缝中的熔渣	(1) 焊接材料质量不好； (2) 焊接电流太小，焊接速度太快； (3) 熔渣密度太大，阻碍熔渣上浮； (4) 多层焊时熔渣未清除干净		铲除夹渣处的焊缝金属，然后进行焊补

(3) 焊接顺序选择得当，减少结构的焊接变形和焊接应力。在保证图纸要求的前提下，不使焊缝尺寸过大；对称设置焊缝，减少交叉焊缝和密集焊缝；放足电焊后的收缩余量；小型结构可一次装配，用定位焊固定后用合适的焊接顺序一次完成；大型结构尽可能先用小件组焊，再总装配和焊接；先焊焊接变形较大的焊缝，遇有交叉焊缝，要设法消除起弧点缺陷；手工焊接长焊缝时，宜用反向逆焊法或分层反向逆焊法；尽量采用对称施焊，大型结构更宜多焊工同时对称施焊，自动焊可不分段焊成；构件经常翻动，使焊接弯曲变形相互抵消。

4. 卷板

焊好的板材经自检与班组检验合格后，即可交付卷板工序。开启卷板机，把板材缓缓推入卷板机，当板材露出另一端约 1.0m 左右时，套上专用夹具，利用 60t 龙门式起重机缓慢上升与卷板机相配合，使板材逐渐成形，使用专用样板卡尺进行测量，当未到尺寸时可继续卷，直至达到角度，此板材的卷板工序即告完成。卷好的板材及时做好编号。

5. 对口拼装

分为段拼装成节，节再拼装成型两个阶段，以段拼装成节为例作详细说明，节拼装成型与此类同。

根据编号选择相应的段，立起、对口、点焊，用米尺测量上下口直径，在直径大于计算值处的两端各焊一吊耳，采用倒链进行校正，直至各个点的直径均达到计算值为止。

四、钢煤斗吊装施工案例

1. 吊装前的准备工作

(1) 吊装前认真熟悉图纸、吊装措施、机械工况和现场实际情况。

(2) 运输、吊装道路应满足煤斗运输及吊装的要求。

（3）进行煤斗吊装吊点的选择，吊鼻计算及钢丝绳选择计算，吊鼻焊接要经过验收方可使用。

（4）竖壁、裙带＋锥体的吊点焊在外侧。

（5）在煤斗梁及框架牛腿上放出煤斗安装的纵横中心线，确保煤斗中心一致，并将煤斗梁支撑面找平，找平误差不大于 2mm。

（6）核对组合后的尺寸是否与图纸、现场相符。尤其是裙带内径与竖壁内径是否一致。

（7）煤斗斜壁米字支撑焊接到位。

（8）裙带与筒体焊接时的操作平台搭设在米字支撑上，平台采用木架板用 8 号铁丝搭设。

（9）斜壁下口用 6mm 厚钢板在 A 列外点焊封牢。

（10）在煤斗钢梁下翼缘上平，用红油漆标出煤斗纵横中心线，依据煤斗钢梁中心线和框架梁上中心线，采用 4 个 3t 倒链从四个方向进行钢梁就位。

（11）根据煤斗顶盖标出煤斗竖壁纵横中心线，依据框架梁中心线与竖壁中心线进行竖壁和煤斗顶盖就位，确保顶盖孔洞与皮带层预留孔一致。

2. 煤斗运输、翻身

（1）煤斗分裙带、锥体、竖壁三部分运输，在组合场用 60t 龙门式起重机运输到组合场南头 80t 塔式起重机吊装范围内，然后用 80t 塔式起重机吊到扩建端马路上，用 PR100 型履带式起重机倒运到 A 列外。采用 СКГ-631 型履带式起重机进行裙带＋锥体的组装。

（2）运输时，拖车平台上在与构件接触的地方铺木方，并用 3t 倒链将构件封牢。

（3）煤斗锥体＋裙带翻身采用 SCC9000 作为主吊机械，CC1000 型履带式起重机辅助进行翻身。SCC9000 选择四点吊装，CC1000 型履带式起重机两点起吊，先由 CC1000 型履带式起重机先行起钩，在离地约 1m 左右，SCC9000 再起钩，同时由 CC1000 型履带式起重机落钩一次完成煤斗斜壁＋裙带翻身动作。

3. 煤斗的吊装

（1）锥体＋裙带吊装。

1）锥体＋裙带吊装时，裙带一端落到钢梁后，根据钢梁顶上裙带外边线临时就位，利用事先焊到钢梁上的角铁作挡板，落钩整体放平粗略就位，粗略就位后采用 4 个 3t 倒链从 4 个方向根据钢梁与裙带上标出的中心线精确就位，中心允许偏差不大于 20mm。在煤斗下口中心挂线锥，根据 16.96m 平台上标出的煤斗中心线，利用 3 个 3t 倒链从三个方向拉动煤斗下口进行中心定位，允许偏差不大于 20mm。

2）裙带就位后即可摘钩，摘钩后裙带与钢梁周围临时焊接 8 个点，焊缝高 10mm，焊缝长度 200mm。

（2）竖壁吊装。根据竖壁上的中心线与框架梁上的中心线就位，确保顶盖孔洞与输煤皮带层孔洞一致，就位后及时将竖壁与裙带临时焊牢，焊接 8 处，焊缝长度 200mm，焊缝高度为 10mm。

第五节 锅炉电梯井安装及锅炉封闭施工

一、锅炉电梯井组装、吊装、封闭施工案例

施工共分钢结构的制作安装、机房浇筑混凝土、金属墙板的安装三个阶段进行。

（一）钢结构制作、安装

1. 钢构件的制作

（1）放样。

1）放样的重要内容是核对图纸的安装尺寸和孔距，以1：1的大样放出节点，核对各部分的尺寸。制作样板和样杆作为下料、弯制、钻孔的加工依据。

2）样板一般采用0.50～0.75mm铁皮或塑料板制作，也可直接在水泥地面上直接放样。样杆一般用铁皮或扁铁制作。

（2）号料。

1）号料的主要内容是检查核对材料，在材料上划出切割、弯曲、钻孔等加工位置。

2）号料是应根据配料表和样板进行套裁，尽可能节约材料且应有利于切割和保证零件的质量。

（3）下料和切割。

1）切割钢材可采用机械剪切和切割。机械切割零件其钢板厚度不大于12.00mm。

2）切割成型的零件应经验收合格后方可拼装焊接。

（4）组装焊接。

1）钢板的拼装焊接采用对接焊缝，坡口形式采用单V形，坡口角度为30°～35°。切口要干净均匀，用氧气乙炔割制的坡口应用磨光机磨去1～2mm的碎硬层。

2）为减少焊接变形，根据原材料每一节的长度下料后，采用分段对称焊，焊缝为角焊缝，焊缝高度严格按照设计要求。焊接后如有变形情况，用千斤顶进行找正，保证井架立柱的垂直度。

3）确定每一节的长度后，根据井架腹杆的壁宽进行放线，井架腹杆的型号按照设计要求留置。其腹杆中所示标高及尺寸均为中心线。

4）放线后，先进行定位连接板，连接板焊接时，需要保证其水平度（拐尺复核）。然后在两头用水平连接杆将井架立杆进行点焊定位，再将各个水平连接杆分别就位，再次复核每一节的距离，确认后，再行施焊。

5）斜拉杆必须在以上工序基本成型后，现场定位，下料，每一尺寸保证正确无误，最后再焊接成型。

6）井架在组合时，先行将制作完毕的两榀井架，用龙门式起重机将两榀井架立垂直，并暂时固定，找正，控制两榀井架的垂直度和间距，然后按照连接另外两个方向的井架组装成型。

7）在组合时要求上下两榀垂直，在保证各部位尺寸准确无误后，方可进行水平连接杆的定位，定位后复核各部件的尺寸，无误后方可进行焊接，焊接同样由两头向中间焊接。最后再焊接连接斜杆。

8）井架在组合时须保证各部尺寸的控制，随时检查，避免在全部制作完成后出现返工现象。

9）焊缝表面要清洁，与母材要平滑过渡，防止咬边、夹渣气孔、成型不良等现象。焊接过程中应注意接头和收弧的质量，接头应熔化良好，收弧应将弧坑填满。

10）引弧应在坡口内进行，不得在钢板、槽钢上随意引弧。

11）焊接完毕要将焊缝清理干净。

（5）除锈刷漆。

1）钢构件在刷漆之前要进行除锈，除高强螺栓连接的范围内以外的柱、梁翼缘面、支撑件等，均应喷砂处理，除锈等级达 Sa2.5 级，焊缝要用磨光机打磨平整。

2）钢构件油漆的涂料品种、涂刷遍数、涂层厚度均应符合设计要求。

3）配置好的涂料不宜存放过久，涂料应当天使用当天配制。稀释剂的使用应按说明书的规格执行。

4）涂刷时的环境温度和相对湿度应符合产品说明书的要求。当说明书无要求时，工作环境应在 5～38℃，相对湿度不应大于 85％。

5）油漆刷完 4h 内不得淋雨，防止尚未固化的漆膜被雨水冲脱。

6）构件在制造厂涂刷油漆过程中，与混凝土接触的梁上翼缘、高强螺栓的摩擦面以及现场安装焊接的部位都应采取保护措施，防止沾上油漆及其他脏物。制造厂完成底漆、中间漆，最后一道面漆由现场涂刷。

7）涂刷应均匀，无明显起皱、流坠，附着应良好。

8）涂刷完毕后，应在构件上标注构件的原编号。

2. 构件的吊装

（1）吊装前应检查以下资料：

1）构件的外观验收单和检查记录。

2）构件的型号、数量、尺寸等数据，并办理移交手续。

（2）构件检查及清点：

1）构件的数量及型式。

2）检查构件有无损伤变形，钢材表面有无裂缝、刻痕、结疤、麻面重皮、残渣及边缘分离等缺陷。

3）应检查每段构件的总长度，钢材型号、构件型式断面尺寸，方向和底座平整度。

（3）放线。在井架基础及各层支撑桁架、联络平台上放出构件及各连接件所在的精确位置。

（4）电梯井的吊装。

1）根据构件制作的情况，电梯井结构分段吊装。

2）构件在制作场内制作完毕后用拖车托运至集控楼东北角按吊装顺序放好，放置时下面应垫上方木防止成品污染。

3）所有构件，包括组合构件均应标明总重量。

4）钢丝绳与构件之间要加设护瓦，防止构件棱角割伤钢丝绳。

5）指挥人员应站在能看到起重机及起吊物的地方；应使用统一指挥信号，信号要鲜明、准确。

6）SCC9000 起重机从集控楼东南角处进行吊装。

7）构件正式起吊前，应先试吊离地面 20cm 左右，检查所有吊点是否绑扎好，钢丝绳等吊具是否处于正常状态。无误后方可起吊，起吊后速度应缓慢，井架到位后缓慢落钩，同时保证支座中心线与柱顶台板中心线相吻合，然后调整抗风绳，使井架保持垂直，将井架与预埋地脚螺栓连接后用经纬仪在垂直的两个方向上将井架找正后，将各个接头的螺栓全部穿入并终拧后方可摘钩。

8) 电梯井结构起吊前先在每一节的上口焊一个工作平台。平台可用 [10 槽钢焊接每边探出 1m，槽钢上封好架板，用 8 号铁丝封牢，且起吊前应先在构件上拴好软爬梯，以备工作人员上下。

9) 电焊机、气割及相应工作人员在构件就位前全部就位。

10) 构件起吊时，还应拴足够长度的溜绳，以备找正时用。

11) 构件的找正采用经纬仪双向找正。

12) 在上节构件吊装前，下节构件连接处必须将高强螺栓终拧且焊牢方可进行。

13) 各层支撑连接部分、连接平台应随电梯井的吊装同时进行。

(5) 高强螺栓的施工。

1) 工程采用摩擦型高强螺栓，采用专用电动扳手施工，部分电动扳手无法施工的部位可采用手动扳手施工。

2) 每一个柱与柱对接连接接头应先用临时螺栓定位，为防止螺纹损伤引起扭矩系数的变化，严禁把高强螺栓作为临时螺栓使用。临时安装螺栓的数量一般应占连接板组孔群中的 1/3，但不能少于 2 个。

3) 高强螺栓的施工应在结构几何尺寸调整后进行，其穿入方向应以施工方便为准，并要求一致。螺栓头下垫圈有倒角的一侧应朝向螺栓头。

4) 高强螺栓安装应能自由穿入螺栓孔，严禁强行穿入，如不能自由穿入时，该孔应用铰刀进行修整，修整后的最大直径应小于 1.2 倍螺栓直径。修孔时，为了防止铁屑落入连接板缝中，铰孔前应将四周螺栓全部拧紧，使连接板密贴后再进行。

5) 高强螺栓施工时应严格按施工图纸中给出的螺栓种类、长度进行施工，严禁混用。安装高强度螺栓时，构件的摩擦面应保持干燥，不得在雨中进行作业。

6) 高强螺栓施工时分为初拧和终拧两个步骤，对于大型节点应分为初拧、复拧、终拧。初拧扭矩一般为施工扭矩的 50% 左右。复拧扭矩等于初拧扭矩。初拧或复拧后的高强度螺栓应用颜色在螺母上涂上标记，然后按施工扭矩值进行终拧。终拧后的高强度螺栓应用另一种颜色在螺母上涂上标记。

7) 高强螺栓初拧、终拧的次序从中间向两边或四周对称进行。

8) 高强度螺栓拧紧时，只准在螺母上施加扭矩。

9) 高强度螺栓施工所用的扭矩扳手，班前必须校正，其扭矩误差在 ±5% 范围内，合格后方准使用。校正用的扭矩扳手，其扭矩误差在 ±3% 范围内。

10) 高强度螺栓的初拧、复拧、终拧应在同一天完成。

(6) 高强螺栓的施工检验。

1) 高强螺栓初拧前应核对螺栓的数量、种类与图纸是否相符。

2) 螺栓初拧后应对螺栓进行检验，可检查螺柱是否有初拧后的标记，以及为小锤敲击螺栓是否有漏拧、欠拧等现象。

3) 螺栓终拧后检查终拧标记，对部分无法用专用扳手施工的螺栓用转角法检查终拧扭矩。扭矩检查应在螺栓终拧 1h 后、24h 之前完成。

(二) 机房浇筑混凝土及压型钢板的安装

1. 机房浇筑混凝土

钢结构和压型钢板安装完毕后即可在压型钢板上按照施工图纸的配筋对电梯机房的地面

和屋面板进行钢筋施工。钢筋加工成型后用起重机进行上料，摆放钢筋前用铅笔在压型钢板上按照图纸标注的位置和间距画上记号，上料完毕后在画好的记号上摆放钢筋。

2. 压型钢板的安装

压型钢板的安装采用吊笼挂在电梯井道的外侧进行上下布料和自攻螺栓的固定工作，在其他三个方向上采用竖软爬梯进行布料和固定工作。具体施工过程中一定要执行下列要求：

（1）严格按图纸设计要求进行下料制作。

（2）安装龙骨时，要拉设通线，控制好平直度和檩条间距。

（3）电梯井金属墙板封闭前，先用经纬仪在钢架四面投出竖向中心线，第一块板均要从跨中进行施工，用棕绳进行提升，经过严格的中心、标高、垂直度找正后在板的上下四角用自攻螺钉固定，即可松绳。

（4）一块墙板就位后，按照墙架梁中心线尺寸，在板上放出粉线，用自攻螺钉固定，与下块墙板连接处暂缓固定。金属墙板上下搭接长度为 100mm，左右搭接一个波宽。

（5）阴阳角板随墙板一次安装，门窗洞口、泛水可随门窗安装时一次进行施工。

（6）门口包边待厂家安装完电梯后进行细部处理。

二、锅炉封闭施工案例

牛腿焊接、檩条安装时人员采用软爬梯，软爬梯上端采用 8 号铁丝固定在钢柱上，固定点不少于 2 点。牛腿、檩条通过滑轮垂直运输到安装部位，进行固定。滑轮在屋面上设固定架与主体框架连接在一起。墙板安装时，使用电动吊篮进行施工作业。进场材料堆放时按照轴线和吊装顺序分类码放。存放场地设专人进行管理，并按供货要求和供货清单进行清点。墙板安装时，先安装内板，再固定玻璃保温棉，最后固定外板。

1. 施工工艺流程（见图 5-7）

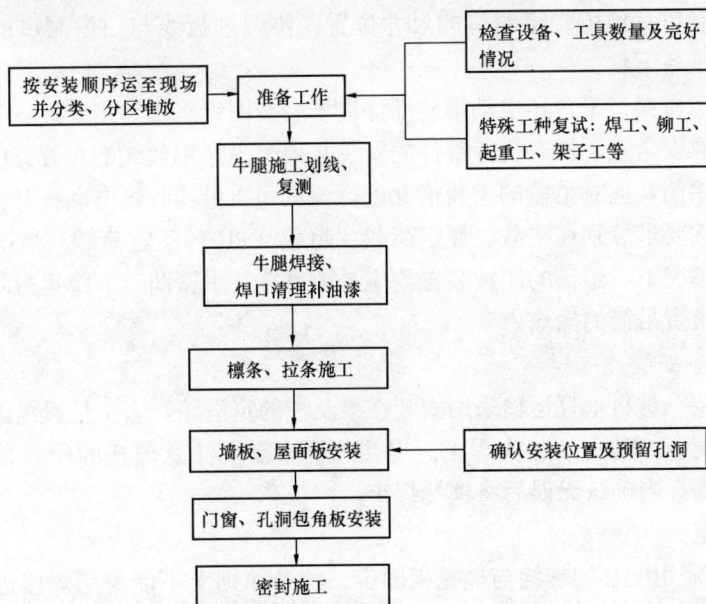

图 5-7 锅炉封闭施工工艺流程

2. 材料堆放和搬运

从叠板堆上取料要轻拿轻放，当两板间吸附力较大，不能向上直接抬起时，要从侧边拖动板材后再抬起，搬抬时一定要手托板的底面，严禁过力掀持上板面钢板，撕裂板面。

小于3m长的板，可2人搬运；3～6m长的板至少3人搬运，6m以上的板不少于6人搬运，且板中必须有2人。

搬运板过程中避免碰撞，不得随地拖拉。在搬运每叠板的最上面一块板时，首先要清理干净板面上的灰尘、油污，以保持板面的光洁，不致损坏板的表面和相邻板面。

堆放场地应当平整干燥，并备有足够的垫木、垫块，使材料得以放平、放稳、不变形。堆放时应注意板材、附件及檩条等构件均应分类并按照安装顺序码放，每堆间隔0.5～1.5m，同一型号的要码放在一起，不得混乱编号堆在一起，以免安装时因翻找相应材料而损坏板面及附件的形状。每叠高度一般不大于1m。

每叠板下要放置方木或泡沫塑料等衬垫物，防止板底与地面接触。存放场地应设专人进行管理，并按安装要求和清单进行清点，及时做好资料备份管理。

3. 施工准备

熟悉图纸，做好安装前的安全技术交底，掌握施工技术要求和设计意图及各主要节点的连接和注意事项。

根据施工组织设计和现场实际情况配备工具，并在施工前做好检验和安全措施。电动吊篮使用之前要经过验收；用于局部切割的手提式砂轮机砂轮片的半径不宜太小，应大于所使用的压型钢板波形高度。

检查现场主体结构的框架梁柱是否符合实际要求，各框架梁柱的外表面是否在同一平面上。在每一根柱子上都放出中心线，并且复核每一跨的跨距是否与檩条尺寸相吻合。在每根柱子上都放出统一标高基准点，然后从下到上依次把每一标高上的檩托焊接牢固，檩托外侧要在水平和竖直方向统一挂线。

测设好门窗洞口及预留管道洞口的尺寸位置，协调排板线与门窗洞口的实际位置的关系，做好材料的准备下料。

使用电动吊篮做操作平台，电动吊篮部件进场后按图纸将吊篮组装好，各节点部位的连接牢固，尤其注意安全锁、提升机等部件的安装必须牢固，钢丝绳的布置方法正确。吊篮组装完毕在正式使用前，应对吊篮的组装情况进行调试和质量验收，电动提升机运转正常，吊篮上下自如。并按要求分别在空载、额定荷载、超载（110％额定荷载）情况下进行负荷试验。在各种荷载情况下，吊篮的闭锁装置均应灵敏可靠、手搬葫芦升降运行均应平稳，无异常现象。设专人负责吊篮的操作。

4. 檩托和檩条安装

（1）檩托安装。材料垂直运输采用安装在梁及柱的定滑轮，人工拉设绳索上下运输。安装檩托需要两人配合，其中一名为焊工。焊接过程中需要注意檩托的位置是否和标记线重合，方向是否正确，当确认无误后将檩托焊牢。

（2）檩条固定。

1）檩条安装需用配套的螺栓与檩托板固定。檩条原则上不能采用焊接进行连接，以免破坏表面油漆层。如檩条上需现场开孔，要采用电钻，不得采用气割枪随意在檩条上冲孔。

2）拉杆固定时将拉杆穿过檩条上的预置孔并与配套螺母连接，撑杆则采用配套螺栓穿过檩条上的预置孔进行紧固。

3）如果墙面檩条设置斜拉杆，则先固定斜拉杆上、下两排檩条间的撑杆；然后安装斜拉杆,调节斜拉杆的紧固程度,使上、下两排檩条平直;在从上而下依次安装拉杆。在安装拉杆的同时,调平每一根檩条。

4) 如果墙面檩条间均设置撑杆,则先将最底部的檩条调平,并将檩条底部垫实,保证底部檩条不下挠;然后自上而下安装撑杆,并调平每一根檩条。如檩托位置误差或撑杆长度累积误差造成檩条不平直,可用调整撑杆两头连接件位置的方法来调平檩条。

5) 拉杆和撑杆安装时需调节紧固程度,以保证檩条系统的平直度。

6) 安装后的檩条上外表面必须保证在同一平面上,如由于梁、柱的安装误差使檩条不能保证在同一平面上,则需要通过调整檩托板使檩条达到平面要求。

7) 檩条系统安装完毕后须进行校验,以保证后续彩钢板安装质量。

檩条吊升方法同牛腿,注意每根檩条固定两点,不得碰撞。檩条施工前需要根据现场实际安装尺寸下料,尤其是门窗洞口以及预留其他孔洞等部位。檩条就位后必须将螺栓拧紧,严禁出现漏拧等现象。

5. 墙板安装

墙面双层板做法一般安装步骤为测量并复核建筑物的重要尺寸→安装檩板和檩条→内层墙面钢板→内层收边板(如收边板需压在墙面钢板下的,需先安装收边板)→保温棉(靠檩条外侧)→外层墙面钢板及外层泛水板(如泛水板需压在墙面钢板下的,需先安装泛水板)。

墙板安装时,先安装内板,然后从上向下挂保温玻璃棉,最后封闭外板。外板封闭时,从下向上,上层板压下层板120mm,南侧板压北侧板一个波。安装墙面第一张板应严格校正其垂直度,以免彩钢板端线呈锯齿形。每安装5~6块彩钢板,即需检查板两端的平整度,以保证板平行铺设。如有误差,及时调整。

在墙板开始安装之前,应对实际尺寸与图纸进行校核,对检查发现的问题,及时上报技术人员,偏差较大时必须进行整改。需要校核的项目包括安装完的檩条及下部所砌墙面的平整度及垂直度,外墙门窗洞口尺寸大小及其位置是否准确等。

对于厂家所供板材与图纸不符情况,与厂家联系确定安装部位;对于异形板材,及时对安装部位测量,如与厂家供应的尺寸不符,联系厂家按实际尺寸重新进行加工制作。

墙板封闭材料搬运吊装时应尽量将编号相同或长度相同的檩条或墙板一并搬运,檩条和板材按施工顺序分批摆放依次有序搬运吊装。

墙板安装时,严禁同一立面上左右两侧同时安装。自攻螺钉的固定顺序与金属墙板的铺设方向相同。

墙板材料的吊升采用绳索及挂钩捆绑结实,用卷扬机或人拉吊到安装部位,随吊随装,随装随固定。板的安装可从下至上,将第一块板按照起始线在檩条上安装就位,下层安装完一定数量的彩板后安装上面一层彩板。上下板的搭接缝要保持在一条水平线上。依次按顺序安装彩板,在不超过6块板前检查一次板的就位尺寸与标志点之间的误差,以便在下一组排板时调整。安装上层彩板时应注意每块板水平搭接缝与下一层板对齐。墙面板的竖向搭接长度应不少于120mm,采用插接的连接方式。插接部位必须严密,其间隙不得大于2mm。

在遇到门窗洞口处,必须注意留出的门窗洞口尺寸准确,保证附件包角板与门窗洞口紧密固定。门窗洞口配件要对缝准确,转角均保持垂直度,泛水密封要可靠,并尽量减少附件间的搭接缝隙。墙板的阴阳转角处附件安装要垂直于地面,接口平整。螺钉要拉小线穿直固定，分布均匀且在同一条垂直水平线上。施工过程中，尤其是门窗、预留洞口、女儿墙、阴阳角等部位，要认真和设计节点对照，严格控制施工工艺。

整个施工过程中做好成品保护工作，安装完的板要及时连接牢固，防止大风掀起坠落或折断。施工过程中，避免碰撞压型钢板，避免利器工具损伤压型钢板。安装工具和配件要专门保管，不许乱扔，每天收工时应及时清理当天没用完的配件和工具。

第六章

主厂房各层楼板及封闭施工措施

第一节　主厂房各层楼板施工

现浇混凝土楼板的施工顺序为测量放线→脚手架搭设→板底模铺设加固→钢梁剪力钉施工→板钢筋绑扎→板埋件安装→验收→混凝土浇筑。

1. 测量放线

用经纬仪利用主厂房已有轴线，将轴线引在框架梁顶面上，在每层楼板施工时，用磁力线坠将轴线引上。

高程控制点从框架柱上的+1m引测，用红油漆在各层柱侧面标记出标高，每层楼板均按照该标高进行施工。在施工中，要对该标高点经常进行复测。

2. 脚手架搭设

脚手架搭设根据现场钢梁布置及具体尺寸进行搭设，脚手架搭设前梁底必须满铺安全水平网。

3. 模板工程

(1) 模板配板考虑模板周转次数，按纵向统一配板。

(2) 模板配制。各层模板施工用模板全部采用15mm厚的优质木模板，木模板在现场用钉子与木方子组合成整体大模板。

施工前，要对木模板和木方子进行外观检查，木模板表面要光滑，凹凸不平的不得使用，木模板边角必须顺直、无缺边掉角现象，木方子顺直，弯曲幅度大的不得投入使用。木模板、木方子必须存放在木工加工场地势较高的位置，并且码放整齐，未使用前用苫布盖住，防止雨水淋湿后变形。

木模板拼缝组合时，缝隙宽度要小于1mm，相邻板平整度要小于1mm；为保证混凝土外观美观，模板上所有的钉子帽必须与模板表面齐平，用铁锤钉钉子时要使用圆錾子，避免铁锤直接接触模板而损伤模板。

(3) 模板支设。各层模板均采用吊模法施工。支模结构形式分三种形式：①楼板底与钢梁顶齐平，钢梁高度大于300mm时用脚手管在楼板下钢次梁间制作成桁架支撑体系，脚手管桁架间距400mm，然后用脚手管将其串联成整体。桁架的支撑均与上下弦成45°设置；②楼板底高于钢梁顶面，与钢梁交接部位有八字斜面，钢梁高度大于300mm时用脚手管在楼板下钢次梁间制作成桁架支撑体系，脚手管桁架间距400mm，然后用脚手管将其串联成整体；③楼板底与钢梁顶齐平，钢梁高度小于300mm时用10mm×10mm木方子从钢梁下翼缘上面直接顶起（木方子间距200mm），然后直接在上面铺设模板。

(4) 在混凝土浇筑前，需要对支撑系统、施工缝部位的模板封堵情况进行细致的检查。

检查合格后才允许进入下一道工序。

（5）模板及支撑拆除。各层楼板待混凝土强度大于或等于75％后才能拆模，如果楼板上已经施加荷载，需要待混凝土强度达到100％时才能拆除模板。模板拆除时不能直接用撬棍在混凝土和模板间硬撬，避免损伤混凝土表面及棱角。

模板拆除时要临时搭设部分措施脚手架和移动脚手架，每层脚手架在投入使用前均要经过验收合格后才能使用。

压型钢板屋面板施工采用压型钢板＋钢筋混凝土。压型钢板采用镀锌压型钢板，铺设在钢屋架檩条上，与檩条垂直。压型钢板纵向搭接处用拉铆钉进行连接，间距1m，以有效防止混凝土施工时的漏浆现象。压型钢板的波谷和波顶处铺设 $\phi 8$ 钢筋，在压型钢板上面浇筑陶粒轻型混凝土楼板。

4. 栓钉施工

（1）焊前准备：

1）栓钉表面不得有水分、油污、锈蚀。

2）保护套不得有水分、油污以及影响焊接质量的任何污物。

3）待焊部位不得有锈蚀、潮湿、油污杂质，以及其他有害的影响焊接操作和焊接结果物质，如有，要用手动磨机完全清除。

4）焊接电源及栓钉枪要求接地可靠。由于熔焊螺柱焊机的用电量很大，为保证焊接质量和其他用电设备的安全，必须单独设置电源。

（2）焊接时，先将焊接用的电源及制动器接上，把栓钉插入焊枪的长口，焊钉下端置入母材上面的瓷环内。按焊枪电钮，栓钉被提升，在瓷环内产生电弧，在电弧发生后规定的时间内，用适当的速度将栓钉插入母材的融池内。焊完后，立即除去瓷环，并在焊缝的周围去掉卷边，检查焊钉焊接部位。

焊接时，每次使用焊接枪自动焊接系统前，应进行系统试验调整焊接参数。如输出电压、输出电流以及延迟时间并使之满足焊接要求，达到满意的焊接效果；正式焊接前试焊1个焊钉，用榔头敲击使剪力钉弯曲约30°，无肉眼可见裂纹方可正式开始焊接，否则应修改施工工艺；操作期间，焊接枪必须保持稳定，直到焊接金属凝固后才能移去焊钉枪；焊接完成后的跟部焊缝应均匀，焊脚立面的局部未熔合或不足360°的焊脚应进行补焊；焊接部位完全冷却前，套圈和其他的辅助材料不得敲掉；栓钉枪要处于垂直位置。

（3）栓钉焊接质量检查。

1）外观检查：栓钉根部焊脚应均匀，焊脚立面的局部未熔合或不足360°的焊脚应进行修补。

2）弯曲试验检查：栓钉焊接后应进行弯曲试验检查，可用锤击使栓钉从原来轴线弯曲30°或采用特制的导管将栓钉弯成30°，即为合格。检查数量：每批同类构件抽查10％，且不小于10件；被抽查构件中，每件检查栓钉数量的1％，但不应少于1个。

5. 钢筋工程

（1）钢筋制作前要索取所需钢筋规格的原材出厂合格证，钢筋复检报告，并做好钢筋跟踪记录。

（2）钢筋成品、半成品运到现场后，分别按规格、型号分类堆放整齐，并注明规格、型号、使用部位，底部垫木方以防污染。

(3) 钢筋断料时，应严格按图纸翻样表执行，翻样表应经专工审批后执行，并应合理利用材料，尽量减少废料。

(4) 验收完毕后将下排钢筋垫起，上下排钢筋之间垫废钢筋头。

(5) 埋件加工制作采用 T 型手工电弧焊。表面平整度小于 3mm，表面无焊痕、凹陷和损伤，预埋件截面尺寸偏差为 -5～10mm。

(6) 对楼板上的铁件仔细核对，认真统计。加工前针对不同的情况适当调整锚筋位置，根据现场情况允许将锚筋冷弯，但不得任意取消和割断、热弯。

埋件加工后应注明埋件型号并分类堆放，并在埋件表面刷红丹防锈漆。

6. 混凝土工程

(1) 混凝土浇灌前对钢筋、模板分项工程进行验收，确保模板支撑系统具有足够的强度、刚度和稳定性。验收合格后方可浇灌混凝土。

(2) 混凝土的配合比由检测中心开出，并在浇灌前对使用的原材料（水泥、砂子、石子、外加剂）的合格性进行检查。

(3) 搅拌站根据建筑工程处提供的混凝土浇灌量合理安排混凝土生产，确保混凝土及时供应。

(4) 采用振捣棒进行振捣，振捣时防止过振、漏振。

(5) 浇灌混凝土前应对现场道路、施工用水、用电，浇灌用机器具检查，并且现场备有混凝土料斗以确保混凝土浇灌开工后的连续性。

(6) 混凝土的浇灌依靠泵车或拖泵进行，根据柱子上的标高线控制浇筑标高，表面平整度允许偏差小于 8mm。

(7) 为了防止混凝土表面裂纹，在混凝土初凝前搓压 3 遍。

(8) 混凝土浇灌完毕后进行养护。养护的方法视大气温度而定，模板拆除前浇水进行养护，并用覆盖塑料薄膜养护，塑料薄膜要封闭严密，以保持混凝土具有足够的湿润状态，养护 14 天。

(9) 混凝土浇筑期间要有木工、钢筋工值班，排架及模板一旦出现异常，立即停止浇筑混凝土，加固处理后方可进行浇筑。

(10) 板跨度为 2m 及小于 2m 的，底模可在混凝土强度达到 50% 后拆除；跨度大于 2～8m 的，混凝土强度达到 75% 后拆除。

第二节 主厂房封闭施工

一、主厂房封闭施工案例一

1. 施工工艺流程（见图 6-1）

2. 施工方法和要求

(1) 材料堆放和搬运。从叠板堆上取料要轻拿轻放，当两板间吸附力较大，不能向上直接抬起时，要从侧边拖动板材后再抬起，搬抬时一定要手托板的底面，严禁过力掀持上板面钢板，一面撕裂板面。

小于 3m 长的板，可 2 人搬运；3～6m 长的板至少 3 人搬运；6m 以上的板不少于 6 人搬运，且板中必须有 2 人。

按安装顺序运至现场并分类、分区堆放 → 准备工作 ← 检查材料、工具数量及完好情况

准备工作 ← 特殊工种复试：焊工、铆工、起重工、架子工等

牛腿施工划线、复测

牛腿焊接、焊口清理补油漆

檩条、拉条及管撑施工

保温材料安装 ← 确认安装位置及预留孔洞

外墙板安装

内墙板安装

门窗、孔洞包角板、压顶板安装

密封施工

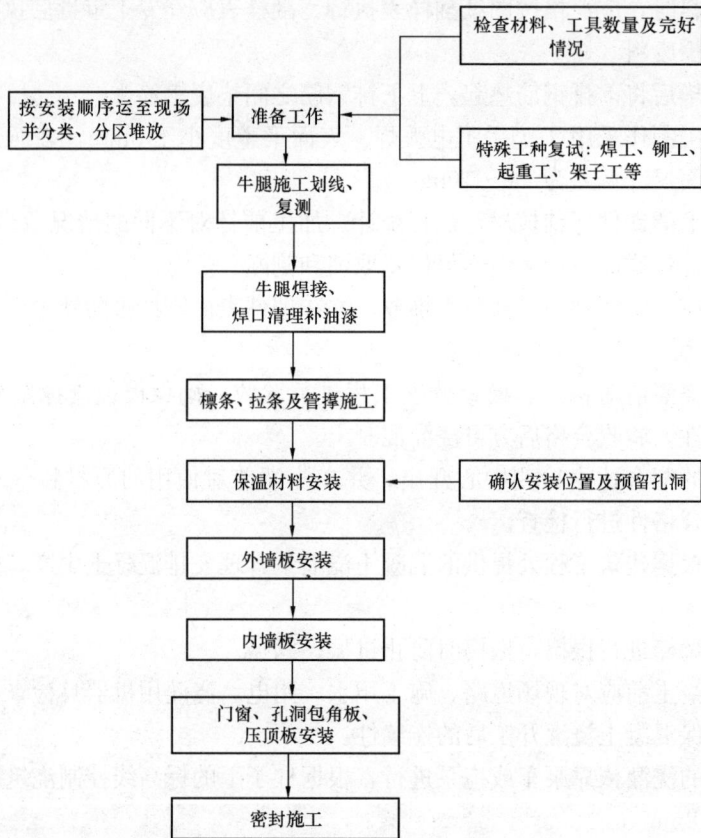

图 6-1　施工工艺流程

搬运板过程中避免碰撞，不得随地拖拉。在搬运每叠板的最上面一块板时，首先要清扫干净板面上的灰尘、油污，以保持板面的光洁，不致损坏板的表面和其他上面板的下表面。

（2）施工准备。

1）熟悉图纸，做好安装前的技术交底，培训施工人员，掌握施工技术要求和设计意图及各主要节点的连接和注意事项。

2）施工工具准备：根据施工组织设计和工具要求配备工具并在施工前做好检验和安全措施。电动吊篮使用之前要经过验收；用于局部切割的手提式砂轮机砂轮片的半径不宜太小，应大于所使用的压型钢板波形高度。

3）检查现场主体结构的框架梁柱是否符合实际要求，各框架梁柱的外表面是否在同一平面上。

4）测设好门窗洞口给预留管道洞口的尺寸位置，协调排板线与门窗洞口的实际位置的关系，做好材料的准备下料。

（3）钢柱脚手架、电动吊篮及防坠落措施。

1）钢牛腿和檩条安装需要在钢柱的外侧面搭设脚手架，形式为井字架。

2）由于所有施工作业均为高空作业，施工人员的防坠落措施必须做到位。

3）在高空作业时全部配备防护安全带及必要的安全绳索，每天工作前对脚手架、吊篮等高空作业设备机具进行安全检查，对任何可能出现的问题做到早发现早解决，防患于

未然。

人员钢爬梯时，采用坠落自锁装置，解决钢爬梯无保护的问题。自锁装置使用时应注意不能装反。人员爬行时，自锁装置始终应在人员的上方。

施工人员必须穿防滑鞋。

4）安装使用的工具，应采用安全保护绳，防止坠落。

（4）牛腿和檩条安装。

1）牛腿安装。牛腿安装之前，需要先定位。具体方法为从钢柱安装时划的1m线开始，用钢尺自下而上，在安装部位用记号笔标出。如果井字架影响，可根据主厂房钢结构施工图纸中各层梁的标高向下或向上推算出安装位置，用记号笔标记。

垂直运输用定滑轮安装在柱顶，运输时用绳索将牛腿绑牢固，垂直吊升用卷扬机或人力，安装部位需要两人在井字架上配合，其中一名为焊工。焊接过程中需要注意牛腿的位置是否和标记线重合，方向是否正确，当确认无误后将牛腿焊牢。

2）檩条安装。檩条吊升方法同牛腿（使用卷扬机或人力），注意每根檩条固定两点，注意不得碰撞脚手架。

檩条施工前需要根据现场实际安装尺寸下料，尤其是门窗洞口以及预留其他孔洞等部位。檩条和牛腿均采用螺栓固定，严格按照图纸要求进行连接紧固。檩条就位后必须将螺栓拧紧，严禁出现漏拧等现象。

檩条就位后，在验收之前应将拉条和管撑按照图纸位置固定。

（5）高强螺栓施工。

1）高强螺栓施工是封闭结构施工工序中重要的一道工序，必须充分给予重视。

2）高强螺栓的保存。高强度螺栓连接副从出厂至安装前严禁随意开包。在运输过程中应轻装、轻卸，防止损坏，防雨、防潮。当出现包装破损、螺栓有污染等异常现象时，应及时用煤油清洗，并按高强度螺栓验收规程进行复验，经复验扭矩系数或轴力合格后，方能使用。

工地储存高强度螺栓时，应放在干燥、通风、防雨、防潮的仓库内，并不得损伤丝扣和沾染脏物。连接副入库应按包装箱上的注明规格、批号分类存放。安装时，要按使用部位，领取相应规格、数量、批号的连接副，当天没有用完的螺栓，必须装回干燥、洁净的容器内，妥善保管并尽快使用完毕，不得乱放、乱扔。

3）高强螺栓穿孔。高强度螺栓应自由穿入螺栓孔内。如果需要扩孔应提前提出申请。扩孔数量不得超过一个接头螺栓孔的1/3，扩孔直径不得大于原孔径再加2mm。严禁用气割进行高强度螺栓的扩孔工作，应在接头板充分夹紧的状态下用绞刀扩孔。

4）高强螺栓紧固。严格遵守初紧、终紧的紧固程序，紧固力矩满足设计和规范要求。高强螺栓紧固应做到全数检查。

（6）墙板和保温棉安装。

1）准备工作。

在墙板开始安装之前，应对相关尺寸（安装完的檩条及下部所砌墙面的平整度及垂直度，外墙门窗洞口尺寸大小及其位置是否准确等）进行校核，对检查发现的问题，及时上报技术人员，偏差较大时必须进行整改。

对于厂家所供板材与图纸不符情况，与厂家联系确定安装部位；对于异形板材，及时对安装部位测量，如与厂家供应的尺寸不符，联系厂家按实际尺寸重新进行加工制作。

2）外墙板安装。A列、固定端、锅炉区域外墙板安装需要使用吊篮，其他区域不需要使用吊篮。

外墙板封闭材料搬运吊装时应尽量将编号相同或长度相同的檩条或墙板一并搬运，檩条和板材按施工顺序分批摆放依次有序搬运吊装。

墙板安装时，水平方向施工顺序按要求进行。严禁同一立面上左右两侧同时安装。自攻螺钉的固定顺序与金属墙板的铺设方向相同。

外墙板材料的吊升采用绳索及挂钩捆绑结实，用人力吊到安装部位，随吊随装，随吊随固定。板的安装可从下至上，将第一块板按照起始线在檩条上安装就位，下层安装完一定数量的彩板后安装上面一层彩板。上下板的搭接缝要保持在一条水平线上。依次按顺序安装彩板，在每不超过 6 块板前检查一次板的就位尺寸与标志点之间的误差，以便在下一组排板时调整。安装上层彩板时应注意每块板水平搭接缝与下一层板对齐。墙面板的竖向搭接长度应不少于 120mm，采用插接的连接方式。插接部位必须严密，其间隙不得大于 2mm。

在遇到门窗洞口处，必须注意留出的门窗洞口尺寸准确，洞口尺寸比门窗尺寸大 5mm，保证附件包角板与门窗洞口紧密固定。门窗洞口配件要对缝准确，转角均保持垂直度，泛水密封要可靠，并尽量减少附件间的搭接缝隙。墙板的阴阳转角处附件安装要垂直于地面，接口平整。螺钉要拉小线穿直固定，分布均匀且在同一条垂直水平线上。施工过程中，尤其是门窗、预留洞口、女儿墙、阴阳角等部位，要认真和设计节点对照，严格控制施工工艺。

整个施工过程中做好成品保护工作，安装完的板要及时连接牢固，防止大风掀起坠落或折断。施工过程中，避免碰撞压型钢板，避免利器工具损伤压型钢板。安装工具和配件要专门保管，不许乱扔，每天收工时应及时清理当天没用完的配件和工具。

3）保温材料安装。保温棉安装在外墙板安装结束之后进行，在外墙板内侧使用软爬梯，施工人员在软爬梯上进行保温棉施工。

4）内墙板安装。内墙板安装采用在厂房内部挂软爬梯的方案。软爬梯挂在墙板顶端钢梁或钢支撑上，必须牢固可靠，同时必须配备垂直拉锁，施工人员必须配备自锁器。内墙板安装其他要求同外墙板安装。

二、主厂房封闭施工案例二

1. 施工方案

砌筑砂浆跟随砌筑进度采用现场随时搅拌，主厂房砌筑工程采用全面展开、交叉作业的方法施工，待砌体表面干燥后进行抹灰工程。

2. 施工工艺流程（见图 6-2）

3. 施工方法及要求

（1）脚手架工程。为保证砌筑质量和抹灰的质量，采用双排脚手架。脚手架立杆下基底应平整夯实，并用脚手板作垫板。

脚手架立杆每间隔 6m 加设剪刀撑和连墙件，支撑在两个方向全要布设，并且脚手架与柱及连梁间用抱箍连接牢固。

在各施工层满铺脚手板，供各层施工水平运输平台，在操作层平台设防护围栏，用密目网封严，上料架四周用密目网封严。

（2）砌筑工程。

1）砖浇水：普通页岩砖必须在砌筑前一天浇水湿润，蒸压混凝土砌块必须在砌筑前两天浇水湿润，一般以水浸入砖四边 1.5cm 为宜，含水率为 10%～15%，常温施工不得用干砖上墙；雨季不得使用含水率达饱和状态的砖砌墙。

2）砂浆搅拌：砂浆配合比应采用重量比，计量精度为水泥±2%、砂、灰膏±5%、外加剂±1%，宜用机械搅拌，搅拌时间不少于 2min。

3）普通砖砌筑。

a）组砌方法：砌体一般采用梅花丁砌法。砖柱不得采用先砌四周后填心的包心砌法。

b）排砖摞底（干摆砖）：一般外墙第一层砖摞底时第一层全部排丁砖。根据弹好的门窗洞口位置线，认真核对窗间墙、垛尺寸，其长度是否符合排砖模数，如不符合模数时，可将门窗口的位置左右移动。若有破活，七分头或丁砖应排在窗口中间，附墙垛或其他不明显的部位。移动门窗口位置时，应注意暖卫立管安装及门窗开启时不受影响。另外，在排砖时还要考虑在门窗口上边的砖墙合拢时也不出现破活。所以排砖时必须做全盘考虑。前后檐墙排第一皮砖时，要考虑甩窗口后砌条砖，窗角上必须是七分头才是好活。

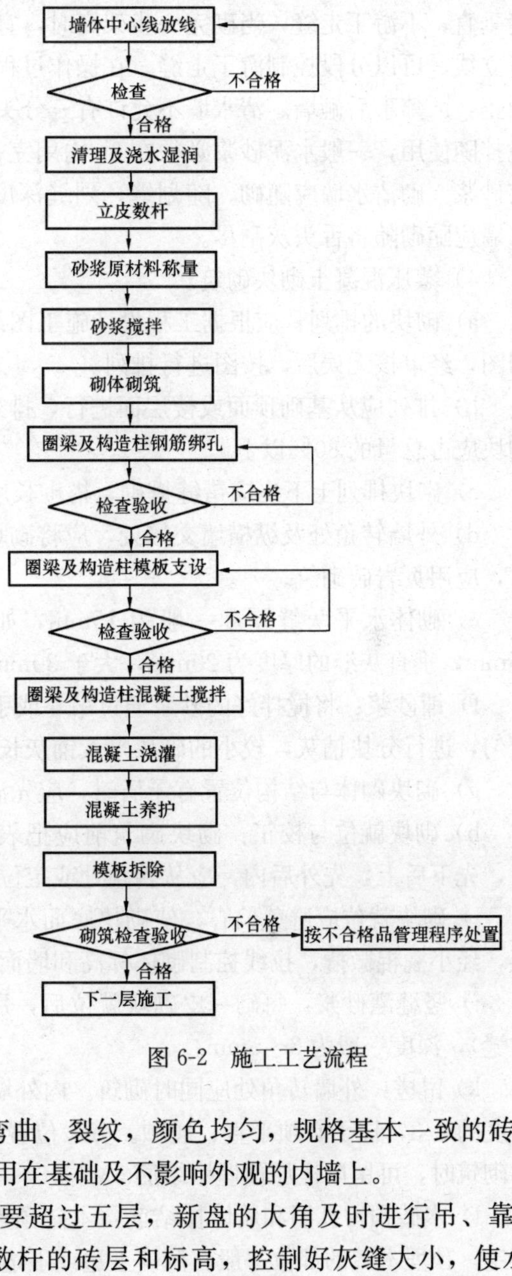

图 6-2 施工工艺流程

c）选砖：砌清水墙应选择棱角整齐，无弯曲、裂纹，颜色均匀，规格基本一致的砖。敲击时声音响亮，焙烧过火变色，变形的砖可用在基础及不影响外观的内墙上。

d）盘角：砌砖前应先盘角，每次盘角不要超过五层，新盘的大角及时进行吊、靠。如有偏差要及时修整。盘角时要仔细对照皮数杆的砖层和标高，控制好灰缝大小，使水平灰缝均匀一致。大角盘好后再复查一次，平整和垂直完全符合要求后，再挂线砌墙。

e）挂线：砌筑一砖半墙必须双面挂线，如果长墙几个人均使用一根通线，中间应设几个支线点，小线要拉紧，每层砖都要穿线看平，使水平缝均匀一致，平直通顺；砌一砖厚混水墙时宜采用外手挂线，可照顾砖墙两面平整，为下道工序控制抹灰厚度奠定基础。

f）砌砖：砌筑前应立皮数杆，以控制水平灰缝的厚度，砌砖宜采用一铲灰、一块砖、一挤揉的"三一"砌砖法，即满铺、满挤操作法。砌砖时砖要放平。里手高，墙面就要张；里手低，墙面就要背。砌砖一定要跟线，"上跟线、下跟棱，左右相邻要对平"。水平灰缝厚度和竖向灰缝宽度一般为 10mm（不应小于 8mm，也不应大于 12mm）。为保证清水墙面主缝垂直，不游丁走缝，当砌完一步架高时，宜每隔2m水平间距，在丁砖立楞位置弹两道垂直立线，可以分段控制游丁走缝。在操作过程中，要认真进行自检，如出现有偏差，应随时纠正，严禁事后砸墙。清水墙不允许有三分头，不得在上部任意变活、乱缝。砌筑砂浆应随搅拌随使用，一般水泥砂浆必须在3h内用完，水泥混合砂浆必须在4h内用完，不得使用过夜砂浆。砌清水墙应随砌、随划缝，划缝深度为8～10mm，深浅一致，墙面清扫干净。混水墙应随砌随将舌头灰刮尽。

4）蒸压混凝土砌块砌筑。

a）砌块的排列：应根据工程设计施工图纸，结合砌块的品种规格、绘制砌体砌块的排列图，经审核无误后，按图进行排列。

b）排列应从基础顶面或楼层面进行，排列时应尽量采用主规格的砌块，砌体中主规格砌块应占总量的80%以上。

c）砌块排列上下皮应错缝搭砌，搭砌长度一般为砌块长度的1/3，且不应小于150mm。

d）外墙转角处及纵横墙交接处，应将砌块分皮咬槎，交错搭砌，砌体砌至门窗洞口边时，应用页岩砖砌筑。

e）砌体水平灰缝厚度一般为15mm，如果加网片筋的砌体水平灰缝的厚度为20～25mm，垂直灰缝的厚度为20mm，大于30mm的垂直灰缝应用C20级细石混凝土灌实。

f）铺砂浆：将搅拌好的砂浆通过吊斗或手推车运至砌筑地点，在砌块就位前用大铁锹、灰勺，进行分块铺灰，较小的砌块量大铺灰长度不得超过1500mm。

g）砌块砌体与结构位置有矛盾时，应先满足构件要求。

h）砌块就位与校正：砌块砌筑前应把表面浮尘和杂物清理干净，砌块就位应先远后近，先下后上，先外后内，应从转角处或定位砌块处开始，吊砌一皮校正一皮。

i）砌块就位应避免偏心，使砌块底面水平下落，就位时由人手控制对准位置，缓慢下落，经小撬棍微撬，拉线控制砌体标高和墙面平整度，用托线板挂直，校正为止。

j）竖缝灌砂浆：每砌一皮砌块就位后，用砂浆灌实直缝，随后进行灰缝的勒缝（原浆勾缝），深度一般为3～5mm。

k）留槎：外墙转角处应同时砌筑。内外墙交接处必须留斜槎，槎子长度不应小于墙体高度的2/3，槎子必须平直、通顺。分段位置应在变形缝或门窗口角处，隔墙与墙或柱不同时砌筑时，可留阳槎加预埋拉结筋。

l）木砖预留孔洞和墙体拉结筋：木砖预埋时应小头在外，大头在内，数量按洞口高度决定。预埋木砖的部位一般在洞口上边或下边四皮砖，中间均匀分布。木砖要提前做好防腐处理。钢门窗安装的预留孔，硬架支模、暖卫管道，均应按设计要求预留，不得事后剔凿。墙体拉结筋的位置、规格、数量、间距均应按设计要求留置，不应错放、漏放。

m）安装过梁、梁垫：安装过梁、梁垫时，其标高、位置及型号必须准确，坐灰饱满。如坐灰厚度超过20mm时，要用细石混凝土铺垫，过梁安装时，两端支承点的长度应一致。

n）构造柱做法：凡设有构造柱的工程，在砌砖前，先根据设计图纸将构造柱位置进行弹线，并把构造柱插筋处理顺直。砌砖墙时，与构造柱连接处砌成马牙槎。每一个马牙槎沿高度方向的尺寸不宜超过300mm（即五皮砖）。马牙槎应先退后进。拉结筋按设计要求放置，设计无要求时，一般沿墙高500mm设置至少2根水平拉结筋，每边深入墙内不应小于1m。

5）抹灰作业方法。

a）基层处理：抹灰前检查墙体，对松动、灰浆不饱满的拼缝及梁、板下的顶头缝，用掺水量10％的108胶灰浆填塞密实。将露出墙面的舌头灰刮净，墙面的凸出部位剔凿平整。墙面坑凹不平处、砌块缺棱掉角的以及剔凿的设备管线槽、洞，应用胶灰整修密实、平顺。用拖线板检查墙体的垂直偏差及平整度，将抹灰基层处理完好。

b）洒水湿润：将墙面浮土清扫干净，分数遍浇水湿润。由于混凝土砌块吸水速度先快后慢，吸水量慢而延续时间长，故应增加浇水的次数，使抹灰层有良好的凝结硬化条件，不致在砂浆的硬化过程中水分被加气混凝土块吸走，浇水量以水分渗入砌块深度8～10mm为宜，且浇水宜在抹灰前一天进行，遇风干天气，抹灰时墙面仍干燥不湿，应再喷一遍水，但抹灰时墙面不显浮水，以利砂浆强度增长，不易出现空鼓、裂缝。喷水后立即刷一遍掺用水量20％的108胶素水泥浆，再开始抹灰。

c）大面积抹灰前应贴饼、冲筋，砌块抹灰前先在表面甩浆，然后在不同墙体材质交接部位按照要求挂专用玻纤网，然后贴灰饼、冲标筋。用拖线板检测一遍墙面不同部位的垂直、平整情况，以墙面的实际高度决定灰饼和冲筋的数量，一般以1.8m为宜。上下灰饼用拖线板找垂直，水平方向用靠尺板或拉通线找平，先上后下，保证墙面上、下灰饼表面处在同一平面内，作为冲筋的依据。

d）抹门窗口水泥砂浆护角：室内门窗口的阳角和门窗框、柱面阳角，均应抹水泥砂浆护角，其高度不得小于2m，护角每侧包边的宽度不小于50mm，阳角、门窗套上下和过梁底面要方正。操作方法仍是先刷好一遍掺用水量10％的108胶素水泥浆，用1∶1∶6水泥混合砂浆打底。第二遍用1∶0.5∶3的水泥混合砂浆与标筋找平。做护角要两面贴好靠尺，待砂浆稍干后再用素水泥膏抹成小圆角，护角厚度应超出墙面底灰一个罩面灰的厚度成活后与墙面灰层平齐。

e）抹底子灰：用混合砂浆抹打底子灰，配比为1∶1∶6，扫毛或划出纹线，养护待干在进行罩面，抹底子灰时一定要根据灰饼留出罩面的厚度，修抹墙面上的箱、槽、孔洞。当底灰找平后，应立即把暖气、电气设备的箱、槽、孔洞口周边50mm的底灰砂浆清理干净，使用1∶1∶4水泥混合砂浆把口周边修抹平齐、方正、光滑，抹灰时比墙面底灰高出一个罩面灰的厚度，确保槽、洞周边修整完好。

f）抹罩面灰：罩面灰配比为1∶0.5∶3。先薄薄地刮一层，随之抹平，粗压一遍，再抹第二遍，从上到下，顺序进行，压实，赶光。随后用铁抹子抹平，赶光。

（3）门窗安装。

1）施工条件。

a）经质量验收合格，工种之间已经办好交接手续。

b）按图示尺寸弹好窗中线，并弹好＋50cm水平线，校正门窗洞口位置尺寸及标高是否符合设计图纸要求，如有问题应提前剔凿处理。

c）检查铝门窗与墙体预留孔洞位置是否吻合，若有问题应提前处理，并将预留孔洞内的杂物清理干净。

d）门窗到达现场后，应组织业主、监理、工程技术人员对门窗进行验收、取样，做现场复试，验收合格后再进行安装。门窗的拆包检查，将窗框周围的包扎布拆去，按图纸要求核对型号，检查外观质量和表面的平整度，如发现有劈棱、窜角和翘曲不平、严重超标、严重损伤、外观色差大等缺陷时，应找有关人员协商解决，经修整鉴定合格后才可安装。

e）认真检查铝合金门窗的保护膜的完整，如有破损的，应补粘后再安装。

2）施工工艺。

a）弹线找正：在最高层找出门窗口边线，用大线坠将门窗口边线下引，并在每层门窗口处划线标记，对个别不直的口边应剔凿处理。高层建筑可用经纬仪找垂直线。门窗口的水平位置应以楼层＋50cm水平线为准，往上反，量出窗下皮标高，弹线找直，每层窗下皮（若标高相同）则应在同一水平线上。

b）墙厚方向的安装位置：根据外墙大样图的宽度，确定门窗在墙厚方向的安装位置；如外墙厚度有偏差时，原则上应以同一房间窗台板外露尺寸一致为准。

c）安装窗披水：按设计要求将披水条固定在铝合金窗上，应保证安装位置正确、牢固。

d）就位和临时固定：根据已放好的安装位置线安装，并将其吊正找直，无问题后方可用木楔临时固定。

e）与墙体固定：与混凝土面固定用射钉，与砖墙固定用钢钉，铁脚至窗角的距离不应大于180mm，铁脚间距应小于600mm。

f）处理门窗框与墙体缝隙：门窗固定好后，应及时处理门窗框与墙体缝隙。如设计未规定填塞材料品种时，应严格按规范规定执行。采用矿棉或玻璃棉毡条分层填塞缝隙，外表面留5～8mm深槽口填嵌嵌缝膏，严禁用水泥砂浆填塞。在门窗框两侧进行防腐处理后，可填嵌设计指定的保温材料和密封材料。待铝合金窗和窗台板安装后，将窗框四周的缝隙同时填嵌，填嵌时用力不应过大，防止窗框受力后变形。

g）安装五金配件：门窗的五金配件，安装工艺要求详见产品说明，要求安装牢固，使用灵活。

4．施工注意事项

（1）加气混凝土砌块运输、装卸要轻装、轻卸防止碰掉边角，在现场应码放整齐，堆放场地应坚实、平坦、干燥，并力求靠近砌筑现场，以免多次搬运；

（2）砌块的切锯应使用专用工具，不得用斧头或凡刀任意砍劈；

（3）砌外墙时不得留脚手眼，可采用双排列脚手等方法；

（4）穿墙管道应严防渗水，穿墙附件和墙内预埋件均应做防锈处理；

（5）砌筑时应上下错缝，搭接长度不宜小于砌块长度的1/3。

5．质量通病预防

质量通病预防见表6-1。

表6-1　　　　　　　　　　　　质量通病预防

项　次	质量事故预想	预　防　措　施
1	砖砌体组砌混乱	（1）墙体砖缝搭接要大于1/3砖长； （2）砖柱的组砌不得采用包心砌法； （3）砖柱会缝必须饱满； （4）墙体组砌形式要根据所砌部位的受力性质和砖的规格尺寸误差确定

项 次	质量事故预想	预 防 措 施
2	砖缝砂浆不饱满、砂浆与砖黏结不良	(1) 改善砂浆和易性; (2) 改进砌筑方法; (3) 严禁用干砖砌筑
3	墙面游丁走缝	(1) 优先选用尺寸一致,边角整齐,同一厂家的砖; (2) 砌墙前统一摆底,及时调整砖缝宽度; (3) 砌筑时丁砖的中线与下层条砖中线重合,竖缝弹出垂直线,并随时向上引伸,作为控制游丁走缝的基准; (4) 窗口宽度不符合砖的模数时,应将砖头留在窗口下部中央
4	同层皮砖不能交圈	(1) 砌筑前测定基准标高,调整灰缝厚度,调整墙体标高; (2) 挂线两端应相互呼应,防止与皮数杆上的砖层错位; (3) 随时测量每层标高,及时调整
5	圈梁构造柱混凝土外形变形,尺寸不准,色泽不一致	(1) 模板安装牢固,尺寸准确,强度和刚度不足要加固; (2) 混凝土浇筑控制好下料方式和速度; (3) 混凝土配合比进行优化,混凝土搅拌时严格计量及校验,并保证混凝土连续施工
6	混凝土裂缝	(1) 养护措施得当,养护到位; (2) 控制混凝土的坍落度; (3) 压面及时并增加遍数
7	勾缝不符合规范要求(深浅不一致,竖缝不实,十字缝搭接不平,砂浆开裂、脱落等)	(1) 勾缝前,对墙体砖缺棱掉角部位、瞎缝、刮缝深度不够的灰缝处理; (2) 墙面浮灰用水冲洗; (3) 勾缝砂浆应优选; (4) 完工后及时清扫墙面和养护
8	预埋件标高不准	(1) 控制模板上打孔位置端正保证埋件位置标高正确; (2) 螺栓采用型钢固定,浇筑前检测合格; (3) 浇筑过程中跟踪检测预埋件及螺栓的位置并及时纠偏; (4) 振捣棒避免直接触及预埋件及螺栓
9	空鼓、裂缝	(1) 基层处理得当,刷黏结剂,不同基层材料铺玻纤网; (2) 墙面浇水湿润,控制含水量; (3) 控制好抹灰原材和水泥砂浆的质量; (4) 控制抹灰的速度及厚度; (5) 特殊部位重点突出
10	表面不平,阴阳角不垂直、不方正	(1) 房间找方,找垂直和贴灰饼; (2) 控制好冲筋的平整度; (3) 阴阳角随时用方尺检查方正

三、主厂房及锅炉区域封闭吊篮使用案例

1. 施工工艺流程

吊篮使用审批申报→吊篮安装→吊篮检查→吊篮使用→吊篮的检查、维护和保养→吊篮移动、拆除。

2. 施工方法及要求

（1）吊篮的安装。

1）吊篮的安拆必须征得安监部门以及项目部专业管理组的许可。

2）确定吊篮的安装位置及相应悬挂结构在屋顶的架设位置，必须由专业组技术员现场确定，并经安保部允许后进行。

3）悬挂机构的拼装。悬挂机构安装在建筑物顶部平台上，左右悬挂机构之间的距离与工作篮吊点间距离相等，其误差不得大于 50mm，前后支柱分别套在前后支柱分别套在前后导向支柱上，通过销轴将悬臂挑梁、拉纤立柱、前后支柱固定。中间连接梁高度视屋面女儿墙尺寸而定，标准悬臂挑梁外伸距离不大于 1.9m。用销轴将前后两部分通过中间连接梁固定在一起，把三对支撑板用销轴分别装在悬臂挑梁前端第三孔，中间连接梁前端第二孔和后支座最后端孔，用绳夹将拉纤钢丝绳一端和索具螺旋口连接，装在中间支撑板上，拉纤钢丝绳另一端绕过后端支撑板内卡套、拉纤立柱顶部和悬挑臂挑梁上的支撑板内的卡套后加紧，当前后支柱间距加大，致使拉纤钢丝绳长度不够时，可将固定后端支撑板的连接销轴前移数孔安装，调节索具螺旋扣，绷紧悬臂挑梁消除各部间隙后，再将索具螺旋扣旋紧 4～5 扣。

把工作钢丝绳用绳夹固定在悬臂挑梁前端第一销轴上，把安全钢丝绳用绳夹固定在悬臂挑梁前端第二销轴上。用绳夹固定钢丝绳时，必须把夹座扣在钢丝绳的工作段上，使 U 形卡螺栓扣在钢丝绳的松边上。四组绳夹各间隔 60mm，不得交替布置，紧固绳夹时须考虑每个绳夹的合理受力，离套环最近处的绳夹应尽可能的靠近套环夹紧，然后依次拧紧第二个和第三个绳夹，拧紧第四个绳夹时，使钢丝绳松边少许拱起，以便以后检查前面三个绳夹是否拧紧。

钢丝绳绳端固定后，把悬挂机构移到工作位置，在配重小车导向柱上装上配重，左右均分。把长度不超过 100m 的四根钢丝绳徐徐放至地面，当悬臂挑梁外伸距离大于 1.5m 或大于 1.9m 时，必须更换加长挑梁，并且增加足够的配重。

4）地面部分安装。将工作篮底架和两侧架用螺栓接好，将脚轮装在吊架底部后，用 12 条螺栓将两吊架固定在篮体两端，将支墙轮组用螺栓固定在吊架底部方管内，支墙轮要放在靠墙一侧，其外伸长度可调。

将工作篮放在悬挂机构下的地面上，点动起升按钮，将提升机提升至下部的支板插入吊架中部的耳板槽内，用高强螺栓穿入。使提升机入绳口与耳板组滑轮中心处于同一铅锤位置，再紧固高强螺栓。将摆臂式安全锁用高强螺栓固定在吊架上部的耳板内，装入安全钢丝绳，下面装上压铁，使安全钢丝绳绷直。

（2）吊篮的使用。

1）吊篮的使用条件。

a）吊篮使用应符合有关高空作业规定，一般在雷雨、雾天和阵风风速大于 8.3m/s（相当于五级）的恶劣气候条件下严禁吊篮升空作业。

b）夜间施工时，施工现场必须保证充足的照明，其照度应大于 150Lx，并在施工范围设置警戒信号灯。

c）施工范围四周 10m 范围内不得有架空线，若施工范围靠近架空线或存在接触架空线危险时，必须与供电部门联系，协商采取可靠的安全措施后方可施工。

d）吊篮工作时电源电压应保持在 380V±19V，当现场电源电压低于 342V 时，不得进行作业。

e）当现场电源电压在 361～342V 范围内或环境湿度超过 400℃或海拔高度超过 1000m 时，吊篮的最大载质量不得超过额定载质量的 80%。

2）吊篮的使用方法。

a）使用前，须按规定对整机进行检查。吊篮的额定载重为 500kg，在正式使用前要进行荷载的升降试验，并请有关部门进行验收，经验收合格后方可使用。

b）工作时先接通电源，将电源开关打开，检查指示灯，电源为 380V 三向接地电源。

c）吊篮升降时，如出现不水平情况时，可利用电动机单边工作来调整。

d）突然停电时，按下急停按钮，切断主回路，然后逆时针同时缓慢旋动两台盘式电动机端部的手柄，使吊篮靠自重缓慢下降。

e）出现紧急情况时，应立即按下急停按钮，迅速切断主电源回路。

f）吊篮不工作时，关掉电源开关。

（3）吊篮的检查。吊篮每次使用前必须逐项检查下列各点，如发现有异常应立即维修。

1）电气系统：各插头与插座是否松动；保护接地和接零是否牢固；电源、电缆的固定是否可靠；漏电保护开关是否灵敏有效；各开关和操作按钮动作是否正常。

2）悬挂机构：前后支柱安装位置是否被移动；配重块是否缺损、码放是否牢靠；紧固件和插接件是否齐全、牢靠；拉纤钢丝绳有无损伤或松懈现象。

3）钢丝绳：有无断丝、毛刺、扭伤、死弯、松散、起鼓等缺陷；局部是否附着水泥、涂料或黏结物；端部接头绳是否松动；上端升高限位块和下端坠铁是否移位或松动。

4）安全带及安全保险绳：安全带的单项夹头安装方向是否正确；有无断丝或松散现象；接头连接处及固定端是否牢固可靠。

5）安全锁：动作是否灵敏可靠；锁绳角度是否在规定范围内；与吊架连接部位有无裂纹、变形、松动。

6）提升机：运转是否正常、有无异响、异味及打滑现象；手动滑降是否灵敏有效；润滑油有无渗漏；与吊架连接部位有无裂纹、变形、松动。

7）工作篮：有无弯扭或局部变形，焊缝有无裂纹；紧固件和插接件是否完整、牢靠。

（4）吊篮的维修和保养。

1）吊篮的日常检查与保养。

a）每班前进行检查，发现问题及时维修及解决。

b）每班后将吊篮与建筑物固定，防止被风刮倒或与其他建筑物体发生碰撞；及时将吊篮内杂物清理干净，尤其是喷砂、涂浆作业后，飞溅物必须及时清除干净；必须切断电源，锁好电控箱；应对提升机、安全锁和电控箱进行妥善遮盖。

2）定期检修和保养。在施工期间，每两个月或累计运行 300h 以及停用一个月以上，在使用之前应对吊篮进行一次定期检修和保养。检查项目和具体要求应按要求由专业维修人员进行定期检修和保养。

（5）吊篮的移动、拆除。因为主厂房及锅炉区域封闭施工范围较大，电动吊篮根据封闭施工部位的变化而需要经常更换位置，同时也为了能够保证吊篮的安全工作状况可控、再控，所以电动吊篮的移动拆除应设有严格的管理流程。

　　首先在电动吊篮移动拆除前应提前经工程管理部及安保部相关人员同意后，由工程部负责吊篮拆除前的安全技术交底，并同时履行双签字流程。吊篮拆除时保证设备状况良好，拆除前电动吊篮无异常情况，电源已切断。

　　电动吊篮移动过程设专人全程监督，拆除前应检查配重块是否牢靠，紧固件和插接件是否齐、可靠，钢丝绳无断丝、水泥、安全锁与吊架部位有无裂纹、变形、松动，上端升高限位块和坠铁是否移动或松动，提升机运转正常、有无异响，工作吊篮是否完整可靠，以上各项均为拆除前对电动吊篮的设备检查工作。拆除遵循的工序为：优先关闭电气系统，确保吊篮拆除时不带电作业，其次将悬挂机构配种拆除，并将其保存于库房内，防止设备零件丢失或损坏，最后拆除钢丝绳、吊篮等。

　　3. 施工应急措施

　　(1) 施工中突然断电。断电时，应立即关上电控箱的电源开关。切断电源，防止突然来电时发生意外。然后与地面或屋顶有关人员联络，判断断电原因，确定是否立即返回地面。若短时停电待接到来电通知后再合上电源总开关，经检查正常后再开始工作。若长时间停电或因本设备故障断电应及时采用手动方式使平台平稳滑至地面。严禁跨过平台护栏钻入附近窗户离开吊篮，防止不慎坠落，造成人身伤害。

　　(2) 松开按钮，不能停止上下运行。吊篮上升或下降按钮都是电动按钮，正常情况下，按住上升或下降按钮，工作篮才向上或向下运行，松开按钮便停止运行。当出现松开按钮但无法停止吊篮运行时应立即关上电控箱总开关，切断电源使工作篮紧急停止，然后采用手动滑降使平台平稳落地。请专业维修人员在地面排除电气故障后，再进行作业。

　　(3) 在升降过程中工作篮纵向倾斜角度过大，达到篮体水平高度差为 200～300mm 时，及时停车，将电控箱上的转换开关旋至工作篮低端运行挡，然后按上升按钮直至工作篮接近水平状态为止。再将转换开关旋回两端同时运行挡，照常进行作业。

　　(4) 一端工作钢丝绳断裂，安全锁锁住安全绳。当一端工作钢丝断裂，篮体发生倾斜，安全锁工作，锁住安全钢丝绳时，仍然采用上述方法排除险情。但是特别注意动作既要轻又要平稳，避免安全锁受到过大冲击。

　　(5) 工作篮一端悬挂失效，篮体单点悬挂而直立。由于一端工作钢丝绳断裂，同侧安全锁失灵或者一侧悬挂机构失去作用，仅剩一端悬挂，致使篮体倾斜至直立时，工作篮上的操作人员切莫惊慌失措。有安全带吊住的人员应尽量轻轻攀到篮体便于蹬踏之处，无安全带吊住的人员要紧紧抓牢篮体上一切可抓部位，然后攀至更有利的位置。此时所有人员都应注意动作不可过猛，尽量保存体力，等待救援。

第七章

主厂房装饰装修、暖通、空调、上下水及照明等施工措施

第一节　主厂房装饰装修施工

一、主厂房装饰装修施工案例一

（一）作业程序和方法

1. 施工工艺流程

施工准备→材料报验→门窗安装→内墙装修→顶棚装修→地面、楼面施工→成品保护→验收移交。

2. 施工方法及要求

（1）门窗安装。

1）施工条件。

a）上道工序经质量验收合格，工种之间已经办好交接手续。

b）按尺寸弹好窗中线，并弹好＋50cm水平线，校正门窗洞口位置尺寸及标高是否符合设计图纸要求，如有问题应提前剔凿处理。

c）检查铝门窗与墙体预留孔洞位置是否吻合，若有问题应提前处理，并将预留孔洞内的杂物清理干净。

d）门窗到达现场后，应组织业主、监理、工程技术人员对门窗进行验收，验收合格后再进行安装。门窗的拆包检查，将窗框周围的包扎布拆去，按图纸要求核对型号，检查外观质量和表面的平整度，如发现有劈棱、窜角和翘曲不平、严重超标、严重损伤、外观色差大等缺陷时，应找有关人员协商解决，经修整鉴定合格后才可安装。

e）认真检查铝合金门窗的保护膜的完整，如有破损，应补贴后再安装。

2）施工工艺。

a）弹线找正：在最高层找出门窗口边线，用大线坠将门窗口边线下引，并在每层门窗口处划线标记，对个别不直的口边应剔凿处理。高层建筑可用经纬仪找垂直线。门窗口的水平位置应以楼层＋50cm水平线为准，往上反，量出窗下皮标高，弹线找直，每层窗下皮（若标高相同）则应在同一水平线上。

b）墙厚方向的安装位置：根据外墙大样图的宽度，确定门窗在墙厚方向的安装位置；如外墙厚度有偏差时，原则上应以同一房间窗台板外露尺寸一致为准。

c）安装窗披水：按设计要求将披水条固定在铝合金窗上，应保证安装位置正确、牢固。

d）就位和临时固定：根据已放好的安装位置线安装，并将其吊正找直，无问题后方可

用木楔临时固定。

e）与墙体固定：与混凝土面固定用射钉，与砖墙固定用刚钉．铁脚至窗角的距离不应大于 180mm，铁脚间距应小于 600mm。

f）处理门窗框与墙体缝隙：门窗固定好后，应及时处理门窗框与墙体缝隙。如设计未规定填塞材料品种时，应采用矿棉或玻璃棉毡条分层填塞缝隙，外表面留 5～8mm 深槽口填嵌嵌缝膏，严禁用水泥砂浆填塞。在门窗框两侧进行防腐处理后，可填嵌设计指定的保温材料和密封材料。待铝合金窗和窗台板安装后，将窗框四周的缝隙同时填嵌，填嵌时用力不应过大，防止窗框受力后变形。

g）安装五金配件：门窗的五金配件要求安装牢固，使用灵活。

（2）内墙装修。内墙做法为涂料内墙、耐酸涂料和面砖内墙。

（3）踢脚线施工。踢脚线高度均为 150mm，踢脚线应突出墙面 6～8mm。根据图纸设计主要有抹水泥砂浆踢脚线做法，水泥砂浆踢脚线做法同水泥地面，施工时先用水平仪抄平弹好墨线，然后做基底处理浇水湿润，施工时要求三遍成活，表面压光，压光不少于三遍且要掌握好时间。

（4）内墙面施工（耐酸涂料）。

1）基层处理：吊直、套方、打点、墙面冲筋（打栏）、抹底灰和中层灰等工序和做法与墙面抹纸筋灰浆时基本相同，但底灰和中层灰用 1：2.5 水泥砂浆或水泥浆涂抹，并用磨板搓平带毛面，在砂浆凝结之前，表面用扫帚扫毛或用钢抹子每隔一定距离交叉画出斜线。

2）抹水泥砂浆面层：中层砂浆抹好后第二天，用 1：2.5 水泥砂浆或按设计要求的水泥砂浆抹层面，厚度 5～8mm。操作时先将墙面湿润，然后用砂浆薄刮一道使其与中层灰粘牢，紧跟着抹第二遍，达到要求的厚度，用压尺刮平找直待其"收身"后，用灰匙压实压光。

3）喷、刷胶水：刮腻子之前在混凝土墙面上先喷、刷一道胶水（质量比为水：乳液＝5：1），要注意喷、刷要均匀，不得有遗漏。

4）填补缝隙、局部刮腻子：用水石膏将墙面缝隙及坑洼不平处分遍找平，并将野腻子收净，待腻子干燥后用 1 号砂纸磨平，并把浮尘等扫净。

5）满刮腻子：根据墙体基层的不同和浆活等级要求的不同，刮腻子的遍数和材料也不同，一般情况为三遍。刮腻子时应横竖刮，并注意接搓和收头时腻子要刮净，每遍腻子干后应磨砂纸，将腻子磨平磨完后将浮尘清理干净。如面层要涂刷带颜色的浆料时，则腻子也要掺入适量与面层带颜色相协调的颜料。

6）刷、喷第一遍浆：刷、喷浆前应先将门窗口圈用排笔刷好，如喷浆时喷头距墙面宜为 20～30cm，移动速度要平稳，使涂层厚度均匀。

7）复找腻子：第一遍浆干后，对墙面上的麻点、坑洼、刮痕等用腻子重新复找刮平，干后用细砂纸轻磨，并把粉尘扫净，达到表面光滑平整。

8）刷、喷第二遍浆。

9）刷、喷交活浆：待第二遍浆干后，用细砂纸将粉尘、溅沫、喷点等轻轻磨去，并打扫干净，即可刷、喷交活浆。交活浆应比第二遍浆的胶量适当增大一点，防止刷、喷浆的涂层掉粉，这是必须做到和满足的保证项目。

10）刷、喷内墙涂料和耐擦洗涂料等：其基层处理与喷刷浆相同，面层涂料使用建筑产品时，要注意外观检查，并参照产品使用说明书去处理和涂刷即可。

（5）内墙面施工（涂料）。

1）涂料使用前必须将涂料倾倒于较大的容器中充分搅拌，使之均匀。使用过程中仍需不断搅拌，以防涂料厚薄不均匀，填料结块或色泽不一致。

2）当稠度过大或存放时间较长出现"增稠"现象时，可通过搅拌降低稠度至呈流体状再使用，也可以掺入不超过 8％的涂料稀释剂（以主要成膜物质配水而成）稀释。

3）选用适宜稠度和颗粒状的涂料，并应采用同一批号，一次备足，以免颜色和稠度不一致而影响装饰效果和给施工带来不便。

4）涂料存放时间不宜过长，一般不超过出厂日期的 6 个月，涂料应密闭封存于阴凉处。

5）门窗和特殊部位应采取措施，不沾污。

6）刷涂前，新抹灰水泥砂浆墙面常温龄期不少于 10h，墙面含水率应控制在 10％～30％。

7）底漆采用涂料加水调制，均匀刷涂一层，用于封底抗碱。

8）待第一道刷涂干后（至少间隔 12h）方可刷第二道，第一道与第二道刷涂方向应相互垂直。

9）腻子由乳胶、滑石粉或老粉、5％羚甲基纤维素水溶液按 7∶70∶17.5 质量比配制而成。耐酸涂料墙面用 108 胶掺白水泥刷 2 遍，然后刷耐酸涂料。

10）施工所用的一切机具、用具等必须事先清洗，不得将灰尘、油垢等杂质带入涂料中，施工完毕或间断时，机具、用具应及时洗净，以便后用。

（6）基层处理。首先将凸出墙面的混凝土剔平，混凝土墙面应凿毛，并用钢丝刷满刷一遍，再浇水湿润。如果基层混凝土表面很光滑时，可采取毛化处理办法，即先将表面尘土、污垢清扫干净，用 10％火碱水将板面的油污刷掉，随之用净水将碱液冲净、晾干，然后用 1∶1 水泥细砂浆内掺水重 20％的 108 胶，喷或用笤帚将砂浆甩到墙上，其甩点要均匀，终凝后浇水养护，直至水泥砂浆疙瘩全部粘到混凝土光面上，并有较高的强度（用手掰不动）为止。

1）吊垂直、套方、找规矩、贴灰饼：若建筑物为高层时，应在四大角和门窗口边用经纬仪打垂直线找直；如果建筑物为多层时，可从顶层开始用特制的大线坠绷铁丝吊垂直，然后根据面砖的规格尺寸分层设点、做灰饼。横线则以楼层为水平基准线交圈控制，竖向线则以四周大角和通天柱或垛子为基准线控制，应全部是整砖。每层打底时则以此灰饼作为基准点进行冲筋，使其底层灰做到横平竖直。同时，要注意找好突出檐口、腰线、窗台、雨篷等饰面的流水坡度和滴水线（槽）。

2）抹底层砂浆：先刷一道掺水重 10％的 108 胶水泥素浆，紧跟着分层分遍抹底层砂浆（常温时采用配合比为 1∶3 水泥砂浆），第一遍厚度直为 5mm，抹后用木抹子搓平，隔天浇水养护；待第一遍六七成干时，即可抹第二遍，厚度约 8～12mm，随即用木杠刮平、木抹子搓毛，隔天浇水养护，若需要抹第三遍时，其操作方法同第二遍，直至把底层砂浆抹平为止。

3）弹线分格：待基层灰六七成干时，即可按图纸要求进行分段分格弹线，同时也可进行面层贴标准点的工作，以控制面层出墙尺寸及垂直、平整。

（7）注意事项。

1）在贴外墙面砖时，按照窗台的控制标高留置窗台面，并将窗台顶面面砖按 30％～40％

的坡度粘贴。窗洞口抹灰时，在窗框处，沿窗台顶面面砖里边沿，用水泥砂浆做一高 20～30mm 的台阶，并且窗框下面的抹灰向外略微倾斜。

2) 在不同材料界面处应设置钢丝网后进行抹灰，钢丝网在界面处每边不少于 150mm，应用钢钉或射钉（混凝土柱、梁处）固定牢固。

3) 对于外墙柱、梁的对拉螺栓孔的堵塞，应使用防水材料填密实。

4) 对于必须留设脚手眼的地方，应将砌块用砂浆填实，对电气室用细石混凝土填塞。并在外墙面处采用钢丝网抹灰。

(8) 顶棚装修（涂料顶棚）。

1) 基层处理：混凝土墙表面的浮砂、灰尘、疙瘩等要清除干净，表面的隔离剂、油污等应用碱水（火碱：水＝1：10）清刷干净，然后用清水冲洗掉墙面上的碱液等。

2) 喷、刷胶水：刮腻子之前在混凝土墙面上先喷、刷一道胶水（质量比为水：乳液＝5：1），要注意喷、刷要均匀，不得有遗漏。

3) 填补缝隙、局部刮腻子：用水石膏将墙面缝隙及坑洼不平处分遍找平，并将野腻子收净，待腻子干燥后用 1 号砂纸磨平，并把浮尘等扫净。

4) 石膏板墙面拼缝处理：接缝处应用嵌缝腻子填塞满，上糊一层玻璃网格布或绸布条，用乳液将布条黏在拼缝上，黏条时应把布拉直、糊平，并刮石膏腻子一道。

5) 满刮腻子：根据墙体基层的不同和浆活等级要求的不同，刮腻子的遍数和材料也不同。一般情况为三遍。刮腻子时应横竖刮，并注意接搓和收头时腻子要刮净，每遍腻子干后应磨砂纸，将腻子磨平磨完后将浮尘清理干净。如面层要涂刷带颜色的浆料时，则腻子也要掺入适量与面层带颜色相协调的颜料。

6) 刷、喷第一遍浆：刷、喷浆前应先将门窗口圈用排笔刷好，如墙面和顶棚为两种颜色时应在分色线处用排笔齐线并刷 20cm 宽以利于接搓，然后再大面积刷喷浆。刷、喷顺序应先顶棚后墙面，先上后下顺序进行。如喷浆时喷头距墙面宜为 20～30cm，移动速度要平稳，使涂层厚度均匀。如顶板为槽型板时，应先喷凹面四周的内角再喷中间平面。

7) 复找腻子：第一遍浆干后，对墙面上的麻点、坑洼、刮痕等用腻子重新复找刮平，干后用细砂纸轻磨，并把粉尘扫净，达到表面光滑平整。

8) 刷、喷第二遍浆。

9) 刷、喷交活浆：待第二遍浆干后，用细砂纸将粉尘、溅沫、喷点等轻轻磨去，并打扫干净，即可刷、喷交活浆。交活浆应比第二遍浆的胶量适当增大一点，防止刷、喷浆的涂层掉粉，这是必须做到和满足的保证项目。

10) 刷、喷内墙涂料和耐擦洗涂料等：其基层处理与喷刷浆相同，面层涂料使用建筑产品时，要注意外观检查，并参照产品使用说明书去处理和涂刷即可。

(9) 顶棚装修（金属吊顶）。

1) 吊顶施工过程中，土建与电气设备等安装作业应密切配合，特别是预留孔洞、吊顶等处的补强应符合设计要求，以保证安全。

2) 根据吊顶的设计标高在四周墙壁上弹线。弹线应清楚、位置准确，其水平允许偏差 ±5mm。根据吊顶的高度在四周墙上弹线，弹线应清晰、位置准确。吊杆、龙骨的安装间距、连接方式应符合要求，后置埋件、金属吊杆、龙骨应进行防腐处理。

3) 主龙骨吊顶间距，应按设计推荐系列选择，中间部分应起拱，金属龙骨起拱高度应不小于房间短向跨度的 1/200，主龙骨安装后应及时校正其位置和标高。

4）吊杆距主龙骨端部距离不得超过 300mm，否则应增设吊杆，以保证吊顶质量。

5）吊杆应通直并有足够的承载力。当预埋的吊杆需接长时，必须搭接焊牢，焊缝匀应饱满。

6）次龙骨（中或小龙骨，下同）应紧贴主龙骨安装。

7）根据板材布置的需要，应事先准备尺寸合格的横撑龙骨，用连接件将其两端连接在通长次龙骨上。明龙骨系列的横撑龙骨与通长次龙骨的间隙不得大于 1mm。

8）边龙骨应按设计要求弹线，固定在四周墙上。

9）全面校正主、次龙骨的位置及水平度。连接件应错位安装。明龙骨应目测无明显弯曲。通长次龙骨连接处的对接错位偏差不得超过 2mm。

10）罩面板安装前，应根据构造需要分块弹线。带装饰图案罩面板的布置应符合设计要求。若设计无要求，宜由顶棚中间向两边对称排列安装。墙面与顶棚的接缝应交圈一致。

（10）楼、地面施工。

1）地砖地面注意事项。

a）基层处理，标筋式贴饼；抹找平层；基层各工序必须满足设计要求的密度和平整度。

b）对照中心线，在找平层上弹上地板控制线，一般来说，三块地板砖左右设一道控制线，在弹线分缝时应注意开间连通处应贯通。

c）根据控制线先铺好左右靠边基准行，以后据基准行由内向外挂线逐行铺贴。

d）地砖铺设前应提前用水浸湿，其表面无明水方可铺设并进行外观、平整度检查，有裂缝、掉角和表面上有缺陷的应剔出。

e）板块应分段同时铺设，板块间和板块与结合层以及墙角、镶边和靠墙处，均应以水泥胶结。板块结合层之间不得有空隙并不得在靠墙处用水泥砂浆填补代替面砖。

f）铺砌时，要求地面砖平整，镶嵌正确，施工相隔一定间隙后继续铺砖前，应将铺好的地砖下挤出的水泥砂浆予以清除。

g）铺砌一昼夜后以纯水泥砂浆填缝，面层上溢出的水泥浆应在其凝结前清除，待缝隙内的水泥凝结后，再将面层清洗干净。

h）灌缝待水泥膏凝结后，即可用白水泥浆填缝，再用棉丝将表面拭抹干净。

i）地面砖嵌好缝后第二天立即铺 5～10mm 厚木屑并浇水养护三天左右。

2）环氧涂料耐磨地面。

a）清扫：在施工之前对基层面初步清扫，使工作面完全显露出来。

b）基面状况调查：通过现场检测工具对工作面进行细致的检查，并做好记录。

c）基层附着物的处理：基层往往会留有施工中的水泥尘屑，特别是新施工面有浮浆，这些附着物在涂层施工之前需用电动工具或錾刀等除去，比较彻底的方法是轻度喷砂。基层面黏附的砂浆屑、泥土、水泥及油污，须彻底清除，刷洗后，要求用清水洗干净，充分干燥。

d）打磨、吸尘：对于旧的平整度不理想的基面应采用局部打磨与整体打磨相结合的方法进行彻底打磨、吸尘。

e）护面：主要是为了防止施工边缘部分玷污及保持完全直线（或与不涂部分的分界线）应贴护面胶带。这道工序在底涂、中涂及面涂施工之前都要仔细完成。

3）基面缺陷的处理。

a）起壳：是混凝土和砂浆的结合层，附着不牢而剥离的状态。若整个结合面都已剥离，应把砂浆全部清除后重新抹面，如只是一部分剥离，可以用树脂注浆来补修。

b）裂缝：往往是由起壳而发生的，修补时沿着裂缝部分用电动切割机切开 1cm 左右宽度的 U 形槽，用树脂砂浆填补。

c）缺口：是基层面一部分发生凹窝的状态。处理方法是把粉尘等脏物吸扫干净，用树脂胶泥抹平。

4）底涂层。底涂主料和固化剂按比例配合，用手提电动搅拌机搅拌均匀，把混合好的底涂料倒在干净的基层上，用橡胶刮板或辊筒把底涂料涂抹均匀，充分渗透基层。底涂料一般应养护 12h 以上，确认固化后，可进行下一工序施工。

5）中间层。是针对基面不平整或有部分缺陷的基层进一步加工的胶泥或砂浆层。要求根据现场实际情况配制（一般由施工对现场勘测后确定），对水磨石基层可只做胶泥层不做砂浆层。中间层应养护 24h 以上，待完全固化后打磨、吸尘。

6）面层。主料和固化剂按比例配合，电动搅拌机搅拌均匀，用镘抹方式施工。

7）面层的养护。镘抹之后 24h 内任何人不得进入施工现场，等确认硬化状态满足其质量管理要求，再涂一道养护蜡，保护涂膜表面。干燥后用抛光机打磨抛光（一般由用户使用时进行）。

3. 小工艺模板

(1) 滴水线、滴水槽施工工艺。

1）基本要求。

a）有排水要求的部位提前策划出滴水线、滴水槽。

b）滴水线、滴水槽抹灰工程所用材料的品种和性能应符合要求，水泥的凝结时间和安定性复验应合格，砂浆的配合比应符合要求。

c）滴水线、滴水槽应整齐顺直，滴水线应内高外低，滴水槽的宽度和深度均不应小于 1cm。

2）施工工艺。

a）依据要求，对外墙窗楣、雨篷阳台、外窗台、楼梯板底做滴水槽、滴水线，外墙窗盘、窗楣、雨篷、阳台、檐口、压顶、腰线等上面做流水坡度，下面做滴水线或滴水槽，压顶、檐口、雨篷的流水坡度向里侧，窗盘、窗楣、腰线的流水坡度向外侧。

b）滴水线的做法是外侧抹灰层稍后些，里侧抹灰层稍薄些，抹灰层底面呈向外坡角，使雨水从抹灰层的尖角处滴下。

c）楼梯板底部的滴水线在楼梯踏步没有防水处理时，在其下边缘做滴水线，滴水线沿踏步板、平台底部贯穿，楼梯段下端抹 35mm 宽、7mm 厚的水泥砂浆滴水线，棱角要整齐，不得出现毛茬。做滴水线处理的楼梯板和平台侧面及滴水线刷深色油漆，楼梯段底部与楼梯梁交接处，先抹楼梯梁侧面，再抹楼梯梁底面，并保证其相交在一条直线上。

(2) 穿墙套管孔外装饰工艺。

1）基本要求。

a）彩钢装饰板制作必须严格遵守要求，表面应光滑，对接处不得有缝隙。

b）外装饰板连接应牢固，与墙体连接处不得有翘曲现象。

c）墙体粉刷及其他工序施工时须做好成品保护，不得污染装饰板。

2）施工工艺。

a）穿墙套管部位细部处理应提前进行策划。

b）外装饰材料的材质、颜色、形状等应统一并根据洞口形状进行策划，以便与周围颜色协调为宜。

c）总体考虑布置穿墙套管的封堵，对于套管密集的地方宜将封堵盖板做成一个整体，而单一的套管应考虑其大小等是否符合整体布置要求。

d）装饰板与墙面固定的做法：适用于振动及移位小的管道，外装饰材料与墙体交接宽度不小于100mm，管道与装饰板的间隙为50mm，该间隙应能满足管道的膨胀和振动要求。

e）装饰板与管道固定的做法：适用于振动及位移较大的管道，装饰板的大小应以管道穿墙孔直径和管道最大位移量再加100mm为宜。

f）装饰板制成两个半圆体，然后固定牢固。

（3）变形缝施工工艺。

1）基本要求。

a）室内外变形缝应严格按设计要求施工。

b）建筑变形缝外部工艺应提前进行策划。

2）施工工艺。

a）首先确保槽口的槽口度符合要求。

b）在安装前，再次检查槽口，对于未符合要求的槽口进行处理，如有多余部分则凿除，缺少部分进行修补，过深过宽部分需做处理方可安装。

c）安装时，以变形缝口中心为基点，按照图纸设计，确定变形缝装置的安装位置。

d）根据确定的安装位置，先将止水带铺在变形缝处，然后将铝合金框架用膨胀螺栓固定于槽口，膨胀螺栓间距应按设计要求执行。

e）将中轴控制杆按设计间距布放，盖上中心盖板，用螺栓将盖板与中轴控制杆固定。

f）在封口两端豁口处，安装防雨挡板。

g）安装止水带时须在框架、止水带与混凝土之间分别涂防水胶。

h）外墙变形缝金属板自上而下顺茬搭接。

i）室内变形缝留缝、宽窄应一致，缝隙处用中性硅酮胶封填。

（4）门窗口施工工艺。

1）基本要求。

a）施工使用的加气混凝土砌块产品龄期不得少于28天。

b）门窗口高（宽）允许偏差±5mm，门口高度+15mm。

c）外墙门口高偏移允许偏差20mm。

d）对加气混凝土洞口根据门窗固定点位置和数量应提前在墙内埋入混凝土预制块。

e）砌体施工前，应将基础面或楼层结构面按照标高找平，依据砌筑图放出砌块的轴线、砌体边线和洞口线。

f）上、下层窗口必须在一条垂直线上，且保证同层水平。

g）加气混凝土砌块墙门窗框两侧用实心砖砌筑，便于埋设木砖或铁件，固定门窗框，并安装混凝土过梁，每边不少于240mm，设置好拉结筋，应砌成大马牙槎。

h) 门窗安装后内外均进行密封胶封闭。

i) 门窗装饰护套安装后内外均进行密封胶封闭。

2) 施工工艺。

a) 立门窗框前须对成品加以检验，进行校正规方，钉好斜拉条（不得少于 2 根），无下坎的门窗应加钉水平拉条，以防止在运输和安装中变形。

b) 立门窗框前事先准备好撑杆、母楔子、木砖或倒刺钉，并在门窗框上钉好护角条。

c) 立门窗框前要看清门窗框在施工图上的位置、标高、型号、门窗框规格、门扇开启方向、门窗框是里平、外平或是立在墙中等。

d) 立门窗框时要注意拉通线，撑杆下端要固定在木橛子上。

e) 立框子时要用线锤找直吊正，并在砌砖砖墙时随时检查有否倾斜或移动。

（5）踢脚板施工工艺。

1) 基本要求。

a) 墙面应平整，确保墙体抹灰垂直度、平整度不能超出允许偏差，如超出要求，必须进行处理后再进行镶贴。

b) 采用掺有水泥的掺合料踢脚板施工时，严禁采用石灰砂浆打底。

c) 板块的铺砌应符合设计要求，当设计无要求时，应尽量避免出现板块小于 1/4 边长的边角料。

d) 踢脚板砖的立缝应与地砖、色带缝队齐，或采用工字缝。

e) 水泥踢脚板：踢脚板厚度要求一致，以 8mm 为宜，高度按设计给定高度（150mm）。

f) 石材踢脚板：踢脚板厚度宜控制在 10mm，有条件的情况下与地面交界处做成圆弧角。

g) 瓷砖踢脚板：上口厚度保持一致，且不大于 8mm。

h) 对于有防尘要求或易积灰的场所的踢脚板上口应为向外的圆角。

2) 施工工艺。

a) 镶贴踢脚板前，将墙面清理到墙体的面层，并浇水湿润。

b) 隔天用 1∶3 水泥砂浆分层打底刮糙，刮糙面与墙面的粉刷面基本一致，待刮糙层硬结后方可镶贴踢脚板。

c) 在粘贴前，踢脚板材要进水后阴干。

d) 铺设时应在房间墙面两端头阴角处各贴一块板，出墙厚度和高度应符合设计要求，以此砖上楞为标准挂线，开始铺贴，砖背面朝上抹黏结砂浆（配合比为 1∶2 水泥砂浆），使砂浆粘满整块砖为宜，及时粘贴在墙上，板上楞要与线平齐，立即拍实，随之将挤出砂浆刮掉。

e) 阳角接口板要割成 45°角，镶贴时，应随时检查踢脚板的平顺、垂直，踢脚板间的接缝应与地面板材对缝。

f) 踢脚板表面应清洁，接缝平整均匀，高度一致，结合牢固，出墙厚度满足要求。

g) 踢脚板板缝处用专用配套的嵌缝剂勾缝，保证踢脚板整体效果。

（6）屋面排气施工工艺。

1) 基本要求。

a) 找平层施工同时留置排气通道,排气通道沿屋面坡度方向、屋面纵向、屋脊纵向布置,通道间距为 6m。

b) 排气通道宽度在 12~25mm,根据保温层含水率确定。

c) 排气通道交叉部位设置排气管。

d) 排气通道采用木条进行分格,防水层施工前在排气通道位置加设防水层,附加防水层宽度为 150mm。

e) 排气管采用直径 75mmPVC 管制作,并按照要求打成梅花状的孔眼,透气管按 6m×6m 间距设置,上部安装防水弯头。

f) 排气管高度在 300 为宜。

2) 施工工艺。

a) 屋面保温层、找平层施工时要按照质量验收规范施工,严禁在雨天、气温低于 50℃ 的天气情况下施工。

b) 水泥砂浆找平层采用 1:2.5 水泥砂浆(体积比)拌制,水泥强度不低于 32.5MPa,找平层厚度为 20~30mm。

c) 分格条按照找平层厚度配置。

d) 附加防水层施工时水泥砂浆找平层应干燥。

e) 排气通道屋面保温层不能用砂浆堵塞,确保屋面保温层水气排除通畅。

f) 排气管安装应牢固,整齐排列,高度一致。

g) 屋面保温层 PVC 透气管穿越刚性防水层及饰面层的部位,要设置高于屋面面层的防水小平台,并且地砖面层与 PVC 管道交界处要设置变形缝(变形缝内应采用建筑油膏填嵌,防止不同材料交界面的变形产生裂痕引起渗漏)。

h) 保温层按规定要设置纵横排气槽,至少 36m² 还要设置一个透气管,其目的是保温层中的水分能从排气口外排出。

i) 对于上人屋面的排气管需作装饰。

(7) 雨水漏斗及雨水管施工工艺。

1) 基本要求。

a) 雨水管施工所用管材和黏结剂应相配套,并附有产品合格证明和说明书。

b) 管材内外表面应光滑、无毛刺、无气泡、无裂纹,管壁薄厚一致,色泽一致、直管段挠度不大于 1%,管件造型应规矩,承口应稍微有锥度,并与插口配套。

c) 具备雨水管施工的条件:屋面找平层施工完毕,经检查验收合格,建筑物雨水管处装饰工程已经完成。

2) 施工工艺。

a) 工艺流程:加工制作→雨水漏斗及立管安装→避水(通球)试验。

b) 制作加工:根据图纸要求并结合实际情况,按预留口位置测量尺寸,绘制加工草图,根据草图量好管道尺寸,进行断管,断口要平齐,用锉刀或刮刀除掉断口内外毛刺,外棱锉出圆角,黏结前应对承插口试插,一般为承口的 3/4 深度,试插合格后用棉布将承插口需黏结部分的水分、灰尘擦拭干净,如有油污须用丙酮除掉,用毛刷涂抹黏结剂,先涂抹承口再涂抹插口,随即用力垂直插入,插入时将插口稍做转动,以使黏结剂分布均匀,约30~60s 即可黏结牢固,黏结后立即将溢出的黏结剂擦拭干净。

c）雨水漏斗及雨水管安装：雨水斗安装前应弹出雨水斗的中心线，按设计要求找好标高并将洞口预留或后剔，洞口尺寸不得过大，雨水漏斗安装时，埋设标高应考虑水落口防水层增加的附加层、柔性密封、保护面层及排水坡度，水落口周围直径 500mm 范围内坡度不应小于 5%，并应用防水涂料或密封材料涂封，其厚度不应小于 2mm。

d）立管在底层和在楼层转弯处应设置立管检查口，其安装高度距地面 1m，检查口位置和朝向应便于检修，安装立管在检查口处应设检修门，在水流转角小于 135°的横管上应设置检查口或清扫口。

e）立管及非埋地管都应设置伸缩节，当层高小于 4m 时立管上每层应设伸缩节一个，层高大于或等于 4m 时，应根据计算确定，悬吊管设置伸缩节应结合支撑情况确定，悬吊横直管上伸缩节之间最大不超过 4m，超过 4m 时应根据管道设计伸缩量和伸缩节最大允许的伸缩量计算确定。

f）避水试验：排水管道安装完毕后，按规定要求，必须进行闭水试验，灌水高度视其立管高度，满水 15min 后，如水面下降再灌满延续 5min，液面不下降管道无渗漏为合格。

（二）质量通病的预防

1. 质量通病及预防措施（见表 7-1）

表 7-1　　　　　　　　　　　质量通病及预防措施

质 量 事 故		预 防 措 施
抹灰施工	空鼓、裂缝	(1) 基层处理得当，刷黏结剂，不同基层材料铺钢丝网； (2) 墙面浇水湿润，控制含水量； (3) 控制好抹灰原材和水泥砂浆的质量； (4) 控制抹灰的速度及厚度； (5) 特殊部位重点突出
	表面不平，阴阳角不垂直、不方正	(1) 房间找方，找垂直和贴灰饼； (2) 控制好冲筋的平整度； (3) 阴阳角随时用方尺检查方正
涂料施工	裂纹	(1) 基层裂缝处理良好，抹灰层含水率控制好； (2) 腻子层分层施工，避免超厚； (3) 风干的速度控制得当
	表面掉粉、起皮	(1) 控制涂料配比和施工环境条件； (2) 基层处理干净； (3) 涂料控制涂刷厚度； (4) 选择腻子与涂料的性能匹配
吊顶施工	吊顶顶面不平整、拼缝不直	(1) 控制龙骨的平整度，吊杆可调节，整体刚度要好； (2) 控制好房屋周围的标高线，拉线随时检查顶子的平整度； (3) 安装吊板前，调整好水平杆的平直； (4) 控制原材的质量
	吊板翘曲，变形	(1) 防潮； (2) 防压； (3) 控制原材的质量

质 量 事 故		预 防 措 施
门窗安装	门窗安装不牢固	(1) 增加固定点； (2) 门窗口抹灰严密； (3) 强度未达到前门窗扇推迟安装
	返锈、关闭不严	(1) 加强成品保护； (2) 安装前检查门窗质量，不合格的修理后安装

2. 质量保证措施

(1) 地面工程。

1) 质量标准：表面平整、洁净，色泽协调，接缝填嵌密实、平直，宽窄均匀，颜色一致，表面平整度不大于 1mm。

2) 保证措施：铺贴釉面瓷砖、外墙面砖、陶瓷锦砖和玻璃锦砖等的尺寸、色泽、图案、平整度及表面瑕疵等进行预选，剔除不符合要求的面砖。通过预排使墙面饰面砖的缝隙与楼地面的表面装饰的缝道相协调，调整缝宽，使拼缝均匀。铺砌的瓷砖要经过选砖和浸泡。地砖铺砌后必须进行养护。随铺砌随将瓷砖表面清理干净。施工后注意对成品的保护。

(2) 涂料工程。

1) 质量标准：内外墙涂料施工应平滑、光洁、均匀，无、漏刷、流坠、透底等现象。

2) 保证措施：涂料使用前，应按出厂说明书规定，开桶后搅拌均匀后使用。在施工过程中，使用的涂料不能随意掺水，不宜在夜间灯光下施工，尽量避免污染门窗等不需涂装的部位，万一污染了，务必在涂料未干时就擦干净。涂料使用时间应在涂料储存期之内，外墙涂料不能冒雨进行。涂刷乳胶漆时应均匀，不能有漏刷、流附等现象。涂刷一遍，打磨一遍，一般应两遍以上。

(3) 吊顶工程。

1) 质量标准：吊杆和龙骨安装必须牢固，饰面材料应洁净、色泽一致，不得有翘曲、裂缝及缺损。饰面板与明龙骨的搭接应平整、吻合，压条应平直、宽窄一致。

2) 保证措施：在吊顶前须对罩面板的尺寸、外观进行预选，剔除尺寸、色差和图案等误差大于要求及板块翘曲不平、表面被污染有泛锈、麻点、裂缝及边角缺损的板块。吊顶内的通风、水电管道及上人通道或安装通道、消防管道、烟感喷淋等隐蔽工程应安装完毕后，进行龙骨安装。避免返工。吊顶龙骨等材料进场后，宜存放在室内平整地面上，并采取措施防止龙骨变形、生锈。

(4) 门窗工程。

1) 质量标准：门窗安装牢固，关闭严密，开关灵活，无阻滞、回弹和倒翘。

2) 保证措施：立框时掌握好抹灰层厚度，确保有贴脸的门窗框安装后与抹灰面平齐，安装门窗框时必须事先量一下洞口尺寸，计算并调整缝隙宽度。避免门窗框与门窗洞之间的缝隙过大或过小。同时检查门窗无破损翘曲，开启灵活，缝隙严密。防止门框、窗框受力变形损伤。门、窗与墙体固定时，应先固定上框，然后固定边框。

二、主厂房装饰装修工程案例二

1. 屋面工程

(1) 找坡层。施工前将基层表面清扫干净，不得有浮尘、杂物等影响找平层质量的缺陷。在女儿墙上弹出标高控制线，做出找坡层。

（2）保温层。清理现浇混凝土屋面板，并提前 24h 浇水湿润。铺贴 100mm 厚憎水膨胀珍珠岩板保温层（密度小于或等于 250kg/m³），要紧密，边角要裁减整齐，不留空隙。

铺设前根据其大小合理进行布置，板的铺设顺序从周边向中心铺设，除在周边及檐口、水落口等部位用聚和物砂浆与防水层点粘外，其余部分均用错缝空铺，接缝不大于 3mm，补缺处不得用破碎的板填补。

（3）找平层施工。采用 20mm 厚 1：3 水泥砂浆，铺设要由远到近，由高到低的程序进行，严格掌握坡度。待砂浆稍收水后，用抹子压实抹平，铺设后，根据凝固情况进行保温养护。找平层表面要平整、干净。为避免和减少开裂，找平层应留设分格缝，并嵌填密封材料。在找平层中埋置打孔细管，做排气道，排气孔的数量为 36m² 屋面面积设置 1 个，排气出口应埋设排气管，穿过保温层的管壁应设排气孔。在阴角位置须做的半圆弧，保证防水卷材铺贴顺畅，做出分水岭，坡向雨水孔。

（4）三元乙丙防水卷材施工。卷材铺贴的方向，应平行于屋脊铺贴，上下层卷材不得相互垂直铺贴。施工时，应先做好节点、附加层和屋面排水比较集中的部位（如屋面和雨落口的连接处、屋面的转角处等）的处理，然后由屋面的最低标高处向上施工。铺贴卷材应采用搭接法，上下层及相邻两幅卷材的搭接缝应错开，平行于屋脊的搭接缝应顺流水方向搭接，垂直于屋脊的搭接缝应顺年最大频率风向（主导风向）搭接。

为了防止卷材末端剥落，造成渗水，卷材末端收头必须用聚氨酯嵌缝膏或其他密封材料封闭。卷材收头压在女儿墙凹槽内，将卷材收头用金属条水泥钉固定，并用密封材料密封，凹槽上部做防水处理。

卷材防水层施工后，经隐蔽工程验收，确认做法符合设计要求，应做 24h 蓄水试验，对坡度大于 10％的坡屋面可进行 2h 淋水试验。确认不渗漏后，方可施工防水保护层。

2. 门窗安装

（1）门、窗框安装。按照在洞口上弹出的门、窗位置，根据实际要求，将门、窗框立于墙的中心线部位或内侧，使门、窗框表面与饰面层相适应。临时用木楔固定，门窗框按位置立好，找好垂直度及几何尺寸后，用自攻螺钉将其与墙体预埋木砖固定。所有阴角均采用密封胶密封，密封胶在施工时顺条均匀，大小一致，流畅，中间不得出现断缝现象。注意施工中不得损坏门、窗上面的保护膜；如表面沾污了水泥砂浆，应随时擦净，以免腐蚀铝合金，影响外表美观。全部竣工后，剥去门、窗上的保护膜，如有油污、脏物，可用醋酸乙酯擦洗。

（2）门、窗扇的安装。将配好的窗扇分内扇和外扇，先将外扇插入上滑道的外槽内，自然下落于对应的下滑道的外滑道内，然后再用同样的方法安装内扇。对于可调导向轮，应在窗扇安装之后调整导向轮，调节窗扇在滑道上的高度，并使窗扇与边框间平行。

（3）防火门安装。防火门安装应在抹灰之前进行。按设计要求安装入门洞内后，用线锤和水平尺校正垂直度和水平度，然后再与墙内预埋件焊牢。

（4）玻璃安装。裁割玻璃时，应根据门、窗扇的尺寸来计算下料尺寸。一般要求玻璃侧面及上、下都应与金属面留出一定的间隙，以适应玻璃的胀缩变形的要求。当玻璃单块尺寸较小时，可用双手夹住就位，如果单块玻璃尺寸较大，为便于操作，就须用玻璃吸盘就位。玻璃就位后，应及时固定。铝合金门、铝合金窗用密封胶，防火门采用橡胶条固定。

3. 内墙装修

(1) 抹灰工程。

1) 抹灰时首先要对墙面基层进行清理，墙面基层凹凸太多的地方，要进行剔平或用1：3水泥砂浆补平，表面的砂浆污垢油漆等要清除干净。如果基层混凝土表面很光滑时，也可采取毛化处理办法，即先将表面尘土、污垢清扫干净，然后用1：1水泥细砂浆内掺水重20%的107胶，喷或用笤帚将砂浆甩到墙上，其甩点要均匀，终凝后浇水养护，直至水泥砂浆疙瘩全部黏到混凝土光面上，并有较高的强度（用手掰不动）为止。

2) 墙面阴阳角抹灰时，先将靠尺在墙角的一面用线坠找直，然后在墙角的另一面顺靠尺抹上砂浆。

3) 分割缝设置在框架梁下侧及框架柱两侧，宽度10mm，在底层抹灰后进行。要求分格条按规矩放线，镶贴必须平直。

4) 对于两种不同基体交接处抹面，应严格按设计构造要求处理；所采用的钢丝网应铺设平整、钉牢。网布聚合物砂浆加强带应铺设平直、结合面严密、搭接宽度不应小于150mm。钢丝网应铺设平整、钉牢，钢丝网应处在抹灰层中间。

(2) 踢脚线施工。踢脚线高度均为150mm，踢脚线应突出墙面6～8mm。根据图纸设计主要有抹水泥砂浆和地砖踢脚线两种。水泥砂浆施工时先用水平仪抄平弹好墨线，然后做基底处理浇水湿润，施工时要求三遍成活，表面压光，压光不少于三遍且要掌握好时间。抹灰砂浆的配合比和稠度等，应经检查合格后，方可使用，掺有水泥拌制的砂浆或混合砂浆，应分别控制在2h和3h内用完。

(3) 内墙涂料施工。

1) 涂料使用前必须将涂料倾倒于较大的容器中充分搅拌，使之均匀。使用过程中仍需不断搅拌，以防涂料厚薄不均匀，填料结块或色泽不一致。

2) 当稠度过大或存放时间较长出现"增稠"现象时，可通过搅拌降低稠度至呈流体状再使用，也可以掺入不超过8%的涂料稀释剂（主要成膜物质配水而成）稀释。

3) 选用适宜稠度和颗粒状的涂料，并应采用同一批号，一次备足，以免颜色和稠度不一致而影响装饰效果和给施工带来不便。

4) 涂料存放时间不宜过长，一般不超过出厂日期的6个月，涂料应密闭封存于阴凉处。

5) 门窗和特殊部位，应采取措施，不沾污。

6) 刷涂前，新抹灰水泥砂浆墙面常温龄期不少于10h，墙面含水率应控制为10%～30%。

7) 底漆采用涂料加水调制，均匀刷涂一层，用于封底抗碱。

8) 待第一道刷涂干后（至少间隔12h）方可刷第二道，第一道与第二道刷涂方向应相互垂直。

9) 施工所用的一切机具、用具等必须事先清洗，不得将灰尘、油垢等杂质带入涂料中，施工完毕或间断时，机具、用具应及时洗净，以便后用。

(4) 细石混凝土楼面。混凝土楼面按照轴线分仓浇捣，铺设前应按标准水平线用木板隔成宽度不大于3m的条形区段，以控制面层厚度。混凝土施工应随铺随用刮杆找平。混凝土面层宜采用平板振捣器振捣，必须振捣密实，直至表面泛浆为止。采用随捣随抹的方法，在初凝前完成抹平工作，终凝前完成压光工作。混凝土面层浇筑完成后，应在12h内加以塑料薄膜覆盖，养护时间不应少于14天。当面层内埋设管线等出现局部厚减薄时，应做防止面层开裂处理措施后方可施工。

（5）地面砖施工。

1）将基层清理干净，若有混凝土浮渣应凿掉清走，并提前24h浇水湿润。

2）按设计标高冲筋或做灰饼，严格控制结合层的厚度；按房间面积和地砖尺寸均匀对称分隔并拉分隔线。

3）首先刷素水泥浆一道，均匀涂刷，然后用20mm厚1∶3干硬性水泥砂浆按标高铺贴地砖，用橡皮锤轻敲至标高略底1～2mm，将地砖掀起，刮一层素水泥浆，重新铺贴后用橡皮锤轻敲至标高，最后用稀水泥浆刮缝擦净。结合层黏结必须牢固无空鼓，材料表面洁净、图案清晰、色泽一致、接缝均匀、周边顺直、板块无裂纹、掉角和缺楞等缺陷。

4. 防护栏杆施工

栏杆采用不锈钢管，要保证各种尺寸的正确，构件焊接要满足设计要求，栏杆制作要平直。安装时要保证栏杆位置准确，横平竖直，棱角分明，符合图纸与规范要求，所有焊缝均应打磨光滑。

5. 其他施工

（1）散水、坡道施工应在所有管道安装完毕后进行，散水施工应留设好伸缩缝，坡道施工应处理好地基，控制好施工坡道，还应注意施工坡道与厂区施工道路的连接。散水每6m设伸缩缝，缝宽为20mm（缝深为基层和面层混凝土之和），散水与外墙间设10mm宽通长缝，并均用沥青或油膏嵌缝，散水外边缘应顺直，棱角整齐，散水面应有向外的坡度。

（2）散水为混凝土散水。

（3）门口坡道为带防滑条坡道，过车处坡道为混凝土坡道。

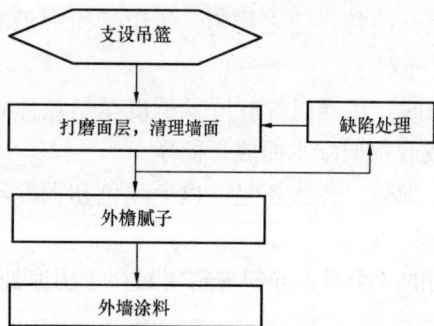

图 7-1　施工工艺流程

三、外墙涂料施工案例三

1. 施工工艺流程（见图7-1）

2. 施工方法和要求

外墙涂料施工采用吊篮及滑板施工。

（1）吊篮的使用。

1）一般要求：不合格产品不得使用；产品必须有符合要求的标牌和齐全的技术文件（合格证、说明书、有关图纸等）；吊篮作业人员必须适合高处作业并培训、考核合格。

2）篮平台要求：必须有防滑措施；装在固定式安全护栏，靠建筑一侧高度不小于0.8m，其他各侧高度不小于1.1m；平台四周装设挡脚板。

3）升机构的要求：应备有在电器失效时，不超过两人就可操作的手驱动装置；应有两套独立的制动器。

4）安全保护装置的要求：一般需配制动器、行程限位和安全锁；吊篮上需有防倾斜装置，并宜设超载保护装置。

5）配重的要求：配重应准确，并经安全检查员核实后才能使用。

6）配电系统的要求：吊篮的电源和电缆应单设，并有保护措施；电器控制箱应有防水措施；电气系统应有可靠接零并配备漏电保护器。

7）其他要求：作业人员必须配安全带，并允许连接在吊篮平台上；遵守操作规程、严禁超载使用；作业时作业人员不得悬空俯身；在作业区域内设维护栏杆。

8）施工前须对建筑物的立面、屋顶及周围环境进行详细了解，制订出合适的安装施工方法，吊篮安装后必须检查可靠妥善方可进行施工。

9）在雷雨、大雾及大风（五级以上）的恶劣天气条件下严禁吊缆升空作业。正常施工时，吊篮的限载重量不得大于额定载荷的80%，并应使荷载在吊篮内尽量保持均匀，严禁吊篮做起重运输工具和进行频繁升降运行。

10）使用时吊篮上不得少于两人，并且必须佩戴安全帽，系好安全绳和安全带，必须穿防滑鞋。

11）工作人员必须在地面进出吊篮，严禁在吊篮内打斗、奔跑、纵跳。

12）吊篮每次升空前，操作人员应对其关键部位进行检查。检查可靠后方可升空运行。

13）在吊篮运行中操作人员应经常注意各机件的运行情况，如发现提升机发热、异常噪声、钢丝绳断丝、安全锁失效、两提升机升降速度不匀、限位开关及操作开关失灵等不正常情况时，应停止使用及时通知检修，严禁带病进行。

14）运行中如出现异常情况，由操作人员按规定程序妥善处理。

15）吊篮在不工作时，必须停在稳妥可靠的位置，并不能压在电缆和钢丝绳上，关掉电源，如遇雨天要对电动机及电气部位进行遮盖，以防雷电。

（2）涂料施工。

1）采用机械设备（角磨机）磨去基材面上的棱角及钢筋头突出部位。

2）清理墙面，并检查测试基材的含水率及pH值是否符合要求，墙面有无空洞、裂缝等缺陷，如有发生根据不同情况进行修复。

3）将墙面清理、修整后，根据基材情况刮涂外檐腻子两道，涂刮时要压实收净，不宜过厚。干燥后用专用托板打磨至平整光滑、无缺陷，并清理干净。

4）腻子充分干燥后，刷涂外墙专用封底漆一道，施工采用滚涂与刷涂相结合的方法。涂膜要均匀、严密、不漏涂。此底漆具有高渗透性，抗碱防潮，提高腻子与面漆的附着力。干燥时间应在4h以上。

5）面漆采用立邦牌溶剂型硅丙树脂外墙涂料。颜色为指定色，滚涂与刷涂相结合的方法，涂抹两道，在涂时如有缺陷，要进行修补后方能进行下一道施工。重涂时间应在2h以上。涂抹要均匀，不流挂，无漏涂，装饰效果好。

6）施工过程中，如遇雨天或五级以上大风，禁止施工，以保工程质量和安全。

（3）成品保护措施。在涂料施工时，为对管道外包铁皮的保护，在铁皮外包裹一层塑料布，并用胶带纸黏结牢固，经工程部人员检查后方可施工。

第二节　主厂房通风、空调、给排水、采暖等施工

一、主厂房通风、空调工程施工案例

（一）作业程序的步骤流程

风管制作工艺流程如图7-2所示。

风管安装施工工艺流程如图7-3所示。

```
展开下料 → 剪切 → 倒角 → 咬口制作 → 风管折方 → 成型
                                                          ↓
方法兰下料 → 焊接 → 打眼冲孔                              ↓
                                                          ↓
圆法兰卷圆 → 划线下料 → 找平找正 → 打孔打眼              ↓
                                                          ↓
→ 铆法兰 → 翻边 → 成品喷漆 → 检验
```

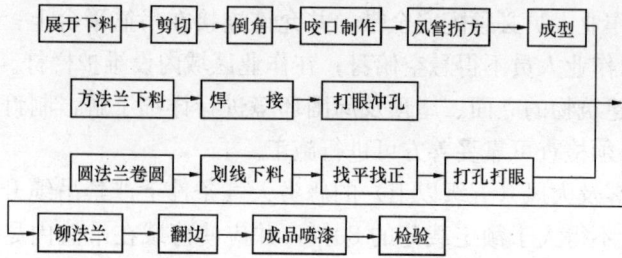

图 7-2 风管制作工艺流程

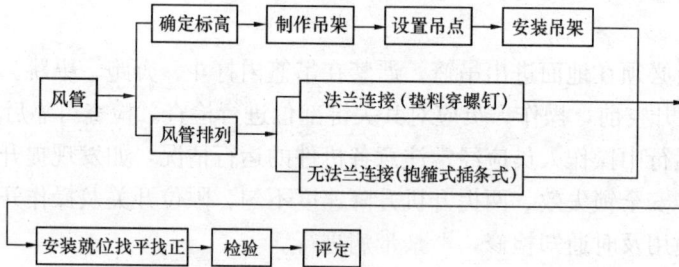

```
               确定标高 → 制作吊架 → 设置吊点 → 安装吊架
             ↗                                          ↓
风管 →                                                  ↓
             ↘ 风管排列 →  法兰连接(垫料穿螺钉)          ↓
                      ↘                                  ↓
                         无法兰连接(抱箍式插条式)         ↓
                                                          ↓
安装就位找平找正 → 检验 → 评定
```

图 7-3 风管安装施工工艺流程

空气处理机安装流程如图 7-4 所示。

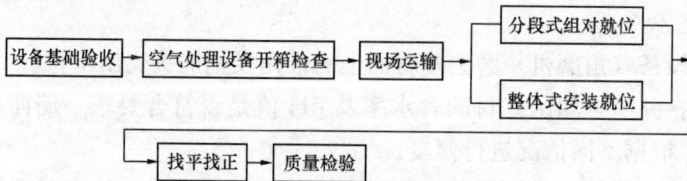

```
设备基础验收 → 空气处理设备开箱检查 → 现场运输 →  分段式组对就位
                                                    ↘             ↓
                                                       整体式安装就位  ↓
                                                                     ↓
找平找正 → 质量检验
```

图 7-4 空气处理机安装流程

(二)作业方法

1. 风机安装

(1)应根据设计图纸对设备基础进行全面检查,是否符合尺寸要求。按设备装箱清单,核对叶轮、机壳和其他部位的主要尺寸,进、出风口的位置方向是否符合设计要求,做好检查记录。

(2)叶轮旋转方向应符合设备技术文件的规定。

(3)风机设备搬运应配合起重工专人指挥使用的工具及绳索必须符合安全要求。

(4)风机设备安装就位前,按设计图纸并依据建筑物的轴线、边线线及标高线放出安装基准线。将设备基础表面的油污、泥土杂物清除和地脚螺栓预留孔内的杂物清除干净。

(5)整体安装的风机,搬运和吊装的绳索不得捆绑在转子和机壳或轴承盖的吊环上。

(6)风机安装在无减振器混凝土基础上,应垫上 10mm 厚的橡胶板,找平找正后固定牢。

(7)通风机的机轴必须保持水平度,风机与电动机用联轴节连接时,两轴中心线应在同一直线上。

(8)风机与电动机的传动装置外露部分应安装防护罩,风机的吸入口或吸入管直通大气时,应加装保护网或其他安全装置。

（9）大型屋顶风机组装，叶轮与机壳的间隙应均匀分布，并符合设备技术文件要求。

2. 金属风管制作

（1）制作钢板风管和配件的板材厚度应符合规定。

（2）铆钉连接时，必须使铆钉中心线垂直于板面，铆钉头应把板材压紧，使板缝密合并且铆钉排列整齐、均匀。

板材之间铆接，一般中间可不加垫料，设计有规定时，按设计要求进行。

（3）咬口连接根据使用范围选择咬口形式。

（4）咬口时手指距滚轮护壳不小于5cm，手柄不准放在咬口机轨道上，扶稳板料。

（5）咬口后的板料将画好的折方线放在折方机上，置于下模的中心线。操作时使机械上刀片中心线与下模中心线重合，折成所需要的角度。

（6）折方时应互相配合并与折方机保持一定距离，以免被翻转的钢板或配重碰伤。

（7）制作圆风管时，将咬口两端拍成圆弧状放在卷圆机上圈圆，按风管圆径规格适当调整上、下辊间距，操作时，手不得直接推送钢板。

（8）折方或卷圆后的钢板用合口机或手工进行合缝。制作时用力均匀，不宜过重。单、双口确实咬合，无胀裂和半咬口现象。

（9）法兰加工。

1）矩形风管法兰加工：

a）方法兰由四根角钢组焊而成，划线下料时应注意使焊成后的法兰内径不能小于风管的外经，用型钢切割机按线切断。

b）下料调直后放在冲床上冲击铆钉孔及螺栓孔、孔距不应大于150mm。如采用8501阻燃密封胶条做垫料时，螺栓孔距可适当增大，但不得超过300mm。

c）冲孔后的角钢放在焊接平台上进行焊接，焊接时按各规格模具卡紧。

d）矩形法兰用料规格应符合规定。

2）圆形法兰加工：

a）先将整根角钢或扁钢放在冷煨法兰卷圆机上按所需法兰直径调整机械的可调零件，卷成螺旋形状后取下。

b）将卷好后的型钢画线割开，逐个放在平台上找平找正。

c）调整的各支法兰进行焊接、冲孔。

d）圆法兰用料规格应符合规定。

（10）金属风管法兰用料规格应符合规定。在风管内铆法兰腰箍冲眼时，管外配合人员面部要避开冲孔。

（11）矩形风管边长大于或等于630mm、保温风管边长大于或等于800mm，其管段长度在1200mm以上时均应采取加固措施。边长小于或等于800mm的风管，宜采用楞筋、楞线的方法加固。

（12）中、高压风管的管段长度大于1200mm时，应采用加固框的形式加固。

（13）高压风管的单咬口缝应有加强措施，风管的板材厚度大于或等于2mm时，加固措施的范围可适当放宽。

（14）风管与法兰铆接前先进行技术质量复核，合格后将法兰套在风管上，管端留出10mm左右折边量，管析方线与法兰平面应垂直，然后使用液压铆钉钳或手动夹眼钳用铆钉将风管与法兰铆固，并留出四周折边。

（15）翻边应平整，不应遮住螺孔，四角应铲平，不应出现豁口，以免漏风。

（16）风管与小部件（嘴子、短支管等）连接处、三通、四通分支处要严密、缝隙处应利用锡焊或密封胶堵严以免漏风。

（17）风管喷漆防腐不应在低温（低于+5℃）和潮湿（相对湿度不大于80%）的环境下进行，喷漆前应清除表面灰尘、污垢与锈斑并保持干燥。喷漆时应使漆膜均匀，不得有堆积、漏涂、皱纹、气泡及混色等缺陷。

普通钢板在压口时必须先喷一道防锈漆，保证咬缝内不易生锈。

（18）钢板的防腐油漆按照设计要求。

（19）风管成品检验后应按图中主干管、支管系统的顺序写出连接号码及工程简名，合理堆放码好，等待安装。

3. 金属风管安装

（1）支、吊架制作。

1）按照设计图纸，根据土建基准线确定风管标高；并按照风管系统所在的空间位置，确定风管支、吊架形式，设置支、吊点。工程采用支、吊点形式采用膨胀螺栓法。

2）风管支、吊架制作前，首先要对型钢进行矫正，矫正的方法有冷矫和热矫两种；小型钢材一般采用冷矫正，较大的型钢须加热到900℃左右后进行矫正。矫正的顺序为先矫正扭曲后矫正弯曲。

3）风管支、吊架的形式、材质、加工尺寸、安装间距、制作精度、焊接等应符合设计要求，不得随意更改，开孔必须采用台钻或手电钻，不得用氧乙炔焰开孔。

4）支、吊架的焊接应外观整洁漂亮，要保证焊透、焊牢，不得有漏焊、欠焊、裂纹、咬肉等缺陷。

5）吊杆圆钢应根据风管安装标高适当截取。套丝不宜过长，丝扣末端不宜超出托架最低点，不得妨碍装饰吊顶的施工。

6）风管支、吊架制作完成后，应进行除锈刷漆。埋入墙、混凝土的部位不得油漆。

7）用于镀锌钢板风管的支架、抱箍应按设计要求做好防腐绝缘处理，防止电化学腐蚀。

（2）支、吊架安装。

1）按风管的中心线找出吊杆安装位置，单吊杆在风管的中心线上；双吊杆可按托架的螺孔间距或风管的中心线对称安装。吊杆与吊件应进行安全可靠的固定，对焊接后的部位应补刷油漆。

b）立管管卡安装时，应先把最上面的一个管件固定好，再用线坠在中心处吊线，下面的风管即可进行固定。

2）当风管较长要安装成排支架时，先把两端安好，然后以两端的支架为基准，用拉线法找出中间各支架的标高进行安装。

3）风管水平安装，直径或长边小于或等于400mm时，支、吊架间距不大于4m；直径或长边大于400mm时，不大于3m。当水平悬吊的主、干风管长度超过20m时，应设置防止摆动的固定点，每个系统不应少于1个。风管垂直安装时，支、吊架间距不大于4m；单根直管至少应有2个固定点。

4）支、吊架不得设置在风口、阀门、检查门及自控机构处，离风口或插接管的距离不宜小于 200mm。

5）抱箍支架，折角应平直，抱箍应紧贴并抱紧风管。安装在支架上的圆形风管应设托座和抱箍，其圆弧应均匀，且与风管外径相一致。

6）保温风管的支、吊架装置宜放在保温层外部，保温风管不得与支、吊托架直接接触，应垫上坚固的隔热防腐材料，其保温厚度与保温层相同，防止产生"冷桥"。

（3）风管法兰连接。

1）法兰密封垫料，选用不透气、不产尘、弹性好的材料，法兰垫料应尽量减少接头，接头形式采用阶梯形或企口形，接头处应涂密封胶。

2）法兰连接时，首先按要求垫好垫料，然后把两个法兰先对正，穿上几个螺栓并戴上螺母，不要上紧。再用尖冲塞进未上螺栓的螺孔中，把两个螺孔撬正，直到所有螺栓都穿上后，拧紧螺栓。紧螺栓时应按十字交叉逐步均匀地拧紧。风管连接好后，以两端法兰为准，拉线检查风管连接是否平直。

3）镀锌钢板风管法兰连接的螺栓，宜用同材质制成。

4）连接法兰的螺栓应均匀拧紧，其螺母宜在同一侧。

（4）柔性短管安装。根据施工图纸确定正确的安装位置。

1）柔性短管安装应松紧适当，不得扭曲。安装在风机吸入口的柔性短管可安装得绷紧一些，防止风机启动后被吸入而减少截面尺寸。

2）安装时，不得把柔性短管当成找平找正的连接管或异径管。

（5）风管安装。

1）安装顺序为先干管后支管。安装方法应根据施工现场的实际情况确定，可以在地面上连成一定的长度然后采用整体吊装的方法就位；也可以把风管一节一节地放在支架上逐节连接。整体吊装是将风管在地面上连接好，一般可接长至 10～12m，用倒链或升降机将风管吊到吊架上。

2）风管穿越需要封闭的防火、防爆的墙体或楼板时，应设预埋管或防护套管，其钢板厚度不应小于 1.6mm。风管与防护套管之间，应用不燃且对人体无危害的柔性材料封堵。

3）风管接缝应牢固，无孔洞和开裂。

4）风管系统安装完毕后，应按系统类别进行严密性检验。

（6）风帽安装。

1）风帽安装高度超过屋面 1.5mm，应设拉索固定，拉索的数量不应少于 3 根，且设置均匀、牢固。

2）不连接风管的筒形风帽，可用法兰直接固定在混凝土或木板底座上。当排送湿度较大的气体时，应在底座设置滴水盘并有排水措施。

（7）风口安装。

1）风口安装应横平、竖直、严密、牢固，表面平整。

2）带风量调节阀的风口安装时，应先安装调节阀框，后安装风口的叶片框。同一方向的风口，其调节装置应设在同一侧。

3）散流器安装时，应注意风口预留孔洞要比喉口尺寸大，留出扩散板的安装位置。

4）风口安装前，应将风口擦拭干净，密封垫料封堵严密，不能漏风。

5）排烟口与进风口的安装部位应符合设计要求，与风管的连接应牢固、严密。

(8) 风阀安装。

1) 风阀安装前应检查框架结构是否牢固，调节、制动、定位等装置是否准确灵活。

2) 风阀的安装同风管的安装，将其法兰与风管或设备的法兰对正，加上密封垫片，上紧螺栓，使其与风管或设备连接牢固、严密。

3) 风阀安装时，应使阀件的操纵装置便于人工操作。其安装方向应与阀体外壳标注的方向一致。

4) 安装完的风阀，应在阀体外壳上有明显和准确的开启方向、开启程度的标志。

5) 防火阀的易熔片应安装在风管的迎风侧，其熔点温度应符合设计要求。

4. 空调机组的安装

(1) 设备基础的验收。根据安装图对设备基础的强度、外形尺寸、坐标、标高及减振装置进行认真检查。

(2) 设备开箱检验。

1) 开箱前检查外包装有无损坏和受潮。开箱后认真核对设备及各段的名称、规格、型号、技术条件是否符合设计要求。产品说明书、合格证、随机清单和设备技术文件应齐全。逐一检查主机附件、专用工具、备用配件等是否齐全，设备表面应无缺陷、缺损、损坏、锈蚀、受潮的现象。

2) 取下风机段活动板或通过检查门进入，用手盘动风机叶轮，检查有无与机壳相碰、风机减振部分是否符合要求。

3) 检查表冷器的凝结水部分是否畅通、有无渗漏，加热器及旁通阀是否严密、可靠，过滤器零部件是否齐全、滤料及过滤形式是否符合设计要求。

(3) 设备运输。空调设备在水平运输和垂直运输之前尽可能不要开箱并保留好底座。现场水平运输时，应尽量采用车辆运输或钢管、跳板组合运输。室外垂直运输一般采用门式提升架或吊车，在机房内采用滑轮、倒链进行吊装和运输。整体设备允许的倾斜角度参照说明书。

(4) 一般装配式空调安装。

1) 阀门启闭应灵活，阀叶须平直。表面式换热器应有合格证，在规定期间内外表面又无损伤时，安装前可不做水压试验，否则应做水压实验。试验压力等于系统最高工作压力的 1.5 倍，且不低于 0.4MPa，试验时间为 2～3min；压力不得下降。空调器内挡水板，可阻挡喷淋处理后的空气夹带水滴进入风管内，使空调房间湿度稳定。挡水板安装时前后不得装反。要求机组清理干净，箱体内无杂物。

2) 现场有多套空调机组安装前，将段体进行编号，切不可将段位互换调错，按厂家说明书，分清左式、右式，段体排列顺序应与图纸吻合。

3) 从空调机组的一端开始，逐一将段体抬上底座就位找正，加衬垫，将相邻两个段体用螺栓连接牢固严密，每连接一个段体前，将内部清扫干净。组合式空调机组各功能段间连接后，整体应平直，检查门开启要灵活，水路畅通。

4) 加热段与相邻段体间应采用耐热材料作为垫片。

5) 表冷段段连接处要严密、牢固可靠，不得渗水，检视门不得漏水。积水槽应清理干净，保证冷凝水畅通不溢水。凝结水管应设置水封，水封高度根据机外余压确定，防止空气调节器内空气外漏或室外空气进来。

6）安装空气过滤器时方向应符合要求：

a）框式及袋式粗、中效空气过滤器的安装要便于拆卸及更换滤料。

b）过滤器的安装应符合以下规定：按出厂标志方向搬运、存放，安置于防潮洁净的室内。其框架端面或刀口端面应平直，其平整度允许偏差为±1mm，其外框不得改动。洁净室全部安装完毕，并全面清扫擦净。系统连续试车 12h 后，方可开箱检查，不得有变形、破损和漏胶等现象，合格后立即安装。安装时，外框上的箭头与气流方向应一致。用波纹板组合的过滤器在竖向安装时，波纹板垂直地面，不得反向。过滤器与框架间必须加密封垫料或涂抹密封胶，厚度为 6～8mm。定位胶贴在过滤器边框上，用梯形或榫形拼接，安装后的垫料的压缩率应大于 50%。采用硅橡胶密封时，先清除边框上的杂物和油污，在常温下挤抹硅橡胶，应饱满、均匀、平整。采用液槽密封时，槽架安装应水平，槽内保持清洁无水迹。密封液宜为槽深的 2/3。现场组装的空调机组，应做漏风量测试。

7）安装完的空调机组静压为 700Pa 时，漏风率不大于 3%；空气净化系统机组，静压为 1000Pa，在室内洁净度低于 1000 级时，漏风率不应大于 2%；洁净度高于或等于 1000 级时，漏风率不应大于 1%。

二、主厂房给排水工程施工案例

1. 作业程序的步骤流程（见图 7-5）

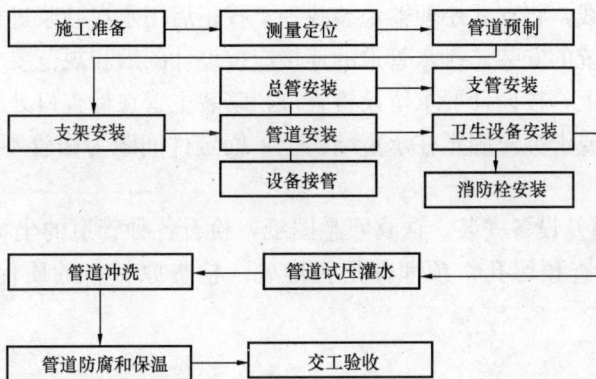

图 7-5 施工工艺流程

2. 作业方法

（1）给排水工程。

1）安装准备：认真熟悉图纸，对照相关专业图及装修图，核对各管道的标高，是否有交叉，管道排列所用空间是否合理。

2）预制加工：按设计图纸结合现场的实际情况对管道进行预制加工（断管、套丝、上零件等）。

3）干管安装：室内给水管采用 PPR，消防水管均为焊接钢管，应采用焊接法兰连接，管道安装完必须做水压试验。

4）主管安装：每层从上至下统一吊线安装卡件，并结合图纸上设计的管道走向及标高进行安装，外露丝扣和镀锌层破损处刷好防锈漆，立管上的检查口及阀门应朝外，便于操作和修理，安装后用线坠吊直找正，配合堵好楼板孔洞。

5）支管安装：将预制好的支管依次逐段安装，阀门应将阀门盖卸下再安装，按要求加好临叶固定卡。

6) 管道试压：埋地、暗装的塑料管再隐蔽前做好单项水压试验，等管道系统安装后进行综合水压试验，水压试验时放净空气，充满水后进行加压，进行检查，如各接口和阀门均无渗漏，持续到规定时间，观察其在试验压力下稳压 1h，压力降不超过 0.05MPa，然后在工作压力的 1.5 倍状态下稳压 2h，压力降不超过 0.03MPa，然后把水泄净，进行隐蔽验收。

7) 管道冲洗：管道在试压后，即可进行冲洗、消毒，冲洗应用自来水连续进行，保证足够的流量，冲洗后办理验收手续。

8) 管道防腐及保温：按设计要求外露管道及埋地管道，管支架均应防腐。

(2) 卫生洁具安装。安装准备→卫生洁具及配件检验→卫生洁具安装→卫生洁具预、稳装→卫生洁具与墙、地缝隙处理→卫生洁具外观检查→通水试验。

卫生洁具在安装前应进行检查、清洗、配件应齐全、配套、卫生洁具应进行预装后再稳装。

将预留排水管口周围清扫干净，将临时管堵取下，同时检查有无杂物，将下水管承口内抹上油灰，蹲便器下铺垫白灰膏，然后将蹲便器排水口插入排水管内稳好，找平找正，固定好。后将蹲便器两侧用砖砌好抹光，堵封好蹲便器排水口。

立式小便器安装前应检查给排水预留管口是否在一条垂线上，距离是否一致，符合要求后按照管口找出中心线，将立式小便器稳装找平、找正后用水泥砂浆进行封堵找平。

(3) 室内排水系统的安装。排水管道的连接应按设计图纸和规范要求，不可随意更改。

在生活污水管道上，按设计要求留设检查口，暗装主管在检查口处应安检修门。

排水管道的吊钩或卡箍应固定在承重结构上，固定件间距为横管不得大于 2m，主管不得大于 3m。

1) 室内消防管道及设备安装。认真熟悉图纸，检看各种管道的坐标，标高是否有交叉或排列位置不当，检查预留孔，预埋件是否准确。检查原材料的质保书，是否符合设计要求。

2) 管道安装。

a) 洒干管用法兰连接每根配管长度不宜超过 6m，连接固紧法兰时，检查紧固法兰时，检查法兰端面是否干净，采用 3~5mm 的橡胶垫片，法兰接口应安装在易拆装位置，管道的分支预留口在安装时应先预留好。

b) 管道焊接时，应清除接口处的浮锈，污垢及油脂。

c) 不同管径的管道焊接，连接时如两管径相差不超过小管径的 15%，可将大管端部缩口与小管对焊，超过小管径的 15% 时，应加工异径短管焊接。

d) 管道穿墙处不得有接口，管道穿过伸缩缝应有防冻措施。

3) 消火栓立、支管的安装。

a) 管道的分支预留口在吊装前应先预制好，所有预留口均应加好临时管堵。

b) 喷洒管道不同管径连接不宜采用补芯，应采用异径管。

c) 消火栓立管安装时，每层楼板要预留孔洞，立管可随结构穿入以减少立管接口。

d) 消火栓支管要以栓阀的坐标，标高定位甩口，核定后再稳固消火栓箱，箱体找正稳固再把栓阀安装好。箱门开启灵活。消火栓栓口中心距地面 1.1m，允许偏差 ±20mm。

e) 消防管道试压：试压可分层分段进行，上水时管节最高点要有排气装置，高低点各装一块压力表，满水后检查管路有无渗漏，如有法兰、阀门等部位渗漏，应在加压前紧固，升压后再出现渗漏时做好标记，卸压后处理，必要时泄水处理，冬季试压环境不低于+5℃，夏季试压最好不直接用外线上水，防止结露。

f）管道冲洗：消防管道在试压完毕后，可连续做冲洗工作，冲洗前先将系统中的流量减压孔板、过滤装置拆除，冲洗水质合格后重新装好。

g）统测试验收：消防系统通水调试应达到消防部门测试规定条件，消防水泵应接通电源并已试运转，测试最不利点的喷洒头和消防栓的压力和流量能满足设计要求。

（4）给水排水工程成品保护。

1）安装好的管道不得用以做支撑或放脚手板，不得踏压，其支托卡架不得作为其他用途的受力点。

2）管道在墙面做涂料时，要加以保护，不得污染管道。

3）阀门的手轮在安装时应卸下，交工时统一安装完好。

4）给水、排水的管件阀门及消火栓的运输、安装要避免碰撞损坏。

5）阀门及消火栓安装完要采取必要的保护措施以防损坏。

6）卫生洁具的搬运和安装应轻取轻放，防止磕碰。

7）洁具稳装后，为防止配件丢失和损坏，应在竣工前统一安装。

8）安装完的洁具应加以保护，以防损坏。

3. 质量通病及预防

质量通病及预防见表7-2。

表 7-2　　　　　　　　　　　　　　　质量通病及预防

质量事故预想	预 防 措 施
管道安装偏差	（1）核对材料与型号是否与图纸要求一致，清理干净管道内杂物。 （2）应注意管道坡度，如无坡度要求按要求定为 0.002～0.003。 （3）管道安装应绕过门窗或其他洞口及梁、柱、墙等。 （4）管道通过墙和楼板时应设置钢套管，在墙内的套管其两端与墙面相平，楼板内套管其顶部高出地面 20mm，底部与楼板底面相平。 （5）连接散热器的支管，如设计无坡度时，按照支管全长不大于 500mm 的坡度为 5mm；支管全长大于 500mm 为 10mm；当一根立管接两根支管，任一根超过 500mm 为 10mm。 （6）管道接头：大于 DN32 的采用焊接；小于 DN32 的采用丝扣连接，接头处应作防腐防锈处理

三、主厂房给排水施工案例

1. PP-R 塑料给水管安装

（1）管子应沿垂直于水平中心线剪截。焊接前应自管子端部做好标记，剪截要用专门管剪刀。

（2）先用干净的棉布清洁要连接的管子和配件的表面，如有必要，被焊的部位应用清洁布擦净。

（3）焊接机加热到 260℃，当控制指示灯变绿灯（260℃时自动变绿灯），开始焊接。

（4）在焊接过程中，管子和配件都不能移动、旋转，焊接的管子和配件需完全进入焊接机头，然后迅速直拉出，再焊接管子和配件。

（5）在焊接时不能旋转管子和配件，用完焊接机后，需清洁以备下次使用。

（6）给水管过楼板处加装套管，套管高出楼板面 5cm，为防止积水沿管道外壁下渗，在管道处做一高 5cm 圆形防水台阶。

（7）吊顶内的给水管道及明设给水横管在门洞上方的部分均保温。保温材料采用橡塑管壳，保温厚度为 10mm，保护层采用玻璃布缠绕，外刷两道调和漆。

2. 排水管道安装

（1）U-PVC 排水管按楼层高小于 4m 每层一个伸缩节，大于 4m 每层设两个伸缩节；悬吊横支管上的伸缩节之间的最大距离不超过 4m。

（2）管径大于或等于 DN100 的排水立管穿入屋面外楼层时设置阻火圈，阻火圈为明装。

（3）U-PVC 排水管及管件、器具应内外光滑，环形厚度均匀无裂纹和砂眼，U-PVC 排水管为承插连接，采用专用 U-PVC 胶连接材料，连接前管口用砂纸打磨出毛面，U-PVC 胶涂刷要均匀，固定牢靠与管道接触紧密。

（4）排水横支管在底层的埋在土层内，采用 N 型存水管，上层的吊在楼板下采用 P 型存水管，排出管与立管采用两个 45°弯头连接，立管底部的弯管处应设支墩，三通采用顺水三通。

承插接口应平直，环形间隙均匀，排水管道的坡度和方向应符合设计要求，严禁倒坡。

3. 卫生器具及附件安装

（1）生活给水管道上采用钢制截止阀，卫生间地漏、清扫口采用硬聚氯乙烯制品，全部给水配件采用节水型产品，不得采用淘汰产品。

（2）卫生间采用液压脚踏阀蹲式大便器，自闭式冲洗阀壁挂式小便器，台上式洗脸盆，上述洁具的颜色、型号等需经业主确定后方可购买安装，卫生洁具给水及排水五金配件应采用与卫生洁具配套的节水型。

（3）给水或排水管道穿墙和楼板要加套管，套管的规格要比所穿管规格大两号，穿墙套管两端面和墙面平齐，穿楼板套管底部和楼底面平齐，高出楼板面 3~5cm。

（4）卫生器具在土建工程基本完工，室内排水管道完毕后进行安装，卫生器具的托架用膨胀螺栓固定，托架安装平整牢固，与器具接触紧密，卫生器具与管道连接口严密无渗漏现象，阀门规格、型号应符合设计要求，位置进出口方向正确，连接牢固，启闭灵活，朝向合理。

4. HDPE 雨水管道安装

（1）材质要求。

1）管材和管件用不低于 PE80 等级的高密度聚乙烯混配黑料制造。

2）雨水斗采用不锈钢材质制造，长期使用斗体不会产生锈腐蚀。

3）紧固件采用与管道配套的专用管道固定系统，金属紧固件采用不锈钢，达到国家十级抗腐蚀要求。

4）管材的纵向回缩率不大于 1%。

（2）管材壁厚满足要求。

（3）管材和管件及雨水斗之间采用电熔或热熔连接，管材和雨水斗间采用电熔连接。

（4）雨水管道安装注意事项。

1）管道安装坡度要严格按照设计施工，排水漏斗下侧横支管与干管连接处采用 45°斜三通。连接管与悬吊管的连接宜采取 45°三通进行连接，以保证良好的水力条件确保排水畅通，防止堵塞。

2）雨水立管应按设计要求设置检查口，检查口中心宜距地面1.0m，水平悬吊管无需设检查口，以保证系统的气密性。

3）每个汇水区域的雨水斗数量不宜少于2个，斗间距不宜大于20m，同一系统的雨水斗宜在同一水平面上。

4）悬吊管与雨水斗出口的高差应大于1.0m。安装过程中，管道和雨水斗的敞开口应采取临时封堵措施。

5）采取热熔或电熔的塑料管道，必须等管道完全冷却后方可放松管道，以免管道发生变形。

5. 水压试验及管道冲洗

（1）生活及生产供水管道试验压力为1.10MPa，当管路系统安装完毕后，应把管路冲洗干净，首先把供水总阀，卫生器具上的阀门打开，向系统内注入洁净水，同时检查给排水管道及卫生器具连接口，发现泄漏及时处理，直到排水顺畅，无泄漏为合格；给水管道在系统运行前须用水冲和消毒，要求以不小于1.5m/s的流速进行冲洗，以管道通畅为合格。

（2）生活排水立管注水高度为一层楼高，30min后液面不下降为合格，生活排水立管、横干管要求做通球试验。

四、主厂房采暖施工案例

管路系统安装工艺流程为测量放线→支吊架制作→支吊架安装→主管道安装→散热器安装→立支管安装→水压试验→管道油漆、保温。

1. 施工前的准备

对所有进入现场的施工人员要进行认真的技术和安全交底，然后依照图纸熟悉施工现场，及时发现问题；将所需要的材料领至施工现场，在领料时要注意所领材料与图纸设计是否一致，材料是否有缺陷，领料时要及时向物资供应部门索取材料合格证，所有使用的工机具要进行全面认真的检查，确认完好方可使用。

2. 支吊架制作安装

支吊架制作要根据管道布置位置确定支架形式，并根据《采暖设备安装图集》下料制作；制作时，所有支吊架一律用无齿锯切割，台钻钻孔，严禁用气割割断；支吊架安装前首先根据图纸设计标高及坡度定出支架标高，再按支架间的间距要求确定出每个支架的准确位置。

支架安装要平稳、牢靠、端正，滑动支架工作面要平滑灵活，无卡涩，各种支架中的螺纹紧固件在固定完毕后，其末端要留有2~3扣螺纹。

3. 管道安装

管道安装要先安装干管再装支管，管径在DN32及以上时采用电焊连接，管径DN32及以下时采用螺纹连接，管道穿墙或楼板时应加套管。

穿墙套管长度应和墙面平齐；穿楼板时，其下端与楼板下边齐，上端要高出楼层面20mm。管道焊接时，要先将管端磨成一定形式的坡口。对口前要将焊端的坡口面及内管壁20mm以内的铁锈、油脂等清除干净，对口时不能强力对口，以免产生附加应力。焊口表面要光洁、平整，无夹渣、结瘤、气孔等现象，焊口应离开支架200mm以上且不准在焊缝上开口连接支管或安装表计，管道过墙或楼板段不应有焊口。

管道螺纹连接时，加工出的螺纹要端正、清晰、完整、光洁，不得有毛刺或乱丝现象，断丝和缺丝的总长度不得超过螺纹全长的 10%；管道连接时应先在管螺纹外面缠上麻丝和铅油，然后用手拧入 2～3 扣，再用管钳一次拧紧，不得倒回，拧紧后，管端应留有 2～3 扣螺纹；连接后要及时将管端多余麻丝用锯条锯掉，各类填料在螺纹里只能使用一次，重新装卸时要更换填料。

上供下回热水系统干管变径采取顶平偏心连接，在管道干管上焊接水平或垂直支管，干管开孔产生的钢渣及管壁等废弃物不得留在干管内，且分支管在焊接时不得插入干管内。

汽水同向流动的热水采暖管道，坡度为 0.3%，汽水逆向流动的热水采暖管道，坡度为 0.5%。散热器支管的坡度为 1%，坡向有利于泄气和排水。

方形补偿器采用整根无缝管煨制，如需接口，其接口设在垂直壁的中间位置，且接口必须焊接，方形补偿器应水平安装，并与管道的坡度一致，如其臂长垂直安装，必须设排水和泄气装置。当大于 DN32 焊接钢管转弯时，作为自然补偿时应采取煨弯。

由于煨弯半径受管径材质及影响，为使安装后管路美观，转弯采用焊接热压弯头连接方式。

4. 阀门安装

阀门安装型号、位置及介质流向符合设计，阀门安装后要便于操作与检修。安装前要先检查其填料及压盖螺栓是否满足使用，外观质量有无缺陷，操作是否灵活。阀门与法兰的垫子采用耐热橡胶板或硅橡胶制作，阀门与法兰要一次上紧，所有螺栓朝向要一致且螺栓丝头在阀门侧，法兰端面与管道中心线垂直，所有阀门应在关闭状态下安装。为便于检修，螺纹连接的控制阀配活节，活节安装在散热器一侧。

平衡阀型号、规格、公称压力及安装位置应符合设计要求。安装完后应根据系统平衡要求进行调试并做出标志。

5. 散热器和暖风机安装

散热器样式、颜色要经过业主确认，散热器工作压力为 1.0MPa，散热器安装前要试压，试验压力为 1.5MPa，耐压时间为 2～3min。

散热器安装前要根据所处的空间决定采取何种安装方式。如果安装在砖墙上，散热器采用张力拖钩形式；如安装在压型板上，散热器采取加支腿安装方式。

散热器安装时，首先把散热器临时固定在墙上，找出固定点的位置，然后用膨胀螺栓固定在墙上，托钩进入砖墙的尺寸不小于 110mm，散热器安装后要端正、牢稳。安装在窗下时，其垂直中心线应与窗口中心线相符，散热器要平行于墙面，散热器到墙面距离不小于 5cm，如果产品提供安装尺寸时按产品安装说明书执行。

6. 系统试压

系统安装完善后即可进行管道试压，试验压力要求为 1.2MPa，首先把自动排气阀下阀门关闭，试压采用手动打压方式，以 10min 内压力降不大于 0.02MPa，降至 0.8MPa 后不渗不漏为合格，打压用水通过排污管排至污水井内。

7. 系统水冲洗

系统打压完毕后对管路进行水冲洗，先用清水冲洗水平供水干管及总供水立管，再进行立管及回水管冲洗，最后进行全系统的冲洗，以冲洗水质透明无杂质为合格，之后恢复系统连接，水压试验及水冲洗管道要保留施工记录。

8. 油漆保温

管道试压合格后并经验收后方可进行管道油漆及保温。采暖系统所有的金属管道及金属构件均涂红丹防锈漆两道，明装管道及管件刷银粉漆两道，涂刷前要先将管道及支架表面除锈干净，直至露出金属本色，油漆要均匀、有光泽且无漏涂现象。保温管段的保温材料为岩棉管壳，管壳厚度为 40cm，保温层外做 0.5mm 厚的铝合金保护壳，岩棉管壳要贴紧管道壁，相连管壳要靠紧，铝合金保护壳要平整、光洁，接缝要留在管底处且成一条直线。

五、主厂房虹吸雨水系统施工案例

主体施工阶段配合土建前期做好预埋、预留及埋地出户管安装工作和后期雨水斗及管线的安装工作。主体完成后，全面复查预埋预留的孔洞及管线是否准确，孔洞全部找出，暗埋管线做好维护工作，以免被破坏。能在公司工厂预制的尽量预制，以加快安装进度。施工工艺流程如图 7-6 所示。

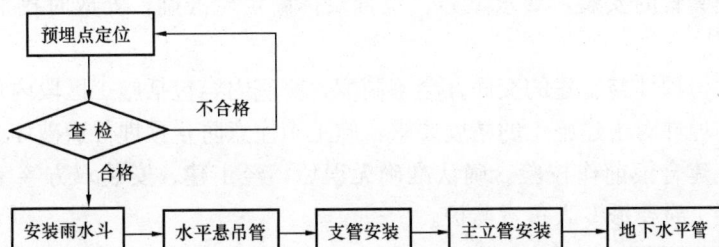

图 7-6 施工工艺流程

1. 虹吸雨水系统 HDPE 管道连接

（1）用热熔焊机连接方法。

1）清洗管材管口部分内外表面，必须清洁无污染。

2）使用热熔（电熔）焊机连接管道及配件（焊机使用必须使用严格遵守操作规程），用热熔焊机热熔连接。

3）把连接的管材根据其规格选用相应的夹瓦，并固定在热熔焊机的焊接架上，要连接的管的管道边距其靠近的夹瓦 30～50mm 为宜。

4）刨刀放在要连接的两管之间，固定在焊接架上，打开油压开关和刨刀电源开关，对管口进行刨口，直斗管口断面垂直于管道的中心线为止，关掉油压开关和刨刀电源，取掉刨刀。

5）清理管材管口部分及管配件内外表面，使之清洁无污染。

6）加热：把加热板放在要连接的两管之间，固定在焊接架上打开油压开关使两管口紧贴在加热板上，调节焊机的加热温度，打开加热板的电源开关，给管进行加热，管壁厚度在 4.3～14.2mm 时，加热温度为 210～220℃，管壁厚度在 15.9～30mm 时，加热温度为 250℃，当温度达到调节值时，关掉油压开关和加热板电源开关，停止加热，取掉加热板。

7）焊接：打开油压开关，在 5～6s 内把要连接的管熔接在一起，焊接完成好的管道一般要冷却 20min 左右。

（2）用电熔机、电熔套管连接。

1) 根据需要连接的管道规格，选择相应的电熔套管。

2) 处理管材管口部分及管配件的内外表面，使之清洁无污染。

3) 要连接的两管插（两根）接在电熔套管的两个接线端子上，并根据电熔套管的规格，调节好电熔焊机的焊接时间（注：电熔焊机说明都有相对应的管材管径和焊接时间），打开电源开关，开始焊接，焊接必须严格按照规定的焊接时间操作，严禁加时焊接。

4) 电熔套管焊接完毕后，关掉焊机电源，取掉输出电源线，焊好的管道一般冷却20min 左右。

2. 预留、预埋工作

（1）施工准备期间，对照土建施工图，认真阅读安装施工图，找出所有预埋点，并找出其型号统一编号，加工制作。

（2）对预埋点的准确定位，雨水斗预埋或预留，均需土建定出准确的控制轴线和控制标高点，然后用水平仪、卷尺、线坠等测量工具，准确定出预埋点位置。

（3）对预埋套管的安装，要求型号、位置及标高定位准确，安放时找平找正定位固定牢固。

（4）加强预留预埋与土建的交底及会签制度，交底内容包括施工区段内预留预埋的内容及具体部位、预埋件对土建施工的精度要求，施工中注意防止预埋件遭破坏或偏位。对已留孔洞预埋件在土建合模前作校验。确认准确无误后，经土建、安装双方签字认可，方可合模，在浇筑混凝土时要派专人负责监护。

（5）整个预留预埋工作，在施工人员安装完毕后，由施工班长作自检核实，技术工程师、质检员作第二次查核后，会同监理工程做最后验收核对。进行隐蔽，以保证预留预埋的准确性和精确性。

3. 雨水斗安装

雨水斗安装在混凝土天沟内，应注意：

（1）将雨水斗座连同保护螺栓预埋在设计位置的混凝土中，预埋雨水斗座时应注意预留出找坡找平层的高度。

（2）旋掉保护螺栓，将表面灰尘清洗干净，安装上新的虹吸式屋面地漏配套的螺杆，装上双面自黏密封胶圈。

（3）铺设柔性防水卷材时将与螺杆位置相配置的地方钻眼。

（4）用螺帽将卷材压环、空气挡板、雨水整流栅坚固在雨水斗座上。

（5）根据现场实际构造层次调节好空气挡板上部的调节螺杆高度并坚固螺杆。

（6）将防叶罩牢固的安装在螺杆上。

（7）雨水斗安装完毕后应进行表面清洁和成品保护措施，防止杂物进入斗体内。

（8）在预留孔中安装雨水斗，孔洞要打毛、冲洗，灌浆所用水泥砂浆配比要比该处结构层高一个标号，灌浆要分两次或三次完成，每次都要做灌水试验，灌水不渗漏，后续灌浆可一次完成。

（9）预埋斗体后应进行表面防护工作，以防杂物进入斗体，造成管道堵塞。

（10）旋掉防水压环固定螺栓上的定位螺母，将表面清洁干净，装上自黏密封圈，铺设柔性防水卷材。

（11）雨水斗安装完毕后，应进行表面清洁和成品保护措施。

4. 雨水斗与管道的连接

雨水斗与 HDPE 管道连接采用法兰连接，即利用一个钢塑转换头和一个法兰片实行雨水斗与管道的连接，这种连接方法有连接牢固、施工方便等优点。

5. 二次悬吊系统及支架的安装

二次悬吊系统能将雨水悬吊管因温度变化产生的膨胀变形分解到各固定支（吊）架之间，使变形无法目测察觉。在安装管道系统以前，按照设计位置把固定系统安装好。

首先，对于悬吊水平管道的二次悬吊系统，按照设计的数量和位置先把安装片焊接在钢结构上，如果是钢筋混凝土结构，则用钢膨胀螺栓把安装片固定在钢筋混凝土上，用螺杆、管卡紧固装置把悬吊方钢管固定起来，水平度调整至符合设计要求，以便进行水平管道的安装。对于立管的固定装置，同样按照设计要求和规范规定把安装片固定在柱子或墙壁上，以便进行立管管卡的安装。

具体安装步骤为：

（1）根据管道走向确定二次悬吊支架位置并划线。

（2）根据规范要求确定支架数量，将安装片固定。

（3）使用连接方管将悬吊方管连接并通过安装片固定。

（4）按设计要求使用管卡，将连接好的悬吊管固定在支架上。

6. 管道穿过墙壁和楼板金属或塑料套管做法

管道穿过墙壁和楼板，应设置金属或塑料套管。安装在楼板内的套管，其顶部应高出装饰面 20mm；安装在卫生间及厨房内的套管，其顶部应高出装饰面 50mm，底部应与楼板底面相平；安装在墙内的套管其两端与饰面相平。管道穿越地下室剪力墙时要加设刚性防水套管。

7. 管道阻火圈及波纹伸缩器安装

（1）HDPE 管道穿越防火墙或楼板时需要加设阻火圈。

（2）波纹伸缩器安装。

1）不锈钢波纹伸缩器与管道之间采用法兰连接保证系统密封性。

2）安装完毕后，松动相关螺栓，保证波纹伸缩器的规定伸缩量。

六、主厂房消防施工案例

1. 施工前的准备

（1）对所有进入现场的施工人员要进行认真的技术和安全交底，然后依照图纸熟悉施工及时发现问题，施工图纸必须经过消防主管部门会审同意后的施工图纸。

（2）将所需要的材料领至施工现场，在领料时要注意所领材料与图纸设计是否一致、材料是否有缺陷，领料时要及时向物资供应部门索取材料合格证，系统的组件、配件及其他设备材料，应符合设计要求和有关标准规定，有出厂合格证，所有消防设备有国家消防检验报告。

（3）所有使用的工机具要进行全面认真的检查，确认完好后方可使用。

2. 支吊架制作安装

管道支吊架的材料、型式和尺寸及焊接质量应符合设计要求。支吊架应固定牢固可靠，其间距应符合要求。

3. 管道安装

（1）管道安装要先安装主管再装支管，全部管道采用电焊连接，与消防栓采取螺纹连接，管道穿墙或楼板时应加套管，穿墙套管长度应和墙面平齐；穿楼板时，其下端与楼板下边齐，上端要高出楼层面 20mm，煤仓间及室外防水楼面套管要做成止水片样式。

（2）管道焊接时，要先将管端磨成一定形式的坡口。对口前要将焊端的坡口面及内管壁 20mm 以内的铁锈、油脂等清除干净，对口时不能强力对口，以免产生附加应力。焊口表面要光洁、平整，无夹渣、结瘤、气孔等现象，焊口应离开支架 200mm 以上且不准在焊缝上开口连接支管或安装表计，管道过墙或楼板段不应有焊口。

（3）管道焊缝应有加强面高度和遮盖面宽度。管道焊接完毕后，应作外观检查。如焊缝缺陷超过规定标准，应进行修整。

（4）焊接管道分支管，端面与主管表面间隙不得大于 2mm，并不得将分支管插入主管的管孔中，分支管管端加工成马鞍形，双面焊接管道法兰，法兰内侧的焊缝不得凸出法兰密封面。

（5）管道螺纹连接时，加工出的螺纹要端正、清晰、完整、光洁，不得有毛刺或乱丝现象，断丝和缺丝的总长度不得超过螺纹全长的 10%；管道连接时应先在管螺纹外面缠上麻丝和铅油，然后用手拧入 2～3 扣，再用管钳一次拧紧，不得倒回，拧紧后，管端应留有 2～3 扣螺纹；连接后要及时将管端多余麻丝用锯条锯掉，各类填料在螺纹里只能使用一次，重新装卸时要更换填料。

4. 消防栓及阀门安装

（1）室内消火栓的安装位置及高度应符合设计要求，消火栓的接口应朝外，不应安装在门轴侧，栓口中心距地面为 1.1m，允许偏差 ±20mm，阀门中心距箱侧面为 140mm，距箱后内表面为 100mm，允许偏差 ±5mm，消火栓箱体安装的垂直度允许偏差为 3mm。

（2）系统中控制阀，其型号、规格和安装位置、介质流向均应符合设计要求，阀门安装后要便于操作与检修，安装方向应正确，控制阀内应清洁、无堵塞、无渗漏。阀门与法兰的垫子采用橡胶板制作，阀门与法兰要一次上紧，所有螺栓朝向要一致且螺栓丝头在阀门侧，法兰端面与管道中心线垂直，所有阀门应在关闭状态下安装。

5. 油漆保温

明装管道及管件和支吊架除锈合格后进行刷漆，刷漆要刷先刷红丹底漆两道，涂刷前要先将管道及支架表面除锈干净，直至露出金属本色，漆膜要均匀、有光泽且无漏涂现象。管道两端焊口处留 5cm 长不刷漆，等管道焊接并验收完后再补刷防锈漆，两道面漆待管道全部安装完毕后再刷。埋地管道刷一道红丹底漆、一道环氧煤沥青漆、一层玻璃丝布、一道环氧煤沥青漆。

6. 系统的试压和冲洗

（1）管道安装结束后应对管道进行水压试验，工作压力为 1.1MPa，试验压力要求为 1.6MPa，先用向管道内注满水，然后用电动打压泵向管道内打压，当压力达到 0.3MPa，检查管道接口处有无渗漏，如无渗漏，继续升压至 1.0MPa，停止升压，检查管道接口处有无渗漏，管道有无变形，如无渗漏变形现象，继续稳压至 1.6MPa，保压 30min，目测管道无泄漏和变形，且压降不大于 0.05MPa 为合格，打压用水从排水管引接排至污水井内。

（2）系统打压完毕后对管路进行水冲洗，首先接入一定压力的自来水，自来水压力要大于 0.3MPa，排水选择安装好的排水管道排出，冲洗时先冲洗主管，再进行支管，最后进行全系统的冲洗，以冲洗水质透明无杂质为合格，之后恢复系统连接，水压试验及冲洗要保留记录。

七、主厂房真空清扫案例

1. 施工前的准备

结合图纸熟悉施工现场，及时发现问题，提出材料计划；将管道及管件领至施工现场，在领料时要注意所领材料与图纸设计是否一致，材料是否有缺陷，领料时要及时向物资供应部门索取材料合格证，检查所用工机具是否完好。

2. 支吊架制作安装

根据管道位置确定支架样式，制作时，所有支吊架一律用无齿锯切割，台钻钻孔，严禁用气割切割；支吊架安装前首先根据图纸设计定出支架标高，再按支架的间距要求确定出每个支架的位置；支架安装要平稳、牢靠、端正，支吊架在钢柱或钢梁上生根，尽量避免在加气块墙体上固定，立杆必须垂直安装。

3. 管道安装

（1）管道安装要先安装干管再安装支管，穿楼板时加套管，套管下端与楼板面下边缘平，上端高出楼面 20mm。

（2）弯管的曲率半径为 8～12 倍管径，当确有困难时，弯头的曲率半径不应小于 6 倍，弯管的内壁面应光滑，不得采用褶皱弯管。

（3）吸尘管道采取焊接连接，管道焊接时，先将管端打磨出一定形式的坡口。对口前要将焊端的坡口面及内管壁 20mm 以内的铁锈、油脂等清除干净，不能强力对口，以免产生附加应力，焊口表面要光洁、平整，无夹渣、结瘤、气孔等现象。

（4）焊口应离开支架 200mm 以上，且不准在焊缝上开口连接支管或安装表计，管道过墙或楼板段不应有焊口。

（5）吸尘管道的坡度宜为 0.5‰，并坡向立管或吸尘点；吸尘嘴与管道的连接，应严密。

（6）从水平或垂直管道上引接支管时，必须与管道接成 15°夹角，接头可采用 30°夹角。从水平管道上接支管时，只能从管道的侧面或顶部接出，不可从底部接出。

（7）管道在楼面组合好后整体用倒链吊挂到支架上，立管应尽量在地面或楼面上组合，减少单根管道现场焊接组合的劳动强度。

4. 阀门安装

（1）阀门安装型号、位置及介质流向符合设计，要便于操作与检修，安装前要先检查其填料及压盖螺栓是否满足使用，外观质量有无缺陷，操作是否灵活。

（2）阀门与法兰要一次上紧，所有螺栓朝向要一致，螺栓露出螺帽 2～3 丝扣，法兰端面与管道中心线要垂直，所有阀门应在关闭状态下安装。

5. 系统试压

（1）系统安装完善后即可进行试压，试压采用水压方式，试验压力为工作压力的 1.5 倍，以 5min 内压力降不大于 0.02MPa 为合格。系统打压完毕后对管道进行水冲洗，直至冲洗水达到要求为止。水压试验及水冲洗管道要保留施工记录。

（2）系统冲洗先用清水冲洗水平供水干管及总供水立管，再进行立管及回水管冲洗，最后进行全系统的冲洗，以冲洗水质透明无杂质为合格，之后恢复系统连接。

第三节　主厂房照明及避雷针施工

一、主厂房照明施工案例

1. 作业程序的步骤流程（见图 7-7）

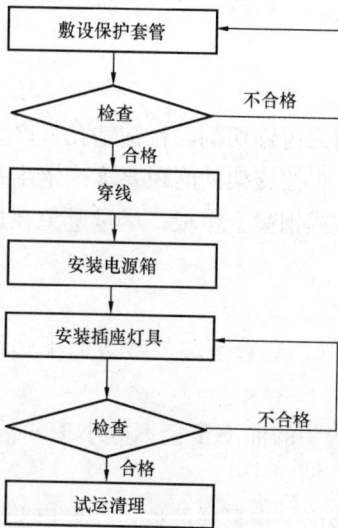

```
敷设保护套管  ◄─────────────┐
     │                      │
     ▼                      │
  检查 ◄── 不合格 ──────────┤
     │ 合格                 │
     ▼                      │
   穿线                     │
     │                      │
     ▼                      │
 安装电源箱                 │
     │                      │
     ▼                      │
安装插座灯具                │
     │                      │
     ▼                      │
  检查 ── 不合格 ───────────┘
     │ 合格
     ▼
  试运清理
```

图 7-7　施工工艺流程

2. 作业方法

（1）开箱检验。

1）开箱检验时应轻拿轻放，防止损坏。

2）外观检查良好、铸件无裂纹及砂眼、玻璃罩无碎裂、密封良好。

3）照明器具应符合相关标准并具有有效的合格证件。

4）照明器具的型号规格、防爆等级符合设计要求。

5）零配件齐全完好、符合要求。

（2）预制。照明灯具预制参照设计重复利用图，灯杆各段比例、长度、弧度一致。

（3）照明支架预制。

1）照明支架的尺寸应根据照明配管部位具体情况确定，同一场所内使用的支架应长短一致。

2）照明支架的钻孔直径由所使用 U 形卡的直径确定。

（4）照明灯具安装前应进行组装、接线和试亮，灯头接线采用的导线规格符合设计要求，接线应采用不同颜色的导线来区分相线和零线，螺纹灯头的相线应接在中心端子上。带电池的应急灯应进行放电试验，应急灯的持续放电时间应符合设计和产品说明书的要求。

（5）照明箱安装。

1）照明箱定位应依据设计照明平面图的要求，不得随意移动位置。

2）照明箱安装的标高符合设计要求，垂直度误差不应超过 0.15%。

3）照明箱安装过程中要注意保护照明箱上的开关把手。

（6）配管。

1）钢管切断。

a）钢管切断采用无齿锯、钢锯、割管器等工具。切断时用力均匀，切断口用锉刀或绞刀锉光（或刮光）使管口整齐光滑。

b）采用钢锯切断时，锯条保持垂直，推锯时稍加压力，用力均匀、不要过猛，以免弄断锯条，回锯时不加压力。将锯稍抬起，尽量减少锯条磨损。

2）钢管套丝。套丝长度：当与接线器具螺纹口相连时不宜小于管外径的 1.5 倍；管与管相连时不小于管接头长度 1/2 加 2～4 扣；采用手带丝时宜两遍成型。

3）钢管煨弯。钢管煨弯时宜采用弯管机或弯管器，弯管器的选用不得以大代小，弯管时应多次向后移动弯管器，每次后移的距离不宜过大；带丝扣弯曲时为保护丝扣可将丝头带上管箍或加一块适当厚度的木板。

4）管路连接。

a）管箍丝扣连接。套丝不得有乱扣现象；管箍必须使用通丝管箍。上好管箍后，管口应对严。外露丝应不多于 2 扣。

b）套管连接宜用于暗配管，套管长度为连接管径的 1.5～3 倍；连接管口的对口处应在套管的中心，焊口应焊接牢固严密。

c）坡口（喇叭口）焊接。管径 80mm 以上钢管，先将管口除去毛刺，找平齐。用气焊加热管端，边加热边用手锤沿管周边，逐点均匀向外敲打出坡口，把两管坡口对平齐，周边焊严密。

5）管与管的连接。管径 20mm 及其以下钢管以及各种管径电线管，必须用管箍连接。管口锉光滑平整，接头应牢固紧密。管径 25mm 及其以上钢管，可采用管箍连接或套管焊接。

6）支架安装。建筑物照明配管根据设计要求可采用支架固定或使用卡子沿墙固定，采用支架安装时，应先安装两端的支架，再拉粉线固定中间的支架。支架的间距符合要求，且间距均匀一致，整齐美观。

7）配管选用。卡子固定时，可采用塑料胀管或膨胀螺栓。

8）水平或垂直敷设的明照明管，其水平或垂直安装的允许偏差为 1.5mm/m，全长偏差不应大于管内径的 1/2。

9）钢管连接时，管端螺纹长度不应小于管接头长度的 1/2；连接后，其螺纹外露 2～3 扣，螺纹表面应光滑、无缺损；所有的螺纹连接应使用管钳拧紧；非防爆区域的配管螺纹连接处应焊接接地跨接线。

10）爆炸和火灾性危险环境的照明配管。

a）螺纹加工应光滑、完整、无锈蚀，在螺纹上应涂以电力复合脂或导电性防锈脂。不得在螺纹上缠麻或绝缘胶带及其他油漆，且外露丝扣不应过长。

b）除设计有特殊规定外，连接处可不焊接金属跨线。

c）电气管路之间不得采用倒扣连接；当连接有困难时，应采用防爆活接头，其接合面应密封。

d）隔离密封件的内壁，应无锈蚀、灰尘、油渍。

e）导线在密封件内不得有接头，且导线之间及与密封件壁之间的距离应均匀。

f）管路通过墙、楼板或地面时，密封件与墙面、楼板或地面的距离不应超过 300mm，且此段管路中不得有接头，并应将孔洞堵塞严密。

g）配管穿过不同等级的爆炸和火灾危险环境应装设隔离密封件。

11）暗管敷设方式。

a）随墙（砌体）配管。

b）大模板混凝土墙配管。

c）现浇混凝土楼板配管。

（7）照明器具安装。

1）室内安装的灯具，严格按照设计说明，设计说明中没有的严格按照规范。距地面高度不小于 3m；当在墙上安装时，其距地面高度不小于 2.5m。

　　2）灯具安装要符合下列要求：

　　a）同一场所成排安装的灯具，其中心线偏差不大于 5mm。

　　b）灯具在混凝土楼板下固定参考相关图集。

　　c）灯具在混凝土楼板下的梁上固定参考图纸要求或相关图集。

　　d）吊杆灯在槽型板缝安装。

　　e）防爆灯具、防爆插座与电缆和导线要可靠地接线和密封；防爆分线盒的多余进线孔其弹性密封垫要齐全，并将压紧螺母拧紧使进线孔密封，金属垫片厚度不小于 2mm。

　　(8) 穿线、接线。

　　1）照明主回路和分支回路的导线截面规格符合设计要求。

　　2）照明器具应按设计给定的回路编号进行穿线、接线，保证三相平衡。

　　3）照明穿线宜采用不同的颜色区分各照明回路、相线、零线。

　　4）带接地孔的插座配接地专用线。

　　5）单相两孔插座，面对插座，右孔或上孔与相线相连接，左孔或下孔与零线相连接；单相三孔插座，面对插座右孔与相线相连接，左孔与零线相连接，上孔与地线相连接。

　　6）插座的接地端子不能与零线端子直接连接。

　　7）同一场所的三相插座其接线相位必须一致。

　　8）照明回路的相线要经开关控制。

　　9）照明接线宜采用压接管或挂锡法接线，压接管直径应与导线的截面、根数配合，压接牢固不松动。

　　10）照明线接头绝缘包缠不低于原导线的绝缘强度，用黑胶布、橡皮包布包好。

　　(9) 通电检验。

　　1）通电前经过绝缘检查，绝缘电阻合格。

　　2）灯具回路、照明箱应分别进行检查绝缘。

　　3）核对灯具位号是否与设计符合。

　　4）通电检验应保证所有灯具正常，开关控制正确，插销应进行验电和断电检查。

　　5）所有灯具亮后，照明箱电源的三相电流应平衡。

　　(10) 密封。

　　1）密封件内在电缆或导线敷设后必须填充水凝性粉剂密封填料。

　　2）粉剂密封填料的包装必须密封。密封填料的配制应符合产品的技术规定，浇灌时间严禁超过其初凝时间，并应一次灌足。凝固后其表面应无开裂。排水式隔离密封件填充后的表面应光滑，并可自行排水。

　　3. 质量通病及预防

　　质量通病及预防见表 7-3。

表 7-3　　　　　　　　　　　　　　质量通病及预防

项次	质量事故预想	预 防 措 施
一、埋管及穿线		

项次	质量事故预想	预 防 措 施
1	管线埋设缺陷	(1) 管道材质、强度按要求选用，连接采用套丝或焊接，煨弯采用定型煨管机； (2) 埋设时保证埋深，避免地面裂缝； (3) 已埋设管道与图纸不符合的要现场做好标记，做好记录，便于日后查找和保护
二、照明		
1	开关、插座，配电盘安装偏差	(1) 根据实际需要、方便、安全、美观等条件进行； (2) 安装位置要弹线、靠尺、线坠测量调整。
2	照明灯具安装不合理	根据实际需要、方便、安全、美观等条件进行

二、主厂房避雷针施工案例

1. 避雷针制作

避雷针制作完成后经过喷砂防腐并完成喷锌，整体避雷针分两节吊装，即下段单独一节、中段和上段组合成一节。

2. 安装脚手架

因安装无法利用吊装机械进行吊装，必须使用人工，现场需要搭脚手架进行配合。

脚手架形式：搭安装井字架。

脚手架位置：在 A 列 7 轴、11 轴柱顶，从柱顶（39m）和汽机房屋面生根。

脚手架高度：39m 柱头以上不小于 6m，满足吊装两节避雷针的要求。

脚手架构造：井字架外形尺寸 2m×2m，横杆间距 2m，四面加斜撑。

脚手架固定：39m 脚手架横杆与 A 列钢梁采取刚性固定，具体可采取焊接的方式将脚手管固定在钢梁上，确保脚手架的稳定性。脚手架最高部位横杆悬挑（不少于两根），悬挑出的横杆上固定滑轮，用以避雷针的提升。为了确保架子稳定性，悬挑长度不能超过 0.5m。

脚手架验收：脚手架搭设完成，在安装避雷针之前需要经过架子专业验收，验收合格方可进行安装施工。

3. 安装过程

避雷针通过吊车先垂直运输到汽机房屋面上，再用人工抬到安装部位。

先安装下节，用滑轮垂直运输到位，调整垂直度，将避雷针与钢柱顶部焊接。等该节固定牢固后方可松钩。

上节同样使用滑轮进行安装。吊点设置在中段和上段交界部位，用滑轮提升到位后与下段进行焊接。必须全部焊接完毕后才能送钩。

4. 节点处理

焊接节点部位要现场打磨，打磨后进行防腐处理。

第八章

集控楼、网络继电器楼施工措施

第一节 集控楼施工

集中控制楼是火力发电厂两台机炉之间与主厂房相连接的大型建筑物,是发电厂的控制中枢,其作用十分重要。

一、集控楼基础土方开挖案例

1. 施工方案

集控楼基础、废水池基础土方工程采用机械大开挖的形式开挖。反铲挖掘机配合人工挖土、自卸汽车运土,一次开挖至设计标高。基坑排水采用明沟排水的方式,基坑边设置排水明沟,每30m左右设置一个集水井,然后用水泵将集水井内的水排到锅炉旁的排水沟中。地基桩桩头处理工作随土方开挖进度同时进行。开挖顺序为自扩建端至固定端方向进行。随挖土进程,在距基坑上口边1000mm处设置黏土挡水埝。坡道两侧采用编织袋装土搭设。

2. 施工工艺流程

完善施工环境、修筑施工通行道路→控制点的设置和复检→放基坑各开挖阶段上口线、底口线→土方开挖、桩头处理、排水→地基验槽。

3. 施工方法和要求

(1) 完善施工环境、修筑施工通行道路。在土方开挖前首先在基坑范围内修筑临时道路,以满足土方运输车辆的通行。道路修筑采用拆房土作为原料,道路宽度、厚度和布置以满足土方运输车辆通行方便为准。

(2) 控制点的设置和复检。在土方开挖前首先在场地上放出土方开挖上下口线,尤其是标高不同的位置更应严格控制,以防超挖、开挖不到位等现象发生。因此必须设置临时测量控制点,临时测量控制点布置在基坑上口四角,供测量使用。临时控制点采用木桩制作,在每次使用前应根据业主提供的基准点复核准确性。

(3) 放基坑开挖上口线、底口线。基坑开挖上下口线的施放按照主厂房基础开挖图和设计要求进行,尤其是不同开挖标高的位置和范围要明确,施工前交底清楚,以避免超挖和开挖不到位。

(4) 土方开挖。集控楼、废水池基础土方开挖采用反铲挖掘机开挖并配合人工进行,桩间距离小、挖掘机挖斗不能通过的桩间土采用人工挖掘。集控楼、废水池基础土方机械开挖时预留100~200mm的裕量,采用人工配合清除,以防止扰动基底土,预留裕量可根据实际情况调整,但必须保证不扰动基底土。槽底土采用人工清理,人工清槽底的速度需与机械开挖速度一致。

基坑土方开挖边坡放坡坡度为1:1.5;基础施工时需要预留工作面,工作面宽度为基础垫层边至排水沟内侧边1m。在固定端设置机动车上下坡道，坡道宽度为8m，放坡坡度为1∶8；人员上下基坑采用人行坡道上下，人行坡道采用在边坡砌筑台阶，脚手管搭设护栏。材料上下坡道，采用脚手管、脚手板搭设而成。

土方开挖过程中严格按照设计要求的开挖深度进行操作，严禁超挖，在邻近开挖深度时，要求机械操作人员控制好铲斗的入土深度，测量人员跟随测量，严格控制标高。人工在进行护坡修坡时，要求将坡面修理平整，不得凹凸不平。汽车在装土时，倒车派专人指挥。在机械挖土时严禁碰撞桩头，以防机械碰撞使工程桩偏移或损坏。

（5）桩头处理。

1）桩头处理的施工顺序为标注出设计标高→剔桩头→人工局部处理→清除钢筋上的污物→钢筋调直。

2）桩头处理的方法及要求。桩间处理在土方开挖过程中进行，随开挖随截桩，随即将桩头运走。截桩头采用铁斩剔凿的方式，桩头处理前，要在桩身上面提前标注设计标高点，按照设计要求的标高剔除混凝土后，保证桩体及钢筋深入到混凝土承台内的长度符合设计要求。钢筋外露长度符合设计要求，不足时要进行接筋，接筋采用双面搭接焊的连接形式进行。剔除后的桩头要求表面混凝土平整、钢筋顺直，混凝土顶标高符合设计要求，而且没有松动的混凝土。剔除后的碎块随挖运土方一起运走。当桩头超过2m长时，可分两次凿除，以方便运输。

桩头处理顺序同基坑开挖的顺序，由于工期紧，采取边开挖边处理的方法，以一个承台为一个单位进行桩处理，开挖一个处理一个。随土方开挖进度，首先对露出的桩头进行全面清理，清理完表面的浮浆、泥砂后，即用水准仪从基准标高引出标高，测出桩头的设计桩顶标高并在桩头四周用红油漆做好标记。

桩头再处理时采用人工用小凿子剔凿，此时不可以用机械剔凿，先将基础桩主筋剥出。然后将桩在设计标高上5～10cm的位置将桩截断、放倒。桩头放倒后再用小凿将桩顶剔凿到设计标高，直到桩头表面平整，没有松动的混凝土为止。然后将预留的桩主筋调直。

3）施工要求。在土方开挖时，严禁挖掘机从侧向对桩体进行磕碰、撞击，防止引起断桩、碎桩事件，在开挖至距离桩头很近的位置时，要求有专人指挥，以提醒开挖人员防止超挖对桩身造成损害。

当凿出的外露钢筋长度小于设计长度时，及时向监理汇报、记录（含摄像资料），并按照要求对钢筋进行接长。桩头钢筋变形较大的要进行调直，桩头钢筋上残留的水泥浆要清理干净。

凿桩的过程中，要经常检查桩头的稳定性，严防桩头倾倒。处理后的桩头碎块要及时运出，处理好的桩头附近不允许机械进入，以免对桩头混凝土造成破坏。处理好的钢筋派专人保护，避免造成污染和被破坏。

（6）土方开挖期间预防桩位偏移的措施。

1）开挖过程中严格控制开挖深度，严禁挖掘机碰撞桩身。

2）土方开挖时一律按照本方案要求的放坡系数放坡，尤其在与其他基础的交界处还应适当卸载，避免因集控楼基础开挖形成高低界面造成挤桩现象的发生。

3）对已经开挖出的工程桩，测量人员需要有针对性地跟踪监测，如发现工程桩位置发生变化时需及时通知现场负责人员进行处理。

4）开挖过程中注意对基底及边坡土体的监测，发现异常立即上报。

（7）施工排水。施工排水系统由基坑底部的排水明沟、盲沟、集水井、潜水泵和基坑上部的排水沟、集水坑、潜水泵组成。在土方开挖前将基坑上部的排水系统预先形成，保证基坑内的水能够随时排除。

边开挖边设置基坑内的集水井和排水明沟，每隔约 30m 设置一座集水井（当基坑内水量较小时可适当减少集水井数量，反之则增加），每个集水井内设置至少 1 台潜水泵，必要时适当增加。基坑底部设置排水沟，沿基坑周围布置，侧壁采用竹芭护坡，排水沟坡度为 1％，并坡向集水井。在槽底设置一定数量（以槽底无明显积水为准）的排水盲沟，盲沟采用人工开挖，沟内回填透水性好的碎石，盲沟排水坡度为 2％，采用双向排水，坡向基坑四周排水沟，盲沟的尺寸可根据实际情况调整，以满足排水需要为准。

在施工过程中加强对基坑集水井和排水沟的管理，定期检查集水井和排水沟的情况，当发现有淤泥流入时，及时派人进行清淤，以保证基坑内的水及时排出。

二、集控楼基础工程施工案例

（一）施工方案

（1）模板系统。采用普通钢模板，并采用对拉螺栓外套圆木垫加固。

（2）支撑系统。基础承台及短柱加固支撑均采用普通脚手管顶撑。

（3）施工分段。

第一步，独立基础承台及联系梁（个别基础施工到承台第一步台阶）；

第二步，基础柱段；

第三步，剪力墙、基础梁支墩、基础梁。

（4）混凝土施工。采用现场搅拌站集中搅拌，罐车运输，用泵车结合地泵浇筑，用插入式振捣棒振捣；养护方式：大体积混凝土采用覆盖两层塑料布内外养护，中间再包裹保温被。

（二）施工工艺流程

完善施工环境→地基处理→桩头凿毛处理、钢筋除锈→垫层施工→垫层表面处理→垫层放线及验收→承台、联系梁钢筋制作及绑扎→承台、联系梁钢筋验收→承台、联系梁模板安装及加固→承台、联系梁模板验收→承台、联系梁混凝土浇筑→柱段放线及验收→螺栓架、地脚螺栓安装→柱段模板安装及加固→柱段混凝土浇筑→柱段混凝土养护→模板拆模→剪力墙施工→基础梁支墩、基础梁施工→基础回填→基础工程验收→基础交安。

（三）施工方法及要求

1. 测量放线

用全站仪利用甲方给定的施工建筑方格网点直接进行基础施工测量工作。

2. 地基处理工程

（1）土方开挖采用机械大开挖，人工配合清槽。

（2）基础桩头采用人工凿桩，桩锚入承台 100mm，灌注桩主筋超长的，在满足锚固长度后截掉，如果主筋长度不足锚固长度，采用双面搭接焊的焊接形式进行补长。

3. 钢筋工程

钢筋接头连接形式有绑扎、闪光对焊、直螺纹连接。钢筋绑扎采用加工场加工制作，运输至现场绑扎成形的施工方案，钢筋运料采用自制板车运至现场，再由人工抬入基坑。为保证施工现场的安全文明施工，运料随运随绑，减少占地面积。

（1）钢筋加工。

1）钢筋加工程序为确定用料→除锈（除污迹）→调直→切断→弯曲成型。

2）确定用料严格按照翻样单上要求的规格、数量加工配置。钢筋表面如有油渍、铁锈、泥土应在使用前清理干净。对局部有弯曲的钢筋采用人工调直后，方可使用。

3）钢筋弯曲成型时，应根据翻样单上尺寸，先划出弯起点位置。先加工一根钢筋，根据放样尺寸调整弯曲的位置和尺寸，调整合适后再成批加工。

4）钢筋加工的成品、半成品根据具体要求分别作明确标识，并分区域码放整齐。

5）承台受力筋直径大于或等于22mm的均采用直螺纹连接接头，直螺纹的操作者要持证上岗，钢筋连接前，先做一组班前试件，拉力试验合格后再进行大批加工。钢筋加工过程中，每加工一部分就将套好丝的钢筋与钢套筒进行试套，如有问题及时修正。钢筋直螺纹接头500个为一批，一组3个试件，作抗拉试验。

（2）钢筋绑扎。

1）钢筋绑扎顺序为绑扎承台钢筋→插柱钢筋→绑扎柱钢筋。

2）绑扎内容。

a）绑扎前，先根据施工图的钢筋间距划好线，然后再进行布筋、绑扎。

b）绑扎的钢筋要求横平竖直，规格、数量、位置、间距正确，绑扎不得有缺扣、松扣现象。钢筋绑扣不可均朝一个方向，要成八字扣。

c）因为基础钢筋较多，所以基础承台底钢筋保护层用100mm×100mm混凝土垫块控制，其他侧面采用砂浆垫块控制。垫块应提前加工，保证绑钢筋位置准确。

d）在施工基础承台时，柱插筋位置要用脚手管在底部和上部卡两道方盘来固定和保证钢筋的位置正确，由于钢筋高度高，上部固定架子要与其他基础连为整体。

e）绑扎承台上柱短钢筋前，要提前将地脚螺栓安放并固定好。

4．模板工程

（1）模板工程的紧前工作为钢筋工程，待钢筋验收合格后马上进行施工。

（2）模板均采用新的定型组合钢模板，钢模板加固采用基础内置对拉螺栓，沿模板高度方向每500mm一道，沿基础纵方向每750mm一道，模板外侧用脚手管加固。

（3）模板使用前，必须对模板进行必要的修理，将模板表面用钢丝和角磨砂轮磨平磨光，涂刷隔离剂，模板经周转使用后，表面有砸出坑的、模板肋开焊、断裂的、弯曲的必须挑出，修理后再投入使用。

（4）为了保证浇筑后的混凝土工艺美观，对拉螺栓与模板交接部位设中带直径13mm孔的圆木垫，以防止混凝土浇筑时，由螺栓孔处漏浆。混凝土浇筑完毕将圆木垫剔出，用角磨砂轮将对拉螺栓头割掉，使用同基础混凝土同配比且加膨胀剂水泥砂浆分两次对木垫坑进行填堵，填堵后的面层要压光。模板在拼装时必须表面平整、光滑，模板缝间要加塞优质海绵条，模板上的孔洞要堵死，以防漏浆，避免拆模后的混凝土外露石子。

（5）模板卡使用前必须仔细检查其完好性，不得使用带裂及锈蚀严重的模板卡。在模板支设过程中所有的模板接缝处都加设模板卡，注意模板卡圆环向下，且在支设模板时注意模板眼对正。

（6）模板支设步骤。

1）模板支设前应先涂刷好脱模剂，脱模剂应涂刷均匀，无流淌现象。

2）根据施工控制桩放出模板外边线及其他控制线，作为模板就位依据。

3）用水平仪引测好模板支设的标高，在模板的底脚用砂浆找平。

4）逐块拼装模板，同一条拼缝上的 U 形卡，不宜向同一方向卡紧，对拉螺栓孔应平直相对，穿插螺栓不得斜拉硬顶，螺栓上要加圆木垫，圆木垫要紧贴模板。模板的底脚与垫层上的插筋生根，在模板外侧用木楔子顶紧。

5）模板拼装时模板缝间夹不吸水海绵条，海绵条宽大于 10mm，将模板缝堵死，以防漏浆。

6）模板支设的同时要用脚手管进行加固，加固时将脚手管下端打入基槽，然后再用脚手管与模板拉斜撑进行加固。

7）柱模垂直度用加固脚手管找正，垂直度用线坠验收。

8）安装模板注意事项：

a）安装模板前，先检查钢筋是否影响安装并予以纠正；

b）模板内侧用布抹一薄层隔离剂，严禁使用大面积滚涂（滚刷）；

c）所有接缝必须加不吸水的海绵胶条，且海绵条不得外露；

d）模板安装前，要检查模板处理是否过关，保证模板表面光滑，外形方正，强度符合使用要求。

5. 混凝土工程

(1) 采用现场搅拌站集中搅拌，罐车运输，泵车浇筑的施工方案。

(2) 水泥使用 P.O42.5R，石子使用 5～25mm 级配碎石，砂使用中砂（河砂）一级粉煤灰，外加剂使用泵送剂，型号及掺量等由试验部门做混凝土试配后确定。

(3) 混凝土浇注两次，施工缝留在承台上部，个别基础由于上部地脚螺栓过长，将施工缝留设在基础承台一步台阶和二步台阶交接部位。混凝土的浇灌采用混凝土输送泵车，搅拌采用两台全自动搅拌机（理论混凝土搅拌速度 100m³/h），用 6 台混凝土罐车运输。

(4) 其他如水、电等在施工前及时与来源部门沟通，确保混凝土施工过程中不出现其他问题。如不能确定必须出具备用方案，否则视为条件不具备，不能进行混凝土浇筑。为了配合大体积混凝土养护在搅拌时使用水为冰水混合物。

(5) 混凝土浇筑的同时在施工现场做试块：每工作班（混凝土浇筑量不超过 100m³，若超过 100m³，每增加 100m³，制作 1 组，增加不足 100m³ 也需制作 1 组）制作 1 组试块，同时按要求留置同条件试块。

(6) 混凝土浇注注意事项。

1）浇注前应检查模板内是否有垃圾、木片、泥土、积水等，如有必须清理干净，检查钢筋的数量、位置是否准确，钢筋上如有油污应清理干净。

2）用振捣棒振捣混凝土时，要做到"快插慢拔"，以防止混凝土分层、离析及振捣棒抽出时所造成的空洞，在振捣上一层时，应插入下层混凝土中 50mm 左右，以消除两层之间的接缝，同时在振捣上层混凝土时，要在下层混凝土初凝之前进行。振捣棒的插点要均匀分布，以免造成混乱而发生漏振，每次移动的距离应不大于振捣棒作用半径的 1.5 倍。每一插点的振捣时间为 20～30s，以混凝土表面呈水平不再显著下沉，不再出现气泡，表面泛出灰浆为准。振捣棒距离模板不应大于作用半径的 0.75 倍，不得紧靠模板振动，且应尽量避免碰撞钢筋、预埋螺栓孔等。浇筑混凝土过程中，必须设专人监视模板、脚手架、钢筋等的情况，防止变故，有情况及时处理。

3）泵送混凝土时采用臂杆输送，注意不要碰到插筋和模板，以免钢筋和模板发生位移，泵送混凝土时泵管里不能推入空气，不能推入已离析的混凝土，以免堵塞管道，如已推入，泵车要反推，将混凝土吸出来。

4）混凝土浇筑完成后要及时进行养护。待混凝土终凝后在上表面覆盖一层塑料布。为了防止混凝土基础内外温差过大，塑料布表面包裹一层棉被，大体积的基础混凝土终凝后开始用电子测温仪测温，通过检测混凝土内外温差，来确定混凝土表面覆盖棉被的层数。

5）施工缝应严格清理，用钢钎将混凝土表面凿毛并清扫干净，混凝土浇筑前，提前24h湿润将表面湿润，混凝土浇筑时先将表面积水清理干净，然后浇筑5～10cm与混凝土同配比的水泥砂浆，再浇筑混凝土。

6）混凝土试块取样、成型及养护方法。制作混凝土试块所用的拌和物应从施工现场罐车放出的混凝土中提取，并在取样后立即制作试块。制作试块采用150mm×150mm×150mm标准试模，插捣采用人工。拌和物分三层装入试模，每层的装料厚度为50mm。插捣用钢制捣棒（捣棒长为600mm，直径16mm，端部应磨圆），插捣次数为每100cm^{2}至少12次。插捣完后，刮除多余的混凝土，并用钢抹子抹平。试块成型后，应覆盖其表面，同条件试块拆模后，应放置在靠近相应结构部位或结构部位的适当位置，并应采用相同的养护方法；标养试块在20℃±5℃条件下静置1～2昼夜，然后拆模。拆模后试块应立即放到标准养护室中进行标养。

7）基础承台、柱段、支墩、联系梁模板和基础梁侧模板拆除前，应在混凝土强度能保证其表面及棱角不因拆除模板而受损时方可进行。基础梁模板底模要待混凝土强度达到80%才能拆除。

6. 防腐工程

根据图纸要求和设计师交底要求，基础垫层顶面、基础−0.500m以下外露部位全部涂刷环氧煤沥青涂料。

每次垫层施工完后待表面完全干燥再涂刷环氧煤沥青涂料，涂刷前要将垫层表面彻底清扫一边，待表面经过四级验收合格后，开始涂刷，涂刷时要涂刷均匀、一致。基础垫层每边要留5～10cm不涂刷，用于施工放线、弹墨线。

基础表面的环氧煤沥青涂料，待基础进行完隐蔽验收，经监理确认后进行。施工前也要彻底将基础表面清扫干净。

环氧煤沥青涂料施工时要注意防火，沥青涂料属于易燃物质，基坑内严禁有明火作业，涂刷时不能污染其他任何材料，要选择晴朗、通风的天气施工。

（四）质量通病及预防

质量控制及质量通病预防见表8-1。

表8-1	质量通病及预防
质量通病	预　防　措　施
测量定位偏差	（1）为保证轴线准确，方格网要重新复测； （2）放线所用经纬仪、钢尺等必须经校验合格在有效期内； （3）上部结构放线后要与底板线核对无误后报监理验收后方可使用

质量通病	预 防 措 施
脚手架偏斜	(1) 脚手架搭设严格按规定执行； (2) 基底夯实垫道木，脚手管挂线搭设，横平竖直，及时挂好安全网，探出的横管长度一致
钢筋制作、绑扎质量问题	(1) 钢筋翻样、加工准确，钢筋接头严格按规定执行； (2) 钢筋绑扎间距准确，绑扎牢固无松扣跳扣现象，绑扎时主筋挂线箍筋划线，绑丝瓣弯入钢筋内侧，外观整齐、美观
埋件制作不规范	(1) 铁件加工时严格按加工单、图集制作； (2) 钢板用剪板机切割，飞边用砂轮磨平，平整度小于 2mm，锚筋焊接牢固，加工前做试件，合格后方可制作
埋件安装偏差超标	(1) 铁件安装严格按图纸施工，型号、位置、标高准确，水平埋件安装时用水平尺测量，平整误差小于 3mm； (2) 梁底、柱侧埋件与模板贴紧不得有缝隙，拆模后刷一道防锈漆，用白漆喷上埋件的型号
混凝土表面的平整度超标	模板拼缝严密，模板之间夹海绵胶条，模板之间缝隙小于 1mm，高差小于 0.3mm（手摸无明显不平感），模板对角线之差小于 3mm，无翘曲现象
混凝土色差、施工缝及裂缝控制	(1) 混凝土配合比提前进行试配确定； (2) 混凝土制作严格按配合比施工，选用优质砂、石子和 P.O42.5 水泥，加强搅拌保证混凝土的生产质量； (3) 混凝土浇筑按顺序进行，注意接茬防止出现冷缝； (4) 混凝土表面用木抹子找平、压实，不少于三遍，并保证终凝前压一遍； (5) 采用保温、保湿养护，混凝土浇筑 12h 后覆盖棉被和塑料布养护，养护时间不少于 14 天； (6) 柱子混凝土强度达到 85% 以上时方可拆模，梁板达到 100% 后方可拆模；拆模时必须精心施工，防止碰坏混凝土边角

三、集控楼钢结构施工案例

（一）施工工艺流程（见图 8-1）

（二）施工方法和要求

1. 构件码放

根据构件供应厂家和施工现场的实际情况，集中控制楼框架钢构件本着边加工制作边吊装的原则，现场不大量存放钢构件。为便于结构构件的安装，构件进场后应进行合理堆放。

堆放场地应当平整、干燥、坚实，并备有足够的垫木、垫块，使构件得以放平、放稳。场地应便于排水，场地外侧应设排水沟道。侧向刚度较大的构件可以水平堆放，当多层叠放时必须使各层垫木在同一垂线上。大型构件的小配件应用螺栓或铁丝固定在构件上，连接板不得露天存放，应有防雨、防污染措施。

堆放时分区码放，即同一轴线同一层的构件码放在一起；各区构件再分类码放，梁、柱要分开。现场急需安装的可以直接堆放到吊装设备的回转半径之内，按照吊装顺序先吊装的码放在上面，后吊装的码放在下面。

存放场地应设专人进行管理，并按供货要求和供货清单进行清点，资料存档。构件堆放时 H 形构件应立放，不得平放。每个构件的支点不得少于两个，支点的位置宜在构件端部 1/7 跨度处，叠放时不得超过 3 层并用道木或木方正确地分层垫好垫平。支点应上下对齐

```
                                    ┌─────────────────────┐
                                    │ 检查吊装设备、工具数量及 │
                                    │ 完好情况             │
                                    └─────────────────────┘
                                              │
  ┌──────────────┐      ┌────────┐            │
  │ 按吊装顺序运至现场 │─────▶│ 准备工作 │◀───────────┤
  │ 并分类、分区堆放  │      └────────┘            │
  └──────────────┘          │                 ┌─────────────────────┐
                            ▼                 │ 特殊工种复试：焊工、架子 │
                    ┌────────────────┐         │ 工、起重工、油漆工等    │
                    │ 放线及验线（轴   │◀────────└─────────────────────┘
                    │ 线、标高）      │
                    └────────────────┘
                            │
                            ▼
                ┌─────────────────────┐
                │ 预埋螺栓验收及钢筋     │
                │ 混凝土基础面处理       │
                └─────────────────────┘
                            │
                            ▼
                ┌─────────────────┐
                │ 构件中心及标高标识   │
                └─────────────────┘
                            │
                            ▼
  ┌──────────┐    ┌─────────────┐    ┌─────────────────┐
  │ 调整标高、轴 │───▶│ 安装柱、梁    │◀───│ 安装操作吊篮及通道  │
  │ 线、坐标、垂 │    └─────────────┘    └─────────────────┘
  │ 直度      │         │
  └──────────┘         ▼
                ┌─────────────────┐
                │ 高强度螺栓初拧、终拧 │
                └─────────────────┘
                         │
                         ▼
                ┌─────────────┐
                │ 柱与柱节点连接  │
                └─────────────┘
  ┌──────────┐         │
  │ 框架整体校正 │────────┤
  └──────────┘         ▼
                ┌───────────────────┐
                │ 梁与柱、梁与梁节点连接 │
                └───────────────────┘
                         │
                         ▼
                ┌─────────────┐
                │ 超声波探伤    │
                └─────────────┘
                         │
                         ▼
                ┌─────────────────┐
                │ 零星构件（隅撑）安装 │
                └─────────────────┘
                         │
                         ▼
                      ◇验收◇──────不合格──────▶┌────────┐
                         │                    │ 缺陷处理 │
                         │合格                 └────────┘
                         ▼
                ┌─────────────────┐
                │ 下一节流水段准备工作 │
                └─────────────────┘
```

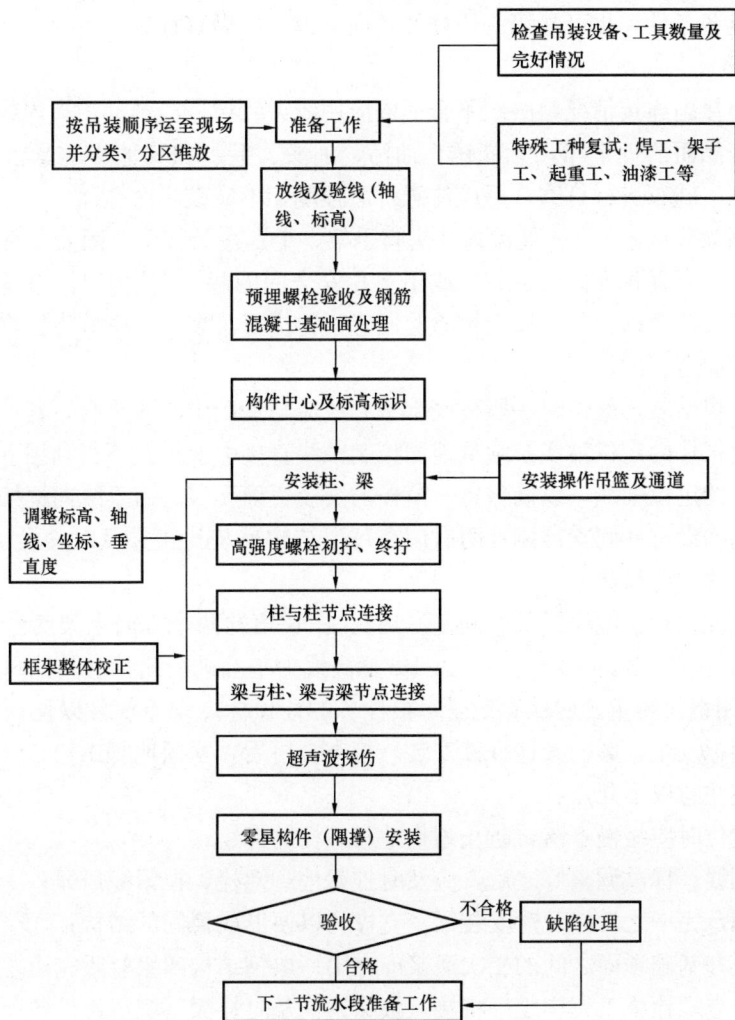

图 8-1　施工工艺流程

（垫木在同一垂线上）。

高强螺栓严禁露天存放，应有专门的仓库，随用随取。

2. 测量控制及划线校验

（1）横向、纵向轴线控制。在安装作业之前，先要在混凝土基础柱面弹出十字轴线（要求十字线延伸到基础柱头立面，用红油漆做标记，便于钢柱垂直度控制和二次灌浆之后留存）。

（2）标高控制。混凝土柱头要清理干净，用灌浆料做垂直受力垫块。每个基础柱头在四个方向上各做 1 个柱底垫块。

（3）柱面中心线、1m 线划线。利用角尺、钢板尺测量柱面及腹板中心，测量时以各节点螺栓孔中心线为基准，将此线与柱面宽度中心进行比较。如能重合，说明制造无误差，若不能重合，应以梁安装螺孔中心确定柱中心。用样铣在柱底和顶部打上样铣眼并分别连成线，用记号笔做出明显三角标记，应注意选测点处的油漆应刮净，保证准确度。钢柱中心线应在柱顶部和底部都做出标记，并延伸到柱脚板上。钢柱的 1m 线应从最高段的钢柱顶端向下确定（如不具备条件，也可从第一段柱柱顶向下返）并做好标记。

3. 钢柱吊装

检查螺栓连接副连接情况，眼距不合适的应用绞刀绞镗，严禁动用火焊或锤击。

将连接板接触面清理干净，无铁锈、油污、油漆、毛刺和其他影响紧密连接的外来杂物，可用钢丝刷、砂布进行打磨，但应注意打磨程度，不应破坏摩擦面。

在柱顶部钢梁节点下约 1m 处设置柱头脚手架。个别柱头脚手架因安装垂直支撑需要不能闭合，必须在上完垂直支撑后补齐，或用 2 片安全网围起，上抱卡时，必须将螺栓紧牢。柱上的柱头脚手架及爬梯，未经安全员检验同意不得进行吊装。钢柱吊装之前，钢柱四面的缆风绳应在柱顶固定牢固。

立柱采用单根吊装，就位时一段柱底部中心线应与基础中心线重合，其他高段柱中心也应彼此重合。每根柱的定位轴线必须从地面控制轴线直接引上去，不得利用下一节柱的柱顶轴线为上一节柱的定位轴线，以确保每一节柱的安装正确无误。由于纵向框架梁与柱的连接设计为铰接，结构设有柱间支撑刚性跨时应在每层结构吊装找正并及时安设了柱间支撑后，才能拆除临时支撑或缆风绳。

钢柱可通过柱顶四根缆风绳临时固定。从互成 90°角的两个方向上架两台经纬仪检查左右前后两个方面的垂直度。一段的标高以 1m 标高线为基准进行测量。其他高段柱顶标高从 1m 标高线向上用钢尺测量。应认真记录每根柱子的柱顶标高误差值，以便预防由于误差积累造成的严重超标发生，影响其他杆件安装。检查合格后，紧固地脚螺栓。

钢柱施工应注意以下几点：

(1) 钢柱就位时应缓慢下落，防止划伤地脚螺栓的螺纹；

(2) 钢柱轴线、标高调整好之后，应及时拧紧地脚螺栓，拉紧缆风绳；

(3) 钢柱固定完毕之后应及时安装梁及支撑，以便形成稳固的结构；

(4) 柱底板和基础顶面之间的二次灌浆应在第一层钢结构四级验收完毕之后进行；

(5) 钢柱节点螺栓施工完毕之后将接点板除锈并及时补漆（底漆由设备厂家提供）。

4. 基础二次灌浆

(1) 施工前的准备工作。

首先，做好水源的准备工作，保证水源的洁净，垫块和二次灌浆搅拌用水必须清洁无污染，搅拌桶和运输工具进行提前清洗。

其次，灌浆前应复查设备所在基础方位、标高、垂直度。基础表面应平整，上表面与设备底座间距离最少为 1cm。灌浆时支设模板，模板间的接缝、模板与基础表面的接缝可用水泥净浆、胶带勾缝、密封严密必须达到不漏水的程度。支护模板时要注意必须将基础中心线引至基础立面。灌浆料搅拌地点应尽可能靠近需要灌浆的基础。

最后，灌浆前将混凝土基础凿毛面清理干净，确保灌浆层和结构层的黏结牢固。基础表面先用压缩空气机吹一遍，再用喷水枪冲洗一遍使基础表面无留存砂石块、水泥碎渣、刨花棉丝等杂物。灌浆前 24h 需将基础表面充分洒水，全面湿润，灌浆前 1h 用压缩空气吹净浮水，使其表面达到湿润。特别注意拐角、地脚螺栓处不得有积水。

(2) 灌浆料的施工。模板支设完毕，并且基础表面完全润湿后，检验模板保证不漏浆的情况下开始灌浆的施工，每次灌浆做 3 组试块。灌浆时采用斜溜槽灌浆法用容积 10kg 左右的桶装运送灌浆料，经过斜溜槽直接灌入模板内。灌浆前应准备 3~5 个桶，以保证灌浆的连续施工。

灌浆料施工时，料从搅拌桶内出来必须立即灌浆，其停滞时间不能超过 20min。拌制前计划好用量，不能过时储存。拌制前先加 80％的水，然后加灌浆料以便形成硬稠灰浆，并搅拌 1min，再加入剩余的水。

灌浆过程中可能出现跑浆现象，应配备 1 个木工和 1 个瓦工随时处理堵漏和现场清理工作。灌浆过程中为防止堵窝空气而产生孔洞，应从一侧进行灌浆，必须保证排气孔的通顺，剪力槽内必须灌满且不得有气泡，灌浆开始后必须连续进行，不得中断。如果搅拌完的拌和物表面有浮水，这表明水量过多，应加一些灌浆料干料，适当搅拌将浮水"吃"光，有浮水会降低膨胀效果。

（3）养护和成品保护。灌浆后 24h 内，灌浆料不可受到振动。在该过程中必须有专人对灌浆的基础进行看管，灌浆后采用必要数量塑料袋及草帘覆盖或岩棉被覆盖养护 7 天。养护过程中，以灌浆料的表面湿润并且无积水为标准。

5. 梁及支撑的安装

梁和支撑外观检查应无裂纹、重皮、锈蚀、损伤；厂家焊缝符合焊接要求；梁长度偏差符合相关规定；弯曲、扭曲均不大于 1/1000 梁长且不大于 10mm，其余各种尺寸符合图纸要求。

梁和支撑应对照图纸进行编号检验，明确其所在位置及方向，以防错用。

相邻两根柱子就位后进行梁的安装，应达到以下要求：标高偏差±3mm；水平度偏差不大于 3mm；中心线偏差±3mm；接合板安装平整，位置正确，与构件紧贴；高强螺栓紧固。

杆件装配螺栓紧固牢固（吊装前进行检查验收），然后进行构件安装偏差校正，检查验收。螺栓数量不能少于该节点孔数的 1/3，且不能少于两个，定位销孔不能多于安装螺栓的 30％。梁采用两点起吊，起吊前将两头拴好拖拉绳以控制构件在空中的运动方向，避免碰撞其他构件。

柱、梁构件安装就位后，应立即进行校正、固定。当天安装的钢构件应形成稳定体，不能形成稳定体时，收工前应用倒链打紧。钢结构的安装校正应考虑风力、温差、日照等外界环境的影响。找正时间宜选在 10：00～16：00 以外的其他时间，下一次校核宜在同一时间段进行。当一层钢结构中的构件全部装完后，进行整体检查，确认无误后，终紧这一层全部高强螺栓，做好自检记录。

梁和支撑在紧固完成之后将接点板认真除锈补漆。

6. 高强螺栓施工

（1）高强螺栓施工是钢结构施工工序中重要的一道工序，必须充分给予重视。现场高强度螺栓连接副统一由甲方供应，进厂的高强度螺栓连接副必须按照规定进行抽检，合格后才能使用。

（2）摩擦面要求。安装高强度螺栓前做好接头摩擦面清理，不允许有毛刺、铁屑、油污、焊接飞溅物，用钢丝刷沿受力垂直方向除去浮锈。摩擦面应干燥，没有结露、积霜、积雪。

（3）高强螺栓的保存。高强度螺栓连接副从出厂至安装前严禁随意开包。在运输过程中应轻装、轻卸，防止损坏，防雨、防潮。当出现包装破损、螺栓有污染等异常现象时，应及时用煤油清洗，并按高强度螺栓验收规程进行复验，经复验扭矩系数或轴力合格后，方能使用。

工地储存高强度螺栓时，应放在干燥、通风、防雨、防潮的仓库内，并不得损伤丝扣和沾染脏物。连接副入库应按包装箱上的注明规格、批号分类存放。安装时，要按使用部位，领取相应规格、数量、批号的连接副，当天没有用完的螺栓，必须装回干燥、洁净的容器内，妥善保管并尽快使用完毕，不得乱放、乱扔。

(4) 高强螺栓穿孔。高强度螺栓应自由穿入螺栓孔内。如果需要扩孔应提前提出申请。扩孔数量不得超过一个接头螺栓孔的 1/3，扩孔直径不得大于原孔径再加 2mm。严禁用气割进行高强度螺栓的扩孔工作，应在接头板充分夹紧的状态下用绞刀扩孔。

(5) 高强螺栓施工顺序。严格按照从中间向四周扩展的顺序，执行初拧、终拧的施工工艺程序。初拧扭矩用终拧扭矩的 30%~50%，再用终拧扭矩把螺栓拧紧。一个接头上的高强螺栓，应从螺栓群中部开始安装，逐个拧紧。初拧、终拧都应从螺栓群中部开始向四周扩展逐个拧紧，并要求防止漏拧。工字形构件的紧固顺序是上翼缘→下翼缘→腹板。同一段柱上各梁柱节点的紧固顺序是：先紧柱上部的梁柱节点，再紧固柱下部的梁柱节点，最后紧固柱中部的梁柱节点。

构件接头如有高强度螺栓连接又有焊接连接时，按先紧固后焊接（即先栓后焊）的施工工艺顺序进行，先终拧完高强度螺栓再焊接焊缝。

7. 节点油漆

节点油漆做法：环氧富锌底漆两道，75μm；环氧云母中间漆三道，125μm；丙烯酸聚胺面漆两道，60μm（第一道 40μm，第二道 20μm）。

(1) 表面处理和环境保证。

1) 用布头、铲刀、稀料、水将钢结构表面的灰浆、灰尘、油污等清理干净，有焊瘤、铁锈及不易清理的部位应使用电动角磨砂轮、纱布进行清理，使其表面无焊瘤、棱角、毛刺、锈迹，对加固筋（由型钢制作）应仔细清理干净。经手工（砂布、铲刀、钢丝刷、破布等）、机械工具（角向砂轮、钢丝轮）对钢架接点处除锈以后，钢材表面应达到无油污、锈斑和氧化皮的标准。

2) 表面处理完毕，底漆涂刷前再次用布头、干毛刷等将设备或管道表面进行清理，直至表面无尘土及其他杂物。

3) 室外不能在强烈阳光直射、雨、雪、雾、大风沙天气及露点以下时施工。如清晨施工，有露水必须风干或加热干燥后涂装。若环境相对湿度大于 80% 时，温度低于 5℃时，应停止露天施工。

4) 表面处理合格后，应及时完成第一道底漆涂装（底漆种类符合设计要求），以避免二次生锈或污染。

(2) 涂装方法。

1) 涂刷。油刷蘸漆时，刷头毛侵入涂料深约 1/3，然后在桶的内壁轻轻把刷头两面各拍一下，做到"蘸少、蘸勤"。

2) 涂刷时，掌握"先竖后横（或先横后竖）、再斜终理"，横、斜刷时不要再蘸漆，理时先将漆刷上的漆在桶边轻轻刮干净，再在漆面上下直刷、理顺。

3) 涂刷规律是先上后下、先里后外、先左后右、先难后易。

4) 漆刷时常有掉毛现象出现，应及时小心地摘除，并随时补刷，与周边漆膜理顺。

5) 每一道涂刷完要检查合格后再进行下一道的涂装，最后一道面漆要在上道漆实干后进行。

6) 金属表面有凹凸处要用腻子填平，并经粗磨、细磨，表面平整光滑后，方可涂刷。

7) 涂料在使用前，涂料桶要提前倒置 5～7 天，开桶后必须充分搅拌使涂料的稠稀度、颜色混合一致，用配套的稀释剂调整黏度至合适的程度。

8) 漆刷要清洁，不允许带有杂质，尤其是使用旧漆刷，要彻底清洗掉因旧漆硬化后形成的残余碎漆皮。

(3) 对检验不合格整体产品、局部部位和破损处必须进行返工和修补。

1) 补口部位表面处理，涂底漆、封闭漆及面漆的技术要求同上述施工要求。

2) 涂层补伤：铲除已损伤的涂层，如仍未露铁，只需补涂面漆，如已露铁，必须进行表面处理，除去锈迹，然后按要求涂底漆、封闭漆及面漆。

8. 垂直钢爬梯

结构安装时人员上下采用垂直爬梯。钢爬梯制作要标准化。

钢柱安装前在地面提前安装好临时爬梯。垂直爬梯必须固定牢固，爬梯尽量安装在柱子的小面上，以免影响钢梁的安装。

爬梯与钢柱固定方法：爬梯上端用不小于 10 号铅丝固定，爬梯上部固定点不少于 4 点，其中两点固定在围栏上，两点固定在钢柱上。爬梯下部固定在钢柱上，固定点两端各一点，并且保证固定点牢靠。钢爬梯必须与攀登自锁器配合使用。

9. 防坠落措施

防人员坠落主要从以下几个方面考虑：

(1) 人员爬垂直爬梯时，采用坠落自锁装置，解决爬梯无保护的问题。自锁装置使用时应注意不能装反。人员爬行时，自锁装置始终应在人员的上方。

(2) 安装钢梁及支撑时，人员站在操作平台上，安全带挂在人员上方牢固可靠处上。安装同主梁连接的钢梁及支撑时，主钢梁部位挂安全防护绳，人员将安全带挂在防护绳上行走。当主梁安装完成后应及时挂设安全网，并在结构外侧搭设挑网。

(3) 安装人员在各层水平行走时，应在通道中通行。通道采用脚手板铺设，利用脚手管搭设水平防护栏杆。如果不具备通道搭设条件，施工人员在安装就位的横梁上水平移动时，必须将安全带挂在水平的安全防护绳上。在各层平台施工过程中，施工人员将安全带挂在安全防护绳上，所有安全防护绳应牢固地固定在钢柱或其他牢固可靠的构件上。

(4) 安装使用的工具，如扭矩扳手、扳手、撬棍、角磨机等应采用安全保护绳，防止坠落。施工人员应配备工具带。

(5) 所有施工人员必须穿防滑鞋。雨后钢结构表面湿滑，秋季钢结构表面结露湿滑，冬季雪、霜后，施工人员应特别注意。

(6) 现场不得随意在钢梁表面堆放物品、杂物，如确需堆放，应有对应措施，防止高空坠落。

10. 现场力能布置

电源布置应随施工进度进行适当调整，保证施工的需要，主要考虑电焊机、电动工具、氧气、乙炔等。

11. 现场通信联系

指挥人员同机械操作人员的联系采用对讲机及旗帜、口哨等。因为天气原因施工过程中可能出现大雾、夜间施工可能出现视觉模糊等，所以吊装作业注意信号明确，指挥人员可以采用多种指令相结合的方式以弥补不足。

项目部有关管理人员、现场施工主要负责人、安装队队长、安全员等人员手机保持开机状态，不得随意离开现场。

12. 施工用电、氧气乙炔、现场防火管理

集控楼钢结构吊装必须制定严格的防火措施，严格规范施工用电、氧气乙炔管理。必须做到以下几点：

（1）现场施工用电必须经过合理规划并严格执行，严禁私拉乱接。

（2）连接电动机械与电动工具的电气回路应设开关或插座，并应有保护装置。移动式电动机械应使用橡胶软电缆。严禁一个开关接两台及两台以上的电动设备。

（3）电焊机外壳需接地线。电焊机接地线与焊接搭接应符合安全规定。

（4）操作起重机械、电动设备（机具）、电焊机等工作完毕后，必须把控制器拨至零位、切断电源后才能离开现场。

（5）配电盘、电源箱非防雨型临时开关箱等配电设施必须有可靠的防护措施。配电盘、电源箱要有可靠接地。

（6）严禁使用金属丝代替熔丝或使用不符合规范要求的熔丝。

（7）严禁将电线直接挂在闸刀上或直接插入插座内使用。

（8）乙炔、氧气瓶的间距不得小于 8m，乙炔、氧气皮带严禁混用。

（9）乙炔瓶、氧气瓶使用时必须直立并固定牢靠，严禁卧放，气瓶上必须装两道防振圈。

（10）乙炔瓶、氧气瓶必须装防回火装置，不得将气瓶与带电物体接触。

（11）气瓶内的气体不得用尽。液化石油气瓶必须留有 0.1MPa 的剩余压力。

（12）气瓶的存放与保管。

1）气瓶应存放在通风良好的场所，夏季应防止日光曝晒，严禁将气瓶靠近热源；

2）严禁将气瓶和易燃物、易爆物混放在一起；

3）严禁与所装气体混合后能引起燃烧、爆炸的气瓶一起存放。

（13）现场防火要求。

1）现场油漆属于易燃、易爆物品，原则上现场及仓库不得存放，需要使用时到物资部仓库领用；

2）油漆施工必须避免上方有焊接、切割等动火作业，避免电火花引起火灾；

3）现场不得堆积易燃物品，如需要存放，必须有专门措施，经消防保卫部门认可；

4）现场焊接、切割等作业，下方必须铺防火毯，防火毯由专业组做计划，物资部门采购；

5）现场各楼层消防通道不得随意占用，严禁乱堆乱放；

6）施工人员进入现场，不得携带火种，消防器材不得随意乱动；

7）严格执行动火作业票制度，电气焊作业必须办票，必须明确监护人；

8）动火作业结束后，作业人员必须检查现场，确保清除全部火种，及时消票。

四、集控楼通风空调工程施工案例

（一）作业程序的步骤流程

风管制作工艺流程如图 8-2 所示。

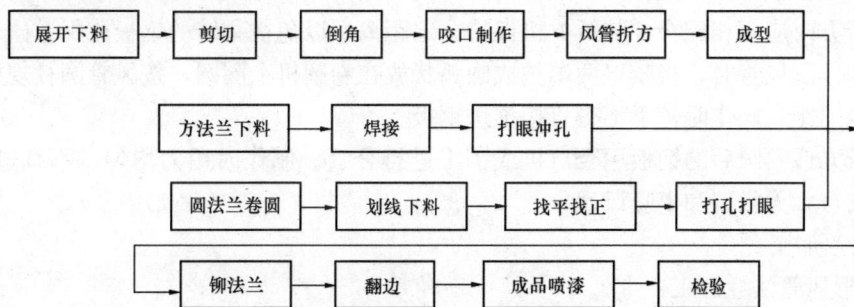

图 8-2　风管制作工艺流程

风管安装施工工艺流程如图 8-3 所示。

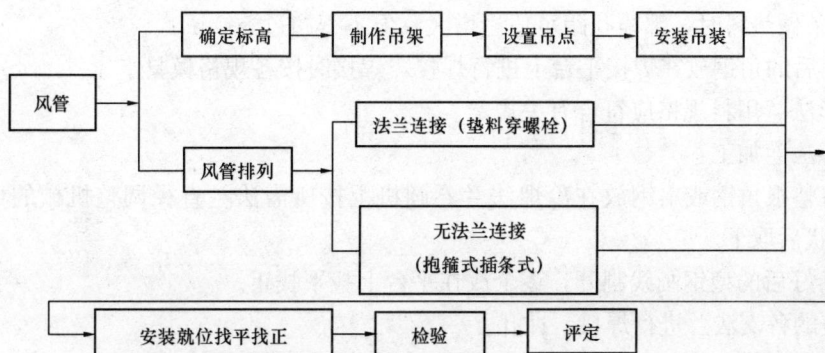

图 8-3　风管安装施工工艺流程

空气处理室安装流程如图 8-4 所示。

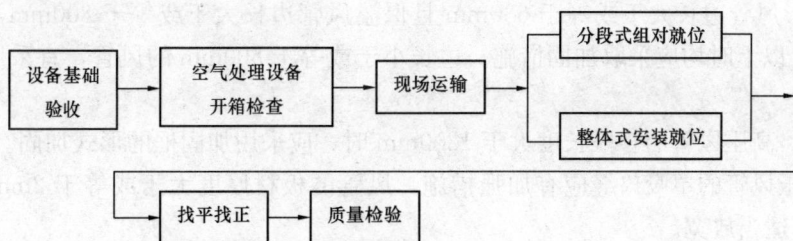

图 8-4　空气处理室安装流程

（二）作业方法

1. 金属风管制作

（1）制作钢板风管和配件的板材厚度应符合有关规定。

（2）铆钉连接时，必须使铆钉中心线垂直于板面，铆钉头应把板材压紧，使板缝密合并且铆钉排列整齐、均匀。板材之间铆接，一般中间可不加垫料，设计有规定时，按设计要求进行。

（3）咬口连接根据使用范围选择咬口形式。

223

（4）咬口时手指距滚轮护壳不小于5cm，手柄不准放在咬口机轨道上，扶稳板料。

（5）咬口后的板料将画好的折方线放在折方机上，置于下模的中心线。操作时使机械上刀片中心线与下模中心线重合，折成所需的角度。

（6）折方时应互相配合并与折方机保持一定距离，以免被翻转的钢板或配重碰伤。

（7）制作圆风管时，将咬口两端拍成圆弧状放在卷圆机上圈圆，按风管圆径规格适当调整上、下辊间距，操作时，手不得直接推送钢板。

（8）折方或卷圆后的钢板用合口机或手工进行合缝。制作时用力均匀，不宜过重。单、双口确实咬合，无胀裂和半咬口现象。

（9）法兰加工。

1）矩形风管法兰加工：

a）方法兰由四根角钢组焊而成，划线下料时应注意使焊成后的法兰内径不能小于风管的外经，用型钢切割机按线切断。

b）下料调直后放在冲床上冲击铆钉孔及螺栓孔、孔距不应大于150mm。如采用8501阻燃密封胶条做垫料时，螺栓孔距可适当增大，但不得超过300mm。

c）冲孔后的角钢放在焊接平台上进行焊接，焊接时按各规格模具卡紧。

d）矩形法兰用料规格应符合有关规定。

2）圆形法兰加工：

a）先将整根角钢或扁钢放在冷煨法兰卷圆机上按所需法兰直径调整机械的可调零件，卷成螺旋形状后取下。

b）将卷好后的型钢画线割开，逐个放在平台上找平找正。

c）调整的各支法兰进行焊接、冲孔。

d）圆法兰用料规格应符合有关规定。

（10）金属风管法兰用料规格应符合有关规定。在风管内铆法兰腰箍冲眼时，管外配合人员面部要避开冲孔。

（11）矩形风管边长大于或等于630mm且保温风管边长大于或等于800mm，其管段长度在1200mm以上时均应采取加固措施。边长小于或等于800mm的风管，宜采用楞筋、楞线的方法加固。

（12）中、高压风管的管段长度大于1200mm时，应采用加固框的形式加固。

（13）高压风管的单咬口缝有加强措施，风管的板材厚度大于或等于2mm时，加固措施的范围可适当放宽。

（14）风管与法兰铆接前先进行技术质量复核，合格后将法兰套在风管上，管端留出10mm左右折边量，管析方线与法兰平面应垂直，然后使用液压铆钉钳或手动夹眼钳用铆钉将风管与法兰铆固，并留出四周折边。

（15）翻边应平整，不应遮住螺孔，四角应铲平，不应出现豁口，以免漏风。

（16）风管与小部件（嘴子、短支管等）连接处、三通、四通分支处要严密、缝隙处应利用锡焊或密封胶堵严以免漏风。

（17）风管喷漆防腐不应在低温（低于＋5℃）和潮湿（相对湿度不大于80%）的环境下进行，喷漆前应清除表面灰尘、污垢与锈斑并保持干燥。喷漆时应使漆膜均匀，不得有堆积、漏涂、皱纹、气泡及混色等缺陷。普通钢板在压口时必须先喷一道防锈漆，保证咬缝内不易生锈。

(18) 钢板的防腐油漆按照设计要求选择、涂刷。

(19) 风管成品检验后应按设计图中主干管、支管系统的顺序写出连接号码及工程简名，合理堆放码好，等待安装。

2. 金属风管安装

(1) 支、吊架制作。

1) 按照设计图纸，根据土建基准线确定风管标高；并按照风管系统所在的空间位置，确定风管支、吊架形式，设置支、吊点。

2) 风管支、吊架制作前，首先要对型钢进行矫正，矫正的方法有冷矫和热矫两种；小型钢材一般采用冷矫正，较大的型钢需加热到900℃左右后进行矫正。矫正的顺序为先矫正扭曲后矫正弯曲。

3) 风管支、吊架的形式、材质、加工尺寸、安装间距、制作精度、焊接等应符合设计要求，不得随意更改，开孔必须采用台钻或手电钻，不得用氧乙炔焰开孔。

4) 支、吊架的焊接应外观整洁漂亮，要保证焊透、焊牢，不得有漏焊、欠焊、裂纹、咬肉等缺陷。

5) 吊杆圆钢应根据风管安装标高适当截取。套丝不宜过长，丝扣末端不宜超出托架最低点，不得妨碍装饰吊顶的施工。

6) 风管支、吊架制作完成后，应进行除锈刷漆。埋入墙、混凝土的部位不得油漆。

7) 用于镀锌钢板风管的支架、抱箍应按设计要求做好防腐绝缘处理，防止电化学腐蚀。

(2) 支、吊架安装。

1) 按风管的中心线找出吊杆安装位置，单吊杆在风管的中心线上；双吊杆可按托架的螺孔间距或风管的中心线对称安装。吊杆与吊件应进行安全可靠固定，对焊接后的部位应补刷油漆。

2) 立管管卡安装时，应先把最上面的一个管件固定好，再用线坠在中心处吊线，下面的风管即可进行固定。

3) 当风管较长要安装成排支架时，先把两端安好，然后以两端的支架为基准，用拉线法找出中间各支架的标高进行安装。

4) 风管水平安装，直径或长边不大于400mm时，支、吊架间距不大于4m；直径或长边大于400mm时，不大于3m。当水平悬吊的主、干风管长度超过20m时，应设置防止摆动的固定点，每个系统不应少于1个。风管垂直安装时，支、吊架间距不大于4m；单根直管至少应有2个固定点。

5) 支、吊架不得设置在风口、阀门、检查门及自控机构处，离风口或插接管的距离不宜小于200mm。

6) 抱箍支架，折角应平直，抱箍应紧贴并抱紧风管。安装在支架上的圆形风管应设托座和抱箍，其圆弧应均匀，且与风管外径相一致。

7) 保温风管的支、吊架装置宜放在保温层外部，保温风管不得与支、吊托架直接接触，应垫上坚固的隔热防腐材料，其保温厚度与保温层相同，防止产生"冷桥"。

(3) 风管法兰连接。

1) 法兰密封垫料，选用不透气、不产尘、弹性好的材料，法兰垫料应尽量减少接头，接头形式采用阶梯形或企口形，接头处应涂密封胶。

2）法兰连接时，首先按要求垫好垫料，然后把两个法兰先对正，穿上几个螺栓并戴上螺母，不要上紧。再用尖冲塞进未上螺栓的螺孔中，把两个螺孔撬正，直到所有螺栓都穿上后，拧紧螺栓。紧螺栓时应按十字交叉逐步均匀地拧紧。风管连接好后，以两端法兰为准，拉线检查风管连接是否平直。

3）镀锌钢板风管法兰连接的螺栓，宜用同材质制成。

4）连接法兰的螺栓应均匀拧紧，其螺母宜在同一侧。

（4）柔性短管安装。根据施工图纸确定正确的安装位置。

1）柔性短管安装应松紧适当，不得扭曲。安装在风机吸入口的柔性短管可安装得绷紧一些，防止风机启动后被吸入而减少截面尺寸。

2）安装时，不得把柔性短管当成找平找正的连接管或异径管。

（5）风管安装。

1）安装技术要求。

a）明装风管：水平度小于 3mm/m，总偏差小于 20mm；垂直度小于 2mm/m，总偏差小于 20mm。

b）暗装风管：位置应正确，无明显偏差。

2）安装顺序为先干管后支管。安装方法应根据施工现场的实际情况确定，可以在地面上连成一定的长度然后采用整体吊装的方法就位，也可以把风管一节一节地放在支架上逐节连接。整体吊装是将风管在地面上连接好，一般可接长至 10～12m，用倒链或升降机将风管吊到吊架上。

3）风管穿越需要封闭的防火、防爆的墙体或楼板时，应设预埋管或防护套管，其钢板厚度不应小于 1.6mm。风管与防护套管之间，应用不燃且对人体无危害的柔性材料封堵。

4）风管接缝应牢固，无孔洞和开裂。

5）风管系统安装完毕后，应按系统类别进行严密性检验。

（6）风帽安装。

1）风帽安装高度超过屋面 1.5mm，应设拉索固定，拉索的数量不应少于 3 根，且设置均匀、牢固。

2）不连接风管的筒形风帽，可用法兰直接固定在混凝土或木板底座上。当排送湿度较大的气体时，应在底座设置滴水盘并有排水措施。

（7）风口安装。

1）风口安装应横平、竖直、严密、牢固，表面平整。

2）带风量调节阀的风口安装时，应先安装调节阀框，后安装风口的叶片框。同一方向的风口，其调节装置应设在同一侧。

3）散流器安装时，应注意风口预留孔洞要比喉口尺寸大，留出扩散板的安装位置。

4）风口安装前，应将风口擦拭干净，密封垫料封堵严密，不能漏风。

5）排烟口与进风口的安装部位应符合设计要求，与风管的连接应牢固、严密。

（8）风阀安装。

1）风阀安装前应检查框架结构是否牢固，调节、制动、定位等装置是否准确灵活。

2）风阀的安装同风管的安装，将其法兰与风管或设备的法兰对正，加上密封垫片，上紧螺栓，使其与风管或设备连接牢固、严密。

3）风阀安装时，应使阀件的操纵装置便于人工操作，其安装方向应与阀体外壳标注的方向一致。

4）安装完的风阀，应在阀体外壳上有明显和准确的开启方向、开启程度的标志。

5）防火阀的易熔片应安装在风管的迎风侧，其熔点温度应符合设计要求。

3. 空调机组的安装

（1）设备基础的验收。根据安装图对设备基础的强度、外形尺寸、坐标、标高及减振装置进行认真检查。

（2）设备开箱检验。

1）开箱前检查外包装有无损坏和受潮。开箱后认真核对设备及各段的名称、规格、型号、技术条件是否符合设计要求。产品说明书、合格证、随机清单和设备技术文件应齐全。逐一检查主机附件、专用工具、备用配件等是否齐全，设备表面应无缺陷、缺损、损坏、锈蚀、受潮的现象。

2）取下风机段活动板或通过检查门进入，用手盘动风机叶轮，检查有无与机壳相碰、风机减振部分是否符合要求。

3）检查表冷器的凝结水部分是否畅通、有无渗漏，加热器及旁通阀是否严密、可靠，过滤器零部件是否齐全、滤料及过滤形式是否符合设计要求。

（3）设备运输。空调设备在水平运输和垂直运输之前尽可能不要开箱并保留好底座。现场水平运输时，应尽量采用车辆运输或钢管、跳板组合运输。室外垂直运输一般采用门式提升架或吊车，在机房内采用滑轮、倒链进行吊装和运输。整体设备允许的倾斜角度参照说明书。

（4）一般装配式空调安装。

1）阀门启闭应灵活，阀叶需平直。表面式换热器应有合格证，在规定期间内外表面又无损伤时，安装前可不做水压试验，否则应做水压实验。试验压力等于系统最高工作压力的 1.5 倍，且不低于 0.4MPa，试验时间为 2～3min；压力不得下降。空调器内挡水板，可阻挡喷淋处理后的空气夹带水滴进入风管内，使空调房间湿度稳定。挡水板安装时前后不得装反。要求机组清理干净，箱体内无杂物。

2）现场有多套空调机组安装前，将段体进行编号，切不可将段位互换调错，按厂家说明书，分清左式、右式，段体排列顺序应与图纸吻合。

3）从空调机组的一端开始，逐一将段体抬上底座就位找正，加衬垫，将相邻两个段体用螺栓连接牢固严密，每连接一个段体前，将内部清扫干净。组合式空调机组各功能段间连接后，整体应平直，检查门开启要灵活，水路畅通。

4）加热段与相邻段体间应采用耐热材料作为垫片。

5）表冷段段连接处要严密、牢固可靠，不得渗水，检视门不得漏水。积水槽应清理干净，保证冷凝水畅通不溢水。凝结水管应设置水封，水封高度根据机外余压确定，防止空气调节器内空气外漏或室外空气进来。

6）安装空气过滤器时方向应符合要求：

a）框式及袋式粗、中效空气过滤器的安装要便于拆卸及更换滤料。

b）过滤器的安装应符合以下规定：按出厂标志方向搬运、存放，安置于防潮洁净的室内。其框架端面或刀口端面应平直，其平整度允许偏差为±1mm，其外框不得改动。洁净室全部安装完毕，并全面清扫擦净。系统连续试车12h后，方可开箱检查，不得有变形、破损和漏胶等现象，合格后立即安装。安装时，外框上的箭头与气流方向应一致。用波纹板组合的过滤器在竖向安装时，波纹板垂直地面，不得反向。过滤器与框架间必须加密封垫料或涂抹密封胶，厚度为6～8mm。定位胶贴在过滤器边框上，用梯形或榫形拼接，安装后的垫料的压缩率应大于50%。采用硅橡胶密封时，先清除边框上的杂物和油污，在常温下挤抹硅橡胶，应饱满、均匀、平整。采用液槽密封时，槽架安装应水平，槽内保持清洁无水迹。密封液宜为槽深的2/3。现场组装的空调机组，应做漏风量测试。

7) 安装完的空调机组静压为700Pa时，漏风率不大于3%；空气净化系统机组，静压为1000Pa，在室内洁净度低于1000级时，漏风率不应大于2%；洁净度高于或等于1000级时，漏风率不应大于1%。

(5) 整体式空调机组的安装。

1) 安装前认真熟悉图纸、设备说明书以及有关的技术资料。检查设备零部件、附属材料及随机专用工具是否齐全。制冷设备充有保护气体时，应检查有无泄漏情况。

2) 空调机组安装时，坐标、位置应正确。基础达到安装强度。基础表面应平整，一般应高出地面100～150mm。

3) 空调机组加减振装置时，应严格按设计要求的减振器型号、数量和位置进行安装并找平找正。

4) 水冷式空调机组的冷却水系统、蒸汽、热水管道及电气、动力与控制线路的安装工应持证上岗。充注氟利昂和调试应由制冷专业人员按产品说明书的要求进行。

(6) 单元式空调机组安装。风机盘管机组的安装，安装位置应正确，目测呈水平，凝结水的排放应畅通。周边间隙应满足冷却风的循环。制冷剂管道连接应严密无渗漏。穿过的墙孔必须密封，雨水不得渗入。

(三) 质量通病及预防

质量通病及预防见表8-2。

表8-2 质量通病及预防

质 量 通 病		预 防 措 施
风管制作	风管表面不平，两相邻表面互不垂直，两相对表面互不平行，两端口平面不平行	用法兰口风管调整风管两端口平行度，以及法兰与风管的垂直度
	弯头、三通角度线偏移，中心弧线不在同一平面上，直径变小	利用法兰口风管调整角度
风管安装	保温钉黏结不牢，造成保温材料脱落	严格按工艺要求操作，避免磕碰，保温材裁剪要准确，四角要适当加铁皮包角，玻璃布缠绕松紧要适度
	系统保温有遗漏	隐蔽处阀部件及与末端装置连接部位均为严格保温
	支、吊架间距过大	贯彻规范，安装完后，认真复查有无间距过大现象
空调机组安装	坐标、标高不准、不平不正	加强责任心，严格按设计和操作工艺要求进行
	表冷器段体存水排不出	严格控制坡度及排水管安装，避免堵塞现象

五、集控楼室内照明工程施工案例

（一）施工工艺流程（见图 8-5）

（二）作业方法

1. 开箱检验

（1）开箱检验时应轻拿轻放，防止损坏。

（2）外观检查良好、铸件无裂纹及砂眼、玻璃罩无碎裂、密封良好。

（3）照明器具应符合现行的国家质量标准并具有有效的合格证件。

（4）照明器具的型号规格、防爆等级符合设计要求。

（5）零配件齐全完好、符合要求。

2. 预制

照明灯具预制参照设计重复利用图，灯杆各段比例、长度、弧度一致。

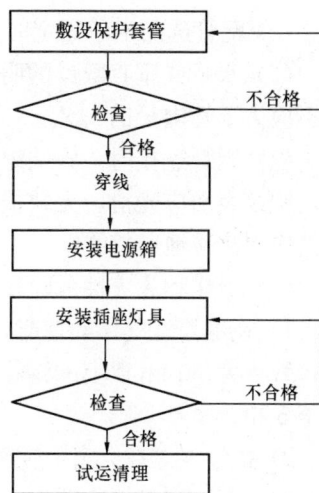

图 8-5 施工工艺流程

3. 照明支架预制

（1）照明支架的尺寸应根据照明配管部位具体情况确定，同一场所内使用的支架应长短一致。

（2）照明支架的钻孔直径由所使用 U 形卡的直径确定。

4. 安装要求

照明灯具安装前应进行组装、接线和试亮，灯头接线采用的导线规格符合设计要求，接线应采用不同颜色的导线来区分相线和零线，螺纹灯头的相线应接在中心端子上。带电池的应急灯应进行放电试验，应急灯的持续放电时间应符合设计和产品说明书的要求。

5. 照明箱安装

（1）照明箱定位应依据设计照明平面图的要求，不得随意移动位置。

（2）照明箱安装的标高符合设计要求，垂直度误差不应超过 0.15%。

（3）照明箱安装过程中要注意保护照明箱上的开关把手。

6. 配管

（1）钢管切断。

1）钢管切断采用无齿锯、钢锯、割管器等工具。切断时用力均匀，切断口用锉刀或绞刀锉光（或刮光）使管口整齐光滑。

2）采用钢锯切断时，锯条保持垂直，避免切断处出现马蹄口，推锯时稍加压力，用力均匀、不要过猛，以免弄断锯条，回锯时不加压力。将锯稍抬起，尽量减少锯条磨损。

（2）钢管套丝。套丝长度：当与接线盒等器具螺纹口相连时不宜小于管外径的 1.5 倍；管与管相连时不小于 1/2 管接头长度加 2~4 扣；采用手带丝时宜两遍成型。

（3）钢管煨弯。钢管煨弯时宜采用弯管机或弯管器，弯管器的选用不得以大代小，弯管时应多次向后移动弯管器以免管子被弯瘪，每次后移的距离不宜过大；带丝扣弯曲时为保护丝扣可将丝头带上管箍或加一块适当厚度的木板。

（4）支架安装。建筑物照明配管根据设计要求可采用支架固定或使用卡子沿墙固定，采用支架安装时，应先安装两端的支架，再拉粉线固定中间的支架。支架的间距符合有关要求，且间距均匀一致，整齐美观。支架与终端、弯头中点、电气器具或盒（箱）边缘的距离宜为 150～500mm。

（5）配管选用卡子固定时，可采用塑料胀管或膨胀螺栓。

（6）水平或垂直敷设的明照明管，其水平或垂直安装的允许偏差为 1.5mm/m，全长偏差不应大于管内径的 1/2。

（7）钢管连接时，管端螺纹长度不应小于管接头长度的 1/2；连接后，其螺纹外露 2～3 扣，螺纹表面应光滑、无缺损；所有的螺纹连接应使用管钳拧紧；非防爆区域的配管螺纹连接处应焊接接地跨接线。

（8）爆炸和火灾性危险环境的照明配管。

1）在爆炸性气体环境时，螺纹有效啮合扣数：管径为 25mm 及以下的钢管不应少于 5 扣；管径为 32mm 以上的钢管不应少于 6 扣；在爆炸性粉尘环境时，螺纹有效啮合扣数不应少于 5 扣。

2）螺纹加工应光滑、完整、无锈蚀，在螺纹上应涂以电力复合脂或导电性防锈脂。不得在螺纹上缠麻或绝缘胶带及其他油漆，且外露丝扣不应过长。

3）除设计有特殊规定外，连接处可不焊接金属跨线。

4）电气管路之间不得采用倒扣连接；当连接有困难时，应采用防爆活接头，其接合面应密封。

5）隔离密封件的内壁，应无锈蚀、灰尘、油渍。

6）导线在密封件内不得有接头，且导线之间及与密封件壁之间的距离应均匀。

7）管路通过墙、楼板或地面时，密封件与墙面、楼板或地面的距离不应超过 300mm，且该段管路中不得有接头，并应将孔洞堵塞严密。

8）配管穿过不同等级的爆炸和火灾危险环境应装设隔离密封件。

（9）暗管敷设方式。

1）随墙（砌体）配管。砖墙、加砌气混凝土块墙、空心砖墙配合砌墙立管时，该管最好放在墙中心，管口向上的要堵好。向上引管有吊顶时，管上端应煨成 90°弯进入吊顶内。由顶板向下引管不宜过长，以达到开关盒上口为准。砌好隔墙后，先稳盒后接短管。

2）大模板混凝土墙配管。可将盒、箱焊在该墙的钢筋上，接着敷管。每隔 1m 左右，用铁丝绑扎牢。管进盒箱要煨灯叉弯。向上引管不宜过长，以能煨弯为准。

3）现浇混凝土楼板配管。先找灯位，根据房间四周墙的厚度，弹出十字线，将堵好的盒子固定牢后敷管。有两个以上盒子时，要拉直线。管进盒箱长度要适宜，管路每隔 1m 左右用铁丝绑扎牢。如有质量超过 3kg 的灯具应焊好吊杆。

7. 照明器具安装

（1）室内安装的灯具，严格按照设计说明，设计说明中没有的严格按照相关规范的规定，距地面高度不小于 3m；当在墙上安装时，其距地面高度不小于 2.5m。

（2）灯具安装要符合下列要求：

1）同一场所成排安装的灯具，其中心线偏差不大于 5mm。

2）灯具在混凝土楼板下固定参考相关图集。

3）灯具在混凝土楼板下的梁上固定参考图纸要求或相关图集。

4）吊杆灯在槽型板缝安装。

5）吊杆灯在空心楼板上安装。

6）普通白炽灯、日光灯可利用吊线盒安装。

7）其他灯具可利用膨胀螺栓固定在天花板或墙壁上。

8）应急灯要有明显标志，应急灯和事故照明灯持续放电时间符合产品说明书和设计要求。

9）灯具的种类、型号、功率符合设计要求。

10）检查防爆灯具的类型、防爆等级、组别、环境条件及特殊标志等符合设计要求。

11）螺旋式灯泡要拧紧，接触良好不得松动。

12）灯具外罩齐全，螺栓应紧固。

13）防爆灯具、防爆插座与电缆和导线要可靠地接线和密封；防爆分线盒的多余进线孔其弹性密封垫要齐全，并将压紧螺母拧紧使进线孔密封，金属垫片厚度不小于 2mm。

8. 穿线、接线

（1）照明主回路和分支回路的导线截面规格符合设计要求。

（2）照明器具应按设计给定的回路编号进行穿线、接线，保证三相平衡。

（3）照明穿线宜采用不同的颜色区分各照明回路、相线、零线。

（4）带接地孔的插座配接地专用线。

（5）单相两孔插座，面对插座，右孔或上孔与相线相连接，左孔或下孔与零线相连接；单相三孔插座，面对插座，右孔与相线相连接，左孔与零线相连接，上孔与地线相连接。

（6）插座的接地端子不能与零线端子直接连接。

（7）同一场所的三相插座其接线相位必须一致。

（8）照明回路的相线要经开关控制。

（9）照明接线宜采用压接管或挂锡法接线，压接管直径应与导线的截面、根数配合，压接牢固不松动。

（10）照明线接头绝缘包缠不低于原导线的绝缘强度，用黑胶布、橡皮包布包好。

9. 通电检验

（1）通电前经过绝缘检查，绝缘电阻合格。

（2）灯具回路、照明箱应分别进行检查绝缘。

（3）核对灯具位号是否与设计符合。

（4）通电检验应保证所有灯具正常，开关控制正确，插销应进行验电和断电检查。

（5）所有灯具亮后，照明箱电源的三相电流应平衡。

10. 密封

（1）密封件内在电缆或导线敷设后必须填充水凝性粉剂密封填料。

（2）粉剂密封填料的包装必须密封。密封填料的配制应符合产品的技术规定，浇灌时间严禁超过其初凝时间，并应一次灌足。凝固后其表面应无龟裂。排水式隔离密封件填充后的表面应光滑，并可自行排水。

（三）质量通病及预防

质量通病及预防措施见表 8-3。

表 8-3　　　　　　　　　　　　　　　　质量通病及预防措施

质量通病		预 防 措 施
埋管及穿线	管道埋设缺陷	（1）管道材质、强度按要求选用，连接采用套丝或焊接，煨弯采用定型煨管机； （2）埋设时保证埋深，避免地面裂缝； （3）已埋设管道与图纸不符合的要现场做好标记，做好记录，便于今后查找和保护
照明	开关、插座，配电盘安装偏差	（1）根据实际需要、方便、安全、美观等条件进行； （2）安装位置要弹线、靠尺、线坠测量调整
	照明灯具安装不合理	根据实际需要、方便、安全、美观等条件进行

第二节　GIS 室、网络继电器楼施工

一、GIS 室、网络继电器楼基础施工案例

（一）施工方案

（1）模板系统。采用普通钢模板。

（2）支撑系统。基础承台加固支撑均采内部对拉螺栓拉结，外部用普通脚手管顶撑。

（3）施工分段。

第一步，独立基础承台及联系梁；

第二步，基础支墩、基础梁。

（4）混凝土施工。采用现场搅拌站集中搅拌，罐车运输，用泵车浇筑，用插入式振捣棒振捣；采用覆盖塑料布养护，大体积混凝土表面除覆盖塑料布外表面再包裹保温被。

（二）施工工艺流程

完善施工环境→桩头凿毛处理、钢筋除锈→垫层施工→垫层表面处理→垫层放线及验收→承台、联系梁钢筋制作及绑扎→承台、联系梁钢筋验收→承台、联系梁模板安装及加固→承台、联系梁模板验收→承台、联系梁混凝土浇筑→基础柱钢筋制作及绑扎→基础柱钢筋验收→基础柱模板安装及加固→基础柱模板验收→基础柱混凝土浇筑→地梁支墩施工→基础墙砌筑→基础回填→基础工程验收。

（三）施工方法及要求

1. 测量放线

用全站仪利用甲方给定的测量方格网点直接进行基础施工测量工作。

2. 地基工程

基础桩头采用人工凿桩，桩头锚入承台 100mm，主筋由桩顶锚入基础承台 800mm，预制桩超长的，剔凿出的钢筋在满足锚固长度后截掉，如果主筋长度不足锚固长度，采用双面搭接焊的形式进行补长。

3. 钢筋工程

（1）钢筋工程施工方案。钢筋接头连接形式有绑扎、闪光对焊、直螺纹连接。钢筋绑扎采用加工场加工制作，运输至现场绑扎成形的施工方案，钢筋由加工场采用自制板车运至现场，再由人工抬入基坑。为保证施工现场的安全文明施工，运料随运随绑，减少占地面积。

（2）钢筋加工。

1）钢筋加工程序为确定用料→除锈（除污迹）→调直→切断→弯曲成型。

2）确定用料严格按照翻样单上要求的规格、数量加工配置。钢筋表面如有油渍、铁锈、泥土应在使用前清理干净。对局部有弯曲的钢筋采用人工调直后，方可使用。

3）钢筋弯曲成型时，应根据翻样单上尺寸，先划出弯起点位置。先加工一根钢筋，根据放样尺寸调整弯曲的位置和尺寸，调整合适后再成批加工。

4）钢筋加工的成品、半成品根据具体要求分别做明确标识，并分区域码放整齐。

5）承台受力筋直径大于22mm的均采用直螺纹连接接头，直螺纹的套丝操作工要持证上岗，钢筋连接前，先做一组班前试件，拉力试验合格后再进行大批加工。钢筋加工过程中，每加工一部分就将套好丝的钢筋与钢套筒进行试套，如有问题及时修正。钢筋套完丝后要在丝扣上套上保护帽，没有保护帽严禁运出加工场。钢筋直螺纹接头，500个为一批，一组3个试件，做抗拉试验。

（3）钢筋绑扎。

1）钢筋绑扎顺序为绑扎承台钢筋→插柱钢筋→绑扎柱钢筋。

2）绑扎前，先根据施工图的钢筋间距划好线，然后再进行布筋、绑扎。

3）绑扎的钢筋要求横平竖直，规格、数量、位置、间距正确，绑扎不得有缺扣、松扣现象。钢筋绑扣不可均朝一个方向，要成八字扣。

4）因为每个基础承台的钢筋较多，质量较大，所以基础承台底钢筋保护层垫块采用100mm×100mm混凝土垫块，侧面采用砂浆垫块。砂浆垫块应提前加工，保证钢筋位置准确。

5）在施工基础承台时，柱插筋位置要用脚手管在底部和上部卡两道方盘来固定，保证钢筋的位置正确，由于钢筋比较长，上部固定架子要与其他基础连成整体。

4. 模板工程

（1）模板工程的紧前工作为钢筋工程，待钢筋验收合格后马上进行施工。

（2）模板均采用新的定型组合钢模板，钢模板加固采用基础内置对拉螺栓，沿模板高度方向每750mm一道，沿基础纵方向每600mm一道，模板外侧用脚手管加固。

（3）模板使用前，必须对模板进行必要的修理，将模板表面用钢丝刷和角磨砂轮磨平磨光，然后涂刷隔离剂，模板多次周转使用后，表面有砸出坑的、模板肋开焊、断裂的、弯曲的必须挑出，修理后再投入使用。

（4）为了保证浇灌后的混凝土工艺美观，对拉螺栓与模板交接部位设中间带直径13mm孔的圆木垫，以防止混凝土浇筑时，由螺栓孔处漏浆。混凝土浇筑完毕将圆木垫剔出，用角磨砂轮将对拉螺栓头割掉，使用同基础混凝土同配比且加膨胀剂的水泥砂浆分两次对木垫坑进行填堵，填堵后的表面要压光。模板在拼装时要在模板与模板间夹粘优质海绵条；混凝土浇筑前，模板上的孔洞要堵死，以防漏浆，避免拆模后的混凝土外露石子。

（5）模板卡使用前必须仔细检查其是否完好，不得使用带裂及锈蚀严重的模板卡。在模板支设过程中模板与模板接缝处都加设模板卡，模板卡间距不大于300mm。施工时注意模板卡圆环向下。

（6）模板支设步骤。

1）模板支设前应先涂刷好脱模剂，脱模剂应涂刷均匀，无流淌现象。

2）根据施工控制桩放出模板外边线及其他控制线，作为模板就位依据。

3）用水平仪引测好模板支设的标高，在模板的底脚用砂浆找平。

4）逐块拼装模板，同一条拼缝上的 U 形卡，不宜向同一方向卡紧，对拉螺栓孔应平直相对，穿插螺栓不得斜拉硬顶，螺栓上要加圆木垫，圆木垫要紧贴模板。

5）模板拼装时模板缝间夹不吸水的海绵条，海绵条宽大于 10mm，将模板缝堵死，以防漏浆。

6）模板支设的同时要用脚手管进行加固，加固时将脚手管下端打入基槽，然后再用脚手管与模板拉斜撑进行加固。

7）柱模垂直度用加固脚手管控制，垂直度用线坠检验。

8）安装模板注意事项：

a）安装模板前，先检查钢筋是否影响安装，如有予以纠正；

b）模板要涂刷隔离剂；

c）模板安装前，要检查模板处理是否过关，保证模板表面光滑，外形方正，强度符合使用要求；

d）所有接缝海绵条不得外露。

5. 混凝土工程

（1）基础施工采用搅拌站集中搅拌、罐车运输、泵车浇筑的施工方案。

（2）水泥使用 P.O42.5，石子使用 5～25mm 级配碎石，砂使用中砂（河砂），二级粉煤灰，外加剂使用泵送剂、防腐剂，型号及掺量等由试验部门做混凝土试配后确定。

（3）混凝土的搅拌采用 2 台全自动搅拌机（理论混凝土搅拌速度 100m³/h）搅拌，6 台混凝土罐车运输。现场浇灌采用两台混凝土汽车泵（37、42m）泵送。

（4）搅拌站配备小型锅炉满足冬季混凝土搅拌所需热水，确保混凝土施工过程中不出现其他问题。如不能确定必须出具备用方案，否则视为条件不具备，不能进行混凝土浇筑。

（5）混凝土浇灌的同时在施工现场做试块：每工作班（混凝土浇筑量不超过 100m³，若超过 100m³，每增加 100m³，制作 1 组，增加不足 100m³ 也需制作 1 组）制作 2 组试块，同时按规定留置同条件试块。

（6）冬季混凝土施工注意事项：

1）混凝土冬季施工选用综合蓄热法和掺抗冻剂的办法。

2）混凝土原材料采用热水搅拌，水可加热到 80℃ 左右，投料顺序为骨料和水，待搅拌一段时间后，搅拌机内温度降低到 40℃ 左右时，再投入水泥搅拌，混凝土的搅拌时间比平时延长 30s，并不少于 90s。为防止混凝土假凝，严禁让水泥与 80℃ 以上的热水直接接触。为防止冬季砂子结冰，提前将材料进行储备，必要时可以对砂子进行加热处理。严格控制水灰比，水灰比不宜大于 0.6，并加适当的早强剂，严格控制水泥用量，最少用量不宜少于 300kg，并严格控制混凝土出机温度不低于 10℃。

3）混凝土运输使用混凝土罐车，并做保温措施，运输选用最佳路线，并有人疏导交通，保证罐车交通顺利，减少运输过程中的热量损失。

4）混凝土浇筑前应先将混凝土内积雪等杂物清理干净，并将其他机械、工器具准备就绪，混凝土不得直接浇筑在冻胀性的土地上，浇筑混凝土尽量不在雪天，若必须在雪天浇筑混凝土，则必须在浇筑地点用苫布搭设防雪棚，防止雪落入模板内。混凝土入模后要加强振捣，确保混凝土内部密实。在浇筑混凝土前，必须提前预埋好测温导线，导线分层埋好，并绑扎牢固。严禁将感温触点接触在钢筋或埋件模板上，测温要及时，并记录好内外温差。混凝土入模温度不得低于 5℃和高于 25℃，最好控制在 15℃左右。当室外温度低于－15℃或有寒流，应停止施工。

混凝土养护的主要目的是保证在混凝土温度降到 0℃之前，达到抗冻临界强度，抗冻临界强度一般为设计强度的 30%。养护采用蓄热法，即利用搅拌加热和混凝土中水泥的水化热，保温养护。

5) 混凝土养护采用封塑料布保水，用苫布加棉被保温的办法，保证保温条件。控制混凝土的拆模时间，拆模时间根据现场的同条件试块确定。

养护过程中做好测温工作，派专人测温，每昼夜不少于 4 次，对于出机及入模温度每 2h 测量一次，大气温度时每天不少于 4 次。

(7) 混凝土试块取样、成型及养护方法。制作混凝土试块所用的拌和物应从施工现场罐车放出的混凝土中提取，并在取样后立即制作试块。制作试块采用 150mm×150mm×150mm 标准试模，插捣采用人工。拌和物分三层装入试模，每层的装料厚度为 50mm。插捣用钢制捣棒，捣棒长 600mm，直径 16mm，端部应磨圆，插捣次数为每 100cm² 至少 12 次。插捣完后，刮除多余的混凝土，并用钢抹子抹平。试块成型后，应覆盖其表面，同条件试块拆模后，应放置在靠近相应结构部位或结构部位的适当位置，并应采用相同的养护方法；标养试块在 20℃±5℃条件下静置 1~2 昼夜，然后拆模。拆模后试块应立即放到标准养护室中进行标养。

(8) 基础承台、联系梁模板和基础梁侧模板拆除，应在混凝土强度能保证其表面及棱角不因拆除模板而受损的情况下进行。基础梁模板底模要待混凝土强度达到 80% 才能拆除。

6. 防腐工程

根据图纸要求和设计师交底要求，基础垫层顶面、基础－0.500m 以下外露部位全部涂刷环氧煤沥青涂料。

每次垫层施工完后待表面完全干燥涂刷环氧煤沥青涂料，涂刷前要将垫层表面彻底清扫一遍，待表面经过四级验收合格后，开始涂刷，涂刷时要涂刷均匀、色泽一致。基础垫层每边要留 5~10cm 不涂刷，用于施工放线、弹墨线。

基础表面的环氧煤沥青涂料，待基础进行完隐蔽验收，经监理确认后进行。施工前也要彻底将基础表面清扫干净。

环氧煤沥青涂料施工时，要注意防火，沥青涂料属于易燃物质，施工时，基坑内严禁有明火作业；涂刷时不能污染其他任何材料，要选择晴朗、通风的天气施工。

(四) 质量通病及预防

质量通病及预防见表 8-4。

表 8-4　　　　　　　　　　　　　　　质量通病及预防措施

质量通病		预 防 措 施
钢筋	钢筋原材不合格	进厂抽样试验，合格后方可使用
	焊接接头不合格	(1) 焊工持证上岗； (2) 加强外观检查； (3) 按规范抽样力学实验
	钢筋现场安装不合格	(1) 对操作工交底，熟悉图纸要求； (2) 根据图纸检查钢筋的钢号、直径、根数、间距； (3) 检查钢筋接头的位置及搭接长度； (4) 检查混凝土保护层和绑扎是否牢固

质量通病		预 防 措 施
混凝土	混凝土表面蜂窝麻面、漏筋、孔洞、缝隙、缺棱掉角	(1) 提高混凝土的生产质量，配比计量准确，搅拌均匀； (2) 模板拼缝严密，缝隙加海绵条，模板底采用水泥砂浆勾缝； (3) 振捣密实； (4) 浇筑前，将杂物清除干净，按规定进行施工缝处理，保持接触面良好； (5) 保护好钢筋保护层垫块； (6) 充分养护，强度达到要求后再拆模
	混凝土外形变形，尺寸不准，色泽不一致	(1) 模板安装牢固，尺寸准确，强度和刚度不足要加固； (2) 混凝土浇筑控制好下料方式和速度； (3) 混凝土配合比进行优化，混凝土搅拌时严格计量及校验，并保证混凝土连续施工
	混凝土强度不够	(1) 控制原材料尤其是水泥、混凝土外加剂的进货质量合格；砂石料严格控制含泥量及石粉含量，同一结构层的混凝土选用相同粒径的砂石料，严格控制水灰比及坍落度； (2) 提高混凝土的生产质量，配比计量准确，搅拌均匀； (3) 振捣密实，混凝土离板时及时采取措施； (4) 养护措施得当，养护到位
	混凝土裂缝	养护措施得当，养护到位，减少温度裂缝

二、500、110kV GIS 室、网络继电器楼上部结构施工案例

（一）施工方案

（1）钢筋工程。钢筋采用钢筋加工厂集中加工、制作，挂板拖车运送至施工现场，现场绑扎成型。

（2）模板工程。500、110kV GIS 室及网络继电器楼上部结构均采用木模板，在木工厂加工、制作，现场组装。

（3）混凝土工程。混凝土采用搅拌站集中供应，罐车运输、现场混凝土泵车泵送浇筑。

（4）屋面板。屋面板采用厂家预制，现场安装。

（二）施工工艺流程

500、110kV 及网络继电器楼上部结构同时连续施工到顶，整体施工顺序如图 8-6 所示。施工工艺流程如图 8-7 所示。

（三）施工方法及要求

1. 测量放线

用经纬仪利用厂区控制桩放出 500kV 轴线，并将轴线引在框架柱立面上，在每层梁、柱施工时，用磁力线坠将轴线引上。

高程控制点从一级控制网引测到 500kV 和 110kV 框架柱上，用红油漆在基础柱段侧面标记出标高，每层框架梁均按照该标高进行施工。在施工过程中，要对该标高点经常进行复测。

放线

不合格

检查验收

合格

施工缝处理

不合格

检查验收

钢筋制作 ← 合格 | 合格 → 预埋件制作

柱钢筋帮扎

不合格

检查验收

合格

模板支设

预埋件安装

不合格

检查验收

合格

梁（板）钢筋帮扎

不合格

检查验收

合格

模板支设

预埋件安装

不合格

检查验收

合格

混凝土浇注

混凝土养护

模板拆除

混凝土外观检查

不合格 → 按不合格管理程序处置

合格 | 合格 → 钢次梁施工

下一层施工

定位放线

施工缝处理、钢筋除锈

搭设脚手架施工

各层柱至梁底施工

各层梁（板）施工

施工交安线、资料整理验收

检查验收

不合格 → 整改

合格

交安

定期观测沉降

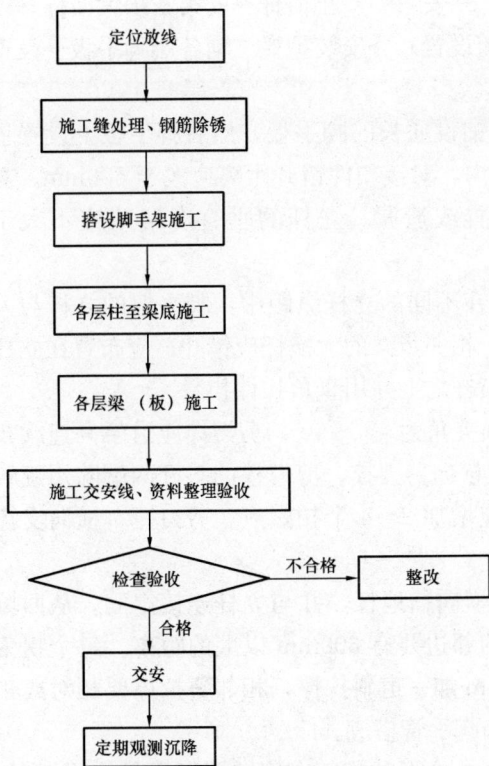

图 8-6　整体施工顺序

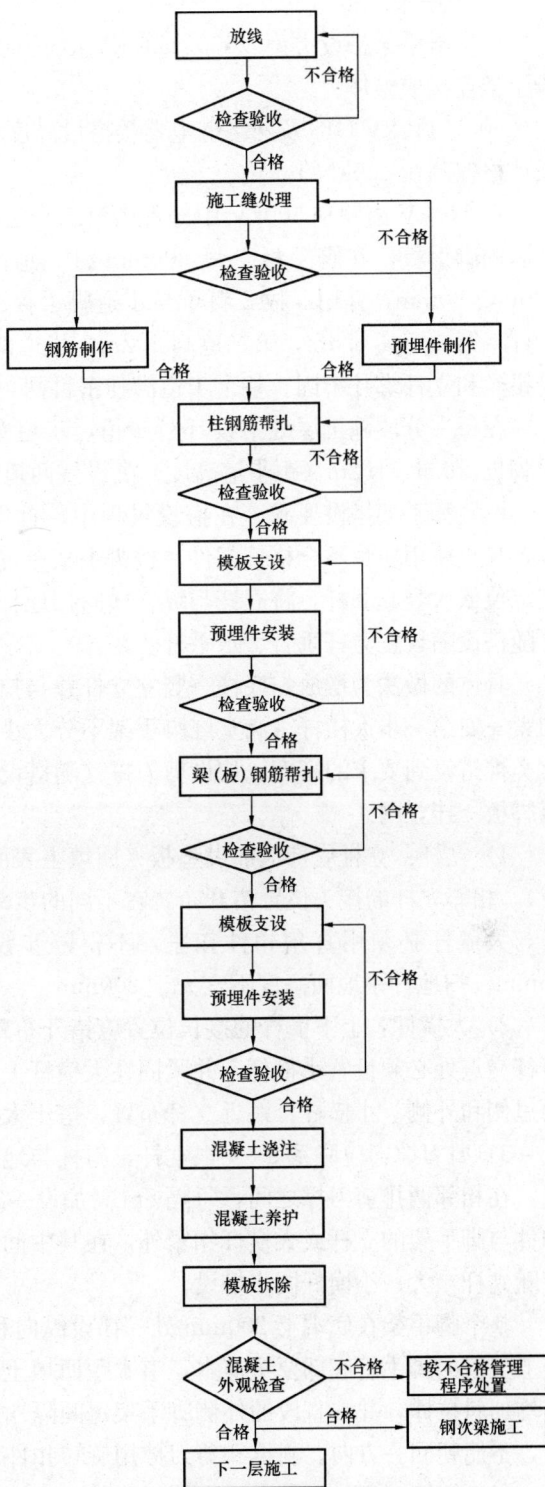

图 8-7　施工工艺流程

2. 脚手架工程

(1) 脚手架搭设类型。500、110kV 沿框架柱内外两侧分别搭设双排脚手架,内外双排脚手架连接成整体。

500、110kV GIS 及网络继电器楼搭设高度均为 18.0m,立杆采用单立管。施工均布荷载严格控制在 2.0kN/m² 内。

在 110kV 南侧和 500kV 中部各搭设 1 个之字形步道,坡度为 1:3,宽度为 1.2m。步道满铺脚手板,在脚手板上每 300mm 钉一道防滑条,防滑条长度为 1.1m,截面尺寸为 30mm×30mm,并用 5 枚 2″钉子与步道脚手板钉牢。步道两侧搭设防护栏杆,护栏为两排栏杆,第一道高 0.6m,第二道高 1.2m。步道两侧用 180mm 宽脚手板作为踢脚板,并用 8 号铅丝和立杆绑扎牢固。整个步道满挂密目网,只在操作平台上留出入口。

在每一分段施工层处搭设环行步道,步道宽度为 1.2m,外侧用 200mm 宽脚手板作为踢脚板,0.6、1.2m(距步道高度)处设置两道防护栏杆,并挂密目网。

(2) 脚手架搭设要求。在搭设过程中,首先必须对进场的脚手管、扣件进行严格的检查,禁止使用质量不合格杆配件。按脚手架布置图放线、铺脚手板(落底)、并设置钢垫板。按定位依次竖起立杆,将立杆与纵、横向扫地杆连接固定,搭设时由两侧向中间对称搭设,并随搭设随校正立杆垂直、水平杆步距。

具体的做法为摆放扫底杆→竖立立杆并与扫地杆扣紧→装扫地小横杆并与立杆和扫地杆扣紧→安第一步大横杆(满堂红脚手架不分大小)→安第一步小横杆→安第二步大横杆→以此类推搭设到要求的高度→加设剪刀撑(随搭设随设置)→安装护栏、铺各层脚手板→设置踢脚板→挂立网。

1) 立杆:立杆底部应加设垫板(回填土表面铺设通长的脚手板,然后脚手板上设置垫板),相邻立杆的接头位置错开布置在不同的步距内,对接扣件错开距离应大于 500mm。立杆与大横杆必须用直角扣件扣紧,不得隔步设置或遗漏。立杆的垂直度偏差应不大于 75mm。扫地杆距地面高度不宜大于 200mm。

2) 大横杆:上下横杆的接长位置应错开布置在不同的立杆纵距中,脚手架的立杆与大横杆交点处必须设置小横杆,并紧固在大横杆上。相邻步架的大横杆应错开;应布置在立杆的里侧和外侧。小横杆:贴近立杆布置,搭于大横杆之上并用直角扣件扣紧。

3) 剪刀撑:应联系 3~4 根立杆,斜杆与地面夹角为 45°~60°,剪刀撑应沿架高连续布置,在相邻两排剪刀撑之间,每隔 8m 高加设一组横向剪刀撑,剪刀撑的斜杆两端除用旋转扣件与脚手架的立杆或大横杆扣紧外,在其中间应增加 2~4 个扣紧点。剪刀撑、横向支撑应随立杆,大、小横杆同步搭设。

整个脚手架在底端上 200mm 处一律设纵向和横向扫地杆,并与立杆连接牢固。从回填土上生根的脚手管底部要垫道木,道木距回填土的邻边要有 300mm 以上的距离。每个拐角处均加斜拉撑,并在直段的外侧脚手架每间隔 6.0m 加一道斜拉撑,相邻斜拉撑要相对或相背,不能朝同一方向。斜撑和剪刀撑用旋转扣件和脚手管搭成。

(3) 钢筋工程。钢筋采用钢筋场制作,现场绑扎成形的施工方案,现场运料使用板车,汽车式起重机配合吊运。

钢筋翻样:要根据施工图中的钢筋规格、尺寸、数量,结合施工规范和现场实际进行,做到准确无误,翻样时要结合钢筋的长度考虑工程的经济性。

钢筋制作：钢筋进厂要有原材报告，并经复试合格后方可使用，钢筋表面要洁净无污染、损伤，带有油漆、老锈的钢筋不得使用；钢筋闪光对焊和直螺纹连接须先做班前试件，试验合格后方可大批量制作，钢筋制作要严格按钢筋翻样单上的规格、尺寸、数量加工，钢筋下料要准确无误，保证每一棵钢筋的尺寸、规格、直径正确，要确保钢筋弯起角度的准确无误，保证每一棵钢筋的尺寸、规格、直径正确，要确保钢筋弯起角度的准确性，如箍筋要做135°弯钩，Ⅰ级钢拉钩端部均为180°弯钩。钢筋制作完后要严格按规格、型号挂小木牌，分堆堆放，标志要明显。钢筋制作班组要做好自检记录和钢筋跟踪记录台账，提供基础资料。钢筋加工时，要按翻样单的次序加工并和现场施工、负责人经常联系，加工要有先后，根据需要加工，避免造成过多成品料的堆放。

钢筋场的原材和成品料码放要整齐，钢筋半成品、成品标示要清晰、明了。做到随进料，随加工，随出料，保证钢筋加工场的文明施工。

钢筋绑扎：钢筋绑扎前应将有锈蚀的钢筋除锈，并不应使钢筋表面在受污染，并再次对照翻样单，仔细检查钢筋的规格、尺寸、数量，确保准确。

钢筋接头：直径大于22mm的主筋接头采用直螺纹接头，其他钢筋采用闪光对焊或绑扎接头。

直螺纹接头的施工现场检验与验收：接头应有厂家提供有效的原材报告和检验报告；接头的现场检验按验收批进行，同一施工条件下采用同一批材料的同等级、同型号、同规格接头，以500个为一验收批进行检验与验收，不足500个也作为一个验收批。每一规格钢筋试件取3根，取样应经监理见证。

500、110kV GIS及网络继电器楼上部均存在框架柱纵向钢筋变径的问题，钢筋变径处采用变径螺纹套筒进行连接，连接后的钢筋间距自连接点向上慢慢进行调整，调整部位的框架柱箍筋，根据现场实际情况进行加工，保证施工质量。

框架柱保护层为40mm，框架梁的保护层为25mm，保护层垫块采用专用塑料垫块。

在梁、板钢筋绑扎的过程中，电、热埋管同时施工，待埋管完成后，再进行混凝土施工。

3. 模板工程

(1) 模板支撑。500、110kV GIS及网络继电器楼框架柱模板采用对拉螺栓和脚手管进行加固，纵横梁、板均采用扣件式普通脚手架作为支撑，梁侧采用对拉螺栓及脚手管进行加固。

(2) 模板配制。500、110kV GIS及网络继电器楼上部结构施工用模板全部采用15mm厚的优质木模板。模板在木工加工厂木模板外钉50mm×100mm木方子组合成定型大模板，用平板车将其运至施工现场进行整体安装。

在木工加工厂进行配模前，要对木模板和木方子进行外观检查：木模板表面要光滑，凹凸不平的挑出来放置到一边，不得使用，木模板边角必须顺直、不缺边掉角，木方子必须顺直，弯曲幅度大的不得投入使用。木模板、木方子必须堆放在木工加工厂地势较高的位置，并且码放整齐，未使用前用苫布盖住，防止雨水淋湿晾干后变形。

木模板拼缝组合时，板与板之间夹缝打玻璃胶，玻璃胶要打平，并且避免污染模板大面。缝隙宽度要小于1mm，相邻板平整度要小于1mm；为保证混凝土外观美观，模板上所有的钉子帽必须与模板表面齐平，用铁锤钉钉子时要使用圆錾子，避免铁锤直接接触模板而损伤模板。

（3）模板支设。框架柱模板自±0.000m沿竖向每500mm设置一排对拉螺栓，同时沿柱高方向每500mm设一道脚手管抱箍，对拉螺栓和抱箍的扣件必须采用双螺母进行加固。最底下一个抱箍设在柱脚底面上100mm位置。柱模板各方向均设置三道斜支撑。柱模板支设完毕后，在柱顶面模板内侧要用同保护层厚度的木条，将钢筋卡死，保证框架柱钢筋位置。

梁模板支设：梁底模采用框架柱内外的双排脚手架中间连接的小横杆作为支撑，小横杆间距400mm，在脚手架上沿梁纵向铺设50mm×100mm木方子三道，然后在木方上铺设模板，模板要与梁底木方子钉在一起。梁侧模用M12对拉螺栓进行内加固，每根对拉螺栓配4个螺母，对拉螺栓纵横间距500mm，第一道对拉螺栓从梁底上200mm开始设置。外加固用ϕ48×3.5mm的钢管，外楞间距1000mm，另外，沿梁长度方向设上下两层斜支撑，支撑间距2000mm。

对拉螺栓穿过混凝土部分加设PVC套管，PVC套管两端分别安装钢垫片和橡胶圈，保证混凝土外观质量。在混凝土浇筑完毕后，将橡胶圈从混凝土中剔除，然后采用砂浆进行封堵，填堵后的表面要压光。

（4）安装模板注意事项：安装模板前先检查钢筋、埋件、预埋管是否影响安装并予以纠正，如果钢筋碍事，将钢筋用倒链拉至角边，用铁丝将钢筋绑在脚手管上，确保钢筋的位置。模板安装前，设置专人检查组合模板拼接质量和外观质量，表面是否清洁，钉子帽是否与模板平齐。所有梁底模板安装时均要起拱，起拱高度为梁跨度的0.2%。对拉螺栓紧固程度要适中，不能把模板紧变形，也不能松动，所有螺栓要尽量保证松紧程度一致，防止模板混凝土浇筑时局部变形过大。为防止模板漏浆及拼缝的平整度，在模板与施工缝交接处用密封条封堵，大模板拼缝间加海绵条，同时要控制海绵条的吸水情况，以免在拆模后留下泌水的痕迹。严禁在没有对拉螺栓的部位打孔钻眼。梁、柱四角拼缝处用海绵条拼严防止漏浆。

（5）在混凝土浇筑前，需要对支撑系统、施工缝部位的模板封堵情况进行细致的检查。检查合格后才允许进入下道工序。

（6）模板及支撑拆除：框架柱、梁侧模板拆除时的混凝土强度应能保证其表面及棱角不受损伤，跨度大于8m的梁底模板及现浇板应待混凝土强度达到100%后才能拆除，跨度小于8m的现浇梁底模板及混凝土现浇楼板待混凝土强度大于或等于75%后才能拆模。模板拆除时不能用撬棍直接在混凝土和模板间硬撬，避免其损伤混凝土表面及棱角。

4. 混凝土工程

混凝土浇筑前应对以上工序进行检查并验收合格后方可进行下一道工序，检查工序包括：

（1）钢筋工程。

1）钢筋规格、数量、位置符合设计要求及施工要求；

2）钢筋的接头形式与其对应的比例要求符合设计要求；

3）钢筋焊接符合施工要求；

4）钢筋骨架宽度和高度偏差±5mm；

5）骨架及受力筋长度偏差±10mm；

6）受力筋间距偏差±10mm；

7）受力筋排距偏差±5mm；

8）箍筋和副筋的间距偏差±20mm；

9）钢筋表面平整、洁净、无损伤，无锈、麻点等；

10）主筋保护层偏差，梁、柱±5mm，墙、板±3mm。

（2）模板工程。

1）模板安装及安装支撑结构具有足够的强度、刚度和稳定性；

2）模板拼缝宽度小于1mm，无海绵密封条外露；

3）模板隔离剂涂刷均匀，涂刷的隔离剂的品种采用色拉油；

4）模板内部清理干净无杂物；

5）允许偏差范围：轴线位移5mm、标高±5mm、截面尺寸偏差±5mm、全高垂直偏差±6mm、相邻两模板高低偏差2mm。

500、110kV及网络继电器楼上部结构混凝土浇筑采用现场搅拌站集中搅拌，罐车运输，泵车浇筑的施工方案。混凝土运输由罐车运输，要控制运输时间即混凝土从搅拌机卸出后至入模时间，气温不大于25℃时，时间不得超过120min，气温大于25℃时，时间不超过90min；保证混凝土运到现场的质量，保证混凝土和易性，同时做到混凝土坍落度控制在120～160mm之内，保证现场施工。混凝土浇筑考虑使用一台37m泵车，浇筑混凝土过程中，必须设专人监视模板，发现问题及时解决。

为保证混凝土外表美观，浇筑时不允许出现施工缝，一是浇筑要按顺序连续进行，防止接茬部位过多，造成人为冷缝；二是要准备好发电机以防止搅拌站发生故障或电力中断造成混凝土浇筑中断形成施工缝，意外情况下和施工原因留置的施工缝需做处理。

混凝土浇筑顺序：柱子浇筑时，使用一台汽车泵配合3辆混凝土罐车，混凝土浇筑时要同时浇筑两根（防止速度太快），混凝土分层浇筑厚度控制为1m，混凝土采用插入式振捣棒，振捣要分层进行，每一层振捣棒要插入下一层50mm，振捣人员要由有丰富的混凝土施工经验的专业人员操作，防止漏振，保证混凝土的施工质量，做到内实外光，保证振捣质量。在梁、板混凝土浇筑振捣时，要在振捣棒上做好标记，防止振捣棒接触梁底模。振捣时振捣棒电动机的转动方向要和振捣棒旋转方向一致，并不要振冲钢筋。

柱子施工缝留设位置及处理方法：柱子施工缝留设在每层梁底处。在柱筋内部加设长600mm、间距200的预留插筋。在施工缝混凝土浇筑前应将施工缝处混凝土表面凿毛，清除松动石子，用水冲洗干净，提前24h将其湿润，混凝土浇筑时不得有积水，浇筑前要先在施工缝上浇筑5～10cm与混凝土同配比的水泥砂浆，再浇筑混凝土。

混凝土试块留设：每浇筑100m³混凝土留设一组标养试块，不足100m³时也应留设一组，同时每次混凝土浇筑都应留设不少于2组同条件试块。制作试块采用100mm×100mm×100mm标准试模，插捣采用人工振捣。拌和物分两层装入试模，每层的装料厚度为50mm。插捣用钢制捣棒（捣棒长600mm、直径16mm，端部应磨圆），插捣次数为每100cm²至少12次。插捣完后，刮除多余的混凝土，并用钢抹子抹平。试块成型后，应覆盖其表面，同条件试块拆模后，应放置在靠近相应结构部位或结构部位的适当位置，并应采用相同的养护方法；标养试块在20℃±5℃条件下静置1～2昼夜，然后拆模。拆模后试块应立即放到标准养护室中进行标养。

混凝土养护：在混凝土浇筑完毕12h内开始进行混凝土养护，养护时间不少于14天。框架柱在模板拆除后，即用塑料薄膜布进行包裹养护。现浇楼板，在浇筑完毕10h内，进行浇水养护。在混凝土养护过程中，如发现遮盖不好，浇水不足，以至表面泛白或出现干缩细小裂缝时，要立即仔细加以覆盖，加强养护工作，充分浇水，并延长养护时间。

5. 屋面板安装工程

500、110kV屋面设计采用1.5m×6m的预应力屋面板。屋面板在厂家进行预制，进场吊装前进行检查验收，然后排号进行吊装。

屋面板在预制时提前在上面预埋4个吊装用的吊环，吊装前全部按图纸设计位置分别布置于500、110kV两侧，然后用25t吊车进行吊装。屋面板的布置要满足吊装顺序的要求，并简化机械操作，保证吊车的行驶路线畅通和安全回转。

屋面板安装就位后按照设计要求预框架梁上预埋的埋件进行焊接，屋面板全部安装完后经四级验收合格后进行灌缝。

（四）质量通病预防

质量通病及预防措施见表8-5。

表8-5　　　　　　　　　　　　　质量通病及预防

质量通病		预防措施
钢筋	钢筋原材不合格	进厂抽样试验，合格后方可使用
	焊接接头不合格	(1) 焊工持证上岗； (2) 加强外观检查； (3) 按规定抽样做力学试验
	钢筋现场安装不合格	(1) 对操作工交底，熟悉图纸； (2) 根据图纸检查钢筋的钢号、直径、根数、间距； (3) 检查钢筋接头的位置及搭接长度； (4) 检查混凝土保护层和绑扎是否牢固
模板	模板拼缝不合格	在安装模板前提前在木工加工厂进行组装，进场安装之前进行检查验收
	梁模板未起拱	在安装梁底模之前，进行技术交底，安装之后进行复测
混凝土	混凝土表面蜂窝麻面、漏筋、孔洞、缝隙、缺棱掉角	(1) 提高混凝土的生产质量，配比计量准确，搅拌均匀； (2) 模板拼缝严密，缝隙打玻璃胶，模板底采用水泥砂浆勾缝； (3) 振捣密实； (4) 浇筑前，将杂物清除干净，按规定进行施工缝处理，保持接触面良好； (5) 保护好钢筋保护层垫块； (6) 充分养护，强度达到要求后再拆模
	混凝土外形变形，尺寸不准，色泽不一致	(1) 模板安装牢固，尺寸准确，强度和刚度不足要加固； (2) 混凝土浇筑控制好下料方式和速度； (3) 混凝土配合比进行优化，混凝土搅拌时严格计量及校验，并保证混凝土连续施工
	混凝土强度不够	(1) 控制原材料尤其是水泥、混凝土外加剂的进货质量；砂石料严格控制含泥量及石粉含量，同一结构层的混凝土选用相同粒径的砂石料，严格控制水灰比及坍落度； (2) 提高混凝土的生产质量，配比计量准确，搅拌均匀； (3) 振捣密实，混凝土离析时及时采取措施； (4) 养护措施得当，养护到位
	混凝土裂缝	养护措施得当，养护到位，减少温度裂缝

三、110、500kV GIS 室、网络继电器楼砌筑施工案例

（一）施工方案

（1）结合基础和框架结构施工，分别进行零米以下和上部结构的砌筑工程。

（2）砌筑工程所用砂浆全部采用现场集中搅拌。砌筑工程开始前，在 GIS 室旁设置一台搅拌机。

（二）施工工艺流程

施工工艺流程如图 8-8 所示。

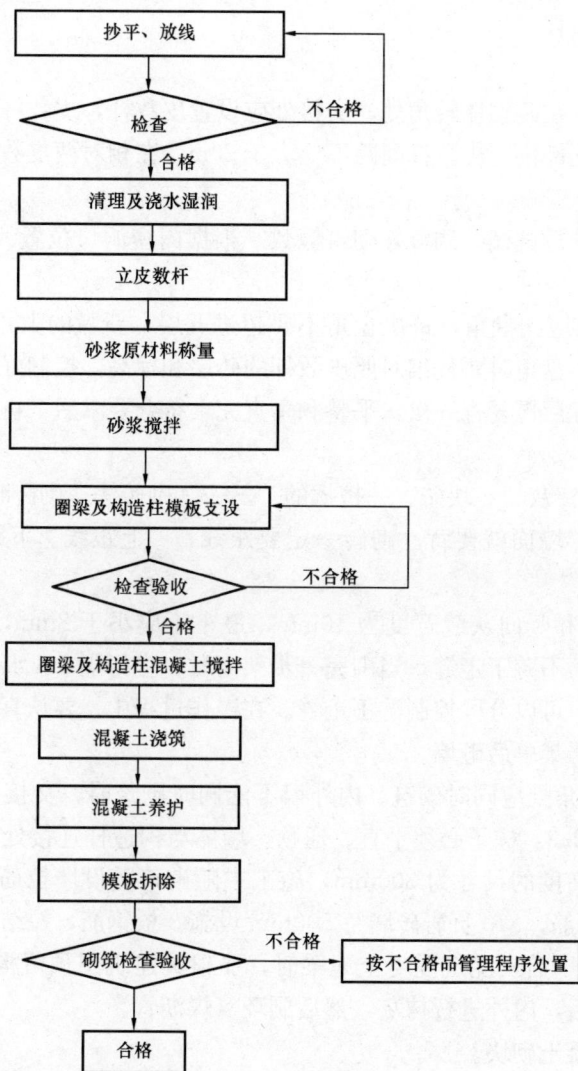

图 8-8 施工工艺流程

（三）施工方法及要求

1. 测量放线

根据基础、框架施工时已验收合格的控制轴线，将砌筑墙所需的墙体中心线、墙边线放出。

2. 施工准备

砌筑前提前 2 天对砌筑材料进行淋水湿润。蒸压加气混凝土砌块在砌筑之前要向砌筑面

适当洒水，施工时页岩普通砖的含水率宜控制在 10％左右，蒸压加气混凝土砌块含水率控制在 15％左右。冬季施工不淋水，但要适当加大砂浆的稠度。

3. 砂浆搅拌

砌筑浆配合比全部采用重量比，砂浆搅拌必须严格按砂浆配合比拌制。砌筑工程所用砂浆全部采用现场集中搅拌。砌筑工程开始前，在 110kV 室内配电装置南侧设置一台搅拌机。现场搅拌砂浆时，监理、质量部、工程部现场进行试配见证。用于装砂的小推车在车内用红油漆标记，严格按重量比取砂。蒸压加气混凝土砌块砌筑时，采用专用砂浆。按照厂家资料要求比例，进行现场搅拌。

4. 砌筑工程

（1）设立皮数杆。在砖砌体转角处、交接处应设置皮数杆，皮数杆上标明砖皮数、灰缝厚度以及竖向构造变化部位。皮数杆间距不应大于 20m。在相对两皮数杆上砖上边线处拉准线。

（2）砌筑前应先进行试摆，调整好砌筑模数。根据门窗洞口位置线，认真核对窗间墙、垛尺寸。

（3）盘角。砌砖前应先盘角，每次盘角不要超过五层，新盘的大角，及时进行吊、靠。如有偏差要及时修整。盘角时要仔细对照皮数杆的砖层和标高，控制好灰缝大小，使水平灰缝均匀一致。大角盘好后再复查一次，平整和垂直完全符合要求后，再挂线砌墙。

（4）页岩砖砌砖。

1）砌砖宜采用一铲灰、一块砖、一挤揉的"三一"砌砖法。砌砖时砖要放平，里手高，墙面就要张；里手低，墙面就要背。砌砖一定要跟线，"上跟线、下跟棱，左右相邻要对平"。

2）水平灰缝厚度和竖向灰缝宽度为 10mm，最小不应小于 8mm，也不应大于 12mm。为保证墙面主缝垂直，不游丁走缝，当砌完一步架高时，宜每隔 2m 水平间距，在丁砖立楞位置弹两道垂直立线，可以分段控制游丁走缝。在操作过程中，要认真进行自检，如出现有偏差，应随时纠正，严禁事后砸墙。

3）留槎：外墙转角处应同时砌筑。内外墙不能同时砌筑时，交接处留斜槎，槎子长度不应小于墙体高度的 2/3，槎子必须平直、通顺。墙体与构造柱连接处，从柱角开始，先退后进，每一马牙槎沿高度的尺寸为 300mm，施工中随砌筑随设墙拉筋，240 页岩普通砖墙每 500mm 设施 2 根钢筋，370 页岩砖墙每 500mm 设施 3 根钢筋，拉结筋沿墙全长贯通。

4）在基础砌筑完毕后，浇筑混凝土地梁时，要根具建筑图预留构造柱及门樘柱插筋。在以下砖墙砌筑完毕后，内外进行抹灰，然后刷环氧煤沥青。

（5）蒸压加气混凝土砌块。

1）砌筑加气混凝土砌块时宜采用专用的工具，如铺灰铲、刷、钻、镂、平直架等。

2）加气混凝土砌块墙底部用页岩普通砖砌筑 200mm 高，然后上面再砌混凝土砌块。加气混凝土砌块墙上下皮砌块的竖向灰缝应相互错开，互相错开长度宜为 300mm，不小于 150mm。加气混凝土砌块砌至接近梁、板底时，应留一定的空隙待填充墙砌筑完毕，至少间隔 7 天后，再用实心黏土砖补砌挤紧，砖倾斜度为 60°左右，做到砂浆饱满，并掺加微量膨胀剂。

加气混凝土砌块的灰缝应横平竖直，砂浆饱满度不小于 90％，竖向灰缝砂浆的饱满度不应小于 80%。水平灰缝厚度宜为 15mm，竖向砂浆宽度宜为 20mm，大于 30mm 的垂直缝，用 C20 细石混凝土灌实。外墙转角处应同时砌筑。内外墙交接处必须留斜槎，槎子长度不应小于墙体高度的 2/3。

3）加气混凝土砌块墙的转角处、与构造柱处均应沿墙高 500mm 左右（两层砌块高度），在水平灰缝中放置 2 根拉接钢筋，拉接筋通长设置。构造柱与墙体连接处，砌成马牙槎。加气混凝土砌块外墙窗口下一皮砌块的水平灰缝中应设置 3 根拉接钢筋，钢筋过窗口侧边不小于 500mm。

4）图纸中要求当墙体高度大于 4m 时，墙半高处应设置与柱连接且沿墙全长贯通的钢筋混凝土圈梁。500kV 上部砌筑每一层砌筑高度都大于 4m，所以分别在标高 2.7、7.6、13.4m 处设置一道圈梁。110kV 分别在标高 5.6、10.2m 处设置一道圈梁。

5）蒸压加气混凝土砌块应增设间距不大于 3m 的构造柱。预留的门、窗、洞口及墙上预留的孔应采用钢筋混凝土框加固。在填充墙砌筑到顶部时，应留有一定的空隙，待墙体砌筑完成 7 天后，再用砌体进行斜砌，逐块挤密。

6）加气混凝土砌块墙的转角处，应使纵横墙的砌块相互搭砌，隔皮砌块露端头。在 T 字转角处，应使横墙砌块隔皮露端头，并坐中于纵墙。

（6）构造柱、圈梁。构造柱、圈梁钢筋应在砌筑前绑扎到位并做好隐蔽。构造柱浇筑混凝土前必须将砌体留槎部位和模板浇水湿润将模板内的落地灰和其他杂物清理干净，并在结合面处注入适量与构造柱混凝土相同的水泥砂浆，振捣时应避免触碰墙体，严禁通过墙体传振。

在构造柱、圈梁模板封闭前，要沿砌筑墙体边粘贴海绵条，防止在混凝土浇筑过程中漏浆。

（7）试块抽样。砌筑砂浆，以同一砂浆强度等级、同一配合比、同种原材料每一楼层或 250m³ 砌体为一个取样单位，每一取样单位留设标准养护试块不得少于 1 组。砂浆试块必须在搅拌机出料口随机取样、制作。一个取样单位试块应在同一盘砂浆中提取制作。冬季施工中还应留设不少于 3 组同条件试块，检测 28 天强度。

（8）砌筑施工注意事项：

1）设计要求的洞口、管道、沟槽应于砌筑时正确留出或预埋，未经设计同意，不得打凿墙体或在墙体上开凿水平沟槽。宽度超过 300mm 的洞口上部，应设置过梁。

2）不得在下列墙体或部位设置脚手眼：

a）120mm 厚墙、料石清水墙和独立柱；

b）过梁上与过梁成 60°角的三角形范围及过梁净跨度 1/2 的高度范围内；

c）宽度小于 1m 的窗间墙；

d）砌体门窗洞口两侧 200mm（石砌体为 300mm）和转角处 450mm（石砌体为 600mm）范围内；

e）梁或梁垫下及其左右 500mm 范围内；

f）设计不允许设置脚手眼的部位。

3）施工脚手眼补砌时，灰缝应填满砂浆，不得用砖填塞。

4）加气混凝土砌块运输、装卸要轻装、轻卸，防止碰掉边角，在现场应码放整齐，堆放场地应坚实、平坦、干燥，并力求靠近砌筑现场，以免多次搬运。

5）砌块的切割应使用专用工具，不得用斧头或刀任意砍劈。

5. 冬施措施

由于冬季施工的特殊性，必须采取措施保证砌筑质量。搅拌机必须搭设暖棚，搅拌机用专用的岩棉被进行保温。砌筑所用砂浆自投料完算起，搅拌时间不得少于 3min。在搅拌的过程中应先将水泥和砂子干拌均匀，然后再加热水进行搅拌，水温不得超过 80℃。同时，加水之前要提前将防冻剂按设计要求的比例溶于水中。现场用于运输砂浆的小推车必须覆盖保温被进行保温，车顶加盖木板，木板需用棉被包裹。砂浆应随拌随用，水泥砂浆在搅拌后 3h 内必须使用完毕。砂浆使用的温度不得低于＋5℃，砂浆温度低于＋5℃时，严禁进行砌筑。

砌筑用的页岩砖冬季不浇水润湿，但要增加砂浆稠度。墙体砌筑后，要在表面覆盖一层塑料布，然后再覆盖一层保温被进行保温。养护时间不得少于 3 天。

（四）质量通病及预防

质量通病及预防措施见表 8-6。

表 8-6　　　　　　　　　　　质量通病及预防措施

质　量　通　病	预　防　措　施
砖缝砂浆不饱满、砂浆与砖黏结不良	（1）改善砂浆和易性； （2）改进砌筑方法； （3）严禁用干砖砌筑
墙面游丁走缝	（1）优先选用尺寸一致，边角整齐，同一厂家的砖； （2）砌墙前统一摆底，及时调整砖缝宽度； （3）砌筑时丁砖的中线与下层条砖中线重合，竖缝弹出垂直线，并随时向上引伸，作为控制游丁走缝的基准； （4）窗口宽度不符合砖的模数时，应将砖头留在窗口下部中央
同层皮砖不能交圈	（1）砌筑前测定基准标高，调整灰缝厚度，调整墙体标高； （2）挂线两端应相互呼应，防止与皮数杆上的砖层错位； （3）随时测量每层标高，及时调整

四、网络继电器楼装饰、装修工程案例

（一）施工工艺流程

施工准备→材料报验→门窗安装→内墙装修→顶棚装修→地面、楼面施工→成品保护→验收移交。

（二）施工方法及要求

1. 门窗安装

（1）施工条件。

1）上道工序经质量验收合格，工种之间已经办好交接手续。

2）按图示尺寸弹好窗中线，并弹好＋50cm 水平线，校正门窗洞口位置尺寸及标高是否符合设计图纸要求，如有问题应提前剔凿处理。

3）检查塑钢窗与墙体预留孔洞位置是否吻合，若有问题应提前处理，并将预留孔洞内的杂物清理干净。

4）门窗到达现场后，应组织业主、监理、工程技术人员对门窗进行验收，验收合格后

再进行安装。门窗的拆包检查，将窗框周围的包扎布拆去，按图纸要求核对型号，检查外观质量和表面的平整度，如发现有劈棱、窜角和翘曲不平、严重超标、严重损伤、外观色差大等缺陷时，应找有关人员协商解决，经修整鉴定合格后才可安装。

5）认真检查铝合金门窗的保护膜的完整，如有破损的，应补粘后再安装。

（2）施工工艺。

1）弹线找正：在最高层找出门窗口边线，用大线坠将门窗口边线下引，并在每层门窗口处划线标记，对个别不直的口边应剔凿处理。高层建筑可用经纬仪找垂直线。门窗口的水平位置应以楼层＋50cm 水平线为准，往上反，量出窗下皮标高，弹线找直，每层窗下皮（若标高相同）则应在同一水平线上。

2）墙厚方向的安装位置：根据外墙大样图的宽度，确定门窗在墙厚方向的安装位置；如外墙厚度有偏差时，原则上应以同一房间窗台板外露尺寸一致为准。

3）安装窗披水：按设计要求将披水条固定在铝合金窗上，应保证安装位置正确、牢固。

4）就位和临时固定：根据已放好的安装位置线安装，并将其吊正找直，无问题后方可用木楔临时固定。

5）与墙体固定：与混凝土面固定用射钉，与砖墙固定用刚钉，铁脚至窗角的距离不应大于 180mm，铁脚间距应小于 600mm。

6）处理门窗框与墙体缝隙：门窗固定好后，应及时处理门窗框与墙体缝隙。如设计未规定填塞材料品种时，应采用矿棉或玻璃棉毡条分层填塞缝隙，外表面留 5～8mm 深槽口填嵌嵌缝膏，严禁用水泥砂浆填塞。在门窗框两侧进行防腐处理后，可填嵌设计指定的保温材料和密封材料。待铝合金窗和窗台板安装后，将窗框四周的缝隙同时填嵌，填嵌时用力不应过大，防止窗框受力后变形。

7）安装五金配件：门窗的五金配件要求安装牢固，使用灵活。

2. 内墙装修

内墙做法为涂料内墙、耐酸涂料和面砖内墙。内外墙涂料、面砖色彩需经设计院确认后方可大量订货。

3. 踢脚线施工

踢脚线高度均为 150mm，踢脚线应突出墙面 6～8mm。根据图纸设计主要有抹水泥砂浆踢脚线做法，水泥砂浆踢脚线做法同水泥地面，施工时先用水平仪抄平弹好墨线，然后做基底处理浇水湿润，施工时要求三遍成活，表面压光，压光不少于三遍且要掌握好时间。抹灰砂浆的配合比和稠度等，应经检查合格后，方可使用，掺有水泥拌制的砂浆或混合砂浆，应分别控制在 2h 和 3h 内用完。

4. 内墙面施工（耐酸涂料）

（1）基层处理。吊直、套方、打点、墙面冲筋（打栏）、抹底灰和中层灰等工序和做法与墙面抹纸筋灰浆时基本相同，但底灰和中层灰用 1∶2.5 水泥砂浆或水泥浆涂抹，并用磨板搓平带毛面，在砂浆凝结之前，表面用扫帚扫毛或用钢抹子每隔一定距离交叉画出斜线。

（2）抹水泥砂浆面层。中层砂浆抹好后第二天，用 1∶2.5 水泥砂浆或按设计要求的水泥砂浆抹层面，厚度 5～8mm。操作时先将墙面湿润，然后用砂浆薄刮一道使其与中层灰粘牢，紧跟着抹第二遍，达到要求的厚度，用压尺刮平找直待其"收身"后，用灰匙压实压光。

（3）喷、刷胶水。刮腻子之前在混凝土墙面上先喷、刷一道胶水（质量比为水：乳液＝51：1），要注意喷、刷要均匀，不得有遗漏。

（4）填补缝隙、局部刮腻子。用水石膏将墙面缝隙及坑洼不平处分遍找平，并将野腻子收净，待腻子干燥后用 1 号砂纸磨平，并把浮尘等扫净。

（5）满刮腻子。根据墙体基层的不同和浆活等级要求的不同，刮腻子的遍数和材料也不同。一般情况为三遍。刮腻子时应横竖刮，并注意接搓和收头时腻子要刮净，每遍腻子干后应磨砂纸，将腻子磨平磨完后将浮尘清理干净。如面层要涂刷带颜色的浆料时，则腻子也要掺入适量与面层带颜色相协调的颜料。

（6）刷第一遍浆。刷浆前应先将门窗口圈用排笔刷好，如喷浆时喷头距墙面宜为 20～30cm，移动速度要平稳，使涂层厚度均匀。

（7）复找腻子。第一遍浆干后，对墙面上的麻点、坑洼、刮痕等用腻子重新复找刮平，干后用细砂纸轻磨，并把粉尘扫净，达到表面光滑平整。

（8）刷第二遍浆。

（9）刷交活浆：待第二遍浆干后，用细砂纸将粉尘、溅沫、喷点等轻轻磨去，并打扫干净，即可刷、喷交活浆。交活浆应比第二遍浆的胶量适当增大一点，防止刷、喷浆的涂层掉粉，这是必须做到和满足的保证项目。

（10）刷、喷内墙涂料和耐擦洗涂料等。其基层处理与喷刷浆相同，面层涂料使用建筑产品时，要注意外观检查，并参照产品使用说明书去处理和涂刷即可。

5. 内墙面施工（涂料）

（1）涂料使用前必须将涂料倾倒于较大的容器中充分搅拌，使之均匀。使用过程中仍需不断搅拌，以防涂料厚薄不均匀，填料结块或色泽不一致。

（2）当稠度过大或存放时间较长出现"增稠"现象时，可通过搅拌降低稠度至呈流体状再使用，也可以掺入不超过 8％的涂料稀释剂（以主要成膜物质配水而成）稀释。

（3）选用适宜稠度和颗粒状的涂料，并应采用同一批号，一次备足，以免颜色和稠度不一致而影响装饰效果或给施工带来不便。

（4）涂料存放时间不宜过长，一般不超过出厂日期的 6 个月，涂料应密闭封存于阴凉处。

（5）门窗和特殊部位，应采取措施，不沾污。

（6）刷涂前，新抹灰水泥砂浆墙面常温龄期不少于 10h，墙面含水率应控制在 10％～30％。

（7）底漆采用涂料加水调制，均匀刷涂一层，用于封底抗碱。

（8）待第一道刷涂干后（至少间隔 12h）方可刷第二道，第一道与第二道刷涂方向应相互垂直。

（9）腻子由乳胶、滑石粉或老粉、5％羟甲基纤维素水溶液按 7：70：17.5 质量比配制而成。耐酸涂料墙面用 801 胶板白水泥刷 2 遍，然后刷耐酸涂料。

（10）施工所用的一切机具、用具等必须事先清洗，不得将灰尘、油垢等杂质带入涂料中，施工完毕或间断时，机具、用具应及时洗净，以便后用。

6. 基层处理

首先将凸出墙面的混凝土剔平，混凝土墙面应凿毛，并用钢丝刷满刷一遍，再浇水湿润。如果基层混凝土表面很光滑时，也可采取毛化处理办法，即先将表面尘土、污垢清扫干净，用10％火碱水将板面的油污刷掉，随之用净水将碱液冲净、晾干，然后用1∶1水泥细砂浆内掺水重20％的107胶，喷或用笤帚将砂浆甩到墙上，其甩点要均匀，终凝后浇水养护，直至水泥砂浆疙瘩全部黏到混凝土光面上，并有较高的强度（用手掰不动）为止。

（1）吊垂直、套方、找规矩、贴灰饼。若建筑物为高层时，应在四大角和门窗口边用经纬仪打垂直线找直；如果建筑物为多层时，可从顶层开始用特制的大线坠绷铁丝吊垂直，然后根据面砖的规格尺寸分层设点、做灰饼。横线则以楼层为水平基准线交圈控制，竖向线则以四周大角和通天柱或垛子为基准线控制，应全部是整砖。每层打底时则以此灰饼作为基准点进行冲筋，使其底层灰做到横平竖直。同时要注意找好突出檐口、腰线、窗台、雨篷等饰面的流水坡度和滴水线（槽）。

（2）抹底层砂浆。先刷一道掺水重10％的107胶水泥素浆，紧跟着分层分遍抹底层砂浆（常温时采用配合比为1∶3水泥砂浆），第一遍厚度直为5mm，抹后用木抹子搓平，隔天浇水养护；待第一遍六七成干时，即可抹第二遍，厚度约8～12mm，随即用木杠刮平、木抹子搓毛，隔天浇水养护，若需要抹第三遍时，其操作方法同第二遍，直至把底层砂浆抹平为止。

（3）弹线分格。待基层灰六七成干时，即可按图纸要求进行分段分格弹线，同时亦可进行面层贴标准点的工作，以控制面层出墙尺寸及垂直、平整。

7. 注意事项

（1）在贴外墙面砖时，按照窗台的控制标高留置窗台面。窗洞口抹灰时，在窗框处，沿窗台顶面面砖里边沿，用水泥砂浆做一高20～30mm的台阶，并且窗框下面的抹灰向外略微倾斜（框是弹性安装，四周要留5～8mm的空隙，抹灰面略微放坡，不影响窗框安装）。在窗框安装好后，岩棉或巴提玛枪式聚氨酯泡沫填缝剂填塞密实，在窗框两侧缝隙用硅酮密封胶密封即可。

（2）在不同材料界面处应设置钢丝网后进行抹灰，钢丝网在界面处每边不少于150mm，应用钢钉或射钉（混凝土柱、梁处）固定牢固。

（3）对于外墙柱、梁的对拉螺栓孔的堵塞，应使用防水材料填密实。

（4）对于必须留设脚手眼的地方，应将砌块用砂浆填实，对电气室用细石混凝土填塞。并在外墙面处采用钢丝网抹灰。

8. 顶棚装修（涂料顶棚）

（1）基层处理。混凝土墙表面的浮砂、灰尘、疙瘩等要清除干净，表面的隔离剂、油污等应用碱水（火碱∶水＝1∶10）清刷干净，然后用清水冲洗掉墙面上的碱液等。

（2）喷刷胶水。刮腻子之前在混凝土面上先喷刷一道胶水（水与乳液的质量比为5∶1），要注意喷刷要均匀，不得有遗漏。

（3）填补缝隙、局部刮腻子。用水石膏将墙面缝隙及坑洼不平处分遍找平，并将野腻子收净，待腻子干燥后用1号砂纸磨平，并把浮尘等扫净。

（4）石膏板墙面拼缝处理。接缝处应用嵌缝腻子填塞满，上糊一层玻璃网格布或绸布条，用乳液将布条粘在拼缝上，粘条时应把布拉直、糊平，并刮石膏腻子一道。

（5）满刮腻子。根据墙体基层的不同和浆活等级要求的不同，刮腻子的遍数和材料也不同。一般情况为三遍。刮腻子时应横竖刮，并注意接搓和收头时腻子要刮净，每遍腻子干后应磨砂纸，将腻子磨平磨完后将浮尘清理干净。如面层要涂刷带颜色的浆料时，则腻子亦要掺入适量与面层带颜色相协调的颜料。

（6）刷第一遍浆。刷、喷浆前应先将门窗口圈用排笔刷好，如墙面和顶棚为两种颜色时应在分色线处用排笔齐线并刷 20cm 宽以利接搓，然后再大面积刷浆。刷浆顺序应先顶棚后墙面，先上后下。如喷浆时喷头距墙面宜为 20～30cm，移动速度要平稳，使涂层厚度均匀。如顶板为槽型板时，应先喷凹面四周的内角再喷中间平面。

（7）复找腻子。第一遍浆干后，对墙面上的麻点、坑洼、刮痕等用腻子重新复找刮平，干后用细砂纸轻磨，并把粉尘扫净，达到表面光滑平整。

（8）刷、喷第二遍浆。

（9）刷、喷交活浆。待第二遍浆干后，用细砂纸将粉尘、溅沫、喷点等轻轻磨去，并打扫干净，即可刷、喷交活浆。交活浆应比第二遍浆的胶量适当增大一点，防止刷、喷浆的涂层掉粉，这是必须做到和满足的保证项目。

（10）刷、喷内墙涂料和耐擦洗涂料等。其基层处理与喷刷浆相同，面层涂料使用建筑产品时，要注意外观检查，并参照产品使用说明书去处理和涂刷即可。

9．顶棚装修（金属吊顶）

（1）吊顶施工过程中，土建与电气设备等安装作业应密切配合，特别是预留孔洞、吊顶等处的补强应符合设计要求，以保证安全。

（2）根据吊顶的设计标高在四周墙壁上弹线。弹线应清楚、位置准确，其水平允许偏差 ±5mm。根据吊顶的高度在四周墙上弹线，弹线应清晰、位置准确。吊杆、龙骨的安装间距、连接方式应符合规范要求，后置埋件、金属吊杆、龙骨应进行防腐处理。主龙骨的吊点间距应小于 1.2m。

（3）主龙骨吊顶间距，应按设计推荐系列选择，中间部分应起拱，金属龙骨起拱高度应不小于房间短向跨度的 1/200，主龙骨安装后应及时校正其位置和标高。

（4）吊杆距主龙骨端部距离不得超过 300mm，否则应增设吊杆，以保证吊顶质量。

（5）吊杆应通直并有足够的承载力。当预理的吊杆需接长时，必须搭接焊牢，焊缝匀应饱满。

（6）次龙骨（中或小龙骨，下同）应紧贴主龙骨安装。

（7）根据板材布置的需要，应事先准备尺寸合格的横撑龙骨，用连接件将其两端连接在通长次龙骨上。明龙骨系列的横撑龙骨与通长次龙骨的间隙不得大于 1mm。

（8）边龙骨应按设计要求弹线，固定在四周墙上。

（9）全面校正主、次龙骨的位置及水平度。连接件应错位安装。明龙骨应目测无明显弯曲。通长次龙骨连接处的对接错位偏差不得超过 2mm。

（10）罩面板安装前，应根据构造需要分块弹线。带装饰图案罩面板的布置应符合设计要求。若设计无要求，宜由顶棚中间向两边对称排列安装。墙面与顶棚的接缝应交圈一致。

10．楼、地面施工

（1）地砖地面。

1）基层处理，标筋式贴饼；抹找平层；基层各工序必须满足设计要求的密度和平整度。

2）对照中心线，在找平层上弹上地板控制线，一般来说，三块地板砖左右设一道控制线，在弹线分缝时应注意开间连通处应贯通。

3）根据控制线先铺好左右靠边基准行，以后根据基准行由内向外挂线逐行铺贴。

4）地砖铺设前应提前用水浸湿，其表面无明水方可铺设并进行外观、平整度检查，有裂缝、掉角和表面上有缺陷的应剔出。

5）板块应分段同时铺设，板块间和板块与结合层以及墙角、镶边和靠墙处，均应以水泥胶结合。板块结合层之间不得有空隙并不得在靠墙处用水泥砂浆填补代替面砖。

6）铺砌时，要求地面砖平整，镶嵌正确，施工相隔一定间隙后继续铺砖前，应将铺好的地砖下挤出的水泥砂浆予以清除。

7）铺砌一昼夜后以纯水泥砂浆填缝，面层上溢出的水泥浆应在其凝结前清除，待缝隙内的水泥凝结后，再将面层清洗干净。

8）灌缝待水泥膏凝结后，即可用白水泥浆填缝，再用棉丝将表面拭抹干净。

9）地面砖嵌好缝后第二天立即铺 5～10mm 厚木屑浇水养护 3 天左右。

（2）环氧涂料耐磨地面。

1）清扫。是在施工之前对基层面初步清扫，使工作面完全显露出来。

2）基面状况调查。通过现场检测工具对工作面进行细致的检查，并做好记录。地面施工属隐蔽工程，基层状况务必调查清楚并记录完整（可分解成多张图纸），尺寸要单独标注在图纸上。

3）基层附着物的处理。基层往往会留有施工中的水泥尘屑，特别是新施工面有浮浆，这些附着物在涂层施工之前需用电动工具或錾刀等除去，比较彻底的方法是轻度喷砂。基层面黏附的砂浆屑、泥土、水泥及油污，需彻底清除，刷洗后，要求用清水洗干净，充分干燥。

4）打磨、吸尘。对于旧的平整度不理想的基面应采用局部打磨与整体打磨相结合的方法进行彻底打磨、吸尘。

5）护面。主要是为了防止施工边缘部分沾污及保持完全直线（或与不涂部分的分界线）应贴护面胶带。这道工序在底涂、中涂及面涂施工之前都要仔细完成。

（3）基面缺陷的处理。

1）起壳。是混凝土和砂浆的结合层附着不牢而剥离的状态，若整个结合面都已剥离，应把砂浆全部清除后重新抹面，如只是一部分剥离，可以用树脂注浆来补修。

2）裂缝。往往是由起壳而发生的，修补时沿着裂缝部分用电动切割机切开 1cm 左右宽度的 U 型槽，用树脂砂浆填补。

3）缺口。是基层面一部分发生凹窝的状态。处理方法是把粉尘等脏物吸扫干净，用树脂胶泥抹平。

（4）底涂层。底涂主料和固化剂按比例配合，用手提电动搅拌机搅拌均匀，把混合好的底涂料倒在干净的基层上，用橡胶刮板或辊筒把底涂料涂抹均匀，充分渗透基层。底涂料一般应养护 12h 以上，确认固化后，可进行下一工序施工。

（5）中间层。是针对基面不平整或有部分缺陷的基层进一步加工的胶泥或砂浆层。要求根据现场实际情况配制（一般由施工对现场勘测后确定），对水磨石基层可只做胶泥层不做砂浆层。中间层应养护 24h 以上，待完全固化后打磨、吸尘。

（6）面层。主料和固化剂按比例配合，电动搅拌机搅拌均匀，用镘抹方式施工。将混合好的环氧自流平地面涂料倒在工作面上，用带锯齿刮板仔细镘刮（有条件的应穿钉鞋进入修补缺陷），再用排泡辊消泡。

（7）面层的养护。镘抹之后 24h 内任何人不得进入施工现场，等确认硬化状态满足其质量管理要求，再涂一道养护蜡，保护涂膜表面。干燥后用抛光机打磨抛光（一般由用户使用时进行）。

（三）小工艺模板

1. 滴水线、滴水槽施工工艺

（1）基本要求。

1）有排水要求的部位提前策划出滴水线、滴水槽。

2）滴水线、滴水槽抹灰工程所用材料的品种和性能应符合要求，水泥的凝结时间和安定性复验应合格，砂浆的配合比应符合要求。

3）滴水线、滴水槽应整齐顺直，滴水线应内高外低，滴水槽的宽度和深度均不应小于 1cm。

（2）施工工艺。

1）依据相关要求，对外墙窗楣、雨篷阳台、外窗台、楼梯板底做滴水槽、滴水线，外墙窗盘、窗楣、雨篷、阳台、檐口、压顶、腰线等上面做流水坡度，下面做滴水线或滴水槽，压顶、檐口、雨篷的流水坡度向里侧，窗盘、窗楣、腰线的流水坡度向外侧。

2）滴水线的做法是外侧抹灰层稍厚些，里侧抹灰层稍薄些，抹灰层底面呈向外坡角，使雨水从抹灰层的尖角处滴下。

3）楼梯板底部的滴水线在楼梯踏步没有防水处理时，在其下边缘做滴水线，滴水线沿踏步板、平台底部贯穿，楼梯段下端抹水泥砂浆滴水线，棱角要整齐，不得出现毛茬。做滴水线处理的楼梯板和平台侧面及滴水线刷深色油漆，楼梯段底部与楼梯梁交接处，先抹楼梯梁侧面，再抹楼梯梁底面，并保证其相交在一条直线上。

2. 穿墙套管孔外装饰工艺

（1）基本要求。

1）彩钢装饰板制作必须严格遵守要求，表面应光滑，对接处不得有缝隙。

2）外装饰板连接应牢固，与墙体连接处不得有翘曲现象。

3）墙体粉刷及其他工序施工时需做好成品保护，不得污染装饰板。

（2）施工工艺。

1）穿墙套管部位细部处理应提前进行策划。

2）外装饰材料的材质、颜色、形状等应统一并根据洞口形状进行策划，以便与周围颜色协调为宜。

3）总体考虑布置穿墙套管的封堵，对于套管密集的地方宜将封堵盖板做成一个整体，而单一的套管应考虑其大小等是否符合整体布置要求。

4）装饰板与墙面固定的做法：适用于振动及移位小的管道，外装饰材料与墙体交接宽度不宜小于 100mm，管道与装饰板的间隙为 50mm，该间隙应能满足管道的膨胀和振动要求。

5）装饰板与管道固定的做法：适用于振动及位移较大的管道，装饰板的大小应以管道穿墙孔直径和管道最大位移量再加 100mm 为宜。

6）装饰板制成两个半圆体，然后固定牢固。

3. 变形缝施工工艺

（1）基本要求。

1）室内外变形缝应严格按设计要求施工。

2）建筑变形缝外部工艺应提前进行策划。

（2）施工工艺。

1）首先确保槽口的槽口度符合要求。

2）在安装前，再次检查槽口，对于未符合要求的槽口进行处理，如有多余部分则凿除，缺少部分进行修补，过深过宽部分需做处理方可安装。

3）安装时，以变形缝口中心为基点，按照图纸设计，确定变形缝装置的安装位置。

4）根据确定的安装位置，先将止水带铺在变形缝处，然后将铝合金框架用膨胀螺栓固定于槽口，膨胀螺栓间距应按设计要求执行。

5）将中轴控制杆按设计间距布放，盖上中心盖板，用螺栓将盖板与中轴控制杆固定。

6）在封口两端豁口处，安装防雨挡板。

7）安装止水带时需在框架、止水带于混凝土之间分别涂防水胶。

8）外墙变形缝金属板自上而下顺茬搭接。

9）室内变形缝留缝、宽窄应一致，缝隙处用中性硅酮胶封填。

4.门窗口施工工艺

（1）基本要求。

1）施工使用的加气混凝土砌块产品龄期不得少于 28 天。

2）门窗口高（宽）允许偏差±5mm，门口高度 15mm。

3）外墙门口高偏移允许偏差 20mm。

4）对加气混凝土洞口根据门窗固定点位置和数量应提前在墙内埋入混凝土预制块。

5）砌体施工前，应将基础面或楼层结构面按照标高找平，依据砌筑图放出第一皮砌块的轴线、砌体边线和洞口线。

6）上、下层窗口必须在一条垂直线上，且保证同层水平。

7）加气混凝土砌块墙门窗框两侧用实心砖砌筑，便于埋设木砖或铁件，固定门窗框，并安装混凝土过梁，每边不少于 240mm，设置好拉结筋，应砌成大马牙槎。

8）门窗安装后内外均进行密封胶封闭。

9）门窗装饰护套安装后内外均进行密封胶封闭。

（2）施工工艺。

1）立门窗框前须对成品加以检验，进行校正规方，钉好斜拉条（不得少于 2 根），无下坎的门窗应加钉水平拉条，以防止在运输和安装中变形。

2）立门窗框前事先准备好撑杆、母楔子、木砖或倒刺钉，并在门窗框上钉好护角条。

3）立门窗框前要看清门窗框在施工图上的位置、标高、型号、门窗框规格、门扇开启方向、门窗框是里平、外平或是立在墙中等。

4）立门窗框时要注意拉通线，撑杆下端要固定在木橛子上。

5）立框子时要用线锤找直吊正，并在砌砖砖墙时随时检查有否倾斜或移动。

5.踢脚板施工工艺

（1）基本要求。

1）墙面应平整，确保墙体抹灰垂直度、平整度不能超出图纸及规范允许偏差，如超出要求，必须进行处理后再进行镶贴。

2）采用掺有水泥的掺合料踢脚板施工时，严禁采用石灰砂浆打底。

3）板块的铺砌应符合设计要求，当设计无要求时，应尽量避免出现板块小于1/4边长的边角料。

4）踢脚板砖的立缝应与地砖、色带缝队齐，或采用工字缝。

5）水泥踢脚板，踢脚板厚度要求一致，以8mm为宜，高度按设计给定高度(150mm)。

6）石材踢脚板，踢脚板厚度宜控制在10mm，有条件的情况下与地面交界处做成圆弧角。

7）瓷砖踢脚板，上口厚度保持一致，且不大于8mm。

8）对于有防尘要求或易积灰的场所的踢脚板上口应为向外的圆角。

（2）施工工艺。

1）镶贴踢脚板前，将墙面清理到墙体的面层，并浇水湿润。

2）隔天用1:3水泥砂浆分层打底刮糙，刮糙面与墙面的粉刷面基本一致，待刮糙层硬结后方可镶贴踢脚板。

3）在粘贴前，踢脚板材要进水后阴干。

4）铺设时应在房间墙面两端头阴角处各贴一块板，出墙厚度和高度应符合设计要求，以此砖上楞为标准挂线，开始铺贴，砖背面朝上抹黏结砂浆（配合比为1:2水泥砂浆），使砂浆粘满整块砖为宜，及时粘贴在墙上，板上楞要与线平齐，立即拍实，随之将挤出砂浆刮掉。

5）阳角接口板要割成45°角，镶贴时，应随时检查踢脚板的平顺、垂直，踢脚板间的接缝应与地面板材对缝。

6）踢脚板表面应清洁，接缝平整均匀，高度一致，结合牢固，出墙厚度满足要求。

7）踢脚板板缝处用专用配套的嵌缝剂勾缝，保证踢脚板整体效果。排气通道交叉部位设置排气管。

（四）质量通病的预防

质量通病及预防措施见表8-7。

表 8-7　　　　　　　　　　质量通病及预防措施

质 量 通 病		预 防 措 施
抹灰施工	空鼓、裂缝	(1) 基层处理得当，刷黏结剂，不同基层材料铺钢丝网； (2) 墙面浇水湿润，控制含水量； (3) 控制好抹灰原材和水泥砂浆的质量； (4) 控制抹灰的速度及厚度； (5) 特殊部位重点突出
	表面不平，阴阳角不垂直、不方正	(1) 房间找方，找垂直和贴灰饼； (2) 控制好冲筋的平整度； (3) 阴阳角随时用方尺检查方正
涂料施工	裂纹	(1) 基层裂缝处理良好，抹灰层含水率控制好； (2) 腻子层分层施工，避免超厚； (3) 风干的速度控制得当
	表面掉粉、起皮	(1) 控制涂料配比和施工环境条件； (2) 基层处理干净； (3) 涂料控制涂刷厚度； (4) 选择腻子与涂料的性能匹配

续表

质　量　通　病		预　防　措　施
吊顶施工	吊顶顶面不平整、拼缝不直	(1) 控制龙骨的平整度，吊杆可调节，整体刚度要好； (2) 控制好房屋周围的标高线，拉线随时检查顶子的平整度； (3) 安装吊板前，调整好水平杆的平直； (4) 控制原材的质量
	吊板翘曲，变形	(1) 防潮； (2) 防压； (3) 控制原材的质量
门窗安装	门窗安装不牢固	(1) 增加固定点； (2) 门窗口抹灰严密； (3) 强度未达到前门窗扇推迟安装
	返锈、关闭不严	(1) 加强成品保护； (2) 安装前检查门窗质量，不合格的修理后安装

五、网络继电器楼给排水及采暖工程施工案例

(一) 施工工艺流程

施工工艺流程如图 8-9 所示。

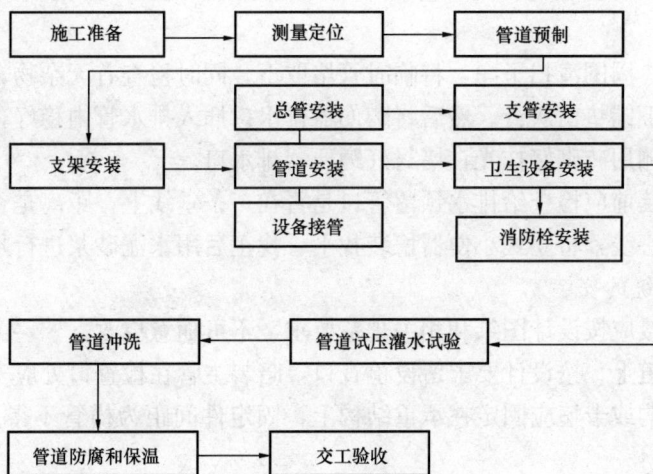

图 8-9　施工工艺流程

(二) 作业方法

1. 给排水工程

(1) 安装准备。认真熟悉图纸，对照相关专业图及装修图，核对各管道的标高，是否有交叉，管道排列所用空间是否合理。

(2) 预制加工。按设计图纸结合现场的实际情况对管道进行预制加工（断管、套丝、上零件等）。

(3) 干管安装。室内给水管采用 PPR 或镀锌钢管，消防水管均为焊接钢管，应采用焊接法兰连接，管道安装完必须做水压试验。

(4) 主管安装。每层从上至下统一吊线安装卡件，并结合图纸上设计的管道走向及标高

进行安装，外露丝扣和镀锌层破损处刷好防锈漆，立管上的检查口及阀门应朝外，便于操作和修理，安装后用线坠吊直找正，配合堵好楼板孔洞。

（5）支管安装。将预制好的支管依次逐段安装，阀门应将阀门盖卸下再安装，按照规定加好固定卡。

（6）管道试压。埋地、暗装的塑料管在隐蔽前做好单项水压试验，待管道系统安装后进行综合水压试验，水压试验时放净空气，充满水后进行加压，进行检查，如各接口和阀门均无渗漏，持续到规定时间，观察其在试验压力下稳压 1h，压力降不超过 0.05MPa，然后在工作压力的 1.5 倍状态下稳压 2h，压力降不超过 0.03MPa，然后把水泄净，进行隐蔽验收。

（7）管道冲洗。管道在试压后，即可进行冲洗、消毒，冲洗应用自来水连续进行，保证足够的流量，冲洗后办理验收手续。

（8）管道防腐及保温。按设计要求外露管道及埋地管道、管支架均应防腐，具体按各分册图纸防腐设计做法做。

2. 卫生洁具安装

照明灯具预制参照设计图，灯杆各段比例、长度、弧度一致。

安装准备→卫生洁具及配件检验→卫生洁具安装→卫生洁具预、稳装→卫生洁具与墙、地缝隙处理→卫生洁具外观检查→通水试验。

卫生洁具在安装前应进行检查、清洗，配件应齐全、配套，卫生洁具应进行预装后再稳装。

将预留排水管口周围清扫干净，将临时管堵取下，同时检查有无杂物，将下水管承口内抹上油灰，蹲便器下铺垫白灰膏，然后将蹲便器排水口插入排水管内稳好，找平找正，固定好。后将蹲便器两侧用砖砌好抹光，堵封好蹲便器排水口。

立式小便器安装前应检查给排水预留管口是否在一条垂线上，距离是否一致，符合要求后按照管口找出中心线，将立式小便器稳装找平、找正后用水泥砂浆进行封堵找平。

3. 室内排水系统的安装

排水管道的连接应按设计图纸和相关规范要求，不可随意更改。

在生活污水管道上，按设计要求留设检查口，暗装主管在检查口处应安检修门。

排水管道的吊钩或卡箍应固定在承重结构上，固定件间距为横管不得大于 2m，主管不得大于 3m。

（1）室内消防管道及设备安装。认真熟悉图纸，检看各种管道的坐标，标高是否有交叉或排列位置不当，检查预留孔，预埋件是否准确。检查原材料的质保书，是否符合设计要求。

（2）管道安装。

1）洒干管用法兰连接每根配管长度不宜超过 6m，连接紧固法兰时，检查紧固法兰时，检查法兰端面是否干净，采用 3～5mm 的橡胶垫片，法兰接口应安装在易拆装位置，管道的分支预留口在安装时应先预留好。

2）管道焊接时，应清除接口处的浮锈、污垢及油脂。

3）不同管径的管道焊接，连接时如两管径相差不超过小管径的 15％，可将大管端部缩口与小管对焊，超过小管径的 15％时，应加工异径短管焊接。

4）管道穿墙处不得有接口，管道穿过伸缩缝应有防冻措施。

（3）消火栓立、支管的安装。

1）管道的分支预留口在吊装前应先预制好，所有预留口均应加好临时管堵。

2）喷洒管道不同管径连接不宜采用补芯，应采用异径管。

3）消火栓立管安装时，每层楼板要预留孔洞，立管可随结构穿入以减少立管接口。

4）消火栓支管要以栓阀的坐标，标高定位甩口，核定后再稳固消火栓箱，箱体找正稳固再把栓阀安装好。箱门开启灵活。消火栓栓口中心距地面 1.1m，允许偏差±20mm。

5）消防管道试压：试压可分层分段进行，上水时管节最高点要有排气装置，高低点各装一块压力表，满水后检查管路有无渗漏，如有法兰、阀门等部位渗漏，应在加压前紧固，升压后再出现渗漏时做好标记，卸压后处理，必要时泄水处理，冬季试压环境不低于+5℃，夏季试压最好不直接用外线上水，防止结露。

6）管道冲洗：消防管道在试压完毕后，可连续做冲洗工作，冲洗前先将系统中的流量减压孔板，过滤装置拆除，冲洗水质合格后重新装好。

7）统测试验收：消防系统通水调试应达到消防部门测试规定条件，消防水泵应接通电源并已试运转，测试最不利点的喷洒头和消防栓的压力、流量能满足设计要求。

4. 暖通管道安装

（1）采暖管道设计采用碳素钢管，公称直径小于 DN50 时，采用焊接钢管，公称直径大于等于 DN50 时，采用无缝钢管。焊接钢管的连接，管径小于或等于 32mm 时应采用螺纹连接，管螺纹的加工应平整，断丝和缺丝不得大于全扣数的 10%。管径大于 32mm 时宜采用焊接，特殊指明时，采用法兰连接。

（2）管道安装时，按设计要求或规定间距安装卡箍，采暖管道应加设吊挂和支撑，水平管道活动支架间距不应大于规定值，同时注意水平干管的坡度。

（3）在生活污水管道上设置的检查口或清扫口，当设计无要求时应符合下列规定：

1）在立管上应每隔一层设置一个检查口，但在最底层和有卫生器具的最高层必须设置。如为两层建筑时，可仅在底层设置立管检查口；如有乙字弯管时，则在该层乙字弯管的上部设置检查口。检查口中心高度距操作地面一般为 1m，允许偏差±20mm；检查口的朝向应便于检修。

2）在连接 2 个及 2 个以上大便器或 3 个及 3 个以上卫生器具的污水横管上应设置清扫口。当污水管在楼板下悬吊敷设时，可将清扫口设在上一层楼地面上，污水管起点的清扫口与管道相垂直的墙面距离不得小于 200mm；若污水管起点设置堵头代替清扫口时，与墙面距离不得小于 400mm。

3）在转角小于 135°的污水横管上，应设置检查口或清扫口。

4）污水横管的直线管段，应按设计要求的距离设置检查口或清扫口。

（4）管道安装完，检查标高，预留口位置和管道变径等是否正确并按规定进行水压试验。

（5）系统运行 0.5h 后，开始检查全系统，遇有不热处应先查明原因。需冲洗检修时，则关闭供回水阀门泄水，然后分先后开关供回水阀门放水冲洗。冲洗干净后重新进行调试。

（6）应设活动支吊架，可根据现场情况确定。泄水管、自动排气阀必须按图设置。

（7）暖风机安装完后，导流叶片应启闭灵活，并应按设计调整角度。

管道穿过墙身和楼板时应埋设钢制套管，套管内径应比管道外径大 4～6mm。安装在楼板内的钢制套管，其顶部应高出室内地面 20mm（卫生间应高出地面 50mm），底部应与楼板平。安装在墙内的钢制套管，其两端应与饰面相平，穿过卫生间、浴室等潮湿房间的管道，套管与管道之间应以密封填料填实。

5. 散热器安装

（1）散热器支架、托架安装，位置应准确，埋设要牢靠。

（2）散热器和管道在刷漆之前，必须将表面的铁锈、污物、毛刺等清除。

（3）明装管道、管件、支架、散热器刷红丹防锈漆两道、银粉漆两道。

（4）安装管道、管件、支架刷红丹防锈漆两道。

（5）有腐蚀性气体的房间（如蓄电池室、酸碱库等）明管道、管件、支架、管道散热器等刷红丹防锈漆两道、酚醛耐酸漆两道、银粉漆两道。室内采暖管不允许有法兰、扣丝接头和阀门。

（6）散热器表面的防腐面漆应着色良好，色泽均匀，无脱落、气泡流淌和漏涂缺陷。

（7）系统水压试验应符合相关规范要求。

（8）系统水压试验合格后，应反复冲洗，直至排除不含泥沙，铁屑等杂质，且水色不浑浊。

（9）阀门安装前应做强度和严密性试验。

6. 成品保护措施

（1）给水排水工程成品保护。

1）安装好的管道不得用以做支撑或放脚手板，不得踏压，其支托卡架不得作为其他用途的受力点。

2）管道在墙面做涂料时，要加以保护，不得污染管道。

3）阀门的手轮在安装时应卸下，交工时统一安装完好。

4）给水、排水的管件阀门及消火栓的运输、安装要避免碰撞损坏。

5）阀门及消火栓安装完要采取必要的保护措施以防损坏。

6）卫生洁具的搬运和安装应轻取轻放，防止磕碰。

7）洁具稳装后，为防止配件丢失和损坏，应在竣工前统一安装。

8）安装完的洁具应加以保护，以防损坏。

（2）采暖工程成品保护。

1）安装好的管道不得用作支撑，也不得蹬踩。

2）管道安装好后，应将阀门的手轮卸下保管好，竣工时统一装好。

第九章

汽轮发电机基础及给水泵
等辅机基础施工措施

第一节 汽轮发电机基础底板施工

一、汽轮发电机基础底板施工案例一

（一）施工方案

（1）模板系统。施工基础底板采用普通钢模板，柱段、板墙、支墩采用木模板。

（2）支撑系统。基础承台及短柱加固支撑均采内置对拉螺栓拉结，外部用普通脚手管顶撑。

（3）施工分段。

第一步，基础底板；

第二步，基础柱段、板墙、支墩。

（4）混凝土施工。采用现场搅拌站集中搅拌，罐车运输，用泵车浇筑，用插入式振捣棒振捣。

（5）养护方式。采用覆盖塑料布养护，大体积混凝土表面除覆盖塑料布外表面再包裹保温被。

（二）施工工艺流程

汽轮发电机基础底板施工作业顺序为垫层浇筑→放线及验收→垫层防腐→底板钢筋制作及绑扎→底板钢筋验收→底板模板支设→底板模板验收→底板浇筑混凝土→底板混凝土养护→底板拆模→板墙、柱段、支墩绑钢筋→验收板墙、柱段、支墩钢筋→板墙、柱段、支墩支设模板→验收板墙、柱段、支墩模板→板墙、柱段、支墩浇筑混凝土→板墙、柱段、支墩混凝土养护→板墙、柱段、支墩混凝土验收。

（三）施工方法及要求

1. 测量放线

用全站仪利用甲方给定的测量方格网点直接进行基础施工测量工作。

2. 地基工程

基础桩头采用人工凿桩，桩头锚入承台100mm，桩筋由桩顶锚入基础承台800mm，灌注桩主筋超长的，在满足锚固长度后截掉，如果主筋长度不满足锚固长度，采用双面搭接焊的形式进行补长。

3. 钢筋工程

（1）钢筋工程施工方案。钢筋接头连接形式有绑扎、闪光对焊、直螺纹连接。钢筋绑扎采用加工场加工制作，运输至现场绑扎成形的施工方案，钢筋由加工场采用自制板车运至现场，再由人工抬入基坑。为保证施工现场的安全文明施工，运料随运随绑，减少占地面积。

（2）钢筋加工。

1）钢筋加工程序为确定用料→除锈（除污迹）→调直→切断→弯曲成型。

2）确定用料严格按照钢筋翻样单上要求的规格、数量加工配置。钢筋表面如有油渍、铁锈、泥土应在使用前清理干净。对局部有弯曲的钢筋采用人工调直后，方可使用。

3）钢筋弯曲成型时，应根据钢筋翻样单上尺寸，先划出弯起点位置。先加工一根钢筋，根据放样尺寸调整弯曲的位置和尺寸，调整合适后再成批加工。

4）钢筋加工的成品、半成品根据具体要求分别作明确标识，并分区域码放整齐。

5）底板受力筋直径大于 22mm 的均采用直螺纹连接接头，直螺纹的套丝操作工要持证上岗，钢筋连接前，先做一组班前试件，拉力试验合格后再进行大批加工。钢筋加工过程中，每加工一部分就将套好丝的钢筋与钢套筒进行试套，如有问题及时修正。钢筋套完丝后要在丝扣上套上保护帽，没有保护帽严禁运出加工场。钢筋直螺纹接头 500 个为一批，一组 3 个试件，做抗拉试验。

6）钢筋的支撑骨架采用 $\phi48\times3.5$mm 钢管做支撑，支撑柱间距 1.5m，顶层水平撑的标高为上皮钢筋的底标高，其余水平撑间距 1m 一道，并加斜撑，搭接部分均采用满焊，支撑柱直接支在垫层上，与垫层上预留的埋件焊接。

（3）钢筋绑扎。

1）钢筋绑扎顺序为底皮纵向筋→底皮横向筋→制作安装钢管马凳→绑上皮纵向筋→绑上皮横向筋→绑温度筋→插柱钢筋→插板墙钢筋→插支墩钢筋。

2）绑扎内容。

a）绑扎前，先根据施工图的钢筋间距划好线，然后再进行布筋、绑扎。

b）绑扎的钢筋要求横平竖直，规格、数量、位置、间距正确，绑扎不得有缺扣、松扣现象。钢筋绑扣不可均朝一个方向，要成八字扣。

c）因为基础底板的钢筋较多，质量较大，所以基础底板底钢筋保护层垫块采用100mm×100mm 混凝土垫块，侧面采用砂浆垫块。砂浆垫块应提前加工，保证钢筋位置准确。

d）在施工基础底板时，柱段插筋位置要用脚手管在底部和上部卡两道方盘来固定，保证钢筋的位置正确，由于钢筋比较长，上部固定架子要与其他基础连成整体。

e）绑扎底板上柱短钢筋前，要提前将地脚螺栓安放并固定好。

4. 模板工程

（1）模板工程的紧前工作为钢筋工程，待钢筋验收合格后马上进行施工。

（2）工程中基础底板模板采用新的定型组合钢模板，钢模板加固采用基础内置 $\phi12$ 对拉螺栓，沿模板高度方向每 750mm 一道，沿基础纵向每 600mm 一道，模板外侧用脚手管加固。底板上柱段、支墩、板墙属于外露钢筋混凝土，所以采用优质覆膜木模板，木模板外侧采用 50mm×100mm 的木方作背肋，加固采用内置 $\phi12$ 对拉螺栓，沿模板纵横两个方向每 500mm 一道，木背肋外侧用脚手管加固。

（3）钢模板使用前，必须对模板进行必要的修理，将模板表面用钢丝刷和角磨砂轮磨平磨光，然后涂刷隔离剂，模板多次周转使用后，表面有砸出坑的、模板肋板开焊、断裂的、弯曲的必须挑出，修理后再投入使用。

（4）模板加固用对拉螺栓和脚手管围檩共同加固，底板对拉螺栓可根据现场情况焊于支撑骨架、桩头钢筋上。模板加固要牢靠，从模板打斜支撑顶到地面，并用脚手管砸地锚与之连接，立向打 3 道斜撑。

为了保证浇筑后的混凝土工艺美观，对拉螺栓与模板交接部位设中间带直径 13mm 孔的圆木垫，以防止混凝土浇筑时，由螺栓孔处漏浆。混凝土浇筑完毕将圆木垫剔出，用角磨砂轮将对拉螺栓头割掉，使用同基础混凝土同配比且加膨胀剂的水泥砂浆分两次对木垫坑进行填堵，填堵后的表面要压光。模板在拼装时要在模板与模板间夹粘优质海绵条；混凝土浇筑前，模板上的孔洞要堵死，以防漏浆，避免拆模后的混凝土外露石子。

（5）模板卡使用前必须仔细检查其是否完好，不得使用带裂及锈蚀严重的模板卡。在模板支设过程中模板与模板接缝处都加设模板卡，模板卡间距不大于 300mm。施工时注意模板卡圆环向下。

（6）止水带固定采用木模，支模前先根据止水带的规格和长度提前配制木模，木模采用 50mm 厚的木板上开槽将止水带夹紧，严禁用钉子钉止水带，以防止止水带处漏水。止水带应使用整条成型的，不允许擅自现场连接，底板中拐弯部分使用厂家提供的成型止水带。

（7）模板支设步骤。

1）钢模板支设前应先涂刷好脱模剂，脱模剂应涂刷均匀，无流淌现象。

2）根据施工控制桩放出基础底板外边线及其他控制线，作为模板就位依据。

3）用水平仪引测好模板支设的标高，在模板的底脚用砂浆找平。

4）逐块拼装模板，同一条拼缝上的 U 形卡，不宜向同一方向卡紧，对拉螺栓孔应平直相对，穿插螺栓不得斜拉硬顶，螺栓上要加圆木垫，圆木垫要紧贴模板。

5）模板拼装时模板缝间夹不吸水的海绵条，海绵条宽大于 10mm，将模板缝堵死，以防漏浆。为了保证外露柱段的美观，在阳角位置加 4cm 的圆倒角。

6）模板支设的同时要用脚手管进行加固，加固时将脚手管下端打入基槽，然后再用脚手管与模板拉斜撑进行加固。

7）柱模垂直度用加固脚手管控制，垂直度用线坠检验。

8）安装模板注意事项：①安装模板前，先检查钢筋是否影响安装，如有予以纠正；②模板要涂刷隔离剂；③模板安装前，要检查模板处理是否过关，保证模板表面光滑，外形方正，强度符合使用要求；④所有接缝海绵条不得外露。

9）模板拆除时，应在混凝土强度能保证其表面及棱角不因拆除模板而受损时方可进行。

5．混凝土工程

（1）基础施工采用搅拌站集中搅拌，罐车运输，泵车浇筑的施工方案。因为汽轮机基础底板混凝土体积较大，要求连续浇筑不留施工缝，所以搅拌采用两台全自动搅拌机（理论混凝土搅拌速度 100m³/h）搅拌，6 辆罐车运输，2 辆汽车泵浇筑，1 辆汽车泵备用。

（2）水泥使用 P.O42.5，石子使用 5～25mm 碎石，砂使用中砂（河砂），二级粉煤灰，外加剂使用泵送剂、防腐剂，型号及掺量等由试验部门做混凝土试配后确定。

（3）钢筋、模板经四级验收通过后，方可浇筑混凝土。混凝土浇筑前必须根据作业指导书的测温点布置图埋设测温导线，测温导线按梅花型布置，并且设置三层，埋设方法为用钢筋绑牢导线，下至基础内，与底板钢筋（或柱筋）绑牢，并且需要注意测温导线触点不接触钢筋。

（4）其他如水、电等在施工前及时与来源部门沟通，确保混凝土施工过程中不出现其他问题。如不能确定必须出具备用方案，否则视为条件不具备，不能进行混凝土浇筑。

（5）混凝土分两次浇筑，第一次浇筑基础底板，施工缝留在柱段、板墙、支墩根部。所有施工缝处均设置带180°弯钩的锚筋，分别插入上下混凝土中300mm。

（6）混凝土浇筑注意事项。

1）浇筑前应检查模板内是否有垃圾、木片、泥土、积水等，如有必须清理干净，检查钢筋的数量、位置是否准确，钢筋上如有油污应清理干净。

2）基础底板浇筑时，分层分段进行浇筑。振捣棒振捣混凝土时，要做到"快插慢拔"，以防止混凝土分层、离析以及振捣棒拔出时速度过快所造成的空洞，分层浇筑在振捣上一层混凝土时，应插入下层混凝土中50mm左右，以消除两层之间的接缝。同时，在振捣上层混凝土时，要在下层混凝土初凝之前进行。振捣棒的插点要均匀分布，以免造成混乱而发生漏振，每次移动的距离应不大于振捣棒作用半径的1.5倍。一般振捣棒的作用半径为30～40cm。每一插点的振捣时间20～30s为宜，以混凝土表面呈水平、不再显著下沉、不再出现气泡、表面泛出灰浆为准。振捣棒距模板得距离不应大于振捣棒作用半径的0.75倍，不得紧靠模板振动，且应尽量避免碰撞钢筋、地脚螺栓孔等。浇筑混凝土过程中，必须设专人监视模板、脚手架、钢筋等的情况，防止变故，有情况及时处理。

3）采用臂杆输送混凝土时，注意不要碰到插筋和模板，以免钢筋和模板发生位移，泵送混凝土时泵管里不能推入空气，不能推入已离析的混凝土，以免堵塞管道，如已推入，泵车要反推，将混凝土吸出来。

4）混凝土养护：混凝土浇灌完成后要及时进行养护，养护时间不低于14天，具体时间根据测温记录和基础施工顺序安排。养护方法为：待混凝土终凝后在上表面覆盖一层塑料布。为了防止混凝土基础内外温差过大，塑料布表面包裹一层棉被，大体积的基础混凝土施工时，在基础内部预埋测温导线，测温导线分基底、中部、基顶三层布置，基础混凝土终凝后开始用电子测温仪测温，通过检测混凝土内外温差，来确定混凝土表面覆盖棉被的层数。

（7）施工缝应严格处理，用錾子将施工缝处混凝土表面凿毛并清扫干净，混凝土浇筑前，提前24h将其湿润，混凝土浇筑时不得有积水，要先在施工缝上浇筑5～10cm与混凝土同配比的水泥砂浆，再浇筑混凝土。

（8）混凝土浇灌的同时在施工现场做试块。每工作班（混凝土浇筑量不超过100m³，若超过100m³，每增加100m³，制作1组，增加不足100m³也需制作1组）制作2组试块，同时按规定留置同条件试块。抗渗混凝土同一混凝土强度等级，同一配合比的连续浇筑的混凝土量不超过500m³为一取样单位；超过500m³时每增加200～500m³应增加一个取样单位。

混凝土试块取样、成型及养护方法：制作混凝土试块所用的拌和物应从施工现场罐车放出的混凝土中提取，并在取样后立即制作试块。制作试块采用150mm×150mm×150mm标准试模，插捣采用人工。拌和物分三层装入试模，每层的装料厚度为50mm。插捣用钢制捣棒（捣棒长600mm，直径16mm，端部应磨圆），插捣次数为每100cm²至少12次。插捣完后，刮除多余的混凝土，并用钢抹子抹平。试块成型后，应覆盖其表面，同条件试块拆模后，应放置在靠近相应结构部位或结构部位的适当位置，并应采用相同的养护方法；标养试块在20℃±5℃条件下静置1～2昼夜，然后拆模。拆模后试块应立即放到标准养护室中进行标养。

6.防腐工程

根据图纸要求和设计师交底要求，基础垫层顶面、基础-0.500m以下外露部位全部涂刷环氧煤沥青涂料，板墙背面涂刷6mm聚合物砂浆。

垫层施工完后待表面完全干燥涂刷环氧煤沥青涂料，涂刷前要将垫层表面彻底清扫一遍，待表面经过四级验收合格后，开始涂刷，涂刷时要涂刷均匀、色泽一致。基础垫层每边要留5～10cm不涂刷，用于施工放线、弹墨线。

基础表面的环氧煤沥青涂料、聚合物砂浆，待基础进行完隐蔽验收，经监理确认后进行。施工前也要彻底将基础表面清扫干净。

环氧煤沥青涂料施工时，要注意防火，沥青涂料属于易燃物质，施工时，基坑内严禁有明火作业；涂刷时不能污染其他任何材料，要选择晴朗、通风的天气施工。

板墙侧面涂刷聚合物砂浆时，严格按照厂家的配比1：4施工，严禁私改配比。涂刷时要均匀分层进行。

（四）降低混凝土水化热措施

降低混凝土水化热措施：主要控制配合比水泥用量、坍落度、外加剂的品种；根据试验掺加部分粉煤灰，代替部分水泥；控制原材料的含泥量；混凝土的浇筑方法的选择；混凝土浇筑后的养护和测温；施工时温度和速度的控制。

需要注意事项如下：

（1）混凝土原材料。水泥选用普通硅酸盐水泥。砂子宜选用中砂控制其含泥量不得大于2%。石子宜选用大粒径石子，以5～40mm为宜，控制其含泥量不得大于1%，同时控制石子形状，尽量减少针片状和超规石子。

（2）混凝土搅拌。必须严格按配合比进行配料，尽量减少投料误差，确保足够搅拌时间。尽量降低混凝土出机温度（通过降低砂、石、水泥的入机温度来控制），尽量避免投料时夹带泥土。混凝土拌和水中加入冰块，通过冰块来降低拌和水的温度。

（3）混凝土运输。混凝土的运输要根据现场浇筑速度控制好速度，严禁出现现场蹲车压罐现象。运输和停放时防止太阳直射。

（4）混凝土浇筑。控制入模温度，减少冷量损失，如在夏季施工可对混凝土罐车及泵管进行降温处理，同时加快浇筑速度，使浇筑工作尽快完成；同时对泵管进行保温处理。浇筑时应从多点浇筑，振捣密实均匀，以确保混凝土均匀密实，增强其抗拉强度。搅拌车在卸料前，要求混凝土在泵车内高速运转，确保放料时混凝土质量均匀，同时在浇筑时以一个坡高循序推进，一次到顶的浇筑方法。这样即可减少混凝土外露面面积，又便于排放大量泌水。有利于提高混凝土质量和抗裂。浇筑前根据测温线的布置图合理布置测温点。

（5）混凝土养护。混凝土养护采用棉被覆盖和塑料布包裹的方式，在模板安装验收好并在混凝土浇筑之前用塑料布包裹模板的外侧，防止混凝土表面散热过快，在混凝土浇筑完毕后在表面覆盖棉被做好混凝土的保温保湿养护，缓凝降温，充分发挥徐变特征，减低温度应力。随时进行测温观测，注意内外温差，当温差超出25℃时应适当增加保温。视温差实际情况，控制内外温度差小于25℃，温度平稳后即可停止测温。控制拆模时间，必须保证内外温差小于20℃以后方可进行拆模。在混凝土强度未达到设计要求强度前不得进行外界强力冲压，以确保其在正常情况下养护。

（五）质量通病预防

质量通病及预防见表 9-1。

表 9-1　　　　　　　　　　　　　质量通病及预防

质　量　通　病		预　防　措　施
钢筋	钢筋原材不合格	进厂抽样试验，合格后方可使用
	焊接接头不合格	(1) 焊工持证上岗； (2) 加强外观检查； (3) 按规定抽样做力学试验
	钢筋现场安装不合格	(1) 对操作工交底，熟悉图纸要求； (2) 根据图纸检查钢筋的钢号、直径、根数、间距； (3) 检查钢筋接头的位置及搭接长度； (4) 检查混凝土保护层和绑扎是否牢固
混凝土	混凝土表面蜂窝麻面、漏筋、孔洞、缝隙、缺棱掉角	(1) 提高混凝土的生产质量，配比计量准确，搅拌均匀； (2) 模板拼缝严密，缝隙加海绵条，模板底采用水泥砂浆勾缝； (3) 振捣密实； (4) 浇筑前，将杂物清除干净，按规范进行施工缝处理，保持接触面良好； (5) 保护好钢筋保护层垫块； (6) 充分养护，强度达到要求后再拆模
	混凝土外形变形，尺寸不准，色泽不一致	(1) 模板安装牢固，尺寸准确，强度和刚度不足要加固； (2) 混凝土浇筑控制好下料方式和速度； (3) 混凝土配合比进行优化，混凝土搅拌时严格计量及校验，并保证混凝土连续施工
	混凝土强度不够	(1) 控制原材料尤其是水泥、混凝土外加剂的进货质量合格；砂石料严格控制含泥量及石粉含量，同一结构层的混凝土选用相同粒径的砂石料，严格控制水灰比及坍落度； (2) 提高混凝土的生产质量，配比计量准确，搅拌均匀； (3) 振捣密实，混凝土离析时及时采取措施； (4) 养护措施得当，养护到位
	混凝土裂缝	养护措施得当，养护到位，减少温度裂缝

二、汽轮发电机基础底板施工案例二

汽轮发电机基础底板使用木胶板大模板，采用内拉外支法，内部使用对拉螺栓，外部使用木方和钢管进行加固。

汽轮发电机基础底板共分二次施工，基础底板第一次施工，基础顶部的支墩、凝汽气管道支墩，墙板和 0m 以下的柱子作为二次施工。施工完以后及时进行防腐和回填。

钢筋在加工场制作完成后，利用人工以及拖盘车运至施工现场。先绑扎底板下部的双层钢筋，搭设满堂脚手架支撑钢筋，然后焊接安装上部钢筋的马凳，确认焊接、连接牢固后，安装、绑扎上部双层钢筋，最后绑扎边部的水平筋和内部的双向配筋。

混凝土采用搅拌站集中搅拌，罐车运输，一台泵车及一台拖泵分别布置在 A 列外。基础底板混凝土施工及养护采用大体积混凝土施工措施进行。

施工顺序为基础定位放线→混凝土垫层→垫层防腐→基础放线→基础钢筋→基础模板→基础混凝土浇筑→柱放线→柱钢筋→柱模板→柱混凝土施工→防腐→回填→二次浇灌。

1. 施工前的准备工作

（1）熟悉图纸并按作业程序依次进行图纸会审，提前解决施工交叉及专业交叉问题，定出施工方案并经批准。

（2）按图纸、其他设计文件及施工方案作好材料计划，备好各种原材料、周转性材料及措施性材料。

（3）编制质量检验计划，进行施工前的技术及安全交底。

（4）做好工具、器具、机械的校验、检修工作，以确保施工期间机械能正常运行。

（5）布置现场施工用水、施工用电，要保证施工期间的水、电及现场照明等工作。

（6）土方开挖完毕，在经过地质、设计、监理和业主联合验收后，开始安排基础垫层的施工。

2. 垫层施工

（1）垫层为 C15 混凝土，浇筑时根据现场情况，采用泵送浇筑，局部以小方车辅助运输浇筑。

（2）垫层每边要比基础宽至少 100mm，以保证模板施工的要求。

（3）垫层施工时必须清理地基处理的污泥、垃圾。

（4）严格控制垫层标高及平整度，为基础底板施工创造条件。

3. 放线与高程控制

（1）放线所用的全站仪、经纬仪、水准仪、钢尺要经校核合格且在有效期内。

（2）根据设置在主厂房周围的矩形方格网引出汽轮发电机基础底板的定位控制桩。

（3）用经纬仪将纵横轴线引入基坑内，并测设在基础垫层面上，以红油漆标在垫层面上，沿边口均匀做上红油漆标号，每条轴线均应双向控制，以便校核。

（4）根据轴线放出基础的外边线控制线。

（5）为减少高程控制的误差，由专业测量人员将基坑外附近的水准点转测到基坑内，并做出符合要求的高程控制点。

（6）放线完后必须经各级质检人员进行验收合格。

4. 钢筋工程施工

（1）准备工作。

1）所有材料必须有合格证和试验报告。

2）检查钢材等材料的出厂合格证及钢筋抗拉试验报告单，并保证材料的可追溯性。钢筋领用由专人负责，认真做好钢筋领用记录。

3）钢筋焊前做好焊接机械的调试工作，配置考试合格的焊工进行同条件试焊，委托检测中心做钢筋碰焊接头抗弯、抗拉试验。

4）焊工必须持证上岗，并对所焊接头逐个检查，按规定进行抽头试验。

5）检查钢筋品种、质量、规格、数量是否满足施工要求，是否符合设计要求。

6）准备绑扎用的铁丝、绑扎工具、绑扎架及控制混凝土保护层用的水泥砂浆垫块。

（2）钢筋制作与绑扎。

1）底板钢筋在钢筋加工场集中碰焊、调直。柱子钢筋采用滚扎直螺纹连接。按翻样及现场实际情况进行下料，并标识明确，然后运至现场使用，运输时不得破坏钢筋标志。

2）钢筋制作要严格按图纸和钢筋翻样表进行，并合理利用材料，尽量降低成本。

3）钢筋制作完毕，要编号挂牌，分类放置，放置时下部要用道木垫起，以防止污染。钢筋绑扎前要把钢筋表面清理干净，方可绑扎。

4）柱子施工缝部位凿去混凝土表面浮浆及松动石子，钢筋表面污染的混凝土要用铁刷打磨干净。

5）所有主筋均应按设计要求垫好混凝土预制垫块，控制保护层厚度。

6）钢筋绑扎前，要核对成品钢筋的型号、规格、直径、尺寸和数量是否与料单料牌相符，如有错漏应纠正增补。钢筋表面应平直、洁净，不得有损伤，带有油渍、片状老锈和麻点的钢筋严禁使用。焊接钢筋同心度、平直度要满足要求。

7）钢筋绑扎采用 22 号镀锌铁丝。基础底板钢筋绑扎前，先在垫层上标好基础边线，然后按先下层后上层、先里层后外层的顺序绑扎。双层网片基础用 $\phi32$ 或 $\phi25$ 钢筋马凳支撑，在钢筋与模板之间加设混凝土垫块以保证保护层厚度。为保证柱子之间竖向钢筋不位移，采用 $\phi48\times3.5mm$ 钢架管连接牢固，横纵方向形成整体，并用卡扣卡死，与满堂脚手架连接固定。

8）钢筋绑扎一定要按图纸要求控制好间距，绑扎要牢固，不得有松扣缺扣现象。绑扎丝尽量全部向里弯（弯向混凝土内），避免在混凝土浇筑后，绑扎丝外露。钢筋的级别、种类、直径应按设计要求采用。

9）底板钢筋接头主要采用闪光对焊，设置在同一构件内的焊接接头应相互错开。在任一焊接接头中心至长度为钢筋直径的 35 倍且不小于 500mm 的区段内，同一根钢筋不得有两个接头。在该区段内有接头的受力钢筋截面面积占受力钢筋截面面积的百分率，受拉区不宜超过 50%，受压区不限制。所有焊件均应有合格焊工操作进行焊接，且焊接试件必须试验合格。钢筋闪光对焊接头每 300 个同类型接头（同钢筋级别，同钢筋直径）作为一批，焊接接头应符合要求。

10）钢筋焊接前接头要打磨除锈，以确保钢筋焊接的质量，并按规范由检测中心随机抽样试验，焊头要平直，不能弯曲，若发现不合格的接头要按规范要求加倍取样，合格后方可使用。

11）施工过程中要加强管理和检验，钢筋在运输、加工过程中注意防止撞击、刻痕等缺陷。

12）钢筋滚轧直螺纹技术：钢筋滚轧直螺纹连接具有强度高、延性好，能充分发挥钢筋母材的强度和延性。接头性能能达到 A 级接头标准，并能断于母材；其连接方便、操作简单、快捷；检测方便、直观，无需测力，不必使用测力扳手；钢筋加工直螺纹可预测，套筒可工厂化生产，不占工期，加工效率高；施工连接时不用电、不用气、无明火作业、无漏油无污染，可全天候施工；适用性强，在狭小地带钢筋排列密集处均能灵活操作。

5. 模板工程施工

（1）基础模板采用胶合板大模板，采用内拉外支法施工。基础角部板缝处用双面胶条塞实。基础柱采用钢管作箍与支撑系统形成整体。

（2）木胶板必须按"取大舍小，取小补缺，重复利用，及时回收"原则进行下料。

在使用之前，对所有模板进行统一编号，按照编号依次进行安装。下料后的模板边角必须采用清漆进行处理，防止被水侵蚀后，局部强度降低、变形和厚度增加等现象。

（3）所有模板必须在后场下料、制作，严禁在现场下料。所有模板在使用前，必须在后场刷脱模剂处理，严禁使用滚筒滚的方法处理，必须采用破布抹的方法，以防止涂刷得过厚、过多或者不均匀现象。严禁在施工现场进行刷脱模剂，减少对钢筋和环境的污染。

（4）所有模板在使用前应根据对拉螺栓设计的间距提前在后场打孔，一般比设计的对拉螺栓大 2mm，多余的毛刺清除掉并用清漆涂刷处理。严禁在现场使用电钻钻眼。

（5）当木胶板模板在进行平面或转角拼接时，为了确保其密闭性能，采用直口对接后在接口处用 48mm×100mm 木方加固。

（6）基础柱头模板楞木采用 48mm×100mm 木方外，其余均采用 ϕ48 钢管作楞进行固定。其间距不宜大于 150mm。所有的模板拼缝必须采用双面胶带处理，防止产生漏浆现象。

（7）因使用的木胶板表面有光泽，为了使圆弧角模施工后的外观基本一致，所以根据木胶板不失水的特性，选择了塑料圆弧角模进行施工。

（8）对拉螺栓应沿基础底板和柱头的高度和水平方向等间距均匀排列，上下对齐。在对拉螺栓两头采用专门加工制作的塑料堵头进行封堵，为防止漏浆在塑料头上加橡胶密封圈。

（9）模板拆除时采用整装整拆，从上至下依次拆除，拆除时不得硬拉等方法，另外还要保护成品混凝土不受损坏。拆除后的模板不得从高处抛扔，必须采取传递的方法进行，轻拿轻放。选择平整的场地进行堆放，拆除多少运输多少，及时清运出施工现场拉至后场进行模板的清理、刷脱模剂工作。一次使用后的模板严禁不清理就进行刷脱模剂使用，严禁在施工现场刷脱模剂。

拆除后的模板因存在钉眼现象，不适合二次使用，因此在维修时钉眼处用橡胶锤敲平，另外，采用 108 胶掺合白水泥、石膏粉做成腻子进行修补，待凝固后，用 150 号砂纸轻轻打磨，清理干净，最后刷上清漆防水，使用前刷油处理。

6. 埋件施工

因汽轮发电机预埋铁件数量较多，要采用提前预制，集中加工，满足施工进度要求。预埋铁件编号要清楚，制作尺寸准确，下料统一使用剪板机。预埋前先划出位置线，用 ϕ14 或 ϕ16 附加钢筋直接固定在钢筋网片上，附加钢筋与埋件锚筋焊接牢固。保证预埋件位置正确，预埋件型号、规格、数量较多，制作时要严格按照预埋件图集的要求进行下料、焊接，并按照要求作试验报告，合格后方可使用。安装时要仔细对照图纸，确保埋件准确无误。

所有埋件焊缝高度必须符合设计要求，并验收合格后方可预埋。埋件的中心标高采用经纬仪、水准仪严格控制。在模板拆除后埋件需除锈并刷防锈漆一道。

7. 混凝土工程施工

（1）浇筑混凝土前的检查工作。

1）检查扣件规格与对拉螺栓、配套和紧固情况。

2）核对拉螺栓及支柱的间隙。

3）检查各种预埋件的规格尺寸、数量、位置及固定情况。

4）检查模板结构的整体稳定性。

5）检查插筋是否插好，钢筋保护层垫块是否垫好。

6）混凝土浇筑前应进行验收，对模板、钢筋及支撑逐项检查，发现问题及时处理。

7）检查止水带安装情况。

（2）准备工作。

1）混凝土的浇灌实行挂牌制度，责任到人，以确保混凝土的质量。

2）联系施工用电管理单位，确保电力全天候供应。

3）搅拌站要把搅拌楼、混凝土泵车、拖泵、罐车等工器具提前充分检修好，以保证混凝土浇灌的正常供应。

4）要确保足够的水泥、砂子、石子等材料，并应符合相关规范及设计要求。

5）砂、石的含泥量不得超过规范要求，不得使用过期、受潮的水泥。

6）混凝土浇筑期间建筑工程处、搅拌站要安排值班人员，负责协调现场混凝土浇筑工作。

7）组织好现场施工人员、机械设备等；电工要安装好充足的照明设备；修筑好混凝土罐车的运输道路，并且能满足在雨天时正常运行。

8）夜间施工要保证充分照明。

（3）混凝土浇筑程序。

1）基础底板的浇筑采用分层浇筑，并保证上下层不留施工缝，每层混凝土的浇筑厚度控制在 30cm 左右，每层浇筑应从低处开始。

2）短柱混凝土浇筑前，剔出碎石后，柱底应先铺 50mm 厚同标号砂浆。

（4）混凝土的性能要求。

1）检测中心在施工前做好混凝土的配比工作，并核实所使用水泥性能是否符合设计及规范要求，水泥的出厂时间是否符合要求。施工中要严格按配合比搅拌混凝土。严格控制混凝土的坍落度，必须满足规定，不合格产品严禁使用。

2）选择合适的砂、石级配。

3）砂石骨料的含泥量应加以严格控制，不得超过规定的含泥量（砂不大于 3％，石子不大于 1％）。

（5）混凝土浇筑期间应注意的问题。

1）加强气象预测、预报工作，掌握天气变化情况，以保证混凝土连续浇筑的顺利进行，确保混凝土的质量。

2）浇筑混凝土时，必须防止混凝土的分层离析，混凝土浇筑时，其自由倾落高度不应超过 2m。搅拌站应严格按实验室提供的配合比进行搅拌，并认真填写混凝土的搅拌记录。建筑工程处现场要做好混凝土浇筑记录，以确保混凝土搅拌质量。在现场做好坍落度试验并记录，如坍落度与原规定不符时，应及时通知检测中心和搅拌站调整配合比。

3）混凝土施工过程中，检测中心应严格按规定提取试样做坍落度试验及试件，并做出混凝土强度报告，做到对混凝土质量的跟踪检查及控制。

4）混凝土浇筑过程中，应及时将浮浆清理出模板外，以保证混凝土的质量。

5）混凝土的浇筑用一台泵车和一台拖泵，一次浇筑完成，不得留设施工缝，浇筑间歇严禁超过 2h。

6）为加强混凝土的振捣工作，施工时应分工明确，责任到人，制定相应的奖罚措施，对出现质量问题的个人进行处罚。

（6）混凝土振捣。

1）振捣器的操作，要做到"快插慢拔"。

2）混凝土分层浇筑，在振捣上层时，应插入下层混凝土5cm左右，以消除两层之间的接缝，在振捣上层混凝土时，要在下层混凝土初凝之前进行。

3）每一插点振捣时间一般15～20s，应以混凝土表面不再显著下沉、不冒气泡、表面浮出灰浆为准。

4）振捣器水平移动位置间距不应大于450mm，振捣棒离开模板150mm，且尽量避免碰撞钢筋、预埋件等。

（7）混凝土养护、验收。

1）混凝土采用蓄热养护。混凝土浇筑前，侧面模板必须挂两层棉毡覆盖；基础底板顶面待混凝土终凝后立即覆盖一层塑料薄膜，然后用两层棉毡覆盖，以形成保温层，利用混凝土硬化过程中释放的热量，来维持基础混凝土本身温度。养护时间不少于14天。

2）混凝土的养护工作要设专人日夜三班养护，要经常检查养护情况，及时做好混凝土的养护记录，并根据实际情况随时调整养护措施。

3）在基础中设置测温孔，做好测温工作。养护期间前3天每2h测温一次，第4天以后每4h测温一次，当混凝土内外温差小于10℃时停止测温。在测温的同时，做好测温记录，当混凝土内外温差大于25℃时，应根据预先设计的方案采取适当的措施，将温差控制在25℃以内。

（8）混凝土的防腐。0.500m以下钢筋混凝土构件，在混凝土内外温差小于或等于25℃稳定后，均需刷环氧煤沥青厚浆型涂料两遍，厚涂层与混凝土黏结力不小于1.5N/mm。刷抹聚合物砂浆，厚度5mm。注意承台底部处的桩顶不得粘上涂料，桩与承台连接处防腐构造做法详见施工图。

8. 基础工程二次灌浆

（1）机组汽轮发电机基础底板二次灌浆采用防腐型灌浆料。

（2）施工前准备。

1）灌浆料浇灌施工前，应准备搅拌机具、模板、灌浆设备及养护物品。

2）设备就位调整完后，对已凿毛的混凝土表面进行彻底清扫，对设备底板、地脚螺栓用棉纱将锈、油污等清除干净。地脚螺栓孔中的积水必须清除干净。

3）灌浆前24h，对混凝土基础表面洒水以保持湿润状态，但表面不得有积水，混凝土清理完后，周围支上模板。模板应牢固，所有的缝隙要进行密封（特别是模板与混凝土之间），以避免灌浆料漏出。

（3）基础处理及支模。

1）对已经凿毛的混凝土表面的粉尘、杂物等彻底清扫，对柱底板、地脚螺栓用棉纱将锈、油污等清除干净。

2）浇灌前，对混凝土表面洒水湿润24h，但表面不得有积水。

3）混凝土清理完后，周围用木胶合板做模板，周围用方木进行加固。所有的缝隙要用双面胶带或海绵条等密封（特别是模板与混凝土之间），以避免漏浆。

4）模板高度应高出设备底板底面或要求灌浆高度30mm。

（4）搅拌。

1）灌浆料采用手电钻式搅拌器（电钻功率大于 100W），搅拌桶为金属制成（直径 150mm、高度 250mm 左右），搅拌时先将水及少许灌浆料倒入桶内，搅拌 30s 左右，将剩余的灌浆料倒入桶内，总搅拌时间为 3～5min。搅拌时上下左右移动搅拌器，以使桶底和桶壁黏附的料能够充分搅拌，但叶片不要提出浆液面，以免空气被过多带入或造成浪费。

2）搅拌用水宜使用饮用水，水温以 5～35℃为宜。且宜使搅拌好的浆料呈塑性状态（非大流动性）为原则。不可用水量过大或过少。对用水量现场要有量筒进行计量。

（5）浇筑。

1）灌浆料应尽量从一侧浇入，以利排出底板与混凝土之间的空气，使灌浆充实。严禁浇筑的同时用竹片、铁片等工具进行插捣和引流，以免产生气泡。

2）灌浆开始后，必须连续浇筑，不能间断，尽可能缩短灌浆时间。

3）灌浆至拆模期间所浇筑的台板不能振动，以免损坏未凝结的灌浆层。

4）灌浆层表面若有泌水现象，可布撒灌浆料干料，以吸干水分。

5）浇灌时应按照规定留置试块。

6）明确责任制，每道工序安排专人负责，并做好施工记录。

7）灌浆期间提出二次灌浆单位要安排专人现场监督。

8）若处于雨季，则还要做好浇灌过程中防雨物资的准备。

（6）收浆。灌浆料的初凝时间约为 2～4h，终凝时间为 4～8h。必须在初凝后即对暴露在空气中的灌浆层表面进行收浆，收浆后需进行养护。

（7）养护。收浆后应立即加盖湿润的棉毡覆盖。终凝后对灌浆层进行浇水养护，要使棉毡始终处于湿润状态，养护期不少于 7 天。

第二节　汽轮发电机基础上部结构施工

一、汽轮发电机基础上部结构施工案例一

汽轮发电机基座上部框架拟分四次施工，第一次先施工框架柱到中间层梁下 10mm 处，汽轮机底板上池壁也同时施工，第二次施工中间层梁板，第三次从中间层施工至运转层框架梁底 10mm 处，第四次施工运转层框架梁。

模板系统：汽轮机基座为汽机房内的心脏性构筑物，混凝土的外观质量对汽机房内的观感影响较大，因而采用大模板施工工艺以满足混凝土施工要求。

钢筋直径大于 22mm 时接头采用直螺纹接头，其他采用闪光对焊或搭接。

混凝土浇筑采用罐车运输，泵车从 A 列外的位置进行布料，人工振捣的方式进行。

总的施工顺序为完善施工环境→施工缝处理、钢筋素水泥浆清理→定位放线→弹出框架柱的边框线→搭设脚手架（−3.5～8.58m 层）→柱钢筋直螺纹接长→绑扎柱箍筋、拉筋和池壁钢筋→柱、池壁支模→浇筑柱和池壁混凝土→完善中间层以下脚手架→支梁底模→安装梁底埋件→绑扎梁主筋及箍筋→安装梁侧埋件→支梁侧模→绑扎板钢筋→安装埋件、埋管→复核、验收预埋套管、埋件→调整、加固→混凝土浇筑→混凝土养护→脚手架向上搭设（8.58～17m 层）→柱钢筋直螺纹接长→绑扎柱箍筋、拉筋→柱支模→浇筑柱混凝土→支梁底模→安装梁底埋件→绑扎梁主筋及箍筋→安装梁侧埋件→支梁侧模→绑扎板钢筋→安装埋

件、埋管、螺栓→复核、验收预埋套管、埋件、螺栓→调整、加固→混凝土浇筑→混凝土养护→放交安线、资料整理验收并交安→定期沉降观测。

具体施工工艺及流程如图 9-1 所示。

（一）施工前的准备工作

（1）熟悉图纸并按作业程序依次进行图纸会审，提前解决施工交叉及专业交叉问题，定出施工方案并经批准。

（2）按图纸、其他设计文件及施工方案做好材料计划，备好各种原材料、周转性材料及措施性材料。

（3）编制质量检验计划，进行施工前的技术及安全交底。

（4）做好工具、器具、机械的校验、检修工作，以确保施工期间机械能正常运行。

（5）布置现场施工用水、施工用电，要保证施工期间的水、电及现场照明等工作。

（二）测量放线

用全站仪利用控制点放出汽轮机中心线、两条低压缸中心线和一条发电机中心线。这 4 条线必须与底板线复合且经过四级验收合格后，方可作为机组汽轮发电机基础上部结构施工的基准线。

（三）脚手架系统

脚手架由外步道、梁底刚性支撑、内满堂架子组成。外侧步道搭设宽度为 1.5m，立管纵向间距均为 1.5m，横间距均为 0.5m，横管步距为 1250mm。内架为满堂红脚手架，立管纵向间距为 500mm，横向间距为 500mm，横管间距为 1250mm。根据运转层锚固板到位后的实际情况，运转层纵梁底局部立管纵横向间距可加密为 250mm。

脚手架总体上分两次搭设，第一次搭设到中间层板底，第二次搭设到运转层梁底。必要时，第二次从中间层梁板上东侧搭设外挑排架。

从回填土生根的脚手管底部垫道木，内部脚手架直接生根在汽轮机底板上，每个拐角处均加斜拉撑，并在直段的外侧脚手架每间隔 6m 加一道剪刀撑，与地面夹角 45°～60°，从顶至底设置。相邻剪刀撑要相对或相背，不能朝同一方向。满堂红脚手架在汽轮发电机基础底板顶面处生根的，间隔 6m 加设两个方向的水平剪刀撑来保证脚手架的稳定性，斜撑和剪刀撑用万能扣件和普通脚手管搭成，底部要加扫地杆。立杆接头采用对接扣件，在梁底位置为调节梁底高度立杆可采用搭接，接头区域必须布置上中下三个直角扣件，接头必须有 50% 错开。在每一分段施工层处外 2 排脚手架上满铺脚手板，并搭设防护栏杆，

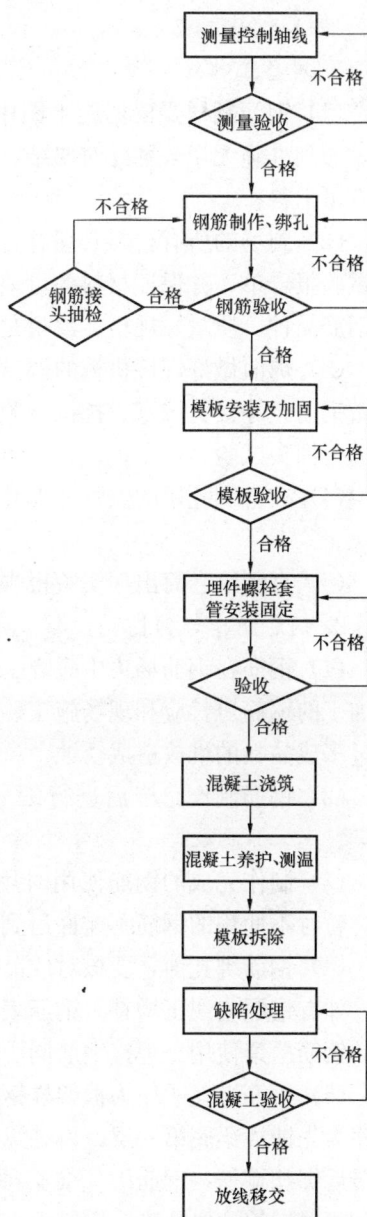

图 9-1 施工工艺流程

作为工作面,满挂密目网。折返式步道坡度为 1：3,步道满铺木脚手板,脚手板上订防滑条,两侧搭类似楼梯扶手的护栏,并在马道两侧绑脚手板做踢脚板,步道上的脚手板要用铅丝绑扎牢固;架子整体及步道均用密目网满挂,在操作平台处留出入口。

(四) 钢筋工程

1. 准备工作

(1) 钢筋翻样要根据施工图中的钢筋规格、尺寸、数量,结合施工规范和现场实际进行,做到准确无误,翻样时要结合钢筋的长度考虑工程的经济性,翻样表必须经专工审批完后方可下料。

(2) 到场的所有材料必须有合格证和试验报告。检查钢材等材料的出厂合格证及钢筋抗拉试验报告单,并保证材料的可追溯性。钢筋领用由专人负责,认真做好钢筋领用记录。检查钢筋品种、质量、规格、数量是否满足施工要求,是否符合设计要求。

(3) 焊前做好焊接机械的调试工作,配置考试合格的焊工进行同条件试焊,委托检测中心做钢筋碰焊接头抗弯、抗拉试验。焊工必须持证上岗,并对所焊接头逐个检查,按焊接规程进行抽头试验。

(4) 准备绑扎用的铁丝、绑扎工具、绑扎架及控制混凝土保护层用的大理石垫块和塑料垫块。

(5) 直螺纹套筒出厂实验报告齐全,并有现场复试报告。

2. 钢筋制作与绑扎

(1) 钢筋在钢筋场集中碰焊、调直。按翻样及现场实际情况进行下料,并标识明确。负责加工的钢筋班长应和现场施工、负责人经常联系,加工要有先后,根据需要加工,避免造成过多成品料的堆放造成锈蚀。

(2) 钢筋制作完毕后进行编号挂牌,分类放置,放置时下部要用道木垫起,以防止污染。

(3) 制作完成的钢筋使用时用拖拉机或长板车运至现场使用,运输时不得破坏钢筋标志。暂时不使用的钢筋不允许运到现场。

(4) 钢筋绑扎前,要核对成品钢筋的型号、规格、直径、尺寸和数量是否与料单料牌相符,如有错漏应纠正增补。钢筋表面应平直、洁净,不得有损伤,带有油渍、片状老锈和麻点的钢筋严禁使用。焊接钢筋同心度、平直度要满足规范要求。

(5) 钢筋绑扎顺序为框架柱钢筋→框架横梁钢筋→纵梁钢筋→板钢筋。运转层钢筋绑扎顺序为先铺横梁底第一层,再铺纵梁梁底第一层,根据纵横梁钢筋交错情况依次往上铺设,到最后绑扎箍筋。钢筋绑扎前必须在底模面上弹出梁外边线,按照图纸要求垫好大理石垫块,确保钢筋位置准确;钢筋垂直运使用汽轮机底板上的 10t 塔式起重机,一根柱的主筋一次吊够数量,梁板的钢筋分批吊放于施工平台上。

(6) 钢筋采用 20 号镀锌铁丝绑扎。梁上皮筋绑扎前先用脚手管搭支架,支架间距 2m,生根于梁底架子并加斜支撑,梁钢筋绑扎成型后做钢筋支架代替脚手管支架,钢筋支架用螺纹钢筋制作,横杆用 $\phi36$ 钢筋,支腿用 $\phi32$ 钢筋,斜支撑用 $\phi28$ 钢筋焊制成稳定支架,支架支撑于梁底模板和底皮筋上,间距 2m,底皮筋相应位置垫与混凝土同色的大理石垫块。柱立筋两次接头到顶,接头均按 50% 错开,柱上部钢筋用井字架围护。

(7) 钢筋接头。大于 $\phi22$ 钢筋采用直螺纹接头,其他钢筋采用闪光对焊或绑扎接头。

采用直螺纹的钢筋接头，应有厂家提供有效的原材报告和检验报告；接头的现场检验按验收批进行，同一施工条件下采用同一批材料的同等级、同型式、同规格接头，以 500 个为一验收批进行检验与验收，不足 500 个也作为一个验收批。每一规格钢筋试件取 3 根，取样应经监理见证。受力钢筋宜通长（尤其是运转层梁），若有接头，梁上皮钢筋接头可在规定范围内，梁下皮钢筋可在柱中心范围，同一截面处的接头不应超过总截面的 50%。

采用闪光对焊的钢筋接头，设置在同一构件内的焊接接头应相互错开。在任一焊接接头中心至长度为钢筋直径的 35 倍且不小于 500mm 的区段内，同一根钢筋不得有两个接头。在该区段内有接头的受力钢筋截面面积占受力钢筋截面面积的百分率，受拉区不宜超过 50%，受压区不限制。所有焊件均应有合格焊工进行焊接，且焊接试件必须试验合格。钢筋闪光对焊接头每 300 个同类型接头（同钢筋级别，同钢筋直径）作为一批，焊接接头应符合要求。

（五）模板施工

1. 模板配制

汽轮发电机基础上部结构施工用模板全部采用 18mm 厚的木胶板（用前验收），外钉 50mm×100mm 木方子组合成定型大模板。所有模板均使用新模板。施工采用的大模板每张规格为 1220mm×2440mm，采用木工厂组装成型，经验收后用平板车或拖拉机运送至施工现场，然后进行整体吊装的施工方案。

配制模板前，要对木模板和木方子进行外观检查：木模板表面要光滑，凸凹不平的不得使用，木模板边角必须顺直、不缺边掉角，木方子必须顺直，弯曲幅度大的不得投入使用。木模板、木方子必须按要求堆放整齐且未使用前用苫布盖住，防止雨水淋湿晾干后变形。

根据施工图纸配制模板，模板翻样要经过专工审批，拼缝美观合理。由于梁、柱截面尺寸较大，所以模板拼接时接缝要刨平、刨直，木方子也要双面刨平、刨直且要保证所有木肋厚度一致。

模板组合时，拼缝必须用工字型塑料分隔条，缝隙宽度小于 1mm，相邻板平整度小于 2mm；为保证混凝土外表美观，钉子帽必须与模板表面齐平。

模板拼缝使用的塑料条其工字型根据木胶合板尺寸设计。工字型的两端圆弧设计，以此来保证同表面印痕的圆润。该塑料条采用优质塑料加工，柔韧性好强度高，表面光滑。拆除模板后与混凝土易分离，可多次循环使用，且比以往一次性使用海面胶带节省了相当的工程费用。

安装前先对上下模板边缘按照塑料条弧度进行打磨加工处理，使其符合塑料条弧度。

定做加工的塑料条内边尺寸与木模板厚度基本一致，安装后能保证两者结合紧密不漏浆，避免了以往模板拼缝间使用双面胶带造成的分节处混凝土表面印痕不规律不美观且有漏浆的现象。安装时要确保四面拼缝一条线。

当木胶板模板在进行转角拼接时，为了确保其密闭性能，采用直口对接后在接口处用 50mm×100mm 木方加固。

因使用的木胶板表面有光泽，为了使圆弧角模施工后的外观基本一致，根据木胶板不失水的特性，选择塑料圆弧角模进行施工。

圆角条安装在梁柱四周（在有埋件的位置断开），一侧采用强力胶与木胶板黏结牢固并使用装修用的气钉间隔 200~300mm 间距固定；另一侧在另一块木胶板安装前使用双面胶带粘贴，以两者之间无缝隙为原则。另外，在圆角条端部刷黏合剂两道彻底封堵与模板间的缝隙，保证两者结合紧密不脱落、不漏浆。

对拉螺栓应沿墙梁高度和水平方向等间距均匀排列，上下对齐。所有在梁内的对拉螺栓均加双层 PVC 套管，在对拉螺栓两头采用专门加工制作的塑料堵头进行封堵，为防止漏浆在塑料头上加橡胶密封圈。

2．模板支设

（1）梁模板支设方法。梁底模采用钢管加顶撑进行支撑，在顶撑上沿梁纵向铺设 100mm×100mm 木方子，梁底横向木方子在梁侧模处设凹槽（凹槽宽度为模板厚度和木方子厚度之和），梁侧模插入凹槽内夹住底模，并使侧模木肋与梁底木方子钉在一起。梁侧模用 M16 对拉杆内加固，双螺母固定，对拉杆内侧穿塑料堵头防止螺栓孔处漏浆。

（2）柱模板支设方法。柱模板采用柱箍作为支撑，模板采用木模板外钉木肋组合成大模板，模板拼缝拼角木肋采用 50mm×100mm 木方子，木方之间放置钢管间距 100mm 放置，横向间距 300mm 设置⎡18b槽钢柱箍，柱箍采用 φ18 圆钢对拉杆连接，对拉杆两端用 25mm 宽双螺母固定。

3．安装模板注意事项

安装模板前先检查钢筋是否影响安装并予以纠正。如果钢筋碍事，将钢筋用倒链拉至角边，用铁丝将钢筋绑在脚手管上，确保钢筋的位置。模板安装前，设置专人检查组合大模板处理是否过关，表面是否清洁，钉子帽是否与模板平齐，固定于模板上的埋件应先刷一遍防锈油漆，在后场打好眼；所有梁均要起拱，起拱高度中间层为梁跨度的 0.2%，运转层梁为梁跨度的 0.3%。对拉螺栓紧固程度要适中，不能把模板紧变形，也不能松动，所有螺栓要尽量保证松紧程度一致，防止模板混凝土浇筑时局部变形过大。为防止模板漏浆及拼缝的平整度，在模板与施工缝交接处用密封条封堵，模板拼缝间加分隔条。严禁在没有对拉螺栓的部位打孔钻眼。梁、柱四角采用圆角模板（柱梁角部设角钢的除外），圆角模板的直边部分用钉子与木方钉死，但避免用力过大造成圆角模板破坏。

在混凝土浇筑前，需要对支撑系统、施工缝部位的模板封堵情况进行细致的检查。

（六）埋件的制作和安装

制作埋件用原材料要有出厂合格证，锚固用钢筋要有复试报告合格后方可进行制作。埋件在钢平台上制作，对于型钢埋件的加工外形尺寸要进行检验及力学性能试验。加工时要保证埋件的规格尺寸，焊缝要合格，埋件表面要平滑，四边顺直，钢板的焊接变形要调平，并经质检检验合格并签字认可后，方可出厂到现场安装。

埋件的安装要根据施工图的位置，在模板上画出中心线。梁侧、柱、梁底的埋件按照施工图要求的方位、标高、方向安装，并在埋件上打 4 个孔，与埋件孔相对应地在模板上打 4 个相同的孔（打孔位置一定要对应好，避免不方正），用螺栓将埋件固定牢固。扁铁埋件的固定也用同样的方法在扁铁上打孔。梁顶和平台顶的埋件用加钢筋支腿的方法固定。由于汽轮机、电动机系统的埋件比较特殊，在土建技术员验收完毕后还应由机、电技术负责人参加验收。

（七）混凝土工程

混凝土浇筑前应对以下工序进行检查并验收合格后方可进行下一道工序。

1．钢筋工程

（1）钢筋质量符合设计及施工要求；

(2) 钢筋的接头形式与其对应的比例要求符合设计要求；

(3) 钢筋焊接符合施工要求；

(4) 钢筋规格、数量、位置符合设计要求及施工要求；

(5) 钢筋表面平整、洁净、无损伤，无锈、麻点等；

(6) 钢筋骨架宽度和高度偏差±5mm；

(7) 骨架及受力筋长度偏差±10mm；

(8) 受力筋间距偏差±10mm；

(9) 受力筋排距偏差±5mm；

(10) 箍筋和副筋的间距偏差±20mm；

(11) 主筋保护层偏差：梁、柱±5mm，墙、板±3mm。

2. 模板工程

(1) 模板安装及安装支撑结构具有足够的强度、刚度和稳定性；

(2) 模板拼缝宽度小于1mm；

(3) 模板隔离剂涂刷均匀，涂刷的隔离剂的品种采用色拉油；

(4) 模板内部清理干净无杂物；

(5) 允许偏差范围：轴线位移5mm、标高±5mm、截面尺寸偏差±5mm、全高垂直偏差±5mm、相邻两模板高低偏差0.2mm

3. 汽轮机运转层预埋螺栓

(1) 预埋螺栓偏差±2mm，标高偏差3mm；

(2) 基础纵向中心线与凝汽器横向中心线垂直度偏差2mm/m，总偏差值5mm；

(3) 基础纵向中心线与发电机基座的横向中心线垂直度偏差2mm/m，总偏差值5mm。

4. 预埋件、预埋套管检查

(1) 预埋件数量一一对应，位置正确，螺栓与模板之间加固牢固（其中汽门支架埋件中心偏差2.0mm，标高偏差3.0mm，同一汽门的两个埋件偏差1mm）；

(2) 预埋套管数量一一对应，位置正确，套管加固牢固确保在混凝土浇筑过程中无上浮的可能。

5. 混凝土浇筑

汽轮发电机基础上部结构混凝土浇筑采用现场搅拌站集中搅拌，罐车运输，泵车浇筑的施工方案。由于基础为大体积混凝土，生产必须提前试配，为减少水化热在保证强度的前提下尽量减少水泥用量，试验室出具的配合比通知单必须经过试配合格，才能交搅拌站生产，搅拌站生产混凝土必须同时做出有代表性的试件，评定生产水平。在现场浇筑过程中，也要做出混凝土试件，对现场使用的混凝土做等级评定。

混凝土运输由罐车运输，要控制运输时间即混凝土从搅拌机卸出后至入模时间，气温不大于25℃时，时间不得超过120min，气温大于25℃时，时间不超过90min；保证混凝土运到现场的质量，保证混凝土和易性，同时做到混凝土坍落度控制在100～140mm，保证现场施工。

柱子浇筑时，使用一台汽车泵配合3辆混凝土罐车，混凝土浇筑时要同时浇筑2～3根（防止速度太快），混凝土分层浇筑厚度控制为1m，柱子混凝土浇筑时，必要情况留口或振捣人员下到柱子内完成混凝土振捣工作，混凝土采用插入式振捣棒，振捣要分层进行，每一层振捣棒要插入下一层 50mm，振捣人员要由有丰富的混凝土施工经验的专业人员操作，防止漏振，保证混凝土的施工质量，做到内实外光，保证振捣质量。

运转层混凝土使用两台汽车泵一次浇筑，使用臂杆浇筑。运转层梁要分层浇筑，分层成台阶形，坡度不大于 1∶5。在梁、板混凝土浇筑振捣时，要在振捣棒上做好标记，防止振捣棒接触梁底模。振捣时振捣棒电动机的转动方向要和振捣棒旋转方向一致，并不要振冲钢筋和螺栓、埋件，浇筑过程中设专人随时监控螺栓、套管的水平位移和标高的变化情况，发现问题汇报专责工程师、技术员或有关领导采取办法并解决。浇筑混凝土过程中，设专人监视模板、螺栓及埋管等的情况，用卷尺测量模板的整体尺寸，螺栓的安装、检查验收使用同一台校验合格的水平仪和同一把校验合格的钢尺，螺栓调整时用 1mm 钢丝挂好轴线，轴线要随时校验，在混凝土浇筑时要设专人随时检查螺栓的标高和位移情况，发现问题及时解决。

为保证混凝土外表美观，浇筑时不允许出现施工缝，一是浇筑要按顺序连续进行，防止接茬部位过多造成人为冷缝；二是要准备好发电机以防止搅拌站发生故障或电力中断造成混凝土浇筑中断形成施工缝，意外情况下和施工原因留置的施工缝需做处理。

柱子施工缝留设位置及处理方法：柱子施工缝留设在梁底 10mm 处，并加插筋，具体施工要求同上。为保证施工缝接茬处外观工艺水平，在每道柱口用 50mm×50mm 木方子作卡口，即保证施工缝接茬顺直，同时保证主筋的位置及混凝土保护层的厚度。若拆模后，发现接茬仍有不平现象，则在接茬下 30～50mm 的柱子四周弹出水平线，用切割机将高出的 30～50mm 混凝土切除进去柱边 30～50mm 左右，保证柱子四边均在一个水平面上。

基座为大体积混凝土，必须采取防止产生温度裂缝措施，根据实际情况计划采取保温保湿的养护方法。养护采用内盖塑料薄膜保水，外盖两层棉被保温，养护时间不少于 14 天。在顶面施工时，要按测温布点图设置好测温孔，每一处测温孔分上中下三层设置。测温工作设专人负责，并做好测温记录，养护期间前 3 天每 4h 测温一次，第 4 天以后每 8h 测温一次，当混凝土内外温差小于 10℃时停止测温。当发现内外温差接近 25℃时及时加强表面保温以减小内外温差，将温差控制在 25℃以内。

二、汽轮发电机基础上部结构施工案例二

施工方案为汽轮机基座上部结构混凝土分两次施工到顶。第一次施工从基座底板到 13.50m 运转层梁底的汽轮机柱子；第二次施工汽轮机运转层平台大梁。为保证汽轮机基座柱子的施工质量，计划每次施工 2 或 3 个柱子。钢筋工程采用钢筋加工厂集中加工、制作，挂板拖车运送至施工现场，现场绑扎成型的施工方案。模板工程采用木工厂加工、制作，现场拼装成型的施工方案。混凝土浇筑采用搅拌站集中供应、罐车运输和泵车浇筑。垂直运输采用汽车式起重机，特殊情况可采用 32t 平臂式起重机配合 50t 起重机完成。

总的施工顺序为完善施工环境→施工缝处理、钢筋除锈→定位放线→弹出框架柱的边框线→搭设框架梁（-1.15～13.5m 层）、板承重架及框架柱操作架→柱钢筋直螺纹接长→绑扎柱箍筋、拉筋→柱支模→浇筑柱混凝土→支梁底模→安装梁底埋件→绑扎梁主筋及箍筋→安装梁侧埋件→支梁侧模→绑扎板钢筋→安装埋件、埋管→复核、验收预埋套管、埋件→调整、加固→混凝土浇筑→混凝土养护→脚手架拆除→放交安线、资料整理验收并交安→定期沉降观测。

1. 施工作业顺序

施工作业顺序如图 9-2 所示。

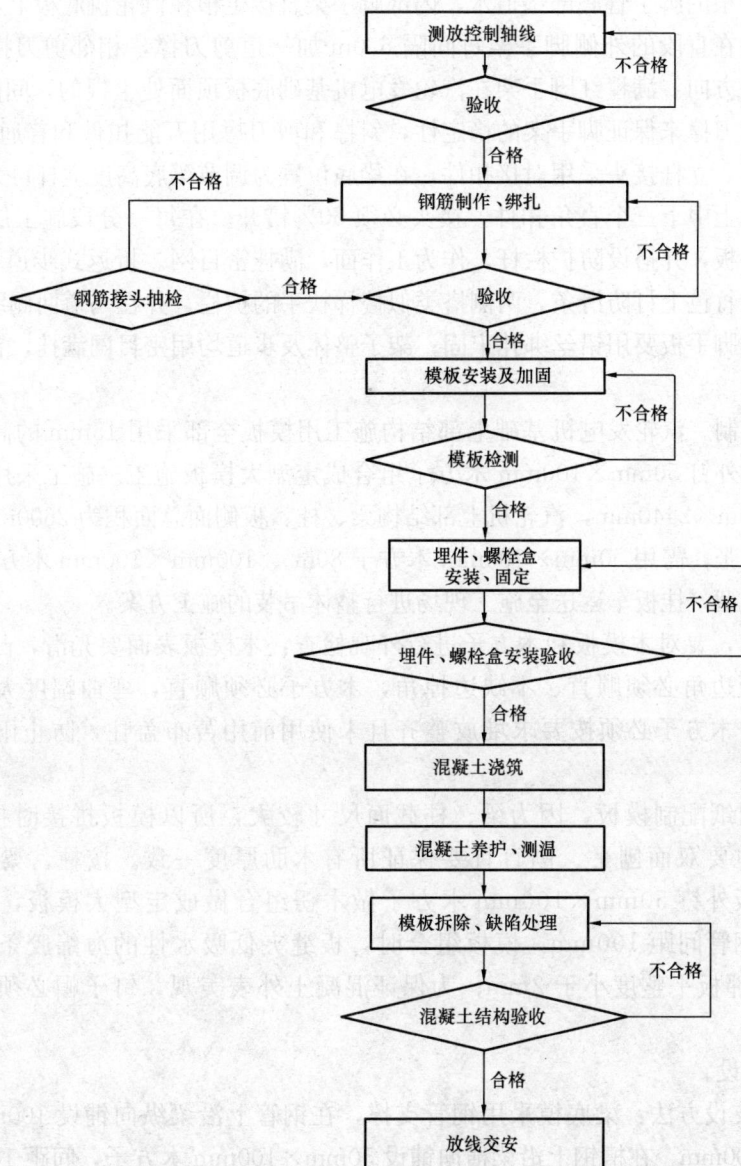

图 9-2 施工作业顺序

2. 测量放线

用经纬仪利用方格网控制点放出汽轮机中心线、两条低压缸中心线和一条发电机中心线。这 4 条线必须与底板线复合且经过四级验收合格后，方可作为机组汽轮发电机基础上部结构施工的基准线。

3. 模板工程

（1）支撑系统。脚手架由外步道、梁底刚性支撑、内满堂架子组成。外侧步道搭设宽度为 1.5m，立管纵横向间距为 1.5m，横管步距为 1800mm。内架为满堂红脚手架，立管纵向间距为 500mm，横向间距为 500mm，横管间距为 1500mm。中间孔洞位置立管纵横间距 1500mm，步距 1800mm。在梁底立管，横向间距加密为 300mm，纵管间距为 500mm。

从回填土生根的脚手管底部垫道木，内部脚手架直接生根在汽轮机底板上，每个拐角处均加斜拉撑，并在直段的外侧脚手架每间隔 6.0m 加一道剪刀撑，相邻剪刀撑要相对或相背，不能朝同一方向。满樘红脚手架在汽轮发电机基础底板顶面处生根的，间隔 6m 加设两个方向的水平剪刀撑来保证脚手架的稳定性，斜撑和剪刀撑用万能扣件和普通脚手管搭成，底部要加扫地杆。立杆接头采用对接扣件，在梁底位置为调节梁底高度立杆可采用搭接，接头区域必须布置上中下三个直角扣件，接头必须 50% 错开。在每一分段施工层处外 2 排脚手架上满铺脚手板，并搭设防护栏杆，作为工作面，满挂密目网。折返式步道坡度为 1∶3，步道满铺竹笆，竹笆上订防滑条，两侧搭类似楼梯扶手的护栏，并在马道两侧绑脚手板做踢脚板，步道上的脚手板要用铅丝绑扎牢固；架子整体及步道均用密目网满挂，在操作平台处留出入口。

(2) 模板配制。汽轮发电机基础上部结构施工用模板全部采用 15mm 的高强玻璃钢复合清水竹胶板，外钉 50mm×100mm 木方子组合成定型大模板施工。施工采用的大模板每张规格为 1220mm×2440mm，汽轮机上部结构梁、柱、板侧面总面积为 2600m²，故施工时需用木模板 900 张；需用 50mm×100mm 木方子 80m³、100mm×100mm 木方子 10m³。采用木工厂组装成型，挂板车运送至施工现场进行整体吊装的施工方案。

配制模板前，要对木模板和木方子进行外观检查：木模板表面要光滑，凸凹不平的不得使用，木模板边角必须顺直、不缺边掉角，木方子必须顺直，弯曲幅度大的不得投入使用。木模板、木方子必须按要求堆放整齐且未使用前用苫布盖住，防止雨水淋湿晾干后变形。

根据施工图纸配制模板，因为梁、柱截面尺寸较大，所以模板拼接时接缝要刨平、刨直，木方子也要双面刨平、刨直且要保证所有木肋厚度一致。按柱、梁截面尺寸放样，采用木模板外钉 50mm×100mm 木方子做木楞组合做成定型大模板，两道木方之间放置钢管，钢管间距 100mm，模板组合时，板缝夹低吸水性的海绵胶条，缝隙宽度小于 1mm，相邻板平整度小于 2mm；为保证混凝土外表美观，钉子帽必须与模板表面齐平。

(3) 模板支设。

1) 梁模板支设方法：梁底模采用钢管支撑，在钢管上沿梁纵向铺设 100mm×100mm 木方子，间距 300mm，在槽钢上沿梁横向铺设 50mm×100mm 木方子，间距 100mm。梁底横向木方子在梁侧模处设凹槽（凹槽宽度为模板厚度和木方子厚度之和），梁侧模插入凹槽内夹住底模，并使侧模木肋与梁底木方子钉在一起。梁侧模用 M16 对拉杆内加固，双螺母固定，纵横间距 500mm，对拉杆内侧穿皮垫片防止螺栓孔处漏浆。

2) 柱模板支设方法。柱模板采用脚手管作为支撑，模板采用木模板外钉木肋组合成大模板，模板拼缝拼角木肋采用 50mm×100mm 木方子，木方之间放置钢管间距 100mm 放置，横向间距 350mm 设置槽钢柱箍，柱箍采用圆钢对拉杆连接，对拉杆一端用 25mm 宽双螺母固定。

(4) 模板加固方案。柱子采用 M18 对拉螺栓、背棱槽钢和脚手管围檩加固，为保证螺栓孔水平、垂直，对照对拉螺栓间距在模板上弹线打孔，柱子及梁要拧双螺母。

（5）安装模板注意事项。安装模板前先检查钢筋是否影响安装并予以纠正，如果钢筋碍事，将钢筋用倒链拉至角边，用铁丝将钢筋绑在脚手管上，确保钢筋的位置。模板安装前，设置专人检查组合大模板处理是否过关，表面是否清洁，钉子帽是否与模板平齐，固定于模板上的埋件必须在现场打眼；所有梁均要起拱，中间层起拱高度为梁跨度的 0.2‰、运转层梁起拱高度为梁跨度的 0.3‰。对拉螺栓紧固程度要适中，不能把模板紧变形，也不能松动，所有螺栓要尽量保证松紧程度一致，防止模板混凝土浇筑时局部变形过大。为防止模板漏浆及拼缝的平整度，在模板与施工缝交接处用密封条封堵，模板拼缝间加海绵条，同时要控制海绵条的吸水情况，以免在拆模后留下泌水的痕迹。严禁在没有对拉螺栓的部位打孔钻眼。梁、柱四角采用圆角模板，拼缝处用海面条拼严防止漏浆，圆角模板的直边部分用钉子与木方钉死，但避免用力过大造成圆角模板破坏。

（6）在混凝土浇筑前，需要对支撑系统、施工缝部位的模板封堵情况进行细致的检查。

（7）模板及支撑拆除前，应保证混凝土强度达到 70%，其表面及棱角不因拆除模板而受损方可拆模。框架梁模板拆除时，应保证混凝土强度达到 100%。

4. 埋件的制作和安装

制作埋件用原材料要有出厂合格证，锚固用钢筋要有复试报告合格后方可进行制作。对于型钢埋件的加工外形尺寸要进行检验及力学性能试验。加工时要保证埋件的规格尺寸，焊缝要合格，埋件表面要平滑，四边顺直，钢板的焊接变形要调平，并经技术员检验合格并抽样试验合格后，方可出厂到现场安装。埋件的安装要根据施工图的位置，在钢筋上画出中心线。梁侧、柱、梁底的埋件按照施工图要求的方位、标高、方向安装，并在埋件上打 4 个孔，与埋件孔相对应的在模板上打 4 个相同的孔（打孔位置一定要对应好，避免不方正），用螺栓将埋件固定牢固。扁铁埋件的固定也用同样的方法在扁铁上打孔，间距 1m。梁顶和平台顶的埋件用加钢筋支腿的方法固定。由于汽轮机、电动机系统的埋件比较特殊，在土建技术员验收完毕后还应由机电技术负责人参加验收。

5. 预埋螺栓、套管施工

预埋螺栓和套管的加固方法为在运转层梁底柱头部位放置预埋铁件生根，在运转层形成钢架。

（1）施工至运转层梁底时在柱子顶部放置预埋铁件。

（2）钢柱采用工字钢制作，钢梁分别采用工字钢和槽钢制作。

（3）钢架安装完后安装固定螺栓用面梁，面梁采用槽钢制作，面梁与框架梁焊接固定。在面梁与桁架下弦梁之间用槽钢做挑梁连接，挑梁间距 1m，另外在面梁中间加两道槽钢与桁架上弦梁连接形成斜拉撑，面梁的位置、标高根据预埋螺栓的位置、顶标高确定。

（4）预埋套管安装。根据底模弹出的汽轮发电机中心线、凝汽器中心线等主轴线，依次确定出预埋套管的中心位置，在"十"字交叉线处用红油漆标识出，然后用中心线量出边线，用墨线在模板面清楚地表示出来围成一个方框，每条边的中点即为套管边框线。制作楔形圆木塞子，下端比套筒内径大 2～3mm，上端比套管内径小 5～6mm，长度为 50mm，安装时用 3 根 $\phi8$ 螺栓固定在底模上，木塞子位置应与确定出的预埋管位置完全重合。待梁钢筋基本就位后，核实预埋套管规格、型号，用力将套管向下压，使木塞子全部没入套管内，然后调整套管垂直度并初步固定，套管上端固定于面梁上，在面梁上打孔，四面焊 4 个 M10 的顶丝来调整套管的水平位置，位置调整准确后把顶丝点焊住。钢筋绑扎完毕，再次检查埋管位置、垂直度，无误后沿埋管高度方向，设置一根角钢将相邻的套管连为一体。

（5）预埋螺栓安装。面梁安装好后在梁上放线定出螺栓位置并做好标记，用火焊割出螺栓孔，孔的直径比螺栓直径大 10mm，然后安装螺栓。由于预埋螺栓均自带套管且顶部带护盖，安装前需把螺栓固定在套管中心上，方法是在找中后把套管下端与螺栓锚板点焊住，上端把护盖与套管点焊住，这样就把螺栓固定在套管中心上。螺栓安装时先用自带螺母临时固定在面梁上，螺栓的具体定位采用顶丝调整、固定板固定的方法，在面梁上螺栓的四面焊 4 个顶丝调整螺栓的水平位置，在板上划出"十"字线在中心打孔，孔的直径比螺栓直径大 1mm，把固定板套在螺栓上压在螺母下面，螺栓调整时先调整标高，标高通过螺栓自带螺母调整，标高调好后再调整水平位置，水平位置先用顶丝调整后用固定板固定，固定板与面梁焊接，螺栓的标高和水平位置均调整好后在螺栓下端匚20a槽钢做固定架，固定架按螺栓的排列方向设置，固定架两端设法与钢柱连接，中间用匚12a槽钢与上端面梁连接以增加固定架的刚度，用水平尺找好螺栓的垂直度后，把螺栓下端与固定架点焊住，为防止混凝土浇筑时螺栓中间变形，在螺栓中间用双道L50×5角钢连接成整体，角钢两端设法与钢柱连接，中间与固定架的槽钢连接固定，所有连接处均采取焊接连接。

（6）螺栓的安装、检查验收使用同一台校验合格的水平仪、经纬仪和同一把校验合格的钢尺，螺栓调整前用1mm钢丝挂好轴线，轴线要随时校验，且施工构成中要注意保护好钢丝线。在混凝土浇筑时要设专人随时检查螺栓的标高和位移情况，发现问题及时向专业经理汇报并解决。

（7）固定钢架拆除：混凝土浇筑七天后进行螺栓钢架的拆除工作，拆除顺序为先拆固定螺栓面梁再拆整榀桁架最后拆钢柱。面梁拆除时先用火焊割掉顶丝松开预埋螺栓螺帽，再用火焊割开面梁两端和螺栓固定板，取下螺栓固定面梁。整榀桁架拆除时，用起重机吊住整榀桁架然后用火焊割开梁柱焊口，把整片桁架拆下后用火焊割开连接件。钢柱拆除时，也用起重机吊住钢柱顶端，用火焊沿混凝土顶面齐根割断钢柱。

拆除钢架使用火焊时严禁割伤螺栓，起下槽钢时不得损伤螺栓丝扣，面梁拆下后在预埋螺栓丝扣处涂抹一层黄油并拧上螺帽，最后用塑料薄膜包裹用铅丝绑扎好。

6. 钢筋工程

钢筋采用钢筋场制作，现场绑扎成形的施工方案，现场运料使用拖拉机和长板车，平臂式起重机配合吊运。

钢筋翻样：要根据施工图中的钢筋规格、尺寸、数量，结合施工规范和现场实际进行，做到准确无误，翻样时要结合钢筋的长度考虑工程的经济性。

钢筋制作：钢筋进厂要有原材报告，并经复试合格后方可使用，钢筋表面要洁净无污染、损伤，带有油漆、老锈的钢筋不得使用；钢筋闪光对焊和直螺纹连接须先做试件，试验合格后方可大批量制作。钢筋制作要严格按钢筋翻样单上的规格、尺寸、数量加工，钢筋下料要准确无误，保证每一根钢筋的尺寸、规格、直径正确，要确保钢筋弯起角度的准确无误，保证每一棵钢筋的尺寸、规格、直径正确，要确保钢筋弯起角度的准确性，如箍筋要做135°弯钩，Ⅰ级钢端部均做180°弯钩。钢筋制作完后要严格按规格、型号挂小木牌，分堆堆放，标志要明显。钢筋制作班组要做好自检记录和钢筋跟踪记录台账，提供基础资料。钢筋加工时，要按翻样单的次序加工并和现场施工、负责人经常联系，加工要有先后，根据需要加工，避免造成过多成品料的堆放。

钢筋场的原材和成品料码放要整齐，钢筋半成品、成品标示要清晰、明了。做到随进料，随加工，随出料，保证钢筋加工场的文明施工。

钢筋绑扎：钢筋绑扎前应将有锈蚀的钢筋除锈，并不应使钢筋表面受污染，并再次对照翻样单，仔细检查钢筋的规格、尺寸、数量，确保准确。

梁上皮筋绑扎前先用脚手管搭支架，支架间距 2m，生根于梁底架子并加斜支撑，梁钢筋绑扎成型后做钢筋支架代替脚手管支架，钢筋支架用螺纹钢筋制作，横杆用 $\phi36$ 钢筋，支腿用 $\phi32$ 钢筋，斜支撑用 $\phi28$ 钢筋焊制成稳定支架，支架支撑于梁底模板和底皮筋上。

钢筋接头：梁柱主筋采用直螺纹接头，其他钢筋采用闪光对焊或绑扎接头。直螺纹接头的施工现场检验与验收：接头应有厂家提供有效的原材报告和检验报告；接头的现场检验按验收批进行，同一施工条件下采用同一批材料的同等级、同型式同规格接头，以 500 个为一验收批进行检验与验收，不足 500 个也作为一个验收批。每一规格钢筋试件取 3 根，取样应经监理见证。

钢筋绑扎顺序为框架柱钢筋→框架横梁钢筋→纵梁钢筋→板钢筋。运转层钢筋绑扎顺序为先铺 LB 横梁底第一层，再铺 CB 纵梁梁底第一层，根据纵横梁钢筋交错情况依次往上铺设，到最后绑扎箍筋。钢筋绑扎前必须在底模面上弹出梁外边线，按照图纸要求垫好混凝土垫块，确保钢筋位置准确；钢筋垂直运输使用 50t 汽车式起重机，一根柱的主筋一次吊够数量，梁板的钢筋分批吊放于施工平台上。

钢筋绑扎前再次对照翻样单，仔细检查钢筋的规格、尺寸、数量，确保准确。梁上皮筋绑扎前先用脚手管搭支架，支架间距 2m，生根于梁底架子并加斜支撑，梁钢筋绑扎成型后做钢筋支架代替脚手管支架，钢筋支架用螺纹钢筋制作，横杆用 $\phi36$ 钢筋，支腿用 $\phi32$ 钢筋，斜支撑用 $\phi28$ 钢筋焊制成稳定支架，支架支撑于梁底模板和底皮筋上，底皮筋相应位置垫混凝土垫块。柱立筋一次接头到顶，接头均按 50％错开，柱上部钢筋用井字架围护。

钢筋绑扎注意事项：

(1) 梁、柱侧面的保护层可参照施工图纸要求垫好混凝土垫块，梁底由于钢筋重量较大混凝土垫块易被压碎，可采用垫钢筋的方法，钢筋选用与保护层厚度相近的型号，在钢筋下再垫 2～3 块 100mm×100mm×8mm 钢板以防止垫筋外露，钢板与垫筋必须焊接，垫板必须摆放方正，横纵在一条线上以保证美观，拆模后在垫板上刷一道防锈漆。

(2) 在平台绑筋的过程中，电热埋管同时施工，待埋管完成后，再进行混凝土施工。

7. 混凝土工程

混凝土浇筑前应对以下工序进行检查并验收合格后方可进行下一道工序。

(1) 钢筋工程：

1) 钢筋质量符合设计及施工要求；

2) 钢筋的接头形式与其对应的比例要求符合设计要求；

3) 钢筋焊接符合施工要求；

4) 钢筋规格、数量、位置符合设计要求及施工要求；

5) 钢筋表面平整、洁净、无损伤，无锈、麻点等；

6) 钢筋骨架宽度和高度偏差±5mm；

7）骨架及受力筋长度偏差±10mm；

8）受力筋间距偏差±10mm；

9）受力筋排距偏差±5mm；

10）箍筋和副筋的间距偏差±20mm；

11）主筋保护层偏差：梁、柱±5mm，墙、板±3mm。

（2）模板工程：

1）模板安装及安装支撑结构具有足够的强度、刚度和稳定性；

2）模板拼缝宽度小于1mm，无海绵密封条外露；

3）模板隔离剂涂刷均匀，涂刷的隔离剂的品种采用色拉油；

4）模板内部清理干净无杂物；

5）允许偏差范围：轴线位移5mm，标高±5mm，截面尺寸偏差±5mm，全高垂直偏差±5mm，相邻两模板高低偏差0.2mm。

（3）汽轮机运转层预埋螺栓：

1）预埋螺栓偏差+2～－2mm，标高偏差0～+3mm；

2）基础纵向中心线与凝汽器横向中心线垂直度偏差2mm/m，总偏差值5mm；

3）基础纵向中心线与发电机基座的横向中心线垂直度偏差2mm/m，总偏差值5mm。

（4）预埋件检查：预埋件数量一一对应，位置正确，螺栓与模板之间加固牢固（其中汽门支架埋件中心偏差2.0mm，标高偏差3.0mm，同一汽门的两个埋件偏差1mm）。

（5）预埋套管的检查：预埋套管数量一一对应，位置正确，套管加固牢固确保在混凝土浇筑过程中无上浮的可能。

汽轮发电机基础上部结构混凝土浇筑采用现场搅拌站集中搅拌，罐车运输，泵车浇筑的施工方案。由于基础为大体积混凝土，生产必须提前试配，为减少水化热在保证强度的前提下尽量减少水泥用量，试验室出具的配合比通知单必须经过试配合格，才能交搅拌站生产，搅拌站生产混凝土必须同时做出有代表性的试件，评定生产水平。在现场浇筑过程中，也要做出混凝土试件，对现场使用的混凝土做等级评定。混凝土运输由罐车运输，要控制运输时间即混凝土从搅拌机卸出后至入模时间，气温低于25℃（包括）时，时间不得超过120min，气温高于25℃时，时间不超过90min；保证混凝土运到现场的质量，保证混凝土和易性，同时做到混凝土坍落度控制在100～140mm，保证现场施工。混凝土浇筑考虑使用两台泵车，从扩建端向固定端顺着浇筑；一台地泵布置在固定端，浇筑使用泵管，在基座上搭设支撑泵管的独立架子，不能使用模板支撑体，防止在泵送混凝土过程中由于泵管外力作用造成模板位移；另一台汽车泵布置在扩建端，使用臂杆浇筑。

浇筑混凝土过程中，必须设专人监视模板、螺栓及预埋管等的情况，用卷尺测量模板的整体尺寸，螺栓的安装、检查验收使用同一台校验合格的水平仪和同一把校验合格的钢尺，螺栓调整时用1mm钢丝挂好轴线，轴线要随时校验，在混凝土浇筑时要设专人随时检查螺栓的标高和位移情况，发现问题及时解决。

为保证混凝土外表美观，浇筑时不允许出现施工缝，一是浇筑要按顺序连续进行，防止接茬部位过多造成人为冷缝；二是要准备好发电机以防止搅拌站发生故障或电力中断造成混凝土浇筑中断形成施工缝，意外情况下和施工原因留置的施工缝需做处理。

混凝土浇筑顺序：柱子浇筑时，使用一台汽车泵配合3辆混凝土罐车，混凝土浇筑时要同时浇筑两根（防止速度太快），混凝土分层浇筑厚度控制为1m，柱子混凝土浇筑时，振捣手要下到柱子内完成混凝土振捣工作，混凝土采用插入式振捣棒，振捣要分层进行，每一层振捣棒要插入下一层50mm，振捣人员要由有丰富的混凝土施工经验的专业人员操作，防止漏振，保证混凝土的施工质量，做到内实外光，保证振捣质量。梁、板混凝土浇筑采用一台地泵放置在固定端处，一台汽车泵放置在扩建端处，同时配合5辆混凝土罐车进行混凝土浇筑，浇筑顺序为由扩建端向固定端进行。对于顶层梁浇筑时，要分层浇筑，分层成台阶形，坡度不大于1∶5。

在梁、板混凝土浇筑振捣时，要在振捣棒上做好标记，防止振捣棒接触梁底模。振捣时振捣棒电动机的转动方向要和振捣棒旋转方向一致，并不要振冲钢筋和螺栓、埋件，浇筑过程中设专人随时监控螺栓、套管的水平位移和标高的变化情况，发现问题汇报专责工程师、技术员或有关领导采取办法并解决。

柱子施工缝留设位置及处理方法：柱子施工缝留设在运转层平台梁底处。为保证施工缝接茬处外观工艺水平，在每道柱口用50mm×50mm木方子作卡口，即保证施工缝接茬顺直，同时保证主筋的位置及混凝土保护层的厚度。

养护方式：基座为大体积混凝土，必须采取防止产生温度裂缝措施，根据实际情况采取保温保湿的养护方法。养护采用内盖塑料薄膜保水，外盖棉毡保温，中间层板混凝土的养护时间不少于14天，梁顶养护时间不少于28天。在顶面施工时，要按测温布点图设置好测温导线，每一点测温导线分上中下三层设置，测温工作设专人负责，并做好测温记录。汽轮发电机基础的施工正值高温，故要加强混凝土外表的保温，使内部温差控制在15℃内。

三、汽轮发电机基座上部结构脚手架施工案例

1. 作业程序的步骤流程（见图9-3）

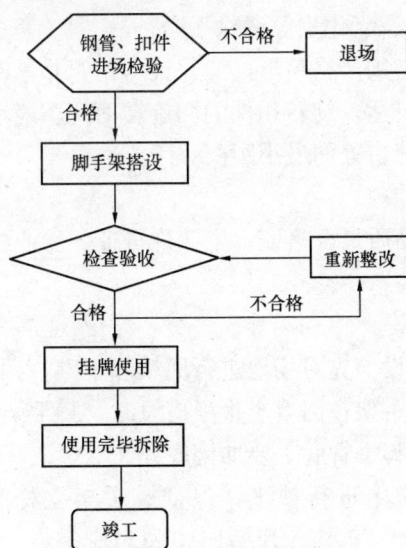

图9-3　脚手架施工流程图

2. 施工方案

脚手架由外步道、梁底刚性支撑、内满堂架子组成。外侧步道搭设宽度为1.5m，步道立管纵向间距均为1m，横管步距为1200mm；内架为满堂红脚手架，立管纵向间距为500mm，横向间距为500mm，横管间距为1200mm；运转层中间孔洞位置立管纵横间距1000mm，步距1200mm。

在汽轮机基座南侧搭设折返式步道，折返式步道坡度为1:3，步道满铺脚手板，脚手板上钉上防滑条。两侧搭设扶手，并在马道两侧绑脚手板做踢脚板，步道上的脚手板要用铅丝绑扎牢固；整个汽轮机基座脚手架外侧及步道外侧均用密目网满挂，在操作平台处留出入口。

汽轮发电机基座上部结构脚手架外侧满挂密目式安全网。

3. 主要材料要求

(1) 钢管。搭设脚手架的钢管采用力学性能适中的Q235A，其力学性能应符合以下要求：

1) 新管进场时必须有产品质量合格证，钢管材质检验报告；

2) 新管进场时其表面应平直光滑，不应有裂纹、分层、压痕、划道和硬弯现象，两端面应平整；

3) 钢管使用前必须进行防锈处理（涂防锈漆）及刷调和漆；

4) 钢管使用前必须进行认真检查，外径及壁厚负误差不大于0.5mm和0.35mm；

5) 旧钢管在使用前要进行认真检查，锈蚀严重部位应将钢管截断进行检查，不能满足要求的严禁使用；

6) 搭设脚手架所使用的钢管严禁打孔。

(2) 扣件。扣件采用可锻铸铁铸造扣件，扣件用机械性能不低于KT33-8的可锻铸铁制造，验其外观，应符合以下要求：

1) 表面不得有裂纹、气孔，不宜有疏松、砂眼或其他影响使用性能的铸造缺陷，并应将影响外观质量的黏砂、毛刺、氧化皮等清除干净；

2) 扣件与钢管的贴合面必须严格整形，应保证与钢管扣紧时接触良好；

3) 扣件的活动部位转动灵活，旋转扣件的两旋转面间隙应小于1mm；

4) 当扣件夹紧钢管时，开口处的最小距离小于5mm；

5) 扣件表面要进行防锈处理；

6) 新扣件进场必须有产品质量合格证、生产许可证、专业检测单位的测试报告；

7) 螺栓不得有滑丝现象。

4. 脚手架搭设

汽轮发电机基座脚手架搭设前先对场地进行回填和平整，回填土高低差控制在5cm内，然后用石硝找平。基座外侧脚手架在回填土生根搭设时，脚手架底部要垫道木，内部脚手架直接在汽机底板上搭设，所有脚手管下要加钢底托。

脚手架搭设立杆时要对道木进行抄平，保证脚手架立杆高度一致。脚手架搭设时，由每两个框架柱边距柱边500～700mm开始向中间对应搭设，立杆间距为500mm，可根据立杆数量进行适当调整，但间距必须小于550mm，水平杆间距为1.200m。每立一根杆都用线坠吊垂直，立杆的垂直偏差应不大于架高的1/300，并同时控制其绝对偏差不大于75mm。在脚手架立杆底端之上150～200mm处一律设纵向和横向扫地杆，并与立杆连接牢固。

每个拐角处均加斜撑，并在直段的外侧脚手架每间隔 2 跨加一道剪刀撑，相邻剪刀撑要相对布置。满堂红脚手架在汽轮发电机基础底板顶面处生根的，间隔 6m 加设两个方向的水平剪刀撑来保证脚手架的稳定性，斜撑和剪刀撑用旋转扣件和普通脚手管搭成。

立杆接头采用对接扣件，在梁底位置为调节梁底高度，个别立杆可采用搭接接头，搭接接头必须设置上中下三个或以上直角扣件，立杆上的对接扣件应相互错开布置，两根相邻立杆的接头不应设置在同步内，同步内隔一根立杆的两个相隔接头在高度方向错开的距离不宜小于 500mm，各接头中心至主节点的距离不宜大于步距的 1/3。大横杆的接长位置应错开布置在不同的立杆纵距中，与相近立杆节点的距离不大于纵跨的 1/3，且不同步或不同跨两个相邻接头在水平方向错开的距离不应小于 500mm。

竖立杆时，从起始端两个方向同时竖起 3 根以上的立杆，并同时拿大、小横杆用直角扣件与立杆连接，竖起第一排立杆后要加临时抛撑，防止脚手架失稳倒塌。竖立第一步架时，必须有人负责校正立杆的间距、垂直度和大横杆的间距、平直度。立杆的垂直偏差不大于架高的 1/300。先校正两端头的立杆，中间立杆以端头立杆为准穿直即可。其他立杆、大小横杆可按上述操作要点进行。

绑扎斜撑和剪刀撑时，撑杆一般用搭接接长，搭接长度不小于 1000mm，并用 3 个旋转扣件连接，剪刀撑斜杆与地面的夹角不大于 60°，斜杆两端扣件与立杆节点的距离不宜大于 200mm，最下面的斜杆与立杆的连接点距地面的距离不宜大于 500mm，以保证架子的安全。

扣件式脚手架一次不宜搭得过高，应随着结构的升高而升高。

扣件式脚手架必须控制好扣件的螺栓松紧度，扭紧力矩达到 40～65N·m 即可。因扣件的螺栓拧紧度对脚手架的安全至关重要，拧得太紧或拧得过头，脚手架承受荷载后容易发生扣件崩裂或滑丝事故；扣件螺栓拧得太松，脚手架承受荷载后容易产生滑落事故。根据扣件所处的位置和作用不一样，应注意扣件开口朝向的差异。如用于连接大横杆的对接扣件，扣件开口应朝里，螺栓朝上，以防止雨水进入钢管，使钢管锈蚀。使用直角扣件时开口不准朝下。

脚手架左右相邻立杆和上下相邻立杆的接头应相互错开，立杆之间连接采用对接接头，杆件在绑扎处的端头伸出长度不小于 100mm。

5. 脚手架拆除

(1) 拆除脚手架时，地面应设围栏和警戒标志，并派专人看守，严禁一切非操作人员入内。

(2) 拆除前要全面检查脚手架的扣件连接、连墙件、支撑体系是否符合安全要求，清除脚手架上杂物及地面障碍物。

(3) 拆除顺序应逐层由上而下进行，严禁上、下同时作业。

(4) 当脚手架采取分段、分立面拆除时，对不拆除的脚手架两端必须按敞开式脚手架搭设要求设置连墙件和横向加固。

(5) 松开扣件的平杆件应随时撤下，不得松挂在架上。

(6) 拆除长杆件时应两人协同作业，避免单人作业的闪失事故。

(7) 各构配件必须及时分段集中运至地面，严禁抛扔。

(8) 运至地面的构配件要及时检查整修与保养，并按品种、规格随时码堆存放，防止锈蚀，现场长时间用不上的构件要及时退场。

第三节 汽轮机基座地脚螺栓安装

1. 施工工艺流程（见图9-4）

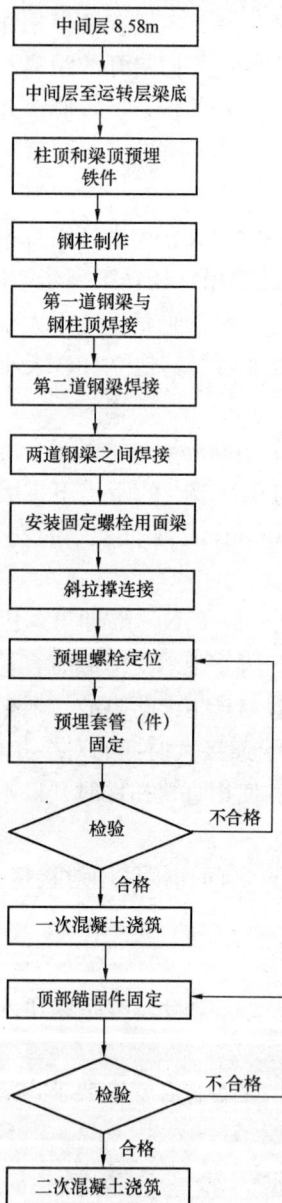

图9-4 施工工艺流程

2. 施工方法及要求

根据工程特点，汽轮机机座运转层分三步施工，第一步施工运转层梁底至运转层顶部锚固件底（平均在16.5m），第二步施工运转层汽轮机轴承支座，第三步施工二次混凝土构造层。

在运转层梁底+13.500m（框架柱顶）预埋预埋件，作为螺栓固定桁架的生根点，然后在运转层形成钢桁架的方法来固定预埋螺栓。

钢桁架采取单件制作现场焊接安装，钢柱、钢梁的安装使用汽机房内布置的30t塔式起重机进行垂直运输和就位，桁架的立杆、斜撑、短件用30t塔式起重机垂直运输至施工平台，然后由人工安装就位。安装顺序为先装钢柱，然后装钢梁，之后再装立杆和斜撑，整体钢架安装完后再安装螺栓固定面梁和拉撑。具体方法如下：

（1）框架柱顶预埋件的留置。框架柱浇筑至+13.500m时，在柱子顶部放置预埋铁件，埋件做法具体见设计院埋件图集。

（2）钢柱钢梁的制作。预埋螺栓加固支撑架的钢柱采用I45a工字钢制作，钢柱顶标高为18.10、17.60m；桁架的上下横梁分别采用22、16号槽钢制作。

（3）支撑架的焊接。

1）为保证钢架的稳固性，两道钢梁焊接成桁架结构，集电环部位底横梁顶标高为17.200m，发电机部位底横梁为17.000m，汽轮机部位底横梁分别为16.600、16.100m，所有横梁与钢柱进行焊接，由于运转层顶面标高众多。顶梁的顶标高为18.000、17.500m，为22号槽钢侧放与钢柱焊接。两道钢梁之间采用16号槽钢和100号角钢作连接杆件焊接成桁架。

2）钢梁和钢柱之间采用牛腿连接，施工时先用水平仪对牛腿位置进行定位，牛腿的上平标高为钢梁的底标高，牛腿焊好后安装钢梁，钢梁与牛腿焊接，两道钢梁安装好后焊接桁架连杆，使整个钢架形成稳定结构。

3）钢架安装完后安装固定螺栓用面梁，集电环部位的面梁直接用桁架底梁代替，发电机和汽轮机部位单独安装面梁，发电机采用22号槽钢做面梁，与框架梁焊接固定，为增加面梁的刚度，在面梁与桁架梁下弦之间用22号槽钢做挑梁连接，挑梁间距1m；并且在面梁中间用角钢与桁架上弦连接形成斜拉撑，面梁的位置、标高按预埋螺栓的位置、标高确定。汽轮机部位采用 12 号槽钢做面梁。

（4）预埋套管固定。在梁底预埋螺栓套管对应位置钉直径与套管内径相同的木塞，木塞用九层板制作而成。套管直接插在木塞上，将其与梁底模紧紧地贴在一起。套管上端固定于面梁上，在面梁上打比套管直径大 1cm 的圆孔，在面梁上套管四面焊 4 个 M10 的顶丝，用来调整套管的水平位置，位置调整准确后把顶丝焊牢。

（5）预埋螺栓安装、固定和检验。面梁安装好后在梁上放线定出螺栓位置，用锯条画线作好标记，用火焊割出螺栓孔，孔的直径比螺栓直径大 10mm，然后安装螺栓。集电环部位预埋螺栓均自带套管，安装前加工专用护盖，安装时需把螺栓固定在套管中心上，上下端分别用护盖与套管点焊住，这样就把螺栓卡在套管中心上。

螺栓安装时先用自带螺母临时将螺栓固定在面梁上，螺栓的具体定位采用顶丝调整、固定板固定的方法，在面梁上螺栓的四面焊 4 个 M10 的顶丝，用于调整螺栓的水平位置，固定板用 120mm×120mm×3mm 的钢板制作，在板上划出"十"字线在中心打孔，孔的直径比螺栓直径大 1mm，把固定板套在螺栓上压在螺母下面，螺栓调整时先调整标高，标高通过螺栓自带螺母调整，标高调好后再调整水平位置，水平位置先用顶丝调整后用固定板固定，固定板与面梁焊接，螺栓的标高和水平位置均调整好后在螺栓下端用角钢做底脚固定架，固定架按螺栓的排列方向设置，固定架两端设法与钢柱连接，中间用角钢与上端面梁连接以增加固定架的刚度，用水平尺找好螺栓的垂直度后，把螺栓下端与固定架连接固定死。

螺栓的安装、检查验收使用同一台校验合格的水平仪和同一把校验合格的钢尺，螺栓调整时用 1mm 钢丝挂好轴线，轴线要随时校验，在混凝土浇筑时要设专人随时检查螺栓的标高和位移情况，发现问题及时向专业经理和专责工程师汇报解决。

（6）锚固件固定。一次混凝土浇筑完后，对顶面桁架进行清理，然后安装汽轮机的锚固件。汽轮机部位一次混凝土顶面共有 32 块锚固块，其中有 26 块在一次混凝土中有预埋螺栓连接，6 块直接安放在二次混凝土内。6 块直接安放在二次混凝土顶面的锚固件正下方在一次浇筑混凝土时，在其顶面放置 4 块埋件，施工时直接在埋件上用 12 号槽钢做成固定框对其进行定位固定；26 块与预埋螺栓连接的锚固块按设计标高与地脚螺栓进行连接固定，锚固块标高和位置固定好后，用角钢将锚固块顶面相互连接成整体。

（7）固定钢架拆除。混凝土浇筑七天后拆除地脚螺栓固定桁架，拆除顺序为先拆固定螺栓面梁再拆框架钢梁后拆钢柱，面梁拆除时先用火焊割掉顶丝松开预埋螺栓螺帽，再用火焊割开面梁两端和螺栓固定板，取下螺栓固定面梁。桁架钢梁拆除时，用起重机吊住钢梁用火焊割开梁柱焊口，把整片桁架梁拆下后再用火焊割成单件，用起重机吊下运至钢筋场。钢柱拆除时，亦用起重机吊住钢柱顶端，用火焊沿混凝土顶面齐根割断钢柱，吊下后运至钢筋场。

拆除螺栓面梁使用火焊时严禁割伤螺栓，起下槽钢时不得损伤螺栓丝扣，面梁拆下后在预埋螺栓丝扣处涂抹一层钙基脂并拧上螺帽，最后用塑料薄膜包裹用 22 号铅丝绑扎好。

3. 质量通病预防

质量通病及预防措施见表 9-2。

表 9-2	质量通病及预防措施
质量事故预想	预　防　措　施
螺栓（套管）、锚固件定位偏差	（1）要考虑气温对于尺长的影响，拉钢尺时在尺子的一头挂上测力计，并对测得的钢尺读数与气温进行修正。 （2）螺栓（套管）、锚固件的安装、检查验收使用同一台校验合格的水平仪和同一把校验合格的钢尺
螺栓（套管）、锚固件安装偏差	（1）螺栓（套管）、锚固件的具体定位采用钢桁架固定架固定，再加顶丝微调螺栓，调好后点牢顶丝。 （2）螺栓调整时用 0.5mm 钢丝挂好轴线，轴线要随时校验，在混凝土浇筑时要设专人随时检查螺栓的标高和位移情况
浇筑混凝土时螺栓（套管）、锚固件移位	（1）防止混凝土浇筑时螺栓（套管）、锚固件倾斜或移位，在螺栓底部用 L50×5 角钢连接成整体，所有连接处均采取焊接连接。 （2）在混凝土浇筑时要设专人随时检查螺栓（套管）、锚固件的标高和位移情况。发现问题及时采取措施

第四节　汽动给水泵基础施工

一、汽动给水泵基础施工案例一

1. 施工方案

（1）钢筋工程：钢筋采用钢筋加工厂集中加工、制作，挂板拖车运送至施工现场，现场绑扎成型。

（2）模板工程：汽动给水泵基础均采用木模板，在木工厂加工、配料，现场组装成型的施工方案。

（3）地脚螺栓（埋管）：采用固定架进行定位和固定。

（4）混凝土工程：混凝土采用搅拌站集中供应，罐车运输和现场混凝土泵车泵送浇筑。

2. 施工工艺流程

施工工艺流程如图 9-5 所示。

3. 施工方法及要求

（1）测量放线及弹簧隔振器安装。首先以现场 17m 层的汽轮发电机基础中心线为依据，测量放出汽动给水泵基础定位轴线，然后以定位轴线为依据，准确标出弹簧隔振器的位置。同时对弹簧隔振器安装处的钢梁顶面进行找平，每个弹簧隔振器的支撑区

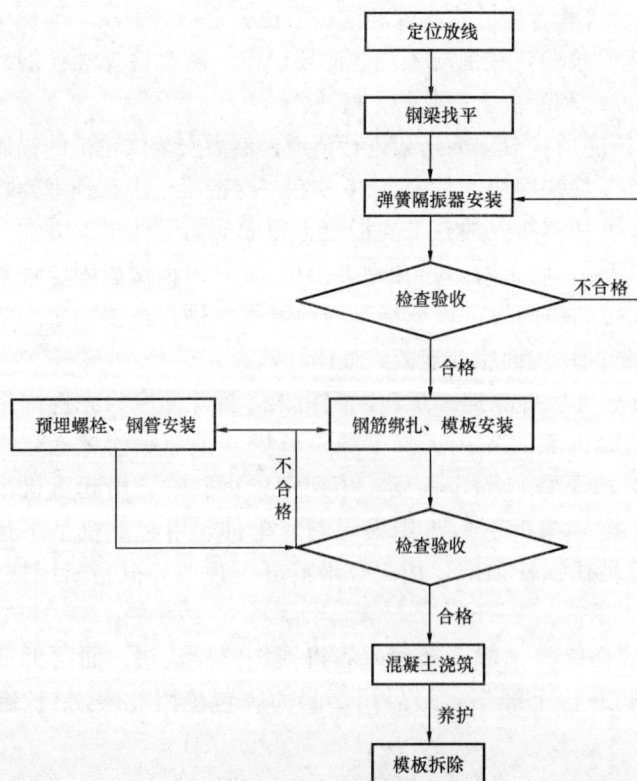

图 9-5　施工工艺流程

内偏差不得大于3mm。待钢梁找平完毕后，在钢梁顶部放置黏滞垫板，然后采用汽机房里的天车将已预紧完毕的弹簧隔振器安放在黏滞垫板上。为了对弹簧隔振器支撑顶面与汽动给水泵基础底面模板之间的高差进行调整，在弹簧隔振器基础顶面放置不同厚度的调平钢板。弹簧隔振器上面提供的黏滞钢板，可直接安装在弹簧隔振器的顶面或是调平钢板的顶面。弹簧隔振器施工时，不考虑脚手架沉降量。

（2）钢筋安装工程。钢筋采用钢筋场制作，现场绑扎成形的施工方案。

钢筋翻样：要根据施工图中的钢筋规格、尺寸、数量，结合施工规范和现场实际进行，做到准确无误。钢筋保护层为50mm。

钢筋制作：钢筋进厂要有原材报告，并经复试合格后方可使用，钢筋表面要洁净无污染、损伤，带有油漆、老锈的钢筋不得使用；汽动给水泵基础所采用的钢筋全部为HRB400级，原材要单独进行存放，以免和其他钢筋混用。钢筋制作要严格按钢筋翻样单上的规格、尺寸、数量加工，钢筋下料要准确无误，保证每一根钢筋的尺寸、规格、直径正确，要确保钢筋弯起角度的准确无误，保证每一根钢筋的尺寸、规格、直径正确，要确保钢筋弯起角度的准确性，如箍筋要做135°弯钩。钢筋制作完后要严格按规格、型号挂小木牌，分堆堆放，标志要明显。钢筋制作班组要做好自检记录和钢筋跟踪记录台账，提供基础资料。钢筋加工时，要按翻样单的次序加工并和现场施工、负责人经常联系，加工要有先后，根据需要加工，避免造成过多成品料的堆放。

钢筋绑扎：钢筋绑扎前应将有锈蚀的钢筋除锈，并不应使钢筋表面在受污染，并再次对照翻样单，仔细检查钢筋的规格、尺寸、数量，确保准确。

钢筋绑扎注意事项：在钢筋绑扎的过程中，电、热埋管同时施工，待埋管完成后，再进行混凝土施工。

（3）模板工程。在钢筋绑扎完毕，经四级验收合格后，方可进行模板施工，模板支撑脚手架为满堂红脚手架，立杆纵向间距为450mm，横向间距为450mm，大横杆步距为1200mm。

汽动给水泵基础施工全部采用木模板，配制模板前，要对模板和木方子进行外观检查。模板表面要光滑，凹凸不平的不得使用，模板边角必须顺直、不缺边掉角，木方子必须顺直，厚度一致，弯曲幅度大的不得使用。模板、木方子必须按要求堆放整齐且未使用前用苫布盖住，防止雨水淋湿晾干后变形。

基础底模采用螺旋微调顶托支撑，在顶托上沿基础纵向铺设100mm×100mm木方子间距450mm，纵向木方上放置横向100mm×100mm木方，木方间距200mm，横向木方需与模板钉死。

基础侧模采用50mm×100mm木楞，组合成定型模板，木楞的间距不得大于250mm，外加固用φ48×3.5mm钢管，间距500mm，设φ12对拉螺栓横纵向间距均为500mm，梅花形布置，在模板内侧穿橡胶垫圈防止螺栓孔处漏浆。汽动给水泵基础顶标高不同，部分侧模需进行悬挑，所以预留孔处的模板支撑脚手架需高于承台，用于悬模的支撑。同时，在基础外侧设置间距1米的斜撑，斜撑与汽动给水泵基础四周的钢梁或钢柱进行可靠的连接，以避免基础在混凝土浇筑过程中，发生偏移现象。

木模板拼缝组合时，板与板之间夹缝刷玻璃胶，玻璃胶要打平，并且避免污染模板大面。缝隙宽度要小于1mm，相邻板平整度要小于1mm；为保证混凝土外观美观，模板上所有的钉子帽必须与模板表面齐平，用铁锤钉钉子时要使用圆錾子，避免铁锤直接接触模板而损伤模板。

模板安装完毕后，检查一遍扣件、螺栓是否紧固，模板拼缝及下口是否严密，自检合格后报二、三、四级进行检验。

模板拆除：侧面拆模应在混凝土强度能保证其表面及棱角不因拆除模板而受损时，方可进行。底面模板应在其强度达到 100% 后拆除。按从上到下的顺序进行，拆除时应逐块拆下，不可整块撬落。模板、脚手管及扣件拆除完成后及时清理、分类码放整齐。

（4）预埋螺栓、钢管安装。每台汽动给水泵基础设有 16 根 M36 螺栓。

预埋螺栓找中：由于预埋螺栓均自带套管且顶部带护盖，安装前需把螺栓固定在套管中心上，方法是在套管及螺栓锚板上分别找中，然后套管下端与螺栓锚板点焊住，上端的护盖与套管找中后，中心与中心相对点焊，这样就可以把螺栓固定在套管的中心上。在套管上端焊接之前，需将套管用水泥砂浆填满。

预埋螺栓安装：首先在基础承台底板模板上标记出预埋螺栓位置，然后根据螺栓固定架施工图的位置，在模板上下设 150mm×150mm 埋件，埋件上焊接槽钢作为固定架的立柱，然后在立柱间焊接面梁，面梁安装好后在梁上放线定出螺栓位置并做好标记，用火焊割出螺栓孔，孔的直径比螺栓直径大 10mm，然后安装螺栓。螺栓安装时先用自带螺母临时固定在面梁上，螺栓的具体定位采用顶丝调整、固定板固定的方法，在面梁上螺栓的四面焊 4 个 M10 的顶丝调整螺栓的水平位置，固定板用 80mm×80mm×5mm 钢板制作，在板上划出"十"字线在中心打孔，孔的直径比螺栓直径大 1mm，把固定板套在螺栓上压在螺母下面，螺栓调整时先调整标高，标高通过螺栓自带螺母调整，标高调好后再调整水平位置，水平位置先用顶丝调整后用固定板固定，固定板与面梁焊接，螺栓的标高和水平位置均调整好后在螺栓下端用 100mm×100mm 角钢将螺栓的锚固板卡死，两段与立柱焊接。

钢管安装：螺栓钢管安装时，首先在基础底板模板上准确放出预埋钢管的位置，然后将提前制作好的圆木塞钉上（中心相对），圆木塞直径与预埋钢管的内径相同。预埋钢管上部的安装利用就近的螺栓固定架或脚手架钢管焊接面板，在面板上开比钢管外径大 10mm 的孔，四周焊接 M10 的顶丝螺栓，调整螺栓的水平位置。安装预埋钢管时，上部采用角钢框对钢管进行定位加固。所有预埋钢管在混凝土浇筑前，必须在内部塞满棉被，同时钢管顶部要加盖板。

预埋螺栓、预埋钢管允许偏差：到基准线的水平距离不大于 5mm，倾斜度不大于 3mm/m。

（5）混凝土工程。汽动给水泵基础一次浇筑成型，混凝土强度等级为 C30。采用搅拌站集中搅拌，罐车运输，地泵浇筑的施工方案。

混凝土原材及配合比：按照混凝土的强度要求，在施工前对混凝土所需要的水泥、砂子、碎石、外加剂等进行检查验收，在符合要求后进行混凝土配合比的试配，对混凝土的粗细骨料的搭配能够具有足够的和易性，其坍落度和保水性均能符合要求。

混凝土搅拌及运输：混凝土搅拌严格执行配合比的要求，在搅拌过程中要求适时控制搅拌时间，要求每盘搅拌时间在 90~120s/盘。混凝土运输由罐车运输，要控制运输时间即混凝土从搅拌机卸出后至入模时间，气温低于 25℃（含）时，时间不得超过 120min，气温高于 25℃时，时间不超过 90min；保证混凝土运到现场的质量，保证混凝土和易性，同时做到混凝土坍落度控制在 140～160mm，保证现场施工。

混凝土浇筑：泵送前先用与混凝土配比相同的水泥砂浆润滑管道，泵车料斗内要有足够的混凝土，防止吸入空气堵管。混凝土浇筑时分层进行浇筑，分层厚度为 500mm，混凝土振捣时，要求振捣棒"快插慢拔"，对混凝土进行充分振捣密实，振捣棒插入间距 400mm，并应插入下层 50mm，使接合密实，振捣时应控制振捣时间，避免过振或漏振，防止混凝土在振捣过程产生离析、分离现象。一般振捣棒的作用半径为 30～40cm。每一插点的振捣时间 20～30s 为宜，以混凝土表面呈水平、不再显著下沉、不再出现气泡、表面泛出灰浆为准。振捣棒不得紧靠模板振动，且应尽量避免碰撞钢筋。浇筑混凝土过程中，必须设专人监视模板，同时技术人员要及时检查螺栓、埋管的标高和位移情况，发现问题及时解决。

混凝土试块留设：每台汽动给水泵基础留设 1 组标样试块、两组同条件试块，在保证试块棱角不被破坏的前提下，方可拆模。拆模后试块应立即放到标准养护室中进行标养。

混凝土测温：每台汽动给水泵基础下设 1 组测温导线，在混凝土浇筑完毕后开始进行测温，在前 1～3 天时每 2h 进行一次测温，在 4～7 天时每 4h 进行一次测温。当混凝土温度开始下降后每 8h 进行一次测温，直至混凝土内部温度接近大气温度。但测温不得少于 28 天。

混凝土养护：汽动给水泵基础为大体积混凝土，必须采取防止产生温度裂缝措施，根据实际情况采取保温保湿的养护方法。养护采用内盖塑料薄膜保水，外盖 2 层棉毡保温，并设专人进行监护。必须经技术人员，现场实测混凝土温度，已接近大气温度时，方可将棉被及塑料薄膜的撤掉。但养护时间不少于 14 天。

4. 质量保证措施

质量通病及预防措施见表 9-3。

表 9-3　　　　　　　　　　　　质量通病及预防措施

质量通病		预防措施
钢筋	钢筋原材不合格	进厂抽样试验，合格后方可使用
	钢筋现场安装不合格	(1) 对操作工交底，熟悉图纸要求； (2) 根据图纸检查钢筋的钢号、直径、根数、间距； (3) 检查钢筋接头的位置及搭接长度； (4) 检查混凝土保护层和绑扎是否牢固
模板	模板拼缝不合格	在安装模板前提前在木工加工厂进行组装，安装之前进行检查验收
混凝土	混凝土表面蜂窝麻面、漏筋、孔洞、缝隙、缺棱掉角	(1) 提高混凝土的生产质量，配比计量准确，搅拌均匀； (2) 模板拼缝严密，缝隙打玻璃胶，模板底采用水泥砂浆勾缝； (3) 振捣密实； (4) 浇筑前，将杂物清除干净，按规定进行施工缝处理，保持接触面良好； (5) 保护好钢筋保护层垫块； (6) 充分养护，强度达到要求后再拆模
	混凝土外形变形，尺寸不准，色泽不一致	(1) 模板安装牢固，尺寸准确，强度和刚度不足要加固； (2) 混凝土浇筑控制好下料方式和速度； (3) 混凝土配合比进行优化，混凝土搅拌时严格计量及校验，并保证混凝土连续施工

续表

质量通病		预 防 措 施
混凝土	混凝土强度不够	（1）控制原材料尤其是水泥、混凝土外加剂的进货质量合格；砂石料严格控制含泥量及石粉含量，同一结构层的混凝土选用相同粒径的砂石料，严格控制水灰比及坍落度； （2）提高混凝土的生产质量，配比计量准确，搅拌均匀； （3）振捣密实，混凝土离析时及时采取措施； （4）养护措施得当，养护到位
	混凝土裂缝	养护措施得当，养护到位，减少温度裂缝

二、汽动给水泵基础施工案例二

首先根据施工图纸对弹簧隔振装置所安装的支撑体系进行轴线和标高校核，要求钢梁的顶平标高严格控制在±2mm以内，并且钢梁上表面必须平整、清洁、干燥，钢梁校核完成后，根据施工控制网和水准点对弹簧隔振装置的安装位置定位放线，要求按照施工图纸用经纬仪在钢梁上表面上放出弹簧隔振装置纵向及横向的墨线，定出其具体的安装位置，然后按照隔而固公司提供的弹簧隔振装置的施工说明进行装置安装及弹簧的预压，弹簧隔振装置安装完成且经过校核准确与设计要求相符后，验收合格再进行制模绑扎钢筋浇筑混凝土等下道工序的工作。

模板系统：汽动给水泵采用大模板施工工艺以满足清水混凝土施工要求。模板用18mm厚木胶板外钉50mm×100mm木方子组合成定型大模板，内部使用对拉螺栓加固，外部使用钢管做围护与主排架连成整体。

混凝土浇筑采用罐车运输，拖泵在扩建端C列21-22轴处支车，从17m架设泵管进行布料，人工振捣的方式进行。

具体工艺流程为弹簧隔振装置支撑体系校核→弹簧隔振装置定位放线→弹簧隔振装置安装就位→弹簧隔振装置检查验收→模板支撑体系搭设（脚手架搭设）→脚手架搭设检查合格→汽动给水泵基础底模制作安装→底模检查验收合格→螺栓支架安装→钢筋定位放线→钢筋制作安装→螺栓及套管制作安装→钢筋预埋件检查验收合格→基础侧模、预留孔制作安装→侧模、预留孔等检查验收合格→混凝土浇筑。

1. 施工前的准备工作

（1）熟悉图纸并提交工程处、公司有关部门进行图纸会审，提前解决图纸中影响以后施工的问题，定出施工方案并批准。

（2）按图纸、其他设计文件及施工方案及时作好材料计划，备好各种原材料、周转性材料及措施性材料。

（3）编制施工作业指导书及工程质量检验计划，进行施工前的技术及安全交底。

（4）做好工具、器具、机械的校验、检修工作，以确保施工期间机械能正常运行。

（5）布置现场施工用水、施工用电，要保证施工期间的用水、用电及现场照明等工作。

（6）汽动给水泵基座纵横中心线、标高控制线由汽轮机上的中心线与标高线引出。

2. 弹簧元件和预埋螺栓的安装步骤

弹簧元件：根据施工图纸，在弹簧元件的支撑体系上定出具体的安装位置，然后在支撑体系上放置黏滞垫板，并核准放置位置，弹簧隔振器的底座应正确对准已经校核的黏滞垫板上，在弹簧隔振器上部放置黏滞垫板，黏滞垫板上部放置调平钢板。弹簧隔振器校准位置以后，在弹簧隔振器上部放置预埋件，预埋件是作为辅助器基础的永久性模板浇筑辅助器基础里面的，预埋件的尺寸、厚度要按照图纸要求去加工，在埋件上应焊有锚筋，锚筋长度应符合图纸要求。最后用一自备的塑料薄片将弹簧元件裹住，以防混凝土砂浆或者灰尘污染弹簧元件。弹簧隔振器允许偏差：每个弹簧隔振器长度允许偏差不大于 2mm，每个弹簧隔振器与接触面之间垂直空间不大于 3mm。

预埋螺栓安装：螺栓固定架按螺栓的排列方向设置，固定架两端设法与钢柱连接，立柱采用 2〔25 相扣与 150mm×150mm×10mm 钢板按间距 500mm 焊接而成，中间用〔18 槽钢与上端面梁连接以增加固定架的刚度，面梁安装好后在梁上放线定出螺栓位置并作好标记，用火焊割出螺栓孔，孔的直径比螺栓直径大 10mm，然后安装螺栓。由于预埋螺栓均自带套管且顶部带护盖，安装前需把螺栓固定在套管中心上，方法是在找中后把套管下端与螺栓锚板点焊住，上端把护盖与套管点焊住，这样就把螺栓固定在套管中心上。螺栓安装时先用自带螺母临时固定在面梁上，螺栓的具体定位采用顶丝调整、固定板固定的方法，在面梁上螺栓的四面焊 4 个 M10 的顶丝调整螺栓的水平位置，固定板用 120mm×120mm×10mm 钢板制作，在板上划出"十"字线在中心打孔，孔的直径比螺栓直径大 1mm，把固定板套在螺栓上压在螺母下面，螺栓调整时先调整标高，标高通过螺栓自带螺母调整，标高调好后再调整水平位置，水平位置先用顶丝调整后用固定板固定，固定板与面梁焊接，螺栓的标高和水平位置均调整好后用水平尺找好螺栓的垂直度后，把螺栓下端与固定架点焊住，为防止混凝土浇筑时螺栓中间变形，在螺栓中间用双道 L50×5 角钢连接成整体，角钢两端设法与钢柱连接，中间与固定架的槽钢连接固定，所有连接处均采取焊接连接。螺栓套管允许偏差：到基准线的水平距离不大于 5mm，螺栓套管的倾斜度不大于 3mm/m。

3. 模板支撑体系搭设

脚手架为满堂红脚手架，立杆纵向间距为 500mm，横向间距为 500mm，大横杆步距为 1250mm。

从回填土生根的脚手管底部垫道木，有粗地面的部位可直接在粗地面上生根。每个拐角处均加斜拉撑，满堂红脚手架间隔 2m 加设两个方向的水平剪刀撑来保证脚手架的稳定性，斜撑和剪刀撑用万能扣件和普通脚手管搭成，底部要加扫地杆。立杆接头采用对接扣件。在基座底位置为调节梁底高度，个别立杆可采用搭接，接头区域必须布置上中下三个直角扣件，接头必须 50% 错开。立杆、大横杆的接头率不大于 50%，立杆接头间距不得小于一个步距的长度，大横杆接头间距不小于一个立杆的间距长度。

根据现场施工现状，在 8.37m 层钢梁处搭设扫地杆，扫地杆与立杆连接牢固，并与 8.37m 层钢梁紧密连接。0m 脚手架直接在地面上生根，在与汽机管道相碰处，脚手架搭设在汽机管道上并采取可靠的防滑措施。

4. 模板工程

汽动给水泵基础施工用模板全部采用胶合板模板，外钉 50mm×100mm 木方子组合成定型大模板施工。配制模板前，要对模板和木方子进行外观检查：模板表面要光滑，凸凹不平的不得使用，模板边角必须顺直、不缺边掉角，木方子必须顺直、厚度一致，弯曲幅度大的不得使用。模板、木方子必须按要求堆放整齐且未使用前用苫布盖住，防止雨水淋湿晾干后变形。

模板拼缝处及木肋必须刨平抛直，以保证模板的拼缝严密和模板的平整度，模板组合时，板缝夹海绵胶条，配制好的模板应在反面编号并写明规格，分别堆放保管，以免错用。成型模板必须经三级验收合格后方可现场安装。质量标准如下：

模板结构符合要求，木楞 50mm×100mm，间距不大于 300mm。

模板表面光滑，无缺棱掉角，局部损坏。拼缝顺直、规则，对拉螺栓眼排列整齐。

表面平整度不大于 2mm，板缝高低差不大于 1mm。

当木胶板模板在进行平面或转角拼接时，为了确保其密闭性能，采用直口对接后在接口处用 50mm×100mm 木方加固。

因使用的木胶板表面有光泽，为了使圆弧角模施工后的外观基本一致，所以我们根据木胶板不失水的特性，选择了塑料圆弧角模进行施工。

圆角条安装在基础四角两侧，一侧采用强力胶与木胶板黏结牢固并使用装修用的气钉间隔 200～300mm 间距固定；另一侧在另一块木胶板安装前使用双面胶带粘贴，两者之间无缝隙为原则。另外，在圆角条端部刷黏合剂两道彻底封堵与模板间的缝隙，保证两者结合紧密不脱落、不漏浆。

模板支撑系统：定型大模板外采用脚手管做围檩加固，对拉螺栓水平向每隔 700mm 设一道，竖直向每隔 700mm 设一道，梅花型布置。对拉螺栓位置要在模板上弹线打孔。对拉螺栓上双螺母。对拉螺栓两头用硬质橡胶堵头封堵，模板拆除后，将堵头清出，并用高标号的水泥砂浆抹平压光。对拉螺栓外套 PVC 管，以提高工艺水平节约材料。基础底模采用螺旋微调顶托支撑，在顶托上沿基础纵向铺设木方子，上放置定型组合模板。底板模板支设必须起拱，起拱高度为板跨度的 0.2%。固定完成对整个底模涂刷隔离剂二道，要求涂刷均匀，无堆积现象。

模板安装完毕后，检查一遍扣件、螺栓是否紧固，模板拼缝及下口是否严密，自检合格后报二、三、四级进行检验。

模板拆除：侧面拆模应在混凝土强度能保证其表面及棱角不因拆除模板而受损时（强度不小于 1.2N/m²）方可进行，拆除应在养护期后进行。底面模板应在其强度达到 100%后拆除。按从上到下的顺序进行，拆除时应逐块拆下，不可整块撬落。模板、脚手管及扣件拆除完成后及时清理、分类码放整齐，退回周转库。

5. 钢筋工程

钢筋采用钢筋加工场加工制作，现场绑扎成形的施工方案。

6. 混凝土工程

混凝土施工采用一次浇筑，搅拌站集中搅拌，罐车运输，泵车（汽车泵）浇筑的施工方案。

三、汽动给水泵基础脚手架施工案例

1. 作业程序的步骤流程（见图 9-6）

2. 施工方案

脚手架搭设形式为满堂红，脚手架分别在

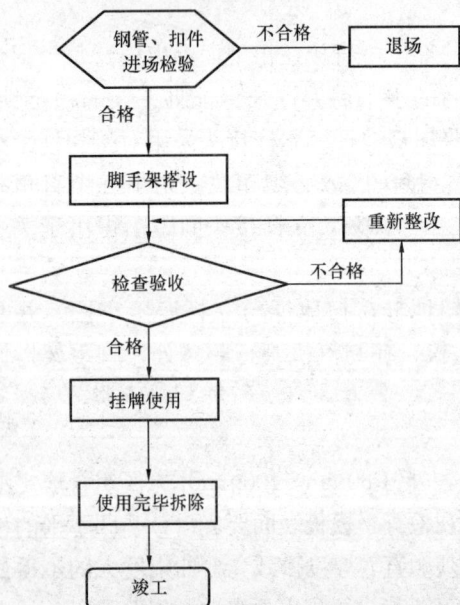

图 9-6　脚手架搭拆流程图

0.00m 层循环水管坑底板、小机供油装置基础及粗地面上生根，立杆横纵向间距均为 400mm，水平杆间距 1200mm，立杆下垫道木。

3. 主要材料要求

脚手管表面应平直，不应有裂缝、结疤、分层、错位、硬弯，毛刺、压痕和深的划道，钢管外表面锈蚀深度要不大于 0.5mm。

扣件的检查与验收：扣件应有生产许可证、法定检测单位的测试报告和产品质量合格证；扣件使用前进行质量检查，凡有裂缝、变形的严禁使用，出现滑丝的螺栓必须更换。

4. 脚手架搭设

脚手架搭设时，由基础承台两边 500mm 开始向中间对应搭设，立杆间距为 400mm，可根据立杆数量进行适当调整，但间距必须小于 450mm。立杆的对接接头应交错布置，相邻立杆的接头不应在同一步距内，各接头距主节点的距离不要大于步距的 1/3；立杆的垂直偏差不大于 75mm；因为汽动给水泵脚手架立杆基础不在同一标高上，所以必须将高处的纵向扫地杆向低处延长两跨与立杆固定。同时纵向扫地杆应采用直角扣件固定在距底座上皮不大于 200mm 处的立杆上，横向扫地杆宜采用直角扣件固定在紧靠纵向扫地杆下方的立杆上。

水平杆间距 1200mm，应设置在立杆内侧，其长度不应小于三跨；水平杆接长宜采用对接扣件连接，对接扣件应交错布置；两根相邻水平杆的接头不宜设置在同步或同跨内。

扣件开口的朝向：对接扣件开口应朝架子里侧，螺栓朝下，已防雨水进入钢管；直角扣件开口要朝上；扣件规格必须与钢管外径相同；杆件端头伸出扣件盖板边缘的长度不小于 100mm。

脚手架搭设时必须设置剪刀撑，每道剪刀撑宽度不应小于 6m，斜杆与地面的倾角宜为 45°~60°；脚手架应在外侧及内部立面整个长度和高度上连续设置剪刀撑；剪刀撑的接长宜采用搭接；剪刀撑斜杆应用旋转扣件固定在与之相交的横向水平杆的伸出端或立杆上，旋转扣件中心线距主节点的距离不宜大于 150mm。

为保持脚手架的稳定性，脚手架竖向每隔 2m、横向每隔 4m 与 5/A 列、B 列钢结构连接牢固；连墙件宜靠近主节点布置，偏离主节点的距离不应大于 300mm；连墙件应由底层第一步纵向水平杆开始设置；连墙件宜优先采用菱形布置，也可采用方形、矩形布置；同时脚手架要与 8.68m 层的钢梁进行可靠的连接，并在 8.68m 层钢梁的上方加设一层横纵向的水平杆，与立杆固定。

脚手架在六级大风、大雨后或停用一个月复工前，必须对脚手架进行重新检查，合格后方可使用。

5. 脚手架拆除

（1）拆除脚手架时，地面应设围栏和警戒标志，并派专人看守，严禁一切非操作人员入内。

拆除前要全面检查脚手架的扣件连接、连墙件、支撑体系是否符合安全要求，清除脚手架上杂物及地面障碍物。

（2）拆除顺序应逐层由上而下进行，严禁上、下同时作业。

（3）当脚手架采取分段，分立面拆除时，对不拆除的脚手架两端必须按敞开式脚手架搭设要求设置连墙件和横向加固。

(4) 松开扣件的平杆件应随时撤下，不得松挂在架上。

(5) 拆除长杆件时应两人协同作业，避免单人作业的闪失事故。

(6) 各构配件必须及时分段集中运至地面，严禁抛扔。

(7) 运至地面的构配件要及时检查整修与保养，并按品种、规格随时码堆存放，防止锈蚀，现场长时间用不上的构件要及时退场。

6. 质量通病及预防

质量通病及预防措施见表 9-4。

表 9-4　　　　　　　　　　　　质量通病及预防措施

质量通病		预防措施
脚手材料	脚手材料不合格	脚手管、扣件、脚手板等使用前进行检验，合格后方可使用
脚手架搭设	杆件安装偏差大	搭设过程中随时对立杆和横杆的间距、垂直度、水平度进行监控，将误差控制在允许范围以内
	扣件拧紧力不足	按要求对扣件的拧紧扭力矩进行检查，发现不合格的重新拧紧
脚手板铺设	单板、浮板、探头板	脚手板满铺并固定，严禁出现浮板、单板、探头板
	绑扎不牢	脚手板必须使用双股铅丝绑扎牢固

第五节　辅机设备基础、泵坑及基础二次灌浆施工

一、凝结水泵坑及循环水泵坑施工案例

1. 施工方案

按照设计要求，基础底板一次浇筑完毕，内部不设施工缝；支墩、坑壁为第二段施工。

施工方案：钢筋采用钢筋场集中加工，现场绑扎成形的方案，运输采用拖拉机挂长板车运输；模板采用组合钢模板，对拉螺栓和脚手管联合加固的施工方案；混凝土采用搅拌站集中供应混凝土，罐车运输，泵车浇筑的方案。

2. 施工工艺流程

循环水泵坑施工作业顺序为垫层浇筑→放线及验收→底板钢筋制作及绑扎→底板钢筋验收→底板模板支设→底板模板验收→底板浇筑混凝土→底板混凝土养护→底板拆模→坑壁、支墩绑钢筋→验收坑壁、支墩钢筋→坑壁、支墩支设模板→验收坑壁、支墩模板→坑壁、支墩浇筑混凝土→坑壁、支墩混凝土养护→坑壁、支墩混凝土验收。

凝结水泵坑施工作业顺序为垫层浇筑→放线及验收→安装预埋钢筒→钢筒验收→基础砖模砌筑→基础砖模验收→凝结水泵坑底板下回填→凝结水泵坑垫层→基础钢筋绑扎→底板支墩绑钢筋→钢筋验收→浇筑混凝土到 -3.500m→坑壁、支墩绑钢筋→验收坑壁、支墩钢筋→坑壁、支墩支设模板→验收坑壁、支墩模板→坑壁、支墩浇筑混凝土→坑壁、支墩混凝土养护→坑壁、支墩混凝土验收。

3. 施工方法及要求

(1) 引测定位线。开挖前，根据厂区的控制桩，用经纬仪、钢尺放出轴线，该轴线用白灰撒在地面上，然后按照 1：1.5 放坡并且留出 1000mm 工作面将上口开挖边线用白灰在地面上撒出，并且在地面上钉钢筋棍或木桩作为控制点。

在混凝土垫层浇筑完毕后，用经纬仪放出 4、5、6、A、5/A 五条轴线，然后用经纬仪、钢尺放出底板边线、坑壁、各支墩边线，上述各线均用墨线弹在混凝土垫层上，并且用红油漆在各柱、支墩四角涂上三角形，以保持醒目。

（2）深坑基础垫层施工。桩头处理完成后，支钢（木）模浇筑垫层混凝土，要求垫层顶标高等于设计基础底标高，垫层高 100mm，且各边由基础外伸 400mm，垫层浇筑完成后，由测量人员放出基础轴线，此轴线经过四级验收后方可进行下道工序。

（3）钢筋工程。钢筋采用钢筋场制作，现场绑扎成形的施工方案。为保证施工现场的安全文明施工，运料随运随绑，减少占地面积，若不能及时绑扎时应分类码放整齐、标识清楚。钢筋接头采用加工场对焊及现场直螺纹两种型式。

钢筋进场要有出厂质量证明书或试验报告单，钢筋表面或每捆（盘）钢筋均应有标志。进厂时应按炉批号及直径分批检验。检验内容包括查标志、外观检查，并应按抽样标准以同一牌号、同一炉罐号、同一规格、同一交货状态，60t 为一批（不足者也为一批），从不同捆（盘）中（取样时钢筋两端 500mm 不能作试样）截取 6 根钢筋，进行复试，合格后才能标明状态使用。

钢筋在存放过程中，不得损坏标志，并应按批分机组堆放整齐，状态标识清楚，采取覆盖措施，预防带泥、锈蚀或油污。

钢筋在加工过程中，如发现脆断、焊接性能不良或力学性能显著不正常等现象，尚应根据现行国家标准对该批钢筋进行化学成分检验和其他专项检验。

钢筋的级别、种类和直径应按设计要求使用。当需代换时，应征得设计单位的同意，并履行正常手续。

钢筋翻样：严格按照施工图、施工规范并结合实际经验进行翻样；翻样工作要本着合理、省料的原则进行；翻样完成后，要进行严格自检，确保钢筋品种、规格和尺寸正确，数量齐全。翻样单必须经主管技术人员和技术负责人审核后方可进行加工。

钢筋制作：制作要严格按照钢筋翻样单加工，要求品种、规格、尺寸正确，数量齐全，对于特殊角度的规格尤其要严格控制。钢筋应平直，无局部曲折。钢筋的表面应洁净、无损伤、油渍、漆污和铁锈等，否则应在使用前清除干净。带有颗粒状或片状老锈的钢筋不得使用。

钢筋制作完成后要进行严格自检，并做好钢筋跟踪管理台账记录。制成后的成品钢筋分类码放整齐，并且要明确挂牌。根据现场需要运至现场进行绑扎。

钢筋绑扎顺序为先绑基础底部钢筋，待支完模后再绑柱插筋。绑扎前，先根据施工图的钢筋间距划好线，然后再进行绑扎。绑扎的钢筋要求横平、竖直，规格、数量、位置、间距正确。绑扎不得有缺扣、松扣现象。钢筋网片相邻扣要互相交错，不能全部朝一个方向，这样防止顺偏。钢筋保护层采用预制的水泥砂浆保护层垫块，垫块用与混凝土配合比相同的水泥砂浆制成，并预埋好绑丝，绑在钢筋上，垫块的大小为 40mm×40mm，厚度和主筋保护层一样为 40mm，垫块每间隔 400～600mm 垫一块。柱钢筋固定采用在基础承台顶模板上用脚手管卡一道方盘固定，保证插筋位置准确；并于上部搭脚手架再卡一道方盘固定，保证柱插筋的垂直度。绑柱钢筋采用搭脚手架进行，严禁踩踏箍筋及对拉螺栓进行绑扎。钢筋绑扎完成后，严格按照验收标准进行自检，并做好自检记录。经施工队质量员一级验收完全合格后方可进行二级报验。

需要注意事项：

1）浇筑底板混凝土前，需要将预留插筋在混凝土面以上500mm高度范围内用塑料布包好，防止浇筑混凝土时被污染。

2）绑扎钢筋用的绑丝要用专用工具切成，而且要一次切成，避免有毛须，绑丝长度要根据钢筋直径确定，不能过长和过短。

（4）模板工程。循环水泵坑坑壁模板采用定型组合钢模板（外模）和木模板（内模）拼装成型的施工方案。池壁模板固定采用$\phi 12$对拉螺栓，横向间距750mm，竖向间距为600mm，用$\phi 48 \times 3.5$mm脚手管做围檩。外模板主要采用P3015钢模板，不足部分采用其他种类钢模板，需要穿对拉螺栓的模板需要在模板上开直径14mm孔，不穿对拉螺栓的模板采用不开孔的模板。支模分两层进行，第一层为底板（基础）部分，第二层为支墩、坑壁部分。

坑壁模板支设顺序为根据主轴线用墨斗放出模板边线→根据边线立一面模板并且用U形卡卡牢→将内楞与模板绑好→穿对拉螺栓→安装另外一面的模板并且用U形卡卡牢→将内楞与模板绑好→安装模板外楞并且将对拉螺栓螺母拧紧。

为防止模板漏浆，在模板底角用水泥砂浆封堵，模板拼缝间加垫海绵条。为保证混凝土的外观质量，对拉螺栓不露出混凝土面，在对拉螺栓上穿垫木垫，并将木垫与模板贴严，待拆模后将木垫剔出，将对拉螺栓头切断，然后用与混凝土同配合比的水泥砂浆封堵圆皮垫的位置。

凝结水泵坑基础－4.200m以下采用8mm厚钢板卷成钢筒做外膜，－2.000m以下的内模用10mm厚钢筒代替。

模板拆除时，应在混凝土强度能保证其表面及棱角不因拆除模板而受损时方可进行。

模板工程需要注意事项：

1）对拉螺栓与锚固钢筋采用螺栓连接，和模板接触部分垫圆木垫。

2）坑壁对拉螺栓需要在中间部位焊接60mm见方的止水环，焊缝高度为6mm，满焊。

3）在模板支设过程中，应尽量避免有杂物掉到模板中，若有轻质材料掉到模板中，可在长度相当的钢筋端头上缠绕若干圈海绵条，用海绵条将其黏住而取出，若有较重材料掉到模板中，可用长度相当的12号铅丝或细钢筋做弯钩，小心将其取出。

4）坑壁转角处模板要着重加固，防止跑模，在浇筑混凝土过程中也需要重点监护。

5）为给坑壁模板斜撑找到生根点，在底板混凝土浇筑完毕后，混凝土终凝前，沿坑壁长度方向，距坑壁外2m左右处在底板顶面按照间距1m插螺纹钢筋，钢筋总长度为500mm，插入混凝土中350mm，露出150mm，待使用完再将其切除。

（5）混凝土工程。混凝土施工采用搅拌站集中搅拌，罐车运输，泵车浇筑的施工方案。

混凝土施工前，对水泥、砂、石、外加剂等进行试验，合格后方可进行施工。混凝土配合比必须经过试配后给出，水泥采用P.O42.5普通硅酸盐水泥。合理做出试配，减小外加剂用量，按最佳水灰比配制，减小泌水情况的发生。混凝土搅拌前对计量器具进行检验合格后方可搅拌，搅拌严格按配合比进行。

混凝土在浇筑过程中，混凝土振捣人员要随浇随振捣，不得出现漏振现象，浇筑层一次不得超过棒长的1.25倍，按"快插慢拔"的要求去做，尤其在底板四周拐角处，要仔细振捣，并不得振动模板和钢筋。在混凝土浇筑的全过程中，设专人检查模板及其加固情况，若发现漏浆及跑模现象，应在混凝土初凝前及时修复好。混凝土施工用的马道架子不得与模板加固系统相连，在底板上面浇筑混凝土和振捣混凝土的施工人员，不得直接站在钢筋上，必须站在脚手板上操作。

需要注意事项如下：

1) 混凝土原材料：水泥选用矿渣硅酸盐水泥。砂子宜选用中砂控制其含泥量不得大于2%。石子宜选用大粒径石子，以 5～40mm 为宜，控制其含泥量不得大于 1%，同时控制石子形状，尽量减少针片状和超规石子。

2) 混凝土搅拌。必须严格按配合比进行配料，尽量减少投料误差，确保足够搅拌时间。尽量降低混凝土出机温度（通过降低砂、石、水泥的入机温度来控制）。尽量避免投料时夹带泥土。

3) 混凝土运输。混凝土的运输一定要及时。运输和停放时防止太阳直射。

4) 混凝土浇筑。控制入模温度，减少冷量损失，如在夏季施工可对混凝土罐车及泵管进行降温处理或在搅拌时使用冰水混合物。

5) 混凝土养护。混凝土养护采用棉被放中间和塑料布两层内外包裹的方式。池壁拆模后表面立即涂刷养护液。

(6) 防腐工程。根据图纸要求和设计师交底要求，基础垫层顶面涂刷环氧煤沥青涂料，板墙外侧涂刷 6mm 厚聚合物砂浆。

每次垫层施工完后待表面完全干燥再涂刷环氧煤沥青涂料，涂刷前要将垫层表面彻底清扫一边，待表面经过四级验收合格后，开始涂刷，涂刷时要涂刷均匀、一致。基础垫层每边要留 5～10cm 不涂刷，用于施工放线、弹墨线。

基础表面的环氧煤沥青涂料，待基础进行完隐蔽验收，经监理确认后进行。施工前也要彻底将基础表面清扫干净。

环氧煤沥青涂料施工时，注意防火，沥青涂料属于易燃物质，施工时，基坑内严禁有明火作业；涂刷时不能污染其他任何材料，要选择晴朗、通风的天气施工。

聚合物砂浆施工时，严格按照厂家的配比 1：4 执行。施工时均匀分层施工。砂浆施工完后 10h 开始浇水养护，养护时间不少于 7 天。

4. 质量通病及预防

质量通病及预防见表 9-5。

表 9-5 质量通病及预防

质量事故预想	预 防 措 施
测量定位偏差	(1) 为保证轴线准确，方格网要重新复测； (2) 放线所用经纬仪、钢尺等必须经校验合格在有效期内； (3) 上部结构放线后要与底板线核对无误后报监理验收后方可使用
脚手架偏斜	(1) 脚手架搭设严格按措施执行； (2) 基底夯实垫道木，脚手管挂线搭设，横平竖直，及时挂好安全网，探出的横管长度一致
钢筋制作、绑扎质量问题	(1) 钢筋翻样、加工准确，钢筋接头严格按规范执行； (2) 钢筋绑扎间距准确，绑扎牢固无松扣跳扣现象，绑扎时主筋挂线箍筋划线，绑丝辫弯入钢筋内侧，外观整齐、美观

续表

质量事故预想	预　防　措　施
埋件制作不规范	(1) 铁件加工时严格按加工单、图集制作； (2) 钢板用剪板机切割，飞边用砂轮磨平，平整度小于 2mm，锚筋焊接牢固，加工前做试件，合格后方可制作
埋件安装偏差超标	(1) 铁件安装严格按图纸施工，型号、位置、标高准确，水平埋件安装时用水平尺测量，平整误差小于 3mm； (2) 梁底、柱侧埋件与模板贴紧不得有缝隙，拆模后刷防锈漆一道，用白漆喷上埋件的型号
混凝土表面的平整度超标	模板拼缝严密，模板之间夹海绵胶条，模板之间缝隙小于 1mm，高差小于 0.3mm（手摸无明显不平感），模板对角线之差小于 3mm，无翘曲现象
混凝土色差、施工缝及裂缝控制	(1) 混凝土配合比提前进行试配确定； (2) 混凝土制作严格按配合比施工，选用优质砂和石子和 P.O42.5 水泥，加强搅拌保证混凝土的生产质量； (3) 混凝土浇筑按顺序进行，注意接茬防止出现冷缝； (4) 混凝土表面用木抹子找平、压实，不少于三遍，并保证终凝前压一遍； (5) 采用保温、保湿养护，混凝土浇筑 12h 后覆盖棉被和塑料布养护，养护时间不少于 14 天； (6) 柱子混凝土强度达到 85% 以上时方可拆模，梁板达到 100% 后可拆模；拆模时必须精心施工，防止碰坏混凝土边角

二、设备基础二次灌浆施工案例

厂房钢结构柱脚、设备基础二次灌浆采用机械搅拌灌浆料，人工进行浇筑、振捣的施工方案。具体作业内容如下。

1. 基础顶面清理

(1) 将已凿毛的基础混凝土顶面进行彻底清理，用压缩空气吹扫干净。对应设备、机器、台板或螺栓上的油污、锈渍用棉纱进行精心擦拭，保证设备、台板、螺栓等与灌浆料接触面处无杂物、污染。

(2) 灌浆前 24h，对混凝土表面充分洒水以保持全面湿润状态。在浇灌前 1h，用棉纱等将水擦拭干净，表面不得有积水。

2. 模板支设

(1) 在基础顶面下方 200mm 处提前将钢管水平围抱在基础上，用扣件锁死。

(2) 在此水平钢管上将所配的木模板紧贴基础四周进行安装，然后在模板外侧再加设一道柱箍进行加固。转角处等重点部位可用铅丝将模板和设备基础进行绑扎着重加固。

(3) 模板拼缝、模板与基础接缝间均加设海绵条，打玻璃胶，防止漏浆。

(4) 模板高度应超过基础顶面 120mm，并在合适位置留设用于振捣的豁口。

(5) 基础顶面凿毛清理、模板工程经过监理四级验收后方可进入下一道工序。

3. 灌浆料施工

(1) 灌浆料搅拌。根据需灌浆区域的大小，灌浆料搅拌可用小型砂浆搅拌机搅拌和电钻式搅拌器搅拌两种方式。用搅拌器进行搅拌时，将灌浆料和水按厂家配合比要求重量倒入料桶内进行均匀搅拌，搅拌时间为 3～5min，以灌浆料搅拌均匀，和易性良好为宜。搅拌时应上下左右移动搅拌器，以使桶底和桶壁黏附的料能够充分搅拌，但叶片不要提出浆面，以免空气被过多带入。搅拌用水选择清洁自来水，水温控制在 5～30℃。灌浆料的搅拌速度应满足现场灌浆需要，并且每次拌出的拌和料宜在 30min 内用完。

（2）二次灌浆施工。二次灌浆法采用料斗积压法和自重施工法相结合的方法，将灌浆料从基础一侧浇入，向另一方向连续浇筑，并同时用竹片不间断进行插捣和引流，使灌浆充实。灌浆开始后，要一直灌到灌浆料从底板排气孔冒出，灌浆料浇灌高度超出柱脚或台板底面 10mm 为止。基础四周灌满后用木槌沿四周轻敲模板，以排出灌浆料与模板接触面黏附的空气。

（3）压面、养护。基础二次灌浆到达标高后，首先进行抹平处理，铲除多余浆料，并将附着在基础、设备、台板或螺栓外露部分的灌浆料进行清理。灌浆料终凝时间为 4～6h，在其终凝前对表面进行二次压光处理，然后进行养护。灌浆料养护根据季节不同分为蓄水养护和覆盖毛毯保温养护两种方式。养护时间不少于 7 天。

（4）注意事项。

1）二次灌浆施工属于特殊作业程序，其每个步骤的施工都应引起高度重视，项目部工程质量人员在现场指挥施工的同时请监理工程师全过程监督指导，确保施工的顺利进行。

2）在接到安装单位下发的工序交接单后才允许进行二次灌浆准备工作及作业。

3）灌浆料采用专门厂家生产的无收缩灌浆料，其配比中加水量应严格按照说明书中所标注的加水量进行施工。

4）灌浆料必须经过充分搅拌，和易性良好，流动度控制在 260～280mm。

5）二次灌浆浇筑工作必须连续进行，每块单独区域的灌浆中间不能间断，并尽可能合理缩短灌浆时间。

6）灌浆层表面若出现泌水现象，可布撒灌浆料干料，以吸干水分。

7）每次灌浆需留设试块一组。

8）现场严禁吸烟、大小便等违章行为。

9）认真做好施工区域的安全文明施工工作，及时清理施工环境卫生真正做到"工完、料尽、场地清"。

第十章

锅炉基础及地下设施施工措施

第一节　锅炉基础土方开挖

一、锅炉基础土方开挖案例

1. 施工方案

锅炉基础土方工程采用反铲挖土机配合人工挖土、自卸汽车运土，一次开挖至设计标高，明沟、集水井、潜水泵排水的施工方案，桩头处理随土方开挖进度。开挖顺序为自扩建端至固定端方向进行。随挖土进程，在距基坑上口边 1000mm 处设置挡水埂，挡水埂宽300mm，高 300mm，采用编织袋装土搭设。

2. 施工工艺流程

完善施工环境、修筑施工通行道路→控制点的设置和复检→放基坑各开挖阶段上口线、底口线→土方开挖、桩头处理、排水→地基验槽。

3. 施工方法及要求

（1）完善施工环境、修筑施工通行道路。在土方开挖前首先在基坑范围内修筑临时道路，以满足土方运输车辆的通行。道路修筑可采用拆房土作为原料，道路宽度、厚度和布置以满足土方运输车辆通行方便为准。

（2）控制点的设置和复检。在土方开挖前首先放出土方开挖上下口线，尤其是标高不同的位置更应严格控制，以防超挖、开挖不到位等现象发生。因此必须设置临时测量控制点，临时测量控制点布置在基坑上口四角，供测量使用。临时控制点采用木桩制作，在每次使用前应根据业主提供的基准点复核准确性。

（3）放基坑开挖上口线、底口线。基坑开挖上下口线的施放按照主厂房基础开挖图和本方案的要求进行，尤其是不同开挖标高的位置和范围要明确，施工前交底清楚，以避免超挖和开挖不到位。

（4）土方开挖。锅炉基础土方开挖采用反铲挖土机开挖并配合人工进行，桩间距离小、挖土机挖斗不能通过的桩间土采用人工进行，锅炉基础土方机械开挖时预留 200~300mm 的裕量，采用人工配合清除，以防止扰动基底土，预留余量可根据实际情况调整，但必须保证不扰动基底土。槽底土采用人工清理，人工清槽底的速度须与机械开挖速度一致。

基坑土方开挖边坡放坡比例为 1∶1.5；基础施工时需要预留工作面，工作面宽度为基础垫层边至排水沟内侧边 1m。在固定端设置机动车上下坡道，坡道宽度为 8m，放坡坡度为 1∶8；人员上下搭设基坑采用爬梯上下，爬梯采用脚手管、脚手板搭设而成。

土方开挖过程中严格按照设计要求的开挖深度进行操作，严禁超挖，在临近开挖深度时，要求机械操作人员控制好铲斗的入土深度。人工在进行护坡修坡时，要求将坡面修理平整，不得凹凸不平。汽车在装土时，倒车派专人指挥。在机械挖土时严禁碰撞桩头，以防机械碰撞使工程桩偏移或损坏。

（5）桩头处理。

1）桩头处理的施工顺序为标注出设计标高→剔桩头→人工局部处理→清除钢筋上的污物、钢筋调直。

2）桩头处理的方法及要求。在土方开挖过程中进行，随开挖随截桩，随即将桩头运走。截桩时预留 50～100mm，在垫层施工完成后进行再处理。剔桩头采用空气压缩机和人工相结合的方式，桩头处理前，要在桩头上面标注标高点，按照设计要求的标高剔除混凝土后，保证桩体及钢筋深入到混凝土承台内的长度符合设计要求。钢筋外露长度符合设计要求，不足时要接筋。剔除后的桩头要求平整、整齐，标高符合设计要求，而且没有松动的混凝土。剔除后的碎块随挖运土方一起运走。当桩头超过 2m 长时，可考虑分两次凿除，以方便运输。

桩头处理顺序同基坑开挖的顺序，由于工期紧，采取边开挖边处理的方法，以一个承台为一个单位进行桩处理，开挖一个处理一个。随土方开挖进度，首先对露出的桩头进行全面清理，清理完表面的浮浆、泥砂后，即用水准仪从基准标高引出标高，测出桩头的设计桩顶标高并在桩头四周用红油漆做好标记。

桩头再处理时采用人工剔凿，此时不可用机械剔凿。桩头表面要平整，不得有松动的混凝土。

3）施工的要求。在土方开挖时，严禁挖掘机从侧向对桩体进行磕碰、撞击，防止桩体因强度不够引起断桩、碎桩，在开挖至距离桩头很近的位置时，要求有专人指挥，以提醒开挖人员防止超挖对桩身造成损害。当凿出的外露钢筋长度小于设计长度时，及时向监理汇报、记录（含摄像资料），并按照要求对钢筋进行接长。桩头钢筋变形较大的要进行调直，桩头钢筋上残留的水泥浆要清理干净。凿桩的过程中，要经常检查桩头的稳定性，严防桩头倾倒。处理后的桩头碎块要及时运出，处理好的桩头附近不允许机械进入，以免对桩头混凝土造成破坏。处理好的钢筋派专人保护，避免造成污染和被破坏。

（6）土方开挖期间预防桩位偏移的措施。

1）开挖过程中严格控制开挖深度，严禁挖掘机碰撞桩基。

2）土方开挖时一律按照方案要求的放坡系数放坡，尤其在与其他基础的交界处还应适当卸载（至桩基实际施工的桩顶，卸载宽度 2m）、放坡（按 1∶1.5），避免因锅炉基础开挖形成垂直界面造成挤桩现象的发生。

3）对已经开挖出的工程桩，测量人员需要有针对性地跟踪监测，如发现工程桩位置发生变化时须及时通知现场负责人员进行处理。

4）开挖过程中注意对基底及边坡土体的监测，发现异常立即上报。

（7）施工排水。施工排水系统由基坑底部的排水明沟、盲沟、集水井、潜水泵和基坑上部的排水沟、集水坑、潜水泵组成。在土方开挖前先做好基坑上部的排水系统，保证基坑内的水能够随时排除。排水沟采用机砖砌成，表面抹水泥砂浆，可直接采用挖土机开挖 4m×6m×1.5m 的基坑集水坑，然后用泥浆泵将水排除到监理或业主指定的地点。

随开挖随设置基坑内集水井和排水明沟，集水井采用机制红砖砌成，集水井底部标高应低于槽底 800mm 以上，集水井码成后要求在其四周填上透水性很好的碎石，集水井截面为

800mm×800mm，深800mm，每隔约30m设置一座集水井（当基坑内水量较小时可适当减少集水井数量，反之则增加），每个集水井内设置至少1台潜水泵，必要时适当增加。基坑底部设置排水沟，排水沟深500mm，上口宽500mm，下口宽300mm，沿基坑周围布置，排水沟外边距坡脚300mm，侧壁采用竹脚板护坡，排水沟坡度为1%，并坡向集水井。在槽底设置一定数量（以槽底无明显积水为准）的排水盲沟，盲沟采用人工开挖，沟上口宽500mm，下口宽300mm，深500mm，沟内回填透水性很好的碎石，盲沟排水坡度为2%，采用双向排水，坡向基坑四周排水沟，盲沟的尺寸可根据实际情况调整，以满足排水需要为准。

在施工过程中加强对基坑集水井和排水沟的管理，定期检查集水井和排水沟的情况，当发现有淤泥流入时，及时派人进行清淤，以保证基坑内的水及时排出。

二、锅炉基础土方开挖及降水施工案例

基坑土方开挖主要采用机械大开挖，人工配合清槽的施工方法进行。降排水采用明沟和集水井降水，泥浆泵和潜水泵进行排水。

开挖不得碰撞桩基，当挖至桩头标高-3.4m后，桩间土采用人工清挖，局部沟、承台坑亦采用人工开挖。为避免对地基土的扰动，根据开挖后现场实际情况在基底标高以上500mm预留一层土进行人工清理。

从场地土的工程性质及场地土的工程地质条件看，场地地下水的稳定水位埋深较浅，基坑坑壁直立性较差，施工期间为保证基坑坑壁稳定，采用1∶1.5放坡的坡度值。严禁在坡顶堆载，也要注意来自坡顶施工机械的动载。炉后一侧按台阶（高宽比1∶2）开挖。不同深度的基础开挖后采用砖模支护不放坡。

基坑开挖完成后，在基坑里面四周布置排水明沟和集水坑，然后用泥浆泵和潜水泵将水从集水井抽出通过排水管排往A列外泥浆池，以降低基坑四周自然水位。

1. 施工前的准备工作

（1）熟悉图纸并按作业程序依次进行图纸会审，提前解决施工交叉及专业交叉问题，定出施工方案。

（2）按图纸、其他设计文件及施工方案作好材料计划，备好各种原材料、周转性材料及措施性材料。

（3）编制施工作业指导书及工程质量检验计划，进行施工前的技术及安全交底。

（4）做好工具、器具、机械的校验、检修工作，以确保施工期间机械能正常运行。

（5）布置现场施工用水、施工用电，要保证施工期间的水、电及现场照明等工作。

（6）完成施工方案及资源的报批工作。

2. 测量工程

（1）锅炉轴线采用SET210型全站仪进行测放，过程加密控制桩采用J2经纬仪进行。标高用S3级水准仪从1、2、5号控制桩引测。

（2）测好各方向的中心线及标高线并经监理验收后方可进行开挖。

3. 开挖

布置两台挖掘机自南向北进行退挖，每台挖掘机配备两台自卸运土车、1辆装载机和清理土方工人10名。开挖自上而下水平分层进行，第一次挖到-3.4m左右漏出桩头，第二次挖到-4.6m左右，为避免破坏地基土，改为人工开挖直到基坑底标高-5.1m。开挖过程中严格按照 1∶1.5 进行放坡，设专人现场跟班测量，随时控制放坡情况和基底标高，边挖边检查坑底宽度及坡度，不够时及时修整，至设计标高−5.1m，再统一进行一次修坡清底，检查坑底宽和标高。炉后一侧按台阶（高宽比 1∶2）开挖。不同深度的基础开挖后采用砖模支护不放坡。

为方便施工在北侧留设 6m 宽坡道，坡度根据现场实际情况设为 1∶6～1∶8，同时采用拆房土进行护坡。

弃土必须及时运出，在基坑边缘上严禁堆土和堆放材料以及移动机械时，以保证边坡的稳定。弃土应按照指定地点进行弃土，并及时用装载机进行平整，严禁随意弃土，并安排专人对运土道路进行清理。

基坑开挖同时在边坡顶上设立挡水沿，挡水沿上宽 0.4m，下宽 0.8m，高 0.5m，挡水沿中心线距边坡 0.6m，挡水沿应彻底压实并拉线将边坡棱角修理整齐，做到既美观又切实起到挡水作用。

开挖后应在基坑四周挡水沿外侧 300mm 处设立安全围栏，安全围栏采用脚手架管搭设，立杆间距 3m 一根插入地下固定，漏出地面部分高 1.2m，并在高 1.20m 和 0.6m 处设双道栏杆，脚手架搭设要做到横平竖直，所有架管均应涂红白相间漆。搭设完后围栏上应挂上警示牌，夜间也必须有明显警示标志。

基坑挖完后应进行验槽，做好记录，如发现地基土质与地质勘测报告、设计要求不符时，应与监理研究及时处理。

4. 降排水

开挖完成后，在基坑四周离坡底边线约 300mm 左右用人工挖出一条上口宽约 500mm、下口宽约 300mm、深约 500mm、有 0.5% 双向流水坡度的排水沟，坡向集水井，在四角和四边设置集水井，集水井截面 800mm×800mm，井壁根据实际开挖情况可用木方、木板或毛石支撑加固，并在井壁上四周用装满砂子的草袋子或编织布袋堆砌两层。至基底以下井底应填以 20cm 厚碎石或卵石，水泵抽水龙头应包以滤网，防止泥砂进入水泵。水泵抽水后通过排水管（约 700m 长）从扩建端一侧排往 A 列外泥浆池。降排水应连续进行，直至基础施工完毕，回填土后才停止。

5. 截桩

根据图纸会审提供的资料，在桩顶设计标高−4.9m 以上仍有 1.5m 桩头需要截去，施工时分两次进行截桩，在开挖到−4.6m 左右时先截去桩头上部的 0.8m，开挖到基底标高以后在桩基的−4.9m 处周围画线，以此线为标准截去剩余桩头。截桩时先使用空压机带风镐在桩侧面进行打眼后截断，然后人工进行细部处理，严禁直接用机械或工具从上部破桩。最终桩顶标高误差控制在 0～+30mm，同时还要确保桩头主筋外漏长度不小于 800mm，若破桩后发现钢筋长度不够 800mm 时，应进行伸长搭界。

第二节 锅炉基础施工

一、锅炉基础施工案例一

锅炉基础使用木胶板大模板，采用内拉外支法（内部使用对拉螺栓，外部使用方木和钢管）进行加固。

锅炉基础共分四次施工，第一次施工基础和连系梁，第二次施工基础柱头螺栓固定架底标高以下部分，第三次施工带螺栓柱头部分，第四次施工剪力墙部分。施工完以后及时进行防腐和回填。

钢筋在加工场制作完成，汽车或拖拉机运至现场。混凝土采用搅拌站集中搅拌，罐车运输，混凝土泵车或拖泵布料，人工机械振捣。基础混凝土施工及养护采用大体积混凝土施工措施进行。

具体的施工顺序为垫层定位放线→混凝土垫层→垫层防腐→基础放线→基础承台和连系梁施工→基础柱头螺栓固定架底标高以下部分施工→螺栓固定架安装→地脚螺栓安装→柱头施工→剪力墙施工→防腐→回填→二次浇灌。

1. 施工前的准备工作

（1）熟悉图纸并按作业程序依次进行图纸会审，提前解决施工交叉及专业交叉问题，定出施工方案并经批准。

（2）按图纸、其他设计文件及施工方案作好材料计划，备好各种原材料、周转性材料及措施性材料。

（3）编制质量检验计划，进行施工前的技术及安全交底。

（4）做好工具、器具、机械的校验、检修工作，以确保施工期间机械能正常运行。

（5）布置现场施工用水、施工用电，要保证施工期间的水、电及现场照明等工作。

（6）地基处理结束、土方开挖完毕，在经过地质、设计、监理和业主联合验收后，开始安排锅炉基础的施工。

2. 垫层施工

（1）垫层为 C15 混凝土，浇筑时根据现场情况，采用泵送浇筑，局部以小方车辅助运输浇灌。

（2）垫层每边要比基础宽至少 100mm，以保证模板施工的要求。

（3）垫层施工时必须清理地基处理的污泥、垃圾。

（4）严格控制垫层标高及平整度，为上部基础施工创造条件。

3. 放线与高程控制

（1）放线所用的全站仪、经纬仪、水准仪、钢尺要经校核合格且在有效期内。

（2）根据设置在锅炉房周围的矩形方格网引出各柱列各轴线的定位控制桩。

（3）用经纬仪将纵横轴线引入基坑内，并测设在基础垫层面上，以红油漆标在垫层面上，沿边口均匀做上红油漆标号，每条轴线均应双向控制，以便校核。

（4）根据轴线放出基础的外边线控制线。短柱施工前，将柱双向轴线引上承台面，并放出柱边线，再弹上墨线。

（5）在同一行或同一列上基础或短柱施工时，应以钢尺复核其模板外口的平齐程度及相互间的距离。

（6）为减少高程控制的误差，由专业测量人员将基坑外附近的水准点转测到锅炉房基坑内，并做出符合规范要求的高程控制点。

（7）放线完后必须经各级质检人员进行验收。

4. 钢筋工程施工

（1）准备工作。

1）所有材料必须有合格证和试验报告。

2）检查钢材等材料的出厂合格证及钢筋抗拉试验报告单，并保证材料的可追溯性。钢筋领用由专人负责，认真做好钢筋领用记录。

3）焊前作好焊接机械的调试工作，配置考试合格的焊工进行同条件试焊，委托检测中心做钢筋碰焊接头抗弯、抗拉试验。

4）焊工必须持证上岗，并对所焊接头逐个检查，按焊接规程进行抽头试验。

5）检查钢筋品种、质量、规格、数量是否满足施工要求，是否符合设计要求。

6）准备绑扎用的铁丝、绑扎工具、绑扎架及控制混凝土保护层用的水泥砂浆垫块和塑料垫块。

（2）钢筋制作与绑扎。

1）钢筋在钢筋场集中碰焊、调直。按翻样及现场实际情况进行下料，并标识明确，然后运至现场使用，运输时不得破坏钢筋标志。

2）钢筋制作要严格按图纸和钢筋翻样表进行，并合理利用材料，尽量降低成本。

3）钢筋制作完毕，要编号挂牌，分类放置，放置时下部要用道木垫起，以防止污染。钢筋绑扎前要把钢筋表面清理干净，方可绑扎。

4）施工缝部位凿去混凝土表面浮浆及松动石子，钢筋表面污染的混凝土要用铁刷打磨干净。

5）所有主筋均应按设计要求垫好混凝土预制垫块或塑料垫块、控制保护层厚度。

6）钢筋绑扎前，要核对成品钢筋的型号、规格、直径、尺寸和数量是否与料单料牌相符，如有错漏应纠正增补。钢筋表面应平直、洁净，不得有损伤，带有油渍、片状老锈和麻点的钢筋严禁使用。焊接钢筋同心度、平直度要满足规范要求。

7）钢筋绑扎采用 20 号镀锌铁丝绑制。基础钢筋绑扎前，先在垫层上标好基础边线，然后按先下层后上层、先里层后外层的顺序绑扎。双层网片基础用 $\phi16$ 或 $\phi18$ 钢筋马凳支撑，在钢筋与模板之间加设塑料垫块以保证保护层厚度。为保证柱基之间竖向钢筋不位移，采用 $\phi48\times3.5mm$ 钢架管连接牢固，横纵方向形成整体，并用卡扣卡死，与满堂脚手架连接固定。

8）钢筋绑扎一定要按图纸要求控制好间距，绑扎要牢固，不得有松扣缺扣现象。绑扎丝尽量全部向里弯（弯向混凝土内），避免在混凝土浇筑后，绑扎丝外露。钢筋的级别、种类、直径应按设计要求采用，当需代换时，应征得设计单位的同意，并经过计算以后进行。

9）钢筋接头主要采用闪光对焊，设置在同一构件内的焊接接头应相互错开。在任一焊接接头中心至长度为钢筋直径的 35 倍且不小于 500mm 的区段内，同一根钢筋不得有两个接头。在该区段内有接头的受力钢筋截面面积占受力钢筋截面面积的百分率，受拉区不宜超过 50%，受压区不限制。所有焊件均应有合格焊工操作进行焊接，且焊接试件必须试验合格。钢筋闪光对焊接头每 300 个同类型接头（同钢筋级别，同钢筋直径）作为一批，焊接接头应符合要求。

10）钢筋焊接前接头要打磨除锈，以确保钢筋焊接的质量，并按规范由检测中心随机抽样试验，焊头要平直，不能弯曲，若发现不合格的接头要按规范要求加倍取样，合格后方可使用。

11）施工过程中要加强管理和检验，钢筋在运输、加工过程中注意防止撞击、刻痕等缺陷。

5. 模板工程施工

(1) 基础模板采用胶合板大模板,采用内拉外支法施工。基础角部板缝处用双面胶条塞实。地梁和基础柱采用钢管作箍与支撑系统形成整体。

(2) 木胶板必须按"取大舍小,取小补缺,重复利用,及时回收"的原则进行下料。在使用之前,必须结合主厂房基础截面的大小,充分考虑模板的重复利用的次数,原则上短柱模和基础模必须分开使用,避免"以大裁小",造成浪费。对所有模板进行统一编号,按照编号依次进行安装。下料后的模板边角必须采用清漆进行处理,防止被水侵蚀后,局部强度降低,变形和厚度增加等现象。

(3) 所有模板必须在后场下料、制作,严禁在现场下料。所有模板在使用前,必须在后场刷脱模剂处理,严禁使用滚筒滚的方法处理,必须采用破布抹的方法,以防止涂刷的过厚、过多或者不均匀现象。严禁在施工现场进行刷脱模剂,减少对钢筋和环境的污染。

(4) 所有模板在使用前应根据对拉螺栓设计的间距提前在后场打孔,一般比设计的对拉螺栓大 2mm,多余的毛刺清除掉并用清漆涂刷处理。严禁在现场使用电钻钻眼。

(5) 当木胶板模板在进行平面或转角拼接时,为了确保其密闭性能,采用直口对接后在接口处用 48mm×100mm 木方加固。

(6) 基础及柱头模板楞木采用 48mm×100mm 木方外,其余均采用 ϕ48 钢管作楞进行固定。其间距不宜大于 150mm。所有的模板拼缝必须采用双面胶带处理,防止产生漏浆现象。

(7) 对拉螺栓应沿基础和柱头高度和水平方向等间距均匀排列,上下对齐。在对拉螺栓两头采用专门加工制作的塑料堵头进行封堵,为防止漏浆在塑料头上加橡胶密封圈。

(8) 模板拆除时采用整装整拆,从上至下依次拆除,拆除时不得硬拉、硬翘等方法,另外还要保护成品混凝土不受损坏。拆除后的模板不得从高处抛扔,必须采取传递的方法进行,轻拿轻放。选择平整的场地进行堆放,拆除多少运输多少,及时清运出施工现场拉至后场进行模板的清理、刷脱模剂工作。一次使用后的模板严禁不清理就进行刷脱模剂使用,严禁在施工现场刷脱模剂。

拆除后的模板因存在钉眼现象,不适合二次使用,因此在维修时钉眼处用橡胶锤敲平,另外采用 108 胶掺合白水泥、石膏粉做成腻子进行修补,待凝固后,用 150 号砂纸轻轻打磨,清理干净,最后刷上清漆防水,使用前刷油处理。

6. 预埋螺栓施工

施工工序为地脚螺栓固定支架制作—地脚螺栓固定支架安装—地脚螺栓安装—验收。

(1) 螺栓固定支架制作。制作前认真对锅炉基础施工图中的支架埋件、螺栓位置与地脚螺栓和支架图中的支架尺寸、螺栓位置进行核对。

在螺栓固定架底部 4 个脚处安装螺帽以便调整支架的标高及水平,确保螺栓的垂直度。在固定架顶部定位钢板螺栓孔处安装四个螺母以便调整螺栓的位置。所有构件采用现场加工,电焊工须持证上岗,焊缝无裂纹、咬边、气孔等缺陷。

(2) 螺栓固定支架安装。固定支架制作完毕后与柱头预埋铁件通过焊接连接。支架要用铁水平尺找平;经纬仪定准轴线,在螺栓支架顶部拉设细钢丝通线。需用钢尺定位的要用有效期内的标准尺,并用弹簧秤进行拉力控制,在相同距离时要求拉力一致,并由专职人员进行温度、尺长、斜距改正工作。

（3）地脚螺栓领用。地脚螺栓及配件由厂家供应，在领料时应核对型号、数量、尺寸及配件是否齐全，并做好记录。把地脚螺栓及配件上预埋部分的油污清洗掉。将所有的螺栓标高标在锅炉基础图纸上，以方便施工。

（4）地脚螺栓安装。安装时以施工图中的地脚螺栓及支架详图来测定螺栓的顶标高。标高原点统一从控制桩上引测。螺栓定位中心线用经纬仪投射，并拉设细钢丝通线。螺栓安装时要求通过对根部和底部两处测距来控制其垂直偏差不大于 2mm。在测距过程中由专职测量人员负责温度、尺长、斜距改正工作，待达到要求后，立即调整固定钢板。安装完毕后应对上部外露螺栓、螺母用棉布包裹以防浇筑混凝土时污染。

（5）施工过程中的质量保护。在施工过程中要防止螺栓变形、锈蚀，注意保护螺栓、螺帽，不得随意用气焊、电焊烧烤或切割螺栓，但为施工方便，可对下部螺母进行点焊。

7. 混凝土工程施工

（1）浇筑混凝土前的检查工作。

1）检查扣件规格与对拉螺栓、配套和紧固情况。

2）对拉螺栓及支柱的间隙。

3）各种预埋件的规格尺寸、数量、位置及固定情况。

4）模板结构的整体稳定性。

5）插筋是否插好，钢筋保护层垫块是否垫好。

6）混凝土浇灌前，应进行验收，对模板、钢筋及支撑逐项检查，发现问题及时处理。

（2）准备工作。

1）混凝土的浇灌实行挂牌制度，责任到人，以确保混凝土的质量。

2）联系施工用电管理单位，确保电力全天候供应。

3）搅拌站要把搅拌楼、混凝土泵车、罐车等工器具提前充分检修好，以保证混凝土浇灌的正常供应。

4）要确保足够的水泥、砂子、石子等材料，并应符合规范及设计要求。

5）砂、石的含泥量不得超过要求，不得使用过期、受潮的水泥。

6）混凝土浇筑期间建筑工程处、搅拌站要安排值班人员，负责协调现场混凝土浇筑工作。

7）组织好现场施工人员、机械设备等；电工要安装好充足的照明设备；修筑好混凝土罐车的运输道路，并且能满足在雨天时正常运行。

（3）混凝土浇筑程序。

1）基础底板的浇筑采用分层浇筑，并保证上下层不留施工缝，每层混凝土的浇筑厚度控制在 40cm 左右，每层浇筑应从低处开始。

2）短柱混凝土浇筑前，柱底应先铺 50mm 厚同标号砂浆。

（4）混凝土的性能要求。

1）检测中心在施工前做好混凝土的配比工作，并核实所使用水泥性能是否符合设计及规范要求，水泥的出厂时间是否符合要求。施工中要严格按配合比搅拌混凝土。严格控制混凝土的坍落度，必须满足规范规定，不合格产品严禁使用。

2）选择合适的砂、石级配。

3）砂石骨料的含泥量应加以严格控制，不得超过规定的含泥量。

（5）混凝土浇筑期间应注意的问题。

1）加强气象预测、预报工作，掌握天气变化情况，以保证混凝土连续浇筑的顺利进行，确保混凝土的质量。

2）浇筑混凝土时，必须防止混凝土的分层离析，混凝土浇筑时，其自由倾落高度不应超过 2m。

3）搅拌站应严格按实验室提供的配合比进行搅拌，并认真填写混凝土的搅拌记录。建筑工程处现场要做好混凝土浇筑记录，以确保混凝土搅拌质量。在现场做好坍落度试验，如坍落度与原规定不符时，应及时通知检测中心和搅拌站调整配合比。

4）混凝土施工过程中，检测中心应严格按规定提取试样做坍落度试验及试件，并做出混凝土强度报告，做到对混凝土质量的跟踪检查及控制。

5）混凝土浇筑过程中，应及时将浮浆清理出模板外，以保证混凝土的质量。

6）柱顶螺栓外露部分外包塑料布，浇筑混凝土时要控制好混凝土的上升速度，使其均匀上升，同时避免泵管碰撞螺栓支架。

7）为加强混凝土的振捣工作，施工时应分工明确，责任到人，制定相应的奖罚措施，对出现质量问题的个人进行处罚。

（6）混凝土捣固。

1）振捣器的操作，要做到"快插慢拔"。

2）混凝土分层浇筑，在振捣上层时，应插入下层混凝土 5cm 左右，以消除两层之间的接缝，在振捣上层混凝土时，要在下层混凝土初凝之前进行。

3）每一插点振捣时间一般 15～20s，应以混凝土表面不再显著下沉、不冒气泡、表面浮出灰浆为准。

4）振捣器水平移动位置间距不应大于 450mm，振捣棒离开模板 150mm，且尽量避免碰撞钢筋、预埋件等。

（7）混凝土养护、验收。

1）混凝土采用蓄热养护。混凝土浇筑前，侧面模板必须挂草帘子；基础顶面待混凝土终凝后立即覆盖一层塑料薄膜，然后用一层棉被或草帘子覆盖，以形成保温层，利用混凝土硬化过程中释放的热量，来维持基础混凝土本身温度。

2）混凝土的养护工作要设专人日夜三班养护，要经常检查养护情况，及时做好混凝土的养护记录，并根据实际情况随时调整养护措施。

3）在基础中设置测温孔，做好测温工作。养护期间前 3 天每 4h 测温一次，第 4 天以后每 8h 测温一次，当混凝土内外温差小于 10℃时停止测温。在测温的同时，做好测温记录，当混凝土内外温差大于 25℃时，应根据预先设计的方案采取适当的措施，将温差控制在 25℃以内。

（8）混凝土的防腐。0.500m 以下钢筋混凝土构件均需刷环氧煤沥青厚浆型涂料两遍，厚涂层与混凝土黏结力不小于 1.5N/mm。刷抹聚合物砂浆，厚度 5mm。注意承台底部处的桩顶不得粘上涂料。

8. 回填

（1）回填前应将基坑内的积水、淤泥、杂物清理干净。

（2）回填前对需隐蔽的工程进行隐蔽验收。

（3）根据现场情况及施工进度，采用级配砂石分层回填碾压夯实，分层厚度不大于 250mm，压实系数不小于 0.96。

（4）每层虚铺厚度不得大于 350mm，在合适位置标志好回填厚度控制线和回填皮数。

（5）回填时应在基础的两侧同时进行，不得在基础一侧堆置回填料过高。回填从基坑最低处开始。当基础的另一侧不能回填时，能回填的一侧要进行放坡回填，坡度不得小于 1:1.5，每层接缝处应作成斜坡形，上、下层接缝应错开不小于 0.5m。

（6）压实采用机械压实人工配合。振动压路机进行填方压实时，应采用"薄填、慢行、多次"的方法，碾压方向应从两边逐渐压向中间，碾轮每次重叠宽度约 15~25mm，避免漏压。运行中碾轮边距填方边缘应大于 500mm，以防发生溜坡倾倒。边角、边坡边缘压实不到之处，应辅以人力夯或小型夯实机具夯实。打夯前应将填土初步整平，打夯要按一定方向进行，一夯压半夯，夯夯相接，行行相连，两遍纵横交叉，分层夯打。每层压实遍数为 3~4 遍。

（7）回填夯实后应做回填试验，严格执行见证取样制度，每 100~500m² 进行取样一组，每层不少于一组。

（8）回填过程中注意成品保护，严禁损坏基础边角。

9. 锅炉基础工程二次灌浆

（1）2 号锅炉基础工程二次灌浆采用 HSGM 防腐型灌浆料，锅炉基础共有 68 个柱头需进行二次灌浆。二次灌浆厚度设计为 50mm（施工时按照锅炉工程处提供的灌浆申请单要求施工），灌浆顶标高−0.46m（−1.00m）。

（2）施工前准备。

1）灌浆料浇灌施工前，应准备搅拌机具、模板、灌浆设备及养护物品。

2）设备就位调整完后，对已凿毛的混凝土表面进行彻底清扫、对设备底板、地脚螺栓用棉纱将锈、油污等清除干净。地脚螺栓孔中的积水必须清除干净。

3）灌浆前 24h，对混凝土基础表面洒水以保持湿润状态，但表面不得有积水，混凝土清理完后，周围支上模板。模板应牢固，所有的缝隙要进行密封（特别是模板与混凝土之间），以避免灌浆料漏出。

（3）基础处理及支模。

1）钢架柱基板就位调整完后，对已经凿毛的混凝土表面的粉尘、杂物等彻底清扫，对柱底板、地脚螺栓用棉纱将锈、油污等清除干净。

2）浇灌前，对混凝土表面洒水湿润 24h，但表面不得有积水。

3）混凝土清理完后，周围用木胶合板做模板，周围用方木进行加固。所有的缝隙要用双面胶带或海绵条等密封（特别是模板与混凝土之间），以避免漏浆。

4）模板高度应高出设备底板底面或要求灌浆高度 30mm。

（4）搅拌。

1）灌浆料采用手电钻式搅拌器（电钻功率大于 100W），搅拌桶为金属制成（直径 150mm、高度 250mm），搅拌时先将水及少许灌浆料倒入桶内，搅拌 30s 左右，将剩余的灌浆料倒入桶内，总搅拌时间为 3~5min。搅拌时上下左右移动搅拌器，以使桶底和桶壁黏附的料能够充分搅拌，但叶片不要提出浆液面，以免空气被过多带入或造成浪费。

2）搅拌用水宜使用饮用水，水温以 5～35℃为宜。且宜使搅拌好的浆料呈塑性状态（非大流动性）为原则。不可用水量过大或过少。对用水量现场要有量筒进行计量。

（5）浇筑。

1）灌浆料应尽量从一侧浇入，以利排出底板与混凝土之间的空气，使灌浆充实。严禁浇筑的同时用竹片、铁片等工具进行插捣和引流，以免产生气泡。

2）灌浆开始后，必须连续浇筑，不能间断，尽可能缩短灌浆时间。

3）灌浆至拆模期间所浇筑的台板不能振动，以免损坏未凝结的灌浆层。

4）灌浆层表面若有泌水现象，可布撒灌浆料干料，以吸干水分。

5）浇灌时应按照规定留置试块。

6）明确责任制。每道工序安排专人负责，并做好施工记录。

7）灌浆期间锅炉工程处要安排专人现场监督。

8）因目前处于雨季，要做好浇灌过程中防雨物资的准备。

（6）收浆。灌浆料的初凝时间约为 2～4h，终凝时间为 4～8h。必须在初凝后即对暴露在空气中的灌浆层表面进行收浆，收浆后需进行养护。

（7）养护。收浆后应立即加盖湿润的麻袋片覆盖。终凝后对灌浆层进行浇水养护，要使麻袋片始终处于湿润状态，养护期不小于 7 天。

二、锅炉基础施工案例二

（一）施工方案

基础施工从固定端向扩建端进行施工，先施工锅炉承台及基础梁，然后短柱施工。水平施工缝分别设在承台顶面和基础梁 1/3 处。

施工方案采用：钢筋采用钢筋厂集中加工，现场绑扎成形的方案，运输采用拖拉机挂长板车运输；模板采用组合钢模板或大木模板，对拉螺栓和脚手管联合加固的施工方案；混凝土采用搅拌站集中供应混凝土，罐车运输，泵车浇筑的方案，采取周边基础汽车泵浇筑，中间基础布置泵管浇筑的原则；柱头螺栓采用钢架加固的施工方案。

（二）施工工艺流程

锅炉基础施工作业顺序为铺碎石垫层→垫层浇筑→放线及验收→基础钢筋制作及绑扎→钢筋验收→承台及地梁模板支设（包括固定埋铁）→模板验收→浇筑混凝土→混凝土养护→拆模→固定螺栓支架安装预埋螺栓→短柱模板支设→模板验收→浇筑混凝土→混凝土养护→拆模→混凝土工程验收→基础交安。

（三）施工方法及要求

1. 引测定位线

施工中，基础根据方格控制网的控制点，利用全站仪或经纬仪放出主厂房基础各轴线和标高线，该线要经过四级验收。同时，这些线为基础施工的基准线，并且也是后部施工的基准线，基础轴线和标高要加以保护。

2. 锅炉基础垫层施工

桩头处理完成后，将桩头附近，垫层尺寸周围土石夯实后，进行铺碎石垫层，垫层高100mm，且各边由基础外伸 200mm。碎石铺完后支钢模浇筑垫层混凝土，要求垫层顶标高等于设计基础底标高，垫层高 100mm，且各边由基础外伸 100mm，垫层浇筑完成后，由测量人员放出基础轴线，开始基础承台及基础梁施工。

3. 钢筋工程

钢筋采用钢筋场制作，现场绑扎成形的施工方案。为保证施工现场的安全文明施工，运料随运随绑，减少占地面积，若不能及时绑扎时应分类码放整齐、标识清楚。钢筋接头：Ⅰ级钢筋均采用绑扎接头；Ⅱ级钢筋，$\phi 25$ 以下钢筋采用在钢筋厂对焊和现场搭接相结合，$\phi 25$、$\phi 28$、$\phi 32$、$\phi 36$ 采用直螺纹套筒连接和在钢筋加工场采用闪光对焊接头。

钢筋进场要有出厂质量证明书或试验报告单，钢筋表面或每捆（盘）钢筋均应有标志。进厂时应按炉批号及直径分批检验。检验内容包括查标志、外观检查，并应按抽样标准以同一牌号、同一炉批号、同一规格、同一交货状态，60t 为一批（不足者也为一批），从不同捆（盘）中（取样时钢筋两端 500mm 不能作试样）截取 6 根钢筋，进行复试，合格后才能标明状态使用。

钢筋在存放过程中，不得损坏标志，并应按批分岛分别堆放整齐，状态标识清楚，采取覆盖措施，预防带泥、锈蚀或油污。

钢筋的级别、种类和直径应按设计要求使用。当需代换时，应征得设计单位的同意，并履行正常手续。

碰焊接头制作前，要进行试焊，试验合格后方可进行大批量制作，制作完成后，首先对每批抽 10% 且不少于 10 个进行外观检查，并按分部工程每 300 个接头取一组（不足 300 个接头也取一组）试样进行试验，合格后方可运至现场使用。

钢筋翻样：严格按照施工图、施工规范并结合实际经验进行翻样；翻样工作要本着合理、省料的原则进行；翻样完成后，要进行严格自检，确保钢筋品种、规格和尺寸正确，数量齐全。翻样单必须经主管技术人员和技术负责人审核后方可进行加工。

钢筋制作：制作要严格按照钢筋翻样单加工，要求品种、规格、尺寸正确，数量齐全，对于特殊角度的规格尤其要严格控制。钢筋应平直，无局部曲折。钢筋的表面应洁净、无损伤、油渍、漆污和铁锈等，否则应在使用前清除干净。带有颗粒状或片状老锈的钢筋不得使用。

钢筋制作完成后要进行严格自检，并做好钢筋跟踪管理台账记录，加工不合格的钢筋不得进入现场。制成后的成品钢筋分类码放整齐，并且要明确挂牌。根据现场需要运至现场进行绑扎。

钢筋绑扎：顺序为先绑基础底部钢筋和基础梁钢筋，然后再绑短柱钢筋，最后统一立模。绑扎前，先根据施工图的钢筋间距划好线，然后再进行绑扎。绑扎的钢筋要求横平、竖直，规格、数量、位置、间距正确。绑扎不得有缺扣、松扣现象。钢筋网片相邻扣要互相交错，不能全部朝一个方向，这样防止顺偏。钢筋保护层采用预制的水泥砂浆保护层垫块，垫块用与混凝土配合比相同的水泥砂浆制成，并预埋好绑丝，绑在钢筋上，每间隔 600mm 垫一块。短柱钢筋固定采用在基础承台顶模板上用上下两道箍筋固定，保证插筋位置准确；绑柱钢筋采用搭脚手架进行，严禁踩踏箍筋及对拉螺栓进行绑扎。绑扎柱箍筋及基础梁箍筋时，应保持箍筋和主筋垂直设置，箍筋弯钩叠合处沿受力钢筋方向错开设置。钢筋绑扎完成后，严格按照验收标准进行自检，并做好自检记录。经施工队质量员一级验收完全合格后方可进行二级报验。

钢筋绑扎顺序为承台横向筋→承台纵向筋→地梁纵向筋→地梁箍筋→短柱插筋→短柱箍筋。

需要注意事项如下：

（1）在浇筑混凝土时需要将预留插筋在混凝土面以上 500mm 范围内用塑料布包好，防止污染钢筋。

（2）钢筋绑扎接头一定要保证搭接长度，套管连接要保证丝口拧紧确保接头质量。

（3）基础钢筋接头位置保证 50％错开，且尽量避免在地梁中部有接头。

（4）钢筋加工质量一定要保证误差在允许范围之内，特别是短柱及地梁的箍筋尺寸。受力钢筋长度误差±10mm，箍筋内净尺寸误差±5mm。

4. 预埋螺栓工程

锅炉上部结构为钢结构体系，钢结构体系的钢柱与基础柱的连接均采用预埋地脚螺栓连接。

施工时采用地脚螺栓固定架固定直埋地脚螺栓的方法。即在基础承台顶面埋设固定地脚螺栓固定架用的铁件，然后把固定预埋地脚螺栓的固定架焊在铁件上，再把地脚螺栓固定在螺栓固定架上。

锅炉直埋地脚螺栓施工：

（1）地脚螺栓固定支架由厂家提供，支架数量 48 个（单机）。

（2）直埋螺栓安装工艺。

1）承台混凝土浇筑时将固定外支架的铁件埋设好，位置考虑支架受力和短柱模板安装空间，弹出支架安装中心线。

2）将竖向支架焊在埋件上，做到位置准确，支架垂直。当螺栓底面高程低于承台顶面高程时，应先把承台上层钢筋切断，待支架及螺栓调整固定完毕后，再对钢筋进行坡口焊补接。

3）复测水平标高。

4）水平横梁提前制作拼装好，人工就位找正安装于竖向支架上。

5）将钢板放于横梁上，将螺栓带螺母吊挂于横梁钢板上，利用整体轴线钢丝找正，将钢板焊接于横梁上，利用螺母调节螺栓顶标高。

6）螺栓底部用带眼槽钢加固，焊接于钢架立柱来控制其垂直度。

7）当螺栓顶部标高调好后，用定位板再次调整螺栓垂直度，调好后将螺栓点焊在定位板上。

8）最后利用经纬仪，水准仪进行螺栓位置及标高的检查验收，合格后进行混凝土浇筑。

（3）施工要点。

1）测量控制，水平测量控制严格按主厂房控制桩整体控制。标高控制从一个控制点引出标高，确定螺栓顶标高，验收使用精度高的水准仪测量。

2）考虑混凝土的竖向收缩，安装螺栓时，顶标高比设计标高高 5mm。因基础为独立基础，水平方向混凝土收缩不考虑。

3）螺栓支架与模板体系分开，防止混凝土浇筑时模板的振动及变形对螺栓的影响。

4）将外露螺栓涂一层黄油，并用布包严。防止螺栓在打混凝土过程中粘混凝土，导致丝扣受损。

5. 模板工程

模板采用定型组合钢模板或木模板，钢模板连接采用 50mm×50mm 木方，局部采用木模拼装的施工方案。模板固定采用 φ14 对拉螺栓，底部三层间距 450mm，上部间距 600mm，

用 $\phi48 \times 3.5mm$ 脚手管做围檩共同加固。钢模板上不得开孔，需要开孔穿对拉螺栓的尽量设在模板之间的木方上。支模分两次进行，第一次为基础承台、地梁部分，第二次为短柱部分。

模板准备：先派人到模板场，认真处理模板并挑选出施工用模板。首先对模板进行抛光、调平、刷轻机油，保证涂刷不可过厚，要均匀。刨光要做到抛出钢模板的本色，表面光洁，平整度一定要好，保证小于1mm。挑选模板要选出同一厂家的模板并检查模板肋齐全、板眼一致，分堆码放，便于控制其用于同一基础中，有利于控制组合钢模板拼缝的严密度和平整度。

模板施工前，先根据施工图纸划好配模图，根据配模图设专人二次挑出模板放于基础一侧，需木模的，配好木模，木模表面要刨光，并刷清漆，支模时模板不可乱用，做到模板与基础一一对应。

基础及地梁模板支设：在垫层上放出主轴线→根据主轴线用墨斗弹出模板边线→根据边线立一面模板并用U形卡卡牢→将内楞与模板绑牢→穿对拉螺栓→固定预埋铁→立另一面模板并用U形卡卡牢→将内楞与模板绑好→穿对拉螺栓→安装模板外楞并将对拉螺栓拧紧。当地梁与基础连接时，基础侧面模板要预留孔洞用转角模板或木模板与地梁模板连接。基础承台支模采用对拉螺栓和脚手管围檩共同加固，脚手管外用对拉螺栓垫板，双垫板背靠背叠放，外拧两个螺母。为防止对拉螺栓漏出混凝土表面，对拉螺栓内设挡，穿圆皮垫块，拆模后把螺栓从螺母中拧出把皮垫块从混凝土中取出，用与混凝土同配合比的水泥砂浆封堵缺口。

短柱模板支设：在承台顶面定出模板边线及螺栓支架边线→根据边线固定螺栓支架→螺栓就位→立一面模板并用U形卡卡牢→将内楞与模板绑牢→立另一面模板并用U形卡卡牢→将内楞与模板绑好→安装模板外楞→模板最终加固→螺栓最终定位。短柱支模采用搭脚手架与脚手管围檩连为一体的固定方法。短柱上下卡两道钢管箍加以固定，对于顶面面积较大的基础，脚手管斜撑可以直接搭在基础顶面，顶面插钢筋头作地锚，对于面积较小的基础，斜撑撑在地面上，地面打钢管地锚。

对于采用木模施工，首先拼装好与基础一一对应的模板，拼装缝隙、错台过大的在封模之前刨平，内楞采用 $50mm \times 100mm$ 木方，竖向间距600mm，横向围楞采用双钢管，间距450mm。对拉螺栓、挡板及皮垫块的具体要求与钢模板相同。模板之间连接板的钉子不得超过模板内表面。

模板施工注意事项：

(1) 垫层施工一定要平，若平整度不够，支模以前要用砂浆找平模板底脚。

(2) 为防止模板底角发生偏移，模板外侧采用脚手管支撑在地面上做地锚进行加固。为防止模板涨模，在模板侧面垂直方向设两道斜撑进行加固。

(3) 为防止模板缝漏浆，在模板底角用水泥砂浆封堵，模板拼缝间加海绵条。

(4) 在混凝土浇筑前，清理干净模板内灰尘及杂物，对于模板所粘灰尘，用棉布擦干净。

(5) 在混凝土浇筑过程中，要有人负责，有人监督，随时擦干净上部被砂浆污染的模板面。

(6) 对拉螺栓和垫块的加工精度要严格检查，确保基础的外形尺寸。

（7）模板接缝要多打 U 形卡，尽可能做到每个眼都打上；加固模板要多设钩头螺栓，保证模板面平整。

模板拆除时，应在混凝土强度能保证其表面及棱角不因拆除模板而受损时方可进行。拆模不可整片拆下，应按照先支后拆从上到下顺序拆除。

6. 混凝土工程

混凝土施工采用搅拌站集中搅拌，罐车运输，汽车泵浇筑的施工方案。

混凝土施工前，对水泥、砂、石及外加剂等材料进行试验，合格后方可进行施工。混凝土配合比必须经过试配后给出。混凝土搅拌前对计量器具进行检验合格后方可搅拌，搅拌严格按配合比进行，外加剂不得错放、少放、漏放。

混凝土浇筑前，必须先清理模板内的杂物，并对模板、钢筋工程进行检查，并经四级验收合格后方可浇筑混凝土。

混凝土输送泵管线应平直，转弯缓，接头严密。泵送前先用与混凝土配比相同的水泥砂浆润滑管道，泵车料斗内要有足够的混凝土，防止吸入空气堵管。混凝土坍落度控制在 120～160，每 100m³ 取一组试块。混凝土浇筑应分层进行，分层厚度为 500mm，混凝土振捣密实，振捣棒插入下层 50mm，以接合密实。浇筑时，应设专人监护模板、钢筋变化，禁止振捣棒、泵管直接冲击模板、埋件和钢筋，如发现变形、移动时，立即停止浇筑，并在已浇筑的混凝土初凝前修好。对于混凝土出现的泌水，在浇筑过程中可使水向低洼处流去用小桶将水提出，在浇筑完毕后先用靠尺将表面刮平将多余的泌水排出，用木抹子将表面压实。

浇筑第二层和第三层承台时，应与下一层承台混凝土浇筑完时间错开 1.5h 左右，防止混凝土向上翻。混凝土施工缝设置在基础承台顶面，其他位置不得随意留置施工缝。浇筑柱头混凝土前，应先将施工缝进行处理，剔除表面浮浆，露出部分石子，并清理干净，用水浸润不少于 24h，浇筑时先铺 50mm 厚与混凝土同标号的水泥砂浆。浇筑混凝土之前必须先把顶面标高标注在模板内侧，以便浇筑时控制高程。

为避免混凝土表面出现裂缝，基础各承台面和基础顶面，在混凝土初凝后用木抹子抹 3～5 遍，再用铁抹子压光，用潮湿的草帘子覆盖并浇水养护。混凝土养护采用覆盖塑料布保湿覆盖麻袋片或草帘子保温并浇水养护，养护时间不少于 14 天。承台在浇筑混凝土之前埋设测温导线，分别布置在顶部、中部和底部。

降低混凝土水化热的措施：控制配合比水泥用量、坍落度、外加剂的品种；根据试验掺加部分粉煤灰，代替部分水泥；控制原材料的含泥量；混凝土的浇筑方法的选择；混凝土浇筑后的养护；施工时温度和速度的控制。

（1）混凝土原材料。水泥选用普通硅酸盐水泥。砂子宜选用中砂控制其含泥量不得大于 2%。石子宜选用大粒径石子，以 5～40mm 为宜，控制其含泥量不得大于 1%，同时控制石子形状，尽量减少针片状和超规石子。

（2）混凝土搅拌。必须严格按配合比进行配料，尽量减少投料误差，确保足够搅拌时间。尽量降低混凝土出机温度（通过降低砂、石、水泥的入机温度来控制），尽量避免投料时夹带泥土。

（3）混凝土运输。混凝土的运输一定要及时。运输和停放时防止太阳直射。

（4）混凝土浇筑。控制入模温度，减少冷量损失，同时加快浇筑速度，使浇筑工作尽快完成；同时对泵管进行保温处理。浇筑时应从多点浇筑，振捣密实均匀，以确保混凝土均匀密实，增强其抗拉强度。搅拌车在卸料前，要求混凝土在泵车内高速运转，确保放料时混凝土质量均匀，同时在浇筑时以一个坡度循序推进，一次到顶的浇筑方法。这样即可减少混凝土外露面面积，又便于排放大量泌水，有利于提高混凝土质量和抗裂性。

（5）混凝土养护。混凝土养护采用毛毡覆盖和塑料布包裹的方式，在模板安装验收好并在混凝土浇筑之前用塑料布包裹模板的外侧，防止混凝土表面散热过快，在混凝土浇筑完毕后在表面覆盖毛毡做好混凝土的保温保湿养护，缓凝降温，充分发挥徐变特征，减低温度应力。在混凝土强度未达到设计要求强度前不得进行外界强力冲压，以确保其在正常情况下养护。

（四）质量通病预防

质量通病及预防措施见表 10-1。

表 10-1　　　　　　　　　　　　　质量通病及预防措施

质量通病		预 防 措 施
钢筋	钢筋原材不合格	进厂抽样试验，合格后方可使用
	焊接接头不合格	(1) 焊工持证上岗； (2) 加强外观检查； (3) 按规范抽样力学实验
	钢筋现场安装不合格	(1) 对操作工交底，熟悉图纸要求； (2) 根据图纸检查钢筋的钢号、直径、根数、间距； (3) 检查钢筋接头的位置及搭接长度； (4) 检查混凝土保护层和绑扎是否牢固
预埋件及螺栓	预埋件不平整	(1) 加工采用切板机或切割机下料；焊接时，采用多次成型、路焊等方法焊接控制焊接变形；加工完的埋件，采用调直机调直板、角钢埋件的平整度和弯曲度； (2) 安装时用螺栓将埋件固定在模板上，将螺栓拧紧，并采用 50mm 见方竹胶合板中间打孔做垫片，减少模板变形；封模后检查螺栓模板外的外露长度，以确保每一块埋件与模板的紧贴
	预埋件及螺栓位置及标高不准	(1) 控制模板上打孔位置端正保证埋件位置标高正确； (2) 螺栓采用型钢固定，浇筑前检测合格； (3) 浇筑过程中跟踪检测预埋件及螺栓的位置并及时纠偏； (4) 振捣棒避免直接接触及预埋件及螺栓
混凝土	混凝土表面蜂窝麻面、漏筋、孔洞、缝隙、缺棱掉角	(1) 提高混凝土的生产质量，配比计量准确，搅拌均匀； (2) 模板拼缝严密，缝隙加海绵条，模板底采用水泥砂浆勾缝； (3) 振捣密实； (4) 浇筑前，将杂物清除干净，按规范进行施工缝处理，保持接触面良好； (5) 保护好钢筋保护层垫块； (6) 充分养护，强度达到要求后再拆模

续表

质量通病		预 防 措 施
混凝土	混凝土外形变形，尺寸不准，色泽不一致	(1) 模板安装牢固，尺寸准确，强度和刚度不足要加固； (2) 混凝土浇筑控制好下料方式和速度； (3) 混凝土配合比进行优化，混凝土搅拌时严格计量及校验，并保证混凝土连续施工
	混凝土强度不够	(1) 控制原材料尤其是水泥、混凝土外加剂的进货质量合格；砂石料严格控制含泥量及石粉含量，同一结构层的混凝土选用相同粒径的砂石料，严格控制水灰比及坍落度； (2) 提高混凝土的生产质量，配比计量准确，搅拌均匀； (3) 振捣密实，混凝土离板时及时采取措施； (4) 养护措施得当，养护到位
	混凝土裂缝	养护措施得当，养护到位，减少温度裂缝

三、锅炉基础地脚螺栓施工案例

1. 螺栓固定架设计

由于锅炉基础柱头设计高低不等，为避免在锅炉基础柱头上留施工缝对结构造成危害，根据锅炉基础柱头的大小，高度及螺栓长度的不同，施工时 68 个柱头分别采取三种不同的形式对不同的地脚螺栓进行固定。

(1) 形式一：外置固定架。

适用于 53 个柱头，这些柱头断面不大，高度大于地脚螺栓伸入柱头长度。所以全部采用外架加固方案。外架立柱采用∟16槽钢，柱段每个角外侧各有一根立柱，垂直横担地脚螺栓的横梁的方向，每侧各在中间加一根立柱，立柱内侧离柱头混凝土面250mm，用以保证模板支设和加固。立柱顶面焊接 6 根横梁，其中 4 根横梁将 6 根立柱顶面连成一个正方形，另外两根横梁直接固定在螺栓的中心线上，每两根螺栓用其中 1 根横梁固定。横梁为∟14槽钢，横梁开口向下放置，底面距柱头顶面5cm，用于保证混凝土施工振捣、抹面、凿毛。立柱侧面用槽钢加固。

柱头内螺栓底脚和锚固板离承台顶面比较高，为了保证混凝土施工地脚螺栓不偏移，采用角钢做成内固定架对螺栓底脚进行加固，内固定架的形式类同于外固定架，不同之处是外固定架固定螺栓顶面，顶面用 4 个精调螺栓调节螺栓位置，内脚固定架顶面为锚固板底面，用两个角钢背对背将地脚螺栓加紧，使其混凝土施工时不致移动。

(2) 形式二：外置固定架。

适用于 10 个柱头，这 10 个柱头断面都比较大，所以在加固形式上比形式一多两根立柱。

(3) 形式三：内外固定架。

适用于除形式一和形式二中柱段以外的 5 个柱段。这 5 个柱段长度短于地脚螺栓长度。地脚螺栓需要插入承台内，加固架比较低，所以采用内加固架形式。

2. 施工工艺流程（见图 10-1）

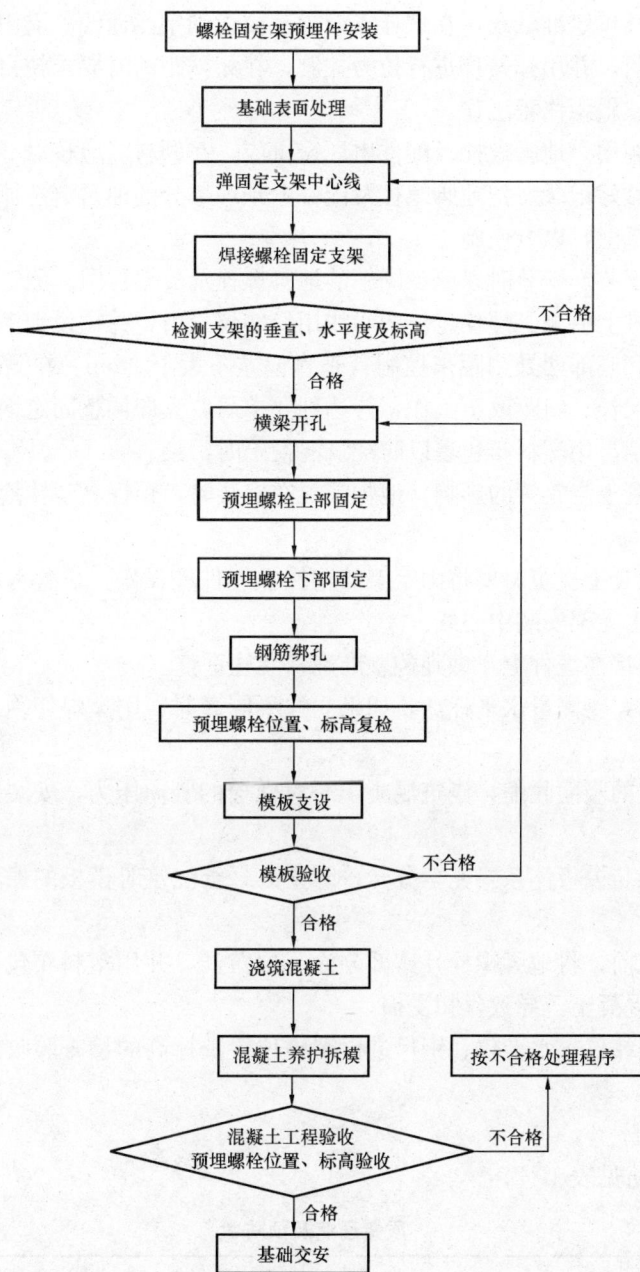

```
                    螺栓固定架预埋件安装
                           │
                       基础表面处理
                           │
                     弹固定支架中心线 ◄──────────┐
                           │                     │
                     焊接螺栓固定支架              │
                           │                     │
              ┌────────────┴────────────┐  不合格 │
              │  检测支架的垂直、水平度及标高 ├───────┘
              └────────────┬────────────┘
                         合格│
                       横梁开孔 ◄──────────┐
                           │                │
                     预埋螺栓上部固定          │
                           │                │
                     预埋螺栓下部固定          │
                           │                │
                       钢筋绑孔              │
                           │                │
                  预埋螺栓位置、标高复检        │
                           │                │
                       模板支设              │
                           │                │
              ┌────────────┴────┐  不合格     │
              │     模板验收      ├───────────┘
              └────────────┬────┘
                         合格│
                       浇筑混凝土
                           │
                     混凝土养护拆模          按不合格处理程序
                           │
              ┌────────────┴────────────┐  不合格
              │     混凝土工程验收          ├──────────
              │  预埋螺栓位置、标高验收       │
              └────────────┬────────────┘
                         合格│
                       基础交安
```

图 10-1 施工工艺流程

3. 施工方法及要求

（1）螺栓固定支架制作。制作前认真对照锅炉基础施工图和地脚螺栓图中的螺栓位置、型号，包括柱底板全部进行核对。然后绘制固定架制作图，根据制作图下料、制作。在基础承台混凝土施工时，在顶面预埋螺栓固定架生根用的埋件。固定架顶部螺栓定位孔处安装四个螺母以便调整螺栓的位置。所有构件采用现场加工，电焊工须持证上岗，焊缝无裂纹、咬边、气孔等缺陷。

（2）螺栓固定架安装。固定架制作完毕后与柱头预埋铁件通过焊接连接。固定架横梁要用水平尺找平，经纬仪定准轴线，在螺栓支架顶部拉设细钢丝通线。需用钢尺定位的要用在鉴定有效期内的钢尺，并用弹簧秤进行拉力控制，在相同距离时要求拉力一致，并由专职人员进行温度、尺长、斜距修正工作。

（3）地脚螺栓领用。地脚螺栓及配件由厂家供应，在领料时应核对型号、数量、尺寸及配件是否齐全，并做好记录。把地脚螺栓及配件上预埋部分的油污清洗掉。将所有的螺栓标高标在锅炉基础图纸上，以方便施工。

（4）地脚螺栓安装。安装时以施工图中的地脚螺栓及支架详图来测定螺栓的顶标高。标高原点统一从控制桩上引测。螺栓定位中心线用经纬仪投射，并拉设细钢丝通线。螺栓安装时要求通过对顶部和底部两处测距来控制其垂直偏差不大于 2mm。在测距过程中由专职测量人员负责温度、尺长、斜距改正工作，待达到要求后，立即调整固定钢板。安装完毕后应对上部外露螺栓、螺母用塑料布包裹以防浇筑混凝土时污染。

考虑到下步混凝土浇筑等的影响，地脚螺栓在安装时，顶标高整体抬高 3mm。

（5）施工要点。

1）基础承台混凝土浇筑时要将固定架的连接预埋件埋设好，位置考虑支架受力和短柱模板安装空间。弹出支架安装中心线。

2）将竖向支架焊在埋件上，做到位置准确，立柱垂直。

3）横梁焊接前，要测量水平标高，如果立柱不同高时，用火焊切割立柱找平并打磨整齐后焊接横梁。

4）考虑混凝土的竖向收缩，浇筑混凝土时对螺栓的竖向压力，安装螺栓时，顶标高抬高 5mm。

5）螺栓固定架与模板体系要完全分开，防止混凝土浇筑时模板的振动及变形对螺栓的影响。

6）混凝土浇筑前，将地脚螺栓外露部分涂一层黄油，并用塑料布包严。防止螺栓在浇筑混凝土过程中黏混凝土，导致丝扣受损。

7）最后利用经纬仪、水准仪、钢尺进行螺栓位置及标高的检查验收，合格后进行混凝土浇筑。

4. 质量通病预防

质量通病及预防见表 10-2。

表 10-2　　　　　　　　　　　　　　　　质量通病及预防

质量通病	预防措施
预埋螺栓固定支架安装焊接歪斜、移位	（1）支架采用切割机下料，焊接时，采用多次成型等方法焊接控制焊接变形； （2）安装前预先在基础面弹线，固定架焊接过程用线坠确定，经纬仪复测安装位置； （3）钢筋绑扎后重新复线，封模后检查是否移位； （4）施工过程中严禁以支架做固定受力点； （5）浇筑过程中跟踪检测螺栓固定支架的位置并及时纠偏； （6）振捣棒避免直接接触预埋螺栓及螺栓固定支架
预埋螺栓固定支架标高不准确	（1）螺栓固定后用水准仪检测标高； （2）钢筋绑扎及浇筑过程中严禁碰撞固定支架

续表

质量通病	预 防 措 施
预埋螺栓位置及标高不准	（1）固定支架上打孔位置端正保证埋件位置及标高正确，表面绝对水平； （2）固定支架采用型钢固定，浇筑前检测合格； （3）固定螺栓必须拧紧； （4）浇筑过程中跟踪检测螺栓固定支架的位置并及时纠偏； （5）振捣棒避免直接接触预埋螺栓及螺栓固定支架
预埋螺栓表面污染及损坏	（1）螺栓绑扎好后及时涂上黄油，并用布包好； （2）避免所有物件碰撞螺栓保护层； （3）施工完后及时安装套筒保护

第三节　锅炉零米沟道及附属设备基础等施工

一、锅炉零米沟道及附属设备基础案例

基础分为钢筋混凝土基础及素混凝土基础，沟道及设备基础、地梁等一次施工到顶，设备基础、地梁施工完以后及时进行防腐和回填。

基础使用木胶板大模板，采用内拉外支法（内部使用对拉螺栓，外部使用方木和钢管）进行加固，支撑采用 $\phi48\times3.5$mm 钢管。

钢筋在钢筋场制作现场绑扎，钢筋接头采用绑扎。混凝土采用搅拌站集中搅拌，罐车运输，混凝土泵车布料。混凝土表面覆盖二层棉毡一层塑料薄膜养护，养护时间不少于7天。

施工顺序为定位放线→土方开挖→人工清理地基→浇筑垫层→垫层防腐→基础放线→钢筋绑扎→模板安装→混凝土浇筑→养护→拆模→防腐→回填。

1. 施工准备

（1）熟悉图纸并将发现问题提交有关部门进行图纸会审，提前解决图纸中影响施工的问题。

（2）按图纸及设计变更及时做好材料计划，备好各种原材料及措施性材料。

（3）编写施工作业指导书及工程质量检验计划，进行施工前的技术及安全交底。

（4）做好工具、器具、机械的校验、检修工作，以确保施工期间机械能正常运行。

（5）根据实际工期进行水泥、砂子、石子的备料，保证施工期间混凝土的正常供应。

（6）会同搅拌站做好施工道路的准备工作，确定泵车的支车地点等工作。

（7）布置施工用水、施工用电，确保施工期间的用水、用电正常。

2. 定位放线

轴线采用 SET210 型全站仪进行测放，过程加密控制桩采用 J2 经纬仪进行。标高用 S3 级水准仪从 1 号控制桩引测。

3. 土方工程

较小基础土方开挖采用人工开挖，沟道等大型基础采用机械挖土。弃土必须及时运出，在基坑边缘上严禁堆土和堆放材料。弃土应按照指定地点进行弃土，并及时用装载机进行平

整，严禁随意弃土，并安排专人对运土道路进行清理。

4. 回填

(1) 回填前应将基坑内的积水、淤泥、杂物清理干净。

(2) 回填前对需隐蔽的工程进行隐蔽验收。

(3) 根据现场情况及施工进度，采用塘渣分层回填碾压夯实，分层厚度不大于 250mm，压实系数不小于 0.96。

(4) 每层虚铺厚度不得大于 250mm，在合适位置标志好回填厚度控制线和回填皮数。

(5) 打夯前应将填土初步整平，打夯要按一定方向进行，一夯压半夯，夯夯相接，行行相连，两遍纵横交叉，分层夯打。每层压实遍数为 3～4 遍。

(6) 回填夯实后应做回填试验，严格执行见证取样制度，每层 20～50m² 进行取样一组，每层不少于一组。

(7) 回填过程中注意成品保护，严禁损坏基础边角。

5. 垫层施工

(1) 设备基础及沟道垫层为 C15。

(2) 垫层每边按要求要比基础宽至少 100mm，以保证模板施工的要求。

(3) 垫层施工时必须清理地基处理上污泥、垃圾。

6. 细部放线与高程控制

(1) 用的经纬仪、水准仪、钢尺要经校核合格且在有效期内。

(2) 根据基础、沟道轴线放出中心线并测设在基础垫层上，以红油漆标在垫层上，沿基础边弹上墨线，每条轴线均应双向控制，以便校核。

(3) 在同一行、同一列上基础施工时，应以钢尺复核其模板外口的平齐程度及相互间的距离。

7. 钢筋工程

(1) 准备工作。

1) 所用施工材料必须有齐全的质量保证书。检查钢材等材料的出厂合格证及钢筋抗拉试验报告单，并保证材料的可追溯性。

2) 检查钢筋品种、质量、规格、数量是否满足施工要求，是否符合设计要求。

3) 准备绑扎用的铁丝、绑扎工具、绑扎架及控制混凝土保护层用的水泥砂浆垫块。

(2) 钢筋制作与绑扎。

1) 钢筋接头采用绑扎，钢筋制作要严格按图纸和钢筋翻样表进行，并合理利用材料，尽量降低成本。

2) 钢筋制作完毕，要编号挂牌，分类放置，并要一头齐不能乱放，放置时下部要用木方垫起，以防止污染。

3) 钢筋绑扎前要核对成品钢筋的型号、规格、直径、尺寸和数量是否与料单料牌相符，如有错漏应纠正增补，钢筋表面应平直、洁净，不得有损伤，带有油渍、片状老锈和麻点的钢筋严禁使用。

4) 钢筋绑扎一定要按图纸要求控制好间距，绑扎要牢固不得有松扣缺扣现象。所有主筋均应按设计要求垫好混凝土预制垫块、控制保护层厚度。钢筋的级别、种类、直径应符合设计要求。

8. 模板工程

（1）用水准仪把标高根据实际要求，直接引测到模板安装位置。

（2）按模板配板图拼装，错缝搭接，拼装尺寸准确，安装完毕用经纬仪或线坠校正。

（3）对拉螺栓一定要平直，为保证牢固可靠，对拉螺栓加双螺母固定。对拉螺栓应沿基础高度和水平方向等间距均匀排列，上下对齐。在对拉螺栓两头采用专门加工制作的塑料堵头进行封堵。

（4）模板安装必须牢固可靠，表面平整，拼缝严密不漏浆，中心要准确。

（5）模板支撑必须牢固，加固钢管必须与模板贴紧，所有3型扣件、螺帽必须备齐，拧紧。

（6）使用的模板及其支撑系统必须具有足够的承载能力、刚度和稳定性，能承受新浇筑的自重和侧压力。

（7）为保证混凝土表面光洁，模板在使用前应均匀涂刷模板油，不得污染钢筋。

（8）短柱模板底部应找平，下端与事先做好的定位基准点靠紧垫平，并封闭严密。

（9）支模所设置的水平撑与剪刀撑，按构造与整体稳定性布置。所有模板在使用前应根据对拉螺栓设计的间距提前在后场打孔，一般比设计的对拉螺栓大2mm，多余的毛刺清除掉并用清漆涂刷处理。严禁在现场使用电钻钻眼。

（10）当木胶板模板在进行平面或转角拼接时，为了确保其密闭性能，采用直口对接后在接口处用48mm×100mm木方加固。

（11）基础模板楞木采用48mm×100mm木方外，其余均采用φ48钢管作楞进行固定。其间距不宜大于150mm。所有的模板拼缝必须采用双面胶带处理，防止产生漏浆现象。

（12）模板拆除时采用整装整拆，从上至下依次拆除，拆除时不得硬拉、硬翘等方法，另外还要保护成品混凝土不受损坏。拆除后的模板不得从高处抛扔，必须采取传递的方法进行，轻拿轻放。选择平整的场地进行堆放，拆除多少运输多少，及时清运出施工现场拉至后场进行模板的清理、刷脱模剂工作。一次使用后的模板严禁不清理就进行刷脱模剂使用，严禁在施工现场刷脱模剂。

（13）拆除后的模板因存在钉眼现象，不适合二次使用，因此在维修时钉眼处用橡胶锤敲平，另外采用108胶掺合白水泥、石膏粉做成腻子进行修补，待凝固后，用砂纸轻轻打磨，清理干净，最后刷上清漆防水，使用前刷油处理。

9. 混凝土工程

（1）浇筑混凝土前的检查工作。

1）各种预埋件的规格尺寸、数量、位置及固定情况。

2）模板结构的整体稳定性。

3）钢筋保护层垫块是否垫好。

4）混凝土浇灌前，应进行验收，对模板、钢筋及支撑逐项检查，发现问题及时处理。

（2）准备工作。

1）检测中心在施工前做好混凝土的配比工作，并核实所使用水泥性能是否符合设计及相关规定，水泥的出厂时间是否符合要求。

2）搅拌站要把搅拌楼、混凝土泵车、罐车等工器具提前充分检修好，以保证混凝土浇灌的正常供应。

3）组织好现场施工人员、机械设备等；电工要安装好充足的照明设备；修筑好混凝土罐车的运输道路，并且能满足在雨天时正常运行。

（3）混凝土浇筑期间应注意的问题。

1）加强气象预测预报工作，掌握天气变化情况，保证混凝土连续浇筑的顺利进行及混凝土的质量。

2）浇筑混凝土时，必须防止混凝土的分层离析，混凝土浇筑时，其自由倾落高度不应超过2m。

3）搅拌站应严格按实验室提供的配合比进行搅拌，并认真填写混凝土的搅拌记录。建筑工程处现场要做好混凝土浇筑记录，以确保混凝土搅拌质量。在现场做好坍落度试验，如坍落度与原规定不符时，应及时通知检测中心和搅拌站调整配合比。

4）混凝土施工过程中，检测中心应严格按规定提取试样做坍落度试验及试件，并做出混凝土强度报告，做到对混凝土质量的跟踪检查及控制。

5）混凝土浇筑过程中，应及时将浮浆清理出模板外，以保证混凝土的质量。

6）为加强混凝土的振捣工作，施工时应分工明确，责任到人。

（4）混凝土捣固。

1）振捣器的操作，要做到"快插慢拔"。

2）混凝土分层浇筑，在振捣上层时，应插入下层混凝土5cm左右，以消除两层之间的接缝，在振捣上层混凝土时，要在下层混凝土初凝之前进行。每一插点振捣时间一般15～20s，应以混凝土表面不再显著下沉、不冒气泡、表面浮出灰浆为准。

3）振捣器水平移动位置间距不应大于450mm，振捣棒离开模板150mm，且尽量避免碰撞钢筋、预埋件等。

（5）混凝土养护、验收。

1）混凝土采用蓄热养护。混凝土浇筑前，浇水湿润，基础顶面待混凝土终凝后立即覆盖一层塑料薄膜，形成不透风的围护层。浇水养护不少于7天。

2）混凝土的养护工作要设专人，要经常检查养护情况并根据实际情况随时调整养护措施。

二、锅炉辅机设备基础地脚螺栓安装

为避免在基础柱头上留施工缝对结构造成危害，根据基础柱头的大小，高度及螺栓长度的不同，施工时柱头分别采取三种不同的方法对螺栓进行固定。

方案一：外固定架方案（见图10-2）。

适用于一次风机、送风机支架柱头，共8个柱头。

方案二：内固定架方案（见图10-3）。

适用于引风机支架基础柱头，共43个柱头。

方案三：内外固定架相结合固定方案（见图10-4）。

适用于锅炉电除尘前烟道支架柱头，共30个柱头。

1. 预埋螺栓施工

施工工序为地脚螺栓固定支架制作→地脚螺栓固定支架安装→地脚螺栓安装→验收。

2. 螺栓固定支架制作

制作前认真对照图纸中的螺栓位置、型号进行核对。

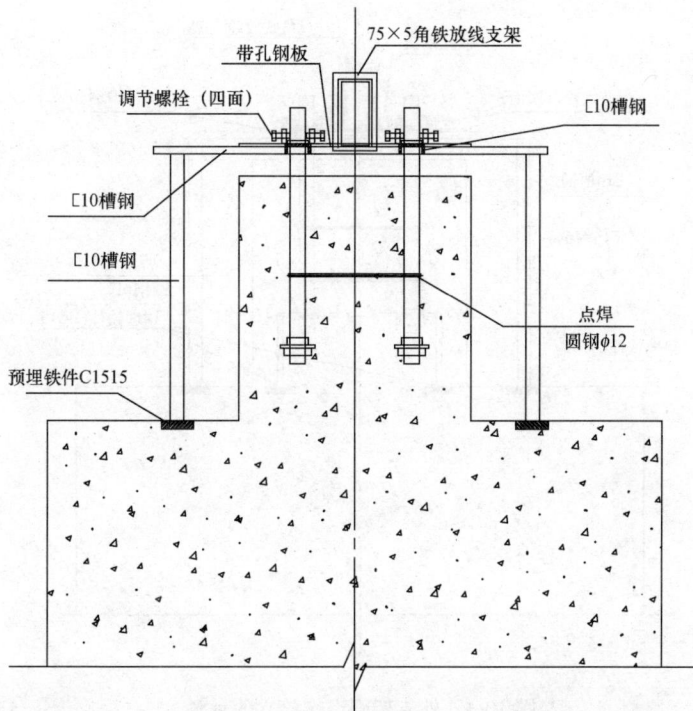

图 10-2 外支架固定螺栓立面示意

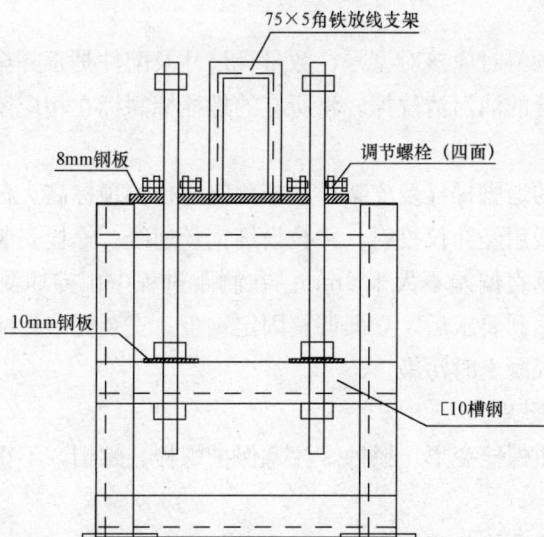

图 10-3 内固定示意

在固定架顶部定位钢板螺栓孔处安装 4 个螺母以便调整螺栓的位置。所有构件采用现场加工，电焊工须持证上岗，焊缝无裂纹、咬边、气孔等缺陷。

3. 螺栓固定支架安装

固定支架制作完毕后与柱头预埋铁件通过焊接连接。支架要用铁水平尺找平；经纬仪定准轴线，在螺栓支架顶部拉设细钢丝通线。需用钢尺定位的要用有效期内的标准尺，并用弹簧秤进行拉力控制，在相同距离时要求拉力一致，并由专职人员进行温度、尺长、斜距改正

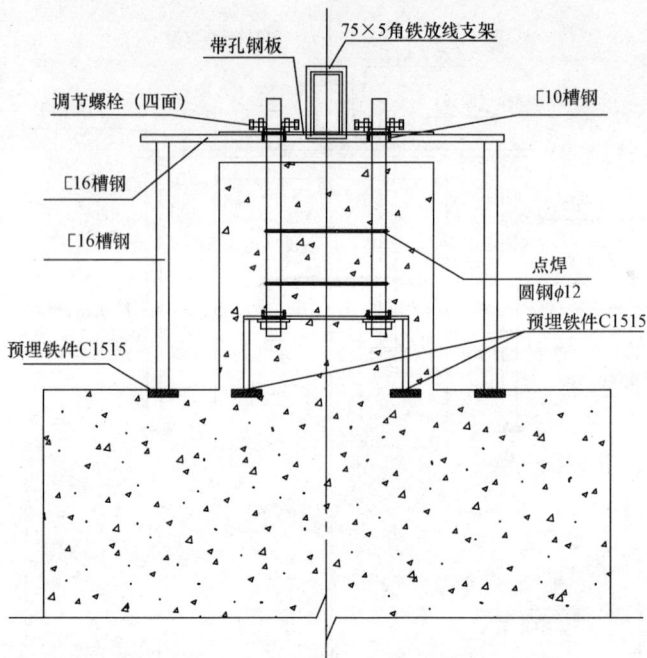

图 10-4　外支架固定螺栓立面示意

工作。

4. 地脚螺栓领用

地脚螺栓及配件在领料时应核对型号、数量、尺寸及配件是否齐全，并做好记录。把地脚螺栓及配件上预埋部分的油污清洗掉。将所有的螺栓标高标在相应图纸上，以方便施工。

5. 地脚螺栓安装

安装时以施工图中的地脚螺栓及支架详图来测定螺栓的顶标高。标高原点统一从控制桩上引测。螺栓定位中心线用经纬仪投射，并拉设细钢丝通线。螺栓安装时要求通过对根部和底部两处测距来控制其垂直偏差不大于 2mm。在测距过程中由专职测量人员负责温度、尺长、斜距改正工作，待达到要求后，立即调整固定钢板。安装完毕后应对上部外露螺栓、螺母用棉布包裹以防浇筑混凝土时污染。

6. 施工过程中的质量保护

在施工过程中要防止螺栓变形、锈蚀，注意保护螺栓、螺帽，不得随意用气焊、电焊烧烤或切割螺栓。

三、干式排渣机及渣仓施工案例

基础施工采用木质胶合板模板，模板外部采用 $\phi 48 \times 3.5$mm 钢管配合对拉螺栓加固。排渣机基础分两次施工，$-0.5 \sim -4.0$m 以下基础底板第一次施工，预留出柱头，-0.5m 以上第二次施工。-0.5m 以上施工前混凝土表面凿毛处理并提前浇水养护 24h。钢筋制作加工一次完成，混凝土采用搅拌站集中搅拌，混凝土浇筑采用泵车和拖泵配合布料、罐车运输。混凝土施工及养护参照大体积混凝土施工方案执行。

具体的施工顺序为基础定位放线→混凝土垫层→基础底板（-0.5m 以下）→柱头及埋件施工（-0.5m 以上）。

1. 施工准备

（1）熟悉图纸进行图纸会审，提前解决图纸中影响施工的问题。

（2）编写施工方案及工程质量检验计划，进行施工前的技术及安全交底。

（3）按图纸备好原材料及措施性材料。

（4）做好工具、器具、机械的校验、检修工作，以确保施工期间能正常运行。

（5）确定泵车及拖泵的支车地点，确保施工道路畅通。

（6）施工用水、施工用电布置到位，确保施工期间的用水、用电正常。

2. 垫层施工

（1）垫层施工前必须清理干净地基上的杂物。

（2）根据轴线位置放垫层边线，每边要确保比基础宽 100mm，以保证模板施工的要求。

（3）垫层为 C15 混凝土，根据平面距离采用拖泵和泵车相结合浇筑。

3. 放线与高程控制

（1）经纬仪、水准仪、钢尺要经校核合格且在有效期内。

（2）根据投设的锅炉线 K2、K3 引出钢带机中心线，用该中心线将底板中心线引测在基础垫层上并放出基础的外边线。

（3）为减少高程误差，由技术人员将附近的建筑高程控制点引测到锅炉基础上。

4. 钢筋工程施工

（1）准备工作。

1）检查钢材等材料的出厂合格证及钢筋抗拉试验报告单，并保证材料的可追溯性。

2）焊前作好焊接机械的调试工作，焊工考试合格后方可进行焊接并及时委托检测中心做钢筋碰焊接头抗弯、抗拉试验。

3）准备绑扎用的铁丝、绑扎工具、绑扎架及控制混凝土保护层用的水泥砂浆垫块。

（2）钢筋制作与绑扎。

1）钢筋严格按图纸翻样。

2）钢筋制作完毕，要编号挂牌，分类放置，放置时下部要用木方垫起，防止污染，运输时不得破坏钢筋标志。

3）钢筋绑扎时要核对钢筋的型号、规格、尺寸和数量是否与料单、料牌相符，如有错漏应纠正增补。钢筋表面应平直、洁净，不得有损伤，带有油渍、片状老锈和麻点的钢筋严禁使用。

4）钢筋绑扎时要按图纸控制好间距，绑扎牢固，不得有松扣缺扣现象。

因为本地地下水对钢筋有着强腐蚀性，施工时要特别注意保护层厚度的留置一定满足设计要求。具体为基础底 100mm、基础侧面及顶面 50mm、短柱 50mm、墙 50mm。

（3）钢筋焊接。

1）钢筋在钢筋场集中碰焊，钢筋接头主要采用闪光对焊，设置在同一构件内的焊接接头应相互错开。在任一焊接接头中心至长度为钢筋直径的 35 倍且不小于 500mm 的区段内，同一根钢筋不得有两个接头。在该区段内有接头的受力钢筋截面面积占受力钢筋截面面积的百分率，受拉区不宜超过 50%，受压区不限制。所有焊件均应有合格焊工操作进行焊接，且焊接试件必须试验合格。钢筋闪光对焊接头每 300 个同类型接头（同钢筋级别，同钢筋直径）作为一批，焊接接头应符合规范要求。

2）钢筋焊接前接头要打磨除锈，以确保钢筋焊接的质量，并按规定由检测中心随机抽样试验，焊头要平直，不能弯曲。

3）柱箍筋必须满足接头处弯折135°，平直段长度按抗震规范设计，且不得少于10倍直径。

5. 模板工程施工

（1）按模板配板图拼装模板，模板要错缝搭接，表面平整，拼缝间贴双面胶带，确保拼缝严密不漏浆，安装完毕用线锤校正垂直度。

（2）基础底板侧模用ϕ12螺杆把两侧模板连接成一个整体，外侧用围楞和斜撑加固。在基础底板四周每隔3m距离用钢管作斜撑，支撑在邻近的基础上，或斜撑用扫地钢管连接。保证模板支撑具有足够的稳定性。

（3）ϕ12对拉螺栓与钢管连接牢固，对拉螺栓加双螺母固定，并逐个检查。

（4）为保证混凝土表面光洁，模板在使用前应均匀涂刷模板油，模板油不得污染钢筋。

6. 混凝土工程施工

（1）浇筑混凝土前的检查工作。

1）检查预埋件位置、标高及固定情况。

2）模板结构的整体稳定性、模板支撑情况。

（2）准备工作。

1）混凝土的浇灌实行挂牌制度，责任到人，以确保混凝土的质量。

2）搅拌站要把搅拌楼、拖泵、罐车等提前检修好，以保证混凝土浇灌的正常供应。

3）要确保有足够的水泥、砂子、石子等材料，并应符合相关规定及设计要求。

4）砂、石的含泥量不得超过规范要求，不得使用过期、受潮的水泥。

5）混凝土浇筑期间各相关部门安排值班人员，负责协调现场混凝土浇筑工作。

6）准备足够的混凝土防水材料。

（3）混凝土浇筑期间应注意的问题。

1）加强气象预报工作，掌握天气变化情况，以保证混凝土连续浇筑的顺利进行，确保混凝土的质量。

2）浇筑混凝土时，必须防止混凝土的分层离析，混凝土浇筑时，其自由倾落高度不应超过2m。搅拌站应严格按实验室提供的配合比进行搅拌，并认真填写混凝土的搅拌记录和混凝土浇筑记录，以确保混凝土浇筑质量。混凝土施工过程中，检测中心应严格按规范提取试样做坍落度试验及试件，并做出混凝土强度报告，做到对混凝土质量的跟踪检查及控制。

3）浇筑混凝土时要控制好混凝土的上升速度，使其均匀上升，同时避免泵管碰撞预埋件及螺栓。

4）为加强混凝土的振捣工作，施工时应分工明确，责任到人，制定相应的奖罚措施。

（4）混凝土振捣。

1）振捣器的操作，要做到"快插慢拔"。

2）混凝土分层浇筑，在振捣上层时，应插入下层混凝土5cm左右，以消除两层之间的接缝，在振捣上层混凝土时，要在下层混凝土初凝之前进行。

3）每一插点振捣时间一般15～20s，应以混凝土表面不再显著下沉、不冒气泡、表面浮出灰浆为准。

4）振捣器水平移动位置间距不应大于450mm，振捣棒离开模板150mm，且尽量避免碰撞地脚螺栓盒、支架以及地脚螺栓孔等。

（5）混凝土养护、验收。

1）混凝土浇筑后，基础顶面待混凝土终凝后立即覆盖一层塑料薄膜，然后用一层毡毯覆盖。利用混凝土硬化过程中释放的热量，来维持基础混凝土本身温度。

2）混凝土的养护工作要设专人日夜三班养护，要经常检查养护情况，及时做好混凝土的养护记录，并根据测温记录随时调整养护措施。

3）施工应根据同养试块强度及现场实际内外温差来确定适当的拆模时间。拆除保温层时应注意分层拆除，使表面温度逐渐降低，有利于防止裂缝发生；同时拆模后要注意保温，避免天气高温和强海风变化对混凝土造成影响。

4）在基础中设置测温孔，做好测温工作。

四、机组排水槽施工案例

1. 施工方案

根据机组排水槽的结构特点及设计要求，施工分为槽体施工和上部框架结构施工两个部分。

首先施工机组排水槽0.00m以下池体，分三次施工，分别为基础底板施工，池壁、基础支墩施工和0.00m处池体梁板施工。在池壁−4.20、−0.80m处留设水平施工缝，施工缝处加设止水板。在施工完池壁和基础支墩后需回填土方还原该场地作为吊装用场地，待吊装完成后再挖土进行0.00m处槽体梁板的施工。

第二次施工机组排水槽上部框架结构。框架柱一次施工到梁底，然后施工屋顶梁板结构。框架结构施工完毕后统一对混凝土做环氧玻璃钢防腐和花岗岩防腐处理。

作业的钢筋工程采用钢筋加工厂集中加工、制作，挂板拖车运送至施工现场，现场绑扎成型的施工方案。模板工程采用木工厂加工、制作，现场拼装成型的施工方案。混凝土浇筑采用搅拌站集中供应、罐车运输和泵车浇筑。垂直运输采用汽车式起重机运输。

2. 施工工艺流程

测量放线→土方开挖→地基处理→浇筑混凝土垫层→基础放线→绑扎底板钢筋→支设底板模板→浇筑底板混凝土→绑扎池壁钢筋→支设池壁模板→浇筑池壁混凝土→支设±0.00m处梁板底模→绑扎0.00m处梁板钢筋→浇筑0.00m处梁板混凝土→绑扎柱主筋及箍筋→支设柱模板→浇筑柱子混凝土→支设顶板模板→绑扎顶板钢筋→浇筑顶板混凝土→墙、柱、板等防腐→交安。

3. 施工方法及要求

（1）测量放线。用全站仪或经纬仪利用主厂房测量控制网根据图纸所标机组排水槽的位置坐标放出排水槽的基坑开挖线。土方开挖完成后，将控制线反到槽底，放出垫层边线，进行基础垫层的施工。垫层施工完后，放出各轴轴线，验线完成后根据设计尺寸弹出基础、墙、柱的控制边线。上部结构的施工测量，用经纬仪将轴线点投测到楼层边侧，放出各主轴线，轴线弹出后，根据设计尺寸弹出墙、柱的控制边线。

（2）钢筋工程。所需钢筋由钢筋场统一制作，现场绑扎成形。钢筋运料采用拖拉机挂自制板车进行。为保证施工现场的安全文明施工，运料随运随绑，减少占地面积。

钢筋进厂要有合格证，进厂后要进行复试，复试合格后方可使用。钢筋翻样严格按照施工图、施工规范并结合实际经验进行翻样；翻样工作要本着合理、省料的原则进行；翻样完成后，要进行严格自检，确保钢筋品种、规格和尺寸正确，数量齐全。翻样单必须经主管技术人员和技术负责人审核后方可进行加工。制成后的成品钢筋分类码放整齐，根据现场需要运至现场进行绑扎。钢筋绑扎前，应熟悉施工图纸，核对钢筋表和料牌，核对成品钢筋的钢种、直径、形状、尺寸和数量。

排水槽基础底板施工时，钢筋绑扎顺序为先绑扎底板钢筋，再绑池壁及柱子竖向插筋。底板混凝土浇筑完毕后，绑扎池壁水平筋及柱子箍筋。绑扎前，先根据施工图的钢筋间距划好线，然后再进行绑扎。绑扎的钢筋要求横平竖直，规格、数量、位置、间距正确，柱梁箍筋的接头应交错布置在四角纵向钢筋上，箍筋转角与纵向钢筋的交点均应绑扎牢固，绑扎不得有缺扣、松扣现象。钢筋保护层采用水泥砂浆垫块控制。柱钢筋固定采用在基础承台顶模板上拉脚手管固定。柱绑钢筋采用搭脚手架进行，严禁踩踏箍筋进行绑扎。顶板钢筋绑扎完毕后，上面铺马凳、脚手板，防止上皮筋被踩踏变形。

钢筋接头采用闪光对焊和直螺纹套筒连接两种接头型式，闪光对焊前要先按不同规格制作试件，合格后方可进行正式工程生产焊接工作。直螺纹接头要用力矩扳手对每一个接头进行检验。全部合格后才可以进行隐蔽，搭接接头必须满足设计搭接倍数要求。

钢筋绑扎注意事项：

1）绑扎前应仔细核对钢筋的钢号、直径、形状、尺寸和数量等是否与料单料牌相符；

2）钢筋绑扎时，须将全部钢筋相交点绑扎牢，绑扎时应注意相邻绑扎点的铁丝扣要成八字形避免因碰撞、振动、或绑扣松散、钢筋移位造成漏筋；

3）绑扎钢筋时，要注意脚下鞋底要干净，不要将泥土带入钢筋，将钢筋弄脏，给清理工作带来不便；

4）绑扎钢筋时应按照设计要求留足保护层，以相同配合比的细石混凝土或水泥砂浆制作成垫块，将钢筋垫起以保证保护层厚度，严禁以钢筋头垫钢筋，或将钢筋用铁钉及钢丝直接固定在模板上，钢筋及绑丝均不得接触模板；

5）钢筋绑扎完及时联系监理单位进行验收，验收通过后方可进行模板支设。

(3) 模板工程。模板采用木模板进行施工，模板固定采用 $\phi12$ 对拉螺栓（间距 600mm），用 $\phi48\times3.5$mm 脚手管做围檩共同加固。

模板准备：先派人到模板场，认真处理模板并挑选出施工用模板。要从同一厂家挑选厚度统一、均匀，表面平整，强度符合要求、不易脱胶、有亮面的 1220mm×2440mm 大模板。保证模板表面平整度偏差小于 1mm。

模板施工前，先根据施工图纸划好配模图，根据配模图设专人在内场精心配制。配模时要保证模板边角顺直、平整、洁净，模板尺寸标准。为了保证模板现场支立时接缝平整，木挡必须全部经压刨处理，确保木挡厚度统一。模板制作好后刷脱模剂，涂刷要均匀，不过厚、不流淌、不漏涂。

模板支设：模板采用对拉螺栓和脚手管围檩共同加固，脚手管外用 12mm 厚山型件，外拧两个螺母固定。对拉螺栓与模板接触处要加皮垫，皮垫内侧对拉螺栓要设挡。模板加固要牢靠，从模板打斜支撑顶到地面，并用脚手管砸地锚与之连接。为防止模板漏浆，在模板底角用水泥砂浆封堵，模板拼缝间采用加海绵条。为保证混凝土的外观质量，对拉螺栓不露出混凝土面，在对拉螺栓上穿皮垫，并将皮垫与模板贴严，待拆模后将皮垫剔出，将对拉杆上的螺栓从螺母上拧出，然后用与混凝土同配合比的水泥砂浆封堵圆皮垫的位置。

模板施工注意事项：

1）垫层施工一定要平，若平整度不够，支模以前要用砂浆找平模板底脚。

2）为防止模板底角发生偏移，在浇筑垫层时插钢筋头，模板外侧采用脚手管支撑在基底打地锚进行加固。

3）为防止模板缝漏浆，在模板底角用水泥砂浆封堵，模板拼缝间加海绵条。

4）在混凝土浇筑前，用吸尘器吸净模板内灰尘，对于模板上所粘灰尘，用棉布擦干净。

5）在混凝土浇筑过程中，要有人负责，有人监督，随时擦干净上部被砂浆污染的模板面。

6）对拉螺栓和木垫块的加工精度要严格检查，确保基础的外形尺寸。

7）模板拆除时，应在混凝土强度能保证其表面及棱角不因拆除模板而受损时方可进行。拆模不可整片拆下，应从上到下顺序拆除。

（4）埋件的制作和安装。制作埋件用原材料要有出厂合格证，锚固用钢筋要有复试报告合格后方可进行制作。加工时要保证埋件的规格尺寸，焊缝要合格，埋件表面要平滑，四边顺直，钢板的焊接变形要调平，并经技术员检验合格并抽样试验合格后，方可出厂到现场安装。埋件的安装要根据施工图的位置，在钢筋上画出中心线。所有埋件均用加钢筋支腿的方法固定。

（5）混凝土工程。混凝土施工采用搅拌站集中搅拌，罐车运输，汽车泵浇筑的施工方案。混凝土施工前，对水泥、砂、石等进行试验，合格后方可进行施工。混凝土配合比必须经过试配后给出。混凝土搅拌前对计量器具进行检验，合格后方可搅拌，搅拌严格按配合比进行，混凝土配料采用重量比，并严格计量，砂、石应常测定含水率，并随时调整配合比，外加剂不得错放、少放、漏放。混凝土拌制时间为90s。

混凝土浇筑前，必须先清理模板内的杂物，并对模板、钢筋工程进行检查，并经四级验收后方可浇筑混凝土。

混凝土浇筑应分层进行，分层厚度为500mm，混凝土振捣密实，振捣棒插入下层50mm，以接合密实。池壁和框架柱在浇筑第二层和第三层混凝土时，应与下一层混凝土浇筑完时间错开1.5h左右，防止混凝土向上翻。在浇筑过程时，应派人仔细观察模板，钢筋的变化情况，如发现变形、移位时，立即停止浇筑，并在已浇筑的混凝土初凝前修好。池壁和框架柱在混凝土浇筑时必须严格控制混凝土的浇灌速度，不可过快或过慢，以免造成胀模、跑模或冷缝。

根据机组排水槽的结构特点和设计意图，在基础底板上方池壁的-4.20m处和-0.80m处，留设水平施工缝，框架柱在梁底留设水平施工缝，其他位置不得随意留置施工缝。在浇筑上部混凝土前，应先将施工缝进行处理，剔除表面浮浆，露出部分石子，并清理干净，用水浸润不少于24h。

为避免混凝土表面出现裂缝，基础底板和基础顶面，在混凝土初凝前用木抹子抹3～5遍，再用铁抹子压光。基础养护采用毛毯覆盖保温塑料薄膜覆盖保湿的方法，浇水养护，养护时间不少于7天。

注意事项如下：

1）为保证钢筋保护层的厚度，在钢筋与模板间用与防水混凝土（或砂浆）块做成垫块垫牢，绑扎钢筋的铅丝应弯向里侧，不要漏出。

2) 浇筑混凝土前除按一般要求检查模板钢筋外，尤其注意模板内不准有积水、泥土、木屑、铁件等杂物，木模板应用清水充分湿润，浇筑时泵管高度不超过 1.5m，否则应用溜槽下料。

3) 防水混凝土结构内的预埋铁件、穿墙管道以及结构的后浇缝部位，均为可能导致渗漏水的薄弱之处，应采取措施仔细施工。

a) 铁件的防水做法：用加焊止水钢板的方法，同时如果铁件超过 300mm×300mm，必须在铁件中间开孔，防止铁件下面空气堵塞，从而造成混凝土振捣不密实。

b) 穿墙管道防水处理：采用套管加焊止水环的方法。

4) 当连续浇灌至一端时，要注意避免混凝土积水过多，以免影响防水质量，应及时调整混凝土水灰比或采取其他措施，以保证抗渗效果，尤其在变形缝部位应在每层浇筑时只宜作为开始不宜作为末端。

5) 振捣：应以机械振捣为主，插入式振捣器的插入间距不大于 500mm，并贯入下层不小于 50mm，振捣时要快插慢拔防止漏振，当浇筑到面层时，用平板振捣器往返振捣两次。

6) 每次浇筑混凝土，留 2 组同条件抗压试块和一组抗渗试块，以监测混凝土强度的实际增长情况。试验室按规定留设标养和同条件试块。

(6) 机组排水槽池壁混凝土防腐工程。机组排水槽混凝土须做防腐处理。首先施工回收水槽的内壁、内顶、顶板、设备基础和排水槽的顶板底部的环氧玻璃防腐，防腐层为四布六涂防腐；然后再施工排水槽的内壁四周、底板和柱的花岗岩防腐，防腐为 80mm 厚花岗岩，勾缝材料为 20mm 厚环氧胶泥。

1) 基层处理。防腐施工前，应将基层表面的浮灰、水泥渣及疏松部位清理干净，表面必须平整、清洁、干燥。如有凹陷不平等缺陷，应使用防水砂浆涂刮平整。防水砂浆实干后，应打磨平整，擦拭干净，有污染的部位应先用溶剂擦洗并且晾干。混凝土基层上应先用树脂打底料打底，即用滚刷或油漆刷将环氧打底料涂刷在基层表面，要求涂刷薄并且均匀，无漏刷或流坠，自然养护不少于 24h，待其干硬后，将基层表面凹凸不平处用环氧腻子刮平。

2) 环氧玻璃防腐。施工顺序为先阴阳角、后梁板，先局部、后整体的方法。其粘贴方法采用连续法，用毛刷蘸上胶料纵横各刷一遍后，随即粘贴第一层玻璃布，并用刮板或毛刷将玻璃布贴紧压实或用辊子反复滚压使玻璃布充分渗透胶料，挤出气泡和多余的胶料。待检查修补合格后，不等胶料固化即连续粘贴第二层玻璃布。等到第二层玻璃布表干后，一般为24h（表干可以用手指压不粘手来判断）；再进行第三、四层玻璃丝布的施工，在铺贴每层时均需要进行质量检查，清除毛刺、突边较大气泡等缺陷并修理平整。

玻璃布采用鱼鳞式搭接法。在最后一层玻璃布和最后一道玻璃钢施工完后，及时修复有毛刺、流淌和气泡等缺陷处，固化 24h，再均匀涂刷一遍面料，使表面光亮，颜色一致。玻璃钢施工完后，需要在常温下养护 7 天方可交付使用。

3) 花岗岩防腐。铺砌前应对基层进行质量检查，合格后再进行施工。铺砌前应对花岗岩进行预排砖。铺砌顺序应由底往高，先地面、再铺砌池壁。平面铺砌花岗岩时，不宜出现十字通缝。立面铺砌花岗岩石，可留置水平或竖直通缝。在进行花岗岩铺砌时，花岗岩必须错缝排列。平面铺砌时，花岗岩排列以横向缝为连续缝、纵向为错缝。立面铺砌，横向为连续缝，纵向为错开缝。铺砌花岗岩平面和立面交角时，阴角处立面块材应压住平面块材，阳角处平面块材应压住立面块材。

砌筑方法采用挤浆揉挤法和整体灌注法两种方法，依照挂线逐行、逐层、逐块砌筑。花岗岩铺砌的结合层采用环氧砂浆，而块材四周边缝用环氧树脂胶泥填满。勾缝操作时，要按照规定留出块材四周结合缝的宽度和深度。为了保证结合缝的尺寸，可以在缝内预埋等宽的木条或应聚氯乙烯板条，在花岗岩结合层固化后，取出预埋条，清理干净预留缝，然后刷一遍环氧树脂打底。待环氧树脂打底层固化后，将环氧树脂弹性胶泥填入缝内，并用与缝等宽的灰刀将胶泥用力压实，不得存在空隙，胶泥缝表面要铲平，并清理干净。花岗岩铺砌时应随时刮出缝内多余的胶泥，勾缝前应将灰缝清理干净。

砌筑时应每铺砌一块，在待铺的另一行用花岗岩顶住以防止滑动，待胶泥稍干后，进行下一行铺砌。铺砌立面时，应由下向上铺砌，铺砌上层花岗岩时会对下层花岗岩产生压力，使下层砌好但胶泥未固化的花岗岩产生错位或移动。因此，立面铺砌时不能连续铺砌多层，一般可连续铺砌 2～3 层高度后，应稍停片刻，待下层胶泥初凝结牢后才可继续铺砌。花岗岩铺砌时应拉线控制标高、坡度、平整度，并应随时控制相邻花岗岩的表面高差及灰缝偏差。

需要注意的事项：

a）涂刷第一层封底胶料时，胶料中掺入适量稀释剂，以便胶液渗入到基层中去。

b）玻璃布在横向没有搭接，布边要对齐，每层布接缝位置应错开，不应重叠。

c）在粘贴顶板和梁时，应包到池壁宽度为 $100～200mm$。

d）在整体施工前，先做一个试样，经监理、质量部验收合格后方可进行大面积施工。

e）施工侧壁玻璃钢时，施工人员可站在移动式脚手架上，移动式脚手架搭设两层即可。

f）在施工时，注意将阴阳角处理成斜面或圆角（如上面采用花岗岩铺砌，应处理成直角），使玻璃钢与基层行成平稳过渡的面接触，同时在转角处增加 1～2 层玻璃布。

g）花岗岩结合层及灰缝内的胶泥应饱满密实、黏结牢固，不得有疏松、裂纹、起泡等现象。

h）花岗岩和灰缝表面应平整无损。

i）花岗岩铺砌不宜出现十字通缝，多层铺砌不得出现重叠缝。

j）花岗岩防腐层的质量主要取决于灰缝的质量。灰缝过小，施工时不易做到饱满密实，影响使用年限。灰缝过大，灰缝中的胶泥收缩较大，易出现裂纹。

k）花岗岩铺砌时，应随时刮除缝内多余的胶泥，勾缝前应将灰缝清理干净。

第十一章

烟道支架基础及电除尘器基础施工措施

第一节 烟道支架基础施工

一、烟道支架基础施工案例一

（一）施工工艺流程

场地平整定位放线→土方开挖→完善施工环境→地基换填→垫层施工→垫层放线及验收→垫层表面处理→承台钢筋制作及绑扎→基础钢筋验收→承台模板安装及加固→承台模板验收→承台混凝土浇筑（－2.90m）→混凝土表面凿毛处理→承台上部钢筋绑扎→承台上部模板支护→预留螺栓孔→上部承台钢筋、模板、螺栓孔验收合格→混凝土浇筑。

（二）施工方法及要求

1. 测量放线

用全站仪利用甲方给定的测量方格网点直接进行定位线施测和基础施工测量工作。

2. 土方工程

烟道支架基础土方开挖采用挖掘机开挖，人工配合清槽。基坑开挖边坡坡度为1∶1.5，基坑开挖时，需要在基础垫层外边预留1m宽工作面，工作面外500mm宽排水沟，排水沟侧壁距基坑边坡坡脚500mm。

开挖时，由基础北侧边坡开挖向南侧，地基土因需要换填级配砂石，因此在开挖至设计标高后向下再挖900mm，开挖时由北向南边开挖边回填。基坑正南侧设置机动车上下坡道，坡道宽度为6m，放坡坡度为1∶8。机械开挖时基底预留200mm的预留层，预留层采用人工清除，以避免机械开挖时扰动基底土，预留层高度根据实际情况调整，但必须保证不扰动基底土。槽底土采用人工清理，人工清槽底的速度须与机械开挖速度一致。开挖过程中，如果有桩间距较小、挖掘机挖斗不能通过时，桩间土采用人工挖掘。

土方开挖过程中严格按照设计要求的开挖深度进行开挖，工程开挖底标高为－3.10m，严禁超挖，在临近开挖深度时，要求机械操作人员控制好铲斗的入土深度，测量人员跟随测量，严格控制标高。人工在进行修坡时，要求将坡面修整平整，不得凹凸不平。挖掘机在挖土过程中严禁碰撞桩头，以防因碰撞使桩偏移或损坏，汽车在倒车时，派专人进行指挥，以免发生危险。

土方回填的过程中严格按照图纸及相关规定的要求进行。每层回填厚度不得大于250mm，回填大面积用压路机压实，梁下及混凝土基础附近采用电动夯或人工夯实，以保证土方回填质量。在每一层回填完毕后，要进行试验，实验室采用核子密度仪进行现场试验合格，经监理认可后，方可进行下步回填，每天回填厚度不得大于1m，压实系数不得小于 0.96。

3. 地基工程（截桩）

截桩工作随土方开挖同时进行，随开挖随截桩，随即将桩头运走。截桩采用风镐剔凿的方式。

截桩前，先在桩身上面用红油漆笔标记出设计标高（−2.90m），然后用云石锯在设计桩顶位置将桩头切出一圈 3cm 深的剔凿线，用风镐将基础桩主筋保护层剃凿掉，使桩主筋完全露出，在离垫层面 950mm 高位置将主筋截断，将下部桩主筋与桩身分离开。桩主筋剥出后将桩头在设计标高位置截断并放倒，用挖掘机将桩头吊出基坑。桩头清走后，再用小錾子将桩头顶剔凿平整，用钢筋扳将预留的桩主筋调直。

剔除桩头时，要保证桩体和桩钢筋深入到混凝土承台内的长度符合设计要求。如果出现钢筋长度不满足设计要求时，采用双面搭接焊的连接形式进行。剔除后的桩头要求表面混凝土平整，没有松动的混凝土，钢筋顺直。剔凿下来的碎块用运土车运至指定地点，严禁混凝土碎块和开挖土一起混运。当桩头超过 2m 长时，可分两次凿除，以方便运输。

截桩工作以基础承台为单位进行，机械开挖出一个承台截一个承台，截下的桩头用汽车运至组合场。

4. 钢筋工程

（1）钢筋工程施工方案。钢筋接头连接形式有绑扎、闪光对焊连接。钢筋绑扎采用加工场加工制作，运输至现场绑扎成形的施工方案，钢筋由加工场采用自制板车运至现场，再由人工抬入基坑。为保证施工现场的安全文明施工，运料随运随绑，减少占地面积。

（2）钢筋加工。

1）钢筋加工程序为确定用料→除锈（除污迹）→调直→切断→弯曲成型。

2）确定用料严格按照钢筋翻样单上要求的规格、数量加工配置。钢筋表面如有油渍、铁锈、泥土应在使用前清理干净。对局部有弯曲的钢筋采用人工调直后，方可使用。

3）钢筋弯曲成型时，应根据钢筋翻样单上尺寸，先划出弯起点位置。先加工一根钢筋，根据放样尺寸调整弯曲的位置和尺寸，调整合适后再成批加工。

4）钢筋加工的成品、半成品根据具体要求分别作明确标识，并分区域码放整齐。

5）承台受力筋直径大于 22mm 的均采用直螺纹连接接头，直螺纹的套丝操作工要持证上岗，钢筋连接前，先做一组班前试件，拉力试验合格后再进行大批加工。钢筋加工过程中，每加工一部分就将套好丝的钢筋与钢套筒进行试套，如有问题及时修正。钢筋套完丝后要在丝扣上套上保护帽，没有保护帽严禁运处加工场。钢筋直螺纹接头 500 个接头为一批，一组 3 个试件，作抗拉试验。

（3）钢筋绑扎。

1）钢筋绑扎顺序为绑扎承台钢筋→插柱段钢筋→剪力墙、联系梁钢筋→绑扎柱钢筋。

2）绑扎前，先根据施工图的钢筋间距划好线，然后再进行布筋、绑扎。

3）绑扎的钢筋要求横平竖直，规格、数量、位置、间距正确，绑扎不得有缺扣、松扣现象。钢筋绑扣不可均朝一个方向，要成八字扣。

4）因为每个基础承台的钢筋较多，质量较大，所以基础承台底钢筋保护层垫块采用 100mm×100mm 混凝土垫块。其中基础侧面及顶部、短柱、梁的保护层为 50mm，剪力墙的保护层为 45mm，相应砂浆垫块应提前加工，保证钢筋位置准确。

5）在施工基础承台时，柱段插筋位置要用脚手管在底部和上部卡两道方盘来固定，保证钢筋的位置正确，由于钢筋比较长，上部固定架子要与其他基础连成整体。

6）绑扎承台上柱短钢筋前，要提前将地脚螺栓安放并固定好。其中柱头上部的焊接钢筋网片在剪力槽处可断开。

5. 模板工程

（1）模板工程的紧前工作为钢筋工程，待钢筋验收合格后马上进行施工。

（2）本工程所用模板均采用新的定型组合钢模板，钢模板加固采用基础内置 $\phi12$ 对拉螺栓，沿模板高度方向每 750mm 一道，沿基础纵向每 600mm 一道，模板外侧用脚手管加固。

（3）模板使用前，必须对模板进行必要的修理，将模板表面用钢丝刷和角磨砂轮磨平磨光，然后涂刷隔离剂，模板多次周转使用后，表面有砸出坑的、模板肋板开焊、断裂的、弯曲的必须挑出，修理后再投入使用。

（4）为了保证浇灌后的混凝土工艺美观，对拉螺栓与模板交接部位设中间带直径 13mm 孔的圆木垫，以防止混凝土浇筑时，由螺栓孔处漏浆。混凝土浇筑完毕将圆木垫剔出，用角磨砂轮将对拉螺栓头割掉，使用同基础混凝土同配比且加膨胀剂的水泥砂浆分两次对木垫坑进行填堵，填堵后的表面要压光。模板在拼装时要在模板与模板间夹粘优质海绵条；混凝土浇筑前，模板上的孔洞要堵死，以防漏浆，避免拆模后的混凝土外露石子。

（5）模板卡使用前必须仔细检查其是否完好，不得使用带裂及锈蚀严重的模板卡。在模板支设过程中模板与模板接缝处都加设模板卡，模板卡间距不大于 300mm。施工时注意模板卡圆环向下。

（6）模板支设步骤如下：

1）模板支设前应先涂刷好脱模剂，脱模剂应涂刷均匀，无流淌现象。

2）根据施工控制桩放出模板外边线及其他控制线，作为模板就位依据。

3）用水平仪引测好模板支设的标高，在模板的底脚用砂浆找平。

4）逐块拼装模板，同一条拼缝上的 U 形卡，不宜向同一方向卡紧，对拉螺栓孔应平直相对，穿插螺栓不得斜拉硬顶，螺栓上要加圆木垫，圆木垫要紧贴模板。

5）模板拼装时模板缝间夹不吸水的海绵条，海绵条宽大于 10mm，将模板缝堵死，以防漏浆。

6）模板支设的同时要用脚手管进行加固，加固时将脚手管下端打入基槽，然后再用脚手管与模板拉斜撑进行加固。

7）柱模垂直度用加固脚手管控制，垂直度用线坠检验。

8）安装模板注意事项：

a）安装模板前，先检查钢筋是否影响安装，如有予以纠正；

b）模板要涂刷隔离剂；

c）模板安装前，要检查模板处理是否过关，保证模板表面光滑，外形方正，强度符合使用要求；

d）所有接缝海绵条不得外露。

6. 混凝土工程

（1）基础施工采用搅拌站集中搅拌、罐车运输、泵车浇筑的施工方案。

（2）水泥使用 P.O42.5，石子使用 5～25mm 级配碎石，砂使用中砂（河砂），二级粉煤灰，外加剂使用泵送剂、防腐剂，型号及掺量等由试验部门做混凝土试配后确定。

（3）混凝土浇灌 2～3 次，施工缝留在短柱根部。所有施工缝处均设置带 180°弯钩的锚筋，锚筋长 600mm，分别插入上下混凝土中 300mm。

（4）混凝土的搅拌采用 HZS-60 和 HZS-100 两台全自动搅拌机（理论混凝土搅拌速度 100m³/h）搅拌，6 台混凝土罐车运输。现场浇灌采用两台混凝土汽车泵（37、42m）泵送。

（5）其他如水、电等在施工前及时与来源部门沟通，确保混凝土施工过程中不出现其他问题。如不能确定必须出具备用方案，否则视为条件不具备，不能进行混凝土浇筑。

（6）混凝土试块取样、成型及养护方法：制作混凝土试块所用的拌和物应从施工现场罐车放出的混凝土中提取，并在取样后立即制作试块。制作试块采用 150mm×150mm×150mm 标准试模，插捣采用人工。拌和物分三层装入试模，每层的装料厚度为 50mm。插捣用钢制捣棒（捣棒长为 600mm，直径 16mm，端部应磨圆），插捣次数为每 100cm² 至少 12 次。插捣完后，刮除多余的混凝土，并用钢抹子抹平。试块成型后，应覆盖其表面，同条件试块拆模后，应放置在靠近相应结构部位或结构部位的适当位置，并应采用相同的养护方法；标养试块在 20℃±5℃ 条件下静置 1～2 昼夜，然后拆模。拆模后试块应立即放到标准养护室中进行标养。

（7）该工程基础严格按大体积混凝土施工，所以在混凝土浇筑之前要下好测温导线，每一个基础下一组测温导线（送风机基础每个基础下二组），每组共 2、3、4m 三根。在混凝土浇筑完毕后要安排专人进行测温，在混凝土浇筑完 10h 后开始进行测温，在前 1～3 天时每 2h 进行一次测温，在 4～7 天时每 4h 进行一次测温。当混凝土温度开始下降后每 8h 进行一次测温，直至混凝土内部温度接近大气温度。但测温不得少于 28 天。

（8）混凝土浇灌注意事项：

1）浇灌前应检查模板内是否有垃圾、木片、泥土、积水等，如有必须清理干净，检查钢筋的数量、位置是否准确，钢筋上如有油污应清理干净。

2）用振捣棒振捣混凝土时，要做到"快插慢拔"，以防止混凝土分层、离析以及振捣棒拔出时速度过快所造成的空洞，分层浇筑在振捣上一层混凝土时，应插入下层混凝土中 50mm 左右，以消除两层之间的接缝，同时在振捣上层混凝土时，要在下层混凝土初凝之前进行。振捣棒的插点要均匀分布，以免造成混乱而发生漏振，每次移动的距离应不大于振捣棒作用半径的 1.5 倍。一般振捣棒的作用半径为 30～40cm。每一插点的振捣时间以 20～30s 为宜，以混凝土表面呈水平、不再显著下沉、不再出现气泡、表面泛出灰浆为准。振捣棒距模板得距离不应大于振捣棒作用半径的 0.75 倍，不得紧靠模板振动，且应尽量避免碰撞钢筋、地脚螺栓孔等。浇筑混凝土过程中，必须设专人监视模板、脚手架、钢筋等的情况，防止变故，有情况及时处理。

3）采用臂杆输送混凝土时，注意不要碰到插筋和模板，以免钢筋和模板发生位移，泵送混凝土时泵管里不能推入空气，不能推入已离析的混凝土，以免堵塞管道，如已推入，泵车要反推，将混凝土吸出来。

4）混凝土养护：混凝土浇灌完成后要及时进行养护，养护时间不低于 14 天，具体时间根据测温记录和基础施工顺序安排。养护方法为待混凝土终凝后在上表面覆盖一层塑料布。为了防止混凝土基础内外温差过大，塑料布表面包裹一层棉被，大体积的基础混凝土施工时，在基础内部预埋测温导线，测温导线分基底、中部、基顶三层布置，基础混凝土终凝后开始用电子测温仪测温，通过检测混凝土内外温差，来确定混凝土表面覆盖棉被的层数。

（9）施工缝应严格处理，用錾子将施工缝处混凝土表面凿毛并清扫干净，混凝土浇筑前，提前 24h 将其湿润，混凝土浇筑时不得有积水，要先在施工缝上浇筑 5～10cm 与混凝土同配比的水泥砂浆，再浇筑混凝土。

（10）基础承台、柱段、支墩、联系梁模板和基础梁侧模板拆除，应在混凝土强度能保证其表面及棱角不因拆除模板而受损的情况下进行。基础梁模板底模要待混凝土强度达到 80% 才能拆除。

7. 地脚螺栓工程

烟道支架基础为钢结构体系。钢结构体系的钢柱与基础柱的连接均采用预埋地脚螺栓连接。地脚螺栓预埋要求在单根基础柱上埋设准确（包括平面尺寸和顶面标高），整体（基础柱的组合）尺寸精度也要求较高，故螺栓采用螺栓固定架进行加固。根据图纸所描述，螺栓固定架由厂家提供，施工方只负责安装及加固螺栓。

施工时采用地脚螺栓固定架固定直埋地脚螺栓的方法。即在基础承台顶面顶面上埋设固定地脚螺栓固定架用的铁件，然后把固定预埋地脚螺栓的固定架焊在铁件上，再把地脚螺栓固定在螺栓固定架上。

施工要点如下：

（1）在垫层混凝土浇筑时将固定外支架的铁件埋设好，位置考虑支架受力和短柱模板安装空间。弹出支架安装中心线。

（2）将竖向支架焊在埋件上，做到位置准确，支架垂直。

（3）测水平标高，利用火焊切割找平并打磨整齐。

（4）水平横梁提前制作拼装好，人工就位找正安装于竖向支架上。

（5）考虑混凝土的竖向收缩，安装螺栓时，顶标高比设计标高高 5mm。因基础为独立基础，水平方向混凝土收缩不考虑。

（6）将钢板放于横梁上，将螺栓带螺母吊挂于横梁钢板上，利用整体轴线钢丝找正，将钢板焊接于横梁上，利用螺母调节螺栓顶标高，槽钢加工的孔径比螺栓直径大 0.5mm。

（7）螺栓底部用带眼槽钢加固，焊接于钢架立柱来控制其垂直度。

（8）螺栓支架与模板体系分开，防止混凝土浇筑时模板的振动及变形对螺栓的影响。

（9）将外露螺栓涂一层黄油，并用布包严。防止螺栓在打混凝土过程中粘混凝土，导致丝扣受损。

（10）最后利用经纬仪、水准仪进行螺栓位置及标高的检查验收，合格后进行混凝土浇筑。

8. 防腐工程

根据图纸要求和设计师交底要求，基础垫层顶面、基础−0.500m 以下外露部位全部涂刷环氧煤沥青涂料。

每次垫层施工完后待表面完全干燥涂刷环氧煤沥青涂料，涂刷前要将垫层表面彻底清扫一边，待表面经过四级验收合格后，开始涂刷，涂刷时要涂刷均匀、色泽一致。基础垫层每边要留 5～10cm 不涂刷，用于施工放线、弹墨线。

基础表面的环氧煤沥青涂料，待基础进行完隐蔽验收，经监理确认后进行。施工前也要彻底将基础表面清扫干净。

环氧煤沥青涂料施工时，要注意防火，沥青涂料属于易燃物质，施工时，基坑内严禁有明火作业；涂刷时不能污染其他任何材料，要选择晴朗、通风的天气施工。

（三）质量通病预防

质量通病及预防措施见表 11-1。

表 11-1   **质量通病及预防措施**

质量通病		预 防 措 施
钢筋	钢筋原材不合格	进厂抽样试验，合格后方可使用
	焊接接头不合格	(1) 焊工持证上岗； (2) 加强外观检查； (3) 按规定抽样做力学试验
	钢筋现场安装不合格	(1) 对操作工交底，熟悉图纸要求； (2) 根据图纸检查钢筋的钢号、直径、根数、间距； (3) 检查钢筋接头的位置及搭接长度； (4) 检查混凝土保护层和绑扎是否牢固
混凝土	混凝土表面蜂窝麻面、漏筋、孔洞、缝隙、缺棱掉角	(1) 提高混凝土的生产质量，配比计量准确，搅拌均匀； (2) 模板拼缝严密，缝隙加海绵条，模板底采用水泥砂浆勾缝； (3) 振捣密实； (4) 浇筑前，将杂物清除干净，按规定进行施工缝处理，保持接触面良好； (5) 保护好钢筋保护层垫块； (6) 充分养护，强度达到要求后再拆模
	混凝土外形变形，尺寸不准，色泽不一致	(1) 模板安装牢固，尺寸准确，强度和刚度不足要加固； (2) 混凝土浇筑控制好下料方式和速度； (3) 混凝土配合比进行优化，混凝土搅拌时严格计量及校验，并保证混凝土连续施工
	混凝土强度不够	(1) 控制原材料尤其是水泥、混凝土外加剂的进货质量合格；砂石料严格控制含泥量及石粉含量，同一结构层的混凝土选用相同粒径的砂石料，严格控制水灰比及坍落度； (2) 提高混凝土的生产质量，配比计量准确，搅拌均匀； (3) 振捣密实，混凝土离析时及时采取措施； (4) 养护措施得当，养护到位
	混凝土裂缝	养护措施得当，养护到位，减少温度裂缝

质量通病		预 防 措 施
地脚螺栓	地脚螺栓固定支架安装焊接歪斜、移位	(1) 支架采用切割机下料；焊接时，采用多次成型、路焊等方法焊接控制焊接变形； (2) 安装时采用垫层顶面弹线、经纬仪确定一端支架安装位置； (3) 钢筋绑扎后重新复线，封模后检查是否移位； (4) 施工过程中严禁以支架做固定受力点； (5) 浇筑过程中跟踪检测螺栓固定支架的位置并及时纠偏； (6) 振捣棒避免直接接触地脚螺栓及螺栓固定支架
	地脚螺栓固定支架标高不准确	(1) 固定后用水准仪检测标高； (2) 钢筋绑扎及浇筑过程中避免碰撞固定支架
	地脚螺栓位置及标高不准	(1) 固定支架上打孔位置端正保证地脚螺栓位置及标高正确，表面绝对水平； (2) 固定支架采用型钢固定，浇筑前检测合格； (3) 固定螺栓必须拧紧； (4) 浇筑过程中跟踪检测螺栓固定支架的位置并及时纠偏； (5) 振捣棒避免直接接触地脚螺栓及螺栓固定支架
	地脚螺栓表面污染及损坏	(1) 螺栓绑扎好后及时涂上黄油，并用布包好； (2) 避免所有物件碰撞螺栓保护层； (3) 施工完后及时安装套管对螺栓头进行保护

二、烟道支架基础施工案例二

由于地脚螺栓在基础承台里面，基础承台、柱头、剪力墙和连系梁一次施工到顶。施工完以后及时进行防腐和回填。

基础使用木胶板大模板，采用内拉外支法（内部使用对拉螺栓，外部使用方木和钢管）进行加固，支撑采用 φ48×3.5mm 钢管。

钢筋在钢筋场制作，现场绑扎，钢筋接头采用闪光对焊。混凝土采用搅拌站集中搅拌，罐车运输，混凝土泵车布料。基础混凝土养护，表面覆盖一层塑料薄膜，上面覆盖毡毯养护，养护时间不少于 7 天。由于个别基础为大体积混凝土，根据测温记录及时调整养护措施。混凝土拆模前必须办理拆模申请并批准。

施工顺序为定位放线 →机械开挖 →破桩头→人工清理地基→浇筑基础垫层→垫层防腐→基础放线→钢筋绑扎→模板安装→预埋螺栓安装→混凝土浇筑→养护→拆模→防腐→回填。

1. 施工准备

(1) 熟悉图纸并将发现问题提交有关部门进行图纸会审，提前解决图纸中影响施工的问题。

(2) 按图纸及设计变更及时做好材料计划，备好各种原材料及措施性材料。

(3) 编写施工作业指导书及工程质量检验计划，进行施工前的技术及安全交底。

(4) 做好工具、器具、机械的校验、检修工作，以确保施工期间机械能正常运行。

(5) 物资公司根据材料计划按实际工期进行水泥、砂子、石子的备料，保证施工期间混凝土的正常供应。

（6）会同搅拌站做好施工道路的准备工作，确定泵车的支车地点等工作。

（7）布置施工用水、施工用电，确保施工期间的用水、用电正常。

2. 定位放线

轴线采用 SET210 型全站仪进行测放，过程加密控制桩采用 J2 经纬仪进行，标高用 S3 级水准仪从 1 号控制桩引测。

测好各方向的中心线及标高线并经监理验收后方可进行开挖及主体的施工。

3. 土方工程

布置一台挖掘机自南向北进行退挖，挖掘机配备两台自卸运土车，一台装载机和清理土方工人 10 名。开挖自上而下水平分层进行，第一次挖到 -2.8m 左右漏出桩头，为避免破坏地基土，改为人工开挖直到基坑底标高 -3.1m。开挖过程中严格按照 1：1.5 进行放坡，设专人现场跟班测量，随时控制放坡情况和基底标高，边挖边检查坑底宽度及坡度，不够时及时修整，至设计标高 -3.1m，再统一进行一次修坡清底，检查坑底宽和标高。

为方便施工在东侧留设 6m 宽坡道，坡度根据现场实际情况设为 1：6～1：8，同时采用塘渣铺设。

弃土必须及时运出，在基坑边缘上严禁堆土和堆放材料以及移动机械时，以保证边坡的稳定。弃土应按照指定地点进行弃土，并及时用装载机进行平整，严禁随意弃土，并安排专人对运土道路进行清理。

基坑开挖同时在边坡顶上设立挡水沿（挡水沿上宽 0.4m，下宽 0.8m，高 0.5m，沿中心线距边坡 0.6m）。挡水沿应彻底压实并拉线将边坡棱角修理整齐，做到既美观又切实起到挡水作用。

开挖后应在基坑四周挡水沿外侧 300mm 处设立安全围栏，安全围栏采用脚手架管搭设，立杆间距 3m 插入地下固定，漏出地面部分高 1.2m，并在高 1.20m 和 0.6m 处设双道栏杆，脚手架搭设要做到横平竖直，所有架管均应涂红白相间漆。搭设完后围栏上应挂上警示牌，夜间也必须有明显警示标志。

基坑挖完后应进行验槽，做好记录，如发现地基土质与地质勘测报告、设计要求不符时，应与监理研究及时处理。

（1）降排水。开挖完成后，在基坑四周离坡底边线约 300mm 左右用人工挖出一条上口宽约 500mm、下口宽约 300mm、深约 500mm、有 0.5% 双向流水坡度的排水沟，坡向集水井，在四角设置集水井，采用人工挖坑，井壁根据实际开挖情况可用素土加固，并在管口上四周用砂石子堆砌略高于地坪。基底以下井底应填以 20cm 厚碎石或卵石，水泵抽水龙头应包以滤网，防止泥砂进入水泵。水泵抽水后通过排水管从扩建端排水明沟排往路边排水沟。根据实际情况降排水应连续进行，确保无明水不影响施工不破坏基坑底，直至基础施工完毕，回填土后才停止。

（2）截桩。开挖到基底标高以后在桩基的 -3.0m 处周围画线，以此线为标准截去剩余桩头。截桩时先使用空压机带风镐在桩侧面进行打眼后截断，然后人工进行细部处理，严禁直接用机械或工具从上部破桩。最终桩顶标高误差控制在 0～+20mm，同时还要确保桩头主筋外漏长度不小于 800mm，若破桩后发现钢筋长度不够 800mm 时，应进行伸长搭接。

（3）回填。

1）回填前应将基坑内的积水、淤泥、杂物清理干净。

2）回填前对需隐蔽的工程进行隐蔽验收。

3）根据现场情况及施工进度，采用塘渣分层回填碾压夯实，分层厚度不大于 250mm，压实系数不小于 0.96。

4）每层虚铺厚度不得大于 350mm，在合适位置标志好回填厚度控制线和回填皮数。

5）回填时应在基础的两侧同时进行，不得在基础一侧堆置回填料过高。回填从基坑最低处开始。当基础的另一侧不能回填时，能回填的一侧要进行放坡回填，坡度不得小于 1∶1.5，每层接缝处应作成斜坡形，上、下层接缝应错开不小于 0.5m。

6）压实采用蛙式打夯机夯实，打夯前应将填土初步整平，打夯要按一定方向进行，一夯压半夯，夯夯相接，行行相连，两遍纵横交叉，分层夯打。每层压实遍数为 3～4 遍。

7）回填夯实后应做回填试验，严格执行见证取样制度，每层 20～50m^2 进行取样一组，每层不少于一组。

8）回填过程中注意成品保护，严禁损坏基础边角。

4. 垫层施工

（1）垫层为 C15 混凝土。

（2）垫层每边按要求要比基础宽至少 100mm，以保证模板施工的要求。

（3）垫层施工时必须清理地基处理上污泥、垃圾。

5. 细部放线与高程控制

（1）所用经纬仪、水准仪、钢尺要经校核合格且在有效期内。

（2）用经纬仪将纵横轴线引入基坑内，并测设在基础垫层面上，以红油漆标在垫层面上，沿边口均匀做上红油漆标号，每条轴线均应双向控制，以便校核。

（3）再根据轴线放出基础的外边线及短柱的插筋控制线。短柱施工前，将柱双向轴线引上基础大放脚上面，并放出柱边线，再弹上墨线。

（4）在同一行或同一列上基础或短柱施工时，应以钢尺复核其模板外口的平齐程度及相互间的距离。

（5）为减少高程控制的误差，由专业测量人员将基坑外附近的水准点转测到烟道支架基础基坑内，并做出符合要求的高程控制点。

（6）放线完后必须经各级质检人员进行验收。

6. 钢筋工程

（1）准备工作。

1）所用施工材料必须有齐全的质量保证书。

2）检查钢材等材料的出厂合格证及钢筋抗拉试验报告单，并保证材料的可追溯性。钢筋领用由专人负责，认真做好钢筋质量跟踪记录。

3）检查钢筋品种、质量、规格、数量是否满足施工要求，是否符合设计要求。

4）焊工必须持证上岗，并做好焊前试焊。

5）钢筋需焊接时，要配置考试合格的焊工进行同条件试焊，委托检测中心做钢筋接头试验。

6）各种钢筋加工机必须要检验合格，挂牌后方可使用。

7）准备绑扎用的铁丝、绑扎工具、绑扎架及控制混凝土保护层用的水泥砂浆垫块。

（2）钢筋制作与绑扎。

1) 钢筋主要是搭接，钢筋制作要严格按图纸和钢筋翻样表进行，并合理利用材料，尽量降低成本。

2) 钢筋制作完毕，要编号挂牌，分类放置，并要一头齐不能乱放，放置时下部要用木方垫起，以防止污染。

3) 钢筋绑扎前要核对成品钢筋的型号、规格、直径、尺寸和数量是否与料单料牌相符，如有错漏应纠正增补，钢筋表面应平直、洁净，不得有损伤，带有油渍、片状老锈和麻点的钢筋严禁使用。

4) 钢筋绑扎一定要按图纸要求控制好间距，绑扎要牢固，不得有松扣缺扣现象。所有主筋均应按设计要求垫好混凝土预制垫块、控制保护层厚度。钢筋的级别、种类、直径应符合设计要求。

7. 模板工程

(1) 安装模板前先用经纬仪投出基础的中心线，再根据中心线，定出基础的边线，用红油漆标好三角，以便于模板的安装和校正。

(2) 用水准仪把标高根据实际要求，直接引测到模板安装位置。

(3) 按模板配板图拼装，错缝搭接，拼装尺寸准确，安装完毕用经纬仪或线坠校正。

对拉螺栓一定要平直，为保证牢固可靠，对拉螺栓加双螺母固定。对拉螺栓应沿基础和柱头高度和水平方向等间距均匀排列，上下对齐。

(4) 模板安装必须牢固可靠，表面平整，拼缝严密不漏浆，中心要准确。

(5) 模板支撑必须牢固，加固钢管必须与模板贴紧，所有 3 型扣件、螺帽必须备齐，拧紧。

(6) 使用的模板及其支撑系统必须具有足够的承载能力、刚度和稳定性，能承受新浇筑的自重和侧压力。

(7) 为保证混凝土表面光洁，模板在使用前应均匀涂刷模板油，不得污染钢筋。

(8) 短柱模板底部应找平，下端与事先做好的定位基准点靠紧垫平，并封闭严密。

(9) 支模所设置的水平撑与剪刀撑，按构造与整体稳定性布置。

(10) 柱模上下要保持中心线一致，用经纬仪找正。柱角选择了塑料圆弧角模进行施工。

(11) 所有模板在使用前应根据对拉螺栓设计的间距提前在后场打孔，一般比设计的对拉螺栓大 2mm，多余的毛刺清除掉并用清漆涂刷处理。严禁在现场使用电钻钻眼。

(12) 当木胶板模板在进行平面或转角拼接时，为了确保其密闭性能，采用直口对接后在接口处用 48mm×100mm 木方加固。

(13) 基础及柱头模板楞木采用 48mm×100mm 木方外，其余均采用 ϕ48 钢管作楞进行固定。其间距不宜大于 150mm。所有的模板拼缝必须采用双面胶带处理，防止产生漏浆现象。

(14) 模板拆除时采用整装整拆，从上至下依次拆除，拆除时不得硬拉、硬翘等方法，另外还要保护成品混凝土不受损坏。拆除后的模板不得从高处抛扔，必须采取传递的方法进行，轻拿轻放。选择平整的场地进行堆放，拆除多少运输多少，及时清运出施工现场拉至后场进行模板的清理、刷脱模剂工作。一次使用后的模板严禁不清理就进行刷脱模剂使用，严禁在施工现场刷脱模剂。

(15) 拆除后的模板因存在钉眼现象，不适合二次使用，因此在维修时钉眼处用橡胶锤敲平，另外采用108胶掺合白水泥、石膏粉做成腻子进行修补，待凝固后，用150号砂纸轻轻打磨，清理干净，最后刷上清漆防水，使用前刷油处理。

8. 地脚螺栓施工

地脚螺栓因为螺栓深入到基础承台，螺栓支架采用内部支架（支架安装措施另详）。

施工工序为地脚螺栓固定支架制作→地脚螺栓固定支架安装→地脚螺栓安装→验收。

（1）螺栓定位前先把支架基础轴线拉钢丝通线，所有轴线定位均依据通线设置。

（2）固定支架制作完毕后与垫层预埋铁件通过焊接连接。支架要用铁水平尺找平；经纬仪定准轴线，在螺栓支架顶部拉设细钢丝通线。需用钢尺定位的要用有效期内的标准尺，并用弹簧秤进行拉力控制，在相同距离时要求拉力一致，并由专职人员进行温度、尺长、斜距改正工作。

（3）安装时以施工图中的地脚螺栓及支架详图来测定螺栓的顶标高。标高原点统一从控制桩上引测。螺栓定位中心线用经纬仪投射，将螺栓固定在支架上，螺栓下部用螺母上紧固定，上部用4个调节螺母固定。螺栓中心、垂直度均用螺母调节。螺栓安装时要求通过对根部和底部两处测距来控制其垂直偏差不大于2mm。安装完毕后应对上部外露螺栓、螺母用棉布包裹以防浇筑混凝土时污染。

（4）地脚螺栓及配件由厂家供应，在领料时应核对型号、数量、尺寸及配件是否齐全，并做好记录。把地脚螺栓及配件上预埋部分的油污清洗掉。将所有的螺栓标高标在图纸上，以方便施工。

（5）所有构件采用现场加工，电焊工须持证上岗，焊缝无裂纹、咬边、气孔等缺陷。严禁在螺栓上施焊。

9. 混凝土工程

（1）浇筑混凝土前的检查工作。

1）各种预埋件的规格尺寸、数量、位置及固定情况。

2）模板结构的整体稳定性。

3）插筋是否插好，钢筋保护层垫块是否垫好。

4）混凝土浇筑前，应进行验收，对模板、钢筋及支撑逐项检查，发现问题及时处理。

（2）准备工作。

1）检测中心在施工前做好混凝土的配比工作，并核实所使用水泥性能是否符合设计及相关规定要求，水泥的出厂时间是否符合要求。

2）混凝土的浇筑实行挂牌制度，责任到人，以确保混凝土的质量。

3）搅拌站要把搅拌楼、混凝土泵车、罐车等工器具提前充分检修好，以保证混凝土浇灌的正常供应。

4）组织好现场施工人员、机械设备等；电工要安装好充足的照明设备；修筑好混凝土罐车的运输道路，并且能满足在雨天时正常运行。

（3）混凝土浇筑程序。

1）基础底板的浇筑采用分层浇筑，并保证上下层不留施工缝，每层混凝土的浇筑厚度控制在30cm左右，每层浇筑应从低处开始。

2）短柱混凝土浇筑前，柱底应先铺50mm厚同标号砂浆。

（4）混凝土浇筑期间应注意的问题。

1）加强气象预测预报工作，掌握天气变化情况，保证混凝土连续浇筑的顺利进行及混凝土的质量。

2）浇筑混凝土时，必须防止混凝土的分层离析，混凝土浇筑时，其自由倾落高度不应超过2m。

3）搅拌站应严格按实验室提供的配合比进行搅拌，并认真填写混凝土的搅拌记录。建筑工程处现场要做好混凝土浇筑记录，以确保混凝土搅拌质量。在现场做好坍落度试验，如坍落度与原规定不符时，应及时通知检测中心和搅拌站调整配合比。

4）混凝土施工过程中，检测中心应严格按规定提取试样做坍落度试验及试件，并做出混凝土强度报告，做到对混凝土质量的跟踪检查及控制。

5）混凝土浇筑过程中，应及时将浮浆清理出模板外，以保证混凝土的质量。

6）柱顶螺栓外露部分外包塑料布，浇筑混凝土时要控制好混凝土的上升速度，使其均匀上升，同时避免泵管碰撞螺栓支架。

7）为加强混凝土的振捣工作，施工时应分工明确，责任到人。

（5）混凝土捣固。

1）振捣器的操作，要做到"快插慢拔"。

2）混凝土分层浇筑，在振捣上层时，应插入下层混凝土5cm左右，以消除两层之间的接缝，在振捣上层混凝土时，要在下层混凝土初凝之前进行。每一插点振捣时间一般15～20s，应以混凝土表面不再显著下沉、不冒气泡、表面浮出灰浆为准。

3）振捣器水平移动位置间距不应大于450mm，振捣棒离开模板150mm，且尽量避免碰撞钢筋、预埋件等。

（6）混凝土养护、验收。

1）混凝土采用洒水养护。混凝土浇筑前，浇水湿润，基础顶面待混凝土终凝后立即覆盖一层塑料薄膜，形成不透风的围护层。浇水养护不少于7天。

2）混凝土的养护工作要设专人，要经常检查养护情况，及时做好混凝土的养护记录，并根据实际情况随时调整养护措施。

第二节　电除尘器支架基础施工

一、电除尘器支架基础土方开挖案例一

1. 施工方案

电除尘器支架基础土方工程采用机械大开挖的形式开挖。人工配合机械挖土、自卸汽车运土，一次开挖至设计槽底标高。

基坑排水采用明沟排水的方式，基坑周围设置排水明沟，延基坑四周50m设置一个集水井，然后用水泵将集水井内的水排到锅炉南侧厂区排水沟中。截桩工作随土方开挖进度同时进行。开挖顺序为自北侧边坡向南侧边坡方向进行。开挖时在距基坑上口边500mm处设置挡水坎（挡水坎底宽500mm，上宽300mm，高250mm，表面拍光），坡道两侧采用编织袋装土挡设。

2. 施工工艺流程

完善施工环境、修筑施工道路→控制点的设置和复检→放基坑各开挖上口线、底口线→

土方开挖、桩头处理→地基验槽。

3. 施工方法及要求

(1) 完善施工环境、修筑施工通行道路。在土方开挖前首先在开挖范围内铺设临时道路,以满足土方运输车辆的通行。临时道路采用拆房土铺设,道路宽度、厚度和位置以满足土方运输车辆通行方便为准。

(2) 控制点的设置和复检。在土方开挖前首先在场地上放出土方开挖上下口线。在基坑外侧设置临时测量控制点,供测量使用。临时控制点采用木桩制作,在每次使用前应根据业主提供的基准点复核。

(3) 放基坑开挖上口线、底口线。基坑开挖上下口线的施放按照电除尘器支架基础图和本方案的要求进行。

(4) 土方开挖。电除尘器支架基础土方开挖采用挖掘机开挖,人工配合清槽。基坑开挖边坡坡度为 1:1.5,基坑开挖时,需要在基础垫层外边预留 1m 宽工作面,工作面外 500mm 宽排水沟,排水沟侧壁距基坑边坡坡脚 500mm。

开挖时,由基础北侧边坡开挖向南侧,基坑正南侧设置机动车上下坡道,坡道宽度为 6m,放坡坡度为 1:8。机械开挖时基底预留 200mm 的预留层,预留层采用人工清除,以避免机械开挖时扰动基底土,预留层高度根据实际情况调整,但必须保证不扰动基底土。槽底土采用人工清理,人工清槽底的速度须与机械开挖速度一致。开挖过程中,如果有桩间距较小、挖掘机挖斗不能通过时,桩间土采用人工挖掘。

土方开挖过程中严格按照设计要求的开挖深度进行开挖,严禁超挖,在临近开挖深度时,要求机械操作人员控制好铲斗的入土深度,测量人员跟随测量,严格控制标高。人工在进行修坡时,要求将坡面修整平整,不得凹凸不平。挖掘机在挖土过程中严禁碰撞桩头,以防因碰撞使桩偏移或损坏,汽车在倒车时,派专人进行指挥,以免发生危险。

(5) 截桩。

1) 截桩的顺序为标注出设计标高→剔桩头→人工局部处理→清除钢筋上的污物、钢筋调直。

2) 截桩的方法及要求。截桩工作随土方开挖同时进行,随开挖随截桩,随即将桩头运走。截桩采用风镐剔凿的方式。

截桩前,先在桩身上面用红油漆笔标记出设计标高,然后用云石锯在设计桩顶位置将桩头切出一圈 3cm 深的剔凿线,用风镐将基础桩主筋保护层剔凿掉,使桩主筋完全露出,在离垫层面 950mm 高位置将主筋截断,将下部桩主筋与桩身分离开。桩主筋剥出后将桩头在设计标高位置截断并放倒,用挖掘机将桩头吊出基坑。桩头清走后,再用小錾子将桩头顶剔凿平整,用钢筋扳将预留的桩主筋调直。

剔除桩头时,要保证桩体和桩钢筋深入到混凝土承台内的长度符合设计要求。如果出现钢筋长度不满足设计要求时,采用双面搭接焊的连接形式进行。剔除后的桩头要求表面混凝土平整、没有松动的混凝土,钢筋顺直。剔凿下来的碎块用运土车运至指定地点,严禁混凝土碎块和开挖土一起混运。当桩头超过 2m 长时,可分两次凿除,以方便运输。

截桩工作以基础承台为单位进行,机械开挖出一个承台截一个承台,截下的桩头用汽车运至组合场。

3) 施工的要求。在土方开挖时,严禁挖掘机从侧向对桩体进行磕碰、撞击,防止引起断桩、碎桩事件，挖掘机在开挖至距离桩头很近的位置时，要求有专人指挥，防止机械对桩身造成损害。

当现场开挖出有质量缺陷的基础桩时，及时向监理汇报，并做好记录（含摄像资料），质量缺陷由监理组织，请设计出具施工方案后再作处理，对于基础桩钢筋长度不能满足要求的，经监理确认后采用双面搭接焊的形式进行接长。

凿桩的过程中，要经常检查桩头的稳定性，严防桩头突然倾倒。桩头碎块要及时运出，截完的桩头附近不允许机械进入，以免对桩头混凝土造成破坏。桩头钢筋要派专人进行保护，避免造成污染和破坏。

（6）土方开挖期间预防桩位偏移的措施。

1）开挖过程中严格控制开挖深度，严禁挖掘机碰撞桩身；

2）土方开挖时一律按照方案要求的放坡系数放坡。

3）对已经开挖出的工程桩，测量人员需要有针对性的跟踪监测，如发现工程桩位置发生变化时须及时通知现场负责人员进行处理。对于没有达到设计强度的桩基，提前用小红旗做出标记，在施工过程严禁碾压和碰撞。

4）开挖过程中注意对基底及边坡土体的监测，发现异常立即上报。

（7）施工排水。施工排水系统由基坑底部的排水明沟、集水井、潜水泵和基坑上部的排水沟、集水坑、潜水泵组成。在土方开挖前将基坑上部的排水系统预先形成，保证基坑内的水能够随时排除。

基坑内集水井和排水明沟随开挖随设置。集水井采用机制红砖砌成，集水井底部标高应低于槽底 800mm 以上，集水井码成后要求在其四周回填透水性很好的碎石，集水井为半径800mm、高 1500mm 的圆井，延基坑周围 50m 设置一座（当基坑内水量较小时可适当减少集水井数量，反之则增加），每个集水井内设置至少 1 台潜水泵，必要时适当增加。基坑底部周围设置排水明沟（排水沟深度 500mm，上口宽 500mm，下口宽 300mm，沟外边距坡脚500mm），侧壁采用竹芭护坡，排水沟纵向坡度为 1%，全部坡向集水井。

在施工过程中加强对基坑集水井和排水沟的管理，定期检查集水井和排水沟的情况，当发现有淤泥流入时，及时派人进行清淤，以保证基坑内的水及时排出。

二、电除尘器支架基础土方开挖案例二

施工顺序为定位放线→机械开挖→人工清理桩间土→截桩头→清理碎混凝土及基层土→复测后移交下道工序。

基坑土方开挖主要采用机械大开挖，人工配合清槽的施工方法进行。降排水采用明沟和集水井降水，泥浆泵和潜水泵进行排水。

开挖不得碰撞桩基，当挖至桩头标高后，桩间土采用人工清挖，为避免对地基土的扰动，根据开挖后现场实际情况在基底标高以上预留 500mm 厚土层进行人工清理。

从场地土的工程性质及场地土的工程地质条件看，场地地下水的稳定水位埋深较浅，基坑坑壁直立性较差，施工期间为保证基坑坑壁稳定，采用 1：1.5 放坡的坡度值。严禁在坡顶堆载，也要注意来自坡顶施工机械的动载。施工机械应远离基坑边沿。土方运输沿北侧道路运至东侧指定弃土堆放场。

基坑开挖完成后，在基坑里面四周布置排水明沟和集水坑，然后用泥浆泵和潜水泵将水从集水井抽出通过排水管排往扩建端明沟然后流向 A 列外泥浆池，以降低基坑四周自然水位。

1. 施工前的准备工作

（1）熟悉图纸并按作业程序依次进行图纸会审，提前解决施工交叉及专业交叉问题，定出施工方案。

（2）按图纸、其他设计文件及施工方案作好材料计划，备好各种原材料、周转性材料及措施性材料。

（3）编制施工作业指导书及工程质量检验计划，进行施工前的技术及安全交底。

（4）做好工具、器具、机械的校验、检修工作，以确保施工期间机械能正常运行。

（5）布置现场施工用水、施工用电，要保证施工期间的水、电及现场照明等工作。

（6）完成施工方案及资源的报批工作。

2. 测量工程

（1）电除支架基础轴线采用 SET210 型全站仪进行测放，过程加密控制桩采用 J2 经纬仪进行。标高用 S3 级水准仪从 4 号控制桩引测。

（2）测好各方向的中心线及标高线并经监理验收后方可进行开挖。

3. 开挖

布置两台挖掘机自南向北进行退挖，每台挖掘机配备两台自卸运土车，1 辆装载机和清理土方工人 6 名。开挖自上而下水平分层进行，第一次挖到漏出桩头 600mm，第二次挖到 -2.35m 左右，为避免破坏地基土，改为人工开挖直到基坑底标高 -2.85m。开挖过程中严格按照 1:1.5 进行放坡，设专人现场跟班测量，随时控制放坡情况和基底标高，边挖边检查坑底宽度及坡度，不够时及时修整，至设计标高 -2.85m，再统一进行一次修坡清底，检查坑底宽和标高。

为方便施工在北侧留设 5.5m 宽坡道，坡度根据现场实际情况设为 1:6～1:8，同时采用拆房土进行护坡。

弃土必须及时运出，在基坑边缘上严禁堆土和堆放材料以及移动机械，以保证边坡的稳定。弃土应按照指定地点进行弃土，并及时用装载机进行平整，严禁随意弃土，并安排专人对运土道路进行清理。

基坑开挖同时在边坡顶上设立挡水沿（挡水沿上宽 0.4m，下宽 0.8m，高 0.5m，中心线距边坡 0.6m），挡水沿应彻底压实并拉线将边坡棱角修理整齐，做到既美观又切实起到挡水作用（除运输道路可暂时不设以外，周围区域挡水沿应闭合）。

开挖后应在基坑四周挡水沿外侧 300mm 处设立安全围栏，安全围栏采用 φ48 脚手架管搭设，立杆间距 3m 一根插入地下固定，漏出地面部分高 1.2m，并在高 1.20m 和 0.6m 处设双道栏杆，脚手架搭设要做到横平竖直，所有架管均应涂红白相间漆。搭设完后围栏上应挂上警示牌，夜间也必须有明显警示标志。

基坑挖完后应进行验槽，做好记录，如发现地基土质与地质勘测报告、设计要求不符时，应与监理研究及时处理。

4. 降排水

开挖完成后，在基坑四周离坡底边线 300mm 左右挖出一条排水沟，排水沟坡向集水井，在四角和四边设置集水井采用人工挖坑，井壁根据实际开挖情况可用素土加固，并在管口上四周用砂石子堆砌略高于地坪。基底以下井底应填以 20cm 厚碎石或卵石，水泵抽水龙头应包以滤网,防止泥砂进入水泵。水泵抽水后通过排水管从扩建端排水明沟排往A列外泥浆池。根据实际情况降排水应连续进行,确保无明水不影响施工不破坏基坑底,直至基础施工完毕,回填土后才停止。

5. 截桩

根据相关的资料桩顶设计标高−2.65m以上仍有1.5m桩头需要截去,施工时分两次进行截桩,先截去桩头上部的0.8m,开挖到基底标高以后在桩基的−2.65m处周围画线,以此线为标准截去剩余桩头。截桩时先使用空压机带风镐在桩侧面破除保护层后漏出钢筋,确保留足够的锚固长度,打眼后截断,然后人工进行细部处理,清理桩表面及松动碎渣,严禁直接用机械或工具从上部破桩。最终桩顶标高误差控制在0~+30mm,同时还要确保桩头主筋外漏长度不小于800mm,把钢筋调直调正。

三、电除尘器支架基础施工案例一

(一) 施工部署

(1) 模板系统。采用普通钢模板。

(2) 支撑系统。基础承台及短柱加固支撑均采内置对拉螺栓拉结,外部用普通脚手管顶撑。

(3) 施工分段。

第一步,独立基础承台及联系梁;

第二步,基础柱段;

第三步,剪力墙。

(4) 混凝土施工。采用现场搅拌站集中搅拌,罐车运输,用泵车浇筑,用插入式振捣棒振捣。

(5) 养护方式。采用覆盖塑料布养护,大体积混凝土表面除覆盖塑料布外表面再包裹保温被。

(二) 施工工艺流程

完善施工环境→垫层施工→垫层表面处理→垫层放线及验收→承台、联系梁钢筋制作及绑扎→承台、联系梁钢筋验收→承台、联系梁模板安装及加固→承台、联系梁模板验收→承台、联系梁混凝土浇筑→柱段放线及验收→螺栓架、地脚螺栓安装→柱段模板安装及加固→浇筑柱段混凝土→柱段混凝土养护→模板拆模→剪力墙施工→基础回填→基础工程验收→基础交安。

(三) 施工方法及要求

1. 测量放线

用全站仪利用甲方给定的测量方格网点直接进行基础施工测量工作。

2. 地基工程

基础桩头采用人工凿桩,桩头锚入承台100mm,桩筋由桩顶锚入基础承台800mm,灌注桩主筋超长的,在满足锚固长度后截掉,如果主筋长度不足锚固长度,采用双面搭接焊的形式进行补长。

3. 钢筋工程

(1) 钢筋工程施工方案。钢筋接头连接形式有绑扎、闪光对焊、直螺纹连接。钢筋绑扎采用加工场加工制作,运输至现场绑扎成形的施工方案,钢筋由加工场采用自制板车运至现场，再由人工抬入基坑。为保证施工现场的安全文明施工，运料随运随绑，减少占地面积。

（2）钢筋加工。

1）钢筋加工程序为确定用料→除锈（除污迹）→调直→切断→弯曲成型。

2）确定用料严格按照钢筋翻样单上要求的规格、数量加工配置。钢筋表面如有油渍、铁锈、泥土应在使用前清理干净。对局部有弯曲的钢筋采用人工调直后，方可使用。

3）钢筋弯曲成型时，应根据钢筋翻样单上尺寸，先划出弯起点位置。先加工一根钢筋，根据放样尺寸调整弯曲的位置和尺寸，调整合适后再成批加工。

4）钢筋加工的成品、半成品根据具体要求分别作明确标识，并分区域码放整齐。

5）承台受力筋直径大于 22mm 的均采用直螺纹连接接头，直螺纹的套丝操作工要持证上岗，钢筋连接前，先做一组班前试件，拉力试验合格后再进行大批加工。钢筋加工过程中，每加工一部分就将套好丝的钢筋与钢套筒进行试套，如有问题及时修正。钢筋套完丝后要在丝扣上套上保护帽，没有保护帽严禁运处加工场。钢筋直螺纹接头 500 个接头为一批，一组 3 个试件，作抗拉试验。

（3）钢筋绑扎。

1）钢筋绑扎顺序为绑扎承台钢筋→插柱段钢筋→绑扎柱钢筋。

2）绑扎内容。

a）绑扎前，先根据施工图的钢筋间距划好线，然后再进行布筋、绑扎。

b）绑扎的钢筋要求横平竖直，规格、数量、位置、间距正确，绑扎不得有缺扣、松扣现象。钢筋绑扣不可均朝一个方向，要成"八"字扣。

c）由于每个基础承台的钢筋较多，重量较重，所以基础承台底钢筋保护层垫块采用 100mm×100mm 混凝土垫块，侧面采用砂浆垫块。砂浆垫块应提前加工，保证钢筋位置准确。

d）在施工基础承台时，柱段插筋位置要用脚手管在底部和上部卡两道方盘来固定，保证钢筋的位置正确，由于钢筋比较长，上部固定架子要与其他基础连成整体。

e）绑扎承台上柱短钢筋前，要提前将地脚螺栓安放并固定好。

4．模板工程

（1）模板工程的紧前工作为钢筋工程，待钢筋验收合格后马上进行施工。

（2）工程所用模板均采用新的定型组合钢模板，钢模板加固采用基础内置 $\phi12$ 对拉螺栓，沿模板高度方向每 750mm 一道，沿基础纵向每 600mm 一道，模板外侧用脚手管加固。

（3）模板使用前，必须对模板进行必要的修理，将模板表面用钢丝刷和角磨砂轮磨平磨光，然后涂刷隔离剂，模板多次周转使用后，表面有砸出坑的、模板肋板开焊、断裂的、弯曲的必须挑出，修理后再投入使用。

（4）为了保证浇灌后的混凝土工艺美观，对拉螺栓与模板交接部位设中间带直径 13mm 孔的圆木垫，以防止混凝土浇筑时，由螺栓孔处漏浆。混凝土浇筑完毕将圆木垫剔出，用角磨砂轮将对拉螺栓头割掉，使用同基础混凝土同配比且加膨胀剂的水泥砂浆分两次对木垫坑进行填堵，填堵后的表面要压光。模板在拼装时要在模板与模板间夹粘优质海绵条；混凝土浇筑前，模板上的孔洞要堵死，以防漏浆，避免拆模后的混凝土外露石子。

（5）模板卡使用前必须仔细检查其是否完好，不得使用带裂及锈蚀严重的模板卡。在模板支设过程中模板与模板接缝处都加设模板卡，模板卡间距不大于 300mm。施工时注意模板卡圆环向下。

（6）模板支设步骤。

1）模板支设前应先涂刷好脱模剂，脱模剂应涂刷均匀，无流淌现象。

2）根据施工控制桩放出模板外边线及其他控制线，作为模板就位依据。

3）用水平仪引测好模板支设的标高，在模板的底脚用砂浆找平。

4）逐块拼装模板，同一条拼缝上的U形卡，不宜向同一方向卡紧，对拉螺栓孔应平直相对，穿插螺栓不得斜拉硬顶，螺栓上要加圆木垫，圆木垫要紧贴模板。

5）模板拼装时模板缝间夹不吸水的海绵条，海绵条宽大于10mm，将模板缝堵死，以防漏浆。

6）模板支设的同时要用脚手管进行加固，加固时将脚手管下端打入基槽，然后再用脚手管与模板拉斜撑进行加固。

7）柱模垂直度用加固脚手管控制，垂直度用线坠检验。

8）安装模板注意事项：

a）安装模板前，先检查钢筋是否影响安装，如有予以纠正；

b）模板要涂刷隔离剂；

c）模板安装前，要检查模板处理是否过关，保证模板表面光滑，外形方正，强度符合使用要求；

d）所有接缝海绵条不得外露。

5. 混凝土工程

（1）基础施工采用搅拌站集中搅拌，罐车运输，泵车浇筑的施工方案。

（2）水泥使用P.O42.5，石子使用5～25mm级配碎石，砂使用中砂（河砂），二级粉煤灰，外加剂使用泵送剂、防腐剂，型号及掺量等由试验部门做混凝土试配后确定。

（3）混凝土浇灌2～3次，施工缝留在短柱根部。所有施工缝处均设置带180°弯钩的锚筋，锚筋长600mm，分别插入上下混凝土中300mm。

（4）混凝土的搅拌采用2台全自动搅拌机（理论混凝土搅拌速度100m³/h）搅拌，6台混凝土罐车运输。现场浇灌采用两台混凝土汽车泵泵送。

（5）其他如水、电等在施工前及时与来源部门沟通，确保混凝土施工过程中不出现其他问题。如不能确定必须出具备用方案，否则视为条件不具备，不能进行混凝土浇筑。

（6）混凝土浇灌的同时在施工现场做试块：每工作班（混凝土浇筑量不超过100m³，若超过100m³，每增加100m³，制作1组，增加不足100m³也需制作1组）制作2组试块，同时按规范留置同条件试块。

（7）混凝土浇灌注意事项如下：

1）浇灌前应检查模板内是否有垃圾、木片、泥土、积水等，如有必须清理干净，检查钢筋的数量、位置是否准确，钢筋上如有油污应清理干净。

2）用振捣棒振捣混凝土时，要做到"快插慢拔"，以防止混凝土分层、离析以及振捣棒拔出时速度过快所造成的空洞，分层浇筑在振捣上一层混凝土时，应插入下层混凝土中50mm左右，以消除两层之间的接缝，同时在振捣上层混凝土时，要在下层混凝土初凝之前进行。振捣棒的插点要均匀分布，以免造成混乱而发生漏振，每次移动的距离应不大于振捣棒作用半径的1.5倍。一般振捣棒的作用半径为30～40cm。每一插点的振捣时间20～30s

为宜，以混凝土表面呈水平、不再显著下沉、不再出现气泡、表面泛出灰浆为准。振捣棒距模板得距离不应大于振捣棒作用半径的 0.75 倍，不得紧靠模板振动，且应尽量避免碰撞钢筋、地脚螺栓孔等。浇筑混凝土过程中，必须设专人监视模板、脚手架、钢筋等的情况，防止变故，有情况及时处理。

3）采用臂杆输送混凝土时，注意不要碰到插筋和模板，以免钢筋和模板发生位移，泵送混凝土时泵管里不能推入空气，不能推入已离析的混凝土，以免堵塞管道，如已推入，泵车要反推，将混凝土吸出来。

4）混凝土养护。混凝土浇灌完成后要及时进行养护，养护时间不低于 14 天，具体时间根据测温记录和基础施工顺序安排。养护方法为待混凝土终凝后在上表面覆盖一层塑料布。为了防止混凝土基础内外温差过大，塑料布表面包裹一层棉被，大体积的基础混凝土施工时，在基础内部预埋测温导线，测温导线分基底、中部、基顶三层布置，基础混凝土终凝后开始用电子测温仪测温，通过检测混凝土内外温差，来确定混凝土表面覆盖棉被的层数。

(8) 施工缝应严格处理，用錾子将施工缝处混凝土表面凿毛并清扫干净，混凝土浇筑前，提前 24h 将其湿润，混凝土浇筑时不得有积水，要先在施工缝上浇筑 5～10cm 与混凝土同配比的水泥砂浆，再浇筑混凝土。

(9) 混凝土试块取样、成型及养护方法：制作混凝土试块所用的拌和物应从施工现场罐车放出的混凝土中提取，并在取样后立即制作试块。制作试块采用 150mm×150mm×150mm 标准试模，插捣采用人工。拌和物分三层装入试模，每层的装料厚度为 50mm。插捣用钢制捣棒（捣棒长为 600mm，直径 16mm，端部应磨圆），插捣次数为每 100cm² 至少 12 次。插捣完后，刮除多余的混凝土，并用钢抹子抹平。试块成型后，应覆盖其表面，同条件试块拆模后，应放置在靠近相应结构部位或结构部位的适当位置，并应采用相同的养护方法；标养试块在 20℃±5℃条件下静置 1～2 昼夜，然后拆模。拆模后试块应立即放到标准养护室中进行标养。

(10) 考虑到电除尘器支架基础地脚螺栓多，厂家图纸还没有到位，同时为了保证基础承台和短柱的施工质量。经向设计院求证，决定先基础承台，再施工基础柱，后施工剪力墙。将剪力墙的钢筋在承台和柱段内预留出来，待柱段施工完后在施工剪力墙。

(11) 基础承台、柱段、支墩、联系梁模板和基础梁侧模板拆除，应在混凝土强度能保证其表面及棱角不因拆除模板而受损的情况下进行。基础梁模板底模要待混凝土强度达到 80%才能拆除。

6. 地脚螺栓工程

电除尘器支架为钢结构体系。钢结构体系的钢柱与基础柱的连接均采用预埋地脚螺栓连接。地脚螺栓预埋要求在单根基础柱上埋设准确（包括平面尺寸和顶面标高），整体（基础柱的组合）尺寸精度也要求较高，故螺栓采用螺栓固定架进行加固。根据图纸所描述，螺栓固定架由厂家提供，施工方只负责安装及加固螺栓。

施工时采用地脚螺栓固定架固定直埋地脚螺栓的方法，即在基础承台顶面顶面上埋设固定地脚螺栓固定架用的铁件，然后把固定预埋地脚螺栓的固定架焊在铁件上，再把地脚螺栓固定在螺栓固定架上。

施工要点如下：

(1) 柱下承台混凝土浇筑时将固定外支架的铁件埋设好，位置考虑支架受力和短柱模板安装空间。弹出支架安装中心线。

（2）将竖向支架焊在埋件上，做到位置准确，支架垂直。

（3）测水平标高，利用火焊切割找平并打磨整齐。

（4）水平横梁提前制作拼装好，人工就位找正安装于竖向支架上。

（5）考虑混凝土的竖向收缩，安装螺栓时，顶标高比设计标高高 5mm。因基础为独立基础，水平方向混凝土收缩不考虑。

（6）将钢板放于横梁上，将螺栓带螺母吊挂于横梁钢板上，利用整体轴线钢丝找正，将钢板焊接于横梁上，利用螺母调节螺栓顶标高，槽钢加工的孔径比螺栓直径大 0.5mm。

（7）螺栓底部用带眼槽钢加固，焊接于钢架立柱来控制其垂直度。

（8）螺栓支架与模板体系分开，防止混凝土浇筑时模板的振动及变形对螺栓的影响。

（9）将外露螺栓涂一层黄油，并用布包严。防止螺栓在打混凝土过程中粘混凝土，导致丝扣受损。

（10）最后利用经纬仪，水准仪进行螺栓位置及标高的检查验收，合格后进行混凝土浇筑。

7. 防腐工程

根据图纸要求和设计师交底要求，基础垫层顶面、基础-0.500m 以下外露部位全部涂刷环氧煤沥青涂料。

每次垫层施工完后待表面完全干燥涂刷环氧煤沥青涂料，涂刷前要将垫层表面彻底清扫一边，待表面经过四级验收合格后，开始涂刷，涂刷时要涂刷均匀、色泽一致。基础垫层每边要留 5～10cm 不涂刷，用于施工放线、弹墨线。

基础表面的环氧煤沥青涂料，待基础进行完隐蔽验收，经监理确认后进行。施工前也要彻底将基础表面清扫干净。

环氧煤沥青涂料施工时，要注意防火，沥青涂料属于易燃物质，施工时，基坑内严禁有明火作业；涂刷时不能污染其他任何材料，要选择晴朗、通风的天气施工。

四、电除尘器支架基础施工案例二

基础共分两次施工，第一次施工基础承台和连系梁（-2.75～-1.55m），第二次施工基础柱及剪力墙（-1.55～0.07m），包括锚栓固定架和锚栓的安装。施工完以后及时进行防腐和回填。基础承台、柱施工采用木胶合板大模板，支撑采用 $\phi48\times3.5$mm 钢管，对拉螺栓配合内部加固。在承台上预留铁件便于锚栓支架安装，待厂家提供锚固架和锚栓安装完毕（预留二次灌浆部分）后浇筑混凝土。在安装完柱底板、支架后采用防腐型灌浆料进行浇灌。钢筋在钢筋场制作，现场人工绑扎，钢筋接头采用闪光对焊。混凝土采用搅拌站集中搅拌，罐车运输，混凝土泵车布料，人工振捣。基础混凝土施工及养护按照大体积混凝土施工方案进行。

具体的施工顺序为基础定位放线→混凝土垫层→细部放线→承台钢筋绑扎→模板支设验收→混凝土浇筑→柱钢筋绑扎→柱模板支设→锚栓安装施工→支架安装→二次灌浆料施工→防腐→回填。

1. 施工准备

（1）熟悉图纸并将发现问题提交有关部门进行图纸会审，提前解决图纸中影响施工的问题。

（2）按图纸及设计变更及时做好材料计划，备好各种原材料及措施性材料。

（3）编写施工作业指导书及工程质量检验计划，进行施工前的技术及安全交底。

（4）做好工具、器具、机械的校验、检修工作，以确保施工期间机械能正常运行。

（5）物资公司根据材料计划按实际工期进行水泥、砂子、石子的备料，保证施工期间混凝土的正常供应。

（6）会同搅拌站做好施工道路的准备工作，确定泵车的支车地点等工作。

（7）布置施工用水、施工用电，确保施工期间的用水、用电正常。

2. 垫层施工

（1）垫层为 C15 混凝土。

（2）垫层每边要比基础宽 100mm，以保证模板施工的要求。

（3）垫层施工时必须清理地基处理上污泥、垃圾。

（4）严格控制垫层标高及平整度，为上部基础施工创造条件。

3. 放线与高程控制

（1）所用经纬仪、水准仪、钢尺要经校核合格且在有效期内。

（2）根据设置在电除尘周围的定位控制桩，严格控制垫层标高及平整度，为上部基础施工创造条件。

（3）用经纬仪将纵横轴线引入基坑内，并测设在基础垫层面上，以红油漆标在垫层面上，沿边口均匀做上红油漆标号，每条轴线均应双向控制，以便校核。

（4）再根据轴线放出基础的外边线及短柱的插筋控制线。短柱施工前，将柱双向轴线引上基础大放脚上面，并放出柱边线，再弹上墨线。

（5）在同一行或同一列上基础或短柱施工时，应以钢尺复核其模板外口的平齐程度及相互间的距离。

（6）为减少高程控制的误差，由专业测量人员将基坑外附近的水准点转测到电除尘基坑内，并做出符合要求的高程控制点。

（7）放线完后必须经各级质检人员进行验收。

4. 钢筋工程施工

（1）准备工作。

1）所用工程性材料必须有齐全的质量保证书。

2）检查钢材等材料的出厂合格证及钢筋抗拉试验报告单，并保证材料的可追溯性。钢筋领用由专人负责，认真做好钢筋质量跟踪记录。

3）检查钢筋品种、质量、规格、数量是否满足施工要求，是否符合设计要求。

4）焊工必须持证上岗，并做好焊前试焊。

5）焊前作好焊接机械的调试工作，配置考试合格的焊工进行同条件试焊，委托检测中心做钢筋闪光对焊接头试验。

6）种钢筋加工机必须要检验合格，挂牌后方可使用。

7）准备绑扎用的铁丝、绑扎工具、绑扎架及控制混凝土保护层用的水泥砂浆垫块。

（2）钢筋制作与绑扎。

1）钢筋接头主要采用闪光对焊，设置在同一构件内的焊接接头应相互错开。在任一焊接接头中心至长度为钢筋直径的 35 倍且不小于 500mm 的区段内，同一根钢筋不得有两个接头。在该区段内有接头的受力钢筋截面面积占受力钢筋截面面积的百分率，受拉区不宜超过50%，受压区不限制。所有焊件均应有合格焊工操作进行焊接，且焊接试件必须试验合格。钢筋闪光对焊接头每300个同类型接头（同钢筋级别，同钢筋直径）作为一批。

2）钢筋焊接前接头要打磨除锈，以确保钢筋焊接的质量，焊头要平直，不能弯曲，焊接钢筋同心度、平直度要满足要求。

3）钢材在作业区风力超过四级时，应采取挡风措施，尽可能避风进行。

4）钢筋制作要严格按图纸和钢筋翻样表进行，并合理利用材料，降低成本。

5）钢筋制作完毕，要编号挂牌，分类放置，并要一头齐不能乱放，放置时下部要用木方垫起，以防止污染。

6）钢筋绑扎前要核对成品钢筋的型号、规格、直径、尺寸和数量是否与料单料牌相符，如有错漏应纠正增补，钢筋表面应平直、洁净，不得有损伤，带有油渍、片状老锈和麻点的钢筋严禁使用。

7）钢筋绑扎一定要按图纸要求控制好间距，绑扎要牢固，不得有松扣缺扣现象。

8）所有主筋均应按设计要求垫好混凝土预制垫块、控制保护层厚度。钢筋的级别、种类、直径应按设计要求采用，当需代换时，应征得设计单位的同意，并经过计算以后进行。

5. 模板工程施工

(1) 安装模板前先用经纬仪投出基础的中心线，再根据中心线，定出基础的边线，用红油漆标好三角，以便于模板的安装和校正。

(2) 用水准仪把标高根据实际要求，直接引测到模板安装位置。

(3) 按模板配板图拼装模板，模板要错缝搭接，拼装尺寸准确，安装完毕用经纬仪或线坠校正。

(4) 对拉螺栓一定要平直，为保证牢固可靠，对拉螺栓加双螺母固定。

(5) 模板安装必须牢固可靠，表面平整，拼缝严密不漏浆，中心要准确。

(6) 模板支撑必须牢固，加固钢管必须与模板贴紧，所有3型扣件、螺帽必须备齐，拧紧。

(7) 模板拼缝要严密，接缝间贴双面胶带，胶带黏结牢固以防漏浆。

(8) 使用的模板及其支撑系统必须具有足够的承载能力、刚度和稳定性，能承受新浇筑的自重和侧压力。

(9) 为保证混凝土表面光洁，模板在使用前应均匀涂刷模板油，不得漏刷。模板油不得污染钢筋。

(10) 短柱模板底部应找平，下端与事先做好的定位基准点靠紧垫平。并封闭严密。

(11) 支模所设置的水平撑与剪刀撑，按构造与整体稳定性布置。

(12) 柱模上下要保持中心线一致，用经纬仪找正。

(13) 基础角部板缝处用双面胶条塞实。地梁和基础柱采用钢管作箍与支撑系统形成整体。

(14) 对所有模板进行统一编号，按照编号依次进行安装。下料后的模板边角必须采用清漆进行处理，防止被水侵蚀后，局部强度降低，变形和厚度增加等现象。

(15) 所有模板必须在后场下料、制作，严禁在现场下料。所有模板在使用前，必须在后场刷脱模剂处理，严禁使用滚筒滚的方法处理，必须采用破布抹的方法，以防止涂刷的过厚、过多或者不均匀现象。严禁在施工现场进行刷脱模剂，减少对钢筋和环境的污染。

（16）所有模板在使用前应根据对拉螺栓设计的间距提前在后场打孔，一般比设计的对拉螺栓大 2mm，多余的毛刺清除掉并用清漆涂刷处理。严禁在现场使用电钻钻眼。

（17）当木胶板模板在进行平面或转角拼接时，为了确保其密闭性能，采用直口对接后在接口处用 48mm×100mm 木方加固。

（18）基础及柱头模板楞木采用 48mm×100mm 木方外，其余均采用 ϕ48 钢管作楞进行固定。其间距不宜大于 150mm。所有的模板拼缝必须采用双面胶带处理，防止产生漏浆现象。柱头应根据图纸要求预留出抗剪槽。

（19）柱角模采用选择塑料圆弧角模进行施工。圆角条安装在短柱四角两侧，一侧采用强力胶与木胶板黏结牢固并使用装修用的气钉间隔 200～300mm 间距固定；另一侧在另一块木胶板安装前使用双面胶带粘贴，两者之间无缝隙为原则。另外，在圆角条端部刷黏结剂两道彻底封堵与模板间的缝隙，保证两者结合紧密不脱落、不漏浆。

（20）对拉螺栓应沿基础和柱头高度和水平方向等间距均匀排列，上下对齐。在对拉螺栓两头采用专门加工制作的堵头进行封堵。

（21）模板拆除时采用整装整拆，从上至下依次拆除，拆除时不得硬拉、硬翘等方法，另外还要保护成品混凝土不受损坏。拆除后的模板不得从高处抛扔，必须采取传递的方法进行，轻拿轻放。选择平整的场地进行堆放，拆除多少运输多少，及时清运出施工现场拉至后场进行模板的清理、刷脱模剂工作。一次使用后的模板严禁不清理就进行刷脱模剂使用，严禁在施工现场刷脱模剂。

（22）拆除后的模板因存在钉眼现象，不适合二次使用，因此在维修时钉眼处用橡胶锤敲平，另外采用 108 胶掺合白水泥、石膏粉做成腻子进行修补，待凝固后，用砂纸轻轻打磨，清理干净，最后刷上清漆防水，使用前刷油处理。

6. 锚栓施工

（1）锚栓定位前先把电除尘基础纵横轴线拉钢丝通线，所有轴线定位均依据两条通线。

（2）施工预埋埋件用于固定锚栓锚固架。在预埋件上弹出固定中心线，然后根据锚固架的尺寸将支架焊接到埋件上，要做到锚固架上锚栓孔位置准确、支架垂直。安装好锚固架后，用检定好的钢尺对其精确划线定位，经质检验收合格后方可开始锚栓施工。为精确、方便施工，同轴线两端基础锚固架上部用小角钢作放线支架使其标高与锚栓顶标高一致。

（3）将锚栓吊挂在锚固架上，锚栓下部用螺母上紧固定，上部用钢板固定。锚栓中心、垂直度均用螺母调节。严禁在锚栓上施焊。

（4）位置定位后用水准仪精确测定锚栓顶标高，标高测定后上紧锚栓下部的螺母。

模板的对拉螺栓不得与锚栓固定架连接，混凝土浇筑前将锚栓外露部分涂抹黄油并用塑料布包好，混凝土浇筑完后用钢套或设置护栏保护好锚栓。

7. 混凝土工程施工

（1）浇筑混凝土前的检查工作。

1）各种预埋件的规格尺寸、数量、位置及固定情况。

2）模板结构的整体稳定性。

3）插筋是否插好，钢筋保护层垫块是否垫好。

4）混凝土浇灌前，应进行验收，对模板、钢筋及支撑逐项检查，发现问题及时处理。

（2）准备工作。

1）检测中心在施工前做好混凝土的配比工作，并核实所使用水泥性能是否符合设计及相关规范要求，水泥的出厂时间是否符合要求。

2）混凝土的浇灌实行挂牌制度，责任到人，以确保混凝土的质量。

3）联系施工用电管理单位，确保电力全天候供应。

4）搅拌站要把搅拌楼、混凝土泵车、罐车等工器具提前充分检修好，以保证混凝土浇灌的正常供应。

5）砂、石的含泥量不得超过规范要求，不得使用过期、受潮的水泥。

6）混凝土浇筑期间建筑工程处、搅拌站要安排值班人员，负责协调现场混凝土浇筑工作。

7）织好现场施工人员、机械设备等；电工要安装好充足的照明设备；修筑好混凝土罐车的运输道路，并且能满足在雨天时正常运行。

8）为防止混凝土浇筑期间遭受天气影响，应关注天气情况，选择较有利的天气完成混凝土浇筑。同时，应准备足够混凝土养护措施性材料。

（3）混凝土浇筑程序。

1）基础底板的浇筑采用分层浇筑，并保证上下层不留施工缝，每层混凝土的浇筑厚度控制在30cm左右，每层浇筑应从低处开始。

2）短柱混凝土浇筑前，柱底应先铺50mm厚同标号砂浆。

（4）混凝土的性能要求。

1）施工中要严格按配合比搅拌混凝土。严格控制混凝土的坍落度，必须满足规定，不合格产品严禁使用。

2）选择合适的砂、石级配。

3）砂石骨料的含泥量应加以严格控制，不得超过规定的含泥量（砂不大于3％，石子不大于1％）。

（5）混凝土浇筑期间应注意的问题。

1）加强气象预测、预报工作，掌握天气变化情况，以保证混凝土连续浇筑的顺利进行，确保混凝土的质量。

2）浇筑混凝土时，必须防止混凝土的分层离析，混凝土浇筑时，其自由倾落高度不应超过2m。严格按实验室提供的配合比进行搅拌，并认真填写混凝土的搅拌记录。建筑工程处现场要做好混凝土浇筑记录，以确保混凝土搅拌质量。在现场做好坍落度试验，如坍落度与原规定不符时，应及时通知检测中心和搅拌站调整配合比。

3）混凝土施工过程中，检测中心应严格按规范提取试样做坍落度试验及试件，并做出混凝土强度报告，做到对混凝土质量的跟踪检查及控制。

4）混凝土浇筑过程中，应及时将多余浮浆清理出模板外，可掺适量石子级配以保证混凝土面层的质量，防止面层净浆产生裂缝。

5）柱顶锚栓外露部分外包塑料布，浇筑混凝土时要控制好混凝土的上升速度，使其均匀上升，同时避免泵管碰撞锚栓支架。

6）为加强混凝土的振捣工作，施工时应分工明确，责任到人，制定相应的奖罚措施，对出现质量问题的个人进行处罚。

（6）混凝土捣固。

1）振捣器的操作，要做到"快插慢拔"。

2）混凝土分层浇筑，在振捣上层时，应插入下层混凝土5cm左右，以消除两层之间的接缝，在振捣上层混凝土时，要在下层混凝土初凝之前进行。

3）每一插点振捣时间一般15～20s，应以混凝土表面不再显著下沉、不冒气泡、表面浮出灰浆为准。

4）振捣器水平移动位置间距不应大于450mm，振捣棒离开模板150mm，且尽量避免碰撞钢筋、预埋件等。

（7）混凝土养护、验收。

1）严格按照大体积混凝土施工措施施工，保证混凝土表面有一定温度和湿度，使混凝土内外温差控制在合理的范围内，主要通过覆盖的办法，浇筑后及时排除表面泌水，及时找平收面，到混凝土终凝后在基础表面上覆盖一层塑料薄膜保湿和1～2层棉被或棉毯保温，必要时可覆盖二层塑料薄膜保湿。在模板侧面则直接挂一层石棉被或棉毯保温，以形成不透风的围护层。利用混凝土硬化过程中释放的热量，来维持基础混凝土本身温度。

2）混凝土的养护工作要设专人日夜三班养护，要经常检查养护情况，及时做好混凝土的养护记录，并根据实际情况随时调整养护措施。

3）施工应根据同养试块强度及现场实际内外温差来确定适当的拆模时间。拆除保温层时应注意分层拆除，使表面温度逐渐降低，有利于防止裂缝发生；同时拆模后组织隐蔽验收然后及时防腐、回填，避免天气骤然变化对混凝土造成有害影响。

（8）混凝土的防腐。0.500m以下钢筋混凝土构件均需刷环氧煤沥青厚浆型涂料两遍，厚涂层与混凝土黏结力不小于1.5N/mm。刷抹聚合物砂浆，厚度5mm。注意承台底部处的桩顶不得黏上涂料，桩与承台连接处防腐构造做法见施工图。

（9）回填。

1）回填前应将基坑内的积水、淤泥、杂物清理干净。

2）回填前对需隐蔽的工程进行隐蔽验收。

3）根据现场情况及施工进度，采用级配砂石分层回填碾压夯实，分层厚度不大于250mm，压实系数不小于0.96。

4）每层虚铺厚度不得大于350mm，在合适位置标志好回填厚度控制线和回填皮数。

5）回填时应在基础的两侧同时进行，不得在基础一侧堆置回填料过高。回填从基坑最低处开始。当基础的另一侧不能回填时，能回填的一侧要进行放坡回填，坡度不得小于1：1.5，每层接缝处应作成斜坡形，上、下层接缝应错开不小于0.5m。

6）压实采用机械压实人工配合。振动压路机进行填方压实时，应采用"薄填、慢行、多次"的方法，碾压方向应从两边逐渐压向中间，碾轮每次重叠宽度约15～25mm，避免漏压。运行中碾轮边距填方边缘应大于500mm，以防发生溜坡倾倒。边角、边坡边缘压实不到之处，应辅以人力夯或小型夯实机具夯实。打夯前应将填土初步整平，打夯要按一定方向进行，一夯压半夯，夯夯相接，行行相连，两遍纵横交叉，分层夯打。每层压实遍数为3～4遍。

7）回填夯实后应做回填试验，严格执行见证取样制度，每层100～500m² 进行取样一组，每层不少于一组。

8）回填过程中注意成品保护，严禁损坏基础边角。

（10）二次灌浆。二次灌浆采用 HSGM 防腐型灌浆料，基础共有 54 个柱头需进行二次灌浆。二次灌浆厚度设计为 50mm（施工时按照锅炉工程处提供的灌浆申请单要求施工），灌浆顶标高－0.07m。

1）施工前准备。

a）灌浆料浇灌施工前，应准备搅拌机具、模板、灌浆设备及养护物品。

b）设备就位调整完后，对已凿毛的混凝土表面进行彻底清扫，对设备底板、锚栓用棉纱将锈、油污等清除干净。

c）灌浆前 24h，对混凝土基础表面洒水以保持湿润状态，但表面不得有积水，混凝土清理完后，周围支上模板。模板应牢固，所有的缝隙要要用双面胶带或海绵条进行密封（特别是模板与混凝土之间），以避免灌浆料漏出。

d）模板高度应高出设备底板底面或要求灌浆高度 30mm。

2）搅拌。

a）灌浆料采用手电钻式搅拌器（电钻功率大于 100W），搅拌桶为金属制成（直径 150mm、高度 250mm 左右），搅拌时先将水及少许灌浆料倒入桶内，搅拌 30s 左右，将剩余的灌浆料倒入桶内，总搅拌时间为 3～5min。搅拌时上下左右移动搅拌器，以使桶底和桶壁黏附的料能够充分搅拌，但叶片不要提出浆液面，以免空气被过多带入或造成浪费。

b）搅拌用水宜使用饮用水，水温以 5～35℃为宜。且宜使搅拌好的浆料呈塑性状态（非大流动性）为原则。不可用水量过大或过少。对用水量现场要有量筒进行计量。

3）浇筑。

a）灌浆料应尽量从一侧浇入，以利排出底板与混凝土之间的空气，使灌浆充实。严禁浇筑的同时用竹片、铁片等工具进行插捣和引流，以免产生气泡。

b）灌浆开始后，必须连续浇筑，不能间断，尽可能缩短灌浆时间。

c）灌浆至拆模期间所浇筑的台板不能振动，以免损坏未凝结的灌浆层。

d）灌浆层表面若有泌水现象，可布撒灌浆料干料，以吸干水分。

e）浇灌时应按照规定留置试块。

f）明确责任制。每道工序安排专人负责，并做好施工记录。

g）灌浆期间锅炉工程处要安排专人现场监督。

h）要做好浇灌过程中防雨物资的准备。

4）收浆。灌浆料的初凝时间约为 2～4h，终凝时间为 4～8h。必须在初凝后即对暴露在空气中的灌浆层表面进行收浆，收浆后需进行养护。

5）养护。收浆后应立即加盖湿润的麻袋片覆盖。终凝后对灌浆层进行浇水养护，要使麻袋片始终处于湿润状态，养护期不少于 7 天。

五、电除尘器支架基础地脚螺栓安装案例

1. 预埋螺栓施工

施工工序为地脚螺栓固定支架制作→地脚螺栓固定支架安装→地脚螺栓安装→验收。

2. 螺栓固定支架制作

在电除尘基础承台预埋的埋件上焊上 4 根 1.72m 的槽钢，作为螺栓的主要承重外架，在短柱内部焊上 4 根 1.14m 的角钢作为螺栓在浇筑混凝土时防止整体位移辅助固定架，该位置的角钢将永远埋在混凝土里面。

3. 螺栓固定支架安装

内外支架立柱同时焊接，埋设在短柱内部的角钢焊牢后，由钢筋工把短柱箍筋绑扎至电除尘标高－0.6m处。然后把每根短柱的螺栓组放置短柱内。待外支架上两根横梁槽钢固定分中后，用气焊割好螺栓孔后提上戴好螺帽，用槽钢上的精调螺帽校正后支架内部的角钢与螺栓自带的角钢点焊。

4. 地脚螺栓领用

地脚螺栓及配件由厂家供应，在领料时应核对型号、数量、尺寸及配件是否齐全，并做好记录。把地脚螺栓及配件上预埋部分的油污清洗掉。将所有的螺栓标高标在图纸上，以方便施工。

5. 地脚螺栓安装

安装时以施工图中的地脚螺栓及支架详图来测定螺栓的顶标高。标高原点统一从控制桩上引测。螺栓定位中心线用经纬仪投射，并拉设细钢丝通线。螺栓安装时要求通过对根部和底部两处测距来控制其垂直偏差不大于2mm。在测距过程中由专职测量人员负责温度、尺长、斜距改正工作，待达到要求后，立即调整固定钢板。安装完毕后应对上部外露部分抹上黄油用塑料薄膜密封以防浇筑混凝土时污染。

6. 施工过程中的质量保护

在施工过程中要防止螺栓变形、锈蚀，注意保护螺栓、螺帽，不得随意用气焊、电焊烧烤或切割螺栓。

第十二章

磨煤机基础及风机基础施工措施

第一节 磨煤机基础施工

磨煤机为火力发电厂磨制煤粉的重要锅炉大型附属设备，磨煤机基础为现浇钢筋混凝土，基础深，混凝土工作量大。

一、磨煤机基础施工案例一

（一）施工方案

磨煤机基础混凝土采用一次浇筑成型，螺栓盒提前预埋，磨煤机基础 D 列基础相邻较近（100mm）的采用聚苯板隔开；相邻在 200～300mm 范围内的采用砖模进行支护，砖模与 CD 列基础间添中砂；其余部分采用钢模进行支护。因为与 C、D 列基础相交，而且钢筋量相对较少，所以磨煤机采用，先支模后绑扎钢筋的施工方法进行施工。

模板系统：采用普通钢模板局部砖模、聚苯板（砖模）辅助支护。

支撑系统：基础承台及短柱加固支撑均采内部对拉螺栓拉结，外部用普通脚手管顶撑。

混凝土施工：采用现场搅拌站集中搅拌，罐车运输，用泵车结合地泵浇筑，用插入式振捣棒振捣；养护方式：采用覆盖塑料布养护，大体积混凝土表面除覆盖塑料布外表面再包裹保温被。

（二）施工工艺流程

完善施工环境→桩头凿毛处理、钢筋除锈→垫层施工→垫层防腐→垫层放线及验收→承台模板支护→承台钢筋验收→地脚螺栓安装、验收合格→承台混凝土浇筑→二、三次灌浆。

（三）施工方法及要求

1. 测量放线

用全站仪利用甲方给定的测量方格网点直接进行基础施工测量工作。

2. 地基工程

基础桩头采用人工凿桩，桩头锚入承台 100mm，主筋由桩顶锚入基础承台 800mm，灌注桩主筋超长的，在满足锚固长度后截掉，如果主筋长度不足锚固长度，采用双面搭接焊的形式进行补长。

3. 钢筋工程

（1）钢筋接头连接形式有绑扎连接。钢筋绑扎采用加工场加工制作，运输至现场绑扎成形的施工方案，钢筋由加工场采用自制板车运至现场，再由人工抬入基坑。为保证施工现场的安全文明施工，运料随运随绑，减少占地面积。

(2) 钢筋加工。

1) 钢筋加工程序为确定用料→除锈（除污迹）→调直→切断→弯曲成型。

2) 确定用料严格按照翻样单上要求的规格、数量加工配置。钢筋表面如有油渍、铁锈、泥土应在使用前清理干净。对局部有弯曲的钢筋采用人工调直后，方可使用。

3) 钢筋弯曲成型时，应根据翻样单上尺寸，先划出弯起点位置。先加工一根钢筋，根据放样尺寸调整弯曲的位置和尺寸，调整合适后再成批加工。

4) 钢筋加工的成品、半成品根据具体要求分别作明确标识，并分区域码放整齐。

(3) 钢筋绑扎。

1) 钢筋绑扎顺序为绑扎基础底钢筋→温度筋→绑扎基础顶钢筋。

2) 绑扎内容。

a) 绑扎前，先根据施工图的钢筋间距划好线，然后再进行布筋、绑扎。

b) 绑扎的钢筋要求横平竖直，规格、数量、位置、间距正确，绑扎不得有缺扣、松扣现象。钢筋绑扣不可均朝一个方向，要成"八"字扣。

c) 每个基础底钢筋保护层垫块采用 100mm×100mm 混凝土垫块，侧面采用砂浆垫块。砂浆垫块应提前加工，保证钢筋位置准确。

d) 钢筋绑扎前，在垫层上植埋件，作为焊接螺栓盒固定架的生根点，底板钢筋绑扎完后，焊接螺栓盒固定架，然后再绑扎基础侧面钢筋和顶面钢筋。

4. 模板工程

(1) 工程所用模板均采用新的定型组合钢模板，钢模板加固采用基础内置 $\phi 12$ 对拉螺栓，沿模板高度方向每 750mm 一道，沿基础纵方向每 600mm 一道，模板外侧用脚手管加固。其中与 CD 列基础承台相邻 10cm 的位置采用聚苯板隔开，相邻在 200～300mm 的位置采用砖模进行支护，砖模和 CD 列基础间填充中粗砂。

(2) 模板使用前，必须对模板进行必要的修理，将模板表面用钢丝刷和角磨砂轮磨平磨光，然后涂刷隔离剂，模板多次周转使用后，表面有砸出坑的、模板肋开焊、断裂的、弯曲的必须挑出，修理后再投入使用。

(3) 为了保证浇灌后的混凝土工艺美观，对拉螺栓与模板交接部位设中间带直径 13mm 孔的圆木垫，以防止混凝土浇筑时，由螺栓孔处漏浆。混凝土浇筑完毕将圆木垫剔出，用角磨砂轮将对拉螺栓头割掉，使用同基础混凝土同配比且加膨胀剂的水泥砂浆分两次对木垫坑进行填堵，填堵后的表面要压光。模板在拼装时要在模板与模板间夹粘优质海绵条；混凝土浇筑前，模板上的孔洞要堵死，以防漏浆，避免拆模后的混凝土外露石子。

(4) 模板卡使用前必须仔细检查其是否完好，不得使用带裂及锈蚀严重的模板卡。在模板支设过程中模板与模板接缝处都加设模板卡，模板卡间距不大于 300mm。施工时注意模板卡圆环向下。

(5) 模板支设步骤。

1) 模板支设前应先涂刷好脱模剂，脱模剂应涂刷均匀，无流淌现象。

2) 根据施工控制桩放出模板外边线及其他控制线，作为模板就位依据。

3) 用水平仪引测好模板支设的标高，在模板的底脚用砂浆找平。

4) 逐块拼装模板，同一条拼缝上的 U 形卡，不宜向同一方向卡紧，对拉螺栓孔应平直相对，穿插螺栓不得斜拉硬顶，螺栓上要加圆木垫，圆木垫要紧贴模板。

5）模板拼装时模板缝间夹不吸水的海绵条，海绵条宽大于10mm，将模板缝堵死，以防漏浆。

6）模板支设的同时要用脚手管进行加固，加固时将脚手管下端打入基槽，然后再用脚手管与模板拉斜撑进行加固。

7）安装模板注意事项：

a）安装模板前，先检查钢筋是否影响安装，如有予以纠正；

b）模板要涂刷隔离剂；

c）模板安装前，要检查模板处理是否过关，保证模板表面光滑，外形方正，强度符合使用要求；

d）所有接缝海绵条不得外露。

（6）螺栓盒安装。

1）因为厂家图纸到位晚，致使没有能再垫层上准确预埋固定架埋件，所以再垫层上重新根据轴线植埋件。

2）将竖向支架焊在埋件上，做到位置准确，支架垂直。

3）测水平标高，利用火焊切割找平并打磨整齐。

4）螺栓盒下水平横梁提前制作拼装好，人工就位找正安装于竖向支架上。

5）考虑混凝土的竖向收缩，安装螺栓时，顶标高比设计标高高5mm。

6）螺栓盒支架与模板体系分开，防止混凝土浇筑时模板的振动及变形对螺栓盒造成影响。

7）磨煤机螺栓盒为分组独立安装，为了保证整体质量，螺栓盒在精确安装完后，用角钢将每个分体连接成整体。

8）最后利用经纬仪、水准仪、线坠进行螺栓盒位置及标高的检查验收，合格后进行混凝土浇筑。

5. 混凝土工程

（1）基础施工采用搅拌站集中搅拌，罐车运输，泵车浇筑的施工方案。

（2）水泥使用 P.O42.5，石子使用 5～25mm 级配碎石，砂使用中砂（河砂），二级以上等级的优质粉煤灰，外加剂使用泵送剂、防腐剂，型号及掺量等由试验部门做混凝土试配后确定。

（3）基础混凝土一次浇筑，不留设水平施工缝。基础顶面二次灌浆面处均设置带 180°弯钩的锚筋，锚筋长 600mm，分别插入上下混凝土中 300mm。

（4）混凝土的搅拌采用两台全自动搅拌机（理论混凝土搅拌速度 $100m^3/h$）搅拌，6 台混凝土罐车运输。现场浇灌采用两台混凝土汽车泵（37、42m）泵送。

（5）其他如水、电等在施工前及时与来源部门沟通，确保混凝土施工过程中不出现其他问题。如不能确定必须出具备用方案，否则视为条件不具备，不能进行混凝土浇筑。

（6）混凝土浇灌的同时在施工现场做试块。每工作班（混凝土浇筑量不超过 $100m^3$，若超过 $100m^3$，每增加 $100m^3$，制作 1 组，增加不足 $100m^3$ 也需制作 1 组）制作 2 组试块，同时按规范留置同条件试块。

（7）混凝土浇灌注意事项。

1）浇灌前应检查模板内是否有垃圾、木片、泥土、积水等，如有必须清理干净，检查钢筋的数量、位置是否准确，钢筋上如有油污应清理干净。

2）用振捣棒振捣混凝土时，要做到"快插慢拔"，以防止混凝土分层、离析以及振捣棒拔出时速度过快所造成的空洞，分层浇筑在振捣上一层混凝土时，应插入下层混凝土中 50mm 左右，以消除两层之间的接缝，同时在振捣上层混凝土时，要在下层混凝土初凝之前进行。振捣棒的插点要均匀分布，以免造成混乱而发生漏振，每次移动的距离应不大于振捣棒作用半径的 1.5 倍。一般振捣棒的作用半径为 30～40cm。每一插点的振捣时间 20～30s 为宜，以混凝土表面呈水平、不再显著下沉、不再出现气泡、表面泛出灰浆为准。振捣棒距模板得距离不应大于振捣棒作用半径的 0.75 倍，不得紧靠模板振动，且应尽量避免碰撞钢筋、预埋螺栓孔等。浇筑混凝土过程中，必须设专人监视模板、脚手架、钢筋等的情况，防止变故，有情况及时处理。

3）采用臂杆输送混凝土时，注意不要碰到模板，以免模板发生位移，泵送混凝土时泵管里不能推入空气，不能推入已离析的混凝土，以免堵塞管道，如已推入，泵车要反推，将混凝土吸出来。

4）混凝土养护：混凝土浇灌完成后要及时进行养护，养护时间不低于 14 天，具体时间根据测温记录和基础施工顺序安排。养护方法为待混凝土终凝后在上表面覆盖一层塑料布。为了防止混凝土基础内外温差过大，塑料布表面包裹一层棉被，混凝土施工前，在基础内部预埋测温导线，测温导线分基底、中部、基顶三层布置，基础混凝土终凝后开始用电子测温仪测温，通过检测混凝土内外温差，来确定混凝土表面覆盖棉被的层数。

（8）混凝土试块取样、成型及养护方法：制作混凝土试块所用的拌和物应从施工现场罐车放出的混凝土中提取，并在取样后立即制作试块。制作试块采用 150mm×150mm×150mm 标准试模，插捣采用人工。拌和物分三层装入试模，每层的装料厚度为 50mm。插捣用钢制捣棒（捣棒长为 600mm，直径 16mm，端部应磨圆），插捣次数为每 100cm^2 至少 12 次。插捣完后，刮除多余的混凝土，并用钢抹子抹平。试块成型后，应覆盖其表面，同条件试块拆模后，应放置在靠近相应结构部位或结构部位的适当位置，并应采用相同的养护方法；标养试块在 20℃±5℃ 条件下静置 1～2 昼夜，然后拆模。拆模后试块应立即放到标准养护室中进行标养。

（9）基础模板拆除，应在混凝土强度能保证其表面及棱角不因拆除模板而受损的情况下进行。

6. 防腐工程

根据图纸要求和设计师交底要求，基础垫层顶面、基础−0.500m 以下外露部位全部涂刷环氧煤沥青涂料。

每次垫层施工完后待表面完全干燥涂刷环氧煤沥青涂料，涂刷前要将垫层表面彻底清扫一边，待表面经过四级验收合格后，开始涂刷，涂刷时要涂刷均匀、色泽一致。基础垫层每边要留 5～10cm 不涂刷，用于施工放线、弹墨线。

基础表面的环氧煤沥青涂料，待基础进行完隐蔽验收，经监理确认后进行。施工前也要彻底将基础表面清扫干净。

环氧煤沥青涂料施工时，注意防火，沥青涂料属于易燃物质，施工时，基坑内严禁有明火作业；涂刷时不能污染其他任何材料，要选择晴朗、通风的天气施工。

（四）质量通病预防

质量通病及预防见表 12-1。

表 12-1 质量通病及预防

质量通病		预防措施
钢筋	钢筋原材不合格	进厂抽样试验，合格后方可使用
	钢筋现场安装不合格	(1) 对操作工交底，熟悉图纸要求； (2) 根据图纸检查钢筋的钢号、直径、根数、间距； (3) 检查钢筋接头的位置及搭接长度； (4) 检查混凝土保护层和绑扎是否牢固
混凝土	混凝土表面蜂窝麻面、漏筋、孔洞、缝隙、缺棱掉角	(1) 提高混凝土的生产质量，配比计量准确，搅拌均匀； (2) 模板拼缝严密，缝隙加海绵条，模板底采用水泥砂浆勾缝； (3) 振捣密实； (4) 浇筑前，将杂物清除干净，按规范进行施工缝处理，保持接触面良好； (5) 保护好钢筋保护层垫块； (6) 充分养护，强度达到要求后再拆模
	混凝土外形变形，尺寸不准，色泽不一致	(1) 模板安装牢固，尺寸准确，强度和刚度不足要加固； (2) 混凝土浇筑控制好下料方式和速度； (3) 混凝土配合比进行优化，混凝土搅拌时严格计量及校验，并保证混凝土连续施工
	混凝土强度不够	(1) 控制原材料尤其是水泥、混凝土外加剂的进货质量合格；砂石料严格控制含泥量及石粉含量，同一结构层的混凝土选用相同粒径的砂石料，严格控制水灰比及坍落度； (2) 提高混凝土的生产质量，配比计量准确，搅拌均匀； (3) 振捣密实，混凝土离板时及时采取措施； (4) 养护措施得当，养护到位
	混凝土裂缝	养护措施得当，养护到位，减少温度裂缝
地脚螺栓盒	地脚螺栓盒固定支架安装焊接歪斜、移位	(1) 支架采用切割机下料；焊接时，采用多次成型、路焊等方法焊接控制焊接变形； (2) 钢筋绑扎后重新复线，封模后检查是否移位； (3) 施工过程中严禁以支架做固定受力点； (4) 浇筑过程中跟踪检测螺栓固定支架的位置并及时纠偏； (5) 振捣棒避免直接接触地脚螺栓盒及螺栓盒固定支架
	地脚螺栓盒固定支架标高不准确	(1) 固定后用水准仪检测标高； (2) 钢筋绑扎及浇筑过程中避免碰撞固定支架
	地脚螺栓盒位置及标高不准	(1) 固定支架加固稳定，保证地脚螺栓盒位置及标高正确，表面绝对水平； (2) 固定支架采用型钢固定，浇筑前检测合格； (3) 浇筑过程中跟踪检测螺栓盒固定支架的位置并及时纠偏； (4) 振捣棒避免直接接触地脚螺栓盒及固定支架

二、磨煤机基础施工案例二

某电厂工程 2 号机组磨煤机基础使用木胶板大模板，采用内拉外支法（内部使用对拉螺栓，外部使用木方和钢管）进行加固。

为不影响主厂房回填土施工以及节约措施性材料，并考虑上部吊装机械布置。磨煤机基础分两次施工，−1.8m（因螺栓图纸未到，暂时考虑施工到此标高）以下基础第一次施工，−1.8m 以上及支墩第二次施工。−1.8m 处加设钢筋，锚入 300mm，外露 300mm。−1.8m 以上施工前混凝土表面凿毛处理并提前浇水养护 24h。施工完以后及时进行防腐和回填。

钢筋在加工场制作完成，汽车或拖拉机运至现场。混凝土采用搅拌站集中搅拌，罐车运输，混凝土泵车或拖泵布料，人工机械振捣。基础混凝土施工及养护采用大体积混凝土施工措施进行。

具体的施工顺序为垫层定位放线→混凝土垫层→垫层防腐→基础放线→−1.8m 基础施工→磨煤机基础及地脚螺栓盒（−1.8m 以上）→防腐→回填→二次浇灌。

1. 施工前的准备工作

（1）熟悉图纸并按作业程序依次进行图纸会审，提前解决施工交叉及专业交叉问题，定出施工方案并经批准。

（2）按图纸、其他设计文件及施工方案作好材料计划，备好各种原材料、周转性材料及措施性材料。

（3）编制质量检验计划，进行施工前的技术及安全交底。

（4）做好工具、器具、机械的校验、检修工作，以确保施工期间机械能正常运行。

（5）布置现场施工用水、施工用电，要保证施工期间的水、电及现场照明等工作。

（6）土方开挖完毕，在经过地质、设计、监理和业主联合验收后，开始安排基础垫层的施工。

2. 垫层施工

（1）垫层为 C15 混凝土，浇筑时根据现场情况，采用泵送浇筑，局部以小方车辅助运输浇灌。

（2）垫层每边要比基础宽至少 100mm，以保证模板施工的要求。

（3）垫层施工时必须清理地基处理的污泥、垃圾。

（4）严格控制垫层标高及平整度，为上部基础施工创造条件。

3. 放线与高程控制

（1）放线所用的全站仪、经纬仪、水准仪、钢尺要经校核合格且在有效期内。

（2）根据设置在主厂房周围的矩形方格网引出磨煤机轴线的定位控制桩。

（3）用经纬仪将纵横轴线引入基坑内，并测设在基础垫层面上，以红油漆标在垫层面上，沿边口均匀做上红油漆标号，每条轴线均应双向控制，以便校核。

（4）根据轴线放出基础的外边线控制线。并弹上墨线。

（5）为减少高程控制的误差，由专业测量人员将基坑外附近的水准点转测到主厂房基坑内，并做出符合要求的高程控制点。

（6）放线完后必须经各级质检人员进行验收。

4. 钢筋工程施工

（1）准备工作。

1) 所有材料必须有合格证和试验报告。

2) 检查钢材等材料的出厂合格证及钢筋抗拉试验报告单，并保证材料的可追溯性。钢筋领用由专人负责，认真做好钢筋领用记录。

3) 焊前作好焊接机械的调试工作，配置考试合格的焊工进行同条件试焊，委托检测中心做钢筋碰焊接头抗弯、抗拉试验。

4) 焊工必须持证上岗，并对所焊接头逐个检查，按焊接规程进行抽头试验。

5) 检查钢筋品种、质量、规格、数量是否满足施工要求，是否符合设计要求。

6) 准备绑扎用的铁丝、绑扎工具、绑扎架及控制混凝土保护层用的水泥砂浆垫块和塑料垫块。

（2）钢筋制作与绑扎。

1) 钢筋在钢筋场集中碰焊、调直。按翻样及现场实际情况进行下料，并标识明确，然后运至现场使用，运输时不得破坏钢筋标志。

2) 钢筋制作要严格按图纸和钢筋翻样表进行，并合理利用材料，尽量降低成本。

3) 钢筋制作完毕，要编号挂牌，分类放置，放置时下部要用道木垫起，以防止污染。钢筋绑扎前要把钢筋表面清理干净，方可绑扎。

4) 施工缝部位凿去混凝土表面浮浆及松动石子，钢筋表面污染的混凝土要用铁刷打磨干净。

5) 所有主筋均应按设计要求垫好混凝土预制垫块或塑料垫块、控制保护层厚度。

6) 钢筋绑扎前，要核对成品钢筋的型号、规格、直径、尺寸和数量是否与料单料牌相符，如有错漏应纠正增补。钢筋表面应平直、洁净，不得有损伤，带有油渍、片状老锈和麻点的钢筋严禁使用。焊接钢筋同心度、平直度要满足要求。

7) 钢筋绑扎采用镀锌铁丝绑制。基础钢筋绑扎前，先在垫层上标好基础边线，然后按先下层后上层，先里层后外层的顺序绑扎。双层网片基础用钢筋马凳支撑，在钢筋与模板之间加设塑料垫块以保证保护层厚度。

8) 钢筋绑扎一定要按图纸要求控制好间距，绑扎要牢固，不得有松扣缺扣现象。绑扎丝尽量全部向里弯（弯向混凝土内），避免在混凝土浇筑后，绑扎丝外露。钢筋的级别、种类、直径应按设计要求采用，当需代换时，应征得设计单位的同意，并经过计算以后进行。

9) 钢筋接头主要采用闪光对焊，设置在同一构件内的焊接接头应相互错开。在任一焊接接头中心至长度为钢筋直径的 35 倍且不小于 500mm 的区段内，同一根钢筋不得有两个接头。在该区段内有接头的受力钢筋截面面积占受力钢筋截面面积的百分率，受拉区不宜超过 50%，受压区不限制。所有焊件均应有合格焊工操作进行焊接，且焊接试件必须试验合格。钢筋闪光对焊接头每 300 个同类型接头（同钢筋级别，同钢筋直径）作为一批，焊接接头应符合要求。

10) 钢筋焊接前接头要打磨除锈，以确保钢筋焊接的质量，并按规范由检测中心随机抽样试验，焊头要平直，不能弯曲，若发现不合格的接头要按要求加倍取样，合格后方可使用。

11) 施工过程中要加强管理和检验，钢筋在运输、加工过程中注意防止撞击、刻痕等缺陷。

5. 模板工程施工

（1）基础模板采用胶合板大模板，采用内拉外支法施工。基础角部板缝处用双面胶条塞实。

（2）木胶板必须按"取大舍小，取小补缺，重复利用，及时回收"的原则进行下料。

在使用之前，必须结合磨煤机基础截面的大小，充分考虑模板的重复利用的次数，对所有模板进行统一编号，按照编号依次进行安装。下料后的模板边角必须采用清漆进行处理，防止被水侵蚀后，局部强度降低，变形和厚度增加等现象。

（3）所有模板必须在后场下料、制作，严禁在现场下料。所有模板在使用前，必须在后场刷脱模剂处理，严禁使用滚筒滚的方法处理，必须采用破布抹的方法，以防止涂刷的过厚、过多或者不均匀现象。严禁在施工现场进行刷脱模剂，减少对钢筋和环境的污染。

（4）所有模板在使用前应根据对拉螺栓设计的间距提前在后场打孔，一般比设计的对拉螺栓大 2mm，多余的毛刺清除掉并用清漆涂刷处理。严禁在现场使用电钻钻眼。

（5）当木胶板模板在进行平面或转角拼接时，为了确保其密闭性能，采用直口对接后在接口处用 48mm×100mm 木方加固。

（6）基础及柱头模板楞木采用 48mm×100mm 木方外，其余均采用钢管作楞进行固定。其间距不宜大于 150mm。所有的模板拼缝必须采用双面胶带处理，防止产生漏浆现象。

（7）对拉螺栓应沿基础高度和水平方向等间距均匀排列，上下对齐。在对拉螺栓两头采用专门加工制作的塑料堵头进行封堵，为防止漏浆在塑料头上加橡胶密封圈。

（8）模板拆除时采用整装整拆，从上至下依次拆除，拆除时不得硬拉、硬翘等方法，另外还要保护成品混凝土不受损坏。拆除后的模板不得从高处抛扔，必须采取传递的方法进行，轻拿轻放。选择平整的场地进行堆放，拆除多少运输多少，及时清运出施工现场拉至后场进行模板的清理、刷脱模剂工作。一次使用后的模板严禁不清理就进行刷脱模剂使用，严禁在施工现场刷脱模剂。

拆除后的模板因存在钉眼现象，不适合二次使用，因此在维修时钉眼处用橡胶锤敲平，另外采用 108 胶掺合白水泥、石膏粉做成腻子进行修补，待凝固后，用 150 号砂纸轻轻打磨，清理干净，最后刷上清漆防水，使用前刷油处理。

6. 地脚螺栓盒及预留孔施工

（1）地脚螺栓盒安装之前与磨煤机详图与地脚螺栓制造商图纸必须互相对照。

（2）地脚螺栓盒定位前先拉设纵横轴线，所有地脚螺栓盒定位均依据磨煤机纵横两条中心线。

（3）在磨煤机基础标高－1.8m 处，预埋埋件用于固定地脚螺栓盒支架，地脚螺栓盒立柱与埋件焊接处理。

（4）固定支架的位置以及具体要求核对磨煤机厂家图纸后确定。

（5）预留孔采用木胶板与木条加工，内补充填砂子。在拆除时要求保护预留孔四周的混凝土，防止有缺角掉棱现象。

（6）预留孔用 $\phi18$ 钢筋配合 $\phi14$ 钢筋加固。

（7）混凝土浇筑过程中，严禁施工人员踩踏地脚螺栓盒、预留孔洞。

（8）固定螺栓支架另行专门设计。

7. 混凝土工程施工

(1) 浇筑混凝土前的检查工作。

1) 检查扣件规格与对拉螺栓、配套和紧固情况。

2) 对拉螺栓及支柱的间隙。

3) 各种预埋件的规格尺寸、数量、位置及固定情况。

4) 模板结构的整体稳定性。

5) 插筋是否插好，钢筋保护层垫块是否垫好。

6) 混凝土浇灌前，应进行验收，对模板、钢筋及支撑逐项检查，发现问题及时处理。

(2) 准备工作。

1) 混凝土的浇灌实行挂牌制度，责任到人，以确保混凝土的质量。

2) 联系施工用电管理单位，确保电力全天候供应。

3) 搅拌站要把搅拌楼、混凝土泵车、罐车等工器具提前充分检修好，以保证混凝土浇灌的正常供应。

4) 要确保足够的水泥、砂子、石子等材料，并应符合规范及设计要求。

5) 砂、石的含泥量不得超过规范要求，不得使用过期、受潮的水泥。

6) 混凝土浇筑期间建筑工程处、搅拌站要安排值班人员，负责协调现场混凝土浇筑工作。

7) 组织好现场施工人员、机械设备等；电工要安装好充足的照明设备；修筑好混凝土罐车的运输道路，并且能满足在雨天时正常运行。

(3) 混凝土浇筑程序。

1) 基础的浇筑采用分层浇筑，并保证上下层不留施工缝，每层混凝土的浇筑厚度控制在 30cm 左右，每层浇筑应从低处开始。

2) 下次混凝土浇筑前，应先铺 50mm 厚同标号砂浆。

(4) 混凝土的性能要求。

1) 检测中心在施工前做好混凝土的配比工作，并核实所使用水泥性能是否符合设计及相关规范要求，水泥的出厂时间是否符合要求。施工中要严格按配合比搅拌混凝土。严格控制混凝土的坍落度，必须满足规范规定，不合格产品严禁使用。

2) 选择合适的砂、石级配。

3) 砂石骨料的含泥量应加以严格控制，不得超过规定的含泥量（砂不大于 3%，石子不大于 1%）。

(5) 混凝土浇筑期间应注意的问题。

1) 加强气象预测、预报工作，掌握天气变化情况，以保证混凝土连续浇筑的顺利进行，确保混凝土的质量。

2) 浇筑混凝土时，必须防止混凝土的分层离析，混凝土浇筑时，其自由倾落高度不应超过 2m。搅拌站应严格按实验室提供的配合比进行搅拌，并认真填写混凝土的搅拌记录。建筑工程处现场要做好混凝土浇筑记录，以确保混凝土搅拌质量。在现场做好坍落度试验并记录，如坍落度与原规定不符时，应及时通知检测中心和搅拌站调整配合比。

3) 混凝土施工过程中，检测中心应严格按规定提取试样做坍落度试验及试件，并做出混凝土强度报告，做到对混凝土质量的跟踪检查及控制。

4) 混凝土浇筑过程中，应及时将浮浆清理出模板外，以保证混凝土的质量。

5) 为加强混凝土的振捣工作，施工时应分工明确，责任到人，制定相应的奖罚措施，对出现质量问题的个人进行处罚。

(6) 混凝土振捣。

1) 振捣器的操作，要做到"快插慢拔"。

2) 混凝土分层浇筑，在振捣上层时，应插入下层混凝土 5cm 左右，以消除两层之间的接缝，在振捣上层混凝土时，要在下层混凝土初凝之前进行。

3) 每一插点振捣时间一般 15～20s，应以混凝土表面不再显著下沉、不冒气泡、表面浮出灰浆为准。

4) 振捣器水平移动位置间距不应大于 450mm，振捣棒离开模板 150mm，且尽量避免碰撞钢筋、预埋件等。

(7) 混凝土养护、验收。

1) 混凝土采用蓄热养护。混凝土浇筑前，侧面模板必须挂棉毡覆盖；基础顶面待混凝土终凝后立即覆盖一层塑料薄膜，然后用一层棉毡覆盖，以形成保温层，利用混凝土硬化过程中释放的热量，来维持基础混凝土本身温度。

2) 混凝土的养护工作要设专人日夜三班养护，要经常检查养护情况，及时做好混凝土的养护记录，并根据实际情况随时调整养护措施。

3) 在基础中设置测温孔，做好测温工作。养护期间前 3 天每 4h 测温一次，第 4 天以后每 8h 测温一次，当混凝土内外温差小于 10℃时停止测温。在测温的同时，做好测温记录，当混凝土内外温差大于 25℃时，应根据预先设计的方案采取适当的措施，将温差控制在 25℃以内。

(8) 混凝土的防腐。0.500m 以下钢筋混凝土构件均需刷环氧煤沥青厚浆型涂料两遍，厚涂层与混凝土黏结力不小于 1.5N/mm。在留设的施工缝处增加一道环氧煤沥青防腐。刷抹聚合物砂浆，厚度 5mm。注意承台底部处的桩顶不得粘上涂料，桩与承台连接处防腐构造做法见施工图。

8. 回填

(1) 回填前应将基坑内的积水、淤泥、杂物清理干净。

(2) 回填前对需隐蔽的工程进行隐蔽验收合格。

(3) 根据现场情况及施工进度，采用级配砂石分层回填碾压夯实，分层厚度不大于 250mm，压实系数不小于 0.96。

(4) 每层虚铺厚度不得大于 250mm，在合适位置标志好回填厚度控制线和回填皮数。

(5) 回填时应在基础的两侧同时进行，不得在基础一侧堆置回填料过高。回填从基坑最低处开始。当基础的另一侧不能回填时，能回填的一侧要进行放坡回填，坡度不得小于 1：1.5，每层接缝处应作成斜坡形，上、下层接缝应错开不小于 0.5m。

(6) 打夯前应将填土初步整平，打夯要按一定方向进行，一夯压半夯，夯夯相接，行行相连，两遍纵横交叉，分层夯打。虚铺厚度不大于 250mm，每层压实遍数为 3～4 遍。

(7) 用蛙式打夯机等小型机具夯实时，首先将填料初步整平，打夯机依次夯打，均匀分布，不留间隙。虚铺厚度不大于 250mm，每层压实遍数为 3～4 遍。

(8) 回填夯实后应做回填试验，严格执行见证取样制度，每层 50～200m² 进行取样一组，每层不少于一组。

（9）回填过程中注意成品保护，严禁损坏基础边角。

9. 基础工程二次灌浆

（1）磨煤机基础二、三次灌浆采用 HSGM 防腐型灌浆料，强度等级达到 C60。施工时按照锅炉工程处提供的灌浆申请单要求施工。灌浆顶标高按照图纸设计标高。

（2）施工前准备。

1）灌浆料浇灌施工前，应准备搅拌机具、模板、灌浆设备及养护物品。

2）设备就位调整完后，对已凿毛的混凝土表面进行彻底清扫、对设备底板、地脚螺栓用棉纱将锈、油污等清除干净。地脚螺栓孔中的积水必须清除干净。

3）灌浆前 24h，对混凝土基础表面洒水以保持湿润状态，但表面不得有积水，混凝土清理完后，周围支上模板。模板应牢固，所有的缝隙要进行密封（特别是模板与混凝土之间），以避免灌浆料漏出。

（3）基础处理及支模

1）螺栓就位调整完后，对已经凿毛的混凝土表面的粉尘、杂物等彻底清扫、对柱底板、地脚螺栓用棉纱将锈、油污等清除干净。

2）浇灌前，对混凝土表面洒水湿润 24h，但表面不得有积水。

3）混凝土清理完后，周围用木胶合板做模板，周围用方木进行加固。所有的缝隙要用双面胶带或海绵条等密封（特别是模板与混凝土之间），以避免漏浆。

4）模板高度应高出设备底板底面或要求灌浆高度 30mm。

（4）搅拌。

1）灌浆料采用手电钻式搅拌器（电钻功率大于 100W），搅拌桶为金属制成（直径150mm、高度 250mm 左右），搅拌时先将水及少许灌浆料倒入桶内，搅拌 30s 左右，将剩余的灌浆料倒入桶内，总搅拌时间为 3～5min。搅拌时上下左右移动搅拌器，以使桶底和桶壁黏附的料能够充分搅拌，但叶片不要提出浆液面，以免空气被过多带入或造成浪费。

2）搅拌用水宜使用饮用水，水温以 5～35℃ 为宜。且宜使搅拌好的浆料呈塑性状态（非大流动性）为原则。不可用水量过大或过少。对用水量现场要有量筒进行计量。

（5）浇筑。

1）灌浆料应尽量从一侧浇入，以利排出底板与混凝土之间的空气，使灌浆充实。严禁浇筑的同时用竹片、铁片等工具进行插捣和引流，以免产生气泡。

2）灌浆开始后，必须连续浇筑，不能间断，尽可能缩短灌浆时间。

3）灌浆至拆模期间所浇筑的台板不能振动，以免损坏未凝结的灌浆层。

4）灌浆层表面若有泌水现象，可布撒灌浆料干料，以吸干水分。

5）浇灌时应按照规定留置试块。

6）明确责任制。每道工序安排专人负责，并做好施工记录。

7）灌浆期间锅炉工程处要安排专人现场监督。

8）因灌浆期间雨季，要做好浇灌过程中防雨物资的准备。

（6）收浆。灌浆料的初凝时间约为 2～4h，终凝时间为 4～8h。必须在初凝后即对暴露在空气中的灌浆层表面进行收浆，收浆后需进行养护。

（7）养护。收浆后应立即加盖湿润的麻袋片覆盖。终凝后对灌浆层进行浇水养护，要使麻袋片始终处于湿润状态，养护期不少于 7 天。

第二节　引风机基础及检修支架基础施工

一、引风机基础及检修支架基础施工案例一

（一）施工总体方案

（1）土方开挖：机械大开挖。

（2）模板系统：采用普通定型钢模板，其中引风机基础±0.00m 以上采用木模板进行支护。

（3）支撑系统：基础承台及短柱加固支撑均采内置对拉螺栓拉结，外部用普通脚手管顶撑。

（4）混凝土施工：采用现场搅拌站集中搅拌，罐车运输，用泵车浇筑，用插入式振捣棒振捣。养护方式：采用覆盖塑料布养护，大体积混凝土表面除覆盖塑料布外表面再包裹保温被。

（二）施工工艺流程

引风机基础：场地平整定位放线→土方开挖→完善施工环境→垫层施工→垫层放线及验收→垫层表面处理→承台钢筋制作及绑扎→基础钢筋验收→承台模板安装及加固→承台模板验收→承台混凝土浇筑（－3.00m）→混凝土表面凿毛处理→承台上部钢筋绑扎→承台上部模板支护→预留螺栓孔→上部承台钢筋、模板、螺栓孔验收合格→混凝土浇筑。

检修支架基础：场地平整定位放线→土方开挖→完善施工环境→垫层施工→垫层表面处理→垫层放线及验收→承台、联系梁、剪力墙钢筋制作及绑扎→承台、联系梁、剪力墙钢筋验收→螺栓架、地脚螺栓安装→承台、联系梁、剪力墙模板安装及加固→钢筋、模板、螺栓验收合格→混凝土浇筑→模板拆模→基础回填→基础工程验收→基础交安。

注：与送风机基础相交、相邻的检修支架基础待送风机基础浇筑完第一步后进行施工。

（三）施工方法及要求

1. 测量放线

用全站仪利用甲方给定的测量方格网点直接进行定位线施测和基础施工测量工作。

2. 土方工程

引风机基础及检修支架基础土方开挖采用挖掘机开挖，人工配合清槽。基坑开挖边坡坡度为 1:1.5，基坑开挖时，需要在基础垫层外边预留 1m 宽工作面，工作面外 500mm 宽排水沟，排水沟侧壁距基坑边坡坡脚 500mm。

开挖时，由基础北侧边坡开挖向南侧，基坑正南侧设置机动车上下坡道，坡道宽度为 6m，放坡坡度为 1:8。机械开挖时基底预留 200mm 的预留层，预留层采用人工清除，以避免机械开挖时扰动基底土，预留层高度根据实际情况调整，但必须保证不扰动基底土。槽底土采用人工清理，人工清槽底的速度须与机械开挖速度一致。开挖过程中，如果有桩间距较小、挖掘机挖斗不能通过时，桩间土采用人工挖掘。

土方开挖过程中严格按照设计要求的开挖深度进行开挖，工程开挖底标高为－3.10m，严禁超挖，在临近开挖深度时，要求机械操作人员控制好铲斗的入土深度，测量人员跟随测量，严格控制标高。人工在进行修坡时，要求将坡面修整平整，不得凹凸不平。挖掘机在挖

土过程中严禁碰撞桩头,以防因碰撞使桩偏移或损坏,汽车在倒车时,派专人进行指挥,以免发生危险。

土方回填的过程中严格按照图纸及相关规范的要求进行。每层回填厚度不得大于250mm,回填大面积用压路机压实,梁下及混凝土基础附近采用电动夯或人工夯实,以保证土方回填质量。在每一层回填完毕后,要进行试验,实验室采用核子密度仪进行现场试验合格,经监理认可后,方可进行下步回填,每天回填厚度不得大于1m,压实系数不得小于0.96。

3. 地基工程(截桩)

截桩工作随土方开挖同时进行,随开挖随截桩,随即将桩头运走。截桩采用风镐剔凿的方式。

截桩前,先在桩身上面用红油漆笔标记出设计标高(-2.90m),然后用云石锯在设计桩顶位置将桩头切出一圈3cm深的剔凿线,用风镐将基础桩主筋保护层剔凿掉,使桩主筋完全露出,在离垫层面950mm高位置将主筋截断,将下部桩主筋与桩身分离开。桩主筋剥出后将桩头在设计标高位置截断并放倒,用挖掘机将桩头吊出基坑。桩头清走后,再用小錾子将桩头顶剔凿平整,用钢筋扳将预留的桩主筋调直。

剔除桩头时,要保证桩体和桩钢筋深入到混凝土承台内的长度符合设计要求。如果出现钢筋长度不满足设计要求时,采用双面搭接焊的连接形式进行。剔除后的桩头要求表面混凝土平整、没有松动的混凝土,钢筋顺直。剔凿下来的碎块用运土车运至指定地点,严禁混凝土碎块和开挖土一起运。当桩头超过2m时,可分两次凿除,以方便运输。

截桩工作以基础承台为单位进行,机械开挖出一个承台截一个承台,截下的桩头用汽车运至组合场。

4. 钢筋工程

(1)钢筋工程施工方案。钢筋接头连接形式有绑扎、闪光对焊、直螺纹连接。钢筋绑扎采用加工场加工制作,运输至现场绑扎成形的施工方案,钢筋由加工场采用自制板车运至现场,再由人工抬入基坑。为保证施工现场的安全文明施工,运料随运随绑,减少占地面积。

(2)钢筋加工。

1)钢筋加工程序为确定用料→除锈(除污迹)→调直→切断→弯曲成型。

2)确定用料严格按照钢筋翻样单上要求的规格、数量加工配置。钢筋表面如有油渍、铁锈、泥土应在使用前清理干净。对局部有弯曲的钢筋采用人工调直后,方可使用。

3)钢筋弯曲成型时,应根据钢筋翻样单上尺寸,先划出弯起点位置。先加工一根钢筋,根据放样尺寸调整弯曲的位置和尺寸,调整合适后再成批加工。

4)钢筋加工的成品、半成品根据具体要求分别作明确标识,并分区域码放整齐。

5)承台受力筋直径大于22mm的均采用直螺纹连接接头,直螺纹的套丝操作工要持证上岗,钢筋连接前,先做一组班前试件,拉力试验合格后再进行大批加工。钢筋加工过程中,每加工一部分就将套好丝的钢筋与钢套筒进行试套,如有问题及时修正。钢筋套完丝后要在丝扣上套上保护帽,没有保护帽严禁运处加工场。钢筋直螺纹接头500个接头为一批,一组3个试件,作抗拉试验。

(3)钢筋绑扎。

1)钢筋绑扎顺序为绑扎承台钢筋→插柱段钢筋→剪力墙、联系梁钢筋→绑扎柱钢筋。

2）绑扎内容。

a）绑扎前，先根据施工图的钢筋间距划好线，然后再进行布筋、绑扎。

b）绑扎的钢筋要求横平竖直，规格、数量、位置、间距正确，绑扎不得有缺扣、松扣现象。钢筋绑扣不可均朝一个方向，要成"八"字扣。

c）因为每个基础承台的钢筋较多，质量较大，所以基础承台底钢筋保护层垫块采用100mm×100mm 混凝土垫块。其中基础侧面及顶部、短柱、梁的保护层为50mm，剪力墙的保护层为45mm，相应砂浆垫块应提前加工，保证钢筋位置准确。

d）在施工基础承台时，柱段插筋位置要用脚手管在底部和上部卡两道方盘来固定，保证钢筋的位置正确，由于钢筋比较长，上部固定架子要与其他基础连成整体。

e）绑扎承台上柱短钢筋前，要提前将地脚螺栓安放并固定好。其中柱头上部的焊接钢筋网片在剪力槽处可断开。

5. 模板工程

（1）模板工程的紧前工作为钢筋工程，待钢筋验收合格后马上进行施工。

（2）工程所用模板均采用新的定型组合钢模板，钢模板加固采用基础内置对拉螺栓，沿模板高度方向每750mm 一道，沿基础纵向每600mm 一道，模板外侧用脚手管加固。

（3）模板使用前，必须对模板进行必要的修理，将模板表面用钢丝刷和角磨砂轮磨平磨光，然后涂刷隔离剂，模板多次周转使用后，表面有砸出坑的、模板肋板开焊、断裂的、弯曲的必须挑出，修理后再投入使用。

（4）为了保证浇灌后的混凝土工艺美观，对拉螺栓与模板交接部位设中间带直径13mm 孔的圆木垫，以防止混凝土浇筑时，由螺栓孔处漏浆。混凝土浇筑完毕将圆木垫剔出，用角磨砂轮将对拉螺栓头割掉，使用同基础混凝土同配比且加膨胀剂的水泥砂浆分两次对木垫坑进行填堵，填堵后的表面要压光。模板在拼装时要在模板与模板间夹粘优质海绵条；混凝土浇筑前，模板上的孔洞要堵死，以防漏浆，避免拆模后的混凝土外露石子。

（5）模板卡使用前必须仔细检查其是否完好，不得使用带裂及锈蚀严重的模板卡。在模板支设过程中模板与模板接缝处都加设模板卡，模板卡间距不大于300mm。施工时注意模板卡圆环向下。

（6）模板支设步骤：

1）模板支设前应先涂刷好脱模剂，脱模剂应涂刷均匀，无流淌现象。

2）根据施工控制桩放出模板外边线及其他控制线，作为模板就位依据。

3）用水平仪引测好模板支设的标高，在模板的底脚用砂浆找平。

4）逐块拼装模板，同一条拼缝上的U形卡，不宜向同一方向卡紧，对拉螺栓孔应平直相对，穿插螺栓不得斜拉硬顶，螺栓上要加圆木垫，圆木垫要紧贴模板。

5）模板拼装时模板缝间夹不吸水的海绵条，海绵条宽大于10mm，将模板缝堵死，以防漏浆。

6）模板支设的同时要用脚手管进行加固，加固时将脚手管下端打入基槽，然后再用脚手管与模板拉斜撑进行加固。

7）柱模垂直度用加固脚手管控制，垂直度用线坠检验。

8）安装模板注意事项：

a）安装模板前，先检查钢筋是否影响安装，如有予以纠正；

b) 模板要涂刷隔离剂；

c) 模板安装前，要检查模板处理是否过关，保证模板表面光滑，外形方正，强度符合使用要求；

d) 所有接缝海绵条不得外露。

6. 混凝土工程

(1) 基础施工采用搅拌站集中搅拌，罐车运输，泵车浇筑的施工方案。

(2) 水泥使用 P.O42.5，石子使用 5～25mm 级配碎石，砂使用中砂（河砂），二级粉煤灰，外加剂使用泵送剂、防腐剂，型号及掺量等由试验部门做混凝土试配后确定。

(3) 混凝土浇灌 2～3 次，施工缝留在短柱根部。所有施工缝处均设置带 180°弯钩的锚筋，分别插入上下混凝土中 300mm。

(4) 混凝土的搅拌采用 HZS-60 和 HZS-100 两台全自动搅拌机（理论混凝土搅拌速度 100m³/h）搅拌，6 台混凝土罐车运输。现场浇灌采用两台混凝土汽车泵（37、42m）泵送。

(5) 其他如水、电等在施工前及时与来源部门沟通，确保混凝土施工过程中不出现其他问题。如不能确定必须出具备用方案，否则视为条件不具备，不能进行混凝土浇筑。

(6) 混凝土试块取样、成型及养护方法：制作混凝土试块所用的拌和物应从施工现场罐车放出的混凝土中提取，并在取样后立即制作试块。制作试块采用 150mm×150mm×150mm 标准试模，插捣采用人工。拌和物分三层装入试模，每层的装料厚度为 50mm。插捣用钢制捣棒（捣棒长为 600mm，直径 16mm，端部应磨圆），插捣次数为每 100cm² 至少 12 次。插捣完后，刮除多余的混凝土，并用钢抹子抹平。试块成型后，应覆盖其表面，同条件试块拆模后，应放置在靠近相应结构部位或结构部位的适当位置，并应采用相同的养护方法；标养试块在 20℃±5℃条件下静置 1～2 昼夜，然后拆模。拆模后试块应立即放到标准养护室中进行标养。

(7) 工程基础严格按大体积混凝土施工，所以在混凝土浇筑之前要下好测温导线，每一个基础下一组测温导线（送风机基础每个基础下二组），每组共 2、3、4m 三根。在混凝土浇筑完毕后要安排专人进行测温，在混凝土浇筑完 10h 后开始进行测温，在前 1～3 天时每 2h 进行一次测温，在 4～7 天时每 4h 进行一次测温。当混凝土温度开始下降后每 8h 进行一次测温，直至混凝土内部温度接近大气温度。但测温不得少于 28 天。

(8) 混凝土浇灌注意事项：

1) 浇灌前应检查模板内是否有垃圾、木片、泥土、积水等，如有必须清理干净，检查钢筋的数量、位置是否准确，钢筋上如有油污应清理干净。

2) 用振捣棒振捣混凝土时，要做到"快插慢拔"，以防止混凝土分层、离析以及振捣棒拔出时速度过快所造成的空洞，分层浇筑在振捣上一层混凝土时，应插入下层混凝土中 50mm 左右，以消除两层之间的接缝，同时在振捣上层混凝土时，要在下层混凝土初凝之前进行。振捣棒的插点要均匀分布，以免造成混乱而发生漏振，每次移动的距离应不大于振捣棒作用半径的 1.5 倍。一般振捣棒的作用半径为 30～40cm。每一插点的振捣时间 20～30s 为宜，以混凝土表面呈水平、不再显著下沉、不再出现气泡、表面泛出灰浆为准。振捣棒距模板得距离不应大于振捣棒作用半径的 0.75 倍，不得紧靠模板振动，且应尽量避免碰撞钢筋、地脚螺栓孔等。浇筑混凝土过程中，必须设专人监视模板、脚手架、钢筋等的情况，防止变故，有情况及时处理。

3) 采用臂杆输送混凝土时，注意不要碰到插筋和模板，以免钢筋和模板发生位移，泵送混凝土时泵管里不能推入空气，不能推入已离析的混凝土，以免堵塞管道，如已推入，泵车要反推，将混凝土吸出来。

4) 混凝土养护：混凝土浇灌完成后要及时进行养护，养护时间不低于 14 天，具体时间根据测温记录和基础施工顺序安排。养护方法为待混凝土终凝后在上表面覆盖一层塑料布。为了防止混凝土基础内外温差过大，塑料布表面包裹一层棉被，大体积的基础混凝土施工时，在基础内部预埋测温导线，测温导线分基底、中部、基顶三层布置，基础混凝土终凝后开始用电子测温仪测温，通过检测混凝土内外温差，来确定混凝土表面覆盖棉被的层数。

(9) 施工缝应严格处理，用錾子将施工缝处混凝土表面凿毛并清扫干净，混凝土浇筑前，提前 24h 将其湿润，混凝土浇筑时不得有积水，要先在施工缝上浇筑 5～10cm 与混凝土同配比的水泥砂浆，再浇筑混凝土。

(10) 基础承台、柱段、支墩、联系梁模板和基础梁侧模板拆除，应在混凝土强度能保证其表面及棱角不因拆除模板而受损的情况下进行。基础梁模板底模要待混凝土强度达到80%才能拆除。

7. 地脚螺栓工程

引风机基础及检修支架基础为钢结构体系。钢结构体系的钢柱与基础柱的连接均采用预埋地脚螺栓连接。地脚螺栓预埋要求在单根基础柱上埋设准确（包括平面尺寸和顶面标高），整体（基础柱的组合）尺寸精度也要求较高，故螺栓采用螺栓固定架进行加固。根据图纸所描述，螺栓固定架由厂家提供，施工方只负责安装及加固螺栓。

施工时采用地脚螺栓固定架固定直埋地脚螺栓的方法。即在基础承台顶面顶面上埋设固定地脚螺栓固定架用的铁件，然后把固定预埋地脚螺栓的固定架焊在铁件上，再把地脚螺栓固定在螺栓固定架上。

施工要点如下：

(1) 在垫层混凝土浇筑时将固定外支架的铁件埋设好，位置考虑支架受力和短柱模板安装空间。弹出支架安装中心线。

(2) 将竖向支架焊在埋件上，做到位置准确，支架垂直。

(3) 测水平标高，利用火焊切割找平并打磨整齐。

(4) 水平横梁提前制作拼装好，人工就位找正安装于竖向支架上。

(5) 考虑混凝土的竖向收缩，安装螺栓时，顶标高比设计标高高 5mm。因基础为独立基础，水平方向混凝土收缩不考虑。

(6) 将钢板放于横梁上，将螺栓带螺母吊挂于横梁钢板上，利用整体轴线钢丝找正，将钢板焊接于横梁上，利用螺母调节螺栓顶标高，槽钢加工的孔径比螺栓直径大 0.5mm。

(7) 螺栓底部用带眼槽钢加固，焊接于钢架立柱来控制其垂直度。

(8) 螺栓支架与模板体系分开，防止混凝土浇筑时模板的振动及变形对螺栓的影响。

(9) 将外露螺栓涂一层黄油，并用布包严。防止螺栓在打混凝土过程中粘混凝土，导致丝扣受损。

(10) 最后利用经纬仪，水准仪进行螺栓位置及标高的检查验收，合格后进行混凝土浇筑。

8. 防腐工程

根据图纸要求和设计师交底要求，基础垫层顶面、基础-0.500m 以下外露部位全部涂刷环氧煤沥青涂料。

每次垫层施工完后待表面完全干燥涂刷环氧煤沥青涂料，涂刷前要将垫层表面彻底清扫一边，待表面经过四级验收合格后，开始涂刷，涂刷时要涂刷均匀、色泽一致。基础垫层每边要留 5~10cm 不涂刷，用于施工放线、弹墨线。

基础表面的环氧煤沥青涂料，待基础进行完隐蔽验收，经监理确认后进行。施工前也要彻底将基础表面清扫干净。

环氧煤沥青涂料施工时，要注意防火，沥青涂料属于易燃物质，施工时，基坑内严禁有明火作业；涂刷时不能污染其他任何材料，要选择晴朗、通风的天气施工。

二、引风机基础及检修支架基础施工案例二

基础使用木胶板大模板，采用内拉外支法（内部使用对拉螺栓，外部使用木方和钢管）进行加固，支撑采用钢管。

钢筋在钢筋场制作，现场绑扎，钢筋接头采用闪光对焊。混凝土采用搅拌站集中搅拌，罐车运输，混凝土泵车布料。引风机基础及检修支架基础混凝土一次施工到顶。基础为大体积混凝土，混凝土养护采用表面覆盖一层塑料薄膜，上面覆盖棉毯养护，养护时间不少于14 天。

混凝土拆模前必须办理拆模申请并批准，施工完以后及时进行防腐和回填。

施工顺序为定位放线→浇筑基础垫层→垫层防腐→基础放线→钢筋绑扎→模板安装包括预埋螺栓孔模板安装→混凝土浇筑→养护→拆模→防腐→回填。

1. 施工准备

（1）熟悉图纸并将发现问题提交有关部门进行图纸会审，提前解决图纸中影响施工的问题。

（2）按图纸及设计变更及时做好材料计划，备好各种原材料及措施性材料。

（3）编写施工作业指导书及工程质量检验计划，进行施工前的技术及安全交底。

（4）做好工具、器具、机械的校验、检修工作，以确保施工期间机械能正常运行。

（5）物资公司根据材料计划按实际工期进行水泥、砂子、石子的备料，保证施工期间混凝土的正常供应。

（6）会同搅拌站做好施工道路的准备工作，确定泵车的支车地点等工作。

（7）布置施工用水、施工用电，确保施工期间的用水、用电正常。

2. 定位放线

轴线采用 SET210 型全站仪进行测放，标高用 S3 级水准仪从 4 号控制桩引测。

测好各方向的中心线及标高线并经监理验收后方可进行下一步的施工。

3. 垫层施工

（1）垫层为 C15 混凝土。

（2）垫层每边按要求要比基础宽至少 100mm，以保证模板施工的要求。

（3）垫层施工时必须清理地基处理上污泥、垃圾。

4. 细部放线与高程控制

（1）用的经纬仪、水准仪、钢尺要经校核合格且在有效期内。

（2）用经纬仪将纵横轴线引入基坑内，并测设在基础垫层面上，以红油漆标在垫层面上，沿边口均匀做上红油漆标号，每条轴线均应双向控制，以便校核。

（3）再根据轴线放出基础的外边线。为减少高程控制的误差，由专业测量人员将基坑外附近的水准点转测到基础基坑内，并做出符合规范要求的高程控制点。

（4）放线完后必须经各级质检人员进行验收。

5. 钢筋工程

（1）准备工作。

1）所用施工材料必须有齐全的质量保证书。

2）检查钢材等材料的出厂合格证及钢筋抗拉试验报告单，并保证材料的可追溯性。钢筋领用由专人负责，认真做好钢筋质量跟踪记录。

3）检查钢筋品种、质量、规格、数量是否满足施工要求，是否符合设计要求。

4）闪光对焊工必须持证上岗，并做好焊前试焊。

5）焊前作好焊接机械的调试工作，配置考试合格的焊工进行同条件试焊，委托检测中心做钢筋闪光对焊接头试验。

6）各种钢筋加工机必须要检验合格，挂牌后方可使用。

7）准备绑扎用的铁丝、绑扎工具、绑扎架及控制混凝土保护层用的水泥砂浆垫块。

（2）钢筋制作与绑扎。

1）钢筋接头主要采用闪光对焊。所有焊件均应有合格焊工操作进行焊接，且焊接试件必须试验合格。钢筋闪光对焊接头每300个同类型接头（同钢筋级别，同钢筋直径）作为一批。钢筋焊接前接头要打磨除锈，以确保钢筋焊接的质量，焊头要平直，不能弯曲，焊接钢筋同心度、平直度要满足要求。

2）钢筋制作要严格按图纸和钢筋翻样表进行，并合理利用材料，尽量降低成本。

3）钢筋制作完毕，要编号挂牌，分类放置，并要一头齐不能乱放，放置时下部要用木方垫起，以防止污染。

4）钢筋绑扎前要核对成品钢筋的型号、规格、直径、尺寸和数量是否与料单料牌相符，如有错漏应纠正增补，钢筋表面应平直、洁净，不得有损伤，带有油渍、片状老锈和麻点的钢筋严禁使用。

5）钢筋绑扎一定要按图纸要求控制好间距，绑扎要牢固，不得有松扣缺扣现象。

所有主筋均应按设计要求垫好混凝土预制垫块、控制保护层厚度。钢筋的级别、种类、直径应符合设计要求。

6. 模板工程

（1）安装模板前先用经纬仪投出基础的中心线，再根据中心线，定出基础的边线，用红油漆标好三角，以便于模板的安装和校正。

（2）用水准仪把标高根据实际要求，直接引测到模板安装位置。

（3）按模板配板图拼装，错缝搭接，拼装尺寸准确，安装完毕用经纬仪或线坠校正。对拉螺栓一定要平直，为保证牢固可靠，对拉螺栓加双螺母固定。对拉螺栓应沿基础高度和水平方向等间距均匀排列，上下对齐。

（4）模板安装必须牢固可靠，表面平整，拼缝严密不漏浆，中心要准确。

（5）模板支撑必须牢固，加固钢管必须与模板贴紧，所有3型扣件、螺帽必须备齐，拧紧。

（6）使用的模板及其支撑系统必须具有足够的承载能力、刚度和稳定性，能承受新浇筑的自重和侧压力。

（7）为保证混凝土表面光洁，模板在使用前应均匀涂刷模板油，不得污染钢筋。

（8）支模所设置的水平撑与剪刀撑，按构造与整体稳定性布置。

（9）基础零米以上边角处选择塑料圆弧角模进行施工。

（10）预留螺栓孔采用木模做模型，采用下口边比上口窄不小于 20mm 倒锥型，模型加工应牢固，不变形。较深的模型可以用两道或四道钢筋或铁丝连接模型下口上口，待混凝土初凝后通过钢筋或铁丝及时抽出。

（11）所有模板在使用前应根据对拉螺栓设计的间距提前在后场打孔，一般比设计的对拉螺栓大 2mm，多余的毛刺清除掉并清漆涂刷处理。严禁在现场使用电钻钻眼。

（12）当木胶板模板在进行平面或转角拼接时，为了确保其密闭性能，采用直口对接后在接口处用 48mm×100mm 木方加固。

（13）模板楞木采用 48mm×100mm 木方外，其余均采用钢管作楞进行固定。其间距不宜大于 150mm。所有的模板拼缝必须采用双面胶带处理，防止产生漏浆现象。

（14）模板拆除时采用整装整拆，从上至下依次拆除，拆除时不得硬拉、硬翘等方法，另外还要保护成品混凝土不受损坏。拆除后的模板不得从高处抛扔，必须采取传递的方法进行，轻拿轻放。选择平整的场地进行堆放，拆除多少运输多少，及时清运出施工现场拉至后场进行模板的清理、刷脱模剂工作。一次使用后的模板严禁不清理就进行刷脱模剂使用，严禁在施工现场刷脱模剂。

（15）除后的模板因存在钉眼现象，不适合二次使用，因此在维修时钉眼处用橡胶锤敲平，另外采用 108 胶掺合白水泥、石膏粉做成腻子进行修补，待凝固后，用砂纸轻轻打磨，清理干净，最后刷上清漆防水，使用前刷油处理。

7. 地脚螺栓安装

固定地脚螺栓采用内架和外架相结合的方式，地脚螺栓因为螺栓深入到基础承台，螺栓支架采用内部支架。

施工工序为地脚螺栓固定支架制作→地脚螺栓固定支架安装→地脚螺栓安装→验收。

（1）螺栓定位前先把支架基础轴线拉钢丝通线，所有轴线定位均依据通线设置。

（2）固定支架制作完后与垫层预埋件焊接连接，支架要用铁水平尺找平；经纬仪定准轴线，在螺栓支架顶部拉设细钢丝通线。需用钢尺定位的要用有效期内的标准尺，并用弹簧秤进行拉力控制，在相同距离时要求拉力一致，并由专职人员进行温度、尺长、斜距改正工作。

（3）安装时以施工图中的地脚螺栓及支架详图来测定螺栓的顶标高。标高原点统一从控制桩上引测。螺栓定位中心线用经纬仪投射，将螺栓固定在支架上，螺栓下部用螺母上紧固定，上部用四个调节螺母固定。螺栓中心、垂直度均用螺母调节。螺栓安装时要求通过对根部和底部两处测距来控制其垂直偏差不大于 2mm。安装完毕后应对上部外露螺栓、螺母用棉布包裹以防浇筑混凝土时污染。

（4）在领料时应核对型号、数量、尺寸及配件是否齐全，并做好记录。把地脚螺栓及配件上预埋部分的油污清洗掉。将所有的螺栓标高标在图纸上，以方便施工。

（5）所有构件采用现场加工，电焊工须持证上岗，焊缝无裂纹、咬边、气孔等缺陷。严禁在螺栓上施焊。

8. 混凝土工程

（1）浇筑混凝土前的检查工作。

1）各种预埋孔的规格尺寸、数量、位置及固定情况。

2）模板结构的整体稳定性。

3）钢筋保护层垫块是否垫好。

4）混凝土浇灌前，应进行验收，对模板、钢筋及支撑逐项检查，发现问题及时处理。

（2）准备工作。

1）检测中心在施工前做好混凝土的配比工作，并核实所使用水泥性能是否符合设计及相关规范要求，水泥的出厂时间是否符合要求。

2）混凝土的浇灌实行挂牌制度，责任到人，以确保混凝土的质量。

3）搅拌站要把搅拌楼、混凝土泵车、罐车等工器具提前充分检修好，以保证混凝土浇灌的正常供应。

4）组织好现场施工人员、机械设备等；电工要安装好充足的照明设备；修筑好混凝土罐车的运输道路，并且能满足在雨天时正常运行。

（3）混凝土浇筑程序。基础混凝土的浇筑采用分层浇筑，并保证上下层不留施工缝，每层混凝土的浇筑厚度控制在 30cm 左右，每层浇筑应从低处开始。

（4）混凝土浇筑期间应注意的问题。

1）加强气象预测预报工作，掌握天气变化情况，保证混凝土连续浇筑的顺利进行及混凝土的质量。

2）浇筑混凝土时，必须防止混凝土的分层离析，混凝土浇筑时，其自由倾落高度不应超过 2m。

3）搅拌站应严格按实验室提供的配合比进行搅拌，并认真填写混凝土的搅拌记录。建筑工程处现场要做好混凝土浇筑记录，以确保混凝土搅拌质量。在现场做好坍落度试验，如坍落度与原规定不符时，应及时通知检测中心和搅拌站调整配合比。

4）混凝土施工过程中，检测中心应严格按规定提取试样做坍落度试验及试件，并做出混凝土强度报告，做到对混凝土质量的跟踪检查及控制。

5）混凝土浇筑过程中，应及时将浮浆清理出模板外，以保证混凝土的质量。

6）为加强混凝土的振捣工作，施工时应分工明确，责任到人。

（5）混凝土捣固。

1）振捣器的操作，要做到"快插慢拔"。

2）混凝土分层浇筑，在振捣上层时，应插入下层混凝土 5cm 左右，以消除两层之间的接缝，在振捣上层混凝土时，要在下层混凝土初凝之前进行。每一插点振捣时间一般 15～20s，应以混凝土表面不再显著下沉、不冒气泡、表面浮出灰浆为准。

3）振捣器水平移动位置间距不应大于 450mm，振捣棒离开模板 150mm，且尽量避免碰撞钢筋、预埋件等。

（6）混凝土养护、验收。

1）基础顶面待混凝土终凝后立即覆盖一层塑料薄膜，形成不透风的围护层，上部覆盖棉毯，养护不少于 14 天。

2）混凝土的养护工作要设专人，要经常检查养护情况，及时做好混凝土的养护记录，并根据实际情况随时调整养护措施，其他未尽事宜严格按照经监理及业主审批的大体积混凝土施工措施执行。

（7）基础二次灌浆。

1）二次灌浆采用防腐型灌浆料，二次灌浆厚度设计为 100mm（施工时按照锅炉工程处提供的灌浆申请单要求施工）。灌浆区位置不同，灌浆顶标高不一致，施工时注意标高控制。

2）施工前准备。

a）灌浆料浇灌施工前，应准备搅拌机具、模板、灌浆设备及养护物品。

b）设备就位调整完后，对已凿毛的混凝土表面进行彻底清扫、对设备底板、地脚螺栓用棉纱将锈、油污等清除干净。地脚螺栓孔中的积水必须清除干净。

c）灌浆前 24h，对混凝土基础表面洒水以保持湿润状态，但表面不得有积水，混凝土清理完后，周围支上模板。模板应牢固，所有的缝隙要进行密封（特别是模板与混凝土之间），以避免灌浆料漏出。

d）浇灌前，对混凝土表面洒水湿润 24h，但表面不得有积水。

e）混凝土清理完后，周围用木胶合板做模板，周围用木方进行加固。所有的缝隙要用双面胶带或海绵条等密封（特别是模板与混凝土之间），以避免漏浆。

f）模板高度应高出设备底板底面或要求灌浆高度 30mm。

3）搅拌。

a）灌浆料采用手电钻式搅拌器（电钻功率大于 100W），搅拌桶为金属制成（直径 150mm、高度 250mm 左右），搅拌时先将水及少许灌浆料倒入桶内，搅拌 30s 左右，将剩余的灌浆料倒入桶内，总搅拌时间为 3～5min。搅拌时上下左右移动搅拌器，以使桶底和桶壁黏附的料能够充分搅拌，但叶片不要提出浆液面，以免空气被过多带入或造成浪费。

b）搅拌用水宜使用饮用水，水温以 5～35℃为宜，且宜使搅拌好的浆料呈塑性状态（非大流动性为原则，不可用水量过大或过少），对用水量现场要有量筒进行计量。

4）浇筑。

a）灌浆料应尽量从一侧浇入，以利排出底板与混凝土之间的空气，使灌浆充实。严禁浇筑的同时用竹片、铁片等工具进行插捣和引流，以免产生气泡。

b）灌浆开始后，必须连续浇筑，不能间断，尽可能缩短灌浆时间。

c）灌浆至拆模期间所浇筑的台板不能振动，以免损坏未凝结的灌浆层。

d）灌浆层表面若有泌水现象，可布撒灌浆料干料，以吸干水分。

e）浇灌时应按照规定留置试块。

f）明确责任制。每道工序安排专人负责，并做好施工记录。

g）灌浆期间锅炉工程处要安排专人现场监督。

h）因即将处于雨季，要做好浇灌过程中防雨物资的准备。

5）收浆。灌浆料的初凝时间约为 2～4h，终凝时间为 4～8h。必须在初凝后即对暴露在空气中的灌浆层表面进行收浆，收浆后需进行养护。

6）养护。收浆后应立即加盖湿润的麻袋片覆盖。终凝后对灌浆层进行浇水养护，要使棉毯始终处于湿润状态，养护期不少于 7 天。

三、引风机基础施工案例

（一）施工部署

某电厂工程引风机基础施工，先施工到引风机基础－0.300m处；待－0.300m以下基础验收合格回填完毕后，再进行－0.300m以上基础施工，3号炉引风机基础可连续施工，4号炉引风机基础先施工到基础－0.300m处，待满足安装条件后再进行－0.300m以上基础施工。

钢筋采用钢筋厂集中加工，现场绑扎成形的方案，运输采用拖拉机挂长板车运输；模板采用木模板，对拉螺栓和脚手管联合加固的施工方案；预埋螺栓箱用L50角钢焊成的支架固定，角钢支架与施工缝处预留埋件焊牢，2.3m预埋螺栓箱共设两道，其余一道即可，预埋螺栓箱顶部用脚手管和方木联合卡盘加固的方案，混凝土采用搅拌站集中供应混凝土、罐车运输、泵车浇筑的方案。

（二）施工工艺流程

引风机基础施工作业顺序为垫层浇筑→放线及验收→基础钢筋制作及绑扎→钢筋验收→－0.300m以下基础模板支设（包括固定埋件、电气埋管安装固定）→模板验收→浇筑混凝土→混凝土养护→拆模→固定螺栓箱支架焊接，安装预埋螺栓箱→－0.300m以上模板支设→模板验收→浇筑混凝土→混凝土养护→拆模→混凝土工程验收→基础交安。

（三）施工方法及要求

1. 引测定位线

施工中，基础根据方格控制网的控制点，利用全站仪或经纬仪放出引风机基础各轴线和标高线，此线要经过四级验收。这些线为基础施工的基准线，并且也是后部施工的基准线，基础轴线和标高要加以保护。

2. 引风机基础及支架垫层施工

桩头处理完成后，将桩头附近，垫层尺寸周围土石夯实后，支模板浇筑垫层混凝土，要求垫层顶标高等于设计基础底标高，垫层高100mm，且各边由基础外伸100mm，垫层浇筑完成后，由测量人员放出基础轴线，开始基础施工。

3. 钢筋工程

钢筋采用钢筋场制作，现场绑扎成形的施工方案。为保证施工现场的安全文明施工，运料随运随绑，减少占地面积，若不能及时绑扎时应分类码放整齐、标识清楚。

钢筋进场要有出厂质量证明书或试验报告单，钢筋表面或每捆（盘）钢筋均应有标志。进厂时应按炉批号及直径分批检验。检验内容包括查标志、外观检查，并应按抽样标准以同一牌号、同一炉批号、同一规格、同一交货状态，60t为一批（不足者也为一批），从不同捆（盘）中（取样时钢筋两端500mm不能作试样）截取6根钢筋，进行复试，合格后才能标明状态使用。

钢筋在存放过程中，不得损坏标志，并应按批分别堆放整齐，状态标识清楚，采取覆盖措施，预防带泥、锈蚀或油污。

钢筋的级别、种类和直径应按设计要求使用。当需代换时，应征得设计单位的同意，并履行正常手续。

碰焊接头制作前，要进行试焊，试验合格后方可进行大批量制作，制作完成后，首先对每批抽10%且不少于10个进行外观检查，并按分部工程每300个接头取一组（不足300个接头也取一组）试样进行试验，合格后方可运至现场使用。

钢筋翻样：严格按照施工图、施工规范并结合实际经验进行翻样；翻样工作要本着合理、省料的原则进行；翻样完成后，要进行严格自检，确保钢筋品种、规格和尺寸正确，数量齐全。翻样单必须经主管技术人员和技术负责人审核后方可进行加工。

钢筋制作：制作要严格按照钢筋翻样单加工，要求品种、规格、尺寸正确，数量齐全，对于特殊角度的规格尤其要严格控制。钢筋应平直，无局部曲折。钢筋的表面应洁净、无损伤、油渍、漆污和铁锈等，否则应在使用前清除干净。带有颗粒状或片状老锈的钢筋不得使用。

钢筋制作完成后要进行严格自检，并做好钢筋跟踪管理台账记录，加工不合格的钢筋不得进入现场。制成后的成品钢筋分类码放整齐，并且要明确挂牌。根据现场需要运至现场进行绑扎。

钢筋绑扎：绑扎顺序为先绑基础底部钢筋，然后搭设脚手架，绑扎基础侧壁钢筋和基础三向钢筋，再绑扎基础上部钢筋，经验收后统一立模。绑扎前，先根据施工图的钢筋间距划好线，然后再进行绑扎。绑扎的钢筋要求横平、竖直，规格、数量、位置、间距正确。绑扎不得有缺扣、松扣现象。钢筋网片相邻扣要互相交错，不能全部朝一个方向，这样防止顺偏。钢筋保护层采用预制的水泥砂浆保护层垫块，垫块用与混凝土配合比相同的水泥砂浆制成，基础底板垫块大小为 100mm×100mm×100mm，侧壁垫块大小为 40mm×40mm×40mm，并预埋好绑丝，绑在钢筋上，垫块每间隔 600mm 垫一块。钢筋绑扎完成后，严格按照验收标准进行自检，并做好自检记录。经施工队质量员一级验收完全合格后方可进行二级报验。

引风机基础钢筋绑扎顺序为基础横向筋→基础纵向筋→基础侧壁钢筋→基础内部三向钢筋→基础上部钢筋。

需要注意事项如下：

（1）在浇筑混凝土时需要将施工缝以上 500mm 范围内的钢筋用塑料布包好，防止污染钢筋。

（2）钢筋绑扎接头一定要保证搭接长度，套管连接要保证丝口拧紧确保接头质量。

（3）基础钢筋接头位置保证 50% 错开。

（4）钢筋加工质量一定要保证误差在允许范围之内；受力钢筋长度误差±10mm，分部筋尺寸误差±10mm。

4. 预埋螺栓箱工程

施工时采用 L50 角钢焊成的固定支架，固定预埋螺栓箱的方法。即在基础施工缝处埋设固定预埋螺栓箱所用的埋件，然后角钢支架焊在埋件上，再把预埋螺栓箱固定在角钢支架上。

预埋螺栓箱施工：

（1）角钢支架由施工单位加工制作。

（2）预埋螺栓箱安装工艺。

1）基础混凝土浇筑时将固定角钢支架的埋件埋设好，埋铁规格 8mm×150mm×150mm，位置考虑支架受力和预埋螺栓箱安装空间，弹出支架安装中心线。

2）将竖向支架焊在埋件上，做到位置准确，支架垂直。埋设预埋螺栓箱时遇钢筋切断，待支架及预埋螺栓箱调整固定完毕后，在螺栓箱四边设孔洞加强筋，钢筋规格同切断钢筋，长度伸出孔洞边各 500mm。

3）最后利用经纬仪，水准仪进行预埋螺栓箱位置及标高的检查验收，合格后进行混凝土浇筑。

（3）施工要点：

1）测量控制，水平测量控制严格按主厂房控制桩整体控制。标高控制从一个控制点引出标高，确定预埋螺栓箱底面标高，验收使用精度高的水准仪测量。

2）考虑混凝土的竖向收缩，安装预埋螺栓箱时，顶标高比设计标高低 5mm。因基础为独立基础，水平方向混凝土收缩不考虑。

3）角钢支架与模板体系分开，防止混凝土浇筑时模板的振动及变形对预埋螺栓箱的影响

5.模板工程

模板施工：工程±0.000m 以下模板采用木模板施工，±0.000m 以上模板采用高强玻璃钢复合清水竹胶板施工；±0.000m 以上基础要求倒角，倒角材料必须经施工方同意后方可使用，模板固定采用对拉螺栓，用脚手管和方木做围檩共同加固。

模板施工前，先根据施工图纸划好配模图，根据配模图设专人在内场精心配制。配模时要保证模板边角顺直、平整、洁净，模板尺寸标准。为了保证模板现场支立时接缝平整，木档必须全部经压刨处理，确保木档厚度统一。模板制作好后刷脱模剂，涂刷要均匀，不过厚、不流淌、不漏涂。

引风机基础设计到电气埋管；埋管伸出基础的部位，模板要进行破孔，待埋管固定好经各级联合验收通过后，再用模板进行封堵；模板拼缝要严格处理，基础内部模板缝用白水泥掺合建筑专用胶活成稠体进行封堵，确保模板拼缝严密无漏浆现象。

支模应在钢筋工程经过四级验收合格后进行。为防止模板漏浆，在模板底角用水泥砂浆封堵，模板拼缝间加海绵条，严禁在没有对拉螺栓的部位使用带眼的模板。为保证混凝土的外观质量，对拉螺栓不露出混凝土面，采用在对拉螺栓上穿垫皮垫，待拆模后将皮垫去除，用高标号水泥砂浆封堵。

模板施工注意事项如下：

（1）垫层施工一定要平，若平整度不够，支模以前要用砂浆找平模板底脚；

（2）为防止模板底角发生偏移，在浇筑垫层时插 $\phi14$ 钢筋头，模板外侧采用脚手管支撑做地锚进行加固。

（3）在混凝土浇筑前，用吸尘器吸净模板内灰尘，对于模板上所粘灰尘，用棉布擦干净。

（4）在混凝土浇筑过程中，要有人负责，有人监督，随时擦干净上部被砂浆污染的模板面。

（5）对拉螺栓的加工精度要严格检查，确保基础的外形尺寸。

模板拆除时，应在混凝土强度能保证其表面及棱角不因拆除模板而受损时方可进行。拆模不可整片拆下，应从上到下顺序拆除。

6.混凝土工程

混凝土施工采用搅拌站集中搅拌，罐车运输，汽车泵浇筑的施工方案。

混凝土施工前，对水泥、砂、石及外加剂等材料进行试验，合格后方可进行施工。混凝土配合比必须经过试配后给出。混凝土搅拌前对计量器具进行检验合格后方可搅拌，搅拌严格按配合比进行，外加剂不得错放、少放、漏放。

混凝土浇筑前，必须先清理模板内的杂物，并对模板、钢筋、预埋螺栓套筒、电气埋管等进行检查，并经四级验收合格后方可浇筑混凝土。

混凝土输送泵管线应平直，转弯缓，接头严密。泵送前先用与混凝土配比相同的水泥砂浆润滑管道，泵车料斗内要有足够的混凝土，防止吸入空气堵管。混凝土坍落度控制在 120～160，每 100m³ 取一组试块。混凝土浇筑应分层进行，分层厚度为 500mm，混凝土振捣密实，振捣棒插入下层 50mm，以接合密实。浇筑时，应设专人监护模板、钢筋、预埋螺栓箱、电气埋管变化，禁止振捣棒、泵管直接冲击模板、预埋螺栓箱、钢筋、电气埋管等，如发现变形、移动时，立即停止浇筑，并在已浇筑的混凝土初凝前修好。对于混凝土出现的泌水，在浇筑过程中可使水向低洼处流去用小桶将水提出，浇筑完毕后先用靠尺将表面刮平将多余的泌水排出，再对混凝土进行一次复振，复振后用木抹子将表面压实。

引风机基础混凝土施工缝设置在基础−0.300m 处，其他位置不得随意留置施工缝。浇筑上部混凝土前，应先将施工缝进行处理，剔除表面浮浆，露出部分石子，并清理干净，用水浸润不少于 24h，浇筑时先铺 50mm 厚的与混凝土同标号的水泥砂浆。浇筑混凝土之前必须先把顶面标高标注在模板内侧，以便浇筑时控制高程。

为避免混凝土表面出现裂缝，在混凝土初凝后用木抹子抹 3～5 遍，再用铁抹子压光，用潮湿的草帘子覆盖并浇水养护。混凝土养护采用覆盖塑料布保湿覆盖麻袋片或草帘子保温并浇水养护，养护时间不少于 14 天。

降低混凝土水化热的措施：控制配合比水泥用量、坍落度、外加剂的品种；根据试验掺加部分粉煤灰，代替部分水泥；控制原材料的含泥量；混凝土的浇筑方法的选择；混凝土浇筑后的养护；施工时温度和速度的控制。

(1) 混凝土原材料。水泥选用普通硅酸盐水泥。砂子宜选用中砂控制其含泥量不得大于 2%。石子宜选用大粒径石子，以 5～40mm 为宜，控制其含泥量不得大于 1%，同时控制石子形状，尽量减少针片状和超规石子。

(2) 混凝土搅拌。必须严格按配合比进行配料，尽量减少投料误差，确保足够搅拌时间。尽量降低混凝土出机温度（通过降低砂、石、水泥的入机温度来控制），尽量避免投料时夹带泥土。

(3) 混凝土运输。混凝土的运输一定要及时。运输和停放时防止太阳直射。

(4) 混凝土浇筑。控制入模温度，减少冷量损失，同时加快浇筑速度，使浇筑工作尽快完成；同时对泵管进行保温处理。浇筑时应从多点浇筑，振捣密实均匀，以确保混凝土均匀密实，增强其抗拉强度。搅拌车在卸料前，要求混凝土在泵车内高速运转，确保放料时混凝土质量均匀，同时在浇筑时以一个坡度循序推进，一次到顶的浇筑方法。这样即可减少混凝土外露面面积，又便于排放大量泌水，有利于提高混凝土质量和抗裂。

(5) 混凝土养护。混凝土养护采用毛毡覆盖和塑料布包裹的方式，在模板安装验收好并在混凝土浇筑之前用塑料布包裹模板的外侧，防止混凝土表面散热过快，在混凝土浇筑完毕后在表面覆盖毛毡做好混凝土的保温保湿养护，缓凝降温，充分发挥徐变特征，减低温度应力。在混凝土强度未达到设计要求强度前不得进行外界强力冲压，以确保其在正常情况下养护。

四、引风机检修支架钢结构吊装施工案例

(一) 施工方案

根据现场施工环境及机械布置的实际情况，引风机检修支架钢架吊装选用 MC320 K16

行走塔式起重机吊装施工。因 MC320 K16 起重机轨道铺设在引风机 A、B 列基础上部，经研究吊装方案后，拟定引风机钢结构吊装次序为由 1～9 轴、由北向南逐轴吊装。起重机随其吊装半径范围内的钢结构逐渐完成而退出，并且在起重机退出后及时拆除轨道，轨道拆除后立即卡外基础，并为下一步骤的吊装提供条件。根据吊装施工的顺序及机械起吊能力，经核算，引风机构件最大重量 10.079t，起重机半径在 17～20m 均能满足起重机荷载重量。据此将引风机相邻两轴线间钢结构划为 1 个吊装区，起重机第一钩位置设在 A、B 列距 2～3 轴间距 3 轴 7m 处，待 A、B、C 列 1～2 轴间钢结构均吊装就位后，起重机向南侧移动至 4～5 轴吊装区域，拆除铺设在 A 至 B 列 3、4 轴基础上方的轨道并。其他相邻轴线如 3～4 轴、5～6 轴、7～9 轴钢结构按以上相同方法吊装，MC320 K16 行走式塔式起重机待钢结构安装完毕后随轨道的拆除逐渐退出施工。施工过程中，安装作业遵循分层吊装。即每安装完一层钢架，就进行垂直度找正，钢柱轴线、标高验收，检验合格后对高强螺栓进行终紧，随后再安装上一层钢架，以便形成稳定结构体系，框架柱轴线应与基础轴线处于同一轴线上，最后根据图纸设计要求安装各层水平角钢支撑。根据现场情况，吊装前应提前将引风机检修支架钢梁、柱等倒运至起重机工作半径范围内，按照吊装次序存放。

因钢结构吊装施工过程中高空作业较多，所以在施工中应及时完善安全防护设施，在每层钢梁安装完成后立即在梁顶铺设安全水平网，另外还应在相邻柱间挂设水平拉索，保证在施工人员行走移动时安全带能够随时找到牢固、可靠的钩挂位置，防止人员在高空作业时发生坠落的危险，更有效地保障施工人员人身安全。

（二）施工工艺流程（见图 12-1）

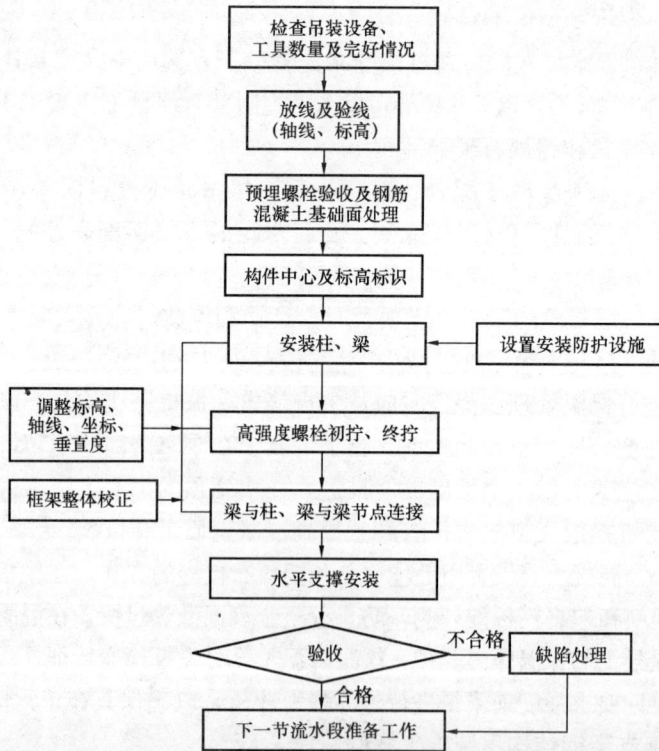

图 12-1　施工工艺流程

（三）施工方法和要求

1. 钢结构设备倒运

为便于结构构件的安装，引风机检修支架钢结构按照吊装次序将钢结构倒运至吊装地点，但因吊装机械工作半径范围内空旷地带狭小，施工场地空间不足的客观条件制约，钢结构设备采取随运随吊，防止设备堆叠、积压增加吊装过程的设备倒运，防止因设备存放位置距离安装位置较远，增加吊装机械水平行走距离及设备运输距离，降低施工效率，延长安装施工时间。

堆放场地应当平整、干燥、坚实，并备有足够的垫木，使构件得以放平、放稳。场地应便于排水，用螺栓或铁丝固定在构件上，连接板不得露天存放，应有防雨防污染措施。

堆放时分区码放，即同一轴线同一层的构件码放在一起；各区构件再分类码放，梁、柱要分开。按照吊装顺序先吊装的码放在上面，后吊装的码放在下面。

2. 测量控制及划线校验

横向、纵向轴线控制：在安装作业之前，先要在混凝土基础柱面弹出十字轴线（要求十字线延伸到基础柱头立面，用红油漆做标记，便于钢柱垂直度控制和二次灌浆之后留存）。

标高控制：混凝土柱头要清理干净，每个基础柱头上方制作 4 块钢垫板垂直受力，安装时保证钢板顶标高一致。

柱面中心线、1m 线划线：利用角尺、钢板尺测量柱面及腹板中心，测量时以各节点螺栓孔中心线为基准，将此线与柱面宽度中心进行比较。

构件弯曲度：以腹板中心线为基准，用玻璃管水平调平。调平后分别测互成 90°角的两个方向的柱弯曲度。采用绷钢丝的方法，测中点最大弯曲度。其值应不大于 1/1000 柱长且不大于 10mm，扭曲度测量较困难，可在柱子对角吊线坠，看上下翼缘板是否在同一面内，如果其差值满足不大于 1/1000 柱长且不大于 10mm，即认为其合格。

3. 钢柱吊装

检查螺栓连接副连接情况，眼距不合适的应用绞刀绞镗，严禁动用火焊或锤击。

将连接板接触面清理干净，无铁锈、油污、油漆、毛刺和其他影响紧密连接的外来杂物，可用钢丝刷、砂布进行打磨，但应注意打磨程度，不应破坏摩擦面。

在柱顶部钢梁节点下约 1m 处设置柱头脚手架。个别柱头脚手架因安装垂直支撑需要不能闭合，必须在上完垂直支撑后补齐，或用 2 片安全网围起，上抱卡时，必须将螺栓紧牢。柱上的柱头脚手架及爬梯，未经安全员检验同意不得进行吊装。钢柱吊装之前，钢柱四面的缆风绳应在柱顶固定牢固。

立柱采用单根吊装，就位时一段柱底部中心线应于基础中心线重合，其他高段柱中心也应彼此重合。每根柱的定位轴线必须从地面控制轴线直接引上去，不得利用下一节柱的柱顶轴线为上一节柱的定位轴线，以确保每一节柱的安装正确无误。由于纵向框架梁与柱的连接设计为铰接，结构设有柱间支撑刚性跨时应在每层结构吊装找正并及时安设了柱间支撑后，才能拆除临时支撑或缆绳。

钢柱施工应注意以下几点：

（1）钢柱就位时应缓慢下落，防止划伤地脚螺栓的螺纹；

（2）钢柱轴线、标高调整好之后，应及时拧紧地脚螺栓，拉紧缆风绳；

（3）钢柱固定完毕之后应及时安装梁及支撑，以便形成稳固的结构；

（4）柱底板和基础顶面之间的二次灌浆应在钢柱垂直度四级验收合格之后进行；

（5）钢柱接点螺栓施工完毕之后将接点板除锈并及时补漆。

4. 梁及支撑的安装

梁和支撑外观检查应无裂纹、重皮、锈蚀、损伤；焊缝符合焊接要求；梁长度偏差符合《钢结构工程施工质量验收规范》的规定；弯曲、扭曲均不大于 1/1000 梁长且不大于 10mm，其余各种尺寸符合图纸要求。

梁和支撑应对照图纸进行编号检验，明确其所在位置及方向，以防错用。

相邻两根柱子就位后，进行梁的安装。应达到以下要求：标高偏差±3mm；水平度偏差 3mm；中心线偏差±3mm；接合板安装平整，位置正确，与构件紧贴；高强螺栓紧固。

杆件装配螺栓紧固牢固（吊装前进行检查验收），然后进行构件安装偏差校正，检查验收。螺栓数量不能少于该节点孔数的 1/3，且不能少于两个，定位销不能多于安装螺栓的 30%。梁采用两点起吊，起吊前将两头拴好拖拉绳以控制构件在空中的运动方向，避免碰撞其他构件。

根据具体情况，考虑梁与垂直支撑在地面进行组合，宜采用普通螺栓连接，待正式安装后，再替换成高强螺栓拧紧到规定的紧固力。考虑梁与垂直支撑在地面采用安装螺栓进行组合时螺栓不宜拧紧以保证连接板有一定活动量即可。

柱、梁构件安装就位后，应立即进行校正、固定。当天安装的钢构件应形成稳定的空间体，不能形成稳定体时，收工前应用倒链打紧。钢结构的安装校正应考虑风力、温差、日照等外界环境的影响。钢结构中的构件全部装完后，进行整体检查，确认无误后，终紧这一层全部高强螺栓，做好自检记录。

梁和支撑在紧固完成之后将节点板认真除锈补漆。

5. 高强螺栓施工

（1）高强螺栓施工是钢结构施工工序中重要的一道工序，必须充分给予重视。现场高强度螺栓连接副统一由甲方供应，进厂的高强度螺栓连接副必须进行抽检，合格后才能使用。

（2）摩擦面要求。工程所用高强螺栓性能等级均为 10.9S，采用 20 锰钛硼制造。对 Q345B 钢材，摩擦面的抗滑移系数要求不小于 0.50，对 Q235B 钢材，摩擦面的抗滑移系数要求不小于 0.45，如果接触面间嵌有垫板，垫板的接触面也有同样的要求。安装高强度螺栓前做好接头摩擦面清理，不允许有毛刺、铁屑、油污、焊接飞溅物，用钢丝刷沿受力垂直方向除去浮锈。摩擦面应干燥，没有结露、积霜、积雪，并不得在雨天进行安装。

（3）高强螺栓的保存。高强度螺栓连接副从出厂至安装前严禁随意开包。在运输过程中应轻装、轻卸，防止损坏，防雨、防潮。当出现包装破损、螺栓有污染等异常现象时，应及时用煤油清洗，并按高强度螺栓验收规程进行复验，经复验扭矩系数或轴力合格后，方能使用。

工地储存高强度螺栓时，应放在干燥、通风、防雨、防潮的仓库内，并不得损伤丝扣和沾染脏物。连接副入库应按包装箱上的注明规格、批号分类存放。安装时，要按使用部位，领取相应规格、数量、批号的连接副，当天没有用完的螺栓，必须装回干燥、洁净的容器内，妥善保管并尽快使用完毕，不得乱放、乱扔。

（4）高强螺栓穿孔。

高强度螺栓应自由穿入螺栓孔内。如果需要扩孔应提前提出申请。扩孔数量不得超过一个接头螺栓孔的 1/3，扩孔直径不得大于原孔径再加 2mm。严禁用气割进行高强度螺栓的扩孔工作，应在接头板充分夹紧的状态下用绞刀扩孔。

（5）高强螺栓施工顺序。严格按照从中间向四周扩展的顺序，执行初拧、终拧的施工工艺程序。初拧扭矩用终拧扭矩的 30％～50％，再用终拧扭矩把螺栓拧紧。一个接头上的高强螺栓，应从螺栓群中部开始安装，逐个拧紧。初拧、终拧都应从螺栓群中部开始向四周扩展逐个拧紧，并要求防止漏拧。工字形构件的紧固顺序是上翼缘→下翼缘→腹板。同一段柱上各梁柱节点的紧固顺序是先紧柱上部的梁柱节点，再紧固柱下部的梁柱节点，最后紧固柱中部的梁柱节点。

构件接头如有高强度螺栓连接又有焊接连接时，按先紧固后焊接（即先拴后焊）的施工工艺顺序进行，先终拧完高强度螺栓再焊接焊缝。

6．基础二次灌浆

（1）施工前的准备工作。

首先，做好水源的准备工作，保证水源的洁净，二次灌浆搅拌用水必须清洁无污染，搅拌桶和运输工具进行提前清洗。

其次，灌浆前应复查设备所在基础方位、标高、垂直度。基础表面应平整，上表面与设备底座间距离最少为 1cm。灌浆时支设模板，模板间的接缝、模板与基础表面的接缝可用水泥净浆、胶带勾缝、密封严密必须达到不漏水的程度。支护模板时要注意必须将基础中心线引至基础立面。灌浆料搅拌地点应尽可能靠近需要灌浆的基础。

最后，灌浆前将混凝土基础凿毛面清理干净，确保灌浆层和结构层的黏结牢固。基础表面先用压缩空气吹一遍，再用喷水枪冲洗一遍使基础表面无留存砂石块、水泥碎渣、刨花棉丝等杂物。灌浆前 24h，须将基础表面充分洒水，全面湿润，灌浆前 1h 用压缩空气吹净浮水，使其表面达到湿润。特别注意拐角、剪力槽中不得有积水。

（2）灌浆料的施工。模板支设完毕，并且基础表面完全润湿后，检验模板保证不漏浆的情况下开始灌浆的施工，每次灌浆做 3 组试块。灌浆时采用斜溜槽灌浆法用容积 10kg 左右的桶装运送灌浆料，经过斜溜槽直接灌入模板内。灌浆前应准备 3～5 个桶，以保证灌浆的连续施工。

灌浆料施工时，料从搅拌桶内出来必须立即灌浆，其停滞时间不能超过 20min。拌制前计划好用量，不能过时储存。拌制前先加 80％的水，然后加灌浆料以便形成硬稠灰浆，在这种稠度下搅拌 1min，再加入剩余的水。

如果搅拌完的拌和物表面有浮水，这表明水量过多，应加一些灌浆料干料，适当搅拌将浮水"吃"光，有浮水会降低膨胀效果。本次灌浆采用一次灌浆法，灌浆工程中不能停顿，必须一次灌完。

（3）养护和成品保护。灌浆后 24h 内，灌浆料体不可受到振动。在该过程中必须有专人对灌浆的基础进行看管，灌浆后采用棉被覆盖养护 7 天。养护过程中，以灌浆料的表面湿润并且无积水为标准。

7．节点油漆施工

节点油漆做法：环氧富锌底漆两道，75μm；环氧云母中间漆三道，125μm；丙烯酸聚胺面漆两道，60μm（第一道 40μm，第二道 20μm）。

（1）用布头、铲刀、稀料、水将钢结构表面的灰浆、灰尘、油污等清理干净，有焊瘤、铁锈及不易清理的部位应使用电动角磨砂轮、砂布进行清理，使其表面无焊瘤、棱角、毛刺、锈迹，对加固筋（由型钢制作）应仔细清理干净。经手工、机械工具对钢架接点处除锈以后，钢材表面应达到无油污、锈斑和氧化皮的标准。

（2）机械除锈：用角向砂轮、钢丝轮对锈蚀表面进行机磨，清理掉表面的毛刺、焊渣、油污、锈蚀及氧化皮等。

（3）涂装方法。

1）涂刷。油刷蘸漆时，刷头毛侵入涂料深约 1/3，然后在桶的内壁轻轻把刷头两面各拍一下，做到"蘸少、蘸勤"。

2）涂刷时，掌握"先竖后横（或先横后竖）、再斜终理"，横、斜刷时不要再蘸漆，理时先将漆刷上的漆在桶边轻轻刮干净，再在漆面上下直刷、理顺。

3）涂刷规律是先上后下、先里后外、先左后右、先难后易。

4）漆刷时常有掉毛现象出现，应及时小心地摘除，并随时补刷，与周边漆膜理顺。

5）金属表面有凹凸处要用腻子填平，并经粗磨、细磨，表面平整光滑后，方可涂刷。

6）涂料在使用前，涂料桶要提前倒置 5～7 天，开桶后必须充分搅拌使涂料的稠稀度、颜色混合一致，用配套的稀释剂调整黏度至合适的程度。

8. 垂直钢爬梯

结构安装时人员上下采用垂直爬梯，钢爬梯制作要标准化。

钢柱安装前在地面提前安装好临时爬梯。垂直爬梯必须固定牢固，爬梯尽量安装在柱子的小面上，以免影响钢梁的安装。

爬梯与钢柱固定方法：爬梯上端用不小于 10 号铅丝固定，爬梯上部固定点不少于 4 点，其中两点固定在围栏上，两点固定在钢柱上。爬梯下部固定在钢柱上，固定点两端各一点，并且保证固定点牢靠。钢爬梯必须与垂直拉锁攀登自锁器配合使用。

9. 防坠落措施

防人员坠落主要从以下几个方面考虑：

（1）人员爬垂直爬梯时，采用坠落自锁装置，解决爬梯无保护的问题。自锁装置使用时应注意不能装反。人员爬行时，自锁装置始终应在人员的上方。

（2）安装钢梁及支撑时，人员站在操作平台上，安全带挂在人员上方牢固可靠处上。安装同主梁连接的钢梁及支撑时，主钢梁部位挂安全防护绳，人员将安全带挂在防护绳上行走。当主梁安装完成后应及时挂设安全网。

（3）安装人员在各层水平行走时，应在通道中通行。通道采用脚手板铺设，利用脚手管搭设水平防护栏杆。如果不具备通道搭设条件，施工人员在安装就位的横梁上水平移动时，必须将安全带挂在水平的安全防护绳上。在各层平台施工过程中，施工人员将安全带挂在安全防护绳上所有安全防护绳应牢固地固定在钢柱或其他牢固可靠的构件上。

（4）安装使用的工具，如扭矩扳手、扳手、撬棍、角磨机等应采用安全保护绳，防止坠落。施工人员应配备工具带。

（5）所有施工人员必须穿防滑鞋。雨后钢结构表面湿滑，秋季钢结构表面结露湿滑，冬季雪、霜后，施工人员应特别注意。

（6）现场不得随意在钢梁表面堆放物品、杂物，如确需堆放，应有对应措施，防止高空坠落。

第三节 一次风机、送风机基础及检修支架施工

一、一次风机、送风机及检修支架基础施工案例

（一）施工总体方案

结合锅炉钢架吊装场地要求，送风机、一次风机计划分两次施工，其中一次风机基础计划第一次施工到−0.41m处、送风机基础计划第一次施工到−0.60m处，然后进行回填，待锅炉钢架吊装完毕后，再进行开挖，二次施工到顶；检修支架一次施工完毕。

模板系统：采用普通钢模板支护，其中送风机、一次风机基础二次施工采用木模板。

支撑系统：基础承台加固支撑均采内部对拉螺栓拉结，外部用普通脚手管顶撑。

混凝土施工：采用现场搅拌站集中搅拌，罐车运输，用泵车结合地泵浇筑，用插入式振捣棒振捣；采用覆盖塑料布养护，大体积混凝土表面除覆盖塑料布外表面再包裹保温被。

钢筋保护方案：在一次风机、送风机第一步混凝土浇筑过程中，对承台外露钢筋裹600mm高的塑料布进行保护，待混凝土浇筑完毕后，拆除塑料布，对造成混凝土污染和锈的钢筋，用钢丝刷进行处理，然后将钢筋曲折至回填标高下300mm，再在钢筋表面刷水泥浆，在涂刷的过程中要保证涂刷均匀、不得遗漏，且不少于2遍。回填过程中，采用机械回填基础外侧土方，在回填基础上部土方时，采用人工进行回填、压实，避免在回填的过程中对钢筋进行碰撞，造成水泥浆脱落。如发生脱落现象，必须进行补刷，待水泥浆硬化后，方可继续进行回填。在二次开挖之后，人工用钢丝刷将钢筋表面的水泥浆刷掉，进行调直，方可继续进行施工。

（二）施工工艺流程

1. 送风机基础

（1）第一次施工。完善施工环境→桩头凿毛处理、钢筋调直→垫层施工→垫层防腐→垫层放线及验收→承台钢筋绑扎→承台支设模板→承台验收合格→浇筑基础混凝土（水平施工缝处）→土方回填。

（2）第二次施工。土方开挖→钢筋除锈、调直→钢筋绑扎→预留螺栓孔留设，地脚螺栓安装、验收合格→承台混凝土浇筑。

2. 一次风机基础

（1）第一次施工。善施工环境→桩头凿毛处理、钢筋调直→垫层施工→垫层防腐→垫层放线及验收→承台钢筋验收→承台模板支护→承台验收合格→浇筑基础混凝土（水平施工缝处）→土方回填。

（2）第二次施工。土方开挖→钢筋除锈、调直→钢筋绑扎→模板支设→预留螺栓孔留设验收合格→承台混凝土浇筑→二次灌浆。

3. 检修支架基础

完善施工环境→桩头凿毛处理、钢筋除锈→垫层施工→垫层防腐→垫层放线及验收→绑扎承台钢筋→支设承台模板→承台验收合格→浇筑基础混凝土→基础柱段螺栓安装→绑扎柱段钢筋→支设柱段模板→柱段验收合格→浇筑柱段混凝土→土方回填。

（三）施工方法及要求

1. 测量放线

用全站仪利用业主给定的测量方格网点直接进行基础施工测量工作。

2. 地基工程

基础桩头采用人工凿桩，桩头锚入承台 100mm，主筋由桩顶锚入基础承台 800mm，灌注桩主筋超长的，在满足锚固长度后截掉，如果主筋长度不足锚固长度，采用双面搭接焊的形式进行补长。

3. 钢筋工程

（1）钢筋接头连接形式有绑扎连接。钢筋绑扎采用加工场加工制作，运输至现场绑扎成形的施工方案，钢筋由加工场采用自制板车运至现场，再由人工抬入基坑。为保证施工现场的安全文明施工，运料随运随绑，减少占地面积。

（2）钢筋加工。

1）钢筋加工程序为确定用料→除锈（除污迹）→调直→切断→弯曲成型。

2）确定用料严格按照翻样单上要求的规格、数量加工配置。钢筋表面如有油渍、铁锈、泥土应在使用前清理干净。对局部有弯曲的钢筋采用人工调直后，方可使用。

3）钢筋弯曲成型时，应根据翻样单上尺寸，先划出弯起点位置。先加工一根钢筋，根据放样尺寸调整弯曲的位置和尺寸，调整合适后再成批加工。

4）钢筋加工的成品、半成品根据具体要求分别作明确标识，并分区域码放整齐。

（3）钢筋绑扎。

1）钢筋绑扎顺序为绑扎基础底钢筋→温度筋→绑扎基础顶钢筋。

2）绑扎内容。

a）绑扎前，先根据施工图的钢筋间距划好线，然后再进行布筋、绑扎。

b）绑扎的钢筋要求横平竖直，规格、数量、位置、间距正确，绑扎不得有缺扣、松扣现象。钢筋绑扣不可均朝一个方向，要成"八"字扣。

c）每个基础底钢筋保护层垫块采用 100mm×100mm 混凝土垫块，侧面采用砂浆垫块。砂浆垫块应提前加工，保证钢筋位置准确。

4. 模板工程

（1）工程所用模板均采用新的定型组合钢模板，钢模板加固采用基础内置对拉螺栓，沿模板高度方向每 750mm 一道，沿基础纵方向每 600mm 一道，模板外侧用脚手管加固。其中牛腿及挑耳处采用木模板进行支护。

（2）模板使用前，必须对模板进行必要的修理，将模板表面用钢丝刷和角磨砂轮磨平磨光，然后涂刷隔离剂，模板多次周转使用后，表面有砸出坑的、模板肋开焊、断裂的、弯曲的必须挑出，修理后再投入使用。

（3）为了保证浇灌后的混凝土工艺美观，对拉螺栓与模板交接部位设中间带直径 13mm 孔的圆木垫，以防止混凝土浇筑时，由模板孔处漏浆。混凝土浇筑完毕将圆木垫剔出，用角磨砂轮将对拉螺栓头割掉，使用同基础混凝土同配比且加膨胀剂的水泥砂浆分两次对木垫坑进行填堵，填堵后的表面要压光。模板在拼装时要在模板与模板间夹粘优质海绵条；混凝土浇筑前，模板上的孔洞要堵死，以防漏浆，避免拆模后的混凝土外露石子。

（4）模板卡使用前必须仔细检查其是否完好，不得使用带裂及锈蚀严重的模板卡。在模板支设过程中模板与模板接缝处都加设模板卡,模板卡间距不大于 300mm。施工时注意模板卡圆环向下。

(5) 所有螺栓预留孔全部为直孔,都采用木模板进行加工,在加工的过程中严格按照图纸尺寸要求加工,不得随意将预留孔加大或缩小。

(6) 模板支设步骤:

1) 模板支设前应先涂刷好脱模剂,脱模剂应涂刷均匀,无流淌现象。

2) 根据施工控制桩放出模板外边线及其他控制线,作为模板就位依据。

3) 用水平仪引测好模板支设的标高,在模板的底脚用砂浆找平。

4) 逐块拼装模板,同一条拼缝上的 U 形卡,不宜向同一方向卡紧,对拉螺栓孔应平直相对,穿插螺栓不得斜拉硬顶,螺栓上要加圆木垫,圆木垫要紧贴模板。

5) 模板拼装时模板缝间夹不吸水的海绵条,海绵条宽大于 10mm,将模板缝堵死,以防漏浆。

6) 模板支设的同时要用脚手管进行加固,加固时将脚手管下端打入基槽,然后再用脚手管与模板拉斜撑进行加固。

7) 安装模板注意事项:

a) 安装模板前,先检查钢筋是否影响安装,如有予以纠正;

b) 模板要涂刷隔离剂;

c) 模板安装前,要检查模板处理是否过关,保证模板表面光滑,外形方正,强度符合使用要求;

d) 所有接缝海绵条不得外露。

(7) 螺栓盒安装。

1) 在一次施工时顶面上预埋埋件,用于焊接螺栓盒固定架的立柱。

2) 将竖向支架焊在埋件上,做到位置准确,支架垂直。

3) 测水平标高,利用火焊切割找平并打磨整齐。

4) 螺栓盒下水平横梁提前制作拼装好,人工就位找正安装于竖向支架上。

5) 考虑混凝土的竖向收缩,安装螺栓盒时,顶标高比设计标高高 5mm。

6) 螺栓盒支架与模板体系分开,防止混凝土浇筑时模板的振动及变形对螺栓盒造成影响。

7) 螺栓盒为分组独立安装,为了保证整体质量,螺栓盒在精确安装完后,用角钢将每个分体连接成整体。

8) 最后利用经纬仪、水准仪、线坠进行螺栓盒位置及标高的检查验收,合格后进行混凝土浇筑。

5. 混凝土工程

(1) 基础施工采用搅拌站集中搅拌,罐车运输,泵车浇筑的施工方案。

(2) 水泥使用 P.O42.5,石子使用 5~25mm 级配碎石,砂使用中砂(河砂),二级以上等级的优质粉煤灰,外加剂使用泵送剂、防腐剂,型号及掺量等由试验部门做混凝土试配后确定。

(3) 基础混凝土分 2 次浇筑,在第一次浇筑完的基础顶面均设置 180°弯钩的锚筋,锚筋长 600mm,分别插入上下混凝土中 300mm。

(4) 混凝土的搅拌采用两台全自动搅拌机（理论混凝土搅拌速度 100m³/h）搅拌，6 台混凝土罐车运输。现场浇灌采用两台混凝土汽车泵泵送。

(5) 其他如水、电等在施工前及时与来源部门沟通，确保混凝土施工过程中不出现其他问题。如不能确定必须出具备用方案，否则视为条件不具备，不能进行混凝土浇筑。

(6) 混凝土浇灌的同时在施工现场做试块：每工作班（混凝土浇筑量不超过 100m³，若超过 100m³，每增加 100m³，制作 1 组，增加不足 100m³ 也需制作 1 组）制作 2 组试块，同时按规定留置同条件试块。

(7) 混凝土浇灌注意事项：

1）浇灌前应检查模板内是否有垃圾、木片、泥土、积水等，如有必须清理干净，检查钢筋的数量、位置是否准确，钢筋上如有油污应清理干净。

2）用振捣棒振捣混凝土时，要做到"快插慢拔"，以防止混凝土分层、离析以及振捣棒拔出时速度过快所造成的空洞，分层浇筑在振捣上一层混凝土时，应插入下层混凝土中50mm 左右，以消除两层之间的接缝，同时在振捣上层混凝土时，要在下层混凝土初凝之前进行。振捣棒的插点要均匀分布，以免造成混乱而发生漏振，每次移动的距离应不大于振捣棒作用半径的 1.5 倍。一般振捣棒的作用半径为 30～40cm。每一插点的振捣时间 20～30s为宜，以混凝土表面呈水平、不再显著下沉、不再出现气泡、表面泛出灰浆为准。振捣棒距模板得距离不应大于振捣棒作用半径的 0.75 倍，不得紧靠模板振动，且应尽量避免碰撞钢筋、螺栓预留孔、螺栓套管等。浇筑混凝土过程中，必须设专人监视模板、脚手架、钢筋等的情况，防止变故，有情况及时处理。

3）采用臂杆输送混凝土时，注意不要碰到模板，以免模板发生位移，泵送混凝土时泵管里不能推入空气，不能推入已离析的混凝土，以免堵塞管道，如已推入，泵车要反推，将混凝土吸出来。

4）混凝土养护：混凝土浇灌完成后要及时进行养护，养护时间不低于 14 天，具体时间根据测温记录和基础施工顺序安排。养护方法为待混凝土终凝后在上表面覆盖一层塑料布。为了防止混凝土基础内外温差过大，塑料布表面包裹一层棉被，混凝土施工前，在基础内部预埋测温导线，测温导线分基底、中部、基顶三层布置，基础混凝土终凝后开始用电子测温仪测温，通过检测混凝土内外温差，来确定混凝土表面覆盖棉被的层数。

(8) 混凝土试块取样、成型及养护方法：制作混凝土试块所用的拌和物应从施工现场罐车放出的混凝土中提取，并在取样后立即制作试块。制作试块采用 150mm×150mm×150mm 标准试模，插捣采用人工。拌和物分三层装入试模，每层的装料厚度为 50mm。插捣用钢制捣棒（捣棒长为 600mm，直径 16mm，端部应磨圆），插捣次数为每 100cm² 至少 12 次。插捣完后，刮除多余的混凝土，并用钢抹子抹平。试块成型后，应覆盖其表面，同条件试块拆模后，应放置在靠近相应结构部位或结构部位的适当位置，并应采用相同的养护方法；标养试块在20℃±5℃条件下静置 1～2 昼夜，然后拆模。拆模后试块应立即放到标准养护室中进行标养。

(9) 基础模板拆除，应在混凝土强度能保证其表面及棱角不因拆除模板而受损的情况下进行。

(10) 工程基础全部为大体积混凝土，所以在混凝土浇筑之前要下好测温导线，每一个基础下两组测温导线，每组共 2、3、4m 三根。在混凝土浇筑完毕后要安排专人进行测温，在混凝土浇筑完 10h 后开始进行测温，在前 1～3 天时每 2h 进行一次测温，在 4～7 天时每 4h 进行一次测温。当混凝土温度开始下降后每 8h 进行一次测温，直至混凝土内部温度接近大气温度。但测温不得少于 28 天。

6. 防腐工程

根据图纸要求和设计师交底要求，基础垫层顶面、基础－0.500m 以下外露部位全部涂刷环氧煤沥青涂料。

每次垫层施工完后待表面完全干燥涂刷环氧煤沥青涂料，涂刷前要将垫层表面彻底清扫一边，待表面经过四级验收合格后，开始涂刷，涂刷时要涂刷均匀、色泽一致。基础垫层每边要留 5～10cm 不涂刷，用于施工放线、弹墨线。

基础表面的环氧煤沥青涂料，待基础进行完隐蔽验收，经监理确认后进行。施工前也要彻底将基础表面清扫干净。

环氧煤沥青涂料施工时，要注意防火，沥青涂料属于易燃物质，施工时，基坑内严禁有明火作业；涂刷时不能污染其他任何材料，要选择晴朗、通风的天气施工。

（四）质量通病预防

质量通病及预防见表 12-2。

表 12-2 质量通病及预防

质量通病		预 防 措 施
钢筋	钢筋原材不合格	进厂抽样试验，合格后方可使用
	钢筋现场安装不合格	(1) 对操作工交底，熟悉图纸要求； (2) 根据图纸检查钢筋的钢号、直径、根数、间距； (3) 检查钢筋接头的位置及搭接长度； (4) 检查混凝土保护层和绑扎是否牢固
混凝土	混凝土表面蜂窝麻面、漏筋、孔洞、缝隙、缺棱掉角	(1) 提高混凝土的生产质量，配比计量准确，搅拌均匀； (2) 模板拼缝严密，缝隙加海绵条，模板底采用水泥砂浆勾缝； (3) 振捣密实； (4) 浇筑前，将杂物清除干净，按规范进行施工缝处理，保持接触面良好； (5) 保护好钢筋保护层垫块； (6) 充分养护，强度达到要求后再拆模
	混凝土外形变形，尺寸不准，色泽不一致	(1) 模板安装牢固，尺寸准确，强度和刚度不足要加固； (2) 混凝土浇筑控制好下料方式和速度； (3) 混凝土配合比进行优化，混凝土搅拌时严格计量及校验，并保证混凝土连续施工
	混凝土强度不够	(1) 控制原材料尤其是水泥、混凝土外加剂的进货质量合格；砂石料严格控制含泥量及石粉含量，同一结构层的混凝土选用相同粒径的砂石料，严格控制水灰比及坍落度； (2) 提高混凝土的生产质量，配比计量准确，搅拌均匀； (3) 振捣密实，混凝土离板时及时采取措施； (4) 养护措施得当，养护到位
	混凝土裂缝	养护措施得当，养护到位，减少温度裂缝

续表

质量通病		预防措施
地脚螺栓盒	地脚螺栓盒固定支架安装焊接歪斜、移位	(1) 支架采用切割机下料；焊接时，采用多次成型、路焊等方法焊接控制焊接变形； (2) 钢筋绑扎后重新复线，封模后检查是否移位； (3) 施工过程中严禁以支架做固定受力点； (4) 浇筑过程中跟踪检测螺栓固定支架的位置并及时纠偏； (5) 振捣棒避免直接接触地脚螺栓盒及螺栓盒固定支架
	地脚螺栓盒固定支架标高不准确	(1) 固定后用水准仪检测标高； (2) 钢筋绑扎及浇筑过程中避免碰撞固定支架
	地脚螺栓盒位置及标高不准	(1) 固定支架加固稳定，保证地脚螺栓盒位置及标高正确，表面绝对水平； (2) 固定支架采用型钢固定，浇筑前检测合格； (3) 浇筑过程中跟踪检测螺栓固定支架的位置并及时纠偏； (4) 振捣棒避免直接接触地脚螺栓盒及固定支架

二、送风机及一次风机基础施工案例

基础使用木胶板大模板，采用内拉外支法（内部使用对拉螺栓，外部使用方木和钢管）进行加固，支撑采用钢管。

钢筋在钢筋场制作，现场绑扎，钢筋接头采用闪光对焊。混凝土采用搅拌站集中搅拌，罐车运输，混凝土泵车布料。一次风机基础混凝土一次施工到顶，送风机第一次施工到0m，第二次施工到顶。基础为大体积混凝土，混凝土养护采用表面覆盖一层塑料薄膜，上面覆盖棉毯养护，养护时间不少于7天。根据测温记录及时调整养护措施。

混凝土拆模前必须办理拆模申请并批准。施工完以后及时进行防腐和回填。

施工顺序为定位放线→浇筑基础垫层→垫层防腐→基础放线→钢筋绑扎→模板安装包括预埋螺栓孔模板安装→混凝土浇筑→养护→拆模→防腐→回填。

1. 施工准备

(1) 熟悉图纸并将发现问题提交有关部门进行图纸会审，提前解决图纸中影响施工的问题。

(2) 按图纸及设计变更及时做好材料计划，备好各种原材料及措施性材料。

(3) 编写施工作业指导书及工程质量检验计划，进行施工前的技术及安全交底。

(4) 做好工具、器具、机械的校验、检修工作，以确保施工期间机械能正常运行。

(5) 物资公司根据材料计划按实际工期进行水泥、砂子、石子的备料，保证施工期间混凝土的正常供应。

(6) 会同搅拌站做好施工道路的准备工作，确定泵车的支车地点等工作。

(7) 布置施工用水、施工用电，确保施工期间的用水、用电正常。

2. 定位放线

轴线采用SET210型全站仪进行测放，标高用S3级水准仪从4号控制桩引测。

测好各方向的中心线及标高线并经监理验收后方可进行下一步的施工。

3. 回填及截桩

(1) 由于锅炉基础为大开挖，根据施工实际，送风机基础及一次风机基础需回填完后进

行基础施工。

1）回填前应将基坑内的积水、淤泥、杂物清理干净并对需隐蔽的工程进行隐蔽验收。

2）采用级配砂石分层回填碾压夯实，分层厚度不大于250mm，压实系数不小于0.96。每层虚铺厚度不得大于350mm，在合适位置标志好回填厚度控制线和回填皮数。回填夯实后应做回填试验，严格执行见证取样制度，每层50~200m²进行取样一组，每层不少于一组。

3）回填时应在基础的两侧同时进行，不得在基础一侧堆置回填料过高。回填从基坑最低处开始。当基础的另一侧不能回填时，能回填的一侧要进行放坡回填，坡度不得小于1：1.5，每层接缝处应作成台阶形，上、下层接缝应错开不小于0.5m。

4）压实采用机械压实人工配合。振动压路机进行填方压实时，应采用"薄填、慢行、多次"的方法，碾压方向应从两边逐渐压向中间，碾轮每次重叠宽度约15~25mm，避免漏压。运行中碾轮边距填方边缘应大于500mm，以防发生溜坡倾倒。边角、边坡边缘压实不到之处，应辅以人力夯或小型夯实机具夯实。打夯前应将填土初步整平，打夯要按一定方向进行，一夯压半夯，夯夯相接，行行相连，两遍纵横交叉，分层夯打。每层压实遍数为3~4遍。

5）回填过程中注意成品保护，严禁损坏基础边角。

（2）施工根据图纸会审及其他相关资料，在桩顶设计标高－3.9m以上有1.5m桩头需要截去，施工时在桩基的－3.9m处周围画线，以此线为标准截去剩余桩头。截桩时先使用空压机带风镐在桩侧面进行打眼后截断，然后人工进行细部处理，严禁直接用机械或工具从上部破桩。最终桩顶标高误差控制在0~＋30mm，同时还要确保桩头主筋外漏长度不小于800mm，若破桩后发现钢筋长度不够800mm时，应进行伸长搭接，搭接长度不小于35d。

4. 垫层施工

（1）垫层为C15混凝土。

（2）垫层每边按要求要比基础宽至少100mm，以保证模板施工的要求。

（3）垫层施工时必须清理地基处理上污泥、垃圾。

5. 细部放线与高程控制

（1）用的经纬仪、水准仪、钢尺要经校核合格且在有效期内。

（2）用经纬仪将纵横轴线引入基坑内，并测设在基础垫层面上，以红油漆标在垫层面上，沿边口均匀做上红油漆标号，每条轴线均应双向控制，以便校核。

（3）再根据轴线放出基础的外边线。为减少高程控制的误差，由专业测量人员将基坑外附近的水准点转测到基础基坑内，并做出符合要求的高程控制点。

（4）放线完后必须经各级质检人员进行验收。

6. 钢筋工程

（1）准备工作。

1）所用施工材料必须有齐全的质量保证书。

2）检查钢材等材料的出厂合格证及钢筋抗拉试验报告单，并保证材料的可追溯性。钢筋领用由专人负责，认真做好钢筋质量跟踪记录。

3）检查钢筋品种、质量、规格、数量是否满足施工要求，是否符合设计要求。

4）闪光对焊工必须持证上岗，并做好焊前试焊。

5）焊前作好焊接机械的调试工作，配置考试合格的焊工进行同条件试焊，委托检测中心做钢筋闪光对焊接头试验。

6）各种钢筋加工机必须要检验合格，挂牌后方可使用。

7）准备绑扎用的铁丝、绑扎工具、绑扎架及控制混凝土保护层用的水泥砂浆垫块。

（2）钢筋制作与绑扎。

1）钢筋接头主要采用闪光对焊。所有焊件均应有合格焊工操作进行焊接，且焊接试件必须试验合格。钢筋闪光对焊接头每 300 个同类型接头（同钢筋级别，同钢筋直径）作为一批。钢筋焊接前接头要打磨除锈，以确保钢筋焊接的质量，焊头要平直，不能弯曲，焊接钢筋同心度、平直度要满足要求。

2）钢筋制作要严格按图纸和钢筋翻样表进行，并合理利用材料，尽量降低成本。

3）钢筋制作完毕，要编号挂牌，分类放置，并要一头齐不能乱放，放置时下部要用木方垫起，以防止污染。

4）钢筋绑扎前要核对成品钢筋的型号、规格、直径、尺寸和数量是否与料单料牌相符，如有错漏应纠正增补，钢筋表面应平直、洁净，不得有损伤，带有油渍、片状老锈和麻点的钢筋严禁使用。

5）钢筋绑扎一定要按图纸要求控制好间距，绑扎要牢固，不得有松扣缺扣现象。

所有主筋均应按设计要求垫好混凝土预制垫块、控制保护层厚度。钢筋的级别、种类、直径应符合设计要求。

7. 模板工程

（1）安装模板前先用经纬仪投出基础的中心线，再根据中心线，定出基础的边线，用红油漆标好三角，以便于模板的安装和校正。

（2）用水准仪把标高根据实际要求，直接引测到模板安装位置。

（3）按模板配板图拼装，错缝搭接，拼装尺寸准确，安装完毕用经纬仪或线坠校正。

对拉螺栓一定要平直，为保证牢固可靠，对拉螺栓加双螺母固定。对拉螺栓应沿基础高度和水平方向等间距均匀排列，上下对齐。在对拉螺栓两头采用专门加工制作的塑料堵头进行封堵。

（4）模板安装必须牢固可靠，表面平整，拼缝严密不漏浆，中心要准确。

（5）模板支撑必须牢固，加固钢管必须与模板贴紧，所有 3 型扣件、螺帽必须备齐，拧紧。

（6）使用的模板及其支撑系统必须具有足够的承载能力、刚度和稳定性，能承受新浇筑的自重和侧压力。

（7）为保证混凝土表面光洁，模板在使用前应均匀涂刷模板油，不得污染钢筋。

（8）支模所设置的水平撑与剪刀撑，按构造与整体稳定性布置。

（9）预留螺栓孔采用木模做模型，采用下口边比上口窄不小于 20mm 倒锥型，模型加工应牢固，不变形。较深的模型可以用两道或四道钢筋或铁丝连接模型下口上口，待混凝土初凝后通过钢筋或铁丝及时抽出。

（10）所有模板在使用前应根据对拉螺栓设计的间距提前在后场打孔，一般比设计的对拉螺栓大 2mm，多余的毛刺清除掉并用清漆涂刷处理。严禁在现场使用电钻钻眼。

（11）当木胶板模板在进行平面或转角拼接时，为了确保其密闭性能，采用直口对接后在接口处用 48mm×100mm 木方加固。

（12）模板楞木采用 48mm×100mm 木方外，其余均采用钢管作楞进行固定，其间距不宜大于 150mm。所有模板拼缝必须采用双面胶带处理，防止产生漏浆现象。

（13）模板拆除时采用整装整拆，从上至下依次拆除，拆除时不得硬拉、硬翘等方法，另外还要保护成品混凝土不受损坏。拆除后的模板不得从高处抛扔，必须采取传递的方法进行，轻拿轻放。选择平整的场地进行堆放，拆除多少运输多少，及时清运出施工现场拉至后场进行模板的清理、刷脱模剂工作。一次使用后的模板严禁不清理就进行刷脱模剂使用，严禁在施工现场刷脱模剂。

（14）拆除后的模板因存在钉眼现象，不适合二次使用，因此在维修时钉眼处用橡胶锤敲平，另外采用 108 胶掺合白水泥、石膏粉做成腻子进行修补，待凝固后，用砂纸轻轻打磨，清理干净，最后刷上清漆防水，使用前刷油处理。

8. 混凝土工程

（1）浇筑混凝土前的检查工作。

1）各种预埋孔的规格尺寸、数量、位置及固定情况。

2）模板结构的整体稳定性。

3）钢筋保护层垫块是否垫好。

4）混凝土浇灌前，应进行验收，对模板、钢筋及支撑逐项检查，发现问题及时处理。

（2）准备工作。

1）检测中心在施工前做好混凝土的配比工作，并核实所使用水泥性能是否符合设计及相关规范要求，水泥的出厂时间是否符合要求。

2）混凝土的浇灌实行挂牌制度，责任到人，以确保混凝土的质量。

3）搅拌站要把搅拌楼、混凝土泵车、罐车等工器具提前充分检修好，以保证混凝土浇灌的正常供应。

4）组织好现场施工人员、机械设备等；电工要安装好充足的照明设备；修筑好混凝土罐车的运输道路，并且能满足在雨天时正常运行。

（3）混凝土浇筑程序。基础混凝土的浇筑采用分层浇筑，并保证上下层不留施工缝，每层混凝土的浇筑厚度控制在 30cm 左右，每层浇筑应从低处开始。

（4）混凝土浇筑期间应注意的问题。

1）加强气象预测预报工作，掌握天气变化情况，保证混凝土连续浇筑的顺利进行及混凝土的质量。

2）浇筑混凝土时，必须防止混凝土的分层离析，混凝土浇筑时，其自由倾落高度不应超过 2m。

3）搅拌站应严格按实验室提供的配合比进行搅拌，并认真填写混凝土的搅拌记录。建筑工程处现场要做好混凝土浇筑记录，以确保混凝土搅拌质量。在现场做好坍落度试验，如坍落度与原规定不符时，应及时通知检测中心和搅拌站调整配合比。

4）混凝土施工过程中，检测中心应严格按规定提取试样做坍落度试验及试件，并做出混凝土强度报告，做到对混凝土质量的跟踪检查及控制。

5）混凝土浇筑过程中，应及时将浮浆清理出模板外，以保证混凝土的质量。

6）为加强混凝土的振捣工作，施工时应分工明确，责任到人。

（5）混凝土捣固。

1）振捣器的操作，要做到"快插慢拔"。

2）混凝土分层浇筑，在振捣上层时，应插入下层混凝土5cm左右，以消除两层之间的接缝，在振捣上层混凝土时，要在下层混凝土初凝之前进行。每一插点振捣时间一般15～20s，应以混凝土表面不再显著下沉、不冒气泡、表面浮出灰浆为准。

3）振捣器水平移动位置间距不应大于450mm，振捣棒离开模板150mm，且尽量避免碰撞钢筋、预埋件等。

（6）混凝土养护、验收。

1）基础顶面待混凝土终凝后立即覆盖一层塑料薄膜，形成不透风的围护层，上部覆盖棉毯，养护不少于7天。

2）混凝土的养护工作要设专人，要经常检查养护情况，及时做好混凝土的养护记录，并根据实际情况随时调整养护措施，其他未尽事宜严格按照经监理及业主审批的大体积混凝土施工措施执行。

（7）基础二次灌浆。

1）二次灌浆采用防腐型灌浆料，二次灌浆厚度设计为100mm。灌浆区位置不同，灌浆顶标高不一致，施工时注意标高控制。

2）施工前准备。

a）灌浆料浇灌施工前，应准备搅拌机具、模板、灌浆设备及养护物品。

b）设备就位调整完后，对已凿毛的混凝土表面进行彻底清扫、对设备底板、地脚螺栓用棉纱将锈、油污等清除干净。地脚螺栓孔中的积水必须清除干净。

c）灌浆前24h，对混凝土基础表面洒水以保持湿润状态，但表面不得有积水，混凝土清理完后，周围支上模板。模板应牢固，所有的缝隙要进行密封（特别是模板与混凝土之间）以避免灌浆料漏出。

d）浇灌前，对混凝土表面洒水湿润24h，但表面不得有积水。

e）混凝土清理完后，周围用木胶合板做模板，周围用方木进行加固。所有的缝隙要用双面胶带或海绵条等密封（特别是模板与混凝土之间）以避免漏浆。

f）模板高度应高出设备底板底面或要求灌浆高度30mm。

3）搅拌。

a）灌浆料采用手电钻式搅拌器（电钻功率大于100W），搅拌桶为金属制成（直径150mm、高度250mm左右），搅拌时先将水及少许灌浆料倒入桶内，搅拌30min左右，将剩余的灌浆料倒入桶内，总搅拌时间为3～5min。搅拌时上下左右移动搅拌器，以使桶底和桶壁黏附的料能够充分搅拌，但叶片不要提出浆液面，以免空气被过多带入或造成浪费。

b）搅拌用水宜使用饮用水，水温以5～35℃为宜。且宜使搅拌好的浆料呈塑性状态（非大流动性）为原则。不可用水量过大或过少。对用水量现场要有量筒进行计量。

4）浇筑。

a）灌浆料应尽量从一侧浇入，以利排出底板与混凝土之间的空气，使灌浆充实。严禁浇筑的同时用竹片、铁片等工具进行插捣和引流，以免产生气泡。

b）灌浆开始后，必须连续浇筑，不能间断，尽可能缩短灌浆时间。

c）灌浆至拆模期间所浇筑的台板不能振动，以免损坏未凝结的灌浆层。

d) 灌浆层表面若有泌水现象，可布撒灌浆料干料，以吸干水分。

e) 浇灌时应按照规定留置试块。

f) 明确责任制。每道工序安排专人负责，并做好施工记录。

g) 灌浆期间锅炉工程处要安排专人现场监督。

h) 因即将处于雨季，要做好浇灌过程中防雨物资的准备。

5) 收浆。灌浆料的初凝时间约为 2～4h，终凝时间为 4～8h。必须在初凝后即对暴露在空气中的灌浆层表面进行收浆，收浆后需进行养护。

6) 养护。收浆后应立即加盖湿润的麻袋片覆盖。终凝后对灌浆层进行浇水养护，要使棉毯始终处于湿润状态，养护期不少于 7 天。

三、一次风机、送风机基础及支架施工案例

（一）施工方案

某电厂工程先施工一次风机、送风机基础，然后再施工一次风机、送风机支架承台基础及连梁。

钢筋采用钢筋厂集中加工，现场绑扎成形的方案，运输采用拖拉机挂长板车运输；模板采用木模板，对拉螺栓和脚手管联合加固的施工方案；混凝土采用搅拌站集中供应混凝土，罐车运输，泵车浇筑的方案，采取周边基础汽车泵浇筑，中间基础布置泵管浇筑的原则；柱头螺栓采用钢架加固的施工方案。

（二）施工工艺流程

3 号炉一次风机、送风机基础及支架施工作业顺序为铺碎石垫层→垫层浇筑→放线及验收→基础钢筋制作及绑扎→钢筋验收→设备基础及基础承台及地梁模板支设（包括固定埋铁）→模板验收→浇筑混凝土→混凝土养护→拆模→固定螺栓支架安装预埋螺栓→短柱模板支设→模板验收→浇筑混凝土→混凝土养护→拆模→混凝土工程验收→基础交安。

（三）施工方法及要求

1. 引测定位线

施工中，基础根据方格控制网的控制点，利用全站仪或经纬仪放出一次风机、送风机基础及支架各轴线和标高线，此线要经过四级验收。这些线为基础施工的基准线，并且也是后部施工的基准线，基础轴线和标高要加以保护。

2. 一次风机、送风机基础及支架垫层施工

桩头处理完成后，将桩头附近，垫层尺寸周围土石夯实后，进行铺碎石垫层，垫层高 100mm，且各边由基础外伸 200mm。碎石铺完后支钢模浇筑垫层混凝土，要求垫层顶标高等于设计基础底标高，垫层高 100mm，且各边由基础外伸 100mm，垫层浇筑完成后，由测量人员放出基础轴线，开始基础承台及基础梁施工。

汽车泵布置在 3 号和 4 号一次风机、送风机之间区域进行浇筑，够不着的地方接泵管浇筑垫层混凝土。

3. 钢筋工程

钢筋采用钢筋场制作，现场绑扎成形的施工方案。为保证施工现场的安全文明施工，运料随运随绑，减少占地面积，若不能及时绑扎时应分类码放整齐、标识清楚。

钢筋进场要有出厂质量证明书或试验报告单，钢筋表面或每捆（盘）钢筋均应有标志。进厂时应按炉批号及直径分批检验。检验内容包括查标志、外观检查，并应按抽样标准以同一牌号、同一炉批号、同一规格、同一交货状态，60t 为一批（不足者也为一批），从不同捆（盘）中（取样时钢筋两端 500mm 不能作试样）截取 6 根钢筋，进行复试，合格后才能标明状态使用。

钢筋在存放过程中，不得损坏标志，并应按批分别堆放整齐，状态标识清楚，采取覆盖措施，预防带泥、锈蚀或油污。

钢筋的级别、种类和直径应按设计要求使用。当需代换时，应征得设计单位的同意，并履行正常手续。

碰焊接头制作前，要进行试焊，试验合格后方可进行大批量制作，制作完成后，首先对每批抽 10％且不少于 10 个进行外观检查，并按分部工程每 300 个接头取一组（不足 300 个接头也取一组）试样进行试验，合格后方可运至现场使用。

钢筋翻样：严格按照施工图、施工规范并结合实际经验进行翻样；翻样工作要本着合理、省料的原则进行；翻样完成后，要进行严格自检，确保钢筋品种、规格和尺寸正确，数量齐全。翻样单必须经主管技术人员和技术负责人审核后方可进行加工。

钢筋制作：制作要严格按照钢筋翻样单加工，要求品种、规格、尺寸正确，数量齐全，对于特殊角度的规格尤其要严格控制。钢筋应平直，无局部曲折。钢筋的表面应洁净、无损伤、油渍、漆污和铁锈等，否则应在使用前清除干净。带有颗粒状或片状老锈的钢筋不得使用。

钢筋制作完成后要进行严格自检，并做好钢筋跟踪管理台账记录，加工不合格的钢筋不得进入现场。制成后的成品钢筋分类码放整齐，并且要明确挂牌。根据现场需要运至现场进行绑扎。

钢筋绑扎：绑扎顺序为先绑基础底部钢筋和基础梁钢筋，然后再绑短柱钢筋，最后统一立模。绑扎前，先根据施工图的钢筋间距划好线，然后再进行绑扎。绑扎的钢筋要求横平、竖直，规格、数量、位置、间距正确。绑扎不得有缺扣、松扣现象。钢筋网片相邻扣要互相交错，不能全部朝一个方向，这样防止顺偏。钢筋保护层采用预制的水泥砂浆保护层垫块，垫块用与混凝土配合比相同的水泥砂浆制成，并预埋好绑丝，绑在钢筋上，垫块的大小为 40mm×40mm，厚度和主筋保护层一样，垫块每间隔 600mm 垫一块。短柱钢筋固定采用在基础承台顶模板上用上下两道箍筋固定，保证插筋位置准确；绑柱钢筋采用搭脚手架进行，严禁踩踏箍筋及对拉螺栓进行绑扎。绑扎柱箍筋及基础梁箍筋时，应保持箍筋和主筋垂直设置，箍筋弯钩叠合处沿受力钢筋方向错开设置。钢筋绑扎完成后，严格按照验收标准进行自检，并做好自检记录。经施工队质量员一级验收完全合格后方可进行二级报验。

一次风机、送风机基础钢筋绑扎顺序为基础横向筋→基础纵向筋→基础箍筋→基础腰筋→基础三向筋。

一次风机、送风机支架基础钢筋绑扎顺序为承台横向筋→承台纵向筋→地梁纵向筋→地梁箍筋→短柱插筋→短柱箍筋。

需要注意事项如下：

（1）在浇筑混凝土时需要将预留插筋在混凝土面以上 500mm 范围内用塑料布包好，防止污染钢筋。

（2）钢筋绑扎接头一定要保证搭接长度，套管连接要保证丝口拧紧确保接头质量。

（3）基础钢筋接头位置保证 50％错开，且尽量避免在地梁中部有接头。

(4) 钢筋加工质量一定要保证误差在允许范围之内，特别是短柱及地梁的箍筋尺寸。受力钢筋长度误差±10mm，箍筋内净尺寸误差±5mm。

4. 预埋螺栓工程

施工时采用地脚螺栓固定架固定直埋地脚螺栓的方法。即在基础承台顶面埋设固定地脚螺栓固定架用的铁件，然后把固定预埋地脚螺栓的固定架焊在铁件上，再把地脚螺栓固定在螺栓固定架上。

直埋地脚螺栓施工：

(1) 地脚螺栓固定支架由二金属加工制作，支架数量34个。

(2) 直埋螺栓安装工艺。

1) 承台混凝土浇筑时将固定外支架的铁件埋设好，埋铁规格10mm×200mm×200mm，位置考虑支架受力和短柱模板安装空间，弹出支架安装中心线。

2) 将竖向支架焊在埋件上，做到位置准确，支架垂直。当螺栓底面高程低于承台顶面高程时，应先把承台上层钢筋切断，待支架及螺栓调整固定完毕后，再对钢筋进行坡口焊补接。

3) 复测水平标高。

4) 水平横梁提前制作拼装好，人工就位找正安装于竖向支架上。

5) 将钢板放于横梁上，将螺栓带螺母吊挂于横梁钢板上，利用整体轴线钢丝找正，将钢板焊接于横梁上，利用螺母调节螺栓顶标高。

6) 螺栓底部用带眼槽钢加固，焊接于钢架立柱来控制其垂直度。

7) 当螺栓顶部标高调好后，用定位板再次调整螺栓垂直度，调好后将螺栓点焊在定位板上。

8) 最后利用经纬仪，水准仪进行螺栓位置及标高的检查验收，合格后进行混凝土浇筑。

(3) 施工要点：

1) 测量控制，水平测量控制严格按主厂房控制桩整体控制。标高控制从一个控制点引出标高，确定螺栓顶标高，验收使用精度高的水准仪测量。

2) 考虑混凝土的竖向收缩，安装螺栓时，顶标高比设计标高高5mm。因基础为独立基础，水平方向混凝土收缩不考虑。

3) 螺栓支架与模板体系分开，防止混凝土浇筑时模板的振动及变形对螺栓的影响。

4) 将外露螺栓涂一层黄油，并用布包严。防止螺栓在打混凝土过程中粘混凝土，导致丝扣受损。

5. 模板工程

模板施工：采用木模板施工，模板固定采用φ12对拉螺栓，间距600mm，用φ48×3.5mm脚手管做围檩共同加固。支模分三次进行，第一为设备基础、第二次为基础承台、地梁部分，第三次为柱头部分。

模板施工前，先根据施工图纸划好配模图，根据配模图设专人在内场精心配制。配模时要保证模板边角顺直、平整、洁净，模板尺寸标准。为了保证模板现场支立时接缝平整，木档必须全部经压刨处理，确保木挡厚度统一。模板制作好后刷脱模剂，涂刷要均匀，不过厚、不流淌、不漏涂。

支模应在钢筋工程经过四级验收合格后进行。为防止模板漏浆，在模板底角用水泥砂浆封堵，模板拼缝间加海绵条，严禁在没有对拉螺栓的部位使用带眼的模板。为保证混凝土的外观质量，对拉螺栓不露出混凝土面，采用在对拉螺栓上穿垫皮垫，待拆模后将皮垫去除，用高标号水泥砂浆封堵。

柱支模方法：柱头支模仍用对拉螺栓和脚手管围檩加固，采用搭脚手架与脚手管围檩连为一体固定。

梁支模方法：地梁支模同样采用对拉螺栓和脚手管围檩加固，采用搭脚手架与脚手管围檩连为一体固定。

模板施工注意事项如下：

(1) 垫层施工一定要平，若平整度不够，支模以前要用砂浆找平模板底脚。

(2) 为防止模板底角发生偏移，在浇筑垫层时插 $\phi 14$ 钢筋头，模板外侧采用脚手管支撑做地锚进行加固。

(3) 在混凝土浇筑前，用吸尘器吸净模板内灰尘，对于模板上所粘灰尘，用棉布擦干净。

(4) 在混凝土浇筑过程中，要有人负责，有人监督，随时擦干净上部被砂浆污染的模板面。

(5) 对拉螺栓的加工精度要严格检查，确保基础的外形尺寸。

模板拆除时，应在混凝土强度能保证其表面及棱角不因拆除模板而受损时方可进行。拆模不可整片拆下，应从上到下顺序拆除。

6. 混凝土工程

混凝土施工采用搅拌站集中搅拌，罐车运输，汽车泵浇筑的施工方案。

混凝土施工前，对水泥、砂、石及外加剂等材料进行试验，合格后方可进行施工。混凝土配合比必须经过试配后给出。混凝土搅拌前对计量器具进行检验合格后方可搅拌，搅拌严格按配合比进行，外加剂不得错放、少放、漏放。

混凝土浇筑前，必须先清理模板内的杂物，并对模板、钢筋工程进行检查，并经四级验收合格后方可浇筑混凝土。

混凝土输送泵管线应平直，转弯缓，接头严密。泵送前先用与混凝土配比相同的水泥砂浆润滑管道，泵车料斗内要有足够的混凝土，防止吸入空气堵管。混凝土坍落度控制在 $120 \sim 160$，每 $100 m^3$ 取一组试块。混凝土浇筑应分层进行，分层厚度为 500mm，混凝土振捣密实，振捣棒插入下层 50mm，以接合密实。浇筑时，应设专人监护模板、钢筋变化，禁止振捣棒、泵管直接冲击模板、埋件和钢筋，如发现变形、移动时，立即停止浇筑，并在已浇筑的混凝土初凝前修好。对于混凝土出现的泌水，在浇筑过程中可使水向低洼处流去用小桶将水提出，在浇筑完毕后先用靠尺将表面刮平将多余的泌水排出，用木抹子将表面压实。

浇筑第二层和第三层承台时，应与下一层承台混凝土浇筑完时间错开 1.5h 左右，防止混凝土向上翻。一次风机、送风机支架基础混凝土施工缝设置在基础承台顶面，一次风机、送风机基础混凝土施工缝设置在基础±0.000m 处，其他位置不得随意留置施工缝。浇筑上部混凝土前，应先将施工缝进行处理，剔除表面浮浆，露出部分石子，并清理干净，用水浸润不少于 24h，浇筑时先铺 50mm 厚与混凝土同标号的水泥砂浆。浇筑混凝土之前必须先把顶面标高标注在模板内侧，以便浇筑时控制高程。

为避免混凝土表面出现裂缝，基础各承台面和基础顶面，在混凝土初凝后用木抹子抹

3～5遍，再用铁抹子压光，用潮湿的草帘子覆盖并浇水养护。混凝土养护采用覆盖塑料布保湿覆盖麻袋片或草帘子保温并浇水养护，养护时间不少于14天。

降低混凝土水化热的措施：主要控制配合比水泥用量、坍落度、外加剂的品种；根据试验掺加部分粉煤灰，代替部分水泥；控制原材料的含泥量；混凝土的浇筑方法的选择；混凝土浇筑后的养护；施工时温度和速度的控制。

（1）混凝土原材料。水泥选用普通硅酸盐水泥。砂子宜选用中砂控制其含泥量不得大于2%。石子宜选用大粒径石子，以5～40mm为宜，控制其含泥量不得大于1%，同时控制石子形状，尽量减少针片状和超规石子。

（2）混凝土搅拌。必须严格按配合比进行配料，尽量减少投料误差，确保足够搅拌时间。尽量降低混凝土出机温度。（通过降低砂、石、水泥的入机温度来控制）尽量避免投料时夹带泥土。

（3）混凝土运输。混凝土的运输一定要及时。运输和停放时防止太阳直射。

（4）混凝土浇筑。控制入模温度，减少冷量损失，同时加快浇筑速度，使浇筑工作尽快完成；同时对泵管进行保温处理。浇筑时应从多点浇筑，振捣密实均匀，以确保混凝土均匀密实，增强其抗拉强度。搅拌车在卸料前，要求混凝土在泵车内高速运转，确保放料时混凝土质量均匀，同时在浇筑时以一个坡度循序推进，一次到顶的浇筑方法。这样即可减少混凝土外露面面积，又便于排放大量泌水，有利于提高混凝土质量和抗裂。

（5）混凝土养护。混凝土养护采用毛毡覆盖和塑料布包裹的方式，在模板安装验收好并在混凝土浇筑之前用塑料布包裹模板的外侧，防止混凝土表面散热过快，在混凝土浇筑完毕后在表面覆盖毛毡做好混凝土的保温保湿养护，缓凝降温，充分发挥徐变特征，减低温度应力。在混凝土强度未达到设计要求强度前不得进行外界强力冲压，以确保其在正常情况下养护。

1000MW超超临界火电机组施工技术丛书

土建工程施工

《1000MW超超临界火电机组施工技术丛书》编委会

（下册）

中国电力出版社
CHINA ELECTRIC POWER PRESS

内 容 提 要

本书是《1000MW 超超临界火电机组施工技术丛书》之一。

全书共分十九章，内容包括主厂房全部工程，锅炉、汽轮机及所有辅机基础、烟道、电除尘器基础，集控楼、网络继电器楼工程，主变压器及封闭母线基础、屋外配电装置及 500kV 出线架构，烟囱、冷却塔，脱硫建筑工程及输煤系统结构工程，海水取水及海水淡化工程等一整套 1000MW 超超临界火电机组建筑工程的施工技术方案。

本书内容经过实践检验，施工方法先进可行，对行业内施工同类型机组具有重要参考借鉴价值，可作为各施工方工程技术人员、技术工人的施工工具书。

图书在版编目（CIP）数据

土建工程施工：全 2 册 /《1000MW 超超临界火电机组施工技术丛书》编委会编. —北京：中国电力出版社，2014.2

（1000MW 超超临界火电机组施工技术丛书）

ISBN 978-7-5123-5022-9

Ⅰ. ①土…　Ⅱ.①1…　Ⅲ. ①火电厂-建筑工程-工程施工　Ⅳ. ①TU745.7

中国版本图书馆 CIP 数据核字（2013）第 237753 号

中国电力出版社出版、发行

（北京市东城区北京站西街 19 号　100005　http://www.cepp.sgcc.com.cn）

航远印刷有限公司印刷

各地新华书店经售

*

2014 年 2 月第一版　2014 年 2 月北京第一次印刷

787 毫米×1092 毫米　16 开本　49 印张　1195 千字

印数 0001—3000 册　定价 150.00 元（上、下册）

1000MW 超超临界火电机组施工技术丛书

土建工程施工（下册）

编 委 会

主　　任	肖　英	刘利贤	韩长利	张玉宝	司衍华	
副 主 任	肖玉桥	冯宜清	杨世泽	李　斌	刘景昌	王庆平
	姚良炎	张龙涛	李凤友	孙留存	贾兴平	杨建军
	刘恩江	刘顺刚	朱育才			
委　　员	高　磊	董作龙	贾同友	王立萍	杨凤勇	王再进
	黄延东	楚广志	卢相军	王海新	靳香芹	谭江平
	刘志奎	潘　彬	马永光	侯国建	楚增宝	尤洪涛
	王千华	张　辉	樊庆钟	史光辉	贾强强	柴建勋
	史衍华	刘　猛	王忠凯	孔德明	刘　双	
主　　编	刘利贤	杨世泽	司衍华			
副 主 编	刘景昌	姚良炎	冯宜清	李建国	杨建军	刘顺刚
	贾兴平	孔德明	孙吉成	崔润田	刘　猛	李克远
	靳香芹					
参　　编	高　磊	董作龙	贾同友	王立萍	杨凤勇	王再进
	黄延东	楚广志	卢相军	王海新	谭江平	楚增宝
	尤洪涛	王千华	张　辉	樊庆钟	史光辉	贾强强
	柴建勋	史衍华	刘　猛	王忠凯	孔德明	刘　双
	刘志奎	潘　彬	马永光	侯国建		

近年来我国电力工业发展迅速，截至 2010 年底，全国电力装机容量已达到 9.62 亿 kW，年均投产装机容量超过 8970 万 kW，创造了我国乃至世界电力建设史上的新纪录。

随着电力工业的快速发展，我国火电建设中"上大压小"及煤电联营坑口电站的建设取得了重大成果。600～1000MW 超超临界的清洁高效机组，已成为新建项目的主力机型。

超超临界发电技术，是在超临界发电技术基础上发展起来的一种成熟、先进、高效的发电技术，可以大幅度提高机组的热效率，在国际上已经是商业化的成熟发电技术，世界上许多国家都在积极开发和应用超超临界发电机组。

当前，我国正大力发展超超临界火电机组，并实现了超超临界机组国产化，已有 30 多台 1000MW 机组处于投产和在建中。我国第一台 1000MW 超超临界燃煤发电机组——华能玉环电厂 1 号机组于 2006 年 11 月 28 日正式投入商业运行，从此，我国电力工业跨入了 1000MW 超超临界发电的世界先进行列。

我国电力工业今后还要大量地建设 1000MW 超超临界火电机组。到 2020 年，我国燃煤火电机组将新增约 3 亿 kW 的装机容量。截至 2010 年底，国内制造厂家已拥有 50 台 1000MW 超超临界机组的订单。

为了推动电力施工企业的发展，在未来几年内使广大工程技术人员能更好、更快、更多地掌握百万千瓦超超临界火电机组的施工技术，本书收集、整理了天津北疆、浙江玉环等电厂百万千瓦超超临界机组的施工经验，编写了《1000MW 超超临界火电机组施工技术丛书》，为今后施工同类火电机组提供技术依托和借鉴平台。

本丛书重点总结了天津北疆电厂等工程施工技术方案的精华，用于指导今后编写工程施工技术方案、技术措施和作业指导书。

本丛书共分 8 个分册，分别为《施工技术与管理》、《土建工程施工》、《锅炉设备安装》、《汽轮机设备安装》、《电气设备安装》、《热控工程施工》、《焊接工程施工》、《起重运输机械》，内容涵盖了一个现代化 1000MW 超超临界机组火电厂的方方面面（含海水淡化、脱硫脱硝等的施工）。

在本丛书编写过程中，山东电力建设第二工程公司北疆工程项目部、天津电力建设公司北疆工程项目部、天津国投津能发电有限公司北疆电厂、华能玉环电厂、山东电力建设第一工程公司、华电国际邹县电厂等单位的领导、专家给予了大力支持。山东电力建设第二工程公司北疆工程项目部的施工技术人员、档案中心以及钢结构公司的有关人员提供了宝贵资料并参加了编写工作，在此一并表示诚挚的谢意！

限于编者水平，加之时间仓促，书中疏漏或不妥之处在所难免，敬请读者批评指正。

编　者

2013 年 9 月

目 录

前言

上 册

⬤ 下　　册

第十三章

主变压器及封闭母线基础、屋外配电装置及 500kV 出线架构等施工措施

第一节 主变压器基础及架构施工

变压器基础及架构基础包括主厂房 A 列外的主变压器、高压厂用变压器基础及事故油坑、架构、油池、排油管、防火墙等，是电气部分土建作业的重点工程之一。

一、变压器基础及架构土方开挖及降水

（一）工程概况

某发电厂 2 号变压器基础及架构区域大部分地段地下水位埋深为 1.8～2.0m，相对标高为 2.6～2.8m。在施工过程中采用明沟和集水井排水。变压器基础及架构包括主变压器基础、高压厂用变压器基础、凝结水补给水泵基础及事故油坑、架构、油池、排油管、防火墙等。其中主变压器基础底标高为 −2.6m；高压厂用变压器基础底标高为 −2.6m。根据目前图纸到位情况及以往施工经验，特编写此施工方案（以主变压器基础、厂用变压器基础为主）。本施工方案指导变压器基础及架构区域的土方开挖施工。

（二）主要施工方案

基坑土方开挖主要采用机械开挖，人工配合清槽的施工方法进行。降排水采用明沟和集水井降水，泥浆泵和潜水泵进行排水。

为方便施工，在南侧留设 4m 宽坡道，坡度根据现场实际情况设为 1∶3～1∶6，同时采用破除桩头进行护坡垫道。

开挖不得碰撞桩头，当挖至离桩头顶标高 500mm 后，桩间土采用人工清挖，局部沟、承台坑也采用人工开挖。为避免对地基土的扰动，根据开挖后现场实际情况在基底标高以上预留 500mm 一层土进行人工清理。

从场地土的工程性质及场地土的工程地质条件看，场地地下水的稳定水位埋深较浅，基坑坑壁直立性较差，施工期间为保证基坑坑壁稳定，采用 1∶2.5 放坡的坡度值。严禁在坡顶堆载，还要注意来自坡顶施工机械的动载。不同深度的基础开挖后采用砖模支护不放坡，并在基坑里面四周布置排水明沟和集水坑。

基坑开挖完成后，在基坑里面四周布置排水明沟和集水坑，然后用泥浆泵和潜水泵将水从集水井抽出，通过排水管排往指定的排水沟内，以降低基坑四周的自然水位。

（三）施工方法及要求

1. 施工前的准备工作

（1）熟悉图纸，并按作业程序依次进行图纸会审，提前解决施工交叉及专业交叉问题，制订出施工方案。

（2）按图纸、其他设计文件及施工方案做好材料计划，备好各种原材料、周转性材料及措施性材料。

（3）编制施工方案及工程质量检验计划，进行施工前的技术及安全交底。

（4）做好工具、器具、机械的校验、检修工作，以确保施工期间机械能正常运行。

（5）布置现场施工用水、施工用电，以保证施工期间的水、电及现场照明等工作。

（6）完成施工方案及资源的报批工作。

2. 测量工程

（1）轴线采用 SET210 型全站仪进行测放，过程加密控制桩采用 J2 经纬仪进行。标高用 S3 级水准仪从 1、2、5 号控制桩引测。

（2）测好各方向的中心线及标高线并经监理验收后，方可进行开挖。

3. 开挖

开挖自上而下水平分层进行，开挖过程中严格按照 1∶2.5 进行放坡，设专人现场跟班测量，随时控制放坡情况和基底标高，边挖边检查坑底宽度及坡度，不够时及时修整，至设计标高时，再统一进行一次修坡清底，检查坑底宽和标高。不同深度的基础开挖后采用砖模支护不放坡。

弃土必须及时运出，在基坑边缘严禁堆土和堆放材料以及移动机械，以保证边坡的稳定。弃土应按照指定地点进行弃土，并及时用装载机进行平整，严禁随意弃土，并安排专人对运土道路进行清理。

基坑开挖同时在边坡顶上设立挡水沿（包括局部深坑），挡水沿上宽 0.4m、下宽 0.8m、高 0.5m，挡水沿中心线距边坡 0.6m。挡水沿应彻底压实，并拉线将边坡棱角修理整齐，做到既美观又切实起到挡水作用。

开挖后应在基坑四周挡水沿外侧 300mm 处设立安全围栏，安全围栏采用 φ48 脚手架管搭设，立杆间距 3m 一根插入地下固定，漏出地面部分高 1.2m，并在高 1.2m 和 0.6m 处设双道栏杆，脚手架搭设要做到横平竖直，所有架管均应涂红白相间漆。搭设完后围栏上应挂上警示牌，夜间也必须有明显的警示标志。

基坑挖完后应进行验槽，做好记录，如发现地基土质与地质勘测报告、设计要求不符时，应与监理研究及时处理。

4. 排水

开挖完成后，在基坑四周离坡底边线约 300mm 处用人工挖出一条上口宽约 500mm、下口宽约 300mm、深约 500mm、有 0.5％双向流水坡度的排水沟，坡向集水井。在基坑四角和四边设置集水井，集水井截面为 0.8m×0.8m，井壁用 MU10 红砖、MU5 水泥砂浆砌 120mm 厚挡墙加固，并在井壁内放置直径 500mm 的水泥管。至基底以下井底应填以 20cm 厚碎石或卵石，水泵抽水龙头应包以滤网，防止泥砂进入水泵。

5. 截桩

根据具体的基础标高进行截桩。截桩时先使用空压机带风镐在桩侧面进行打眼后截断，然后人工进行细部处理，严禁直接用机械或工具从上部破桩。最终桩顶标高误差控制在 0~30mm 之内，同时还要确保桩头主筋外漏长度不小于 800mm（部分桩为 1150 mm），在第二次破桩前要严格对照桩位图，按照图纸确保桩头主筋外漏长度。若破桩后发现钢筋长度不够 800mm（部分桩为 1150 mm）时，应进行伸长搭接，搭接长度不小于 15 倍钢筋直径。

（四）施工注意事项

（1）为防止桩移位和地基扰动必须注意以下事项：

1）挖土应自上而下水平分层、放坡退挖，以减少挖掘机对地基土体的压力，避免涌土、挤桩。

2）严格控制开挖深度，严禁挖掘机碰撞桩基。桩间土采用人工清挖，挖掘机开挖其他部位的土方时，需要围绕桩头开挖，每台挖掘机配备专人指挥。对已开挖出的工程桩，测量人员需有针对性的跟踪监测，如发现工程桩位置发生变化后及时通知现场负责人员，立即停止施工、回填或卸载。局部沟、承台坑也采用人工开挖。

3）车辆行走尽量避开桩基，如确实无法避开时，要确保桩上端有 500mm 以上覆土。

4）截桩时从侧面用风镐截桩，禁止直接从上部破桩。

5）根据开挖后现场实际情况在基底标高以上预留 500mm 以内一层土进行人工清理。

6）开挖过程中注意对基底土体的监测，发现有涌土现象时立即停止开挖，增大退挖放坡系数，调整开挖深度及开挖速度，采用编织布袋装土反压，以达到平衡基坑内外土体压力、消除基坑底部隆起。

（2）土方开挖严格按照 1：2.5 放坡，不得偏陡。基坑开挖完成后，按照要求严格修理边坡。

（3）对照基础施工图及桩位施工图，控制开挖范围及标高，尽量少扰动桩基，保证桩顶标高满足设计要求。

（4）派专人对水泵和集水井进行日常检查和维护，确保降排水连续进行，严防基坑进水和地面积水。

（5）开挖要严格对照图纸进行，人工配合机械开挖，严禁直接用机械挖至标高处。

（6）人工清理基坑标高偏差为 -20~0mm，表面平整度不得大于 20mm，采用水准仪随时控制基坑底标高。

（7）人工清理基坑时严禁载重车辆进入基坑内，以防基底土质破坏，采用手推车外运土方。

（8）严禁超挖，若有超挖现象，严格按设计要求处理至基础底标高并经监理验收合格。

（9）施工过程中若遇雨雪天气，则在边坡上临时覆盖编织布袋。

（10）开挖后如遇回填土，需请勘测单位现场验槽，若回填土均匀性、密实性不符合设计要求，应全部清除。

二、2 号变压器基础及架构施工

（一）工程概况

某发电厂 2 号变压器基础及架构工程包括主变压器基础、汽轮机油箱间基础、高压厂用变压器基础、凝结水补充水箱基础及事故油池、架构、封闭母线基础、防火墙等。本工程主变压器、高压厂用变压器为桩基础，基础素混凝土和钢筋混凝土采用外部涂层、桩顶防水等防腐措施。基础施工完采用级配砂石回填。

变压器事故油池为长方体钢筋混凝土结构，底、墙板厚度均为 350mm，顶厚 250mm，油池大部分埋置在地下。汽轮机事故油池为长方体钢筋混凝土结构，外形几何尺寸为 6.00m×5.50m×6.00m（长×宽×高），底、墙板厚度均为 500mm，顶板厚度为 400mm，油池全部埋置在地下。

凝结水补充水箱基础为直径 12m、高 2.40m 的圆形基础。

防火墙采用清水混凝土墙面，墙顶标高为 7.80m 和 6.50m。

±0.00m 相当于绝对标高 4.60m。

（二）主要施工方案

（1）A 列外各构筑物应统筹安排，能一起施工的就一起开挖，按照"先深后浅"的顺序进行施工，避免二次开挖。先施工变压器基础（底标高为－2.6m），后施工油池（底标高为－1.43～0.9m），最后施工防火墙。防火墙为混凝土墙体，模板采用新木胶板，确保墙体为清水混凝土。

（2）变压器基础及母线支架基础持力层位于回填土上，需挖至原土后用级配砂石换填，处理后地基承载力特征值大于或等于 120kPa。

（3）钢构件防腐要求：所有钢构件需认真除锈，除锈等级达到 Sa2.5。除锈后刷铁红环氧底漆 1 遍，环氧云铁中间漆 2 遍，氯化橡胶漆 2 遍，漆膜总厚不小于 160μm。

（4）油池采用 C40 混凝土，内铺设清水洗干净的鹅卵石，粒径 50～80mm，卵石厚度不小于 250mm 且低于油池边沿 300mm。卵石下应敷设孔眼为 40mm×40mm 的隔栅板。待母线支架安装完毕后再砌油池。

（5）油池壁与封闭母线支架基础交接处预留变形缝，相接触两基础之间用两层油毡隔开。

（6）所有基础杯口部分的表面应凿毛，圆杆与杯口间的空隙用 C30 细石混凝土加微膨胀剂填塞，严格保证灌浆质量。

（7）混凝土浇筑一般采用泵送方式，必要时可采用人工浇灌方式。

（三）施工方法及要求

1. 施工前的准备工作

（1）熟悉图纸并提交有关部门进行图纸会审及专业间会审，提前解决施工交叉及专业交叉问题，制订出施工方案。

（2）按图纸、其他设计文件及施工方案做好材料计划，备好各种原材料、周转性材料及措施性材料。

（3）编制施工方案及工程质量检验计划，进行施工前的技术及安全交底。

（4）做好工具、器具、机械的校验、检修工作，以确保施工期间机械能正常运行。

（5）布置现场施工用水、施工用电，要保证施工期间的水、电及现场照明等工作。

（6）在雨季施工时，应提前做好雨季施工的各项准备工作。

2. 脚手架施工

（1）脚手架座在回填土时，要保证回填土密实。

（2）现场各种脚手架钢管按长度分类堆放整齐。

（3）严禁用气割截脚手架钢管。

3. 钢筋施工

（1）钢筋领料时，应检查钢筋等材料的出厂合格证及工地复检报告单，并应保证材料的可追溯性。

（2）组织参加施工的电焊工进行焊前练习及模拟焊接，并委托检测中心对焊件进行力学性能试验，合格后方可进行正式焊接工作。

（3）检查钢筋品种、规格、数量及质量是否符合设计要求及满足施工要求。

（4）钢筋制作要严格按图纸和钢筋翻样表进行并合理利用材料，尽量减少废料；钢筋制作时，应考虑钢筋碰焊接头数量同一截面不大于50%。

（5）钢筋碰焊前接头要打磨除锈，以确保钢筋碰焊的质量，并按规范规定由检测中心随机抽头作试验，碰焊接头要平直，不能弯曲，若发现不合格的接头要按规范要求加倍取样，合格后方可使用。

（6）钢筋制作完毕，要编号挂牌，分类放置，下部要用道木垫起，以防止油垢污染。

（7）钢筋入模前，要核对成型钢筋的型号、规格、尺寸和数量是否与料单、料牌相符，防止错绑、漏绑。

（8）钢筋的保护层垫块要按设计要求垫好，以满足钢筋保护的需要。垫块的放置要均匀，以防止钢筋下垂弯曲。

（9）钢筋绑扎一定要按照图纸要求控制好间距，按设计间距绑扎。

（10）钢筋绑扎要牢固，不得有松扣、缺扣现象。

（11）钢筋的保护层垫块要按设计要求垫好，以满足钢筋保护的需要，垫块的放置要均匀，以防止钢筋下垂弯曲。钢筋工程属于隐蔽工程，在浇筑混凝土前应对钢筋及预埋件进行验收，并做好隐蔽记录。

（12）各变压器基础及油池双层钢筋绑扎前，应在两层钢筋间设置撑铁，以固定钢筋间距。撑件采用ϕ20钢筋制作，撑铁利用钢筋短料制作。

（13）油池：油池侧壁钢筋过套管处不需截断，绕过即可，池顶钢筋过检修孔处截断，与环向加固筋焊接；池底板和侧壁钢筋过集水坑截断，与集水坑配筋搭接式焊接，钢筋搭接长度不小于40倍钢筋直径。

（14）钢筋施工时，应先在垫层上划线，定位底板层钢筋，平板和墙壁的钢筋在模板上划线定位，然后进行绑扎。柱的箍筋在两对角线主筋上划点，梁的箍筋则在架立筋上划点，基础的钢筋在两向各取一根钢筋划点或在垫层上划线。

（15）钢筋绑扎时，一定要绑扎牢固，不得有松扣、缺扣现象。严格按照图纸所示的上下层钢筋形式施工，要保证间距、排距的正确、均匀，上铺木架板以利人员行走，不允许踩在已经绑扎好的钢筋上进行绑扎，底板钢筋采用ϕ20支撑架，双向间距1.5m左右。因池壁竖向钢筋插入墙底板或基础底，在绑扎池壁钢筋前，用ϕ48钢管搭设排架，临时固定池壁竖筋，并在排架上水平设置横杆，用于控制钢筋顶标高。

4. 模板施工

（1）基础模板采用胶合板大模板和内拉外支法施工。基础角部板缝处用双面胶条塞实，基础柱采用钢管作箍与支撑系统形成整体；按配板图施工。侧板和端头板制成后，应先在基础底弹出基础边线和中心线，再将侧板和端头板对准边线和中心线，用水平尺校正侧板顶面水平，经检测无误差后，用斜撑、水平撑及拉撑钉牢。最后校核基础模板几何尺寸及轴线位置。

基础支模采用方木、脚手管、扣件和对拉螺栓，对拉螺栓加双螺母固定。

短脚手管插入地下深度大于 0.3m，地上高度不大于 0.15m。

脚手管斜支撑间距 0.5m。

（2）木胶板必须按以下原则进行下料："取大舍小，取小补缺，重复利用，及时回收"。

下料后的模板边角必须采用清漆进行处理，防止被水侵蚀后，局部强度降低、变形和厚度增加等现象。

（3）所有模板必须在后场下料、制作，严禁在现场下料。所有模板在使用前，必须在后场刷脱模剂处理，严禁使用滚筒滚的方法处理，必须采用破布抹的方法，以防止涂刷的过厚、过多或者不均匀现象。严禁在施工现场进行刷脱模剂，减少对钢筋和环境的污染。

（4）所有模板在使用前，应根据对拉螺栓设计的间距提前在后场打孔，一般比设计的对拉螺栓大 2mm，多余的毛刺清除掉并用清漆涂刷处理。严禁在现场使用电钻钻眼。

（5）当木胶板模板在进行平面或转角拼接时，为了确保其密闭性能，采用直口对接后在接口处用 48mm×100mm 方木加固。

（6）除基础及柱头模板楞木采用 48mm×100mm 方木外，其余均采用 ϕ48 钢管作楞进行固定。其间距不宜大于 150mm。所有的模板拼缝必须采用双面胶带处理，防止产生漏浆现象。

（7）因使用的木胶板表面有光泽，为了使圆弧角模施工后的外观基本一致，根据木胶板不失水的特性，选择了塑料圆弧角模进行施工。

圆角条安装（见图 13-1）在短柱四角两侧，一侧采用强力胶与木胶板粘接牢固，并使用装修用的气钉间隔 200～300mm 间距固定；另一侧在另一块木胶板安装前使用双面胶带粘贴，两者之间无缝隙。另外，在圆角条端部刷粘合剂两道，彻底封堵与模板间的缝隙，保证两者结合紧密，不脱落、不漏浆。

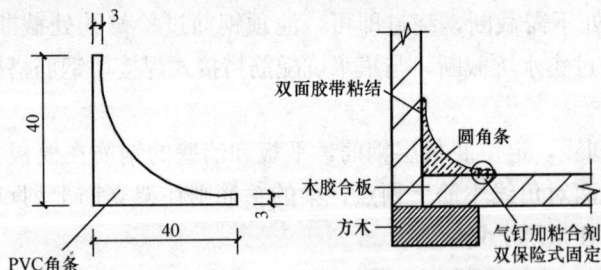

图 13-1　圆角条安装大样图（单位：mm）

（8）对拉螺栓应沿基础和柱头高度和水平方向等间距均匀排列，上下对齐。在对拉螺栓两头采用专门加工制作的塑料堵头进行封堵。为防止漏浆，应在塑料封头上加橡胶密封圈（见图 13-2）。

（9）模板拆除时采用整装整拆，从上至下依次拆除，拆除时不得硬拉、硬翘等，另外还要保护成品混凝土不受损坏。拆除后的模板不得从高处抛扔，必须采取传递的方法进行，轻拿轻放。选择平整的场地进行堆放，拆除多少运输多少，及时清运出施工现场拉至后场进行模板的清理，刷脱模剂工作。一次使用后的模板严禁不清理就刷脱模剂及使用，严禁在施工现场刷脱模剂。

（10）拆除后的模板因存在钉眼现象，不适合二次使用，因此在维修时钉眼处用橡胶锤敲平，另外采用 108 胶掺和白水泥、石膏粉做成腻子进行修补，待凝固后，用 150 号砂纸轻轻打磨，清理干净，最后刷上清漆防水，使用前刷油处理。

（11）清水混凝土防火墙施工：防火墙施工用模板全部采用 18mm 厚的木胶板，外钉

50mm×100mm 木方子组合成定型大模板。所有模板均使用新模板。本次施工采用的大模板每张规格为 1.22m×2.44m（2.98m²），采用木工厂组装成型，经验收后用平板车或拖拉机运送至施工现场，然后进行整体吊装的施工方案。

配制模板前，要对木模板和木方子进行外观检查：木模板表面要光滑，凹凸不平的不得使用，木模板边角必须顺直、不缺边掉角；木方子必须顺直，弯曲幅度大的不得投入使用。木模板、木方子必须按要求堆放整齐，且未使用前用苫布盖住，防止雨水淋湿晾干后变形。

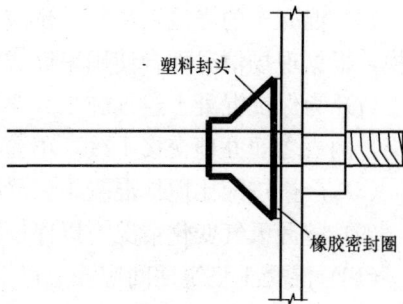

图 13-2　塑料封头加橡胶密封圈

根据施工图纸配制模板，拼缝美观、合理。模板拼接时接缝要刨平、刨直，木方子也要双面刨平、刨直，且要保证所有木肋厚度一致。按截面尺寸放样，采用木模板外钉 50mm×100mm 木方子做木楞组合做成定型大模板，两道木方之间放置 $\phi48×3.5$mm 的钢管，钢管间距 100mm。

模板组合时，拼缝必须用"工"字型塑料分隔条，缝隙宽度小于 1mm，相邻板平整度小于 2mm；为保证混凝土外表美观，钉子帽必须与模板表面齐平。

模板拼缝使用的塑料条，其"工"字型根据木胶合板尺寸设计。"工"字型的两端采用圆弧设计，以此来保证同表面印痕的圆润。该塑料条采用优质塑料加工字，柔韧性好强度高，表面光滑。拆除模板后与混凝土易分离，可多次循环使用。

安装前先对上下模板边缘按照塑料条弧度进行打磨加工处理，使其符合塑料条弧度。

定做加工的塑料条内边尺寸与木模板厚度基本一致，安装后能保证两者结合紧密不漏浆，避免了以往模板拼缝间使用双面胶带造成的分节处混凝土表面印痕不规律、不美观且有漏浆的现象。安装时要确保四面拼缝一条线，当木胶板模板在进行转角拼接时，为了确保其密闭性能，采用直口对接后在接口处用 50mm×100mm 方木加固。

因使用的木胶板表面有光泽，为了使圆弧角模施工后的外观基本一致，根据木胶板不失水的特性，选择了塑料圆弧角模进行施工。

5. 混凝土施工

（1）为控制混凝土的质量，检测中心应严格按设计及规范要求做好混凝土的配合比工作。

（2）浇筑混凝土前的检查工作：

1）排架是否按措施搭设，脚手架各种配件是否在正常的工作状态。

2）各种预埋件预留孔洞的规格、尺寸、数量、位置及固定情况。

3）模板结构的整体稳定性。

4）钢筋插筋是否插好，钢筋保护层是否垫好。

（3）混凝土的浇筑实行挂牌制度，责任到人，以保证混凝土的质量。

（4）浇筑期间安排值班人员，协调现场混凝土浇筑工作。

（5）组织好现场施工人员、机械设备等；电工要安装好充足的照明设备；修筑好混凝土灌车的运输道路，并且能满足在雨天时正常运作。

（6）混凝土的浇筑采用集中供应方式，由生产厂家用搅拌车运送至现场，采用泵车泵送入模，根据现场情况配合使用串筒或溜槽，以控制混凝土的垂直入模高度。

（7）为保证混凝土连续施工，要求所有参加混凝土浇筑的人员要坚守岗位，分两班轮流上岗，两班之间办理交接手续，不允许脱岗。

（8）严格按配比搅拌混凝土。严格控制混凝土的坍落度，必须满足规范规定。

（9）掌握天气变化情况，以保证混凝土连续浇筑的顺利进行，确保混凝土质量。

（10）混凝土浇筑期间应注意以下问题：

1）浇筑混凝土时，必须防止混凝土的分层离析；其自由倾落高度不应超过 2m，超过 2m 应加串筒或溜槽。施工中应严格控制坍落度。

2）施工班组现场要做好浇筑记录。为确保混凝土搅拌质量，施工班组应按规定做坍落度试验。

3）混凝土施工过程中，检测中心应严格按规范提取试样做坍落度试验，并留设混凝土试块，做到对混凝土质量的跟踪检查及控制。

（11）混凝土捣固。

1）振捣器的操作要做到"快插慢拔"。

2）混凝土分层浇筑。在振捣上层混凝土时，应插入下层混凝土 5cm 左右，以消除两层之间的接缝。振捣上层混凝土要在下层混凝土初凝之前进行。

3）每一插点振捣时间一般为 5～15s，应以混凝土表面呈水平、不再显著下沉、不再出现气泡、表面浮出灰浆为准。

4）振捣器水平移动位置间距不应大于 45cm，振捣器应防止紧靠模板振动，且尽量避免碰撞钢筋、预埋件等。

（12）模板四周划好控制标高，混凝土浇筑时严格按标高浇筑。

（13）混凝土养护。混凝土终凝后，应及时覆盖草帘子，并根据现场实际情况采取适当措施（如浇湿润、加盖塑料薄膜等）。混凝土的养护工作要设专人日夜三班养护，要经常检查养护情况。现场设专人做好混凝土的浇筑记录、养护记录。混凝土的养护时间不应少于 14 天。

（14）凝结水补充水箱基础为大体积混凝土。

1）混凝土采用分层浇筑方法，逐层浇筑、逐层振捣，必须在下层混凝土初凝前覆盖上一层混凝土。每层浇筑厚度为 300mm 左右，并应及时振捣。严格控制混凝土抹压工艺。由于混凝土在初凝前为流态，混凝土在振捣密实后，还会不断地沉缩，容易出现裂缝。为防止表面沉缩裂缝，在浇筑混凝土结束后，要认真处理，按水平线用刮杆刮平，初凝前用木槎板拍实抹平，且不少于 3 遍，以防止干缩裂缝及沉缩裂缝。

2）混凝土浇筑后，表面要用湿草袋及时覆盖，避免由于风吹日晒，表面游离水分蒸发过快，产生急剧的体积收缩。而导致开裂。混凝土要振捣密实，并注意板面找平、抹压，同时在混凝土初凝后、终凝前进行二次抹压，认真养护，保持湿润。

三、变压器基础及架构基础施工

（一）工程概况

某发电厂规划容量为 4×1000MW＋40 万 t/d 海水淡化，本期工程拟建设 2×1000MW 超超临界燃煤发电机组。

变压器基础及架构基础包括主厂房 A 列外的主变压器、厂用变压器，以 500kV 西侧的母线电抗器基础、500kV 出线架构基础。本工程 0.000m 相当于绝对标高 4.600m。基础采用 C40 防腐混凝土，垫层为 C15 素混凝土。

在开挖时需一次性开挖到原土层，然后采用人工级配砂石，换填至垫层设计底标高。本工程设备基础设计使用年限为 50 年。

（二）施工方案

土方开挖：采用机械进行大开挖。

钢筋工程：采用钢筋加工厂集中加工、制作，挂板拖车运送至施工现场，现场绑扎成型。

模板工程：0.00m 以下采用普通钢模板；0.00m 以上采用木模板。

混凝土工程：采用搅拌站集中供应，罐车运输、现场混凝土泵车泵送浇筑。

（三）施工工艺流程

完善施工环境→测量放线→土方开挖→基槽、边坡、排水沟修理→地基换填→桩头处理→垫层施工→垫层表面防腐施工→垫层放线及验收→基础钢筋制作及绑扎→基础钢筋验收→基础模板安装及加固→基础模板验收→基础混凝土浇筑→模板拆除、基础防腐→土方回填→油池结构垫层施工→油池钢筋制作及绑扎→油池模板安装→油池结构四级验收→模板拆模→土方回填→基础工程验收→基础交安。具体见图 13-3。

（四）施工方法及要求

1. 测量放线

用全站仪利用甲方给定的测量方格网点直接进行基础施工测量工作。

高程控制点从一级控制网引测到 A 列钢柱上，用红油漆在柱侧面标记出标高，整个 A 列外变压器基础及架构施工均按照该标高进行施工，在施工过程中要经常进行复测。母线电抗器及 500kV 出线架构以 500kV 屋内配电装置已测量好的标高直接进行测量作业。

2. 土方施工

土方开挖采用挖掘机开挖，人工配合清槽。基坑开挖边坡坡度为 1∶1.5。基坑开挖时，需要在基础垫层外边预留 1m 宽工作面，开挖完后进行验槽，合格后马上进行地基换填。换填后在基础施工工作面外挖 500mm 宽排水沟，排水沟侧壁距基坑边坡坡脚 500mm。

土方开挖过程中严格按照设计要求的开挖深度进行开挖，严禁超挖。在临近开挖深度时，要求机械操作人员控制好铲斗的入土深度，测量人员跟随测量，严格控制标高。人工进行修坡时，要求将坡面修整平整，不得凹凸不平。挖掘机在挖土过程中严禁碰撞桩头，以防因碰撞使桩偏移或损坏，汽车在倒车时，派专人进行指挥，以免发生危险。开挖过程中，如果有桩间距较小，挖掘机挖斗不能通过时，桩间土采用人工挖掘。

土方回填：土方回填过程中，严格执行实验室的级配要求，每步回填虚铺厚度不得大于 300mm，然后采用压路机、电动夯等夯实工具进行夯实。夯实次数不得少于 6 遍，回填压实系数不小于 0.96。同时要满足图纸相关设计要求。

3. 地基工程

截桩工作随土方开挖同时进行，随开挖随截桩，随即将桩头运走。截桩采用风镐剔凿的方式。

截桩前，先在桩身上面用红油漆笔标记出设计标高，然后用风镐将基础桩截断，用挖掘

```
                    ┌──────────┐
                    │   放线    │◄──────┐
                    └────┬─────┘        │
                         │         不合格 │
                    ◇────┴────◇         │
                    │ 检验验收 ├─────────┘
                    ◇────┬────◇
                         │ 合格
                    ┌────┴─────┐
                    │  土方开挖  │◄──────┐
                    └────┬─────┘        │
                         │          不合格│
                    ◇────┴────◇         │
                    │ 检查验收 ├─────────┘
                    ◇────┬────◇
                         │ 合格
        ┌────────────────┴────────────────┐
   ┌────┴──────────┐              ┌───────┴──────┐
   │ 基槽清理、截桩头 │              │   地基换填    │
   └────┬──────────┘              └──────────────┘
        │
   ┌────┴─────┐
   │ 混凝土垫层 │
   └────┬─────┘
        │              不合格       ┌──────────┐
   ◇────┴────◇───────────────────►│  重新复测  │
   │ 测量放线 │                     └──────────┘
   ◇────┬────◇
        │ 合格
   ┌────┴──────┐
   │ 基础钢筋绑扎 │◄──────┐
   └────┬──────┘        │
        │          不合格 │
   ◇────┴────◇          │
   │ 检查验收 ├──────────┘
   ◇────┬────◇
        │ 合格
   ┌────┴──────┐
   │ 基础模板支护 │◄──────┐
   └────┬──────┘        │
        │          不合格 │
   ◇────┴────◇          │
   │ 检查验收 ├──────────┘
   ◇────┬────◇
        │ 合格
   ┌────┴───────┐
   │ 基础混凝土浇筑 │
   └────┬───────┘
        │
   ┌────┴───────┐
   │ 基础混凝土养护 │
   └────┬───────┘
        │
   ◇────┴────◇
   │ 模板拆除 │
   ◇────┬────◇
        │
   ┌────┴─────┐
   │  基础防腐  │
   └────┬─────┘
        │
   ┌────┴─────┐
   │  土方回填  │
   └──────────┘
```

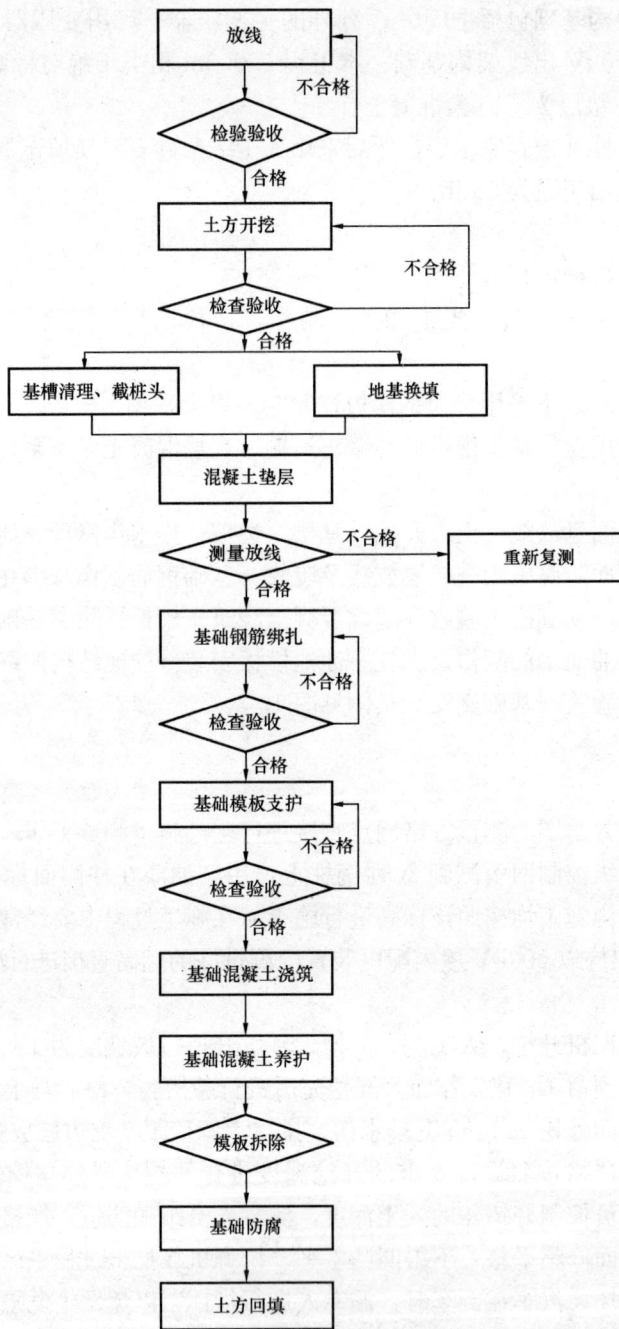

图 13-3　变压器基础及架构基础
施工工艺流程图

机将桩头吊出基坑。桩头清走后，再用小錾子将桩头顶剔凿平整。

剔除桩头时，要保证桩筋深入到混凝土承台内的长度符合设计要求。如深入长度不能满足设计要求，需采用搭接双面焊进行接长，搭接长度不小于 5 倍钢筋直径。剔除后的桩头要求表面混凝土平整、没有松动的混凝土。剔凿下来的碎块用运土车运至指定地点，严禁混凝土碎块和开挖土一起混运。当桩头超过 2m 长时，可分两次凿除，以方便运输。

截桩工作以基础承台为单位进行，机械开挖出一个承台截一个承台，截下的桩头用汽车运至弃土场。

4. 钢筋工程

钢筋采用钢筋场制作，现场绑扎成型的施工方案，现场运料使用板车。

钢筋翻样：要根据施工图中的钢筋规格、尺寸、数量，结合施工规范和现场实际进行，做到准确无误，翻样时要结合钢筋的长度考虑工程的经济性。

钢筋制作：钢筋进厂要有原材报告，并经复试合格后方可使用。钢筋表面要洁净，无污染、损伤，带有油漆、老锈的钢筋不得使用。钢筋闪光对焊和直螺纹连接须先做班前试件，试验合格后方可大批量制作。钢筋制作要严格按钢筋翻样单上的规格、尺寸、数量加工，钢筋下料要准确无误，保证每一根钢筋的尺寸、规格、直径正确。要确保钢筋弯起角度的准确性，如箍筋要做 135°弯钩，Ⅰ级钢拉钩端部均为 180°弯钩。钢筋制作完后要严格按规格、型号挂小木牌，分堆堆放，标志要明显。钢筋制作班组要做好自检记录和钢筋跟踪记录台账，提供基础资料。钢筋加工时，要按翻样单的次序加工，并和现场施工负责人经常联系。加工要有先后，根据需要加工，避免造成过多成品料的堆放。

钢筋场的原材和成品料码放要整齐，钢筋半成品、成品标示要清晰、明了，做到随进料，随加工，随出料，保证钢筋加工厂的文明施工。

钢筋绑扎：钢筋绑扎前应将有锈蚀的钢筋除锈，防止钢筋表面再受污染，并再次对照翻样单，仔细检查钢筋的规格、尺寸、数量，确保准确。

钢筋接头：直径大于 22mm 的主筋接头采用直螺纹接头，其他钢筋采用闪光对焊或绑扎接头。直螺纹接头的施工现场检验与验收：接头应由厂家提供有效的原材报告和检验报告；接头的现场检验按验收批进行，同一施工条件下采用同一批材料的同等级、同形式、同规格接头，以 500 个为一验收批进行检验与验收，不足 500 个也作为一个验收批。每一规格钢筋试件取 3 根，取样应经监理见证。

钢筋绑扎注意事项：在钢筋绑扎的过程中，电、热埋管同时施工，待埋管完成后，再进行混凝土施工。

5. 模板工程

(1) 模板支撑。模板工程的紧前工作为钢筋工程，待钢筋验收合格后马上进行施工。本工程 0.00m 以下结构所用模板均采用定型组合钢模板，钢模板加固采用基础内置 ϕ12 对拉螺栓，沿模板高度方向每 500mm 一道，沿基础纵向每 500mm 一道，模板外侧用脚手管加固。0.00m 以上结构及外露构建均采用木模板，模板加固采用 50mm×100mm 木方，木方间距不大于 500mm。

(2) 模板支设。模板使用前，必须对模板进行必要的修理，将模板表面用钢丝刷和角磨砂轮磨平、磨光，然后涂刷隔离剂。模板多次周转使用后，表面有砸出坑的，模板肋板开焊、断裂、弯曲的必须挑出，修理后再投入使用。

为了保证浇灌后的混凝土工艺美观，对拉螺栓与模板交接部位设中间带直径 13mm 孔的圆木垫，以防止混凝土浇筑时由螺栓孔处漏浆。混凝土浇筑完毕后，要将圆木垫剔出，用角磨砂轮将对拉螺栓头割掉，使用同基础混凝土同配比且加膨胀剂的水泥砂浆分两次对木垫坑进行填堵，填堵后的表面要压光。模板在拼装时要在模板与模板间夹粘优质海绵条；混凝土浇筑前，模板上的孔洞要堵死，以防漏浆，避免拆模后的混凝土外露石子。

模板卡使用前必须仔细检查其是否完好，不得使用带裂纹及锈蚀严重的模板卡。在模板支设过程中，模板与模板接缝处都要加设模板卡，模板卡间距不大于300mm。施工时注意模板卡圆环向下。

（3）模板支设步骤：

1）模板支设前应先涂刷好脱模剂，脱模剂应涂刷均匀，无流淌现象。

2）根据施工控制桩放出模板外边线及其他控制线，作为模板就位依据。

3）用水平仪引测好模板支设的标高，在模板的底脚用砂浆找平。

4）逐块拼装模板，同一条拼缝上的U形卡不宜向同一方向卡紧；对拉螺栓孔应平直相对，穿插螺栓不得斜拉硬顶；螺栓上要加圆木垫，圆木垫要紧贴模板。

5）模板拼装时模板缝间夹不吸水的海绵条，海绵条宽度大于10mm，将模板缝堵死，以防漏浆。

6）模板支设的同时要用脚手管进行加固，加固时将脚手管下端打入基槽，然后再用脚手管与模板拉斜撑进行加固。

7）柱模垂直度用加固脚手管控制，垂直度用线坠检验。

（4）模板安装注意事项：

1）安装模板前，先检查钢筋是否影响安装，如有予以纠正；

2）模板要涂刷隔离剂；

3）模板安装前，要检查模板处理是否过关，保证模板表面光滑，外形方正，强度符合使用要求。

4）所有接缝海绵条不得外露。

5）在混凝土浇筑前，需要对支撑系统、施工缝部位的模板封堵情况进行细致的检查，合格后才允许进入下道工序。

6）模板及支撑拆除：待基础混凝土强度≥75%后才能拆模，模板拆除时不能用撬棍直接在混凝土和模板间硬撬，避免其损伤混凝土表面及棱角。

6. 混凝土工程

混凝土浇筑前，应对以上工序进行检查并验收合格后方可进行下一道工序。检查工序包括：

（1）钢筋工程：

1）钢筋规格、数量、位置符合设计要求及施工要求。

2）钢筋的接头形式与其对应的比例要求符合设计要求。

3）钢筋焊接符合施工要求。

4）钢筋骨架宽度和高度偏差为±5mm。

5）骨架及受力筋长度偏差为±10mm。

6）受力筋间距偏差为±10mm。

7）受力筋排距偏差为±5mm。

8）箍筋和副筋的间距偏差为±20mm。

9）钢筋表面平整、洁净、无损伤，无锈、麻点等。

10）主筋保护层偏差：梁、柱为±5mm；墙、板为±3mm。

（2）模板工程：

1）模板安装及安装支撑结构具有足够的强度、刚度和稳定性。

2）模板拼缝宽度小于 1mm，无海绵密封条外露。

3）模板隔离剂涂刷均匀，涂刷的隔离剂品种采用色拉油。

4）模板内部清理干净、无杂物。

5）允许偏差范围：轴线位移 5mm、标高±5mm、截面尺寸偏差±5mm、全高垂直偏差±6mm、相邻两模板高低偏差≤2mm。

混凝土浇筑采用现场搅拌站集中搅拌，罐车运输，泵车浇筑的施工方案。混凝土由罐车运输，要控制运输时间，即混凝土从搅拌机卸出后至入模时间，气温≤25℃时，时间不得超过 120min，气温>25℃时，时间不超过 90min；保证混凝土运到现场的质量以及混凝土和易性，同时做到混凝土坍落度控制在 140～160mm 范围内以保证现场施工。混凝土浇筑考虑使用一台 37m 泵车，浇筑混凝土过程中，必须设专人监视模板，发现问题及时解决。

浇灌前应检查模板内是否有垃圾、木片、泥土、积水等，如有必须清理干净，检查钢筋的数量、位置是否准确，钢筋上如有油污应清理干净。用振捣棒振捣混凝土时，要做到"快插慢拔"，以防止混凝土分层、离析以及振捣棒拔出时速度过快所造成的空洞。分层浇筑中振捣上一层混凝土时，应插入下层混凝土中 50mm 左右，以消除两层之间的接缝，同时振捣上层混凝土要在下层混凝土初凝之前进行。振捣棒的插点要均匀分布，以免造成混乱而发生漏振，每次移动的距离应不大于振捣棒作用半径的 1.5 倍。一般振捣棒的作用半径为 30～40cm。每一插点的振捣时间以 20～30s 为宜，以混凝土表面呈水平、不再显著下沉、不再出现气泡、表面泛出灰浆为准。振捣棒与模板距离不应大于振捣棒作用半径的 0.75 倍，不得紧靠模板振动，且应尽量避免碰撞钢筋。浇筑混凝土过程中，必须设专人监视模板、脚手架、钢筋等的情况，防止变故，有情况及时处理。采用臂杆输送混凝土时，注意不要碰到插筋和模板，以免钢筋和模板发生位移。

变压器基础顶部均设有埋件，对于较大埋件及影响混凝土振捣的埋件，应在埋件中间开孔，开孔大小根据现场实际情况而定。同时在混凝土浇筑过程中，施工人员需对变压器基础上部埋件随浇筑过程进行复测，以保证埋件标高及轴线正确，不影响设备安装。

混凝土试块留设：每浇筑 100m³ 混凝土留设 1 组标养试块，不足 100m³ 时也应留设 1 组，同时每次混凝土浇筑都应留设不少于 2 组同条件试块。制作试块采用 100mm×100mm×100mm 标准试模，插捣采用人工振捣。拌和物分两层装入试模，每层的装料厚度为 50mm。插捣采用钢制捣棒，捣棒长 600mm，直径为 16mm，端部应磨圆，插捣次数为每 100cm² 至少 12 次。插捣完后，刮除多余的混凝土，并用钢抹子抹平。试块成型后，应覆盖其表面，同条件试块拆模后，应放置在靠近相应结构部位或结构部位的适当位置，并应采用相同的养护方法；标养试块在 20℃±5℃ 条件下静置 1～2 昼夜，然后拆模。拆模后试块应立即放到标准养护室中进行标养。

混凝土养护：在混凝土浇筑完毕 12h 内开始进行混凝土养护，养护时间不低于 14 天。在混凝土养护过程中，如发现遮盖不好，浇水不足，以至表面泛白或出现干缩、细小裂缝时，要立即仔细加以覆盖，加强养护工作，充分浇水，并延长养护时间。

7. 防腐工程

根据图纸要求，基础垫层顶面、基础−0.500m 以下外露部位全部涂刷环氧煤沥青涂料。

每次垫层施工完后，要在桩基外侧 300mm 范围内进行聚合物防水砂浆的施工，见图 13-4。在施工前要对桩头浮土进行清理，同时浇水进行养护。温度不应低于 5℃，雨天或预计 24h 内有雨不要施工，材料由粉料和液料组成，其中粉料和液料的比例为 4∶1，每平方米的材料用量不宜太多，2.0～2.5kg/m² 最佳。聚合物防水砂浆的涂抹厚度不得小于 5mm。

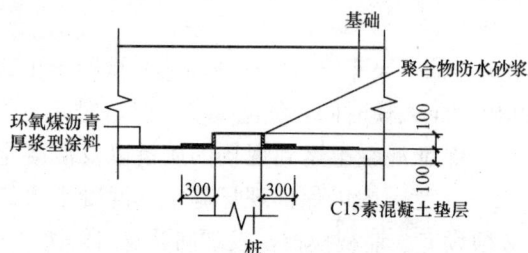

图 13-4 聚合物防水砂浆施工（单位：mm）

基础表面的环氧煤沥青涂料应待基础进行完隐蔽验收，经监理确认后进行涂刷。施工前也要彻底将基础表面清扫干净。

环氧煤沥青涂料施工时的注意事项：一是注意防火，沥青涂料属于易燃物质，施工时，基坑内严禁有明火作业；二是涂刷时不能污染其他任何材料，要选择晴朗、通风的天气施工。

四、其电厂 A 列外变压器及架构基础工程施工

（一）工程概况

某发电厂变压器及架构基础工程位于 A 列外、汽轮机南侧，包括主变压器、厂用变压器和启动备用变压器部分。本工程设备基础设计使用年限为 50 年，采用 C30 混凝土，垫层为 C10，二次灌浆 C40 细石混凝土。

（二）施工工艺流程

定位放线→挖方（验槽）→基底清理→定位放线→基础钢筋→基础模板→基础混凝土→基础回填土→基础交安。

（三）施工方法及要求

1. 引测定位线

本次施工中，基础根据方格控制网的控制点，利用全站仪或经纬仪放出主厂房基础各轴线和标高线，此线要经过四级验收。这些线为基础施工的基准线，并且也是后部施工的基准线，基础轴线和标高要加以保护。

2. 挖方

由于是岩石作为地基，在开挖过程中，可能会遇到很大难度，计划用两台凿岩机破除岩石，用挖土机挖土，自卸汽车运土。如果开挖仍有难度，将计划和厂房一样处理，采用爆破，应上报爆破方案。再用挖土机和凿岩机配合挖土，自卸汽车运土。

本工程基础土方开挖时，依据图纸，按 1∶1 放坡，1.5m 工作面挖土。挖掘机采用"正向开挖，侧向装土法"和"正向开挖，后方装土法"两种方法相结合的施工方案。

机械开挖完成后，在进行人工开挖时，对相应边坡进行及时的修坡护坡。边坡修理要挂线，做到线条顺直、平整、无齿痕，杜绝边坡参差不齐现象。

3. 垫层施工

垫层设计采用 100mm 厚 C10 混凝土。为满足泵送要求，混凝土强度等级提高至 C15，混凝土的坍落度宜控制在 100～140mm。垫层基土平整后，采用 10mm×10mm 的木方或 100mm 厚的钢模板作胎模，然后用短钢筋头加固。垫层模板要求四角平整，标高、轴线

正确。

4. 钢筋工程

（1）备料。根据已审批通过的施工图材料预算备料，力求节约原材料。钢筋进厂要求有出厂合格证，并应在进厂后做原材复试试验，合格后方可使用。本工程钢筋采用钢筋场制作，现场绑扎成型的施工方案。为保证施工现场的安全文明施工，运料随运随绑，减少占地面积，若不能及时绑扎时应分类码放整齐、标识清楚。钢筋接头：Ⅰ级钢筋均采用绑扎接头；Ⅱ级钢筋，$\phi25$ 以下钢筋采用在钢筋厂对焊和现场搭接相结合，$\phi25$、$\phi28$ 采用直螺纹套筒连接和在钢筋加工厂采用闪光对焊接头。

钢筋进厂要有出厂质量证明书或试验报告单，钢筋表面或每捆（盘）钢筋均应有标志。进厂时应按炉批号及直径分批检验。检验内容包括查标志、外观检查，并应按抽样标准，以同一牌号、同一炉批号、同一规格、同一交货状态，每 60t 为一批（不足者也为一批），从不同捆（盘）中（取样时钢筋两端 500mm 不能作试样）截取 6 根钢筋，进行复试，合格后才能标明状态使用。

钢筋在存放过程中，不得损坏标志，并应按批分别堆放整齐，状态标识清楚，采取覆盖措施，预防带泥、锈蚀或油污。

钢筋的级别、种类和直径应按设计要求使用。当需代换时，应征得设计单位的同意，并履行正常手续。

碰焊接头制作前，要进行试焊，试验合格后方可进行大批量制作，制作完成后，首先对每批抽 10% 且不少于 10 个进行外观检查，并按分部工程每 300 个接头取一组（不足 300 个接头也取一组）试样进行试验，合格后方可运至现场使用。

（2）翻样。施工前应先按照图纸进行钢筋翻样，钢筋翻样要严格按照施工图中规格、尺寸、数量，结合现场实际，做到准确无误。经主管技术员审核、主管领导批准后交给钢筋加工厂进行钢筋制作。当需要进行材料代换时，应事先征得设计单位的同意，并履行正常手续后，方可进行代换。

（3）钢筋加工。钢筋制作要严格按照翻样单加工，要求规格、尺寸正确，数量齐全；要确保钢筋弯起角度的准确性，箍筋一般要做 135° 弯钩，Ⅰ级钢端部均做 180° 弯钩。制作后要认真检查，并做好钢筋的跟踪管理台账。制成后的成品钢筋分类挂牌码放整齐，标志要明显。在加工每种规格的钢筋时，都要试加工，以检验钢筋下料的长度是否符合要求。钢筋加工时，要按翻样单的次序加工，并和现场施工负责人经常联系。加工有先后，根据需要加工，避免造成过多成品料的堆放。

（4）钢筋绑扎。钢筋下料时应同规格原料根据不同长度长短搭配，统筹排料，一般应先断长料，后断短料，减少短头，降低损耗。钢筋制作完运到施工现场后应该用木方垫起来，防止污染及生锈。绑扎前应仔细核对钢筋的钢号、直径、形状、尺寸和数量等是否与料单、料牌相符；钢筋绑扎时，须将全部钢筋相交点绑扎牢，绑扎时应注意相邻绑扎点的铁丝扣要成八字形，避免因碰撞、振动或绑扣松散、钢筋移位造成漏筋。绑扎钢筋时，注意脚下鞋底要干净，不要将泥土带入钢筋，将钢筋弄脏，给清理工作带来不便。绑扎钢筋时应按照设计要求留足保护层。应以相同配合比的细石混凝土或水泥砂浆制作成垫块，将钢筋垫起以保证保护层厚度，严禁以钢筋头垫钢筋，或将钢筋用铁钉及钢丝直接固定在模板上。钢筋及绑丝均不得接触模板。钢筋绑扎完以后及时进行四级验收，验收通过后方可进行模板支设。

钢筋绑扎顺序为：底板横向筋→底板纵向筋→板墙侧立筋→板墙横向筋→腰筋、拉筋→短柱插筋→短柱箍筋。

5. 模板支设

为了保证混凝土的外观质量，本工程所用模板采用木质大模板（九层板）外钉 50mm×80mm 木方作为加强肋，提前绘制配模图，在木工厂进行配置编号，在现场组装成型。

（1）安装准备：

1）模板设计：模板平面布置，纵横龙骨规格、数量、排列尺寸，柱箍选用的形式及间距，梁板支撑间距要按规范规定施工，保证模板具有足够的刚度、强度和稳定性。

2）模板加工：

① 模板边框采用 50mm×80mm 的木方，要求木方两面刨光，其厚度差不大于 2mm。

② 固定面板时要先进行选材，选择厚度、接触面一致的面板。

③ 面板用钉子固定在木方上，钉帽要与面板平齐。

④ 柱子、墙模板在拼装时，应预留清扫口或灌浆口。

3）模板加工完后先试拼，及时消除制作中的缺陷，然后进行编号，分规格堆放。

4）放好轴线、模板边线、水平控制标高，模板底口应做水泥砂浆找平层，检查并校正，柱子用的地锚要提前预埋好。

5）封模板前，柱子、墙板钢筋应绑扎完毕，水电管线及预埋件已安装，绑好钢筋保护层垫块，并经四级验收合格。

（2）基础模板安装。

1）施工工艺流程为：弹模板位置线→安装模板→模板加固→安对拉杆和斜撑→模板外侧底脚抹水泥砂浆→预检。

2）模板位置线要经过复核无误后，方可安装模板，复核要同时检查轴线位置和对角线。

3）安装模板。模板安装中首先保证下口线正确，在加固的过程中调整模板的垂直度，并复核上口线，上口线的几何尺寸要与下口线相符。钢筋的保护层要符合设计要求。

4）模板加固。模板加固采用双脚手管作围檩、50mm×80mm 木方作肋、对拉螺栓、斜支撑的联合支撑系统。

6. 预埋铁件制作、安装

（1）预埋件的制作：制作埋件用原材料要有出厂合格证，并要有复试报告，合格后方可进行制作。对于埋件的加工外形尺寸要进行检验，加工时要保证埋件的规格尺寸，焊缝要合格，埋件表面要平滑、四边顺直，钢板的焊接变形要调平，经检验合格且抽样试验合格后，方可出厂到现场安装。

（2）预埋件的安装：埋件的安装要根据施工图的位置，在钢板上画出中心线。所有埋件均按照施工图要求的方位、标高、方向安装。侧面埋件上必须打 4 个 $\phi 8$ 的孔，与埋件孔相对应地在模板上打 4 个相同的孔（打孔位置一定要对应好，避免不方正），用 M6 的螺栓将埋件与大模板固定牢固，并且在预埋件四周用海绵条粘贴紧密。基础及板墙顶面的埋件用加钢筋支架的方法固定。预埋铁件须严格按施工图纸要求的轴线尺寸、标高放置，放置前应认真核对预埋铁件的规格，杜绝漏放和错放。

7. 混凝土浇筑

基础使用的混凝土为C30，在浇筑混凝土前，必须经四级验收合格后方可进行。混凝土浇筑前，应清除模板内的积水、木屑、钢丝、铁钉等杂物，搅拌站必须原材料准备充足，水源、电源最好有备用。浇筑混凝土的自落高度不得超过1.5m，以防石子堆积，影响质量。混凝土浇筑要分层浇筑，每层不超过50cm，相邻两层浇筑时间间隔不得超过2h。混凝土振捣时须严格按要求作业，振捣棒操作要快插慢拔，杜绝漏振和过振现象，保证混凝土的强度和外观质量，防止出现蜂窝、麻面等质量通病，保证混凝土内实外光。混凝土浇筑完12h内应及时用塑料薄膜覆盖，并进行养护，且不少于14天。

混凝土浇筑需要注意以下事项：

（1）混凝土原材料。水泥应选用普通硅酸盐水泥。砂子宜选用中砂，控制其含泥量不得大于2%。石子以5~31.5mm为宜，控制其含泥量不得大于1%，尽量减少针片状和超规石子。

（2）混凝土搅拌。必须严格按配合比进行配料，尽量减少投料误差，确保足够的搅拌时间；降低混凝土出机温度，可通过降低砂、石、水泥的入机温度来控制；避免投料时夹带泥土。

（3）混凝土运输。混凝土的运输要及时，运输和停放时防止太阳直射。

（4）混凝土浇筑。混凝土浇筑时应从多点浇筑，振捣密实、均匀，以增强其抗拉强度。搅拌车在卸料前，要求混凝土在泵车内高速运转，确保放料时混凝土质量均匀，同时在浇筑时以一个坡高循序推进，一次到顶进行浇筑。这样即可减少混凝土外露面积，又便于排放大量泌水，有利于提高混凝土质量和抗裂性。

（5）混凝土养护。混凝土养护采用塑料布覆盖浇水的方式。在混凝土浇筑完毕后，在表面覆盖塑料薄膜，做好混凝土的保湿养护，缓凝降温，充分发挥徐变特征，降低温度应力。在混凝土强度未达到设计要求强度前不得进行外界强力冲压，以确保其在正常情况下养护。

8. 土方回填

基础混凝土施工完毕后，及时对基础外侧进行清理，为基础外侧回填做好准备。回填之前要确保基底无杂物、积水，经监理确认后方可回填。回填土要优先选用优质塘渣，对称基础均匀分层回填，必须分层夯实，虚铺厚度为30cm，压实厚度为24cm，回填土保证密实度不小于0.94。

第二节　封闭母线支架基础及支架、防火墙、事故油坑施工

一、封闭母线支架基础施工

（一）工程概况

某发电厂封闭母线支架基础结构形式为柱下条形基础和柱下独立基础，共计73个，独立基础间采用连系梁、剪力墙进行连接。本工程0.000m相当于绝对标高4.600m。基础采用C40防腐混凝土，垫层为C15素混凝土。

基础埋深为-2.8m，在开挖时需一次性开挖到原土层，然后采用人工级配砂石，换填至垫层设计底标高。

封闭母线支架上部结构为钢结构，在基础柱施工时需预留与钢柱连接的杯口。

（二）施工方案

土方开挖：采用机械进行大开挖。

钢筋工程：采用钢筋加工厂集中加工、制作，挂板拖车运送至施工现场，现场绑扎成型。

模板工程：采用普通钢模板。

混凝土工程：采用搅拌站集中供应，罐车运输、现场混凝土泵车泵送浇筑。

（三）施工工艺流程

完善施工环境→测量放线→土方开挖→基槽、边坡、排水沟修理→CFG桩截桩头→地基换填→垫层施工→垫层表面防腐施工→垫层放线及验收→承台、剪力墙钢筋制作及绑扎→承台、剪力墙钢筋验收→承台、剪力墙模板安装及加固→承台、剪力墙模板验收→承台、剪力墙混凝土浇筑→柱段放线及验收→柱段钢筋绑扎→柱段模板安装及加固→浇筑柱段混凝土→柱段混凝土养护→模板拆模→基础回填→基础工程验收→基础交安。

（四）施工方法及要求

1. 测量放线

用全站仪利用甲方给定的测量方格网点直接进行基础施工测量工作。

高程控制点从一级控制网引测到A列钢柱上，用红油漆在柱侧面标记出标高，整个基础施工均按照该标高进行施工，在施工过程中要经常进行复测。

2. 土方开挖

封闭母线支架基础土方开挖采用小斗挖掘机开挖，封闭母线支架开挖底标高为-4.500m（原土层），人工配合清槽。基坑开挖边坡坡度为1:1.5，基坑开挖时，需要在基础垫层外边预留1m宽工作面，开挖完后立即进行验槽，合格后马上进行地基换填。换填后在基础施工工作面外挖500mm宽排水沟，排水沟侧壁距基坑边坡坡脚500mm。

土方开挖过程中严格按照设计要求的开挖深度进行开挖，严禁超挖。在临近开挖深度时，要求机械操作人员控制好铲斗的入土深度，测量人员跟随测量，严格控制标高。人工进行修坡时，要求将坡面修整平整，不得凹凸不平。挖掘机在挖土过程中严禁碰撞桩头，以防因碰撞使桩偏移或损坏，汽车在倒车时，派专人进行指挥，以免发生危险。开挖过程中，如果有桩间距较小，挖掘机挖斗不能通过时，桩间土采用人工挖掘。

3. 地基工程

截桩工作随土方开挖同时进行，随开挖随截桩，随即将桩头运走。截桩采用风镐剔凿的方式。

截桩前，先在桩身上面用红油漆笔标记出设计标高，然后用风镐将基础桩截断，用挖掘机将桩头吊出基坑。桩头清走后，再用小錾子将桩头顶剔凿平整。

剔除桩头时，要保证桩体深入到混凝土承台内的长度符合设计要求。剔除后的桩头要求表面混凝土平整、没有松动的混凝土。剔凿下来的碎块用运土车运至指定地点，严禁混凝土碎块和开挖土一起混运。当桩头超过2m长时，可分两次凿除，以方便运输。

截桩工作以基础承台为单位进行，机械开挖出一个承台截一个承台，截下的桩头用汽车运至弃土场。

4. 钢筋工程

钢筋采用钢筋场制作，现场绑扎成型的施工方案，现场运料使用板车，汽车式起重机配合吊运。

钢筋翻样：要根据施工图中的钢筋规格、尺寸、数量，结合施工规范和现场实际进行，做到准确无误，翻样时要结合钢筋的长度考虑工程的经济性。

钢筋制作：钢筋进厂要有原材报告，并经复试合格后方可使用。钢筋表面要洁净无污染、损伤，带有油漆、老锈的钢筋不得使用。钢筋闪光对焊和直螺纹连接须先做班前试件，试验合格后方可大批量制作。钢筋制作要严格按钢筋翻样单上的规格、尺寸、数量加工，钢筋下料要准确无误，保证每一根钢筋的尺寸、规格、直径正确。要确保钢筋弯起角度的准确性，如箍筋要做 135°弯钩，Ⅰ级钢拉钩端部均为 180°弯钩。钢筋制作完后要严格按规格、型号挂小木牌，分堆堆放，标志要明显。钢筋制作班组要做好自检记录和钢筋跟踪记录台账，提供基础资料。钢筋加工时，要按翻样单的次序加工，并和现场施工负责人经常联系。加工要有先后，根据需要加工，避免造成过多成品料的堆放。

钢筋场的原材和成品料码放要整齐，钢筋半成品、成品标示要清晰、明了，做到随进料，随加工，随出料，保证钢筋加工厂的文明施工。

钢筋绑扎：钢筋绑扎前应将有锈蚀的钢筋除锈，防止钢筋表面再受污染，并再次对照翻样单，仔细检查钢筋的规格、尺寸、数量，确保准确。

钢筋接头：直径大于 22mm 的主筋接头采用直螺纹接头，其他钢筋采用闪光对焊或绑扎接头。直螺纹接头的施工现场检验与验收：接头应由厂家提供有效的原材报告和检验报告；接头的现场检验按验收批进行，同一施工条件下采用同一批材料的同等级、同形式同规格接头，以 500 个为一验收批进行检验与验收，不足 500 个也作为一个验收批。每一规格钢筋试件取 3 根，取样应经监理见证。

混凝土保护层均为 50mm 厚。

钢筋绑扎注意事项：在钢筋绑扎的过程中，电、热埋管同时施工，待埋管完成后，再进行混凝土施工。

5. 模板工程

(1) 模板支撑。模板工程的紧前工作为钢筋工程，待钢筋验收合格后马上进行施工。本工程所用模板均采用定型组合钢模板，钢模板加固采用基础内置 ϕ12 对拉螺栓，沿模板高度方向每 500mm 一道，沿基础纵向每 500mm 一道，模板外侧用脚手管加固。

(2) 模板支设及其步骤，同本章第一节"三、变压器基础及架构基础施工"。

6. 混凝土工程

混凝土浇筑前，应对以上工序进行检查并验收合格后方可进行下一道工序，具体内容同本章第一节"三、变压器基础及架构基础施工"。

7. 防腐工程

根据图纸要求，基础垫层顶面、基础－0.500m 以下外露部位全部涂刷环氧煤沥青涂料。

每次垫层施工完后，要在桩基外侧 300mm 范围内进行聚合物防水砂浆的施工。在施工前要对桩头浮土进行清理，同时浇水进行养护。温度不应低于 5℃，雨天或预计 24h 内有雨不要施工。材料由粉料和液料组成，其中粉料和液料的比例为 4∶1，每平方米的材料用量不宜太多，2.0～2.5kg/m² 最佳。聚合物防水砂浆的涂抹厚度不得小于 5mm。

二、A 列外封闭母线支架施工

(一) 工程概况

某发电厂一期工程 2×1000MW 机组，A 列外封闭母线支架结构形式为钢桁架、钢框架，所有支架柱均为热轧无缝钢管，梁为型钢，柱间支撑连接接点对称布置。

本工程±0.00m 相当于绝对标高 4.60m。

构件除锈等级为 Sa2.5，所有钢结构均采用热浸镀锌防腐处理，要求所有焊缝均为封闭焊缝。

(二) 施工方案

母线支架采用组合吊装方案，即将成品的钢桁架、支架柱架、钢结构端撑、钢梁、钢爬梯等散件组合好后整体吊装。组合件采用一点吊法，用 50t 汽车式起重机吊装就位，吊点选在桁架、门架的中心部位。门架柱吊装就位后进行找正，并进行柱翼缘及柱腹板与底板的焊接。在相邻钢柱安装完后随即进行横梁及支撑的安装，以确保结构的稳定。

吊装顺序为：封闭支架门架组合吊装→门架柱子找正→相邻门架柱之间焊接→支架柱、钢梁吊装安装。

(三) 施工方法及要求

1. 施工准备

(1) 熟悉图纸，并提交有关部门进行图纸会审及专业间会审，提前解决施工交叉及专业交叉问题，制订出施工方案。

(2) 按图纸、其他设计文件及施工方案做好材料计划，备好各种原材料、周转性材料及措施性材料。材料进厂应有出厂合格证明和试验报告方可使用。

(3) 编制施工方案及工程质量检验计划，进行施工前的技术资料准备、技术及安全交底。

2. 吊装前的准备

首先对基础柱头及基础杯口内侧四面及杯底凿毛、湿润，对基础杯口、基础柱头进行底部找平，在基础顶部弹出纵横中心线，在基础柱头及杯口内侧标出标高控制线。在杯口底找平，误差控制在−10～0mm，设备支架柱顶标高偏差不大于 5mm。

所有构件吊装前要安排专人检查，清点构件的数量、编号、尺寸及相对应连接件的螺栓孔位置及孔径。构件制作质量及构件型号、规格等要经各级验收人员验收认可且有详尽的验收资料并合格。由钢柱顶测出底部标高控制线。

吊装与组合场地要平整，并用装载机碾压密实。吊装所需的机械、索具及临时设施准备齐全，并做好详尽检查以确保安全施工。

3. 封闭支架门架组合吊装

在 A 列外场地上进行架构组合。先将上、下两节线杆组合成通长杆件，再将两根杆件之间的钢横梁及钢柱帽组合起来；然后将钢管端撑通过钢横梁组合就位，上部与钢柱帽焊接；最后将钢爬梯组合上去。最大门架组合后质量为 3.05t。

4. 门架柱子找正

门架采用一点吊，吊点选择在上部钢横梁部位。门架吊装就位时，中心线由木工用线锤和直尺控制，标高由木工用 90°拐尺和水准仪控制，垂直度由两台经纬仪进行纵横向监测找正。A 形柱起吊时柱脚及吊点应采取加固措施，待固定好后方可去掉加固措施；要使两柱底端同时着地，就位后拉设板线固定，板线在对角拉紧且初步找正，并将柱脚用木楔塞紧后方可松钩。

两榀人字柱吊装就位后，应及时进行钢横梁的吊装，以增加架构的稳定性。横梁就位后，须待钢梁与柱头板初步焊接后再松钩。架构钢横梁与柱头板焊牢后，方可松架构找正板线。

5. 支架柱、钢梁的吊装

设备支架为钢结构柱，中性点支架柱为独立预制混凝土线杆支柱。支架柱的吊装采用单件吊装，设备支架的吊点设在柱头板下。吊装就位，复核中心线及标高后，将柱底板下用调整垫板塞实，并将螺栓紧固。

横梁应及时吊装，以形成框架，使结构稳定。钢梁吊装采用两点吊。

6. 二次灌浆

架构二次灌浆随吊装进度进行，构件就位找正并初步用钢筋焊接固定，杯口预留 8 根22 螺纹插筋与钢管焊接双面焊缝，每侧焊缝长 120mm、高 8mm。并及时采用 C50 细石混凝土加微膨胀剂充填密实。

架构柱底、设备支架柱柱脚均要用 C15 混凝土包脚。

7. 焊接措施及要求

（1）焊前准备。焊工准备好施焊用的各种工器具，点焊前应将焊缝附近母材的油、漆、垢、锈等清理干净。清理范围为：对接坡口每侧清理 10～15mm；角接接头为焊脚尺寸 K 值＋10mm。焊工在焊接前认真检查焊条是否有锈蚀、药皮剥落等缺陷，并及时更换。

（2）焊条牌号及直径、电流的选择。

1）焊条牌号及直径：E4303/J422，直径 $\phi3.2$ 或 $\phi4.0$，H 型钢焊接采用 $\phi4.0$，连接板及斜支撑焊接采用 $\phi3.2$。

2）焊接电流：直径 $\phi3.2$，电流参数为 90～130A；直径 $\phi4.0$，电流参数为 140～170A。立焊、横焊时焊接电流应比平焊电流小 10%～20%，角焊时应比平焊位置时大 10%～20%。焊工根据现场实际位置进行适当调整，以适于自己操作为宜，但不应超出工艺参数的范围。

（3）点焊固定。从焊接型钢组立时就需要开始点焊固定，型钢点焊焊缝厚度为设计厚度的 2/3 且不大于 8mm，焊缝长度不小于 25mm，位置在焊道以内。做到点焊一点，检查一点。点焊时所采用焊材应与焊件匹配，位置在焊道以内。

（4）施焊及注意事项。焊接人员必须有焊接证，持证上岗，并且应该在其认可的范围内进行施焊。焊接用的焊条按照图纸要求，焊条在使用前必须按照产品说明书及有关工艺文件要求进行烘干。施焊前安装人员应检查焊件部位的组装和表面清理的情况，如果不符合要求，焊工应有权拒绝施焊、修整合格后方能进行焊接作业。雨天禁止进行焊接，焊接区域表面潮湿时必须清除干净后才能进行施工，四级以上风焊接时要采取防风措施。

使用手工电弧焊焊接时，焊工应调整好焊条角度、焊接速度，并且注意熔池的变化，保证填充金属与母材熔合良好。焊的焊缝，焊工应用扁铲、钢丝刷认真清除焊条熔渣，进行100%自检，检查内容包括焊缝表面是否有气孔、夹渣、裂纹、咬边、弧坑等缺陷，接头是否良好，填充金属与母材融合是否良好等，如发现表面缺陷，及时修磨补焊。柱翼缘与底板柱采用全熔透的坡口对接焊缝连接，柱腹板与底板间铣平顶紧采用双面角焊缝连接，加劲肋与底板间采用双面角焊缝连接。现场安装所有的全熔透焊缝均为二级焊缝。焊缝应均匀，不得有裂纹、未熔合、夹渣、焊瘤、咬边、弧坑和表面气孔等缺陷，焊接区无飞溅残留物。焊接加肋板、刀把时，应采用两个焊工对称焊接，以防止焊接变形。焊接完毕，焊工应认真清理并自检，对发现的缺陷及时进行处理。

焊接过程中要注意接头、起弧和收弧的质量：接头应熔化良好，圆滑过渡；起弧时，适当抬高电弧持续1～2s。收弧时，继续滴入3～4滴铁水，每滴一次都均匀减少铁水给入量，保证焊缝端部收弧部位饱满、形状美观。注意层间清理，清理不彻底不能施焊次层，层间接头应错开10～15mm。焊缝与母材圆滑过渡，焊缝余高在1～3mm，外观无表面咬边、夹渣、气孔等缺陷。双面焊缝采用磨光机清根。全熔焊透焊缝必须用砂轮机将焊口清理干净。焊接完毕的焊缝应及时清理表面附着物、药皮飞溅物等，并且进行自检、消缺。

三、防火墙施工

（一）工程概况

某发电厂主变压器、厂用变压器、启动备用变压器及母线电抗器防火墙，共计7道，墙厚200mm，其中变压器、厂用变压器及母线电抗器防火墙顶部均设有宽400mm的帽梁。本工程0.000m相当于绝对标高4.600m。混凝土强度等级为C40。

在开挖时需一次性开挖到原土层，然后采用人工级配砂石，换填至垫层设计底标高。本工程设备基础设计使用年限为50年。

（二）施工方案

钢筋工程：钢筋采用钢筋加工厂集中加工、制作，挂板拖车运送至施工现场，现场绑扎成型。

模板工程：在木工棚组合成大模板，现场进行吊装、加固。

混凝土工程：混凝土采用搅拌站集中供应，罐车运输、现场混凝土泵车泵送浇筑。一次浇筑到顶，不留设施工缝。

（三）施工工艺流程

基础施工缝处理→钢筋制作及绑扎→钢筋四级验收→模板组合四级验收→模板安装、预埋件安装→模板安装四级验收→混凝土浇筑→混凝土养护→模板拆除。

（四）施工方法及要求

1. 测量放线

采用全站仪利用给定的测量方格网点直接进行施工测量工作。

防火墙标高以已施工完毕的所属变压器基础给定标高为准。

2. 钢筋工程

钢筋采用钢筋场制作，现场绑扎成型的施工方案，现场运料使用板车。

钢筋翻样：要根据施工图中的钢筋规格、尺寸、数量，结合施工规范和现场实际进行，做到准确无误，翻样时要结合钢筋的长度考虑工程的经济性。

钢筋制作：钢筋进厂要有原材报告，并经复试合格后方可使用。钢筋表面要洁净无污染、损伤，带有油漆、老锈的钢筋不得使用。钢筋闪光对焊和直螺纹连接须先做班前试件，试验合格后方可大批量制作。钢筋制作要严格按钢筋翻样单上的规格、尺寸、数量加工，钢筋下料要准确无误，保证每一根钢筋的尺寸、规格、直径正确。要确保钢筋弯起角度的准确性，如箍筋要做 135°弯钩，Ⅰ级钢拉钩端部均为 180°弯钩。钢筋制作完后要严格按规格、型号挂小木牌，分堆堆放，标志要明显。钢筋制作班组要做好自检记录和钢筋跟踪记录台账，提供基础资料。钢筋加工时，要按翻样单的次序加工，并和现场施工负责人经常联系。加工要有先后，根据需要加工，避免造成过多成品料的堆放。

钢筋场的原材和成品料码放要整齐，钢筋半成品、成品标示要清晰、明了，做到随进料，随加工，随出料，保证钢筋加工厂的文明施工。

钢筋绑扎：钢筋绑扎前应将有锈蚀的钢筋除锈，防止使钢筋表面再受污染，并再次对照翻样单，仔细检查钢筋的规格、尺寸、数量，确保准确。

3. 模板工程

(1) 模板组合。防火墙模板全部采用大模板，外钉 50mm×100mm 木方子组合成定型大模板施工。大模板每张规格为 1.22m×2.44m（2.98m²）。配制模板前，要对大模板和木方子进行外观检查：大模板表面要光滑，凹凸不平的不得使用，边角必须顺直、不缺边掉角；木方子必须顺直、厚度一致，弯曲幅度大的不得使用。大模板、木方子必须按要求堆放整齐，且未使用前用苫布盖住，防止雨水淋湿晾干后变形。

模板拼缝必须保证在同一标高和垂线上，拼接处打密封胶，并用力挤密，待密封胶干后，用壁纸刀将外露部分刮平。每条模板接缝处加 20mm 宽、10mm 厚分隔条以保证外观美观。成型模板必须经三级验收合格后方可现场吊装。已组合好的大模板在运送过程和现场吊装过程中，应注意保护模板边角及表面不受破坏。

为保证混凝土外观质量，防火墙所有预埋爬梯全部在混凝土浇筑时预埋 150mm×150mm×8mm 埋件，待模板拆除后，再进行焊接。

钢筋加工厂所加工埋件必须方正、表面平直，并在埋件四角开螺栓孔，刷防腐漆。在安装埋件前，要在已组合完毕的模板上挂线，以保证埋件顺直。

(2) 模板支设。模板内楞采用 50mm×100mm 的木方，间距为 250mm，木方外采用 φ48×3.5mm 脚手管做围檩加固，间距为 500mm，对拉螺栓 φ14，外套 φ16PVC 管，两头套胶垫、镀锌垫片，用双螺母紧固，周转使用。对拉螺栓纵横向间距不得大于 500mm，同时 5m 以下的对拉螺栓外面的螺母必须与螺杆焊死。在模板全部安装就位，外部加固脚手管加固完毕后，在脚手管外侧加设斜支撑，斜支撑必须顶死，底部加设地锚，横向间距为 1m，纵向间距为 2m。

对拉螺栓位置要在模板上挂线打孔，保证模板拆除后，对拉螺栓在同一垂直线上。螺栓拆除后，将橡胶垫从混凝土中剔除，然后采用同标号的水泥砂浆进行封堵，表面压光。

模板安装完毕后，检查一遍扣件、螺栓是否紧固，模板拼缝及下口是否严密，自检合格后报二、三、四级进行检验。

(3) 模板及支撑拆除：待基础混凝土强度≥75%后才能拆模。模板拆除时不能用撬棍直接在混凝土和模板间硬撬，避免其损伤混凝土表面及棱角。

4. 混凝土工程

混凝土浇筑采用现场搅拌站集中搅拌，罐车运输，泵车浇筑的施工方案。混凝土由罐车运输，要控制运输时间，即混凝土从搅拌机卸出后至入模时间，气温>25℃时，时间不超过 90min；保证混凝土运到现场的质量以及和易性，同时做到混凝土坍落度控制在 140～

160mm 范围内，以保证现场施工。混凝土浇筑采用一台 37m 泵车。

混凝土振捣要由具有丰富的混凝土施工经验的专业人员操作，以保证混凝土的施工质量，做到内实外光，表面平整，无蜂窝、麻面。振捣时采用插入式振捣器，振捣的方法采用垂直振捣。振捣器插点要均匀排列，本工程要求插点间距 350～400mm。

混凝土浇筑时，混凝土自由倾落高度不得大于 2m，每次下料高度为 0.5m，以防高度增大过快而使混凝土侧压急剧增大。浇筑时必须设专人监视模板、钢筋的变化情况，如发现变形、移动时，立即停止浇筑，并在已浇筑的混凝土初凝前修好。为避免混凝土表面出现裂缝，对于梁顶面，在混凝土初凝前用木抹子抹 3～5 遍并压实，再用铁抹子压光。

混凝土试块留设：每浇筑 100m³ 混凝土留设 1 组标养试块，不足 100m³ 时也应留设 1 组，同时每次混凝土浇筑都应留设不少于 2 组同条件试块。制作试块采用 100mm×100mm×100mm 标准试模，插捣采用人工振捣。拌和物分两层装入试模，每层的装料厚度为 50mm。插捣采用钢制捣棒，捣棒长 600mm，直径为 16mm，端部应磨圆，插捣次数为每 100cm² 至少 12 次。插捣完后，刮除多余的混凝土，并用钢抹子抹平。试块成型后，应覆盖其表面，同条件试块拆模后，应放置在靠近相应结构部位或结构部位的适当位置，并应采用相同的养护方法；标养试块在 20℃±5℃条件下静置 1～2 昼夜，然后拆模。拆模后试块应立即放到标准养护室中进行标养。

混凝土养护：在混凝土浇筑完毕 12h 内开始进行混凝土养护，养护时间不低于 14 天。

四、某电厂事故油坑施工

（一）工程概况

某发电厂事故油坑工程属汽机房 A 排外场地构筑物。本工程标高采用 85 国家高程，绝对标高＋4.4m，标高、坐标以 m 计，尺寸以 mm 计。基础采用天然地基。

（二）施工工艺流程

事故油坑施工工艺流程见图 13-5。

（三）施工方法及要求

1. 定位放线、挖方

（1）定位放线。根据业主提供的测量控制网，采用全站仪进行本工程的测量放线工作，放线完成后必须安排专人复测，所采用的测量控制网必须有效。要求测量人员放出事故油坑池体中心轴线，并符合二级导线的精度要求；给出高程控制点，并符合三等水准的精度要求。在垫层施工完成后，放池体定位轴线。

（2）土方开挖方案。采用直接大开挖，卸载、打木桩护坡的方式，由于这样需要较大场地，且为防止底下淤泥上拱，因此将基坑边上的工棚及钢结构全部倒运走，以便打木桩，也可以减少基坑周围的压力。坡度为 1∶2～1∶2.5，边坡四周打 4 排木桩，木桩采用 6m 长的原木，间隔 20cm。

2. 垫层施工

垫层采用 100mm 厚 C15 混凝土。垫层基土平整后，采用 10mm×10mm 的木方或 100mm 的钢模板作胎模，然后用短钢筋头加固。垫层模板要求四角平整、标高正确。使用汽车泵进行浇筑时，标号可提高为 C20，以满足泵送要求，泵送混凝土的坍落度宜控制在 100～140mm。

3. 钢筋工程

施工前应先按照图纸进行钢筋翻样，经主管技术员审核、主管领导批准后交给钢筋加工厂进行钢筋制作。钢筋制作要严格按照翻样单加工，要求规格、尺寸正确，数量齐全；要确保钢筋弯起角度的准确性，如箍筋一般要做135°弯钩，Ⅰ级钢端部均做180°弯钩。制作后要认真检查，数量要准确，型号要齐全，并做好钢筋的跟踪管理台账。制成后的成品钢筋分类挂牌码放整齐，标志要明显。在加工每种规格的钢筋时，都要试加工，以检验钢筋下料的长度是否符合要求。钢筋加工时，要按翻样单的次序加工，并和现场施工负责人经常联系，加工要有先后，根据需要加工，避免造成过多成品料的堆放。钢筋下料时一般应同规格原料根据不同长度长短搭配，统筹排料，一般应先断长料，后断短料，减少断头，降低损耗。

钢筋制作完运到施工现场后应该用100mm×100mm木方垫起来，防止污染及生锈，并进行标识。绑扎前应仔细核对钢筋的钢号、直径、形状、尺寸和数量等是否与料单、料牌相符；钢筋绑扎时，须将全部钢筋相交点绑扎牢，绑扎时应注意相邻绑扎点的铁丝扣要成八字形，避免因碰撞、振动或绑扣松散、钢筋移位造成漏筋。

图 13-5　电厂事故油坑施工工艺流程图

钢筋的搭接：梁的受力钢筋直径大于或等于22mm时，采用直螺纹套筒或闪光对焊连接；小于22mm时，可采用绑扎接头，搭接长度要符合规范的规定。搭接长度末端与钢筋弯折处的距离不得小于钢筋直径的10倍。接头不宜位于构件最大弯矩处，受拉区域内Ⅰ级钢筋绑扎接头的末端应做弯钩（Ⅱ级钢筋可不做弯钩），搭接处应在中心和两端扎牢。接头位置应相互错开，当采用绑扎搭接接头时，在规定搭接长度的任一区段内有接头的受力钢筋截面面积占受力钢筋总截面面积百分率，受拉区不大于25%。图纸有要求的符合图纸要求即可。绑扎板筋时一般用顺扣或八字扣，除外围两根钢筋的相交点应全部绑扎外，其余各点可交错绑扎（双向板相交点须全部绑扎）。如底板为双层钢筋，两层钢筋之间须加钢筋马凳，以确保上部钢筋的位置。负弯矩钢筋每个相交点均要绑扎。

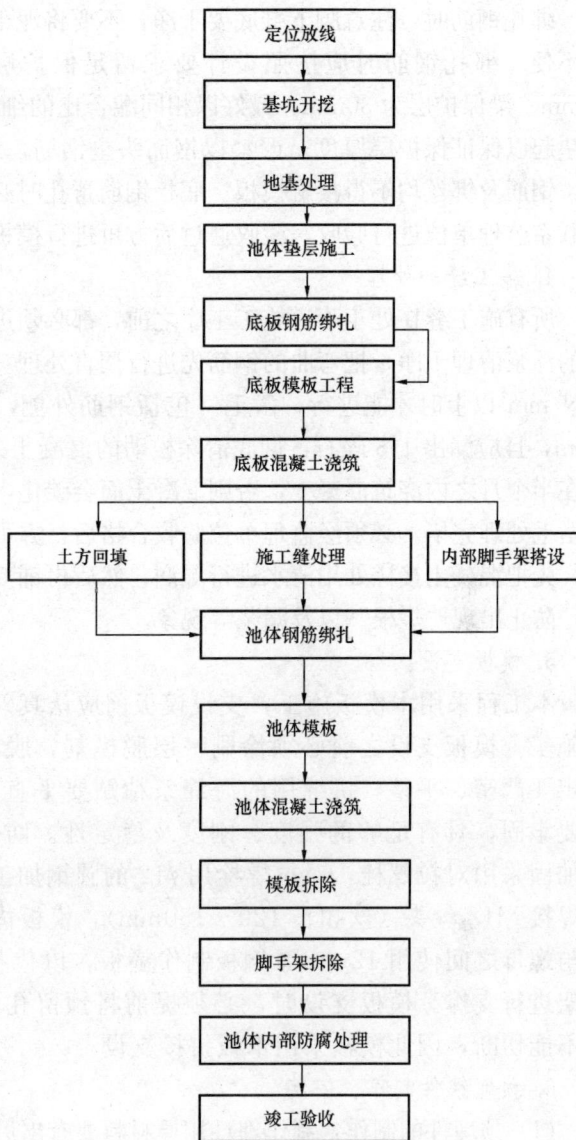

431

绑扎钢筋时，注意脚下鞋底要干净，不要将泥土带入钢筋，将钢筋弄脏，给清理工作带来不便。绑扎钢筋时应按照设计要求留足保护层，池体保护层为 35mm、板保护层为 25mm、梁保护层为 30mm。最好以相同配合比的细石混凝土或水泥砂浆制作成垫块，将钢筋垫起以保证保护层厚度。严禁以钢筋头垫钢筋，或将钢筋用铁钉及钢丝直接固定在模板上，钢筋及绑丝均不得接触模板。底板钢筋帮扎时必须采用铁马凳架设。钢筋绑扎完后，及时联系监理单位进行验收，验收通过后方可进行模板支设。

4. 施工缝的处理

所有施工缝在处于下道施工工序之前，都必须进行凿毛处理。凿毛之前必须先将钢筋表面的浮浆清理干净，把弯曲的钢筋先进行调直处理。混凝土表面凿毛必须在混凝土强度达到 10N/mm² 以上时才能进行，凿毛（包括钢筋外侧，可用手工凿毛以保护接槎面）深度≥5mm，且应漏出 1/3 碎石，彻底清除松动的混凝土残渣及其他杂物。经过凿毛的混凝土面宜在半个月之内浇筑混凝土，否则混凝土面会碳化，严重影响混凝土的二次接槎质量。施工缝凿毛处理完毕，必须经监理单位验收合格后，方可进行下道工序的施工。在浇筑混凝土之前，先把混凝土接槎处用清水进行湿润，然后再铺 50～100mm 厚与混凝土同标号的水泥砂浆，防止出现"烂根"以及漏浆等现象。

5. 模板支设

本工程采用木模板施工，支设模板前应认真熟悉施工图纸，严格按图纸要求进行配模施工。模板支设之前必须涂刷一层脱模剂，脱模剂涂刷必须均匀。模板支设时拼缝一定要严密、平整，拼缝用的海绵条粘贴要平直，防止发生漏浆现象。模板的支设一定要牢固，具有足够的强度、刚度及稳定性，防止出现"模板位移'及轴线位移。模板加固采用对拉螺栓，对拉螺栓用 φ12 的圆钢加工。池壁模板加固一律采用 φ12 钢筋两端焊接 M12 丝头（丝扣长 120～150mm），模板内侧加垫圆木垫（或橡胶垫），模板外侧与螺母之间使用 12mm 厚钢板制作垫板，以代替"3"型件。池体内部搭设满堂红脚手架进行支撑。模板支设时，必须提前将预留孔洞按图纸要求留设好。由于后浇带钢筋不能切断，因此模板采用木板拼接支设。

6. 预埋铁件制作、安装

（1）预埋件的制作：制作埋件用原材料要有出厂合格证，并要有复试报告，合格后方可进行制作。对于型钢埋件的加工外形尺寸要进行检验，如角钢的 90°角。加工时要保证埋件的规格尺寸，焊缝要合格，埋件表面要平滑、四边顺直，钢板的焊接变形要调平，经检验合格且抽样试验合格后，方可出厂到现场安装。

（2）预埋件的安装：埋件的安装要根据施工图的位置，在钢板上画出中心线。所有埋件均按照施工图纸要求的方位、标高、方向安装。预埋铁件、套管须严格按施工图纸要求的轴线尺寸、标高放置，放置前应认真核对预埋铁件的规格，杜绝漏放和错放。预埋铁件现场安装时严禁随意切割锚筋。

7. 混凝土浇筑

浇筑混凝土前，必须经四级验收合格后方可进行。混凝土浇筑前应清除模板内的积水、木屑、钢丝、铁钉等杂物，对上部已经绑扎好的钢筋包裹塑料薄膜，防止混凝土污染钢筋。浇筑前将模板与混凝土的接触面用海绵条粘贴，底部用水泥砂浆封堵，防止漏浆。

浇筑混凝土时应分段、分层连续进行，浇筑层高度应根据结构特点、钢筋疏密决定，一般为振捣器作用部分长度的 1.25 倍，最大不超过 60cm，相邻两层浇筑时间间隔不得超过 2h。混凝土振捣时须严格按要求作业，杜绝漏震和过振现象，保证混凝土的强度和外观质量，防止出现蜂窝、麻面等质量通病，保证混凝土内实外光。使用插入式振捣器应快插慢拔，插点要均匀排列，逐点移动，顺序进行，不得遗漏，做到均匀振实，以防止混凝土分层、离析及振捣棒抽出时所造成的空洞，移动间距不大于振捣作用半径的 1.5 倍（一般为 30～40cm）。每一插点的振捣时间为 20～30s，以混凝土表面呈水平、不再显著下沉、不再出现气泡、表面泛出灰浆为准、振捣器距离模板不应大于振捣器作用半径的 0.5 倍，不得紧靠模板振动，且应尽量避免碰撞钢筋、预埋件等。振捣上一层时应插入下层 5cm，以消除两层间的接缝。表面振动器（或称平板振动器）的移动间距，应保证振动器的平板覆盖已振实部分的边缘。混凝土浇筑完 12h 内应及时用塑料薄膜覆盖、包裹，并进行浇水养护，浇水次数应能保持混凝土有足够的润湿状态，养护用生活用水，就近接在附近的水管上，养护期一般不少于 14 昼夜。

8. 脚手架搭设方案

脚手架施工方案

事故油坑全部采用扣件式脚手架。脚手架的材质与规格：材质为 Q235；规格为外径 48mm，壁厚 3.5mm，无裂纹。脚手架搭设前必须平整场地且夯实，立杆底部垫脚手板。外架为双排脚手架，立管纵向间距为 900mm，横向间距为 1200mm；横管间距为 1200mm。内架为满堂红脚手架，立管纵向间距为 900mm，横向间距为 1200mm，横管间距为 1200mm。在脚手架的两端及拐角处设置剪刀撑，中间可每隔 9～15m 间隔设置。剪刀撑应随架体同步搭设，沿脚手架全高连续设置。

第三节 屋外配电装置及 500kV 出线架构、照明、空调等施工

一、屋外配电装置基础施工

（一）工程概况

某发电厂屋外配电装置位于 A 列外和 500kV 区域西侧。本工程 0.000m 相当于绝对标高 4.600m。基础采用 C40 防腐混凝土，垫层为 C15 素混凝土。

在开挖时需一次性开挖到原土层，然后采用人工级配砂石，换填至垫层设计底标高。本工程设备基础设计使用年限为 50 年。

（二）施工方案

土方开挖：采用机械进行大开挖。

钢筋工程：采用钢筋加工厂集中加工、制作，挂板拖车运送至施工现场，现场绑扎成型。

模板工程：采用普通钢模板。

混凝土工程：采用搅拌站集中供应，罐车运输、现场混凝土泵车泵送浇筑。

（三）施工工艺流程

完善施工环境→测量放线→土方开挖→基槽、边坡、排水沟修理→地基换填→桩头处理

→垫层施工→垫层表面防腐施工→垫层放线及验收→基础钢筋制作及绑扎→基础钢筋验收→基础模板安装及加固→基础模板验收→基础混凝土浇筑→模板拆除、基础防腐→土方回填→基础工程验收→基础交安。

（四）施工方法及要求

1. 测量放线、土方开挖、地基工程、钢筋工程、模板工程、混凝土工程、防腐工程

此部分内容同本章第二节"一、封闭母线支架基础施工"。

2. 对拉螺栓孔封堵工艺

（1）基本要求。

1）保证混凝土结构表面的工艺质量。

2）对拉螺栓端头及螺栓孔的处理应进行提前策划，并得到建设单位、监理单位的认可。

3）要求取出的对拉螺栓套管强度要高，确保对拉螺栓取出。

4）对清水混凝土对拉螺栓端头及螺栓孔的处理，应与混凝土颜色一致，并且规则划一。

5）不允许对拉螺栓露出混凝土表面，采用防锈漆涂刷对拉螺栓端头时，严禁污染混凝土表面。

（2）施工工艺。

1）直埋对拉螺栓处理的施工工艺：

① 对地下防水工程，对拉螺栓端头必须凹入混凝土表面 20mm，并用不低于 1：2 防水砂浆封堵。

② 对地上清水混凝土结构，采用和结构同品种、同批次水泥掺和适量（视具体部位作比较调整白水泥量以控制色差）白水泥拌匀，加入水与水玻璃按 1：1 比例拌成的混合液，拌成糊状水泥素浆，抹于构件缺陷处表面，反复压平、刮净，整个过程尽量控制在 30min 内完成。

③ 对地上清水混凝土结构自然风干约 12h 后，用水磨砂纸干磨一遍，达到粗平程度，用电动手磨机装 120 目大理石抛光片进行粗磨，然后换上 220 目大理石抛光片进行精磨，最后用水磨砂纸干磨数遍，达到与清水、镜面混凝土相一致的表面效果。

2）要求取出的对拉螺栓孔施工工艺：先用和结构混凝土同标号的水泥砂浆封堵孔洞，对于有防水要求的要用防水砂浆掺适量膨胀水泥封堵，两边各留 2mm。

3）起装饰效果的对拉螺栓孔施工工艺：

① 对要求呈现装饰效果的对拉螺栓孔的处理，可采用与螺栓套管配套的 PVC 塑料帽直接封堵。

② 封堵时应高出混凝土表面 2～3mm，并采用专用工具进行修饰。

③ 在安装对销螺栓时，必须排列整齐、一致。

二、500kV 出线架构钢架安装方案

（一）工程概况

某发电厂 2×1000MW 超超临界火电机组一期工程，500kV 出线架构位于 500kV 结构西侧 5 轴以北，中心距 GIS 轴线 10500mm。架构共有 3 组 A 型柱、2 件横梁。其中南北两侧 A 型柱高度为 44.700m，中间 A 型柱高度为 34.700m，横梁长 30m、高 26.7m。

全部结构采用无缝钢管制作，材质为 Q235B。防腐要求：现场喷砂除锈后喷锌不小于

120μm，刷 X06-1 磷化底漆一道、过氯乙烯漆一道、过氯乙烯面漆三道。爬梯采用热浸镀锌，厚度为85~100μm。

整个架构钢架分5个组合件安装，即3件A型柱、2件大横梁。吊装作业由80t汽车式起重机和50t汽车式起重机共同完成。

（二）施工方案

A型柱组合件分两段制作，运到吊装现场后组合吊装；大横梁不分段。

对施工场地进行回填、压实，达到大型吊装机械作业条件。将做完防腐的架构分别运到吊装现场。吊装机械选用80t汽车式起重机和50t汽车式起重机。

吊装顺序：从北往南，先柱后梁。

工序安排：先吊装北侧A型柱，再吊装中间A型柱，连接之间横梁。最后吊装南侧A型柱和之间横梁。

（三）施工工艺流程

施工准备→设备运输→北侧A型柱安装→中间A型柱安装→2-3轴横梁安装→南侧A型柱安装→1-2轴大横梁安装→二次灌浆→防腐修补。

（四）施工方法及要求

1.吊装前准备工作

吊装前应核对部件长度，复查立柱根开尺寸，根据图纸及等腰三角形找出三角立柱人字柱及A型柱的直高，并从柱顶标高26.7m向下测量出架构1m标高线，安装时使用。安装前与上道工序进行交安，使用水准仪、水平仪等校核基础标高及轴线、杯口尺寸，确认合格后接收。

2.A型柱安装

A型柱分两段制作、防腐、运输。下段为A型部分，长27.7m，上段为避雷针部分。吊装前将两段现场组合，并将正式爬梯固定在A型柱上（设垂直拉锁），作为人员上下的通道。

使用80t汽车式起重机和50t汽车式起重机安装，吊点设置在27.7m处，即A型柱顶部与避雷针衔接部位。钢丝绳选用2根24mm绳。

吊装过程：先用80t汽车式起重机将北侧（3轴）A型柱吊装就位，稳固后起重机脱钩。再用50t汽车式起重机吊装中间A型柱（2轴），起重机不脱钩，用80t汽车式起重机吊2—3轴间大横梁，横梁就位稳固后两起重机均脱钩。最后用50t汽车式起重机吊南侧A型柱，起重机不脱钩，同时用80t汽车式起重机吊装1—2轴间大横梁，稳固后起重机退出工作。整体吊装完毕后进行找正、灌浆。爬梯与钢架同步安装。节点部位及漆膜破损部位修补。

将A型柱安装到杯口基础后，先检验1m标高线是否符合要求，如需要在杯口基础内设置垫铁，则将A型柱拔出后增加垫铁，而后再次将A型柱安装在杯口基础。在四个方向上拉紧固定钢丝绳，钢丝绳在A型柱的26.7m标高处固定，与地面成60°夹角，下端与地面其他基础固定或设置牢固地锚。用钢丝绳调整A型柱的垂直度，直到在垂直的两个方向上垂直度都达到规范要求后，固定钢丝绳。为了防止A型柱倾倒，将杯口预留的8根22mm钢筋焊接到A型柱钢管上后，起重机松钩，退出工作。

3件A型柱均按照以上方法吊装。

3. 大横梁吊装

大横梁吊装必须在A型柱稳固后进行，均使用80t汽车式起重机，大横梁稳固后才可脱钩。

4. A型柱灌浆

3件A型柱固定好后，再进行垂直度、间距验收，验收合格后准备进行灌浆。由于每件A型柱均由4根钢丝绳在四个方向上拉紧，且杯口的预留钢筋焊接在钢管上，故A型柱是个稳固的结构，不会发生倾斜和位移。

灌浆要求：在A型柱钢管内侧－0.2m部位开直径约为100mm的孔，杯口内部灌细石混凝土至－0.3m部位。在灌浆之前，必须提前12h将原有杯口混凝土润湿，浇灌前杯口内不得有积水。必须保证边浇筑、边振捣，而且在浇筑的过程中不得碰撞固定用钢丝绳，这次浇筑必须保证和基础顶面相平。杯口浇筑完成后，随后从钢管上的注入孔向杯口内浇灌细石混凝土，并且在浇灌的过程中，边浇灌、边敲击A型柱钢管，以保证钢管内混凝土充分振捣密实。

5. 防腐修补

A型柱和大横梁安装、验收完毕后，对节点部位和吊装造成的破损部位进行重新防腐。

6. 安装注意事项

（1）起重作业前，检查周围环境和所使用的起重工具、机械必须良好，必须排除危险因素，使用合格的锁具。在吊装时，起重人员必须站在起重机司机能够看清的地方指挥，司机看不清指挥信号时，不得进行起重作业。若使用对讲机指挥，必须使用3个对讲机，起重机司机、起重指挥人员、监护人员各自一个对讲机，当指挥信号不清时，严禁起吊。

（2）架构安装前设警示旗，严禁无关人员进入吊装区域，夜间作业时必须有充足的照明。

（3）施工人员的个人防护用品佩戴齐全，使用的小型工具应放在工具袋内，工具袋内放不下的较大工器具应拴保险绳。

（4）使用各种电动机具时，应有可靠的接地或漏电保护器，各种闸箱应上锁，电源线不得有破头，破头处应用绝缘布包好，雨天不得进行露天带电作业。电动工器具一定要经过供电队的检验，并且要有检验合格证才可使用。

（5）密切关注当地气象部门的信息，遇有6级及以上大风，严禁起重作业。

三、500kV配电装置区域地基换填施工

（一）工程概况

某发电厂场址的土层自上而下分为五大层，其中第一大层（层号①）为陆相沉积物，以黄褐色粉质黏土为主，在该层的顶部分布有素填土或淤泥；第二大层（层号②）为海相沉积物，以灰色粉质黏土为主，夹有粉土、黏土、淤泥质粉质黏土和粉细砂层。地下水类型为潜水，场地内的地下水位标高为1.80～2.00m。根据设计说明，需将500、110kV配电装置基础等整个区域的地基土开挖至第一层原土层后，用级配砂石回填。

目前500kV配电装置区域的自然地坪平均为－0.300m左右（相当于绝对标高4.450m），根据现场的土质分布特点，此区域的第一层原土层顶标高为－5.000m左右，整个区域换填深度为4.700m左右。

根据现场的土质渗透系数相对较低的实际情况，土方开挖采用机械大开挖，明沟集水、集水井、潜水泵排水的施工方案，回填采用机械回填。

（二）施工方案

500kV屋内配电装置区域地基换填工程包括基坑开挖和地基回填。整个过程采用机械大开挖、机械回填的形式施工。开挖时4台挖掘机同时并行开挖、人工跟随机械后清槽，自卸汽车运土，开挖时一次开挖至设计标高。基坑排水采用明沟排水的方式，延基坑周边设置排水明沟，每30m左右设置一个集水井，然后用水泵将集水井内的水排到厂区道路两侧的排水沟中。开挖顺序为110kV端定端倒退至500kV扩建端方向。开挖完后进行联合验槽，确认已经开挖到原土层后，进行整体的回填。回填料采用机械摊铺、16t振动碾分层碾压夯实。

（三）施工工艺流程

完善施工环境、修筑施工通行道路→控制点的设置和复检→放基坑各开挖阶段上口线、底口线→土方开挖、排水→地基验槽→回填级配砂石。

（四）施工方法及要求

1. 施工环境完善、施工道路修筑

在土方开挖前首先在基坑范围内修筑临时道路，以满足土方运输车辆的通行。道路修筑采用拆房土作为原料，道路宽度、厚度和布置以满足土方运输车辆通行方便为准。

2. 控制点设置和复检

在土方开挖前首先在场地上设置临时测量控制点，控制点布置在基坑上口四角，供随时测量使用。临时控制点采用木桩制作，在每次使用前应根据业主提供的基准点复核准确性。

3. 基坑开挖上口线、底口线施放

基坑开挖下口线的施放按照A列外建（构）筑物区域浅基地基处理范围要求进行，然后按1∶1.5的坡度放出上口线。

4. 土方开挖

500kV屋内配电装置基础换填区域土方开挖采用挖掘机开挖，并配合人工清槽。机械开挖时，在原土层上预留200mm厚的预留层，由人工清除，以避免机械开挖时扰动原土层土，人工清槽底的速度须与机械开挖速度一致。为了保证能够一次开挖到原土层，开挖前先在开挖范围内开挖3个观察坑，通过观察坑确认原土层位置。

基坑土方开挖边坡放坡坡度为1∶1.5；土方开挖过程中严格按照设计要求的开挖深度进行操作，严禁超挖，在临近开挖深度时，要求机械操作人员控制好铲斗的入土深度，测量人员跟随测量，严格控制标高。人工进行护坡修坡时，要求将坡面修理平整，不得凹凸不平。汽车在装土时，倒车派专人指挥。

5. 施工排水

施工排水系统由基坑底部的排水明沟、集水井和基坑上口的挡水坎组成。基坑内集水井和排水明沟随开挖随设置。集水井采用机制红砖码砌而成，直径为1.5m，集水井底部标高应低于设计500kV配电装置基础底标高1400mm以上，集水井放置好后要求在其四周回填透水性较好的碎石。延基坑周边每隔约30m设置一座集水井（当基坑内水量较小时可适当减少集水井数量，反之则增加），每个集水井内设置至少1台潜水泵，必要时可适当增加。排水沟深500mm，上口宽500mm，下口宽300mm，沿基坑周围布置；排水沟外边距基坑边坡坡脚500mm，侧壁采用竹芭护坡；排水沟坡度为1‰，坡向集水井。

在施工过程中加强对基坑集水井和排水沟的管理，定期检查集水井和排水沟的情况，当发现有淤泥流入时，及时派人进行清淤，以保证基坑内的水及时排出。

6. 级配砂石回填

首先由基坑北侧上口中间位置铺设1条8m宽的施工机械坡道进入基坑，坡道坡度为1：5，回填机械由坡道进入基坑。换填料采用自卸车运进基坑，然后用挖掘机将其均匀布设在基坑内，每层虚铺厚度为300mm，然后采用振动碾分层进行碾压密实，每层碾压6～8遍。在每一层回填压实完毕后，进行四级验收，同时联系实验室进行现场取样试验，试验合格经监理同意后方可进行下步回填，本次回填共分四次回填完毕。回填压实系数不小于0.96，最大干密度不小于1.85g/cm³。整个基坑回填到－2.4m后进行全面整平，经四级验收合格后，办理移交手续，将基坑工作面移交给桩基施工单位。

四、500kV区域各建（构）筑物照明工程施工

（一）工程概况

某发电厂规划容量为4×1000MW＋40万t/d海水淡化，本期工程拟建设2×1000MW超超临界燃煤发电机组，同步建设脱硫装置和建设日产20万t淡水的海水淡化工程，并留有再扩建的条件。

（二）施工工艺流程

照明工程施工工艺流程见图13-6。

（三）施工方法及要求

1. 开箱检验

（1）开箱检验时应轻拿轻放，防止损坏。

（2）外观检查良好、铸件无裂纹及砂眼、玻璃罩无碎裂、密封良好。

（3）照明器具应符合现行的国家质量标准并具有有效的合格证件。

（4）照明器具的型号规格、防爆等级符合设计要求。

（5）零配件齐全完好、符合要求。

2. 照明灯具预制

照明灯具预制应参照设计图要求，灯杆各段比例、长度、弧度应一致。

3. 照明支架预制

（1）照明支架的尺寸应根据照明配管部位的具体情况确定，同一场所内使用的支架应长短一致。

（2）照明支架的钻孔直径由所使用"U"型卡子的直径确定。

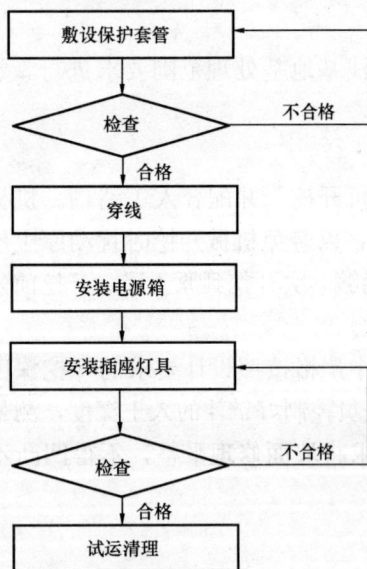

图13-6　照明工程施工工艺流程图

4. 照明灯具安装

照明灯具安装前应进行组装、接线和试亮，灯头接线采用的导线规格应符合设计要求，接线应采用不同颜色的导线来区分相线和零线，螺纹灯头的相线应接在中心端子上。带电池的应急灯应进行放电试验，应急灯的持续放电时间应符合设计和产品说明书的要求。

5. 照明箱安装

(1) 照明箱定位应依据设计照明平面图的要求，不得随意移动位置。

(2) 照明箱安装的标高应符合设计要求，垂直度误差不应超过 1.5‰。

(3) 照明箱安装过程中应要注意保护照明箱上的开关把手。

6. 配管

(1) 钢管切断。

1) 钢管切断采用无齿锯、钢锯、割管器等工具。切断时用力均匀，切断口用锉刀或绞刀锉光（或刮光）使管口整齐、光滑。

2) 采用钢锯切断时，锯条保持垂直，避免切断处出现马蹄口，推锯时稍加压力，用力均匀，不要过猛，以免折断锯条，回锯时不加压力。将锯稍抬起，尽量减少锯条磨损。

(2) 钢管套丝。套丝长度：当与接线盒等器具螺纹口相连时不宜小于管外径的 1.5 倍；管与管相连时不小于管接头长度的 1/2 加 2～4 扣；采用手带丝时宜两遍成型。

(3) 钢管煨弯。钢管煨弯时宜采用弯管机或弯管器，弯管器的选用不得以大代小，弯管时应多次向后移动弯管器以免管子被弯瘪，每次后移的距离不宜过大；带丝扣弯曲时，为保护丝扣，可将丝头带上管箍或加一块适当厚度的木板。

(4) 支架安装。建筑物照明配管根据设计要求可采用支架固定，或使用 Ω 卡子沿墙固定。采用支架安装时，应先安装两端的支架，再拉粉线固定中间的支架。支架的间距应符合表 13-1 的要求，且间距均匀、一致，整齐、美观。支架与终端、弯头中点、电气器具或盒（箱）边缘的距离宜为 150～500mm。

钢管管卡间的最大距离见表 13-1。

表 13-1　　　　　　　　　　　钢管管卡间的最大间距

敷设方式	钢管种类	钢管直径（mm）			
		15～20	25～32	40～50	65 以上
		管卡间最大距离（m）			
吊架、支架或沿墙敷设	厚壁钢管	1.5	2.0	2.5	3.5
	薄臂钢管	1.0	1.5	2.0	—

(5) 配管选用 Ω 卡子固定时，可采用塑料胀管或膨胀螺栓。

(6) 水平或垂直敷设的照明管，其水平或垂直安装的允许偏差为 1.5mm/m，全长偏差不应大于管内径的 1/2。

(7) 钢管连接时，管端螺纹长度不应小于管接头长度的 1/2；连接后，其螺纹外露 2～3 扣，螺纹表面应光滑、无缺损；所有的螺纹连接均应使用管钳拧紧；非防爆区域的配管螺纹连接处应焊接接地跨接线。

(8) 爆炸和火灾性危险环境的照明配管。

1) 螺纹有效啮合扣数：在爆炸性气体环境中时，管径为 25mm 及以下的钢管不应少于 5 扣，管径为 32mm 以上的钢管不应少于 6 扣；在爆炸性粉尘环境中时，不应少于 5 扣。

2) 螺纹加工应光滑、完整、无锈蚀，在螺纹上应涂以电力复合脂或导电性防锈脂。不得在螺纹上缠麻或绝缘胶带及涂刷其他油漆，且外露丝扣不应过长。

3) 除设计有特殊规定外，连接处可不焊接金属跨线。

4）电气管路之间不得采用倒扣连接；当连接有困难时，应采用防爆活接头，其接合面应密封。

5）隔离密封件的内壁应无锈蚀、灰尘、油渍。

6）导线在密封件内不得有接头，且导线之间及其与密封件壁之间的距离应均匀。

7）管路通过墙、楼板或地面时，密封件与墙面、楼板或地面的距离不应超过 300mm，且此段管路中不得有接头，并应将孔洞堵塞严密。

8）配管穿过不同等级的爆炸和火灾危险环境时，应装设隔离密封件。

9）暗管敷设方式。

① 随墙（砌体）配管。

砖墙、加气混凝土砌块墙、空心砖墙配合砌墙立管时，该管最好放在墙体中心处，管口上端要堵好。

短管入盒、箱端可不套丝，采用跨接线焊接固定，管口与盒、箱里口平齐。向上引管有吊顶时，管上端应煨成 90°弯进入吊顶内。由顶板向下引管不宜过长，以达到开关盒上口为准。砌好隔墙后，先稳盒再接短管。

② 大模板混凝土墙配管。可将盒、箱焊在该墙的钢筋上，接着敷管。管路每隔 1m 左右，应用铁丝绑扎牢。管进入盒箱时要煨灯叉弯。向上引管不宜过长，以能煨弯为准。

③ 现浇混凝土楼板配管。先找灯位，根据房间四周墙的厚度弹出十字线，将堵好的盒子固定牢后敷管。有两个以上盒子时，要拉直线。如果是吸顶灯或日光灯，应预下木传。管进入盒、箱的长度要适宜，管路每隔 1m 左右用铁丝绑扎牢。如有质量超过 3kg 的灯具应焊好吊杆。

7. 照明器具安装

（1）室内安装的灯具，应严格按照设计说明，设计说明中没有的严格按照规范规定。灯具距地面高度不小于 3m；当在墙上安装时，其距地面高度不小于 2.5m。

（2）灯具安装要符合下列要求：

1）同一场所成排安装的灯具，其中心线偏差不大于 5mm。

2）灯具在混凝土楼板下固定参考相关图集。

3）灯具在混凝土楼板下的梁上固定参考图纸要求或相关图集。

4）吊杆灯在槽型板缝内安装，槽型板缝预埋件见图 13-7。

5）吊杆灯在空心楼板上安装，空心楼板预埋件见图 13-8。

6）普通白炽灯、日光灯可利用吊线盒安装。

7）其他灯具可利用膨胀螺栓固定在天花板或墙壁上。

8）应急灯要有明显的标志；应急灯和事故照明灯持续放电时间应符合产品说明书和设计要求。

9）灯具的种类、型号、功率应符合设计要求。

10）防爆灯具的类型、防爆等级、组别、环境条件及特殊标志等应符合设计要求。

11）螺旋式灯泡要拧紧，接触良好，不得松动。

12）灯具外罩齐全，螺栓应紧固。

13）防爆灯具、防爆插座与电缆和导线要可靠地接线和密封；防爆分线盒的多余进线孔其弹性密封垫要齐全，并将压紧螺母拧紧使进线孔密封，金属垫片厚度不小于 2mm。

14）拉线开关和翘板开关的安装见图13-9。

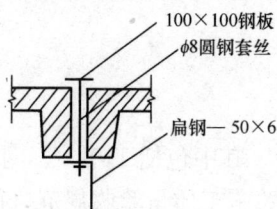

图13-7 槽型板缝预埋件（单位：mm）　　图13-8 空心楼板预埋件（单位：mm）

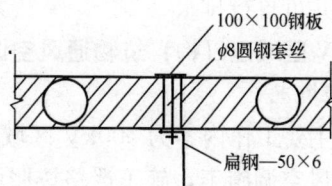

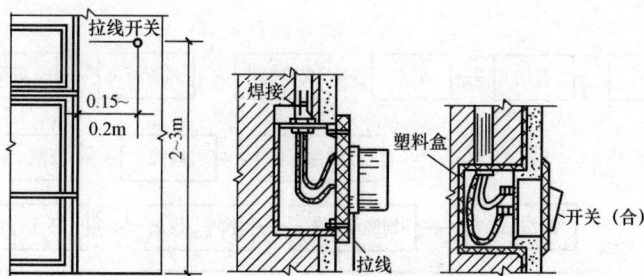

图13-9 拉线开关和翘板开关安装

8. 穿线、接线

（1）照明主回路和分支回路的导线截面规格应符合设计要求。

（2）照明器具应按设计给定的回路编号进行穿线、接线，保证三相平衡。

（3）照明穿线宜采用不同的颜色区分各照明回路、相线、零线。

（4）带接地孔的插座配接地专用线。

（5）单相两孔插座，面对插座，右孔或上孔与相线相连接，左孔或下孔与零线相连接；单相三孔插座，面对插座，右孔与相线相连接，左孔与零线相连接，上孔与地线相连接。

（6）插座的接地端子不能与零线端子直接连接。

（7）同一场所的三相插座其接线相位必须一致。

（8）照明回路的相线要经开关控制。

（9）照明接线宜采用压接管或挂锡法接线，压接管直径应与导线的截面、根数配合，压接牢固不松动。

（10）照明线接头用黑胶布、橡皮包布包好。

9. 通电检验

（1）通电前经过绝缘检查，绝缘电阻合格。

（2）灯具回路、照明箱应分别进行绝缘检查。

（3）核对灯具位号是否与设计相符。

（4）通电检验应保证所有灯具正常，开关控制正确，插销应进行验电和断电检查。

（5）所有灯具亮后，照明箱电源的三相电流应平衡。

10. 密封

（1）密封件内在电缆或导线敷设后必须填充水凝性粉剂密封填料。

（2）粉剂密封填料的包装必须密封。密封填料的配制应符合产品的技术规定，浇灌时间严禁超过其初凝时间，并应一次灌足。凝固后其表面应无龟裂。排水式隔离密封件填充后的表面应光滑，并可自行排水。

五、500kV 区域建（构）筑物通风空调工程施工

（一）工程概况

施工方案主要工作内容为 500kV 区域通风空调施工，其中包括 110kV、网络继电器楼、500kV 区域通风空调施工，施工严格按照设计说明及相关施工质量验收规范执行。

（二）施工工艺流程

风管制作工艺流程见图 13-10，风管安装施工工艺流程见图 13-11，空气处理室安装流程见图 13-12。

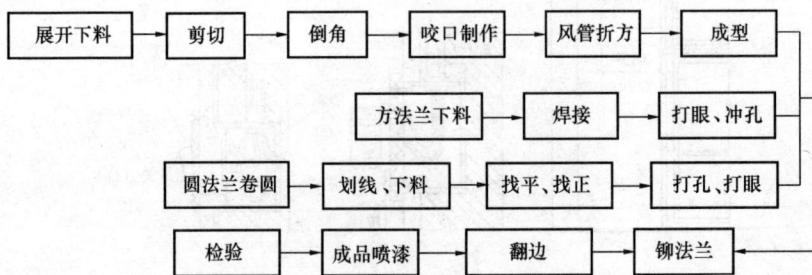

图 13-10　风管制作工艺流程图

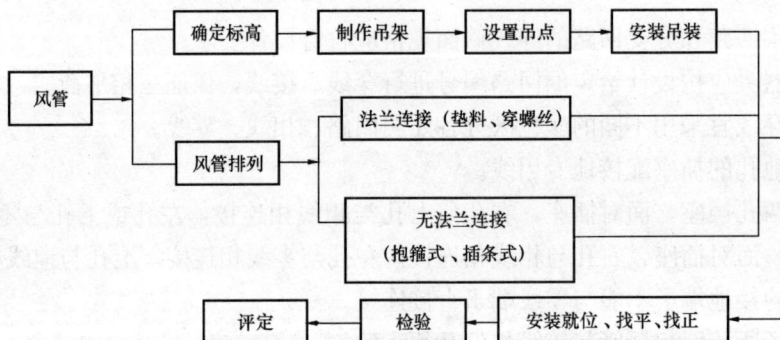

图 13-11　风管安装施工工艺流程图

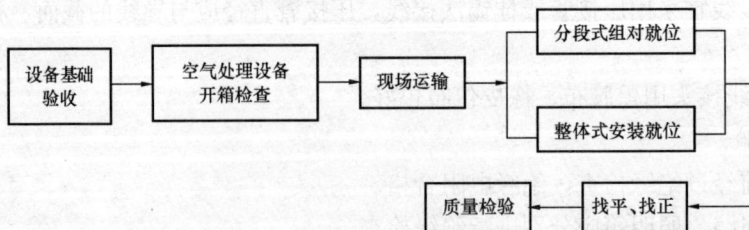

图 13-12　空气处理室安装流程图

（三）施工方法及要求

1. 风机安装

（1）应根据设计图纸对设备基础进行全面检查，是否符合尺寸要求。按设备装箱清单，核对叶轮、机壳和其他部位的主要尺寸，进、出风口的位置、方向是否符合设计要求，做好检查记录。

（2）叶轮旋转方向应符合设备技术文件的规定。

（3）风机设备搬运使用的工具及绳索必须符合安全要求。

（4）风机设备安装就位前，按设计图纸并依据建筑物的轴线、边线线及标高线放出安装基准线。将设备基础表面的油污、泥土、杂物和地脚螺栓预留孔内的杂物清除干净。

（5）整体安装的风机，搬运和吊装的绳索不得捆绑在转子和机壳或轴承盖的吊环上。

（6）风机安装在无减振器混凝土基础上，应垫上 10mm 厚的橡胶板，找平、找正后固定牢。

（7）通风机的机轴必须保持水平度，风机与电动机用联轴节连接时，两轴中心线应在同一直线上。

（8）风机与电动机的传动装置外露部分应安装防护罩，风机的吸入口或吸入管直通大气时，应加装保护网或其他安全装置。

（9）大型屋顶风机组装，叶轮与机壳的间隙应均匀分布，并符合设备技术文件要求。

2. 金属风管制作

（1）制作钢板风管和配件的板材厚度应符合表 13-2 的规定。

表 13-2　　　　　　　　　钢板风管和配件板材厚度　　　　　　　　　mm

圆形风管直径，或矩形风管大边长 b	钢板厚度
$D(b) \leqslant 320$	0.75
$320 < D(b) \leqslant 450$	0.75
$450 < D(b) \leqslant 630$	0.75
$630 < D(b) \leqslant 1000$	1.0
$1000 < D(b) \leqslant 1250$	1.0
$1250 < D(b) \leqslant 2000$	1.2

（2）铆钉连接时，必须使铆钉中心线垂直于板面，铆钉头应将板材压紧，使板缝密合，并且铆钉排列整齐、均匀。

板材之间铆接，一般中间可不加垫料，设计有规定时，按设计要求进行。

（3）咬口连接根据适用范围选择咬口形式，见表 13-3。

表 13-3　　　　　　　　　常用咬口及其适用范围

名　称	适　用　范　围
单咬口	用于板材的拼接和圆形风管的闭合咬口
立咬口	用于圆形弯管或直接的管节咬口
联合角咬口	用于矩形风管、弯管、三通管及四通管的咬接
按扣式咬口	现在矩形风管大多采用此咬口，有时也用于弯管、三通管或四通管

（4）咬口时手指距滚轮护壳不小于 5cm，手柄不允许放在咬口机轨道上，扶稳板料。

（5）咬口后的板料将画好的折方线放在折方机上，置于下模的中心线上。操作时使机械上刀片中心线与下模中心线重合，折成所需要的角度。

（6）折方时应互相配合，并与折方机保持一定距离，以免被翻转的钢板或配重碰伤。

（7）制作圆风管时，将咬口两端拍成圆弧状放在卷圆机上卷圆，按风管直径规格适当调整上、下辊间距。操作时，手不得直接推送钢板。

（8）折方或卷圆后的钢板用合口机或手工进行合缝。制作时用力均匀，不宜过重。单、双口确实咬合，无胀裂和半咬口现象。

（9）法兰加工。

1）矩形风管法兰加工：

① 方法兰由4根角钢组焊而成。划线下料时，应注意使焊成后的法兰内径不小于风管的外径，用型钢切割机按线切断。

② 下料调直后，放在冲床上冲击铆钉孔及螺栓孔，孔距不应大于150mm。如采用8501阻燃密封胶条作垫料时，螺栓孔距可适当增大，但不得超过300mm。

③ 冲孔后的角钢放在焊接平台上进行焊接，焊接时按各规格模具卡紧。

④ 矩形风管法兰用料规格应符合表13-4的规定。

表13-4 矩形风管法兰用料规格 mm

矩形风管大边长 b	法兰用料（角钢）规格	螺栓规格
$b \leqslant 630$	25×3	M6
矩形风管大边长	法兰用料（角钢）规格	螺栓规格
$630 < b \leqslant 1500$	30×3	M8
$1500 < b \leqslant 2500$	40×4	
$2500 < b \leqslant 4000$	50×5	M10

注 矩形法兰的四角应设置螺孔。

2）圆形法兰加工：

① 先将整根角钢或扁钢放在冷煨法兰卷圆机上按要求卷成螺旋状后取下。

② 将卷好后的型钢画线割开，逐个放在平台上找平、找正。

③ 调整的各支法兰进行焊接、冲孔。

（10）矩形风管边长不小于630mm和保温风管边长不小于800mm，其管段长度在1200mm以上时均应采取加固措施。边长不大于800mm的风管，宜采用楞筋、楞线的方法加固。

（11）中、高压风管的管段长度大于1200mm时，应采用加固框的形式加固。

（12）高压风管的单咬口缝应有加强措施，风管的板材厚度不小于2mm时，加固措施的范围可适当放宽。

（13）风管与法兰铆接前先进行技术质量复核，合格后将法兰套在风管上，管端留出10mm左右折边量，管析方线与法兰平面应垂直，然后使用液压铆钉钳或手动夹眼钳用铆钉将风管与法兰铆固，并留出四周折边。

（14）翻边应平整，不应遮住螺孔，四角应铲平，不应出现豁口，以免漏风。

（15）风管与小部件（嘴子、短支管等）连接处、三通、四通分支处要严密、缝隙处应利用锡焊或密封胶堵严，以免漏风。

（16）风管喷漆防腐不应在低温（低于+5℃）和潮湿（相对湿度不大于80%）的环境下进行，喷漆前应清除表面灰尘、污垢与锈斑，并保持干燥。喷漆时应使漆膜均匀，不得有堆积、漏涂、皱纹、气泡及混色等缺陷。

普通钢板在压口时必须先喷一道防锈漆，保证咬缝内不易生锈。

（17）钢板的防腐油漆应符合设计要求。

（18）风管成品检验后应按施工图纸中主干管、支管系统的顺序写出连接号码及工程简名，合理堆放码好，等待安装。

3. 金属风管安装

（1）支、吊架制作：

1）按照设计图纸，根据土建基准线确定风管标高，并按照风管系统所在的空间位置，确定风管支、吊架形式，设置支、吊点。支、吊架制作按照国家标准03K132和05R417-1选用强度和刚度相适应的形式和规格。对于直径或边长大于2500mm的超宽、超重等特殊风管的支、吊架应按设计规定。

2）风管支、吊架制作前，首先要对型钢进行矫正，矫正的方法有冷矫和热矫两种；小型钢材一般采用冷矫正，较大的型钢须加热到900℃左右后进行矫正。矫正的顺序为先矫正扭曲，后矫正弯曲。

3）风管支、吊架的形式、材质、加工尺寸、安装间距、制作精度、焊接等应符合设计要求，不得随意更改，开孔必须采用台钻或手电钻，不得用氧乙炔焰开孔。

4）支、吊架的焊接应外观整洁、漂亮，要保证焊透、焊牢，不得有漏焊、欠焊、裂纹、咬肉等缺陷。

5）吊杆圆钢应根据风管安装标高适当截取。套丝不宜过长，丝扣末端不宜超出托架最低点，不得妨碍装饰吊顶的施工。

6）风管支、吊架制作完成后，应进行除锈、刷漆。埋入墙、混凝土中的部位不得刷油漆。

7）用于镀锌钢板风管的支架、抱箍应按设计要求做好防腐绝缘处理，防止电化学腐蚀。

（2）支、吊架安装：

1）按风管的中心线找出吊杆安装位置，单吊杆在风管的中心线上；双吊杆可按托架的螺孔间距或风管的中心线对称安装。吊杆与吊件应进行安全、可靠的固定，对焊接后的部位应补刷油漆。

2）立管管卡安装时，应先将最上面的一个管件固定好，再用线坠在中心处吊线，下面的风管即可进行固定。

3）当风管较长要安装成排支架时，应先将两端安好，然后以两端的支架为基准，用拉线法找出中间各支架的标高进行安装。

4）风管水平安装，直径或长边不大于400mm时，支、吊架间距不大于4m；直径或长边大于400mm时，支、吊架间距不大于3m。当水平悬吊的主、干风管长度超过20m时，应设置防止摆动的固定点，每个系统不应少于1个。风管垂直安装时，支、吊架间距不应大于4m；单根直管至少应有2个固定点。

5）支、吊架不得设置在风口、阀门、检查门及自控机构处，离风口或插接管的距离不宜小于200mm。

6）抱箍支架的折角应平直，抱箍应紧贴并抱紧风管。安装在支架上的圆形风管应设托座和抱箍，其圆弧应均匀，且与风管外径相一致。

7）保温风管的支、吊架装置宜放在保温层外部，保温风管不得与支、吊托架直接接触，应垫上坚固的隔热防腐材料，其保温厚度与保温层相同，防止产生"冷桥"。

（3）风管法兰连接：

1）法兰密封垫料应选用不透气、不产尘、弹性好的材料，法兰垫料应尽量减少接头，接头形式采用阶梯形或企口形，接头处应涂密封胶。

2）法兰连接时，首先按要求垫好垫料，然后把两个法兰先对正，穿上几颗螺栓并戴上螺母，不要上紧。再将尖冲塞进未上螺栓的螺孔中，把两个螺孔撬正，直到所有螺栓都穿上后，拧紧螺栓。紧螺栓时应按十字交叉逐步均匀的拧紧。风管连接好后，以两端法兰为基准，拉线检查风管连接是否平直。

3）镀锌钢板风管法兰连接的螺栓宜用同材质的材料制成。

4）连接法兰的螺栓应均匀拧紧，其螺母宜在同一侧。

（4）柔性短管安装：根据施工图纸确定正确的安装位置。

1）安装应松紧适当，不得扭曲。安装在风机吸入口的柔性短管可安装得紧绷一些，防止风机启动后被吸入而减少截面尺寸。

2）安装时，不得把柔性短管当成找平、找正的连接管或异径管。

（5）风管安装。

1）安装技术要求：

① 明装风管：水平度每米小于 3mm，总偏差小于 20mm；垂直度每米小于 2mm，总偏差小于 20mm。

② 暗装风管：位置应正确，无明显偏差。

2）安装顺序为先干管，后支管；安装方法应根据施工现场的实际情况确定，可以在地面上连成一定的长度，然后采用整体吊装的方法就位；也可以把风管一节一节地放在支架上逐节连接。整体吊装是将风管在地面上连接好，一般可接长至 10～12m，用倒链或升降机将风管吊到吊架上。

3）风管穿越需要封闭的防火、防爆墙体或楼板时，应设预埋管或防护套管，其钢板厚度不应小于 1.6mm。风管与防护套管之间应用不燃且对人体无危害的柔性材料封堵。

4）风管接缝应牢固，无孔洞和开裂。

5）风管系统安装完毕后，应按系统类别进行严密性检验。

（6）风帽安装：

1）风帽安装高度超过屋面 1.5mm 时，应设拉索固定，拉索的数量不应少于 3 根，且设置均匀、牢固。

2）不连接风管的筒形风帽可用法兰直接固定在混凝土或木板底座上。当排送湿度较大的气体时，应在底座设置滴水盘并有排水措施。

（7）风口安装：

1）风口安装应横平、竖直、严密、牢固、表面平整。

2）带风量调节阀的风口安装时，应先安装调节阀框，后安装风口的叶片框。同一方向的风口，其调节装置应设在同一侧。

3）散流器安装时，应注意风口预留孔洞要比喉口尺寸大，留出扩散板的安装位置。

4）风口安装前，应将风口擦拭干净，密封垫料封堵严密，不能漏风。

5）排烟口与进风口的安装部位应符合设计要求，与风管的连接应牢固、严密。

（8）风阀安装：

1）风阀安装前应检查框架结构是否牢固，调节、制动、定位等装置是否准确、灵活。

2）风阀的安装同风管的安装，将其法兰与风管或设备的法兰对正，加上密封垫片，上紧螺栓，使其与风管或设备连接牢固、严密。

3）风阀安装时，应使阀件的操纵装置便于人工操作，其安装方向应与阀体外壳标注的方向一致。

4）安装完的风阀，应在阀体外壳上有明显和准确的开启方向、开启程度的标志。

5）防火阀的易熔片应安装在风管的迎风侧，其熔点温度应符合设计要求。

4. 空调机组的安装

（1）设备基础的验收：根据安装图对设备基础的强度、外形尺寸、坐标、标高及减振装置进行认真检查。

（2）设备开箱检验：

1）开箱前检查外包装有无损坏和受潮。开箱后认真核对设备及各段的名称、规格、型号、技术条件是否符合设计要求，产品说明书、合格证、随机清单和设备技术文件应齐全。逐一检查主机附件、专用工具、备用配件等是否齐全，设备表面应无缺陷、缺损、损坏、锈蚀、受潮的现象。

2）取下风机段活动板或通过检查门进入，用手盘动风机叶轮，检查有无与机壳相碰、风机减振部分是否符合要求。

3）检查表冷器的凝结水部分是否畅通、有无渗漏，加热器及旁通阀是否严密、可靠，过滤器零部件是否齐全、滤料及过滤形式是否符合设计要求。

（3）设备运输：空调设备在水平运输和垂直运输之前尽可能不要开箱，并保留好底座。现场水平运输时，应尽量采用车辆运输或钢管、跳板组合运输。室外垂直运输一般采用门式提升架或起重机，在机房内采用滑轮、倒链进行吊装和运输。整体设备允许的倾斜角度参照说明书。

（4）一般装配式空调安装：

1）阀门启闭应灵活，阀叶须平直。表面式换热器应有合格证，在规定期间内外表面若无损伤，安装前可不做水压试验，否则应做水压实验。试验压力等于系统最高工作压力的1.5倍，且不低于0.4MPa，试验时间为2～3min，压力不得下降。空调器内挡水板可阻挡喷淋处理后的空气夹带水滴进入风管内，使空调房间湿度稳定。挡水板安装时前后不得装反。要求机组清理干净，箱体内无杂物。

2）现场有多套空调机组安装前，将段体进行编号，切不可将段位互换调错，按厂家说明书，分清左式、右式，段体排列顺序应与图纸吻合。

3）从空调机组的一端开始，逐一将段体抬上底座就位找正，加衬垫，将相邻两个段体用螺栓连接牢固、严密。每连接一个段体前，应将内部清扫干净。组合式空调机组各功能段间连接后，整体应平直，检查门开启要灵活，水路畅通。

4）加热段与相邻段体间应采用耐热材料作为垫片。

5）表冷段段体连接处要严密、牢固、可靠，不得渗水，检视门不得漏水。积水槽应清理干净，保证冷凝水畅通不溢水。凝结水管应设置水封，水封高度根据机外余压确定，防止空气调节器内空气外漏或室外空气进来。

6）安装空气过滤器时方向应符合要求。框式及袋式粗、中效空气过滤器的安装要便于拆卸及更换滤料。

过滤器的安装应符合以下规定：按出厂标志方向搬运、存放，安置于防潮、洁净的室内。其框架端面或刀口端面应平直，平整度允许偏差为±1mm，外框不得改动。洁净室全部安装完毕后，应全面清扫、擦净。系统连续试车12h后，方可开箱检查，不得有变形、破损和漏胶等现象，合格后立即安装。安装时，外框上的箭头与气流方向应一致。用波纹板组合的过滤器在竖向安装时，波纹板应垂直于地面，不得反向。过滤器与框架间必须加密封垫料或涂抹密封胶，厚度为6～8mm。定位胶贴在过滤器边框上，采用梯形或榫形拼接，安装后的垫料压缩率应大于50%。采用硅橡胶密封时，先清除边框上的杂物和油污，在常温下挤抹硅橡胶，应饱满、均匀、平整。采用液槽密封时，槽架安装应水平，槽内保持清洁、无水迹。密封液宜为槽深的2/3。现场组装的空调机组，应做漏风量测试。

7）安装完的空调机组静压为700Pa时，漏风率不大于3%。空气净化系统机组，静压为1000Pa，在室内洁净度低于1000级时，漏风率不应大于2%；洁净度高于或等于1000级时，漏风率不应大于1%。

第十四章

烟囱施工措施

第一节　烟囱土方开挖及基础施工

一、烟囱土方开挖施工

(一) 工程概况

某发电厂厂址土层自上而下分为五大层，其中第一大层（层号①）为陆相沉积物，以黄褐色粉质黏土为主，在该层的顶部分布有素填土或淤泥；第二大层（层号②）为海相沉积物，以灰色粉质黏土为主，夹有粉土、黏土、淤泥质粉质黏土和粉细砂层。烟囱基础基本达到灰色粉质层。地下水类型为潜水，场地内的地下水位标高为 1.80～2.00m。

本工程厂区±0.00m 相当于绝对标高 4.600m，自然地坪大约在−0.300m。烟囱基坑坑底标高为−5.100m。由于此区域地表均为素填土，为了保证基坑开挖的质量和后期施工的安全，计划基坑开挖采用台阶式方坡开挖方法。根据现场的土质渗透系数相对较低的实际情况，土方开挖中的排水拟采用明沟、集水井、潜水泵排水的施工方案。

(二) 施工方案

烟囱基础土方工程采用机械大开挖的形式。人工配合机械挖土、自卸汽车运土，一次开挖至设计标高。

基坑排水采用明沟排水的方式，基坑周围设置排水明沟，延基坑四周设置 3 个集水井，然后用水泵将集水井内的水排到厂区排水沟中。截桩工作随土方开挖进度同时进行。开挖顺序为自东侧边坡向西侧边坡方向进行。开挖时在距基坑上口边 500 mm 处设置黏土挡水坎，挡水坎底宽 500mm，上平宽 300mm，高 250mm，表面拍光。坡道两侧采用编织袋装土挡设。

(三) 施工工艺流程

完善施工环境、修筑施工道路→控制点的设置和复检→放基坑各开挖上口线、底口线→土方开挖、桩头处理→地基验槽。

(四) 施工方法及要求

1. 施工环境完善、施工通行道路修筑

在土方开挖前首先在开挖范围内铺设临时道路，以满足土方运输车辆的通行。临时道路采用拆房土铺设，道路宽度、厚度和位置以满足土方运输车辆通行方便为准。

2. 控制点设置和复检

在土方开挖前首先在场地上放出土方开挖上下口线，尤其是标高不同的位置更应严格控制，以防超挖或开挖不到位等现象发生。在基坑外侧设置临时测量控制点，供测量使用。临时控制点采用木桩制作，在每次使用前应根据业主提供的基准点复核。基坑开挖完后，将标高引测到基坑北侧烟道支架基础桩身上。

3. 基坑开挖上口线、底口线施放

基坑开挖上、下口线的施放按照烟囱基础图和施工方案的要求进行。

4. 土方开挖

烟囱基础土方开挖采用挖掘机开挖，人工配合清槽。基坑开挖边坡坡度为 1：1.5，由于基坑比较深，土质分层明显，因此在 −2.500m 标高位置设置 2m 宽卸载平台；基坑开挖时，需要在基础外边预留 1m 宽工作面，工作面外 500mm 宽排水沟，排水沟侧壁距基坑边坡坡脚 500mm。

开挖时，由烟囱东侧边坡开挖至西侧，烟囱正西侧设置机动车上下坡道，坡道宽度为 6m，放坡坡度为 1：8。机械开挖时基底预留 200mm 宽的预留层，预留层采用人工清除，以避免机械开挖时扰动基底土；预留层高度根据实际情况调整，但必须保证不扰动基底土。槽底土采用人工清理，人工清槽底的速度须与机械开挖速度一致。开挖过程中，如果有桩间距较小，挖掘机挖斗不能通过时，桩间土采用人工挖掘。

土方开挖过程中严格按照设计要求的开挖深度进行开挖，严禁超挖。在临近开挖深度时，要求机械操作人员控制好铲斗的入土深度，测量人员跟随测量，严格控制标高。人工进行修坡时，要求将坡面修整平整，不得凹凸不平。挖掘机在挖土过程中严禁碰撞桩头，以防因碰撞使桩偏移或损坏。汽车在倒车时，派专人进行指挥，以免发生危险。

5. 截桩

(1) 截桩的顺序为标注出设计标高→剔桩头→人工局部处理→清除钢筋上的污物、钢筋调直。

(2) 截桩的方法及要求：

1) 截桩工作随土方开挖同时进行，随开挖随截桩，随即将桩头运走。截桩采用铁斩剔凿的方式。

2) 截桩前，先在桩身上面用红油漆笔标记出设计标高，然后人工用小凿子将基础桩主筋保护层剃凿掉，使桩主筋完全露出，在离垫层面 950mm 高位置处将主筋截断，将下部桩主筋与桩身分离开。桩主筋剥出后将桩头在设计标高上 5~10cm 的位置处截断并放倒，用挖掘机将桩头吊出基坑。桩头清走后，再用小錾子将桩头顶剔凿至设计标高，然后将预留的桩主筋调直。

剔除桩头时，要保证桩体和桩钢筋深入到混凝土承台内的长度符合设计要求。当出现钢筋长度不满足设计要求时，应采用双面搭接焊的连接形式进行。剔除后的桩头要求表面混凝土平整、没有松动的混凝土、钢筋顺直。剔凿下来的碎块用运土车运至指定地点，严禁混凝土碎块和开挖土一起混运。当桩头超过 2m 长时，可分两次凿除，以方便运输。

截桩工作以基础承台为单位进行，机械开挖出一个承台截一个承台，截下的桩头用汽车运至组合场。

(3) 施工要求

1) 在土方开挖时，严禁挖掘机从侧向对桩体进行磕碰、撞击，防止引起断桩、碎桩事件。挖掘机在开挖至距离桩头很近的位置时，要求有专人指挥，防止机械对桩身造成损害。

2）当现场开挖出有质量缺陷的基础桩时，应及时向监理汇报，并做好记录（含摄像资料）。质量缺陷由设计人员出具施工方案后再做处理。对于基础桩钢筋长度不能满足要求的，经监理确认后采用双面搭接焊的形式进行接长。

3）凿桩的过程中，要经常检查桩头的稳定性，严防桩头突然倾倒。桩头碎块要及时运出，截完的桩头附近不允许机械进入，以免对桩头混凝土造成破坏。桩头钢筋要派专人进行保护，避免造成污染和破坏。

6．土方开挖期间预防桩位偏移的措施

（1）开挖过程中严格控制开挖深度，严禁挖掘机碰撞桩身。

（2）土方开挖时一律按照施工方案要求的放坡系数放坡。

（3）对已经开挖出的工程桩，测量人员需要有针对性的跟踪监测，如发现工程桩位置发生变化时须及时通知现场负责人员进行处理。对于没有达到设计强度的桩基，提前用小红旗做出标记，在施工过程中严禁碾压和碰撞。

（4）开挖过程中注意对基底及边坡土体的监测，发现异常立即上报。

7．施工排水

施工排水系统由基坑底部的排水明沟、集水井、潜水泵和基坑上部的排水沟、集水坑、潜水泵组成。在土方开挖前将基坑上部的排水系统预先形成，以保证基坑内的水能够随时排出。

基坑内集水井和排水明沟随开挖随设置。集水井采用机制红砖砌成，井底标高应低于槽底800mm以上，码成后要求在其四周回填透水性很好的碎石。集水井为半径800mm、高1500mm的圆井，每隔约50m设置一座（当基坑内水量较小时可适当减少集水井数量，反之则增加），每个集水井内设置至少1台潜水泵，必要时可适当增加。基坑底部周围设置排水明沟，排水沟深500mm，上口宽500mm，下口宽300mm；排水沟外边距坡脚500mm，侧壁采用竹笆护坡；排水沟纵向坡度为1‰，全部坡向集水井。

在施工过程中加强对基坑集水井和排水沟的管理，定期检查集水井和排水沟的情况，当发现有淤泥流入时，及时派人进行清淤，以保证基坑内的水及时排出。

二、烟囱基础施工

（一）工程概况

某发电厂厂区土地类别为Ⅳ类场地，地震设防烈度为8度。烟囱±0.000m相当于绝对高程＋4.600m，烟囱基础为圆板式桩基础，均采用混凝土灌注桩，基础底标高为一5.000m，图纸要求灌注桩伸入基础100mm，截桩后桩顶设计标高为一4.900m。基础圆底板厚3.500m，基础边缘2.330m。

（二）施工工艺流程

烟囱基础施工工艺流程见图14-1。

（三）施工方法及要求

1．基础垫层

基坑土方开挖完，桩头截完后，经甲方、监理、设计人员验槽、桩检合格后，开始浇筑垫层混凝土。垫层厚100mm，混凝土强度等级为C15，垫层浇灌范围大于基础外边100mm。垫层施工时，在圆心位置下安设150mm×150mm的埋件，打完垫层后，把烟囱中心固定到埋件上。要求垫层施工严格按外形尺寸支设模板，保证垫层满足基础施工要求。浇筑垫层混

凝土时，要求混凝土表面压出水光，保证垫层标高及表面平整，不允许出现表面露石子等
现象。

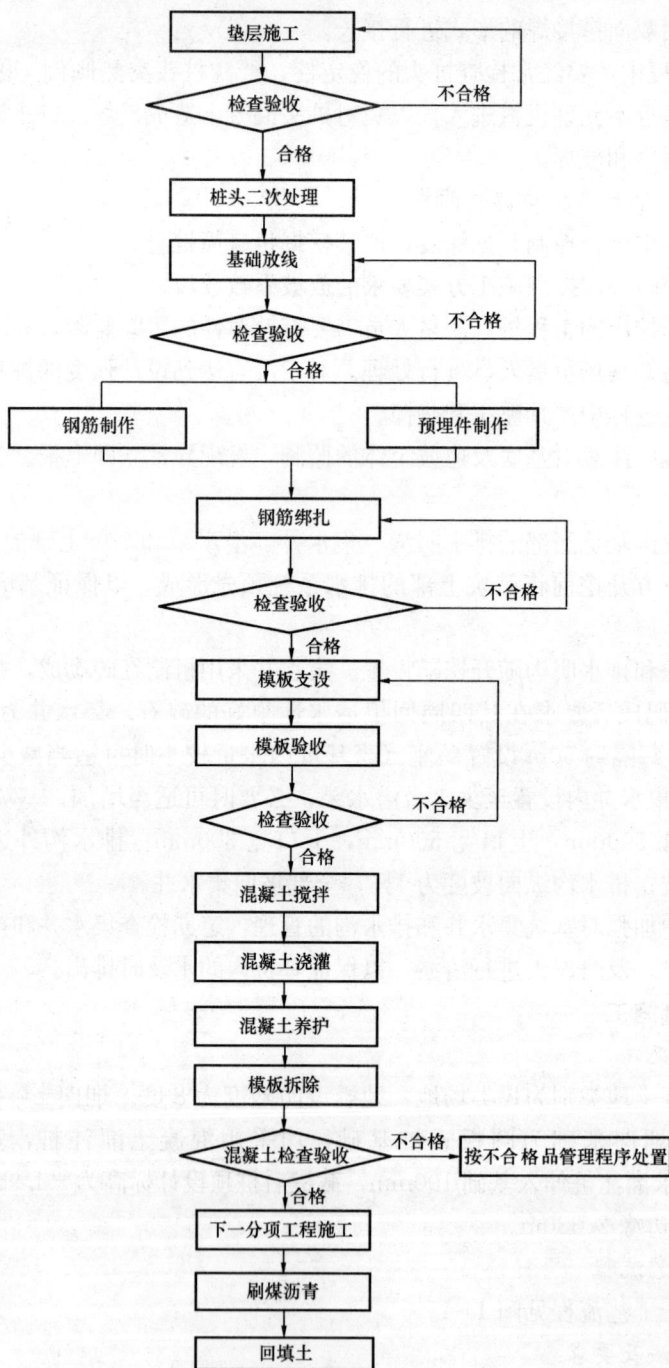

```
                    ┌──────────┐
                    │ 垫层施工  │◄─────────┐
                    └────┬─────┘           │
                         ▼            不合格 │
                    ◇ 检查验收 ◇──────────────┘
                         │ 合格
                         ▼
                    ┌──────────┐
                    │ 桩头二次处理 │
                    └────┬─────┘
                         ▼
                    ┌──────────┐
                    │ 基础放线  │◄─────────┐
                    └────┬─────┘           │
                         ▼            不合格 │
                    ◇ 检查验收 ◇──────────────┘
                         │ 合格
            ┌────────────┴────────────┐
            ▼                         ▼
      ┌──────────┐             ┌──────────┐
      │ 钢筋制作  │             │ 预埋件制作 │
      └──────────┘             └──────────┘

                    ┌──────────┐
                    │ 钢筋绑扎  │◄─────────┐
                    └────┬─────┘           │
                         ▼            不合格 │
                    ◇ 检查验收 ◇──────────────┘
                         │ 合格
                         ▼
                    ┌──────────┐
                    │ 模板支设  │◄─────────┐
                    └────┬─────┘           │
                         ▼                 │
                    ┌──────────┐           │
                    │ 模板验收  │           │
                    └────┬─────┘           │
                         ▼            不合格 │
                    ◇ 检查验收 ◇──────────────┘
                         │ 合格
                         ▼
                    ┌──────────┐
                    │ 混凝土搅拌 │
                    └────┬─────┘
                         ▼
                    ┌──────────┐
                    │ 混凝土浇灌 │
                    └────┬─────┘
                         ▼
                    ┌──────────┐
                    │ 混凝土养护 │
                    └────┬─────┘
                         ▼
                    ┌──────────┐
                    │ 模板拆除  │
                    └────┬─────┘
                         ▼            不合格  ┌──────────────────┐
                    ◇ 混凝土检查验收 ◇─────────►│ 按不合格品管理程序处置 │
                         │ 合格              └──────────────────┘
                         ▼
                    ┌────────────┐
                    │ 下一分项工程施工 │
                    └────┬───────┘
                         ▼
                    ┌──────────┐
                    │ 刷煤沥青  │
                    └────┬─────┘
                         ▼
                    ┌──────────┐
                    │ 回填土    │
                    └──────────┘
```

图 14-1　烟囱基础施工工艺流程图

2. 测量放线

根据已验收合格的烟囱网点，烟囱中心坐标放出两条方向线，中心交点即为烟囱中心，
校核无误后，在中心埋件上将烟囱中心点镶上铜丝，作为烟囱基础施工的依据。中心十字线

及圆心用红油漆标示。

基础施工还需施工出以下几条控制线作为基础施工时模板、钢筋及基础外形尺寸的控制线，包括圆板基础外边线、钢内筒基础内外边线、筒壁外周线、筒壁内周线、基础上披筋和筒壁筋的交叉点、底板筋位置线。

3. 钢筋工程

(1) 进货检验。钢筋进场应有出厂质量证明书，进场以后应核对标志，做外观检查，钢筋表面不得有裂纹、结疤、折叠和老锈等。

(2) 力学性能试验。钢筋进场复试取样要由监理见证取样，从每批钢筋中任选 6 根钢筋，分成 2 组，分别进行拉伸试验（包括屈服点、抗拉强度和伸长率）和冷弯试验。如有一项检验不符合要求，则从同一批中另取双倍数量的试样重新做各项试验，如仍有一个试样不合格，则该批钢筋判定为不合格品。

钢筋堆放在钢筋场内时，应用枕木将钢筋垫高 300mm，并按要求做好标识牌。要求分清钢筋的品种、规格、数量、检验状态（检验合格、待检、未检、不合格品等）、进货日期。

(3) 钢筋加工、配置。钢筋加工、配置程序为：确定用料→除锈（除污迹）→调直→切断→弯曲成型。

确定用料严格按翻样单上的规格、数量加工配制。钢筋表面如有油渍、铁锈、泥土，应在使用前清理干净，除锈采用人工钢丝刷清除。

对局部有弯曲的钢筋采用人工调直后，才能使用。粗钢筋用调直机调直，对原材端头有弯曲或马蹄形毛边的用大锤调直，调直后应平直、无局部曲折。钢筋在断料前，应将翻样单上同规格钢筋根据不同的长度，长短合理搭配，统筹排料。一般应先断长料，再断短料，减少短头、损耗，并避免短尺量长料，防止出现积累误差或错量。

钢筋弯曲成型时，应根据翻样单上尺寸，先在钢筋上量好尺寸，并划出弯起点位置再弯曲。基础环筋制作时，应根据该尺寸钢筋的半径先在地面上实际放样，加工一根钢筋，根据放样尺寸调整弯曲机的弯曲弧度，调整合适后再成批加工。钢筋在加工过程中如发现有脆断、劈裂等异常时，应及时向技术人员反映，并停止该批钢筋的使用，待重新试验合格确认后再使用。

钢筋加工的成品、半成品应有明确标识，并分区域码放整齐。

(4) 钢筋焊接。钢筋连接形式有闪光对焊、机械连接、搭接焊和绑扎接头。进行钢筋焊接、机械连接操作的焊工、操作工必须具有操作合格证，并且在正式焊接、机械连接前，应根据施工条件制作 3 组试件，试验合格后方可上岗操作。

1) 闪光对焊。钢筋对焊前应将钢筋端头 150mm 范围内清除干净，焊接场地要搭盖对焊操作间，防止大风、雨、雾等恶劣天气，闪光对焊焊接头骤然冷却而发生脆裂。

钢筋闪光对焊参数根据钢筋的直径、焊机容量及焊接工艺方法等具体情况选择，并经试焊合格后确定。钢筋闪光对焊连接，其闪光过程应强烈、稳定、准确调整，并严格控制各过程的起点和止点。焊成的钢筋料要自然冷却，不可强制冷却，尤其不能在焊点处沾水、吹风，待钢筋自然冷却后再抬到堆放地点。

闪光对焊接头的外观要求：接头处不得有横向裂纹，与电极接触处的钢筋表面不得有明显烧伤，接头处的弯折角不得大于 40°，轴线偏移不得大于钢筋直径的 0.1 倍，且不得大于 2mm。成批的碰焊接头要由监理见证取样进行试验检验，取样标准为同种规格同批次每 300

个接头取一组试件，每组试件 6 根，其中 3 根抗弯、3 根抗拉，当少于 300 个接头时，按 300 个接头取样。经试验室试验合格后，方可运至现场绑扎成型。

2）机械连接。直螺纹接头在钢筋场将丝套好，在现场就位后用套筒连接。

（5）钢筋绑扎。钢筋绑扎按顺序进行，由加工场用拖板车运至现场。钢筋在运输过程中注意不要碰掉标识牌，并在基坑边上分类垫高码放。长料需多人抬时，要听从统一指挥，步调一致，注意安全。

钢筋绑扎顺序为：底板下皮筋→焊接马凳→底板上皮筋→底板环筋→基础斜坡上皮筋→环壁外皮筋→环壁内皮筋→筒壁竖筋→内温度筋→内筒竖向筒壁钢筋→根据钢筋位置、半径进行找正。

绑扎底板钢筋时由钢筋图表数量算出外侧间距，依次用红油漆做好标记，根据外侧点和圆心点划出内侧点，依据内、外点排好底板钢筋，然后把环向筋的间距在底板筋上用石笔划出，把环向钢筋和底板钢筋绑扎牢固，不允许有松扣现象。直径大于 22mm 的钢筋接头采用直螺纹连接，设置在同一构件内的接头应相互错开，两个接头中心点的长度为 35 倍钢筋直径且不小于 500mm；直径小于 22mm 的采用绑扎接头，搭接长度为 40 倍钢筋直径，同一截面的绑扎接头至少相隔 3 排钢筋，相邻接头的间距应大于 1m。

两层底板钢筋的位置应对应，接头位置应相互错开，两层底板钢筋中间用直径为 25mm 的钢筋短头隔开。因基础钢筋型号较多，绑扎时应做好过程验收，防止出现绑扎困难或返工现象，造成工期延误。

底板钢筋绑完后，根据基础线进行骨架钢筋的绑扎，对已焊接成型的马凳，沿圆心呈辐射状布置，马凳与马凳之间用钢筋连接牢固，以防倾覆伤人。筒壁竖向钢筋采用脚手架固定，根据上口半径和垫层上线确定钢筋位置点，骨架成型后，把筒壁竖筋按间距和位置线固定在脚手架上，从门洞口一侧沿逆时针方向按 25％接头每 4 个为一组一次错开，然后绑扎上部钢筋、温度筋和侧壁钢筋，最后绑扎环壁钢筋。待基础钢筋完全绑扎成型后，再拆除脚手架。

基础底板钢筋的保护层厚度为 100mm，其他处为 50mm，钢筋在施工过程中如需代换，须征得设计人员同意，符合规范要求后方可使用。钢筋严格按图纸尺寸、位置绑扎，绑扎使用 22 号铅丝，每扣不少于 3 根。保护层垫块提前预制，垫块和钢筋之间绑扎牢固，避免在钢筋受扰动时或打混凝土时掉落而出现漏筋现象。

钢筋绑扎注意事项：

1）钢筋在绑扎过程中，要求平直、弧度准确、间距均匀（间距提前用粉笔在皮筋或垫层上划出来）、数量准确、绑扎牢固，绑扎成型后再仔细检查、核对，使其满足规范要求。最后清除钢筋施工过程中遗留下的杂物和钢筋上的泥土、锈渍。

2）钢筋绑扎使用的绑丝要用专用工具切成，切时要一次切成，避免有毛刺，影响绑扎质量，并容易扎伤手，切绑丝的长度要根据钢筋的直径计算，不能过长和过短。绑扎时所有的钢筋相交处都要绑，且不能有漏扣和松扣现象，钢筋绑扣不可均朝一个方向，要成"八"字扣。搭接接头要满足搭接长度要求，绑扎时不少于 3 扣。

3）施工脚手架立管不可埋入混凝土内，如果打混凝土时不能拆除，脚手管底部可用直径大的钢筋插进基础内。

4）为防止踩踏斜坡钢筋，绑扎基础斜坡钢筋时应铺上脚手板再进行绑扎。

5）钢筋绑扎过程中，如遇特殊情况或需钢筋代换时，必须征得监理和设计院工代同意，并有材料代换申请单。

6）绑扎钢筋时，注意预埋件、预埋管、人孔门洞和烟道口位置，不得碰撞移动。

7）所有水平施工缝均须设置插筋，插筋采用 HPB235ϕ12 钢筋，长度为 600mm，上下各 300mm，纵横间距均为 200mm。

8）门洞口加强筋、筒壁竖筋、施工洞口的斜插筋，按垫层上预先放好的钢筋控制线绑扎，保证预留钢筋的位置、规格、数量准确。为保证筒壁竖筋在基础预埋的位置不被碰动，应提前上下绑扎两道环筋固定，以后施工不合适时再解掉。

4. 模板工程

（1）本工程模板采用定型组合钢模板及少量木模板就地拼装成型的施工方案。模板固定采用外顶式加固，在浇筑垫层时插ϕ20 钢筋头，模板外侧采用砸ϕ25 钢筋及脚手管加固。用ϕ25 钢筋做围檩。围檩接头单倍搭接焊长度保证 100mm，支模分 3 次进行，第一次为基础底板部分，第二次为基础环壁部分，第三次为钢内筒基础部分。

（2）模板准备：首先按照设计图纸进行模板配置，然后对模板进行挑选、整理后用机械抛光，清理干净后刷色拉油，涂刷时保证油层均匀（不要过厚）、不流淌、不漏涂。抛光要做到抛出钢模板的本色，表面光洁、平整（平整度小于 1mm），且模板边角必须顺直、平整、洁净。挑选模板时要选择同一厂家的模板，模板肋应齐全、板眼一致，分堆码放，并用于同一部位，有利于控制组合钢模板拼缝的严密度和平整度。

（3）模板施工：根据配模图进行施工，在配模时如需木模，其表面要刨光，并刷清漆，支模时做到模板与基础一一对应。模板外侧在浇筑垫层时插ϕ20 钢筋头，基础模板箍ϕ25 的钢筋及脚手管进行加固。为防止模板缝漏浆，模板拼缝间应加海绵条。

（4）模板安装完毕后，检查一遍扣件、螺栓是否紧固，模板拼缝及下口是否严密，自检合格后报二、三级进行检验。

（5）模板拆除：拆模应在混凝土强度能保证其表面及棱角不因拆除模板而受损时方可进行，大体积混凝土模板拆除应在养护期后进行。拆模应遵循"先搭后拆、后搭先拆"的原则，从上到下进行，拆除时不可整片拆下。模板、脚手管及扣件拆除完成后及时清理、分类码放整齐，退回周转库。

（6）模板施工注意事项：

1）垫层施工一定要平整，平整度控制在 -10～+5mm 之间。若平整度不够，支模以前要用砂浆找平模板底角。

2）为防止模板底角发生偏移，在浇筑垫层时插ϕ20 钢筋头，基础模板外侧采用箍脚手管做地锚进行加固。

3）为防止模板缝漏浆，在模板底角用水泥砂浆封堵，模板拼缝间加海绵条（粘海绵条一定要平直）。

4）模板在安装前必须进行机械抛光，抛光后清理干净。

5）在混凝土浇筑前，用空压机吹干净模板内灰尘，对于模板上所粘灰尘，用棉布擦干净。

6）在混凝土浇筑过程中，要有人负责和监督，随时擦干净上部被砂浆污染的模板面。

7）拉钩头的加工精度要严格检查，确保基础的外形尺寸。

8）模板接缝"U"型卡子要打满，加固模板要挂线调直，并用靠尺检查，保证模板面平整。

加固后的模板必须有足够的刚度和稳定性，利用中心仔细调整半径。由于钢筋绑扎、模板支设时间长，在混凝土浇灌前，必须将模板内的杂物和钢筋上的泥土、锈渍清理干净。

5. 混凝土工程

本次混凝土工程承台混凝土强度等级为 C40，总量 4700m³，属大体积混凝土。基础混凝土计划分成 3 次施工，第一次施工基础圆板，在基础圆板顶面留置水平施工缝；第二次施工基础环壁至 0m；第三次在施工钢内筒前施工钢内筒环形基础。

（1）材料要求。混凝土选用冀东 42.5 普通硅酸盐水泥，根据配合比掺适量的粉煤灰来降低水化热，以保证基础整体的质量。砂石含泥量应不超过 3%，水灰比不大于 0.42。砂子采用干净的河砂，细度为中砂；石子采用石灰岩碎石，粒径范围为 5~25mm。拌和水采用饮用水。为防止大体积混凝土出现裂缝，烟囱基础施工时在混凝土中掺用粉煤灰和减水剂，并采用内置盘管通水降温。混凝土的原材料要经业主和监理工程师认可后方可用于工程当中。

（2）混凝土搅拌、运输要求。混凝土采用搅拌站集中搅拌，罐车运输，泵车浇筑的施工方案。

混凝土施工前，应对水泥、砂、石等进行试验，合格后方可进行施工。混凝土配合比必须经过试配后再使用。混凝土搅拌前，应对计量器具进行检验，合格后方可搅拌。混凝土配料采用质量比，并严格计量，砂、石应经常测定含水率，并随时调整配合比，外加剂不得错放、少放、漏放。混凝土搅拌时间不得少于 90s，坍落度控制在 120~140mm 之间。混凝土和易性不符合要求时，应返回搅拌站重新调整。现场严禁随意在混凝土拌和物中加水，并在施工时做好混凝土浇筑施工记录。

混凝土由罐车运输，要控制好运输时间，确保混凝土运到现场的坍落度不受损失，保证混凝土和易性良好。

混凝土施工前台和后台要保持联络，提前算好罐车往返时间，控制发车时间，避免现场出现墩车现象，造成混凝土凝固或放不出来。

浇筑混凝土前，钢筋露出混凝土的位置要用塑料布包裹起来，高度为 500mm，防止在浇灌时造成污染。

（3）混凝土浇筑。烟囱基础采用泵送混凝土，使用 3 台泵车（其中 2 台使用，1 台备用）、6 辆罐车运输混凝土，2 台泵车分别放置在烟囱东侧和西侧。烟囱基础为圆板式，浇灌顺序为由中心向四周浇灌，分层循序渐进。基础上面斜坡一次浇出，并在混凝土初凝前由人工用木抹子搓平。

烟囱基础属于大体积混凝土，基础整体性要求高，要求连续浇灌，浇筑不得间断。浇筑前要做好以下准备工作：提前与供电部门进行联系，并准备一台 250kVA 的发电机，保证混凝土浇筑期间不断电；与水泥厂联系确定水泥的供应能够满足混凝土浇筑的需要；与其他材料供应方确定砂、石、掺和料、外加剂等材料的供应；提前收看、收听当地天气预报，保证混凝土浇筑期间的天气良好。

混凝土浇灌时应分层浇灌（见图 14-2、图 14-3）、分层振捣，以确保混凝土连续浇灌和不留施工缝。在浇灌过程中设专人监护浇筑时间，做好浇灌时间记录，以便及时控制凝固时间，防止接槎部位过多，人为造成冷缝。

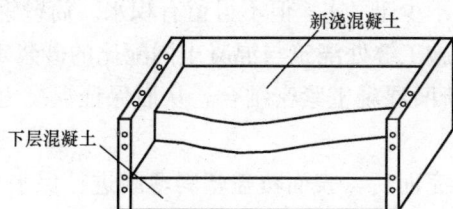

图 14-2 混凝土分层浇筑示意图　　　　图 14-3 混凝土斜面分层法

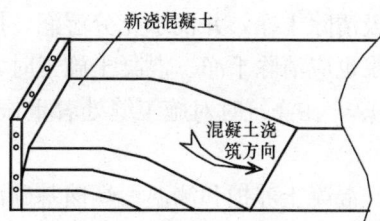

混凝土在浇灌过程中，浇灌高度超过 2m 时，应在泵管处加设串筒，防止混凝土在下落时出现离析现象。混凝土振捣人员要随浇随振捣，不得出现漏振现象。浇筑层一次不得超过棒长的 1.25 倍，按"快插慢拔"的要求操作，以防止混凝土分层、离析及振捣棒拔出时所形成的空隙。在振捣上一层时，应插入下层中 50mm 左右，以保证接合密实，保证振捣质量，消除两层之间的接缝，同时在振捣上层混凝土时，要在下层混凝土初凝之前进行。振捣棒的插点要均匀分布，以免造成混乱而发生漏振，每次移动的距离应为 300～400mm，振捣棒离模板的距离为 200～300mm。每插一点的振捣时间为 20～30s，以混凝土表面呈水平、不再显著下沉、不再出现气泡、表面泛出灰浆为准。振捣器不得紧靠模板振动，且应尽量避免碰撞钢筋、预埋件等，以免跑位。尤其是环壁混凝土外大斜角处要仔细振捣，制作一个钢管和圆环套子，可以斜插到与模板平行的位置，振捣棒距模板 50mm，并不得碰动模板和钢筋的位置。在混凝土浇灌的全过程中，设专人检查模板及其加固情况，发现漏浆及跑模现象时，应及时组织人员的在混凝土初凝前修复好。混凝土施工用的马道架子不得与模板加固系统相连；在浇筑混凝土时，施工人员不得直接站在钢筋上，必须站在脚手板上操作。振捣人员必须是有丰富的混凝土施工经验的专业人员，施工时不漏振、不过振，以保证混凝土的施工质量，做到内实外光。

环基斜坡浇筑一次成型，混凝土外露表面要在混凝土初凝前用木抹子搓平、压光，如混凝土表面浮浆过多，应铺一层干净的石子，压入砂浆中，基础表面压进 100mm，靠近模板边位置压入深度为 300mm，并把周围浮浆清走，防止基础拆模后造成上表面麻面和表面裂缝，如发现异常，应及时采取措施，然后再搓平、压实、压光，铁抹子至少压 4 遍。模板两侧上表面的浮灰随压面随清理，保持模板表面光洁。在混凝土终凝前随时检查混凝土表面有无裂纹，随时发现随时压实。

混凝土在浇灌现场同等条件下取样做试块，要求每 100 盘且不超过 100m³ 做 2 组试块，每组 3 块，不足 100 盘时也做 2 组，一组标养，另一组为同条件。试块上面要标明施工部位、浇筑日期、混凝土标号、试块编号。混凝土从搅拌地点至浇灌现场时坍落度应保持在 120～140mm，保证混凝土的泵性。未经试验人员同意，浇筑混凝土时不得随意加水。泵送要求连续进行，必须保证混凝土的运输及时，泵送间歇时间不得超过 15min。

（4）施工缝的留设与处理。因为烟囱基础底板、筒身环壁基础和钢内筒基础分开施工，所以在 −3.500m 处设置一道水平施工缝，施工缝处插设 ϕ12 钢筋，长 600mm，插入混凝土 300mm 深，外露 300mm，间距 300mm，保证新旧混凝土连接的整体性。环壁混凝土浇灌前必须保证已浇混凝土的抗压强度不小于 $1.2N/mm^2$，然后将施工缝表面水泥浆膜、松动的石子及垃圾清除干净，并浇水充分湿润，用水浸润不少于 24h，但不得留有积水。筒壁钢筋上的水泥浆也应清除干净。混凝土施工时，应先在施工缝处浇筑与混凝土同配比的砂浆 100～150mm 厚，在浇筑时对施工缝处着重振捣，使新旧混凝土紧密结合，从而保证混凝土施工质量。

(5) 混凝土养护和测温。烟囱基础混凝土压完面后，表面覆盖塑料薄膜进行保水养护，然后覆盖保温被，安排专人进行混凝土的养护工作，控制混凝土内外温差不超过 25℃。为有效监控混凝土内外温度，在混凝土内部及表面埋设了测温导线，使用建筑电子测温仪测温，随时掌握混凝土内外温差。测温点沿烟囱圆周均布 6 点，每点布置 3 根导线，分别设在底、中、表 3 个地方，并做好保护，按编号做好测温记录（见图 14-4、图 14-5）。混凝土浇灌完 12h 后开始测温，以后每 2h 测一次，7 天后每 4h 测一次，12 天后每天测两次，养护期不少于 28 天。当发现混凝土内外温差接近 25℃时，及时加强外部保温，使温差控制在允许范围内。当基础混凝土的温度趋向稳定时，方可拆除基础模板。

(6) 大体积混凝土的温度控制及计算。由于烟囱基础混凝土量大，水泥水化热所释放的水化热会产生较大的温度变化和收缩作用，使基础混凝土产生有害裂缝，因此必须在混凝土浇灌前进行裂缝控制的热工计算。

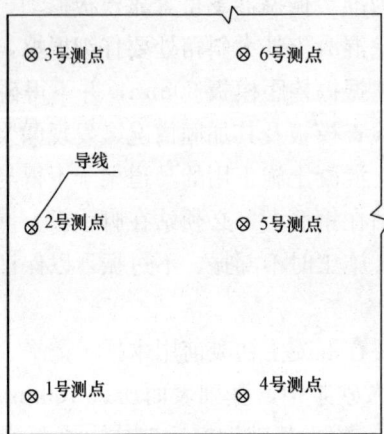

图 14-4　大体积混凝土测温点平面
布置示意图

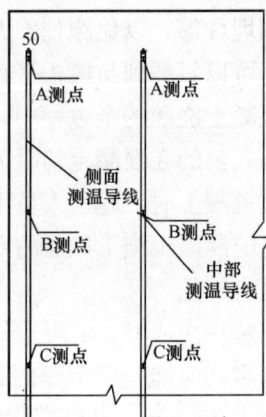

图 14-5　大体积混凝土测温孔
立面布置示意图（单位：mm）

第二节　烟囱钢筋混凝土筒壁、钢平台、钢内筒及内衬施工

一、烟囱钢筋混凝土筒壁施工

(一) 工程概况

某发电厂一期 2×1000MW 超超临界火电机组一期工程，烟囱为脱硫不设 GGH 多管式湿烟囱。外筒为钢筋混凝土结构，高 232.5m；内筒为双钢内筒，筒内直径为 7.5m，顶标高为 240m。钢内筒 60.00m 以下部分采用自立式，60.00m 以上分段悬吊于内外筒间的钢结构平台上。

烟囱标高±0.00m 相当于绝对标高 4.6m。

外筒混凝土的强度等级为 C40，为使结构美观，采用普通硅酸盐水泥拌制。钢筋采用Ⅰ级和Ⅱ级钢筋。

（二）施工方案

烟囱 9m 以下采用脚手架施工工艺，9m 以上采用电动提升移置模板施工工艺。

在筒身施工前，首先根据施工图、变更及施工组织设计要求编制筒身施工图表，按 1500mm 模数将筒身分成 157 节（加一段补偿层，找平到 232.5m），每节作为一个施工单元，图表中反映出每节的标高、壁厚、内外半径、混凝土方量、钢筋根数、防腐、保温、预埋件的数量及标高、施工时间等，以此指导施工，作为施工筒身节的主要施工数据。9m 以上筒身施工采用电动提升的施工方法，该工艺的最大特点是结构稳固，提升平稳，安全性高，附属设施可以一起施工，外观工艺较好，消除了滑模施工的扭转、拉痕、中心漂移等通病，安全防护好。本次电动提升和传统的略有区别，因烟囱的结构形式为混凝土单筒形式，所以施工平台比原系统少，主要是外筒的拆模平台和支模平台，辐射梁使用提升架、操作架均为 20 组。

（三）施工工艺流程

绑扎钢筋→支模板→调半径→验收→浇筑混凝土→提升架与操作架提升→拆最下模板、模板打磨、倒运→提升平台。

（四）施工方法及要求

1. 操作架提升固定

操作架提升过程是整个电动提升工艺的中心环节，是系统工作的集中反映。20 组电动机是否同步，轨道运行是否正常，丝杠是否有咬啮现象，混凝土强度是否达到所要求的强度等都在动态提升中得到反映，所以操作架提升应特别注意以下几点：

（1）操作架提升前，应逐个检查牛腿是否受力，如果没有受力，应开启电动机，丝杠向下使牛腿与销块受力均匀，这样才能保证提升过程中的平稳。

（2）逐个检查轨道的连接状态，如果两节轨道的接缝不严密，那么滚轮移动时犯卡，电动机工作负荷加大，很容易把电动机烧坏。

（3）逐个检查滚轮与轨道之间是否有杂物，如果有，应马上清理掉。

（4）提升过程中每个操作架派人监护，发现问题及时解决。

（5）刚开始提升时，为保证安全，提升全过程由人工监护，发现问题立即停止。

（6）提升过程中，辐射梁平台上除指定的操作人员及固定荷载外，不得有其他荷载。

（7）操作架提升至要求位置后，把销块放进去稍微点动一下，使整个 20 组操作架受力均匀。

（8）提升全过程每套提升系统的大小销子均不能取出，必须保证在操作架的正确位置上。

2. 提升架提升固定

为使系统受力状态良好，操作架提升固定后，应马上使提升架提升至同一高度，使整个荷载由提升架与操作架共同负担。提升架提升时和操作架一样，也要有人监护，提升至规定位置后把销块放进去，然后点动使销受力均衡。

3. 钢筋工程

（1）进货检验。钢筋应有出厂质量证明书，进场以后应核对标志，做外观检查。钢筋表面不得有裂纹、结疤、折叠和老锈等，并随机抽取 10 根钢筋称重，质量允许偏差为 ±4%。

（2）力学性能试验。从每批钢筋中任选两根钢筋，每根取两个试样分别进行拉伸试验（包括屈服点、抗拉强度和伸长率）和冷弯试验。如有一项检验不符合要求，则从同一批中另取双倍数量的试样重新做各项试验，如仍有一个试样不合格，则该批钢筋为不合格品。

钢筋堆放在钢筋场内时，应用枕木将钢筋垫高 300mm，并按要求做好标识牌。要求分清钢筋的品种、规格、数量、检验状态（已检合格、待检、未检等）、进货日期。对不合格钢筋必须马上清除出厂。钢筋在使用过程中严格按要求进行跟踪管理，并建立好台账。

（3）钢筋加工、配制程序。确定用料→除锈（除污迹）→调直→切断→弯曲成型。确定用料严格按翻样单上要求的规格、数量加工配制。钢筋表面如有油渍、铁锈、泥土应在使用前清理干净，除锈采用人工钢丝刷清除。对局部有弯曲的钢筋采用人工调直后，才能使用。粗钢筋用丝杠架子调直，对原材端头有弯曲或留下马蹄形毛边的用大锤调直，调直后应平直、无局部曲折。钢筋在断料前，应将翻样单上同规格钢筋根据不同的长度，长短合理搭配，统筹排料。一般先断长料，后断短料，减少短头、损耗。同时避免短尺量长料，防止出现积累误差或错量。钢筋弯曲成型时，应根据翻样单上尺寸，先划出弯起点位置再弯曲。环筋制作时，其弧度均按钢筋所在部位的筒身半径加工。应先根据该尺寸钢筋的半径在地面上实际放样，先加工一根钢筋，根据放样尺寸调整弯曲机的弯曲弧度，调整合适后再成批加工。钢筋在加工过程中如发现有脆断、劈裂等异常时，应及时向技术人员反映，并停止该批钢筋的使用，待重新试验合格确认后再使用。钢筋加工的成品、半成品应有明确标识，并分区域码放整齐。

（4）钢筋焊接。本工程采用的钢筋连接形式有直螺纹、绑扎接头。其中内筒竖筋内筒外侧、外筒内外侧竖筋均为直螺纹连接，而内外筒环向钢筋均为绑扎接头。竖向筒身钢筋采用直螺纹连接方式。直螺纹连接时，用专业扳手将套筒与钢筋连接紧密，施工力矩达到：$\phi16 \sim \phi18$，100 N·m；$\phi20 \sim \phi22$，200 N·m；$\phi25$，250 N·m；$\phi28$，280 N·m。

操作人员必须经过厂家代表的培训，严格按照行业标准《钢筋机械连接技术规程》（JGJ 107）要求施工。

直螺纹接头在制作前先做试件，进行试验，合格后方可大批量生产。

1）直螺纹接头的丝头加工：

① 按钢筋规格所需的调整试棒调整好滚丝头内孔最小尺寸。

② 按钢筋规格更换涨刀环，（$\phi25$ 钢筋：螺纹尺寸为 M26×3，丝头长度为 32～35mm，丝扣完整圈数≥9）；调整好剥勒直径尺寸。

③ 调整剥肋挡块及滚压行程开关位置，保证剥肋及滚压螺纹的长度。

④ 加工丝头时，应采用水溶性切削液，严禁用机油作切削液或不加切削液加工丝头。

⑤ 经自检合格的丝头，应由质检员随机抽样进行检验，以一个工作班内生产的丝头为一验收批，随机抽检 10%，且不得少于 10 个，并填写钢筋丝头检验记录表。当合格率小于95%时，应加倍抽检，复检中合格率仍小于 95%时，应对全部钢筋丝头逐个进行检验，并切去不合格的丝头，查明原因并解决后重新加工螺纹。

2）直螺纹接头的现场连接施工操作方法：

① 连接钢筋时，钢筋规格和套筒的规格必须一致，钢筋和套筒的丝扣干净、完好无损。

② 接头的连接应用管钳和力矩扳手进行施工。

③ 接头拧紧力矩应符合：$\phi 25$ 钢筋，$250N \cdot m$（实际用力是按压力扳子实际尺寸 70cm 计算）。钢筋拧紧以前，先调力矩扳的力矩值，拧紧时，响一下即表示力矩达到了要求。

④ 经拧紧后的直螺纹接头应做出标记，外露丝扣不能大于 2.5 个。

⑤ 每一台班接头完成后，抽检 10%，方法为用压力扳子拧至响一下即可，并做好记录。

接头的施工现场检验与验收：接头应有技术提供单位提交的有效型式检验报告；接头的现场检验按验收批进行，同一施工条件下采用同一批材料的同等级、同形式、同规格接头，以 500 个为一验收批进行检验与验收，不足 500 个也作为一个验收批。每一规格钢筋试件不应少于 3 根，取样应经监理见证。

3）钢筋绑扎：

钢筋绑扎按顺序进行，由加工场用拖板车运至现场。钢筋在运输过程中注意不要碰掉标识牌，并在指定地点分类垫高码放。长料需多人抬时，要听从统一指挥，步调一致，注意安全。钢筋在绑扎过程中，要求平直、弧度准确、间距均匀（间距提前用粉笔分划出来）、数量准确、绑扎牢固。绑扎成型后再仔细检查、核对，满足设计、规范要求。最后清除钢筋施工过程中遗留下杂物和钢筋上的泥土、锈渍。烟囱钢筋的特点为工程量大、型号多、变化大，施工时要特别重视质量。

4. 模板工程

模板施工中的质量要求：首先应提前挑选好模板，严禁使用凹凸不平、变形及有锈蚀的模板。挑出的模板应修整、打磨干净，码放整齐，并做好标识备用。本工程使用新购的定型组合钢模板。内外模板施工时，严格按照预先的排模方案支设，模板拼缝要严密、横平竖直。模板横竖缝要贴海绵条，海绵条要贴在距模板面 1～2mm 处，这样才能使海绵条不凸出模板面或凹进，保证拼缝严密不漏浆。所有钢模的竖缝打卡子不得少于 5 个，水平缝要满打卡子。模板之间必须加海绵条，以防漏浆。内、外模板排列要顺平、严密、竖直，尤其是每一节模板和各层牛腿的内模。模板的表面表整度误差不大于 2mm。每组对拉螺栓要求向中心呈辐射状布置，以方便模板施工。围箍采用 3 根 $\phi 25$ 钢筋，要求弧度准确，接头必须错开。模板与围箍有缝隙的地方必须用钩头螺栓将其钩紧。对拉螺栓采用套管式，拆模后可将螺栓抽出，继续使用，并将螺栓孔用膨胀水泥砂浆堵死。对拉螺栓须逐个拧紧，但为保证筒壁厚度，拧螺栓不能过力。外露丝扣长度应大于 20mm，以防滑扣跑模。由于钢筋绑扎、模板支设时间长，在混凝土浇灌前，必须将模板内的杂物和钢筋上的泥土、锈渍清理干净。

牛腿模板施工：牛腿施工采用钢模板作为施工内模板，钢模板之间采用"U"型卡子、钩头螺栓固定。

埋件的制作和安装：埋件制作采用加工场制作。原材料要有出厂合格证，并要有复试报告。加工时要保证埋件的规格尺寸，焊缝要合格，埋件表面要平滑、四边顺直，钢板的焊接变形要调平，并经技术员检验合格后，方可出厂到现场安装。

埋件的安装要根据施工图的要求，在钢筋上或模板上画出中心线方位、标高和方向，并在埋件上至少打两个 M10 的孔，与埋件上孔相对应在模板上打两个相同的孔，用 M8 的螺栓将埋件固定牢固。

5. 混凝土工程

混凝土施工采用搅拌站集中搅拌，罐车运输，地泵浇筑的施工方案。由于要求连续浇筑不留施工缝，因此搅拌站需 2 台搅拌机（1 台备用）、3 辆罐车运输、1 台地泵浇筑。

混凝土的运输及浇筑方案：30m 以下采用 42m 泵车，电梯配合浇筑；80m 以上浇筑方法采用垂直电梯浇筑。

（1）混凝土试配：在混凝土施工前，必须按设计要求做好混凝土的试配和试验工作，根据现场实际施工需要优化配合比。因此对混凝土原材料必须严格把关，杜绝"三无"产品进入现场。具体要求如下：

1）水泥：采用冀中水泥厂出品的 P.O42.5 水泥。水泥进场必须有出厂合格证、出厂日期，进场后及时复试，合格后方可使用。搅拌站必须提供一个专门的水泥仓来贮存水泥，以免和其他品牌的水泥混用。

2）砂：采用颗粒坚硬且干净的河砂，不得含有金属矿物、云母、硫酸化合物和硫化物等，细度为中砂。砂中含泥量≤3.0%，含泥块量≤1%，进场后按批进行抽验。

3）石：采用未风化的火成岩、玄武岩、花岗岩、石灰岩等破碎的碎石或河卵石，颗粒级配为 5~25mm，含泥量≤1%，含泥块≤0.5%，进场后按批进行抽验。

4）水：使用现场提供的水源。

5）外加剂：采用高效减水剂，并分批和定期进行抽样试验。

（2）混凝土搅拌：混凝土由现场搅拌站采用搅拌机，集中供应。在混凝土搅拌过程中要求严格按配合比施工，未经试验人员允许严禁随意改动配合比。混凝土开盘之前，搅拌机应先加水空转数分钟，将积水倒尽，使拌筒充分润湿。搅拌第一盘时，考虑筒内壁上的砂浆损失，石子用量应按配合比定量减半，搅拌的混凝土要做到基本卸尽。在全部混凝土卸出之前不得再投入拌和料，严禁边出边进料。混凝土搅拌时间不少于 120s。雨季施工期间，粗细骨料的含水量会有所变动，混凝土搅拌时要随时调整用水量和粗细骨料的用量，使混凝土的配合比得到动态控制，确保混凝土的搅拌质量。

（3）混凝土的浇灌和振捣：在混凝土浇灌前，必须通过四级验收，保证钢筋、模板及其加固支架、预埋件验收合格，符合设计要求。将模板内的杂物和基层上的油污、泥土、松动的石子清理干净。基层提前浇水湿润，但不得有积水。浇筑混凝土时，应分层浇灌、分层振捣，浇灌层一次不得超过棒长的 1.25 倍（300~500mm），振捣器插入下层混凝土内的深度应不小于 50mm，确保混凝土施工连续，不留水平施工缝。混凝土振捣采用插入式振捣器，振捣时做到不漏振、不过振，保证混凝土内实外光。

（4）混凝土的养护方法：由于烟囱较高，风力大，为防止混凝土浇灌后施工缝处出现风干裂缝，在施工缝表面清扫干净后马上浇水养护。要保证混凝土外观质量和强度，使混凝土筒身内在结构质量可靠、几何尺寸准确、表面平整、光滑、线条流畅、颜色一致。

（5）混凝土浇灌注意事项：

1）浇筑混凝土时须振捣密实，严禁出现气孔、蜂窝等现象，并注意不要将钢筋保护层垫块碰掉和随意乱动钢筋，振捣时应尽量避免碰撞预埋件、预留孔洞、吊环、埋管等。

2）振捣器操作应做到"快插慢拔"。

3）在施工缝处的混凝土要仔细振捣，使新旧混凝土充分结合密实。

4）振捣棒每 300mm 振一点，每一振点的振捣应使混凝土表面呈现浮浆和不再沉落。

5）振捣器与模板的距离不应大于其作用半径的 0.5 倍（150mm），振捣时注意不要碰动模板、钢筋及保护层垫块、预埋件。

6）混凝土分层浇筑时，浇筑混凝土厚度应不超过振捣棒长的 1.25 倍；在振捣上一层时，应插入下层中 5～10cm，以消除两层之间的接缝；振捣时间不得少于 20～30s。

7）未经试验人员同意，前台浇筑混凝土时不得随意加水。混凝土浇灌全过程必须派专人检查模板及其支架、围箍的稳定情况，发现变形、松动时应暂停浇灌，并在已浇灌的混凝土凝结前修好。

8）如发现漏浆，应及时封堵，以免污染筒壁。

9）混凝土施工过程中，每节混凝土在浇灌时，应至少检查混凝土坍落度两次，如抽检坍落度与设定坍落度不符，应及时通知试验室和搅拌站调整。

10）浇筑混凝土时，都应在浇筑处放一张铁盘与模板对齐，以防漏浆污染筒身。

11）混凝土浇灌前必须经过四级验收合格后方可浇灌，同时做好前、后台的各项准备工作。

12）每节混凝土的浇灌要求连续进行，一节模板内不得留施工缝。因此混凝土浇灌时应以筒壁的一处为起点，同时分别向两侧进行，最后在一处会合完成混凝土浇灌。为使混凝土表面美观，要求每节混凝土浇灌至与模板上口平齐，以使水平施工缝与模板水平缝平齐。为防止混凝土灌满而溢出模板，应将混凝土灌至低于上表面 30mm 处，余下的部分用小桶灌满。然后用木抹子将混凝土面找平，最后用纱布将模板边擦干净。

施工缝的处理：烟囱筒身施工，每节高 1.5m，因而施工缝较多，为了保证烟囱的整体强度，必须做好施工缝的处理工作。每浇灌一节混凝土后，用木抹子抹平，待混凝土初凝后，用铁刷子在混凝土表面刷麻面，然后清除混凝土表面的水泥浆和松动的石子，同时用抹布将该节模板上沿的水泥浆擦干净。浇灌混凝土时，应先用压缩空气吹净表面的浮动物件及尘土，并浇水湿润，且不得有积水。为防止浇筑混凝土过程中污染下部筒身，采用在模板下夹 100mm×100mm 海绵条一圈。在雨季施工时，要勤测粗细骨料的含水量，随时调整用水量和粗细骨料的用量，运输混凝土时要加以覆盖，以防水分蒸发，要准备好在浇筑过程中所必需的抽水设备和防雨物资，以保证混凝土连续浇筑的顺利进行，确保混凝土质量。

（6）混凝土试块制作及坍落度控制：

1）按工作班每 100m³ 标养试块不少于 1 组，不足 100m³ 标养试块不少于 1 组。

2）同期浇筑的筒壁（1.5 m）至少留置 1 组同条件试块，试压后看其强度是否达到 12MPa，满足 12MPa 后方可提升电动提升架，并做好试压强度结果记录。

3）混凝土坍落度按车次全数检查，泵车浇筑控制在 100～140mm。如发现坍落度或混凝土和易性不合格，应及时退回搅拌站。

6. 找中方案

找中采用线坠吊中为主，激光复核为辅的方法，达到双控的目的。

吊线坠比较直观，33m 以下采用 30kg 的线坠，33m 以上采用 50kg 的线坠。为避免 0m 风荷的影响，把烟道口及施工洞口临时封闭起来。临时封闭采用在烟道口搭脚手架挂 6mm 厚钢板的施工方法。中心吊好后，用检定合格的钢尺调整该施工节的半径。烟囱中心利用烟囱控制网放出，校核无误后，在筒内基底上部放预埋件，下埋件上焊槽钢，槽钢上再焊一钢板，在钢板上用经纬仪打出中心点，中心点上镶直径 2mm 的铜丝，作为以后烟囱施工的中心控制点。电梯基础应与控制点隔离开，以防止上部施工时电梯扰动。

烟囱每升高30m，在烟囱附近的厂区控制点上用经纬仪检测一次烟囱的垂直度。烟囱标高控制利用甲方提供的高程点，用水平仪将标高引测到烟囱筒壁上，做+1.0m的标高控制线，作为烟囱筒身施工的基准标高。

7. 脚手架施工

(1) 作业方案。

1) 烟囱筒内三排脚手架。烟囱筒内三排脚手架的搭设高度为9m。内部搭设底层脚手架时，立杆直接生根在垫板上。

筒内脚手架搭设时要沿径向从中心向外每1.5m竖立一根立杆，到边角不足1.5m时也要加一立杆，各排立杆形成辐射状，沿径向用大横杆连接，沿切向用小横杆连接。立杆沿切向的间距不能大于1.8m。当实际立杆的间距超出要求时，可以在两立杆之间根据需要增设一根立杆。筒内脚手架剪刀撑沿径向每隔9m设置一道，剪刀撑斜杆与地面夹角为45°，沿所在处自下而上连续设置。

筒内三排脚手架则沿两个垂直方向按间距1.5m竖立杆，两个方向都用大横杆连接立杆，到边角不足的地方可以根据需要使用小横杆，并用对接扣件把小横杆与大横杆连接起来。其剪刀撑的设置则沿两个垂直方向自下而上连续设置。要注意杆件接头应错开，相邻立杆的接头前后左右不在同一步内，相邻横杆的接头上下左右不在同一跨内。立杆的垂直度与横杆的水平度都必须控制在脚手架搭设规程要求的范围内。

2) 烟囱外部双排脚手架。烟囱外部双排脚手架的搭设高度为9m，外部双排脚手架架宽1.3m，立杆间距1.27m，大横杆步距1.5m，小横杆间距1.27m。大横杆采用3m长钢管，1根大横杆与3根立杆相连，小横杆采用1.5m长钢管，大、小横杆两端伸出立杆各10cm。由于烟囱外筒壁按照6%坡度向内收，9m高度共收进0.54m，故外部双排脚手架也要随高度增加向内收进0.54m。在收进部位，可以设置一道斜杆与悬臂小横杆相连并顶在结构上，在此节点上生出另一排立杆。每当小横杆悬挑达到1m时，即考虑收进。

为增强脚手架的整体稳定性，应做到：立杆生根在烟囱筒壁外地面铺的脚手板上，扫地杆与立杆连接牢固；外部双排脚手架剪刀撑每隔两跨（以一根大横杆连接三根立杆为一跨）设置一道，剪刀撑自上而下连续设置；每垂直3m、水平3m设置连墙杆一道，连墙杆与烟囱侧壁上的对拉螺栓相连接，连接方法为对拉螺栓用螺母与脚手管连接在一起，然后用回转扣件与外侧架体相连。每一分段施工层处满铺脚手板作为操作平台，操作平台要做三层，并在脚手板周围搭设防护栏杆，满挂密目网，脚手板用8号铅丝与脚手管绑扎牢固。施工过程中为方便人员上下，在烟囱西南侧设折返式步道。

(2) 脚手架的拆除。烟囱施工完毕后进行脚手架拆除工作，脚手架的拆除从上到下依次进行，拆除过程中应遵守以下规定：

1) 在拆除区域设置围圈，并挂上安全警示牌。

2) 拆除时先拆除护栏、脚手板、剪刀撑，后拆小横杆、大横杆、立杆。

3) 拆除时烟囱周圈同时拆除，以确保脚手架的整体稳定性。

4) 拆立杆时，要先扶住立杆再拆最后两个扣。拆除大横杆、剪刀撑时，应先拆中间扣，然后托住中间，再解两端扣。

5) 连墙杆应随架子逐层拆除。

6）凡已松开连接的杆配件应及时拆除运走，避免误扶和误靠已松脱连接的杆件。拆除时要统一指挥，上下呼应，动作协调，当两人同拆一根杆件的两个扣时，解扣后应先通知对方，然后再开扣落杆，施工人员严禁抛掷杆件。

（3）对架子工的安全技术要求。

1）架子工应持证上岗，熟悉并掌握脚手架施工方案和对本人的职责、技能要求。

2）熟悉脚手架作业的整个过程，掌握搭设和拆除脚手架的工序及要求，使作业有条不紊地进行。

3）检查脚手架材料（宽 20～30cm、厚 5cm）、扣件、工具和索具、吊具及设备是否完好，并按规程、规范操作，严禁冒险、蛮干。

4）作业时应做到：熟悉工作环境，统一杆件传递信号、确认传递与传接无误，正确使用脚手材料、扣件和脚手板及安全网的搭设、捆绑、确保符合安全、质量要求。

5）作业人员应戴好安全帽，系好安全带（2m 及以上时），穿好防滑鞋等劳动保护用品。

6）对搭设的脚手架，架子工负责人应组织工序间的自检，确认合格后与专职安全员和使用单位负责人共同验收，验收合格并挂牌后方可投入使用。

（五）作业的安全要求及环境条件

1. 现场施工应注意的安全事项

（1）动火票办完后方可进行明火施工。

（2）现场放置消防器材，高处使用防火毯，设置专业的监护人。

（3）进入施工现场必须戴安全帽，高空作业必须系安全带。

（4）零米地面的安全通道及安全网挂设应牢固、有效，安全警戒区（30m）必须设置或悬挂明显的标志，留设通道出口，非施工人员不得随意进入施工现场。

（5）高空作业人员须经体检合格后方可上岗。

（6）材料及半成品宜位于危险区以外，如需在危险区内时，则必须有可靠的防护措施。

（7）防护通道的顶部应铺设脚手板，在脚手板上面再用 6mm 厚钢板铺盖，侧面采用安全网封闭，其宽度不得小于 4m，高度为 4.5m，施工人员必须经过通道进出，防护通道由两侧人孔通到 30m 安全区以外。

（8）烟囱施工区场地要平整。

（9）原料的存放应有专门的仓库，不得乱放。

（10）烟囱施工现场的各层平台及零米均应设置灭火器，烟囱施工中的电火焊应有专人监护，并在施工区域设防火毯，严防火灾。

（11）施工电源应有可靠保证，并随时检查供电运行情况，防止突然停电。电源箱各路开关应贴有标识。

（12）穿越危险区的电源线应用电缆埋入地下，严禁使用明线架空。使用电器时应接漏电保护器，电源线安装牢固，防止被电梯碰挂。电源线通过脚手架时应使用绝缘子隔离。

（13）施工平台上施工及夜间施工照明要充足，照明采用 4 盏 2000W 探照灯，严禁将电源线绑在栏杆上，以防漏电。非电工人员不得随意接拆电源，行灯电压不得超过 36V。电器维修时必须切断电源，电源箱要挂牌、上锁。

（14）施工中，专职安全员应经常深入现场，发现问题及时解决。

(15) 物料不得大量堆积在操作层上和靠在栏杆上，应均匀放置，操作层上荷重不超过 6t。

(16) 遇有 6 级以上大风、雷雨及大雾等恶劣气候，应停止烟囱施工，并撤离高空，把烟囱上的浮动材料和浮动物品清理干净，防止坠落。

(17) 进入危险区作业必须征得施工部门同意，办理作业票后方可施工；不得私自出入施工区。

(18) 模板支撑系统的所有螺丝都必须安装牢固，杆件齐全，脚手板稳固，必要时可以加临时支撑。

(19) 施工人员禁止酒后进入现场，施工及平台上严禁打斗，严禁坐在栏杆及孔洞边缘。

(20) 烟囱所有使用的小型机械都要配有安全操作规程牌。

(21) 各种施工机械及工具，如圆盘锯、平刨、压刨、钢筋切断机、无齿锯等机具应由了解其性能并熟悉操作知识的人员操作，各种机具都应由专人进行维护，并应随机挂安全操作牌。

(22) 起重用钢丝绳必须有产品检验合格证，钢丝绳严禁打结或扭曲，钢丝绳不得与物体的棱角直接接触，应在棱角处垫以半圆管、木板或其他柔软物。

(23) 混凝土浇筑完毕后，应及时清除遗洒在地或操作层上的水泥浆，模板支设过程中遗落的油棉纱、海绵条等必须及时清扫。

(24) 施工过程中使用的所有车辆应限速行驶，防止发生交通事故。

(25) 施工时剩下的废油、棉纱等有毒废弃物应盛放在专门的有毒废弃物存放箱内，并定期处理。工业垃圾应及时清除，在高处清扫的垃圾和废料不得向下抛掷。

(26) 从事电、气焊作业的施工人员必须持证上岗，电、气焊人员必须戴电气焊手套，穿绝缘鞋和使用护目镜及防护面罩。

(27) 施工现场明火作业操作前必须办理明火作业票，经现场有关部门批准，做好防护措施后方可操作。

(28) 每日作业完毕或焊工离开现场必须确认用火已熄灭，周围已无隐患，电闸已拉下，确认无误后方可离开。

(29) 施工班组上班前，应集合全班人员按照当天的生产内容，针对作业环境、天气状况和可能遇到的不安全因素提出具体、有针对性的安全要求。

(30) 高处拆除模板时，现场要有专人负责监护，禁止无关人员进入拆模现场，禁止拆模人员在上下同一垂直面上作业，防止人员发生坠落和物体打击事故。拆下的模板要及时清理，分类码放，不能留有悬空模板，防止突然落下伤人。

(31) 电动提升平台前，要仔细检查 20 组电动机上下限位、钢丝绳卡扣及平台的受力均匀情况，提升时电源控制箱、各层平台都要有专人负责，及时观察提升情况。

(32) 垂直电梯班前使用时，应检查限位、自动及机械设备。

(33) 提升时设专职监护人。

(34) 垂直电梯必须有良好的防雷接地装置。

(35) 操作平台环向脚手板搭设应离外筒壁 200mm，有必要时必须封闭。

(36) 现场应保持整洁，及时清理，要做到施工完一层清理一层，施工垃圾应集中存放，并及时运走，做到工完、料尽、场地清，确保良好、文明的施工环境。

（37）筒身施工时应划定危险区，并设置围栏，悬挂警告牌。当烟囱施工到 100m 以上高度时，其周围 30m 范围内为危险区。危险区的进出口处应设专人值班。

（38）拆除筒壁模板时，应先用绳索套住方可撬动。

2. 雨季施工应注意的事项

（1）夏季、雷雨季节施工时，应注意气候变化情况，严防雷击。

（2）各种高层建筑及高架施工机具的避雷装置均应在雷雨季前进行全面检查，并进行接地电阻测定。

（3）汛期到来之前，高架机械要进行维修和加固，防汛器材应及早准备，铁锹 50 把、水桶 20 个。

（4）暴雨、汛期后，应对脚手架、机电设备、电源线路等进行检查，并及时维修加固，有严重险情的应立即排除。

（5）各种高层建筑及高架施工机具的避雷装置均应在雷雨季前进行全面检查，并进行接地电阻测定。

（6）机电设备及配电系统应按有关规定进行绝缘检查和接地电阻测定。

（7）夏季应根据施工特点和气温情况适当调整作息时间。露天作业集中的地方，应搭设休息凉棚；特殊高温作业地点，应采取防暑降温措施。

3. 防火防爆

（1）施工现场宜设独立电源和水源的消防网。

（2）消防设施应有防雨、防冻设施，并定期进行检查、试验，确保消防水畅通、灭火器有效。

（3）氧气、乙炔、汽油等危险品仓库应有避雷及防静电接地设施。

（4）仓库应根据储存物品的性质，采用相应耐火等级的材料建成。

（5）采用易燃材料的临时建筑应有相应的防火措施。

（6）各类建筑之间的防火安全距离应满足建筑防火规范的规定。

（7）装过挥发性油剂及其他易燃物质的窗口未经采取措施，严禁用电焊或火焊进行焊接或切割。

（8）闪点在 45℃ 以下的桶装易燃液体不得露天存放，必须少量存放时，在炎热季节应严防暴晒，并采取降温措施。

（9）挥发性的易燃材料不得装在敞口容器内或存放在普通仓库内。

二、烟囱钢平台、钢内筒施工

（一）工程概况

某发电厂烟囱为脱硫不设 GGH 多管式湿烟囱。外筒为钢筋混凝土结构，高 232.5m；内筒为双钢内筒，筒内直径为 7.5m，顶标高为 240m。钢内筒 60.00m 以下部分采用自立式，60.00m 以上分段悬吊于内外筒间的钢结构平台上。

烟囱标高 ±0.00m 相当于绝对标高 4.6m。

钢内筒：烟囱 0～35m、227.5～240m、伸缩节下部 3m 及伸缩节上部 1.5m 材质均为 JNS 耐酸钢，其他采用 Q345B 钢。内筒钢板 0～35m 为 12mm、35～50m 为 10mm、50～240m 为 8mm，加强圈每 5m 一道。第 1 节自立，第 2～第 4 节悬挂，悬挂点标高分别为 120、180、230m。钢平台共计 8 层，每层平台分主梁、次梁、钢格栅板，连接方式为焊接。

第1～第7层平台为钢格栅板封闭,第8层平台为压型钢板作底模钢筋混凝土封闭。

(二)施工方案

(1)本次钢平台安装采用2台15t卷扬机,通过滑轮系统以及操作系统将加工好的钢梁整体吊装的施工方法,具体如图14-6所示。

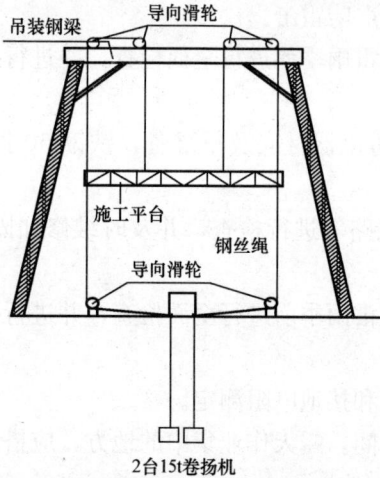

图14-6 钢平台安装示意图

(2)钢内筒采用气顶装置施工。

(三)施工工艺流程

准备工作→0m层卷扬机布置→烟囱顶部支撑梁安装→提升平台组合→第8层平台安装→第7～第1层平台及以上钢梯安装→气顶装置制作安装→下料→卷制钢板→拖运至现场→筒体组装→焊接→探伤检验→检查合格→逐节顶升→外筒油漆→顶升装置拆除→防腐内衬施工。

(四)施工方法及要求

1. 钢平台施工

(1)卷扬机布置:0m层布置2台15t卷扬机,如图14-7所示。

(2)支撑梁安装(见图14-8):

1)在钢筋混凝土筒体封顶后,利用顶部扒杆,用5t卷扬机将支撑梁分两段吊至烟囱顶部并对接后,临时南北方向存放。

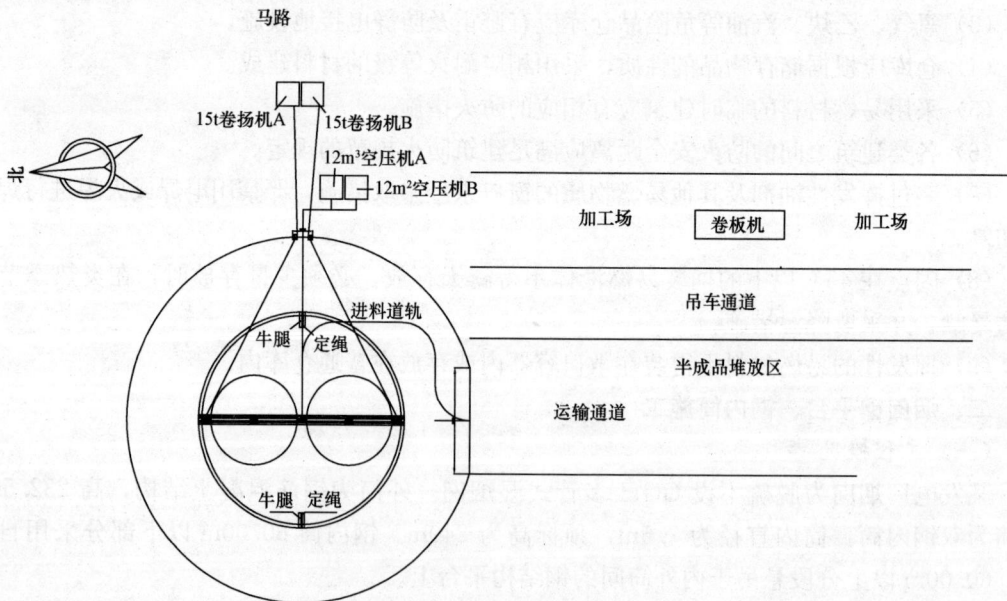

图14-7 卷扬机布置示意图

2)提升架系统拆除到操作平台后,施工人员利用支模平台将钢梁准确就位。钢梁放置必须与南北中心线平齐,调解好两根梁之间的距离,用手拉葫芦将支撑梁拉到位,焊上加强

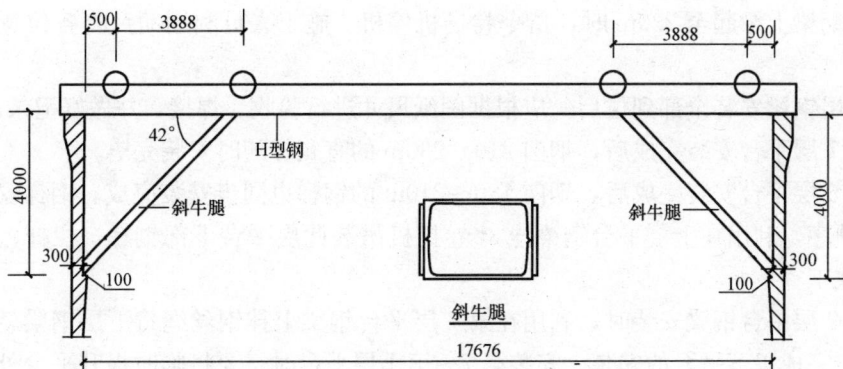

图 14-8 支撑梁安装示意图（单位：mm）

说明：1. 筒首钢梁为 2 根 700×300×13×24 的型钢组合而成。

2. 斜牛腿为 250×250 的矩形钢梁，由 2 根 22B 的槽钢加 10mm Q235B 的钢板焊接而成。

筋及连接板，再装上固定滑轮，利用 5t 卷扬机将钢丝绳穿好，然后从梁上放置两条 240m 长 φ13 的钢丝绳，以便在以后的施工当中保证人员的安全，等完成以后即可拆除提升系统。

3）桁架吊装平台按满足 60t 的承重吊装考虑设计，在平台组装完成后进行负载试验，满足要求后方可施工。施工平台采用 2 台 15t 卷扬机滑轮组吊装，操作人员与钢梁吊装共用同一平台。2 台卷扬机采用联动装置，同时起落。钢丝绳要相互连接，不能因为一台出现故障使平台倾斜，吊装平台在不同施工层设置 4 个止晃点，防止平台摇晃，上下限位器齐全、有效。计算钢丝绳直径应能满足 60t 吊装要求，提升平台用钢丝绳应满足 14 倍安全系数。平台设置两道水平防护绳，供操作人员挂安全带使用。

（3）起吊前准备工作及起吊注意事项：

1）利用 3t 卷扬机的钢丝绳将 15t 卷扬机上 φ32 钢丝绳牵引入滑轮，并将绳头固定在支撑梁上。

2）将事先制作好的提升平台桁架进行组合、焊接、钢板铺设；平台外径组合成 18200mm。

3）对施工平台进行负荷试验。负荷试验分以下三步进行：

第一步：静载试验，加上 20t 材料，离地面 50cm 静止 30min，观察变形情况。

第二步：静载试验，加上 30t 材料，离地面 50cm 静止 30min，观察变形情况。

第三步：动载试验，加上 30t 材料，离地面 3m 范围内上下 5 个回合，观察变形情况。

以上三步完成以后如果没有发现焊口出现裂缝、钢丝绳卡子松动等情况，则可以投入使用。

4）钢梁运至烟囱内部，再利用 30t 吊钩吊至临时提升平台上，注意每根钢梁起吊时的方向及位置，并且将钢梁绑扎牢固，防止起吊过程中钢梁滑落。

5）将 15t 卷扬机的吊钩与提升平台吊点进行对接。

6）在烟囱顶部至底部均匀分布 4 根钢丝绳（定绳），并用 5t 葫芦拉紧。

（4）钢梁起吊与就位：

1）开启 15t 卷扬机将第 8 层平台钢梁升至 230m 安装位置。施工人员应随提升平台与钢梁同步上升。

2）当钢梁上缘起至 230m 时，指令卷扬机停机。施工人员利用葫芦将各位置钢梁进行就位。

3）顶层钢梁安装全部到位后，应根据图纸尺寸进行验收、焊接，并做好记录。

4）′ 第 7 层平台安装完成后，烟囱 210～230m 的直爬梯随时安装完毕。

5）第 6 层平台安装完成后，烟囱 180～210m 的钢梯也同步安装完成。钢梯安装实行由上向下的顺序，利用在上层平台钢梁挂 3t 卷扬机吊装此层平台下部钢梯，栏杆、扶手要和钢梯同步施工。

6）第 7 层平台钢梁安装时，利用在第 7 层平台钢梁上挂钢丝绳将下层钢梁就位。依此类推，逐步完成以下平台的安装。安装第 7～1 层平台时，要将临时提升平台外径进行扩展，扩展尺寸以平台处混凝土内直径减去 40cm 为准。每层钢梁安装完后应立即进行验收，并及时铺设钢格栅板和栏杆。

2. 钢梯施工

（1）钢梯加工及要求。

1）下料：

① 钢梁（板）下料长度严格按照图纸设计要求执行。

② 钢梁（板）划线后应测量边长和对角线，两对角线差不得超过 2mm，边长误差不得超过 1mm。

③ 钢梁（板）两端部对接位置打单边坡口。

④ 打坡口尽量采用半自动切割机。

⑤ 坡口打好后用砂轮机将氧化渣清理干净。

2）卷制踏步板：

① 卷制前按图纸要求进行现场放样。

② 按照放样尺寸进行大面积加工制作。

3）焊接工艺要求：在焊接时，严禁在被焊表面引燃电弧、试验电流或随意焊接临时支撑物，在对口根部进行定位焊时，焊后应检查各个焊点的质量，如有缺陷应立即清除，重新进行定位焊。焊接工艺要点：焊前清除焊件表面铁锈、油污、水分等杂质，焊条必须烘干。为防止空气侵入焊接区表面引起气孔，降低接头性能，应尽量采用短弧焊。当外界温度低于 -10℃时，应对焊件进行预热，预热温度为 100～150℃。焊接电流为 90～140A，焊接速度为 140～160mm/min，焊条直径为 ϕ3.2 或 ϕ4。焊接后应对焊缝外观进行检验。不得有咬边、气孔、夹渣、焊瘤等缺陷，然后进行探伤检验。

4）制作要求：

① 钢梯制作、安装、验收应从以下各阶段分别进行检查：零件的加工制作、构件的拼装和焊接、焊缝的检验、构件涂底漆前的准备、构件涂面漆的准备、涂漆后漆膜的完好性。

② 零件在加工前应对原材料进行检查，钢材还应有商检检验证明。对材料的缺陷处理应在调整前进行，边缘不应有损伤和裂缝，用砂轮清理痕迹时应顺边缘方向进行。

③ 零件边缘进行机械自动切割、刨边加工等工艺后，其表面的不平整度不能超过 0.2mm，连接边缘的垂直度不能超过 0.1mm，不符合上述要求者均可用磨平缓的方法加以修整。

④ 单节组装后不得留过夜再施焊纵缝，组装点焊时严防咬肉。焊接应在不受雨和雪、

大风侵蚀的环境里进行。

⑤ 焊接外形尺寸允许偏差：焊缝余高为 1.5～1.0mm；焊缝凹面值不大于 0.5mm；焊缝错边不超过 1mm。

焊缝成型并经检查合格后，可以进行焊缝表面的打磨工作，去掉表面氧化渣及飞溅物；修整咬边，减小应力集中。打磨后使焊缝表面与母材相接处形成光滑过渡，这样可有效地避免、延迟裂纹的产生。若表面存在气孔、夹渣、熔合不良等缺陷，应继续磨至消除表面缺陷，局部打磨深度在 0.5mm 以内者允许磨至 0.5mm，但其周围要磨成圆滑过渡形状。如果深度超过 1mm，则应打磨成适合于焊接的形状，以便进行补焊。

（2）钢梯吊装。当第 8 层钢平台施工完毕后，即可进行直爬梯的安装，利用平台安装操作平台按由上向下的顺序进行，安装时严格按照图纸设计要求进行，直爬梯提前在现场加工。第 7 层平台安装完毕后进行钢梯的安装，采用倒装法施工，即首先在地面将钢梯按照 3m 为一个施工段进行组装，将所有部件安装完毕进行喷漆，完成以后利用地面的卷扬机通过滑轮组将钢梯放置在焊接平台上，然后启动卷扬机将其升到安装位置，最后进行焊接，等施工完毕一层平台间的钢梯以后再进行平台的安装，平台安装完毕以后制作临时悬挂点，悬挂牢靠。等所有平台施工完毕以后钢梯施工也同步完成，按照图纸要求与基础可靠连接，最后将悬挂点切除，进行钢内筒的施工。

3. 钢内筒施工

（1）施工方案。本工程使用气顶装置进行烟囱钢内筒施工，施工时采用由下向上双筒同时顶升施工方案。钢板要定尺，每 2m 高为一节。钢板按钢筒周长分三等份在组合场卷成弧形，运至零米平台焊接组装。施工顺序为：气顶装置制作安装→下料→卷制钢板→拖运至现场→筒体组装→焊接→探伤检验→检查合格→逐节顶升→外筒油漆→顶升装置拆除→防腐内衬施工。气顶装置施工原理如图 14-9 所示。

（2）施工方法。

1）气顶装置安装。由于此设备为专利产品，气顶装置由专业公司制作安装，具体为：

① 利用顶部承载梁安装钢内筒首段（约 12m）。

② 气顶活塞安装。

③ 组对平台安装。

④ 将钢内筒首段套入活塞。

⑤ 组焊平台及螺旋轨道安装。

⑥ 气顶操作柜安装及气管配置。

⑦ 排气扇安装。

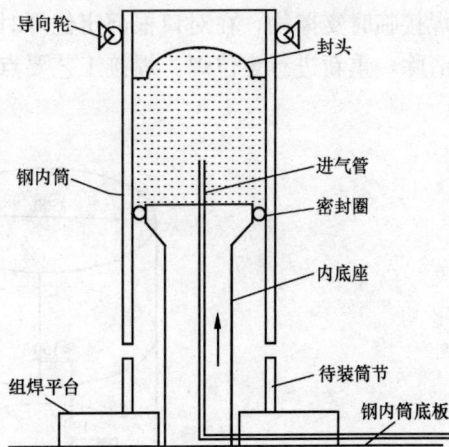

图 14-9 气顶装置施工原理图

顶升：

① 通过小车→螺旋轨道→弧片就位。

② 第一条纵缝组对点焊。

③ 进气的压力等于计算压力，然后由上部滑轮组或手拉葫芦提升。

④ 提升的同时将储气罐打开充气顶升到规定的高度（顶升高度等于钢板的高度，约 2000mm），停止充气。

　⑤ 待装筒节纵缝组对焊接。

　⑥ 待装筒节环缝组对焊接，内环缝打磨清根，焊接封底。

　⑦ 焊缝检验、打磨。

　⑧ 同上述程序一样安装下一筒段，循环安装。

　2) 下料。

　① 钢板划线后应测量边长和对角线，两对角线差不得超过 2mm，边长误差不得超过 1mm。

　② 钢板两端部对接位置打单边坡口。

　③ 打坡口尽量采用半自动切割机。

　④ 坡口打好后用砂轮机将氧化渣清理干净。

　3) 卷制钢板。

　① 卷制前按钢管内径做一块弧形样板，圆弧长度不得小于 1m。

　② 钢管卷制进料应使板材的边线与卷轴平行。

　③ 卷制时应逐渐加压，逐渐成型。

　4) 筒体组装。

　① 将卷制好的钢板拖运到烟囱内，用装置将钢板分布在安装位置。

　② 拼缝前在安装位置焊好环形限位，组对完两道立缝后，用葫芦将钢板圈紧，并紧贴限位。

　③ 在对接环形缝时，要先将一圈焊缝对平后再进行电焊，以防分布不均。

　④ 母材损伤处要补焊并打磨。

　⑤ 组装后要按验评标准检验各个几何尺寸（如圆度、直线度），合格后方可焊接。

　5) 焊接（见图 14-10）。在烟囱筒体焊接时，严禁在被焊表面引燃电弧、试验电流或随意焊接临时支撑物，在对口根部定位焊时，定位焊后应检查各个焊点的质量，如有缺陷应立即清除，重新进行定位焊。焊接工艺要点如下：

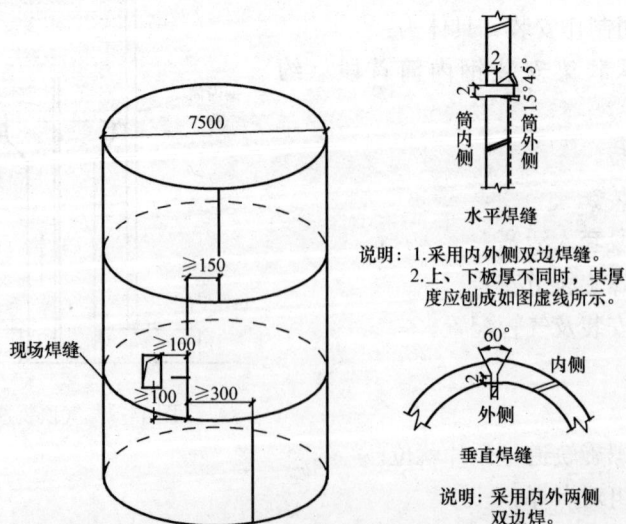

图 14-10　钢内筒纵横缝焊接要求示意图（单位：mm）

① 焊前清除焊件表面铁锈、油污、水分等杂质，焊条必须烘干。

② 为防止出现未焊透和夹渣缺陷，焊缝坡口形式必须严格按图施工。

③ 为防止空气侵入焊接区表面引起气孔，降低接头性能，应尽量采用短弧焊。

④ 当外界温度低于－10℃时，应对焊件进行预热，预热温度为100～150℃。

⑤ 焊接电流为90～140A，焊接速度为140～160mm/min，焊条直径为ϕ3.2或ϕ4。

⑥ 先焊立缝，后焊环缝；先焊外缝，后焊内缝。纵（环）缝焊接外面第一层采取分段或对称焊，以分散应力。纵、环缝焊接均采用正面焊接、背面清根的焊接方法。纵向焊道的焊肉应焊至环向焊缝的中心，在环缝焊接前铲平、磨光。多人焊接的环缝，各层接头应错开，并将接头打磨成缓坡状后施焊。

⑦ 焊接后应对焊缝外观进行检验，不得有咬边、气孔、夹渣、焊瘤等缺陷，然后进行探伤检验。

（3）制作要求。

1）内筒制作、安装、验收应从以下各阶段分别进行检查：零件的加工制作、构件的拼装和焊接、焊缝的检验、构件涂底漆前的准备、构件涂面漆的准备、涂漆后漆膜的完好性及结构的整体性。

2）零件在加工前应对原材料进行检查，对钢材还应取得商检检验证明。对材料表面的缺陷处理应在调整前进行，边缘不应有损伤和裂缝，用砂轮清理时应顺边缘方向进行。

3）零件边缘进行机械自动切割、刨边加工等工艺后，其表面的不平整度不能超过0.2mm，连接边缘的垂直度不能超过0.1mm，不符合上述要求者均可用磨平缓的方法加以修整。

4）单节组装后不得留过夜再施焊纵缝，组装点焊时严防咬肉。焊接应在不受雨和雪、大风侵蚀的环境里进行。

5）纵缝的开头和收尾应用小引弧板引出焊体外，焊毕用氧气切割引弧板，不得在筒体上打火。

6）对16～25mm厚的板进行焊接时，环境温度应高于0℃。

7）在卷板成型前必须将焊缝打平，卷板成型后的焊缝可不受此限。

8）内筒拼接焊缝质量要求：纵缝可按二级质量要求检验，水平焊缝按一级质量要求，但对X射线检验时每环线拍一张底片，底片长度不小于150mm。其他焊缝：除熔透焊缝质量要求为二级外，其余钢构件焊缝满足三级外观质量要求。

9）焊接外形尺寸允许偏差应满足：焊缝余高允许偏差为1.0～1.5mm；焊缝凹面值不大于0.5mm；焊缝错边不超过1mm。内筒的周长允许偏差为10mm，椭圆度应满足错边不超过1mm要求，且不大于10mm。所有焊缝都必须做好记录。

焊缝的清根和打磨：

焊缝清根可采用角向磨光机及碳弧气刨清根。气刨时弧长1～2mm，太长容易发生夹碳现象，弧长大于3mm则电弧不稳。调整合适的风压，风压太小，不能有效地将铁水吹出来，风压太大，则电弧不稳，且容易断弧。炭弧气刨的深度及宽度视钢板的厚度及坡口角度而定。清根时一般使用ϕ8的碳精棒刨2～3次即可成型，其深度不宜超过板厚的1/2。气刨宽度要适中，宽度太窄，底层焊接时运条不方便，容易产生夹渣和未焊透缺陷。

成型刨槽两侧的飞溅应清除干净，并用磨光机打磨成光滑过渡形状，露出金属光泽方允许焊接。

内外焊缝成型后，经检查合格，可以进行焊缝表面的打磨工作，去掉表面氧化渣及飞溅物；修整咬边，减小应力集中。打磨后使焊缝表面与母材相接处形成光滑过渡，这样可有效地避免、延迟裂纹的产生。打磨宽度：焊缝中心两侧各 60mm，熔合线处深度小于 0.5mm。若表面存在气孔、夹渣、熔合不良等缺陷，应继续磨至消除表面缺陷，局部打磨深度在 0.5mm 以内者允许磨至 0.5mm，但其周围要磨成圆滑过渡形状。如果深度超过 1mm，则应打磨成适合于焊接的形状，以便进行补焊。

（4）安装要求（见图 14-11）。

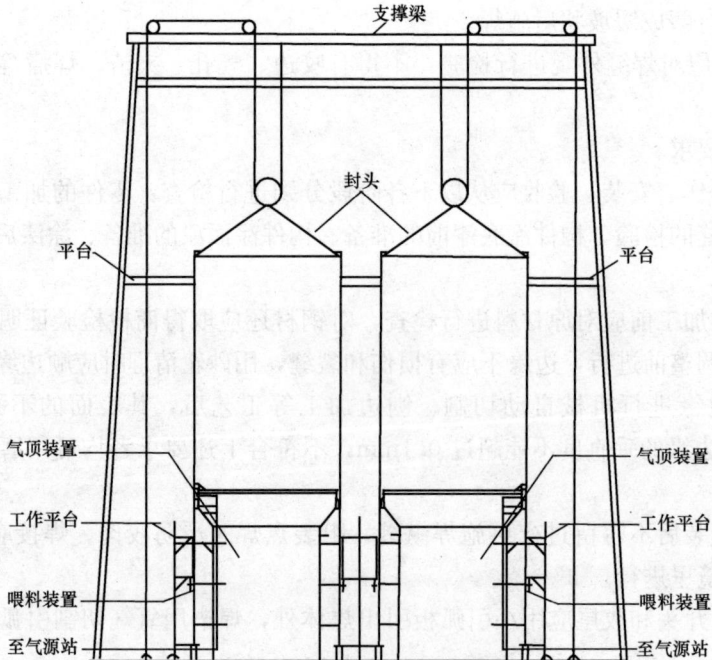

图 14-11　钢内筒安装示意图

1）内筒在安装前做好整体施工设计，确保工程的质量和人身安全。考虑筒身段焊口修整的安全措施。高空施焊设备、导线不得沿内筒壁敷设。筒体安装前应对环向基础坐标进行核对。各层止晃点标高和平台标高差值偏差不超过 10mm，伸缩节伸缩缝间距偏差不超过 20mm。

2）运送段焊口清理后，在吊装施焊前不得直接放在地面上。现场焊缝不得在中途停焊，交班间隔时差不得超过 0.5h，并有交接记录。

3）钢内筒应分段吊装，并优先安装同一标高段的内筒段。吊点只允许设置在承重平台的承重大梁上，每个吊重不得超过 50t。

4）施工时各层平台严禁随意堆载。

（5）防腐和油漆。

1）钢结构除锈等级为 Sa2.5。除耐酸钢、非不锈钢钢构件外，其他钢构件均须进行热喷锌处理，且加封闭漆。所有在喷锌、镀锌后进行的焊接，在焊缝处均必须重新喷锌、加封闭漆（喷锌厚度不小于 $120\mu m$）。

2）标高 230m 以上钢内筒壁外壁防腐油漆做法：配合航标漆进行。标高 230m 以下钢内筒外壁防腐油漆做法：改性环氧厚浆底漆（$100\mu m$），改性环氧厚浆中间漆（$100\mu m$）涂层总干膜厚度不小于 $200\mu m$。

3）涂料在钢板卷板机卷制成型以后进行打磨处理，然后进行喷漆施工。在施工中严格按照施工工艺以及《建筑防腐蚀工程施工及验收规范》（GB 50212）和《钢结构工程施工质量验收规范》（GB 50205）要求执行。

（6）霹雷针安装。在钢内筒施工到 230m 时，应拆除安装在筒首的安装钢梁。人员通过 230m 平台，利用小型工具将安装钢梁切除，然后严格按照图纸和规范要求安装霹雷针。

（7）悬挂点、伸缩节、止晃点施工。等钢内筒顶升至 240m 以后，将内筒内的气压稳定，然后进行悬挂点、伸缩节、止晃点施工。

在施工中首先进行悬挂点的施工，按照图纸要求从上向下依次进行。因为气顶完成 240m 内筒顶升以后距 0m 还有 80cm 高，所以在施工中气筒内的气压不能下降 0.02MPa，气压操作人员应该随时充气，等悬挂点施工完毕以后，再拆除 0m、80cm 的组装平台。拆除时气顶操作人员向筒内加压，内筒向上顶升 20cm，然后进行 80cm 平台的拆除。拆除完毕以后操作人员开始将气筒内的气压慢慢放气，等悬挂点受力全部着力以后，将筒内的气体全部放完，即可进行止晃点施工。

止晃点施工，从上向下依次进行，必须严格执行设计和相关规范要求。

止晃点施工完毕以后进行伸缩节施工。首先将钢内筒按照图纸设计的标高切割开，然后进行细部尺寸的施工。

最后进行 0m 内筒与基础的螺栓连接，按照设计将筒身与基础可靠连接。

（8）烟道孔施工。等悬挂点、伸缩节、止晃点施工完毕，气顶装置顶冒拆除完毕以后，即可进行烟道口施工，施工时利用气顶装置外操作平台进行。

三、烟囱钢内筒内衬施工

（一）工程概况

某发电厂烟囱为脱硫不设 GGH 多管式湿烟囱。外筒为钢筋混凝土结构，高 232.5m；内筒为双钢内筒，筒内直径为 7.5m，顶标高为 240m。钢内筒 60.00m 以下部分采用自立式，60.00m 以上分段悬吊于内外筒间的钢结构平台上。

烟囱标高±0.00m 相当于绝对标高 4.6m。

钢内筒内衬采用 50mm 厚发泡玻璃砖，配套胶粘剂粘贴，胶层厚 3mm。发泡玻璃砖具有抗酸、耐碱、对气体和凝结水不渗透、容重低、强度高、导热系数小、不吸水、不透气、不燃烧、不变形等特点，并且可锯割、可粘接、性能稳定、使用寿命长。

（二）施工方案

钢内筒内衬施工采用钢平台安装所使用的 2 台 15t 卷扬机，安装在筒首上的钢梁通过导向滑轮吊运 2 套 2t 高空施工吊篮，作业人员及物料随吊篮升至施工部位，作业人员站在吊篮内操作，泡沫玻璃砖的粘贴由上至下逐层施工。

（三）施工工艺流程

施工准备→喷砂除锈→中间验收→涂刷第一道底漆→吊装→焊制托架→处理焊缝除锈→补刷底漆→涂刷第二道底层涂料→均匀地撒一层微晶石（0.3～0.8mm）→涂刷底胶→贴衬泡沫玻璃砖→质量检查→煨缝→质量检查→刷耐酸耐磨防腐涂料→竣工验收。

（四）施工方法及要求

1. 喷砂除锈

表面处理是整个防腐蚀施工中的一个重要工序，其处理质量直接关系到防腐涂层的质量和使用年限。喷射除锈磨料的种类有石英砂、硅质河砂和金刚砂等。本工程对喷砂除锈质量要求达到 Sa2.5 级，不宜用河砂，因此在施工中选用石英砂。主要磨料品种及组成规定见表14-1。

表 14-1　　　　　　　　　　　主要磨料品种及其组成规定

磨料种类	磨料粒度组成标准筛号（mm）
石英砂	0.63～3.2 0.8mm 筛余量大于 40%
金刚砂	0.63～02 0.8mm 筛余量大于 40%

（1）喷砂除锈作业方法。

1）在施工场地，搭设机具棚、砂子堆放场地、临时休息室库房等临时设施。将喷砂机械及砂子运到施工操作场地，按位置摆放好，调试空气压缩机。

2）将空气压缩机、空气滤清器、砂罐放置在合适的位置，安装高压喷砂专用胶管和喷嘴，砂子回收系统。并接通信号装置。喷嘴可选用耐磨合金或耐磨陶瓷的文丘型喷嘴。使用普通陶瓷喷嘴时，应在其孔径扩大 25% 时予以更换。

3）将已经筛选好的砂子，装入砂罐。如含水量过大时，应进行烘干处理，烘干后再用。

4）各种喷砂装置、材料准备就绪后，启动空气压缩机，压力调试在 0.4～0.8MPa 之间，用洁净的白布测试喷嘴处压缩气流，确认无油污、无水分。

5）喷砂操作人员穿好防护衣，调整通风，接通信号后，打开开关，送风送砂，开始喷砂作业。喷射距离应保持在 200～300mm 之间，喷射角度在 30°～60°之间，要分布均匀，不能过快，以免漏喷，影响喷砂质量。

6）喷砂作业完毕（钢板一次施工不宜过多，最长连续喷射时间不得超过 8h），关闭送砂，用压缩空气吹净钢板表面的粉尘，并检查喷砂质量。保证钢板表面粗糙度及清洁度。

7）喷砂施工作业环境温度以 5～30℃为宜。相对湿度不宜大于 80%，若相对湿度过大，环境温度过低时，应采取加热保温措施。

8）为防止处理后的钢板返锈，应在 4h 之内刷涂第一遍底漆。钢板边缘部位应预留30mm 的焊缝，以便焊接。

9）喷砂除锈刷过底漆的钢板应在底漆干燥后，由安装单位进行吊装施工。

10）所用石英砂反复使用后要进行回收筛选，消除细砂，减少灰尘产生的污染环境。喷嘴口径磨损大于 1/3 时，应更换新喷嘴。

（2）喷砂除锈质量检查。

1）表面清洁度和表面粗糙度的检查均应在良好的散射目光下或光度相当的人工照明条件下进行。

2）评定表面清洁度时，被检查的金属表面应与标准中相应的照片进行比较评定。

3）评定表面粗糙度时，应与标准样块进行比较评定或用肉眼观察，用手触摸等。只有清洁度与粗糙度达到标准要求时，才能进入下一道工序。

（3）喷砂除锈的安全技术措施。

1）喷砂操作工人应穿戴防护服、厚手套和耳塞。头盔上的面罩玻璃要经常更换，保证良好的能见度。高处作业佩戴安全带。

2）划分喷砂工作区和安全区，施工现场要有安全标志线。喷砂作业区设专人监护，任何无关人员不得进入喷砂作业区。

3）喷砂操作时，不要把喷嘴对着自己或别人的身体部位。

4）金属表面喷砂前，应检查喷砂设备、管道压力表等，一切正常时，方可开车。操作时，待操作人员拿好喷枪并发出信号后，方可将压缩空气送入喷砂设备。操作终了或中途停车时，应等喷砂管内压缩空气排净后，方可放下喷枪。喷砂时，无关人员不得靠近喷砂现场。

5）在高处作业时，搭设脚手架和人梯，喷砂软管要固定在垂直面上，以减轻操作工人的劳动强度，并搭设防护棚，防止磨料飞溅。

6）喷砂作业的辅助操作人员应选用阻尘率较高、呼吸阻力小、质量轻的过滤式防尘口罩。

7）喷砂作业现场的照明装置要有良好的可见度与足够的亮度。

8）喷砂除锈采用半封闭式施工，尽量减少扬尘的产生，或避开上班高峰期，选择在午休或晚上施工。

2. 托架焊制

发泡玻璃砖内衬系统的首行应设置挡条以保护内衬的端部，这种做法特别适合顶部施工。

（1）钢内筒内侧内衬系统衬砌时，为了支承发泡玻璃砖的重量，应从首行开始焊制支承托架。焊接时采用断焊法施工。

（2）支承托架的布置应从钢内筒顶部开始，顶部挡条的宽度应略宽于衬里层的厚度，约为55mm，且选用3mm厚的不锈钢板制作。焊接时采用满焊法进行焊接，其目的是为了防止雨水从上面浸入内衬系统而破坏内衬系统的完整性，使其失去防护作用。

（3）支承托架采用30mm×2.5mm厚的扁钢制作。制作时按照尺寸进行下料，根据烟囱直径用专用煨弯工具机进行煨弯加工，然后进行焊接。每道支承托架的间距为2.1m。

（4）除了顶部首行托架（挡条）采用满焊法焊接外，其他支承托架均采用断焊法进行焊接。

（5）为了使支承托架受力均匀而不至于成为一个受力整体，托架接头处应断开1～1.5cm。为防止雨水浸入，顶部托架应全部焊严不留空隙。

（6）挡条与支承托架焊接好后，应用角磨机对其焊缝及边缘进行打磨处理。处理完以后补刷底漆。

3. 底层涂料涂装

喷砂除锈完成并经检查合格后，应尽快进行涂装施工，以免返锈。首先要选择合适的涂装方法，根据施工现场的具体情况可采用刷涂或滚涂，以保证取得良好的涂装效果。

（1）材料配制。

1）根据当天的施工计划，将足够的防腐涂料及辅助材料领出库并存入配制室。

2）涂料的配制应严格按照产品说明书的技术要求进行调配，并充分搅拌，工程用量应根据说明书的规定控制，在现场调配时应根据工程用量进行调配，并在规定时间内用完。

3）涂料开桶后，应进行搅拌，同时检查涂料的施工黏度，并根据实际情况进行调整，直至达到规定的施工黏度。稀释剂的加入量不得超过一次使用量的 20%。

4）按油漆材料说明书的配比，以及温度、湿度、层次要求，进行配制分析试验。试验配方不少于 5 个，分别在编号的试片上试涂。经过 24h 自然干燥后，对试片涂层进行测试，确认各性能指标达到要求后，确定配比及黏度。

（2）涂料的涂刷施工。

1）喷砂除锈完毕后，经验收合格后，应立即刷涂底层涂料。刷涂时应在钢板边缘部位用预留 50mm 的焊缝，以便安装单位进行焊接施工。

2）底层涂料刷涂完毕，待涂料固化干燥后，由安装单位进行吊装施工。

3）安装单位完成吊装作业，并经验收合格后。方可进行挡条及支承托架的焊接，然后对于焊缝、托架及焊接时烧掉的漆膜进行二次除锈，除锈采用角磨机或砂轮机进行打磨。焊缝凸出的表面应光滑、无焊渣、无焊瘤。

4）用角磨机除完锈，补刷底层涂料。底层涂料补刷完毕，待漆膜干燥固化后，方可进行第二道涂料涂刷施工。底层涂料要求涂刷均匀，无流挂、无漏涂，涂膜厚度要达到设计要求。

5）第二道涂料涂刷完毕后，在其未固化前均匀地撒一层 0.3～0.8mm 厚的微晶石，以增加衬基表面的粗糙度。这样既不影响第一层涂料的涂膜厚度，又能增加衬基表面的粗糙度，使泡沫玻璃砖与衬基良好的粘结。

6）底层涂料的配制应按材料说明书及生产厂家提供的配比进行配制。根据实际情况调整其黏度，一次配料不宜过多，应根据施工用量进行配制，并在规定的时间内用完。

7）待底层涂料干燥固化后，应及时组织检查验收。验收合格后进行泡沫玻璃的贴衬施工。

（3）涂料涂刷的技术要求及质量检查。

1）涂料涂装前，钢板表面处理应符合国家规定的现行有关标准要求。特别要注意交叉及阴角处的处理质量和涂装质量。

2）施工环境温度宜为 5～30℃，相对湿度小于 80%；在相对湿度较高（80%～85%）时，应保持良好的通风。同时要求钢板表面干燥、清洁。

3）冬季施工应采取加热保温措施，但不能采用明火和蒸汽法直接加热。

4）雨、雪、雾、潮湿天气和有较大灰尘天气，禁止在室外涂装施工。

5）施工现场应有良好的通风设备，以及时排出有害粉尘及挥发性溶剂。

6）防腐蚀涂料与稀释剂等材料在贮存、施工及干燥过程中，不得与酸、碱及水接触。严禁明火，并应防尘、防暴晒。

7）配制好的涂料应在规定时间内用完。涂刷时一般不加稀释剂，但若涂料黏度太大，影响操作，则可添加不大于 5% 的专用稀释剂。

8）在涂装施工中，应随时检测每道湿膜的厚度，只有湿膜厚度达到要求，才能保证干膜厚度达到设计要求，进而确保涂层的使用寿命。

9）必须在喷砂除锈完成后 8h 内完成第一道底漆的涂刷。每道涂层涂装间隔时间不应大于 12h 或根据涂料厂家对涂装间隔时间的规定。

10）涂层表面应光滑、平整、颜色一致，无针孔、气泡、漏涂和破损等现象。

11）漆膜的外观检查：湿膜不得有缩孔缩边、起泡、发白失光、浮色、流挂、咬底、皱皮等弊病；干膜表面不得有针孔、龟裂、剥落、脱皮等弊病，涂层应色泽光亮、颜色一致。漆膜应致密，无颗粒状及可见针孔。

12）漆膜的厚度用测厚仪测量，每 10m² 不少于 3 处，厚度误差不超过＋2％。

13）厚度检查：涂装过程中，应经常用湿膜测厚仪测定湿膜厚度，以保证干膜厚度达到要求。干膜厚度测量时，应在漆膜干透后进行。涂层干漆膜总厚度应达到防腐工艺设计要求。

14）附着力的检查：用划格器进行涂层附着力检查，应符合要求。

4. 内壁防腐衬里施工

（1）泡沫玻璃内衬施工工艺。按照立式设备砖板衬里施工工艺进行施工操作及验收，工艺流程为：

选砖（切割）→清理基体表面灰尘→涂刷胶粘剂→衬泡沫玻璃砖→检查修理→煨缝→刷涂耐酸耐磨防腐涂料→质量检查→竣工验收。

1）底层涂料固化干燥后方可进行泡沫玻璃的贴衬施工，要求基层表面清洁、干燥、无浮尘、油污。

2）施工前，首先要对泡沫玻璃砖进行挑选，要求表面孔隙一致，排列均匀，无缺角、掉棱、裂缝以及明显的凹凸现象。

3）对于主要部位要先进行试排，再按尺寸进行切割。然后将涂层表面的灰尘及浮砂清理干净，找好垂直水平线，方可进行贴衬。

4）将粘结剂按一定的比例配制好。配料时按配比将 B 组分加入 A 组分中充分搅拌均匀后熟化 15～20min，即可使用。如施工黏度过高，可用专用稀释剂稀释。

5）用抹灰刀在基体表面上抹一层 1.5mm 厚的粘结剂，在要安装的泡沫玻璃砖的底部和所有各边均匀地抹上一层粘结剂，厚度控制在 1.4～1.6mm。然后将泡沫玻璃砖粘贴到衬砌的位置，将泡沫玻璃砖在衬基表面上前后上下移动，以消除泡沫玻璃砖与衬基之间的空隙。并用手木锤轻轻地敲打，使玻璃砖牢固地与基体结合，并使其与相邻的砖紧靠。将砌缝中挤出的多余粘结剂用刮刀刮去。粘结剂的厚度与各砖之间的缝隙应控制在 2.6～3.2mm。

6）泡沫玻璃砖上的粘结剂涂抹后与涂在衬基表面的粘结剂完全紧密粘结是十分重要的，在泡沫玻璃砖与衬基表面之间不应有空隙。例如焊缝凸出部位衬砖时，可将砖的背面根据焊缝凸出的高度而切割成一条缝，然后涂满粘结剂进行粘结，侧面和背面必须满缝。

7）当预期要停工时，将已安装好的内衬的衬基上和边缘处的粘结膜去掉，在复工后再继续安装泡沫玻璃砖。

8）不得安装有通孔、裂纹、缺角或有其他缺陷的泡沫玻璃砖。

9）砖与砖之间的环缝为连缝，纵缝应错缝排列，错缝宽度为砖宽的 1/2，不得小于 1/3。

10）衬砖施工时，应按从支承托架开始往上贴衬的顺序进行。连续衬砖高度不宜过高，应与粘结剂的固化程度相适应，以免下层玻璃砖发生错位或移动。

11）砖缝必须填满压实，不得有空隙，多余的粘结剂用刮刀刮去。要保证砖缝的密实，将表面清理干净。

（2）施工技术要求及质量检查：

1）施工环境温度宜为 5～20℃，相对湿度不宜大于 80%。冬季施工应采取加热保温措施，但不能采用明火和蒸汽法直接加热。

2）配制底漆、底胶及胶粘剂的容器及工具应清洁、干燥，配制时应根据施工用量边用边配，并在 3h 内用完。施工过程中如发现凝固结块等现象时，不得继续使用。

3）节点的处理与保护：首行泡沫玻璃砖内衬的边缘用挡条来保护。正确地使用挡条对泡沫玻璃砖内衬的耐久性是一个重要的条件，对于人孔的护缘、法兰连接及伸缩接头处都采用挡条。

4）施工环境应有良好的通风。施工操作区应与火源隔离，施工现场泡沫玻璃砖的堆放应整齐，不得存放在低洼的地方，并搭设防雨棚。

5）玻璃砖结合层及砖缝之间应饱满、密实，粘结牢固，不得有疏松、裂纹和固化不完全现象。砖缝平整、色泽均匀。砖缝宽度符合设计规定。

6）玻璃砖表面平整度应根据钢内筒表面的平整度来确定。

泡沫玻璃砖内衬系统的典型构造细部的原则性布置图如图 14-12～图 14-14 所示。

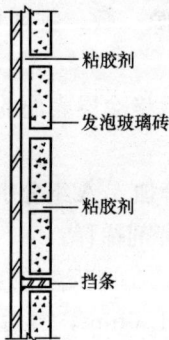

图 14-12　发泡玻璃砖粘结示意图　　　　图 14-13　转角处发泡玻璃砖粘结示意图

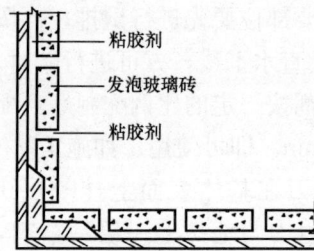

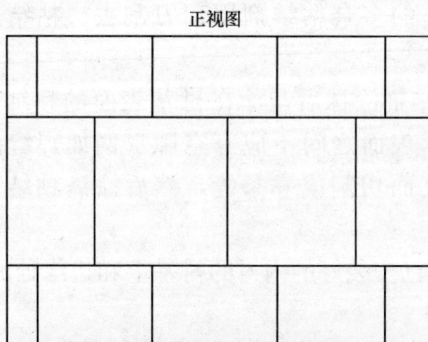

图 14-14　发泡玻璃砖粘结正视图

第三节　烟囱电动提升系统及混凝土
地泵泵管固定脚手架搭设施工

一、烟囱电动提升系统安装

（一）工程概况

某发电厂烟囱为脱硫不设 GGH 多管式湿烟囱。外筒为钢筋混凝土结构，高 232.5m；内筒为双钢内筒，筒内直径 7.5m，顶标高 240m。钢内筒 60.00m 以下部分采用自立式，60.00m 以上分段悬吊于内外筒间的钢结构平台上。

烟囱标高±0.00m 相当于绝对标高 4.6m。

烟囱 9m 以下采用以脚手架为支撑系统的常规施工工艺，9m 以上采用电动提升倒模施工工艺。

整个电动提升系统的安装就位采用 1 台 50t、1 台 25t 汽车式起重机安装。整套装置由中心鼓圈、20 组辐射梁、20 组操作提升架、60 块轨道模板及拆模平台、支模平台等组成。

（二）施工工艺流程

电动提升系统组装施工工艺流程见图 14-15。

（三）施工方法及要求

1. 脚手架安装

按要求搭设内、外脚手架。

2. 轨道模板安装

烟囱筒壁 9m 以下施工完后，轨道模板与筒壁已经形成一个整体，便于操作架的安装及负荷试验。轨道模板和补偿模板沿烟囱外筒壁均匀布置，共 20 组。轨道模板和补偿模板用 $\phi22$ 对拉螺栓加固牢固，用"U"型卡子与其他模板连接在一起，上下连接可靠，模板上表面标高一致。

3. 提升架安装

提升架在安装前按施工图组装成一个整体，并将提升用电动机装好，在安装前经过调试，保证整体提升过程中的平稳。操作架与提升架通过丝杠调节相对距离，根据图纸要求，操作架与提升架小牛腿之间的相对距离为 810mm。组装前应把距离调整好，使操作架与提升架同时受力，并与轨道模板按组装图纸要求连接好，这样通过轨道模板把力传到筒壁上。操作架、提升架每组质量为 1.2t，采用 50t 起重机安装，缓慢沿轨道板滑道放下，到达位置后，穿好销块，确认牢固后，方可摘钩。

4. 中心鼓圈、辐射梁安装

（1）中心鼓圈的安装。中心鼓圈要求起拱 45cm，采用整体吊装，吊装时注意鼓圈顶辐射梁口与操作架方向应一致。找完标高与位置后要进行临时固定，才可以摘钩。

（2）辐射梁安装。操作架与中心鼓圈安装完后开始安装辐射梁。安装时捆绑牢固可靠，等中心鼓圈一端固定牢固以后才可摘钩。

5. 钢圈及拉索安装

辐射梁安装完后，接着上钢圈，钢圈与辐射梁连接，将辐射梁连接成一个整体，连接时

```
┌─────────────────┐
│  轨道模板安装    │
└────────┬────────┘
         ↓
┌─────────────────┐
│  中心鼓圈安装    │
└────────┬────────┘
         ↓
┌─────────────────┐
│ 操作架和提升架安装│
└────────┬────────┘
         ↓
┌─────────────────┐
│   辐射梁安装     │
└────────┬────────┘
         ↓
┌─────────────────┐
│  组装平台完善    │
└────────┬────────┘
         ↓
┌─────────────────┐
│   拉索安装       │
└────────┬────────┘
         ↓
┌─────────────────┐
│ 支模、拆摸平台安装│←──────┐
└────────┬────────┘        │
         ↓              不合格│
      ╱检查验收╲──────────────┘
      ╲        ╱
         │合格
         ↓
┌─────────────────┐
│     调试         │
└────────┬────────┘
         ↓
┌─────────────────┐
│    试负荷        │
└────────┬────────┘
         ↓              不合格
      ╱检查验收╲──────────────┘
      ╲        ╱
         │合格
         ↓
┌─────────────────┐
│    正式使用      │
└─────────────────┘
```

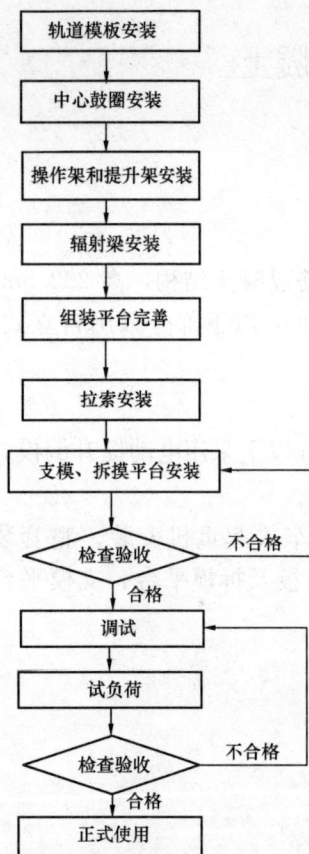

图 14-15　电动提升系统组装
施工工艺流程图

要加弹簧垫。钢圈上完后上拉索，拉索要求对称上，等拉索上完后，检查松紧情况，如有松的再紧一次。最后请调度室机械主管、安监部人员及技术人员一起验收拉索的安装情况。

6. 拆模平台组装

由于拆模平台距离辐射梁平台 4.7m，开始组装电动提升装置时，高度不能满足组装拆模平台的施工条件，所以在吊装中心鼓圈前先将两个平台的杆件吊到脚手架平台上，待电动提升到合适高度后再进行组装，组装时注意所有吊杆拉索要受力均衡。

7. 铺设脚手板

脚手板采用满铺，接缝严密，不得采用劈裂、有节疤的脚手板，同时应注意以下几点：

（1）脚手板应满铺，不应有空隙和探头板。

（2）脚手板的搭接长度不得小于 20cm。对头搭接处应设双排小横杆，其间距不得大于 20cm。

（3）脚手板应铺设平稳并绑牢，不平处用木块垫平并钉牢，但不得用砖垫。

8. 检查、调试

电动提升模系统组装完成后，应派专人检查安装情况及安装后各部位有无异常现象。检查内容如下：

（1）检查提升架、操作架、辐射梁等受力部件焊缝是否有缺陷。

（2）检查内吊平台吊杆、吊点焊接是否可靠。

（3）检查连接销子、螺栓安装是否牢固可靠。

（4）检查所有钢丝绳是否有断丝现象，绳卡数量、间距是否准确，绳卡接法是否正确。

（5）对中心鼓圈、操作架的标高、垂直度以及半径进行检查。

（6）检查工作平台、内吊平台铺板是否严密，防护栏杆、安全网等防护设施是否齐全、可靠。

（7）检查电气系统绝缘情况是否良好。20 个电动机正反转是否一致，丝杆运行是否顺直，行程开关是否可靠，各指示灯指示是否正确，通信系统是否畅通。

（8）检查照明系统是否使用安全低压电流，所有用电设备是否均装设漏电保护器。

（四）负荷试验

辐射梁和鼓圈做静负荷试验；提升系统在上部做提升负荷试验。

组装前先在地面检查各部件的焊接质量，合格后方可在高空组装。在高空组装完成后需做荷载试验，试验合格后才允许使用，并做好负荷试验记录。

1. 静负荷试验

（1）试验前的准备。

1）辐射梁和中心鼓圈安装好后，用钢丝绳拉索将辐射梁和中心鼓圈拉上，在上拉索时必须将其拉紧。拉索一端与辐射梁卡死，另一端用倒链将钢丝绳拉紧。

2) 负荷试验前，对各连接接点、各构件进行一次全面系统的检查，确定无误后方可进行负荷试验。

3) 负荷试验前，先将支承中心鼓圈的道木撤除，然后用水准仪在中心鼓圈和支承辐射梁的架子上抄好标高，并做好记号，用拉线法测出每一根辐射梁的原始挠度，编号记录号。

(2) 负荷试验。负荷试验最大荷载为 40t，荷载物采用 $\phi 28$ 钢筋，长 6m，共 1380 根。试验分两步进行：

1) 加荷 25t，静置 30min（$\phi 28$ 钢筋，长 6m，863 根）。

2) 加荷 40t，静置 30min（$\phi 28$ 钢筋，长 6m，1380 根）。

2. 提升负荷试验

试验主要分为提升空载（自重）负荷试验和提升加载负荷试验两部分。

(1) 空载负荷试验。

1) 先固定操作架，分别将 20 组提升架在其行程范围内起落两个循环，观察操作架上行程开关是否正常，丝杠是否有锁死现象，滑道是否平滑及各受力部位的受力情况，在 20 组转动结束确认无误后，进行下一步操作。

2) 固定提升架，同时开动 20 组驱动电机，使操作架带动整个平台机构缓慢上升，在上升 200mm 以后停止，检查各受力点的情况，确认无误后继续提升，直至最大行程处，同时检查 20 组驱动机构的同步性，无误后再下降至初始位置。如此进行两个循环动作，检查确认无误后，再进行加载负荷试验。

(2) 加载负荷试验。加载负荷试验整个系统荷载包括系统本身自重和辐射梁平台上的恒荷载。系统本身自重部分已在提升空载（自重）负荷试验中进行了检查。根据后续实际施工情况，还需考虑混凝土料斗、电焊机、钢筋、扒杆、卷扬机等部分荷载（常规约考虑 30t）。并将设备、材料均匀的放置在操作平台上。固定好操作架提升架，带负荷升降两个循环，检查系统运行情况。

二、烟囱电动提升系统拆除

(一) 工程概况

某发电厂 2×1000MW 超超临界火电机组一期工程，烟囱为脱硫不设 GGH 多管式湿烟囱。外筒为钢筋混凝土结构，高 232.5m；内筒为双钢内筒，等内直径 7.5m，顶标高 240m。钢内筒 60.00m 以下部分采用自立式，60.00m 以上分段悬吊于内外筒间的钢结构平台上。

烟囱筒身施工采用电动提升系统滑模施工，烟囱工程筒身混凝土结构已施工结束，作业内容为整个电动提升系统的拆除工程。

(二) 施工方案

电动系统拆除工程利用平台施工，用 3t 卷扬机将提升架逐个拆除，将中心骨圈临时固定，与筒壁连接可靠，将施工支模平台、拆模平台、操作平台脚手板用扒杆调运至 0m，所有钢构件全部切割成小段，利用电梯将其运送到 0m，最后将所有拆除物料运输到周转库集中存放。

(三) 施工工艺流程

辐射梁落于筒首→安装钢平台施工设备→操作平台辐射梁上作临时栏杆→拆除施工模板、内补偿模板→拆除外操作架密封网→拆除外操作架拆模平台→拆除隔离平台→拆除支模平台→拆除提升架、轨道模板→临时吊挂中心鼓圈→拆除内拆模平台→拆除内支模平台→拆除拉索→拆除辐射梁→拆除中心鼓圈→电梯拆除。

（四）施工方法及要求

（1）辐射梁落于筒首。筒首结顶后，在烟囱顶上，操作提升架电动机，将辐射梁向上提升 30cm 后，在辐射梁下面垫 60cm 长切割的辐射梁，然后将提升架放下，将辐射梁放到筒首上，使辐射梁及其所吊挂的平台直接作用到筒首上，将操作架与辐射梁彻底分开。

（2）在辐射梁上作临时栏杆。

辐射梁放稳后，在其上焊接 φ50×2.5mm 的钢管和 φ12 钢筋两道，作为临时栏杆，并在梁头焊上 φ16 光圆钢筋作吊鼻子，供拆除人员系安全带使用。

（3）临时固定中心骨圈。筒身混凝土施工结束后，在上面预埋 10 组吊环以便固定中心骨圈，用筒首预埋的吊环，挂钢丝绳，临时吊挂中心鼓圈。

（4）模板的拆除。利用外操作架拆除所有模板，只留下中间一层轨道模板（共计 20 块）；利用内部平台拆除所有内部模板，将固定外轨道模板的 40 根对拉螺栓用剪力环直接固定在筒壁混凝土上，最后剩下的 20 块轨道模板等将提升架用钢丝绳挂好后再拆除。

（5）航标漆施工。将模板拆除完毕以后就进行航标漆工程的施工，轨道模板处的航标漆等提升架拆除以后再利用吊篮施工。

（6）外施工平台的拆除。在拆除中首先应该清除各平台的杂物，防止在拆除过程中坠物伤人。将外操作平台的安全网拆掉，之后将挂安全网的钢筋拆下，用操作平台上的摇头扒杆运到 0m，然后以由下到上的顺序拆除拆模平台、隔离平台、支模平台，及时将拆除的物品利用扒杆运输到 0m，归还到物资部门。

（7）提升架拆除。切断 20 组电动机的电源，拆除外操作架。拆除时作业人员将安全带系好，系在辐射梁上准备好的钢丝绳上，之后利用摇头扒杆的 3t 卷扬机拆除操作架，顺序的在每根辐射梁上挂单门滑车，操作 3t 卷扬机将钢丝绳通过滑车挂牢操作架，再用 5t 倒链和三角支架略向上提起操作架，拔出操作架销子后，将其慢慢下放到 3t 卷扬机受力，拆除倒链滑出轨道。在拆除之前，先在操作架下方系好 φ22 的棕绳作缆风绳，缆风绳长 350m。零米地面站人，拉住缆风绳，操作卷扬机将操作架放到零米。用上述方法逐一拆除操作架。拆除时，下方设监护人，在烟囱区域 50m 范围之内的其他施工队伍应停止施工。上下指挥信号必须明确，指挥一致。将拆除的提升架及时用车运走，放到指定位置。

（8）内操作平台的拆除。拆除时由一处沿径向的小辐射梁先拆一跨，之后沿周圈向后逐个拆除。先拆脚手板，随着用气割切除辐射梁和环向梁，退到最后剩下对着电梯口的两根辐射梁先不拆除，留作上部安装钢平台时的通道，等安装钢平台的主梁就位后由圆周退向圆心拆除，一直退到电梯内，仍旧是随拆脚手板随向后切辐射梁。

利用上部平台将中心环梁和钢丝绳拉上，盘成圈由电梯运到零米，所拆下的物品均由电梯运到零米。拆除顺序为先拆除拆模平台，支模平台等辐射梁拆除以后再拆除。

（9）大操作平台施工机械的拆除。在拆除拆模平台、支模平台后，再拆除平台上的施工机械，包括混凝土浇筑灰斗、提升架控制箱、电源箱、扒杆、卷扬机、栏杆、施工灯具。

（10）大操作平台、辐射梁的拆除。在内拆模平台拆除以后，将内支模平台的辐射梁吊挂在筒首的预埋吊环上，然后拆除脚手板和辐射梁。拆除时必须对称进行，防止因受力不等造成骨圈变形，将拆除的零件用电梯全部运输到零米，等拆除完毕以后再拆除支模平台。拆除时由一处沿径向的小辐射梁先拆一跨，之后沿周圈向后退着拆，先拆脚手板，随着用气割切除辐射梁和环向梁，退到最后剩下对着电梯口的两根辐射梁，用绳子绑扎牢固以后再分段切割，由电梯运输到零米。

（11）中心骨圈的拆除以及钢平台施工钢梁的准确就位。等支模平台拆除完毕以后即可拆除中心骨圈，拆除时由上向下切割，施工人员站在电梯内进行切除，等切除到拆模平台预留的辐射梁时，人员上去将安装钢平台的主梁准确就位，等钢梁就位以后再拆除剩余的辐射梁、脚手板和中心骨圈，用电梯运输到零米。

（12）电梯的拆除。等骨圈拆除完毕以后即可进行电梯的拆除，在拆除过程中利用电梯自带的摇头扒杆将标准节由上向下逐节拆除。电梯的辅臂拆除难度比较大，在拆除过程中将绳子系好，大约在辅臂 1/2 处时，松动扣件，转动辅臂杆，慢慢地卸下，用电梯运输到零米。

（13）防护平台的拆除。在拆除过程中必须随时拆除随时清走，脚手管、脚手板及时归还，注意拆除当中对物品的保护。

（14）钢内筒、电梯基础施工。首先将以前回填的土方挖走，完成以后进行彻底的清理，清理完毕以后进行基础施工。等基础完成以后即可进行 0m 内钢平台施工卷扬机基础的施工，完成以后进行土方回填。

三、烟囱混凝土地泵泵管固定脚手架搭设措施

（一）工程概况

某发电厂烟囱筒身采用电动提升系统滑模施工，根据初步方案，70m 以下采用地泵浇筑混凝土，所以在烟囱内部搭设脚手架支设泵管，用来浇筑混凝土满足施工要求。

（二）施工工艺流程

摆放扫地杆→逐根竖立立杆并与扫地杆扣紧→装扫地小横杆并与立杆和扫地杆扣紧→装第一步大横杆并与各立杆扣紧→安第一步小横杆→安第二步大横杆→安第二步小横杆→加设临时斜支撑，上端与大横杆扣紧（在装设连墙杆后拆除）→安第三、四步大横杆和小横杆→安装连墙杆→接立杆→加设剪刀撑→固定泵管。

（三）施工方法及要求

本工程脚手架施工方案分两步搭设。第一层脚手架高 40m，脚手架采用 3m×3m 布局，双管搭设，脚手架立管间距 1m，水平管间距 1.5m。第二层脚手架高 40m，脚手架采用 2m×2m 布局，脚手架立管间距 1m，水平管间距 1.5m，四面均设立剪刀撑。脚手架中心离内筒壁 5m，坐落在基础底板上。

33m 以下的脚手架在电梯安装完成以后必须搭设完成；33m 以上的在平台提升过程中同步搭设。

（四）脚手架的材质要求

钢管：A3 材质，外径 48mm，壁厚 3.5mm，无裂纹、弯曲、压扁或严重锈蚀。

扣件：有出厂合格证，无裂纹、滑扣。

（1）脚手架搭设时的检查标准如下：

1）地基基础坚实平整、无积水现象。

2）立杆垂直度最后允许偏差为±100mm。脚手架允许水平偏差如下：检查高度为 2m 时，允许偏差为±7mm；检查高度为 10m 时，允许偏差为±25mm；检查高度为 20m 时，允许偏差为±50mm；检查高度为30m时，允许偏差为±75mm。

　　3）间距偏差为：步距±20mm；纵向间距±50mm；横向间距±20mm。

　　4）纵向水平杆高差：一根杆的两端允许偏差为±20mm；同跨内两根纵向水平杆高差为±10mm。

　　5）双排脚手架横向水平杆外伸长度（500mm）偏差为－50mm。

　　6）扣件安装：同步立杆上的两个相隔对接扣件的高差≥500mm；立杆上的对接扣件至主节点的距离≤步距/3；纵向水平杆上的对接扣件至主节点的距离≤跨度/3。

　　（2）脚手架搭设前，杆配件的检查与验收应符合以下规定：

　　1）新钢管的检查与验收：

　　① 应有产品质量合格证。

　　② 应有质量检验报告。

　　③ 钢管表面应平直、光滑，不应有裂缝、结疤、分层、错为、硬弯、毛刺、压痕和深的划道。

　　④ 钢管必须涂有防锈漆。

　　2）旧钢管的检查与验收：

　　① 钢管外表面锈蚀深度不大于0.50mm。检查时在锈蚀严重的钢管中抽取3根，在每根锈蚀严重的部位横向截断取样检查，当锈蚀深度超过规定值时不得使用。

　　② 钢管弯曲应符合以下规定：钢管端部弯曲≤5mm（杆件长度≤1.5m）；立杆钢管弯曲≤12mm（3m＜杆件长度≤4m）或≤20mm（4m＜杆件长度≤6.5m）；水平杆、斜杆钢管弯曲≤30mm（杆件长度≤6.5m）。

　　3）扣件的检查与验收：

　　① 新扣件应有生产许可证、法定检测单位的测试报告和产品质量合格证。

　　② 旧扣件使用前应进行质量检查，有裂缝、变形的严禁使用，出现滑丝的螺栓必须更换。

　　③ 新、旧扣件均应进行防锈处理。

　　（五）搭设注意事项

　　（1）脚手架组装前，应先根据施工图纸和现场实际，明确施工荷载及搭设计划。

　　（2）构件检验：所有构件都必须有出厂合格证和检验报告，方可施工。

　　（3）严禁 φ48 脚手管与其他型号焊管及其相应扣件混合使用。

　　（4）首先应清除组架范围内的杂物，并根据对地基承载力的要求，采取相应的地基处理措施，做好排水处理。

　　（5）竖立杆应做到纵成线，横成方，杆身垂直。

　　（6）底立杆应按立杆接长要求选择不同长度的钢管交错设置，至少应有两种适合的不同长度的钢管作立杆。

　　（7）在设置第一排连墙件之前，应约每隔6跨设一道抛撑，以确保架子稳定。

　　（8）杆件端部伸出扣件之外的长度不得小于100mm。

　　（9）连筒壁撑应随着脚手架的搭设而随时在设计位置设置，并尽量与脚手架和建筑物外表面垂直。横杆与立杆的连接处，施工过程中不允许随便拆除或变更。

　　（10）剪刀撑的斜杆与基本构架结构杆件之间必须连接可靠。

（11）对接平板脚手板时，对接处的两侧必须设置间横杆。

（12）在搭设、拆除或改变作业程序时，禁止闲杂人员进入危险区域，并挂标志牌，设专人监护。

（六）施工中应注意的安全事项

（1）所有施工人员必须认真遵守《电力建设安全工作规程》和《电力建设安全施工管理规定》，杜绝"三违"现象发生，认真做到"四不伤害"。

（2）建立健全安全保证体系，落实安全教育制度，全体人员签字；不许有代签和漏签现象。

（3）凡参加高处作业的人员应进行体格检查，合格后方可进行施工。

（4）施工队伍在现场设立专职安全员，进行监督检查，发现问题及时采取措施。

（5）严格按照规范和脚手架搭设作业方法进行操作，横杆水平，立杆竖直。由于架体较高，剪刀撑每隔6m与筒壁相连，保证斜拉撑和剪力撑的位置，确保脚手架的整体稳定性，防止倾倒伤人。

（6）架子工属特殊工种，必须经过培训，持证上岗。

（7）高处作业必须系好安全带，安全带应挂在上方的牢固可靠处。

（8）上下脚手架应走马道或梯子，不得沿绳、脚手立杆或栏杆等攀爬。

（9）高处作业人员应佩戴工具袋，较大的工具应系保险绳；传递物品时，严禁抛掷。

（10）立杆支撑于回填土上，下端垫道木并加设扫地杆，防止不均匀沉降。

（11）搭设完毕经三级验收合格挂牌后方可使用。

（12）高处作业地点、各层平台、走道及脚手架上不得堆放超过允许载荷的物件，施工用料应随用随吊。

（13）高处作业不得坐在平台、孔洞边缘，不得骑坐在栏杆上，不得躺在走道板上或安全网内休息；不得站在栏杆外工作或凭借栏杆起吊物件。

（14）非有关施工人员不得攀登高处。登高参观的人员应由专人陪同，并严格遵守有关安全规定。

（15）禁止站在脚手架杆件上，禁止在未固定的构件上行走。

（16）在夜间及光线不足处作业，应针对作业环境条件设置足够的照明，使作业人员工作范围内视线清楚。

（17）认真做好施工区域的安全文明施工工作，做到"工完、料净、场地清"。

第四节 烟囱防腐施工及外筒油漆施工

一、烟囱金属结构热喷锌防腐施工

（一）工程概况

某发电厂位于天津市汉沽区南部沿渤海区域。一期规划装机容量为 $2\times1000MW$ 超超临界燃煤发电机组，筒高240m，钢筒外壁采用人工除锈（ST3级），刷防腐油漆改性环氧厚浆底漆 $100\mu m$，改性环氧厚浆中间漆 $100\mu m$，涂层总干膜厚度不小于 $200\mu m$；内壁采用喷砂除锈（Sa2.5级，面积11300m^2）。为了防止腐蚀性介质对烟囱金属结构的侵蚀，延长其使用寿命，并保持全厂色调的统一协调，对金属表面进行除锈后热喷锌及油漆封闭处理，除锈采用喷砂处理，除锈等级达到 Sa2.5 级。热喷锌不小于 120μm，封闭漆厚度不小于 30μm。

（二）施工工艺流程

防腐油漆施工工艺流程见图 14-16。

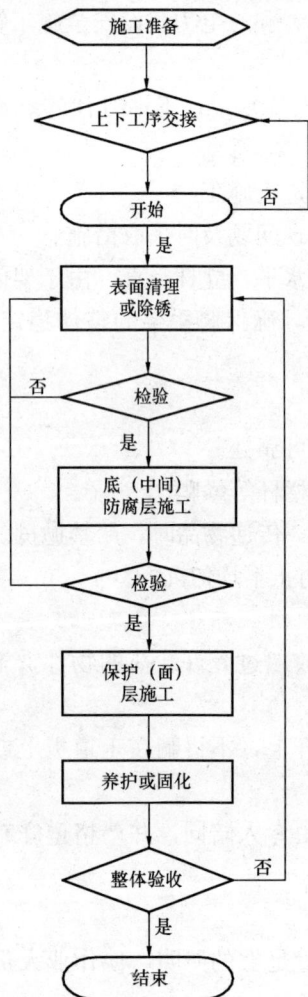

图 14-16　防腐油漆施工工艺流程图

（三）施工方法及要求

（1）各种金属结构应先使用丙酮将基体表面上的油污彻底除净，然后采用石英砂喷砂除锈方法施工。除锈完毕需经质量负责人验收合格后，方可进行下道工序施工。

（2）石英砂应采用含水率小于 2% 的宗钢玉石英砂、粒径 0.6~3mm 的干燥石英砂。石英砂经喷射后二次回收时，应用筛网经过筛分。机械喷砂气源压力采用 4~5kg/cm²，喷枪与被喷表面成 45°~90° 夹角喷射，喷口距离被喷表面 150~200mm，除锈后用干燥棉纱或破布擦去金属表面的浮尘。

（3）除锈应达到的标准、无油污、泥土、手印、铁锈及氧化层等杂物，并使表面达到无焊瘤、无棱角、光滑，无毛刺，显露出金属光泽，表面喷砂痕迹均匀、一致，达除锈等级到 Sa2.5 级。

（4）除锈经检查合格后，2~12h 内喷涂锌层。

（5）采用射吸式气喷枪时，应采用 φ2 或 φ3 的金属丝，锌丝含锌量不应低于 99.99%，使用时，金属丝必须保持光滑。

（6）氧气纯度应为 99.2% 以上，乙炔纯度为 96.5% 以上，并应净化或干燥。

（7）气喷枪使用的气体应符合下列要求：

1）氧气使用压力应为 0.4~0.5MPa。

2）乙炔气使用压力应为 0.05~0.1MPa。

3）压缩空气使用压力应为 0.5~0.6MPa。

（8）喷涂时，喷枪与工件应成垂直方向，在无法垂直的情况下，喷枪与工件表面的斜度不应小于 45°。喷枪距离加工件的表面应为 120~150mm，最大距离不宜超 200mm。

（9）喷涂层应分层喷涂，前一层与后一层必须进行 90° 或 45° 交叉喷涂，直至所需的厚度。

（10）喷枪移动速度宜为 300~400mm/s，聚氨酯封闭涂料厚度为 30~40μm，覆盖完全，厚度一致。喷涂锌施工验收合格后，紧接着涂刷表面聚氨酯封闭涂料，最迟不超过 8h。

（11）电弧喷涂，喷锌设备为 SX-D2 型高速电弧喷涂机，喷锌材料为 3mm 锌丝，在喷锌作业过程中，喷枪喷距为 10~20cm，喷枪移动速度为 12~18cm/s，更换喷涂面时，应有 1/3 宽度的重叠喷涂带，喷压不低于 0.4MPa。

（12）若遇雨、雪、雾、大风沙天气或早晨有露水，相对湿度大于80％，环境温度低于5℃或基体金属表面温度比露点温度低时，应在室内或工棚中进行施工。

（13）手工机械除锈：用角向砂轮、钢丝轮、砂布、铲刀、钢丝刷、破布等工具除去金属表面的毛刺、焊渣、油污、锈蚀及氧化皮等污染物。

（14）改性环氧厚浆底漆的使用：涂料比重为1.27kg/L；涂料为双组分，按体积配合比（基料：固化剂＝10：1）充分混合，23℃时涂料的使用周期为8h；稀释剂型号为102环氧树脂涂料稀释剂，稀释剂应在组分混合后加入，刷涂时为小于5％，空气喷涂时为0～20％（取决于施工时的干膜厚度）；油漆在23℃时的表干时间为4h，完全固化时间为7天，施工时与下道漆的涂装间隔时间最少为24h，最长7天。

（15）改性环氧厚浆中间漆的使用：涂料比重为1.37kg/L；涂料为双组分，按体积配合比（基料：固化剂＝10：1）充分混合，23℃时涂料的使用周期为8h；稀释剂型号为102环氧树脂涂料稀释剂，稀释剂应在组分混合后加入，刷涂时小于5％，空气喷涂时为10％；23℃时，油漆表干时间为2h，实干24h，完全固化时间为7天，施工时与下道漆的涂装间隔时间最少为6h，最长30天。

（16）在使用前涂料必须充分搅拌，使之混合均匀，不得出现沉淀。

（17）预留未防腐部位按上述施工要求进行处理。涂层已损伤的，如仍未露铁，只需补涂中间漆；如已露铁，必须进行表面处理，除去锈迹，然后按钢材的防腐结构涂底漆、中间漆。喷锌、封闭漆。

（18）制作完成涂刷第一道面漆，安装完成后涂刷最后一道面漆。

二、烟囱外筒油漆施工

（一）工程概况

烟囱标高±0.00m相当于绝对标高4.6m。

烟囱外筒涂刷红白相间的航空标志漆。色标漆做法：环氧清漆封闭底漆（50μm）、快干型环氧中间漆（100μm）、丙烯酸面漆（60μm）；总干膜厚为210μm，设计5道红色，4道白色，红白色相间隔开。

顶层平台以上外筒内壁及筒顶也按色标漆做法，但面漆改为无色或灰色。

油漆附着力达到一级、耐酸碱腐蚀、耐老化和保色性要求达到15年以上。

（二）施工工艺流程

本次航标涂料施工与外筒施工同步进行，其工艺流程见图14-17。

（三）施工方法及要求

1. 涂料基本要求

涂料的混合比混合方式、施工涂料的间隔时间、施涂环境湿度及温度的要求等应按产品的说明执行。

涂装施工应采用高压无气喷涂以及涂刷的施涂方法。

2. 混凝土基层检查及清理

混凝土拆模并达到表面干燥后，对混凝土表面进行检

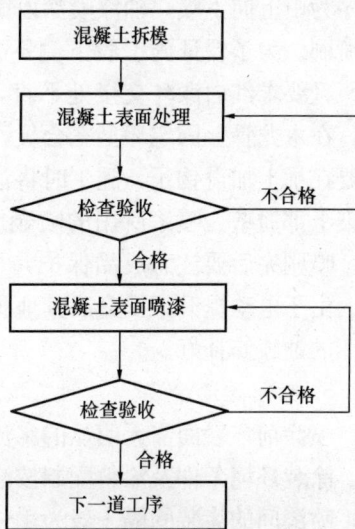

図 14-17　烟囱外筒油漆施工工艺流程图

查，表面无起皮、无裂纹，坚实牢靠。若发现不平处，要用腻子埋平，打磨平整，并清洗干净。

若发现混凝土表面有油污等，必须先将油污等打磨掉，以保证表面附着力。

因混凝土表面过于光滑，则需将表面用 100 号砂纸打磨一遍，用棉纱擦净，再施工涂料。

对于外表面泛白现象先采用钢丝刷清除，再用砂纸打磨，最后用抹布清理干净。以上清理步骤必须严格执行，层层把关。

3. 基层处理及表面打磨

（1）对 0.3mm 以下的混凝土裂缝在打磨后涂封闭漆即可；对较大、较长的裂缝，应及时报告监理工程师检查是否对结构有影响，再做处理；大于 0.3mm 的一般裂缝用电动金刚石切割片沿裂缝切割成 V 型槽，深度为 2cm。

（2）人工剔凿混凝土缝中的杂物。

（3）用钢钎将预埋件、钢筋头周边的混凝土凿除（深度 2cm），露出预埋件、钢筋头。用电动切割机截除钢筋头、预埋件，使其低于混凝土表面 2cm。

（4）用喷砂的方法将预埋件表面除锈打磨达到 Sa2.5 级后再涂刷。

（5）用钢钎剔凿方法除去模板接头偏差较大的位置，处理至平顺。

（6）用电动金刚石磨片将模板接头打磨平顺（包括已剔凿的接头），无突出棱角。

（7）用电动金刚石磨片或钢丝轮对混凝土表面进行打磨，除去混凝土表面的残浆、模板痕迹和脱膜剂等污染物。

（8）全部混凝土表面用 2m 直尺检查，空隙大于 5mm 的凸出位置用电动金刚石磨片打磨除去，并磨平。

（9）涂装施工前，应对表面打磨平整，处理达到洁净要求。

4. 油漆施工

油漆涂刷与烟囱外筒混凝土一同施工，当烟囱外筒混凝土拆模后，利用电动提升外架的拆模平台进行油漆基层处理施工，待油漆施工完毕后再向上提升电动提升架。油漆施工涂刷顺序为由上向下喷，油漆喷涂以筒壁施工单元进行分段，即以 1.5m 作为一施工单元进行油漆喷刷。为了保证施工段下侧不受油漆污染，防止上部漆流到下面，喷刷时不污染其他部分，且要求红白漆环交接处平直，所以在红白漆交界处采取在提升架木脚手板上部钉木龙骨，在木龙骨上固定环型三合板，板宽 20cm，与下面的漆顶面平行。施工过程中用的油漆桶要在桶上加设钩子，施工时将油漆桶挂在操作架围栏上，以防在施工过程中将油漆桶碰撒污染下部筒壁。喷漆所用的喷壶用细绳系于施工人员手腕上，以防不慎掉落，不得任意丢弃。喷刷完后要注意成品保护，严禁油漆工手扶或依靠涂刷完的筒壁，达到色泽一致的标准。由于电动提升架提升后其地脚滚轮会损坏成型的航标漆，因此在提升后采用吊兰将滚轮损坏的油漆修补好。

5. 封闭底漆涂装

喷涂前，表面需无明显的水流。

涂装环境条件及涂料配制按涂料产品说明书要求进行。

喷漆间的涂装间隔一般为 1～4h，如温度较高，可视情况适当缩短间隔。

6. 中间漆和面漆涂装

在封闭漆涂装后，待其完全干燥后，涂装中间油漆，然后涂表面油漆。

两遍油漆间的涂装间隔一般为 1~4h，如湿度较高，可视情况适当缩短间隔。

油漆施工成品的存放要按照厂家说明进行。

第五节　烟囱安全施工、冬季施工及工程创优措施

一、工程概况

某发电厂 2×1000MW 超超临界火电机组一期工程，烟囱为脱硫不设 GGH 多管式湿烟囱。外筒为钢筋混凝土结构，高 232.5m；内筒为双钢内筒，筒内直径 7.5m，顶标高 240m。钢内筒 60.00m 以下部分采用自立式，60.00m 以上分段悬吊于内外筒间的钢结构平台上。

烟囱标高±0.00m 相当于绝对标高 4.6m。

二、施工工艺流程

垂直电梯浇注混凝土→提升架提升→钢筋绑扎→内外筒拆模板→安全网及脚手板的恢复→安全文明施工清理。

三、施工场地要求

(1) 烟囱外筒壁圆周 30m 以内为作业危险区，筒身施工时应采取以下措施：

1) 9m 以上采用电动提升系统时，在操作架周围设两层防护网，内侧为安全网，外侧为一层密目网，同时兜底网以防高空坠物。

2) 倒运钢筋做垂直运输时必须避开大风及雷雨天气。

3) 进烟囱人行通道入口搭防护通道，筒内用脚手架搭设防护棚，在筒壁外侧采用脚手架和桁架搭设，立杆间距为 1800mm，顺水横杆间距为 1000mm，桁架通道宽度为 6000mm，在通道两侧排架上加三道斜拉杆，间距 1800mm，两侧排架用密布网封闭，顶部桁架间距为 1800mm，通道上铺厚 4mm、宽 6m、高 6m、长度为 30m 的钢板。

4) 烟囱施工期间 0m 设监护人员，要求施工人员必须从通道内通过，严禁在通道外逗留或通过。无关人员严禁进入施工现场。

5) 烟囱道路要求场地平整，并铺 50mm 厚的碎石屑。

(2) 防护设施。

1) 筒身 9m 以上采用电动提升模时，烟囱设拆模平台，要求用脚手板满铺，并在脚手板下面满挂一层安全网，拆模人员把安全带拴在吊平台的钢丝绳上。电梯孔周围应设栏杆和密目网，人员上下拆模时应设专用爬梯。

2) 烟囱施工时，电梯设一临时避雷针，沿电动提升系统引向筒壁，一根避雷线与烟囱正式引下线相连。每施工一节，导线接头向上倒一次。

3) 烟囱施工区域与其他单位的施工区域应用安全防护围栏隔开。安全防护围栏应按标准化要求，统一制作使用，并刷红、白相间的漆色。

4) 电梯入口及笼子四周搭设单排脚手架，防护通道用密目网封闭，平台上预留孔四周搭设围栏，并用钢板和密目网封闭。

5) 施工现场的防护设施任何单位、个人不得任意挪用或损坏，如因工作需要拆除或移动防护设施时，应指派专人进行监护，完工后立即恢复。

四、施工用电

(1) 所有电缆的布置按施工组织设计要求敷设，穿越危险区的电源应用电缆，电缆直埋

深度不得小于 0.7m，穿过路口时应加套管保护，不得架空，保证施工电源不被击断。沿电缆走向设置"地下电缆"标志牌。

(2) 施工现场使用的配电箱按设计规格统一配制、统一编号、分区布置、分配使用。实行专业规口管理，闸箱配锁，配电箱内配线应绝缘良好，排列整齐；导线剥头不得过长，压接牢固；进出配电箱的电源线一律从配电箱底部线孔进出；箱内分路刀闸应标明回路去向的标志；闸箱旁必须设有"有电危险"的警告牌。橡胶绝缘线埋入地下或沿脚手架敷设，并用高强塑料管穿管保护。

(3) 筒身施工的电源应按用途在闸箱上标明。照明、卷扬机、焊机、振捣棒分开设置，不用时要拉闸。每个闸箱上应装有漏电保护器。0m 总电源上也应装漏电保护器。

(4) 电器设备维修时应切断电源，并挂有"不许合闸，有人工作"的标志牌，并派专人监护。电源停用时应在开关上加锁。

(5) 对手持式和移动式电动工具（手电钻、角磨机、振捣棒等）必须做好保护接零或接地，没有装设漏电保护器的严禁使用。单相手持式电动工具一律采用 $3 \times 15mm^2$ 的橡皮绝缘软线及电线轴，并采用三级插销和插座。三相手持电动机具必须采用三相四级插销和插座。

(6) 行灯电源电压不得超过 36V。

(7) 定期检查电器设备的接地情况，发现不合格立即更改。

(8) 施工现场所有临时用电作业应有供电电工负责，非电工严禁乱拉乱接。供电人员应做到三勤，即勤检查、勤巡视、勤向用电单位或个人介绍安全和用电方法，发现问题及时处理。

五、防火要求

(1) 现场的消防用具应设专人管理，同时应根据实际情况放置不同种类的消防器材。消防器材要定期检查、更换，并不得随意挪用。

(2) 烟囱上部电动提升系统操作平台设干粉灭火器和两个水桶，并保持长期有水。

(3) 氧气瓶、乙炔瓶不得靠近热源及电器设备，夏季要防止暴晒，与明火距离不得小于 10m，氧气瓶、乙炔瓶的距离不小于 8m。

(4) 施工现场严禁吸烟。

(5) 动用电火焊时，应用石棉毡铺好下部火星飞溅处，以防零星着火，并设专职监护人。

(6) 消防设施应有防雨措施，并定期进行检查、试验，确保消防水常备、灭火器有效。

(7) 在易燃、易爆区周围动用明火或进行可能产生火花的作业时，必须办理动火工作票，经有关部门批准，并采取相应措施方可进行。

(8) 闪点在 45℃ 以下的桶装易燃液体不得露天存放。必须少量存放时，在炎热季节应严防暴晒，并采取降温措施。

(9) 装过挥发性油剂及其他易燃物质的容器未经采取措施，严禁用电焊或火焊进行焊接或切割。

(10) 烟囱提升架上禁止堆放棉布等易燃物。

六、施工机械、工机具

(1) 操作施工机械人员应经专业技术培训，并经"安规"及实际操作考试合格，发给合格证后方可独立操作。施工机械的操作人员必须经过领导指派，方可操作。机械应做到定机、定人、定岗位，落实施工机械的使用、维护、保养制度，定期开展施工机械的安全检查。

（2）机械操作人员在工作中应听从施工指挥人员的指挥，保证作业的安全，对违反操作规程的指挥，操作人员有权拒绝执行。

（3）施工机械的安全防护装置应齐全、可靠，并应符合有关技术要求。

（4）施工机械应建立健全安全操作规程，并随机挂牌。

（5）机械使用应做好交接班的工作，并填写好交接班记录。

第十五章

冷水塔与循环水管道施工措施

第一节 环基、人字柱、环梁、塔筒施工及淋水预制构件吊装

某电厂一期工程 2×1000MW 机组的双曲线海水冷水塔，冷却面积为 12000m²，塔筒高度为 165m。冷却塔的环基是冷却塔最重要的结构部位之一，为环板现浇钢筋混凝土结构。人字柱、环梁、塔筒也均为钢筋混凝土结构。

一、冷却塔环基施工

（一）工程概况

某发电厂冷却塔环基中心外半径为 72.047m，内半径为 63.847m。环基截面宽 8.2m，环基底标高为 -4.7m，高 2.4m。混凝土标号为 C30 W8 F250，钢筋采用 HRB400、HPB235。环基底、顶部和外侧采用水剂无机溶胶渗透结晶型混凝土防水防护剂。

（二）主要施工方案

环基混凝土浇筑采用跳槽施工，相邻两段施工间隔时间不宜小于 5 天。施工时按以下顺序进行：先施工 1、3、5、7、9、11、13、15 段，后施工 2、4、6、8、10、12、14 段。

（三）施工工艺流程

定位放线→环基垫层施工→定环基环向中心线、边线、各种管路轴线及边界线、柱墩轴线及边界线→钢筋加工焊接及绑扎（包括池壁插筋）→埋设铁件及避雷线→支设环基模板→分段浇筑混凝土→养护测温。

（四）施工方法及要求

1. 垫层及混凝土防水防护剂施工

（1）垫层施工。

桩头处理→铺设碎石垫层→验收碎石垫层→支设垫层模板及加固→测出垫层顶标高并做出标志→验收→浇筑混凝土→养护。

基坑清理完并经验收合格后，即可进行碎石垫层施工，碎石垫层顶标高为 -4.8m，碎石垫层宽度为 10.2m（据现场情况定，混凝土垫层施工前不宜小于 9.2m），厚度为 250mm，碎石垫层经验收合格后即可进行垫层施工，垫层顶标高为 -4.7m，垫层宽度为 8.4m，厚度为 100mm，垫层为 C15 普通混凝土。垫层混凝土应平整，振捣充分，达到内实外光。

（2）混凝土防水防护剂施工。防水防护剂施工的具体方法根据防腐材料厂家要求施工，此处不再赘述。

2. 钢筋施工

（1）作业程序：钢筋制作→运输→放线→摆架子→绑扎钢筋→焊骨架措施筋→架子拆除→钢筋验收。

(2) 作业方法。

1) 钢筋制作、运输。钢筋进场后，索要钢筋材质合格证明书并送检，复检合格方可使用。钢筋制作要严格按图纸和钢筋翻样表进行，并合理利用材料，尽量降低成本。钢筋翻样必须按照施工规范进行，并经技术人员复核后方可安排班组下料。

环基钢筋接头采用直螺纹连接及焊接施工，钢筋直螺纹接头应由专职人员操作，接头质量控制应严格按照有关规范进行，不合格的接头不得使用。钢筋端部不得有弯曲，下料时应用砂轮机切割，端面必须平整，并与钢筋轴线垂直。钢筋连接时必须采用长度不小于 400mm 的管钳扳手，外露完整丝扣不得超过 1.5 扣，不完整齿的累计长度不超过两个螺纹周长。

钢筋连接前接头要打磨除锈，以确保钢筋焊接的质量，并按规范由检测中心随机抽样试验，焊接头要平直，不能弯曲，若发现不合格的接头，要按规范要求加倍取样，合格后方可使用。钢筋产品、半产品运到现场后，分别按规格、型号分类堆放整齐，底部垫方木以防泥水污染，并挂好标识牌，注明规格、型号、使用部位及试验状态。

钢筋由人工运到现场，绑扎前要把钢筋表面清理干净，钢筋整理合格后，方可入模绑扎。

2) 放线。根据测量控制网给出的坐标，用经纬仪和测距仪放出冷却塔中心点及轴线，在中心点架经纬仪放出"十"字控制线和人字柱墩的中心线及插筋线、出水口位置线、进水沟中心线及边线、溢流及放空井位置线、旁路管位置线、排泥车道、环基内外模板线，在环基外平坦位置打木桩，测出水平距离，在环基垫层上放出内外模板线。

3) 搭架子与拆除。因基础框架筋质量、截面较大，为防止其倾倒和保证钢筋绑扎质量（主要是保证表面平整度），钢筋绑扎前需先搭设脚手架，用于架设钢筋。脚手架沿径向共设 4 根立杆，长 2m，钢管骨架内 2 根，骨架外 2 根。径向连接采用 4 根 6m 长管，每根管连两跨，外立杆距骨架 100m，并用 4m 长管做斜支撑，斜支撑另一端与距外立杆 2.5m 处的钢管扣接，钢管用大锤打到地表下 1.0m 处做锚固支撑点。环向在外立杆设两道拉杆，以增加架子的整体性。该脚手架环向间距为 2m（外环距）。在脚手架投入使用前，要由工地及项目部安全员验收合格后，挂牌使用。待环基钢筋绑扎完毕后，用 $\phi25$ 钢筋立放作为代替脚手架支撑。为了保证支撑的稳定性，增大支点与钢筋笼的接触面积，在钢筋支撑上端焊 150mm 长水平筋。待所有支撑安装完毕后，脚手架方可拆除。拆除脚手架时应逐跨拆除，不易一次拆除面积过大且不应大于 50m²，脚手架拆除前须经安全部门同意。

4) 绑扎钢筋。

① 绑扎前核对钢筋的钢号、直径、形状、尺寸和数量等是否与料单料相符。

② 准备好控制混凝土保护层用的水泥砂浆垫块，底部钢筋保护层为 100mm，其他为 50mm。

③ 钢筋绑扎时，采用梅花扣方法将钢筋相交点扎牢，绑扎时应注意相邻绑扎点铁丝扣要成八字形，以免网片歪斜变形。

④ 钢筋绑扎时要同时绑扎人字形支墩的插筋，并绑扎牢固，以免打混凝土时发生位移。

⑤ 施工人员绑扎钢筋时，鞋底要干净，不要将泥土带入，将钢筋弄脏，给清理工作带来不便。

3. 模板施工

(1) 模板支设前应先将板面打光，用棉布擦干净，再涂刷脱模剂。脱模剂应涂刷均匀，无流淌现象。

（2）用水平仪引测好模板支设的标高并控制好半径，用砂浆找平。

（3）模板拼装时，模板缝及模板与垫层间要严密，以防漏浆。

（4）模板支设的同时要用脚手管进行加固，加固时可在边坡上打入脚手管与模板拉斜撑。

（5）模板支设完后要及时清理。

环基模板施工见图 15-1。

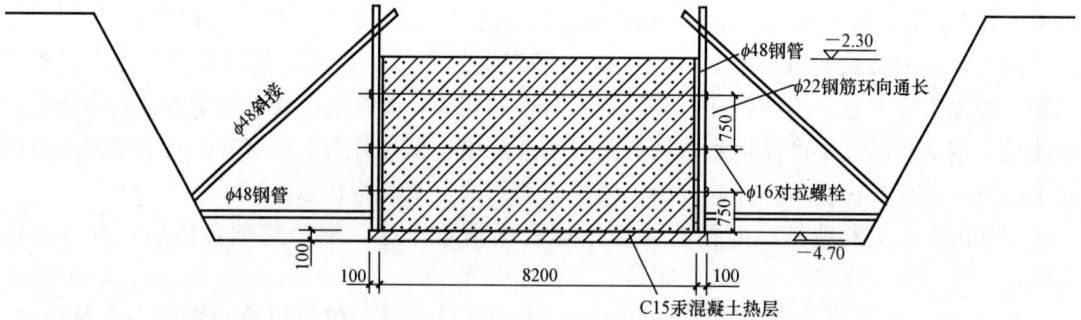

图 15-1　环基模板施工示意图（单位：mm）

4. 混凝土施工

环基混凝土施工分 16 段间隔跳仓施工（见图 15-2），相邻段混凝土浇筑间隔时间不宜少于 5 天，每段浇灌要从施工缝一头开始，用罐车浇灌。

环基混凝土为大体积混凝土，为保证混凝土质量，在整个过程中应加强控制。首先，在混凝土拌过程中，选择合宜的砂石级配，减少水化热。其次在混凝土搅浇筑过程中，宜分层浇筑，并减慢浇筑进度，但不得出现施工缝。混凝土分层采用斜面分层。混凝土振捣工作应从浇筑层的下端开始，逐渐上移，以保证混凝土施工质量。施工时应记录好混凝土的浇灌温度。

在混凝土浇筑的前一天两段环基之间的施工缝，应进行凿毛处理。凿毛以露出石子为宜，并用高压水冲洗，保持缝面干净、湿润，以保证环基段与段之间混凝土结合牢固。

环基内外侧回填级配碎石。混凝土施工前应将施工缝浇水充分湿润 24h 以上，并保持清洁。

总之，在整个环基混凝土施工过程中，应加强每一个环节施工人员的责任心及质量意识，使每一环节的工作都做到可控，以确保混凝土的施工质量。

拆模及养护：混凝土初凝后及时进行上部养护，覆盖一层塑料布，上铺两层草帘子，塑料布内要保证相当的水分。进入冬期施工时，不能浇水。为保证施工进度，每段环基混凝土浇筑完后不得少于 5 天，拆模时间定在温度较高时进行，以便于控制混凝土中心与大气温差满足规范要求温差。拆模后混凝土不能在大气中暴露太长时间，经各级验收部门见证外观后立即进行回填养护，如不能及时回填，养护方法同上。

测温：测温点布置见图 15-3。测温采用温度计，按照测温点的数量和深度，预埋 $\phi12$PVC 套管。测温工作设专人进行，每隔 2～4h 测温并做好记录，每天的测温结果都应上报，以便加强混凝土的保温措施。

5. 作业的检查验收和质量标准

（1）钢筋有材质合格的证明书，复试合格，表面无损伤、油污、裂纹，不可有粒状、片状锈痕；焊接试验合格。钢筋连接（剥肋直螺纹连接）须抽检试验合格。

（2）所用钢筋直径、数量符合设计要求。

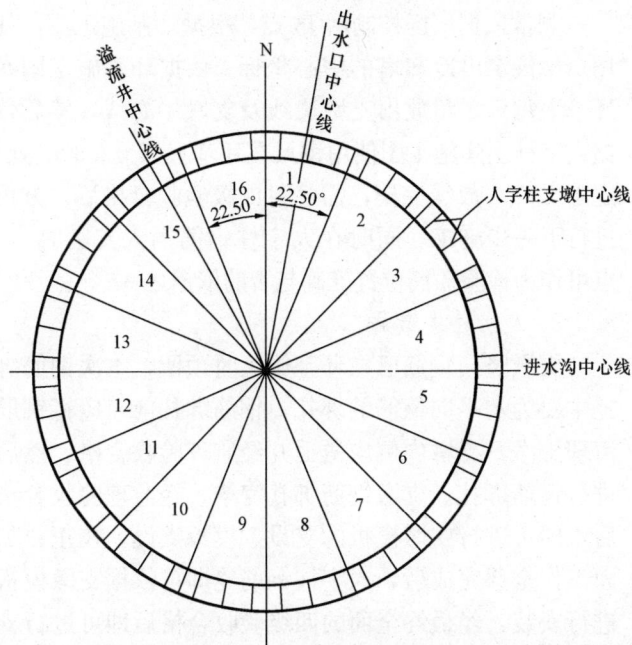

图 15-2 环基分段施工示意图

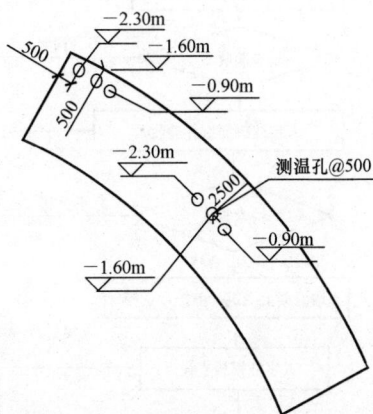

图 15-3 环基混凝土测温
点布置图（单位：mm）

（3）主筋、箍筋间距偏差为±20mm；主筋保护层偏差为±10mm；主筋长度偏差为±10mm。

（4）及时做好混凝土施工记录。

二、冷却塔人字柱及环梁施工

（一）工程概况

某发电厂冷却塔的基础为环板结构。支撑壳体结构采用48对圆形现浇"人"字形支柱，人字柱直径为1200mm，±0.00m相当于4.45m。

（二）施工方案

人字柱单体直径1200mm，质量约35t，长约12.3m，经综合比较论证，采取现浇方案。人字柱模板采用定型钢模板，环梁模板采用钢模支设，木模找缺，环梁底模采用木模板。人字柱钢筋优先采用预制绑扎整体吊装方案。混凝土由搅拌站集中供应，罐车运输，混凝土泵车布料。

（三）施工工艺流程

冷却塔人字柱及环梁施工工艺流程见图15-4。

（四）施工方法及要求

1. 施工顺序

（环基、底板垫层浇筑完毕后）：排架搭设（逐步完善）→人字柱支墩钢筋绑扎→支墩模板支设→人字柱钢筋笼插入支墩→支墩混凝土浇筑、养护→人字柱模板支设→人字柱混凝土浇筑、养护→环梁底模支设→环梁钢筋绑扎→环梁内外侧模板支设→环梁混凝土浇筑、养护→环梁排架拆除（拆除视现场情况定）。

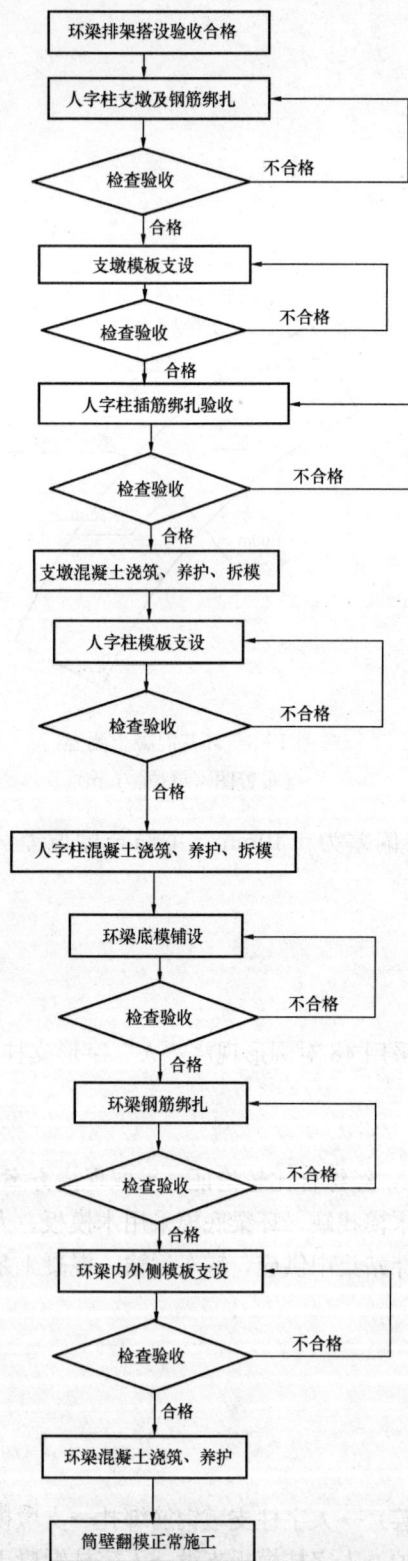

图 15-4　冷却塔人字柱及环梁施工
工艺流程图

2. 放线

测量依据厂区控制网 J3 点，根据环基施工图，使用全站仪定出冷却塔的中心坐标。依据环基施工图在环基上每 7.5°角放出支墩边线及支墩中心线，然后依据人字柱土建施工图使用钢尺在环基上（-2.30m 处）定出 Z 点。放线完毕，需经过四级验收合格后，方可进行下一步施工。同时在人字柱钢筋插入支墩时，Z 点可作为检验插筋位置准确与否的依据之一。

3. 人字柱支墩施工

支墩竖向钢筋已在环基施工时预留，本次钢筋绑扎主要为水平向箍筋的绑扎；钢筋绑扎前，应将钢筋清理干净，支墩内侧应凿毛并经监理验收合格，然后进行箍筋绑扎。支墩钢筋绑扎完毕，经监理验收合格后，即可进行支墩模板的支设。模板支设、校正、加固工作全部完成后，人字柱钢筋笼即可依据支墩模板进行安装，经最终全面的四级验收合格后即可进行支墩混凝土的浇筑。

（1）钢筋绑扎注意事项：

1）准备好控制混凝土保护层用的水泥砂浆垫块，垫块厚 50mm；或采取其他方式（必须全面考虑海水腐蚀性）确保混凝土保护层厚度符合设计要求。

2）钢筋绑扎时应注意相邻绑扎点的铁丝扣要成八字形，以免网片歪斜变形。

3）钢筋绑扎完，绑丝的外露部分应弯向钢筋里边，避免浇筑混凝土时露出，从而影响混凝土的外观及混凝土的质量。

4）严格控制并调整支墩预留插筋的长度，确保保护层厚度的严格性。

5）注意人字柱插筋位置，保证人字柱插筋位置准确。人字柱插筋与底部柱箍筋要绑扎牢靠，不得有松动现象；确保所有人字柱插筋在混凝土成型之前不位移、不扭动。

（2）模板支设。本次工程支墩模板施工采用定型钢模板。为保证混凝土的外观质量，模板加固用 14mm 对拉螺栓加固方式，模板下部用水泥砂浆堵严。模板支设前要及时清理并经监理验收合格后封模。同时，在浇筑混凝土前必须确保支墩内部干净，不得有杂物。

由于人字柱支墩体积较大，并且考虑到该支墩的特殊性,根据以往的施工经验,必须采取合理的措施保证模板不上浮。为了保证模板不飘浮,根据现场条件可以在支墩四角焊接对拉丝。

(3)混凝土浇筑。为了保证浇筑后的混凝土外观工艺美观,模板在拼装时表面必须平整、光滑,模板缝间要加塞海绵条,模板底部采用水泥砂浆封堵以防漏浆。由于人字柱支墩顶部存在约 435mm 高差,故在浇筑混凝土时,浇筑至+0.115m 后,分两层浇筑至最高斜面顶,在分层时,不得出现冷缝,并采取截挡的方法,浇捣密实。

拆模:在混凝土强度能保证其表面及棱角不因拆除模板而损坏时,方可拆除。同时必须做好成品保护及防止二次污染措施。

4. 人字柱施工

(1)钢筋施工。人字柱钢筋优先采取地面预制绑扎形式,进行整体吊装就位方案。

1)钢筋绑扎前应将有锈蚀的钢筋除锈,不应使钢筋表面受污染,并再次对照翻样单,仔细检查钢筋的规格、尺寸、数量,确保准确。钢筋绑扎时,先根据施工图的钢筋间距划好线,然后再进行绑扎。绑扎的钢筋要求横平、竖直,规格、数量、位置、间距正确。绑扎不得有缺扣、松扣现象。直螺纹接头处单边外露丝口长度不应超过 3 扣,钢筋焊接(为了吊装所焊接的措施筋)后的药皮要全部敲掉。钢筋保护层采用预制的水泥砂浆保护层垫块,垫块用与混凝土配合比相同的水泥砂浆制成,并预埋好绑丝,绑在钢筋上。垫块的形状为半圆形,厚度为 50mm,每隔 600~800mm 垫一块。钢筋绑扎完成后,严格按照验收标准进行自检,并做好自检记录。

2)钢筋连接。钢筋采用直螺纹套筒连接,接头率按照设计要求的 25% 进行施工;箍筋采用焊接接头。

(2)模板支设。本工程模板采用定型圆柱钢模板。模板拼装时,竖向拼缝采用 $\phi 14$ 螺栓连接,并沿柱身均匀布置,整体柱模板共分三段组装,横向连接采用承插式法兰连接 $\phi 14$ 螺栓加固。待人字柱钢筋绑扎完毕后进行人字柱底模吊装,吊装时将人字柱钢筋向柱子倾斜相反的方向拉伸,以便钢筋与脚手架之间留有空间便于模板就位,底模就位后进行钢筋、模板验收,经四级验收合格后封柱顶面模板。模板封闭后进行螺栓加固,位置找正。模板拼缝采用海绵条封堵,模板下部用水泥砂浆封堵严密。

1)模板安装完毕后,检查一遍扣件、螺栓是否紧固,模板拼缝及下口是否严密,同时由专职质检员进入人字柱内部逐根进行检查,针对密封不严或者错台超过规范要求的,必须进行整改。自检合格后报二、三、四级进行检验。

2)模板拆除:拆模应在混凝土强度能保证其表面及棱角不因拆除模板而受损时(强度不小于 $2.5 \mathrm{N} / \mathrm{m}^2$)方可进行,便于环梁底施工。拆模时应按从上到下的顺序逐块拆下,不可整块撬落。模板、脚手管及扣件拆除完成后,及时清理、分类码放整齐,退回周转库。

(3)混凝土施工。

1)施工前准备工作。

① 熟悉有关图纸、方案等技术资料。

② 为保证混凝土浇筑后的外观质量,待实验试配结果出来后对混凝土进行现场浇筑振捣实验,以利于混凝土施工过程中的控制。

③ 组织好浇捣人员及时到位,检查振捣器、泵送机械、电动机等是否运转良好,做好

使用前的准备工作。

④ 对班组做好质量工艺施工培训工作，并做好安全技术交底。

2）混凝土浇筑。

① 混凝土浇筑前根据当时现场的场地情况安排好泵车的停放位置。混凝土振捣要由具有丰富混凝土施工经验的专业人员操作，以保证混凝土的施工质量，做到内实外光，无蜂窝麻面。振捣的方法采用垂直振捣。振捣时要做到快插慢拔，人字柱模板为超长钢模板，为充分振捣，避免表面出现气泡，采取分层浇筑。振捣时要掌握振捣时间，不得过振或漏振，一般每点振捣时间为 20～30s，但应视混凝土表面呈水平不再显著下沉，不再出现气泡，表面泛出灰浆为准。振捣器插点要均匀排列，振捣器距离模板的距离一般为 200mm，不得紧靠模板振动，且应尽量避免碰撞钢筋。

② 浇筑混凝土时应设专人经常观察模板、支撑体系的情况，当发现有变形、移位时，应立即停止浇筑，并应在已浇筑的混凝土凝结前修整完毕。

③ 混凝土养护：每根柱子浇筑完毕后，应及时排除表面泌水及浮浆。混凝土终凝前进行二次压抹，消除由于失水而产生的表面干缩裂缝。

④ 混凝土试块制作及坍落度控制：

a. 按工作班每 100m³ 标养试块不少于 1 组，不足 100m³ 标养试块不少于 1 组。

b. 同一强度等级的同条件试块，其留置组数应根据混凝土工程量和重要性确定。针对实际情况，每根人字柱留置同条件试块 1 组。同条件养护试件应在达到等效养护龄期时进行强度试验。

c. 抗冻、抗渗的混凝土，同一工程、同一配合比，取样不少于 1 次，试块数量分别不少 2 组。

d. 混凝土坍落度按车次，视和易性情况，进行抽查，泵车浇筑控制在 120～160mm。如发现坍落度或混凝土和易性不合格，应及时退回搅拌站。适当考虑增加坍落度的调节措施。

5. 环梁施工

（1）环梁钢筋施工。环梁底模铺设完成并经验收合格后，即可进行环梁钢筋的绑扎。钢筋的运输主要靠搭设成的通长斜通道人工上料。环梁钢筋的连接方式按照设计要求，采用直螺纹套筒连接。

钢筋施工时，严格控制钢筋半径及子午向准确，即在钢筋绑扎前必须进行放线，同时严格控制钢筋保护层厚度，不得超过规范要求。任何施工措施，不得随意对钢筋进行烧、割或者其他移动。在绑扎定位时，严格控制倾斜角度，并防止钢筋整体根部向外滑移，做好固定措施。

由于环梁钢筋量较大，适当考虑可以在环梁相应位置处设物料平台。在运输、抬运钢筋时，严禁抛掷，以免造成集中力对整体排架的冲击。物料严禁集中堆放，不得超过 270kg/m²。

（2）环梁模板施工。环梁底模采用竹夹板铺设，内、外模采用水塔定型钢模板。针对环梁牛腿，采取二次浇筑的施工方法，以降低施工难度。

模板之间（径向）使用 16mm 对拉螺栓，并使用 PVC 管。同时针对环梁牛腿的施工，采用泡沫板（20mm 厚，硬质）垫撑，将牛腿钢筋折弯，当第一节模板拆除完毕后，将牛腿钢筋扳直，再进行模板支设及混凝土浇筑。

外模板的加固采用塔筒常规施工的大围檩，整个环梁模板的支撑主要加固在内侧环梁排架上，并设上下两层斜向支撑钢管，支撑用钢管固定点不得少于两个。

环梁底模支撑采用 5 道 100mm×100mm 的环向方木均匀布置，环梁底模板宽度为 1200mm，内外侧定型钢模板紧贴梁底模板边沿，并粘设双面胶带。在铺设环梁底模板时，应严格控制内外侧圆弧度的准确性。

（3）环梁混凝土施工。筒壁混凝土标号为 C40W8F250。混凝土浇筑时，采用两台泵车反方向浇筑。混凝土采用罐车运输，由搅拌站集中搅拌。

混凝土浇筑必须经过安全技术交底，责任到人，选用熟练的专业施工人员。在振捣过程中，严禁振捣模板及钢筋骨架，做到快插慢拔。振捣点分布均匀，不得超过 450mm。

环梁混凝土施工作为整个塔筒施工的一部分，其外观的颜色、气泡等必须充分考虑到位。严禁在混凝土浇筑时出现"双眼皮"现象，不得出现过振和漏振现象，并严格控制混凝土顶面的平整度，一般以模板顶面降低 15mm 为宜。

6. 脚手架施工

脚手架整体搭设成环形。本工程先搭设人字柱脚手架，待人字柱施工完毕后继续环梁脚手架搭设。

（1）脚手架搭设顺序：水池底板混凝土浇筑完毕 5 天后 →定位、放线 →依线放置纵向扫地杆→立杆→横向扫地杆→第一步大横杆→第一步小横杆→第二步大横杆→第二步小横杆……

（2）脚手架的搭设作业必须在统一指挥下，严格按照以下规定程序进行：

1）按照脚手架搭设平面图进行搭设前放线，标定立杆位置。

2）按照定位依次竖起立杆，将立杆与纵、横向扫地杆连接固定，然后装设第 1 步的纵向和横向平杆，随校正立杆垂直之后予以固定，并按此要求继续向上搭设。要求在脚手架立杆底端之上 150mm 处一律设纵向和横向扫地杆，并与立杆连接牢固。

3）剪刀撑整体拉结杆件应随搭设的架子一起同步搭设，沿脚手架全高连续设置，剪刀撑钢管接长应用搭接方式，用 3 个扣件连接。

4）操作层脚手板要求满铺、铺稳，两端用铅丝绑牢。脚手架上不得堆放任何物品。

5）脚手板采用搭接铺放时，其搭接长度不小于 200mm，且在搭接段的中部设有支撑横杆。

6）沿环向搭设水平杆采用对接连接。

（3）脚手架技术要求如下：

1）脚手架地基应平整，不得有积水。

2）相邻立杆的接头位置应错开布置在不同的步距内，与相近大横杆的距离不大于步距的 1/3。立杆与横杆必须用直角扣件扣紧，不得隔步设置或遗漏。立杆的垂直偏差不大于 40mm。

3）上下横杆的接长位置应错开布置在不同的立杆纵距中，与相近立杆的距离不大于纵距的 1/3。同排横杆的水平偏差不大于脚手架总长度的 1/250，且不大于 50mm。相邻步架的大横杆应错开布置在立杆的里侧和外侧，以减少立杆偏心受载。搭接杆件接头长度不小于

1m；杆件在结扎处的端头伸出长度不小于 100mm。

4）脚手架外侧环向每隔 6m 设剪刀撑，脚手架内部半径方向每隔 6m 满设剪刀撑，剪刀的斜杆与水平面的交角宜为 45°～60°，水平投影宽度应不小于 2 跨或 4m 和不大于 4 跨或 8m。垂直方向每隔 4 步设置一层剪刀撑，剪刀撑的斜杆除两端用旋转扣件与脚手架的立杆或横杆扣紧外，在其中间还应增加 2～4 个接点。

（4）脚手架的拆除。脚手架的拆除作业应按拆除顺序由上而下逐层进行，严禁上下同时作业；先搭的后拆，后搭的先拆。在拆除过程中，凡已松开连接的杆配件应及时拆除运走，避免误扶和误靠已松脱连接的杆件。拆下的杆配件应以安全的方式运出和吊下，严禁抛掷。拆除脚手架时，地面应设围栏和警戒标志，并派专人看守，严禁非操作人员入内。

7．防止混凝土冷缝措施

预防产生人字柱及支墩混凝土冷缝的最关键措施是要保证混凝土的连续供应，每层混凝土浇捣时间不超过其初凝时间。要避免产生冷缝，还要确保浇混凝土工作不会由于一些意外原因而中断。

8．施工缝处理

人字柱与支墩接触处施工缝：施工缝在人字柱混凝土浇筑前，应清除垃圾、混凝土浮浆和表面的松动砂石，同时加以凿毛，用水冲洗干净，并充分湿润不少于 24h。人字柱与环梁交界处依此进行处理。

（五）成品保护

1．钢筋

（1）对进场的材料、构件、成品或半成品要进行分类管理、妥善保护。成型钢筋应按指定地点堆放，用垫木码放整齐，防止钢筋变形、锈蚀。

（2）在长期外露的钢筋上用塑料布包裹或刷素水泥浆。

（3）绑好的钢筋不得随意移动。

2．模板

（1）对定型钢模板在打磨、涂隔离剂后做好防护，不得有磕碰，板面不得有凹凸不平；拆完后的模板及时清理板面，雨天将半圆模板翻扣在地上或盖上彩条布。

（2）不得在模板上随意开孔，模板拆除时动作要轻，不可猛撬乱挖，特别是注意保护模板的棱角及板面，并不得破坏结构构件的棱角。

（3）支好模板后，应注意保持模板的清洁，模板内要防止杂物掉入。涂刷脱模剂时要防止污染钢筋。

（4）模板必须待混凝土同条件养护试件强度达到设计强度后方可拆除。

3．混凝土

（1）混凝土浇筑完毕 24h 内应及时养护，抗渗混凝土养护时间不得少于 14 天。

（2）模板拆除后应在支墩上四面包裹宽度不小于 100mm、厚约 10mm 的板条，板条以三道铁丝捆扎或以板条连接。

（3）混凝土施工中，泵管不得碰撞脚手架子，振捣混凝土时不得碰撞钢筋，若发现有移动破坏的应及时修整。混凝土浇筑完毕后，应及时调整钢筋位置，并将其表面的水泥浆擦干净。

（4）为避免浇筑人字柱混凝土施工中水泥浆污染支墩基础，在支墩上用塑料布盖好，浇筑时应派专人对人字柱各部位进行检查，发现漏浆应及时清理，落地灰及时回收利用。

4. 脚手架

（1）脚手架在搭设过程中，要对已搭设的脚手架及挂牌使用后的脚手架随时做好防护，不得随意敲打，如发现变形及时进行修复。

（2）脚手架上不得悬挂施工垃圾，并及时进行清理。

（3）对已运至现场未搭设完毕的脚手管，应分类码放整齐，如发现有变形等缺陷，应及时退回周转站。

三、冷却塔塔筒施工

（一）工程概况

某发电厂冷却塔高 165m，顶半径（外）为 40347mm；喉部标高为 123.750m，进风口标高为 11.60m；筒壁最小半径（外）37 270mm；风筒最大壁厚为 1300mm，最小壁厚为 270mm。单塔筒钢筋总量为 3482.056t，混凝土（C40W8F250）总量为 17 137.871m³，含筋率为 203.18 kg/m³。沿筒壁外侧设置一道不锈钢爬梯，爬梯总计质量约 8.776t。

（二）施工工艺流程

筒壁施工完第 1 节（环梁）后，即按照传统冷却塔三脚架翻模施工工艺进行施工。具体施工工艺流程为：浇筑第 1 节混凝土→绑扎第 2 节钢筋→安装模板→验收→浇筑混凝土→绑扎第 3 节钢筋→安装第 3 节模板、三脚架→验收→浇筑混凝土→绑扎第 4 节钢筋→拆第 1 节模板、三脚架（处理第一节外观）→翻模安装第 4 节模板、装吊篮→安装内外安全兜网→浇第 4 节混凝土→循环至第 7 节（拆除第 4 节）→二次施工二层牛腿→拉设平网→拆除环梁排架→筒壁施工循环至刚性环→刚性环施工→外爬梯安装→塔内施工机具拆除。

（三）施工方法及要求

1. 环梁施工

详见本节中相应施工方法。

2. 找中系统

在塔心安放校中仪器（经纬仪或垂准仪），微调中心位置进行找中。中心盘用 8mm 厚钢板做成 300mm×300mm 的方盘，在盘上刻好四个方向的刻度，并在接收靶下部安装好照明灯泡。上部挂 4 把 100m（根据半径选择相应型号钢尺）钢卷尺负责半径的校正。圆盘接收靶通过 4 根 φ5 钢丝绳，用 4 个紧线器固定在施工层三脚架上。

3. 模板三脚架系统

本次风筒施工选用附着式三脚架，其主要原理是将施工三脚架和模板用对拉螺栓附着在已成型的混凝土筒壁上，在三脚架上铺设跑道板，以此作为操作平台，进行其上一层模板、三脚架安装和混凝土浇筑等工作。

风筒模板三脚架系统施工顺序如下：

（1）扎钢筋，绑垫块，并控制半径。

（2）内外顶撑及三脚架的水平环向连杆、连接杆、斜杆。

（3）对拉丝及内外打围檩。

（4）内外模板。

（5）表面处理，堵螺栓眼。

（6）水塔中心。

（7）板刨光清理，安装内外模板，混凝土套管及对拉螺栓。

（8）装大围檩，装顶撑控制断面和半径。

（9）装三脚架的斜杆、连接杆、水平环向连杆。

（10）翻内外跑道板，装内外防护栏杆。

（11）翻内外吊篮和兜网。

（12）质检验收浇筑混凝土，养护。

风筒施工立面布置见图 15-5。

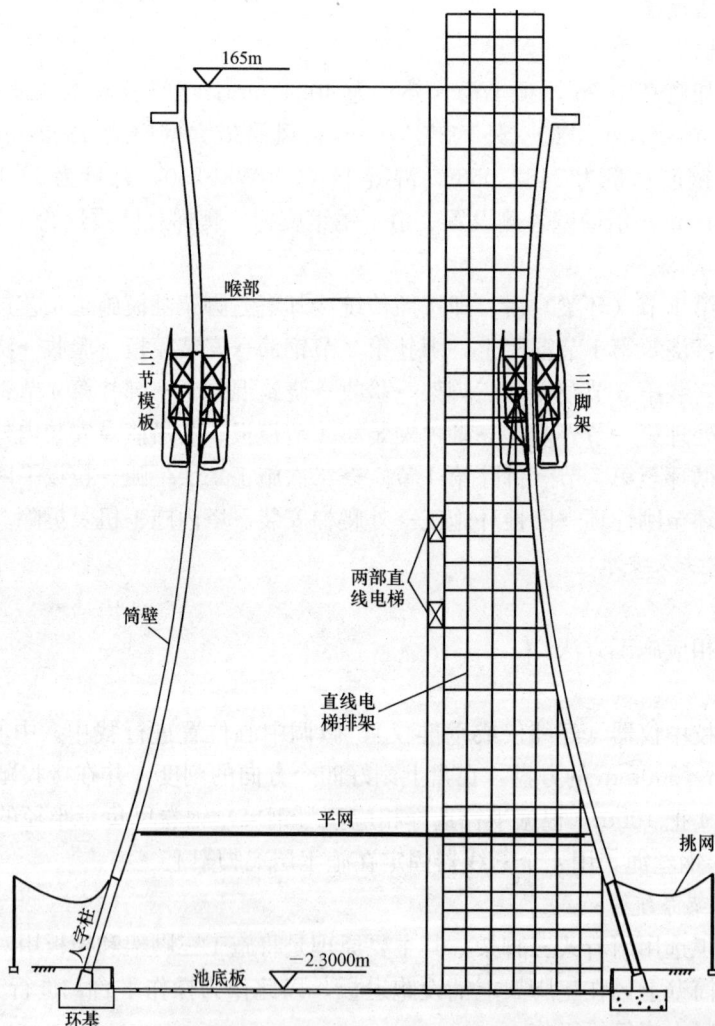

图 15-5　风筒施工立面布置示意图

4. 钢筋工程

为保证钢筋环向和竖向间距准确，排列均匀，钢筋绑扎前先在竖向钢筋上标划出各层环向筋位置，同时从绑扎点开始按钢筋表中绘出的该节每对人字柱间竖向钢筋的根数，排划出竖向钢筋位置，以保证竖向钢筋排列均匀。筒壁钢筋按照设计要求，直径≥25mm 的钢筋选用相应的直螺纹套筒连接；直径＜25mm 的钢筋采用绑扎搭接，绑扎搭接长度不得小于 30

倍钢筋直径。

随着风筒的逐节升高，竖向钢筋需增减筋，为了控制竖向钢筋的数量，适当调整钢筋间距离。钢筋保护层必须保证筒内、外侧各 50mm 厚，所使用垫块强度要达到施工使用要求，尽量保证混凝土垫块强度不低于 100％。

为防止筒壁钢筋在浇筑混凝土过程中发生位移，在模板面上 1.3～1.5m 处绑扎一圈环向钢筋。同时在内外层钢筋间沿环向每米范围设一根 $\phi 8$ 的"S"形拉筋，以保持其位置和保护层厚度的正确。

5. 混凝土工程

筒壁前 10 节混凝土浇筑采用泵车布料方式，以上部分（主要考虑高度影响泵车无法进行布料）开始使用液压顶升平桥，人工推小车浇筑。混凝土浇筑应从一点开始向两相反方向连续进行。为防止混凝土外漏，浇筑时在平台上铺两块 1m×3m 的 2mm 厚铁皮，由人工用铁锹将混凝土推入模内。混凝土施工时应注意观察界面的污染，如有污染情况必须及时处理，以确保筒壁内、外侧洁净。

混凝土的浇筑由一点开始反方向同时连续进行。浇筑采用斜面分层推进方法，每节模板三层到顶，上层振捣时振捣棒应插入下一层 50mm，推进长度一般在 5m 左右。振捣工作应从斜面浇筑层下端开始逐渐上移，加强二次振捣，以保证混凝土质量。混凝土振捣应充分，避免过振、漏振，以混凝土表面泛浆、无气泡为准。

每节混凝土浇筑完成后，混凝土上表面均应根据壁厚大小留设止水槽。下节模板组装前必须将界面处的松散混凝土清理干净，混凝土浇筑时要派专人清理钢筋上的灰浆及处理水平施工缝。

混凝土施工时前四节模板直接穿对拉螺栓（对拉螺栓外套钢管），以上采用混凝土套管，套管长度和混凝土风筒壁厚相同。

筒壁施工时，在每一节浇筑完成后留置混凝土拆模试块，以确定模板拆除时间。混凝土拆模前，用现场同条件养护的试块做强度试验，及时掌握每节混凝土强度，以确定是否拆模。浇筑完混凝土后，如果发现超过允许偏差值，应在其上各节中逐渐纠正，每节纠正量不允许超过 2cm。

6. 模板的拆除、螺栓孔的封堵、养生液的涂刷

参照设计要求，为保证施工期塔筒的稳定性，必须考虑混凝土的强度增长，若 2 天内达到混凝土强度的 30％，3 天内达到 50％，1 周内达到 85％，则可按每天翻 1 节模板的速度进行建设。

每次模板的拆除工作由施工人员站在吊篮板上进行。施工平台上的人员用棕绳将模板运到施工平台上。模板拆除过程中应及时将螺栓抽出，以备周转使用。螺栓孔用石棉绒掺加膨胀水泥填实（建议石棉绒：水泥体积比为 1：3，实际按照现场调配确定），封堵要在筒壁两侧同时进行，用手锤及 $\phi 12$ 钢筋打实，并将表面抹平。

每节模板拆除完以后，必须及时清理混凝土表面的灰浆，用磨光机打磨错台部位，让错台部位平滑过渡，达到不影响防腐的要求。内外壁刷混凝土养生液，养生液涂刷必须均匀，严禁出现流淌现象。

7. 塔内机械——直线电梯布置

根据风筒施工特点，在塔内偏心布置一台 SC200/200 多功能升降机（直线电梯），主要

负责施工人员及部分施工用材料的上下。随着塔身高度的不断增高，电梯排架也提前升高，筒壁施工至 100m 后，该电梯即行拆除。电梯施工作业要先进行负荷试验，试验合格，电梯操作人员持证上岗，电梯方可运行。

8. 安全防护系统

（1）操作平台上安全网（兜网）。在内外三脚架上从风筒第四节施工开始均设兜底安全网。

（2）塔外挑网。筒壁在环梁标高处设外平网一圈。安全网在拉设过程中，必须拉紧并捆绑牢靠。

（3）塔内平网。在风筒内壁 15.60m（第四节牛腿埋件位置）处预埋吊环，吊环采用 $\phi16$（HPB235）钢筋。内平网平面布置见图 15-6。钢丝绳沿东西方向共设置 20 道，每道钢丝绳与牛腿顶上预埋吊环使用绳卡锁紧，钢丝绳间距 6m，每片安全网就位后与钢丝绳捆绑牢靠。当东西方向布设好后，为了减小跨度上的挠度，沿南北方向布设 8 道钢丝绳，形成"井"字形。

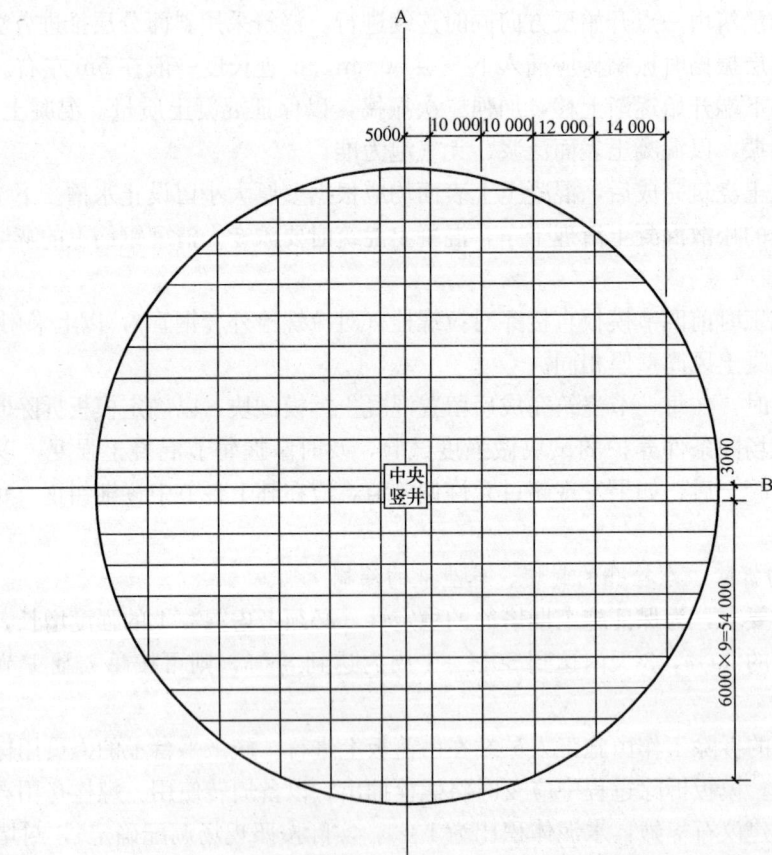

图 15-6　内平网平面布置示意图（单位：mm）

内平网在施工中与塔内机械的交叉影响，具体视实际情况进行施工。原则上内平网除中央竖井施工除外，其余地方（不包括机械及相应附属物占用位置）满布。

内平网的斜角影响处，必须通过沿筒壁内圈布置的圆环钢丝绳布满，不得留设空洞等安全隐患。

（4）操作三脚架上的安全网防护：

为了保证操作三脚架上的施工安全，在操作三脚架的脚手板下方满铺安全网，在三脚架操作平台两侧设置1.2m高的防护栏杆，栏杆上满布密目网。

（5）安全通道防护设置。在环梁排架拆除后，开始搭设塔内外及进入电梯的通道，通道为4.5m×5.0m（净宽×净高）防护棚（应设双层），防护棚两层间距为500mm以内，一层满铺脚手板（厚为50mm），另一层满铺脚手板或废旧水塔专用钢模板。

（6）交叉作业安全措施。在水塔施工过程中禁止进行交叉作业，当交叉作业难以避免时，仅安排在风筒浇筑混凝土时进行池底部位的施工，但应上下错开，并且有专职安全员进行监护。水塔安全区域30m内不宜安排外单位施工，当必须施工时，施工单位应该设防护措施，并经监理和业主审批。拆装模板绑钢筋过程中禁止施工，浇筑混凝土时若施工部位上下不能错开，则禁止施工。

9. 筒身爬梯及顶部栏杆、避雷针的安装

外爬梯安装有两种方法：一种是随风筒施工，由直线电梯运输爬梯节，由下至上逐节安装；另一种是水塔结顶后安装。

栏杆及避雷针在风筒结顶后，将栏杆散件吊上检修平台进行焊接。避雷针必须和引下线焊好。

（四）作业过程中控制点的设置和质量标准

作业过程中控制点的设置和质量标准见表15-1。

表 15-1　　　　　　　　　作业过程中控制点的设置和质量标准

序号	控　制　点	检　验　单　位				控制点
		班组	工地	项目部	监理	
1	塔中心点定位结束后，组织检查验收	★	★	★	★	H
2	下环梁底模铺设完毕后，对于半径、标高进行验收	★	★	★	★	H
3	钢筋绑扎结束后，对其数量、间距、规格等进行全面验收	★	★	★	★	H
4	模板施工时，对其半径、标高，臂厚进行验收	★	★	★	★	H
5	风筒结顶后对其半径、臂厚、标高进行验收	★	★	★	★	H

注　H——停工待检点。

四、冷却塔淋水装置吊装

（一）工程概况

某发电厂1、2号冷却塔淋水面积均为12 000m²，吊装的淋水预制构件主要有淋水柱、淋水主次梁、配水主次梁。淋水柱为钢筋混凝土方形柱，截面尺寸为400mm×400mm，高度为18.53m。柱上布置两层牛腿、柱与柱之间成方形布置，轴间距为6m。预制构件数量（一座塔）为：淋水柱308根；淋水层主梁392件，淋水层次梁1620件；配水层主梁346件，配水层次梁1844件。

（二）施工方案

本次吊装为两个区域两台起重机先后同时开展，先吊装1号区域，并留出起重机通道5

号区域。2号区域随后接着开始吊装，再吊装3、4号区域。吊装采用单机起吊。根据现场施工进度依次吊装，吊装工作由50t起重机完成，预制构件先由25t起重机与平板车吊运入塔内，再由50t车吊装。每个区域的吊装顺序均为先扫边，逐步向中央区域层层推进，并留出起重机通道5号区域。吊装完4号区域后，沿着5号区域，起重机边退出边吊装。

水塔进出口处吊装，起重机先停放在7号区域把6号区域吊装完毕，然后停在6号区域把7号区域吊装完毕，最后退出水塔封口。

（三）施工工艺流程

冷却塔淋水装置吊装顺序见图15-7，主要施工工序见图15-8。

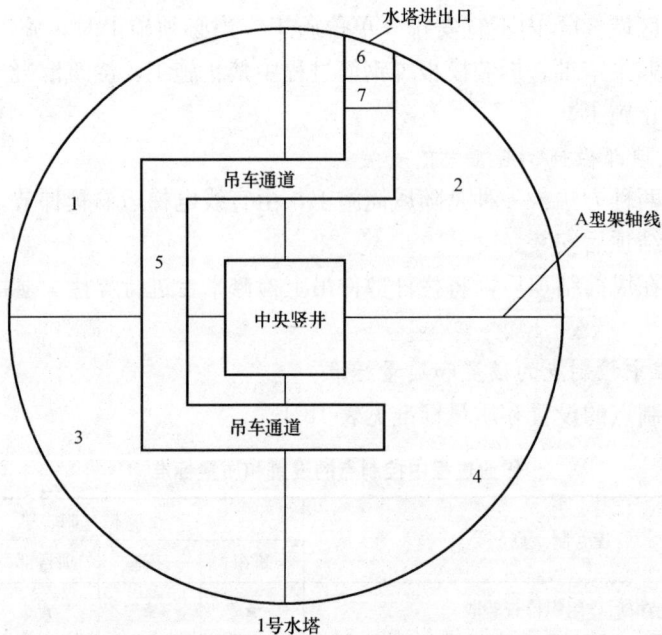

图 15-7　冷却塔淋水装置吊装顺序示意图

图 15-8　冷却塔淋水装置吊装主要施工工序

（四）施工方法及要求

1. 构件运输

预制柱用20t拖盘运输，每次运2根，柱上设有吊环，由吊装钢丝绳起吊，柱子采用两点支撑堆放（在运输车上），位置为吊环位置，柱子装车后用倒链封车牢固。淋水梁、配水梁由25t汽车吊和15t汽车配合吊运，梁上均设有吊环，装车时由吊装钢丝绳起吊，梁采用两点支撑堆放（在运输车上），支撑位置为吊环位置，构件装车后用倒链和钢丝绳及时拉设牢固。

2. 预制构件吊装

（1）柱子吊装。柱子上设有绑扎点，由50t起重机起吊，吊装时将钢丝绳绑扎于绑扎点。柱子吊离地面约 10cm 时暂停,全面检查确认安全后再继续起吊。柱子吊到杯口基础位置时,对正中心线调整柱子方向后,将柱子缓缓下落到位,柱脚四周用钢楔塞紧,用经纬仪两面找正,在柱子四周及时拉设缆风绳,做好临时固定工作。随着柱子的吊装及时进行灌浆工作,灌浆材料用 C40 细石膨胀混凝土。灌浆分两次进行,第一次施工到钢楔底面,待混凝土达到设计强度的 75% 后拔出钢楔,全部灌满,要求混凝土振捣密实。柱子牛腿下方处搭设脚手架操作平台。淋水柱吊装前,将相应的 HQ 氯丁橡胶垫穿过插筋垫在牛腿上。

(2)淋水梁吊装。淋水梁上设有吊环,主梁牛腿上预埋插筋,主梁与柱、次梁与主梁均为铰接,主梁上提前划好次梁中心线,以便次梁安装。梁由 50t 起重机起吊,起吊过程中两端设溜绳,及时调整梁端方向,主梁就位时控制好梁端与柱子间距离,两端间隙大小一致,侧面垂直。主梁就位后,及时用 CGM 灌浆料灌浆,待连接牢固后方可脱钩。安装次梁时,木工每人拿一根木尺,以便保证次梁间距尺寸一致,纵、横向成一线,次梁就位后及时灌浆牢固。淋水梁吊装前在柱子之间拉设好水平安全绳,施工人员将安全带挂于水平安全绳上方可进行脱钩工作。

(3)灌浆及砌筑。

1)构件安装调整完毕,各接头及插钢筋的预留孔要进行二次灌浆。

2)风筒牛腿及水槽牛腿部位的砌体施工。风筒牛腿及配水层梁处的砌体施工在配水层梁吊装之后自风筒牛腿顶面开始,砌筑高度为 0.09m,采用 M5 水泥砂浆砌筑,表面采用 1:3 水泥砂浆抹灰并压光,抹灰层厚度不小于 18mm。

主水槽上表面外侧水泥砂浆砌砖,高 0.09m,宽 0.125m,表面采用 1:3 水泥砂浆抹灰并压光,沿水槽通长。

第二节 循环水泵房下部结构及循环水沟道施工

一、循环水泵房下部结构施工方案

(一)工程概况

某发电厂一期工程 2×1000MW 超超临界燃煤发电机组,循环水泵房地基处理采用直径 600mm 钢筋混凝土支盘灌注桩,并设置了地下连续墙。地下连续墙厚度为 800mm,顶标高为 −5.15m。循环水泵房 A-G 轴线距 36m,1-6 轴线距 33m。主体结构为现浇钢筋混凝土结构,混凝土标号 C35W6。±0.00m 相当于绝对标高 5.15m。

(二)施工方案

地下连续墙钢支撑安装完成后,循环水泵房土方开挖至 −14.6m,并整平。由于地下水影响,故要求在地下连续墙对角(西北角及东南角)方向设置集水坑(集水坑大小以放下排水泵为宜),同时在其周围设置成盲沟形式,导向集水坑。集水坑周围全部使用大粒径碎石回填,循环水泵房底板混凝土浇筑时,直接将其浇筑完毕,不再留设。

(三)施工工艺流程

−14.6m 整平验收→浇筑底板垫层→底板放线、验收→搭设施工脚手架→清理底板结合槽、地下连续墙侧壁及灌注桩表面→底板钢筋施工(绑扎完成底层网片后搭设底板钢筋支撑架)→支设吊模(包括"凸"字形止水槽)→整体验收→浇筑底板混凝土→养护→拆除第二层钢支撑→钢筋、模板、混凝土施工至 −7.15m→养护→拆除第一层钢支撑→施工至

±0.00m→养护→上部结构施工。

（四）施工方法及要求

1. 垫层施工

土方开挖完成后，人工找平至－14.60m。在找平过程中，沿对角线方向设置集水坑。

2. 测量放线

底板垫层浇筑完毕，并适当养护后，即可进行放线工作。

高程控制采用从厂区高程控制点引测到循环水泵房内灌注桩上，建议引测－13.2m 相对标高。同时，为了施工方便和相互复核，高程控制点至少做 3 个点在循环水泵房内，并在循环水泵房外围（冷却塔环基或支墩）做出高程控制点，以便于施工。针对所有控制点要定期观测、复核，以防移动或其他损坏。

3. 清理结合槽、地下连续墙侧壁及灌注桩表面

测量放线经验收合格后，即可根据施工图纸对地下连续墙墙体及灌注桩进行检验，地下连续墙如果有结疤或灌注桩的变径现象要及时凿除，以免影响循环水泵房墙体的施工。同时将底板结合槽内的泡沫以及所有循环水泵房下部结构与地下连续墙的接触面清理干净。将地下连续墙内侧凿毛，去除表层的泥浆及软弱层。凿毛处理后的混凝土表面在浇筑混凝土前应用清水冲洗干净，并充分湿润。若部分灌注桩位置偏移（符合验评要求），则使用风镐剔除，确保不影响下一步工序的施工。

4. 钢筋工程

当循环水泵房内部（地下连续墙内侧）全部清理完毕后，即可进行内部脚手架的搭设。钢筋保护层厚度除底侧为 100mm 以外，其余均为 50mm。

内部脚手架搭设完成后，即可进行钢筋工程施工。底板钢筋工程主要采取直螺纹套筒连接方式。绑扎底板钢筋时，由于底板钢筋分上下两层双向钢筋网片，故先将底层网片绑扎完毕，再施工上层钢筋网片。由于灌注桩（灌注桩不再剔除）的影响，直径较大，而底板钢筋网片双向分别间距为 100mm，所以在柱间加工并安装相应长度的设计钢筋。底层网片沿 1-6 轴（东西方向）方向设计为二级钢，直径为 22mm，置于上层；沿 A-G 轴（南北方向）设计为二级钢，直径为 25mm，置于下层。施工时严格按照施工图进行施工。底板钢筋上层网片均为二级钢，直径为 22mm。

底板钢筋包括所有墙体钢筋的施工，预先将竖向钢筋全部插入底板。在板墙竖向钢筋的施工过程中，严格控制其保护层厚度。同时，在浇筑混凝土前，必须有可靠的固定措施，不得使其在混凝土施工过程中产生位移或倾倒，保证其间距准确。墙体钢筋施工时，按照施工段进行钢筋工程施工。

地下连续墙与循环水泵房底板钢筋之间的结合槽必须清理干净，同时为了保证其可靠结合，地下连续墙内预留钢筋板直后与底板钢筋焊接，焊接长度按照规范执行。

所有钢筋工程施工过程中，遇洞口或埋件交叉影响时严格按照图纸设计要求进行，设计未明确的严格按照规范要求，未经同意不得任意割断或减少。

底板钢筋的支撑筋设置：原则上设置范围为 3～5 轴之间，每 $2m^2$ 一个支撑点，呈梅花状布置。支撑点设置成"十"字状，钢筋直径不得小于 20mm。

5. 支设吊模

底板钢筋绑扎完毕后，考虑到循环水泵房下部结构为水工构筑物，同时还有前池，所以

所有墙体施工缝都必须优先留设止水槽或视具体部位进行凿毛处理，须经技术人员认可。循环水泵房止水槽断面如图 15-9 所示。

支设吊模时，使用定型钢模板或采用竹夹板，必须保证其加固牢靠。同时保证其完整和连续性。

6. 整体验收

所有工序全部施工完成后，作业班组先进行自检，针对自检出的问题进行整改，整改完毕后，做出自检记录。通知二、三级验收，三级验收合格后，通知监理工程师进行四级验收，验收合格后方可进行混凝土工程施工。

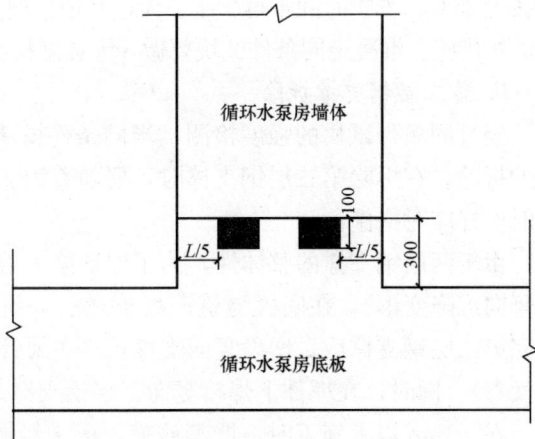

图 15-9　循环水泵房止水槽断面示意图（单位：mm）

7. 底板混凝土工程

底板混凝土标号为 C35W6，循环水泵房下部结构混凝土掺加 8％HC-HEA 高效抗裂型防水剂。底板混凝土总量约 1770m³，属于大体积混凝土施工，故设置 3 组测温点。测温点沿对角线方向布置，并做好观测记录，及时做好防治温差造成裂缝的措施。

底板混凝土浇筑时，配置两辆混凝土泵车，其中一辆臂长 37m，另一辆不小于 42m；混凝土运输罐车 3 辆。浇筑采取从一侧整体推进的方式浇筑，混凝土分层赶进，在整体推进的过程中，不得出现施工缝，要根据现场实际的浇筑速度，及时将前一层压住。浇筑工程中，不得将浇筑面扩大（由于搅拌站出料量限制），尽力缩小浇筑面，及时跟进。

混凝土浇筑时，必须留设同条件试块不得少于 3 组，以便掌握其实际强度，为下一步工序的施工提供依据。

浇筑注意事项如下：

（1）浇筑工程中，严禁使用振捣器紧贴钢支撑直接支撑体。

（2）泵车在摆臂、回转、收、伸杆操作过程中，必须由专人指挥，信号响亮、动作明确，以防碰撞钢支撑体系，造成坍塌或其他安全事故。

（3）浇筑过程中，必须设专人监督，确保全过程监督到位。

（4）由于本次浇筑全部隐蔽（混凝土实体），故不得存在侥幸心理，造成混凝土不密实。

（5）浇筑过程中，设专人进行检测，针对墙体、支撑体系要不间断观测，发现问题及时汇报，及时处理。

（6）针对突发性事件（支撑体系坍塌等），做好预防预案，确保人身安全。

（7）浇筑方向不得随意更改，以防造成整体位移。

（8）其他未尽事宜严格参照安全规程或相关规范执行。

8. 混凝土养护

由于循环水泵房底板的特殊性，混凝土养护采取洒水养护。混凝土浇筑完毕 12h 后，方可进行洒水，不得过早，造成混凝土表面脱皮现象，同时洒水不得过多，造成底板积水现象。

底板混凝土养护时，要每隔 2h 做一次温度观测，及时采取保温养护措施，不得使内外温差接近 25℃。养护时间不得少于 7 天，并根据测温情况及时调整。针对现场同条件试块，要做好养护措施。混凝土同条件试块要做 3 天强度检测及 5 天强度检测，并做好强度检测记录。

9. 第二层钢支撑拆除

经过同条件试块的强度检测，当同条件试块强度不低于 50％时，方可进行第二层钢支撑的拆除。在拆除第二层钢支撑时，要随着钢支撑的拆除施工由专人做好精确的监测变形，及时做好应对措施。

由于两层钢支撑的整体性，为了保证第一层钢支撑的不变形（现场实际情况为钢支撑主要竖向沉降变形），在底板浇筑混凝土之前，预先安放 300mm×300mm 预埋件，便于在拆除完第二层钢支撑后，增设竖向支撑点（主要针对第一层钢支撑没有加设小横梁支撑的十字交叉点）。同时，在埋件上焊接竖向工字钢支撑。

在－13m 以上施工时，严禁碰撞，或未经同意随意直接或间接使支撑系统增加负荷或其他不利因素。

对所有施工缝处理完成后，将钢筋清理完毕，按照绑扎钢筋→安放埋件→支设模板→浇筑混凝土的工序进行施工。模板使用定型钢模板和木模板结合的方式，对拉螺栓使用 φ14 的一级钢筋，针对地下连续墙处，将对拉螺栓焊接在地下连续墙留设的剪力槽上，确保模板的安装、加固牢靠。

此次浇筑混凝土时，止水槽可以留设成凹槽形式。

参照第二层钢支撑拆除的方法进行第一层钢支撑的拆除。拆除完成后，即可按照上述循环，进行－7.15～0m 的施工，各工序的施工不变，此处不再赘述。所有留孔及埋件的质量验收均执行验评标准。

循环水泵房下部结构施工完成后，即可进行上部结构施工。

二、循环水沟道施工

（一）工程概况

某发电厂一期工程 2×1000MW 机组循环水沟道位于循环水泵房与 1、2 号海水冷却塔之间，数量为 2 道。混凝土强度等级：底板、池壁、顶板 C30；垫层 C10。除垫层外，所有混凝土均为防水混凝土，抗渗等级 W8，抗冻等级 F250。施工时混凝土添加 8％HC-HEA 高效抗裂型防水剂。结构为现浇钢筋混凝土结构。循环水沟道大部分地段水位埋深为 1.8～2.0m。地质条件为粉质黏土，开挖最深处基底标高为－0.100m（绝对标高），沟底开挖宽度为 11.6m。开挖地区地下水位埋深较浅，在施工过程中采用明沟和集水井降低施工区域地下水位。

（二）施工工艺流程

循环水沟道施工工艺流程见图 15-10。

（三）施工方法及要求

1. 土方开挖

基坑土方开挖主要采用机械大开挖，人工配合清槽的施工方法进行。降排水采用明沟和集水井降水。开挖不得碰损桩基，当挖至基坑底标高后，避免对地基土的扰动，采用人工清挖桩间土等，局部沟、管坑采用人工开挖。

从场地土的工程性质及场地土的工程地质条件看，场地地下水的稳定水位埋深较浅，基坑坑壁直立性较差，施工期间为保证基坑坑壁稳定，采用 1:1 放坡的坡度值。严禁在坡顶

```
┌─────────────┐      ┌─────────────┐      ┌───────────────┐
│   土方开挖    │─────▶│   垫层施工    │─────▶│  池底板钢筋绑扎  │
└─────────────┘      └─────────────┘      └───────────────┘
┌─────────────┐      ┌─────────────┐      ┌───────────────┐
│  池底板模板支设 │◀─────│ 池底板混凝土浇筑 │─────▶│  内外双排脚手架搭设 │
└─────────────┘      └─────────────┘      └───────────────┘
┌───────────────┐    ┌────────────────┐  ┌────────────────┐
│池壁、池顶板钢筋绑扎│───▶│ 池壁、池顶板模板支设 │─▶│池壁、池顶板混凝土浇筑│
└───────────────┘    └────────────────┘  └────────────────┘
┌─────────────┐      ┌─────────────┐
│   模板拆除    │◀─────│  土方回填平整   │
└─────────────┘      └─────────────┘
```

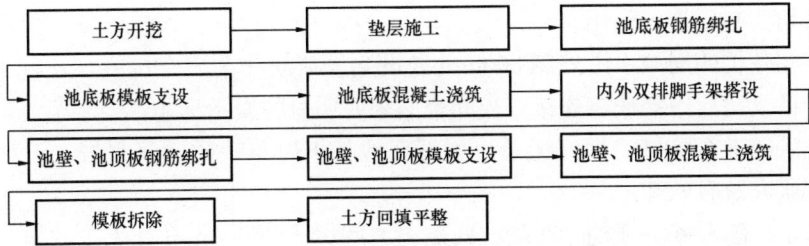

图 15-10　循环水沟道施工工艺流程图

堆载，也要注意来自坡顶施工机械的动载。同时在基坑里面双向布置排水明沟和集水井。

　　基坑开挖完成后，在基坑里面双向布置排水明沟和集水坑，然后用泥浆泵和潜水泵将水从集水井抽出，通过排水沟排往水塔西侧，以降低基坑四周的自然水位。开挖断面见图15-11。

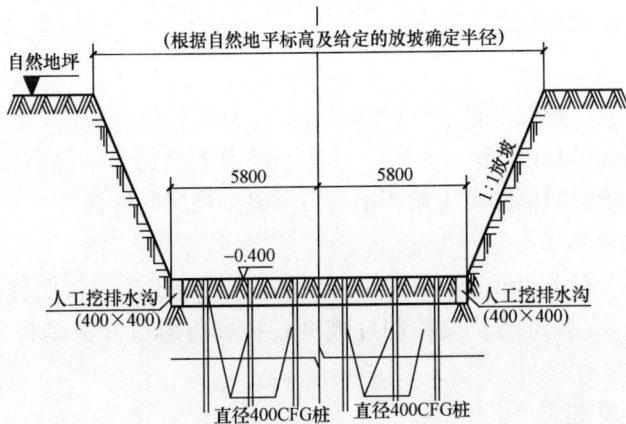

图 15-11　循环水沟道开挖断面示意图（单位：mm）

　　(1) 测量工程。过程控制采用经纬仪进行，标高由水准仪从控制桩点引测。

　　放好水沟道开挖边线及标高线并经监理验收合格后，方可进行开挖。所挖土方及时运至指定地点，一部分平整在基坑四周低注处。

　　(2) 开挖。布置一台挖掘机进入现场自东向西进行退挖，挖掘机配备 4 台自卸运土车，人工清槽每个工作面安排 15 名工人。开挖自上而下水平分层进行，水塔喇叭口处第一次挖到 1.85m 左右漏出桩头，第二次挖到 1.55m 左右，为避免破坏地基土，改为人工开挖直至基坑底标高 1.35m 处。水泵房排水沟口处至喇叭口处这一段循环水沟道第一次机械开挖到 0.10m 左右露出桩头，第二次挖到 -0.2m 左右，人工开挖至底标高 -0.4m 处。设专人现场跟班测量，随时控制放坡情况和基底标高，边挖边检查坑底宽度及坡度，不够时及时修整；至设计标高时，再统一进行一次修坡清底，检查坑底宽和标高。因为桩基为 CFG 素桩，开挖过程要谨慎，严禁开挖过程中碰刮基桩，以免造成断桩、裂桩现象。

　　弃土必须及时运出，在基坑边缘上严禁堆土和堆放材料以及移动机械，以保证边坡的稳定。弃土应按照指定地点进行，严禁随意弃土，并安排专人对运土道路进行清理。

　　基坑开挖同时在边坡顶上设立挡水沿（包括局部深坑），挡水沿上宽 0.4m、下宽 0.8m、高 0.5m，挡水沿中心线距边坡 0.8m。挡水沿应彻底压实，并拉线将边坡棱角修理整齐，做到既美观，又切实起到挡水作用。

开挖后应在基坑四周挡水沿外侧 300mm 处设立警戒旗作为安全围栏，立杆采用 φ48 脚手架管搭设。搭设完后用警戒旗连接，夜间也必须有明显的警示标志。

基坑挖完后应进行验槽，做好记录，如发现地基土质与地质勘测报告、设计要求不符时，应与监理研究及时处理。

（3）降排水。随着基坑开挖，在基坑两侧离坡底边线约 300mm 处人工挖出一条上口宽约 400mm，下口宽约 300mm，深约 500mm，有 0.5％双向流水坡度的排水沟，坡向集水井，在基坑两侧设置集水井，集水井截面为 0.8m×0.8m，至基底以下井底应填以 20cm 厚碎石或卵石，水泵抽水龙头应包以滤网，防止泥砂进入水泵。降排水应连续进行，直至基础施工完毕。

（4）截桩。根据设计图纸，在清槽完毕后，即可准备进行削桩施工。削桩时先使用空压机带风镐在桩侧面进行打眼后截断，然后人工进行细部处理，严禁直接用机械或工具从上部破桩。最终桩顶标高误差控制在 0～30mm 之内。破桩至桩顶设计标高后，需进行破桩后桩检测。

（5）级配砂石回填。破桩至桩顶设计标高后，进行破桩后桩检测，检测合格后回填级配砂石垫层。先填 150mm 厚级配砂石夯实，再铺一层土工格栅布，然后回填 150mm 厚级配砂石夯实，最终砂石垫层回填标高为循环水沟道混凝土垫层底标高处。

2. 循环水沟道垫层施工

循环水沟道底板下有 100mm 厚的混凝土垫层，垫层施工严格按照标高施工。控制好平整度，在喇叭口处的 30°坡道浇筑要控制好坡度。垫层与沟道井室结构之间用一布二油做隔离。

3. 循环水沟道井室施工

（1）脚手架搭设。底板混凝土浇筑完毕后，搭设内外双排脚手架，内侧井室结构搭设满堂脚手架。脚手架的钢立杆不能直接立于地面上，应加设底座和垫板，垫板厚度不小 50mm。

排架的横向立杆间距 1.2m，立杆纵向间距 1.5m，脚手架纵向连接采用 6m 管，每根管连 4 跨，横向水平杆采用 4m 杆连接。脚手架下侧设纵向水平杆做扫地杆用，第一步架高 1.6m，向上每步架高 1.2m。碗扣式脚手管的立杆间距一律采用 0.9m。脚手架的立杆应垂直。立杆应设置金属底盘或垫木。立杆间距不超过 2m，大横杆不超过 1.5m，小横杆不超过 1.5m。必要时加设斜撑、抛杆及剪刀撑（角度不超过 60°）。排架搭设要牢固可靠，操作层脚手板应满铺（不少于 2 块，50cm），不允许有探头板，脚手板搭接长度不得小于 20cm。在基槽上边缘与双排外架间搭设人行道，脚手架搭设同时搭设直爬梯，以方便人员上下，脚手架人行道路两侧应搭设栏杆和挡脚板，脚手板两端应用 8 号淬火铁丝绑扎牢固；严禁利用脚手架吊运重物；没有完工的脚手架，收工时要确保脚手架稳定；拆除脚手架应自上而下进行，严禁上下同时作业，或将脚手架整体推倒；脚手架应挂牌使用，使用荷载不得超过 270kg/m²。

（2）钢筋施工。钢筋加工时下料表要与施工图纸进行复核，检查下料表是否有遗漏与错误。

1）钢筋表面应洁净，附着的油污、泥土、浮锈使用前必须清理干净，可结合冷拉工艺除锈。

2）钢筋调直，采用机械调直。经调直后的钢筋不得有局部弯曲、死弯、小波浪形，其表面伤痕不应使钢筋截面减少5％。

3）钢筋切断应根据钢筋号、直径、长度和数量，长短搭配，先断长料，后断短料，尽量减少和缩短钢筋短头，以节约钢材。

钢筋绑扎：钢筋接头位置应相互错开，在任一连接区段范围内（40倍钢筋直径且不小于500mm），接头的钢筋面积占钢筋总面积的百分率不得大于50％。钢筋绑扎前须核实好钢筋的方位，按技术员指导施工，保证钢筋绑扎顺利进行。

（3）模板支设。

本工程模板全部采用竹胶板支模，普通脚手管体系进行加固。模板加固均采用$\phi14$对拉螺栓。平面模板主要应上下交错使用，以避免出现环向水平通缝。对拉螺栓采用$\phi14$圆钢加工制作，对拉螺栓须穿过PVC管，待模板拆除时将对拉螺栓打出，以增加混凝土的表面质量。根据放线确定的模板线，组装模板。为保证混凝土表面的工艺质量，模板的所有接缝处均需粘贴20mm宽海绵条，以确保模板接缝严密，做到不漏浆，模板表面应均匀地涂刷脱模剂。模板安装必须横平竖直，断面尺寸准确。模板加固竖向均采用6m钢管，间距600mm。模板接缝应错开，以避免水平通缝。

支完模板后，清理模板内的杂物，测设混凝土面标高线，以保证混凝土标高的准确性。检查预埋件有无遗漏。模板拆除不可硬撬、硬砸，应待混凝土达设计强度的70％后方可进行。

模板加固图如图15-12所示。

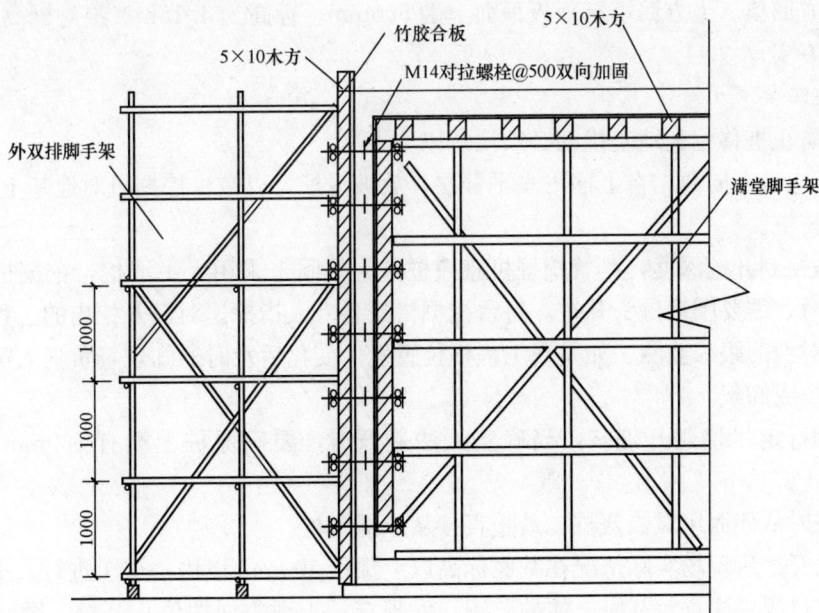

图15-12 模板加固图（单位：mm）

（4）混凝土施工。混凝土搅拌应严格执行土建试验室出具的统一配合比；同一强度等级混凝土应采用同一配合比。

本工程除垫层外，所有混凝土均为防水混凝土，最大水灰比为0.5，最小水泥用量为

300kg/m³，坍落度宜为 180~220mm。

因施工需要，在池底板浇筑施工过程中，在池壁上留设 100mm×100mm 止水凹槽，并在凹槽中加设一条 NPJ 止水条。

混凝土搅拌时应严格控制水灰比和坍落度，以确保良好的和易性和可操作性，采用商品混凝土泵送工艺浇筑混凝土；竖向结构浇筑混凝土前先在底部填 50~100mm 厚与混凝土内砂浆成分相同的水泥砂浆。

混凝土分层厚度为振捣作用部分长度的 1.25 倍，且不大于 500mm；每一振动点的振捣延续时间应使混凝土表面呈现浮浆和不再沉落，使用插入式振捣器振捣时应快插慢拔，插点均匀排列，逐点移动，不得漏振，移动间距不大于振动作用半径的 1.5 倍；振捣器插入下层混凝土内深度应不小于 50mm。

混凝土养护及拆模：混凝土浇筑后应加以覆盖并浇水养护，以免影响清水混凝土色泽一致；混凝土浇筑完毕后 12h 以内浇水养护时间不得少于 14 天，浇水程度以保持混凝土处于湿润状态为准。

混凝土强度达设计强度的 100% 后方可进行，拆模前对同条件养护的混凝土试块进行强度检测。严格禁止混凝土未达拆除模板强度强行拆模，以免造成安全隐患

（5）在池顶板上设有一根通气管，距离循环水泵房排水沟 970mm，露出回填地面 400mm，通气管型号 φ50×4.5mm。

4. 土方回填

结构施工完毕之后，水池内外侧（包括底板和顶板）均应涂刷 NB1 型渗透结晶防水剂，然后进行土方回填。土方回填至顶板顶面上翻 500mm，标高为 4.15m（绝对标高），应分层回填、层层夯实。

（四）施工要求

（1）为防止桩移位和地基扰动必须注意以下事项：

1）挖土应自东向西，自上而下水平分层，放坡退挖，以减少挖掘机对地基土体的压力，避免涌土、挤桩。

2）严格控制开挖深度，严禁挖掘机碰撞桩基。桩间土采用人工清挖，挖掘机开挖其他部位的土方时，需要围绕桩头开挖，每台挖掘机配备专人指挥。对已开挖出的工程桩，测量人员需有针对性的跟踪监测，如发现工程桩位置发生变化后及时通知现场负责人员，立即停止施工、回填或卸载。

3）车辆行走尽量避开桩基，当确实无法避开时，要确保桩上端有 500mm 以上高度覆土。

4）截桩时从侧面用风镐截桩，禁止直接从上部破桩。

5）根据开挖后现场实际情况在基底标高以上预留 300mm 以内一层土进行人工清理。

6）开挖过程中注意对基底土体的监测，发现有涌土现象立即停止开挖，增大退挖放坡系数，调整开挖深度及开挖速度，采用编织布袋装土反压，以达到平衡基坑内外土体压力、消除基坑底部隆起的目的。

（2）土方开挖严格按照 1：1 放坡，不得偏陡。基坑开挖完成后，按照要求严格修理边坡。

（3）对照土建施工图与地基处理图控制开挖范围及标高，尽量少扰动桩基，保证桩顶标

高满足设计要求。

（4）派专人对水泵和集水井进行日常检查和维护，确保降排水连续进行，严防基坑进水和地面积水。

（5）开挖要严格对照图纸进行，人工配合机械开挖，严禁直接用机械挖到标高。

（6）人工清理基坑标高偏差为 $-20\sim0$mm，表面平整度不得大于 20mm，采用水准仪随时控制基坑底标高。

（7）人工清理基坑时严禁载重车辆进入基坑内，以防基底土质破坏，采用手推车外运土方。

（8）严禁超挖，若有超挖现象，严格按设计要求处理至基础底标高，并经监理验收合格。

（9）施工过程中若遇与雨雪天气，则在边坡上临时覆盖编织布袋进行临时覆盖。

（10）开挖后如遇回填土，需请勘测单位现场验槽，若回填土均匀性、密实性不符合设计要求，应全部清除。

（11）进场的水泥需有质量保证书或产品试验报告，并对其品种、标号、出厂日期等检查验收合格后方可使用；混凝土使用的粗细骨料由试验室按规定抽样试验合格后使用；混凝土外加剂必须有质量保证书；磨细矿粉经试验室抽样试验合格后方可使用。

（12）在振捣底部混凝土时，应仔细观察模板的变形情况，发现问题及时进行处理。混凝土浇灌过程中，应连续浇灌完成，不得留设施工缝。混凝土自高处倾落的自由高度不得超过 2m，竖向超过 2m 时，必须挂串筒下料，防止混凝土离析。

（13）拆脚手架时的要求：

1）拆除作业前划出拆除工作区，并有明显警示标志，禁止行人进入；拆除脚手架时30m 工作范围内禁止有人进入。拆除施工人员事先进行安全技术交底。

2）严格遵守拆除顺序，由上而下，后绑者先拆，先绑者后拆，一般是先拆栏杆、脚手板、剪刀撑，而后拆径向水平杆、环向水平杆、立杆等。

3）统一指挥，上下呼应，当解开与另一人有关的接扣时应先告知对方，以防坠落。材料、工器具要用滑轮或绳索传送，不得乱扔。

4）拆除的管子及扣件等材料要及时归还租赁站，应做到拆除一批归还一批，每天拆每天归还；当天归还有困难时，在现场要分类码放，不可乱堆，扣件装箱，架管一头齐。

5）严禁架管及扣件自高向下抛掷，以防事故发生。

第三节　循环水压力管道施工

循环水管道是冷却塔冷却水循环的重要通道，是冷却塔配套的重要工程。从循环水管道地基施工，管道的制作、焊接、试压与全线管道的安装，构成了一个闭合系统回路，工程量很大。

一、循环水管道地基施工

（一）工程概况

某发电厂一期工程 2×1000MW 机组，电厂循环水管道地基处理采用 CFG（水泥粉煤灰碎石）桩，桩径为 400mm，呈等边三角形布桩，设计桩底标高为 -16.000m；CFG 桩复合地基设计承载力特征值为 120kPa。

（二）主要施工方案

（1）CFG 桩采用长螺旋钻干作业成孔浇筑，隔排跳打的施工方案；工序为长螺旋钻机回转成孔→提升钻杆压灌混凝土成桩→排土清运。

（2）桩基施工完成，达到检测期龄后，采用基坑大开挖方法，人工配合清槽，按 1∶1 放坡，采用明沟和集水井降水。用风镐按设计标高进行桩头破除，再进行低应变检测。

（3）桩基检测完成后，立即进行级配砂石褥垫层施工，并移交进行管道安装。

（三）施工方法及要求

1. CFG 桩基施工

（1）施工前的准备工作。

1）熟悉图纸并按作业程序依次进行图纸会审，提前解决施工交叉及专业交叉问题，制订出施工方案。

2）按图纸、其他设计文件及施工方案做好材料计划，备好各种原材料、周转性材料及措施性材料。

3）编制施工方案及工程质量检验计划，进行施工前的技术及安全交底。

4）做好工具、器具、机械的校验、检修工作，以确保施工期间机械能正常运行。

5）布置现场施工用水、用电，要保证施工期间的水、电及现场照明等工作。

6）完成施工方案及资源的报批工作。

7）做好场地平整，使施工场地保持水平，挖填地下障碍物。

（2）测量放线。

1）CFG 桩位采用 SET210 型全站仪进行施测定位，标高采用 DZS3 级水准仪进行高程控制。

2）施测完后分批报经监理验收。

（3）钻具选取及试钻。

1）钻机选取。根据现有的初设阶段岩土工程勘测报告，厂区地层为第四系陆相、海相、海陆交互相沉积层。各土层性质分述如下：

第一大层（层号①）：约 3.0m 厚，本层为陆相沉积物，以黄褐色粉质黏土为主，在该层的顶部分布有素填土或淤泥。

素填土：黄褐色，湿～很湿，由粉质黏土组成，松散～稍密，属高压缩性土。一般厚度为 0.50～1.50m，平均厚度为 1.00m。

淤泥：属高压缩性土。一般厚度为 0.20～0.50m。局部地段人工挖掘了沟槽，淤泥沉积厚度相对较大，为 0.80～1.20m。

粉质黏土：属高压缩性土。一般厚度为 0.80～2.90m，平均厚度为 1.80m。该层在厂区内均有分布。

第二大层（层号②）：本层为海相沉积物，以灰色粉质黏土为主，夹有粉土、黏土、淤泥质粉质黏土和粉细砂层。按岩性特征及物理力学性质分为三个亚层：

②1 层：粉质黏土，该层土属高压缩性土。该层土底板埋深为 16.0～25.0m，平均埋深为 18.4m，层厚为 10.8～22.8m，平均厚度为 14.9m。该层在厂区内均有分布。

②2 层：粉土，灰色，中密～密实。本层整体厚度较小，主要以夹层形式存在，层厚为 0.6～5.2m，平均厚度为 2.0m。该层土属中等压缩性土。

②3层：粉细砂，中密~密实。本层位于第二大层的底部，该层土顶板埋深为17.6~22.0m，平均埋深为18.4m，底板埋深为20.2~29.5m，平均埋深为23.4m，层厚为1.8~8.1m，平均厚度为4.5m。该层在厂区的大部分地段均有分布，仅煤场以西地段缺失。该层土属中等~低压缩性土。

电厂循环水地基CFG桩设计桩底标高为-16.0m，主持力层应处于②2层，其渗水系数小，同时兼顾施工场地和工期，故采用干作业长螺旋钻机钻孔施工方案。

2）试钻。

①钻孔机就位：将钻孔机组装好后将钻孔机就位，钻孔机就位时，必须保持平稳，不发生倾斜、位移，双向校正调直桩架导杆，再用对位圈对桩位，读钻深标尺的零点。

②钻进：用电动机带动钻杆慢速转动，使钻杆头螺旋叶片旋转削土，土块随螺旋叶片上升，经出土器排出孔外。复查钻头垂直度，若钻杆无偏差，继续钻进。

③停止钻进，读钻孔深度：钻孔时要用钻孔机上的测深标尺或在钻孔机头下安装测绳，掌握钻孔深度，做好记录。钻进若遇有含水量较大的软塑黏土层时，必须防止钻杆晃动引起孔径扩大，致使孔壁附着扰动土和孔底增加回落土。

④压力灌注成桩：接通动力头上部高压胶管，开始泵压灌注，初灌至钻头埋深不小于50cm，边压力灌注边逐步提拔钻杆，直至灌注至设计桩顶标高超出500mm，停止压力灌注，将钻杆全部提出至钻头全部离开地面，停止动力头上升。

⑤排土清运：钻出的泥土由专业人员清运，随钻随清，以保证有足够的工作面。

（4）若试钻成功，应及时总结经验，加快施工进度，加大组织钻机施工力度。作业时应隔排跳桩施工，避免对施工完的桩造成扰动。

（5）操作要点。

1）桩机就位必须铺垫平稳，立柱垂直稳定牢固，钻头对准桩位。

2）开钻前必须检查钻头上的楔形出料活门是否闭合，严禁开口钻进。

3）钻进进程中未达设计标高不得反转或提杆，如因特殊情况要提升钻杆或反转，应将钻杆提升到地面，对钻头顶活门重新清洗、疏通、闭合。

4）开始钻进或穿过软硬土层交界处时，应保证钻杆垂直，缓慢进入；在含有砖头、瓦块的杂填土层或含水量较大的软黏土层中钻进时，应尽量避免钻杆晃动，以免扩大孔径。

5）钻进时，应注意观察电流值变化是否在正常工作状态。

6）压力灌注之前，应先开动泵输送泵，提前将拌和好的混凝土充满整个输送管道，并将储满输送泵料斗。

7）压力灌注与钻杆提升配合好坏将严重影响着桩的质量，如钻杆提升晚将造成活门难以打开，致使泵压过大憋破胶管；如钻杆提升过快将使孔底产生负压，饱和土涌入产生沉渣，削弱桩的承载力。因此要求压力灌注与提升的配合要恰到好处，一般提升速度是当听到空心钻杆中有混凝土落声时提升钻杆为宜，以确保桩尖落实。

8）压力灌注时泵送应连续进行。泵斗内要有一定的容量，容量应高出料斗50mm以上，以防吸进空气造成堵管。当泵斗混凝土低于进料口时，应及时通过口哨通知钻机停止提升钻杆，待混凝土补充足后再进行压力灌注、提升。

9）钻进进程中，操作人员与指挥人员要密切注意钻进情况，如遇卡钻、钻杆剧烈抖动、钻杆偏斜等异常情况，应立即停钻，查明原因，采取相应措施，方可继续作业。

10）对桩的位置垂直度要严格按照设计要求及《建筑地基基础工程施工质量验收规范》（GB 50202）要求控制，为保证有足够的工作面及提高成桩的质量，钻出的泥土要分批清运，必要时要随钻随清。

11）施工期间，如需停电、停水，甲方应提前通知施工单位，以免造成质量事故及设备损坏。

12）混凝土输送泵安放位置要与钻机的施工顺序配合，尽量减少变道，钻机与泵之间的距离一般在 60m 以内为宜。

2. 开挖

（1）基坑开挖。等桩基施工完达到 14 天强度后组织循环水管道开挖。

为了避免与主厂房 A 排柱施工交叉，先从 A 排循环水泵坑处退着往西开挖，东西向管道挖土应自南向北，自上而下水平分层进行，开挖过程中严格按照 1:1 进行放坡，边挖边检查坑底宽度及坡度，不够时及时修整，至设计标高，再统一进行一次修坡清底，检查坑底宽和标高。管道高差较大的，开挖仍然按 1:1 放坡开挖。

因为采用机械开挖，为避免破坏地基土，根据开挖后现场实际情况在基底标高以上预留 300mm 以内一层土进行人工清理。为方便施工，在北侧跟南侧分别留设 6m 宽坡道，坡度根据现场实际情况设为 1:3~1:6，同时采用破除桩头进行护坡垫道。

弃土必须及时运出，在基坑边缘上严禁堆土和堆放材料以及移动机械，以保证边坡的稳定。弃土应按照指定地点进行弃土，并及时用装载机进行平整，严禁随意弃土，并安排专人对运土道路进行清理。

基坑开挖同时在边坡顶上设立挡水沿，挡水沿上宽 0.4m，下宽 0.8m，高 0.5m，挡水沿中心线距边坡 0.6m。挡水沿应彻底压实，并拉线将边坡棱角修理整齐，做到既美观，又切实起到挡水作用。

开挖后应在基坑四周挡水沿外侧 300mm 处设立安全围栏，安全围栏采用 ϕ48 脚手架管搭设。立杆插入地下固定后露出地面部分高 1.2m，并在高 1.20m 和 0.6m 处设双道栏杆。脚手架搭设要做到横平竖直，所有架管均应涂红白相间漆。搭设完后围栏上应挂上警示牌，夜间也必须有明显警示标志。

基坑挖完后应进行验槽，做好记录，如发现地基土质与地质勘测报告、设计要求不符时，应与有关人员研究及时处理。

（2）基坑降排水。在基坑两侧设置排水明沟，每隔 20m 设置一个集水井，使地下水流汇集于集水井内，再用水泵将地下水排出基坑外（见图 15-13、图 15-14）。集水井截面直径为 800mm，采用单砖干砌。

3. 截桩

（1）根据图纸会审提供的资料，在桩顶设计标高以上需凿除至少 0.5m 长的混凝土桩头，施工时采用风镐进行截桩，在开挖到设计标高时，一次截去多余桩头。截桩时先使用空压机带风镐在桩侧面进行打眼（采用 3 根钢钎间隔 120mm，沿径向楔入桩体，直至上部桩体断开）截断，桩顶采用小钎修平，然后人工进行细部处理，严禁直接用机械或工具从上部破桩。最终桩顶标高误差控制在 0~30mm 范围内。

（2）因剔桩造成桩顶开裂、断裂，按桩基混凝土接桩规定，断面凿毛，刷素水泥浆后高一级混凝土填补并振捣密实。

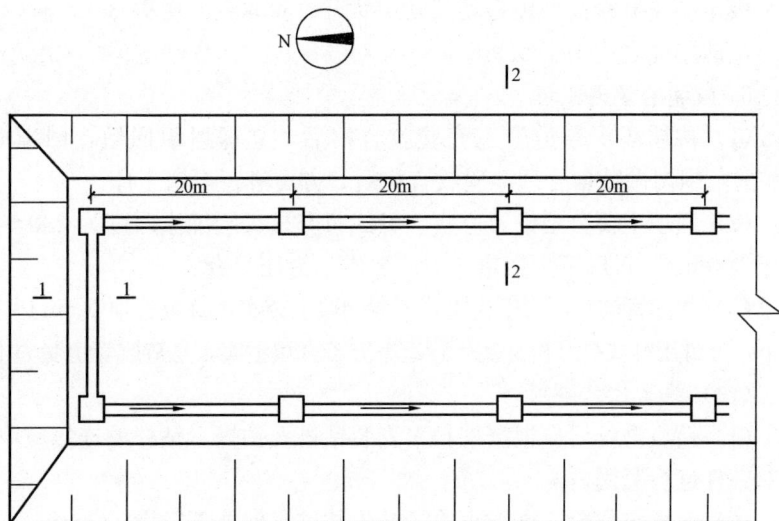

说明：循环水管道基坑开挖后，在管沟两侧设置排水沟，每隔 20m 设置一个 800mm×800mm 的集水坑，以便于集中排放。

图 15-13　基坑降水施工示意图（一）

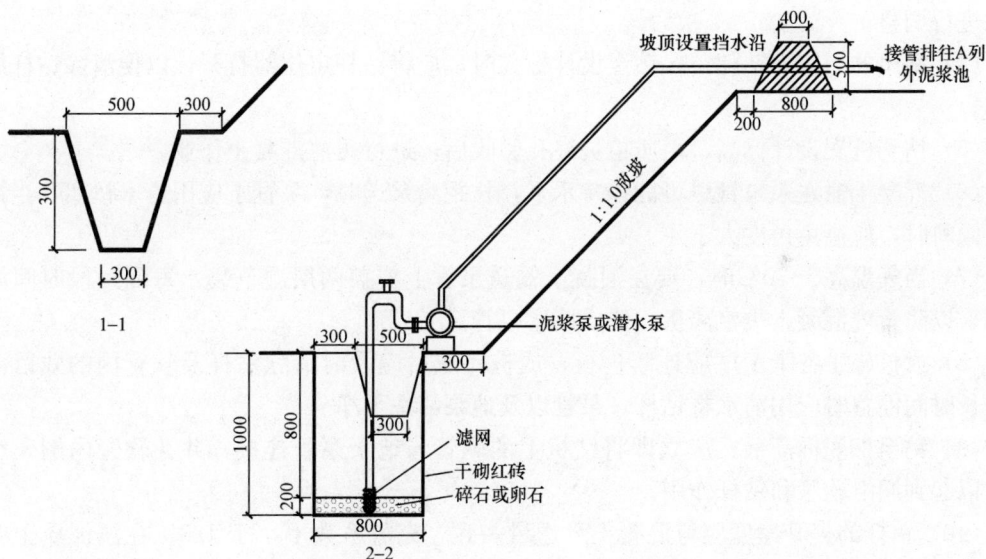

注：用排水泵和排水管逐级将集水井中水排至 A 列外泥浆池。

图 15-14　基坑降水施工示意图（二）（单位：mm）

4. 桩基检测

当截桩工作完成后，立即提交设计单位进行桩基低应变检测，采用复合地基载荷试验，试验数量宜为总桩数的 0.5%，并应抽取不少于总桩数 10% 的桩进行低应变动力试验，检测桩身完整性。

待检测桩基合格后，方可进行下道工序施工。

5. 褥垫层施工

（1）复合地基施工、检测合格后，方可进行褥垫层施工。

（2）褥垫层材料使用级配砂石，最大粒径不大于 30mm，褥垫层虚铺 22～24cm 厚，采用平板振动仪振密，平板振动仪功率大于 1500kW，压振 3～5 遍，控制振速，振实后的厚度与虚铺厚度之比小于 0.90。

6. 循环水管道回填

（1）待循环水管道施工完验收合格后，立即组织回填，回填时先沿管道中心夹角呈 150°的范围内做贴角处理，验收合格后，方可进行下道工序。

（2）回填土要分层铺摊夯实，蛙式打夯机每层铺土厚度为 200～250mm，人工夯实时不大于 200mm。每层至少夯击 3 遍，要求一夯压半夯。

（3）回填管沟时，人工先将管子周围填土夯实，直至管顶 0.5m 以上时，在不损坏管道的情况下，方可用蛙式打夯机夯实。管道下方若夯填不实，易造成管道受力不均而折断、渗漏。

（四）施工注意事项

（1）钻机进场后应根据桩长来安装钻塔及钻杆，钻杆的连接应牢固，每施工 2～3 根后，应对钻杆进行紧固。

（2）钻机定位后，进行预检，钻尖与桩点偏差不得大于 1cm，刚接触地面时，下钻速度要慢。

（3）钻进速度应根据土层情况来定，杂填土、砂卵石层应谨慎钻进，施工前应根据试桩结果进行调整。

（4）钻出的土应随钻随清，钻至设计标高时，应将钻杆定位器打开，以便清除钻杆周围土方。

（5）钻到桩底设计标高，由质检员终孔验收后，进行压灌混凝土作业。

（6）混凝土输送泵泵管尽可能保持水平，长距离泵送时，泵管下应用道木垫实，当泵管需要倾斜时，应避免角度大于 4°。

（7）当气温高于 30℃时，要在混凝土输送泵管上覆盖两层湿草袋，每隔一段时间洒水湿润，以防管内混凝土失水离析，造成堵塞泵管。

（8）成桩施工各个工序应连续进行，成桩完成后应及时清除钻杆及软管内的残留混凝土，长时间停置时应用清水将钻杆、泵管以及地泵清洗干净。

（9）钻至桩底标高后，应立即将钻机上的软管与地泵泵管连接，并在软管内倒入水泥浆，以起到润滑软管和钻杆作用。

（10）钻杆的提升速度应与混凝土泵送量一致，充盈系数不小于 1.3。在淤泥质土中应适量放慢，桩顶标高应高出设计标高 500mm。

（11）施工中遇场地障碍或地下障碍，应及时与现场监理、业主代表联系，征求设计单位意见后进行处理。

（12）为防止桩移位和地基扰动必须注意以下事项：

1）挖土应采用后退开挖，自上而下水平分层进行，当挖至桩头设计标高＋300mm，采用人工开挖，严禁机械碰动桩头。为减小对工程桩的影响，桩间土采用人工清挖。

2）车辆行走尽量避开桩基，当确实无法避开时，要确保桩上端有 500mm 以上高度覆土。

3）截桩时从侧面用风镐截桩，禁止直接从上部破桩。

4）根据开挖后现场实际情况在基底标高以上预留 300mm 以内一层土进行人工清理。

（13）土方开挖严格按照 1∶1 放坡，不得偏陡。基坑开挖完成后，按照要求严格修理边坡，若边坡发现渗水较大的地方，应立即用砂袋砌筑进行护坡。

（14）注意对水泵和集水井的日常检查和维护，确保降排水连续进行，严防基坑进水和地面积水。

（15）开挖要严格对照图纸进行，人工配合机械开挖，严禁直接用机械挖到标高。

（16）人工清理基坑标高偏差为－20～0mm，表面平整度不得大于20mm，采用水准仪随时控制基坑底标高。

（17）人工清理基坑时严禁载重车辆进入基坑内，以防基底土质破坏，采用手推车外运土方。

（18）严禁超挖，若有超挖现象，严格按设计要求处理至管底标高，并经监理验收合格后方可进行下道工序。

（19）施工过程中若遇有雨雪天气，则在边坡上临时覆盖彩条布进行临时覆盖。

二、循环水管道安装

（一）工程概况

某发电厂一期工程2×1000MW机组，电厂循环水干管采用DN3600管，4条，约计990m；进出水支管主要采用DN2600管，约计450m。因输送介质为海水，故循环水干管大部分采用钢套筒混凝土管（简称PCCP管），部分DN2600管为PCCP管，其余均采用加刚性环的钢管。旁路管设计管径为2200mm，主要为加刚性环的钢管。

循环水管内设计工作压力为0.32MPa，试验压力为工作压力的1.25倍。

（二）施工工艺流程

为了方便吊装及运输，先从2号机组支管部分开始施工，等退至干管部分时，开始回填，将道路贯通，再施工1号机组支管部分，最后施工干管PCCP管部分。PCCP管逐节吊装组装，退着吊装拼接。

（1）总施工顺序为：定位放线→管道开挖及降、排水→砂石褥垫层施工→垫层验收→管道中心控制放线→管道安装→接头水压实验→接头封闭灌浆→管道隐蔽回填。

（2）管道安装施工顺序为：安放第一节管→放第二节管→拉紧就位→接口水压试验→接口内外灌浆→安放下一节管。

（3）管材接口水压试验施工顺序为：清理管内杂物→安装接口水压设备→通水→升压→关闭阀门→检查→卸压→排水。

（三）施工方法及要求

熟悉图纸，掌握设计要求及标准，编制方案，组织人员交底，同时编制详细的分阶段施工进度计划。

1. 施工测量

开工前，根据所提供的测量控制点进行复测。

管线的轴线控制点应布设在施工区域外；在施工过程中，定期进行控制点的检查，如发现问题及时整改。

2. 基坑开挖及降、排水

（1）根据业主提供的厂区方格网控制点，按1∶2.5放坡，放出开挖线。

（2）基坑开挖：详见《循环水管道地基处理及管道开挖、回填施工方案》，基坑开挖土方就近离开基坑边5m外或在海水淡化区域堆放。

（3）基坑降、排水。基坑内采用明沟排水，在沟槽底部的两侧设置纵向排水沟，每隔20m设一个集水井，用水泵将水抽出基坑外。排水沟的尺寸为 0.3m×0.5m（宽×深），集水井宜低于排水沟 1m 左右，井壁用红砖干砌做简易加固。挖土的同时及时调整排水沟与集水井的深度。为了防止沟槽边坡坍塌，用塑料布或彩条布护坡，防止雨水冲刷，同时必要时在边坡上打土钉（采用 $\phi48×3.5mm$、6m 长钢管或 $\phi30$ 钢筋呈 60°夹角打入边坡进行锚固，防止边坡塌方），边坡底部采用砌筑沙袋方式；为了防雨水倒灌，基坑上口需做 50cm 高的梯形挡水缘。

3. 施工测量

开挖完成后，及时复核完基坑上方的管线的轴线控制点，并用 J2 经纬仪将中心线投在开挖基坑底上用灰线标识出来。

（1）按照中心线位置和图纸砂石褥垫层设计宽度，放出砂石褥垫层施工边线，按要求进行砂石褥垫层施工，施工完后，由勘测设计单位进行地基承载力实验，达到要求后，报监理验收。

（2）砂石褥垫层施工验收完毕后，用经纬仪根据管线的轴线控制点再次投线，并明显标识，便于管道安装就位。

（3）管道安装测量：水平位移的观测，采用视准轴法，用 J2 经纬仪置于工作基点，后视另一工作基点，依次观测管线上的综合位移点，并作好观测记录，上报监理工程师。观测时应选取在无雾的阴天，或晴天的早晨及傍晚。工作基点应定期与校核基点进行校核，保证观测的准确性。

（4）在进行位移观测时，应提前通知测量监理工程师，在测量监理工程师的参与下进行测量，将测量结果整理成资料并上报监理。

4. 管材安装

（1）PCCP 管安装工艺流程见图 15-15。

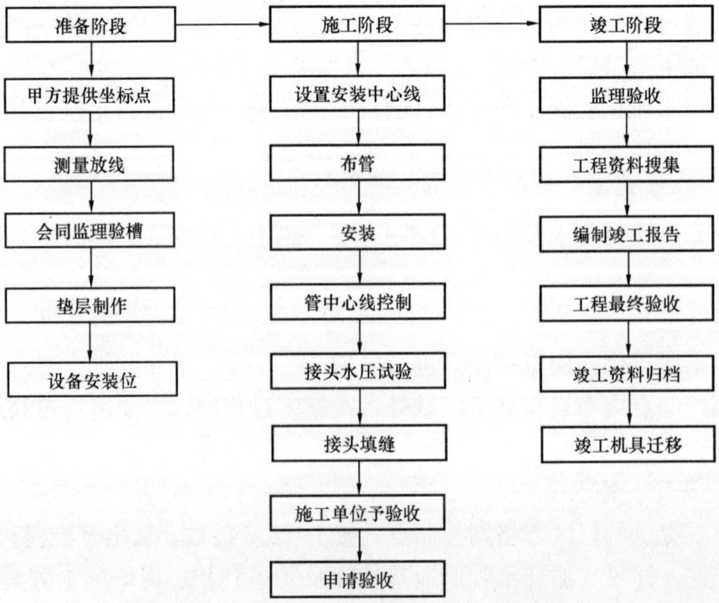

图 15-15　PCCP 管安装工艺流程图

（2）管线的测量。施工前按国家标准的有关规定，并依据施工图纸及提供的控制点，采用校验合格的全站仪测量管线的起点、转点和终点，以及特殊构筑物的位置，同时采用水准仪确定地面标高及引测管道高程控制点。测量工作必须仔细，标志桩设置须清晰、牢固。

（3）管材安装、运输。为满足工程中管材、管件及原材料的运输，保证安全，施工时采用分段开挖、安装方案。

1）第一段施工：为了配合主厂房施工进度的安排，保障施工道路的贯通，首先开挖2号机组部分。先从循环水泵坑向西开挖，同步进行管道和钢管段安装。管坑开挖后碎石褥垫层施工验收完，从A排外现有沥青混凝土路按1∶6放坡修筑施工坡道进入基坑，坡道上垫级配砂石约1m厚并铺设路基板，起重机及运输管道车辆从施工坡道进入基坑内，进行管道的安装。

起重机采用PR100履带式起重机，下至基坑内，在级配砂石褥垫层上垫路基板行走，退着吊装，在PR100履带式起重机7m的旋转半径内进行吊装组合（吊弯头采用不大于6m的回转半径）。

2）第二段施工：同时施工1号机组进循环水泵坑段的支管（此管段管材为Q235钢管），自东向西施工至主管道处。

起重机布置在基坑上进行吊装焊接连接。

3）第三段施工：当2号机组循环水管道支段施工完后，开始开挖施工DN3600主管道段。主管道段从北向南后退着施工，根据路基板数量而定，一般开挖长度为60m左右，在基坑南侧按1∶6放坡修施工坡道，同样坡道上垫约1m厚级配砂石，然后再铺路基板，施工坡道与沥青道路连接，管道运输从固定端经沥青道路进入基坑进行吊装施工。

4）重复步骤3），自北向南施工。

管道安装注意事项如下：

1）管材从堆放现场运往安装现场时，要用特制的支架支撑，防止管材尤其是承插口碰伤和损坏。

2）管子运到现场后，及时通知项目监理，由质检人员配合监理按要求检查运到现场管材的外观质量以及标志、编号，根据相关标准对管材进行检验，不符合要求的管子严禁使用。

3）管材安装前，根据已知的控制点用经纬仪测定管道的安装中心线，并在基槽适当的位置上设置相应的控制桩。

4）PCCP管由管子拖车运至施工现场，采用内拉杆就位的方法进行安装，如图15-16所示。

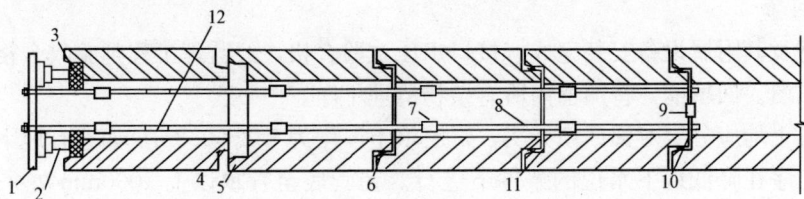

图15-16 大直径预应力钢筒管内拉法安装示意图

1—钢横梁；2—千斤顶；3—方垫木；4—被装管插口；5—已装管承口；6—橡胶密封圈；7—活接头；
8—钢拉杆；9—双向螺杆；10—固定端锚具；11—硬木塞；12—手拉葫芦

5）施工中用水平尺配合经纬仪测控管的安装中心线。管材应由低处向高处进行安装，混凝土管的承口朝来水方向。

6）在充分完成下管前准备工作的基础上，严格控制第一节管的高程、中心线等技术条件，此管稳好后方可开始全管段的安装。每班安装前，对已安装好的前一节管应进行复查。如发现其位移，应重新校正复位并检验合格后，再继续进行安装。

7）每节管子的安装都必须按所设的施工测量控制点，仔细校测管道轴线和标高是否符合设计要求，并作好施工记录。管材安装记录填写要及时、准确，确保每一节管的桩号、管号、高程、水平偏差、接口安装质量等都有据可查。

5. 接口水压试验

（1）接口水压试验。

1）管材安装完成后要及时进行接口水压试验。接口水压试验按规范要求进行，试验需在项目监理在场的情况下进行。

2）为防止已装管在接口水压试验时产生位移，在相邻两管间用拉具拉紧。

6. 接口施工

管材接口水压试验合格后，内侧采用双组分聚硫密封膏进行填塞密封，外侧填塞 1∶2 水泥砂浆灌浆。内侧抹平，外侧抹成半圆弧。水泥砂浆填缝如图 15-17 所示。

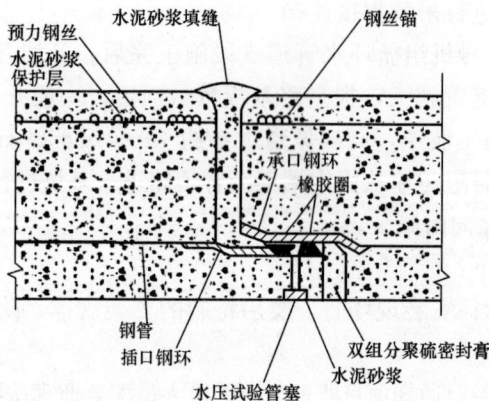

图 15-17 预应力钢筒混凝土管及双橡胶圈承插接头

7. 附属工程施工

阀门井施工见相应的图纸设计和施工措施。

8. 土方回填

（1）管材及其附属设备安装完成，接口水压试验合格，经监理工程师验收合格后，应及时进行沟槽回填。回填前，将沟槽内所有杂物清理干净。

（2）回填土均应分层对称回填夯实，每层填土厚度为 0.2~0.3m，如遇有地下水位过高的情况，各工序在降低地下水位的条件下进行。在管底至管顶以上 1000mm 处采用人工回填、人工夯实。回填时，管顶 1000mm 以上，经监理工程师允许，可采用推土机推土、立式振动夯实机夯实。

（3）对阀门井及支墩周围土方的回填，应在混凝土达到一定强度后进行，并与管道基槽的回填同时进行，当不便同时进行时，应留台阶形接茬。

（4）回填土的密实度为：胸腔两侧回填密实度大于 0.95；管顶正上方 500mm 高度范围内密实度大于 0.85，500mm 以上密实度大于 0.95。回填要求见图 15-18。

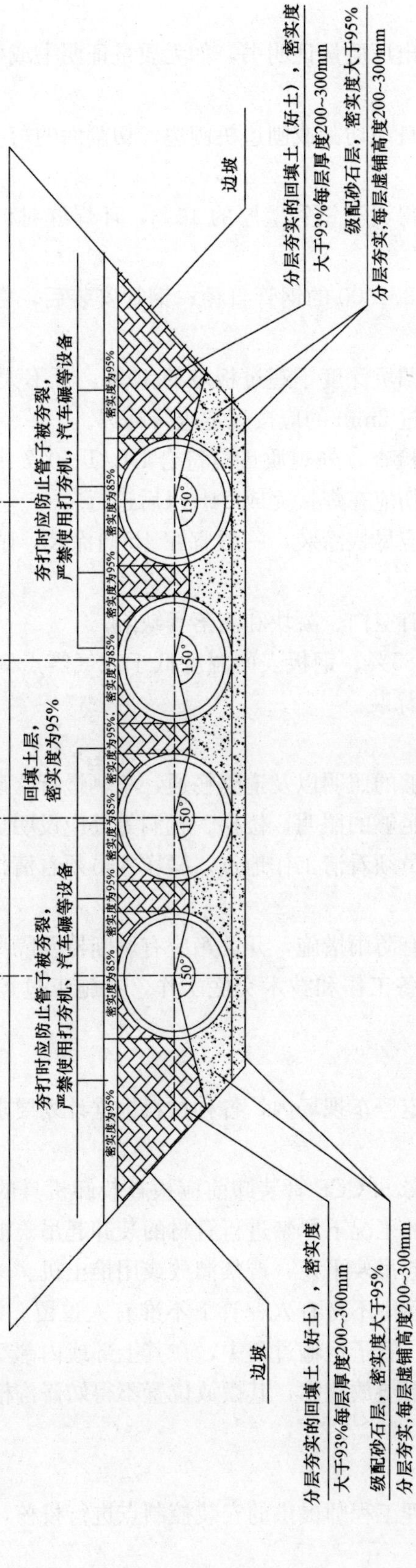

图 15-18 PCCP 管、钢管回填要求示意图

（四）施工注意事项

1. 钢管施工

（1）制作钢管的板材应具有出厂质量证明书，如无质量证明书或标号不清、有疑问者予以复验，复验合格，方可使用。

（2）钢管切割应用自动、半自动切割或刨边机刨边，切割面的熔渣、毛刺和由于切割造成的缺口应用砂轮磨去。

（3）钢管纵缝对口错边量不得大于钢管壁厚的10%，环焊缝对口错边量不得大于钢管壁厚的15%。

（4）钢管椭圆度不应逢大于3/1000的钢管直径；钢管安装后，管口圆度偏差不应大于逢5/1000的钢管直径。

（5）钢管内、外壁厚的局部凹坑深度不超过板厚的10%，且不大于2mm，可用砂轮打磨，使其平滑过渡，凹坑深度超过2mm的应按规定进行补焊。

（6）所有焊缝均应进行外观检查，外观质量应符合DL/T 5017中有关规定。焊缝内部缺陷探伤或超声波探伤、无损探伤应在焊接完成24h以后进行。

（7）经除锈之后的钢材表面应尽快涂装，一般宜在4h内涂装，晴天和正常条件下最长不超过24h。

（8）底漆涂抹要均匀，不得有空白、凝块和滴落等缺陷。

（9）当空气中相对湿度超过85%、钢板表面温度低于大气露点3℃或高于60℃以及环境温度低于10℃时，均不能进行涂装。

2. 夜间施工措施

（1）夜间施工确保道路有足够的照明以及道路畅通，车辆慢行，确保安全。

（2）夜间进行高空作业，有足够的照明，楼梯、孔洞等处应设明显的标志示警。

（3）夜间起重作业，指挥人员须看清工作地点，操作人员须看清指挥信号，方可进行空中作业。

（4）现场照明灯具、开关应有防雨措施，开关箱应有熔断器及隔离开关。

（5）夜间施工须做好施工准备工作和技术交底工作，在施工过程中派专职安全员现场巡视。

3. 材料及机具存放场地布置

（1）机械设备一律停放在指定停车现场内，各种材料根据计划要求进场，妥善存放在材料库。

（2）PCCP管装卸运输及堆放。PCCP管装卸前应检查装卸机具的完好情况，装卸机具起吊能力严禁超负荷，在不稳定的工况下严禁进行管材的装卸起吊。混凝土管在装卸过程中始终保持轻装轻放的原则，装卸起吊要平稳，严禁溜放或用推土机、叉车等直接碰撞或推拉管子。混凝土管起吊时，混凝土管中不得有人、管下不准有人逗留。混凝土管装车运输时，设有防止振动、碰撞、滑移措施。管子运输过程中，在其上部或内部禁止装运其他物品。管子直接运至管线沿线摆放时，管下垫放枕木，其摆放位置不得妨碍沟槽土方施工及管线的施工通道。

4. 安装测量

进行管道安装之前，要对监理工程师提供的安装控制点进行校核，将测量结果上报监理公司；在安装过程中，应随时对控制点进行测量，以监控管道安装，并作好记录存档。

（五）危害因素辨识及预控措施

危害因素辨识及预控措施见表 15-2。

表 15-2　　　　　　　　　　　　危害因素辨识及预控措施

序号	作业活动	危险因素	可能导致的事故	防范控制措施	责任人
1	施工用电	电源线裸露	触电事故	经常对使用的电源线进行检查，杜绝使用损坏的电源线，禁止非电工人员接线	
		未按规定安装漏电保护器	触电事故	用电设备必须按规定安装漏电保护器	
		施工电缆无明确标识	触电事故	施工电缆铺设要有专人负责，设置醒目的明显标识，并对标识进行定期检查	
2	水泵使用	未切断电源即进入坑内	触电事故	确定切断电源后再进入坑内	
3	挖方过程	基坑边缘无防护设施及警告标志	高处坠落	基坑四周应拉设围栏并挂明显警示牌	
		机械设备伤害	机械设备伤害	严格执行机械设备操作作业程序	
		未按规定放坡	塌方	严格按 1:2 进行放坡，挖方过程中及时修理边坡，挖方完后基础施工过程中也要注意进行维护。若遇大雨天气，则在边坡上临时覆盖彩条布进行临时覆盖	
4	夜间施工	光线不足	各种伤害	夜间施工必须有足够的照明	
5	施工作业	安排无证人员进入现场作业	各种伤害	对新入场人员严格进行安全培训，考试合格后持证上岗	
6	施工指挥	安全设施不完善，强行指挥施工	各种伤害	安全设施要完善，未完善前严禁强行指挥施工	
7	运输	违章驾驶	交通事故	不酒后驾车，遵守交通法规	
8	高空作业	不挂安全带攀爬无防护	高空坠落	上下机架时，必须系好安全带，严禁手中握东西攀爬	
9	吊装作业	吊装索具、卡扣	高空坠落	对吊装索具进行检查，吊装有足够强度，指挥信号明确	

三、循环水管道焊接施工

（一）工程概况

某发电厂一期工程 2×1000MW 电厂循环水管道工程包括 DN3600、DN2600、DN2200 焊接钢管和 PCCP 管。

本工程的焊接钢管主要位于进循环水管坑部分和弯头管件部分，主材为 Q235。

钢管外防腐采用厚浆型特加强级环氧煤沥青防腐，钢管内防腐采用厚浆型环氧煤沥青漆，同时采用铝合金牺牲阳极保护，阳极设计寿命为 10 年。

（二）施工工艺流程及要求

焊接钢管施工工艺流程及要求见表 15-3。

表 15-3　　　　　　　　　　　焊接钢管施工工艺流程及要求

工艺流程		要　求
一、施工准备	（一）熟悉施工图纸要求及焊接工艺措施	（1）工程技术人员应熟悉施工图纸，掌握图纸设计意图及要求。 （2）明确焊口位置、母材材质及所选用焊材，焊前进行技术交底。 （3）技术人员组织施工人员进行本单位工程的技术培训，施工人员应详细了解、领会设计图纸的技术要求、施工验收标准。 （4）学习企业下发的有关焊接施工工艺纪律
	（二）熟悉规范、验收标准	（1）熟悉施工及验收技术标准要求。 （2）领会、掌握施工方案内容
	（三）管理体系的学习	（1）学习企业管理体系程序中的有关知识，按要求自觉地把质量管理方针、目标贯彻到工程施工中去，把握好焊接过程控制，加强焊接质量管理，从而确保工程焊接质量。 （2）学习企业环境体系有关知识，按要求自觉地把环境管理方针贯彻到工程施工中去，从而保护我们的生存环境，共建美好的家园
	（四）安全技术培训	（1）技术人员组织施工人员学习《电力建设安全工作规程》，使人员熟悉、领会、掌握安全施工的知识。 （2）技术人员组织施工人员学习工地下发的有关安全文件，遵守工地安全施工准则，用规定约束、要求自己，牢记安全第一、预防为主
	（五）焊接材料的管理和发放	（1）所有焊材必须有制造厂家的产品合格证或质量证明书，否则不予使用。 （2）焊条使用前应根据使用说明书要求进行烘焙。 （3）焊材保管发放，统一由检测中心管理，焊剂必须经烘干后使用。 （4）焊工领取焊条后立即放入焊条保温筒内，到现场后立即接通电源，随用随取。 （5）焊条头随时收集，确保施工现场文明清洁。焊工持技术人员签发的焊材使用记录单，带保温桶及回收的焊条头到检测中心焊材管理室领取焊材。 （6）剩余焊材及时返还检测中心焊材室
	（六）工机具检查	（1）焊机转动部分及一、二次电源线无裸露现象。 （2）焊机设备有可靠的接零接地保护。 （3）焊机电流调节灵活。 （4）设备完好、数据输出、输入程序正确，自动记录仪（已校验合格）记录准确。 （5）焊接工器具完好，个人防护用品齐全。 （6）焊接检验工具计量校验合格

工艺流程		要　求
一、施工准备	（七）坡口形式	（1）埋弧焊焊接电流较大，电弧穿透能力强，因此埋弧焊的坡口与焊条电弧焊有很大的差别。焊接厚度小于16mm的钢板时，一般不开坡口，进行双面焊。当厚度在16～20mm时，开"X"形坡口，坡口角度一般为30°～45°，既可以保证焊缝根部能焊透，又可以减少填充金属。坡口加工可采用刨边、气割或碳弧气刨等方法。 （2）手工电弧焊时管道应加工"V"形坡口，坡口角度为60°～70°，钝边为1～2mm，间隙为2～4mm
	（八）对口要求	（1）对口时应做到内壁平齐，如有错口，纵焊缝错口量不得超过壁厚的10%，环焊缝对口错口量不得大于钢管壁厚的15%。 （2）钢管椭圆度不应大于$3D/1000$（D为钢管直径）；钢管安装后，管口圆度偏差不应大于$5D/1000$。 （3）管道对口间隙尽量均匀，对口局部间隙超过5mm，但总长度不得超过焊缝总长度的15%，可以在坡口两侧或一侧做堆焊处理，但严禁在间隙内加填塞物（金属材料），堆焊后可用磨光机进行修整。 （4）对口前仔细检查坡口处母材是否有缺陷，如有应立即打磨处理。 （5）清理坡口内外壁两侧范围内的铁锈、油污等污物，直至露出金属光泽。手工电弧焊每侧清理10mm～15mm，埋弧自动焊每侧清理30～50mm。如破口打磨后停放时间较长，要在坡口表面涂抹除锈剂。 （6）气割处需用磨光机打磨干净氧化物及淬硬层
	（九）现场条件	施工现场应搭设良好的防风、防雨、防雪、避光棚

工艺流程		要　求			
二、焊接工艺采用自动埋弧焊和手工电弧焊焊接方法，双面焊、背面清根工艺	（一）焊材的选择	母材材质	焊条	焊丝	焊剂
		Q235	J422	H08A	HJ301

工艺流程		要　求			
二、焊接工艺采用自动埋弧焊和手工电弧焊焊接方法，双面焊、背面清根工艺	（二）自动焊工艺参数	焊接方法	焊材规格	焊接电流	电压范围
		自动焊参数	φ4.0	正面450～600A	25～41V
			φ4.0	反面700～850A	25～41V
	（三）点焊	（1）管道对口经管道、焊接质检人员及施焊人员检查合格后方可进行点焊。 （2）点焊所用焊材及工艺应与正式施焊采用的焊接材料及焊接工艺相同。 （3）焊口点固时，应沿焊口圆周方向均匀点固，点焊长度为40～60mm，点固焊可作为正式焊缝的一部分，也可在正式施焊前将点固焊缝清除。焊口点固后须认真检查点固焊缝质量，确保无焊接缺陷			

续表

工艺流程		要　　求
二、焊接工艺采用自动埋弧焊和手工电弧焊焊接方法，双面焊、背面清根工艺	（四）焊接	（1）焊接方式分类：管道制作直管段环缝及纵缝采用埋弧焊方式，纵缝也可采用手工电弧焊；安装焊口、弯头及三通支管采用手工电弧焊，三通母管采用电弧焊。 （2）焊前应调整焊机，选择参数、试验电流。严禁在母材上试验电流，起弧、熄弧。起弧必须选择在坡口内，在摆动过程中注意观察弧坑内是否有缺陷（气孔、夹渣），如发现颜色变化比较明显，应及时停止焊接，采用磨光机打磨后再继续焊接。所有焊缝至少焊两层，同时控制焊条摆动宽度及停留时间，防止焊缝过宽，出现咬边或未熔。安装时环缝可不分道，纵缝必须分道焊接。 （3）焊件装配工作的好坏直接影响埋弧焊焊接质量。焊件装配时必须保证间隙均匀，高低平整。在装配时使用的焊条与焊接材料的性能要相符。定位焊的位置一般应在第一道焊缝背面，长度应大于 30mm。在直缝焊件装配时，要加焊引弧板和收弧板，这样可增大焊件在装配后的刚性，使容易出缺陷和小熔深的引弧和收弧处引到焊件以外进行，焊后再割去，从而保证焊件不出现缺陷。 （4）焊缝应与母材平滑过渡。 （5）焊完后应及时清理渣皮、表面烟尘附着物及飞溅物等，发现有表面焊接缺陷立即修补
	（五）清根	采用磨光机清根，清根时应注意看准清根部位，防止清偏
	（六）埋弧自动焊焊接注意事项	（1）焊接电流：增大焊接电流，可以加快焊丝熔化速度，同时电弧吹力也随焊接电流而增大，使熔池金属被电弧排开，熔池底部未被熔化母材受到电弧的直接加热，熔深增加。对于同一直径的焊丝来说，熔深与焊接电流成正比，焊接电流对熔池宽度的影响较小。若焊接电流过大，容易产生咬边和成型不良，使热影响区增大，甚至造成烧穿；若焊接电流过小，使熔深减小，容易产生未焊透，而且电弧的稳定性差。 （2）电弧电压：电弧电压与电弧长度成正比。电压增高，弧长增加，熔宽增大，同时焊缝余高和熔深略有减小，使焊缝变得平坦。电弧电压增大后，焊剂熔化增多。若随着焊接电流的增加，而电弧电压不随之增加，易出现截面呈蘑菇状的焊缝，严重时在焊缝表面会产生焊瘤，这主要是由于熔宽太小造成的。所以，随着焊接电流的增加，电弧电压也要适当增加。 （3）焊接速度：焊接速度对熔宽和熔深有明显的影响。当焊接速度较低时，焊接速度的变化对熔深影响较小。但当焊接速度较大时，由于电弧对母材的加热量明显减小，熔深显著下降。焊接速度过高，会造成咬边、未焊透、焊缝粗糙不平等缺陷。适当降低焊接速度，熔池体积增大，存在时间变长，有利于气体浮出熔池，减小气孔生成的倾向。但焊接速度过低会形成易裂的蘑菇形焊缝或产生烧穿、夹渣、焊缝不规则等缺陷。

工艺流程		要　　求
二、焊接 工艺 采用自动 埋弧焊和 手工电弧 焊焊接方 法，双面 焊、背面 清根工艺	（六）埋弧自动焊 焊接注意事项	（4）焊丝直径：焊丝直径主要影响熔深，直径较细，焊丝的电流密度较大，电弧的吹力大，熔深大，易于引弧。焊丝越粗，允许采用的焊接电流就越大，生产率也越高。焊丝直径的选择应取决于焊件厚度和焊接电流值。为了使焊缝成型良好，焊丝直径与焊接电流应有一定的配合关系。 （5）焊丝伸出长度：一般将导电嘴下端到焊件表面的距离定为焊丝伸出长度。伸出长度决定导电嘴的高度，也决定焊剂层的厚度，最短伸出长度以不产生明弧为准，但也不能过长，过长会使焊丝受电流电阻热的预热作用增强，造成焊缝成型不良，同时也影响焊缝的平直性。若伸出长度太短，易烧坏导电嘴。焊丝应与导电嘴接触良好，否则会影响焊接过程的稳定，严重时会使导电嘴熔化。导电嘴是由紫铜或黄铜加工而成的。导电嘴熔化使铜过渡到焊缝中去。铜与铁在液态下不能相互混合，形成大块的铜夹渣，而且铜还会引起焊接热裂纹，危害性很大。所以，一旦发现导电嘴熔化，应立即停止焊接，铲除混铜焊缝。 （6）焊剂粒度和堆高：一般工件厚度较薄、焊接电流较小时，可采用较小颗粒度的焊剂。埋弧焊时焊剂的堆积高度称为堆高。当堆高合适时，电弧被完全埋在焊剂层下，不会长时间出现电弧闪光，保护良好。若堆高过厚，电弧受到焊剂层的压迫，透气性变差，使焊缝表面变得粗糙，容易造成成型不良。 （7）电流种类和极性：采用含氟焊剂焊接时，直流反极性（反接法）形成熔深大、熔宽较小的焊缝；直流正极性（正接法）形成扁平的焊缝，而且熔深小；交流时介于上述两者之间。 （8）焊丝倾斜角度和焊件倾斜角度：单丝埋弧焊时，焊丝都要垂直于焊件表面。焊丝后倾时，电弧对熔池底部作用加强，熔深增加，熔宽减小，导致焊缝成型严重破坏，而且焊缝易产生气孔和裂纹，所以一般不采用焊丝后倾。焊丝前倾时，电弧对熔池底部液态金属排开作用减弱，由于电弧指向焊接方向，对熔池前面焊件母材金属的预热作用加强，而且熔宽较大，但熔深有所减小，焊缝平滑，不易发生咬边。所以，在高速焊时，应将焊丝前倾布置。 （9）焊丝后倾及前倾的影响：上坡焊时，与焊丝的后倾相似，由于熔池金属向下流动，使熔深和余高增加，熔宽减少，形成窄而高的焊缝，严重时出现咬边。下坡焊时，与焊丝前倾情况相似，熔宽增加，熔深减小，这时易产生未焊透和边缘未熔合的缺陷。所以，埋弧焊时，应尽量在平焊位置焊接。当不能实现时，无论是上坡焊或下坡焊，焊件与水平面的倾角都不得超过 8°

工艺流程		要　求
三、质量检查	（一）质量标准	（1）焊缝外观检查执行。 （2）《水电水利工程压力钢管制造安装及验收规范》（DL/T 5017）。 （3）焊缝检验执行《火力发电厂焊接技术规程》（DL/T 869）
	（二）外观质量检验	（1）焊接完毕后焊工应对焊口进行100％外观自检，填写自检单，交工地质检员进行专检。外表缺陷全部采用磨光机打磨进行清除。 （2）工程处二级质检员复检合格后，填写"分项工程焊接接头表面质量检验评定表"，报检测中心验收。 （3）检测中心质监员按规定比例核查，确认合格后，在"分项工程焊接接头表面质量检验评定表"上签字；否则，责令返修处理，直至合格。 （4）纵缝焊接后，用样板检查纵缝处弧度，样板与纵缝的间隙≤4mm。 （5）咬边小于1mm，长度不限。 （6）焊缝宽度：手工焊焊缝每边超过坡口2～4mm，埋弧自动焊每边超过坡口2～7mm，且焊缝应与母材保证圆滑过渡。 （7）焊缝表面不允许出现焊瘤，如有应采用磨光机进行打磨干净。 （8）焊缝两侧飞溅应在焊接完成后彻底清除干净。 （9）电弧擦伤处采用磨光机打磨，擦伤较严重时应补焊后进行打磨
	（三）内部质量探伤	（1）无损探伤可选用射线探伤或超声波探伤，射线检验Ⅲ级合格，超声波检验Ⅱ级合格。 （2）无损探伤应在焊接完成24h后进行
	（四）抽检划分	（1）根据每批/次完成工作量，按照1％的抽检比例及时委托检验。 （2）遇有大风、大雾、阴雨的不利天气因素，应对当天所完成数量进行适当抽检，可适当增加检验比例，根据情况具体协商
	（五）缺陷的处理	（1）焊缝按规定检验比例1％进行抽检，经无损探伤不合格的焊缝应进行返修。 （2）不合格焊缝处理程序： 1）检测人员根据检验结果，及时以不合格焊口返修通知单的形式通知工程处质检人员。同时将焊口缺陷位置准确标识（包括长度、深度等）。 2）施工人员接到不合格焊口返修通知单后，立即安排人员按照标识部位，采用磨光机进行打磨，彻底清除缺陷，并打磨出适合焊接的坡口形状。

工艺流程		要　　求
三、质量检查	（五）缺陷的处理	3）经工程处质检员检验后，可以开始焊接。 4）所有返修焊缝均采用手工电弧焊。 5）焊缝返修完毕后，工程处质检人员立即委托进行复检；如检验仍不合格，则继续返修，直至该焊缝合格为止。同一部位焊缝返修不宜超过两次，如超过两次，将制订专门返修措施，经技术负责人批准后实施，并做出记录。 6）对不合格焊缝增加探伤，应在该焊缝方向或可以部位做补充探伤。如补充探伤仍不合格，则当日该焊工在该条焊缝上所施焊的焊接部位或整条焊缝进行探伤，不合格焊缝将进行返修处理
	（六）现场安装T字型焊缝检验	现场安装焊口两端均留有对口调整余量，为保证现场安装T字型焊缝无缺陷，应确保以下两点： （1）此类安装焊缝做部分抽检，检验比例为1%。 （2）此问题将在技术交底时作为重要内容进行强调，增加作业人员的防范意识
四	管道防腐	（1）牺牲阳极采用焊接安装，即背面紧贴管壁，用电焊将阳极两端的铁脚焊牢在管壁上，每端焊缝不得小于100mm。用钢丝刷清理干净油漆烧伤处，重新涂补油漆。 （2）管道采用Sa2.5级喷砂除锈。钢管外防腐采用厚浆型特加强环氧煤沥青防腐，防腐层要求为底漆—面漆—玻璃布—面漆—面漆—玻璃布—面漆—面漆（漆膜厚600～800μm）；包玻璃布与涂抹同时进行，玻璃布应浸透涂料。玻璃布要缠紧，表面平整，无褶皱和空鼓，搭接长度不得小于25mm。钢管内防腐采用厚浆型环氧煤沥青漆，3道底漆、2道面漆
五	渗油试验	现场焊缝做100%渗油试验，具体做法是将石灰水涂抹在管道外壁，内壁涂抹煤油，涂抹范围应超过焊缝宽度
六	质量控制及质量通病预防	（1）施工人员认真做好设备制作、安装前的检查工作，特别是下料前的尺寸、卷板后的尺寸是否满足图纸和规范要求。对每根钢管的检测值准确、详细记录。 （2）对构件进行外观检查，无裂纹、分层、撞伤等缺陷；对接口无严重锈蚀、油漆、油污等杂物；焊缝外观检查无裂纹和咬边情况等。 （3）管件的堆放采用立放，以防止管件变形。 （4）在管件安装的过程中严禁对管件随意切割

四、循环水管道试压施工措施

（一）工程概况

某发电厂冷却塔布置在海水淡化设施区的南侧，两台机组共用一座循环水泵房，循环水进、回水管由主厂房A列接入厂房。4条DN3600主管道基本为钢套筒混凝土管（PCCP管），局部采用加刚性环的钢管；DN2600的循环水支管2号机组部分为钢管、部分为PCCP管，1号机组为加刚性环的钢管。

（二）主要施工作业方案

（1）单节PCCP管每个接头安装完毕后进行水压试验。

（2）对于钢管，由于现场不具备分段打压条件，因此采用整体水压试验。

（三）施工方法

1. 焊接钢管

在保证现场制作及安装钢管焊缝质量的基础上，根据相关标准及图纸设计要求进行循环水管道焊接钢管水压试验。对于无法（或不宜）做水压试验的管道可采取以下措施：

（1）循环水焊接采取双面焊背面清根工艺。

（2）增加检验比例，加倍检验，即检验比例定为 2%。根据循环水管道工作压力（设计工作压力 0.32MPa）分类，规程规定工作压力为 0.1～0.6MPa 的汽、水、油管道检验比例为 1%。目前对现场焊缝的无损探伤检验合格后按 20% 进行射线检验。

（3）循环水管道焊缝 100% 进行渗油试验。

（4）循环水管道作为地下埋管，属于隐蔽工程，管道须经严密性试验合格。渗油试验及水压试验同为严密性试验的一种，如同时有要求时，可任选一种，根据现场实际情况钢管段不进行分段水压试验，采用渗油试验。

2. PCCP 管部分

施工顺序为：清理管内杂物→安装接口水压设备→通水→升压→关闭阀门→检查→卸压→排水。

为确保管道密封性 PCCP 管安装完后每节节头都进行水压试验，设计工作压力为 0.32MPa，试验压力为 0.40MPa。

（1）管道安装前清理干净管口上的杂物，包括水泥浆和铁锈等，然后将橡胶密封圈套在管口上。

（2）再次检查管口，确认无误后进行对口。

（3）对口结束后退后一接头进行接头水压试验。

（4）将清理好的管子放到水压机上，注意密封胶圈的状态是否完好，如发现密封胶圈有脱槽和破损应及时更换。

（5）将上密封盘安装到水压机上，注意密封胶圈的状态是否完好，如发现密封胶圈有脱槽和破损应及时更换。

（6）上密封盘的锁紧螺栓应均匀拧紧，对密封圈的压力要均匀，防止密封圈因不均匀受力而使密封压力不满足要求。

（7）注水泵注水时应先将上密封盘的放气阀打开，将管内的空气排净，防止管内存有空气而使试验压力不稳。

（8）水注满后将上密封盘的放气阀锁紧，下注水阀关闭后用压力泵注水提高试验压力。

3. 整体水压试验

循环水管道安装完毕后，为了保证运行安全，在整机启动前，进行整体水压试验，管道的设计工作压力为 0.32MPa，试验压力为 0.40MPa。当管道水压升压至试验压力 0.40MPa 时，保持恒压 10min，检查管身有无破损及漏水现象。打压用干净海水、厂区自来水用管道接在打压泵上，试验完后直接放进水塔内或排到排水沟。因循环水管与海水淡化管道无法接上，打压时将循环水管与海水淡化管道接头用钢板堵住，试验完成后割掉。

（1）1 号机组部分水压试验：进水管回水管分开打压。

进水管打压时，采用法兰堵板将 4 个 DN2600 管口封堵住，然后关闭循环水泵房处的联络阀门，在主厂房内管道上开打压孔，打压时便于接打压泵（SY-600），打开检查井堵板进行注水及排水。回水管打压时，关闭 1 号旁路阀门和联络阀门，封闭 1 号水塔处 DN3600 管口和 1 号循环水管坑 2 个 DN2600 管口，然后在主厂房管道堵板上开孔进行注水打压。

（2）2 号机组部分水压试验：进水管回水管分开打压。

进水管打压时，采用法兰堵板将 2 个 DN2600 管口封堵住，然后关闭循环水泵房处的联络阀门，在主厂房内管道上开打压孔，打压时便于接打压泵（SY-600），打开检查井堵板进行注水及排水。回水管打压时，关闭 2 号旁路阀门和联络阀门，封闭 2 号水塔处 DN3600 管口和 2 号循环水管坑 2 个 DN2600 管口，然后在主厂房管道堵板上开孔进行注水打压。

（3）管道试验用的压力表不少于两块，并经过检验校正，其精度等级不应低于 1.5 级，刻度上限值宜为试验压力的 1.5～2 倍。当压力升到设计要求时，停止加压，检查全部系统，如有漏水处应做好标记，并进行修理，修好后再充满水进行加压，而后复查，如管道不漏，并持续到规定时间，压力降在允许范围内，则通知有关单位验收并办理验收记录。

4. 管道稳定性监测

地基可能不均匀沉降造成管口拉裂，因此需对管道进行监测，检测方法为在 PCCP 管连接接口上焊接一根 ϕ48 厚壁钢管，延伸至地面，地面钢管采用钢板封头，在钢板上焊接圆钢筋头作为沉降检测点。

沉降观测时，将所有沉降监测点与已知点布置成闭合水准路线，仪器选用 DS1 水准仪，采用沉降观测方法进行观测，观测周期为从管道回填完后每月进行一次。若沉降超过管道允许范围，须立即报告有关部门进行处理。

第十六章

脱硫建筑工程施工措施

脱硫建筑工程是火力发电厂脱硫工程的重要组成部分，是脱硫设备安装的前提和基础。

第一节　脱硫建（构）筑物测量、土方及混凝土施工

一、脱硫室外建（构）筑物测量

（一）工程概况

本工程为某发电厂 2×1000MW 超超临界燃煤发电机组烟气脱硫工程。

（二）施工方案

在开工前，收集厂区坐标方格网和水准网成果，使用前进行实地检测；按照施工需要，依据脱硫室外建（构）筑物平面图，布置建（构）筑物的施工控制桩，精确测定控制桩的位置，进行施工放样、检查验收和沉降观测工作。

（1）施工控制桩的布设。脱硫室外构筑物施工控制桩布设为矩形网，采用对称布置，建（构）筑物一般按十字型布设 4 个控制桩。

（2）水准网布设。水准网通常按二等施测。

（三）施工工艺流程

（1）控制桩选点→草测控制点桩位→控制桩浇筑混凝土→安装埋件→精测点位→施工放线→检查验收。

（2）精密水准测量→施工高程测量→检查验收→沉降观测。

（四）施工方法及要求

1. 脱硫室外构筑物矩形控制网的测设

（1）测设准备工作。

1）依据厂区总平面布置图和便于使用保存的原则，确定控制桩的位置和坐标。

2）选靠近脱硫室外构筑物且相距较远的两个方格网点作为控制点，在一点上安置仪器，另一点作后视方向。

3）全站仪安置在方格网点上后，先检测方格网点间的距离和角度，比较其实测值与理论值。

4）全站仪不加投影改正，需要加温度和气压改正；实测值与理论值差别较大时，要检查仪器的光学对中和棱镜对中三脚架的垂直度。

（2）草测桩位、浇筑控制桩。

1）用全站仪放出主厂房控制网矩形四个角点，打上木桩，钉上小钉。

2）为了桩位的准确，挖坑前每个木桩用工程线引出四个小木桩。

3）控制桩预埋件及基础尺寸见图 16-1、图 16-2。

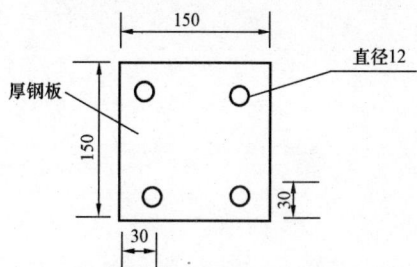

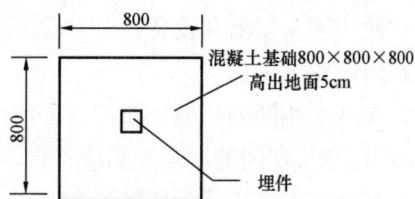

图 16-1　控制桩埋件制作图（单位：mm）　　　图 16-2　控制桩基础图（单位：mm）

（3）精确测定控制桩位置。

1）控制桩浇灌 2～3 天后，桩位稳定了，可开始测设其精确位置。

2）在选定的基点上安置全站仪，精确对中整平，后视作为基准方向的另一方格网点，依次放出控制网矩形的四个角点。

3）放点时，先在钢板上放出方向线，在线上移动对中三脚架，放出点位，用铅笔划出十字线作为点位中心；然后重新后视，测定该点位。确认无误后，用钢钉在钢板上钉一小孔。

4）在四个角上分别安置仪器，检测四条边、对角线和四个直角，经调整合格后，镶入铜芯。

5）在对角线上的两点处安置仪器，按上述方法，放出所有控制桩的位置，并 100％检测后，镶入铜芯。

（4）编制控制桩成果表。

其他建（构）筑物的控制桩测设均参照上述方法进行。

2．厂区精密水准测量

使用 DSZ2 水准仪、FS1 测微器，配合铟钢尺，按二等水准的要求施测，观测前要对水准仪和水准尺进行检验校正。

3．施工放线和高程测量

（1）建（构）筑物的轴线控制桩做好后，可用经纬仪直接放基础垫层线、螺栓线和安装线，用全站仪或钢卷尺来检查；当垂直角较大时，经纬仪要正倒镜观测，取其平均值。

（2）给定的施工高程点，必须用另一已知点或两次仪器高来检查；用钢卷尺传递高程时，钢卷尺要配拉力计在已知边上比长。

（3）用激光垂准仪传递烟囱的中心位置时，每次沿 90°方向测定 4 次，取其平均值。

（4）及时填报施工测量记录。

4．沉降观测

（1）沉降观测测量点宜分为基准点、工作基点和沉降观测点。其布设应符合下列要求：

1）每个工程至少应有 3 个稳固可靠的点作为基准点。

2）工作基点应选在比较稳定的位置。对通视条件较好或观测项目较少的工程，可不设立工作基点，在基准点上直接测定变形观测点。

3）沉降观测点应设立在变形体上能反映变形特征的位置。

（2）每次沉降观测时，必须符合下列要求：

1）采用相同的图形（观测路线）和观测方法。

2）使用同一仪器和设备。

3）固定观测人员。

4）在基本相同的环境和条件下工作。

（3）在施工期间的沉降观测应符合下列规定：

1）基础施工完毕后开始观测。

2）建（构）筑物每增加 1～2 层应观测 1 次。

3）烟囱、煤罐等每升高 15～20m 应观测 1 次。

4）中途停工，在停工之日，复工之时，均应进行观测。

5）从建成到移交生产，每月观测 1 次。

6）施工期间总观测次数不应少于 6 次。

（4）使用仪器、观测方法及要求：使用 DSZ2 水准仪、FS1 测微器，配合铟钢尺，按二等水准测量的技术要求施测。

（5）填写沉降观测记录。

（五）质量控制及质量通病预防

（1）质量通病及预防措施见表 16-1。

表 16-1　　　　　　　　　　　质量通病及预防措施

序号	质 量 通 病	预 防 措 施
1	全站仪镜站的对中误差	作业前检验、校正三角基座的光学对中器和对中杆的垂直度
2	水准测量误差	（1）作业前检验、校正水准仪，检验、校正水准尺的圆水准器； （2）用竹竿等支撑以扶正扶稳水准尺
3	轴线定位偏差	（1）检验依据的控制点或控制线； （2）用正倒镜检核并取平均值
4	高程偏差	（1）用另一已知高程的点复核； （2）用两次仪器高检核

（2）施工过程中对质量控制点的设置见表 16-2。

表 16-2　　　　　　　　　　施工过程中质量控制点设置

序号	质量控制点	检验单位				见证方式
		班组	工程部	质量部	监理	
1	主轴线控制点的坐标和高程	√	√	√	√	R、H
2	基础垫层线及高程	√	√	√	√	R、H
3	交安线及高程	√	√	√	√	W、H
4	沉降观测	√	√	√	√	S

注　R—记录确认点；W—见证点；H—停工待检点；S—连续监视监护。

（3）质量验收标准见表 16-3。

表 16-3 质量验收标准

序号	项 目 名 称	执行验收标准
1	主轴线的平面控制测量	测角中误差：$\pm 5''$ 边长相对中误差：$\leqslant 1/20\,000$
2	施工高程测量	三等水准，每千米高差全中误差：6mm 附合或环线闭合差：$12\sqrt{L}$ 或 $4\sqrt{n}$
3	沉降观测	二等水准，每千米高差全中误差：2mm 附合或环线闭合差：$0.6\sqrt{n}$

注 L 为路线长度（km），n 为测站数。

二、脱硫工程土方开挖（排水）

（一）工程概况

某发电厂锅炉基础土方开挖槽底基本达到灰色粉质层。地下水类型为潜水，厂区回填到标高 4.00m 后，场地内的地下水位标高为 1.80～2.00m。综合判定场地地基土无液化。

本工程厂区 ± 0.00m 相当于绝对标高 4.6m，脱硫塔基础土方开挖槽底标高为 -4.00m，根据现场的土质渗透系数相对较低的情况，采用集水井、潜水泵排水的施工方法。

（二）施工方案

脱硫塔基础土方工程采用机械大开挖的形式。反铲挖掘机配合人工挖土、自卸汽车运土，一次开挖至设计标高。基坑排水采用定点排水的方式，设置集水坑，然后用水泵将集水坑内的水排到排水沟中。地基桩桩头处理工作随土方开挖进度同时进行。开挖顺序为自西向东方向进行。随挖土进程，设置集水坑。

（三）施工工艺流程

完善施工环境、修筑施工通行道路→控制点的设置和复检→放基坑各开挖阶段上口线、底口线→土方开挖、桩头处理、排水→地基验槽。

（四）施工方法及要求

1. 完善施工环境、修筑施工通行道路

在土方开挖前首先确定临时道路，以满足土方运输车辆的通行。施工区已经回填完成，目前道路情况满足土方运输车辆通行。

2. 控制点的设置和复检

在土方开挖前首先在场地上放出土方开挖上下口线，尤其是标高不同的位置更应严格控制，以防超挖、开挖不到位等现象发生。因此必须设置临时测量控制点，临时测量控制点布置在基坑上口四角，供测量使用。临时控制点采用木桩制作，在每次使用前应根据业主提供的基准点复核其准确性。

3. 放基坑开挖上口线、底口线

基坑开挖上下口线的施放按照脱硫塔基础图和本施工方案的要求进行，施工前交底清楚，以免超挖和开挖不到位。

4. 土方开挖

脱硫塔基础土方开挖采用正铲挖掘机开挖并配合人工进行，桩间距离小、挖掘机挖斗不能通过的桩间土采用人工挖掘。脱硫塔基础土方机械开挖时预留 $100\sim200$mm 的余量，采用人工配合清除，以防止扰动基底土，预留余量可根据实际情况调整，但必须保证不扰动基底土。槽底土采用人工清理，人工清槽底的速度须与机械开挖速度一致。

基坑土方开挖边坡放坡坡度为 $1:1.5$；基础施工时需要预留工作面，工作面宽度为基础垫层边向外扩展 1m。在脱硫塔基础东侧设置机动车上下坡道，坡道宽度为 8m，放坡坡度为 $1:8$。人员上下基坑采用人行坡道上下，脚手管搭设护栏。材料上下坡道采用脚手管、脚手板搭设而成。

土方开挖过程中严格按照设计要求的开挖深度进行操作，严禁超挖，在临近开挖深度时，要求机械操作人员控制好铲斗的入土深度，测量人员跟随测量，严格控制标高。人工在进行护坡修坡时，要求将坡面修理平整，不得凹凸不平。汽车在装土时，倒车派专人指挥。在机械挖土时严禁碰撞桩头，以防机械碰撞使工程桩偏移或损坏。

5. 桩头处理

(1) 桩头处理的施工顺序为：标注出设计标高→剔桩头→人工局部处理→清除钢筋上的污物、钢筋调直。

(2) 桩头处理的方法及要求。桩间处理在土方开挖过程中进行，随开挖随截桩，随即将桩头运走。截桩头采用铁斩剔凿的方式，桩头处理前，要在桩身上面提前标注设计标高点，按照设计要求的标高剔除混凝土后，保证桩体及钢筋深入到混凝土承台内的长度符合设计要求。钢筋外露长度符合设计要求，不足时要进行接筋，接筋采用双面搭接焊的连接形式进行。剔除后的桩头要求表面混凝土平整、钢筋顺直，混凝土顶标高符合设计要求，并且没有松动的混凝土。剔除后的碎块随挖运土方一起运走。

桩头处理顺序同基坑开挖的顺序，由于工期紧，采取边开挖边处理的方法，开挖一个处理一个。随土方开挖进度，首先对露出的桩头进行全面清理，清理完表面的浮浆、泥砂后，即用水准仪从基准标高引出标高，测出桩头的设计桩顶标高，并在桩头四周用红油漆做好标记。

桩头再处理时采用人工用小凿子剔凿，此时不能用机械剔凿。先将基础桩主筋剥出，然后将桩在设计标高上 $5\sim10$cm 的位置将桩截断、放倒，桩头放倒后再用小凿将桩顶剔凿到设计标高，直到桩头表面平整，没有松动的混凝土为止，最后将预留的桩主筋调直。

(3) 施工的要求。在土方开挖时，严禁挖掘机从侧向对桩体进行磕碰、撞击，防止引起断桩、碎桩事件。在开挖至距离桩头很近的位置时，要求有专人指挥，以提醒开挖人员防止超挖对桩身造成损害。

当凿出的外露钢筋长度小于设计长度时，及时向监理汇报、记录（含摄像资料），并按照要求对钢筋进行接长。桩头钢筋变形较大的要进行调直，桩头钢筋上残留的水泥浆要清理干净。

凿桩的过程中，要经常检查桩头的稳定性，严防桩头倾倒。处理后的桩头碎块要及时运出，处理好的桩头附近不允许机械进入，以免对桩头混凝土造成破坏。处理好的钢筋派专人保护，避免造成污染和被破坏。

6. 土方开挖期间预防桩位偏移的措施

(1) 开挖过程中严格控制开挖深度，严禁挖掘机碰撞桩身。

(2) 土方开挖时一律按照本施工方案要求的放坡系数放坡，避免因脱硫塔基础开挖形成高低差界面造成挤桩现象的发生。

（3）对已经开挖出的工程桩，测量人员需要有针对性的跟踪监测，如发现工程桩位置发生变化，须及时通知现场负责人员进行处理。

（4）开挖过程中注意对基底及边坡土体的监测，发现异常立即上报。

7. 施工排水

施工排水系统由基坑底部的集水井、潜水泵组成。在土方开挖前将基坑上部的排水系统预先形成，保证基坑内的水能够随时排除。然后用泥浆泵将水排除到监理或业主指定的地点。

随开挖随设置基坑内集水井和排水明沟。集水井底部标高应低于槽底800mm以上，集水井为800mm×800mm，深1500mm，当基坑内水量较大时可适当增加集水井数量，反之则减少。每个集水井内设置至少1台潜水泵，必要时可适当增加。基坑底部设置排水沟，排水沟深500mm，上口宽500mm，下口宽300mm，沿基坑周围布置，排水沟外边距坡脚500mm，侧壁采用竹芭护坡，排水沟坡度为1%，并坡向集水井。在槽底设置一定数量（以槽底无明显积水为准）的排水盲沟，盲沟采用人工开挖，沟上口宽度为300mm，下口宽度为300mm，深度为400mm，沟内回填透水性好的碎石。盲沟排水坡度为2%，采用双向排水，坡向基坑四周排水沟。盲沟的尺寸可根据实际情况调整，以满足排水需要为准。

在施工过程中加强对基坑集水井和排水沟的管理，定期检查集水井和排水沟的情况，当发现有淤泥流入时，及时派人进行清淤，以保证基坑内的水及时排出。

三、脱硫工程大体积混凝土施工

（一）工程概况

某发电厂规划容量为4×1000MW+40万t/d海水淡化，本期工程拟建设2×1000MW超超临界燃煤发电机组，同步建设脱硫装置。

（二）施工工艺流程

混凝土生产→运输→浇筑→试块留置→养护及测温。

（三）施工方法及要求

1. 混凝土生产

（1）混凝土由现场搅拌站负责集中供应，在混凝土搅拌过程中要求严格按试验室提供的配合比生产，未经试验人员允许严禁随意改动配合比。

（2）混凝土开盘之前，搅拌机应先加水空转数分钟，将积水倒尽，使拌筒充分润湿。搅拌第一盘时，考虑筒内壁上的砂浆损失，石子用量应按配合比规定减半。

（3）搅拌后的每盘混凝土要做到基本卸尽，在全部混凝土卸出之前不得再投入拌和料，更不得采取边出料边进料的方法。

（4）混凝土原材料按质量计的允许偏差不得超过下列规定：水泥、外加剂混合料±2%；粗细骨料±3%；水、外加剂±2%。

（5）严格控制混凝土搅拌时间，宜控制在70～90s之间。

（6）尽量降低混凝土的出机温度。

2. 混凝土运输

（1）混凝土装入罐车由搅拌站运至浇筑现场，在运输途中，混凝土搅拌筒应始终不停地作慢速转动，从而使筒内的混凝土拌和物可连续得到搅动，以保证混凝土通过运输后，不致产生分层、离析现象。罐车等待停放时，搅拌筒也不能停止转动。

（2）混凝土必须能在最短的时间内均匀、无离析地排出，出料干净、方便，能满足施工的要求。

3. 混凝土浇筑

（1）大体积混凝土的浇筑应根据工程结构特点、平面形状和周围施工场地等条件，选择适宜的位置。浇筑过程应由远而近，在同一区域的混凝土，应按先竖向后水平结构的顺序，分层连续浇筑；浇筑水平结构混凝土时，不得在一处连续布料，应在2～3m范围内水平移动布料，且宜垂直于模板。

（2）搅拌车在卸料前，要求混凝土在料筒内高速运转，确保放料时混凝土质量均匀。混凝土输送泵管线应平直，转弯缓，接头严密。泵送前先用与混凝土配比相同的水泥砂浆润滑管道，泵车料斗内要有足够的混凝土，防止吸入空气堵管。

（3）浇筑混凝土时，混凝土自由倾落的高度不得超过2m，以保证混凝土不致发生离析现象。

（4）采用插入式振捣棒振捣混凝土时，要做到快插慢拔。在振捣过程中，宜将振动棒上下略为抽动，以使上下振捣密实。

（5）混凝土分层灌注时，每层混凝土厚度应不超过振动棒长的1.25倍；在振捣上一层时，应插入下层中5cm左右，以消除两层之间的接缝，同时在振捣上层混凝土时，要在下层混凝土初凝前进行。

（6）混凝土浇筑分层厚度一般不超过500mm。当水平结构的混凝土浇筑厚度超过500mm时，可按1∶6～1∶10坡度分层浇筑，且上层混凝土应超前覆盖下层混凝土500mm以上。

（7）每一插点要掌握好振捣时间，过短不易捣实，过长可能引起混凝土产生离析现象，对塑性混凝土尤其重要。一般每点振捣时间为20～30s，且应视混凝土表面呈水平，不再显著下沉，不再出现气泡，表面泛出灰浆为准。

（8）振动器插入点要均匀排列，可采用行列式和交错式的次序移动，不应混用，以免造成混乱而发生漏振。每次移动位置的距离应不大于振动棒作用半径的1.5倍。一般振动棒的作用半径为30～40cm。

（9）混凝土浇筑过程中，要派专人检查模板，发现跑模、胀模及时处理。

（10）混凝土浇筑时要注意每个部位不能停顿时间过长，在混凝土初凝前要及时浇筑新的混凝土，防止出现冷缝。梁、板中间不得留设水平施工缝。

（11）对于有预留洞、预埋件和钢筋密集的部位，应预先制订好相应的技术措施，确保顺利布料和振捣密实。

（12）浇筑柱混凝土时，柱底部应先填以50～100mm厚与混凝土成分相同的水泥砂浆，以减少柱烂根现象发生。混凝土的水灰比和坍落度应随浇筑高度的上升酌情递减。同时在浇筑过程中，应用垫板将柱上口围成斜坡形，尽量减少混凝土飞溅污染模板。

（13）混凝土浇筑完后，应及时将伸出混凝土表面的钢筋整理顺直，并清理钢筋和预埋件上沾的水泥浆。

（14）混凝土浇筑至上表面后，由于振捣过程中石子会下沉，致使最上部的粗骨料减少，混凝土凝结硬化过程收缩易产生裂缝，防治办法为在浇筑到上部发现有浮浆时，将混凝土浇筑高出设计标高一些，然后将浮浆铲除掉。

（四）混凝土试块留置

（1）混凝土试块是用于检验结构混凝土质量的试件，应在浇筑地点随机取样制作。检验评定混凝土强度所用试件组数，应按下列规定留置：

①每拌制 100 盘且不超过 100m³ 的同配合比的混凝土，其取样不得少于 1 组。

②每工作班拌制的同配合比的混凝土不足 100 盘时，其取样不得少于 1 组。

③当一次浇筑混凝土超过 1000m³ 时，同一配合比的混凝土每 200m³ 取样不得少于 1 组。

④同条件试块的取样留置要分情况对待，每次取样至少留设 1 组同条件试块。

（2）混凝土试块取样、成型方法：制作混凝土试块所用的拌和物应从同一罐车运送的混凝土中取出，并在取样后立即制作试块。制作试块采用 150mm×150mm×150mm 试模，拌和物分两层装入试模，每层的装料厚度为 75mm。插捣用钢制捣棒，捣棒长 600mm，直径 16mm，端部应磨圆，将混凝土插捣密实。插捣完后，刮除表面多余的混凝土，并用铁抹子抹平、压实。试块成型后，应覆盖其表面，在 20℃±5℃条件下静置 1～2 天，然后拆模。

（3）混凝土试块养护措施：标养试块成型后送实验室标养室进行标准养护。同条件试块的养护：随现场浇筑混凝土的部位一并苫盖草袋或塑料布浇水养护。

（五）混凝土养护

由于大体积混凝土在养护期间必须严格控制其内外温差，确保不出现有害裂缝，以确保混凝土质量，因此养护是一项十分关键的工序。应根据气候条件采取不同的温控措施，并按需要，测定浇筑后的混凝土表面和内部温度，将温差控制在设计要求的范围内。当设计无具体要求时，温差应控制在 25℃范围内。以下为两种夏季和冬季常用的方法：

（1）覆盖浇水养护：利用平均气温高于+15℃的自然条件，用塑料布、麻袋片等材料对混凝土表面进行覆盖并浇水，使混凝土在一定的时间内保持水泥水化作用所需的适当温度和湿度条件。

1）覆盖浇水养护应在混凝土浇筑完毕后的 12h 以内进行。

2）混凝土的浇水养护时间，对大体积混凝土，混凝土内部最高温度应控制在不高于室外最低气温 25℃时，方可停止保温养护，且养护不得少于 14 天。

3）混凝土需要浇水养护，所浇筑的水温要高于混凝土表皮温度，浇水次数应根据能保持混凝土处于湿润的状态来决定。

4）混凝土的养护用水应与拌制水相同。

5）当日平均气温低于 5℃时，不得浇水。

（2）覆盖保温养护：当日平均气温低于 15℃时，大体积混凝土表面应进行覆盖保温，该工程采用的方法是混凝土表面覆盖棉被进行保温。覆盖后要将棉被缝隙用铅丝绑牢，尤其是混凝土迎风面和边角处更容易受风、冻，覆盖时须特别注意。

（六）测温

（1）混凝土浇筑前根据结构特点布置测温导线，绘制测温线布置图。测温线应布置在有代表性的部位，在混凝土底部、中部和上部分别布置，以掌握不同部位的混凝土温度变化。

（2）测量混凝土内部温度时，将露在混凝土外部的测温导线插头插入测温仪插口内，就会在测温仪显示屏上显示出温度数值；测量混凝土表面温度时，将测温仪的外置探头伸入保温层或塑料布内，同样在显示屏上会显示出混凝土表面的温度数值。

（3）混凝土浇筑后及时进行测温工作，记录温度变化情况，当内、外温差超过25℃时，应及时采取措施增减保温以控制温度变化。

（4）测温记录要求：

1）混凝土升温期间：每2h测温一次。

2）混凝土降温期间：每4h测温一次。

3）温度平稳后即可停止测温，将测温记录整理规范，并绘制温度变化曲线图，作为施工资料保留。

（七）大体积混凝土的裂缝质量问题与防治措施

1. 混凝土裂缝产生原因

（1）水泥水化热的影响。

（2）内外约束条件的影响。

（3）外界气温变化的影响。

（4）混凝土收缩变形的影响。混凝土收缩变形的影响，主要包括塑性变形和体积变形两个方面。

2. 控制温度和收缩裂缝的技术措施

为了有效控制有害裂缝的出现和发展，必须从控制混凝土的水化升温、延缓降温速率、减小混凝土收缩、提高混凝土的极限拉伸强度、改善约束条件和设计构造等方面全面考虑，结合实际采取措施。

（1）降低水泥水化热。

1）选用低水化热或中水化热的水泥品种配制混凝土。

2）充分利用混凝土的后期强度，减少每立方米混凝土中的水泥用量，以尽量降低水化热。

3）使用粗骨料，尽量选用粒径较大、级配良好的粗骨料；掺加粉煤灰等掺和料或掺加相应的减水剂，改善和易性、降低水灰比，以达到减少水泥用量、降低水化热的目的。

（2）降低混凝土入模温度。

1）选择较适宜的气温浇筑大体积混凝土，尽量避开炎热的天气浇筑混凝土。夏季可采用低温水搅拌混凝土，可对骨料喷洒冷水或对骨料进行覆盖以避免日光直晒。

2）掺加相应的缓凝型减水剂，如木质素磺酸钙等。

（3）加强混凝土的温度控制。

1）在混凝土浇筑之后，做好混凝土的保温养护，缓慢降温，充分发挥徐变特性，降低温度应力。夏季应注意避免暴晒，注意保湿，冬季应采取措施覆盖保温，以免发生急剧的温度变化。

2）延长保温养护时间。大体积混凝土浇筑完后，基础侧面全部用棉被进行保温；混凝土表面压完面后，表面覆盖塑料布和棉被。

（八）成品保护

（1）混凝土浇筑前，先将预埋螺栓、钢筋外面用塑料布包裹，用铅丝绑牢，防止被混凝土污染。

（2）浇筑混凝土时，要保证钢筋和垫块的位置正确，不得直接踩踏布筋，不碰动预埋件和插筋。在楼板上搭设浇筑混凝土使用的浇筑人行道，保护楼板钢筋的位置。

（3）不得用重物冲击模板，不得在梁、板模板上堆积过多的施工材料，以防模板变形。

（4）在浇筑混凝土时，要对已经完成的成品进行保护。对浇筑上层混凝土时流下的水泥浆要派专人及时清理干净，洒落的混凝土也要随时清理干净。

（5）浇筑大体积混凝土时，尤其要注意对预埋螺栓、埋管、埋件的成品保护。混凝土振捣时振捣棒不得直接触碰到预埋物。在浇筑混凝土过程中要保证有技术人员随时对预埋物的标高、位置进行检查，发现偏差及时调整。

（6）混凝土浇筑完成后及时将预埋螺栓、埋件、钢筋表面粘着的混凝土清理干净。

（7）已浇筑的混凝土要加以保护，必须在混凝土强度达到 1.2MPa 以后，方可在混凝土面上进行操作及安装结构用的支架和模板。

第二节　FGD 电控综合楼施工

一、FGD 电控综合楼基础施工

（一）工程概况

发电厂厂区土地类别为Ⅳ类场地，地震设防烈度为 8 度。FGD 电控综合楼基础采用混凝土灌注桩作为地基，图纸要求灌注桩桩伸入基础 100mm，截桩后桩顶设计标高－2.200m。土方开挖槽底标高为－4.00m，FGD 电控综合楼基础埋深为－2.300m。基础承台、柱段、连系梁混凝土为 C40S6；垫层厚 100mm，C10 混凝土。

（二）施工工艺流程

完善施工环境→土方开挖→地基处理→桩头凿毛处理、钢筋除锈→垫层施工→垫层防腐→基础定位轴线→验收轴线→放基础边线（验线）→绑扎钢筋→验收→支模板（加固）→验收→浇筑混凝土→养护→基础防腐→隐蔽验收→土方回填。

（三）施工方法及要求

1. 测量放线

在土方开挖前首先在场地上放出土方开挖上下口线，尤其是标高不同的位置更应严格控制，以防超挖、开挖不到位等现象发生。因此必须设置临时测量控制点，临时测量控制点布置在基坑上口四角，供测量使用。临时控制点采用木桩制作，在每次使用前应根据业主提供的基准点复核其准确性。

根据厂区坐标系引测定位废水处理间框架柱轴线，并做好轴线控制网。根据厂区高程点引测高程控制点，做控制桩，经四级验收合格后，进行下一步施工；根据控制网放轴线及以后各结构层轴线引测，利用高程控制桩控制结构标高。

2. 土方开挖

FGD 电控综合楼基础土方开挖采用正铲挖掘机开挖并配合人工进行，桩间距离小、挖掘机挖斗不能通过的桩间土采用人工挖掘。废水处理间基础土方机械开挖时预留 100～200mm 的余量，采用人工配合清除，以防止扰动基底土，预留余量可根据实际情况调整，但必须保证不扰动基底土。槽底土采用人工清理，人工清槽底的速度须与机械开挖速度一致。

基坑土方开挖边坡放坡坡度为 1：1.5；基础施工时需要预留工作面，工作面宽度为基础垫层边向外扩展1m。在废水处理间基础东侧设置机动车上下坡道，坡道宽度为8m，放坡坡度为1∶8；人员上下基坑采用人行坡道上下，脚手管搭设护栏。材料上下坡道采用脚手管、脚手板搭设而成。

土方开挖过程中严格按照设计要求的开挖深度进行操作，严禁超挖，在临近开挖深度时，要求机械操作人员控制好铲斗的入土深度，测量人员跟随测量，严格控制标高。人工在进行护坡修坡时，要求将坡面修理平整，不得凹凸不平。汽车在装土时，倒车派专人指挥。在机械挖土时严禁碰撞桩头，以防机械碰撞使工程桩偏移或损坏。

3. 地基处理

首先由基坑北侧上口中间位置铺设一条8m宽的施工机械坡道进入基坑，坡道坡度为1∶5，回填机械由坡道进入基坑。换填料采用自卸车运进基坑，然后用挖掘机将其均匀布设在基坑内，每层虚铺厚度300mm，然后采用振动碾分层碾压密实，每层碾压6～8遍。在每一层回填压实完毕后，进行四级验收，同时联系实验室进行现场取样试验，试验合格经监理同意后方可进行下步回填，共分4次回填完毕。回填压实系数不小于0.96，最大干密度不小于1.85g/cm³。整个基坑回填到－2.4m后进行全面整平，经四级验收合格后，办理移交手续，将基坑工作面移交给桩基施工单位。

4. 地基工程（截桩）

截桩工作随土方开挖同时进行，随开挖随截桩，随即将桩头运走。截桩采用风镐剔凿的方式。

截桩前，先在桩身上面用红油漆笔标记出设计标高，然后用云石锯在设计桩顶位置将桩头切出一圈3cm深的剔凿线，用风镐将基础桩主筋保护层剔凿掉，使桩主筋完全露出，在离垫层面950mm高度处将主筋截断，将下部桩主筋与桩身分离开。桩主筋剥出后将桩头在设计标高位置截断并放倒，用挖掘机将桩头吊出基坑。桩头清走后，再用小錾子将桩头顶剔凿平整，用钢筋扳将预留的桩主筋调直。

剔除桩头时，要保证桩体和桩钢筋深入到混凝土承台内的长度符合设计要求。如果出现钢筋长度不满足设计要求时，采用双面搭接焊的连接形式进行。剔除后的桩头要求表面混凝土平整、没有松动的混凝土，钢筋顺直。剔凿下来的碎块用运土车运至指定地点，严禁混凝土碎块和开挖土一起混运。当桩头超过2m长时，可分两次凿除，以方便运输。

5. 钢筋工程

钢筋采用钢筋场制作，现场绑扎成型的施工方案，现场运料使用拖拉机和长板车，20t或50t汽车式起重机垂直吊运。

（1）钢筋翻样：严格按照施工图及施工规范进行翻样；翻样工作要本着准确合理、省料的原则进行；翻样完成后，要进行严格自检，确保钢筋品种、规格和尺寸正确，数量齐全。翻样单必须经主管技术人员或技术负责人审核后方可进行加工。

（2）钢筋制作：钢筋母材进厂必须配有相应的出厂质量证明书和试验报告单，钢筋表面或每捆（盘）钢筋均应有标识。进厂时应按炉批号及直径分批检验。钢筋制作要严格按钢筋翻样单上的规格、尺寸、数量加工，制作时应保证钢筋平直，无局部曲折。钢筋制作完后要严格按规格、型号挂小木牌，分堆码放，标志要明显。

（3）钢筋绑扎：钢筋绑扎按照由下至上，先底板钢筋，后柱插筋，然后箍筋的施工顺序进行。

（4）钢筋连接：基础、柱主筋采用机械连接（直螺纹套筒接头），接头在制作前先对试件进行试连接，检验合格后方可大批量生产。其具体要求如下：

1）所有参加直螺纹接头的人员都必须进行专项技术培训考核合格后，方可上岗操作。

2）所用套筒都必须有出厂合格证，并在运输和储存过程中加保护套，防止锈蚀和沾污。

3）丝头加工完成经自检合格后，报验二、三级质检员随机抽样进行检验，以一个工作班内生产的丝头为一验收批，随机抽检 10%，且不得少于 10 个，当合格率小于 95% 时，应加倍抽检，复检中合格率仍小于 95% 时，应对全部钢筋丝头逐个进行检验，并切去不合格的丝头，重新加工。

4）直螺纹接头连接时，钢筋规格和套筒的规格必须一致，钢筋和套筒的丝扣干净、完好无损；用管钳和力矩扳手进行施工。拧紧后的直螺纹接头应做出标记，外露丝扣不得多于 1 个整丝扣。

5）接头的检验与验收：接头应有技术提供单位提交有效的型式检验报告；接头的现场检验按验收批进行，同一施工条件下采用同一批材料的同等级、同形式、同规格接头，以 500 个为一验收批进行检验与验收，不足 500 个也作为一个验收批。每一规格钢筋试件不应少于 3 根。取样应经监理见证。

梁、柱受力筋接头，同一截面接头率不得超过 50%。

6. 模板工程

本工程模板采用定型组合钢模板配合木模板就地拼装成型的施工方案。模板固定采用 $\phi 48 \times 3.5mm$ 脚手管做围檩。

（1）柱支模方法。柱支模采用单块就位组拼的方法：柱脚直接立于基础顶部，先将柱子第一节四面模板就位，用连接角组拼好，角模宜高出平模，校正调好对角线，并用脚手管做围箍固定。然后以第一节模板上高出的角模连接件为基准，用同样方法组拼第二节模板，直至柱顶，最后再找正调直。

（2）梁模板支设方法。梁模板采用单块就位组拼的方法：梁底支撑采用脚手管搭设排架的方法，用短脚手管作铺梁底模板的横楞。在复核梁底标高校正轴线位置无误后，搭设和调平模板支架，然后在横楞上铺放梁底模板，拉线找直，并用扣件将梁底模固定，拼接角模，待绑扎钢筋验收合格后再封梁侧模。梁跨度大于 4m 时，起拱 2‰~3‰。梁与柱和梁与梁相交处模板不符合模数时，局部采用配木模的方法封堵，要求钢木交接处表面平整，加固牢固。

（3）板模板支设方法。

1）工艺流程：地面夯实、铺平、垫实→安装支撑脚手架立杆→安装大小横杆→铺木方子找平→铺模板→校正标高→加立杆的水平拉杆→预检验收。

2）地面应夯实，并垫道木枕，楼层地面立支柱前垫通长脚手板。采用多层支架支模时，支柱应垂直，上下层支柱应在同一竖向中心线上。

3）从边跨一侧开始安装，先安第一排脚手架立杆，临时固定，再安第二排脚手架立杆，依次逐排安装。

4）调节支柱高度，将大龙骨找平。

5）铺大模板：从一侧开始铺，每两块板间粘海绵胶条以防止漏浆，保证拼缝严密。

6）平台板铺完后，用水平仪测量模板标高，进行校正，并用靠尺找平。

7) 标高校完后,支柱之间应加水平拉杆。离地面 20~30cm 处一道,往上纵横方向每隔 1.2m 左右一道,并应经常检查,保证其完整、牢固。

8) 将模板内杂物清理干净,并进行自检。

(4) 预埋铁件及预埋套管要严格按图纸要求的轴线尺寸、标高放置,放置前应认真核对预埋铁件的规格,杜绝漏放和错放。

(5) 模板安装质量要求。组合钢模板安装完毕后,应按有关规定进行全面检查,验收合格后方能进行下一道工序。

1) 组装的模板必须符合施工设计的要求。

2) 各种连接件、支承件、加固配件必须安装牢固,无松动现象。模板拼缝要严密,固定要牢固。

3) 模板结构符合要求。木楞 50mm×100mm,间距不大于 300mm。

4) 模板表面光滑,接缝严密,无缺棱掉角、局部损坏,拼缝顺直、规则。

5) 表面平整度不大于 2mm,板缝高低差不大于 1mm。

7. 混凝土工程

(1) 混凝土工程采用搅拌站集中搅拌,罐车运输、泵车浇筑的施工方案。

(2) 本工程混凝土强度等级为 C40。

(3) 混凝土施工前,对水泥、砂、石及外加剂等材料进行试验,合格后方可进行施工。混凝土配合比必须经过试验室试配后确定。混凝土搅拌前对计量器具进行检验合格后方可搅拌,搅拌严格按配合比进行。混凝土浇筑前,对模板、钢筋工程进行检查,经四级验收合格后方可浇筑混凝土。

(4) 浇筑混凝土时,混凝土自由倾落高度不得超过 2.0m,每次下料高度为 0.5m,以防高度增大过快而使混凝土侧压急剧增大发生离析。

(5) 混凝土振捣要由具有丰富混凝土施工经验的专业人员操作,以保证混凝土的施工质量,做到内实外光、表面平整、无蜂窝麻面。振捣时采用插入式振捣器,振捣的方法采用垂直振捣。振捣时要做到快插慢拔。振捣器插点要均匀排列,本方案要求插点间距 350~400mm。

(6) 浇筑时必须设专人监护模板、钢筋的变化,如发现变形、移动时,立即停止浇筑,并在已浇筑的混凝土初凝前修好。为避免混凝土表面出现裂缝,混凝土面在混凝土初凝前用木抹子抹 3~5 遍并压实。

(7) 施工缝处理。浇筑前将施工缝混凝土面凿毛,清扫干净并浇水润湿不少于 24h。浇筑前确保表面润湿、无积水,用与混凝土同配合比的砂浆铺设 50mm 厚,然后再浇筑,保证新旧混凝土接触良好。

(8) 混凝土养护。混凝土浇筑完成后,为了及时做好混凝土的保温养护措施,采用混凝土表面覆盖塑料薄膜和棉被进行保水保温养护,养护时间不少于 14 天。

(9) 混凝土试块制作及坍落度控制。

1) 按工作班每 100m³ 标养试块不少于一组,不足 100m³ 标养试块不少于一组,连续浇筑 1000m³ 以上可按 200m³ 标养试块取一组。同期浇筑柱、梁至少留置两组同条件试块用于拆模时使用。

2) 混凝土坍落度按车次,视和易性情况,进行抽查,如发现坍落度或混凝土和易性不合格，应及时退回搅拌站。

8. 防腐工程

根据图纸要求和设计师交底要求，基础垫层顶面、基础-0.500m 以下外露部位全部涂刷环氧煤沥青涂料。

每次垫层施工完，待表面完全干燥后，再涂刷环氧煤沥青涂料，涂刷前要将垫层表面彻底清扫一遍，待表面经过四级验收合格后，开始涂刷，涂刷时要均匀、一致。基础垫层每边要留 5~10cm 不涂刷，用于施工放线、弹墨线。

基础表面的环氧煤沥青涂料，待基础进行完隐蔽验收，经监理确认后进行。施工前也要彻底将基础表面清扫干净。

环氧煤沥青涂料施工时的注意事项：沥青涂料属于易燃物质，施工时，基坑内严禁有明火作业；涂刷时不能污染其他任何材料，要选择晴朗、通风的天气施工。

9. 脚手架工程

(1) 脚手架搭设要求及顺序。首先必须对进场的脚手架杆配件进行严格的检查，禁止使用规格和质量不合格的杆配件，搭设前要进行场地平整、夯实，并设置排水措施。脚手架立杆下铺垫木，设置扫地杆。

脚手架的搭设作业必须在统一指挥下，严格按照规定程序进行。按定位依次竖起立杆，将立杆与纵、横向扫地杆连接固定，然后装设第 1 步的纵向和横向平杆，随校正立杆垂直之后予以固定，并按此要求继续向上搭设。具体的做法为：摆放扫地杆→竖立立杆并与扫地杆扣紧→装扫地小横杆并与立杆和扫地杆扣紧→安第一步小横杆→安第二步大横杆→安第二步小横杆→加设临时斜支撑，上端与大横杆扣紧→安第三、第四步大横杆和小横杆→接立杆→加设剪刀撑→铺脚手板→绑护身栏杆→设挡脚板→挂立网。

(2) 脚手架搭设安全措施。

1) 雨季到来之前应做好防风、防雨、防雷等准备工作。

2) 现场电缆接头处必须有防水和防止触电的措施。

3) 施工用电设施在大风、暴雨等恶劣天气后，应进行特殊性的检查、维护。

4) 雨水过后应对脚手架的根部土质进行检查，并及时修理、加固。

5) 雨后施工人员应注意防滑。

6) 脚手架搭设中应统一指挥、协调作业。

7) 作业时所使用的一切临时设施、工机具要提前检查，确保使用中的安全、可靠。

8) 脚手架上作业人员必须正确佩挂安全带并站稳把牢。在脚手架上传递、放置杆件时，应注意防止失衡闪失。

9) 安装较重的杆部件或作业条件较差时，应避免单人单独操作。

10) 未设置第一排连墙件前，应加设抛撑，以确保架子的稳定和架上作业人员的安全。

11) 剪刀撑及其他整体性拉结杆件应随架子高度的上升及时装设，以确保整架的稳定性。

12) 严格按照施工规范搭设，确保构架尺寸、杆件垂直度和水平度、各节点构造和紧固程度符合设计要求。

13) 搭设过程中，严禁以抛掷的方式传递工具或其他物品。架上不得集中（超载）堆置杆件材料。

14）禁止使用材质、规格和缺陷不符合要求的杆配件。

15）脚手架搭设，并验收合格后方可挂牌使用。

二、FGD 电控综合楼上部结构施工

（一）工程概况

某发电厂 FGD 综合楼上部结构为框架结构，结构顶标高为 20.50m，共计 3 层、局部 4 层，墙体砌筑零米以下采用非黏土实心砖砌筑，零米以上为 250mm 厚 MU5 加气混凝土砌块，M7.5 混合砂浆砌筑。

框架柱、梁及板混凝土强度等级为 C30、C35；垫层 C10；钢筋采用 HPB235、HRB335 级钢筋，型钢材质采用 Q235B。柱钢筋连接采用剥肋滚轧直螺纹连接。

本工程±0.00m 相当于绝对标高 4.6m。

（二）施工工艺流程

（1）框架结构：柱子定位轴线→验收轴线→放柱子边线（验线）→绑扎钢筋→验收→支模板（加固）→验收→浇筑混凝土→养护→隐蔽验收。

（2）建筑施工：放轴线→砌筑填充墙→门窗框安装→交接处挂网→墙面弹线→标筋→抹底灰→找平→贴砖或刷乳胶漆。

（三）施工方法及要求

1. 测量放线

根据厂区坐标系引测定位 FGD 综合楼框架柱轴线，并做好轴线控制网。根据厂区高程点引测高程控制点，做控制桩，经四级验收合格后，进行下一步施工；根据控制网放轴线及以后各结构层轴线引测，利用高程控制桩控制结构标高。

2. 钢筋、模板、混凝土工程

具体施工方法及要求与综合楼基础施工部分相同。

3. 墙体砌筑

本工程砌体主要采用 MU5 加气混凝土砌块砌筑。

（1）施工准备。

1）砌块按规定的质量标准并对出厂合格证进行验收，验收时首先从外观上进行检测，然后按照取样规范及设计要求，随机取样进行试验检测。

2）砌块进场后，按指定地点进行分类整齐堆放，并有排水措施。砌块的堆置高度不宜超过 1.6m，垛与垛之间在留有适当的通道。

3）砌筑前，先将建筑面抄平，用水冲洗干净工作面，然后按图纸放出轴线，并立好皮数杆。

（2）施工工艺。砌墙前先拉水平线，在放好墨线的位置上，按排列图从墙体转角处或定位砌块处开始砌筑。

1）排砖摆底。根据墙体施工平面放线和设计图纸上的门、窗位置大小、层高、砌块错缝、搭接的构造要求和灰缝大小，安排砌砖数量及进度。

2）砌筑。

①墙体的砌筑：从外墙的四角和内外墙的交接处砌起，然后通线全墙面铺开。砌筑时采用满铺、满坐的砌法，满铺砂浆每边缩进砖墙为 10～15mm（避免砌块坐压砂浆流溢出墙面），用拉线的方法检查其水平度。

②砌筑时控制砌块的含水率在 $5\%\sim8\%$，必须洒水后再砌筑。

③砌墙前先拉水平线，在放出墨线的位置上，按排列图从墙体转角处或定位砌块处开始砌筑，第一层砌块下应铺满砂浆。

④一次铺设砂浆的长度不超过 800mm，铺浆后放置砌块，摆正、找平。

⑤转角处要咬槎砌筑，纵横交接处未咬槎时应有拉结措施。

⑥砌筑墙端时，与框架柱面靠紧，填满砂浆，并将柱或墙上预留的拉结钢筋展开，砌入水平灰缝中。

⑦墙体表面平整度、垂直度，灰缝的均匀度及砂浆的饱满程度等，应参照有关施工规程执行并随时检查，校正所发现的偏差。

3）砌体与实心墙柱相接。砌体与实心墙柱相接位置应按设计图纸规定处理。

4）砌块墙的加固措施。墙体的加固措施应按设计图说明进行处理，柱与墙之间应沿每500mm 高度设置 2 根 $\phi6$ 拉结钢筋沿墙体通长布置，钢筋两端伸入墙内应不小于 1000mm，构造柱和联系梁应在砌墙后才进行浇筑，以加强墙体的整体稳定性。

5）灰缝要求。

①灰缝要求横平、竖直，砂浆饱满，均匀密实，边砌墙边勾缝，不得出现暗缝，严禁出现透亮缝。

②埋设的拉结钢筋和钢网片必须展平埋置于砂浆中。

4. 楼地面装饰

(1) 准备工作：在使用前对地砖进行挑选，如有裂缝、掉角、扭曲变形等，应予以剔除。常用的工具有铁抹子、卷尺、水平尺、棉线、橡皮锤等，应准备好，放于施工部位。

(2) 基层处理：基层上的灰尘、油漆等杂物应清理干净，基层如发现有空鼓，应将其敲下重新粉刷；如基层是光面，应先对其凿毛。对于楼、地面的基层表面，应提前一天浇水。

(3) 地面砖贴面：按施工图进行施工，在刷干净的地面上，铺一层水泥砂浆结合层，根据设计要求确定地面标高线和平面位置线，按定位线的位置铺贴地砖。用水泥砂浆打底在地面砖背面，再将地面砖铺贴于地面，并用橡皮锤敲击地砖面，使其与地面压实，并且高度与地面标高线吻合，并随时用水平尺检查平整度。

(4) 质量要求：同一面表面平整度允许偏差≤2mm，地面砖之间接缝高度偏差不得大于 0.5mm。

成品保护：对施工完地面应清理干净，并打蜡进行保护，不能用利器划伤砖体表面，不得用重物进行撞击，不得用油性色彩在上面涂画。

5. 屋面工程

(1) 卷材防水施工的工艺流程为：基层表面清理、修补→喷、涂基层处理剂→节点附加增强处理→定位、弹线、试铺→铺贴卷材→收头处理、节点密封→清理、检查、修补→验收。

卷材铺贴的方向，应平行于屋脊铺贴，上下层卷材不得相互垂直铺贴。施工时，应先做好节点、附加层和屋面排水比较集中部位（如屋面和雨落口的连接处、屋面的转角处等）的处理，然后由屋面的最低标高处向上施工。铺贴卷材应采用搭接法，上下层及相邻两幅卷材的搭接缝应错开，平行于屋脊的搭接缝应顺流水方向搭接，垂直于屋脊的搭接缝应顺年最大频率风向（主导风向）搭接。卷材与基层采用满粘法，长边的搭接长度应不小于 80mm，短边的搭接长度应不小于 100mm。

屋面采用改性沥青防水卷材，保温层采用 25mm 厚泡沫塑料板，找坡层采用 1：8 水泥膨胀珍珠岩找 2‰ 的坡，找平层采用 1：3 水泥砂浆拍平、压实，待其完全干燥后，再铺设防水层。在有女儿墙或屋面边缘部位，加铺一层改性沥青防水卷材（500mm 宽）。

（2）屋面工程防水节点处理：本屋面工程施工中，应特别注意节点处的防水处理，节点防水往往是屋面防水施工的难点和易出问题的关键点。本屋面工程的主要防水节点及其做法见图 16-3、图 16-4。

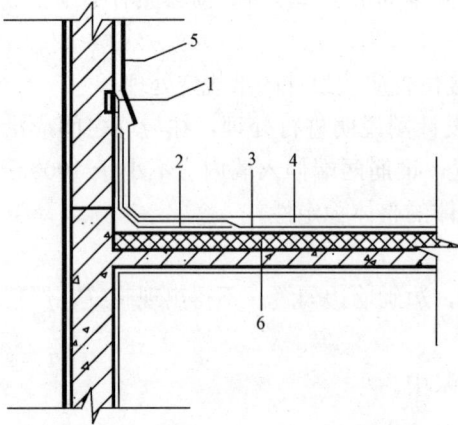

图 16-3　女儿墙泛水处收头处理示意图
1—密封材料；2—附加层；3—防水层；
4—保护层；5—饰面层；6—保温层

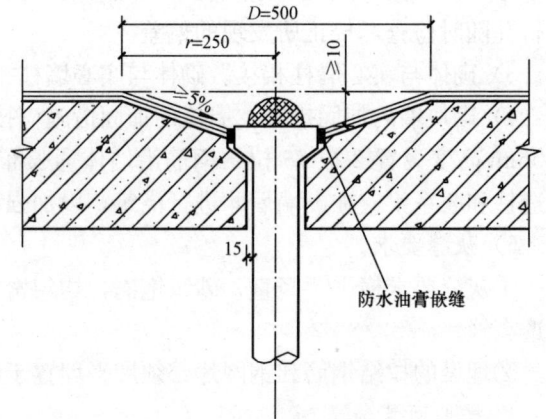

图 16-4　屋面落水管口防水处理示意图
（单位：mm）

（3）屋面分格缝的施工：分格缝留设位置应准确，缝宽为 20mm，并嵌填密封材料。

（4）施工中应注意：

1）保温层的基层应平整、干净、干燥。

2）卷材防水层节点处要处理严密。

6. 门窗工程

门窗在选用材料时，必须按照甲方及监理要求先提供样品，经认可后方可正式施工。

（1）门窗框在施工时必须以柔性防水材料嵌缝。

（2）窗框应带氯丁橡胶衬里，以在窗户关闭时保证不透湿气和灰尘。

（3）窗应用专用铁马与砖墙结合，禁止墙上打眼拉结，周边嵌缝必须把验收以确保密实度，所有缝边洞眼均须整齐打胶防渗。推拉窗的挡水框高不小于 45mm，配件螺母必须用不锈钢或铝铜零件。

（4）防火门和成品木门所选用材料不要曲折、变形。其他门类均由专业公司制作。

7. 脚手架工程

（1）脚手架使用规定。

1）作业层架面上实用施工荷载（人员、材料）不得超过 270kg/m^2。脚手架搭设好后应经验收合格并挂牌后方可使用。

2）架面不允许堆放材料，所有材料均应码放在堆料平台上。

3）作业中，禁止随意拆除脚手架的基本构架杆件、整体性杆件、连接紧固件和连墙件。

确因操作要求需要临时拆除时，必须经主管人员同意，采取相应的弥补措施，并在作业完毕后，及时予以恢复。

4）工人在架上作业时，应注意自我安全保护和他人的安全，避免发生碰撞、闪失和落物。严禁在架上戏闹和坐在栏杆上等不安全处休息。

5）施工人员上下脚手架必须走设安全防护的出入通道，严禁攀援脚手架上下。

6）工人在上架作业之前，应先行检查有无影响安全作业的问题存在，在排除和解决后方许开始作业。在作业中发现有不安全的情况和迹象时，应立即停止作业进行检查，解决以后才能恢复正常作业；发现有异常和危险情况时，应立即通知所有架上人员撤离。

（2）脚手架搭设安全措施。

1）雨季到来之前应做好防风、防雨、防雷等准备工作。

2）现场电缆接头处必须有防水和防止触电的措施。

3）施工用电设施在大风、暴雨等恶劣天气后，应进行特殊性的检查、维护。

4）雨水过后应对脚手架的根部土质进行检查，并及时修理加固。

5）雨后施工人员应注意防滑。

6）脚手架搭设中应统一指挥、协调作业。

7）作业时所使用的一切临时设施、工机具要提前检查，确保使用中的安全可靠。

8）脚手架上作业人员必须正确佩挂安全带并站稳把牢。在脚手架上传递、放置杆件时，应注意防止失衡闪失。

9）安装较重的杆部件或作业条件较差时，应避免单人单独操作。

10）未设置第一排连墙件前，应加设抛撑，以确保架子的稳定和架上作业人员的安全。

11）剪刀撑及其他整体性拉结杆件应随架子高度的上升及时装设，以确保整架稳定。

12）严格按照施工规范搭设，确保构架尺寸、杆件垂直度和水平度、各节点构造和紧固程度符合设计要求。

13）搭设过程中，严禁以抛掷的方式传递工具或其他物品。架上不得集中（超载）堆置杆件材料。

14）禁止使用材质、规格和缺陷不符合要求的杆配件。

15）脚手架搭设后，进行验收合格后方可挂牌使用。

三、FGD 电控综合楼砌筑抹灰施工

（一）工程概况

某发电厂 FGD 电控综合楼上部结构为框架结构，墙体砌筑零米以下采用烧结砖砌筑，零米以上为 250 厚 MU5 加气混凝土砌块，M5 混合砂浆砌筑。女儿墙采用厚 250mm、抗压强度不小于 5MPa 的烧结砖砌筑。本工程设计抗震烈度为 8 度，构造设防提高一级。室内标高±0.000m 相当于绝对标高 4.600m。

（二）施工工艺流程

FGD 综合楼砌筑抹灰施工工艺流程见图 16-5。

（三）施工方法及要求

1. 脚手架工程

为保证砌筑和抹灰的质量，本工程砌筑时采用双排脚手架。脚手架立杆下基底应平整、夯实，并用脚手板作垫板，脚手架立杆间距 1.5m，两排间距 1.2m，顺水 1.5m 一道，小横

```
墙体中心线放线
      ↓
    检查 ──不合格──→
      │合格
清理及浇水湿润
      ↓
   立皮数杆
      ↓
砂浆原材料称量
      ↓
   砂浆搅拌
      ↓
   砌体砌筑
      ↓
圈梁及构造柱钢筋绑扎
      ↓
  检查验收 ──不合格──→
      │合格
圈梁及构造柱模板支设
      ↓
  检查验收 ──不合格──→
      │合格
圈梁及构造柱混凝土搅拌
      ↓
  混凝土浇灌
      ↓
  混凝土养护
      ↓
   模板拆除
      ↓
砌筑检查验收 ──不合格──→ 按不合品管理程序处置
      │合格
   下一层施工
```

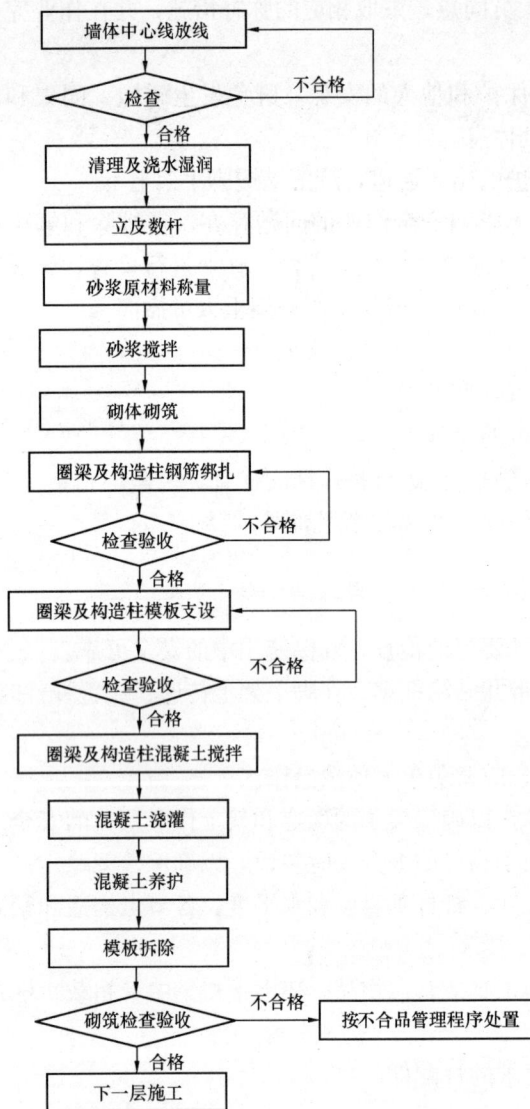

图 16-5　FGD 综合楼砌筑抹灰施工工艺流程图

杆 0.75m 一道，各层平台应满铺脚手板，用铁丝绑扎牢固。

脚手架立杆每间隔 6m，加设剪刀撑和连墙件，支撑在两个方向全要布设，并且脚手架与柱及连梁间用抱箍连接牢固。

在各施工层满铺脚手板，作为各层施工水平运输平台，在操作层平台设防护围栏，用密目网封严，上料架四周用密目网封严。

2. 砌筑工程

(1) 砖浇水：普通页岩砖必须在砌筑前一天浇水湿润，蒸压混凝土砌块必须在砌筑前两天浇水湿润，一般以水浸入砖四边 1.5cm 为宜，含水率为 10%～15%，常温施工不得用干砖上墙；雨季不得使用含水率达饱和状态的砖砌墙。

(2) 砂浆搅拌，砂浆配合比应采用质量比，计量精度水泥为 ±2%，砂、灰膏控制在 ±5%，外加剂控制在 ±1%。宜采用机械搅拌，搅拌时间不少于 2min。

(3) 普通砖砌筑。

1) 组砌方法：砌体一般采用梅花丁砌法。砖柱不得采用先砌四周后填心的包心砌法。

2) 排砖摞底（干摆砖）：一般外墙第一层砖摞底时全部排丁砖。根据弹好的门窗洞口位置线，认真核对窗间墙、垛尺寸，其长度是否符合排砖模数，如不符合模数，可将门窗口的位置左右移动。若有破活，七分头或丁砖应排在窗口中间、附墙垛或其他不明显的部位。移动门窗口位置时，应注意暖卫立管安装及门窗开启时不受影响。另外，在排砖时还要考虑在门窗口上边的砖墙合拢时也不出现破活。所以排砖时必须做全盘考虑。

3) 选砖：砌清水墙应选择棱角整齐，无弯曲、裂纹，颜色均匀，规格基本一致的砖。敲击时声音响亮，焙烧过火变色、变形的砖可用在基础及不影响外观的内墙上。

4) 盘角：砌砖前应先盘角，每次盘角不要超过 5 层，新盘的大角及时进行吊、靠。如有偏差要及时修整。盘角时要仔细对照皮数杆的砖层和标高，控制好灰缝大小，使水平灰缝均匀一致。大角盘好后再复查一次，平整度和垂直度完全符合要求后，再挂线砌墙。

5) 挂线：砌筑一砖半墙必须双面挂线，如果长墙几个人均使用一根通线，中间应设几个支线点，小线要拉紧，每层砖都要穿线看平，使水平缝均匀一致、平直通顺；砌一砖厚混水墙时宜采用外手挂线，可照顾砖墙两面平整，为下道工序控制抹灰厚度奠定基础。

6) 砌砖：砌筑前应立皮数杆，以控制水平灰缝的厚度。砌砖宜采用一铲灰、一块砖、一挤揉的"三一"砌砖法，即满铺、满挤操作法。水平灰缝厚度和竖向灰缝宽度一般为 10mm，但不应小于 8mm，也不应大于 12mm。为保证清水墙面主缝垂直，不游丁走缝，当砌完一步架高时，宜每隔 2m 水平间距，在丁砖立楞位置弹两道垂直立线，可以分段控制游丁走缝。在操作过程中，要认真进行自检，如出现偏差，应随时纠正，严禁事后砸墙。清水墙不允许有三分头，不得在上部任意变活、乱缝。砌筑砂浆应随搅拌随使用，一般水泥砂浆必须在 3h 内用完，水泥混合砂浆必须在 4h 内用完，不得使用过夜砂浆。砌清水墙应随砌、随划缝，划缝深度为 8～10mm，深浅一致，墙面清扫干净。混水墙应随砌随将舌头灰刮尽。

（4）蒸压混凝土砌块砌筑。

1) 砌块的排列：应根据工程设计施工图纸，结合砌块的品种规格、绘制砌体砌块的排列图，经审核无误后，按图进行排列。

2) 排列应从基础顶面或楼层面开始进行，排列时应尽量采用主规格的砌块，砌体中主规格砌块应占总量的 80% 以上。

3) 砌块排列上下皮应错缝搭砌，搭砌长度一般为砌块长度的 1/3，且不应小于 150mm。

4) 外墙转角处及纵横墙交接处，应将砌块分皮咬槎，交错搭砌，砌体砌至门窗洞口边时，应用页岩砖砌筑。

5) 砌体水平灰缝厚度一般为 15mm，加网片筋的砌体水平灰缝厚度为 20～25mm，垂直灰缝的厚度为 20mm，大于 30mm 的垂直灰缝应用 C20 级细石混凝土灌实。

6) 铺砂浆：将搅拌好的砂浆通过吊斗或手推车运至砌筑地点，在砌块就位前用大铁锹、灰勺进行分块铺灰，较小的砌块量大铺灰长度不得超过 1500mm。

7) 砌块砌体与结构位置有矛盾时，应先满足构件要求。

8) 砌块就位与校正：砌块砌筑前应将表面浮尘和杂物清理干净，砌块就位应先远后近，先下后上，先外后内，应从转角处或定位砌块处开始，吊砌一皮校正一皮。

9) 砌块就位应避免偏心，使砌块底面水平下落，就位时由人手控制对准位置，缓慢下落，经小撬棍微撬，拉线控制砌体标高和墙面平整度，用托线板挂直，直到校正为止。

10) 竖缝灌砂浆：每砌一皮砌块就位后，用砂浆灌实直缝，随后进行灰缝的勒缝（原浆勾缝），深度一般为 3～5mm。

11) 留槎：外墙转角处应同时砌筑。内外墙交接处必须留斜槎，槎子长度不应小于墙体高度的 2/3，槎子必须平直、通顺。分段位置应在变形缝或门窗口角处，隔墙与墙或柱不同时砌筑时，可留阳槎加预埋拉结筋。沿墙高按设计要求每 500mm 预埋 $\phi6$ 钢筋至少 2 根，其埋入长度从墙的留槎处算起，一般每边均不小于 1000mm，末端应加 90° 弯钩；有抗震要求的按有关规定长度留置。施工洞口也应按以上要求留水平拉结筋。隔墙顶应用立砖斜砌挤紧。

12) 木砖预留孔洞和墙体拉结筋：木砖预埋时应小头在外，大头在内，数量按洞口高度决定。洞口高在 1.2m 以内，每边放 2 块；高 1.2～2m，每边放 3 块；高 2～3m，每边放 4 块。预埋木砖的部位一般在洞口上边或下边四皮砖，中间均匀分布。木砖要提前做好防腐处理。钢门窗安装的预留孔，硬架支模、暖卫管道均应按设计要求预留，不得事后剔凿。墙体拉结筋的位置、规格、数量、间距均应按设计要求留置，不应错放、漏放。

13) 安装过梁、梁垫：安装过梁、梁垫时，其标高、位置及型号必须准确，坐灰饱满。

如坐灰厚度超过 20mm，要用细石混凝土铺垫，过梁安装时，两端支承点的长度应一致。

14）构造柱做法：凡设有构造柱的工程，在砌砖前，均先根据设计图纸将构造柱位置进行弹线，并将构造柱插筋处理顺直。砌砖墙时，与构造柱连接处砌成马牙槎。每一个马牙槎沿高度方向的尺寸不宜超过 300mm（即五皮砖）。马牙槎应先退后进。拉结筋按设计要求放置，设计无要求时，一般沿墙高每 500mm 设置至少 2 根 $\phi6$ 水平拉结筋，每边深入墙内不应小于 1m。

（5）抹灰作业方法。

1）基层处理：抹灰前检查墙体，对松动、灰浆不饱满的拼缝及梁、板下的顶头缝，用掺水量 10％的 108 胶灰浆填塞密实。将露出墙面的舌头灰刮净，墙面的突出部位剔凿平整。墙面坑凹不平处、砌块缺楞掉角的以及剔凿的设备管线槽、洞，应用胶灰整修密实、平顺。用拖线板检查墙体的垂直偏差及平整度，将抹灰基层处理完好。

2）洒水湿润：将墙面上的浮土清扫干净，分数遍浇水湿润。由于混凝土砌块吸水速度先快后慢，延续时间长，故应增加浇水的次数，使抹灰层有良好的凝结硬化条件，不致在砂浆的硬化过程中水分被加气混凝土块吸走。浇水量以水分渗入砌块深度 8～10mm 为宜，且浇水宜在抹灰前一天进行，遇风干天气，抹灰时墙面仍干燥不湿，应再喷一遍水，但抹灰时墙面不显浮水，以利砂浆强度增长，不易出现空鼓、裂缝。喷水后立即刷一遍掺用水量 20％的 108 胶素水泥浆，再开始抹灰。

3）大面积抹灰前应贴饼、冲筋，砌块抹灰前先在表面甩浆，然后在不同墙体材质交接部位按要求挂专用玻纤网，然后贴灰饼、冲标筋。用拖线板检测一遍墙面不同部位的垂直、平整情况，以墙面的实际高度决定灰饼和冲筋的数量，一般以 1.8m 为宜。用 1：1：6 水泥石灰混合砂浆做成灰饼，其厚度以满足墙面抹灰达到垂直度的要求为宜。上下灰饼用拖线板找垂直，水平方向用靠尺板或拉通线找平，先上后下，保证墙面上下灰饼表面处在同一平面内，作为冲筋的依据。冲筋：依照已贴好的灰饼，从水平或垂直方向各灰饼之间用水泥混合砂浆冲筋，反复搓平，上下吊垂直。

4）抹门窗口水泥砂浆护角：室内门窗口的阳角和门窗框、柱面阳角均应抹水泥砂浆护角，其高度不得小于 2m，护角每侧包边的宽度不小于 50mm，阳角、门窗套上下和过梁底面要方正。做护角要两面贴好靠尺，待砂浆稍干后再用素水泥膏抹成小圆角，护角厚度应超出墙面底灰一个罩面灰的厚度，成活后与墙面灰层平齐。

5）抹底子灰：用混合砂浆抹底子灰，配比为 1：1：6，扫毛或划出纹线，养护待干后再进行罩面。抹底子灰时一定要根据灰饼留出罩面的厚度，修抹墙面上的箱、槽、孔洞。当底灰找平后，应立即把暖气、电气设备的箱、槽、孔洞口周边 50mm 的底灰砂浆清理干净，使用 1：1：4 水泥混合砂浆把口周边修抹平齐、方正、光滑。抹灰时比墙面底灰高出一个罩面灰的厚度，确保槽、洞周边修整完好。

6）抹罩面灰：罩面灰配比为 1：0.5：3。先薄薄地刮一层，随之抹平，粗压一遍，再抹第二遍，从上到下，顺序进行，压实、赶光，随后用铁抹子抹平、赶光。

3. 门窗安装

（1）施工条件。

1）经质量验收合格，各工种之间已经办好交接手续。

2）按图示尺寸弹好窗中线，并弹好＋50cm 水平线，校正门窗洞口位置尺寸及标高是否符合设计图纸要求，如有问题应提前剔凿处理。

3）检查铝门窗与墙体预留孔洞位置是否吻合，若有问题应提前处理，并将预留孔洞内的杂物清理干净。

4）门窗到达现场后，应组织业主、监理、工程技术人员对门窗进行验收、取样，做现场复试，验收合格后再进行安装。

5）认真检查铝合金门窗的保护膜是否完整，如有破损，应补粘后再安装。

（2）施工工艺。

1）弹线找正：在最高层找出门窗口边线，用大线坠将门窗口边线下引，并在每层门窗口处划线标记，对个别不直的口边应剔凿处理。高层建筑可用经纬仪找垂直线。门窗口的水平位置应以楼层+50cm 水平线为准，往上反，量出窗下皮标高，弹线找直，每层窗下皮（若标高相同）则应在同一水平线上。

2）墙厚方向的安装位置：根据外墙大样图的宽度，确定门窗在墙厚方向的安装位置；如外墙厚度有偏差，原则上应以同一房间窗台板外露尺寸一致为准。

3）安装窗披水：按设计要求将披水条固定在铝合金窗上，应保证安装位置正确、牢固。

4）就位和临时固定：根据已放好的安装位置线安装，并将其吊正找直，无问题后方可用木楔临时固定。

5）与墙体固定：与混凝土面固定用射钉，与砖墙固定用钢钉，铁脚至窗角的距离不应大于 180mm，铁脚间距应小于 600mm。

6）处理门窗框与墙体缝隙：门窗固定好后，应及时处理门窗框与墙体缝隙。如设计未规定填塞材料的品种，应严格按规范规定执行。采用矿棉或玻璃棉毡条分层填塞缝隙，外表面留 5~8mm 深槽口填嵌嵌缝膏，严禁用水泥砂浆填塞。在门窗框两侧进行防腐处理后，可填嵌设计指定的保温材料和密封材料。待铝合金窗和窗台板安装后，将窗框四周的缝隙同时填嵌，填嵌时用力不应过大，防止窗框受力后变形。

7）安装五金配件：门窗的五金配件安装工艺要求详见产品说明，要求安装牢固、使用灵活。

（四）施工注意事项

（1）加气混凝土砌块要轻装、轻卸，防止碰掉边角，在现场应码放整齐，堆放场地应坚实、平坦、干燥，并力求靠近砌筑现场，以免多次搬运。

（2）砌块的切锯应使用专用工具，不得用斧头或凡刀任意砍劈。

（3）砌外墙时不得留脚手眼。

（4）穿墙管道应严防渗水，穿墙附件和墙内预埋件均应做防锈处理。

（5）砌筑时应上下错缝，搭接长度不宜小于砌块长度的 1/3。

第三节 石膏脱水楼施工

一、石膏脱水楼基础施工

（一）工程概况

某发电厂厂区土地类别为Ⅳ类场地，地震设防烈度为 8 度。石膏脱水楼基础±0.000m 相当于绝对高程+4.500m。石膏脱水楼基础采用混凝土灌注桩作为地基，图纸要求灌注桩桩伸入基础 100mm，截桩后桩顶设计标高－2.100m。石膏脱水楼基础埋深为－2.200m。基础承台、柱段、连系梁混凝土为 C40；垫层厚 100mm，C10 混凝土。

（二）施工工艺流程

1. 基础施工

完善施工环境→土方开挖→地基处理→桩头凿毛处理、钢筋除锈→垫层施工→垫层防腐→基础定位轴线→验收轴线→放基础边线（验线）→绑扎钢筋→验收→支模板（加固）→验收→浇筑混凝土→养护→基础防腐→隐蔽验收→土方回填。

2. 框架结构

柱子定位轴线→验收轴线→放柱子边线（验线）→绑扎钢筋→验收→支模板（加固）→验收→浇筑混凝土→养护→隐蔽验收。

（三）施工方法及要求

1. 测量放线

在土方开挖前首先在场地上放出土方开挖上下口线，尤其是标高不同的位置更应严格控制，以防超挖、开挖不到位等现象发生。因此必须设置临时测量控制点，临时测量控制点布置在基坑上口四角，供测量使用。临时控制点采用木桩制作，在每次使用前应根据业主提供的基准点复核其准确性。

根据厂区坐标系引测定位石膏脱水楼框架柱轴线，并做好轴线控制网。根据厂区高程点引测高程控制点，做控制桩，经四级验收合格后，进行下一步施工；根据控制网放轴线及以后各结构层轴线引测，利用高程控制桩控制结构标高。

2. 土方开挖

石膏脱水楼基础土方开挖采用正铲挖掘机开挖并配合人工进行，桩间距离小、挖掘机挖斗不能通过的桩间土采用人工挖掘。石膏脱水楼基础土方机械开挖时预留 100～200mm 的余量，采用人工配合清除，以防止扰动基底土，预留余量可根据实际情况调整，但必须保证不扰动基底土。槽底土采用人工清理，人工清槽底的速度须与机械开挖速度一致。

基坑土方开挖边坡放坡坡度为 1∶1.5；基础施工时需要预留工作面，工作面宽度为基础垫层边向外扩展 1m。在石膏脱水楼基础东侧设置机动车上下坡道，坡道宽度为 8m，放坡坡度为 1∶8；人员上下基坑采用人行坡道上下，脚手管搭设护栏。材料上下坡道采用脚手管、脚手板搭设而成。

土方开挖过程中严格按照设计要求的开挖深度进行操作，严禁超挖，在临近开挖深度时，要求机械操作人员控制好铲斗的入土深度，测量人员跟随测量，严格控制标高。人工在进行护坡修坡时，要求将坡面修理平整，不得凹凸不平。汽车在装土时，倒车派专人指挥。在机械挖土时严禁碰撞桩头，以防机械碰撞使工程桩偏移或损坏。

3. 地基处理

首先由基坑北侧上口中间位置铺设一条 8m 宽的施工机械坡道进入基坑，坡道坡度为 1∶5，回填机械由坡道进入基坑。换填料采用自卸车运进基坑，然后用挖掘机将其均匀布设在基坑内，每层虚铺厚度 300mm，然后采用振动碾分层碾压密实，每层碾压 6～8 遍。在每一层回填压实完毕后，进行四级验收，同时联系实验室进行现场取样试验，试验合格经监理同意后方可进行下步回填，共分 4 次回填完毕。回填压实系数不小于 0.96，最大干密度不小于 1.85g/cm³。整个基坑回填到－2.4m 后进行全面整平，经四级验收合格后，办理移交手续，将基坑工作面移交给桩基施工单位。

4. 地基工程（截桩）

截桩工作随土方开挖同时进行，随开挖随截桩，随即将桩头运走。截桩采用风镐剔凿的方式。

截桩前，先在桩身上面用红油漆笔标记出设计标高（−2.90m），然后用云石锯在设计桩顶位置将桩头切出一圈 3cm 深的剔凿线，用风镐将基础桩主筋保护层剔凿掉，使桩主筋完全露出，在离垫层面 950mm 高度处将主筋截断，将下部桩主筋与桩身分离开。桩主筋剥出后将桩头在设计标高位置截断并放倒，用挖掘机将桩头吊出基坑。桩头清走后，再用小錾子将桩头顶剔凿平整，用钢筋扳将预留的桩主筋调直。

剔除桩头时，要保证桩体和桩钢筋深入到混凝土承台内的长度符合设计要求。如果出现钢筋长度不满足设计要求时，采用双面搭接焊的连接形式进行。剔除后的桩头要求表面混凝土平整、没有松动的混凝土，钢筋顺直。剔凿下来的碎块用运土车运至指定地点，严禁混凝土碎块和开挖土一起混运。当桩头超过 2m 长时，可分两次凿除，以方便运输。

5. 钢筋工程

钢筋采用钢筋场制作，现场绑扎成型的施工方案，现场运料使用拖拉机和长板车，20t 或 50t 汽车式起重机垂直吊运。

（1）钢筋翻样：严格按照施工图及施工规范进行翻样；翻样工作要本着准确合理、省料的原则进行；翻样完成后，要进行严格自检，确保钢筋品种、规格和尺寸正确，数量齐全。翻样单必须经主管技术人员或技术负责人审核后方可进行加工。

（2）钢筋制作：钢筋母材进厂必须配有相应的出厂质量证明书和试验报告单，钢筋表面或每捆（盘）钢筋均应有标识。进厂时应按炉批及直径分批检验。检验内容包括查标识、外观检查，并按抽样标准以同一牌号、同一炉批号、同一规格、同一交货状态，每 60t 为一批（不足者按一批计），从不同捆（盘）中（取样时钢筋两端 500mm 不能作试样）截取 6 根钢筋，进行见证取样复试，复试合格后方可使用，如钢筋在加工过程中发现脆断、焊接性能不良或力学性能显著不正常等现象，应根据现行国家标准立即对该批钢筋进行化学成分检验和其他专项检验。钢筋制作要严格按钢筋翻样单上的规格、尺寸、数量加工，制作时应保证钢筋平直，无局部曲折。钢筋表面应洁净，无损伤、油渍、漆污和铁锈等，否则应在使用前清除干净。带有颗粒状或片状老锈的钢筋不得使用。钢筋下料要准确无误，保证每一根钢筋的尺寸、规格、直径正确，要确保钢筋弯起角度的准确性。钢筋制作完后要严格按规格、型号挂小木牌，分堆码放，标志要明显。钢筋制作班组要做好自检记录和钢筋跟踪记录台账，提供验收资料。

（3）钢筋绑扎：钢筋绑扎按照由下至上，先底板钢筋，后柱插筋，然后箍筋的施工顺序进行。

（4）钢筋连接：基础、柱主筋采用机械连接（直螺纹套筒接头），接头在制作前先对试件进行试连接，检验合格后方可大批量生产。其具体要求如下：

1）所有参加直螺纹接头的人员都必须进行专项技术培训考核合格后，方可上岗操作。

2）所用套筒都必须有出厂合格证，并在运输和储存过程中加保护套，防止锈蚀和沾污。

3）丝头加工完成经自检合格后，报验二、三级质检员随机抽样进行检验，以一个工作班内生产的丝头为一验收批，随机抽检 10%，且不得少于 10 个，当合格率小于 95% 时，应加倍抽检，复检中合格率仍小于95％时，应对全部钢筋丝头逐个进行检验，并切去不合格的丝头，重新加工。

4）钢筋规格和套筒的规格必须一致，钢筋和套筒的丝扣干净、完好无损；用管钳和力矩扳手进行施工。拧紧后的直螺纹接头应做出标记，外露丝扣不得多于1个整丝扣。

5）接头的检验与验收：接头应有技术提供单位提交有效的型式检验报告；接头的现场检验按验收批进行，同一施工条件下采用同一批材料的同等级、同形式、同规格接头，以500个为一验收批进行检验与验收，不足500个也作为一个验收批。每一规格钢筋试件不应少于3根。取样应经监理见证。

梁、柱受力筋接头，同一截面接头率不超过50％。

6. 模板工程

本工程模板采用定型组合钢模板配合木模板就地拼装成型的施工方案。模板固定采用ϕ48×3.5mm脚手管做围檩。施工前，先根据施工图纸画好配模图，根据配模图设专人挑选模板并修理，保证模板表面平整、光滑，并均匀地涂刷隔离剂。

支模应在钢筋工程经过四级验收合格后进行。为防止模板漏浆，在模板底角用水泥砂浆封堵，模板拼缝间加海绵条。为保证混凝土的外观质量，严禁使用带眼的模板。

（1）柱支模方法。柱支模采用单块就位组拼的方法：柱脚直接立于基础顶部，先将柱子第一节四面模板就位，用连接角组拼好，角模宜高出平模，校正调好对角线，并用脚手管做围箍固定。然后以第一节模板上高出的角模连接件为基准，用同样方法组拼第二节模板，直至柱顶，最后再找正调直。

（2）梁模板支设方法。梁模板采用单块就位组拼的方法：梁底支撑采用脚手管搭设排架的方法，用短脚手管作铺梁底模板的横楞。在复核梁底标高校正轴线位置无误后，搭设和调平模板支架，然后在横楞上铺放梁底模板，拉线找直，并用扣件将梁底模固定，拼接角模，待绑扎钢筋验收合格后再封梁侧模。梁跨度大于4m时，起拱2‰～3‰。梁与柱和梁与梁相交处模板不符合模数时，局部采用配木模的方法封堵，要求钢木交接处表面平整，加固牢固。

（3）板模板支设方法。

1）工艺流程：地面夯实、铺平、垫实→安装支撑脚手架立杆→安装大小横杆→铺木方子找平→铺模板→校正标高→加立杆的水平拉杆→预检验收。

2）地面应夯实，并垫道木枕，楼层地面立支柱前垫通长脚手板。采用多层支架支模时，支柱应垂直，上下层支柱应在同一竖向中心线上。

3）从边跨一侧开始安装，先安第一排脚手架立杆，临时固定，再安第二排脚手架立杆，依次逐排安装。

4）调节支柱高度，将大龙骨找平。

5）铺大模板：从一侧开始铺，每两块板间粘海绵胶条以防止漏浆，保证拼缝严密。

6）平台板铺完后，用水平仪测量模板标高，进行校正，并用靠尺找平。

7）标高校完后，支柱之间应加水平拉杆。离地面20～30cm处一道，往上纵横方向每隔1.2m左右一道，并应经常检查，保证其完整、牢固。

8）将模板内杂物清理干净，并进行自检。

（4）预埋件的安装：预埋件的安装要根据施工图的位置，在钢板上划出中心线。梁侧、柱、梁底的预埋件按照施工图要求的方位、标高、方向安装，并在预埋件上打 4 个 $\phi8$ 的孔，与预埋件孔相对应地在模板上打 4 个相同的孔（打孔位置一定要对应好，避免不方正），用 M6 的螺栓将预埋件与大模板固定牢固，并且在预埋件四周用海绵条粘贴紧密。梁顶和平台顶的预埋件用加钢筋支架的方法固定。

预埋铁件及预埋套管要严格按图纸要求的轴线尺寸、标高放置，放置前应认真核对预埋铁件的规格，杜绝漏放和错放。

（5）模板安装质量要求。组合钢模板安装完毕后，按有关规定进行全面检查，验收合格后方可进行下一道工序。

1）组装的模板必须符合施工设计的要求。

2）各种连接件、支承件、加固配件必须安装牢固，无松动现象。模板拼缝要严密，固定要牢固。

3）模板结构符合要求。木楞 50mm×100mm，间距不大于 300mm。

4）模板表面光滑，接缝严密，无缺棱掉角、局部损坏，拼缝顺直、规则。

5）表面平整度不大于 2mm，板缝高低差不大于 1mm。

7. 混凝土工程

（1）混凝土工程采用搅拌站集中搅拌，罐车运输、泵车浇筑的施工方案。

（2）本工程混凝土强度等级为 C40。

（3）混凝土施工前，对水泥、砂、石及外加剂等材料进行试验，合格后方可进行施工。混凝土配合比必须经过试验室试配后确定。混凝土搅拌前对计量器具进行检验合格后方可搅拌，搅拌严格按配合比进行。混凝土浇筑前，对模板、钢筋工程进行检查，经四级验收合格后方可浇筑混凝土。

（4）浇筑混凝土时，混凝土自由倾落高度不得超过 2.0m，每次下料高度为 0.5m，以防高度增大过快而使混凝土侧压急剧增大发生离析。

（5）混凝土振捣人员要具有丰富的混凝土施工经验，以保证混凝土的施工质量，做到内实外光、表面平整、无蜂窝麻面。振捣时采用插入式振捣器，振捣的方法采用垂直振捣。振捣时要做到快插慢拔。振捣器插点要均匀排列，本方案要求插点间距 350～400mm。

（6）浇筑时必须设专人监护模板、钢筋的变化，如发现变形、移动时，立即停止浇筑，并在已浇筑的混凝土初凝前修好。为避免混凝土表面出现裂缝，混凝土面在混凝土初凝前用木抹子抹 3～5 遍并压实。

（7）施工缝处理。浇筑前将施工缝混凝土面凿毛，清扫干净并浇水润湿不少于 24h。浇筑前确保表面润湿、无积水，用与混凝土同配合比的砂浆铺设 50mm 厚，然后再浇筑，保证新旧混凝土接触良好。

（8）混凝土养护。混凝土浇筑完成后，为了及时做好混凝土的保温养护措施，采用混凝土表面覆盖塑料薄膜和棉被进行保水保温养护，养护时间不少于 14 天。

（9）混凝土试块制作及坍落度控制。

1）按工作班每 100m³ 标养试块不少于一组，不足 100m³ 标养试块不少于一组，连续浇筑 1000m³ 以上可按 200m³ 标养试块取一组。同期浇筑柱、梁至少留置两组同条件试块用于拆模时使用。

2）混凝土坍落度按车次，视和易性情况，进行抽查，如发现坍落度或混凝土和易性不合格，应及时退回搅拌站。

8. 防腐工程

根据图纸要求和设计师交底要求，基础垫层顶面、基础-0.500m 以下外露部位全部涂刷环氧煤沥青涂料。

每次垫层施工完，待表面完全干燥后，再涂刷环氧煤沥青涂料，涂刷前要将垫层表面彻底清扫一遍，待表面经过四级验收合格后，开始涂刷，涂刷时要均匀、一致。基础垫层每边要留 5~10cm 不涂刷，用于施工放线、弹墨线。

基础表面的环氧煤沥青涂料，待基础进行完隐蔽验收，经监理确认后进行。施工前也要彻底将基础表面清扫干净。

环氧煤沥青涂料施工时的注意事项：注意防火，沥青涂料属于易燃物质，施工时，基坑内严禁有明火作业；涂刷时不能污染其他任何材料，要选择晴朗、通风的天气施工。

9. 墙体砌筑

本工程砌体主要采用 MU10。

(1) 施工准备。

1) 验收时首先从外观上进行检测，然后按照取样规范及设计要求，随机取样进行试验检测。

2) 砖进场后，按指定地点进行分类整齐堆放，并有排水措施。砖的堆置高度不宜超过 1.6m，垛与垛之间应留有适当的通道。

3) 砌筑前，先将建筑面抄平，用水冲洗干净工作面，然后按图纸放出轴线，并立好皮数杆。

(2) 施工工艺。

1) 排砖撂底。根据墙体施工平面放线和设计图纸上的门、窗位置大小，层高、砖错缝、搭接的构造要求和灰缝大小，安排砌砖数量及进度。

2) 砌筑。

①墙体的砌筑：从外墙的四角和内外墙的交接处砌起，然后通线全墙面铺开。砌筑时采用满铺、满坐的砌法，满铺砂浆每边缩进砖墙为 10~15mm（避免砌块坐压砂浆流溢出墙面），用拉线的方法检查其水平度。

②砌筑时控制砌块的含水率在 5%~8%，必须洒水后再砌筑。

③砌墙前先拉水平线，在放出墨线的位置上，按排列图从墙体转角处或定位砌块处开始砌筑，第一层砌块下应铺满砂浆。

④一次铺设砂浆的长度不超过 800mm，铺浆后放置砌块，摆正、找平。

⑤转角处要咬槎砌筑，纵横交接处未咬槎时应有拉结措施。

⑥砌筑墙端时，与框架柱面靠紧，填满砂浆，并将柱或墙上预留的拉结钢筋展开，砌入水平灰缝中。

⑦墙体表面平整度、垂直度，灰缝的均匀度及砂浆的饱满程度等，应参照有关施工规程执行并随时检查，校正所发现的偏差。

3) 砌体与实心墙柱相接。砌体与实心墙柱相接位置，应按设计图纸规定处理。

4) 砌块墙的加固措施。墙体的加固措施，应按设计图说明进行处理，柱与墙之间应沿每 500mm 高度设置 2 根 $\phi8$ 拉结钢筋，钢筋两端伸入墙内应不小于 1000mm，构造柱和联系梁应在砌墙后才进行浇筑,以加强墙体的整体稳定性。

5)灰缝要求。

①灰缝要求横平、竖直,砂浆饱满,均匀密实,边砌墙边勾缝,不得出现暗缝,严禁出现透亮缝。

②埋设的拉结钢筋和钢网片必须展平埋置于砂浆中。

二、石膏脱水楼上部结构施工

(一)工程概况

某发电厂石膏脱水楼综合楼上部结构为框架结构,框架柱、梁及板的混凝土强度等级为C30、C35,垫层C10;钢筋采用HPB235、HRB335级钢筋,型钢材质为Q235B。柱钢筋连接采用剥肋滚轧直螺纹连接。

本工程±0.00m相当于绝对标高4.45m。

(二)施工工艺流程

1.框架结构

柱子定位轴线→验收轴线→放柱子边线(验线)→绑扎钢筋→验收→支模板(加固)→验收→浇筑混凝土→养护→隐蔽验收。

2.建筑施工

放轴线→砌筑填充墙→门窗框安装→交接处挂网→墙面弹线→标筋→抹底灰→找平→贴砖或刷乳胶漆。

(三)施工方法及要求

1.测量放线

根据厂区坐标系引测定位石膏脱水楼框架柱轴线,并做好轴线控制网。根据厂区高程点引测高程控制点,做控制桩,经四级验收合格后,进行下一步施工;根据控制网放轴线及以后各结构层轴线引测,利用高程控制桩控制结构标高。

2.钢筋、模板、混凝土工程

具体施工方法及要求与石膏脱水楼基础施工部分相同。

3.墙体砌筑

本工程砌体主要采用MU5加气混凝土砌块砌筑。

(1)施工准备。

1)砌块按规定的质量标准并对出厂合格证进行验收,验收时首先从外观上进行检测,然后按照取样规范及设计要求,随机取样进行试验检测。

2)砌块进场后,按指定地点进行分类整齐堆放,并有排水措施。砌块的堆置高度不宜超过1.6m,垛与垛之间应留有适当的通道。

3)砌筑前,先将建筑面抄平,用水冲洗干净工作面,然后按图纸放出轴线,并立好皮数杆。

(2)施工工艺。砌墙前先拉水平线,在放好墨线的位置上,按排列图从墙体转角处或定位砌块处开始砌筑。

1)排砖撂底。根据墙体施工平面放线和设计图纸上的门、窗位置大小,层高、砌块错缝、搭接的构造要求和灰缝大小,安排砌砖数量及进度。

2)砌筑。

①墙体的砌筑：从外墙的四角和内外墙的交接处砌起，然后通线全墙面铺开。砌筑时采用满铺、满坐的砌法，满铺砂浆每边缩进砖墙为 10～15mm（避免砌块坐压砂浆流溢出墙面），用拉线的方法检查其水平度。

②砌筑时控制砌块的含水率在 5％～8％，必须洒水后再砌筑。

③砌墙前先拉水平线，在放出墨线的位置上，按排列图从墙体转角处或定位砌块处开始砌筑，第一层砌块下应铺满砂浆。

④一次铺设砂浆的长度不超过 800mm，铺浆后放置砌块，摆正、找平。

⑤转角处要咬槎砌筑，纵横交接处未咬槎时应有拉结措施。

⑥砌筑墙端时，与框架柱面靠紧，填满砂浆，并将柱或墙上预留的拉结钢筋展开，砌入水平灰缝中。

⑦墙体表面平整度、垂直度，灰缝的均匀度及砂浆的饱满程度等，应参照有关施工规程执行并随时检查，校正所发现的偏差。

3）砌体与实心墙柱相接。砌体与实心墙柱相接位置应按设计图纸规定处理。

4）砌块墙的加固措施。墙体的加固措施应按设计图说明进行处理，柱与墙之间应沿每 500mm 高度设置 2 根 φ6 拉结钢筋沿墙体通长布置，钢筋两端伸入墙内应不小于 1000mm，构造柱和联系梁应在砌墙后才进行浇筑，以加强墙体的整体稳定性。

5）灰缝要求。

①灰缝要求横平、竖直，砂浆饱满，均匀密实，边砌墙边勾缝，不得出现暗缝，严禁出现透亮缝。

②埋设的拉结钢筋和钢网片必须展平埋置于砂浆中。

4. 楼地面装饰

(1) 准备工作：在使用前对地砖进行挑选，如有裂缝、掉角、扭曲变形等，应予以剔除。常用的工具（如铁抹子、卷尺、水平尺、棉线、橡皮锤等）应放于施工部位。

(2) 基层处理：基层上的灰尘、油漆等杂物应清理干净，基层如发现有空鼓，应将其敲下重新粉刷；如基层是光面，应先对其凿毛。对于楼、地面的基层表面，应提前一天浇水。

(3) 地面砖贴面：按施工图进行施工，在刷干净的地面上铺一层水泥砂浆结合层，根据设计要求确定地面标高线和平面位置线，按定位线的位置铺贴地砖。用水泥砂浆打底在地面砖背面，再将地面砖铺贴于地面，并用橡皮锤敲击地砖面，使其与地面压实，并且高度与地面标高线吻合，并随时用水平尺检查平整度。

(4) 质量要求：同一面表面平整度允许偏差≤2mm，地面砖之间接缝高度偏差不得大于 0.5mm。

(5) 成品保护：对施工完地面应清理干净，并打蜡进行保护，不能用利器划伤砖体表面，不得用重物进行撞击，不得用油性色彩在上面涂画。

5. 屋面工程

(1) 卷材防水施工的工艺流程为：基层表面清理、修补→喷、涂基层处理剂→节点附加增强处理→定位、弹线、试铺→铺贴卷材→收头处理、节点密封→清理、检查、修补→验收。

卷材铺贴的方向，应平行于屋脊铺贴，上下层卷材不得相互垂直铺贴。施工时，应先做好节点、附加层和屋面排水比较集中部位（如屋面和雨落口的连接处、屋面的转角处等）的处理，然后由屋面的最低标高处向上施工。铺贴卷材应采用搭接法，上下层及相邻两幅卷材的搭接缝应错开，平行于屋脊的搭接缝应顺流水方向搭接，垂直于屋脊的搭接缝应顺年最大频率风向（主导风向）搭接。卷材与基层采用满粘法，长边的搭接长度应不小于80mm，短边的搭接长度应不小于100mm。

屋面采用改性沥青防水卷材，保温层采用25mm厚泡沫塑料板，找坡层采用1∶8水泥膨胀珍珠岩找2%的坡，找平层采用1∶3水泥砂浆拍平、压实，待其完全干燥后，再铺设防水层。在有女儿墙或屋面边缘部位，加铺一层改性沥青防水卷材（500mm宽）。

（2）屋面工程防水节点处理：本屋面工程施工中，应特别注意节点处的防水处理，节点防水往往是屋面防水施工的难点和易出问题的关键点。

（3）屋面分格缝的施工：分格缝留设位置应准确，缝宽为20mm，并嵌填密封材料。

（4）施工中应注意：

1）保温层的基层应平整、干净、干燥。

2）卷材防水层节点处要处理严密。

6. 门窗工程

门窗在选用材料时，必须按照甲方及监理要求先提供样品，经认可后方可正式施工。

（1）门窗框在施工时必须以柔性防水材料嵌缝。

（2）窗框应带氯丁橡胶衬里，以在窗户关闭时保证不透湿气和灰尘。

（3）窗应用专用铁马与砖墙结合，禁止墙上打眼拉结，周边嵌缝必须把验收以确保密实度，所有缝边洞眼均须整齐打胶防渗。推拉窗的挡水框高不小于45mm，配件螺母必须用不锈钢或铝铜零件。

（4）防火门和成品木门所选用材料不要曲折、变形。其他门类均由专业公司制作。

7. 脚手架工程

（1）搭设要求及顺序。首先必须对进场的脚手架杆配件进行严格的检查，禁止使用规格和质量不合格的杆配件，搭设前要进行场地平整、夯实，并设置排水措施。脚手架立杆下铺垫木，设置扫地杆。

脚手架的搭设作业必须在统一指挥下，严格按照规定程序进行。按定位依次竖起立杆，将立杆与纵、横向扫地杆连接固定，然后装设第1步的纵向和横向平杆，随校正立杆垂直之后予以固定，并按此要求继续向上搭设。具体的做法为：摆放扫地杆→竖立立杆并与扫地杆扣紧→装扫地小横杆并与立杆和扫地杆扣紧→安第一步小横杆→安第二步大横杆→安第二步小横杆→加设临时斜支撑，上端与大横杆扣紧→安第三、四步大横杆和小横杆→接立杆→加设剪刀撑→铺脚手板→绑护身栏杆→设挡脚板→挂立网。

（2）脚手架搭设安全措施。

1）雨季到来之前应做好防风、防雨、防雷等准备工作。

2）现场电缆接头处必须有防水和防止触电的措施。

3）施工用电设施在大风、暴雨等恶劣天气后，应进行特殊性的检查、维护。

4）雨水过后应对脚手架的根部土质进行检查，并及时修理加固。

5）雨后施工人员应注意防滑。

6）脚手架搭设中应统一指挥、协调作业。

7）作业时所使用的一切临时设施、工机具要提前检查，确保使用中的安全可靠。

8）脚手架上作业人员必须正确佩挂安全带并站稳把牢。在脚手架上传递、放置杆件时，应注意防止失衡闪失。

9）安装较重的杆部件或作业条件较差时，应避免单人单独操作。

10）未设置第一排连墙件前，应加设抛撑，以确保架子的稳定和架上作业人员的安全。

11）剪刀撑及其他整体性拉结杆件应随架子高度的上升及时装设，以确保整架稳定。

12）严格按照施工规范搭设，确保构架尺寸、杆件垂直度和水平度、各节点构造和紧固程度符合设计要求。

13）搭设过程中，严禁以抛掷的方式传递工具或其他物品。架上不得集中（超载）堆置杆件材料。

14）禁止使用材质、规格和缺陷不符合要求的杆配件。

15）脚手架搭设后，进行验收合格后方可挂牌使用。

三、石膏脱水楼砌筑抹灰施工

（一）工程概况

某发电厂石膏脱水楼，上部结构为框架结构，结构顶标高为25.00m，共计4层、局部5层，墙体砌筑零米以下采用烧结砖砌筑，零米以上为250厚MU5加气混凝土砌块，M5混合砂浆砌筑。女儿墙采用厚250mm抗压强度不小于5MPa烧结砖砌筑。本工程设计抗震烈度为8度，构造设防提高一级。室内标高±0.000m相当于绝对标高4.450m。

（二）施工方法及要求

1. 脚手架工程

为保证砌筑和抹灰的质量，本工程砌筑采用双排脚手架。脚手架立杆下基底应平整、夯实，并用脚手板作垫板，脚手架立杆间距1.5m，两排间距1.2m，顺水1.5m一道，小横杆0.75m一道，各层平台应满铺脚手板，用铁丝绑扎牢固。

脚手架立杆每间隔6m，加设剪刀撑和连墙件，支撑在两个方向全要布设，并且脚手架与柱及连梁间用抱箍连接牢固。

在各施工层满铺脚手板，作为各层施工水平运输平台，在操作层平台设防护围栏，用密目网封严，上料架四周用密目网封严。

2. 砌筑工程

（1）砖浇水：普通页岩砖必须在砌筑前一天浇水湿润，蒸压混凝土砌块必须在砌筑前两天浇水湿润，一般以水浸入砖四边1.5cm为宜，含水率为10％～15％，常温施工不得用干砖上墙；雨季不得使用含水率达饱和状态的砖砌墙。

（2）砂浆搅拌，砂浆配合比应采用质量比，计量精度水泥为±2％，砂、灰膏控制在±5％，外加剂控制在±1％。宜采用机械搅拌，搅拌时间不少于2min。

（3）普通砖砌筑。

1）组砌方法：砌体一般采用梅花丁砌法。砖柱不得采用先砌四周后填心的包心砌法。

2）排砖摞底（干摆砖）：一般外墙第一层砖摞底时全部排丁砖。根据弹好的门窗洞口位置线，认真核对窗间墙、垛尺寸，其长度是否符合排砖模数，如不符合模数，可将门窗口的位置左右移动。若有破活，七分头或丁砖应排在窗口中间、附墙垛或其他不明显的部位。移动门窗口位置时，应注意暖卫立管安装及门窗开启时不受影响。另外，在排砖时还要考虑在门窗口上边的砖墙合拢时也不出现破活。所以排砖时必须做全盘考虑。

3）选砖：砌清水墙应选择棱角整齐，无弯曲、裂纹，颜色均匀，规格基本一致的砖。敲击时声音响亮，焙烧过火变色、变形的砖可用在基础及不影响外观的内墙上。

4）盘角：砌砖前应先盘角，每次盘角不要超过5层，新盘的大角及时进行吊、靠。如有偏差要及时修整。盘角时要仔细对照皮数杆的砖层和标高，控制好灰缝大小，使水平灰缝均匀一致。大角盘好后再复查一次，平整度和垂直度完全符合要求后，再挂线砌墙。

5）挂线：砌筑一砖半墙必须双面挂线，如果长墙几个人均使用一根通线，中间应设几个支线点，小线要拉紧，每层砖都要穿线看平，使水平缝均匀一致、平直通顺；砌一砖厚混水墙时宜采用外手挂线，可照顾砖墙两面平整，为下道工序控制抹灰厚度奠定基础。

6）砌砖：砌筑前应立皮数杆，以控制水平灰缝的厚度。砌砖宜采用一铲灰、一块砖、一挤揉的"三一"砌砖法，即满铺、满挤操作法。水平灰缝厚度和竖向灰缝宽度一般为10mm，但不应小于8mm，也不应大于12mm。为保证清水墙面主缝垂直，不游丁走缝，当砌完一步架高时，宜每隔2m水平间距，在丁砖立楞位置弹两道垂直立线，可以分段控制游丁走缝。在操作过程中，要认真进行自检，如出现偏差，应随时纠正，严禁事后砸墙。清水墙不允许有三分头，不得在上部任意变活、乱缝。砌筑砂浆应随搅拌随使用，一般水泥砂浆必须在3h内用完，水泥混合砂浆必须在4h内用完，不得使用过夜砂浆。砌清水墙应随砌、随划缝，划缝深度为8～10mm，深浅一致，墙面清扫干净。混水墙应随砌随将舌头灰刮尽。

（4）蒸压混凝土砌块砌筑。

1）砌块的排列：应根据工程设计施工图纸，结合砌块的品种规格、绘制砌体砌块的排列图，经审核无误后，按图进行排列。

2）排列应从基础顶面或楼层面开始进行，排列时应尽量采用主规格的砌块，砌体中主规格砌块应占总量的80%以上。

3）砌块排列上下皮应错缝搭砌，搭砌长度一般为砌块长度的1/3，且不应小于150mm。

4）外墙转角处及纵横墙交接处，应将砌块分皮咬槎，交错搭砌，砌体砌至门窗洞口边时，应用页岩砖砌筑。

5）砌体水平灰缝厚度一般为15mm，加网片筋的砌体水平灰缝厚度为20～25mm，垂直灰缝的厚度为20mm，大于30mm的垂直灰缝应用C20级细石混凝土灌实。

6）铺砂浆：将搅拌好的砂浆通过吊斗或手推车运至砌筑地点，在砌块就位前用大铁锹、灰勺进行分块铺灰，较小的砌块量大铺灰长度不得超过1500mm。

7）砌块砌体与结构位置有矛盾时，应先满足构件要求。

8）砌块就位与校正：砌块砌筑前应将表面浮尘和杂物清理干净，砌块就位应先远后近，先下后上，先外后内，应从转角处或定位砌块处开始，吊砌一皮校正一皮。

9）砌块就位应避免偏心，使砌块底面水平下落，就位时由人手控制对准位置，缓慢的下落，经小撬棍微撬，拉线控制砌体标高和墙面平整度，用托线板挂直，直到校正为止。

10）竖缝灌砂浆：每砌一皮砌块就位后，用砂浆灌实直缝，随后进行灰缝的勒缝（原浆勾缝），深度一般为3～5mm。

11）留槎：外墙转角处应同时砌筑。内外墙交接处必须留斜槎，槎子长度不应小于墙体高度的2/3，槎子必须平直、通顺。分段位置应在变形缝或门窗口角处，隔墙与墙或柱不同时砌筑时，可留阳槎加预埋拉结筋。沿墙高按设计要求每500mm预埋ϕ6钢筋至少2根，其埋入长度从墙的留槎处算起，一般每边均不小于1000mm，末端应加90°弯钩；有抗震要求的按有关规定长度留置。施工洞口也应按以上要求留水平拉结筋。隔墙顶应用立砖斜砌挤紧。

12）木砖预留孔洞和墙体拉结筋：木砖预埋时应小头在外，大头在内，数量按洞口高度决定。洞口高在 1.2m 以内，每边放 2 块；高 1.2～2m，每边放 3 块；高 2～3m，每边放 4 块。预埋木砖的部位一般在洞口上边或下边四皮砖，中间均匀分布。木砖要提前做好防腐处理。钢门窗安装的预留孔、硬架支模、暖卫管道均应按设计要求预留，不得事后剔凿。墙体拉结筋的位置、规格、数量、间距均应按设计要求留置，不应错放、漏放。

13）安装过梁、梁垫：安装过梁、梁垫时，其标高、位置及型号必须准确，坐灰饱满。如坐灰厚度超过 20mm，要用细石混凝土铺垫，过梁安装时，两端支承点的长度应一致。

14）构造柱做法：凡设有构造柱的工程，在砌砖前，均先根据设计图纸将构造柱位置进行弹线，并将构造柱插筋处理顺直。砌砖墙时，与构造柱连接处砌成马牙槎。每一个马牙槎沿高度方向的尺寸不宜超过 300mm（即五皮砖）。马牙槎应先退后进。拉结筋按设计要求放置，设计无要求时，一般沿墙高每 500mm 设置至少 2 根 $\phi6$ 水平拉结筋，每边深入墙内不应小于 1m。

（5）抹灰作业方法。

1）基层处理：抹灰前检查墙体，对松动、灰浆不饱满的拼缝及梁、板下的顶头缝，用掺水量 10% 的 108 胶灰浆填塞密实。将露出墙面的舌头灰刮净，墙面的突出部位剔凿平整。墙面坑凹不平处、砌块缺楞掉角的以及剔凿的设备管线槽、洞，应用胶灰整修密实、平顺。用拖线板检查墙体的垂直偏差及平整度，将抹灰基层处理完好。

2）洒水湿润：将墙面上的浮土清扫干净，分数遍浇水湿润。由于混凝土砌块吸水速度先快后慢，延续时间长，故应增加浇水的次数，使抹灰层有良好的凝结硬化条件，不致在砂浆的硬化过程中水分被加气混凝土块吸走。浇水量以水分渗入砌块深度 8～10mm 为宜，且浇水宜在抹灰前一天进行，遇风干天气，抹灰时墙面仍干燥不湿，应再喷一遍水，但抹灰时墙面不显浮水，以利砂浆强度增长，不易出现空鼓、裂缝。喷水后立即刷一遍掺用水量 20% 的 108 胶素水泥浆，再开始抹灰。

3）大面积抹灰前应贴饼、冲筋，砌块抹灰前先在表面甩浆，然后在不同墙体材质交接部位按要求挂专用玻纤网，然后贴灰饼、冲标筋。用拖线板检测一遍墙面不同部位的垂直、平整情况，以墙面的实际高度决定灰饼和冲筋的数量，一般以 1.8m 为宜。用 1∶1∶6 水泥石灰混合砂浆做成灰饼，其厚度以满足墙面抹灰达到垂直度的要求为宜。上下灰饼用拖线板找垂直，水平方向用靠尺板或拉通线找平，先上后下，保证墙面上下灰饼表面处在同一平面内，作为冲筋的依据。冲筋：依照已贴好的灰饼，从水平或垂直方向各灰饼之间用水泥混合砂浆冲筋，反复搓平，上下吊垂直。

4）抹门窗口水泥砂浆护角：室内门窗口的阳角和门窗框、柱面阳角均应抹水泥砂浆护角，其高度不得小于 2m，护每侧包边的宽度不小于 50mm，阳角、门窗套上下和过梁底面要方正。做护角要两面贴好靠尺，待砂浆稍干后再用素水泥膏抹成小圆角，护角厚度应超出墙面底灰一个罩面灰的厚度，成活后与墙面灰层平齐。

5）抹底子灰：用混合砂浆抹底子灰，配比为 1∶1∶6，扫毛或划出纹线，养护待干后再进行罩面。抹底子灰时一定要根据灰饼留出罩面的厚度，修抹墙面上的箱、槽、孔洞。当底灰找平后，应立即把暖气、电气设备的箱、槽、孔洞口周边 50mm 的底灰砂浆清理干净，使用1∶1∶4水泥混合砂浆把口周边修抹平齐、方正、光滑。抹灰时比墙面底灰高出一个罩面灰的厚度，确保槽、洞周边修整完好。

6）抹罩面灰：罩面灰配比为1∶0.5∶3。先薄薄地刮一层，随之抹平，粗压一遍，再抹第二遍，从上到下，顺序进行，压实、赶光，随后用铁抹子抹平、赶光。

3. 门窗安装

（1）施工条件。

1）经质量验收合格，各工种之间已经办好交接手续。

2）按图示尺寸弹好窗中线，并弹好＋50cm水平线，校正门窗洞口位置尺寸及标高是否符合设计图纸要求，如有问题应提前剔凿处理。

3）检查铝门窗与墙体预留孔洞位置是否吻合，若有问题应提前处理，并将预留孔洞内的杂物清理干净。

4）门窗到达现场后，应组织业主、监理、工程技术人员对门窗进行验收、取样，做现场复试，验收合格后再进行安装。

5）认真检查铝合金门窗的保护膜是否完整，如有破损，应补粘后再安装。

（2）施工工艺。

1）弹线找正：在最高层找出门窗口边线，用大线坠将门窗口边线下引，并在每层门窗口处划线标记，对个别不直的口边应剔凿处理。高层建筑可用经纬仪找垂直线。门窗口的水平位置应以楼层＋50cm水平线为准，往上反，量出窗下皮标高，弹线找直，每层窗下皮（若标高相同）则应在同一水平线上。

2）墙厚方向的安装位置：根据外墙大样图的宽度，确定门窗在墙厚方向的安装位置；如外墙厚度有偏差，原则上应以同一房间窗台板外露尺寸一致为准。

3）安装窗披水：按设计要求将披水条固定在铝合金窗上，应保证安装位置正确、牢固。

4）就位和临时固定：根据已放好的安装位置线安装，并将其吊正找直，无问题后方可用木楔临时固定。

5）与墙体固定：与混凝土面固定用射钉，与砖墙固定用钢钉，铁脚至窗角的距离不应大于180mm，铁脚间距应小于600mm。

6）处理门窗框与墙体缝隙：门窗固定好后，应及时处理门窗框与墙体缝隙。如设计未规定填塞材料的品种，应严格按规范规定执行。采用矿棉或玻璃棉毡条分层填塞缝隙，外表面留5~8mm深槽口填嵌嵌缝膏，严禁用水泥砂浆填塞。在门窗框两侧进行防腐处理后，可填嵌设计指定的保温材料和密封材料。待铝合金窗和窗台板安装后，将窗框四周的缝隙同时填嵌，填嵌时用力不应过大，防止窗框受力后变形。

7）安装五金配件：门窗的五金配件安装工艺要求详见产品说明，要求安装牢固，使用灵活。

（三）施工注意事项

（1）加气混凝土砌块要轻装、轻卸，防止碰掉边角，在现场应码放整齐，堆放场地应坚实、平坦、干燥，并力求靠近砌筑现场，以免多次搬运。

（2）砌块的切锯应使用专用工具，不得用斧头或凡刀任意砍劈。

（3）砌外墙时不得留脚手眼。

（4）穿墙管道应严防渗水，穿墙附件和墙内预埋件均应做防锈处理。

(5) 砌筑时应上下错缝，搭接长度不宜小于砌块长度的1/3。

第四节　废水处理间施工

一、废水处理间基础施工

（一）工程概况

某发电厂厂区土地类别为Ⅳ类场地，地震设防烈度为8度。废水处理间基础±0.000m相当于绝对高程+4.500m。废水处理间基础采用混凝土灌注桩作为地基，图纸要求灌注桩桩伸入基础100mm，截桩后桩顶设计标高−3.400m。废水处理间基础埋深为−3.500m。基础承台、柱段、连系梁混凝土为C40；垫层厚100mm，C10混凝土。

（二）施工工艺流程

1. 基础施工

完善施工环境→土方开挖→地基处理→桩头凿毛处理、钢筋除锈→垫层施工→垫层防腐→基础定位轴线→验收轴线→放基础边线（验线）→绑扎钢筋→验收→支模板（加固）→验收→浇筑混凝土→养护→基础防腐→隐蔽验收→土方回填。

2. 框架结构施工

柱子定位轴线→验收轴线→放柱子边线（验线）→绑扎钢筋→验收→支模板（加固）→验收→浇筑混凝土→养护→隐蔽验收。

（三）施工方法及要求

1. 测量放线

在土方开挖前首先在场地上放出土方开挖上下口线，尤其是标高不同的位置更应严格控制，以防超挖、开挖不到位等现象发生。因此必须设置临时测量控制点，临时测量控制点布置在基坑上口四角，供测量使用。临时控制点采用木桩制作，在每次使用前应根据业主提供的基准点复核其准确性。

根据厂区坐标系引测定位废水处理间框架柱轴线，并做好轴线控制网。根据厂区高程点引测高程控制点，做控制桩，经四级验收合格后，进行下一步施工；根据控制网放轴线及以后各结构层轴线引测，利用高程控制桩控制结构标高。

2. 土方开挖

废水处理间基础土方开挖采用正铲挖掘机开挖并配合人工进行，桩间距离小、挖掘机挖斗不能通过的桩间土采用人工挖掘。废水处理间基础土方机械开挖时预留100~200mm的余量，采用人工配合清除，以防止扰动基底土，预留余量可根据实际情况调整，但必须保证不扰动基底土。槽底土采用人工清理，人工清槽底的速度须与机械开挖速度一致。

基坑土方开挖边坡放坡坡度为1∶1.5；基础施工时需要预留工作面，工作面宽度为基础垫层边向外扩展1m。在废水处理间基础东侧设置机动车上下坡道，坡道宽度为8m，放坡坡度为1∶8；人员上下基坑采用人行坡道上下，脚手管搭设护栏。材料上下坡道采用脚手管、脚手板搭设而成。

土方开挖过程中严格按照设计要求的开挖深度进行操作，严禁超挖，在临近开挖深度时，要求机械操作人员控制好铲斗的入土深度，测量人员跟随测量，严格控制标高。人工在进行护坡修坡时，要求将坡面修理平整，不得凹凸不平。汽车在装土时，倒车派专人指挥。

在机械挖土时严禁碰撞桩头，以防机械碰撞使工程桩偏移或损坏。

3. 地基处理

首先由基坑北侧上口中间位置铺设一条 8m 宽的施工机械坡道进入基坑，坡道坡度 1∶5，回填机械由坡道进入基坑。换填料采用自卸车运进基坑，然后用挖掘机将其均匀布设在基坑内，每层虚铺厚度 300mm，然后采用振动碾分层碾压密实，每层碾压 6～8 遍。在每一层回填压实完毕后，进行四级验收，同时联系实验室进行现场取样试验，试验合格经监理同意后方可进行下步回填，共分 4 次回填完毕。回填压实系数不小于 0.96，最大干密度不小于 1.85g/cm³。整个基坑回填到 −2.4m 后进行全面整平，经四级验收合格后，办理移交手续，将基坑工作面移交给桩基施工单位。

4. 地基工程（截桩）

截桩工作随土方开挖同时进行，随开挖随截桩，随即将桩头运走。截桩采用风镐剔凿的方式。

截桩前，先在桩身上面用红油漆笔标记出设计标高（−2.90m），然后用云石锯在设计桩顶位置将桩头切出一圈 3cm 深的剔凿线，用风镐将基础桩主筋保护层剔凿掉，使桩主筋完全露出，在离垫层面 950mm 高度处将主筋截断，将下部桩主筋与桩身分离开。桩主筋剥出后将桩头在设计标高位置截断并放倒，用挖掘机将桩头吊出基坑。桩头清走后，再用小錾子将桩头顶剔凿平整，用钢筋扳将预留的桩主筋调直。

剔除桩头时，要保证桩体和桩钢筋深入到混凝土承台内的长度符合设计要求。如果出现钢筋长度不满足设计要求时，采用双面搭接焊的连接形式进行。剔除后的桩头要求表面混凝土平整、没有松动的混凝土，钢筋顺直。剔凿下来的碎块用运土车运至指定地点，严禁混凝土碎块和开挖土一起混运。当桩头超过 2m 长时，可分两次凿除，以方便运输。

5. 钢筋工程

钢筋采用钢筋场制作，现场绑扎成型的施工方案，现场运料使用拖拉机和长板车，20t 或 50t 汽车式起重机垂直吊运。

（1）钢筋翻样：严格按照施工图及施工规范进行翻样；翻样工作要本着准确合理、省料的原则进行；翻样完成后，要进行严格自检，确保钢筋品种、规格和尺寸正确，数量齐全。翻样单必须经主管技术人员或技术负责人审核后方可进行加工。

（2）钢筋制作：钢筋母材进厂必须配有相应的出厂质量证明书和试验报告单，钢筋表面或每捆（盘）钢筋均应有标识。进厂时应按炉批号及直径分批检验。检验内容包括查标识、外观检查，并按抽样标准以同一牌号、同一炉批号、同一规格、同一交货状态，每 60t 为一批（不足者按一批计），从不同捆（盘）中（取样时钢筋两端 500mm 不能作试样）截取 6 根钢筋，进行见证取样复试，复试合格后方可使用。如钢筋在加工过程中发现脆断、焊接性能不良或力学性能显著不正常等现象，应根据现行国家标准立即对该批钢筋进行化学成分检验和其他专项检验。钢筋制作要严格按钢筋翻样单上的规格、尺寸、数量加工，制作时应保证钢筋平直，无局部曲折。钢筋表面应洁净，无损伤、油渍、漆污和铁锈等，否则应在使用前清除干净。带有颗粒状或片状老锈的钢筋不得使用。钢筋下料要准确无误，保证每一根钢筋的尺寸、规格、直径正确，要确保钢筋弯起角度的准确性。钢筋制作完后要严格按规格、型号挂小木牌，分堆码放，标志要明显。钢筋制作班组要做好自检记录和钢筋跟踪记录台账，提供验收资料。

（3）钢筋绑扎：钢筋绑扎按照由下至上，先底板钢筋，后柱插筋，然后箍筋的施工顺序进行。

（4）钢筋连接：基础、柱主筋采用机械连接（直螺纹套筒接头），接头在制作前先对试件进行试连接，检验合格后方可大批量生产。其具体要求如下：

1) 所有参加直螺纹接头的人员都必须进行专项技术培训考核合格后，方可上岗操作。

2) 所用套筒必须有出厂合格证，并在运输和储存过程中加保护套，防止锈蚀和沾污。

3) 丝头加工完成经自检合格后，报验二、三级质检员随机抽样进行检验，以一个工作班内生产的丝头为一验收批，随机抽检 10%，且不得少于 10 个，当合格率小于 95% 时，应加倍抽检，复检中合格率仍小于 95% 时，应对全部钢筋丝头逐个进行检验，并切去不合格的丝头，重新加工。

4) 钢筋规格和套筒的规格必须一致，钢筋和套筒的丝扣干净、完好无损；用管钳和力矩扳手进行施工。拧紧后的直螺纹接头应做出标记，外露丝扣不得多于 1 个整丝扣。

5) 接头的检验与验收：接头应有技术提供单位提交有效的型式检验报告；接头的现场检验按验收批进行，同一施工条件下采用同一批材料的同等级、同形式、同规格接头，以 500 个为一验收批进行检验与验收，不足 500 个也作为一个验收批。每一规格钢筋试件不应少于 3 根。取样应经监理见证。

梁、柱受力筋接头，同一截面接头率不超过 50%。

6. 模板工程

本工程模板采用定型组合钢模板配合木模板就地拼装成型的施工方案。模板固定采用 $\phi48\times3.5mm$ 脚手管做围檩。施工前，先根据施工图纸画好配模图，根据配模图设专人挑选模板并修理，保证模板表面平整、光滑，并均匀地涂刷隔离剂。

支模应在钢筋工程经过四级验收合格后进行。为防止模板漏浆，在模板底角用水泥砂浆封堵，模板拼缝间加海绵条。为保证混凝土的外观质量，严禁使用带眼的模板。

（1）柱支模方法。柱支模采用单块就位组拼的方法：柱脚直接立于基础顶部，先将柱子第一节四面模板就位，用连接角组拼好，角模宜高出平模，校正调好对角线，并用脚手管做围箍固定。然后以第一节模板上高出的角模连接件为基准，用同样方法组拼第二节模板，直至柱顶，最后再找正调直。

（2）梁模板支设方法。梁模板采用单块就位组拼的方法：梁底支撑采用脚手管搭设排架的方法，用短脚手管作铺梁底模板的横楞。在复核梁底标高校正轴线位置无误后，搭设和调平模板支架，然后在横楞上铺放梁底模板，拉线找直，并用扣件将梁底模固定，拼接角模，待绑扎钢筋验收合格后再封梁侧模。梁跨度大于 4m 时，起拱 2‰～3‰。梁与柱和梁与梁相交处模板不符合模数时，局部采用配木模的方法封堵，要求钢木交接处表面平整，加固牢固。

（3）板模板支设方法。

1) 工艺流程：地面夯实、铺平、垫实→安装支撑脚手架立杆→安装大小横杆→铺木方子找平→铺模板→校正标高→加立杆的水平拉杆→预检验收。

2) 地面应夯实，并垫道木枕，楼层地面立支柱前垫通长脚手板。采用多层支架支模时，支柱应垂直，上下层支柱应在同一竖向中心线上。

3）从边跨一侧开始安装，先安第一排脚手架立杆，临时固定，再安第二排脚手架立杆，依次逐排安装。

4）调节支柱高度，将大龙骨找平。

5）铺大模板：从一侧开始铺，每两块板间粘海绵胶条以防止漏浆，保证拼缝严密。

6）平台板铺完后，用水平仪测量模板标高，进行校正，并用靠尺找平。

7）标高校完后，支柱之间应加水平拉杆。离地面 20～30cm 处一道，往上纵横方向每隔 1.2m 左右一道，并应经常检查，保证其完整、牢固。

8）将模板内杂物清理干净，并进行自检。

（4）预埋件的安装：预埋件的安装要根据施工图的位置，在钢板上划出中心线。梁侧、柱、梁底的预埋件按照施工图要求的方位、标高、方向安装，并在预埋件上打 4 个 $\phi8$ 的孔，与预埋件孔相对应地在模板上打 4 个相同的孔（打孔位置一定要对应好，避免不方正），用 M6 的螺栓将预埋件与大模板固定牢固，并且在预埋件四周用海绵条粘贴紧密。梁顶和平台顶的预埋件用加钢筋支架的方法固定。

预埋铁件及预埋套管要严格按图纸要求的轴线尺寸、标高放置，放置前应认真核对预埋铁件的规格，杜绝漏放和错放。

（5）模板安装质量要求。组合钢模板安装完毕后，按有关规定进行全面检查，验收合格后方可进行下一道工序。

1）组装的模板必须符合施工设计的要求。

2）各种连接件、支承件、加固配件必须安装牢固，无松动现象。模板拼缝要严密，固定要牢固。

3）模板结构符合要求。木楞 50mm×100mm，间距不大于 300mm。

4）模板表面光滑，接缝严密，无缺棱掉角、局部损坏，拼缝顺直、规则。

5）表面平整度不大于 2mm，板缝高低差不大于 1mm。

7. 混凝土工程

（1）混凝土工程采用搅拌站集中搅拌，罐车运输、泵车浇筑的施工方案。

（2）本工程混凝土强度等级为 C40。

（3）混凝土施工前，对水泥、砂、石及外加剂等材料进行试验，合格后方可进行施工。混凝土配合比必须经过试验室试配后确定。混凝土搅拌前对计量器具进行检验合格后方可搅拌，搅拌严格按配合比进行。混凝土浇筑前，对模板、钢筋工程进行检查，经四级验收合格后方可浇筑混凝土。

（4）浇筑混凝土时，混凝土自由倾落高度不得超过 2.0m，每次下料高度为 0.5m，以防高度增大过快而使混凝土侧压急剧增大发生离析。

（5）混凝土振捣人员要具有丰富的混凝土施工经验，以保证混凝土的施工质量，做到内实外光、表面平整、无蜂窝麻面。振捣时采用插入式振捣器，振捣的方法采用垂直振捣。振捣时要做到快插慢拔。振捣器插点要均匀排列，本方案要求插点间距 350～400mm。

（6）浇筑时必须设专人监护模板、钢筋的变化，如发现变形、移动时，立即停止浇筑，并在已浇筑的混凝土初凝前修好。为避免混凝土表面出现裂缝，混凝土面在混凝土初凝前用木抹子抹 3～5 遍并压实。

（7）施工缝处理。浇筑前将施工缝混凝土面凿毛，清扫干净并浇水润湿不少于 24h，浇筑前确保表面润湿、无积水，用与混凝土同配合比的砂浆铺设 50mm 厚，然后再浇筑，保证新旧混凝土接触良好。

（8）混凝土养护。混凝土浇筑完成后，为了及时做好混凝土的保温养护措施，采用混凝土表面覆盖塑料薄膜和棉被进行保水保温养护，养护时间不少于 14 天。

（9）混凝土试块制作及坍落度控制。

1）按工作班每 100m³ 标养试块不少于一组，不足 100m³ 标养试块不少于一组，连续浇筑 1000m³ 以上可按 200m³ 标养试块取一组。同期浇筑柱、梁至少留置两组同条件试块用于拆模时使用。

2）混凝土坍落度按车次，视和易性情况，进行抽查，如发现坍落度或混凝土和易性不合格，应及时退回搅拌站。

8. 防腐工程

根据图纸要求和设计师交底要求，基础垫层顶面、基础－0.500m 以下外露部位全部涂刷环氧煤沥青涂料。

每次垫层施工完待表面完全干燥后，再涂刷环氧煤沥青涂料，涂刷前要将垫层表面彻底清扫一遍，待表面经过四级验收合格后，开始涂刷，涂刷时要均匀、一致。基础垫层每边要留 5～10cm 不涂刷，用于施工放线、弹墨线。

基础表面的环氧煤沥青涂料，待基础进行完隐蔽验收，经监理确认后进行。施工前也要彻底将基础表面清扫干净。

环氧煤沥青涂料施工时的注意事项：注意防火，沥青涂料属于易燃物质，施工时，基坑内严禁有明火作业；涂刷时不能污染其他任何材料，要选择晴朗、通风的天气施工。

9. 墙体砌筑

本工程砌体主要采用 MU10。

（1）施工准备。

1）验收时首先从外观上进行检测，然后按照取样规范及设计要求，随机取样进行试验检测。

2）砖进场后，按指定地点进行分类整齐堆放，并有排水措施。砖的堆置高度不宜超过 1.6m，垛与垛之间应留有适当的通道。

3）砌筑前，先将建筑面抄平，用水冲洗干净工作面，然后按图纸放出轴线，并立好皮数杆。

（2）施工工艺。

1）排砖摆底。根据墙体施工平面放线和设计图纸上的门、窗位置大小，层高、砖错缝、搭接的构造要求和灰缝大小，安排砌砖数量及进度。

2）砌筑。

①墙体的砌筑：从外墙的四角和内外墙的交接处砌起，然后通线全墙面铺开。砌筑时采用满铺、满坐的砌法，满铺砂浆每边缩进砖墙为 10～15mm（避免砌块坐压砂浆流溢出墙面），用拉线的方法检查其水平度。

②砌筑时控制砌块的含水率在 5％～8％，必须洒水后再砌筑。

③砌墙前先拉水平线，在放出墨线的位置上，按排列图从墙体转角处或定位砌块处开始

砌筑，第一层砌块下应铺满砂浆。

④一次铺设砂浆的长度不超过 800mm，铺浆后放置砌块、摆正、找平。

⑤转角处要咬槎砌筑，纵横交接处未咬槎时应有拉结措施。

⑥砌筑墙端时，与框架柱面靠紧，填满砂浆，并将柱或墙上预留的拉结钢筋展开，砌入水平灰缝中。

⑦墙体表面平整度、垂直度，灰缝的均匀度及砂浆的饱满程度等，应参照有关施工规程执行并随时检查，校正所发现的偏差。

3) 砌体与实心墙柱相接。砌体与实心墙柱相接位置，应按设计图纸规定处理。

4) 砌块墙的加固措施。墙体的加固措施，应按设计图说明进行处理，柱与墙之间应沿每 500mm 高度设置 2 根 $\phi 8$ 拉结钢筋，钢筋两端伸入墙内应不小于 1000mm，构造柱和联系梁应在砌墙后才进行浇筑，以加强墙体的整体稳定性。

5) 灰缝要求。

①灰缝要求横平、竖直，砂浆饱满，均匀密实，边砌墙边勾缝，不得出现暗缝，严禁出现透亮缝。

②埋设的拉结钢筋和钢网片必须展平埋置于砂浆中。

二、废水处理间上部结构施工

(一) 工程概况

某发电厂废水处理间上部结构采用钢筋混凝土框架结构，现浇钢筋混凝土屋面板，2 层框架，局部 3 层，主要标高为 6.500、12.500、15.600m。框柱截面尺寸为 700mm×700mm。

废水处理间±0.00m 相当于绝对标高＋4.45m。地震设防烈度为 8 度，抗震等级为 2 级。框架柱、梁板均采用 C30 混凝土。

(二) 施工工艺流程

废水处理间上部结构施工工艺流程见图 16-6。

(三) 施工方法及要求

1. 测量放线

根据设计单位给定坐标用全站仪放出废水处理间轴线，且经验收合格后，方可作为废水处理间上部结构施工的基准线。

高程控制点从一级控制网直接引测到控制标高。

2. 脚手架施工方案

废水处理间上部结构使用普通脚手架，脚手管规格为外径 48mm、壁厚 3.5mm，无裂纹。外侧搭设双排脚手架，脚手架立杆纵向间距为 1200mm，横向间距为 1200mm；横杆步距为 1500mm，框架梁下脚手管间距加密为 600mm。

脚手架搭设要求及顺序。首先必须对进场的脚手架杆件进行严格的检查，禁止使用质量不合格的杆配件。按脚手架布置图放线、铺脚手板（落底）、设置垫板或标定立杆位置。按定位依次竖起立杆，将立杆与纵、横向扫地杆连接固定，搭设时

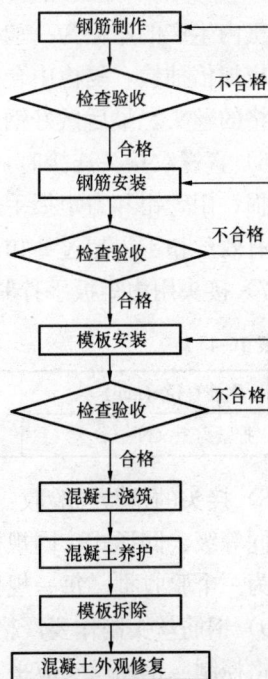

图 16-6 废水处理间上部结构施工工艺流程图

577

由两侧向中间对称搭设，并随搭设随校正立杆垂直、水平杆步距。

具体的做法为：摆放扫地杆→竖立立杆并与扫地杆扣紧→装扫地小横杆并与立杆和扫地杆扣紧→安第一步大横杆（满堂红脚手架不分大小）→安第一步小横杆→安第二步大横杆→以此类推搭设到要求的高度→加设剪刀撑（随搭设随设置）→安装护栏、铺各层脚手板→设置踢脚板→挂立网。

3. 钢筋工程

（1）钢筋接头连接形式有绑扎搭接、焊接、直螺纹连接。

本工程受力钢筋直径不小于 22mm 时，采用机械连接；直径小于 22mm 时，采用焊接或绑扎搭接。机械连接的检验标准及施工依据为《钢筋机械连接技术规程》（JGJ 107—2010）。

1）所有参加直螺纹套丝操作的人员都必须进行专项技术培训考核合格后，方可上岗操作。

2）所用套筒都必须有出厂合格证，并在运输和储存过程中加保护套，以防止锈蚀和沾污。

3）直螺纹接头的丝头加工时，必须按钢筋规格所需的调整试棒调整好滚丝头内孔最小尺寸，并按钢筋规格更换涨刀环，调整好各种规格钢筋的剥肋直径尺寸，同时调整剥肋挡块及滚压行程开关位置，保证剥肋及滚压螺纹的长度和完整丝扣。丝头加工时，应采用水溶性切削液，严禁用机油作切削液或不加切削液加工丝头。

4）加工前先做一组班前试件，经试验合格后再进行大批加工。钢筋加工过程中，每加工一部分就将套好丝的钢筋与钢套筒进行试套，如有问题及时修正。

5）丝头加工完成经自检合格后，报验二、三级质检员随机抽样进行外观检验，以一个工作班内生产的丝头为一验收批，随机抽检 10%，且不得少于 10 个，当合格率小于 95% 时，应加倍抽检，复检中合格率仍小于 95% 时，应对全部钢筋丝头逐个进行检验，并切去不合格的丝头，最后做好钢筋丝头检验记录作为工程竣工资料。

6）直螺纹接头连接时，钢筋规格和套筒的规格必须一致，钢筋和套筒的丝扣干净、完好无损；用管钳和力矩扳手进行施工。拧紧后的直螺纹接头应做出标记，同时套筒两端外露完整有效丝扣不得超过 2 扣。

7）接头用力矩扳手拧紧力矩应符合表 16-4 的规定，力矩扳手的精度为±5%。

表 16-4　　　　　　　直螺纹钢筋连接接头拧紧力矩值

钢筋直径（mm）	16～18	20～22	25	28	32	36～40
拧紧力矩（N·m）	100	200	250	280	320	350

8）接头的检验与验收：接头的现场检验按验收批进行，同一施工条件下采用同一批材料的同等级、同形式、同规格接头，以 500 个接头为一验收批进行检验与验收，不足 500 个也作为一个验收批。每一规格钢筋试件不少于一组，每组 3 根，取样必须经过监理见证。

9）钢筋丝头制作要严格按照要求品种、规格、尺寸、数量加工，对于特殊角度规格的要严格控制。钢筋丝头应平直，无局部曲折。钢筋的表面应洁净，无损伤、油渍、漆污和铁锈等，否则应在使用前清除干净。带有颗粒状或片状老锈的钢筋不得使用。钢筋制作完成后要进行严格自检，并做好钢筋跟踪管理台账记录。制成后的成品钢筋分类码放整齐，并且要明确挂牌，根据现场需要运至现场进行装配施工。钢筋丝头加工完毕后应立即带上保护帽，防止丝头损坏。

10）钢筋丝头连接螺纹长度为1/2套筒长度，公差为±1P（P为螺距）以保证接头的长度。

（2）钢筋加工。钢筋在钢筋加工场制作，钢筋加工场布置有10t龙门式起重机配合吊运。

1）钢筋翻样：施工队技术员根据施工图中的钢筋规格、尺寸、数量，结合施工规范和现场实际情况进行翻样，然后经过项目部技术人员审核后交钢筋加工班组排料加工。钢筋翻样要做到准确无误。

2）钢筋制作：钢筋制作要严格按钢筋翻样单上的规格、尺寸、数量加工，钢筋下料要准确无误，保证每一根钢筋的尺寸、规格、直径正确，以及弯起角度的准确性，如箍筋要做135°弯钩，Ⅰ级钢拉钩端部均为180°弯钩。钢筋制作完后要严格按规格、型号挂小木牌，分堆码放，标志要明显。钢筋制作班组要做好自检记录和钢筋跟踪记录台账，提供基础资料。钢筋加工时，要按翻样单的次序加工，并和现场施工负责人经常联系，加工要有先后，根据需要加工，避免造成过多成品料的堆放。

（3）钢筋绑扎及安装。钢筋加工完后的成品料领用时，要求加工班组和领用班组分别对照翻样单，仔细检查钢筋的规格、尺寸、数量，确保准确。

1）框架柱钢筋绑扎及安装：套柱箍筋→连接竖向受力筋→画箍筋间距线→绑扎柱箍筋。

①搭设柱筋绑扎定位脚手架：柱筋支撑架采用脚手架钢管搭设，施工人员作业面四周铺脚手板。

②套柱箍筋：按图纸要求间距，计算好每根柱箍筋的数量，先将箍筋套在下层伸出的搭接筋上，然后立柱子钢筋，在搭接长度内，绑扣不少于3个。

③连接竖向受力筋：柱子主筋立起之后，套筒拧紧应符合设计要求。

④画箍筋间距线：在立好的柱子竖向钢筋上，按图纸要求用粉笔划箍筋间距线。

⑤ 柱箍筋绑扎：按已划好的箍筋位置线，将已套好的箍筋往上移动，由上往下绑扎，宜采用缠扣绑扎。

箍筋与主筋要垂直，箍筋转角处与主筋交点均要绑扎，主筋与箍筋非转角部分的相交点成梅花交错绑扎。

有抗震要求的地区，柱箍筋端头应弯成135°，平直部分长度不小于10d（d为箍筋直径）。如箍筋采用90°搭接，搭接处应焊接，焊缝长度单面焊缝不小于5d。

柱上下两端箍筋应加密，加密区长度及加密区内箍筋间距应符合设计图纸要求。如设计要求箍筋设拉筋时，拉筋应钩住箍筋。

柱钢筋绑扎完后，应进行一次全面、细致的检查，发现错漏或间距不符，安装绑扎不牢，应及时进行修理及调整。

2）框架梁、板钢筋绑扎及安装。

梁筋在底模上绑扎：铺设梁底模→布置梁钢筋→按间距绑扎箍筋。

板筋绑扎：铺设板底模板→模板上画线→绑板下受力筋→摆放上铁分布筋、负弯矩钢筋→绑扎。

梁板钢筋上层弯钩朝下，下层弯钩朝上。板、次梁与主梁交叉处，板上部钢筋在上，次梁上筋在中层，主梁上筋在下。

梁纵向受力钢筋：上筋净距≥30mm 或 1.5d（d 为钢筋最大直径），下筋净距≥25mm 或 d；下部钢筋配置不少于两层时，钢筋水平方向中距比下面两层中距增大一倍。

箍筋：从距墙或梁边 50mm 处开始配置。

4. 模板工程

(1) 框架柱模板安装。

1) 工艺流程：弹柱位置线→安装柱模板→验收。

2) 按标高抹好水泥砂浆找平层，按位置线做好定位墩台，以便保证柱轴线边线与标高的准确，或者按照放线位置，在柱四边离地 5～8cm 处的主筋上焊接支杆，从四面顶住模板，以防止位移。

3) 安装柱模板，通排柱，先装两端柱，经校正、固定、拉通线校正中间各柱。模板按柱子大小，预拼成一面一片或两面一片，就位后先用铅丝与主筋绑扎临时固定，用脚手管将两侧模板连接卡紧，安装完两面再安另外两面模板。

4) 柱箍用钢管制成，柱箍间距为 600mm。模板加固采用 ϕ12 对拉螺栓，间距为 600mm。用厚度为 12mm 的钢板代替"3"型垫铁，然后拧双螺母，防止胀模。

5) 将柱模内清理干净，封闭清理口，进行柱模预检。

(2) 框架梁模板安装。

1) 工艺流程：弹线→支立柱→调整标高→安装梁底模→绑梁钢筋 →安装侧模→预检。

2) 柱子拆模后在混凝土上弹出轴线和水平线。

3) 安装梁的支撑之前，地基土必须夯实，脚手管下垫通长脚手板。梁支撑采用双排，支柱的间距应符合模板设计规定，间距为 600mm。

4) 安装梁模板时，按设计标高调整支柱的标高，然后安装梁底模板，并拉线找平。当梁底板跨度≥4m 时，跨中梁底处应按设计要求起拱，如设计无要求时，起拱高度为梁跨度的 1/1000～3/1000。主次梁交接时，先主梁起拱，后次梁起拱。

5) 梁侧模板：根据墨线安装两侧模板、压脚板、斜撑等。梁侧模板制作高度应根据梁高及楼板模板确定。

6) 用小横杆配合脚手架支撑固定梁侧模板。小横杆间距为 750mm，梁模板上口用定型卡子固定。对拉螺栓间距为 600mm，并加 PVC 套管、钢垫片、橡胶垫。

7) 安装后校正梁中线、标高、断面尺寸。将梁模板内杂物清理干净，检查合格后办预检。

(3) 楼面模板安装。

1) 工艺流程：地面夯实、铺平、垫实→安装支撑脚手架立杆→安装大小横杆→铺模板→校正标高→加立杆的水平拉杆→办预检。

2) 底层地面应夯实，并铺垫脚板。采用多层支架支模时，支柱应垂直，上下层支柱应在同一竖向中心线上。各层支柱间的水平拉杆和剪力撑要认真加强。

3) 根据模板的排列架设支柱和龙骨。支柱与龙骨的间距应根据楼板混凝土质量与施工荷载的大小确定。

4) 通线调节支柱的高度，将大龙骨找平，架设小龙骨，调平后即可铺板。

5）铺模板时可从四周铺起，在中间收口。楼板模板压在梁侧模时，角位模板应通线钉固。

6）楼面模板铺完后，应认真检查支架是否牢固，模板梁面、板面应清扫干净。

（4）模板拆除。

1）拆除模板的顺序和方法应按照模板设计的规定进行。若设计无规定，应遵循先支后拆，后支先拆；先拆不承重的模板，后拆承重部分的模板；自上而下，先拆侧向支撑，后拆竖向支撑的原则。

2）待混凝土强度能保证其表面及棱角不因拆除模板而受损坏后，方可拆除模板。

3）拆下的模板应及时清理黏着物，涂刷脱模剂，拆下的扣件及时集中收集管理。

4）拆模时严禁将模板直接从高处往下扔，以防止模板变形和损坏。

5. 埋件的制作和安装

埋件制作用原材料要有出厂合格证，锚固所用的钢筋要有复试报告。制作前要按不同规格的埋件做班前试件，检验合格后方可进行大批量制作。所有埋件的加工外形尺寸都要进行检验及力学性能试验，埋件表面要平滑，四边顺直，钢板的焊接变形要调平，并经技术员检验合格且抽样试验合格后，方可允许出厂到现场安装。

埋件安装时，要严格按照施工图要求的位置、截面尺寸、标高进行准确安装。

6. 混凝土工程

（1）混凝土搅拌。

1）混凝土施工采用现场搅拌站集中搅拌。

2）混凝土拌制前，应测定砂、石的含水率，并根据测试结果调整材料用量，提出混凝土施工配合比。

（2）混凝土运输。混凝土采用混凝土罐车运输。混凝土自搅拌机中卸出后，应及时送到浇筑地点。在运输过程中，应严格控制混凝土的运输时间，并符合表 16-5 的要求，要防止混凝土离析及产生初凝等现象。当混凝土运到浇筑地点有离析现象时，必须在浇筑前进行二次拌和。

表 16-5　　　　　　　　　　　　　混凝土运输时间　　　　　　　　　　　　　min

混凝土强度等级	气　温	
	不高于 25℃	高于 25℃
≤C30	120	90
>C30	90	60

注 对掺和外加剂或快硬水泥拌制的混凝土，其延续时间应按试验确定。

泵送混凝土时必须保证混凝土泵车连续工作，如果发生故障，停歇时间超过 45min 或混凝土出现离析现象，应立即用压力水或其他方法冲洗管内残留的混凝土。

（3）混凝土浇筑与振捣。

1）框架梁柱、剪力墙模板安装完毕后，且模板内的木屑、泥土、垃圾等已清理完毕，经四级验收合格，方可浇筑混凝土。

2）其他如水、电等在施工前及时与相关部门沟通，确保混凝土施工过程中不出现问题。

3）混凝土浇筑时的坍落度必须符合国家现行标准《混凝土结构工程施工质量验收规范》

（GB 50204）的规定。其坍落度的测定方法应符合国家现行技术标准《普通混凝土拌和物性能试验方法标准》（GB/T 50080—2002）的规定。施工中的坍落度应按混凝土实验室配合比进行测定的控制，并填写混凝土坍落度测试记录。

4）柱、墙混凝土浇筑前，底部应先填以 50～100mm 厚与混凝土配合比相同的减石子水泥砂浆。

5）混凝土自吊斗口下落的自由倾落高度不得超过 2m，浇筑高度如超过 3m 必须采取措施，用串桶、溜管、振动溜管使混凝土下落，或在柱、墙体模板上留设浇捣孔等。浇筑混凝土时应分段分层连续进行，浇筑层高度应根据结构特点、钢筋疏密决定，一般为振捣器作用部分长度的 1.25 倍，最大不超过 500mm。

6）使用插入式振捣器应快插慢拔，插点要均匀排列，逐点移动，按顺序进行，不得遗漏，做到均匀振实。移动间距不大于振捣作用半径的 1.25 倍（一般为 300～400mm）。振捣上一层时应插入下层 50～100mm，以消除两层间的接缝。

7）浇筑混凝土时应经常观察模板、钢筋、预留孔洞、预埋件和插筋等是否有移动、变形或汽车泵堵塞情况，发现问题应立即处理，并应在已浇筑的混凝土凝结前完成。

8）浇筑混凝土应连续进行，如必须间歇，其间歇时间应尽量缩短，并应在前层混凝土凝结之前，将次层混凝土浇筑完毕。间歇的最长时间应按所用水泥品种、气温及混凝土凝结条件确定，一般超过 2h 应按施工缝处理。

9）施工缝应待已浇筑混凝土的抗压强度达到 1.2MPa 以上时，方可继续浇筑混凝土。在浇筑前应将施工缝处混凝土表面凿毛，清除松动石子，用水冲洗干净，提前 24h 将其湿润，浇筑时不得有积水。要先在施工缝上浇筑 5～10cm 厚与混凝土同配比的水泥砂浆，再浇筑混凝土，应注意避免直接靠近缝边下料。机械振捣前，宜向施工缝处逐渐推进，并距施工缝 80～100cm 处停止振捣，但应加强对施工缝接缝的振捣工作，使其紧密结合。

（4）混凝土的养护。常温养护时应在混凝土浇筑完毕后，12h 以内加以覆盖和浇水，浇水次数应能保持混凝土有足够的润湿状态。对采用硅酸盐水泥、普通硅酸盐水泥或矿渣硅酸盐水泥拌制的混凝土，养护时间不得少于 7 天；对掺用缓凝型外加剂或有抗要求的混凝土，不得少于 14 天。当采用其他品种的水泥时，混凝土的养护应根据所采用水泥的技术性能确定。

（5）混凝土浇筑的同时在施工现场制作试块：每工作班混凝土浇筑量超过 100m³，制作 1 组；不足 100m³ 也需制作 1 组，同时留置两组同条件试块。

7. 墙体砌筑

本工程砌体主要采用 MU5 加气混凝土砌筑。

（1）施工准备。

1）砌块按规定的质量标准并对出厂合格证进行验收，验收时首先从外观上进行检测，然后按照取样规范及设计要求，随机取样进行试验检测。

2）砌块进场后，按指定地点进行分类整齐堆放，并有排水措施。砌块的堆置高度不宜超过 1.6m，垛与垛之间应留有适当的通道。

3）砌筑前，先将建筑面抄平，用水冲洗干净工作面，然后按图纸放出轴线，并立好皮数杆。

（2）施工工艺。砌墙前先拉水平线，在放好墨线的位置上，按排列图从墙体转角处或定位砌块处开始砌筑。

1) 排砖撂底。根据墙体施工平面放线和设计图纸上的门、窗位置大小、层高、砌块错缝、搭接的构造要求和灰缝大小，安排砌砖数量及进度。

2) 砌筑。

①墙体的砌筑：从外墙的四角和内外墙的交接处砌起，然后通线全墙面铺开。砌筑时采用满铺、满坐的砌法，满铺砂浆每边缩进砖墙为 10~15mm（避免砌块坐压砂浆流溢出墙面），用拉线的方法检查其水平度。

②砌筑时控制砌块的含水率在 5%~8%，必须洒水后再砌筑。

③砌墙前先拉水平线，在放出墨线的位置上，按排列图从墙体转角处或定位砌块处开始砌筑，第一层砌块下应铺满砂浆。

④一次铺设砂浆的长度不超过 800mm，铺浆后放置砌块，摆正、找平。

⑤转角处要咬槎砌筑，纵横交接处未咬槎时应有拉结措施。

⑥砌筑墙端时，与框架柱面靠紧，填满砂浆，并将柱或墙上预留的拉结钢筋展开，砌入水平灰缝中。

⑦墙体表面平整度、垂直度，灰缝的均匀度及砂浆的饱满程度等，应参照有关施工规程执行并随时检查，校正所发现的偏差。

3) 砌体与实心墙柱相接。砌体与实心墙柱相接位置，应按设计图纸规定处理。

4) 砌块墙的加固措施。墙体的加固措施，应按设计图说明进行处理，柱与墙之间应沿每 500mm 高度设置 2 根 $\phi6$ 拉结钢筋沿墙体通长布置，钢筋两端伸入墙内应不小于 1000mm，构造柱和联系梁应在砌墙后才进行浇筑，以加强墙体的整体稳定性。

5) 灰缝要求。

①灰缝要求横平、竖直，砂浆饱满，均匀密实，边砌墙边勾缝，不得出现暗缝，严禁出现透亮缝。

②灰缝厚度应均匀，一般控制在 8~12mm，埋设的拉结钢筋和钢网片必须展平埋置于砂浆中。

第五节 石灰石浆液制备车间、脱硫吸收塔基础施工

一、石灰石浆液制备车间施工

（一）工程概况

某发电厂厂区土地类别为 Ⅳ 类场地，地震设防烈度为 8 度。石灰石浆液制备间 ±0.000m 相当于绝对高程 +4.450m，其基础均采用混凝土灌注桩作为地基，图纸要求灌注桩桩伸入基础 100mm，截桩后桩顶设计标高为 -2.400、-2.700m。

石灰石浆液制备间基础承台共 15 个，设备基础包括 2 个石灰石浆液箱基础、2 个磨机浆液箱基础、4 个石灰石浆液循环泵基础。所有承台基础及设备基础均为 C40 现浇钢筋混凝土基础。垫层厚 100mm，C15 混凝土。

（二）施工工艺流程

施工分段如下：

第一步：独立基础承台及基础框架梁。

第二步：基础柱墩。

第三步：框架梁、楼（屋）面板。

完善施工环境→桩头凿毛处理、钢筋除锈→垫层施工→垫层表面防腐→垫层放线及验收→承台、基础框架梁、柱钢筋绑扎→承台、基础框架梁模板安装及加固→承台、基础框架梁混凝土浇筑→模板拆除→框架柱钢筋绑扎→框架柱模板安装及加固→框架柱混凝土浇筑→楼（屋）面钢筋绑扎→楼（屋）面模板安装及加固→楼（屋）面混凝土浇筑。

（三）施工方法及要求

1. 测量放线

用全站仪利用给定的测量方格网点直接进行基础施工测量工作。

2. 地基工程

（1）土方工程。

1）土方开挖。本工程采用反铲挖掘机挖土，自卸汽车运土，人工修坡清底，逐层开挖的施工方案。挖掘机布置于基坑底，边挖边检查坑底直径及边坡坡度，达不到施工要求时人工及时修整。为避免破坏基底土，在基础设计标高以上预留 100mm 厚用人工开挖。

地下水降水采用盲沟集水坑的降水方案。开挖到地下水位标高后，在基坑四角挖 1.0m ×1.0m×1.0m 集水坑，并挖排水沟连通各集水坑，集水坑中预设污水泵，污水泵 24h 工作降水，挖到基底后用红砖干砌 1.0m×1.0m×1.0m 永久集水井，红砖砌筑 0.5m×0.3m 排水沟，壁厚 120mm。每个集水坑继续用污水泵 24h 抽水，最终将集水排出基坑外，导入厂外排水网。

2）作业要求。

①本次开挖要严格控制好开挖深度，严禁超挖。挖土过程中修坡人员要及时修整边坡，跟上挖掘机的行进速度。

②严格按照施工方案顺序开挖放坡，局部机械开挖不便的地方采用人工修理。

③挖土机设专人指挥，司机要听从指挥；水泵全天设专人看管，值班人员应及时将井内积水排出。

3）开挖注意事项。

①挖掘区域内如发现不能辨认的物品，应立即停止施工，待查明后方可继续施工。严禁私自拆敲，造成不必要的后果。

② 挖方自上而下进行，不得使用挖空底脚的方法进行施工。

4）土方运输。

①弃土路线：土方开挖装车后运至弃土场地，空车回行路线与驶出路线相同。

②弃土场地位置：弃土场位置由业主指定。

（2）地基验收。基坑挖完后经设计单位、监理方验槽，经相关检验合格后方可进行下道工序施工。基础桩头采用人工凿桩，桩头锚入承台 100mm，主筋由桩顶锚入基础承台800mm。灌注桩主筋超长的，在满足锚固长度后截掉；如果主筋长度不足锚固长度，采用双面搭接焊的形式进行补长。

（3）土方回填。回填土采用级配碎石回填，压实系数不小于 0.96。土方回填量大，必须整体规划及统一安排。在基础土方回填前先清除基底上的杂物，并采取措施防止水流入地表填方区，浸泡地基。做好水平高程的测试工作，在基础承台与短柱上每隔 250mm 用红油漆划一道标高控制线。

填土时应由下而上分层铺填，每层虚铺厚度 300mm（大坡度填土时，不得居高临下，不分层次一次堆填）。回填时应在基础相对两侧同时进行，两侧回填高差要控制一致，以免挤压基础。对基础承台处及基坑边角部位，均采用平板振动器或蛙式打夯机人工摊铺夯实，夯实遍数不少于 4 遍。

机械碾压：本工程土方回填时采用振动平碾分层压实，每层厚度不应超过 300mm。碾压时应从两边逐渐向中间推进，每次碾压重叠宽度为 150～250mm，避免漏压。碾压机行驶速度为 2～4km/h，碾压遍数不少于 6 遍（基础周边用平板振动器或蛙式打夯机夯实，夯实遍数不少于 3～4 遍）。

成品保护：基坑土方回填时必须注意对基础、地梁混凝土的保护，回填时在基础附近工作的所有机械（包括推土机、装载机、振动碾、机动车等），都必须设专人进行指挥、监护，不得碰撞、损坏基础混凝土的棱角。

回填土取样：本工程回填土压实度现场取样检验主要采用核子密度仪，同时也可配合灌砂法、灌水法进行。回填土的压实度应不小于 0.96，取样按每层填土每 100～500m² 取一点。取样试验时，必须经过监理见证合格后方可进行下一层回填。

3. 钢筋工程（基础工程）

(1) 钢筋接头连接形式有绑扎搭接、焊接、直螺纹连接。

本工程受力钢筋直径不小于 22mm 时，采用机械连接；直径小于 22mm 时，采用焊接连接或绑扎搭接。机械连接的检验标准及施工依据为《钢筋机械连接技术规程》（JGJ 107）。

1) 所有参加直螺纹套丝操作的人员都必须进行专项技术培训考核合格后方可上岗操作。

2) 所用套筒都必须有出厂合格证，并在运输和储存过程中加保护套，以防止锈蚀和沾污。

3) 直螺纹接头的丝头加工时，必须按钢筋规格所需的调整试棒调整好滚丝头内孔最小尺寸，并按钢筋规格更换涨刀环，调整好各种规格钢筋的剥肋直径尺寸，同时调整剥肋挡块及滚压行程开关位置，保证剥肋及滚压螺纹的长度和完整丝扣。丝头加工时，应采用水溶性切削液，严禁用机油作切削液或不加切削液加工丝头。

4) 加工前先做一组班前试件，经试验合格后再进行大批加工。钢筋加工过程中，每加工一部分就将套好丝的钢筋与钢套筒进行试套，如有问题及时修正。

5) 丝头加工完成经自检合格后，报验二、三级质检员随机抽样进行外观检验，以一个工作班内生产的丝头为一验收批，随机抽检 10%，且不得少于 10 个，当合格率小于 95% 时，应加倍抽检，复检中合格率仍小于 95% 时，应对全部钢筋丝头逐个进行检验，并切去不合格的丝头，最后做好钢筋丝头检验记录作为工程竣工资料。

6) 直螺纹接头连接时，钢筋规格和套筒的规格必须一致，钢筋和套筒的丝扣干净、完好无损；用管钳和力矩扳手进行施工。拧紧后的直螺纹接头应做出标记，同时套筒两端外露完整有效丝扣不得超过 2 扣。

7) 接头用力矩扳拧紧力矩应符合表 16-4 的规定，力矩扳手的精度为 ±5%。

8) 接头的检验与验收：接头的现场检验按验收批进行，同一施工条件下采用同一批材料的同等级、同形式、同规格接头，以 500 个接头为一验收批进行检验与验收，不足

500 个也作为一个验收批。每一规格钢筋试件不少于一组，每组 3 根，取样必须经过监理见证。

9）钢筋丝头制作要严格按照要求品种、规格、尺寸、数量加工。钢筋丝头应平直，无局部曲折。钢筋的表面应洁净，无损伤、油渍、漆污和铁锈等，否则应在使用前清除干净。带有颗粒状或片状老锈的钢筋不得使用。钢筋制作完成后要进行严格自检，并做好钢筋跟踪管理台账记录。制成后的成品钢筋分类码放整齐，并且要明确挂牌，根据现场需要运至现场进行装配施工。钢筋丝头加工完毕后应立即带上保护帽，防止丝头损坏。

10）钢筋丝头连接螺纹长度为 1/2 套筒长度，公差为 ±1P（P 为螺距）以保证接头的长度。

（2）钢筋加工。

1）钢筋加工程序为：确定用料→除锈（除污迹）→调直→切断→弯曲成型。

2）确定用料，严格按照翻样单上要求的规格、数量加工配置。钢筋表面如有油渍、铁锈、泥土，应在使用前清理干净。对局部有弯曲的钢筋采用人工调直后，方可使用。

3）钢筋弯曲成型时，应根据翻样单上尺寸，先划出弯起点位置。先加工一根钢筋，根据放样尺寸调整弯曲的位置和尺寸，调整合适后再成批加工。

4）钢筋加工的成品、半成品根据具体要求分别作明确标识，并分区域码放整齐。

5）承台受力筋直径大于 22mm 的均采用直螺纹连接接头。直螺纹的套丝操作工要持证上岗。钢筋连接前，先做一组班前试件，拉力试验合格后再进行大批加工。钢筋加工过程中，每加工一部分就将套好丝的钢筋与钢套筒进行试套，如有问题及时修正。钢筋套完丝后要在丝扣上套上保护帽，没有保护帽严禁运至加工场。钢筋直螺纹接头每 500 个为一批，一组 3 个试件，做抗拉试验。

（3）钢筋绑扎。

1）钢筋绑扎顺序为：绑扎承台钢筋→插柱钢筋→绑扎柱钢筋。

2）绑扎内容。

① 绑扎前，先根据施工图的钢筋间距划好线，然后进行布筋、绑扎。

② 绑扎的钢筋要求横平竖直，规格、数量、位置、间距正确，绑扎不得有缺扣、松扣现象。钢筋绑扣不可均朝一个方向，要成"八"字扣。

③ 由于每个基础承台的钢筋较多，质量较大，因此基础承台底钢筋保护层垫块采用 100mm×100mm 的混凝土垫块，侧面采用砂浆垫块。砂浆垫块应提前加工，保证钢筋位置准确。

④ 在施工基础承台时，柱插筋位置要用脚手管在底部和上部卡两道方盘来固定，保证钢筋的位置正确，由于钢筋较长，上部固定架子要与其他基础连成整体。

⑤ 绑扎承台上柱短钢筋前，要提前将地脚螺栓安放并固定好。

4．模板工程

（1）模板支设步骤。

1）模板支设前应先涂刷好脱模剂，脱模剂应涂刷均匀，无流淌现象。

2）根据施工控制桩放出模板外边线及其他控制线，作为模板就位依据。

3）用水平仪引测好模板支设的标高，在模板的底脚用砂浆找平。

4）逐块拼装模板，同一条拼缝上的"U"型卡不宜向同一方向卡紧，对拉螺栓孔应平直相对，穿插螺栓不得斜拉硬顶，螺栓上要加圆木垫，圆木垫要紧贴模板。

5）模板拼装时模板缝间夹不吸水的海绵条（宽度大于 10mm），将模板缝堵死，以防漏浆。

6）模板支设的同时要用脚手管进行加固，加固时将脚手管下端打入基槽，然后用脚手管与模板拉斜撑进行加固。

7）柱模垂直度用加固脚手管控制，垂直度用线坠检验。

（2）框架柱模板安装。

1）工艺流程：弹柱位置线→安装柱模板→验收。

2）按标高抹好水泥砂浆找平层，按位置线做好定位墩台，以便保证柱轴线边线与标高的准确，或者按照放线位置，在柱四边离地 5～8cm 处的主筋上焊接支杆，从四面顶住模板，以防止位移。

3）安装柱模板，通排柱，先装两端柱，经校正、固定、拉通线校正中间各柱。模板按柱子大小，预拼成一面一片或两面一片，就位后先用铅丝与主筋绑扎临时固定，用脚手管将两侧模板连接卡紧，安装完两面再安另外两面模板。

4）柱箍用钢管制成，柱箍间距为 600mm。模板加固采用 φ12 对拉螺栓，间距为 600mm。用厚度为 12mm 的钢板代替"3"型垫铁，然后拧双螺母，防止胀模。

5）将柱模内清理干净，封闭清理口，进行柱模预检。

（3）框架梁模板安装。

1）工艺流程为：弹线→支立柱→调整标高→安装梁底模→绑梁钢筋→安装侧模→预检。

2）柱子拆模后在混凝土上弹出轴线和水平线。

3）安装梁的支撑之前，地基土必须夯实，脚手管下垫通长脚手板。梁支撑采用双排，支柱的间距应符合模板设计规定，间距为 600mm。

4）安装梁模板时，按设计标高调整支柱的标高，然后安装梁底模板，并拉线找平。当梁底板跨度≥4m 时，跨中梁底处应按设计要求起拱，如设计无要求时，起拱高度为梁跨度的 1/1000～3/1000。主次梁交接时，先主梁起拱，后次梁起拱。

5）梁侧模板：根据墨线安装两侧模板、压脚板、斜撑等。梁侧模板制作高度应根据梁高及楼板模板确定。

6）用小横杆配合脚手架支撑固定梁侧模板。小横杆间距为 750mm，梁模板上口用定型卡子固定。对拉螺栓间距为 600mm，并加 PVC 套管、钢垫片、橡胶垫。

7）安装后校正梁中线、标高、断面尺寸。将梁模板内杂物清理干净，检查合格后办预检。

（4）楼面模板安装。

1）工艺流程：地面夯实、铺平、垫实→安装支撑脚手架立杆→安装大小横杆→铺模板→校正标高→加立杆的水平拉杆→办预检。

2）底层地面应夯实，并铺垫脚板。采用多层支架支模时，支柱应垂直，上下层支柱应在同一竖向中心线上。各层支柱间的水平拉杆和剪力撑要认真加强。

3）根据模板的排列架设支柱和龙骨。支柱与龙骨的间距应根据楼板混凝土质量与施工荷载的大小确定。

4）通线调节支柱的高度，将大龙骨找平，架设小龙骨，调平后即可铺板。

5）铺模板时可从四周铺起，在中间收口。楼板模板压在梁侧模时，角位模板应通线钉固。

6）楼面模板铺完后，应认真检查支架是否牢固，模板梁面、板面应清扫干净。

5．混凝土工程

（1）混凝土施工采用现场搅拌站集中搅拌，罐车运输。混凝土自搅拌机中卸出后，应及时送到浇筑地点。在运输过程中，应严格控制混凝土的运输时间，并符合表 16-5 的要求，要防止混凝土离析及产生初凝等现象。当混凝土运到浇筑地点有离析现象时，必须在浇筑前进行二次拌和。

泵送混凝土时必须保证混凝土泵车连接工作，如果发生故障，停歇时间超过 45min 或混凝土出现离析现象，应立即用压力水或其他方法冲洗管内残留的混凝土。

（2）混凝土浇灌注意事项。

1）浇灌前应检查基础、框架梁柱模板内是否有垃圾、木片、泥土、积水等，如有必须清理干净，检查钢筋的数量、位置是否准确，钢筋上如有油污应清理干净，经四级验收合格，方可浇筑混凝土。

2）用振捣棒振捣混凝土时，要做到"快插慢拔"，以防止混凝土分层、离析以及振捣棒拔出时速度过快所造成的空洞。振捣棒距模板得距离不应大于振捣棒作用半径的 0.75 倍，不得紧靠模板振动，且应尽量避免碰撞钢筋、预埋螺栓孔等。

3）采用臂杆输送混凝土时，注意不要碰到插筋和模板，以免钢筋和模板发生位移；泵送混凝土时泵管里不能推入空气及已离析的混凝土，以免堵塞管道，如已推入，泵车要反推，将混凝土吸出来。

4）其他如水、电等在施工前及时与相关部门沟通，确保混凝土施工过程中不出现问题。

5）混凝土浇筑时的坍落度必须符合国家现行标准《混凝土结构工程施工质量验收规范》（GB 50204）的规定。其坍落度的测定方法应符合国家现行技术标准《普通混凝土拌和物性能试验方法标准》（GB/T 50080）的规定。施工中的坍落度应按混凝土实验室配合比进行测定的控制，并填写混凝土坍落度测试记录。

6）柱、墙混凝土浇筑前，底部应先填以 50～100mm 厚与混凝土配合比相同的减石子水泥砂浆。

7）浇筑混凝土时应经常观察模板、钢筋、预留孔洞、预埋件和插筋等是否有移动、变形或汽车泵堵塞情况，发现问题应立即处理，并应在已浇筑的混凝土凝结前完成。

8）施工缝应待已浇筑混凝土的抗压强度达到 1.2MPa 以上时，方可继续浇筑混凝土。在浇筑前应将施工缝处混凝土表面凿毛，清除松动石子，用水冲洗干净，提前 24h 将其湿润，浇筑时不得有积水。要先在施工缝上浇筑 5～10cm 厚与混凝土同配比的水泥砂浆，再浇筑混凝土，应注意避免直接靠近缝边下料。机械振捣前，宜向施工缝处逐渐推进，并距施工缝 80～100cm 处停止振捣，但应加强对施工缝接缝的振捣工作，使其紧密结合。

（3）混凝土养护。混凝土浇灌完成后要及时进行养护，养护时间不低于 14 天，具体时间根据测温记录和基础施工顺序安排。养护方法为：待混凝土终凝后在其表面覆盖一层塑料布。

（4）施工缝应严格处理，用錾子将施工缝处混凝土表面凿毛并清扫干净，混凝土浇筑前，提前 24h 将其湿润，浇筑时不得有积水。要先在施工缝上浇筑厚度为 5～10cm 与混凝土相同配比的水泥砂浆，再浇筑混凝土。

（5）基础承台、柱段、支墩、联系梁模板和基础梁侧模板拆除，应在混凝土强度能保证其表面及棱角不因拆除模板而受损的情况下进行。基础梁模板底模要待混凝土强度达到80％后才能拆除。

6. 脚手架施工

石灰石浆液制备间上部结构使用普通脚手架，脚手管规格为外径48mm、壁厚3.5mm，无裂纹。上部结构施工时内侧搭设满堂红脚手架，外侧搭设双排脚手架。脚手架立管纵向间距为1200mm，横向间距为1200mm；横管步距为1500mm，框架梁下脚手管间距加密为600mm。

搭设顺序为：摆放扫地杆→竖立立杆并与扫地杆扣紧→装扫地小横杆并与立杆和扫地杆扣紧→安第一步大横杆（满堂红脚手架不分大小）→安第一步小横杆→安第二步大横杆→以此类推搭设到要求的高度→加设剪刀撑（随搭设随设置）→安装护栏、铺各层脚手板→设置踢脚板→挂立网。

7. 防腐工程

根据图纸要求，基础垫层顶面、基础－0.300m以下外露部位全部涂刷环氧煤沥青涂料。

每次垫层施工完待表面完全干燥后涂刷环氧煤沥青涂料，涂刷前要将垫层表面彻底清扫一遍，待表面经过四级验收合格后，开始涂刷，涂刷时要均匀、色泽一致。基础垫层每边要留5～10cm不涂刷，用于施工放线、弹墨线。

基础表面的环氧煤沥青涂料，待基础进行完隐蔽验收，经监理确认后进行。施工前也要彻底将基础表面清扫干净。

环氧煤沥青涂料施工时的注意事项：沥青涂料属于易燃物质，施工时，基坑内严禁有明火作业；涂刷时不能污染其他任何材料，要选择晴朗、通风的天气施工。

二、脱硫吸收塔基础施工

（一）工程概况

某发电厂脱硫区域共有两个吸收塔，分别布置在烟囱南、北两侧。吸收塔基础底标高为－2.000m，垫层厚100mm、C10混凝土。基础混凝土为C40。基础全部为现浇钢筋混凝土基础。基础圆底板厚2.000m。

（二）施工工艺流程

完善施工环境→桩头凿毛处理、钢筋除锈→垫层施工→垫层防腐→垫层放线及验收→承台钢筋绑扎→承台模板支护→承台钢筋验收→地脚螺栓安装、验收合格→承台混凝土浇筑→二次灌浆。

（三）施工方法及要求

1. 测量放线

用全站仪利用给定的测量方格网点直接进行基础施工测量工作。

2. 地基工程

基础桩头采用人工凿桩，桩头锚入承台100mm，主筋由桩顶锚入基础承台800mm。灌注桩主筋超长的，在满足锚固长度后截掉；如果主筋长度不足锚固长度，采用双面搭接焊的形式进行补长。

3. 钢筋工程

(1) 本工程钢筋接头的连接形式有绑扎连接、闪光对焊。钢筋绑扎采用加工场加工制作，运输至现场绑扎成型的施工方案。钢筋由加工场采用自制板车运至现场，再由人工抬入基坑。为保证施工现场的安全文明施工，运料随运随绑，以减少占地面积。

(2) 钢筋加工。

1) 钢筋加工程序为：确定用料→除锈（除污迹）→调直→切断→弯曲成型。

2) 确定用料，严格按照翻样单上要求的规格、数量加工配置。钢筋表面如有油渍、铁锈、泥土，应在使用前清理干净。对局部有弯曲的钢筋采用人工调直后，方可使用。

3) 钢筋弯曲成型时，应根据翻样单上尺寸，先划出弯起点位置。先加工一根钢筋，根据放样尺寸调整弯曲的位置和尺寸，调整合适后再成批加工。

4) 钢筋加工的成品、半成品应根据具体要求分别作明确标识，并分区域码放整齐。

(3) 钢筋绑扎。

1) 钢筋绑扎顺序为：绑扎基础底钢筋→温度筋→绑扎基础顶钢筋。

2) 绑扎内容。

①绑扎前，先根据施工图的钢筋间距划好线，然后进行布筋、绑扎。

②绑扎的钢筋要求横平竖直，规格、数量、位置、间距正确，绑扎不得有缺扣、松扣现象。钢筋绑扣不可均朝一个方向，要成"八"字扣。

③每个基础底钢筋保护层垫块采用100mm×100mm的混凝土垫块，侧面采用砂浆垫块。砂浆垫块应提前加工，保证钢筋位置准确。

④钢筋绑扎前，在垫层上植T2020B的埋件，作为焊接螺栓盒固定架的生根点。底板钢筋绑扎完后，焊接螺栓盒固定架，然后绑扎基础侧面钢筋和顶面钢筋。

4. 模板工程

(1) 本工程所用模板均采用新的定型组合钢模板，钢模板加固采用基础内置 $\phi12$ 对拉螺栓，沿模板高度方向每750mm一道，沿基础纵向每600mm一道，模板外侧用脚手管加固。

(2) 模板使用前，必须对模板进行必要的修理，将模板表面用钢丝刷和角磨砂轮磨平磨光，然后涂刷隔离剂。模板多次周转使用后，表面有砸出坑的，模板肋开焊、断裂、弯曲的必须挑出，修理后再投入使用。

(3) 为了保证浇灌后的混凝土工艺美观，对拉螺栓与模板交接部位设中间带直径13mm孔的圆木垫，以防止混凝土浇筑时由螺栓孔处漏浆。混凝土浇筑完毕将圆木垫剔出，用角磨砂轮将对拉螺栓头割掉，使用与基础混凝土相同配比且加膨胀剂的水泥砂浆分两次对木垫坑进行填堵，填堵后的表面要压光。模板在拼装时要在模板间夹粘优质海绵条；混凝土浇筑前，模板上的孔洞要堵死，以防漏浆，避免拆模后的混凝土外露石子。

(4) 模板卡使用前必须仔细检查其是否完好，不得使用带裂纹及锈蚀严重的模板卡。在模板支设过程中，模板与模板接缝处均加设模板卡，模板卡间距不大于300mm。施工时注意模板卡圆环向下。

(5) 埋件、预埋螺栓的制作和安装。

1) 本工程所需埋件在加工场统一制作。加工时要保证埋件的规格、尺寸正确，焊缝合格，埋件表面要平滑，四边顺直，钢板的焊接变形要调平。对于型钢埋件，型钢的加工外形尺寸须检验合格。埋件经技术员和质检员检验合格后，方可运至现场安装。

2）埋件安装时，先在钢筋上或模板上画出中心线，然后按照施工图要求的方位、标高、方向安装。

3）地脚螺栓采用地脚螺栓固定架固定，在浇筑混凝土垫层时将固定支架的铁件埋设好，弹出支架安装中心线。将螺栓固定支架焊在埋件上，做到位置准确，支架垂直。然后在支架上焊开孔角铁，角铁上孔洞的开孔直径比螺栓直径略大，将螺栓穿过孔洞固定在支架上，在孔洞的四周焊四个螺栓调整螺栓位置，整体拉钢丝找正。最后利用经纬仪、水准仪进行螺栓位置及标高的检查验收，合格后将调整螺栓与支架点焊固定，进行混凝土浇筑。为防止混凝土浇筑时模板的振动及变形对螺栓的影响，螺栓支架需与模板体系分开。

4）为保证直埋螺栓的施工质量，螺栓验收使用测量精度高的水准仪，并采用逐级检验制度，即班组自检、工地复检、项目部质检部门、监理抽查。发现超标时，及时处理，再报上一级检验。考虑到混凝土的竖向收缩，安装螺栓时，顶标高比设计标高高 5mm。在混凝土浇筑前将外露螺栓涂一层黄油，并用布包严。防止螺栓在浇筑混凝土过程中粘混凝土，导致丝扣受损。

5. 混凝土工程

（1）本次基础筏板施工采用搅拌站集中搅拌，罐车运输，泵车浇筑的施工方案。

（2）本次工程采用 C40 混凝土、粉煤灰，外加剂使用泵送剂、防腐剂，型号及掺量等由试验部门做混凝土试配后确定。

（3）基础混凝土一次浇筑，不留设水平施工缝。基础顶面二次灌浆面处均设置 HPB235ϕ12 带 180°弯钩的锚筋，锚筋长 600mm，分别插入上下混凝土中 300mm。

（4）混凝土的采用 HZS-60 和 HZS-100 两台全自动搅拌机搅拌，6 台混凝土罐车运输。现场浇灌采用混凝土汽车泵泵送。

（5）其他如水、电等在施工前及时与来源部门沟通，确保混凝土施工过程中不出现问题。如不能确定，必须出具备用方案，否则视为条件不具备，不能进行混凝土浇筑。

（6）混凝土浇灌的同时在施工现场做试块：每工作班（混凝土浇筑量不超过 100m³；若超过 100m³，每增加 100m³，制作 1 组，增加不足 100m³ 也需制作 1 组）制作 2 组试块，同时按规范留置同条件试块。

（7）采用臂杆输送混凝土时，注意不要碰到模板，以免模板发生位移，泵送混凝土时泵管里不能推入空气，或已离析的混凝土，以免堵塞管道，如已推入，泵车要反推，将混凝土吸出来。

（8）基础模板的拆除，应在混凝土强度能保证其表面及棱角不因拆除模板而受损的情况下进行。

6. 防腐工程

根据图纸要求将基础垫层顶面、基础部位全部涂刷环氧煤沥青涂料。

每次垫层施工完待表面完全干燥后，涂刷环氧煤沥青涂料。涂刷前要将垫层表面彻底清扫一边，待表面经过四级验收合格后，开始涂刷，涂刷时要均匀、色泽一致。基础垫层每边要留 5～10cm 不涂刷，用于施工放线、弹墨线。

基础表面的环氧煤沥青涂料，待基础进行完隐蔽验收，经监理确认后进行。施工前也要彻底将基础表面清扫干净。

环氧煤沥青涂料施工时的注意事项：沥青涂料属于易燃物质，施工时，基坑内严禁有明火作业；涂刷时不能污染其他任何材料，要选择晴朗、通风的天气施工。

第六节　烟道支架施工

一、烟道支架基础施工

（一）工程概况

某发电厂厂区土地类别为Ⅳ类场地，地震设防烈度为8度。烟道支架基础±0.000m相当于绝对高程＋4.600m，烟道支架基础采用混凝土灌注桩作为地基，图纸要求灌注桩伸入基础100mm，截桩后桩顶设计标高－2.900m。烟道支架基础埋深为－3.000m。基础承台、柱段、连系梁混凝土为C40；垫层厚100mm，C10混凝土。

本次作业内容为2号烟道支架基础。

（二）施工工艺流程

烟道支架基础：场地平整定位放线→土方开挖→完善施工环境→地基换填→垫层施工→垫层放线及验收→垫层表面处理→承台钢筋制作及绑扎→基础钢筋验收→承台模板安装及加固→承台模板验收→承台混凝土浇筑→混凝土表面凿毛处理→承台上部钢筋绑扎→承台上部模板支护→预留螺栓孔→上部承台钢筋、模板、螺栓孔验收合格→混凝土浇筑。

（三）施工方法及要求

1. 测量放线

用全站仪利用给定的测量方格网点直接进行定位线施测和基础施工测量工作。

2. 土方工程

烟道支架基础土方开挖采用挖掘机开挖，人工配合清槽。基坑开挖边坡坡度为1∶1.5，基坑开挖时，需要在基础垫层外边预留1m宽工作面，工作面外设500mm宽排水沟，排水沟侧壁距基坑边坡坡脚500mm。

开挖时，由基础北侧边坡向南侧开挖，地基土因需要换填级配砂石，因此在开挖至设计标高后向下挖至原土层，开挖时由北向南边开挖边回填。机械开挖时基底预留200mm厚的预留层，预留层采用人工清除，以避免机械开挖时扰动基底土，其高度根据实际情况调整，但必须保证不扰动基底土。槽底土采用人工清理，人工清槽底的速度须与机械开挖速度一致。开挖过程中，如果有桩间距较小，挖掘机挖斗不能通过时，桩间土采用人工挖掘。

土方开挖过程中严格按照设计要求的开挖深度进行开挖，严禁超挖。在临近开挖深度时，要求机械操作人员控制好铲斗的入土深度，测量人员跟随测量，严格控制标高。人工进行修坡时，要求将坡面修整平整，不得凹凸不平。挖掘机在挖土过程中严禁碰撞桩头，以防因碰撞使桩体偏移或损坏，汽车在倒车时，派专人进行指挥，以免发生危险。

土方回填的过程中严格按照图纸及相关规范的要求进行。每层回填厚度不得大于250mm，回填大面积用压路机压实，梁下及混凝土基础附近采用电动夯或人工夯实，以保证土方回填质量。在每一层回填完毕后，要进行试验，实验室采用核子密度仪进行现场试验合格，经监理认可后，方可进行下步回填，每天回填厚度不得大于1m，压实系数不得小于0.96。

3. 地基工程（截桩）

截桩工作随土方开挖同时进行，随开挖随截桩，随即将桩头运走。截桩采用风镐剔凿的方式。

截桩前，先在桩身上面用红油漆笔标记出设计标高（-2.90m），然后用云石锯在设计桩顶位置将桩头切出一圈3cm深的剔凿线，用风镐将基础桩主筋保护层剃凿掉，使桩主筋完全露出，在离垫层面950mm高度处将主筋截断，将下部桩主筋与桩身分离开。桩主筋剥出后将桩头在设计标高位置截断并放倒，用挖掘机将桩头吊出基坑。桩头清走后，再用小錾子将桩头顶剔凿平整，用钢筋扳将预留的桩主筋调直。

剔除桩头时，要保证桩体和桩钢筋深入到混凝土承台内的长度符合设计要求。如果出现钢筋长度不满足设计要求时，采用双面搭接焊的连接形式进行。剔除后的桩头要求表面混凝土平整、没有松动的混凝土，钢筋顺直。剔凿下来的碎块用运土车运至指定地点，严禁混凝土碎块和开挖土一起混运。当桩头超过2m长时，可分两次凿除，以方便运输。

4. 钢筋工程

本工程钢筋接头的连接形式有绑扎、闪光对焊连接。

钢筋绑扎采用加工场加工制作，运输至现场绑扎成型的施工方案，钢筋由加工场采用自制板车运至现场，再由人工抬入基坑。为保证施工现场的安全文明施工，运料随运随绑，以减少占地面积。

(1) 钢筋加工。钢筋加工程序为：确定用料→除锈（除污迹）→调直→切断→弯曲成型。

(2) 钢筋绑扎。

1) 钢筋绑扎顺序为：绑扎承台钢筋→插柱段钢筋→联系梁钢筋→绑扎柱钢筋。

2) 绑扎内容。

①绑扎前，先根据施工图的钢筋间距划好线，然后进行布筋、绑扎。

②绑扎的钢筋要求横平竖直，规格、数量、位置、间距正确，绑扎不得有缺扣、松扣现象。钢筋绑扣不可均朝一个方向，要成"八"字扣。

③由于每个基础承台的钢筋较多，质量较大，所以基础承台底钢筋保护层垫块采用100mm×100mm的混凝土垫块。其中基础侧面及顶部、短柱、梁的保护层为50mm，相应砂浆垫块应提前加工，保证钢筋位置准确。

④在施工基础承台时，柱段插筋位置要用脚手管在底部和上部卡两道方盘来固定，保证钢筋的位置正确，由于钢筋较长，上部固定架子要与其他基础连成整体。

⑤绑扎承台上柱短钢筋前，要提前将地脚螺栓安放并固定好。其中柱头上部的焊接钢筋网片在剪力槽处可断开。

5. 模板工程

(1) 模板工程的紧前工作为钢筋工程，待钢筋验收合格后马上进行施工。

(2) 本工程均采用新的定型组合钢模板，钢模板加固采用基础内置φ12对拉螺栓，沿模板高度方向每750mm一道，沿基础纵向每600mm一道，模板外侧用脚手管加固。

(3) 模板使用前，必须对模板进行必要的修理，将模板表面用钢丝刷和角磨砂轮磨平、磨光，然后涂刷隔离剂。模板多次周转使用后，表面有砸出坑的，模板肋板开焊、断裂、弯曲的必须挑出，修理后再投入使用。

(4) 为了保证浇灌后的混凝土工艺美观，对拉螺栓与模板交接部位设中间带直径13mm孔的圆木垫，以防止混凝土浇筑时，由螺栓孔处漏浆。混凝土浇筑完毕将圆木垫剔出，用角磨砂轮将对拉螺栓头割掉，使用与基础混凝土同配比且加膨胀剂的水泥砂浆分两次对木垫坑进行填堵，填堵后表面要压光。模板在拼装时要在模板与模板间夹粘优质海绵条；混凝土浇筑前，模板上的孔洞要堵死，以防漏浆，避免拆模后的混凝土外露石子。

（5）模板卡使用前必须仔细检查其是否完好，不得使用带裂纹及锈蚀严重的模板卡。在模板支设过程中模板与模板接缝处都要加设模板卡，模板卡间距不大于 300mm。施工时注意模板卡圆环向下。

（6）模板支设步骤。

1）模板支设前应先涂刷好脱模剂，脱模剂应涂刷均匀，无流淌现象。

2）根据施工控制桩放出模板外边线及其他控制线，作为模板就位依据。

3）用水平仪引测好模板支设的标高，在模板的底脚用砂浆找平。

4）逐块拼装模板，同一条拼缝上的"U"型卡，不宜向同一方向卡紧，对拉螺栓孔应平直相对，穿插螺栓不得斜拉硬顶，螺栓上要加圆木垫，圆木垫要紧贴模板。

5）模板拼装时模板缝间夹不吸水的海绵条（宽度大于 10mm），将模板缝堵死，以防漏浆。

6）模板支设的同时要用脚手管进行加固，加固时将脚手管下端打入基槽，然后再用脚手管与模板拉斜撑进行加固。

7）柱模垂直度用加固脚手管控制，垂直度用线坠检验。

6. 混凝土工程

（1）本次基础施工采用搅拌站集中搅拌，罐车运输，泵车浇筑的施工方案。

（2）本次工程水泥使用 P.O42.5，石子使用 5～25mm 级配碎石，使用中砂（河砂），二级粉煤灰，外加剂使用泵送剂、防腐剂，型号及掺量等由试验部门做混凝土试配后确定。

（3）混凝土采用 HZS-60 和 HZS-100 两台全自动搅拌机搅拌，6 台混凝土罐车运输。现场浇灌采用混凝土汽车泵泵送。

（4）其他如水、电等在施工前及时与来源部门沟通，确保混凝土施工过程中不出现问题。如不能确定，必须出具备用方案，否则视为条件不具备，不能进行混凝土浇筑。

（5）施工缝应严格处理，用錾子将施工缝处混凝土表面凿毛并清扫干净。混凝土浇筑前，提前 24h 将其湿润，浇筑时不得有积水。要先在施工缝上浇筑 5～10cm 厚与混凝土同配比的水泥砂浆，再浇筑混凝土。

（6）混凝土试块取样、成型及养护方法：制作混凝土试块所用的拌和物应从施工现场罐车中卸出的混凝土中提取，并在取样后立即制作试块。制作试块采用 150mm×150mm×150mm 标准试模，插捣采用人工。拌和物分三层装入试模，每层的装料厚度为 50mm。插捣用钢制捣棒，插捣次数为每 100cm² 至少 12 次。插捣完后，刮除多余的混凝土，并用钢抹子抹平。试块成型后，应覆盖其表面，同条件试块拆模后，应放置在靠近相应结构部位或结构部位的适当位置，并应采用相同的养护方法；标养试块在 20℃±30℃ 条件下静置 1～2 昼夜，然后拆模。拆模后试块应立即放到标准养护室中进行标养。

7. 防腐工程

根据图纸要求和设计人员交底要求，将基础垫层顶面、基础 0.500m 以下外露部位全部涂刷环氧煤沥青涂料。

每次垫层施工完后待表面完全干燥再涂刷环氧煤沥青涂料。涂刷前要将垫层表面彻底清扫一边，待表面经过四级验收合格后，开始涂刷，涂刷时要均匀、色泽一致。基础垫层每边要留 5～10cm 不涂刷，用于施工放线、弹墨线。

基础表面的环氧煤沥青涂料，待基础进行完隐蔽验收，经监理确认后进行。施工前也要彻底将基础表面清扫干净。

环氧煤沥青涂料施工时的注意事项：沥青涂料属于易燃物质，施工时，基坑内严禁有明火作业；涂刷时不能污染其他任何材料，要选择晴朗、通风的天气施工。

二、脱硫烟道支架制作、安装施工

（一）工程概况

某发电厂烟道支架分为两部分，烟道支架-1 位于吸收塔南侧，顶标高为 10.7 米；烟道支架-2 位于吸收塔西侧，顶标高为 8.6 米，与主烟道支架相接，使用材料主要为热轧 H 型钢。

（二）施工方法及要求

1. 脱硫烟道支架制作

支架制作工艺流程为：根据设计图纸进行放样、号料 →切割→矫正和成型→制孔及摩擦面加工→除锈、油漆、编号 →钢结构存放→钢结构安装→脱硫烟道支架验收→完成。

（1）放样、号料。

1）熟悉施工图，并认真阅读技术要求及设计说明，并逐个核对图纸之间的尺寸和方向等，特别应注意各部件之间的连接点、连接方式和尺寸是否一一对应；发现有疑问之处，应与有关技术部门联系解决。

2）准备好做样板、样杆的材料，一般可采用薄钢板和小扁钢。

3）放样需要的工具有尺、石笔、粉线、划针、划规、铁皮剪等，尺必须经过计量部门的检验复核，合格后方可使用。

4）号料前必须了解原材料的材质及规格，检查原材料的质量。不同规格、不同材质的零件应分别号料，并依据先大后小的原则依次号料。

5）样板、样杆上应用油漆写明加工号、构件编号、规格，同时标注上孔直径、工作线、弯曲线等各种加工符号。

6）放样和号料应预留收缩量（包括现场焊接收缩量）及切割等需要的加工余量。

切割余量：自动气割割缝宽度为 3mm，手工气割割缝宽度为 4mm（与钢板厚度有关）。

（2）切割。

1）下料划线以后的钢材，必须按其所需的形状和尺寸进行下料切割。常用的切割方法如下：

机械切割：使用剪切机、锯割机、砂轮切割机等机械设备（主要用于型材及薄钢板的切割）。

气割：利用氧气—乙炔、丙烷、液化石油气等热源（主要用于中厚钢板及较大断面型钢的切割）。

2）剪切时应注意以下工艺要点：

①剪刀口必须锋利，剪刀材料应为碳素工具钢和合金工具钢，发现损坏或者迟钝需及时检修、磨砺或调换。

②上下刀刃的间隙必须根据板厚调节适当。

③当一张钢板上排列许多零件并有几条相交的剪切线时，应预先安排好合理的剪切程序后再进行剪切。

④剪切时，将剪切线对准下刃口，剪切的长度不能超过下刀刃的长度。

⑤对材料剪切后的弯扭变形必须进行矫正；若剪切面粗糙或带有毛刺，必须修磨光洁。

⑥剪切过程中，切口附近的金属因受剪力而发生挤压和弯曲，从而引起硬度提高，材料变脆的冷作硬化现象，重要的结构件和焊缝的接口位置须用刨或砂轮磨削等方法将硬化表面加工清除。

3）气割操作时应注意以下工艺要点：

①气割前必须检查确认整个气割系统的设备和工具全部运转正常，并确保安全。

②气割时应选择正确的工艺参数（如割嘴型号、气体压力、气割速度和预热火焰能率等），工艺参数的选择主要是根据气割机械的类型和可切割的钢板厚度进行确定。

③气割时应调节好氧气射流（风线），气割钢材表面应无油污、浮锈和其他杂物，并在气割部位下面留出一定的空间，以利于熔渣的吹出。气割时，割炬的移动应保持匀速，割件表面距离焰心尖端 2～5mm 为宜。

④气割时必须防止回火。

4）机械切割和气割的允许偏差见表 16-6、表 16-7。

表 16-6	机械切割的允许偏差　　mm
项　目	允许偏差
零件宽度、长度	±3.0
边缘缺棱	1.0
型钢端部垂直度	2.0

表 16-7	气割的允许偏差　　mm
项　目	允许偏差
零件的宽度、长度	±3.0
气割面平面度	0.05t，但不大于 2.0
割纹深度	0.3
局部缺口深度	1.0

注　t 为切割面厚度。

（3）矫正和成型。

1）碳素结构钢在环境温度低于−16℃、低合金结构钢在环境温度低于−12℃时，不应进行冷矫正和冷弯曲。碳素结构钢和低合金结构钢在加热矫正时，加热温度不应超过900℃。低合金结构钢在加热矫正后应自然冷却。

2）当零件采用热加工成型时，加热温度应控制在 900～1000℃；在碳素结构钢和低合金结构钢温度分别下降到 700～800℃之前，应结束加工。

3）矫正后的钢材表面不应有明显的凹面或损伤，划痕深度不得大于 0.5mm，且不应大于该钢材厚度负允许偏差的 1/2。

4）钢材矫正后的允许偏差应符合表 16-8 的规定。

表 16-8		钢材矫正后允许偏差	
项　目		允许偏差（mm）	图　例
钢板的局部平面度	6<t≤14	Δ≤1.5	
	t>14	Δ≤1.0	
型钢弯曲矢高		1/1000 且不应大于 5.0	

项　目	允许偏差（mm）	图　例
角钢肢的垂直度	$\Delta \leqslant b/100$，双肢栓接角钢的角度不得大于 90°	
槽钢翼缘对腹板的垂直度	$\Delta \leqslant b/80$	
工字钢、H 型钢翼缘对腹板的垂直度	$\Delta \leqslant b/100$ 且不大于 2.0	

（4）制孔。

1）采用设备：摇臂钻、磁力钻。

2）质量检验标准：

螺栓孔规格及孔距允许偏差应符合表 16-9、表 16-10 的规定。

表 16-9　　　　　　　　　　**螺栓孔规格允许偏差**　　　　　　　　　　mm

项　目	允许偏差
直径	+1.0
圆度	2.0
垂直度	$0.3t$ 且不大于 2.0

注　t 为钢材厚度。

表 16-10　　　　　　　　　　**螺栓孔孔距允许偏差**　　　　　　　　　　mm

项　目	允　许　偏　差			
	≤500	501～1200	1200～3000	>3000
同一组内任意孔间距离	±1.0	±1.5	—	—
相邻两组的端孔距离	±1.5	±2.0	±2.5	±3.0

注　1. 在节点中连接板与一根杆件相连的所有螺栓孔为一组。

　　2. 对接接头在拼接板一侧的螺栓孔为一组。

　　3. 在两相邻节点或接头间的螺栓孔为一组，但不包括上述两款规定的螺栓孔。

　　4. 受弯构件翼缘上的连接螺栓孔，每米长度范围内的螺栓孔为一组。

3）质量检验方法：用直尺、钢尺、卡尺和目测检查。

4）采用钻模制孔和划线制孔两种方法。较多频率的孔组要设计钻模，以保证制孔过程中的质量要求。制孔前要考虑焊接收缩余量及焊接变形的因素，将焊接变形均匀地分布在杆件上。

5）螺栓孔孔距的允许偏差超过表 16-9 规定的允许偏差时，应采用与母材材质相匹配的焊条补焊，并经超声波探伤（UT）合格后，重新制孔。

6）螺栓孔光滑、无毛刺，孔壁垂直度偏差不大于板厚的 2%，孔圆度偏差不大于 1%。

（5）除锈、油漆。

1）除锈采用专用除锈设备，进行抛射除锈，可以提高钢材的疲劳强度和抗腐能力，对钢材表面硬度也有不同程度的提高，有利于漆膜的附和，不需增加外加的涂层厚度。除锈使用的磨料必须符合质量标准和工艺要求，施工环境相对湿度不应大于 85%。

经除锈后的钢材表面，用毛刷等工具清扫干净，才能进行下道工序。除锈合格后的钢材表面，如在涂底漆前已返锈，需重新除锈。

2）钢材除锈经检查合格后，在表面涂完第一道底漆，一般在除锈完成后，应在 8h 内漆完底漆，油漆应按设计要求配套使用，第一遍底漆干燥后，再进行中间漆和面漆的涂刷，保证涂层厚度达到设计要求；油漆在涂刷过程中应均匀、不流坠。

2. 脱硫烟道支架存放

脱硫烟道支架分段制作完毕后，对其整体混凝土结构的跨距、标高等尺寸进行复检，合格后选择地面平整、适合起吊的地方堆放，避免支点受力不均匀。支点选择应合理，以防止型钢由于刚度差而产生侧弯、扭曲变形。

3. 脱硫烟道支架安装

支架安装施工工艺流程为：安装准备→脱硫烟道支架安装→检查、验收→除锈、油漆。

（1）安装准备。

1）按安装的先后顺序、构件明细表核对脱硫烟道支架每个构件的数量。

2）检查构件在装卸、运输及堆放的过程中有无损坏或变形，如有损坏或变形的构件，应予以矫正或重新加工。

3）对构件的外形几何尺寸、制孔、焊接等进行检查，做出记录。

4）构件分类堆放，刚度较大的构件可以铺垫木水平堆放，多层叠放时垫木应在一条垂线上。

5）构件必须符合设计要求和施工规范的规定。由于运输、堆放和吊装造成的构件变形必须矫正。

6）复验安装定位所用的轴线控制点和测量标高使用的水准点。

7）放出标高控制线，混凝土支架柱、横梁上预埋件的中心线和综合管道支架轴线的吊装辅助线。

8）复验脱硫烟道支架支座的预埋件，其轴线、标高、水平度等，超出允许偏差时，应做好技术处理。

9）检查吊装机械及吊具，按照施工组织设计的要求搭设脚手架、垂直爬梯或操作平台。

10）钢结构安装前，在钢梁和起重人员拴挂钩位置布置水平拉索。

11）吊装时为防止构件变形、失稳，必要时应采取加固措施，在平行于钢梁的方向采用钢管、方木或其他临时加固措施。

12）测量用钢尺应与钢结构制作用的钢尺校对，并取得计量法定单位的检定证明。

13）检查钢构件：安装前按图纸查点复核构件，将构件依照安装顺序运到安装区域。在不影响安装的条件下，尽量把构件放在安装位置下方，以保证安装的便利。

（2）脱硫烟道支架安装。

1）脱硫烟道支架的钢梁就位前，为便于安装，在钢梁就位的预埋件下方设置一个限位（或在钢横梁两端的上面分别设置一个限位）（限位采用角钢制作），限位长度与钢梁宽度相同。

2）利用 25t 汽车式起重机、选择 $\phi 13$ 的钢丝绳和 2t 的卡环将每一根钢梁根据图纸要求分别就位，放在事先设置好的限位上，此时禁止松钩，就位后调整钢梁与预埋件的间隙直至达到图纸要求（通常每端各为 10mm）。

3）焊接质量要求。

①焊接材料应符合设计要求和有关标准的规定，应检查质量证明书及烘焙记录。

②焊工必须经考试合格，检查焊工相应施焊条件的合格证及考核日期。

③焊缝必须符合设计要求和施工及验收规范的规定。

④焊缝表面不得有裂纹、焊瘤、烧穿、弧坑等缺陷。表面不得有气孔、夹渣、弧坑、裂纹、电弧擦伤等缺陷，且不得有咬边、未焊满等缺陷。

⑤焊缝外观：焊缝外形均匀，焊道与焊道、焊道与基本金属之间过渡平滑，焊渣和飞溅物清除干净。

⑥咬边：焊缝咬边深度 $\leqslant 0.05t$（t 为板、壁的厚度），且 $\leqslant 0.5mm$，连续长度 $\leqslant 100mm$，且两侧咬边总长 $\leqslant 10\%$ 焊缝长度。

⑦焊后不允许撞砸接头，不允许往刚焊完的钢材上浇水。低温下应采取缓冷措施。

⑧不允许随意在焊缝外母材上引弧。

⑨各种构件校正好之后方可施焊，并不得随意移动垫铁和卡具，以防造成构件尺寸偏差。隐蔽部位的焊缝必须办理完隐蔽验收手续后，方可进行下道隐蔽工序。

⑩梁与柱焊接连接为二级焊缝，要求做 20% 超声波检测；其余焊缝均为三级焊缝。

第七节　石灰石卸料间施工

一、钢板桩支护方案

（一）工程概况

某发电厂工程土质条件差，挖土深度相对地面约 6.420m（中间为 8.42m），基坑拟采用钢板桩挡土支护结构，同时周边设 4 口集水井以减少水压力与土质对钢板桩支护的侧向压力，为此，我们将原有地基的两侧采用内撑式加拉锚钢板桩，用来抵抗土压力和水压力。另两侧为大开挖。

经过计算确定钢板桩拟选用 12、10m 长的两种钢板桩，采用 140a 工字型钢板桩进行支护。钢板桩支护系统采用内支撑加拉锚。

（二）施工方法及要求

施工顺序：施工前准备工作→钢板桩打设→轴线修正与封闭合拢。

1. 施工前准备工作

(1) 选用质量合格的钢板桩，在打入前将桩尖处的凹槽底口封闭，避免泥土进入，锁口涂黄油。

(2) 安装围檩支架，以保证钢板桩垂直打入和打入后钢板桩墙面平直，设一层围檩，围檩位于地面以下50cm处。

(3) 转角桩制作：在钢板桩墙角处实现封闭合龙。将一块钢板桩切断后用其半块焊在另一块钢板桩口做成90°转角或采用φ200钢管支撑。

(4) 必须设专职施工员负责指挥基坑支护和土方施工，包括夜间施工，必须严格控制钢板桩打入时节节相扣，桩长确保符合设计要求，小于长度的禁止使用。

(5) 打桩时要进行垂直度的监测，确保每根桩垂直打入，不得发生倾斜，造成支护隐患。

(6) 本工程基坑内采用明排方式，基坑挖成后，沿基坑边沿挖排水沟500mm×300mm，每隔15~20m挖直径1m、深1m的集水坑，用水泵及时将地下水抽走排入厂区排水网。

2. 钢板桩打设

钢板桩打设采用单独打入法。

(1) 用起重机将钢板桩吊至桩点处进行插桩。插桩时锁口要对准，每插入一块即套上桩帽，上端加硬木，轻轻加以锤击。

(2) 在打桩过程中，为了保证钢板桩的垂直度，用两台经纬仪从不同方向加以控制。

(3) 为防止锁口中心线平面位移，在打桩进行方向的钢板桩锁口处设卡板，阻止板桩位移，并在围檩上标上每块桩的桩位。

(4) 开始打设的第一块和第二块钢板桩的位置和方向应确保精确，起到导向板的作用。每打入1m应测量一次，打至预定深度后应立即用钢筋或钢板与围檩支架采用电焊做临时固定。

3. 轴线修正与封闭合拢

(1) 沿长边和短边在打至离转角桩约还有8块钢板桩时暂停，量出转角桩的总长度和增加的长度。

(2) 根据两边水平方向增加的长度和转角桩的尺寸，将短边方向的围檩与围檩桩分开，用千斤顶向外顶出，进行轴线外移，经核对无误后再将围檩和围檩桩重新焊接固定。

(3) 在长边方向的围檩内插桩，继续打设，插到转角桩，再接着沿短边方向插打两块钢板桩，根据修正后的轴线沿短边方向继续进行插打，最后一块封闭合拢的钢板桩设置在短边方向从端部算起的第三块板桩的位置处。

4. 做钢管支撑

在挖土至0.5m深度时，按布置图所示做好钢管支撑。

(三) 安全措施

(1) 施工人员必须戴安全帽，打支护桩时人员必须在扶正钢桩位置后离开桩机10m远，其他无关人员不得进入打桩区域。

(2) 机械挖土时，在挖掘机回转半径内不得站人。

(3) 在基坑顶设置位移观测点，每侧至少设置3~6个观测点，挖土时安排专职人员进行观测，每2h一次，发现异常情况立即汇报技术负责人，及时采取措施。基坑开挖完成后进行基础施工时，继续监测，坑顶边位移累计达到 200mm 时立即停止，及时采取应急措施。

（4）基坑开挖后，在基坑边设置 1.4m 高安全护栏，并布置基坑爬梯至坑底，爬梯两边设置脚手管护栏。

（5）施工现场准备足够的编织袋，装好土，以防发生塌方时采用土袋子堵挡。

（6）基坑周边 8m 范围内严禁堆置土方和其他重物。

（四）附图

石灰石卸料间及石灰石储仓钢板桩支护见图 16-7。

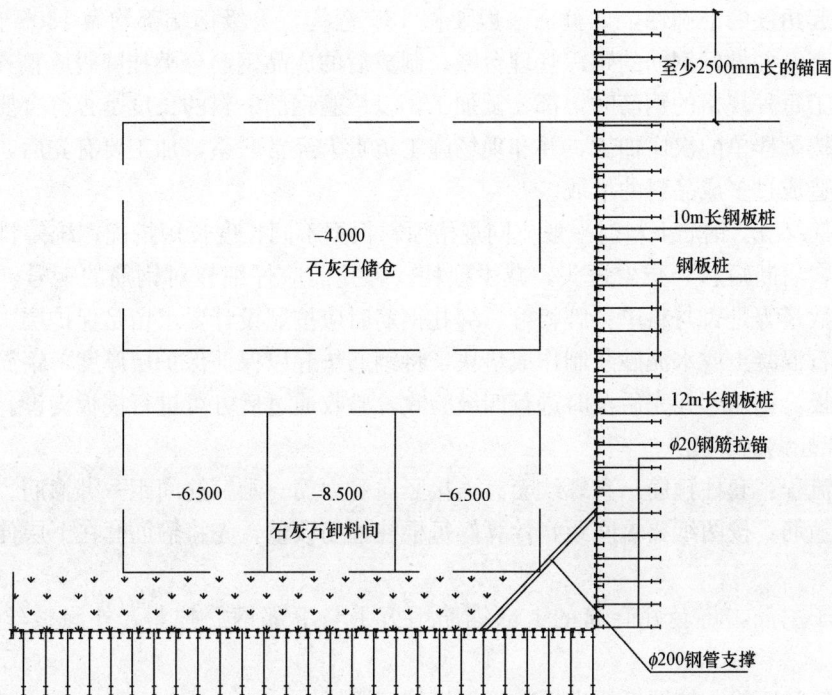

图 16-7　石灰石卸料间及石灰石储仓钢板桩支护示意图

二、石灰石卸料间施工措施

（一）工程概况

某发电厂规划容量为 $4×1000MW＋40$ 万 t/d 的海水淡化工程，本期工程拟建设 $2×1000MW$ 脱硫装置，并留有再扩建的条件。

（二）施工工艺流程

定位放线→脚手架工程→框架柱、梁、板钢筋→框架柱、梁、板钢筋模板→框架柱、梁、板钢筋混凝土。

（三）施工方法及要求

1. 定位放线

根据设计院提供的测量控制网，采用全站仪进行本工程的测量放线工作。垫层施工完成后，放样基础定位线，同时放出柱子的边框线。

2. 钢筋工程

本工程钢筋采用钢筋加工场加工制作，现场绑扎成型的施工方案，钢筋运料采用拖拉机挂自制板车运至现场。为保证施工现场的安全文明施工，原料随运随绑，以减少占地面积。

（1）备料。根据已审批通过的施工图材料预算备料，力求节约原材料。钢筋进厂要求有出厂合格证，并应在进厂后做原材复试试验，合格后方可使用。

（2）翻样。施工前应先按照图纸进行钢筋翻样，钢筋翻样要严格按照施工图中规格、尺寸、数量，结合现场实际，做到准确无误。受动力荷载影响的构件，钢筋采用直螺纹连接，经主管技术员审核、主管领导批准后交给钢筋加工场进行钢筋制作。当需要进行材料代换时，应事先征得设计单位的同意，并履行正常手续后方可进行代换。

（3）钢筋加工。钢筋制作要严格按照翻样单加工，要求规格、尺寸正确，数量齐全，要确保钢筋弯起角度的准确性，如箍筋一般要做135°弯钩，Ⅰ级钢端部均做180°弯钩。制作后要认真检查，并做好钢筋的跟踪管理台账。制成后的成品钢筋分类挂牌码放整齐，标志要明显。在加工每种规格的钢筋时，都要试加工，以检验钢筋下料的长度是否符合要求。钢筋加工时，要按翻样单的次序加工，并和现场施工负责人经常联系，加工要有先后，根据需要加工，避免造成过多成品料的堆放。

（4）钢筋绑扎。钢筋下料时一般应同规格原料根据不同长度长短搭配，统筹排料，一般应先断长料，后断短料，减少短头，减少损耗。绑扎前应仔细核对钢筋的钢号、直径、形状、尺寸和数量等是否与料单料牌相符。绑扎钢筋时应按照设计要求留足保护层。应以相同配合比的细石混凝土或水泥砂浆制作成垫块，将钢筋垫起以保证保护层厚度，钢筋及绑丝均不得接触模板。钢筋绑扎完后及时进行四级验收，验收通过后方可进行模板支设。

1）框架柱钢筋绑扎。

①工艺流程：套柱箍筋→直螺纹套筒连接竖向受力筋→画箍筋间距→绑箍筋。

②套柱箍筋：按图纸要求间距，计算好每根柱箍筋数量，先将箍筋套在下层伸出的搭接筋上。

③立柱子主筋，将套好套筒的上部钢筋用扳手与下部钢筋拧紧，外漏整丝扣不超过2扣。

④画箍筋间距线：按图纸要求用粉笔划箍筋间距线。

⑤柱箍筋绑扎。

a.按已划好的箍筋位置线，将已套好的箍筋往上移动，由上往下绑扎，宜采用缠扣绑扎。

b.箍筋与主筋要垂直，箍筋转角处与主筋交点均要绑扎，主筋与箍筋非转角部分的相交点成梅花交错绑扎。

c.箍筋的弯钩叠合处应沿柱子竖筋交错布置，并绑扎牢固。

d.本工程抗震等级为8度，柱箍筋端头应弯成135°，平直部分长度不小于10d（d为箍筋直径）。

e.柱筋保护层厚度应符合规范要求，主筋外皮为40mm，垫块应绑在柱竖筋外皮上，间距一般为1m，以保证主筋保护层厚度准确。

2）框架梁钢筋绑扎。

①工艺流程：画主次梁箍筋间距→放主梁次梁箍筋→穿主梁上层纵筋及弯起筋→穿次梁上层纵筋并与箍筋固定→穿主梁底层纵向架立筋→按箍筋间距绑扎→穿次梁底层纵向钢筋→按箍筋间距绑扎。

②在梁侧模板上画出箍筋间距，摆放箍筋。

③先穿主梁的上部纵向受力钢筋，将箍筋按已划好的间距逐个分开；穿次梁的上部纵向受力钢筋，并套好箍筋；放主、次梁的架立筋；隔一定间距将架立筋与箍筋绑扎牢固；调整箍筋间距使其符合设计要求，绑架立筋，再绑主筋，主、次梁同时配合进行。

④绑梁上部纵向筋的箍筋，宜用套扣法绑扎。

⑤箍筋在叠合处的弯钩，在梁中应交错绑扎，箍筋弯钩为135°，平直部分长度为10d。

⑥梁端第一个箍筋应设置在距离柱节点边缘50mm处。梁端与柱交接处箍筋应加密，其间距为100mm。

⑦在主、次梁受力筋下均应垫垫块，保证保护层的厚度。受力筋为双排时，可用短钢筋垫在两层钢筋之间，钢筋排距应符合相关构造要求。

⑧梁筋的搭接：梁的受力钢筋直径大于或等于28mm时，采用直螺纹套筒或闪光对焊连接，小于28mm时，可采用绑扎接头，搭接长度要符合规范的规定。搭接长度末端与钢筋弯折处的距离不得小于钢筋直径的10倍。接头不宜位于构件最大弯矩处，受拉区域内Ⅰ级钢筋绑扎接头的末端应做弯钩（Ⅱ级钢筋可不做弯钩），搭接处应在中心和两端扎牢。接头位置应相互错开，当采用绑扎搭接接头时，在规定搭接长度的任一区段内有接头的受力钢筋截面面积占受力钢筋总截面面积的百分率，受拉区不大于25%。图纸有要求的符合图纸要求即可。

3）楼板钢筋绑扎。

①工艺流程：清理模板→模板上画线→绑板下受力筋→绑负弯矩钢筋。

②清理模板上面的杂物，用粉笔在模板上划好主筋、分布筋间距。

③按划好的间距，先摆放受力主筋，后放分布筋。预埋件、电线管、预留孔等及时配合安装。

④绑扎板筋时一般用顺扣或八字扣，除外围两根钢筋的相交点应全部绑扎外，其余各点均可交错绑扎（双向板相交点须全部绑扎）。如为双层钢筋，两层筋之间须加钢筋马凳，以确保上部钢筋的位置。负弯矩钢筋的每个相交点均要绑扎。

⑤在钢筋的下面垫好砂浆垫块，间距1.5m，必要时加密。垫块的厚度等于保护层厚度，应满足设计要求，如设计无要求，板的保护层厚度应为15mm，钢筋搭接长度与搭接位置的要求与框架梁钢筋相同。

3. 模板工程

（1）安装准备。

1）模板设计：模板平面布置，纵、横龙骨规格、数量、排列尺寸，柱箍选用的形式及间距，梁板支撑间距要按规范规定及图纸设计施工，保证模板具有足够的刚度、强度和稳定性。

2）模板加工。

①模板边框采用50mm×80mm的木方，要求木方两面刨光，其厚度差≤2mm。

②固定面板时要先进行选材，选择厚度、接触面一致的面板。

③面板用钉子固定在木方上，钉帽要与面板平齐。

④柱子、剪力墙模板在拼装时，应预留清扫口或灌浆口。

3）模板加工完后先试拼，及时消除制作中的缺陷，然后进行编号，分规格堆放。

4) 放好轴线、模板边线、水平控制标高，模板底口应做水泥砂浆找平层，检查并校正，柱子用的地锚要提前预埋好。

5) 封模板前，柱子、墙钢筋绑扎完毕，水电管线及预埋件已安装，绑好钢筋保护层垫块，并经四级验收合格。

(2) 框架柱模板安装。

1) 工艺流程：弹柱位置线→抹找平层作定位墩→安装柱模板→安柱箍→安拉杆或斜撑→预检。

2) 按标高抹好水泥砂浆找平层，按位置线做好定位墩台，以便保证柱轴线边线与标高的准确。

3) 安装柱模板，通排柱，先装两端柱，经校正、固定、拉通线校正中间各柱，在条件成熟的情况下，室内构造柱采用小圆角。

4) 柱箍用钢管制成，柱箍间距为 600mm。对拉螺栓为 φ12 圆钢，间距为 600mm。用 12mm 厚钢板代替 "3" 型垫铁，柱子底部要拧双螺母，防止胀模。

5) 安装柱模的拉杆或斜撑：柱模每边设 2 根拉杆，固定于事先预埋在楼板内的钢筋环上，用经纬仪控制，用花篮螺栓调节校正模板垂直度。拉杆与地面夹角宜为 45°，预埋的钢筋环与柱距离宜为 3/4 柱高。

6) 将柱模内清理干净，封闭清理口，进行柱模验收。

7) 柱模板配板立、剖面如图 16-8、图 16-9 所示。

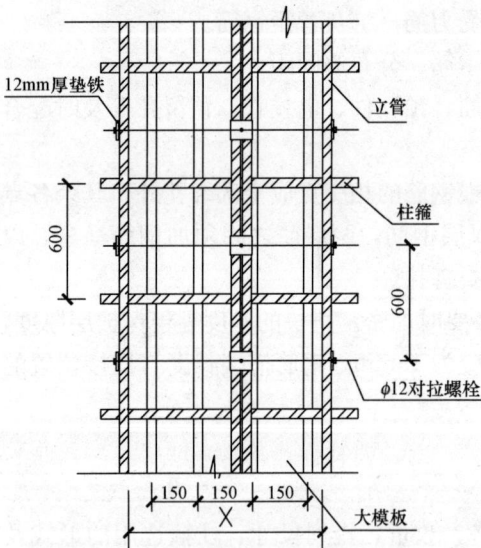

图 16-8　柱模板配板立面图（单位：mm）

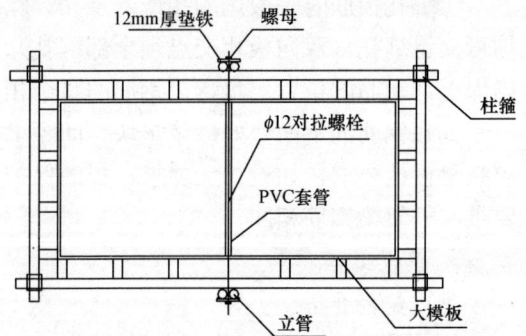

图 16-9　柱模板配板剖面图

(3) 框架梁模板安装。

1) 工艺流程：弹线→支立柱→调整标高→安装梁底模→绑梁钢筋→安装侧模→办预检。

2) 柱子拆模后在混凝土上弹出轴线和水平线。

3) 安装梁钢支柱之前（如土地面必须夯实），在支柱下方垫道木枕。本工程梁下支柱采用双排或多排，支柱的间距为 600mm。支柱双向加剪力撑和水平拉杆，离地 50cm 设一道，以上每隔 2m 设一道。

4) 按设计标高调整支柱的标高，然后安装梁底板，并拉线找直，梁底板应起拱，当梁跨度≥4m 时，梁底板按设计要求起拱。如设计无要求，起拱高度宜为全跨长度的 1/1000～3/1000。

5) 绑扎梁钢筋，经检查合格后办理隐检，并清除杂物，安装侧模板，把两侧模板与底板固定。

6) 用小横杆配合脚手架支撑固定梁侧模板。小横杆间距为 600mm，梁模板上口用定型卡子固定。对拉螺栓间距为 600mm，并加 PVC 套管。

7) 安装后校正梁中线、标高、断面尺寸。将梁模板内杂物清理干净，并经四级验收合格。

8) 梁模板配板剖面见图 16-10。

(4) 楼板模板安装。

1) 工艺流程：地面夯实、铺平、垫实→安装支撑脚手架立杆→安装大小横杆→铺 5mm×8mm 木方子找平→铺模板→校正标高→加立杆的水平拉杆→办预检。

2) 土地面应夯实，并垫道木枕，楼层地面立支柱前垫通长脚手板。采用多层支架支模时，支柱应垂直，上下层支柱应在同一竖向中心线上。

3) 从边跨一侧开始安装，先安第一排脚手架立杆，临时固定，再安第二排脚手架立杆，依次逐排安装。支柱与龙骨间距应按模板设计规定，支柱间距为 900mm×1200mm，大龙骨间距为 1200mm，小龙骨间距为 900mm。

4) 调节支柱高度，将大龙骨找平。

5) 铺大模板：从一侧开始铺，每两块板间粘海绵胶条以防漏浆，保证拼缝严密。

图 16-10 梁模板配板剖面图（单位：mm）

6) 平台板铺完后，用水平仪测量模板标高，进行校正，并用靠尺找平。

7) 标高校完后，支柱之间应加水平拉杆。离地面 20～30cm 处一道，往上纵、横方向每隔 1.2m 左右一道，并应经常检查，保证完整、牢固。

8) 将模板内杂物清理干净，进行自检。

(5) 模板拆除。

1) 柱子模板拆除：先拆掉柱斜拉杆或斜支撑，卸掉柱箍，再把对拉螺栓拆掉，然后用撬棍轻轻撬动模板，使模板与混凝土脱离。

2) 楼板、梁模板拆除。

①应先拆梁侧帮模，再拆除楼板模板。拆楼板模板前先拆掉水平拉杆，然后拆除支柱，每根龙骨留 1～2 根支柱暂时不拆。

②用钩子将模板钩下，等该段的模板全部脱模后，集中运出，集中堆放。

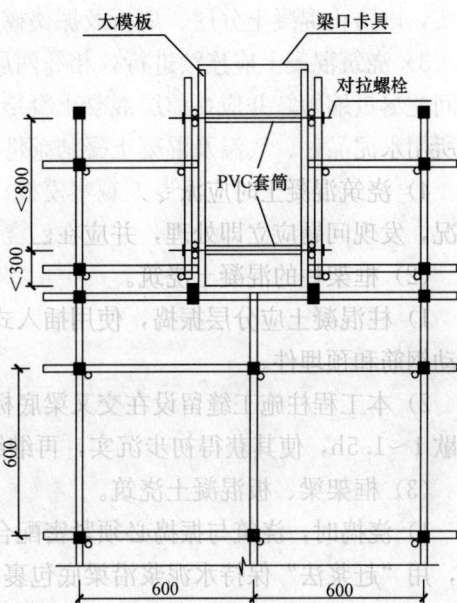

605

③楼层较高，支模采用双层排架时，先拆上层排架，使龙骨和模板落在底层排架上，上层模板全部运出后，再拆底层排架。

④有穿墙螺栓的，先拆掉穿墙螺栓和梁托架，再拆除梁底模。

4. 混凝土工程

本工程基础、梁、板、柱混凝土均采用C40，抗渗等级不低于S8混凝土，基础垫层为C10混凝土。在浇筑混凝土前，必须经验收合格后方可进行，并应清除模板内的积水、木屑、钢丝、铁钉等杂物。

（1）混凝土浇筑与振捣要求。

1）浇筑混凝土时应分段分层连续进行，浇筑层高度应根据结构特点、钢筋疏密情况决定，一般为振捣器作用部分长度的1.25倍，最大不超过60cm。

2）使用插入式振捣器应快插慢拔，插点要均匀排列，逐点移动，不得遗漏，做到均匀振实，以防止混凝土分层、离析及振捣棒抽出时所造成的空洞。

3）浇筑混凝土应连续进行，相邻两层浇筑时间间隔不得超过2h。如必须间歇，其间歇时间应尽量缩短，并应在前层混凝土凝结之前，将次层混凝土浇筑完毕。间歇的最长时间应按所用水泥品种、气温及混凝土凝结条件确定，一般超过2h应按施工缝处理。

4）浇筑混凝土时应派专人观察模板、钢筋、预留孔洞和插筋等有无移动、变形或堵塞情况，发现问题立即处理，并应在已浇筑的混凝土凝结前修正完好。

（2）框架柱的混凝土浇筑。

1）柱混凝土应分层振捣，使用插入式振捣器时每层厚度不大于50cm，振捣棒尽量避免触动钢筋和预埋件。

2）本工程柱施工缝留设在交叉梁底标高或单向梁上标高处。混凝土应在柱浇筑完毕后停歇1～1.5h，使其获得初步沉实，再继续浇筑。

（3）框架梁、板混凝土浇筑。

1）浇捣时，浇筑与振捣必须紧密配合，第一层下料慢些，梁底充分振实后再下第二层料，用"赶浆法"保持水泥浆沿梁底包裹石子向前推进，每层均应振实后再下料，梁底及梁帮部位要注意振实，振捣时尽量不触动钢筋及预埋件。

2）梁柱节点钢筋较密时，浇筑此处混凝土时宜用小粒径石子同强度等级的混凝土浇筑，并用小直径振捣棒振捣。

3）浇筑板混凝土的虚铺厚度应略大于板厚，用平板振捣器垂直于浇筑方向来回振捣，厚板可用插入式振捣器顺浇筑方向拖拉振捣，并用铁插尺检查混凝土厚度，振捣完毕后用长木抹子抹平。施工缝处或有预埋件及插筋处用木抹子找平。浇筑板混凝土时不允许用振捣棒铺摊混凝土。

4）施工缝处须待已浇筑混凝土的抗压强度不小于1.2MPa时，才允许继续浇筑。在继续浇筑混凝土前，施工缝混凝土表面应凿毛，剔除浮动石子，并用水冲洗干净后，先浇一层水泥浆，然后继续浇筑混凝土，应细致操作振实，使新旧混凝土紧密结合。

（4）混凝土试块制作及坍落度控制。

1）按工作班每100m³ 标养试块不少于一组，不足100m³ 时做一组。

2）同期浇筑的柱或梁至少留置一组同条件试块用于拆模时使用。

3）混凝土坍落度按车次全数检查，泵车浇筑控制在100～140mm。如发现坍落度或和易性不合格，应及时退回搅拌站。

（5）养护。混凝土浇筑完毕压光后，应在 12h 以内用塑料布加以覆盖和浇水，浇水次数应能保持混凝土有足够的润湿状态，养护用生活用水，可就近接在附近的水管上，养护期一般不少于 14 天。

（6）混凝土成品保护。混凝土柱、梁拆模完毕后及时用塑料布包裹，防止因水分蒸发造成的混凝土色差。

第十七章

输煤系统结构工程施工措施

第一节　土　方　工　程

一、翻车机室（C1 廊道、T1 转运站）土方开挖施工

（一）工程概况

某发电厂翻车机室地下结构、C1 输煤廊道、T1 转运站±0.000m 相当于绝对高程＋4.60m，T1 转运站、C1 输煤廊道、翻车机室基础承载、基坑支护止水帷幕措施为地下连续墙，现地下连续墙已经施工完毕。此次基坑开挖在地下连续墙内部进行，基坑开挖时随开挖随设置支撑。

本方案重点描述翻车机室地下结构的土方开挖、支护以及观测的内容。

（二）施工方案

支撑制作：采用 φ609 钢管、工字钢 I63C（可等强代换）及由 L125×12 角钢和 10mm 厚钢板焊接成的钢支柱组成支撑系统。

土方开挖：先开挖 T1 转运站、翻车机室，并分别退挖至 C1 输煤廊道。采用机械分层开挖，人工配合。

（三）施工工艺流程

(1) T1 转运站开挖：一层土方开挖（地下连续墙内开挖 6m、外侧卸载 4.5m）→一层钢支撑安装→二层支撑安装→二层土方开挖（−1.85～−6.15m）→三层支撑安装→三层土方开挖（−6.15～−14m）→墙体剃凿→防水施工→三层以下土方开挖→墙体剃凿→防水施工。

(2) 翻车机室：一层土方开挖（地下连续墙内开挖 4m、外侧卸载 3m）→一层钢支撑安装→二层土方开挖（−1.85～−6.15m，过程中二层支撑安装）→三层支撑安装→三层土方开挖（−6.15～−15.2m）→三层以下土方开挖→墙体剃凿→防水施工。

(3) C1 输煤廊道：一层土方开挖（地下连续墙内开挖 4m、外侧卸载 3m）→一层钢支撑安装→安装部分二层支撑安装（因廊道基底为斜坡状，部分钢支撑无需安装）→二层土方开挖（−1.85～−6.15m）→安装部分三层支撑安装（因廊道基底为斜坡状，部分钢支撑无需安装）→三层支撑安装→三层土方开挖（−6.15～−15.2m）→墙体剃凿→防水施工。

（四）施工方法及要求

1. 钢支撑安装

钢支撑在制作厂制作，到场后应检查制作情况，确认无问题后开始安装。

焊接前必须将焊缝每边 20mm 范围内的铁锈、毛刺和油污等清除干净。焊工必须有焊工合格证并在有效期内，安排焊工所担任的焊接工作应与焊工的技术水平相适应。

每一层焊道焊完后应及时清理检查，清除缺陷后继续进行。焊接完毕，焊工应清理焊缝表面的熔渣及两侧的飞溅物，检查焊缝外观质量。

2. 土方工程

(1) 基坑开挖必须在地下连续墙、墙顶帽梁达到设计强度后方可进行。

(2) 基坑开挖时，由北向南分段、分区、分层、对称进行，每层开挖深度不得大于 2m。严禁在一个工况条件下，一次开挖到底。

(3) 土方开挖的顺序、方法必须与设计工况相一致，在未采取其他措施的情况下，应遵循"开槽支撑，先撑后挖，分层后挖，严禁超挖"的原则。

(4) 机械挖土到设计标高时，设计标高上应保留 200mm 厚土层用人工挖除，防止坑底土扰动。

(5) 采用机械挖土方式时，挖土机械和车辆不得直接在支撑上行走操作，严禁挖土机械碰撞支撑、立柱、井点管、围护墙。作用于支撑面的施工荷载不大于 2kPa，钢支撑顶面严禁堆放杂物。

3. 墙面剔凿及防水施工

(1) 墙体随开挖随剔凿，要求平整度为 30mm。

(2) 防水施工。本工程防水形式分为水泥砂浆防水及涂料防水两种。防水施工时不得污染预留插筋。

1) 水泥砂浆防水层施工应符合下列要求：

①分层铺抹或喷涂，铺抹时应压实、抹平和表面压光。

②防水层各层应紧密贴合，每层宜连续施工，必须留施工缝时应采用阶梯波形搓，但离开阴阳角处不得小于 200mm。

③防水层的阴阳角处应做成圆弧形。

④水泥砂浆终凝后应及时进行养护，养护温度不宜低于 5℃ 并保持湿润，养护时间不得少于 14 天。

2) 涂料防水层施工应符合下列要求：

①涂料涂刷前应先在基面上涂一层与涂料相容的基层处理剂。

②涂膜应多遍完成，涂刷应待前遍涂层干燥成膜后进行。

③每遍涂刷应交替改变涂层的涂刷方向，同层涂膜的先后搭搓宽度为 30～50mm。

④涂料防水层的施工缝（甩搓）应注意保护，搭接缝宽度应大于 100mm，接涂前应将其甩搓表面处理干净。

⑤涂刷程序应先做转角处、穿墙管道、变形缝等部位的涂料加强层，后进行大面积涂刷。

⑥涂料防水层中铺贴的胎体增强材料，同层相邻的搭接宽度应大于 100mm，上下层接缝应错开 1/3 幅宽。

4. 地基工程（截桩）

截桩工作随土方开挖同时进行，随开挖随截桩，随即将桩头运走。截桩采用风镐剔凿的方式。

截桩前，先在桩身上面用红油漆笔标记出设计标高，然后用云石锯在设计桩顶位置将桩头切出一圈 3cm 深的剔凿线，用风镐将基础桩主筋保护层剔凿掉，使桩主筋完全露出，在离垫层面 950mm 高度处将主筋截断，将下部桩主筋与桩身分离开。桩主筋剥出后将桩头在设计标高位置截断并放倒，用挖掘机将桩头吊出基坑。桩头清走后，再用小錾子将桩头顶剔凿平整，用钢筋扳将预留的桩主筋调直。

剔除桩头时，要保证桩体和桩钢筋深入到混凝土承台内的长度符合设计要求。当出现钢筋长度不满足设计要求时，可采用双面搭接焊的连接形式。剔除后的桩头要求表面混凝土平整、没有松动的混凝土，钢筋顺直。剔凿下来的碎块用运土车运至指定地点，严禁混凝土碎块和开挖土一起混运。当桩头超过 2m 长时，可分两次凿除，以方便运输。

5. 地下连续墙监测

在地下连续墙帽梁顶设置观测点对以下项目进行观测：

(1) 在地下连续墙内进行土方开挖过程中用钢卷尺测量地下连续墙上口水平距离，每天 2 次。

(2) 观测地下连续墙钢支撑的挠度变化情况，每天 1 次。

(3) 在地下连续墙外设置沉降观测点观测地下连续墙外侧土体的下沉情况及内侧土体的隆起情况，每天 1 次。

二、翻车机室（C1 廊道、T1 转运站）降水施工

（一）工程概况

某发电厂翻车机室地下结构、C1 输煤廊道、T1 转运站±0.000m 相当于绝对高程＋4.60m，T1 转运站、C1 输煤廊道、翻车机室基坑支护止水帷幕措施为地下连续墙，现地下连续墙已经施工完毕。地下连续墙内打井 18 眼，成井直径 700mm，井管直径 450mm，滤料厚度 125mm，井深（从现地坪算起）23m；地下连续墙外打井 16 眼，成井直径 700mm，井管直径 450mm，滤料厚度 125mm，井深（从现地坪算起）20m。

本施工方案重点描述翻车机室地下结构的基坑降水施工。

（二）施工方案

井点降水：在地下连续墙内外采用深井井点降低地下水位；将地下水完全稳定控制在土方开挖面以下。

（三）施工工艺流程

井点降水→一层土方开挖→一层钢支撑安装→二层土方开挖→二层支撑安装→三层土方开挖→三层支撑安装→三层以下土方开挖。

（四）施工方法及要求

1. 主要机具设备

深井井点施工机具设备主要包括潜水钻机（或冲击钻机）泥浆车、井管和潜水泵、排水管等。

2. 作业条件

(1) 地质勘探资料齐全，根据地下水位深度、土的渗透系数和土质分布已确定降水方案。

(2) 施工图纸齐全，完成图纸会审，以便根据基层标高确定降水深度。

(3) 已编制施工组织设计，井点布置、数量、观测井点位置等，并已测量放线定位。

(4) 现场三通一平工作已完成，并设置了排水沟。

（5）井点管及设备已购置，材料已备齐，并已加工和配套完成。

3. 降水方案选择

根据勘察报告提供的地层信息，结合基坑各个部分的开挖深度和地下连续墙深度，将降水井设计为两种，即井1、井2，坑内降水井为井1，坑外降水井为井2。

（1）降水井（疏干井）结构选择。结合现场地质情况和翻车机室的结构特点，采用无砂混凝土管井（大口井）降水是适宜的，降水效果好，造价较低。成井井径 700mm，井管外径可采用 450mm，壁厚 50mm。滤料采用 5~8mm 中粗砂或无粉碎石屑。

（2）降水井（疏干井）布设。翻车机室及 T1 转运站基坑一般深度在 15~11m 以内，整个区域地下连续墙（隔水帷幕）也较深，根据土质条件，不考虑采用减压井。按基坑开挖深度 14.3m 考虑，并考虑井底淤土厚度，坑内井底布置在 -23m；坑外井深布置 20m。

根据现场情况打两口井进行抽水。单井有效抽水面积根据当地的一般土层经验值为 100~150m²，本次降水方案取单井降水面积 100m² 左右，井距 10 米左右。

（3）降水运行控制。根据现场条件布设输水管网，采用沉淀池沉淀后排入厂区排水管网。要保证抽水备用电源。随时检查水管的质量状态，漏水时随时修补更换。

4. 施工流程及操作工艺

（1）降水施工流程：钻孔→埋设管井井点→洗井→试抽水→管井井点抽水运行→降水 10 天以后→基坑土方开挖→土方开挖碰到井点时即可逐米拆除→管井井点维持降水到基坑混凝土底板施工完毕→拆除井管。

（2）管井井点施工工艺

1）测放井位：按井位设计平面图，避开桩位、地下连续墙导墙。若由于地下障碍物等因素造成井位不能到位时，可适当移位，一般控制在 0.5m 以内。

2）钻机就位：平稳牢固，孔位对中。

3）钻孔：钻孔泥浆比重控制在 1.2 左右，垂直度控制在 1% 以内。

4）清孔：钻机达到设计深度后及时用比重小于 1.1 的稀泥浆进行清孔，使孔内泥浆比重在 1.08~1.1 以内才能下管。

5）下井管：下井管前必须测孔深，深度达到要求后才能下管。在管外填滤砂，滤砂下填黏土。

6）填黏性土封孔：在黏土或滤砂的围填面以上采用优质黏土填至地表并夯实，并做好井口管外的封闭工作。井管高出地表 30cm。

7）填滤料：填滤料过程中井内溢出的泥浆用泵抽送泥浆池。

8）洗井：填料结束，立即洗井，用压力水反冲，要求破坏孔壁泥皮，洗通井周渗透层。

9）安抽水泵：洗井结束，移机立即安泵，泵放到井底，然后将泵上抬 1m 左右，刚抽出水混浊含砂，逐渐成清水，每口井装设抽水自动控制仪，保证每口井水位上升到控制深度时自动进行抽水。

5. 降水对环境影响的分析和控制

虽然基坑开挖深度较大，但采用地下连续墙隔水，基坑漏水可能性不大，对周围环境影响较小。如地下连续墙漏水（上部或基坑底板以下），则对坑内施工作业影响较大，应采取以下控制措施：

（1）在坑外同时降水。

（2）监测地下水水位及抽水流量，发现问题及时处理，调整抽水井及抽水流量，指导降水运行和开挖施工。

（3）开挖时监测地下连续墙渗漏情况，发现漏水，及时通知相关部门采取补漏措施。

三、翻车机室外牵车台 CFG 桩施工场地土方换填施工

（一）工程概况

某发电厂翻车机室外 CFG 桩施工前需换填级配砂石，换填区域包括重车调车机轨道基础、重车铁路轨道基础及空车铁路轨道基础等，整个区域换填底标高为 −4.6m，顶标高为 −0.65m。

根据现场的土质渗透系数相对较低的实际情况，土方开挖采用机械大开挖，明沟集水、集水井、潜水泵排水的施工方案，回填采用机械回填、夯实，压实系数大于 0.96。

（二）施工方案

迁车机平台 CFG 桩施工区域地基换填工程包括基坑开挖和回填。整个过程采用机械大开挖、机械回填、压实。开挖时两台挖掘机同时并行开挖、人工跟随机械后清槽，自卸汽车运土，开挖时一次开挖至设计标高。基坑内如果有积水，排水采用明沟排水的方式，沿基坑周边设置排水明沟，每 30m 左右设置一个集水井，然后用潜水泵将集水井内的水排到厂区附近的排水沟中。为加快工程进度，拟采取随开挖、随换填的形式施工，回填料机械摊铺、16t 振动碾分层碾压夯实。压实取样点按照规范要求。

（三）施工工艺流程

完善施工环境→控制点的设置和复检→放基坑各开挖阶段上口线、底口线→土方开挖（排水）→地基验槽→回填级配砂石。

（四）施工方法及要求

1. 完善施工环境、修筑施工道路

在土方开挖前首先在基坑范围内修筑临时道路，以满足土方运输车辆的通行。

2. 控制点的设置和复检

在土方开挖前首先在场地上设置临时测量控制点，控制点布置在基坑上口四角，供随时测量使用。临时控制点采用木桩制作，在每次使用前复核准确性。

3. 放基坑开挖上口线、底口线

基坑开挖下口线的施放按照翻车机室外及迁车台施工图要求进行，然后按 1∶1.5 的坡度放出上口线。

4. 土方开挖

翻车机室外及迁车台换填区域土方开挖采用挖掘机开挖，并配合人工清槽。首先开挖迁车台区域，然后开挖空车调车机基础、空车铁路轨道基础、重车调车机轨道基础、重车铁路轨道基础，以 20m 为一段，经验收合格后开始换填。机械开挖时，在原土层上预留 200mm 厚的预留层，由人工清除，以避免机械开挖时扰动原土层土，人工清槽底的速度须与机械开挖速度一致。

基坑土方开挖边坡放坡坡度为 1∶1.5，土方开挖过程中严格按照设计要求的开挖深度进行操作，严禁超挖，在临近开挖深度时，要求机械操作人员控制好铲斗的入土深度，测量人员跟随测量，严格控制标高。人工进行护坡修坡时，要求将坡面修理平整，不得凹凸不

平。汽车在装土时，倒车派专人指挥。

5. 施工排水

施工排水系统由基坑底部的排水明沟、集水井和基坑上口的挡水坎组成。基坑内集水井和排水明沟随开挖随设置，直径 1.5m，集水井底部标高应低于设计基础底标高 1000mm 以上，集水井放置好后要求在其四周回填透水性较好的碎石。延基坑周边每隔约 30m 设置一座集水井（当基坑内水量较小时可适当减少数量，反之则增加），每个集水井内设置至少 1 台潜水泵，必要时适当增加。排水沟深度 500mm，上口宽 500mm，下口宽 300mm，沿基坑周围布置；排水沟外边距基坑边坡坡脚 500mm，排水沟坡度为 1‰，坡向集水井。

在施工过程中加强对基坑集水井和排水沟的管理，当发现有淤泥流入时，及时派人进行清淤，以保证基坑内的水及时排出。

6. 回填级配砂石

换填料采用自卸车卸入基坑，然后用挖掘机将其均匀布设在基坑内，每层虚铺厚度为 300mm，然后采用振动碾分层进行碾压密实，每层碾压 6～8 遍。在每一层回填压实完毕后，进行四级验收，同时联系实验室进行现场取样试验，试验合格经监理同意后方可进行下步回填。本次回填共分 7 次回填完毕。回填压实系数不小于 0.96，整个基坑回填到 −2.0m 后进行全面整平，经验收合格后，进行桩基施工。

四、转运站、栈桥土方开挖施工

（一）工程概况

某发电厂 C2 输煤栈桥与 T2、T3 转运站及 C3 采样间相连；T2、T3 转运站基础土方开挖深度为 8.1m。由于场地土质较差，致使开挖难度大为增加，因此开挖放坡拟定为 1：2 分两步退台（高宽比）。根据现场的土质渗透系数相对较低的实际情况，土方开挖中的排水拟采用盲沟、集水井、潜水泵排水的施工方案。

（二）施工方案

土方开挖工程采用机械大开挖的形式施工。挖掘机开挖、人工跟随机械后清槽，自卸汽车运土，开挖分两步退台，放坡宽高比按 1：2 施工。

（三）施工工艺流程

完善施工环境、修筑施工通行道路→控制点的设置和复检→放基坑各开挖阶段上口线、底口线→土方开挖、排水→地基验槽。

（四）施工方法及要求

1. 完善施工环境、修筑施工道路

在土方开挖前首先在基坑范围内修筑临时道路，以满足土方运输车辆的通行。道路修筑采用拆房土作为原料，道路宽度、厚度和布置以满足土方运输车辆通行方便为准。

2. 控制点的设置和复检

在土方开挖前首先在场地上放出土方开挖上下口线，尤其是标高不同的位置更应严格控制，以防超挖、开挖不到位等现象发生。因此必须设置临时测量控制点，临时测量控制点布置在基坑上口两侧，供随时测量使用。临时控制点采用木桩制作，在每次使用前应根据业主提供的基准点复核其准确性。

3. 放基坑开挖上口线、底口线

基坑开挖上下口线的施放按照施工图和本施工方案的要求进行，施工前交底要清楚，以避免超挖和开挖不到位。

4. 土方开挖

土方机械开挖时基底预留 200mm 厚的预留层，预留层采用人工清除，以避免机械开挖时扰动基底土。预留层厚度可根据实际情况调整，但必须保证不扰动基底土。槽底土采用人工清理，人工清槽底的速度须与机械开挖速度一致。

基坑土方开挖边坡放坡坡度为 1∶2；基础施工时需要预留工作面，工作面宽度为基础垫层边至排水盲沟内侧边 1m。机动车上下坡道宽度为 8m，放坡坡度为 1∶8，人员上下及材料运输均使用通道。

土方开挖过程中严格按照设计要求的开挖深度进行操作，严禁超挖，在临近开挖深度时，要求机械操作人员控制好铲斗的入土深度，测量人员跟随测量，严格控制标高。人工进行护坡修坡时，要求将坡面修理平整，不得凹凸不平。汽车在装土时，倒车派专人指挥。

5. 施工排水

施工排水系统由基坑底部的排水盲沟、集水井、潜水泵组成。

基坑内集水井和排水盲沟随开挖随设置，集水井底部标高应低于槽底 1400mm 以上，集水井为 800mm×800mm×1500mm。延基坑周边每隔约 30m 设置一座集水井（当基坑内水量较小时可适当减少数量，反之则增加），每个集水井内设置至少 1 台潜水泵，必要时适当增加。排水盲沟深 500mm，上口宽 500mm，下口宽 300mm，沿基坑周围布置，然后回填粒径大小为 20mm 级配碎石至基础底标高，排水盲沟外边距基坑边坡坡脚 500mm，排水沟坡度为 1%，坡向集水井。

在施工过程中加强对基坑集水井和排水沟的管理，定期检查集水井和排水沟的情况，当发现有淤泥流入时，及时派人进行清淤，以保证基坑内的水及时排出。

第二节　煤场地基处理、CFG 桩施工

一、煤场地基处理

（一）工程概况

某发电厂储煤场占地总面积 56840m²，南北 253m 长，东西 250m 宽，根据图纸要求，要对储煤场进行地基固结，固结范围比储煤场地的长、宽各外扩 10m。地基固结方式为堆载预压真空排水。

（二）施工方案

煤场地基处理工程包括机械场地整平，人工配合机械开挖排水盲沟，机械铺设砂垫层，插板机插设塑料排水板，钻井机钻管井，机械进行场地填土，然后分阶段堆载。

（三）施工工艺流程

场地整平→开挖排水盲沟→铺设砂垫层→插设塑料排水板→打集水井→布设监测仪器→分阶段堆载

（四）施工方法及要求

1. 场地平整

对煤场场地的杂物进行全面清除，排除场地积水，由于目前场地自然标高低于设计标高

0.8m，对场地平整前先进行整体回填，回填到设计标高后用机械进行场地平整，然后用80kN压路机碾压场地4遍，平整后达到设计标高4.15m。

场地平整之后，在施工场地上测放出具体施工位置，以指导土工布和砂垫层的铺设；土工布铺设之后，按照图纸测放出沉降板的位置，以便埋设沉降板；砂垫层铺设完成后，测放出盲沟、集水井的位置，确定盲沟的开挖控制中心线及边线，确定集水井的中心点；按照有关要求，测放出静力触探点的位置。堆载时，测放出主道路的位置。

2. 开挖排水盲沟

排水盲沟采用红砖砌筑。堆场内排水盲沟南北方向设置4道，东西方向设置3道。深度砂垫层下0.5m用2cm碎石回填，底口宽1.0m，与四周盲沟相连。堆场周围排水盲沟，深度砂垫层下1.0m用2cm碎石回填，底口宽0.5m，上口宽1.5m。由于已到冬季，排水盲沟坡度要大，避免因水流流速低而导致排水不畅。盲沟在砂垫层平整以后进行，根据放样挖沟铺设。盲沟的纵向间距为40m，横向间距50m。平面位置允许偏差为±10cm，底坐标高差允许偏差为±5cm，宽度允许偏差为±5cm。

3. 铺设砂垫层

砂垫层厚度为0.4m。砂垫层应使用具有良好通水性、不含有机质黏土块和其他有害物质的洁净中粗砂，其含泥量不应大于3‰；压实后的砂垫层至少达到中密状态，中密状态下干容重不小于$1.5t/m^3$。渗透系数大于$1\times10cm/s^{-2}$。通过现场试验决定松散系数，一般应控制在1.10～1.15。砂垫层压实后的厚度应保证不小于设计厚度0.4m，抽检合格率应大于95%。

砂垫层施工形成水平排水层，在供料点磨合变化的情况下，每$2500m^2$及其以下至少进行两次颗粒分析和含泥量检测，使用过程中要保证检测的频率。铺设土工布之前先清除掉易刺破土工布的杂物，如树根、竹竿等，在基本整平的场地上测量放线，测放出塑料插板堆载预压法施工边界线。然后按设计要求，沿着土工布上层砂垫层施工推进的方向铺设土工布。土工布进场后按10万m^2随机抽样向监理工程师指定的检测单位送检一次，不同批次分批取样送检，经检验合格后方可使用。土工布现场外观检查，视其有无破损、裂口或瑕疵，如有，及时采取补救措施，候补完整后方可使用。土工布的规格及质量要求如表17-1所示。

表17-1　　　　　　　　　　土工布规格及质量要求

项　目			单　位	规格及质量要求
门　幅			m	4.12
单位质量			g/m²	207
条带拉伸	纵向	抗拉强度	N/5cm	>1750
		延伸率	%	18
	横向	抗拉强度	N/5cm	>1750
		延伸率	%	15
梯形撕裂强度（纵向）			N	>534
圆球顶破强度			N	>1800
垂直渗透系数			cm/s	1.0×10^{-2}
等效孔径			mm	0.146

土工布铺设前先摊铺在较平整的场地上，采用双排线折叠缝合法连接，接缝处缝合总宽

度为 30cm，拼成的每块土工布宽 30m、长 50m。缝合时可以用手工缝制或采用手提式电动缝纫机缝制。在现场摊铺时，考虑材料组合的重量，采用机械牵引配合人工进行铺设。相邻块之间的土工布采用搭接法相连，搭接宽度不小于 1m，土工布的铺设方向应与其上第一层场料的推进方向相适应。

土工布在铺好以后，须及时用砂袋按 5m 间距梅花点布置叠压，防止移动。铺设好后分片区报监理工程师及时检查验收，在质量均符合设计要求的前提下，及时铺填砂垫层覆盖，避免暴露时间过长，促使土工布老化。砂垫层铺设完成后，沿道路的两侧，土工布反包 2m，以方便施工。

4. 插设塑料排水板

施工工艺按照以下程序进行：平整原地面→摊铺下层砂垫层→机具就位→塑料排水板穿靴→插入套管→拔出套管→割断塑料排水板→机具移位→摊铺上层砂垫层。

（1）塑料排水板的质量要满足表 17-2 和设计图要求，打设前将产品合格证、检测证明报监理，随时接受监理抽检，合格后方可使用。同时每盘塑料排水板在装机前和施工过程中，都要进行外观检查，发现不合格立即停用。

塑料排水板性能指标见表 17-2。

表 17-2 塑料排水板性能指标

性　能		单　位	性能指标	备　注
材　料				塑料带芯包无纺布滤膜
截面尺寸	宽度	mm	100 ± 2	
	厚度	mm	$\geqslant 4.0$	
纵向通水量		m^3/s	$\geqslant 25 \times 10^{-6}$	侧压力 350kPa
滤膜渗透系数		cm/s	$\geqslant 5 \times 10^{-4}$	在水中浸泡 24h
滤膜等效孔径		mm	< 0.075	以 O_{98} 计
复合体抗拉强度		kN/10cm	$\geqslant 1.3$	延伸率 10%
滤膜抗拉强度	干态	N/cm	$\geqslant 25$	延伸率 10%
	湿态	N/cm	$\geqslant 20$	延伸率 5%，浸泡 24h

（2）打设塑料排水板。打设塑料排水板前，先根据图纸要求，用经纬仪和钢尺放出桩位，并做好标记，同时要在打设导杆或打设架上刻画明显的打设长度标记，经监理验收合格后方可打设。打设塑料排水板时，套管下桩要准确，板的平面间距偏差不得大于 50mm。控制好打设机套管垂直度：在打设架上设标尺，控制打设垂直度，垂直度偏差不得大于1.5%，如超出要求，要及时调整。

（3）严格控制打设质量。

1）严格控制塑料排水板打设长度，现场设专人检查。

2）严格控制回带，打设塑料排水板时，机组质量员要认真观察是否有回带现象，当套管提升时，塑料排水板应随套管上升向管内移动，否则，说明有回带现象。回带长度要小于50cm，否则要重新补打，回带根数不能超过总根数的 5%。

3）塑料排水板严防出现扭结、断裂、撕裂滤膜及塑料排水板打设后在垫层中形成空洞等现象。

4）打设塑料排水板时，顺板人员要认真负责，必须将板面理顺，防止板面扭结进入套管。有风天气施工时要特别注意，防止风力将板的滤膜撕破，六级以上风力应停止打设塑料排水板。如果塑料排水板打设后，在垫层中形成空洞，要及时用垫层砂回填，回填时先将空洞中充水，用水中倒砂法慢慢填满。

5）准确裁断塑料排水板，本工程设计要求露出砂面塑料排水板为 20cm 长，当遇有泥层较软地段，排水板外露长度可适当加长。

6）插板时，插板机就位后通过振动锤驱动套管对准插孔位下沉，排水板从套管内穿过与端头的锚靴相连，套管顶住锚靴将排水板插到设计入土深度，拔起套管后，锚靴连同排水板一起留在土中，然后剪断连续的排水板，即完成一个排水孔插板操作。这时插板机可移位到下一个排水孔继续施打。

（4）接板：如果塑料排水板需要接头，要严格按规范执行。

（5）塑料排水板打设时，要认真做好施工记录。

（6）塑料排水板打完后，清理加固区杂物和打设板过程中回带到砂面的淤泥，以便更好地形成排水通道，并将板头埋入砂垫层中，埋设方向与砂面平行，以确保排水畅通，防止刺破密封膜。

（7）插排水板安全技术措施。

1）插排水板施工时，插板机械应架立平稳，场地不平时应整平后再施工。若场地太软造成机架倾斜，应立即停止施工，并采取有效措施扶正，严禁野蛮施工导致机架倾覆。

2）上机架作业必须系好安全带，进入现场必须佩戴安全帽。

3）回拉塑料排水板带安装短钢筋头时，应与司机配合默契，防止手指受到挤压。

5. 打设集水井

集水井采用无砂混凝土井，成井直径 700mm，滤料采用直径 8 mm 石屑，井深 8m。集水井沿基坑边 30m 间距布置。各集水井内设置 30m 扬程水泵一台。预压所排水澄清汇集后排到基坑西侧排水沟网中，应注意对集水井的保护。

6. 布设监测仪器

布设监测仪器，测初始值。在施工中砂垫层、底基层、堆载预压层填筑都需要进行高程测量，详细记录填筑范围及厚度，并按规定进行沉降观测。沉降板在铺设砂垫层时埋设，每 2 天观测一次，至砂垫层填完；填土期间每天观测一次，填土结束后每 5 天观测一次，以便精确确定沉降随填筑高度及时间的变化情况，并推行最终沉降量。监测方案应经设计认可后方可实施，监测时应及时将监测结果反馈设计部门，以便信息化施工。施工中出现异常现象时应及时通知勘察设计及有关部门共同研究处理，严禁私自处理。

7. 分阶段堆载

分四步采用级配砂石堆载。堆载每一级后布设监测仪器。

堆载采用不均匀加荷方法，堆载质量、施工方法、压实、抽排水与底基层填土要求相同，在确定堆载用的级配砂石之后，立即进行土工试验，密实度、最佳含水量、施工质量的控制按此标准执行。堆载速率必须严格按设计要求控制，应满足实测沉降速率的限制指标，以保证稳定。堆载的填筑应按设计要求进行各个项目的现场监测，最终卸载时间由设计人员根据实测资料的工后沉降推算结果确定。堆载应按设计加载顺序进行施工，防止出现跨蹋事故。

第一步：填垫至绝对标高 6.05m，填垫材料选用级配砂石，应分层碾压，压实系数大于0.96。所选用的材料应经设计部门认可后方可使用，根据选用的具体填垫材料制定相应的质量控制标准，并经质量检验合格后进行下一步施工。

第二步：第一级堆载高度为 7.3m，堆筑时间 15 天，每天堆筑高度约 0.5m。最高每天不得超过 1.0m，30 天后进行下一步堆载。

第三步：第二级堆载高度为 5.2m，堆筑时间 15 天，每天堆筑高度约 0.35m。最高每天不得超过 0.7m，30 天后进行下一步堆载。

第四步：第二级堆载高度为 2.5m，堆筑时间 15 天，每天堆筑高度为 0.15~0.20m。最高每天不得超过 0.5m。

每级堆载高度及时间要求可根据监测及检测结果调整。堆载期间控制边桩位移每天小于 5mm。中心沉降每天小于 10mm。

在整个施工过程中，按设计要求设专人观测集水井水位，井内水深超过 60cm 时必须及时进行抽水。每个井安排一台抽水泵，三班制专人负责抽水工作。做好路面排水工作，及时将地表水、积水排出场地。

8. 质量检验

质量检验由业主委托具有相应资质的单位进行。为检验地基处理效果，在施工期间埋设软基处理观测设备，并进行加固前后的对比试验，其内容如下：

（1）沉降板：沿堆载道路每隔 200m 埋设一块沉降板。加载期间每 2 天观测一次，每加一级荷载施工前的一天至该级荷载加载施工完成后一天，每天观测一次。加载完成后每 5 天观测一次。沉降板观测资料用于控制加载速率及推算最终沉降量和工后沉降。

（2）静力触探试验：在加固前后进行静力触探对比试验，分析软土层承载力的变化及标高，严禁在验证处填筑石料。

（3）埋设分层沉降仪，观测各层的沉降：软基处理的效果主要表现在地基的沉降稳定上，所以应对沉降资料进行认真的分析，包括地基的最终固结变形量、不同时间的固结度和相应的变形量，分析处理后效果，并为卸载时间提供依据。

二、CFG 桩施工

（一）工程概况

某发电厂厂区土地类别为Ⅳ类场地，地震设防烈度为 8 度。部分建筑物采用复合地基桩作为建筑地基，复合地基采用 φ400 等直径 CFG 桩。

（二）施工方案

现场 CFG 桩的施工采用的施工方法为：长螺旋钻孔管内泵压混合料灌注成桩。

（三）施工工艺流程

CFG 桩施工工艺流程见图 17-1。

（四）施工方法及要求

（1）布置桩点：布置桩点前首先对场地进行清理、整平，然后按桩点设计布置图放样布点。

（2）钻机就位：移动钻机就位，用塔机塔身前后和左右的垂直标杆检查塔身导杆，校正位置，使钻杆垂直对准桩位中心。

（3）混合料搅拌：本工程所用混合料均在现场搅拌站搅拌，然后用混凝土罐车运输至现场。搅拌站按试验配合比搅拌混合料，搅拌时上料顺序为：先装碎石或卵石，再加水泥、粉煤灰和外加剂，最后加砂搅拌均匀，放入搅拌桶。每盘料搅拌时间不少于 60s。混凝土坍落度控制在 160～200mm。

（4）钻进成孔：钻机安装就位后关闭钻头阀门，移动钻杆至钻头触及地面，启动钻机先慢后快钻进，减少钻杆摇晃，检查钻孔的偏差。在成孔过程中，发现钻杆摇晃或难钻时，可放慢进度，避免导致桩孔偏斜、移位，甚至使钻杆、钻具损坏。

（5）灌注及拔管：成孔到达设计桩底后，停止桩机钻进，准备灌注混

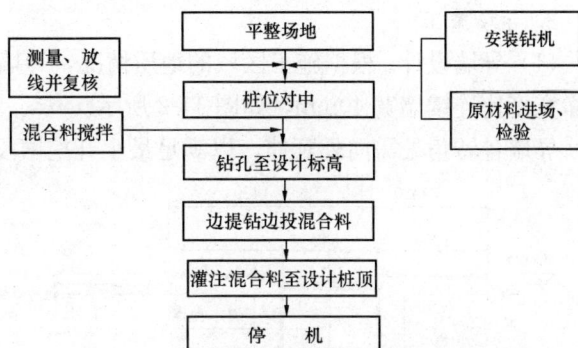

图 17-1　CFG 桩施工工艺流程图

合料。混合料由混凝土地泵压入钻杆，当钻杆芯充满混合料后开始拔管，边泵入混合料边拔出钻杆，不可先拔管后泵料。混合料的泵送量与拔管速度相匹配，拔管速度控制在 2～3m/min。成桩过程须连续进行，施工中因其他原因不能连续灌注时，须避开饱和砂土、粉土层停机。灌注成桩后，用草袋盖好桩头，进行保护。

（6）移钻机：一根桩施工完毕后，钻机移位，进行下一根桩施工。钻机移动时要提前对移动装置进行检查，避免在移动过程中出现不必要的机械故障而影响施工。

（7）土方外运：CFG 桩在施工过程中，钻机带出的土方在桩施工完毕后全部清运到指定地点。

第三节　地下连续墙施工

一、工程概况

某发电厂翻车机室（1号廊道、1号转运站）±0.000m 相当于绝对高程＋4.150m，翻车机室地下连续墙底标高为－25.15m。地下连续墙墙厚 800mm，连续墙混凝土强度等级 C40，抗渗等级 S8，连续墙导墙混凝土强度等级 C20。地下连续墙设计共 50 段，其中"一"字型槽有 38 个，"T"型槽有 2 个，"L"型槽有 10 个。

二、施工方案

土方开挖：液压成槽机成槽。

模板系统：采用普通定型钢模板。

支撑系统：加固支撑均采用 φ609 钢管、工字钢 I63C 及由 L125×12 角钢和 10mm 厚钢板焊接成钢支柱，导墙模板用普通脚手管顶撑。

混凝土施工：采用现场搅拌站集中搅拌，罐车运输，用导管输送。

三、施工工艺流程

测量定位→导墙施工→成槽机就位→成槽机成槽→清槽→安装接头板吊装钢筋笼→混凝土浇筑→墙顶清理→冠梁施工。

四、施工方法及要求

1. 测量定位

用全站仪利用厂区控制网放出翻车机室地下连续墙的轴线，并在轴线外侧设置控制桩，轴线控制桩上设置高程点。现场轴线控制网每周进行复测。

2. 导墙施工

(1) 导墙设计。根据施工区域的地质情况，导墙做成"][" 形现浇钢筋混凝土结构，内侧净宽度比连续墙宽 40mm，如图 17-2 所示。

导墙各转角处需向外延伸，以满足最小开挖槽段的需要。其拐角如图 17-3 所示。

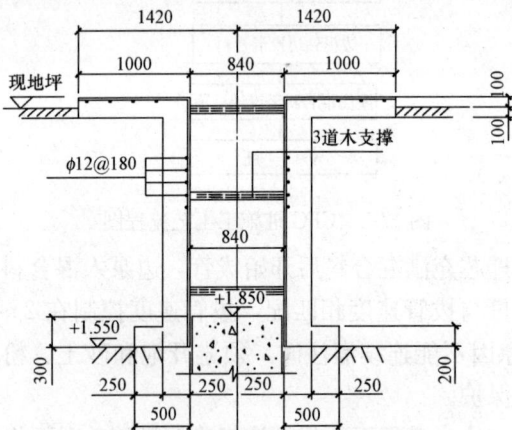

图 17-2　导墙剖面图（单位：mm）　　　　图 17-3　导墙拐角

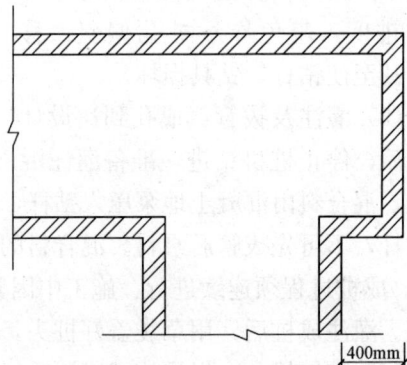

(2) 导墙施工工艺。用全站仪放出地下连续墙轴线，并放出导墙位置（连续墙轴线向基坑外侧外放 70mm），导墙采用小型挖掘机开挖，人工配合清底。基底夯实后，铺设 7cm 厚 1：3 水泥砂浆，混凝土浇筑采用钢模板及木支撑，插入式振捣器振捣。导墙顶高出地面不小于 10cm，以防止地面水流入槽内，污染泥浆。导墙顶面做成水平，考虑地面坡度影响，在适当位置做成 10～15cm 台阶。模板拆除后，沿其纵向每隔 1m 加设上下两道 10cm×10cm 方木做内支撑，将两片导墙支撑起来，在导墙的混凝土达到设计强度前，禁止任何重型机械和运输设备在其旁边通过。导墙施工缝与地下连续墙接缝错开。其施工顺序为：平整场地→测量定位→挖槽→绑扎钢筋→支立模板→浇灌混凝土→拆模→设横支撑。

(3) 导墙施工的技术要求。

1) 内墙面与地下连续墙纵轴线平行度误差为 ±10mm。

2) 内外导墙间距误差为 ±10mm。

3) 导墙内墙面垂直度误差为 5‰。

4) 导墙内墙面平整度为 3mm。

5) 导墙顶面平整度为 5mm。

3. 泥浆制备与管理

泥浆主要是在地下连续墙挖槽过程中起护壁作用，以防止土体坍塌，泥浆护壁技术是地下连续墙工程基础技术之一，其质量好坏直接影响地下连续墙的质量与安全。

(1) 泥浆配合比。配制泥浆主要由水和纳土按一定比例混合而成；为使泥浆的性能适合于地下连续墙挖槽施工的要求，需根据具体情况有选择地加入适当的外加剂，如增黏剂 (CMC)、分散剂、纯碱 (Na_2CO_3) 等。

(2) 泥浆的再生处理。若经检测泥浆指标不合格，应采取再生处理，用物理、化学方法修正配合比等，以提高施工精度、安全性和经济性。

（3）泥浆池设计。

1）泥浆池容量以每一台成槽机挖 6m 槽段设计。

2）泥浆池结构见图 17-4。

（4）泥浆制备。泥浆搅拌采用 2 台 2L-400 型高速回转式搅拌机。制浆顺序为：水→纳土→CMC→纯碱。

具体配制细节：先配制 CMC 溶液静置 5h，按配合比在搅拌筒内加水和纳土，搅拌 3min 后，再加入 CMC 溶液，搅拌 10min，再加入纯碱，搅拌均匀后，放入储浆池内，待 24h 后，纳土颗粒充分水化膨胀，即可泵入循环池，以备使用（CMC、纯碱根据泥浆的质量现场调整）。

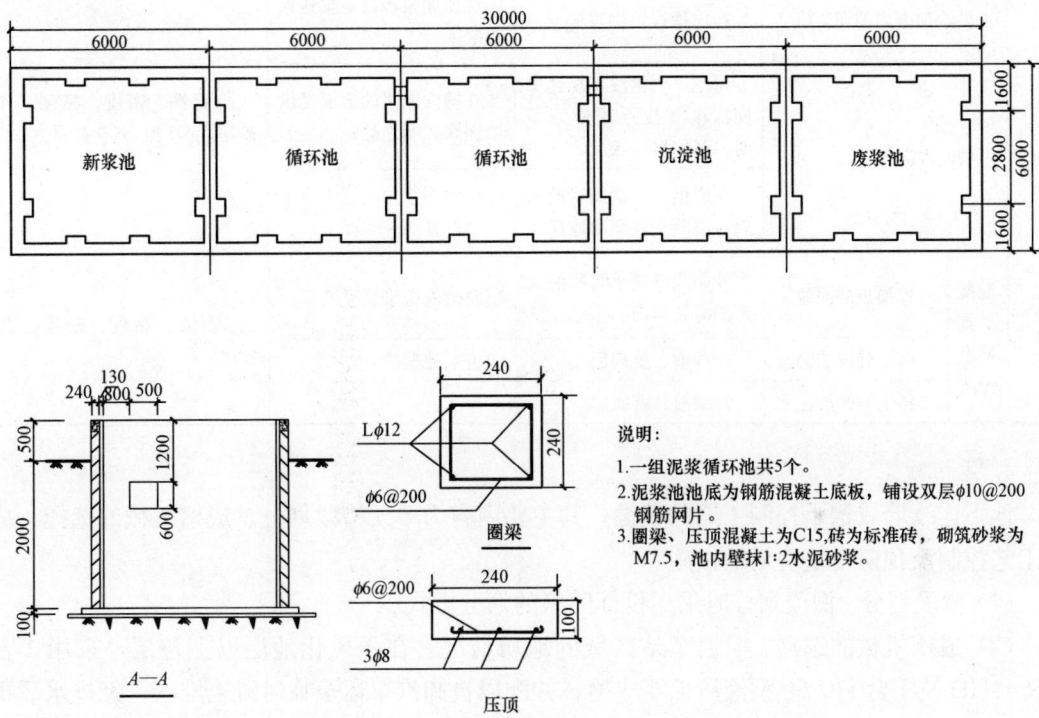

图 17-4 泥浆池平面示意图（单位：mm）

（5）泥浆循环。

1）在挖槽过程中，泥浆由循环池注入开挖槽段，边开挖边注入，保持泥浆液面距离导墙面 0.2m 左右，并高于地下水位 1m 以上。

2）入岩和清槽过程中，采用泵吸反循环，泥浆由循环池泵入槽内，槽内泥浆抽到沉淀池，进行物理处理后，返回循环池。

3）混凝土灌注过程中，上部泥浆返回沉淀池，而混凝土顶面以上 4m 内的泥浆排到废浆池，原则上废弃不用。

（6）泥浆质量管理。

1）泥浆制作所用原料符合技术性能要求，制备时符合制备的配合比。

2）泥浆制作中每班进行两次质量指标检测，新拌泥浆应存放 24h 后方可使用，补充泥浆时须不断用泥浆泵搅拌。

3）混凝土置换出的泥浆应进行净化调整到需要的指标，与新鲜泥浆混合循环使用，不可调净的泥浆排放到废浆池，用泥浆罐车运输出场。

4）泥浆检验时间、位置及试验项目见表17-3。

表17-3　　　　　　　　　　　　　泥浆检验时间、位置及试验项目

序号	泥浆		取样时间和次数	取样位置	试验项目
1	新鲜泥浆		搅拌泥浆达100m³时取样一次，分为搅拌时和放4h后各取一次	搅拌机内及新鲜泥浆池内	稳定性、密度、黏度、含砂率、pH值
2	供给到槽内的泥浆		在向槽段内供浆前	优质泥浆池内泥浆送入泵吸入口	稳定性、密度、黏度、含砂率、pH值、（含盐量）
3	槽段内泥浆		每挖一个槽段，挖至中间深度和接近挖槽完了时，各取样一次	在槽内泥浆的上部受供给泥浆影响之处	
			在成槽后，钢筋笼放入后，混凝土浇灌前取样	槽内泥浆的上、中、下三个位置	
4	混凝土置换出泥浆	置换出的泥浆	开始浇混凝土时和混凝土浇灌数米内	向槽内送浆泵吸入口	pH值、黏度、密度、含砂率
		再生处理的泥浆	处理前、处理后	再生处理槽	
		再生调制的泥浆	调制前、调制后	—	

4. 成槽施工

地下连续墙成槽是控制工期的关键，其主要内容为单元槽段划分、成槽机械的选择、成槽工艺控制及预防槽壁坍塌的措施。

（1）槽段划分。槽段划分时采用设计图纸的划分方式。

（2）成槽机械的选择。根据车站区域的地质情况，在强风化地层以上各层，采用1台HS843HD及1台HC-60型液压抓斗成槽，并配以自卸汽车运至临时渣土堆场，经排水后再转运出场。

（3）成槽工艺控制。该工程槽段形式有"一"字形、"Z"形、"L"形、"T"形等。施工时采用跳槽段开挖方法，先施工1、3、5等奇数槽段（称为一期槽段），后施工2、4、6等偶数槽段（称为二期槽段）。

液压抓斗的冲击力和闭合力足以抓起各层基土，在成槽过程中，严格控制抓斗的垂直度及平面位置，尤其是开槽阶段。仔细观察监测系统，X、Y轴任一方向偏差超过允许值时，立即进行纠偏。抓斗贴临基坑侧导墙入槽，机械操作要平稳，并及时补入泥浆，维持导墙中泥浆液面稳定。

成槽过程中，先施工异形槽段，再施工其相邻的槽段。运用成槽机上配备的自动纠偏系统确保槽壁垂直度在1/300以内，并始终保持槽内泥浆面不低于导墙顶面以下0.5m。土方直接由自卸汽车运至临时堆土场。

槽段开挖至设计高程后，及时检查槽位、槽深、槽宽垂直度，合格后方可进行清底。

成槽质量标准见表17-4。

表 17-4 成槽质量标准

项　　目	允许偏差	检验方法
槽宽	0～50mm	超声波检测仪
垂直度	0.3%	超声波检测仪
槽深	比设计深度深 100～200mm	超声波检测仪

地下连续墙挖槽时由质检工程师进行施工记录，包括槽段定位、槽深、槽宽和垂直度等，若发生塌方，及时分析原因，根据现场实际情况，妥善处理。

在槽段开挖结束后，放钢筋笼前，应进行槽段的清底换浆工作，以清除槽底沉渣，置换出槽内稠泥浆，直至沉渣厚度、槽内泥浆指标符合设计要求。清底换浆时，应注意保持槽内始终充满泥浆，以维持槽壁的稳定。

清底应自底部抽吸并及时补浆，清底后的槽底泥浆比重不应大于 1.15，并不小于 1.06，沉淀物淤积厚度不应大于 100mm。

5. 刷壁及清孔

单元槽段开挖结束后，先用抓斗对槽底进行清理，再用刷壁器刷壁，反复刷数次，直至刷壁器上不粘泥为止。清槽的质量要求为：清底及换浆结束后 1h，测定槽底沉淀物淤积厚度不大于 10cm，槽底以上 0.2～1m 处的泥浆比重不大于 1.15 且不小于 1.06，黏度<28s，含砂率<4%。

刷壁器加工时沿侧向钢丝较长一些，这是因槽段接头侧壁的刷壁有一定困难，侧向钢丝刷应较长一些，增大侧向柔性，有利于侧向刷壁质量的保证。

清底施工技术要点：

(1) 抓斗清淤结束后，即用刷壁器对接头壁面进行认真清刷，直到最终钢丝刷上基本不沾泥为止。

(2) 用砂石泵底部抽吸方式清底，泥砂泵至少分三点定位，确保沉淤厚度小于 10cm。如槽底沉砂过多，用气举法清底。

(3) 对以砂层和软土为主的地层，清底换浆时间不能过长，一般以不超过 2h 为好。

6. 钢筋笼的制作及安装

钢筋笼以槽段为单位整体加工，加工平台由 10 号槽钢制作，槽钢顶面高差小于 5cm。制作前先将底层分布筋位置用红油漆预先画在工字钢顶面，再铺底层钢筋网，钢筋全部点焊后，设架立筋，之后再铺上一层钢筋网。所有钢筋全部采用焊接，以提高钢筋笼的整体刚度。钢筋笼制作后对钢筋笼的钢筋尺寸、直径、配筋间距、预埋件等进行严格检查。

(1) 钢筋笼应在平台上制作成型，并应符合下列规定：

1) 钢筋笼纵向预留导管位置，并上下贯通。

2) 钢筋笼底端应在 0.5m 范围内的厚度方向上作收口处理。

3) 吊点焊接应牢固，并保证钢筋笼的起吊刚度。

4) 钢筋笼设定位垫块，确保设计对保护层厚度的要求。

5) 钢筋的净距应大于 3 倍粗骨料粒径。

6) 预埋钢板应与主筋连接牢固。

(2) 钢筋笼应在刷壁、清槽、换浆合格后及时吊装完毕，并应对准槽段中心线缓慢沉入，不得强行入槽。

（3）钢筋笼的制作允许偏差应符合表 17-5 的规定。

表 17-5　　　　　　　　　　钢筋笼的制作允许偏差　　　　　　　　　（mm）

项　　目	偏　　差	检 查 方 法
钢筋笼长度（深度方向）	±50	钢尺量，每片钢筋网检查上、中、下三处
钢筋笼宽度（段长方向）	±20	
钢筋笼厚度（槽宽方向）	−10～0	
主筋间距	±10	任取一断面，连续量取间距，取平均值作为一点，每片钢筋网上测 4 点抽查
箍筋间距	±20	
预埋件中心位置	±10	

本工程地下连续墙钢筋笼具有本身长、大、重的特点，为了不使钢筋笼在起吊时产生很大的弯曲变形，在吊装时由一台 50t 履带式起重机配合一台 150t 履带式起重机吊装，吊点位置事先进行计算确定，并在吊点周围 2m 范围内进行加固焊接，确保起吊安全。起吊时其中一钩吊住顶部，一钩吊住中间部位吊起，先使钢筋笼水平离开地面一定尺寸，然后主吊机升高，辅吊机配合使钢筋笼底端不接触或冲撞地面，直至主吊机将钢筋笼垂直吊起，这时由主吊机吊着钢筋笼运输、入槽、就位。

钢筋笼吊装如图 17-5 所示。

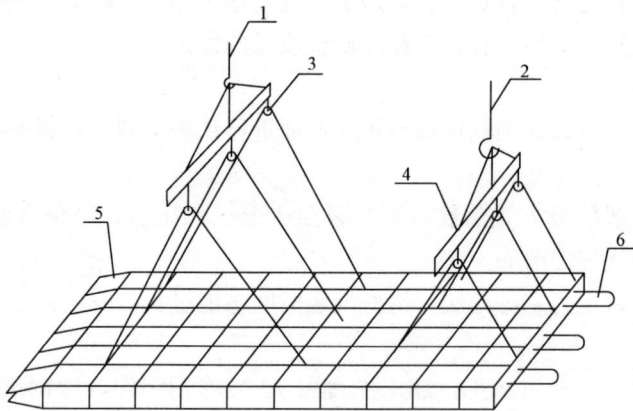

图 17-5　钢筋笼吊装图
1、2—吊钩；3—滑轮；4—横梁；5—钢筋笼底端向内弯折；6—吊钩

如果钢筋笼不能顺利插入槽内，重新吊起，查明原因加以解决，如有必要，则在修槽之后再吊放，不得将钢筋笼做自由坠落状强行插入基槽。但钢筋笼起吊停留时间不能过长防止钢筋笼变形。

7. 水下混凝土浇筑

（1）混凝土的要求。

1）混凝土的级配除了满足结构强度要求外，还要满足水下混凝土的施工要求，具有良好的和易性和流动性。

2）混凝土配比中水泥用量一般大于 370kg/m³，水灰比一般小于 0.6，入槽坍落度以 18

～22cm为宜，混凝土使用外掺剂以减少水灰比和离析现象。混凝土应掺加缓凝剂，缓凝时间为4～5h。

（2）混凝土浇筑。钢筋笼安装后浇灌混凝土前，再测一次槽底沉渣厚度，如不符合要求，利用混凝土导管进行二次清孔，二次清孔办法如图17-6所示。

混凝土浇灌采用漏斗导管法以两套ϕ300导管对称浇筑。导管以丝扣连接，并以环状橡胶垫密封，单节长度分别为4、2、1、3.5m，使用前按有关要求试拼试压。

在混凝土浇筑过程中，采取措施确保

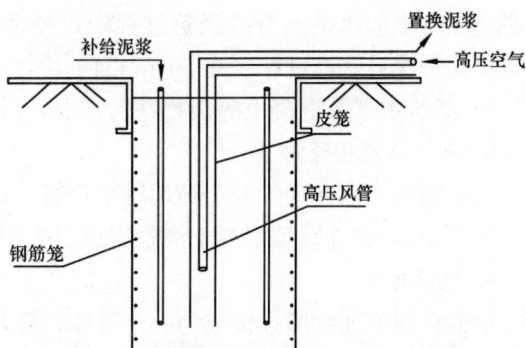

图17-6　二次清孔图

导管底与槽底距离控制在0.35cm左右，初灌混凝土的导管埋深在1m以上，施工中，导管下口插入混凝土深度控制在2～4m。施工中混凝土浇筑连续进行，混凝土面上升速度不小于2m/h，最长允许间隔时间为20～30min。在浇筑过程中，采用测绳法每隔30min测量一次混凝土面上升高度，以此保证槽内混凝土面的高差不大于30cm以及准确适时拔管。导管法浇筑示意图如图17-7、图17-8所示。

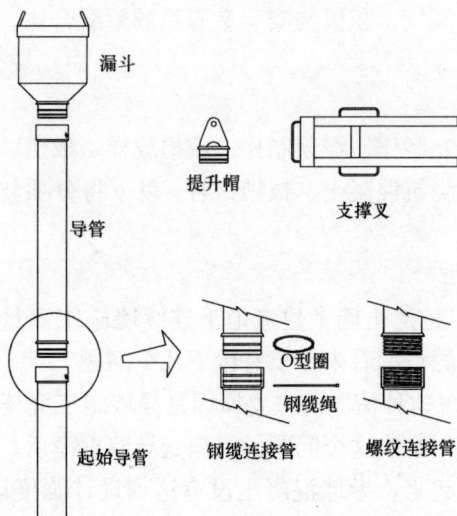

图17-7　导管系统示意图

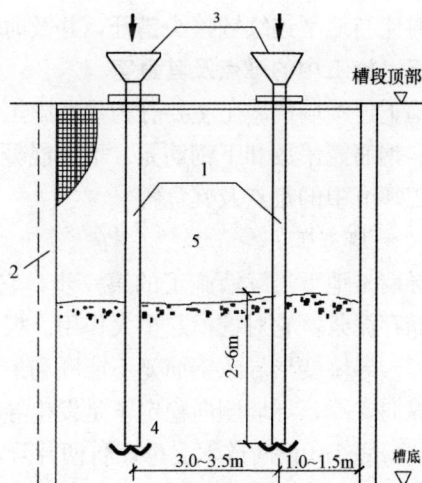

图17-8　混凝土导管布置图
1—导管；2—锁口管；3—漏斗；4—混凝土；5—泥浆

（3）技术要求。

1）导管水密性要好，混凝土浇筑过程中禁止横向运动。不能使混凝土溢出漏斗流进沟槽内，初灌混凝土导管的埋入深度不小于1m。

2）混凝土的供应速度不小于20m³/h，中间间隔不超过30min，坍落度应控制在18～22cm，缓凝时间4～6h。

3）浇筑时做好混凝土浇筑记录，混凝土面每上升3～4m，在两导管外和中间取三点测量混凝土面高度，按最低面控制导管的提升高度。

4）浇筑初始，两管同时浇筑。两侧混凝土面的高差不能大于30cm，否则调换浇入点，务必使混凝土面水平上升。浇筑过程中，经常上下提动混凝土导管，以利于墙体混凝土密实，导管每次升降高度控制在30cm以内。

5）浇筑中严禁混凝土等杂物跌落槽内，污染泥浆，增加浇筑困难。

8. 连续墙底压浆施工

连续墙施工前在钢管笼上预埋压浆钢管，每3m预埋1根ϕ20钢管，管底插入连续墙底不少于0.5m，在连续墙混凝土浇筑完成后采用SYB-60/5型压浆泵注浆。

9. 冠梁施工

冠梁将地下连续墙连接成为一个整体，使其形成一个封闭框架。

（1）混凝土凿除。地下连续墙浇筑完毕后，即可排除其上部泥浆，待混凝土终凝后，即将超灌部分凿除，预留10cm，待冠梁施工时再凿除，并将锚固筋上砂浆除去。

（2）土方开挖。开挖时保留基坑外侧导墙，基坑内侧导墙采用破碎头或风镐破除，然后用挖掘机开挖内侧土方。

（3）钢筋绑扎。钢筋采用集中加工，现场绑扎，并应符合设计和规范要求。

（4）支模。模板采用组合钢模，模板要经过除锈、打磨，支撑要牢固。

（5）混凝土浇灌。采用商品混凝土浇灌，浇灌中途不得间断，为保证浇灌的连续性浇灌前联系两家搅拌站。浇筑过程中如遇雨雪等恶劣天气，积极与实验室联系调整配合比。留施工缝时应与地下连续墙接头错开，并及时养护。

五、施工中的难点及其危害

地下连续墙的施工主要分为导墙施工、钢筋笼制作、泥浆制作、成槽放样、成槽、下锁口管、钢筋笼吊放和下钢筋笼、下拔混凝土导管浇筑混凝土、拔锁口管。以下将分项叙述各个施工环节中的难点及其危害。

1. 导墙施工

导墙是地下连续墙施工的第一步，它的作用是挡土墙，建造地下连续墙施工测量的基准、储存泥浆，它对挖槽起重大作用。根据使用的情况看来主要有以下几个问题。

（1）导墙变形导致钢筋笼不能顺利下放。出现这种情况的主要原因是导墙施工完毕后没有加纵向支撑，导墙侧向稳定不足发生导墙变形。解决这个问题的措施是导墙拆模后，沿导墙纵向每隔1m设两道木支撑，将两片导墙支撑起来，导墙混凝土没有达到设计强度以前，禁止重型机械在导墙侧面行驶，防止导墙受压变形。

如导墙已变形，解决方法是用锁口管强行插入，撑开足够空间下放钢筋笼。

（2）导墙的内墙面与地下连续墙的轴线不平行。超声波测试结果显示，由于导墙本身的不垂直，造成整幅墙的垂直度不理想。导墙的内墙面与地下连续墙的轴线不平行会造成建好的地下连续墙不符合设计要求。解决的措施主要是导墙中心线与地下连续墙轴应重合，内外导墙面的净距应等于地下连续墙的设计宽度加40mm，净距误差小于5mm，导墙内外墙面垂直。以此偏差进行控制，可以确保偏差符合设计要求。

（3）导墙开挖深度范围内均为回填土，塌方后造成导墙背侧空洞，混凝土方量增多。解决方法：首先是用小型挖基开挖导墙，使回填的土方量减少，其次是在导墙背后填一些素土而不用杂填土。

2. 钢筋笼制作

钢筋笼的制作是地下连续墙施工的一个重要环节，在施工过程中，钢筋笼的制作与进度的快慢有直接影响。钢筋笼制作主要有以下几点问题：

(1) 进度问题。

1) 施工时场地条件不允许设置两个钢筋制作平台。钢筋笼制作速度决定了施工进度，要保证一天一幅的施工进度，一定要两个施工平台交替作业。

2) 施工时进入雨雪大雾天气。电焊工属于危险工种，尤其不能在雨雪天气施工，在安全和文明施工的要求下雨雪天气应停止施工。解决方法是用脚手架和彩钢板分段搭设小棚子，下设滚轮，拼接起来，雨雪天遮雨，待钢筋笼需要起吊时将其推开或用起重机吊离。

(2) 焊接质量问题

1) 碰焊接头错位、弯曲。

错位主要是由于碰焊工工作量大，注意力不集中引起的质量问题。弯曲是因为碰焊完成后，接头部分还处于高温软弱状态，强度不够，工人在搬运钢筋到堆放地时，造成钢筋在接头处受力弯曲变形，在堆放后又没有处理过，冷却后强度恢复很难处理。

2) 钢筋笼焊接时咬肉。

3. 泥浆制作

泥浆制作过程中应该注意以下几个问题：

(1) 要按泥浆的使用状态及时进行泥浆指标的检验。

(2) 成本控制。要解决这个问题就要在条件允许的情况下，尽可能地多用纳土。合格的泥浆有一定的指标要求，主要有黏度、pH 值、含沙量、比重、泥皮厚度、失水量等。要达到指标的要求有很多种配置方法，但要找到最经济的配置方法是需要多次试验的。

(3) 确保泥浆制作与工程整体的衔接。

(4) 泥浆制作具体方量的确定。泥浆制作需要一定的方量，一般情况下，以拌制理论方量的 1.5 倍比较合适，具体用量可根据施工情况适当调整。

4. 成槽放样

成槽宽度理论上应该为

成槽宽度＝墙体理论宽度＋锁口管直径＋外放尺寸　　　　　（先行幅）

成槽宽度＝墙体理论宽度＋锁口管直径/2＋外放尺寸　　　　（连接幅）

(1) 成槽。

1) 成槽施工是地下连续墙施工的第一步，也是地下连续墙施工质量是否完好的关键一步，成槽的技术指标要求主要是前后偏差、左右偏差。前后及左右偏差主要由仪器控制，因此施工中要注意随时观察仪器，发现问题及时调整。

2) 泥浆液面控制。成槽的施工工序中，泥浆液面控制是非常重要的一环。只有保证泥浆液面的高度高于地下水位的高度，并且不低于导墙以下 50cm，才能够保证槽壁不塌方。

(2) 在吊放钢筋笼前不认真进行清底工作。沉渣过多会造成地下连续墙的承载能力降低，影响墙体底部的截水防渗能力，成为管涌的隐患；降低混凝土的强度，严重影响接头部位的抗渗性；造成钢筋笼的上浮；沉渣过多，影响钢筋笼沉放不到位；加速泥浆变质。

(3) 刷壁次数。地下连续墙一般都是顺序施工，在已施工的地下连续墙的侧面往往有许多泥土粘在上面，所以刷壁就成了必不可少的工作。刷壁要求在铁刷上没有泥才可停止，一般需要刷 20 次，确保接头面的新老混凝土接合紧密，可实际情况往往刷壁的次数达不到要求，这就有可能造成两幅墙之间夹有泥土，首先会产生严重的渗漏，其次对地下连续墙的整体性有很大影响。

（4）下锁口管。主要问题有以下几个方面：

1）槽壁不垂直，造成锁口管位置的偏移。

由于机器和人工的原因，成好的槽壁在下部总是存在两端不垂直的问题，这就造成在下锁口管的时候，锁口管不能按照预先放好样的位置摆放，影响该幅墙的宽度及钢筋笼的下放。同时锁口管的后面空当过大，加大了土方回填的工作量，也容易产生漏浆的问题。解决方法是修好左右纠偏的仪器，并且提高司机的操作技术，做好技术交底，在成槽后期有意识地向两边倾斜。

2）锁口管固定不稳，造成锁口管倾斜。

锁口管的倾斜会造成墙与墙之间有淤泥夹层，从而严重影响施工的质量，造成严重的渗漏水问题。

（5）拔锁口管。拔锁口管应该在混凝土灌注完毕时再开始拔，建议每次都使用液压顶升架，这样可以防止因锁口管拔得太早，墙体底部的混凝土未初凝而产生的漏浆问题。

（6）锁口管后回填土。锁口管下放以后，不会紧贴土体，总是有一定的缝隙，一定要进行土方回填，否则混凝土绕过锁口管，就会对下一幅连续墙的施工造成很大的障碍。但由于缝隙较小，又充满泥浆，回填后不易密实，因此要加工一根专用设备——钢钎，用来插入缝隙，捅实回填土，防止混凝土绕流。

（7）泥浆制备、输送及回收。

1）泥浆制备。槽段护壁泥浆采用纳土泥浆，制备泥浆前，应根据地质条件和地下水位确定泥浆配比设计。

2）泥浆输送。沿基坑周边设置专用泥浆管道（ϕ100 钢管）及水管（送清水清洗管头和回浆泵），管道上每两个槽段设置一个出浆孔。泥浆输送采用专用泥浆管道接胶管送至施工槽段。

3）泥浆回收。浇筑槽孔混凝土和清孔换浆时所排的泥浆通过胶管送至沉淀池予以回收。

六、质量控制点的设置和质量通病预防

1. 质量目标

根据工程的总体质量目标和专业分项目标，制订本项目的质量目标。分项工程验收合格率达 100%。

2. 质量控制及质量通病预防

（1）质量控制。

1）工程开工前，编制详细的施工组织设计，并要对班长以上人员进行技术交底，明确每道工序质量要求和质量标准以及可能发生的质量事故预防措施，然后由现场施工员和班长向全体施工人员进行第二次交底。

2）施工中必须贯彻施工质量四级检验："自检、互检、专检、抽检"。自检、互检由现场技术人员负责检查，专检、抽检由质量员会同现场监理负责检查。

3）隐蔽工程验收好槽底沉渣、钢筋笼制作质量，应会同建设单位及监理认真、负责地进行 100% 验收。

4）为确保地下连续墙位置的准确性，采用经纬仪对开槽前槽位进行复测。

5）为了确保成槽质量，由专人负责测量槽深、槽宽、槽壁倾斜度。

6）材料员应认真把好原材料关，不合格材料不得使用，原材料到现场应提供质保书，并通知质量技术科和实验室按规定进行原材料复试工作。

7）加强计量管理，设专人对计量器具定期进行检测。

8）混凝土试块及时送交实验室，实验室试验员要做好试块及养护工作，试块的编号及制作日期应标写清楚。

9）现场钢筋笼制作、施工应按规定进行，同一类型焊接接头每 300 只焊接接头做一组（3 根）主筋焊件试样，并及时由试验员取样试验。原材料每 60t 取一组试件。

10）现场机组及有关人员认真做好原始资料的记录。

11）选择合适设备，满足成槽要求，本工程的地下连续墙施工选用德国制造的 HS843HD 全液压抓斗成槽机和意大利制造的 HC-60 全液压抓斗成槽机。

（2）质量通病防治措施。

1）防止槽段塌方的措施。槽段防塌开挖是地下连续墙施工的中心环节，也是保证工程质量的关键工序，施工中应做到槽段不坍塌，保持槽壁稳定。主要措施有：

①据地质情况决定槽段长短，槽段长易坍方，反之坍方可能性小些。

②合理设计槽段形式。

③槽段开挖结束到浇混凝土之前的时间越短越好，要求不超过 4h。

④采取合理的成槽工艺。

⑤控制泥浆的物理力学指标，不仅应检查槽底标高以上 200mm 处的泥浆指标，还应抽查开挖范围内的泥浆指标，以确保泥浆护壁作用，这对保证开挖段混凝土的表面光滑有很大作用。

⑥为了保证上部杂填土的稳定，导墙采用"]["杂填土，底部杂填土采用 2：8 灰土换填夯实。

⑦减小槽边载荷，特别是大型机械，如成槽机、起重机、搅拌运输车等静、动荷载应尽可能移至槽段影响区外，也可采用路基和厚钢板等来扩散压力，以减少对槽壁引起的侧压力。

⑧吊放钢筋笼前应调整好吊钩位置，确保钢筋笼垂直调入槽内。

⑨确保连续施工。

2）保证地下连续墙垂直度的措施。为保证开挖槽段的垂直精度，拟采用全液压抓斗成槽机，该成槽机械具备较为先进的监测仪器，能把槽段开挖情况反映给操作人员，同时安排技术人员在地表及时检测抓斗钢丝绳的垂直状态与操作人员密切配合，保证施工槽段垂直度，满足设计要求。

3）防止地下连续墙渗水的措施。单元槽段接头不良存在冷缝，常是地下连续墙出现渗水的主要原因。一旦出现渗水，不仅影响周围地基的稳定性，而且会对开挖后的内砌施工带来困难，给主体结构带来渗水隐患，拟采取以下措施：

①选择防渗性能好的接头连接形式。

②保证槽段接头质量。在槽段成槽施工中，端部应保持垂直，并将已完成的槽段混凝土接头处清洗干净。一般用接头刷连续清洗，到接头刷上无泥渣为止。

4）防止混凝土冷缝出现的措施。灌注混凝土的导管直径采用 250mm，并合理布置导管位置，导管离槽段两端接头处一般不超过 1.5m，两导管间距不大于 3m。选择合适的混凝土配合比，保证混凝土连续浇灌，并控制导管插入混凝土深度为 2～6m，还应注意各导管控制范围内混凝土的标高。

5）施工期间对隐蔽工程的质量保证措施。隐蔽工程质量在于加强施工过程的控制，健全和严格执行各项质量检验制度，使整个工程质量处于受控状态。

①制定质量岗位责任制、定岗定责，按施工部位专人负责。

②对隐蔽工程的质量，以班组自检与专职检查相结合，自检发现不合格的及时纠正，避免带入下一工序造成大的损失。

③自检合格后由分管该工序质量的专职人员进行检查，不合格的坚决返工，上道工序不合格不准进入下一道工序施工。

④每道工序自检合格后，请监理工程师验收，并做好隐蔽工程的验收纪录，经监理工程师认可签证后才能进行下一工序施工。

⑤隐蔽工程做好记录签字，从班组自检、专职人员、监理要层层签字，并按规定表格认真填写清楚时间、部位、检查内容等，做到每个部位都有据可查。

3. 作业过程中控制点的设置

作业过程中控制点的设置见表 17-6。

表 17-6　　　　　　　　　　　　　作业过程中控制点的设置

序号	控制点	检验单位				见证方法
		班组	工程管理部门	项目质检部门	监理	
1	导墙内净间距和表面平整度	√	√	√	√	H
2	地下连续墙成槽尺寸及槽底沉渣	√	√	√	√	H
3	钢筋制作及绑扎	√	√	√	√	H
4	混凝土质量与浇筑成型	√	√	√	√	H
5	模板安装后检验	√	√	√	√	H
6	混凝土浇筑与养护	√	√	√	√	R

注　R 为记录确认，H 为停工待检点。

4. 质量标准及要求。

（1）钢筋的品种、规格、数量、间距、位置符合设计要求。钢筋表面平直、洁净，不应有损伤、油渍、漆污、片状老锈和麻点等，绑扎无缺扣、松扣现象。主筋间距允许偏差为 ±10mm，长度允许偏差为 ±100mm。

（2）墙体混凝土强度符合设计要求，墙体垂直度允许偏差小于 1/300；导墙表面平整度小于 5mm，墙底沉渣厚度不大于 100mm，槽深 0～+100mm，混凝土坍落度为 180～220mm，永久结构预埋件水平位置偏差不大于 10mm，埋件标高不大于 20mm。

第四节　基础和地下结构施工

一、输煤综合楼、推煤机库基础施工

（一）工程概况

某发电厂输煤综合楼、推煤机库 ±0.000m 相当于绝对标高 +4.45m。输煤综合楼、推煤机库基础均采用混凝土预制桩作为地基承载，图纸要求预制桩伸入基础 100mm，桩内纵向主筋锚入承台内 800mm。土方开挖采用机械大开挖，基坑排水采用明沟、集水井、潜水泵排水的施工方案。

输煤综合楼、推煤机库基础均为现浇钢筋混凝土独立基础。基础垫层厚 100mm，采用 C15 混凝土；基础承台、柱、剪力墙、联系梁及地梁混凝土为 C40，构造柱为 C25。输煤综合楼、推煤机库基础±0.000m 以下墙体采用 MU15 烧结页岩普通砖、M10 水泥砂浆砌筑。

（二）施工方案

（1）土方工程：输煤综合楼、推煤机库基础为独立基础，采用机械大开挖。

（2）模板工程：输煤综合楼、推煤机库基础部分模板均采用钢模板。

（3）钢筋工程：钢筋采用钢筋加工厂集中加工、制作，挂板拖车运送至施工现场，现场绑扎成型。

（4）混凝土工程：采用现场搅拌站集中搅拌，罐车运输；汽车泵浇筑；用插入式振捣棒振捣；养护采用覆盖塑料布养护保水，覆盖棉被保温的措施。

（5）砌筑工程：砌筑砂浆采用现场机械搅拌。

（三）施工工艺流程

控制点的设置和复检→放基槽开挖线→土方开挖、（排水）→地基验槽→回填级配砂石→施工混凝土预制桩→剔凿桩头→基础垫层放线及验收→基础垫层支设模板→基础垫层浇筑→放基础轴线、验收→基础垫层、桩侧表面涂抹聚合物砂浆→基础垫层防腐→基础承台、联系梁钢筋绑扎→基础承台、联系梁钢筋验收→基础承台、联系梁模板安装及加固→基础承台、联系梁模板验收→基础承台、联系梁混凝土浇筑→柱段放线及验收→柱段钢筋绑扎→柱段模板安装及加固→柱段混凝土浇筑→柱段混凝土养护→柱段模板拆模→基础防腐→基础墙体砌筑→地梁施工→基础墙体抹灰、防腐→基础工程验收→基础回填。

（四）施工方法及要求

1. 测量放线

依据甲方给定的测量方格网点直接进行基础施工测量工作。

2. 地基工程

（1）基础桩头采用人工凿桩，桩头锚入承台 100mm，主筋由桩顶锚入基础承台 800mm，预制桩主筋超长的，在满足锚固长度后截掉，如果主筋长度不足锚固长度，采用双面搭接焊的形式进行补长。

（2）基础土方开挖采用挖掘机开挖，并配合人工清槽。基础土方开挖时，基底预留 200mm 厚的预留层，预留层采用人工清除，以避免机械开挖时扰动基底土。预留层厚度可根据实际情况调整，但必须保证不扰动基底土。

（3）基坑土方开挖边坡放坡坡度为 1∶1.5；基础施工时需要预留工作面，工作面宽度为基础最外边轴线外扩 3m。

（4）土方开挖过程中严格按照设计要求的开挖深度进行操作，严禁超挖，在临近开挖深度时，要求机械操作人员控制好铲斗的入土深度，施工技术人员跟随测量，严格控制标高。人工进行护坡修坡时，要求将坡面修理平整，不得凹凸不平。汽车在装土时，倒车派专人指挥。

输煤综合楼、推煤机库基础土方开挖前，要进行全员技术交底工作，使施工人员在充分了解图纸和设计意图的前提下，进行基础土方开挖工作。

（5）截桩。

1）截桩的施工顺序为：标注出设计标高→剔桩头→人工局部处理→清除钢筋上的污物、钢筋调直。

2）截桩的方法及要求：截桩时采用风镐剔凿，人工用铁錾子配合。截桩前，在桩身侧面提前用红油漆标注出设计标高，用风镐将设计标高以上的混凝土保护层剔掉，将钢筋从混凝土中分离开，然后将桩在设计标高上约5cm位置撬开，将桩头放倒。人工再用錾子慢慢将桩头剔到设计标高。截桩过程中要保证桩体及钢筋预留的长度符合设计要求。如果出现钢筋长度不满足设计要求时，要进行接筋，接筋采用双面搭接焊的连接形式进行。剔除后的桩头要求表面混凝土平整、钢筋顺直，混凝土顶标高符合设计要求，而且没有松动的混凝土。剔除后的碎块随时挖出基坑运到指定地点。

（6）施工排水。施工排水系统由基坑底部的排水明沟、集水井、潜水泵组成。在土方开挖前将基坑上部的排水系统预先形成，以保证基坑内的水能够随时排除。

3. 钢筋工程

（1）钢筋加工。钢筋采用钢筋加工厂制作，现场进行绑扎成型，现场运料使用拖拉机和长板车，龙门式起重机配合吊运。钢筋加工厂的原材和成品料码放要整齐，钢筋半成品、成品标示要清晰、明了，做到随进料、随加工、随出料，保证钢筋加工场的文明施工。

钢筋翻样：要根据施工图中的钢筋规格、尺寸、数量，结合施工规范和现场实际情况进行，做到准确无误，翻样时要结合钢筋的长度考虑工程的经济性。

钢筋制作：钢筋进厂要有原材报告，并经复试合格后方可使用，钢筋表面要洁净无污染，损伤、老锈的钢筋不得使用；钢筋制作要严格按钢筋翻样单上的规格、尺寸、数量加工，钢筋下料要准确无误，保证每一根钢筋的尺寸、规格、直径正确，以及钢筋弯起角度的准确，如箍筋要做135°弯钩，Ⅰ级钢拉钩端部均为180°弯钩。钢筋制作完后要严格按规格、型号挂小木牌，分堆码放，标志要明显。钢筋制作班组要做好自检记录和钢筋跟踪记录台账，提供基础资料。钢筋加工时，要按翻样单的次序加工，并和现场施工负责人经常联系，加工要有先后，根据需要加工，避免造成过多成品料的堆放。受力筋钢筋直径大于22mm的均采用直螺纹连接接头，钢筋连接前，先做一组班前试件，经试验合格后再进行大批加工。钢筋加工过程中，每加工一部分就将套好丝的钢筋与钢套筒进行试套，如有问题及时修正。钢筋套完丝后要在丝扣上套上保护帽，没有保护帽钢筋严禁运出加工场。钢筋直螺纹接头500个接头为一检验批，一组3个试件，做抗拉试验，取样应经监理见证。

接头连接：接头的连接用力矩扳手进行施工。将两个钢筋丝头在套筒中间位置相互顶紧，力矩扳手的精度为±5%。

（2）钢筋绑扎。

1）钢筋绑扎顺序为：绑扎基础承台底部钢筋→绑扎柱插筋→绑扎基础承台上部钢筋→绑扎剪力墙或联系梁钢筋。

2）绑扎内容如下：

①绑扎前，先根据施工图的钢筋间距划好线，然后进行布筋、绑扎。

②绑扎的钢筋要求横平竖直，规格、数量、位置、间距正确，绑扎不得有缺扣、松扣现象。钢筋绑扣不可均朝一个方向，要成"八"字扣，且扎丝朝内。

③在施工基础承台时，柱插筋位置要用脚手管在底部和上部卡两道方盘来固定，保证钢筋的位置正确，上部用脚手架固定与基础连成整体。

4. 模板工程

（1）钢筋工程验收合格后，方可进行模板工程施工。

（2）本工程所用模板均采用钢模板，钢模板加固采用 $\phi12$ 对拉螺栓，沿模板高度方向每 750mm 一道，沿基础纵方向每 600mm 一道，模板外侧用脚手管加固。

（3）模板使用前，必须对模板进行必要的修理，将模板表面用钢丝刷和角磨砂轮磨平磨光，然后涂刷隔离剂。模板多次周转使用后，表面有砸出坑的，模板肋开焊、断裂、弯曲的必须挑出，修理后再投入使用。

（4）为了保证浇筑后的混凝土工艺美观且不漏浆，对拉螺栓与模板交接部位设置带 $\phi13$ 孔的圆木垫，以防止混凝土浇筑时由螺栓孔处漏浆。在模板安装过程中模板与模板的拼缝间夹粘海绵条，以防漏浆。

（5）模板卡使用前必须仔细检查其是否完好，不得使用带裂及锈蚀严重的模板卡。施工时注意模板卡圆环向下。

（6）模板支设步骤：

1）模板支设前应先涂刷好脱模剂，脱模剂应涂刷均匀，无流淌现象。

2）根据施工控制桩放出模板外边线及控制线，作为模板就位依据。

3）用水平仪测好模板支设的标高，在模板的底脚用砂浆找平。

4）逐块拼装模板，同一条拼缝上的"U"型卡不宜向同一方向卡紧，对拉螺栓孔应平直相对，穿插螺栓不得斜拉硬顶，螺栓上要加圆木垫，圆木垫要紧贴模板。

5）模板拼装时模板缝间夹不吸水的海绵条，海绵条宽大于 10mm，将模板缝封严密，以防漏浆。

6）模板支设的同时要用脚手管进行加固，加固时将脚手管下端打入基槽，然后再用脚手管与模板拉斜撑进行加固。

7）柱模垂直度用加固脚手管控制，垂直度用线坠检验。

5. 混凝土工程

（1）基础模板安装完毕，且模板内的木屑、泥土、垃圾等已清理完毕，经四级验收合格后，方可浇筑混凝土。

（2）基础混凝土施工采用搅拌站集中搅拌，罐车运输，汽车泵浇筑的施工方案。

（3）混凝土的搅拌采用一台 HZS-100 全自动搅拌机搅拌，5 台混凝土罐车运输。现场浇筑混凝土采用一台 37m 混凝土汽车泵泵送。

（4）混凝土浇筑的同时在施工现场制作试块：每工作班混凝土浇筑量超过 100m³，制作 1 组；不足 100m³ 也需制作 1 组，同时留置 1 组同条件试块。

（5）混凝土浇筑注意事项：

1）在浇筑混凝土过程中应控制混凝土的均匀性和密实性。混凝土拌和物运至浇筑地点后应立即浇筑入模。在浇筑过程中，如发现混凝土拌和物的均匀性和稠度发生较大的变化，应及时处理。

2）用振捣棒振捣混凝土时，要做到"快插慢拔"，以防止混凝土分层、离析以及振捣棒拔出时速度过快所造成的空洞。振捣棒的插点要均匀分布，每次移动的距离应不大于振捣棒作用半径的 1.5 倍。一般振捣棒的作用半径为 30～40cm。每一插点的振捣时间以 20～30s 为宜，以混凝土表面呈水平、不再显著下沉、不再出现气泡、表面泛出灰浆为准。振捣棒与模板距离不应大于振捣棒作业半径的 0.75 倍。浇筑混凝土过程中，必须设专人监视钢筋、模板、脚手架等的情况，如发生位移，应立即停止浇筑，并在已浇筑的混凝土凝结前修理完毕。

3）混凝土浇筑时，振捣棒不得挪动钢筋，要加强检查钢筋保护层及所有预埋件的牢固程度和位置准确性。

4）在浇筑台阶式基础时，应按每一个台阶高度内外分层一次连续浇筑完成，每层先浇筑边角，后浇筑中间，摊铺均匀，振捣密实。每一个台阶浇完，台阶部分表面应随即采用原浆抹平。

5）浇筑混凝土时要保证连续进行，如间歇时间超过水泥初凝时间应留置施工缝。

6）混凝土浇筑完毕后，将甩出的钢筋加以整理，用木抹子按标高线找平表面混凝土。

（6）混凝土试块取样、成型及养护方法：制作混凝土试块应从施工现场罐车放出的混凝土中提取，并在取样后立即制作试块。制作试块采用 100mm×100mm×100mm 标准试模，插捣采用人工振捣。拌和物分两层装入试模，每层的装料厚度为 50mm。插捣用钢制捣棒，捣棒长为 600mm，直径 16mm，端部应磨圆，插捣次数为每 100cm^2 至少 12 次。插捣完后，刮除多余的混凝土，并用钢抹子抹平。试块成型后，应覆盖其表面，同条件试块拆模后，应放置在靠近相应结构部位或结构部位的适当位置，并应采用相同的养护方法；标养试块在 20℃±30℃条件下静置 1～2 昼夜，然后拆模。拆模后试块应立即放到标准养护室中进行标养。

6. 砌筑工程

（1）材料要求。

1）蒸压灰砂砖：品种、强度等级必须符合设计及规范要求。同一厂家、同一批每 1 万块为一个检验批，抽检数量为 1 组。使用前其产品龄期应超过 28 天。

2）水泥：品种及标号应符合设计及规范要求，采用 32.5 普通硅酸盐水泥。在使用前须将厂家资质、水泥出厂合格证、检测报告报监理进行审批。

水泥进场使用前，应分批对其强度、安定性进行复验。检验批应以同一生产厂家、同一编号为一批。

当在使用中对水泥质量有怀疑或水泥出厂超过 3 个月（快硬硅酸盐水泥超过一个月）时，应复查试验，并按其结果使用。

不同品种的水泥，不得混合使用。

（2）施工准备。

1）根据基础施工时已验收合格的控制轴线，将砌筑墙所需的墙体中心线、墙边线放出。

2）砌筑前提前两天对砌筑材料进行淋水湿润。蒸压灰砂砖在砌筑之前要向砌筑面适当洒水，施工时蒸压灰砂砖含水率控制在 8%～12%。

（3）砂浆搅拌。蒸压灰砂砖砌筑时，采用专用的砂浆，按照厂家要求比例进行现场搅拌。

（4）蒸压灰砂砖砌筑：

1）砌砖宜采用一铲灰、一块砖、一挤揉的"三一"砌砖法。

2）砖砌的灰缝应横平竖直，厚薄均匀。水平灰缝厚度宜为 10mm，但不应小于 8mm，也不应大于 12mm。

3）留槎：墙体一般不留槎，如必须留置临时间断处，应砌成斜槎，蒸压灰砂砖砌体的斜槎长度不应小于高度的 2/3；施工中当不能留斜槎时，除转角处外，可留直槎，但直槎必须做成凸槎。留直槎处应加设拉结钢筋，拉结钢筋的数量为每 120mm 墙厚放置 1φ6 拉结钢筋（120mm 厚墙放置 2φ6 拉结钢筋），间距沿墙高不应超过 500mm；埋入长度从留槎处算起每边均不应小于 500mm，对抗震设防烈度 6 度、7 度的地区，不应小于 1000mm；末端应有 90°弯钩。

4）在基础砌筑完毕后，浇筑混凝土地梁时，要根据建筑图预留构造柱及门槛柱插筋。在 0.000m 以下砖墙砌筑完毕后，对墙体内外进行抹灰，待干燥后再刷环氧煤沥青厚浆型涂料两遍。

（5）构造柱、圈梁：砌砖墙时，与构造柱连接处砌成马牙槎。每一个马牙槎眼高度方向的尺寸不宜超过 30cm。马牙槎应先退后进。拉结筋按设计要求放置，设计无要求时，一般沿墙高 500mm 设置 2 根 φ6 水平拉结筋，每边深入墙内不应小于 1m。

构造柱、圈梁钢筋应在砌筑前绑扎到位并做好隐蔽。构造柱浇筑混凝土前必须将砌体留槎部位和模板浇水湿润，将模板内的落地灰和其他杂物清理干净，并在结合面处注入适量与构造柱混凝土相同的水泥砂浆，振捣时应避免触碰墙体，严禁通过墙体传震；在构造柱、圈梁模板封闭前，要沿砌筑墙体边粘贴海绵条，防止在混凝土浇筑过程中漏浆。

（6）试块抽样。砌筑砂浆以同一砂浆强度等级、同一配合比、同种原材料每一楼层或 250m³ 砌体为一个取样单位，每一取样单位留设标准养护试块不得少于 1 组。砂浆试块必须在搅拌机出料口随机取样、制作。一个取样单位试块应在同一盘砂浆中提取制作。

（7）砌筑施工注意事项：

1）设计要求的洞口、管道、沟槽应于砌筑时正确留出或预埋，未经设计同意，不得打凿墙体和在墙体上开凿水平沟槽。

2）不得在下列墙体或部位设置脚手眼：

①施工脚手眼补砌时，灰缝应填满砂浆，不得用砖填塞。

②蒸压灰砂砖运输、装卸要轻装、轻卸，防止碰掉边角，在现场应码放整齐，堆放场地应坚实、平坦、干燥，并力求靠近砌筑现场，以免多次搬运。

③砌块的切割应使用专用工具，不得用斧头或凡刀任意砍劈。

7. 防腐工程

根据图纸要求，基础垫层顶面、基础－0.500m 以下外露部位全部涂刷环氧煤沥青涂料。每次垫层施工完后待表面完全干燥涂刷环氧煤沥青涂料，涂刷前要将垫层表面彻底清扫一遍，待表面经过四级验收合格后，开始涂刷，涂刷时要涂刷均匀、色泽一致。基础垫层每边要留 5～10cm 不涂刷，用于施工放线、弹墨线。

基础表面的环氧煤沥青涂料，待基础进行完隐蔽验收，经监理确认后进行。施工前也要彻底将基础表面清扫干净。

环氧煤沥青涂料施工时的注意事项：一是要注意防火，沥青涂料属于易燃物质，施工时基坑内严禁有明火作业；二是涂刷时不能污染其他任何材料，要选择晴朗、通风的天气施工。

二、C4A（B）斗轮机基础及尾部驱动间基础工程

（一）工程概况

某发电厂C4A（B）斗轮机基础采用现浇钢筋混凝土基础，属于大体积混凝土施工，基础底标高－1.2m，底板混凝土厚1m；斗轮机尾部驱动间采用钢筋混凝土框架结构，现浇钢筋混凝土屋面板，基础采用钢筋混凝土独立基础。±0.00m相当于绝对标高＋4.60m。地震设防烈度为8度，抗震等级为1级。基础混凝土强度等级为C40；地面为C20；垫层为C15。根据图纸要求斗轮机基础每隔12m设置一道伸缩缝，缝宽20mm，内填沥青麻丝；斗轮机中间地面混凝土地面沿长度方向每隔6m设置一道伸缩缝，缝宽20mm，内填沥青麻丝；地下部分的梁、墙表面应刷厚型环氧煤沥青两遍。

（二）施工方案

（1）土方工程：斗轮机基础为大体积混凝土基础，采用机械大开挖。

（2）模板工程：基础均采用钢模板，上部结构模板采用木模板。

（3）钢筋工程：钢筋采用钢筋加工厂集中加工、制作，挂板拖车运送至施工现场，现场绑扎成型。

（4）混凝土工程：采用现场搅拌站集中搅拌，罐车运输，汽车泵浇筑，插入式振捣棒振捣；养护采用覆盖塑料布养护保水的措施。

（三）施工工艺流程

控制点的设置和复检→放基槽开挖线→土方开挖→地基验槽→施工混凝土预制桩→剔凿桩头→基础垫层放线及验收→基础垫层混凝土→放基础轴线、验收→基础垫层、桩侧表面涂抹聚合物砂浆→基础底板、联系梁钢筋绑扎、验收→基础底板、联系梁模板安装及加固→基础底板、联系梁模板验收→基础底板、联系梁混凝土浇筑→柱段钢筋绑扎→柱段模板安装及加固→柱段混凝土浇筑→柱段模板拆模→基础防腐→基础工程验收→基础回填→上部结构梁柱钢筋绑扎→上部结构梁柱支模板→上部结构梁柱混凝土→屋面板钢筋、模板→屋面板混凝土→竣工验收。

（四）施工方法及要求

1. 测量放线

用全站仪放出斗轮机中心线，此线必须与基础承台线复合且经四级验收合格后，方可作为斗轮机基础及尾部驱动间结构施工的基准线。

高程控制点从一级控制网直接引测到控制标高。

2. 地基工程

（1）基础桩头采用人工凿桩，桩头锚入承台100mm，主筋由桩顶锚入基础承台800mm，预制桩主筋超长的，在满足锚固长度后截掉，如果主筋长度不足锚固长度，采用双面搭接焊的形式进行补长。

（2）基础土方开挖采用挖掘机开挖，并配合人工清槽。基础土方开挖时，基底预留200mm的预留层，预留层采用人工清除，以避免机械开挖时扰动基底土。预留层厚度可根据实际情况调整，但必须保证不扰动基底土。

（3）基坑土方开挖边坡放坡坡度为1∶1；基础施工时需要预留工作面，工作面宽度为基础外边边线外扩1.6m。

（4）土方开挖过程中严格按照设计要求的开挖深度进行操作，严禁超挖，在临近开挖深

度时，要求机械操作人员控制好铲斗的入土深度，施工技术人员跟随测量，严格控制标高。人工进行护坡修坡时，要求将坡面修理平整，不得凹凸不平。汽车在装土时，倒车派专人指挥。

C4A（B）斗轮机基础及尾部驱动间基础土方开挖前，要进行全员技术交底工作，使施工人员在充分了解图纸和设计意图的前提下，进行基础土方开挖工作。

（5）截桩。

1）截桩的施工顺序为：标注出设计标高→剔桩头→人工局部处理→清除钢筋上的污物、钢筋调直。

2）截桩的方法及要求：截桩时采用风镐剔凿，人工用铁錾子配合。截桩前，在桩身侧面提前用红油漆标注出设计标高，用风镐将设计标高以上的混凝土保护层剔掉，将钢筋从混凝土中分离开，然后将桩在设计标高上约5cm位置撬开，将桩头放倒。人工再用錾子慢慢将桩头剔到设计标高。截桩过程中要保证桩体及钢筋预留的长度符合设计要求。如果出现钢筋长度不满足设计要求时，要进行接筋，接筋采用双面搭接焊的连接形式进行。剔除后的桩头要求表面混凝土平整、钢筋顺直，混凝土顶标高符合设计要求，而且没有松动的混凝土。剔除后的碎块随时挖出基坑运到指定地点。

（6）施工排水。施工排水系统由基坑底部的排水明沟、集水井、潜水泵组成。在土方开挖前将基坑上部的排水系统预先形成，以保证基坑内的水能够随时排除。

3. 脚手架工程

C4A（B）斗轮机基础及尾部驱动间使用普通脚手架，脚手管规格为外径48mm、壁厚3.5mm，无裂纹。

（1）脚手架搭设要求。首先必须对进场的脚手架杆件进行严格的检查，禁止使用质量不合格杆配件。然后按脚手架布置图放线、铺脚手板（落底）、设置垫板或标定立杆位置。按定位依次竖起立杆，将立杆与纵、横向扫地杆连接固定，搭设时由两侧向中间对称搭设，并随搭设随校正立杆垂直、水平杆步距。

（2）脚手架搭设顺序为：摆放扫地杆→竖立立杆并与扫地杆扣紧→装扫地小横杆并与立杆和扫地杆扣紧→安第一步大横杆（满堂红脚手架不分大小）→安第一步小横杆→安第二步大横杆→以此类推搭设到要求的高度→加设剪刀撑（随搭设随设置）→安装护栏、铺各层脚手板→设置踢脚板→挂立网。

4. 钢筋工程

（1）钢筋采用加工场集中加工制作，运输至现场绑扎成型的施工方案，钢筋由加工场用平板车运至现场。为保证施工现场的安全文明施工，钢筋成品料随绑随运至现场、以减少占地面积。

（2）本工程受力钢筋直径不小于22mm时，采用机械连接；直径小于22mm的钢筋采用焊接连接或绑扎搭接。

1）所有参加直螺纹套丝操作的人员都必须进行专项技术培训考核合格后方可上岗操作。

2）所用套筒都必须有出厂合格证，并在运输和储存过程中加保护套，以防止锈蚀和沾污。

3）直螺纹接头的丝头加工时，必须按钢筋规格所需的调整试棒调整好滚丝头内孔最小尺寸，并按钢筋规格更换涨刀环，调整好各种规格钢筋的剥肋直径尺寸，同时调整剥肋挡块及滚压行程开关位置，保证剥肋及滚压螺纹的长度和完整丝扣。**丝头加工时，应采用水溶性切削液，严禁用机油作切削液或不加切削液加工丝头**。

4）加工前先做一组班前试件，经试验合格后再进行大批加工。钢筋加工过程中，每加工一部分就将套好丝的钢筋与钢套筒进行试套，如有问题及时修正。

5）丝头加工完成经自检合格后，报验二、三级质检员随机抽样进行外观检验，以一个工作班内生产的丝头为一验收批，随机抽检 10％，且不得少于 10 个，当合格率小于 95％时，应加倍抽检，复检中合格率仍小于 95％时，应对全部钢筋丝头逐个进行检验，并切去不合格的丝头，最后做好钢筋丝头检验记录作为工程竣工资料。

6）直螺纹接头连接时，钢筋规格和套筒的规格必须一致，钢筋和套筒的丝扣干净、完好无损；用管钳和力矩扳手进行施工。拧紧后的直螺纹接头应做出标记，同时套筒两端外露完整有效丝扣不得超过 2 扣。

7）接头用力矩扳拧紧力矩应符合表 16-4 的规定，力矩扳手的精度为 ±5％。

8）接头的检验与验收：接头的现场检验按验收批进行，同一施工条件下采用同一批材料的同等级、同形式、同规格接头，以 500 个接头为一验收批进行检验与验收，不足 500 个也作为一个验收批。每一规格钢筋试件不少于一组，每组 3 根，取样必须经过监理见证。

9）钢筋丝头要严格按照要求制作，品种、规格、尺寸正确，数量齐全，对于特殊角度规格的尤其要严格控制。钢筋丝头应平直，无局部曲折。钢筋的表面应洁净，无损伤、油渍、漆污和铁锈等，否则应在使用前清除干净。带有颗粒状或片状老锈的钢筋不得使用。钢筋制作完成后要进行严格自检，并做好钢筋跟踪管理台账记录。制成后的成品钢筋分类码放整齐，并且要明确挂牌，根据现场需要运至现场进行装配施工。钢筋丝头加工完毕后应立即带上保护帽，防止丝头损坏。

10）钢筋丝头连接螺纹长度为 1/2 套筒长度，公差为 ±1P（P 为螺距），以保证接头的长度。

（3）钢筋加工。钢筋在钢筋加工厂制作，钢筋加工厂布置有 10t 龙门式起重机配合吊运。

钢筋翻样：一级技术员根据施工图中的钢筋规格、尺寸、数量，结合施工规范和现场实际情况进行翻样，然后经过二级技术人员审核后交钢筋加工班组排料加工。钢筋翻样要做到准确无误，翻样时要结合钢筋的长度考虑工程的经济性。

钢筋制作：钢筋制作要严格按钢筋翻样单上的规格、尺寸、数量加工，钢筋下料要准确无误，保证每一根钢筋的尺寸、规格、直径正确，要确保钢筋弯起角度的准确性，如箍筋要做 135°弯钩，Ⅰ级钢拉钩端部均为 180°弯钩。钢筋制作完后要严格按规格、型号挂小木牌，分堆码放，标志要明显。钢筋制作班组要做好自检记录和钢筋跟踪记录台账，提供基础资料。钢筋加工时，要按翻样单的次序加工，并和现场施工负责人经常联系，加工要有先后，根据需要加工，避免造成过多成品料的堆放。

（4）钢筋绑扎及安装。钢筋加工完后的成品料领用时，要求加工班组和领用班组分别对照翻样单，仔细检查钢筋的规格、尺寸、数量，确保准确。

5. 模板工程

（1）模板配制。斗轮机基础及皮带尾部驱动间施工基础模板均采用钢模板，在模板安装过程中模板拼缝间夹粘海绵条，以防漏浆。上部结构采用 15mm 厚的优质木模板。木模板外钉 50mm×100mm 木方子做背肋组合做成定型模板，背肋间距 250mm。木模板拼缝组合时，板与板之间夹缝打玻璃胶，玻璃胶要打平，并且避免污染模板大面。相邻大板拼缝错台要小于 1mm；为保证混凝土外观美观，模板上所有的钉子帽都必须与模板表面平齐，用木把铁锤钉钉子时要使用圆錾子，避免铁锤直接接触模板而损伤模板。

（2）钢模板支设步骤。

1）模板支设前应先涂刷好脱模剂，脱模剂应涂刷均匀，无流淌现象。

2）根据施工控制桩放出模板外边线及控制线，作为模板就位依据。

3）用水平仪测好模板支设的标高，在模板的底部用砂浆找平。

4）逐块拼装模板，同一条拼缝上的"U"型卡，不宜向同一方向卡紧，对拉螺栓孔应平直相对，穿插螺栓不得斜拉硬顶，螺栓上要加圆木垫，圆木垫要紧贴模板。

5）模板拼装时模板缝间夹海绵条（宽度大于 10mm），将模板缝封严密，以防漏浆。

6）模板支设的同时要用脚手管进行加固，加固时将脚手管下端打入基槽土中，然后再用脚手管与模板拉斜撑进行加固。

（3）木模板支设步骤。

1）配模前，要对木模板和木方子进行外观检查：木模板表面要光滑，凸凹不平的，不得使用，木模板边角必须顺直、不缺边掉角，木方子必须顺直，弯曲幅度大的不得投入使用。木模板、木方子必须堆放在木工加工厂地势较高的位置，并且码放整齐，未使用前用苫布盖住，防止雨水淋湿晾干后变形。

2）安装模板前先检查钢筋是否影响安装并予以纠正，如果钢筋碍事，将钢筋用倒链拉至角边，用铁丝将钢筋绑在脚手管上，确保钢筋的位置，然后安装模板；还要检查组合大模板处理是否过关，表面是否清洁，钉子帽是否与模板平齐，对拉螺栓紧固程度要适中，不能把模板紧变形，也不能松动，所有螺栓要尽量保证松紧程度一致，防止模板混凝土浇筑时局部变形过大。安装模板前先在模板底部用水泥砂浆找平，既防止漏浆又能确保模板上口水平，由此来保证模板拼缝整齐一致。

（4）模板拆除。

1）拆除模板的顺序和方法应按照模板设计的规定进行。若设计无规定时，应遵循先支后拆，后支先拆；先拆不承重的模板，后拆承重部分的模板；自上而下，先拆侧向支撑，后拆竖向支撑的原则。

2）模板工程作业组织应遵循支模与拆模统一由一个作业班组进行作业的原则。其好处是支模就考虑拆模的方便和安全，拆模时，人员熟知情况，易找到拆模的关键点位，对拆模进度、安全、模板及配件的保护都有利。

3）模板拆除时，混凝土强度能保证其表面及楞角不因拆除模板受损坏，方可拆除。

4）拆下的模板及时清理黏连物，涂刷脱模剂，拆下的扣件及时集中收集管理。

5）拆模时严禁模板直接从高处往下扔，以防止模板变形和损坏。

（5）埋件的制作和安装。埋件制作用原材料要有出厂合格证，锚固所用的钢筋要有复试报告。埋件钢板下料完后，根据截面尺寸和安装部位在板面边部开直径为 10mm 的螺栓孔，用于埋件安装时穿安装螺栓。螺栓孔要求：方形埋件角部距边 2cm 位置开孔，如果埋件边长不小于 350mm，延埋件边每 150mm 开一个螺栓孔，此孔间距严禁大于 200mm。所有预埋件的加工外形尺寸要进行检验及力学性能试验，埋件表面要平滑，四边顺直，钢板的焊接变形要调平，并经技术员检验合格并抽样试验合格后，埋件表面刷红丹防锈漆两道，防锈漆干后方可允许出厂到现场安装。

埋件安装时，要严格按照施工图要求的位置、截面尺寸、标高进行准确安装。

6. 混凝土工程

斗轮机基础属于大体积混凝土施工，混凝土的生产、运输、浇筑、养护及测温必须满足大体积混凝土施工要求。

（1）混凝土生产。

1）混凝土由现场搅拌站负责集中供应，在混凝土搅拌过程中要求严格按试验室开具的配合比生产，未经试验人员允许严禁随意改动配合比。

2）混凝土开盘之前，搅拌机应先加水空转数分钟，将积水倒尽，使拌筒充分润湿。搅拌第一盘时，考虑筒内壁上的砂浆损失，石子用量应按配合比规定减半。

3）搅拌后的每盘混凝土要做到基本卸尽，在全部混凝土卸出之前不得再投入拌和料，更不得采取边出料边进料的方法。

4）混凝土原材料按质量计的允许偏差不得超过下列规定：水泥、外加剂混合料±2%；粗细骨料±3%；水、外加剂±2%。

5）严格控制混凝土搅拌时间，宜控制在 70～90s 之间。

6）尽量降低混凝土的出机温度。

（2）混凝土运输。

1）混凝土装入罐车由搅拌站运至浇筑现场，在运输途中，混凝土搅拌筒应始终不停地作慢速转动，从而使筒内的混凝土拌和物可连续得到搅动，以保证混凝土通过运输后，不致产生分层、离析现象。罐车等待停放时搅拌筒也不能停止转动。

2）混凝土必须能在最短的时间内均匀无离析地排出，出料干净、方便，能满足施工要求。

（3）混凝土浇筑。

1）大体积混凝土的浇筑应根据工程结构特点、平面形状和周围施工场地等条件，选择适宜的位置。浇筑过程应由远而近，在同一区域的混凝土，应按先竖向后水平结构的顺序，分层连续浇筑；浇筑水平结构混凝土时，不得在一处连续布料，应在 2～3m 范围内水平移动布料，且宜垂直于模板。

2）搅拌车在卸料前，要求混凝土在料筒内高速运转，确保放料时混凝土质量均匀。混凝土输送泵管线应平直，转弯缓，接头严密。泵送前先用与混凝土配比相同的水泥砂浆润滑管道，泵车料斗内要有足够的混凝土，防止吸入空气堵管。

3）浇筑混凝土时，混凝土自由倾落高度不得超过 2m，以保证混凝土不致发生离析现象。

4）采用插入式振捣棒振捣混凝土时，要做到快插慢拔。在振捣过程中，宜将振动棒上下略为抽动，以使上下振捣密实。

5）混凝土分层灌注时，每层混凝土厚度应不超过振动棒长的 1.25 倍；在振捣上一层时，应插入下层中 5cm 左右，以消除两层之间的接缝，同时在振捣上层混凝土时，要在下层混凝土初凝前进行。

6）混凝土浇筑分层厚度一般不超过 500mm。当水平结构的混凝土浇筑厚度超过

500mm 时，可按 1∶6～1∶10 坡度分层浇筑，且上层混凝土应超前覆盖下层混凝土 500mm 以上。

7）每一插点要掌握好振捣时间，过短不易捣实，过长可能引起混凝土产生离析现象，对塑性混凝土尤其重要。一般每点振捣时间为 20～30s，且应视混凝土表面呈水平不再显著下沉、不再出现气泡、表面泛出灰浆为准。

8）振动器插入点要均匀排列，可采用行列式和交错式的次序移动，不应混用，以免造成混乱而发生漏振。每次移动位置的距离应不大于振动棒作用半径的 1.5 倍。一般振动棒的作用半径为 30～40cm。

9）振动器作用时，振捣器距离模板不应大于振捣器作用半径的 0.5 倍，并不宜紧靠模板振动，且应尽量避免碰撞钢筋、预埋件等。

10）振捣时采用插入式振捣器，振捣的方法有两种：一种是垂直振捣，即振动棒与混凝土表面垂直；另一种是斜向振捣，即振动棒与混凝土表面成 40°～45°角大体积混凝土振捣应采用垂直振捣与斜向振捣相结合。

11）混凝土浇筑过程中，要派专人检查模板，发现跑模、胀模及时处理。

12）混凝土浇筑时要注意每个部位不能停顿时间过长，在混凝土初凝前要及时浇筑新的混凝土，防止出现冷缝。梁、板中间不得留设水平施工缝。

13）对于有预留洞、预埋件和钢筋密集的部位，应预先制订好相应的技术措施，确保顺利布料和振捣密实。

14）混凝土浇筑完后，应及时将伸出混凝土表面的钢筋整理顺直，并清理钢筋和预埋件上沾的水泥浆。

15）混凝土浇筑至上表面后，由于振捣过程中石子会下沉，致使最上部的粗骨料减少，混凝土凝结硬化过程收缩易产生裂缝，防治办法是在浇筑到上部发现有浮浆时，将混凝土浇筑至高出设计标高一些，然后将浮浆铲除。

（4）混凝土养护及测温。斗轮机基础底板混凝土压完面后，表面覆盖塑料薄膜进行保水养护，安排专人进行混凝土的养护工作，控制混凝土内外温差不超过 25℃。为有效监控混凝土内外温度，在混凝土内部及表面埋设测温导线，使用建筑电子测温仪测温，随时掌握混凝土内外温差，测温点沿底板均布四点，每点布置三根导线，分别在底、中、表三个地方，并做好保护，按编号做好测温记录。混凝土浇灌完 12h 后开始测温，以后每 2h 测一次，7 天后 4h 测一次，12 天后每天测两次，养护期不少于 28 天。当发现混凝土内外温差接近 25℃时，应及时加强外部保温，使温差控制在允许范围内。当基础混凝土的温度趋向稳定时，方可拆除基础模板。

三、翻车机室地下结构施工

（一）工程概况

某发电厂翻车机室±0.00m 相当于绝对标高＋4.6m，地下部分分为两层，底板顶标高为－12.8m，其他层标高分别为－3.4m、＋0.4m，底板厚 2000m，为大体积混凝土。本工程在正常维护情况下的设计使用年限为 50 年，结构安全等级为二级。翻车机室地下部分侧壁、底板混凝土标号为 C40S8，梁板柱为 C40，垫层 C15。

（二）施工方案

（1）模板工程：本次施工采用木模板进行支护。

（2）支撑系统：框架梁、柱加固支撑采用槽钢抱箍和对拉螺栓，外部用普通脚手管顶撑。

（3）混凝土工程：采用现场搅拌站集中搅拌，罐车运输，汽车泵浇筑；用插入式振捣棒振捣；养护采用覆盖塑料布养护保水，覆盖棉被保温的措施。

（三）施工工艺流程

垫层施工→垫层放线及验收→垫层表面防腐→底板钢筋制作及绑扎→底板钢筋验收→底板模板安装及加固→底板模板验收→底板混凝土浇筑→内衬墙钢筋绑扎→搭设满堂脚手架→内衬墙钢筋验收→内衬墙模板安装及加固→－3.4m层平台及煤斗模板安装→－3.4m层平台及煤斗钢筋安装→－3.4m层混凝土浇筑→－3.4～0.4m层侧壁钢筋安装→－3.4～0.4m层脚手架搭设→－3.4～0.4m层模板安装→－3.4～0.4m层混凝土浇筑。

（四）施工方法及要求

翻车机室长27.1m，宽25.8m。箱型基础底板厚2.0m、外墙厚0.7m，结合翻车机室结构设计的特点，在垫层施工完成后，翻车机室箱型基础施工分4次施工到顶，第一次施工从翻车机室底板－15.2m标高施工到底板上500mm，施工缝留在侧壁上，第二次施工到标高－6.15m（第三道钢支撑处），第三次浇筑至－3.54m层板及煤斗部分，第四次浇筑至0.248m。

翻车机室施工前应与安装机务、电气配合进行相应图纸的复核以及确定预埋管件的埋设。

所用建筑材料自检合格后，将试验报告、出场证明、合格证报监理部、业主审批后，方正式采购入厂使用。

1. 钢筋工程

钢筋采用钢筋场制作，现场绑扎成型的施工方案。为保证施工现场的安全文明施工，运料随运随绑，以减少占地面积，当不能及时绑扎时分类码放整齐，标识清楚。

钢筋接头：一级钢筋均采用搭接接头；二级钢筋，ϕ22以下钢筋在现场采用搭接接头，ϕ22以上钢筋在钢筋加工厂采用直螺纹连接形式，内衬墙钢筋与地下连续墙预留插筋连接采用剖口焊。

钢筋进场要有出厂质量证明书，钢筋表面或每捆（盘）钢筋均有标志。进场时按炉批号及直径分批检验，外观检查合格后进行复试，复试合格后才能标明状态使用。

钢筋在存放过程中要保护标志，按批分别堆放整齐，状态标识清楚，并采取覆盖措施，进行材料保护。

钢筋在加工过程中，如发现脆断、焊接性能不良或力学性能显著不正常等现象，根据现行国家标准对该批钢筋进行化学成分检验和其他专项检验。

钢筋的级别、种类和直径严格按设计要求使用。当需带化时，需征得设计的同意，并履行正常手续。

剖口焊接头制作前，要进行试焊，试验合格后方可进行大批量焊接，焊接完成后，再进行抽查检验，试验合格后方可运至现场使用。

钢筋翻样：制作严格按照钢筋翻样单下料加工、施工规范，并结合工程的实际情况进行翻样；翻样完成后，要进行严格自检，确保钢筋品种、规格和尺寸正确，数量齐全。翻样单必须经主管技术人员审核后方可进行加工。

钢筋制作：制作严格按照钢筋翻样单下料加工，要求品种、规格、尺寸正确，数量齐全，对于特殊角度的规格尤其要严格控制。使用前清除钢筋的表面油渍、漆污和铁锈等，对带有颗粒状或片状老锈的钢筋不得使用。加工后的钢筋保证洁净、无损伤、平直，无局部曲折。

钢筋制作后要进行严格自检，并做好钢筋跟踪管理台账记录。制成后的成品钢筋分类码放整齐，并明确挂牌。根据现场需要运至现场进行绑扎。

利用施工 C1 廊道做翻车机室下料的坡道，同时对于部分材料采用 25t 汽车式起重机做垂直运输。

钢筋绑扎：底板上皮钢筋支设在马凳上，底板钢筋绑扎完成后，进行侧壁钢筋绑扎。绑扎的钢筋要求横平、竖直，规格、数量、位置、间距符合设计和规范要求。绑扎不得有缺扣、松扣现象。钢筋保护层采用花岗岩石块或者水泥垫块，厚度与主筋保护层相同，预埋好绑丝，垫块每间隔 1000mm 绑垫在钢筋上。

柱箍筋弯钩叠合交合处交错布置在四角纵向钢筋上，箍筋转角与纵向钢筋交叉点要绑扎牢固，箍筋平直部分与纵向钢筋交叉点可间隔绑扎，绑扎箍筋时绑扣相互间成"八"字型。

梁箍筋的接头交错布置在两根架立筋上，其余同柱箍筋绑扎。

板钢筋绑扎时，四周两行钢筋交叉点每点绑扎牢固，中间部分交叉点相隔交错绑扎，但必须保证受力钢筋不位移。双向主筋的钢筋网须将全部钢筋的相交点绑扎牢固，绑扎时注意相邻钢筋绑扎点的绑丝扣要成"八"字型，以免网片歪斜变形。

梁钢筋绑扎步骤：画线，摆放、绑扎底皮钢筋→搭设脚手架、摆放上皮钢筋→穿放箍筋进行整体绑扎→拆除脚手架，局部拉结钢筋加固并绑扎侧面钢筋→预埋构件临时安放、固定→拉结调整钢筋的垂直度及挠度、箍筋加固。

板墙钢筋绑扎时，首先根据板墙位置线，调整预埋插筋位置，搭接绑扎上部钢筋。然后支设临时脚手架，并在脚手架上标出钢筋位置，并在脚手架上标出钢筋位置，将竖向钢筋立起，按位置线绑扎牢固，其他同板钢筋绑扎。

绑完钢筋采用铺脚手架进行其他工序施工，钢筋绑扎完成后，进行自检，并做好自检记录。经分项检查及隐蔽工程检查验收合格后进行下道工序施工。

钢筋连接：用扳手或管钳将直螺纹套与一端钢筋拧到位，再将另一端钢筋与连接套拧到位。连接完成，质检员现场检验，以连接完成后套筒两侧外露螺纹长度是否相等且每侧不超过一个完整的丝扣为准。

2. 模板工程

本工程模板均采用组合钢模板按结构尺寸配置，模板固定采用 $\phi12$ 对拉螺栓加焊止水片，间距 600mm，用 $\phi48\times3.5mm$ 脚手管做围檩共同加固。支模按施工次序进行。

模板支设：支模采用对拉螺栓和脚手管围檩共同加固，脚手管外用"3"型扣件，外拧双螺母。为防止对拉螺栓不露出混凝土表面，对拉螺栓内穿橡皮塞，拆模后取出，用同配比膨胀水泥砂浆封堵。

预埋件全部在加工厂按设计图纸规格下料制作，钢板用剪板机剪切，表面须进行调平调直，用手提砂轮机磨平毛刺，安装时要求埋件四周用双面胶条与模板拼接牢固，必须保证预埋件表面紧贴模板面，保证拆模后，预埋件与混凝土表面平整。

模板施工特殊施工工艺：

（1）垫层施工一定要平，若平整度不够，支模以前要用砂浆找平模板底角。

（2）为防止模板底角发生偏移，在浇筑垫层后用冲击钻打眼插 $\phi 12$ 钢筋头，模板外侧采用脚手管进行加固。

（3）为防止模板缝漏浆，在模板底角用水泥砂浆封堵，模板拼缝间加棉胶条。

（4）在混凝土浇筑前，将模板内灰土清干净，对于模板所粘灰尘，用棉布擦净，涂刷色拉油做隔离剂。

（5）在混凝土浇筑过程中，设专人监督随时擦干净上部被砂浆污染的模板面。

（6）对拉螺栓的加工要精度要严格检查，确保基础的外形尺寸。

（7）对拉螺栓位置要排列整齐，模板拼缝要规律。

（8）混凝土达到规范允许拆模强度后，开始拆模，拆模过程中必须注意保护模板，做到小心轻放，以防损伤模板的表面，造成浪费。拆下来的模板，必须及时回收到加工厂内，及时清理模板上的杂物，按规格堆放整齐，供重复使用。

（9）钢支撑桩在拆除第一层钢支撑后，会有部分钢支撑桩伸入底板内，为防止从钢支撑处渗漏，在每根桩上缠3道遇水膨胀止水条。

3. 混凝土工程

混凝土工程采用搅拌站急冲搅拌，罐车运输、汽车泵车、地泵配合浇灌，机械振捣，人工养护的施工方案。每次浇筑混凝土前与场内其他单位搅拌站联系，为混凝土连续浇筑做后备。

翻车机室混凝土除对混凝土的强度有要求外，还有抗渗等要求。因此，我们在混凝土施工前必须按设计要求做好混凝土的试配和试验工作，根据现场实际施工需要优化配合比。首先要严把进货材料关，设计对材料有要求的按设计要求进货，无设计要求的按以下材料要求进货：

水泥：采用国营大水泥厂出品的水泥。水泥品种：一般情况下采用普通硅酸盐水泥，水泥进场必须有出厂合格证、出厂日期，还要对其进行复试。

砂：采用干净的中粗河沙，砂中含泥量≤3.0%，含泥块量≤1.0%，有害物质（如云母、轻物质、硫化物、有机物）含量≤1.0%。石子强度不得小于 $30\mathrm{N/mm^2}$，进场后按批进行抽验。

水：使用现场提供的水源。

外加剂：防腐外加剂，经实际调查、复试和试配后再确定使用哪种产品，并分批和定期抽样试验。

（1）混凝土搅拌。

1）所有混凝土均由现场搅拌站采用强制式搅拌机集中供应。在混凝土搅拌工程中要求严格按配合比施工，未经试验人员允许严禁随意改动配合比。要随时检查混凝土的和易性和坍落度，还要做好搅拌记录。

2）混凝土开盘之前，加水空转数分钟，将积水倒净，使拌筒充分湿润。搅拌第一盘时，考虑到筒壁上的砂浆损失，石子用量按配合比定量减半。搅拌的混凝土要做到基本卸尽。在全部混凝土卸出之前不得投入拌和料，严禁采取边出料边进料或用混凝土罐车进行搅拌的方法。

3）雨季施工期间要勤测粗细骨料的含水量，随时调整用水量和粗细骨料的用量，并及时检查水泥的受潮情况。

（2）混凝土运输。混凝土水平运输主要采用混凝土罐车（70m³/h），混凝土垂直运输主要采用混凝土泵车或混凝土地泵。混凝土运输要做到随拌制，随运输，随浇筑，尽量缩短混凝土从出机到浇筑的时间，应在0.5h内运至现场。

（3）混凝土浇筑。

1）混凝土开盘前先对搅拌机、罐车、振捣器、泵车等机具进行检查。浇筑前，必须检查一次浇筑完毕或浇筑至施工缝处的工程材料是否备齐，以免停工待料。浇筑前必须将模板内的积水、木屑、钢丝、铁钉等杂物清理干净，并经监理和甲方验收合格后方可浇筑。

2）混凝土浇筑前根据当时现场的场地情况安排好泵车的停放位置，因为每次浇筑的混凝土量都很大，要求每次安排3辆混凝土汽车泵车和泵管浇筑，42m臂杆泵车布置在能直接用臂杆浇筑的地方，28、17m臂杆泵车接泵管浇筑，同时还要使混凝土运输车辆通行流畅，泵管支撑架子与模板支撑架子分开架设。

3）在浇筑工序中，控制混凝土的均匀性和密实性。混凝土运至浇筑地点后，立即浇筑入模。在浇筑过程中，如发现混凝土的均匀性和稠度发生较大的变化，应及时处理。

4）浇筑混凝土时，注意防止混凝土的分层离析。混凝土由料斗、漏斗内卸出进行浇筑时，其自由倾落高度不宜超过1.5m，在竖向结构中浇筑混凝土的高度不得超过3m，否则采用串筒、斜槽、溜管等下料。

5）浇筑竖向结构混凝土前，底部先填以50～100mm厚与混凝土相同标号的水泥砂浆。混凝土的水灰比和坍落度随浇筑高度的上升酌情递减。

6）浇筑混凝土时设专人看模，经常观察模板、支架、钢筋、预埋件和预留孔洞的情况，当发现有跑模或移位时，立即停止浇筑，并在已浇筑的混凝土凝结前修整完好。

7）浇筑混凝土时一定要振捣密实，严禁出现露筋、气孔、蜂窝等现象，并注意不要将钢筋保护层垫块碰掉和不得随意乱动钢筋，振捣时尽量避免碰撞预埋件、预留孔洞、吊环、埋管等。振捣器操作做到"快插慢拔"。混凝土分层浇筑时，每层混凝土厚度不超过振捣棒长的1.25倍，在振捣上一层时，插入下层中5～10mm，以消除两层之间的接缝，同时在振捣上层混凝土时，要在下层混凝土初凝前进行，振捣棒每30cm振一点，每次振捣时间不得小于20～30s。

8）混凝土输送泵采用臂杆进行灌注，泵送前先用与混凝土配合比相同的水泥砂浆润滑管道，泵车料斗内要有足够的混凝土，防止吸入空气堵管。混凝土养护采用塑料布并湿润麻袋片养护，养护时间不少于14天。

9）底板为大体积混凝土，在浇筑过程中混凝土产生的水化热较大，致使混凝土内部温度较高而外界温度相对较低，由此容易产生温度应力裂缝，需设置温度测温孔进行温度观测，控制其内外温差不大于25℃，基础表面和地面温差不大于20℃，在底板上共设5组测温控制点，分别放置在底板的四角及中间，24h内每4h测温一次，测温仪器使用测温仪，测量结果要填入正式记录，且由专人填写。当混凝土表面温度与内部温度超过25℃时，根据温差及时增减混凝土表面覆盖量及洒水养护次数，保证混凝土不产生温度裂缝。

（五）施工注意事项

1. 施工缝的处理

按施工次序留设施工缝。施工缝采用止水钢板做止水处理。

（1）混凝土浇筑前要焊接好止水钢板，止水钢板采用2mm后的钢板宽300mm，在接缝处上下各150mm，止水钢板连接处要求满焊。

（2）待混凝土施工缝界面硬化后，表面凿毛，扫去浮渣、尘土、杂物等，露出坚硬基底；

2. 模板固定

（1）不得采用螺栓拉杆或铁丝对穿，以免在混凝土内造成引水通路。固定模板用的螺栓必须穿过防水混凝土结构时，应采取止水措施。

（2）在螺栓或套管上加焊止水环，止水环双面满焊，施工时采用螺栓加堵头的方案。加强对止水环焊缝的检查，在满焊的条件下应逐个敲去焊缝检查，对不合格的要补焊后方可用到工程中。

（3）钢筋不用铁丝或铁钉固定在模板上，必须采用同配合比的细石混凝土或砂浆垫块，并确保钢筋保护层满足设计要求，绝不允许出现负误差。

（4）模板应表面平整、拼缝严密、吸水性小、结构坚固。浇筑混凝土前，将模板内部清理干净。

3. 脚手架的搭设

本工程脚手架全部采用双排落地式脚手架。立杆横距0.8m，纵距0.8m。大横杆步距0.8m。每间隔3m设置剪刀撑，且沿架高连续布置。按三步三跨设置连墙件，间距3m。

4. 混凝土注意事项

（1）混凝土配料必须按配合比准确称量，不得用体积法计量。各成分称量允许偏差：水泥、水、外加剂为±1%；砂石为±2%。

（2）混凝土必须采用机械搅拌，搅拌时间不得少于2min，掺外加剂时根据外加剂的技术要求确定搅拌时间。

（3）混凝土运输工程中，要防止产生离析、坍落度和含气量损失以及漏浆现象。运输距离较远或气温较高时，掺入缓凝型减水剂或采用运输搅拌车运送。

（4）浇筑混凝土的入模自由倾落高度当超过1.5m时，须用串筒、溜管等辅助工具将混凝土送入，以免造成石子滚落堆积现象。模板窄高、钢筋较密不易浇筑时，可以从侧模预留口处浇筑。

（5）振捣间距400～500mm，每一振点的振捣时间为20～30s，当第一层振捣完毕第二层混凝土下料后，棒杆插入第一层100mm。振捣混凝土时，要做到"快插慢拔"，防止混凝土分层、离析及振捣棒抽出时所造成的孔洞。振捣棒的插点要均匀分布，以免造成混乱而发生漏振。混凝土振捣不得紧靠模板振动，避免碰撞钢筋及模板。混凝土振捣严禁漏振和过振。

（6）在混凝土结构中有密集管群穿过处、预埋件或钢筋稠密处，浇筑混凝土有困难时，可采用相同抗渗等级的细石混凝土浇筑；预埋大管径的套管或面积较大的金属板时，在其底部开设浇筑振捣孔，以利排气、浇筑和振捣。

（7）埋件在浇筑混凝土前埋入。当必须在混凝土中预留锚孔时，预留孔底部须保留至少150mm厚的混凝土。如预留孔底部的厚度小于150mm时，应采取局部加厚措施。

（8）混凝土养护对其抗渗性能影响极大，因此当混凝土进入终凝（约浇筑后4～6h）时即应开始浇水养护，养护时间不少于14天。

（9）混凝土拆模时混凝土表面温度与周围气温之差不得超过 20℃，以防混凝土表面出现裂缝。

（10）混凝土浇筑后严禁打洞，所有预埋件、预留孔都事前埋设准确。

（11）混凝土的地下结构部分，拆模满水后要及时回填土，以利于混凝土后期强度的增长并获得预期的抗渗性能。

（12）侧壁穿墙管的穿里穿墙管道防水处理，在管道穿过混凝土结构处预埋套管，套管上加焊止水环，要满焊严密，止水环数量按设计规定。安装穿管时，先将管道穿过预埋套管，并将范围找准，做临时固定，然后一端用封口钢板将套管焊牢，再将另一端套管与穿管间的缝隙用防水密封材料嵌填密实，并用封口钢板封堵严密。

（13）为避免止水带局部出现破坏，在施工中应采取以下几项措施：

1）选购止水带时应按图纸选购设计要求的长度尺寸。

2）止水带安装过程中的支模和其他工序施工中，要注意不应有金属一类的硬物损伤止水带。

3）浇筑混凝土时，混凝土应从止水带两侧对称振捣，并注意止水带有无位移现象，使止水带始终居于中间位置。

四、输煤廊道施工

（一）工程概况

某发电厂C1、2、3、5输煤廊道为钢筋混凝土箱形结构，C1、2、3、5廊道东、西侧分别与翻车机室，T1转运站，C2、3、5采光间和T2、3转运站相连。C1廊道由南向北依次分为 3 段，平直段长度为 7.233m（轴线尺寸，下同），倾斜段长度分别为 24.378、23.489m，倾斜角度分别为 7°、14°；C2廊道由东向西依次分为两段，长度分别为 23.6、19.25m（轴线尺寸、下同），倾斜角度 10.9°；C3、5廊道皆为一段式，全长分别为 23.1、20.1m，倾斜角度分别为 8.3°及 9.1°。垫层为 C15 素混凝土，廊道采用 C40 抗渗混凝土，抗渗等级为 S8。

地下输煤道的相对标高±0.00m 相当于绝对标高 4.6m。

（二）施工工艺流程

输煤廊道施工工艺流程见图 17-9。

（三）施工方法及要求

1. 定位放线

根据厂区测量控制点采用全站仪放出地下输煤道基础的主轴线，然后利用钢尺放出基础边线，轴线放完经过四级验收合格后，方可进行下一步施工。

2. 土方开挖及垫层施工

各个输煤廊道埋深较大且基坑由西向东有很大的坡度，按 1∶1.5 放坡开挖时需要由东向西分层逐次进行按 1∶1.5 放坡。C2廊道开挖难度最大，按照 1∶2 放坡分成两步台阶形式开挖。施工时采用 2 台反铲挖掘机进行开挖，人工配合施工，用 4 辆自卸汽车运土，坑底采用人工清理。基坑开挖成型后在其外侧用红白杆搭设通长的防护栏杆。各个廊道下土均应挖至原土层第 21 层（$f_{ak}=75kPa$），经设计、勘测、监理单位验槽合格后用级配砂石回填（回填厚度≥1.5m）至廊道底标高，回填土试验合格后可进行垫层施工。垫层混凝土设计标号为 C15。为施工方便，垫层施工时混凝土采用泵送。

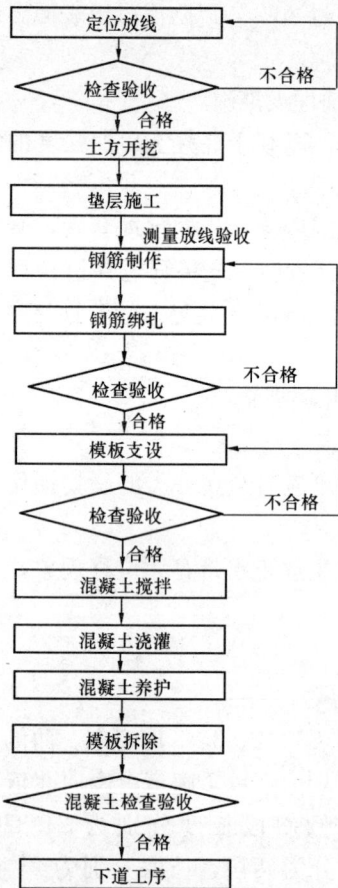

图 17-9　输煤廊道施工工艺流程图

3. 钢筋工程

钢筋采用钢筋场制作，现场绑扎成型的施工方案。

钢筋翻样：要根据施工图中的钢筋规格、尺寸、数量，结合施工规范和现场实际进行，做到准确无误，翻样时要结合钢筋的长度考虑工程的经济性。

钢筋制作：钢筋进厂要有原材报告，并经复试合格后方可使用，钢筋表面要洁净无污染，损伤及带有油漆、老锈的钢筋不得使用。钢筋制作要严格按钢筋翻样单上的规格、尺寸、数量等要求加工，保证每一根钢筋的尺寸、规格、直径正确。同时要确保钢筋弯起角度的准确性，如箍筋要做 135°弯钩，Ⅰ级钢端部均做 180°弯钩。钢筋制作完后要严格按规格、型号挂小木牌，分堆堆放，标志要明显。钢筋制作班组要做好自检记录和钢筋跟踪记录台账，提供基础资料。钢筋加工时，要按翻样单的次序加工，并和现场施工负责人经常联系，加工要有先后，根据需要加工，避免造成过多成品料的堆放。

钢筋场的原材和成品料码放要整齐，钢筋料牌要清晰、明了，做到随进料，随加工，随出料，保证钢筋加工场的文明施工。

钢筋绑扎：钢筋绑扎前应将有锈蚀的钢筋除锈，并不应使钢筋表面受污染，并再次对照翻样单，仔细检查钢筋的规格、尺寸、数量，确保准确。

钢筋绑扎注意事项：廊道顶板、底板及侧壁保护层厚度为 50mm。钢筋绑扎成型后要在顶板、底板下部及侧壁钢筋两侧绑扎与保护层厚度相同的塑料垫块，垫块间距 1m。

4. 模板工程

地下输煤道外侧采用钢模板，内部侧壁、顶板采用大块木模板。

支模前先根据结构施工图进行配模，以确定地下输煤道所需的模板规格与数量；根据配板图要求的规格和数量选用表面平整、边角整齐、肋板齐全、无歪斜和变形的模板。将模板表面的浮灰、锈斑、防锈漆等清除干净，模板表面均匀涂刷隔离剂。木模表面要刨光。支模前，应先检查钢筋的品种、规格、数量、位置等是否与图纸相符，确认钢筋合格后方可支模。模板外侧用脚手管做地锚进行加固。为防止模板漏浆，在模板底角用水泥砂浆封堵，模板拼缝间加海绵条。地下输煤道侧模采用对拉螺栓加固，对拉螺栓采用 $\phi12$ 圆钢，间距 500mm。对拉螺栓中间要加焊止水片。所有对拉螺栓与模板接触部位均垫橡胶垫。

模板拆除时，应在混凝土强度能保证其表面及棱角不因拆除模板而受损时方可进行。

模板施工注意事项如下：

（1）为防止模板缝漏浆，在模板底角用水泥砂浆封堵，模板拼缝间加海绵条（粘海绵条一定要平直，距模板内侧 1mm）。

（2）在混凝土浇筑前，用吸尘器吸干净模板内灰尘，对于模板上所粘灰尘，用棉布擦干净。

（3）在混凝土浇筑过程中，要有人负责和监督，随时擦干净上部被砂浆污染的模板面。

（4）模板接缝要多打"U"型卡子，尽可能做到每个眼都打上；加固模板要多设钩头螺栓，保证模板面平整。

（5）模板拆除时，现场留取的同条件试块经实验室检验人员出具强度证明，当混凝土强度达到设计强度的100%后，方可拆除。拆模严禁用大锤和撬棍硬砸硬撬，损伤混凝土外观。拆模不可整片拆下，应从上到下顺序拆除。拆下的模板、配件、脚手管及时运走，卡子、螺母应用专用小桶或工具袋装，避免乱扔或掉落，模板及脚手管应及时退回到模板租赁场。

5. 混凝土工程

混凝土浇筑前应对钢筋、模板进行检查并验收合格后方可进行下一道工序。

混凝土施工采用现场搅拌站集中搅拌，罐车运输，泵车浇筑的施工方案。地下输煤道分两次浇筑：第一次浇筑底板及侧壁下部500mm高；第二次浇筑顶板。第一次浇筑时要在侧壁的中心位置留设20cm宽、15cm高凸起的止口作为防水构造。水平方向上的伸缩缝处要按照设计要求安装止水带，止水带应闭合。由于廊道坡度较大，浇筑混凝土时应随时控制好标高，防止混凝土自流造成底板、顶板厚度不均匀。

为避免混凝土浇筑过程中出现冷缝，混凝土浇筑应连续进行，确保两层混凝土之间的最大间隔时间不超过2h；同时安排搅拌站、试验室、供电队值班，出现情况马上处理。使用的混凝土生产必须提前试配。试验室出具的配合比通知单必须经过试配合格，才能交搅拌站生产，搅拌站生产混凝土必须同时做出有代表性的试件，以评定生产水平。在现场浇筑过程中，也要做出混凝土试件，对现场使用的混凝土做等级评定。混凝土运输由罐车运输，要控制运输时间，即混凝土从搅拌机卸出后至入模时间不得超过60min，以保证混凝土运到现场的质量，保证混凝土和易性，同时做到混凝土坍落度控制在120～140mm之内，保证现场施工。浇筑混凝土过程中，必须设专人监视模板的情况，发现问题及时解决。

混凝土采用插入式振捣棒，振捣要分层进行，每一层振捣棒要插入下一层50mm，保证振捣质量。振捣要由有丰富混凝土施工经验的专业人员操作，防止漏振，保证混凝土的施工质量，做到内实外光。

每次浇筑混凝土均应留置三种试块，即标养试块、同条件试块、抗渗试块，各种试块每100m³做一组。

五、转运站地下结构施工

（一）工程概况

某发电厂厂区土地类别为Ⅳ类场地，地震设防烈度为8°。电厂共分T1、2、3号3个转运站，各转运站基础均为现浇钢筋混凝土箱形结构，±0.00m相当于绝对标高4.6m。3个转运站中T1转运站最深，基础底标高为−13.9m，其余两个转运站的基础底标高均为−8.1m。

（二）主要施工方案

钢筋采用加工厂集中加工，现场绑扎。模板采用普通钢模板根据基础尺寸配模使用，采用对拉螺栓及脚手管内外加固。混凝土由搅拌站搅拌，罐车运输，泵车浇筑，人工振捣。

```
┌─────────────────┐
│    基础放线      │
└────────┬────────┘
         ↓
┌─────────────────┐
│     垫层         │
└────────┬────────┘
         ↓
┌─────────────────┐
│    钢筋制作      │←──────┐
└────────┬────────┘       │
         ↓                │
┌─────────────────┐       │
│    钢筋绑扎      │       │
└────────┬────────┘       │
         ↓          不合格 │
      ◇检查验收◇──────────┘
         │合格
         ↓
┌─────────────────┐
│    模板支设      │←──────┐
└────────┬────────┘       │
         ↓          不合格 │
      ◇检查验收◇──────────┘
         │合格
         ↓
┌─────────────────┐
│    混凝土搅拌     │
└────────┬────────┘
         ↓
┌─────────────────┐
│    混凝土浇灌     │
└────────┬────────┘
         ↓
┌─────────────────┐
│    混凝土养护     │
└────────┬────────┘
         ↓
┌─────────────────┐
│    模板拆除      │
└────────┬────────┘
         ↓
    ◇混凝土检查验收◇
```

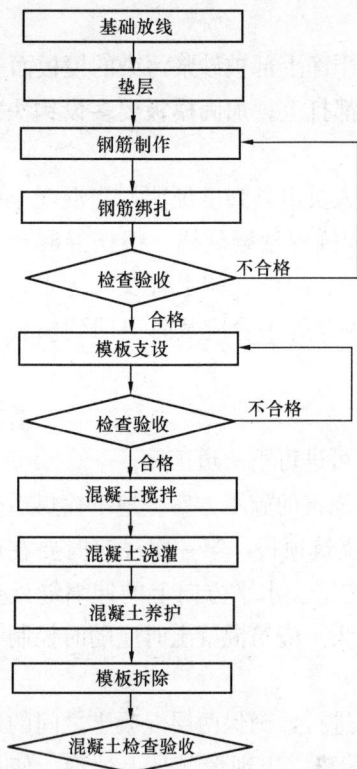

图 17-10　转运站地下
结构施工工艺流程图

（三）施工工艺流程

转运站地下结构施工工艺流程见图 17-10。

（四）施工方法及要求

1. 定位放线

根据厂区测量控制点 J12 采用全站仪放出输煤转运站基础的主轴线，然后利用钢尺放出基础边线，轴线放完经过四级验收合格后，方可进行下一步施工。标高由 J12 点引入，该点标高为＋3.61m。

2. 垫层施工

基坑开挖好后经设计、勘测、监理单位验槽合格后即可进行垫层施工。混凝土设计标号为 C15，垫层施工采用搅拌站集中搅拌，罐车运输，泵车浇筑。

3. 钢筋工程

钢筋采用钢筋场制作，现场绑扎成型的施工方案。

钢筋翻样：要根据施工图中的钢筋规格、尺寸、数量，结合施工规范和现场实际进行，做到准确无误，翻样时要结合钢筋的长度考虑工程的经济性。

钢筋制作：钢筋进厂要有原材报告，并经复试合格后方可使用，钢筋表面要洁净无污染，损伤及带有油漆、老锈的钢筋不得使用。钢筋制作要严格按钢筋翻样单上的规格、尺寸、数量等要求加工，保证每一根钢筋的尺寸、规格、直径正确。同时要确保钢筋弯起角度的准确性，如箍筋要做 135°弯钩，Ⅰ级钢端部均做 180°弯钩。钢筋制作完后要严格按规格、型号挂小木牌，分堆堆放，标志要明显。钢筋制作班组要做好自检记录和钢筋跟踪记录台账，提供基础资料。钢筋加工时，要按翻样单的次序加工，并和现场施工负责人经常联系，加工要有先后，根据需要加工，避免造成过多成品料的堆放。

钢筋场的原材和成品料码放要整齐，钢筋料牌要清晰、明了，做到随进料，随加工，随出料，保证钢筋加工场的文明施工。

钢筋绑扎：钢筋绑扎前应将有锈蚀的钢筋除锈，并不应使钢筋表面受污染，并再次对照翻样单，仔细检查钢筋的规格、尺寸、数量，确保准确。

钢筋绑扎注意事项：基础（底板）的钢筋保护层厚度为 50mm，柱的钢筋保护层厚度为 40mm，池壁的钢筋保护层厚度为 40（内侧）、50mm（外侧）。钢筋绑扎成型后要在底板下部及基础钢筋两侧绑扎与保护层厚度相同的大理石垫块，垫块间距 1m。

钢筋机械连接接头工程：本工程受力钢筋直径不小于 22mm 时，采用机械连接滚轧直螺纹套筒连接接头，其检验标准及施工依据为 JGJ 107—2010。接头在制作前同样必须先做试件进行试验，合格后方可大批量生产。其具体要求如下：

（1）所有参加滚压直螺纹接头的人员都必须进行专项技术培训考核合格后方可上岗操作。

（2）所用套筒必须有出厂合格证，并在运输和储存过程中加保护套，以防止锈蚀和沾污。

(3) 直螺纹接头的丝头加工时,必须按钢筋规格所需的调整试棒调整好滚丝头内孔最小尺寸,并按钢筋规格更换涨刀环,调整好各种规格钢筋的剥肋直径尺寸,同时调整剥肋挡块及滚压行程开关位置,保证剥肋及滚压螺纹的长度和完整丝扣。丝头加工时,应采用水溶性切削液,严禁用机油作切削液或不加切削液加工丝头。

(4) 丝头加工完成经自检合格后,报验二、三级质检员随机抽样进行外观检验,以一个工作班内生产的丝头为一验收批,随机抽检 10%,且不得少于 10 个,当合格率小于 95% 时,应加倍抽检,复检中合格率仍小于 95% 时,应对全部钢筋丝头逐个进行检验,并切去不合格的丝头,最后做好钢筋丝头检验记录作为工程竣工资料。

(5) 直螺纹接头连接时,钢筋规格和套筒的规格必须一致,钢筋和套筒的丝扣干净、完好无损;用管钳和力矩扳手进行施工。拧紧后的直螺纹接头应做出标记,同时套筒两端外露完整有效丝扣不得超过 2 扣。

(6) 接头的检验与验收:接头的现场检验按验收批进行,同一施工条件下采用同一批材料的同等级、同形式、同规格接头,以 500 个为一验收批进行检验与验收,不足 500 个也作为一个验收批。每一规格钢筋试件不少于一组,每组 3 根(试件长度为套筒长度加上240mm),取样必须经过监理见证。

(7) 钢筋丝头要严格按照要求制作,品种、规格、尺寸正确,数量齐全,对于特殊角度规格的尤其要严格控制。钢筋丝头应平直,无局部曲折。钢筋的表面应洁净,无损伤、油渍、漆污和铁锈等,否则应在使用前清除干净。带有颗粒状或片状老锈的钢筋不得使用。钢筋制作完成后要进行严格自检,并做好钢筋跟踪管理台账记录。制成后的成品钢筋分类码放整齐,并且要明确挂牌,根据现场需要运至现场进行装配施工。钢筋丝头加工完毕后应立即带上保护帽,防止丝头损坏。

(8) 钢筋丝头连接螺纹长度为 1/2 套筒长度,公差为 ±1P(P 为螺距),以保证接头的长度。

绑扎柱子、梁的钢筋时要根据建筑图纸预留构造柱、圈梁及墙体拉结筋。封闭模板时可将拉结筋掰弯使之贴紧模板、拆模后将拉结筋凿出。

4. 模板工程

本工程模板基础部分采用组和钢模板,上部结构采用大块木模板,确保达到清水混凝土效果。

支模前先根据结构施工图进行配模,以确定输煤转运站所需要的模板规格与数量;根据配板图要求的规格和数量选用表面平整、边角整齐、肋板齐全、无歪斜和变形的模板。将模板表面的浮灰、锈斑、防锈漆等清除干净,模板表面均匀涂刷隔离剂。木模表面要刨光。支模前,应先检查钢筋的品种、规格、数量、位置等是否与图纸相符,确认钢筋合格后方可支模。模板外侧用脚手管做地锚进行加固。为防止模板漏浆,在模板底角用水泥砂浆封堵,模板拼缝间加海绵条。转运站地上部分柱子模板采用对拉螺栓加固,对拉螺栓采用 φ12 圆钢,间距 500mm。转运站地下部分为混凝土板墙结构,对拉螺栓中间要加焊止水片。所有对拉螺栓与模板接触部位均垫橡胶垫。

模板拆除时,应在混凝土强度能保证其表面及棱角不因拆除模板而受损时方可进行。

模板施工注意事项如下:

（1）为防止模板缝漏浆，在模板底角用水泥砂浆封堵，模板拼缝间加海绵条（粘海绵条一定要平直，距模板内侧 1mm）。

（2）在混凝土浇筑前，用吸尘器吸干净模板内灰尘，对于模板上所粘灰尘，用棉布擦干净。

（3）在混凝土浇筑过程中，要有人负责和监督，随时擦干净上部被砂浆污染的模板面。

（4）模板接缝要多打"U"型卡子，尽可能做到每个眼都打上；加固模板要多设钩头螺栓，保证模板面平整。

（5）模板拆除时，现场留取的同条件试块经实验室检验人员出具强度证明，当混凝土强度达到设计强度的 75% 后，方可拆除基础模板。拆模严禁用大锤和撬棍硬砸硬撬，损伤混凝土外观。拆模不可整片拆下，应从上到下顺序拆除。拆下的模板、配件、脚手管及时运走，卡子、螺母应用专用小桶或工具袋装，避免乱扔或掉落，模板及脚手管应及时退回到模板租赁场。

5. 混凝土工程

混凝土浇筑前应对以下工序进行检查并验收合格后方可进行下一道工序，检查内容包括：

（1）钢筋工程：

1）钢筋质量符合设计及施工要求。

2）钢筋规格、数量、位置符合设计要求及施工要求。

3）钢筋表面平整、洁净、无损伤，无锈蚀、麻点等。

4）钢筋骨架宽度和高度偏差 ±5mm。

5）骨架及受力筋长度偏差 ±10mm。

6）受力筋间距偏差 ±10mm。

7）受力筋排距偏差 ±5mm。

8）箍筋和副筋的间距偏差 ±20mm。

9）主筋保护层偏差 ±5mm。

（2）模板工程：

1）模板安装及安装支撑结构具有足够的强度、刚度和稳定性。

2）模板拼缝宽度小于 1mm，无海绵密封条外露。

3）模板隔离剂涂刷均匀。

4）模板内部清理干净无杂物。

5）允许偏差范围：轴线位移 ≤5mm，标高 ±5mm，截面尺寸偏差 ±5mm，全高垂直偏差 ±5mm，相邻两模板高低偏差 ≤2mm。

在以上所有内容检查完毕并符合要求后，方可进行混凝土浇筑。混凝土施工采用现场搅拌站集中搅拌，罐车运输，泵车浇筑的施工方案。转运站地下结构分两次完成，第一次浇筑底板，第二次侧壁顶板一起浇筑。每步在板墙的中心位置留设 10cm 宽凸起的止水口作为防水构造，确保外观工艺美观和结构的整体性。

混凝土采用插入式振捣棒，振捣要分层进行，每一层振捣棒要插入下一层 50mm，保证振捣质量。振捣要由有丰富的混凝土施工经验的专业人员操作，防止漏振，保证混凝土的施工质量，做到内实外光。

浇筑混凝土应留置三种试块，即标养试块和同条件试块及抗渗试块，各种试块每100m³做一组。

第五节 上 部 结 构 施 工

一、输煤综合楼上部结构施工

（一）工程概况

某发电厂输煤综合楼上部结构采用钢筋混凝土框架结构，现浇钢筋混凝土屋面板，共2层，一层现浇板结构标高各不相同，主要标高为4.060、3.860、5.100m。框柱截面尺寸为650 mm×600mm、600mm×600mm、500mm×500mm。

输煤综合楼±0.00m相当于绝对标高＋4.45m。地震设防烈度为8度，抗震等级为2级。框架柱、梁板均采用C40混凝土，沟道采用C40混凝土，垫层采用C15混凝土。

（二）施工方案

（1）模板工程：输煤综合楼上部结构模板均采用木模板。

（2）钢筋工程：钢筋采用钢筋加工厂集中加工、制作，挂板拖车运送至施工现场，现场绑扎成型。

（3）混凝土工程：采用现场搅拌站集中搅拌，罐车运输；汽车泵浇筑；用插入式振捣棒振捣；养护采用覆盖塑料布养护保水，覆盖棉被保温的措施。

（三）施工方法及要求

1. 测量放线

根据设计院给定坐标（建8、9点）用全站仪放出输煤综合楼轴线，且经四级验收合格后，方可作为输煤综合楼上部结构施工的基准线。

高程控制点从一级控制网（建8、9点）直接引测到控制标高。

2. 脚手架施工方案

输煤综合楼上部结构使用普通脚手架，脚手管规格为外径48mm、壁厚3.5mm，无裂纹。采样驱动间上部结构施工时内侧搭设满堂红脚手架，外侧搭设双排脚手架，脚手架立管纵向间距为1200mm，横向间距为1200mm；横管步距为1500mm，框架梁下脚手管间距加密为600mm。

（1）脚手架搭设要求。首先必须对进场的脚手架杆件进行严格的检查，禁止使用质量不合格杆配件。然后按脚手架布置图放线、铺脚手板（落底）、设置垫板或标定立杆位置。按定位依次竖起立杆，将立杆与纵、横向扫地杆连接固定，搭设时由两侧向中间对称搭设，并随搭设随校正立杆垂直、水平杆步距。

（2）脚手架搭设顺序为：摆放扫地杆→竖立立杆并与扫地杆扣紧→装扫地小横杆并与立杆和扫地杆扣紧→安第一步大横杆（满堂红脚手架不分大小）→安第一步小横杆→安第二步大横杆→以此类推搭设到要求的高度→加设剪刀撑（随搭设随设置）→安装护栏、铺各层脚手板→设置踢脚板→挂立网。

3. 钢筋工程

（1）钢筋采用加工厂集中加工制作，运输至现场绑扎成型的施工方案。钢筋由加工厂用平板车运至现场。为保证施工现场的安全文明施工，钢筋成品料随绑随运至现场，以减少占地面积。

（2）钢筋接头连接形式有绑扎搭接、焊接、直螺纹连接。

本工程受力钢筋直径不小于 22mm 时，采用机械连接；直径小于 22mm 的钢筋采用焊接连接或绑扎搭接。机械连接其检验标准及施工依据为 JGJ 107—2010。

1）所有参加直螺纹套丝操作的人员都必须进行专项技术培训考核合格后方可上岗操作。

2）所用套筒必须有出厂合格证，并在运输和储存过程中加保护套，以防止锈蚀和沾污。

3）直螺纹接头的丝头加工时，必须按钢筋规格所需的调整试棒调整好滚丝头内孔最小尺寸，并按钢筋规格更换涨刀环，调整好各种规格钢筋的剥肋直径尺寸，同时调整剥肋挡块及滚压行程开关位置，保证剥肋及滚压螺纹的长度和完整丝扣。丝头加工时，应采用水溶性切削液，严禁用机油作切削液或不加切削液加工丝头。

4）加工前先做一组班前试件，经试验合格后再进行大批加工。钢筋加工过程中，每加工一部分就将套好丝的钢筋与钢套筒进行试套，如有问题及时修正。

5）丝头加工完成经自检合格后，报验二、三级质检员随机抽样进行外观检验，以一个工作班内生产的丝头为一验收批，随机抽检 10%，且不得少于 10 个，当合格率小于 95% 时，应加倍抽检，复检中合格率仍小于 95% 时，应对全部钢筋丝头逐个进行检验，并切去不合格的丝头，最后做好钢筋丝头检验记录作为工程竣工资料。

6）直螺纹接头连接时，钢筋规格和套筒的规格必须一致，钢筋和套筒的丝扣干净、完好无损；用管钳和力矩扳手进行施工。拧紧后的直螺纹接头应做出标记，同时套筒两端外露完整有效丝扣不得超过 2 扣。

7）接头的检验与验收：接头的现场检验按验收批进行，同一施工条件下采用同一批材料的同等级、同形式、同规格接头，以 500 个接头为一验收批进行检验与验收，不足 500 个也作为一个验收批。每一规格钢筋试件不，少于一组，每组 3 根，取样必须经过监理见证。

8）钢筋丝头要严格按照要求制作，品种、规格、尺寸正确，数量齐全，对于特殊角度规格的尤其要严格控制。钢筋丝头应平直，无局部曲折。钢筋的表面应洁净，无损伤、油渍、漆污和铁锈等，否则应在使用前清除干净。带有颗粒状或片状老锈的钢筋不得使用。钢筋制作完成后要进行严格自检，并做好钢筋跟踪管理台账记录。制成后的成品钢筋分类码放整齐，并且要明确挂牌，根据现场需要运至现场进行装配施工。钢筋丝头加工完毕后应立即带上保护帽，防止丝头损坏。

9）钢筋丝头连接螺纹长度为 1/2 套筒长度，公差为 ±1P（P 为螺距），以保证接头的长度。

（3）钢筋加工。钢筋在钢筋加工场制作，钢筋加工场布置有 10t 龙门式起重机配合吊运。

钢筋翻样：一级技术员根据施工图中的钢筋规格、尺寸、数量，结合施工规范和现场实际情况进行翻样，然后经过二级技术人员审核后交钢筋加工班组排料加工。钢筋翻样要做到准确无误，翻样时要结合钢筋的长度考虑工程的经济性。

钢筋制作：钢筋制作要严格按钢筋翻样单上的规格、尺寸、数量加工，钢筋下料要准确无误，保证每一根钢筋的尺寸、规格、直径正确，同时确保钢筋弯起角度的准确性，如箍筋要做 135° 弯钩，Ⅰ 级钢拉钩端部均为 180° 弯钩。钢筋制作完后要严格按规格、型号挂小木牌，分堆堆放，标志要明显。钢筋制作班组要做好自检记录和钢筋跟踪记录台账，提供基础资料。钢筋加工时，要按翻样单的次序加工，并和现场施工负责人经常联系，加工要有先后，根据需要加工，避免造成过多成品料的堆放。

（4）钢筋绑扎及安装。钢筋加工完后的成品料领用时，要求加工班组和领用班组分别对照翻样单，仔细检查钢筋的规格、尺寸、数量，确保准确。

1）框架柱钢筋绑扎及安装：

绑扎顺序为套柱箍筋→连接竖向受力筋→画箍筋间距线→绑扎柱箍筋。

① 搭设柱筋绑扎定位脚手架：柱筋支撑架采用脚手架钢管搭设，施工人员作业面四周铺脚手板。

② 套柱箍筋：按图纸要求间距，计算好每根柱箍筋数量，先将箍筋套在下层伸出的搭接筋上，然后立柱子钢筋，在搭接长度内，绑扣不少于3个，绑扣要向柱中心。

③ 连接竖向受力筋：柱子主筋立起之后，套筒拧紧应符合设计要求。

④ 画箍筋间距线：在立好的柱子竖向钢筋上，按图纸要求用粉笔划箍筋间距线。

⑤ 柱箍筋绑扎。

按已划好的箍筋位置线，将已套好的箍筋往上移动，由上往下绑扎，宜采用缠扣绑扎。

箍筋与主筋要垂直，箍筋转角处与主筋交点均要绑扎，主筋与箍筋非转角部分的相交点成梅花交错绑扎。

有抗震要求的地区，柱箍筋端头应弯成135°，平直部分长度不小于10d（d为箍筋直径）。如箍筋采用90°搭接，搭接处应焊接，焊缝长度单面焊缝不小于5d。

柱上下两端箍筋应加密，加密区长度及加密区内箍筋间距应符合设计图纸要求。如设计要求箍筋设拉筋时，拉筋应钩住箍筋。

柱钢筋绑扎完后，应进行一次全面、细致的检查，若发现错漏或间距不符、安装绑扎不牢，应及时进行修理及调整。

2）框架梁、板钢筋绑扎及安装：

梁筋在底模上绑扎顺序为：铺设梁底模→布置梁钢筋→按间距绑扎箍筋。

板筋绑扎顺序为：铺设板底模板→模板上画线→绑板下受力筋→摆放上分布筋、负弯矩钢筋→绑扎。

梁板钢筋上层弯钩朝下，下层弯钩朝上。板、次梁与主梁交叉处，板上部钢筋在上，次梁上筋在中层，主梁上筋在下。

梁纵向受力钢筋：上筋净距≥30mm或1.5d（d为钢筋中最大直径），下筋净距≥25mm或d；下部钢筋配置不少于两层时，钢筋水平方向中距比下面两层中距增大1倍。

板中钢筋距墙或梁边50mm开始配置，板下部钢筋不在跨中1/3范围内连接，上部钢筋不在支座1/3范围内连接。

箍筋：从距墙或梁边50mm处开始配置；箍筋间距及数量按图纸要求。

4. 模板工程

（1）模板配制。

1）输煤综合楼上部结构施工用模板全部采用15mm厚的优质木模板。木模板外钉50mm×100mm木方子做背肋组合做成定型模板，背肋间距250mm。木模板拼缝组合时，板之间的夹缝打玻璃胶，玻璃胶要打平，并且避免污染模板大面。相邻大板拼缝错台要小于1mm；为保证混凝土外观美观，模板上所有的钉子帽都必须与模板表面齐平，用木把铁锤钉钉子时要使用圆錾子，避免铁锤直接接触模板而损伤模板。

2）在木工加工厂进行配模前，要对木模板和木方子进行外观检查：木模板表面要光滑，凸凹不平的不得使用，木模板边角必须顺直、不缺边掉角，木方子必须顺直，弯曲幅度大的不得投入使用。木模板、木方子必须堆放在木工加工厂地势较高的位置，并且码放整齐，未使用前用苫布盖住，防止雨水淋湿晾干后变形。

3）安装模板前先检查钢筋是否影响安装并予以纠正，如果钢筋碍事，将钢筋用倒链拉至角边，用铁丝将钢筋绑在脚手管上，确保钢筋的位置，然后安装模板；还要检查组合大模板处理是否过关，表面是否清洁，钉子帽是否与模板平齐，对拉螺栓紧固程度要适中，不能把模板紧变形，也不能松动，所有螺栓要尽量保证松紧程度一致，防止模板混凝土浇筑时局部变形过大。安装模板前先在模板底部用水泥砂浆找平，既防止漏浆又能确保模板上口水平，由此来保证模板拼缝整齐一致。

（2）框架柱模板安装。

1）工艺流程为：弹柱位置线→安装柱模板→验收。

2）按标高抹好水泥砂浆找平层，按位置线做好定位墩台，以便保证柱轴线边线与标高的准确，或者按照放线位置，在柱四边离地5～8cm处的主筋上焊接支杆，从四面顶住模板，以防止位移。

3）安装柱模板，通排柱，先装两端柱，经校正、固定、拉通线校正中间各柱。模板按柱子大小，预拼成一面一片，或两面一片，就位后先用铅丝与主筋绑扎临时固定，用脚手管将两侧模板连接卡紧，安装完两面再安另外两面模板。

4）柱箍用钢管制成，柱箍间距为600mm。模板加固采用 ϕ12 对拉螺栓，间距为600mm。用12mm厚钢板代替"3"型垫铁，然后要拧双螺母，防止胀模。

5）将柱模内清理干净，封闭清理口，进行柱模预检。

（3）框架梁模板安装。

1）工艺流程为：弹线→支立柱→调整标高→安装梁底模→绑梁钢筋 →安装侧模→预检。

2）柱子拆模后在混凝土上弹出轴线和水平线。

3）安装梁的支撑之前，地基土必须夯实，脚手管下垫通长脚手板。梁支撑采用双排，支柱的间距应符合模板设计规定，间距为600mm。

4）安装梁模板时，按设计标高调整支柱的标高，然后安装梁底模板，并拉线找平。当梁底板跨度≥4m时，跨中梁底处应按设计要求起拱，如设计无要求，起拱高度为梁跨度的1/1000～3/1000。主、次梁交接时，先主梁起拱，后次梁起拱。

5）梁侧模板：根据墨线安装两侧模板、压脚板、斜撑等。梁侧模板制作高度应根据梁高及楼板模板来确定。

6）用小横杆配合脚手架支撑固定梁侧模板。小横杆间距为750mm，梁模板上口用定型卡子固定。对拉螺栓间距为600mm，并加PVC套管、钢垫片、橡胶垫。

7）安装后校正梁中线、标高、断面尺寸。将梁模板内杂物清理干净，检查合格后办理预检。

（4）楼面模板安装。

1）工艺流程为：地面夯实、铺平、垫实→安装支撑脚手架立杆→安装大小横杆→铺模板→校正标高→加立杆的水平拉杆→办预检。

2）底层地面应夯实，并铺垫脚板。采用多层支架支模时，支柱应垂直，上下层支柱应在同一竖向中心线上。各层支柱间的水平拉杆和剪力撑要认真加强。

3）根据模板的排列架设支柱和龙骨。支柱与龙骨的间距应根据楼板混凝土重量与施工荷载的大小确定。支柱为1000m，大龙骨间距为1000mm，小龙骨间距为400mm，支柱排列要考虑设置施工通道。

4）通线调节支柱的高度，将大龙骨找平，架设小龙骨，调平后即可铺板。

5）铺模板时可从四周铺起，在中间收口。楼板模板压在梁侧模时，角位模板应通线钉固。

6）楼面模板铺完后，应认真检查支架是否牢固，模板梁面、板面应清扫干净。

（5）模板拆除。

1）拆除模板的顺序和方法应按照模板设计的规定进行。若设计无规定，应遵循先支后拆，后支先拆；先拆不承重的模板，后拆承重部分的模板；自上而下，先拆侧向支撑，后拆竖向支撑的原则。

2）模板工程作业组织应遵循支模与拆模统一由一个作业班组进行作业的原则。其好处是支模就考虑拆模的方便和安全，拆模时人员熟知情况，易找到拆模的关键点位，对拆模进度、安全、模板及配件的保护都有利。

3）模板拆除时，混凝土强度能保证其表面及楞角不因拆除模板而受损坏，方可拆除。

4）拆下的模板及时清理黏连物，涂刷脱模剂，拆下的扣件及时集中收集管理。

5）拆模时严禁模板直接从高处往下扔，以防止模板变形和损坏。

5. 埋件的制作和安装

埋件制作用原材料要有出厂合格证，锚固所用的钢筋要有复试报告。制作前要按埋件规格不同做班前试件，检验合格后方可进行大批量制作。埋件钢板下料完后，根据截面尺寸和安装部位在板面边部开直径10mm的螺栓孔，用于埋件安装时穿安装螺栓。螺栓孔要求：方形埋件角部距边2cm位置开孔，如果埋件边长不小于350mm，则延埋件边每150mm开一个螺栓孔，此孔间距严禁大于200mm。所有预埋件的加工外形尺寸都要进行检验及力学性能试验，埋件表面要平滑，四边顺直，钢板的焊接变形要调平，并经技术员检验合格且抽样试验合格后，埋件表面刷红丹防锈漆两道，防锈漆干后方可允许出厂到现场安装。

埋件安装时，要严格按照施工图要求的位置、截面尺寸、标高进行准确安装。

6. 混凝土工程

（1）混凝土搅拌。混凝土施工采用现场搅拌站集中搅拌，并应符合下列规定：

1）一般要求：混凝土应按国家现行标准《普通混凝土配合比设计规程》（JGJ 55）和混凝土强度检验评定的有关规定，根据混凝土强度等级、耐久性等要求进行配合比设计。混凝土施工前应有相关资质试验室出具的混凝土配合比通知单。

2）混凝土拌制前，应测定砂、石含水率，并根据测试结果调整材料用量，提出混凝土施工配合比。

（2）混凝土运输。混凝土采用混凝土罐车运输。混凝土自搅拌机中卸出后，应及时送到浇筑地点。在运输过程中，应严格控制混凝土的运输时间，并防止混凝土产生离析及初凝等现象。当混凝土运到浇筑地点有离析现象时，必须在浇筑前进行二次拌和。

泵送混凝土时必须保证混凝土泵车连续工作，如果发生故障，停歇时间超过 45min 或混凝土出现离析现象，应立即用压力水或其他方法冲洗管内残留的混凝土。

（3）混凝土浇筑与振捣。

1）框架梁柱、剪力墙模板安装完毕后，且模板内的木屑、泥土、垃圾等已清理完毕，经四级验收合格，方可浇筑混凝土。

2）现场用水、用电等在施工前及时与相关部门沟通，确保混凝土施工过程中不出现其他问题。

3）混凝土浇筑时的坍落度必须符合 GB 50204 的规定。其坍落度的测定方法应符合（GB/T 50080）的规定。施工中的坍落度应按混凝土实验室配合比进行测定的控制，并填写混凝土坍落度测试记录。

4）柱、墙混凝土浇筑前，底部应先填以 50～100mm 厚与混凝土配合比相同的减石子水泥砂浆。

5）混凝土自吊斗口下落的自由倾落高度不得超过 2m，浇筑高度如超过 3m 必须采取措施，用串桶、溜管、振动溜管使混凝土下落，或在柱、墙体模板上留设浇捣孔等。浇筑混凝土时应分段分层连续进行，浇筑层高度应根据结构特点、钢筋疏密决定，一般为振捣器作用部分长度的 1.25 倍，最大不超过 500mm。

6）使用插入式振捣器应快插慢拔，插点要均匀排列，逐点移动，按顺序进行，不得遗漏，做到均匀振实。移动间距不大于振捣作用半径的 1.25 倍（一般为 300～400mm）。振捣上一层时应插入下层 50～100mm，以消除两层间的接缝。

7）浇筑混凝土时应经常观察模板、钢筋、预留孔洞、预埋件和插筋等是否有移动、变形或汽车泵堵塞情况，发现问题应立即处理，并应在已浇筑的混凝土凝结前完成。

8）浇筑混凝土应连续进行，如必须间歇，其间歇时间应尽量缩短，并应在前层混凝土凝结之前，将次层混凝土浇筑完毕。间歇的最长时间应按所用水泥品种、气温及混凝土凝结条件确定，一般超过 2h 应按施工缝处理。

9）施工缝应待已浇筑混凝土的抗压强度达到 1.2MPa 以上时，方可继续浇筑混凝土，在浇筑前应将施工缝处混凝土表面凿毛，清除松动石子，用水冲洗干净，提前 24h 将其湿润，浇筑时不得有积水。要先在施工缝上浇筑 5～10cm 厚与混凝土同配比的水泥砂浆，再浇筑混凝土，应注意避免直接靠近缝边下料。机械振捣前，宜向施工缝处逐渐推进，并距离施工缝 80～100cm 处停止振捣，但应加强对施工缝接缝的振捣工作，使其紧密结合。

（4）混凝土的养护。混凝土养护工艺应根据《混凝土结构工程施工质量验收规范》（GB 50204）的有关规定，制订科学的组织和操作方法。常温养护时应在混凝土浇筑完毕后，12h 以内加以覆盖和浇水，浇水次数应能保持混凝土有足够的润湿状态。对采用硅酸盐水泥、普通硅酸盐水泥或矿渣硅酸盐水泥拌制的混凝土，养护不得少于 7 天；对掺用缓凝型外加剂或有抗要求的混凝土，养护不得少于 14 天；当采用其他品种的水泥时，应根据所采用水泥的技术性能确定。

（5）混凝土试块取样、成型及养护方法：制作混凝土试块应从施工现场罐车放出的混凝土中提取，并在取样后立即制作试块。制作试块采用 100mm×100mm×100mm 标准试模，插捣采用人工振捣。拌和物分两层装入试模，每层的装料厚度为 50mm。插捣用钢制捣棒，捣棒长为 600mm，直径 16mm，端部应磨圆，插捣次数为每 $100cm^2$ 至少 12 次。插捣完后，刮除多余的混凝土，并用钢抹子抹平。试块成型后，应覆盖其表面，同条件试块拆模后，应放置在靠近相应结构部位或结构部位的适当位置，并应采用相同的养护方法；标养试块在20℃±5℃条件下静置1～2昼夜，然后拆模。拆模后试块应立即放到标准养护室中进行标养。

（6）混凝土浇筑的同时在施工现场制作试块：每工作班混凝土浇筑量超过100m³，制作1组；不足100m³也需制作1组，同时留置两组同条件试块。

（四）雨季施工措施

（1）组织措施快速进行上部结构施工，保证雨季施工不影响总工期安排。

1）提前做好施工前的准备工作，雨季施工材料、机具提前购置，保证工程使用。

2）提高机械化施工水平，加快基础施工的速度，从而减少基础施工的时间。混凝土浇灌采用泵车和罐车结合的方法，减少搭、拆浇灌混凝土的脚手架的时间和人为倒运混凝土泵管所耽搁的时间，加快混凝土基础浇灌的速度。

3）安排昼夜两班施工，连续作战，合理紧凑安排每一道施工工序。

4）施工队伍各自独立施工，并行作业。

（2）施工方案。

1）钢筋工程。

① 钢筋加工场周围应排水畅通，避免雨水浸泡钢筋，钢筋架空放置，以免粘上泥水。有锈蚀的钢筋除锈后方可使用。

② 对现场在雨季泥泞的特点，要求在绑扎钢筋的现场设清理站，准备抹布、清水、刷子等清理工具，并设草袋子或铁篦子，进入钢筋存放场或钢筋绑轧现场必须清理干净鞋底。

③ 钢筋碰焊接头降温之前禁止被雨水淋湿，应采取保护措施，如先放在棚子里和用石棉布覆盖。

④ 预埋件雨后焊接，必须先用火焊烤干后，方可施焊；电焊机雨前必须做好防雨措施，雨后必须测绝缘电阻。

2）模板工程。模板支撑应牢固，适当夯实地基，避免地基下沉。若模板经雨水浸泡发生变形不得使用。

3）混凝土工程。

① 混凝土浇灌时应预先掌握天气情况，避免混凝土浇筑时下雨影响混凝土质量。

② 浇灌时搭设防雨棚，及时用塑料布进行铺盖，保证施工的混凝土不遭雨淋。

③ 如无法避免时要准备好塑料布、排水泵等，及时苫盖、排水，避免雨水冲刷、浸泡混凝土，造成混凝土表面起砂、漏筋、孔洞等缺陷。

④ 在晴天时将碎石和砂备足，避免在雨天备料，严禁含泥量超标的骨料进入施工现场。

4）脚手架工程。

① 在基土上搭设脚手架，基土应夯实，脚手架根部垫脚手板或木方子，防止脚手架下沉失稳。雨后及时检查脚手架的稳定情况，若有根部下沉现象应及时进行加固，脚手架地基处的积水及时排走，防止雨水浸泡基土。

② 脚手架检查合格，挂牌后使用，并定期检查脚手架稳定情况，发现问题及时整改。

5）其他对于严禁雨淋的建筑材料及建筑安装工程设备及时使用苫布覆盖，并注意天气预报，在雨到来前做好各种防护工作。

二、输煤综合楼上部结构砌筑施工

（一）工程概况

某发电厂厂区土地类别为Ⅳ类场地，地震设防烈度为8度。±0.000m相当于绝对标高4.45m，碎煤机室上部结构为钢筋混凝土框架结构。上部结构砌筑材料为加气混凝土砌块填充墙，外墙厚250mm，内墙厚度为200mm，采用M5砌块专用砂浆砌筑，砌块强度外墙不小于5.0MPa，内墙不小于3.5MPa。

（二）施工方案

（1）结合基础和框架结构施工，分别进行零米以下和上部结构的砌筑工程。

（2）砌筑工程所用砂浆全部采用现场搅拌。

（三）施工工艺流程

输煤综合楼上部结构砌筑施工工艺流程见图17-11。

（四）施工方法及要求

1. 测量放线

根据基础、框架施工时已验收合格的控制轴线，将砌筑墙所需的墙体中心线、墙边线放出。

2. 施工准备

砌筑前提前两天对砌筑材料进行淋水湿润。加气混凝土砌块在砌筑之前要向砌筑面适当洒水，蒸压加气混凝土砌块含水率控制在15%左右。

3. 砂浆搅拌

砌筑砂浆配合比全部采用质量比。砂浆采用机械搅拌，自投料完算起，搅拌时间不得少于3min。在搅拌的过程中应先将水泥和砂子干拌均匀，然后加水进行搅拌，砂浆应随拌随用，水泥砂浆在搅拌后3～4h内必须使用完毕。

蒸压加气混凝土砌块砌筑时，采用专用的砂浆。按照厂家资料要求比例，进行现场搅拌。

4. 砌筑工程

（1）设立皮数杆：在砖砌体转角处、交接处应设置皮数杆，皮数杆上标明砖皮数、灰缝厚度以及竖向构造的变化部位。皮数杆间距不应大于20m。在相对两皮数杆上砖上边线处拉准线。

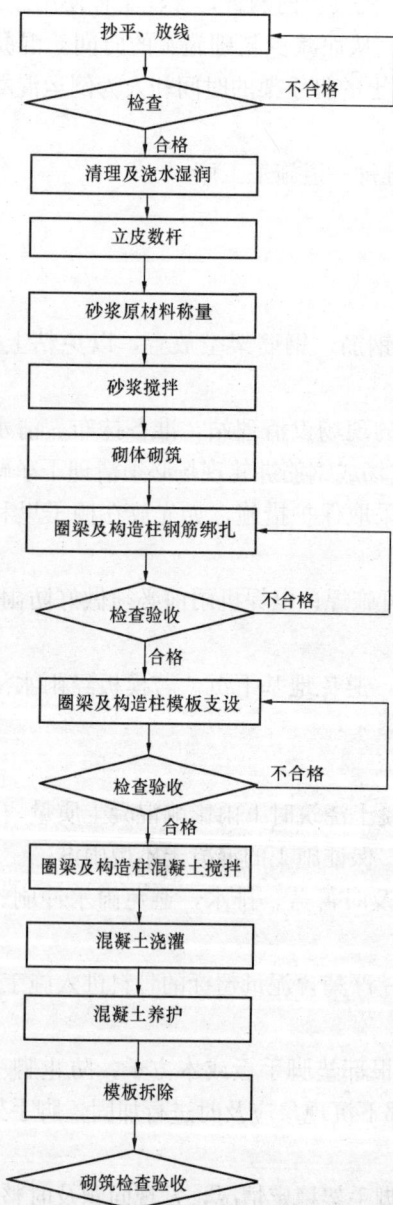

图17-11　输煤综合楼上部结构砌筑施工工艺流程图

（2）砌筑前应先进行试摆，调整好砌筑模数。根据门窗洞口位置线，认真核对窗间墙、垛尺寸。

（3）盘角：砌砖前应先盘角，每次盘角不要超过 5 层，新盘的大角及时进行吊、靠。如有偏差要及时修整。盘角时要仔细对照皮数杆的砖层和标高，控制好灰缝大小，使水平灰缝均匀一致。大角盘好后再复查一次，平整度和垂直度完全符合要求后，再挂线砌墙。

（4）加气混凝土砌块砌筑：

1）砌筑加气混凝土砌块时宜采用专用工具，如铺灰铲、锯、钻、镂、平直架等。

2）加气混凝土砌块墙底部用页岩普通砖砌筑 200mm 高，然后上面再砌混凝土砌块。加气混凝土砌块墙上下皮砌块的竖向灰缝应相互错开，错开长度宜为 300mm，并不小于 150mm。加气混凝土砌块砌至接近梁、板底时，应留一定的空隙待填充墙砌筑完毕，至少间隔 7 天后，再用实心黏土砖补砌挤紧，砖倾斜度为 60°左右，做到砂浆饱满，并掺加微量膨胀剂。

加气混凝土砌块的灰缝应横平竖直，砂浆饱满度不小于 90%，竖向灰缝砂浆的饱满度不应小于 80%。水平灰缝厚度宜为 15mm，竖向砂浆宽度宜为 20mm，大于 30mm 的垂直缝用 C20 细石混凝土灌实。外墙转角处应同时砌筑。内外墙交接处必须留斜槎，留槎长度不应小于墙体高度的 2/3。

3）加气混凝土砌块墙的转角处与构造柱处均应沿墙高 500mm 左右（两层砌块高度），在水平灰缝中放置拉接钢筋，拉接钢筋为 2 根 $\phi6$，拉接钢筋通长设置。构造柱与墙体连接处砌成马牙槎。加气混凝土砌块外墙窗口下一皮砌块的水平灰缝中应设置拉接钢筋，拉接钢筋为 3 根 $\phi6$，钢筋过窗口侧边不小于 500mm。

4）墙长超过层高 2 倍时或当柱距在 9m 及以上时，均应在跨中设置钢筋混凝土构造柱，大门窗洞口两侧也应设构造柱。预留的门、窗、洞口及墙上预留的孔应采用钢筋混凝土框加固。在填充墙砌筑到顶部时，应留一定的空隙，待墙体砌筑完成 7 天后，再用砌体进行斜砌，逐块挤密。

5）加气混凝土砌块墙的转角处，应使纵横墙的砌块相互搭砌，隔皮砌块露端头。在 T 字转角处，应使横墙砌块隔皮露端头，并坐中于纵墙。

6）砌体女儿墙在人流出入口处应与主体结构锚固，女儿墙应设间距不大于 3m 的构造柱及现浇的钢筋混凝土压顶。

（5）构造柱、圈梁。构造柱、圈梁钢筋应在砌筑前绑扎到位并做好隐蔽工程。构造柱浇筑混凝土前必须将砌体留槎部位和模板浇水湿润，将模板内的落地灰和其他杂物清理干净，并在结合面处注入适量与构造柱混凝土相同标号的水泥砂浆，振捣时应避免触碰墙体，严禁通过墙体传震。

在构造柱、圈梁模板封闭前，要沿砌筑墙体边粘贴海绵条，防止在混凝土浇筑过程中漏浆。

（6）试块抽样。砌筑砂浆以同一砂浆强度等级、同一配合比、同种原材料每一楼层或 $250m^3$ 砌体为一个取样单位，每一取样单位留设标准养护试块不得少于 1 组。砂浆试块必须在搅拌机出料口随机取样、制作。一个取样单位试块应在同一盘砂浆中提取制作。

（7）砌筑施工注意事项：

1）设计要求的洞口、管道、沟槽应于砌筑时正确留出或预埋，未经设计同意，不得打凿墙体和在墙体上开凿水平沟槽。宽度超过 300mm 的洞口上部应设置过梁。

2）不得在下列墙体或部位设置脚手眼：

① 120mm 厚墙、料石清水墙和独立柱；

② 过梁上与过梁成 60°角的三角形范围及过梁净跨度 1/2 的高度范围内；

③ 宽度小于 1m 的窗间墙；

④ 砌体门窗洞口两侧 200mm（石砌体为 300mm）和转角处 450mm（石砌体为 600mm）范围内；

⑤ 梁或梁垫下及其左右 500mm 范围内；

⑥ 设计不允许设置脚手眼的部位。

3）施工脚手眼补砌时，灰缝应填满砂浆，不得用砖填塞。

4）加气混凝土砌块运输、装卸要轻装、轻卸，防止碰掉边角，在现场应码放整齐，堆放场地应坚实、平坦、干燥，并力求靠近砌筑现场，以免多次搬运。

5）砌块的切割应使用专用工具。

三、翻车机室上部结构施工

（一）工程概况

某发电厂厂区土地类别为 Ⅳ 类场地，地震设防烈度为 8 度，±0.00m 相当于绝对标高＋4.6m，翻车机室上部结构为钢筋混凝土排架结构，双排柱共 12 根，柱为有牛腿柱，顶标高 14.600m，每排柱通过四道纵梁，柱标高 8.50m 以下截面尺寸为 1000mm×500mm，8.50～12.800m 截面尺寸为 700mm×500mm，12.80～14.60m 截面尺寸为 250mm×500mm，纵梁截面尺寸为 300mm×600mm、250mm×450mm，本工程在正常维护情况下的设计使用年限为 50 年，结构安全等级为二级。

（二）施工方案

（1）模板工程：本次施工采用木模板进行支护。

（2）支撑系统：排架柱、梁加固支撑采用脚手管抱箍和对拉螺栓，外部用普通脚手管顶撑。

（3）混凝土工程：采用现场搅拌站集中搅拌，罐车运输；汽车泵浇筑；用插入式振捣棒振捣；养护采用覆盖塑料布养护保水的措施。

（三）施工工艺流程

翻车机室上部结构施工工艺流程见图 17-12。

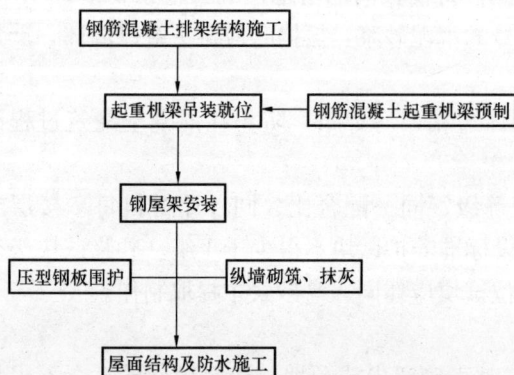

图 17-12 翻车机室上部结构施工工艺流程

（四）施工方法及要求

1. 钢筋工程

（1）钢筋加工。钢筋原材料必须具有出厂合格证，经现场取样复检合格，报监理验收通过后方可使用，施工现场主筋采用套筒直螺纹连接。

（2）钢筋制作。由钢筋工长根据图纸精心放样，并填写"钢筋配料单"；在钢筋加工厂由专业人员严格按照"钢筋配料单"所要求的规格、数量、外形尺寸加工制作成型，并分类堆放、挂标示牌，严格执行领用制度。

(3) 钢筋运输。加工成型的所有钢筋尽可能用自制的拖车运输至施工现场，运到现场后要分类摆放，钢筋下要垫方木，防止钢筋锈蚀。

(4) 钢筋绑扎。

1) 柱子钢筋竖向连接采用直螺纹连接，钢筋绑扎时，箍筋与主筋要垂直，箍筋转角处与主筋交点均要绑扎，箍筋的弯钩叠合处应沿柱子竖筋交错布置，绑扎牢固。

2) 柱子箍筋加密处严格按图纸要求进行加密。柱子钢筋绑扎完成后，在箍筋外皮挂塑料垫块，用以保证柱子的保护层间距。

3) 绑扎梁筋时，先穿梁的下部纵向受力钢筋，将箍筋按画好的间距逐个分开，调整箍筋间距使其符合设计要求，先绑上部筋，再绑下部筋；圈梁主筋提前预留，在浇筑完排架柱后，再搭接绑扎圈梁钢筋。

(5) 钢筋连接。用扳手或管钳将直螺纹连接套与一端钢筋拧到位，再将另一端钢筋与连接套拧到位。连接完成，质检员现场检验，以连接完成后套筒两侧外露螺纹长度是否相等且每侧不超过一个完整丝扣为准。

1) 工程钢筋机械连接接头时，必须由该技术提供单位提交有效的型式检验报告。

2) 钢筋连接工程开始前及施工过程中，应对每批进场钢筋进行接头工艺检验：每种规格钢筋接头试件不少于 3 根；钢筋母材抗拉强度试件不少于 3 根，且取自接头试件的同一根钢筋；3 根接头试件的抗压强度符合规程规定。

3) 同材质、同规格、同等级钢筋接头以 500 个为一个验收批进行检验验收，不足 500 个也作为一个验收批；每一批必须在工程结构中随机截取 3 个接头试件做抗拉强度实验。钢筋连接前必须作工艺试件，试件合格后方可正式施工。

(6) 钢筋的验收。钢筋绑扎完成，必须经有关人员验收合格后方可进行下道工序。钢筋施工进行质量跟踪管理，确保每一个部位的钢筋都有可追溯性。

2. 模板工程

模板工程包括模板和受力支撑系统。

(1) 柱模板安装。柱模板主要采用木模板配置，用 $2\phi48\times3.5\text{mm}$ 短脚手管和 M12 对拉螺栓作柱箍，来固定柱模，柱箍间距 600mm；支模时先在柱边外 500mm 处搭设双排操作架，并与框架梁的模板支撑架相连接形成一体，以利于整体稳定，不发生位移。首先根据柱截面拼出四面模板，校正对角线，用柱箍加固，通过调节支撑上的调节螺栓校正模板的垂直度。柱模板安装前必须按照图纸要求安装预埋件。安装后校正轴线、标高、断面尺寸及垂直度，并将模板内杂物清理干净。

(2) 梁模板安装。首先搭设梁的底模支撑，然后铺设梁底模，其标高及位置应控制准确，梁按规范要求进行起拱，当梁板跨度≥4m 时，起拱高度宜为全长跨度的 1/1000～3/1000；用 $\phi48\times3.5\text{mm}$ 脚手管竖向、横向围檩加固。安装后校正梁中线、标高、断面尺寸，将模板内杂物清理干净。

(3) 模板安装注意事项如下：

1) 按模板翻样图循序拼装，以保证模板系统的整体稳定性。

2) 预埋件必须位置准确，安设牢固。

3) 支柱所设的水平撑与剪刀撑按构造要求和整体稳定性布置。

4）模板缝用海绵胶条粘贴，以防漏浆。

5）模板拆除的顺序和方法遵循先支后拆，先非承重后承重部位以及自上而下的原则，拆模时严禁用大锤和撬棍硬撬。

6）拆下的模板、配件等严禁抛扔，要有人接应传递，按指定地点堆放，并及时清理、维修，以备后用。

7）柱模根部要用水泥砂浆堵严，防止跑浆。

8）预埋件的制作全部在加工厂按设计图纸规格下料制作，表面须进行调平调直，用手提砂轮机磨平毛刺，安装时要求埋件四周用双面胶条与模板拼接牢固，必须保证预埋件表面紧贴模板面，保证拆模后，预埋件与混凝土表面平整。

（4）模板施工。

1）在混凝土浇筑前，将模板内灰土清干净，对于模板所粘灰尘，用棉布擦净，涂刷色拉油做隔离剂。

2）在混凝土浇筑过程中，设专人监督随时擦干净上部被砂浆污染的模板面。

3）对拉螺栓的加工要精度要严格检查，确保基础的外形尺寸。

4）对拉螺栓位置要排列整齐，模板拼缝要规律。

5）混凝土达到规范允许拆模强度后，开始拆模，拆模过程中，必须注意保护模板，做到小心轻放，以防损伤模板的表面，造成浪费。拆下来的模板，必须及时回收到加工厂内，及时清理模板上的杂物，按规格堆放整齐，供重复使用。

3. 混凝土工程

混凝土工程采用搅拌站急冲搅拌，罐车运输，汽车泵车、地泵配合浇灌，机械振捣，人工养护的施工方案。每次浇筑混凝土前与场内其他单位搅拌站联系，为混凝土连续浇筑做后备。

在混凝土施工前必须按设计要求做好混凝土的试配和试验工作，根据现场实际施工需要优化配合比。首先要严把进货材料关，设计对材料有要求的按设计要求进货。无设计要求的按以下材料要求进货：

水泥：采用国营大水泥厂出品的水泥，一般情况下采用普通硅酸盐水泥。水泥进场必须有出厂合格证、出厂日期，还要对其进行复试。

砂：采用干净的中粗河沙；砂中含泥量≤3.0%，含泥块量≤1.0%，有害物质（如云母、轻物质、硫化物、有机物）含量≤1.0%。石子强度不得小于30N/mm²，进场后按批进行抽验。

水：使用现场提供的水源。

外加剂：经实际调查、复试和试配后确定所使用的产品，并分批和定期抽验试验。

（1）混凝土搅拌。

1）所有混凝土均由现场搅拌站采用强制式搅拌机集中供应。在混凝土搅拌工程中要求严格按配合比施工，未经试验人员允许严禁随意改动配合比。要随时检查混凝土的和易性和坍落度，还要做好搅拌记录。

2）混凝土开盘之前，加水空转数分钟，将积水倒净，使拌筒充分湿润。搅拌第一盘时，考虑到筒壁上的砂浆损失，石子用量按配合比定量减半。搅拌的混凝土要做到基本卸尽。在全部混凝土卸出之前不得投入拌和料，严禁采取边出料边进料或用混凝土罐车进行搅拌的方法。

3）雨季施工期间要勤测粗细骨料的含水量，随时调整用水量和粗细骨料的用量，并及时检查水泥的受潮情况。

（2）混凝土运输。混凝土水平运输主要采用混凝土罐车（70m³/h），混凝土垂直运输主要采用混凝土泵车或混凝土地泵。混凝土运输要做到随拌制，随运输，随浇筑，尽量缩短混凝土从出机到浇筑的时间，应在 30min 内运至现场。

（3）混凝土浇筑。

1）混凝土开盘前先对搅拌机、罐车、振捣器、泵车等机具进行检查。浇筑前，必须检查一次浇筑完毕或浇筑至施工缝处的工程材料是否备齐，以免停工待料。浇筑前必须将模板内的积水、木屑、钢丝、铁钉等杂物清理干净，并经监理和甲方验收合格后方可浇筑。

2）混凝土浇筑前根据当时现场的场地情况安排好泵车的停放位置，因为每次浇筑的混凝土量都很大，要求每次安排两辆混凝土汽车泵车浇筑，两台 27m 臂杆泵车布置在能直接用臂杆浇筑的地方，同时还要使混凝土运输车辆通行流畅。

3）在浇筑工序中，控制混凝土的均匀性和密实性。混凝土运至浇筑地点后，立即浇筑入模。在浇筑过程中，如发现混凝土的均匀性和稠度发生较大的变化，应及时处理。

4）浇筑混凝土时，注意防止混凝土的分层离析。混凝土由料斗、漏斗内卸出进行浇筑时，其自由倾落高度不宜超过 1.5m，在竖向结构中浇筑混凝土的高度不得超过 3m，否则采用串筒、斜槽、溜管等下料。

5）浇筑竖向结构混凝土前，底部先填以 50～100mm 厚与混凝土相同标号的水泥砂浆。混凝土的水灰比和坍落度，随浇筑高度的上升酌情递减。

6）浇筑混凝土时设专人看模，经常观察模板、支架、钢筋、预埋件和预留孔洞的情况，当发现有跑模或移位时，立即停止浇筑，并在已浇筑的混凝土凝结前修整完好。

7）浇筑混凝土时一定要振捣密实，严禁出现露筋、气孔、蜂窝等现象，并注意不要将钢筋保护层垫块碰掉和不得随意乱动钢筋，振捣时尽量避免碰撞预埋件、预留孔洞、吊环、埋管等。振捣器操作做到"快插慢拔"。混凝土分层浇筑时，每层混凝土厚度不超过振捣棒长的 1.25 倍，在振捣上一层时，插入下层中 5～10mm，以消除两层之间的接缝，同时在振捣上层混凝土时，要在下层混凝土初凝前进行，振捣棒每 30cm 振一点，每次振捣时间不得小于 20～30s。

8）混凝土输送泵采用臂杆进行灌注，泵送前先用与混凝土配合比相同的水泥砂浆润滑管道，泵车料斗内要有足够的混凝土，防止吸入空气堵管。混凝土养护采用塑料布并湿润麻袋片养护，养护时间不少于 14 天。

4．脚手架工程

在柱内外侧距柱边 500mm 处搭双排脚手架，兼做操作架和柱模板支架；在每个脚手架立杆下垫脚手板。确保立杆位置准确，铺放平稳，不得悬空。施工前对搭设材料进行检查，脚手管有严重锈蚀、弯曲、压扁或裂纹的不得使用，扣件应有出厂合格证明，发现有脆裂、变形、滑丝的不合格扣件禁止使用；脚手架立杆、大横杆的接头应错开。搭设作业必须有专人统一指挥，施工人员必须持证上岗。

脚手架具体搭设顺序为：摆放扫地杆→（即大横杆）→自角部逐根竖立立杆并与扫地杆

扣紧→装扫地小横杆随即与立杆或扫地杆扣紧→安装第一步大横杆并与各立杆扣紧→安装第一步小横杆→安装第二步大横杆→安装第二部小横杆→加临时斜支撑→斜支撑上端与第二步大横杆扣紧→装第三、第四步大横杆和小横杆→接立杆→加剪刀撑。根据规范规定设置斜撑杆。每跨梁下支撑架均布设两处剪刀撑。操作部位应铺不少于2排脚手板，脚手板端应搭接；脚手板之间不得有空隙，不得有探头板。柱拆模板后立即进行成品保护工作，柱角包好后即将外脚手架通过脚手管抱住混凝土柱进行加固。

5. 钢屋架工程

(1) 零件加工。

1) 熟悉施工图，并认真阅读技术要求及设计说明，并逐个核对图纸之间的尺寸和方向等，特别应注意各部件之间的连接点、连接方式和尺寸是否一一对应，发现有疑问之处，应与有关技术部门联系解决。

2) 准备好做样板、样杆的材料，一般可采用薄钢板和油毡。

3) 放样需要的工具有尺、石笔、粉线、划针、划规、铁皮剪等。尺必须经过计量部门的检验复核，合格后方可使用。

4) 号料前必须了解原材料的材质及规格，检查原材料的质量。不同规格、不同材质的零件应分别号料，并依据先大后小的原则依次号料。

5) 样板、样杆上应用油漆写明加工号、构件编号、规格，同时标注上孔直径、工作线、弯曲线等各种加工符号。

6) 放样和号料应预留收缩量（包括现场焊接收缩量）及切割需要的加工余量。切割余量：自动气割割缝宽度为3mm，手工气割割缝宽度为4mm（与钢板厚度有关）。

7) 主要受力构件和需要弯曲的构件，在号料时应按工艺规定的方向取料，弯曲件的外侧不应有样冲点和伤痕缺陷。

8) 根据现场运输条件与屋架的吊装难度，确定以两个半榀制作运输。

9) 钢屋架在加工制作时应预先起拱，跨中最大起拱值为68mm。

10) 号料后允许偏差见表17-7。

表 17-7	号料后允许偏差　　　　　　　　mm
项　目	允许偏差
零件外形尺寸	±1.0
孔距	±1

(2) 切割。下料划线以后的钢材，必须按其所需的形状和尺寸进行下料切割。常用的切割方法有：

机械切割：使用剪切机、锯割机等机械设备（主要用于型材及12mm以下厚度钢板的切割）。

气割：利用氧气—乙炔、丙烷等热源（主要用于中厚钢板及较大断面型钢的切割）。

1) 剪切时应注意以下工艺要点：

① 剪刀口必须锋利，剪刀材料应为碳素工具钢和合金工具钢，若发现损坏或者迟钝，需及时检修、磨砺或调换。

② 上下刀刃的间隙必须根据板厚调节适当。

③ 当一张钢板上排列许多零件并有几条相交的剪切线时，应预先安排好合理的剪切程序后再进行剪切。

④ 剪切时，将剪切线对准下刀口，剪切的长度不能超过下刀刃的长度。

⑤ 对材料剪切后的弯扭变形必须进行矫正；若剪切面粗糙或带有毛刺，必须修磨光洁。

⑥ 剪切过程中，切口附近的金属因受剪力而发生挤压和弯曲，从而引起硬度提高，材料变脆的冷作硬化现象，重要的结构件和焊缝的接口位置必须用刨或砂轮磨削等方法将硬化表面加工清除。

2）锯切机械施工中应注意以下施工要点：

① 型钢应经过校直后方可进行锯切。

② 所选用的设备和锯条规格必须满足构件所要求的加工精度。

③ 单件锯切的构件，先划出号料线，然后对线锯切，号料时，需留出锯槽宽度（锯槽宽度为锯条厚度加 0.5～1.0mm）。成批加工的构件，可预先安装定位挡板进行加工。

④ 加工精度要求较高的重要构件，应考虑预留适当的加工余量，以供锯切后进行断面精铣。

⑤ 锯切时，应注意切割断面垂直度的控制。

3）气割操作时应注意以下工艺要点：

① 气割前必须检查确认整个气割系统的设备和工具全部运转正常，并确保安全。

② 气割前应去除钢材表面的污垢、油污及浮锈和其他杂物，并在气割部位下方留出一定的空间，以利于熔渣的吹出。气割时，割炬的移动应保持匀速，割件表面距离焰心尖端 2～5mm 为宜。

③ 气割时应选择正确的工艺参数（如割嘴型号、气体压力、气割速度和预热火焰能率等），工艺参数的选择主要是根据气割机械的类型和可切割的钢板厚度进行确定。

④ 气割时应调节好氧气射流（风线）的形状，使其达到并保持轮廓清晰、风线长和射力高。

⑤ 气割时必须防止回火。

4）机械切割和气割的允许偏差见表 16-6 和表 16-7。

（3）小装配（小拼）。桁架端部基座、支承板预先拼焊组成部件，经矫正后再拼装到桁架上。部件焊接时为防止变形，宜采用成对背靠背，用夹具夹紧再进行焊接。

（4）总装配（总拼）。

1）将试样放在平台上，按照施工图及工艺要求起拱，并预留焊接收缩量。装配平台应具有一定的刚度，不得发生变形，影响装配精度。

2）按照实样将上弦、下弦、腹杆等定位角钢搭焊在装配台上，桁架梁组合时严禁在跨中 1/3 位置处拼接。

3）把上、下弦垫板及节点连接板放在实样上，对号入座，然后将上、下弦放在连接板上，使其紧靠定位角钢。半片桁架杆件全部摆好后，按照施工图核对无误，即可定位点焊。

4）点焊好的半片桁架翻转 180°，以这半片桁架作模胎复制装配桁架。

5）在半片桁架模胎上放垫板、连接板。中间竖杆应用带孔的定位板用点焊固定，以保证构件尺寸的准确。

6）将上、下弦及腹杆放在连接板及垫板上，用夹具夹紧，进行定位点焊。

7）将模胎上已点焊好的半片桁架翻转180°，即可将另一面上、下弦和腹杆放在连接板和垫板上，使型钢背对齐用夹具夹紧，进行定位点焊，点焊完毕整体桁架总装配即完成，其余各段桁架的装配均按上述顺序重复进行。

（5）桁架焊接。

1）焊工必须有岗位合格证。安排焊工所担任的焊接工作应与焊工的技术水平相适应。

2）焊接前应复查组装质量和焊缝区的处理情况，修整后方能施焊。

3）焊接顺序：先焊上、下弦连接板外侧焊缝，后焊上、下弦连接板内侧焊缝，再焊连接板与腹杆焊缝；最后焊腹杆、上弦、下弦之间的垫板。桁架一面全部焊完后翻转，进行另一面焊接，其焊接顺序相同。

4）支撑连接板、檩条支座角钢的装配。用样杆划出支撑连接板的位置，将支撑连接板对准位置装配并定位点焊。用样杆同样划出角钢位置，并将装配处的焊缝铲平，将檩条支座角钢放在装配位置上并定位点焊。全部装配完毕，即开始焊接檩条支座角钢、支撑连接板。焊完后，应清除熔渣及飞溅物。在工艺规定的焊缝及部位上，打上焊工钢印代号。

（6）成品检验。

1）焊接全部完成后，构件外观表面无明显的凹面和损伤，划痕深度不大于0.5mm。焊疤、飞溅物、毛刺应清理干净，做外观检查并做记录。

2）按照施工图要求和施工规范规定，对成品外形几何尺寸进行检查验收，逐榀桁架做好记录。屋架验收标准及检验方法见表17-8。

表 17-8　　　　　　　　　　　　　　屋架验收标准及检验方法

序号	项　目	允许偏差（mm）	检验方法
1	桁架最外端两个孔或两端	$L \leqslant 24m$，$-7 \sim +3$	用钢尺检查
	支承面最外侧距离	$L > 24m$，$-10 \sim +5$	
2	桁架跨中高度	±10	
3	设计未要求起拱	$-5 \sim +10$	用拉线、钢尺检查
	设计要求起拱	$\pm L/5000$	
4	相邻节间弦杆的弯曲	$L/1000$	
5	固定檩条的连接件间距	±5	
6	支承面到第一个安装孔距	±1	划线后，用钢尺检查
7	节点杆件轴线交点错位	3	

注　L 为桁架长度。

（7）钢结构存放。桁架架构分段制作完毕后，对其整体跨距、标高等尺寸进行复检，合格后选择地面平整的地方堆放，避免支点受力不均，支点应合理，宜立放，以防止由于刚度差而产生下挠或扭曲。

（8）屋架安装。翻车机室钢屋架吊装作业本着从F轴到A轴，屋架、檩条、支撑同步吊装的原则。

屋架吊装之前从喷砂场运到施工现场，在翻车机室南侧进行组合焊接，组合完毕后使用两台 50t 起重机安装。

屋架就位后，立即将屋架与①、②列柱连接的螺栓紧固（双螺母），确保施工安全。而后安装屋面檩条和垂直、水平支撑。确保相邻两榀屋架就位后，立即安装两榀屋架之间的檩条和支撑。

1）屋架组合。屋架分片运至现场组装时，拼装平台应平整。组拼时应保证屋架总长及起拱尺寸的要求。焊接时焊完一面检查合格后，再翻身焊另一面，做好施工记录，经验收后方可吊装。

2）屋架吊装。

① 吊装前安全设施布置。

a. 由于屋架上、下弦部分区域设计有垂直和水平支撑，在屋架吊装前，根据屋架垂直和水平支撑的布置，需要在部分屋架上、下弦布置沿屋架上、下弦通长的安全绳。

b. 屋架吊装前，在每榀屋架两端各设一道缆风绳，用于在地面调节屋架位置。

② 吊点设置。吊点必须设在屋架三汇交节点上。屋架吊点设置按照每榀屋架 4 个吊点，均匀设置。

③ 起重机设置。屋架吊装采用两台 50t 汽车式起重机。屋架吊装半径为 18m，起重机起重量为 3.9t（屋架 2.25t），满足吊装要求。

④ 屋架起吊及就位。

a. 屋架起吊时离地 50cm 时暂停，检查无误后再继续起吊。屋架必须缓慢起吊，防止起吊过程中碰撞厂房钢架、汽轮机基座脚手架等。屋架起吊时应设专人指挥。

b. 安装每榀屋架时，在松开吊钩前初步校正。对准屋架支座中心线或定位轴线就位，调整屋架垂直度，并检查屋架侧向弯曲，将屋架临时固定后脱钩。脱钩后立即将屋架螺栓穿齐，将支座螺栓拧紧，侧向高强度螺栓穿齐后初紧、终紧。

⑤ 垂直支撑与水平支撑安装。垂直支撑与水平支撑在地面进行组合，组合后吊装。支撑就位时，施工人员分别在上、下弦将固定螺栓穿孔，进行临时固定，在确保构件稳固后起重机脱钩。

⑥ 屋面檩条安装。屋面檩条为焊接檩条，直接焊接在屋架上弦上。安装之前必须在屋架上弦上标出檩条位置。此项工作可在屋架吊装之前，在地面上完成。屋架就位后先进行点焊，然后再松钩，防止因为屋架上弦坡度引起檩条滑移失稳。檩条安装就位后，尽快进行焊接作业。

四、输煤栈桥封闭施工

（一）工程概况

某发电厂输煤栈桥封闭墙面及屋面均采用彩色涂层复合保温压型钢板，压型钢板采用现场复合，内板采用 Q900 型板。檩条、套管、拉条材质为 Q235B。

（二）施工方案

输煤栈桥封闭施工遵循从下到上，C2、C3 输煤栈桥从桥面一侧至转运站、C5 输煤栈桥从栈桥桥面一侧至碎煤机室、C6 输煤栈桥从驱动间至主厂房 D 列方向的施工顺序。

（三）施工工艺流程

输煤栈桥封闭施工工艺流程见图 17-13。

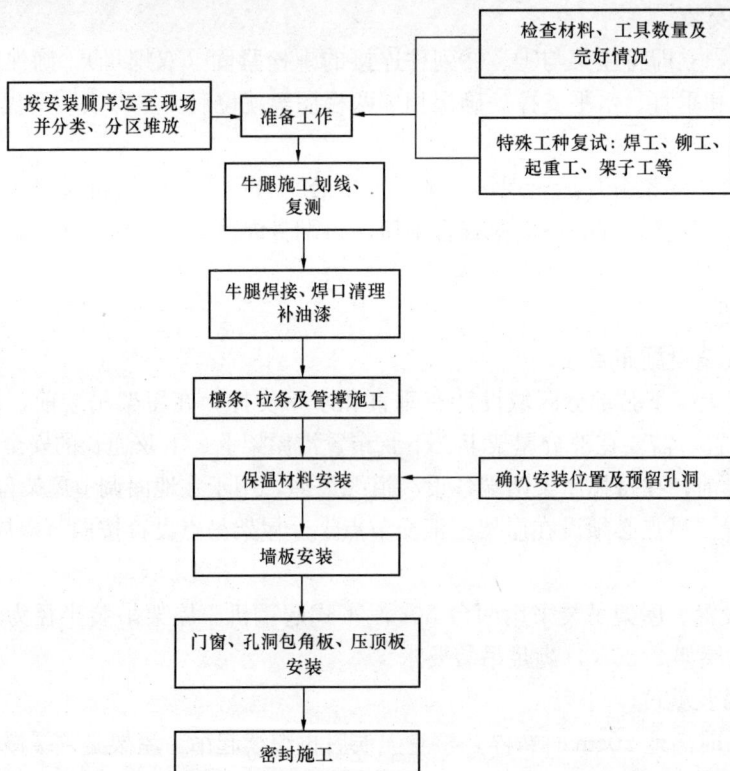

图 17-13　输煤栈桥封闭施工工艺流程图

（四）施工方法及要求

1. 材料堆放和搬运

从叠板堆上取料要轻拿轻放，当两板间吸附力较大，不能向上直接抬起时，要从侧边拖动板材后再抬起，搬抬时须用手托板的底面，严禁过力掀持上板面钢板，以免撕裂板面。

小于 3m 长的板，可 2 人搬运；3～6m 长的板至少 3 人搬运；6m 以上的板不少于 6 人搬运，且板中必须有 2 人。

搬运板过程中避免碰撞，不得随意拖拉。在搬运每叠板的最上面一块板时，首先要清扫干净板面上的灰尘、油污，以保持板面的光洁，不致损坏板的表面和面板的下表面。

摆放各种规格的彩板及配件，场地应当平整、干燥，并备有足够的垫木、垫块，使材料放平、放稳、不变形。堆放时应注意板材、附件及檩条等构件均应分类并按照安装顺序码放，每堆间隔 0.5～1.5m，同一编号要放在一起，不得混乱编号堆在一起，以免安装时因翻找相应材料而损坏板面及附件的形状。每叠高度一般不大于 1m。

每叠板下要放置 1000mm 方木或泡沫塑料等衬垫物，防止板底与地面接触。存放场地应设专人进行管理，并按安装要求和清单进行清点，及时做好资料备份管理。

2. 施工准备

熟悉图纸，做好安装前的技术交底，培训施工人员，掌握施工技术要求和设计意图及各主要节点的连接和注意事项。

施工工具准备：根据施工组织设计和工具要求配备工具，并在施工前做好检验和安全措施。电动吊篮使用之前要经过验收；用于局部切割的手提式砂轮机砂轮片的半径不宜太小，应大于所使用的压型钢板波形高度。

检查现场主体结构的钢桁架是否符合实际要求，各钢桁架的外表面是否在同一平面上。

测设好窗洞口和预留管道洞口的尺寸位置，协调排板线与窗洞口实际位置的关系，做好材料的下料准备。

3. 脚手架、电动吊篮及防坠落措施

钢牛腿和檩条安装需要在钢柱的外侧面搭设脚手架，形式为井字架。具体方案如下：

(1) 从混凝土柱－2m开始，一直到柱顶高度。

(2) 井字架生根在牢固可靠的地面上。

(3) 井字架横杆用1.5m脚手管，竖向脚手管用6m长杆件，并在接头部位错开。

(4) 在全部高度方向，每隔不大于3m高度设置抱箍一道，抱箍固定在柱上。

(5) 横杆和抱箍位置要错开牛腿和C型檩条的施工部位。

(6) 施工人员施工作业时，在各层横杆上铺脚手板两块，两端都要固定在横杆上。

(7) 脚手架施工完成之后要经过验收，挂牌使用。

电动吊篮主要用于墙板安装。使用电动吊篮做操作平台，电动吊篮部件进场后按图纸组装好，各节点部位的连接牢固，尤其注意安全锁、提升机等部件的安装必须牢固，钢丝绳的布置方法正确。吊篮组装完毕在正式使用前，应对吊篮的组装情况进行调试和质量验收，电动提升机运转正常，吊篮上下自如，按要求分别在空载、额定荷载、超载（110％额定荷载）情况下进行负荷试验。在各种荷载情况下，吊篮的闭锁装置均应灵敏可靠，手动葫芦升降运行均应平稳，无异常现象。设专人负责吊篮的操作。

由于所有施工作业均为高空作业，施工人员的防坠落措施必须做到位。

在高空作业时全部配备防护安全带及必要的安全绳索，每天工作前对脚手架、吊篮等高空作业设备机具进行安全检查，对任何可能出现的问题做到早发现早解决，防患于未然。

人员钢爬梯时，采用坠落自锁装置，解决钢爬梯无保护的问题。自锁装置使用时应注意不能装反。人员爬行时，自锁装置始终应在人员的上方。

施工人员必须穿防滑鞋。

安装使用的工具应采用安全保护绳，防止坠落。

4. 牛腿和檩条安装

(1) 牛腿安装。根据现场实际情况，采用滑轮运输到安装部位，施工人员在井字形脚手架上完成安装。

牛腿安装之前，需要先定位。具体方法为从混凝土柱安装时划的0.5m线开始，用钢尺自下而上，在安装部位用记号笔标出。如果井字架影响，可根据翻车机室地上结构施工图纸中各层梁的标高向下或向上推算出安装位置，用记号笔标记。

垂直运输用定滑轮安装在柱顶，运输时用绳索将牛腿绑牢固，垂直吊升用卷扬机或人力，安装部位需要两人在井字架上配合，其中一名为焊工。焊接过程中需要注意牛腿的位置是否和标记线重合，方向是否正确，当确认无误后将牛腿焊牢。

牛腿焊接注意事项：牛腿安装焊接人员必须有焊接证，持证上岗，并且应该在其认可的范围内进行施焊。焊接用的焊条按照图纸要求，焊条应当储存在干燥通风的仓库中，设专人进行保管，焊条在使用前必须按照产品说明书及有关工艺文件要求进行烘干。施焊前焊工应检查焊件部位的组装和表面清理的情况，如果不符合要求，应修整合格后才能进行焊接作业。焊脚尺寸的允许偏差应控制在 1～4mm 之内。焊缝的焊波应均匀，不得有裂纹、未融合、夹渣、焊瘤、咬边、烧穿、弧坑和针状气孔等缺陷，焊接区无飞溅残留物。

焊接作业完成后，应及时对焊接部位进行补漆。

(2) 檩条安装。

1) 现场施工所用檩条型号较多，形状主要有 Z 型和 C 型等，安装前必须核对图纸，防止用错。

2) 檩条吊升方法同牛腿（使用卷扬机或人力），注意每根檩条固定两点，并且不得碰撞脚手架。

3) 檩条施工前需要根据现场实际安装尺寸下料，尤其是门窗洞口以及预留其他孔洞等部位。檩条与牛腿均采用螺栓固定，严格按照图纸要求进行连接紧固。檩条就位后必须将螺栓拧紧，严禁出现漏拧等现象。

4) 檩条就位后，在验收之前应将拉条和管撑按照图纸位置固定。

5. 墙板安装

(1) 准备工作。

1) 在墙板开始安装之前，应对安装完的檩条及下部所砌墙面的平整度与垂直度，外墙门窗洞口尺寸大小及其位置等进行校核，发现问题时及时上报技术人员，偏差较大时必须进行整改。

2) 对于厂家所供板材与图纸不符的情况，与厂家联系确定安装部位；对于异形板材，及时对安装部位进行测量，如与厂家供应的尺寸不符，联系厂家按实际尺寸重新进行加工制作。

(2) 墙板安装。

墙板封闭材料搬运吊装时应尽量将编号相同或长度相同的檩条或墙板一并搬运，檩条和板材按施工顺序分批摆放依次有序搬运吊装。

墙板安装时，严禁同一立面上左右两侧同时安装。自攻螺钉的固定顺序与金属墙板的铺设方向相同。

墙板材料的吊升采用绳索及挂钩捆绑结实，用人力吊到安装部位，随吊随装、随吊随固定。板的安装可从下至上，将第一块板按照起始线在檩条上安装就位，下层安装完一定数量的彩板后安装上面一层彩板。上下板的搭接缝要保持在一条水平线上。依次按顺序安装彩板，在每 6 块板时检查一次板的就位尺寸与标志点之间的误差，以便在下一组排板时调整。安装上层彩板时应注意每块板的水平搭接缝应与下一层板对齐。墙面板的竖向搭接长度应不少于 120mm，采用插接的连接方式。插接部位必须严密，其间隙不得大于 2mm。

在遇到门窗洞口处，必须注意留出的门窗洞口尺寸准确，洞口尺寸比门窗尺寸大 5mm，保证附件包角板与门窗洞口紧密固定。门窗洞口配件要对缝准确，转角均保持垂直度，泛水密封要可靠，并尽量减少附件间的搭接缝隙。墙板的阴阳转角处附件安装要垂直于地面，接口平整。螺钉要拉小线穿直固定，分布均匀，且在同一条垂直水平线上。施工过程中，尤其是门窗、预留洞口、阴阳角等部位，要认真与设计节点进行对照，严格控制施工工艺。

整个施工过程中要做好成品保护工作，安装完的板要及时连接牢固，防止大风掀起而坠落或折断。施工过程中，避免碰撞压型钢板，避免利器工具损伤压型钢板。安装工具和配件要专门保管，不允许乱扔，每天收工时应及时清理当天没用完的配件和工具。

第六节　钢结构桁架施工

一、输煤栈桥钢结构吊装

（一）工程概况

某发电厂 C2 输煤栈桥基础位于 C2 采光间与 T2 转运站之间，C3 输煤栈桥基础位于 C3 采光间与 T3 转运站之间，C5 输煤栈桥位于 C5 采光间与碎煤机室之间，C2、C3、C5 栈桥上部结构桥身为钢结构，栈桥桥面板为钢筋混凝土结构，压型钢板做底模，屋面及侧墙封闭采用彩色钢板。抗震设防烈度为 8 度，设计基本地震加速度为 0.2g，建筑抗震设防类别为乙类，建筑结构安全等级为二级，设计使用年限 50 年，钢桁架采用的型钢及钢板均为 Q235B，符合现行国家标准《碳素结构钢》（GB/T 700）的规定，QZL-1(2)、WZL-1(2) 及 TL 采用 Q235B。

C2 输煤栈桥共分两跨，第一跨即从抗震墙的 2 轴至栈桥柱的 1 轴为 20m，第二跨即从栈桥柱 1 轴至 T2 转运站的 3 轴为 15.8m；C3 输煤栈桥同样也分两跨，第一跨即从抗震墙的 2 轴至栈桥柱的 1 轴为 24m，第二跨即从栈桥柱 1 轴至 T2 转运站的 3 轴为 24.8m。

（二）施工方案

C2、C3、C5 输煤栈桥钢构件最大重量为 27t，现场吊装 C2、C3 输煤栈桥使用机械为两台 50t 汽车式起重机，C5 输煤栈桥使用机械为两台 50t 汽车式起重机和一台 25t 汽车式起重机。

C2、C3、输煤栈桥钢桁架吊装顺序为从栈桥的抗震墙 2 轴至栈桥柱 1 轴依次向西吊装直至 T2、T3 转运站，C5 输煤栈桥钢桁架的吊装顺序为从栈桥抗震墙 2 轴至栈桥 1 轴柱依次向西吊装直至碎煤机室，起重机必须将构件平移至安装位置上方，对准安装位置基准线后方可落钩。

施工过程中，安装作业遵循分跨吊装，即每安装完一跨钢架，就进行找正，合格后对螺栓进行终紧，并将柱头底板与预埋件焊死，进行四级验收，之后再安装下一跨钢桁架，形成稳定的结构体系。为保证安装人员的安全，栈桥安装时，提前在栈桥支架周围搭设脚手架，脚手架围绕混凝土支架锁死，搭设双排，人员上下用脚手架搭设临时爬梯，横杆步距为 300mm。

（三）施工工艺流程

输煤栈桥钢结构吊装施工工艺流程见图 17-14。

（四）施工方法及要求

（1）构件码放。

1）根据施工现场的实际情况，为便于结构构件的安装，C2、C3、C5 输煤栈桥上部钢结构按吊装次序提前运至现场。

2）堆放场地应当平整、干燥、坚实，并备有足够的垫木、垫块，使构件得以放平、放稳。场地应便于排水，用螺栓或铁丝固定在构件上。

（2）横向、纵向轴线控制：在安装作业之前，先要在混凝土基础柱面弹出十字轴线（要求十字线延伸到基础柱头立面，用红油漆做标记）。

（3）人员水平运动。安装人员在水平方向行走时，在脚手架上用木板架设临时步道，沿栈桥外围脚手架四周架设水平防护杆，高 1.5m。

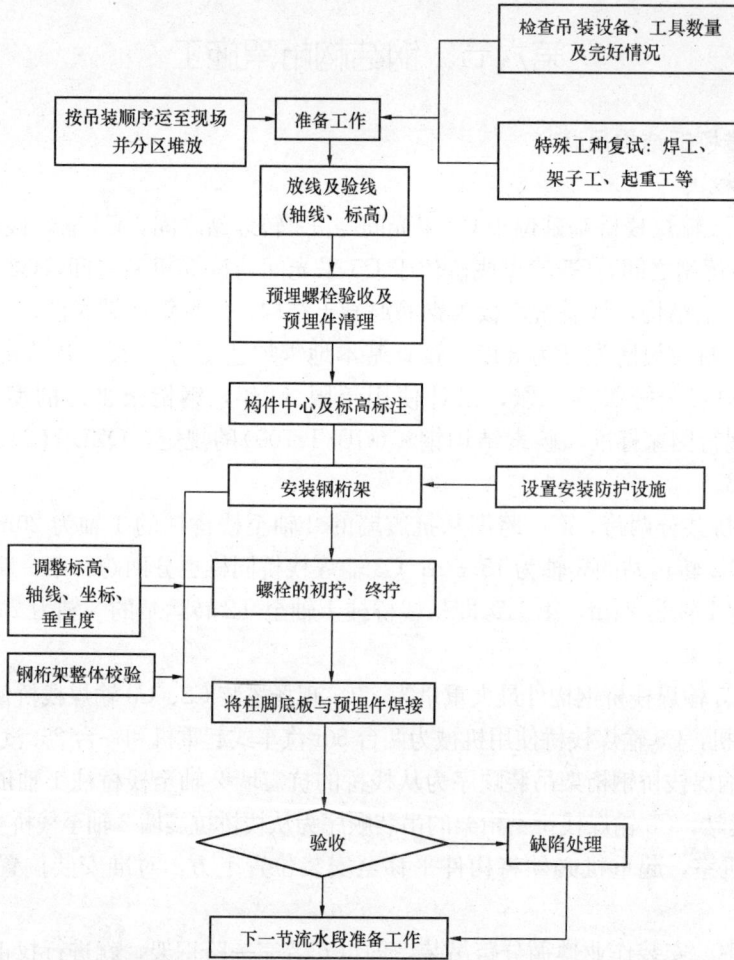

图 17-14　输煤栈桥钢结构吊装施工工艺流程图

（4）防人员坠落设施。人员爬临时钢梯时，采用坠落自锁装置，解决临时爬梯无保护的问题。自锁装置使用时应注意不能装反，人员爬行时，自锁装置始终应在人员的上方。

（5）防物体坠落设施。安装使用的工具，如过冲、扳手、撬棍等应采用安全保护绳，防止坠落。使用的螺栓、螺栓垫片等应放入工具袋。

（6）搭设安全操作平台。为保证施工人员高空作业安全，在每个墩柱周围搭设双排脚手架，上设安全操作平台。

（7）电源布置，通信联系。电源布置随施工进度进行，以保证施工的需要。因栈桥位置较高，施工过程中人员的上下联系采用对讲机，指挥人员同机械操作人员的联系采用对讲机及旗帜、口哨等。吊装作业应特别注意信号明确。

二、输煤栈桥钢结构加固

（一）工程概况

本方案主要是对 C6（二）输煤栈桥 ZJ-1、ZJ-2 的混凝土基础短柱加宽及整体钢柱进行加固，其中 ZJ-1、ZJ-2 在原钢柱侧面重新加工制作 ZJ-1、ZJ-2，新 ZJ-1、ZJ-2 吊装并与原钢柱固定完成后，将原钢柱（ZJ-1）46m 以下拆除，（ZJ-2）39.5m 以下拆除，ZJ-4、ZJ-5 加设斜撑进行加固。所有钢构件吊装前都必须经四级验收合格。

（二）施工工艺流程

基础土方开挖→植筋、地脚螺栓加工→钢筋绑扎→支模板→浇筑混凝土→混凝土养护→回填土→钢结构制作前准备→钢结构制作→单片第 1 段钢结构吊装→搭脚手架→吊装柱子小面支撑→吊装第 2～第 4 段→加固原有柱最上一节→新柱与原有柱焊接→拆除原有柱→拆除施工设施。

（三）施工方法及要求

1. 基础土方开挖

开挖至基础承台顶标高，注意施工中不得碰撞现有柱子。

2. 栈桥下部场地平整、铺垫、设置场地排水措施

（1）脚手架搭设范围场地上不得有淤泥等软弱土，清除掉软弱土后铺设山皮土压实，然后铺设 150mm 石子并压实；脚手架下铺设 20mm 厚钢板。

（2）沿平整场地的四周设置排水沟，使雨水能够及时排除、不积水。

3. 钢筋施工

（1）钢筋加工。钢筋加工程序为：确定用料→除锈（除污迹）→调直→切断→弯曲成型；钢筋加工严格按照钢筋翻样单上要求的规格、数量加工配置，钢筋表面如有油渍、铁锈、泥土应在使用前清理干净。对局部有弯曲的钢筋采用人工调直后，方可使用；钢筋弯曲成型时，应根据钢筋翻样单上尺寸，先划出弯起点位置。先加工一根钢筋，根据放样尺寸调整弯曲的位置和尺寸，调整合适后再成批加工。

（2）钢筋绑扎。绑扎前，先根据施工图中的钢筋间距划好线，然后进行布筋、绑扎。绑扎的钢筋要求横平竖直，规格、数量、位置、间距正确，绑扎不得有缺扣、松扣现象。钢筋绑扣不可均朝一个方向，要成"八"字扣。

4. 模板施工

钢筋经四级验收合格后进行支模。本工程所用模板为钢模板，钢模板加固采用 ϕ12 对拉螺栓，沿模板高度方向每 750mm 一道，沿基础纵向每 600mm 一道，模板外侧用脚手管加固。

模板使用前，必须对模板进行必要的修理，将模板表面用钢丝刷和角磨砂轮磨平、磨光，然后涂刷隔离剂。模板多次周转使用后，表面凹凸不平，模板肋开焊、断裂、弯曲的必须选出，修理后再投入使用。

为了保证浇筑后的混凝土工艺美观、且不漏浆，对拉螺栓与模板交接部位设置带有 ϕ13 孔的圆木垫，以防止混凝土浇筑时由螺栓孔处漏浆。模板安装过程中，在模板拼缝间夹粘海绵条，以防漏浆。

模板卡使用前必须仔细检查其是否完好，不得使用带裂纹及锈蚀严重的模板卡。施工时注意模板卡圆环向下。

5. 混凝土施工

混凝土施工前首先将外露地脚螺栓、螺母用塑料布进行包裹，防止施工时被混凝土污染。基础混凝土施工采用搅拌站集中搅拌，罐车运输，汽车泵浇筑的施工方案。

混凝土浇筑的同时在施工现场制作试块：每工作班混凝土浇筑量超过 100m³，制作 1 组；不足 100m³ 也需制作 1 组，同时留置 1 组同条件试块。

混凝土浇筑时注意事项：振捣混凝土时严禁碰撞地脚螺栓，防止地脚螺栓移位。

6. 钢结构施工

(1) 钢结构加工制作。

1) 钢结构加工前对钢材进行检验，合格后方可加工；采用 507 焊条焊接。

2) 在钢结构组合场分片加工，吊装前，平板车运输到施工现场，钢结构加工前要按照图纸尺寸进行放样，放样经四级验收合格后方可进行钢结构加工。

3) 钢结构要分片、分段制作。

4) 钢柱的尺寸严格按设计图纸及规范要求进行制作。每制作完成一段，钢柱的尺寸及焊缝必须经四级验收合格后方可吊装。二级熔透焊缝要进行探伤实验合格，检验比例为 20%。

(2) 钢结构吊装。在基础达到设计及规范要求的强度后即可开始钢结构吊装，吊装前首先检查确定柱脚定位线、顶标高，然后凿毛、配置垫铁，垫好垫铁后即可开始钢结构吊装。第一、第二段均采用 100t 汽车式起重机吊装，第三段采用卷扬机、滑轮组散件吊装。

注意事项：吊装前做好安全技术交底，吊装过程中严禁碰撞原有钢柱。

①第 1 段第 1 片就位后首先将该片每侧的 2 根（计 4 根）缆风绳拉好，然后通过缆风绳调整柱子垂直度，垂直度采用经纬仪检测并记录，符合要求后固定；然后吊装第 1 段第 2 片，方法相同。缆风绳采用 ϕ17.5 钢丝绳、2t 倒链、5t 以上地锚并埋深 1m 以上；缆风绳与地面夹角以 45°为宜，如条件不允许可适当调整。

②第 1 段第 2 片吊装完成后即开始搭设施工用脚手架至第一节点顶标高（▽ 12m），然后施工两片间▽ 12m 以下连接杆件；再搭设脚手架至▽ 24m，然后施工两片间▽ 24m 以下连接杆件，使柱子施工的第 1 段形成整体。在焊接连接杆件前首先复核柱子垂直度并确认无误后开始焊接。

③依照第 1 段的方法吊装第 2 段。

④第 3 段钢结构采用卷扬机、滑轮组散件吊装，将钢丝绳布置在栈桥桥面上与栈桥新柱相对应的位置作为吊点（见图 17-15）。使用的设备、工具主要有 3t 卷扬机 1 台、2t 滑轮组 2 个、ϕ22 钢丝绳 260m。

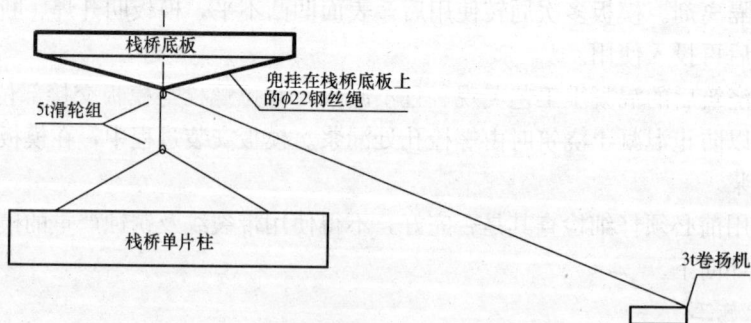

图 17-15　滑轮组及吊点设置示意图

7. 脚手架搭设、拆除

(1) 脚手架搭设。脚手架随搭随与新施工的栈桥柱子连接在一起，以形成对脚手架的加固。

ZJ1 柱脚手架施工顺序为：在第 1 段单片钢结构吊装完成后开始搭设，首先沿柱子四周搭设至▽6m，待▽6m 以下连接杆件全部施工完成后再搭设脚手架至▽12m，然后施工▽12m 以下连接杆件；▽12m 以上各段的施工方法按照执行。

1）脚手架沿栈桥柱子四面搭设，并互相连接形成井字形；脚手架为双排脚手架，立杆横向间距为 1.5m，立杆纵向间距为 1.5m，大、小横杆步距为 1.8m。

2）架体底部扫地杆（脚手架架体必须设置纵、横向扫地杆）和立杆：纵向扫地杆应采用直角扣件固定在距底座上皮不大于 200mm 处的立杆内侧，横向扫地杆也应采用直角扣件固定在紧靠纵向扫地杆下方的立杆上，架体顶层铺设脚手板处小横杆全部采用双管。

3）架体必须搭设纵、横向剪刀撑，并应跟随架体搭设高度同步连续设置。架体外侧立面剪刀撑从转角处连续搭设至顶，剪刀撑按规范要求设置。脚手架上设置兜底安全网，侧面设置护栏。

脚手架平面布置见图 17-16。

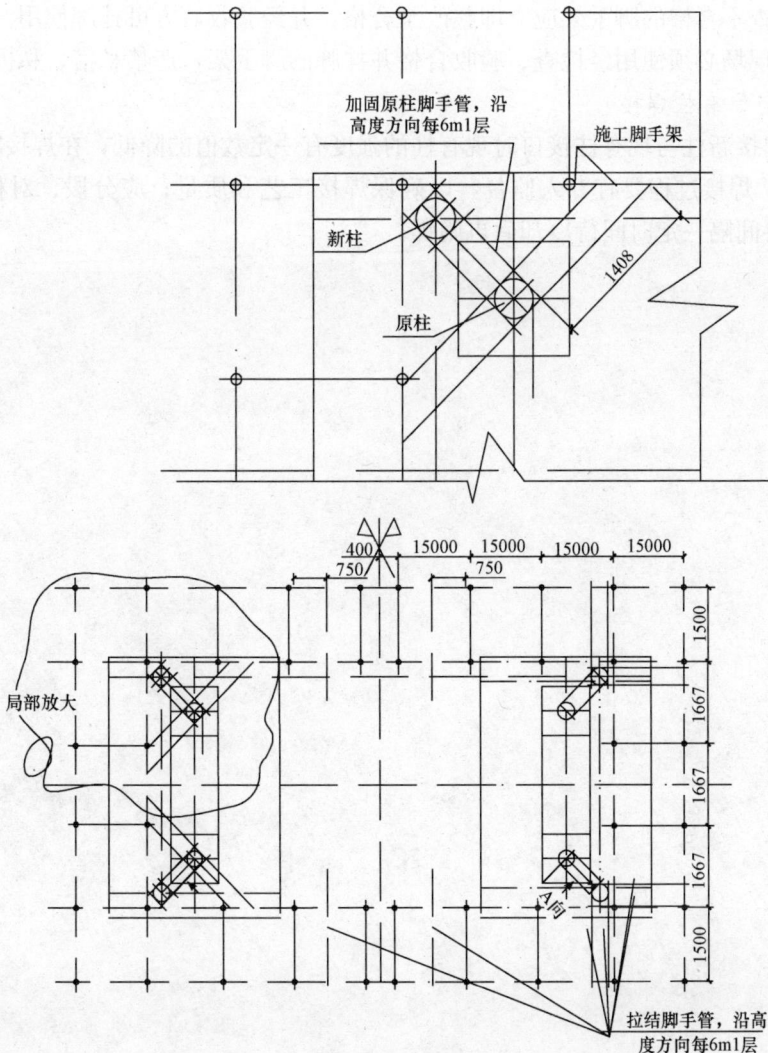

图 17-16　脚手架平面布置示意图（单位：mm）

（2）脚手架拆除。

1）脚手架拆除前，清除脚手架上杂物及地面障碍物；

2）拆除顺序应逐层由上而下进行，严禁上下同时作业；

3）脚手架的拆除程序与搭设程序相反，先搭的后拆，后搭的先拆，自上而下；先拆护身栏杆、脚手板、剪力撑，后拆小横杆、大横杆、立杆，并应拆除一步清一步；

4）连墙杆应随架子逐层拆除，如架子在施工期间变形过大，或连墙点缺少、受力不均时，在拆除前应先进行必要的加固，或补设临时拉结点，以保证拆除过程中脚手架的局部稳定；

5）拆除脚手架时，严禁将钢管、扣件等抛扔，应用麻绳系下或人员传递至地面。

（3）检查验收。

1）由施工现场工程部门负责牵头组织检查验收。

2）经检查合格的脚手架在显著位置挂合格标志牌，标志牌由安监部门统一管理、发放、回收。

3）经检查不合格的脚手架应立即整改至合格，并经验收后方可挂牌使用。

4）施工现场必须使用经检查、验收合格并挂牌的脚手架，严禁私搭、私拆和无牌使用。

8. 新柱与原有柱焊接

因为在焊接新柱与现有柱接口时现有柱的强度有一定数值的降低，在焊接时热影响区不能超过25%。焊接过程要有专人监督，以确保焊接工艺和质量；应分段、对称施焊，每根焊条焊完后要间隔一定时间待冷却后再施焊。

第十八章

输煤系统建筑工程施工措施

第一节　砌筑抹灰工程施工

一、输煤综合楼上部结构砌筑施工

(一) 工程概况

某发电厂输煤综合楼上部结构为钢筋混凝土框架结构。上部结构砌筑材料为页岩普通砖和加气混凝土砌块，采用 M5 砌筑砂浆砌筑。

(二) 施工方案

(1) 结合基础和框架结构施工，分别进行零米以下和上部结构的砌筑工程。

(2) 砌筑工程所用砂浆全部采用现场搅拌。砌筑工程开始前，在输煤综合楼南侧设置 250 型搅拌机一台。

(三) 施工方法及要求

1. 测量放线

根据基础、框架施工时已验收合格的控制轴线，将砌筑墙所需的墙体中心线、墙边线放出。

2. 施工准备

砌筑前提前 2 天对砌筑材料进行淋水湿润。蒸压加气混凝土砌块在砌筑之前要向砌筑面适当洒水，施工时页岩普通砖的含水率宜控制在 10% 左右，蒸压加气混凝土砌块的含水率控制在 15% 左右。冬季施工不淋水，但要适当加大砂浆的稠度。

3. 砂浆搅拌

砌筑砂浆配合比全部采用质量比。砂浆采用机械搅拌，自投料完算起，搅拌时间不得少于 3min。在搅拌的过程中应先将水泥和砂子干拌均匀，然后加水进行搅拌，砂浆应随拌随用，水泥砂浆在搅拌后 3～4h 内必须使用完毕。

蒸压加气混凝土砌块砌筑时，采用专用的砂浆。按照厂家资料要求比例，进行现场搅拌。

4. 砌筑工程

(1) 设立皮数杆：在砖砌体转角、交接处设置皮数杆，皮数杆上标明砖皮数、灰缝厚度以及竖向构造变化部位。皮数杆间距不应大于 20m。

(2) 砌筑前应先进行试摆，调整好砌筑模数。根据门窗洞口位置线，认真核对窗间墙、垛尺寸。

(3) 盘角：砌砖前应先盘角，每次盘角不要超过 5 层，新盘的大角应及时进行吊、靠。如有偏差要及时修整。盘角时要仔细对照皮数杆的砖层和标高，控制好灰缝大小，使水平灰缝均匀一致。大角盘好后再复查一次，平整度和垂直度完全符合要求后，再挂线砌墙。

（4）页岩砖砌砖。

1）砌砖宜采用一铲灰、一块砖、一挤揉的"三一"砌砖法。

2）水平灰缝厚度和竖向灰缝宽度不应小于 8mm，也不应大于 12mm。为保证墙面主缝垂直，不游丁走缝，当砌完一步架高时，宜每隔 2m 水平间距，在丁砖立楞位置弹两道垂直立线，可以分段控制游丁走缝。在操作过程中，要认真进行自检，如出现偏差，应随时纠正，严禁事后砸墙。

3）留槎：外墙转角处应同时砌筑。内外墙不能同时砌筑时，交接处留斜槎，留槎长度不应小于墙体高度的 2/3，槎子必须平直、通顺。墙体与构造柱连接处，从柱角开始，先退后进，每一马牙槎沿高度的尺寸为 300mm，施工中随砌筑随设墙拉筋。240 页岩普通砖墙每 500mm 设 2 根 φ6 钢筋，370 页岩砖墙每 500mm 设 3 根 φ6 钢筋。拉结筋沿墙全长贯通。

4）在基础砌筑完毕后，浇筑混凝土地梁时，要根具建筑图预留构造柱及门樘柱插筋。在 ±0.000m 以下砖墙砌筑完毕后，内外进行抹灰，然后刷环氧煤沥青。

（5）蒸压加气混凝土砌块。

1）砌筑加气混凝土砌块时宜采用专用的工具，如铺灰铲、剧、钻、镂、平直架等。

2）加气混凝土砌块墙底部用页岩普通砖砌筑 200mm 高，然后上面再砌混凝土砌块。加气混凝土砌块墙上下皮砌块的竖向灰缝应相互错开，错开长度宜为 300mm，并不小于 150mm。加气混凝土砌块砌至接近梁、板底时，应留一定的空隙待填充墙砌筑完毕，至少间隔 7 天后，再用实心黏土砖补砌挤紧，砖倾斜度为 60°左右，做到砂浆饱满，并掺加微量膨胀剂。

加气混凝土砌块的灰缝应横平竖直，砂浆饱满度不小于 90%，竖向灰缝砂浆的饱满度不应小于 80%。水平灰缝厚度宜为 15mm，竖向砂浆宽度宜为 20mm，大于 30mm 的垂直缝用 C20 细石混凝土灌实。外墙转角处应同时砌筑。内外墙交接处必须留斜槎，留槎长度不应小于墙体高度的 2/3。

3）加气混凝土砌块墙的转角处及构造柱处均应沿墙高 500mm 左右（两层砌块高度），在水平灰缝中放置拉结筋，拉结筋为 2 根 φ6，通长设置。构造柱与墙体连接处，砌成马牙槎。加气混凝土砌块外墙窗口下一皮砌块的水平灰缝中应设置拉结筋，拉结筋为 3 根 φ6，钢筋过窗口侧边不小于 500mm。

4）蒸压加气混凝土砌块应增设间距不大于 3m 的构造柱。预留的门、窗、洞口及墙上预留的孔应采用钢筋混凝土框加固。在填充墙砌筑到顶部时，应留有一定的空隙，待墙体砌筑完成 7 天后，再用砌体进行斜砌，逐块挤密。

5）加气混凝土砌块墙的转角处，应使纵、横墙的砌块相互搭砌，隔皮砌块露端头。在 T 字转角处，应使横墙砌块隔皮露端头。

（6）构造柱、圈梁。构造柱、圈梁钢筋应在砌筑前绑扎到位并做好隐蔽。构造柱浇筑混凝土前必须将砌体留槎部位和模板浇水湿润，将模板内的落地灰和其他杂物清理干净，并在结合面处注入适量与构造柱混凝土配比相同的水泥砂浆，振捣时应避免触碰墙体，严禁通过墙体传震。

在构造柱、圈梁模板封闭前，要沿砌筑墙体边粘贴海绵条，防止在混凝土浇筑过程中漏浆。

（7）试块抽样。砌筑砂浆，以同一砂浆强度等级、同一配合比、同种原材料每一楼层或 250m³ 砌体为一个取样单位，每一取样单位留设标准养护试块不得少于 1 组。砂浆试块必须在搅拌机出料口随机取样、制作。一个取样单位试块应在同一盘砂浆中提取制作。

二、翻车机室配电除尘间砌筑施工

（一）工程概况

某发电厂配电除尘间±0.000m 相当于绝对标高 4.60m，基础均为独立基础，上部为四层混凝土框架结构。建筑顶标高为 20.70m。翻车机室除尘配电间上部结构砌筑材料为加气混凝土砌块，采用 M5 砌筑砂浆。

（二）施工方案

（1）结合框架结构施工，进行上部结构的砌筑工程。

（2）砌筑工程所用砂浆全部采用现场集中搅拌。砌筑工程开始前，配电除尘间西南侧设置 250 型搅拌机一台。

（三）施工方法及要求

1. 测量放线

根据基础、框架施工时已验收合格的控制轴线，将砌筑墙所需的墙体中心线、墙边线放出。

2. 施工准备

砌筑前提前 2 天对砌筑材料进行淋水湿润。蒸压加气混凝土砌块在砌筑之前要向砌筑面适当洒水，施工时砌块含水率控制在 15% 左右。冬季施工不淋水，但要适当加大砂浆的稠度。

3. 砂浆搅拌

砌筑砂浆配合比全部采用质量比。砂浆采用机械搅拌，自投料完算起，搅拌时间不得少于 3min。在搅拌的过程中应先将水泥和砂子干拌均匀，然后加热水进行搅拌，水温不得超过 80℃。同时加水之前要提前将防冻剂按设计要求的比例溶于水中。砂浆应随拌随用，水泥砂浆在搅拌后 3～4h 内必须使用完毕。砂浆使用的温度不得低于 5℃。

蒸压加气混凝土砌块砌筑时，采用专用的砂浆。按照厂家资料要求比例，进行现场搅拌。

4. 砌筑工程

（1）设立皮数杆：在砖砌体转角、交接处应设置皮数杆，皮数杆上标明砖皮数、灰缝厚度以及竖向构造变化部位。皮数杆间距不应大于 20m。

（2）砌筑前应先进行试摆，调整好砌筑模数。根据门窗洞口位置线，认真核对窗间墙、垛尺寸。

（3）盘角：砌砖前应先盘角，每次盘角不要超过 5 层，新盘的大角应及时进行吊、靠。如有偏差要及时修整。盘角时要仔细对照皮数杆的砖层和标高，控制好灰缝大小，使水平灰缝均匀一致。大角盘好后再复查一次，平整度和垂直度完全符合要求后，再挂线砌墙。

（4）蒸压加气混凝土砌块。

1）砌筑加气混凝土砌块时宜采用专用的工具，如铺灰铲、剧、钻、镂、平直架等。

2）加气混凝土砌块墙底部用页岩普通砖砌筑 200mm 高，然后上面再砌混凝土砌块。

加气混凝土砌块墙上下皮砌块的竖向灰缝应相互错开，错开长度宜为 300mm，并不小于 150mm。加气混凝土砌块砌至接近梁、板底时，应留一定的空隙待填充墙砌筑完毕，至少间隔 7 天后，再用实心黏土砖补砌挤紧，砖倾斜度为 60°左右，做到砂浆饱满，并掺加微量膨胀剂。

加气混凝土砌块的灰缝应横平竖直，砂浆饱满度不小于 90%，竖向灰缝砂浆的饱满度不应小于 80%。水平灰缝厚度宜为 15mm，竖向砂浆宽度宜为 20mm，大于 30mm 的垂直缝用 C20 细石混凝土灌实。外墙转角处应同时砌筑。内外墙交接处必须留斜槎，槎子长度不应小于墙体高度的 2/3。

3）加气混凝土砌块墙的转角处及构造柱处均应沿墙高 500mm 左右（两层砌块高度），在水平灰缝中放置拉结筋，拉结筋为 2 根 $\phi6$，通长设置。构造柱与墙体连接处，砌成马牙槎。加气混凝土砌块外墙窗口下一皮砌块的水平灰缝中应设置拉结筋，拉结筋为 3 根 $\phi6$，钢筋过窗口侧边不小于 500mm。

4）蒸压加气混凝土砌块应增设间距不大于 3m 的构造柱。预留的门、窗、洞口及墙上预留的孔应采用钢筋混凝土框加固。在填充墙砌筑到顶部时，应留有一定的空隙，待墙体砌筑完成 7 天后，再用砌体进行斜砌，逐块挤密。

5）加气混凝土砌块墙的转角处，应使纵、横墙的砌块相互搭砌，隔皮砌块露端头。在 T 字转角处，应使横墙砌块隔皮露端头。

6）将露出墙面的舌头灰刮净，墙面的突出部位剔凿平整。墙面坑凹不平处、砌块缺楞掉角的以及剔凿的设备管线槽、洞，应用胶灰整修密实、平顺。用拖线板检查墙体的垂直偏差及平整度。

（5）构造柱、圈梁。构造柱、圈梁钢筋应在砌筑前绑扎到位并做好隐蔽。构造柱浇筑混凝土前必须将砌体留槎部位和模板浇水湿润，将模板内的落地灰和其他杂物清理干净，并在结合面处注入适量与构造柱混凝土相同配比的水泥砂浆，振捣时应避免触碰墙体，严禁通过墙体传震。

在构造柱、圈梁模板封闭前，要沿砌筑墙体边粘贴海绵条，防止在混凝土浇筑过程中镂浆。

（6）试块抽样。砌筑砂浆，以同一砂浆强度等级、同一配合比、同种原材料每一楼层或 250m³ 砌体为一个取样单位，每一取样单位留设标准养护试块不得少于 1 组。砂浆试块必须在搅拌机出料口随机取样、制作。一个取样单位试块应在同一盘砂浆中提取制作。冬季施工中还应留设不少于 3 组同条件试块，检测 28 天强度。

（四）小工艺模板

（1）对门窗洞口应预埋木转：木砖于门窗口上下四皮砖开始留，中间均匀分布，间距不大于 600mm。木砖应提前做好防腐处理。门窗口木砖预埋时应大头在内，小头在外。木砖数量按洞口高度决定，洞口高在 1.2m 以内，每边放 2 块；高 1.2～2m，每边放 3 块；高 2～3m，每边放 4 块。

（2）加砌混凝土洞口根据门口固定点位置和数量提前在墙内埋入混凝土预埋块。

（3）门口设混凝土柱砖墙应砌成大马牙槎，设置好拉结筋，从柱脚开始两侧都应先退后进，保证混凝土浇筑时上角密实。构造柱内的落地灰、砖渣杂物必须清理干净，防止混凝土内夹渣。

（4）砌筑施工前，应将基础面或楼层结构面按标高找平，依据砌筑图放出第一皮砖的轴线、砌体边线和洞口线。

（5）门窗框两侧用实心砖砌筑，便于埋设木砖和铁件，固定门窗框，并安放混凝土过梁。

三、转运站砌筑施工

（一）工程概况

某发电厂转运站基础均为箱型基础，上部为两层混凝土框架结构。建筑顶标高为16.2m。T2、T3转运站上部结构砌筑材料为加气混凝土砌块、M5砌筑砂浆。

（二）施工方案

（1）结合框架结构施工，进行上部结构的砌筑工程。

（2）砌筑工程所用砂浆全部采用现场集中搅拌。砌筑工程开始前，T3转运站东南侧设置250型搅拌机一台。

（三）施工方法及要求

1. 测量放线

根据基础、框架施工时已验收合格的控制轴线，将砌筑墙所需的墙体中心线、墙边线放出。

2. 施工准备

砌筑前提前2天对砌筑材料进行淋水湿润。蒸压加气混凝土砌块在砌筑之前要向砌筑面适当洒水，施工时砌块含水率控制在15％左右。冬季施工不淋水，但要适当加大砂浆的稠度。

3. 砂浆搅拌

砌筑砂浆配合比全部采用质量比。砂浆采用机械搅拌，自投料完算起，搅拌时间不得少于3min。在搅拌的过程中应先将水泥和砂子干拌均匀，然后加热水进行搅拌，水温不得超过80℃。同时加水之前要提前将防冻剂按设计要求的比例溶于水中。砂浆应随拌随用，水泥砂浆在搅拌后3～4h内必须使用完毕。砂浆使用的温度不得低于5℃。

蒸压加气混凝土砌块砌筑时，采用专用的砂浆。按照厂家资料要求比例，进行现场搅拌。

4. 砌筑工程

（1）设立皮数杆：在砖砌体转角、交接处应设置皮数杆，皮数杆上标明砖皮数、灰缝厚度以及竖向构造变化部位。皮数杆间距不应大于20m。

（2）砌筑前应先进行试摆，调整好砌筑模数。根据门窗洞口位置线，认真核对窗间墙、垛尺寸。

（3）盘角：砌砖前应先盘角，每次盘角不要超过5层，新盘的大角应及时进行吊、靠。如有偏差要及时修整。盘角时要仔细对照皮数杆的砖层和标高，控制好灰缝大小，使水平灰缝均匀一致。大角盘好后再复查一次，平整度和垂直度完全符合要求后，再挂线砌墙。

（4）蒸压加气混凝土砌块。

1）砌筑加气混凝土砌块时宜采用专用的工具，如铺灰铲、剧、钻、镂、平直架等。

2）加气混凝土砌块墙底部用页岩普通砖砌筑200mm高，然后上面再砌混凝土砌块。加气混凝土砌块墙上下皮砌块的竖向灰缝应相互错开，错开长度宜为300mm，并不小于

150mm。加气混凝土砌块砌至接近梁、板底时，应留一定的空隙待填充墙砌筑完毕，至少间隔7天后，再用实心黏土砖补砌挤紧，砖倾斜度为60°左右，做到砂浆饱满，并掺加微量膨胀剂。

加气混凝土砌块的灰缝应横平竖直，砂浆饱满度不小于90%，竖向灰缝砂浆的饱满度不应小于80%。水平灰缝厚度宜为15mm，竖向砂浆宽度宜为20mm，大于30mm的垂直缝用C20细石混凝土灌实。外墙转角处应同时砌筑。内外墙交接处必须留斜槎，槎子长度不应小于墙体高度的2/3。

3）加气混凝土砌块墙的转角处及构造柱处均应沿墙高500mm左右（两层砌块高度），在水平灰缝中放置拉结筋，拉结筋为2根$\phi6$，通长设置。构造柱与墙体连接处，砌成马牙槎。加气混凝土砌块外墙窗口下一皮砌块的水平灰缝中应设置拉结筋，拉结筋为3根$\phi6$，钢筋过窗口侧边不小于500mm。

4）蒸压加气混凝土砌块应增设间距不大于3m的构造柱。预留的门、窗、洞口及墙上预留的孔应采用钢筋混凝土框加固。在填充墙砌筑到顶部时，应留有一定的空隙，待墙体砌筑完成7天后，再用砌体进行斜砌，逐块挤密。

5）加气混凝土砌块墙的转角处，应使纵、横墙的砌块相互搭砌，隔皮砌块露端头。在T字转角处，应使横墙砌块隔皮露端头。

6）将露出墙面的舌头灰刮净，墙面的突出部位剔凿平整。墙面坑凹不平处、砌块缺楞掉角的以及剔凿的设备管线槽、洞，应用胶灰整修密实、平顺。用拖线板检查墙体的垂直偏差及平整度。

（5）构造柱、圈梁。构造柱、圈梁钢筋应在砌筑前绑扎到位并做好隐蔽。构造柱浇筑混凝土前必须将砌体留槎部位和模板浇水湿润，将模板内的落地灰和其他杂物清理干净，并在结合面处注入适量与构造柱混凝土相同配比的水泥砂浆，振捣时应避免触碰墙体，严禁通过墙体传震。

在构造柱、圈梁模板封闭前，要沿砌筑墙体边粘贴海绵条，防止在混凝土浇筑过程中镂浆。

（6）试块抽样。砌筑砂浆，以同一砂浆强度等级、同一配合比、同种原材料每一楼层或250m³砌体为一个取样单位，每一取样单位留设标准养护试块不得少于1组。砂浆试块必须在搅拌机出料口随机取样、制作。一个取样单位试块应在同一盘砂浆中提取制作。冬季施工中还应留设不少于3组同条件试块，检测28天强度。

（四）小工艺模板

（1）对门窗洞口应预埋木砖：木砖于门窗口上下四皮砖开始留，中间均匀分布，间距不大于600mm。木砖应提前做好防腐处理。门窗口木砖预埋时应大头在内，小头在外。木砖数量按洞口高度决定，洞口高在1.2m以内，每边放2块；高1.2~2m，每边放3块；高2~3m，每边放4块。

（2）加砌混凝土洞口根据门口固定点位置和数量提前在墙内埋入混凝土预埋块。

（3）门口设混凝土柱砖墙应砌成大马牙槎，设置好拉结筋，从柱脚开始两侧都应先退后进，保证混凝土浇筑时上角密实。构造柱内的落地灰、砖渣杂物必须清理干净，防止混凝土内夹渣。

（4）砌筑施工前，应将基础面或楼层结构面按标高找平，依据砌筑图放出第一皮砖的轴线、砌体边线和洞口线。

(5) 门窗框两侧用实心砖砌筑,便于埋设木砖和铁件,固定门窗框,并安放混凝土过梁。

第二节 装饰装修工程施工

一、输煤综合楼装饰装修施工

(一) 工程概况

某发电厂输煤综合楼上部结构采用钢筋混凝土框架结构,建筑面积 $1299.88m^2$,输煤综合楼±0.00m 相当于绝对标高+4.45m,室内外高差 300mm,地震设防烈度为 8 度,抗震等级为 2 级。

(二) 施工工艺流程

施工准备→材料报验→门窗安装→内墙装修→顶棚装修→地面、楼面施工→成品保护→验收移交。

(三) 施工方法及要求

1. 测量放线

根据设计单位给定坐标,用全站仪放出输煤综合楼轴线,且经四级验收合格后,方可作为输煤综合楼施工基准线。

2. 门窗安装

(1) 施工条件。

1) 上道工序经质量验收合格,工种之间已经办好交接手续。

2) 按图示尺寸弹好窗中线,并弹好+50cm 水平线,校正门窗洞口位置尺寸及标高是否符合设计图纸要求,如有问题应提前剔凿处理。

3) 检查铝门窗与墙体预留孔洞位置是否吻合,若有问题应提前处理,并将预留孔洞内的杂物清理干净。

4) 门窗到达现场后,应组织业主、监理、工程技术人员对门窗进行验收,验收合格后再进行安装。门窗的拆包检查,将窗框周围的包扎布拆去,按图纸要求核对型号,检查外观质量和表面的平整度,如发现有劈棱、窜角和翘曲不平、严重超标、严重损伤、外观色差大等缺陷时,应找有关人员协商解决,经修整鉴定合格后才可安装。

5) 认真检查铝合金门窗的保护膜是否完整,如有破损,应补粘后再安装。

(2) 施工工艺。

1) 弹线找正:在最高层找出门窗口边线,用大线坠将门窗口边线下引,并在每层门窗口处划线标记,对个别不直的口边应剔凿处理。高层建筑可用经纬仪找垂直线。门窗口的水平位置应以楼层+50cm 水平线为准,往上反,量出窗下皮标高,弹线找直,每层窗下皮(若标高相同)则应在同一水平线上。

2) 墙厚方向的安装位置:根据外墙大样图的宽度,确定门窗在墙厚方向的安装位置;如外墙厚度有偏差时,原则上应以同一房间窗台板外露尺寸一致为准。

3) 安装窗披水:按设计要求将披水条固定在铝合金窗上,应保证安装位置正确、牢固。

4) 就位和临时固定:根据已放好的安装位置线安装,并将其吊正找直,无问题后方可用木楔临时固定。

5）与墙体固定：与混凝土面固定用射钉，与砖墙固定用钢钉。铁脚至窗角的距离不应大于180mm，铁脚间距应小于600mm。

6）处理门窗框与墙体缝隙：门窗固定好后，应及时处理门窗框与墙体缝隙。如设计未规定填塞材料的品种，应采用矿棉或玻璃棉毡条分层填塞缝隙，外表面留5~8mm深槽口填嵌嵌缝膏，严禁用水泥砂浆填塞。在门窗框两侧进行防腐处理后，可填嵌设计指定的保温材料和密封材料。待铝合金窗和窗台板安装后，将窗框四周的缝隙同时填嵌，填嵌时用力不应过大，防止窗框受力后变形。

7）安装五金配件：门窗的五金配件安装工艺要求详见产品说明，要求安装牢固、使用灵活。

3. 内墙装修

内墙做法为：涂料内墙、耐酸涂料和面砖内墙。内外墙涂料、面砖色彩须经设计单位确认后方可大量订货。

4. 踢脚线施工

踢脚线高度均为150mm，踢脚线应突出墙面6~8mm。水泥砂浆踢脚线做法同水泥地面，施工时先用水平仪抄平，弹好墨线，然后做基底处理浇水湿润，施工时要求3遍成活，表面压光，压光不少于3遍且要掌握好时间。质量要求：踢脚线表面平整、高度一致，顶面平齐、厚度一致，表面无裂缝，垂直度小于2mm。抹灰砂浆的配合比和稠度等应经检查合格后，方可使用，掺有水泥拌制的砂浆或混合砂浆，应分别控制在2h和3h内用完。

5. 内墙面施工（耐酸涂料）

20厚1:1:4混合砂浆打底，粉面；腻子批嵌平整；白色耐酸涂料一底二面。

(1) 基层处理：吊直、套方、打点、墙面冲筋（打栏）、抹底灰和中层灰等工序和做法与墙面抹纸筋灰浆时基本相同，但底灰和中层灰用1:2.5水泥砂浆或水泥浆涂抹，并用磨板搓平带毛面，在砂浆凝结之前，表面用扫帚扫毛或用钢抹子每隔一定距离交叉划出斜线。

(2) 抹水泥砂浆面层：中层砂浆抹好后第二天，用1:2.5水泥砂浆或按设计要求的水泥砂浆抹层面，厚度为5~8mm。操作时先将墙面湿润，然后用砂浆薄刮一道使其与中层灰粘牢，紧跟着抹第二遍，达到要求的厚度，用压尺刮平找直，待其"收身"后，用灰匙压实、压光。

(3) 喷刷胶水：刮腻子之前在混凝土墙面上先喷刷一道胶水（质量比为水:乳液＝5:1），注意喷刷要均匀，不得有遗漏。

(4) 填补缝隙、局部刮腻子；用水石膏将墙面缝隙及坑洼不平处分遍找平，并将野腻子收净，待腻子干燥后用1号砂纸磨平，并把浮尘等扫净。

(5) 满刮腻子：根据墙体基层的不同和浆活等级要求的不同，刮腻子的遍数和材料也不同，一般情况为3遍。腻子的配合比为质量比，有两种：一种是适用于室内的腻子，其配合比为聚醋酸乙烯乳液（即白乳胶）:滑石粉或大白粉:2%羧甲基纤维素溶液＝1:5:3.5；另一种是适用于外墙、厨房、厕所、浴室的腻子，其配合比为聚醋酸乙烯乳液:水泥:水＝1:5:1。刮腻子时应横竖刮，并注意接槎和收头时腻子要刮净，每遍腻子干后应用磨砂纸将腻子磨平，磨完后将浮尘清理干净。当面层要涂刷带颜色的浆料时，腻子也要掺入适量与面层颜色相协调的颜料。

（6）喷刷第一遍浆：喷刷浆前应先将门窗口圈用排笔刷好，如喷浆时喷头距墙面宜为20～30cm，移动速度要平稳，使涂层厚度均匀。

（7）复找腻子：第一遍浆干后，对墙面上的麻点、坑洼、刮痕等用腻子重新复找刮平，干后用细砂纸轻磨，并把粉尘扫净，达到表面光滑、平整。

（8）喷刷第二遍浆：方法同上。

（9）喷刷交活浆：待第二遍浆干后，用细砂纸将粉尘、溅沫、喷点等轻轻磨去，并打扫干净，即可喷刷交活浆。交活浆应比第二遍浆的胶量适当增大一点，防止喷刷浆的涂层掉粉，这是必须做到和满足的保证项目。

（10）喷刷内墙涂料和耐擦洗涂料等：其基层处理与喷刷浆相同，面层涂料使用建筑产品时，要注意外观检查，并参照产品使用说明书处理和涂刷即可。

6. 内墙面施工（涂料）

20厚1：1：4混合砂浆打底，粉面；腻子批嵌平整；白色内墙乳胶漆一底二面。

（1）涂料使用前必须将涂料倾倒于较大的容器中充分搅拌，使之均匀。使用过程中仍需不断搅拌，以防涂料厚薄不均匀，填料结块或色泽不一致。

（2）当稠度过大或存放时间较长出现"增稠"现象时，可通过搅拌降低稠度至呈流体状再使用，也可以掺入不超过8％的涂料稀释剂（由主要成膜物质配水而成）稀释。

（3）选用适宜稠度和颗粒状的涂料，并应采用同一批号，一次备足，以免颜色和稠度不一致而影响装饰效果和给施工带来不便。

（4）涂料存放时间不宜过长，一般不超过出厂日期6个月，涂料应密闭封存于阴凉处。

（5）门窗和特殊部位应采取保护措施，防止沾污。

（6）刷涂前，新抹灰水泥砂浆墙面常温龄期不少于10h，墙面含水率应控制在10％～30％。

（7）底漆采用涂料加水调制，均匀刷涂一层，用于封底抗碱。

（8）待第一道涂料干后（至少间隔12h）方可刷第二道，第一道与第二道刷涂方向应相互垂直。

（9）腻子由乳胶、滑石粉或老粉、5％羚甲基纤维素水溶液按7：70：17.5的质量比配制而成。耐酸涂料墙面用801胶板白水泥批2遍，然后刷耐酸涂料。

（10）施工所用的一切机具、用具等必须事先清洗，不得将灰尘、油垢等杂质带入涂料中，施工完毕或间断时，机具、用具应及时洗净，以便后用。

7. 基层处理

首先将突出墙面的混凝土剔平，混凝土墙面应凿毛，并用钢丝刷满刷一遍，再浇水湿润。当基层混凝土表面很光滑时，也可采取以下的"毛化处理"办法，即先将表面尘土、污垢清扫干净，用10％火碱水将板面的油污刷掉，随之用净水将碱液冲净、晾干，然后用1：1水泥细砂浆内掺水重20％的107胶，喷或用笤帚将砂浆甩到墙上，其甩点要均匀，终凝后浇水养护，直到水泥砂浆疙瘩全部粘到混凝土光面上，并有较高的强度（用手搬不动）为止。

（1）吊垂直、套方、找规矩、贴灰饼：若建筑物为高层，应在四大角和门窗口边用经纬仪打垂直线找直；若建筑物为多层，可从顶层开始用特制的大线坠绷铁丝吊垂直，然后根据面砖的规格尺寸分层设点、做灰饼。横线则以楼层为水平基准线交圈控制，竖向线则以四周大角和通天柱或垛子为基准线控制，应全部是整砖。每层打底时则以此灰饼作为基准点进行冲筋，使其底层灰做到横平竖直。同时要注意找好突出檐口、腰线、窗台、雨篷等饰面的流水坡度和滴水线（槽）。

（2）抹底层砂浆：先刷一道掺水重 10％的 107 胶水泥素浆，紧跟着分层分遍抹底层砂浆（常温时采用配合比为 1：3 水泥砂浆），第一遍厚度为 5mm，抹后用木抹子搓平，隔天浇水养护；待第一遍 6～7 成干时，即可抹第二遍，厚度为 8～12mm，随即用木杠刮平、木抹子搓毛，隔天浇水养护；若需要抹第三遍时，其操作方法同第二遍，直到把底层砂浆抹平为止。

（3）弹线分格：待基层灰 6～7 成干时，即可按图纸要求进行分段分格弹线，同时也可进行面层贴标准点的工作，以控制面层出墙尺寸及垂直、平整度。

8. 楼、地面施工

（1）地砖地面。做法：素土夯实；150 厚碎石夯实；200 厚 C25 混凝土垫层，配双层双向 $\phi 12@250$ 钢筋（楼面为：钢筋混凝土现浇板）；刷素水泥浆一道压光；20 厚 1：2.5 水泥砂浆结合层兼按 0.5％坡度向地漏找坡，表面撒水泥粉；铺 600mm×600mm 地砖地面，用干水泥擦缝；完成面比相邻地面低 20mm。

（2）环氧涂料耐磨地面。

1）清扫：在施工之前对基层面进行初步清扫，使工作面完全显露出来。

2）基面状况调查：通过现场检测工具对工作面进行检查，并做好记录。

3）基层附着物的处理：基层往往会留有施工中的水泥尘屑，特别是新施工面有浮浆，这些附着物在涂层施工之前需用电动工具或錾刀等除去，比较彻底的方法是轻度喷砂。基层面黏附的砂浆屑、泥土、水泥翻抹及油污须彻底清除，刷洗后，要求用清水洗干净，并充分干燥。

4）打磨、吸尘：对于旧的平整度不理想的基面，应采用局部打磨与整体打磨相接合的方法进行彻底打磨、吸尘。

5）护面：为了防止施工边缘部分沾污及保持完全直线（或与不涂部分的分界线），应贴护面胶带。这道工序在底涂、中涂及面涂施工之前都要仔细完成。

（3）基面缺陷的处理。

1）起壳：是混凝土和砂浆的结合层附着不牢而剥离的状态，若整个结合面都已剥离，应把砂浆全部清除后重新抹面，如只是一部分剥离，可以用树脂注浆来补修。

2）裂缝：往往是由起壳而发生的，修补时沿着裂缝部分用电动切割机切开 1cm 左右宽度的"U"形槽，用树脂砂浆填补。

3）缺口：是基层面一部分发生凹窝的状态。处理方法是把粉尘等脏物吸扫干净，用树脂胶泥抹平。

（4）底涂层：底涂主料和固化剂按比例配合，用手提电动搅拌机搅拌均匀，把混合好的底涂料倒在干净的基层上，用橡胶刮板或辊筒把底涂料涂抹均匀，充分渗透基层。底涂料一般应养护 12h 以上，确认固化后，可进行下一工序施工。

（5）中间层：是针对基面不平整或有部分缺陷的基层进一步加工的胶泥或砂浆层。要求根据现场实际情况配制，对水磨石基层可只做胶泥层不做砂浆层。中间层应养护 24h 以上，待完全固化后打磨、吸尘。

(6) 面层：主料和固化剂按比例配合，电动搅拌机搅拌均匀，用镘抹方式施工。具体操作：将混合好的环氧自流平地面涂料倒在工作面上，用带锯齿刮板仔细镘刮（有条件的应穿钉鞋进入修补缺陷），再用排泡辊消泡。

(7) 面层的养护：镘抹之后 24h 内任何人不得进入施工现场，等确认硬化状态满足其质量管理要求后，再涂一道养护蜡，保护涂膜表面。干燥后用抛光机打磨抛光（一般由用户使用时进行）。

（四）小工艺模板

1. 滴水线、滴水槽施工工艺

(1) 基本要求。

1) 滴水线、滴水槽抹灰工程所用材料的品种和性能应符合要求，水泥的凝结时间和安定性复验应合格，砂浆的配合比应符合要求。

2) 滴水线、滴水槽应整齐、顺直，滴水线应内高外低，滴水槽的宽度和深度均不应小于 1cm。

(2) 施工工艺。

1) 依据规范、标准要求，对外墙窗楣、雨篷阳台、外窗台、楼梯板底做滴水槽、滴水线（见图 18-1、图 18-2），外墙窗盘、窗楣、雨篷、阳台、檐口、压顶、腰线等上方做流水坡度，下方做滴水线或滴水槽。压顶、檐口、雨篷的流水坡度向里侧；窗盘、窗楣、腰线的流水坡度向外侧（见图 18-3、图 18-4）。

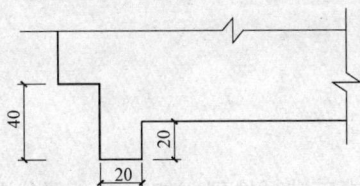

图 18-1 楼梯滴水线（单位：mm）　　图 18-2 滴水槽（单位：mm）

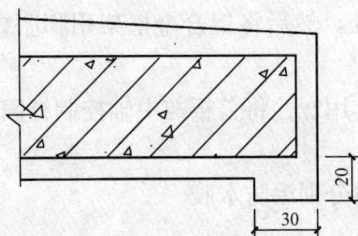

图 18-3 挑檐滴水线（单位：mm）　　图 18-4 雨篷、窗楣滴水线（单位：mm）

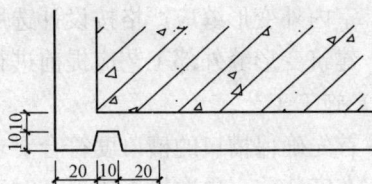

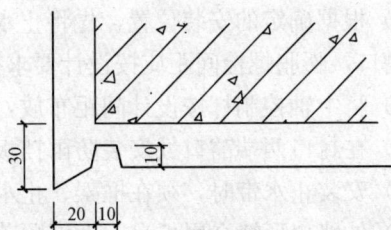

2) 滴水线的做法是：外侧抹灰层稍厚些，里侧抹灰层稍薄些，抹灰层底面呈向外坡角，使雨水从抹灰层的尖角处滴下。

3) 楼梯板底部的滴水线在楼梯踏步没有防水处理时，在其下边缘做滴水线，滴水线沿踏步板、平台底部贯穿，楼梯段下端抹 35mm 宽、7mm 厚的水泥砂浆滴水线，棱角要整齐，不得出现毛茬。做滴水线处理的楼梯板和平台侧面及滴水线刷深色油漆，楼梯段底部与楼梯梁交接处，先抹楼梯梁侧面，再抹楼梯梁底面，并保证其相交在一条直线上。

2. 穿墙套管孔外装饰工艺

（1）基本要求。

1）彩钢装饰板制作必须严格遵守要求，表面应光滑，对接处不得有缝隙。

2）外装饰板连接应牢固，与墙体连接处不得有翘曲现象。

3）墙体粉刷及其他工序施工时须做好成品保护，不得污染装饰板。

（2）施工工艺。

1）穿墙套管部位细部处理应提前进行策划。

2）外装饰材料的材质、颜色、形状等应统一，并根据洞口形状进行策划，以便与周围颜色相协调。

3）总体考虑布置穿墙套管的封堵，对于套管密集的地方宜将封堵盖板做成一个整体，而单一的套管应考虑其大小等是否符合整体布置要求。

4）装饰板与墙面固定：适用于振动及位移小的管道，外装饰材料与墙体交接宽度不宜小于 100mm，管道与装饰板的间隙为 50mm，该间隙应能满足管道的膨胀和振动要求。

5）装饰板与管道固定：适用于振动及位移较大的管道，装饰板的大小应以管道穿墙孔直径和管道最大位移量再加 100mm 为宜。

6）装饰板制成两个半圆体，然后固定牢固。

3. 变形缝施工工艺

（1）基本要求。

1）室内外变形缝应严格按设计选用图集施工。

2）建筑变形缝外部工艺应提前进行策划。

（2）施工工艺。

1）首先确保槽口的槽口度符合要求。

2）在安装前，再次检查槽口，对于未符合要求的槽口进行处理，如有多余部分则凿除，缺少部分进行修补，过深、过宽部分需做处理方可安装。

3）安装时，以变形缝口中心为基点，按照图纸设计，确定变形缝装置的安装位置。

4）根据确定的安装位置，先将止水带铺在变形缝处，然后将铝合金框架用膨胀螺栓固定于槽口，膨胀螺栓间距应按设计要求执行。

5）将中轴控制杆按设计间距布放，盖上中心盖板，用螺栓将盖板与中轴控制杆固定。

6）在封口两端豁口处安装防雨挡板。

7）安装止水带时，须在框架、止水带与混凝土之间分别涂防水胶。

8）外墙变形缝金属板自上而下顺茬搭接。

9）室内变形缝留缝、宽窄应一致，缝隙处用中性硅酮胶封填。

4. 门窗口施工工艺

（1）基本要求。

1）施工使用的加气混凝土砌块产品龄期不得少于 28 天。

2）门窗口高（宽）度允许偏差为 ±5mm。

3）对加气混凝土洞口根据门窗固定点位置和数量，应提前在墙内埋入混凝土预制块。

4）砌体施工前，应将基础面或楼层结构面按照标高找平，依据砌筑图放出第一皮砌块的轴线、砌体边线和洞口线。

5）上、下层窗口必须在一条垂直线上，且保证同层水平。

6）加气混凝土砌块墙门窗框两侧用实心砖砌筑，便于埋设木砖或铁件，固定门窗框，并安装混凝土过梁，每边不少于240mm，设置好拉结筋，应砌成大马牙槎。

7）门窗安装后内外均进行密封胶封闭。

8）门窗装饰护套安装后内外均进行密封胶封闭。

（2）施工工艺。

1）立门窗框前须对成品加以检验，进行校正规方，钉好斜拉条（不得少于2根），无下坎的门窗应加钉水平拉条，以防止在运输和安装中变形。

2）立门窗框前事先准备好撑杆、母楔子、木砖或倒刺钉，并在门窗框上钉好护角条。

3）立门窗框前要看清门窗框在施工图上的位置、标高、型号、规格，门扇开启方向，门窗框是里平、外平或是立在墙中等。

4）立门窗框时要注意拉通线，撑杆下端要固定在木橛子上。

5）立框子时要用线锤找直吊正，并在砖墙砌筑过程中随时检查是否倾斜或移动。

5. 踢脚板施工工艺

（1）基本要求。

1）墙面应平整，确保墙体抹灰垂直度、平整度不超出图纸及规范允许偏差，如超出要求，必须进行处理后再进行镶贴。

2）采用掺有水泥的掺和料踢脚板施工时，严禁采用石灰砂浆打底。

3）板块的铺砌应符合设计要求，当设计无要求时，应尽量避免出现板块小于1/4边长的边角料。

4）踢脚板砖的立缝应与地砖、色带缝队齐，或采用工字缝。

5）水泥踢脚板：踢脚板厚度要求一致，以8mm为宜，高度按设计给定高度。

6）石材踢脚板：踢脚板厚度宜控制在10mm，有条件的情况下与地面交界处做成圆弧角。

7）瓷砖踢脚板：上口厚度保持一致，且不大于8mm。

8）对于有防尘要求或易积灰的场所，其踢脚板上口应为向外的圆角。

（2）施工工艺。

1）镶贴踢脚板前，将墙面进行清理，并浇水湿润。

2）隔天用1∶3水泥砂浆分层打底刮糙，刮糙面与墙面的粉刷面基本一致，待刮糙层硬结后方可镶贴踢脚板。

3）在粘贴前，踢脚板材要进水后阴干。

4）铺设时应在房间墙面两端头阴角处各贴一块板，出墙厚度和高度应符合设计要求，以此砖上楞为标准挂线开始铺贴。砖背面朝上抹黏结砂浆（1∶2水泥砂浆），使砂浆粘满整块砖，及时粘贴在墙上，板上楞要与线平齐，立即拍实，随之将挤出的砂浆刮掉。

5）阳角接口板要割成45°角，镶贴时，应随时检查踢脚板是否平顺、垂直，踢脚板间的接缝应与地面板材对缝。

6）踢脚板表面应清洁，接缝平整、均匀，高度一致，结合牢固，出墙厚度满足规范要求。

7）踢脚板板缝处用专用配套的嵌缝剂勾缝，保证踢脚板整体效果。

6. 屋面排气施工工艺

（1）基本要求。

1）找平层施工同时留置排气通道，排气通道沿屋面坡度方向、屋面纵向、屋脊纵向布置，通道间距为 6m。

2）排气通道宽度为 12～25mm，根据保温层含水率确定。

3）排气通道交叉部位设置排气管。

4）排气通道采用木条进行分格，防水层施工前在排气通道位置加设防水层，附加防水层宽度为 150mm。

5）排气管采用直径为 75mm 的 PVC 管制作，并按照要求打成梅花状的孔眼，透气管按 6m×6m 间距设置，上部安装防水弯头。

（2）施工工艺。

1）屋面保温层、找平层施工时，要按照质量验收规范施工，严禁在雨天、气温低于 5℃ 的天气情况下施工。

2）水泥砂浆找平层采用 1:2.5 水泥砂浆（体积比）拌制，水泥强度不低于 32.5MPa，找平层厚度为 20～30mm。

3）分格条按照找平层厚度配置。

4）附加防水层施工时水泥砂浆找平层应干燥。

5）排气通道屋面保温层不能用砂浆堵塞，确保屋面保温层水气排除通畅。

6）排气管安装应牢固，整齐排列，高度一致。

7）屋面保温层 PVC 透气管穿越刚性防水层及饰面层的部位，要设置高于屋面面层的防水小平台，并且地砖面层与 PVC 管道交界处要设置变形缝（变形缝内应采用建筑油膏填嵌，防止不同材料交界面的变形产生裂痕引起渗漏）。

8）保温层按规定要设置纵、横排气槽，其目的是使保温层中的水分能从排气口外排出。

9）对于上人屋面的排气管需作装饰。

7. 雨水漏斗及雨水管施工工艺

（1）基本要求。

1）雨水管施工所用管材和黏结剂应相配套，并附有产品合格证明和说明书；

2）管材内外表面应光滑、无毛刺、无气泡、无裂纹，管壁薄厚一致、色泽一致、直管段挠度不大于 1%，管件造型应规矩，承口应稍微有锥度，并与插口配套；

3）具备雨水管施工的条件：屋面找平层施工完毕，经检查验收合格，建筑物雨水管处装饰工程已经完成。

（2）施工工艺。

1）工艺流程：加工制作—雨水漏斗及立管安装—闭水（通球）试验。

2）制作加工：根据图纸要求并结合实际情况，按预留口位置测量尺寸，绘制加工草图，根据草图量好管道尺寸，进行断管，断口要平齐，用锉刀或刮刀除掉断口内外毛刺，外棱锉出圆角。黏结前应对承插口试插，一般为承口的 3/4 深度。试插合格后用棉布将承插口需黏结部分的水分、灰尘擦拭干净，如有油污须用丙酮除掉。用毛刷涂抹黏结剂，先涂抹承口，再涂抹插口，随即用力垂直插入，插入时将插口稍做转动，以使黏结剂分布均匀，黏结后立即将溢出的黏结剂擦拭干净；

3）雨水漏斗及雨水管安装：雨水斗安装前应弹出雨水斗的中心线，按设计要求找好标高，并将洞口预留或后剔，洞口尺寸不得过大。雨水漏斗安装时，埋设标高应考虑水落口防水层增加的附加层、柔性密封、保护面层及排水坡度，水落口周围直径500mm范围内坡度不应小于5%，并应用防水涂料或密封材料涂封，其厚度不应小于2mm（见图18-5）。

4）立管在底层和楼层转弯处应设置立管检查口，其安装高度距地面1m，检查口位置和朝向应便于检修。

图 18-5　雨水斗水落口用防水涂料涂封示意图（单位：mm）

5）立管及非埋地管都应设置伸缩节，当层高小于4m时，立管上每层应设伸缩节一个；层高大于或等于4m时，应根据计算确定。悬吊管设置伸缩节应结合支撑情况确定，悬吊横直管上伸缩节之间最大不超过4m，超过4m时，应根据管道设计伸缩量和伸缩节最大允许的伸缩量计算确定。

6）闭水试验：排水管道安装完毕后，按规定要求，必须进行闭水试验，灌水高度视其立管高度，满水15min后，如水面下降，则再灌满延续5min，液面不下降，管道无渗漏为合格。

二、碎煤机室装饰装修施工

（一）工程概况

某发电厂碎煤机室上部结构采用钢筋混凝土框架结构，建筑面积1549.8m^2，碎煤机室±0.00m相当于绝对标高＋4.60m，室内外高差300mm，地震设防烈度为8度，抗震等级为一级。

（二）施工工艺流程

施工准备→材料报验→门窗安装→内墙装修→顶棚装修→地面、楼面施工→成品保护→验收移交。

（三）施工方法及要求

1. 门窗安装

（1）施工条件。

1）按图示尺寸弹好窗中线，并弹好＋50cm水平线，校正门窗洞口位置尺寸及标高是否符合设计图纸要求，如有问题应提前剔凿处理。

2）检查门窗与墙体预留孔洞位置是否吻合，若有问题应提前处理，并将预留孔洞内的杂物清理干净。

3）门窗到达现场后，应组织业主、监理、质量部对门窗进行验收，验收合格后再进行安装。门窗的拆包检查，将窗框周围的包扎布拆去，按图纸要求核对型号，检查外观质量和表面的平整度，如发现有劈棱、窜角和翘曲不平、严重超标、严重损伤、外观色差大等缺陷时，应找物质部协商解决，经修整鉴定合格后才可安装。

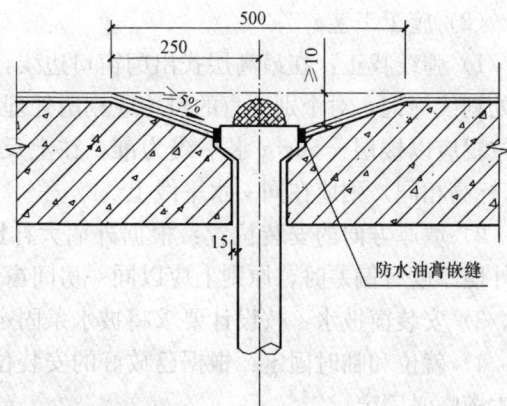

4）认真检查门窗的保护膜是否完整，如有破损，应补粘后再安装。

（2）施工工艺。

1）弹线找正：在最高层找出门窗口边线，用大线坠将门窗口边线下引，并在每层门窗口处划线标记，对个别不直的口边应剔凿处理。高层建筑可用经纬仪找垂直线。门窗口的水平位置应以楼层＋50cm 水平线为准，往上反，量出窗下皮标高，弹线找直，每层窗下皮（若标高相同）则应在同一水平线上。

2）墙厚方向的安装位置：根据外墙大样图的宽度，确定门窗在墙厚方向的安装位置；如外墙厚度有偏差时，原则上应以同一房间窗台板外露尺寸一致为准。

3）安装窗披水：按设计要求将披水条固定在窗上，应保证安装位置正确、牢固。

4）就位和临时固定：根据已放好的安装位置线安装，并将其吊正找直，无问题后方可用木楔临时固定。

5）与墙体固定：与混凝土面固定用射钉，与砖墙固定用钢钉。铁脚至窗角的距离不应大于 180mm，铁脚间距应小于 600mm。

6）处理门窗框与墙体缝隙：门窗固定好后，应及时处理门窗框与墙体缝隙。如设计未规定填塞材料的品种，应采用发泡玻璃胶填塞缝隙，外表面留 5～8mm 深槽口填嵌嵌缝膏，严禁用水泥砂浆填塞。在门窗框两侧进行防腐处理后，可填嵌设计指定的保温材料和密封材料。待塑钢窗和窗台板安装后，将窗框四周的缝隙同时填嵌，填嵌时用力不应过大，防止窗框受力后变形。

7）安装五金配件：门窗的五金配件安装工艺要求详见产品说明，要求安装牢固、使用灵活。

2. 内墙装修

（1）内墙面施工（抹灰）。

1）基层处理。首先将突出墙面的混凝土剔平，混凝土墙面应凿毛，并用钢丝刷满刷一遍，再浇水湿润。如果基层混凝土表面很光滑时，也可采取以下的"毛化处理"办法，即先将表面尘土、污垢清扫干净，用 10％火碱水将板面的油污刷掉，随之用净水将碱液冲净、晾干，然后用 1∶1 水泥细砂浆内掺水重 20％的 107 胶，喷或用笤帚将砂浆甩到墙上，其甩点要均匀，终凝后浇水养护，直到水泥砂浆疙瘩全部粘到混凝土光面上，并有较高的强度（用手掰不动）为止。

2）在不同材料界面处应设置钢丝网后进行抹灰。钢丝网在界面处每边不少于 150mm 宽，应用钢钉或射钉（混凝土柱、梁处）固定牢固。

3）吊垂直、套方、找规矩、贴灰饼，每层打底时则以此灰饼作为基准点进行冲筋，使其底层灰做到横平竖直。

4）抹底层砂浆；先刷一道掺水重 10％的 107 胶水泥素浆，紧跟着分层分遍抹底层砂浆（常温时采用配合比为 1∶3 水泥砂浆），第一遍厚度为 5mm，抹后用木抹子搓平，隔天浇水养护；待第一遍 6～7 成干时，即可抹第二遍，厚度为 8～12mm，随即用木杠刮平、木抹子搓毛，隔天浇水养护；若需要抹第三遍时，其操作方法同第二遍，直到把底层砂浆抹平为止。

（2）内墙面施工（涂料）。

1）刷涂前，新抹灰水泥砂浆墙面常温龄期不少于 10h，墙面含水率应控制在 10％

～30%。

2）喷刷胶水：刮腻子之前在混凝土墙面上先喷刷一道胶水（质量比为水∶乳液＝5∶1），注意喷刷要均匀，不得有遗漏。

3）填补缝隙、局部刮腻子：用水石膏将墙面缝隙及坑洼不平处分遍找平，并将野腻子收净，待腻子干燥后用1号砂纸磨平，并把浮尘等扫净。

4）满刮腻子：根据墙体基层的不同和浆活等级要求的不同，刮腻子的遍数和材料也不同，一般情况为3遍。腻子的配合比为质量比，室内的腻子配合比为：聚醋酸乙烯乳液（即白乳胶）∶滑石粉或大白粉∶2‰羧甲基纤维素溶液＝1∶5∶3.5。刮腻子时应横竖刮，并注意接槎和收头时腻子要刮净，每遍腻子干后应用磨砂纸将腻子磨平，磨完后将浮尘清理干净。当面层要涂刷带颜色的浆料时，腻子也要掺入适量与面层颜色相协调的颜料。

5）刷第一遍浆：刷浆前应先将门窗口圈用排笔刷好，刷浆速度要平稳，使涂层厚度均匀。

6）复找腻子：第一遍浆干后，对墙面上的麻点、坑洼、刮痕等用腻子重新复找刮平，干后用细砂纸轻磨，并把粉尘扫净，达到表面光滑、平整。

7）刷第二遍浆：方法同上。

8）刷交活浆：待第二遍浆干后，用细砂纸将粉尘、溅沫、喷点等轻轻磨去，并打扫干净，即可刷交活浆。交活浆应比第二遍浆的胶量适当增大一点，防止刷浆的涂层掉粉，这是必须做到和满足的保证项目。

9）喷刷内墙涂料和耐擦洗涂料等：其基层处理与喷刷浆相同，面层涂料使用建筑产品时，要注意外观检查，并参照产品使用说明书处理和涂刷即可。

（3）内墙面施工（贴砖）。可根据设计与陶瓷锦砖的品种、规格定出缝子宽度，再加工分格条。但要注意同一墙面不得有一排以上的非整砖，并应将其镶贴在较隐蔽的部位。

1）贴砖：镶贴应自上而下、分段进行。在每一分段或分块内的陶瓷锦砖均为自下向上镶贴。贴砖时底灰要浇水润湿，并在弹好水平线的下口上支一根垫尺，一般3人为一组进行操作。如分格贴完一组，将米厘条放在上口线继续贴第二组。镶贴的高度应根据现场的气温条件而定。

2）揭纸、调缝：贴完陶瓷锦砖的墙面，要一手拿拍板，靠在贴好的墙面上，一手拿锤子对拍板满敲一遍（敲实、敲平），然后将陶瓷锦砖上的纸用刷子刷上水，20～30min后便可开始揭纸。揭开纸后检查缝大小是否均匀，如出现歪斜、不正的缝，应顺序拨正贴实。

3）擦缝：粘贴后48h，先用抹子把近似陶瓷锦砖颜色的擦缝水泥浆摊放在需擦缝的陶瓷锦砖上，然后用刮板将水泥浆往缝里刮满、刮实、刮严，再用麻丝和擦布将表面擦净。遗留在缝里的浮砂可用潮湿干净的软毛刷轻轻带出，如需清洗饰面，应待勾缝材料硬化后进行。起出米厘条的缝要用1∶1水泥砂浆勾严勾平，再用抹布擦净。

3. 外墙装修

（1）外墙面施工（抹灰）。

1）对于混凝土及墙体基层，用10％火碱水将板面的油污刷掉，随即用清水洗净、晾干。然后用1∶1水泥砂浆（内掺界面剂或掺用108胶）甩毛，喷或甩在墙上，其甩点要均匀，毛刺长度不宜大于8mm，终凝后浇水养护，直到毛刺有一定强度为止。基层处理完毕后要适当洒水湿润。

2）吊垂直、套方、找规矩、贴灰饼：按墙上已弹的基准线，分别在门口角、垛、墙面等处吊垂直、套方、抹灰饼，灰饼大小一般为 50mm×50mm，间距不宜小于 1.5m。

3）抹底层砂浆：抹 1：2.5 水泥砂浆，每遍厚 5～7mm，应分层分遍抹平，并刮直找平，用木抹子搓毛。如抹灰层局部厚度大于或等于 35mm，应按设计采用加强网处理，以保证抹灰层与基体黏结牢固。不同材料墙体相交部位的抹灰，应采用加强网进行加强处理。加强网与两侧墙体的搭接宽度不应小于 100mm。

4）弹线、粘分格条、做滴水槽：先按设计弹线分格，粘分格条。

5）修抹墙上的箱、槽、孔洞：当底灰找平后，应用 1：2.5 水泥砂浆把箱、槽、孔洞周边修抹平整、方正、光滑。

6）抹面层砂浆：面层砂浆应采用 1：2.5 水泥砂浆。

7）室外抹灰滴水线：在檐口、窗台、窗楣、雨篷、阳台、压顶和突出墙面的凸线等上方应做出流水坡度，下方应做滴水线。

8）养护：养护时间不宜少于 7 天。

（2）外墙面施工（涂料）。

1）外墙采用溶剂型硅丙树脂外墙涂料。

2）材料拌和：滚涂砂浆的配合比一般为 1：1：0.2，即水泥：砂＝1：1，并掺入水泥重 20％的 107 胶。具体做法是：将砂子过纱绷筛，与水泥按 1：1 体积比配好，干拌均匀，然后用掺水重 20％的 107 胶的水溶液拌和，状态以拉出毛来不流、不坠为宜。拌和好的聚合水泥细砂浆应过振动筛后使用。

3）粘分格条：按原打底留条位置重新粘好分格条。

4）滚涂：滚涂时应掌握底层的干湿度，吸水较快时应适当加水湿润，浇水量以滚涂时不流淌为宜。

5）起条、勾缝：滚涂完即起分格条，当需做阳角时，应在大面积完活后进行。

6）喷有机硅增水剂：500g 有机硅加 4500g 的水拌和均匀，常温下滚涂 24h 后喷有机硅，喷量视其表面湿度而定。

4. 楼、地面施工

地砖地面。

（1）提前做好选砖的工作，拆包后用模具对砖块进行套选，长、宽、厚不得超过±1mm，平整度用直尺检查，不得超过± 0.5mm。

（2）找标高、弹线：根据墙上的＋50cm 水平标高线，往下量测出面层标高，并弹在墙上。

（3）抹找平层砂浆。

1）洒水湿润：在清理好的基层上，用喷壶将地面基层均匀洒水一遍。

2）抹灰饼和标筋。

3）装档，即在标筋间装铺水泥砂浆。

（4）弹铺砖控制线：当找平层砂浆抗压强度达到 1.2MPa 时，开始上人弹砖的控制线。预先根据设计要求和砖块规格尺寸，确定砖块铺砌的缝隙宽度，当设计无规定时，紧密铺贴缝隙宽度不宜大于 1mm，虚缝铺贴缝隙宽度宜为 5～10mm。在房间分中，从纵、横两个方向排尺寸，当尺寸不足整砖倍数时，将非整砖用于边角处，横向平行于门口的第一排应为整砖，将非整砖排在靠墙位置，纵向（垂直门口）应在房间内分中，非整砖对称排放在两墙边处。根据已确定的砖数和缝宽，在地面上弹纵、横控制线（每隔4块砖弹一根控制线）。

（5）铺砖：铺砌时，砖的背面朝上抹黏结砂浆，铺砌到已刷好的水泥浆找平层上，砖上楞略高出水平标高线，找正、找直、找方后，砖上面垫木板，用橡皮锤拍实，顺序从内退着往外铺砌，做到加砖砂浆饱满、相接紧密、坚实，与地漏相接处，用砂轮锯将砖加工成与地漏相吻合。铺地砖时最好一次铺一间，大面积施工时，应采取分段、分部位铺砌。拨缝、修整：铺完2～3行，应随时拉线检查缝格的平直度，如超出规定应立即修整，将缝拨直，并用橡皮锤拍实。此项工作应在结合层凝结之前完成。

（6）勾缝擦缝：面层铺贴应在24h内进行擦缝、勾缝工作，并应采用同品种、同标号、同颜色的水泥。

（7）养护：铺完砖24h后，洒水养护，时间不应少于7天。

5.吊顶施工（轻钢龙骨防火石膏板吊顶）

（1）吊顶施工过程中，土建与电气、小专业等安装设备作业应密切配合，特别是预留孔洞、照明灯具位置等处吊顶的补强应符合设计要求，以保证安全。

（2）根据吊顶的设计标高在四周墙壁上弹线。弹线应清楚、位置准确，其水平允许偏差为±5mm。

（3）主龙骨吊顶间距应按设计推荐值选择，中间部分应起拱，轻钢龙骨起拱高度应不小于房间短向跨度的1/200。主龙骨安装后应及时校正其位置和标高。

（4）吊杆应通直并有足够的承载力，次龙骨（中或小龙骨，下同）应紧贴主龙骨安装。

（5）根据板材布置的需要，应事先准备尺寸合格的横撑龙骨，用连接件将其两端连接在通长次龙骨上。

（6）边龙骨应按设计要求弹线，固定在四周墙上。

（7）全面校正主、次龙骨的位置及水平度。连接件应错位安装，通长次龙骨连接处的对接错位偏差不得超过2mm。

（8）罩面板安装前，应根据构造需要分块弹线。带装饰图案罩面板的布置应符合设计要求，若设计无要求，宜由顶棚中间向两边对称排列安装。墙面与顶棚的接缝应交圈一致。

（四）小工艺模板

此部分施工工艺同输煤综合楼装饰装修施工。

第三节 给排水、采暖工程施工

一、工程概况

某发电厂生活给水接自厂区生活给水管网，地面水力冲洗的给水与除尘器的给水合用同一管网，接自厂区输煤冲洗水管网。建（构）筑物内冲洗地面的煤污水与除尘器的排水流入设于各转运站底层的集水井内，污水池的排水可直接排至所在转运站的集水井内，煤水集水井设置排污泵，含煤废水升压后排至含煤废水处理站。

二、施工方法及要求

1. 给排水工程

（1）安装准备：认真熟悉图纸，对照相关专业图及装修图，核对各管道的标高及是否有交叉，管道排列所用空间是否合理。

（2）预制加工：按设计图纸结合现场的实际情况对管道进行预制加工（断管、套丝等）。

（3）干管安装：室内给水管采用 PPR 或镀锌钢管，具体安装要求参见使用说明。消防水管均为焊接钢管，应采用焊接法兰连接，管道安装完必须做水压试验。

（4）主管安装：每层从上至下统一吊线安装卡件，并结合图纸上设计的管道走向及标高进行安装，外露丝扣和镀锌层破损处刷好防锈漆，立管上的检查口及阀门应朝外，以便于操作和修理，安装后用线坠吊直找正，配合堵好楼板孔洞。

（5）支管安装：将预制好的支管依次逐段安装，阀门应将阀门盖卸下再安装。

（6）管道试压：埋地、暗装的塑料管在隐蔽前做好单项水压试验，等管道系统安装后进行综合水压试验。水压试验时放净空气，充满水后进行加压，进行检查，如各接口和阀门均无渗漏，持续到规定时间，观察其在试验压力下稳压 1h，压力降不超过 0.05MPa，然后在工作压力的 1.5 倍状态下稳压 2h，压力降不超过 0.03MPa，然后把水泄净，进行隐蔽验收。

（7）管道冲洗：管道在试压后，即可进行冲洗、消毒，冲洗应用自来水连续进行，保证足够的流量，冲洗后办理验收手续。

（8）管道防腐及保温：按设计要求，外露管道及埋地管道、管支架均应防腐，具体做法按各分册图纸防腐设计要求施工。

2. 卫生洁具安装（仅指蹲便器安装，其余洁具参照规范施工）

安装步骤为：安装准备→卫生洁具及配件检验→卫生洁具安装→卫生洁具预、稳装→卫生洁具与墙、地缝隙处理→卫生洁具外观检查→通水试验。

卫生洁具在安装前应进行检查、清洗，配件应齐全、配套，卫生洁具应进行预装后再稳装。

将预留排水管口周围清扫干净，将临时管堵取下，同时检查有无杂物，将下水管承口内抹上油灰，蹲便器下铺垫白灰膏，然后将蹲便器排水口插入排水管内稳好，找平找正，固定好。将蹲便器两侧用砖砌好抹光，堵封好蹲便器排水口。

立式小便器安装前应检查给排水预留管口是否在一条垂线上，距离是否一致，符合要求后按照管口找出中心线，将立式小便器稳装找平、找正后用水泥砂浆进行封堵找平。

3. 室内排水系统的安装

排水管道的连接应按设计图纸和规范要求，不可随意更改。

在生活污水管道上，按设计要求留设检查口，暗装主管在检查口处应安检修门。

排水管道的吊钩或卡箍应固定在承重结构上，固定件间距为横管不大于 2m，主管不大于 3m。

（1）室内消防管道及设备安装。认真熟悉图纸，检查各种管道的坐标、标高是否有交叉或排列位置不当；检查预留孔、预埋件是否准确；检查原材料的质保书是否符合设计要求。

（2）管道安装。

1）洒干管用法兰连接每根配管长度不宜超过 6m，连接紧固法兰时，检查法兰端面是否干净，采用 3~5mm 的橡胶垫片。法兰接口应安装在易拆装位置，管道的分支预留口在安装时应先预留好。

2）管道焊接时，应清除接口处的浮锈、污垢及油脂。

3）不同管径的管道焊接，连接时如两管径相差不超过小管径的 15％，可将大管端部缩口与小管对焊；超过小管径的 15％时，应加工异径短管焊接。

4）管道穿墙处不得有接口，管道穿过伸缩缝时应有防冻措施。

（3）消火栓立、支管的安装。

1）管道的分支预留口在吊装前应先预制好，所有预留口均应加好临时管堵。

2）不同管径喷洒管道连接时不宜采用补芯的方法，应采用异径管。

3）消火栓立管安装时，每层楼板要预留孔洞，立管可随结构穿入，以减少立管接口。

4）消火栓支管要以栓阀的坐标、标高定位甩口，核定后再稳固消火栓箱，箱体找正稳固后再把栓阀安装好。箱门应开启灵活。消火栓栓口中心距地面为 1.1m，允许偏差为 ±20mm。

5）消防管道试压：试压可分层分段进行，上水时管节最高点要有排气装置，高低点各装一块压力表，满水后检查管路是否渗漏，如法兰、阀门等部位渗漏，应在加压前紧固，升压后再出现渗漏时做好标记，卸压后处理，必要时泄水处理。冬季试压环境不低于 +5℃，夏季试压最好不直接用外线上水，防止结露。

6）管道冲洗：消防管道在试压完毕后，可连续做冲洗工作，冲洗前先将系统中的流量减压孔板、过滤装置拆除，冲洗水质合格后重新装好。

7）统测试验收：消防系统通水调试应达到消防部门测试规定条件，消防水泵应接通电源并已试运转，测试最不利点的喷洒头和消火栓的压力和流量能满足设计要求。

4. 暖通管道安装

（1）采暖管道设计采用碳素钢管。公称直径小于 50mm 时，采用焊接钢管；公称直径大于或等于 50mm 时，采用无缝钢管。焊接钢管的连接：管径小于或等于 32mm 时应采用螺纹连接，管螺纹的加工应平整，断丝和缺丝不得大于全扣数的 10％，管径大于 32mm 时宜采用焊接，特殊说明时，采用法兰连接。

（2）管道安装时，按设计要求或规定间距安装卡箍，采暖管道应加设吊挂和支撑。水平管道活动支架间距不应大于表 18-1 中的规定值，同时注意水平干管的坡度。

表 18-1　　　　　　　　　　水平管道活动支架间距

公称直径（mm）	15	20	25	32	40	50	65	80	100	125	150	200
保温管道（m）	2.0	2.5	2.5	2.5	3.0	3.0	4.0	4.0	4.5	6.0	7.0	7.0
不保温管道（mm）	2.5	3.0	3.5	4.0	4.5	5.0	6.0	6.0	6.5	7.0	8.0	9.5

（3）在生活污水管道上设置的检查口或清扫口，当设计无要求时应符合下列规定：

1）在立管上应每隔一层设置一个检查口，但在最底层和有卫生器具的最高层必须设置。当为两层建筑时，可仅在底层设置立管检查口；如有乙字弯管时，则在该层乙字弯管的上部设置检查口。检查口中心高度距操作地面一般为 1m，允许偏差 ±20mm；检查口的朝向应便于检修。

2）在连接 2 个及 2 个以上大便器或 3 个及 3 个以上卫生器具的污水横管上应设置清扫口。当污水管在楼板下悬吊敷设时，可将清扫口设在上一层楼地面上，污水管起点的清扫口距离与管道相垂直的墙面不得小于 200mm；若污水管起点设置堵头代替清扫口时，与墙面距离不得小于 400mm。

3）在转角小于 135°的污水横管上，应设置检查口或清扫口。

4）污水横管的直线管段应按设计要求的距离设置检查口或清扫口。

（4）管道安装完，检查标高、预留口位置和管道变径等是否正确，并按规范规定进行水压试验。

（5）系统运行 0.5h 后，开始检查全系统，遇有不热处应先查明原因。需冲洗检修时，则关闭供回水阀门泄水，然后分先后开关供回水阀门放水冲洗。冲洗干净后重新进行调试。

（6）管道应设活动支吊架，可根据现场情况确定。泄水管、自动排气阀必须按图设置。

（7）暖风机安装完后，导流叶片应启闭灵活，并应按设计调整角度。

管道穿过墙身和楼板时应埋设钢制套管，套管内径应比管道外径大 4~6mm。安装在楼板内的钢制套管，其顶部应高出室内地面 20mm（卫生间应高出地面 50mm），底部应与楼板相平。安装在墙内的钢制套管，其两端应与饰面相平，穿过卫生间、浴室等潮湿房间的管道，套管与管道之间应以密封填料填实。

5. 散热器安装

（1）散热器支架、托架安装，位置应准确，埋设要牢靠。

（2）散热器和管道在刷漆之前，必须将表面的铁锈、污物、毛刺等清除。

（3）明装管道、管件、支架，散热器刷红丹防锈漆两道、银粉漆两道。

（4）安装管道、管件，支架刷红丹防锈漆两道。

（5）有腐蚀性气体的房间（如蓄电池室、酸碱库等）明装管道、管件、支架、管道散热器等，散热器刷红丹防锈漆两道、酚醛耐酸漆两道、银粉漆两道。室内采暖管不允许有法兰、扣丝接头和阀门。

（6）散热器表面的防腐及面漆应着色良好，色泽均匀，无脱落、气泡流淌和漏涂缺陷。

（7）系统水压试验应符合《建筑给水排水及采暖工程施工质量验收规范》（GB 50242—2002）的要求。

（8）系统水压试验合格后，应反复冲洗，直至不含泥沙、铁屑等杂质，且水色不浑浊。

（9）阀门安装前应做强度和严密性试验。

6. 成品保护措施

（1）给水排水工程成品保护。

1）安装好的管道不得用以做支撑或放脚手板，不得踏压，其支托卡架不得作为其他用途的受力点。

2）管道在墙面做涂料时，要加以保护，不得污染管道。

3）阀门的手轮在安装时应卸下，交工时统一安装完好。

4）给水、排水的管件阀门及消火栓的运输、安装要避免碰撞损坏。

5）阀门及消火栓安装完后要采取必要的保护措施，以防损坏。

6）卫生洁具的搬运和安装应轻取轻放，防止磕碰。

7）洁具稳装后，为防止配件丢失和损坏，应在竣工前统一安装。

8）安装完的洁具应加以保护，以防损坏。

（2）采暖工程成品保护。

1）安装好的管道不得用做支撑，也不得蹚踩。

2）管道安装好后，应将阀门的手轮卸下保管好，竣工时统一装好。

第四节 煤水调节池施工

一、工程概况

某发电厂煤水调节池±0.000m 相当于绝对标高＋4.550m。采用 CFG 桩作为地基承载，根据煤水调节池地基处理图要求，土方开挖至设计标高以下 200mm，然后回填级配碎石至设计标高。煤水调节池土方开挖采用机械大开挖，基坑排水采用明沟、集水井、潜水泵排水的施工方案。

煤水调节池计划分三个阶段完成：第一阶段完成水池基础底板及池内柱角基础施工，在底板施工时同时将池壁及柱身施工至 750mm 高度处；第二阶段将池壁施工完毕，池内支柱施工至顶板底标高，池壁施工缝留设在顶板下 200～50mm 处；第三次完成调节水池顶板施工。

二、主要施工方案

（1）土方工程：煤水调节池基础为箱形基础，采用机械大开挖。

（2）模板工程：本次施工采用普通钢模板；采用对拉螺栓加固。

（3）支撑系统：基础及板墙、柱加固支撑均采用普通脚手管顶撑。

（4）混凝土工程：采用现场搅拌站集中搅拌，罐车运输，用泵车结合地泵浇筑，用插入式振捣棒振捣；养护方式采用覆盖塑料布养护。

三、施工工艺流程

控制点的设置和复检→放基槽开挖线→土方开挖、（排水）→地基验槽→剔凿桩头→回填级配碎石→碾压夯实→垫层施工→垫层放线及验收→垫层表面处理→底板及柱插筋、池壁插筋绑扎→底板、柱插筋、池壁插筋钢筋验收→底板、柱插筋、池壁插筋模板安装及加固→底板模板验收→底板混凝土浇筑→池壁及柱身钢筋绑扎→池壁及柱身钢筋验收→池壁及柱身模板安装及加固→池壁及柱身混凝土浇筑→池顶板模板安装及加固→顶板模板验收→顶板钢筋安装→顶板钢筋验收→顶板混凝土施工→池壁里外做防腐处理。

四、施工方法及要求

1. 测量放线

依据给定的测量方格网点直接进行基础施工测量工作。

2. 地基工程

（1）基础土方开挖采用挖掘机开挖，并配合人工清槽。基础土方开挖时，基底预留200mm 厚的预留层，预留层采用人工清除，以避免机械开挖时扰动基底土。预留层厚度应根据实际情况调整，但必须保证不扰动基底土。

（2）基坑土方开挖边坡放坡坡度为 1∶1.5；基础施工时四周需要预留 1m 宽的工作面。

（3）土方开挖过程中严格按照设计要求的开挖深度进行操作，严禁超挖，在临近开挖深度时，要求机械操作人员控制好铲斗的入土深度，施工技术人员跟随测量，严格控制标高。人工进行护坡修坡时，要求将坡面修理平整，不得凹凸不平。汽车在装土时，倒车派专人指挥。

煤水调节池土方开挖前，要进行全员技术交底工作，使施工人员在充分了解图纸和设计意图的前提下，进行基础土方开挖工作。

（4）截桩。

1）截桩的施工顺序为：标注出设计标高→剔桩头→回填级配碎石→碾压夯实。

2）截桩桩头的方法及要求：截桩时采用风镐剔凿，人工用铁錾子配合。截桩前，在桩身侧面提前用红油漆标注出设计标高，用风镐剔凿至设计标高约 5cm 以上位置，然后再用人工錾子慢慢将桩头剔到设计标高。剔除后的桩头要求表面混凝土标高符合设计要求，而且没有松动的混凝土。剔除后的碎块随时挖出基坑运到指定地点。

（5）施工排水。施工排水系统由基坑底部的排水明沟、集水井、潜水泵组成。在土方开挖前将基坑上部的排水系统预先形成，保证基坑内的水能够随时排除。

3. 脚手架施工方案

煤水调节池使用普通脚手架，脚手管规格为外径 48mm、壁厚 3.5mm，无裂纹。施工时内侧搭设满堂红脚手架，外侧搭设双排脚手架。脚手架立管纵向间距为 1200mm，横向间距为 1200mm；横管步距为 1500mm，框架梁下脚手管间距加密为 600mm。

（1）脚手架搭设要求及顺序。

1）搭设要求：首先必须对进场的脚手架杆件进行严格的检查，禁止使用质量不合格的杆配件。按脚手架布置图放线、铺脚手板（落底）、设置垫板或标定立杆位置。按定位依次竖起立杆，将立杆与纵、横向扫地杆连接固定，搭设时由两侧向中间对称搭设，并随搭设随校正立杆垂直、水平杆步距。

2）搭设顺序：摆放扫地杆→竖立立杆并与扫地杆扣紧→装扫地小横杆并与立杆和扫地杆扣紧→安装第一步大横杆（满堂红脚手架不分大小）→安装第一步小横杆→安装第二步大横杆→以此类推搭设到要求的高度→加设剪刀撑（随搭设随设置）→安装护栏、铺各层脚手板→设置踢脚板→挂立网。

（2）脚手架搭设安全措施。

1）雨季到来之前应做好防风、防雨、防雷等准备工作。

2）现场电缆接头处必须有防水和防止触电的措施。

3）施工用电设施在大风、暴雨等恶劣天气后，应进行特殊性的检查、维护。

4）雨水过后应对脚手架的根部土质进行检查，并及时修理、加固。

5）雨后施工人员应注意防滑。

6）脚手架搭设中应统一指挥、协调作业。

7）作业时所使用的一切临时设施、工机具要提前检查，确保使用中的安全、可靠。

8）脚手架上作业人员必须正确佩挂安全带，并站稳把牢。在脚手架上传递、放置杆件时，应注意防止失衡闪失。

9）安装较重的杆部件或作业条件较差时，应避免单人单独操作。

10）未设置第一排连墙件前，应加设抛撑，以确保架子的稳定和架上作业人员的安全。

11）剪刀撑及其他整体性拉结杆件应随架子高度的上升及时装设，以确保整架稳定。

12）严格按照施工规范搭设，确保构架的尺寸、杆件的垂直度和水平度、各节点构造和紧固程度符合设计要求。

13）搭设过程中，严禁以抛掷的方式传递工具或其他物品。架上不得集中（超载）堆置杆件材料。

14）禁止使用材质、规格和缺陷不符合要求的杆配件。

15）脚手架搭设并验收合格后，方可挂牌使用。

4. 钢筋工程

（1）钢筋工程施工方案。本工程钢筋接头的连接形式有搭接、直螺纹连接。

钢筋进场时，应按现行国家标准的规定进行检验，每次进场钢筋必须具有原材质量证明书，其质量必须符合有关标准的规定；

原材料复试符合有关规范要求，且见证取样次数不得低于总试验次数的30%。

本工程纵向受力钢筋采用普通钢筋，有抗震设防要求，其纵向受力钢筋的强度应满足设计要求，钢筋的抗拉强度实测值与屈服强度实测值的比值不应小于1.25，且钢筋的屈服强度实测值与强度标准值的比值不应大于1.3。

热轧钢筋进场时，应按批进行检查和验收。每批同一厂别、同一炉罐号、同一牌号、同一交货状态、同一规格，且质量不大于60t的钢筋可作为一批。

钢筋绑扎采用加工场加工制作，运输至现场绑扎成型的施工方案。钢筋由加工场采用自制板车运至现场，再由人工抬入基坑。为保证施工现场的安全文明施工，运料随运随绑，以减少占地面积。

（2）钢筋加工。钢筋采用钢筋场制作，现场进行绑扎成型，现场运料使用拖拉机和长板车，龙门式起重机配合吊运。钢筋场的原材料和成品料码放要整齐，钢筋半成品、成品标示要清晰、明了。做到随进料、随加工、随出料，保证钢筋加工场的文明施工。

钢筋翻样：要根据施工图中的钢筋规格、尺寸、数量，结合施工规范和现场实际情况进行，做到准确无误，翻样时要结合钢筋的长度考虑工程的经济性。

钢筋制作：钢筋进厂要有原材料报告，并经复试合格后方可使用，钢筋表面要洁净、无污染，损伤、老锈的钢筋不得使用；钢筋制作要严格按钢筋翻样单要求加工，钢筋下料要准确无误，保证每一根钢筋的尺寸、规格、直径正确，要确保钢筋弯起角度的准确无误。钢筋制作完后要严格按规格、型号挂小木牌，分堆码放，标志要明显。钢筋制作班组要做好自检记录和钢筋跟踪记录台账，提供基础资料。受力筋钢筋直径大于22mm的均采用直螺纹连接接头，钢筋连接前，先做一组班前试件，经试验合格后再进行大批加工。

接头连接：接头的连接用力矩扳手进行施工。将两个钢筋丝头在套筒中间位置相互顶紧，接头拧紧力矩应符合表16-4的规定。

（3）钢筋绑扎。

1）钢筋绑扎顺序为：绑扎基础底板及柱角钢筋→插池壁钢筋→绑扎池壁及支柱钢筋→顶板钢筋绑扎。

2）绑扎内容。

①绑扎前，先根据施工图的钢筋间距划好线，然后进行布筋、绑扎。

②绑扎的钢筋要求横平竖直，规格、数量、位置、间距正确，绑扎不得有缺扣、松扣现象。钢筋绑扣不可均朝一个方向，要成"八"字扣。

③在绑扎池壁及柱身钢筋前要特别注意绑扎位置，同时做好加固措施防止在施工的过程中，钢筋发生位移。

5. 模板工程

（1）钢筋工程经四级验收合格后，方可进行模板工程施工。

（2）本工程所用模板均采用钢模板。钢模板加固采用 $\phi12$ 对拉螺栓，沿模板高度方向每 600mm 一道，沿池壁纵方向每 600mm 一道，模板外侧用脚手管加固（见图 18-6）。

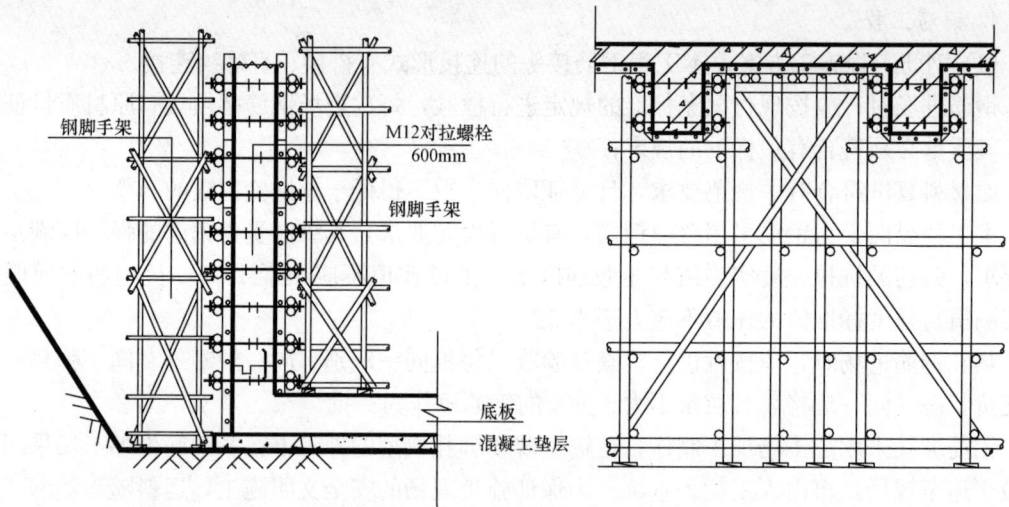

钢脚手架
M12对拉螺栓 600mm
钢脚手架
底板
混凝土垫层

图 18-6　侧壁、顶板模板图

（3）模板使用前，必须对模板进行必要的修理，将模板表面用钢丝刷和角磨砂轮磨平磨光，然后涂刷隔离剂。模板多次周转使用后，若表面凹凸不平，模板肋开焊、断裂、弯曲，则必须选出，修理后再投入使用。

（4）为了保证浇筑后的混凝土工艺美观且不漏浆，在对拉螺栓与模板交接部位设置带有 $\phi13$ 孔的圆木垫，以防止混凝土浇筑时，由螺栓孔处漏浆；在模板安装过程中模板与模板拼缝间夹粘海绵条，以防漏浆；为了保证混凝土的防水质量，在每个对拉螺栓中间焊接 30mm ×30mm 止水环进行防水。

（5）模板卡使用前必须仔细检查其是否完好，不得使用带裂纹及锈蚀严重的模板卡。施工时注意模板卡圆环向下。

6．混凝土工程

（1）基础混凝土施工采用搅拌站集中搅拌，罐车运输，汽车泵浇筑的施工方案。

（2）混凝土的搅拌采用一台 HZS-100 全自动搅拌机搅拌，5 台混凝土罐车运输。现场浇筑混凝土采用一台 37m 混凝土汽车泵泵送。

（3）施工缝：在煤场脱硫废水调节池池壁留设施工缝时，要在施工缝处焊接 300mm 高的止水钢板，其中 150mm 浇筑在混凝土内部，150mm 外露。混凝土浇筑完毕后，要及时洒水养护，同时在下次混凝土浇筑前，要对交头处进行凿毛清理。提前 24h 将浇筑表面湿润，混凝土浇筑时先将表面积水清理干净，然后浇筑 5～10cm 厚与混凝土同配比的水泥砂浆。

（4）由于池壁较高，混凝土入模时易出现骨料与水泥浆分离现象，所以应尽量将泵管伸入模板内将混凝土送至距池底不大于 2m 的高度；大于 2m 时，采用窜筒或溜槽施工。

（5）浇筑混凝土时应会同水、电气、暖通、水工、总图等专业，对所有预埋件、埋管进行复核，确保无遗漏，位置正确再施工。同时在浇筑过程中要经常观察预埋件、预埋管及模板、钢筋，当发现有变形、移位时，应立即停止浇筑，并及时修整完毕。

（6）混凝土浇筑的同时在施工现场制作试块：每工作班混凝土浇筑量超过 100m³，制作

1 组；不足 100m³ 也需制作 1 组，同时留置 1 组同条件试块。

（7）浇筑混凝土时要保证连续进行，如间歇时间（见表 18-2）超过水泥初凝时间应留置施工缝。

表 18-2   混凝土运输、浇筑和间歇的时间   min

混凝土强度等级	气 温（℃）	
	≤25	>25
≤30	210	180
>30	180	150

注   当混凝土中掺有促凝或缓凝剂型外加剂，其允许时间应通过试验确定。

（8）混凝土浇筑完毕后，应将甩出的钢筋加以整理，用木抹子按标高线找平表面混凝土。

（9）混凝土养护。

1）应在浇筑的 12h 以内对混凝土加以覆盖并保湿养护。

2）混凝土浇筑完成后要及时进行养护，养护时间不低于 14 天。

3）采用塑料布覆盖养护的混凝土，其敞露的全部表面覆盖严密，并应保持塑料布内有凝结水，再覆盖棉被保温。

4）混凝土强度达到 1.2N/mm² 前，不得在其上踩踏或安装模板及支架。

5）当日平均气温低于 5℃时，不得浇水；当采用其他品种水泥时，混凝土的养护时间应根据水泥的技术性能确定；混凝土表面不便浇水或使用塑料布时，宜涂刷养护剂。

7. 防腐工程

对水池内壁、顶板底面及底板顶面支柱四周做防腐，刷环氧煤沥青厚浆型涂料两遍，涂层与混凝土黏结力不小于 1.5N/mm²。待池壁进行完隐蔽验收，经监理确认后进行涂刷施工，施工前也要彻底将池壁表面清扫干净。

环氧煤沥青涂料施工时的注意事项：①注意防火，沥青涂料属于易燃物质，施工时基坑内严禁有明火作业；②涂刷时不能污染其他任何材料，要选择晴朗、通风的天气施工。

第十九章

海水取水及海水淡化工程
施工组织设计及措施

第一节 取水工程施工组织设计

一、工程概况

其发电厂建设 2×1000MW 超超临界燃煤机组，并同步建设日产 20 万 t 淡水的海水淡化工程。取水工程主要为电厂的冷却水系统提供冷却海水，同时提供淡化海水及制盐海水，其平面布置见图 19-1。

本工程包括以下施工内容：

（1）取水工程一级沉淀池东、南防护堤，一级沉淀池进水闸闸室，一级进水闸上游连接段，一级进水闸下游消力池，一级进水闸配电间，一级进水闸电气、自动化系统的安装。

（2）取水工程二级沉淀池东、南防护堤，二级沉淀池进水闸闸室，二级进水闸上游连接段，二级进水闸下游消力池，二级进水闸配电间，二级进水闸电气、自动化系统的安装。

（3）取水工程补充水泵站陆域构筑物及地基处理等工程。

（4）卸货平台及后方临时道路。

其中防护堤工程的结构安全等级为一级，结构形式为斜坡堤，堤心为大型充填袋（或局部抛石），护面为栅栏板，软基处理方法为打设排水板。

二、施工总平面布置

（一）施工总平面布置原则

根据总体计划，符合有利生产、方便生活、降低成本和节约用地的原则，力求合理、适用、紧凑、经济。

（二）预制场地布置

因取水工程Ⅰ、Ⅱ标段都由同一项目部施工，利用已建的预制场及拌和站可以满足栅栏板预制及混凝土供应的要求。

预制场拟布置在厂区次干道以西二期预留空地上，其建筑基本形式根据当地环境、气候自然条件和工期等综合考虑，实现定型化、标准化。本项目共计拌和混凝土约 15 万 m³。大方量混凝土为预制栅栏板、流道块及板桩的预制，高峰时日均浇筑混凝土 400m³（其中Ⅱ标段 200 m³），计划布置卧轴、强制式 HZS80 型拌和机 2 台，现场储存材料满足 5 天要求，100t 水泥储存罐 8 个。称量系统采用微机控制，自动计量，确保组成混凝土的各种原材料、外加剂、掺和料计量正确。

混凝土水平运输采用罐车运输，栅栏板水平运输及出运采用 10t 龙门式起重机与 20t 拖

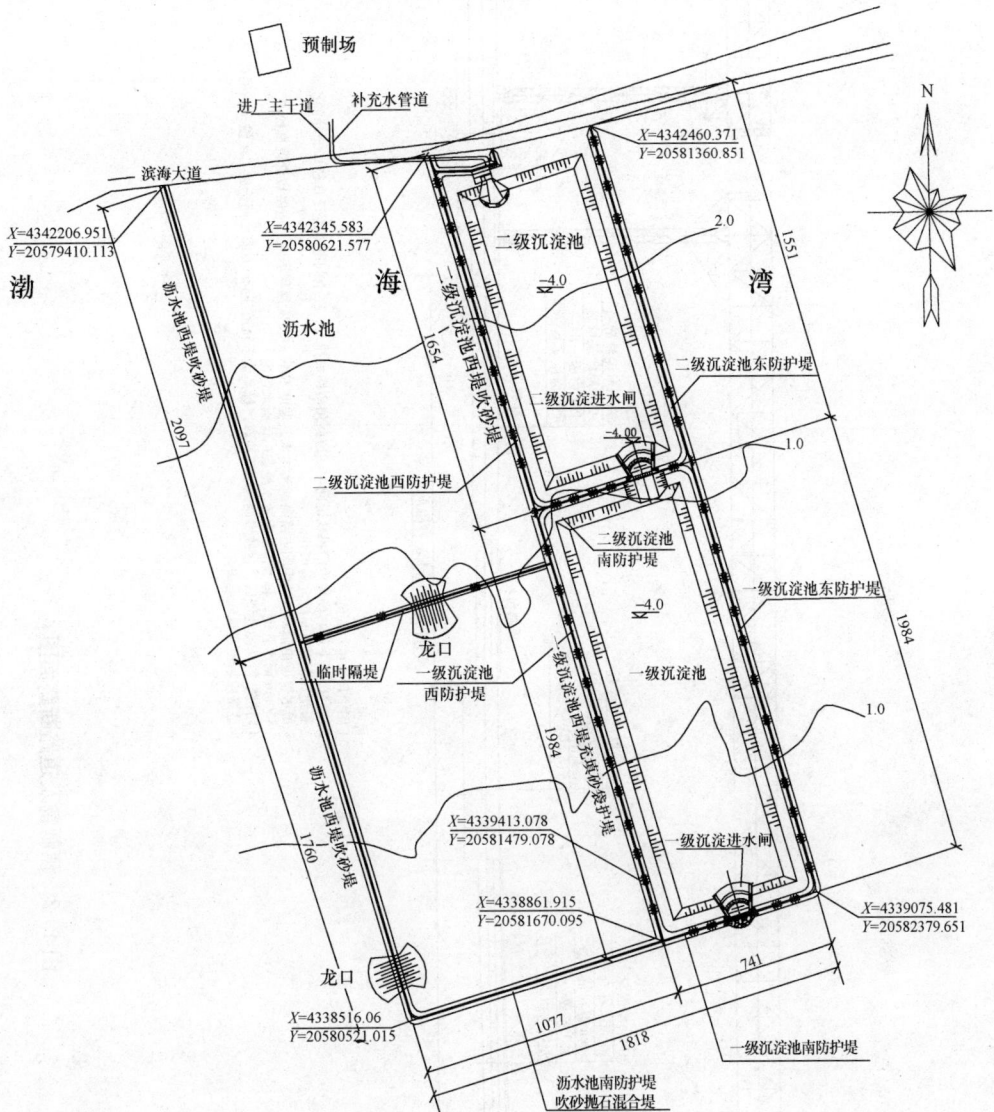

图 19-1　取水工程平面布置图（单位：mm）

车进行出运。

配备连锁块预制设备一套，用于道路及护坡连锁块的预制。

预制场建设计划占地约 16 848m² （预制场及道路断面见图 19-2）；平面布置栅栏板预制及存放场地、钢筋及模板加工场地、设备停放及检修场地、土工材料加工场地、材料库房、试验站、工具房、连锁块预制场地等。由于预制场地面是在滩涂上建立，并回填 2.0m 深的土，需要对预制场进行硬化处理。根据不同的使用功能，考虑到硬化成本，将各个不同的功能区采用不同的硬化方式，具体如下：

场内道路：土工布一层＋塑料布 2 层＋20cm 厚 10％石灰土＋土工格栅一层＋50cm 厚拆房土＋30cm 厚泥结碎石。

拌和站：土工布一层＋塑料布 2 层＋20cm 厚 10％石灰土＋土工格栅一层＋50cm 厚拆房土＋20cm 厚石渣＋20cm 厚 C20 混凝土。

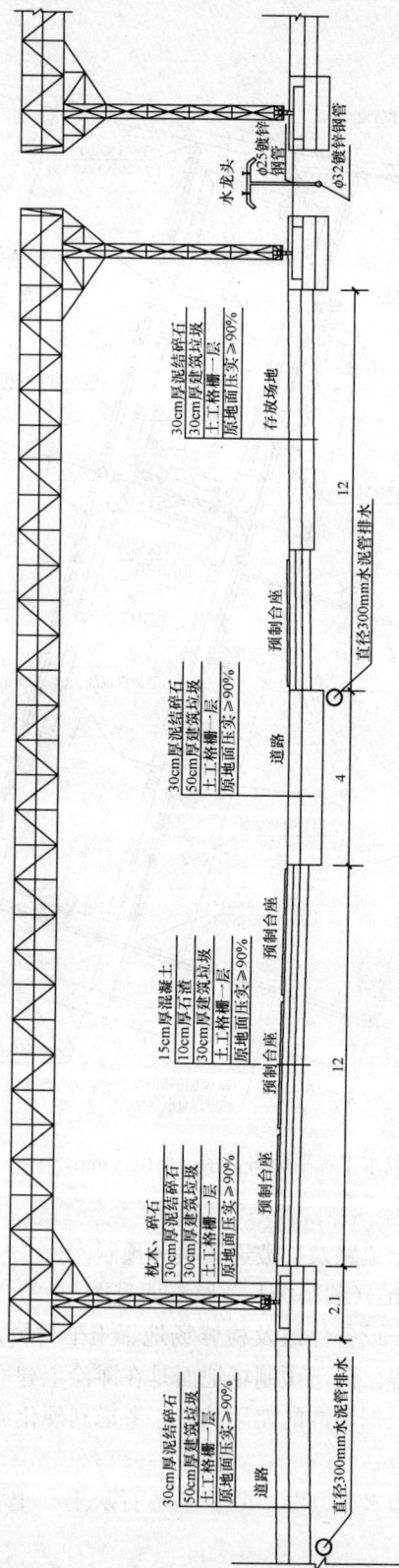

图 19-2 预制场及道路断面图

说明：
1. 图中尺寸单位为 m。
2. 每台门机下预制场地由门机轨道向中间道路横向预留套管及做横坡排水，在中间道路埋设直径 300mm 的雨水管道，间距 20m 设置雨水井。
3. 排水管道由预制场向两头做套管，坡度不小于 0.3%，预制场两头道路边设置直径 400mm 雨水管道，将水排至附近水池或厂区雨水管道中。
4. 门机轨道基础处理后，标高低于轨道顶面 4cm 左右，在枕木两侧填筑碎石，标高低于轨道顶面 4cm，便于施工运输车辆通行。
5. 过跨段处道路浇筑轨道梁。

预制场地：土工布一层＋塑料布 2 层＋20cm 厚 10％石灰土＋土工格栅一层＋50cm 厚拆房土＋10cm 厚石渣＋15cm 厚 C20 混凝土。

预制存放场地：土工布一层＋塑料布 2 层＋20cm 厚 10％石灰土＋土工格栅一层＋40cm 厚拆房土＋30cm 厚泥结碎石。

门机轨道基础：土工布一层＋塑料布 2 层＋20cm 厚 10％石灰土＋土工格栅一层＋30cm 厚拆房土＋30cm 厚泥结碎石。

栅栏板预制台座：高出预制场地混凝土 10cm 厚 C30 混凝土，L40×4 角钢护边。

原地面压实度不小于 90％，石灰土分层碾压密实。场地中间高、四周低，由中间向四周排水，坡度不小于 0.3％；环预制场设排水沟，排水沟深度不小于 0.4m，坡度不小于 0.3％。

电力总需求：≥80kVA；现场配备 120kVA 发电机一台作为备用电源。

施工用水量：≥10m³/d。

现场设土工织物加工场地和连锁块预制场地，由于栅栏板预制场的场地限制，土工织物加工场地和连锁块预制场地在业主指定的其他区域。连锁块预制场地 2900m²，土工织物加工场地 2000m²，存放场地 500m²。两个加工场地总需要用电量≥50kVA，用水量≥5m³/d。

（三）现场临时办公和生活区布置

现场的临时办公和生活区主要包括现场办公室（办公区平面布置图见图 19-3）、管理人员生活区、工人生活区（生活区平面布置图见图 19-4）。

办公室电力总需求≥75kVA，用水需求≥5m³/d。

生活区电力总需求≥120kVA，用水需求≥5m³/d。

场地硬化：办公室及宿舍为室内地面回填 30cm 厚拆房土＋10cm 厚碎石垫层＋10cm 厚混凝土；办公区大院为 30cm 厚拆房土＋30cm 厚二灰碎石＋5cm 厚砂垫层＋8cm 厚连锁块。

为美化施工环境，在办公、生活区等空地和角落进行绿化。

（四）水上临时设施布置

1. 临时道路

水上施工陆上推进部分（第一层），利用设计防护堤坡脚护坦修建临时道路，施工时沿岸边向大海方向推进。首层护坦、护面施工利用在该层充填袋上面修建级配碎石道路运输材料，第二层坝体的所有安装工程从坝顶上运输。

低潮时将泥面的淤泥清理干净，铺设土工基垫布、双向土工格栅各一层，其上铺设二片石垫层 500mm 厚，再按照护坦设计厚度铺设 100～150kg 块石，最后用石渣找平并碾压。临时道路顶宽 3.5m，顶面标高比护坦设计标高高 1000mm 左右，根据施工需要间隔一定距离设运输车会车区、调头区及高潮设备停驻平台。

临时便道使用完毕后，挖掘机按设计护坦宽度及高度重新整修。

2. 临时码头

在沉淀池北侧沿海挡方向顺序修建 3 座临时码头，分别用于沥水池南堤、沉淀池南堤及沉淀池东堤深水区的水上石料驳载。

临时码头采用钢管桩作基础，钢管桩长 20m，打入泥层 16m。钢管桩上用工字钢及槽钢焊接形成桁架结构，并用 1cm 厚钢板作为桥面板，确保能够满足满载 ZL50 装载机的承载力。

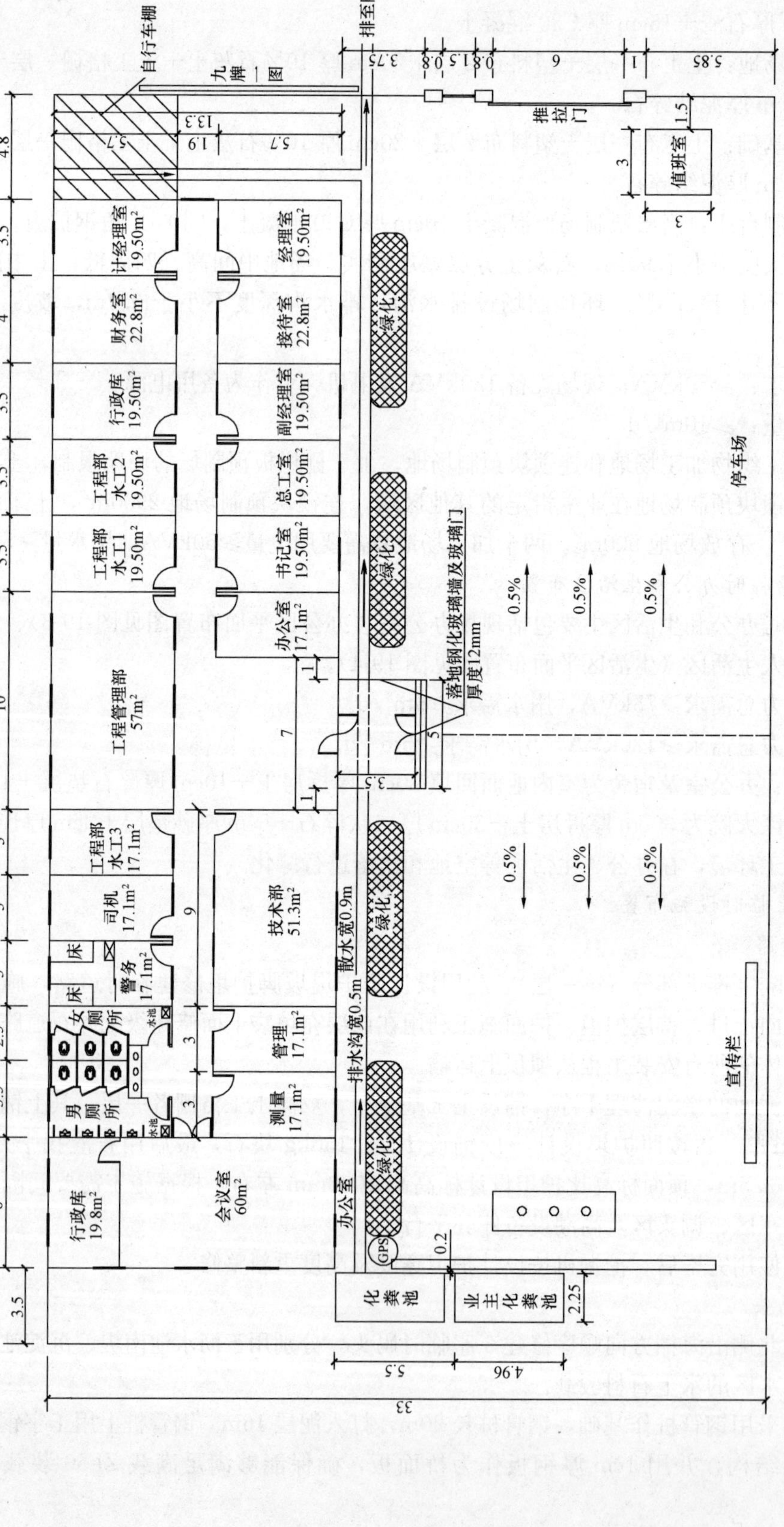

图 19-3 办公区平面布置图(单位:m)

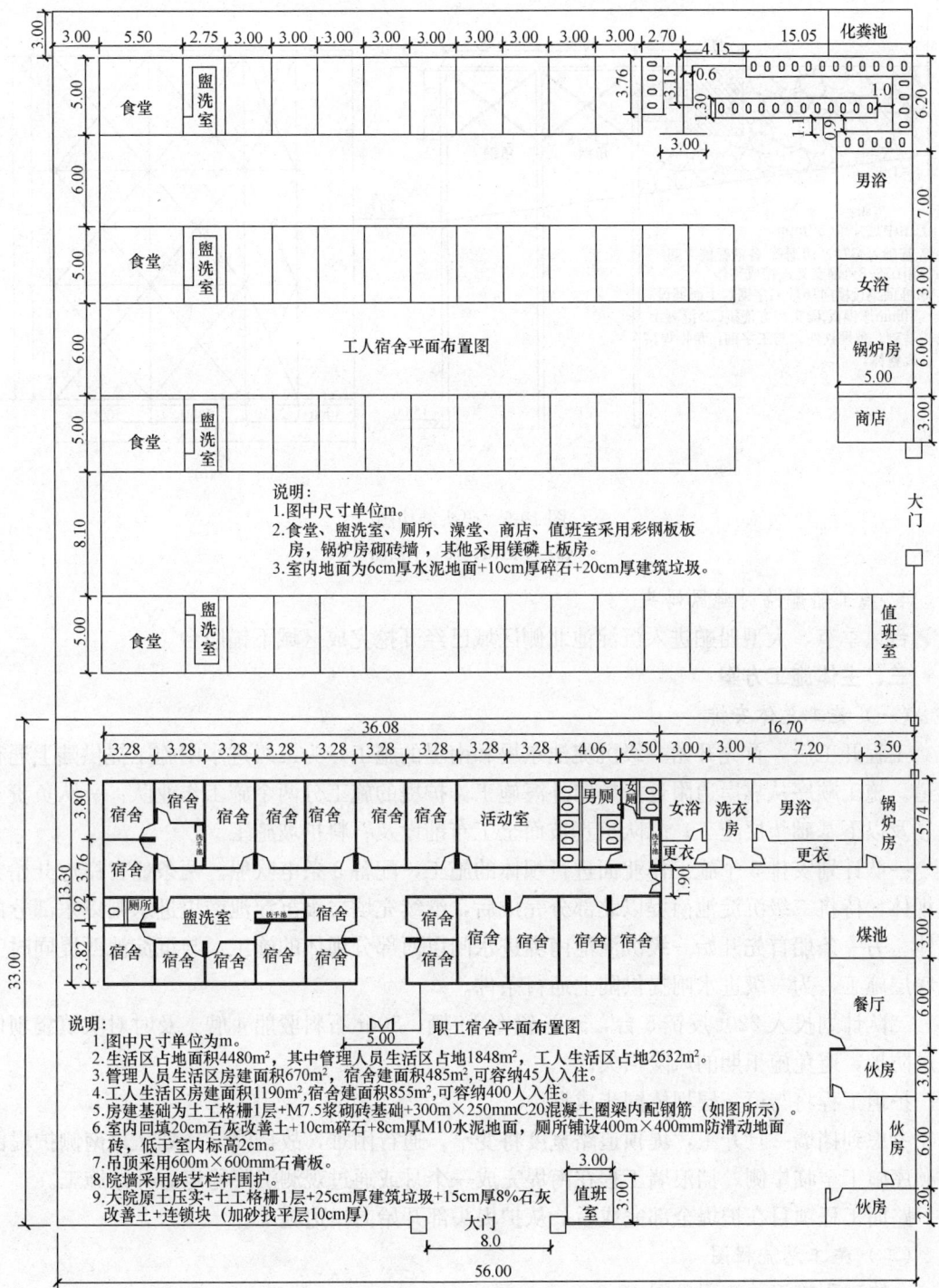

工人宿舍平面布置图

说明：
1. 图中尺寸单位m。
2. 食堂、盥洗室、厕所、澡堂、商店、值班室采用彩钢板板房，锅炉房砌砖墙，其他采用镁磷上板房。
3. 室内地面为6cm厚水泥地面+10cm厚碎石+20cm厚建筑垃圾。

职工宿舍平面布置图

说明：
1. 图中尺寸单位为m。
2. 生活区占地面积4480m²，其中管理人员生活区占地1848m²，工人生活区占地2632m²。
3. 管理人员生活区房建面积670m²，宿舍建面积485m²，可容纳45人入住。
4. 工人生活区房建面积1190m²，宿舍建面积855m²，可容纳400人入住。
5. 房建基础为土工格栅1层+M7.5浆砌砖基础+300m×250mmC20混凝土圈梁内配钢筋（如图所示）。
6. 室内回填20cm石灰改善土+10cm碎石+8cm厚M10水泥地面，厕所铺设400mm×400mm防滑动地面砖，低于室内标高2cm。
7. 吊顶采用600m×600mm石膏板。
8. 院墙采用铁艺栏杆围护。
9. 大院原土压实+土工格栅1层+25cm厚建筑垃圾+15cm厚8%石灰改善土+连锁块（加砂找平层10cm厚）。

图19-4　生活区平面布置图

码头结构如图19-5所示。

3. 临时锚系设施

计划布置在南防护堤以外500m处，设置4个大型固定锚，工地计划安置20t锚坠或3t锚供船舶施工定位用。

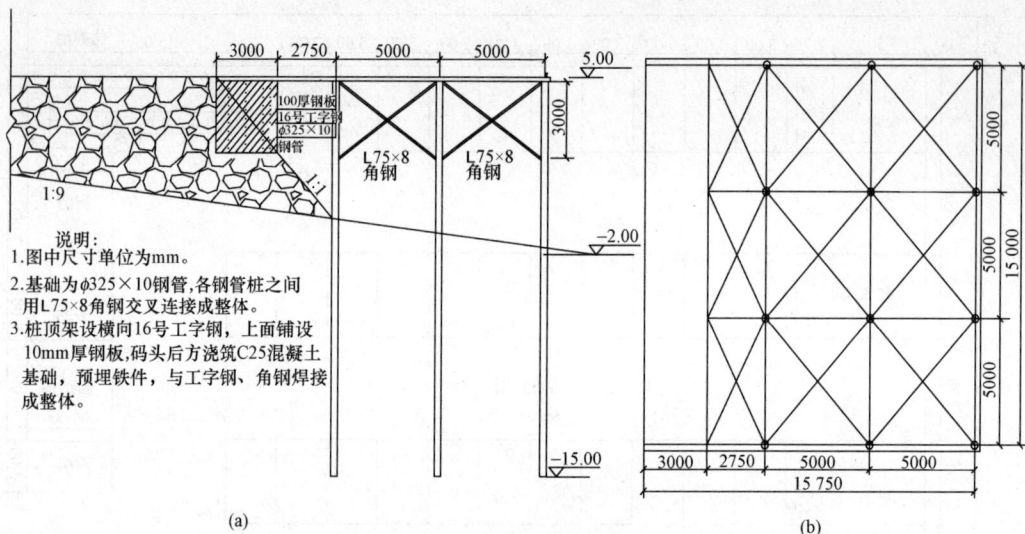

说明:
1. 图中尺寸单位为mm。
2. 基础为φ325×10钢管,各钢管桩之间用L75×8角钢交叉连接成整体。
3. 桩顶架设横向16号工字钢,上面铺设10mm厚钢板,码头后方浇筑C25混凝土基础,预埋铁件,与工字钢、角钢焊接成整体。

图 19-5 码头结构图

(a) 立面图;(b) 平面图

4. 施工船舶临时避风码头

台风季节,大型船舶进入沉淀池北侧区域已经开挖完成区域下锚防台。

三、主体施工方案

(一) 施工总体安排

工程开工后,首先开始一级沉淀池东堤和南堤的施工,为二级进水闸施工提供陆上通行通道。施工顺序从靠岸边附近开始向外海施工。护堤的施工分两个施工作业队:一队负责充填袋及以下基础垫层施工;二队负责坡面土工布铺设及石料护坡施工。

一队计划安排3个施工作业面进行坝体的施工,配备3条电吹船。两条船自岸边开始充填坝体,待将二级沉淀池南堤以北部分完成后,继续充填二级沉淀池南堤进水闸以东部分的坝体。另一条船首先开始一级沉淀池南堤进水闸以西部分坝体的施工,与沉淀池西堤同时完成底层施工,为一级进水闸提供陆上通行条件。

二队计划投入220t反铲5台,5t运输车14辆,500t石料驳船4艘。及时对吹填袋坝体跟进防护,避免施工期的风险损失。

护坦工程将与第一层坝体同步成型。

考虑到挡墙一旦开工,堤顶道路宽度将变窄,通行困难,故挡浪墙计划从最南侧护堤倒退顺序施工至临岸侧。挡浪墙工程在南堤完成一个月或通过观测沉降稳定后开始施工。

路面工程项目在护堤全部完成后,从护堤头部开始向岸边施工。

(二) 施工总流程图

主体工程施工总流程见图 19-6。

四、主要分项施工方法

(一) 土工布、土工格栅铺设

1. 工程概况

本工程设计在堤底铺设一层土工基垫布,抛填 650mm 厚砂垫层并打设完排水板后再铺设一层土工格栅。总工程量土工基垫布为 25.32 万 m^2,双向土工格栅约 24.59 万 m^2。

2. 施工工艺流程

露滩面施工采用小驳船运输土工布到指定的位置，然后人工趁低潮铺设。

低潮露不出来的部分采用自制的铺排船进行施工，在土工布加工厂内将全部土工布卷在 ϕ100 钢管上，并由起重机起吊装船。由驳船和人工配合进行铺设工作。随铺随用驳船抛袋装砂进行压载。

土工布、土工格栅铺设施工工艺流程见图 19-7。

3. 工效计算

将土工布与土工格栅加工成顺轴线方向 30～40m 的单元，人工赶潮水施工，每个潮水 20 个人可以铺设土工布或土工格栅 4 块，单台铺排船每个潮水可以铺设土工格栅或土工布 4 块。沥水池西堤、沉淀池西堤、沥水池南堤各组织一支施工队伍进行土工布铺设，日铺设土工布可达到 360 延米。总防护堤长度约为 5.01km，正常情况下 1 个月内可完成全部土工基垫布和土工格栅的铺设。此项作业施工可满足总体施工计划的要求。

4. 主要工序施工方法

（1）土工布、土工格栅加工制作及运输。土工材料的垂直轴线幅宽根据工程原地面标高计算实际确定，由专门的加工队伍加工。土工格栅沿坝体纵向陆上人工铺设每 40m 一块、水上每 30m 一块。基垫布采用 4m 宽幅面土工布，每 9 块土工布加工成一整块进行铺设。土工布拼接采用 GB4-1 工业缝纫机和 35 支三股锦纶线缝制，拼接缝采用包缝法缝制，缝制两道。土工格栅的横向拼接则采用尼龙绳绑扎。

土工布的缝制过程如下：

1）将土工布按照原地面测量资料计算的宽度裁好。

2）将土工布采用包缝法缝制成整片。

将加工好的土工布折叠成捆，用平板拖车运至码头或岸边，用吊机装至运输船上。在近岸处采用泥爬犁拖运土工布至指定地点。

（2）土工布水上施工。

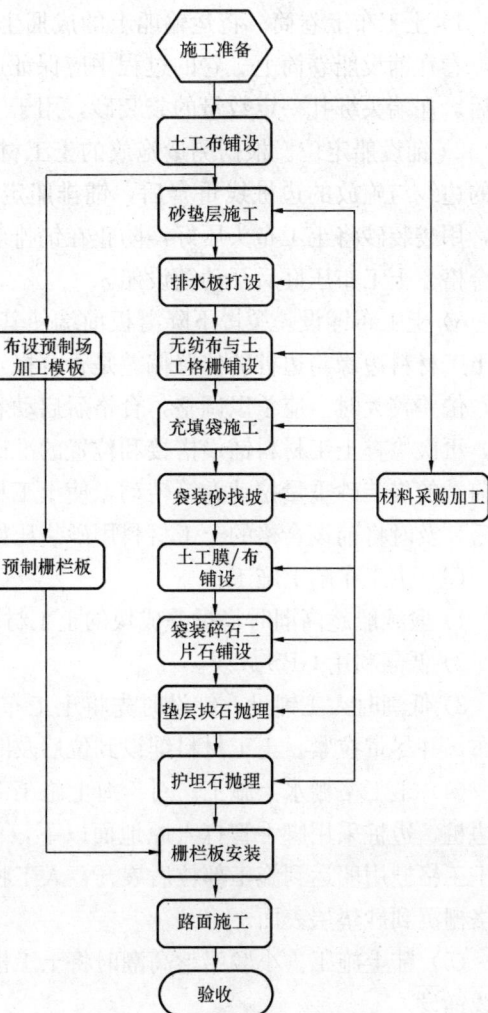

图 19-6　主体工程施工总流程图

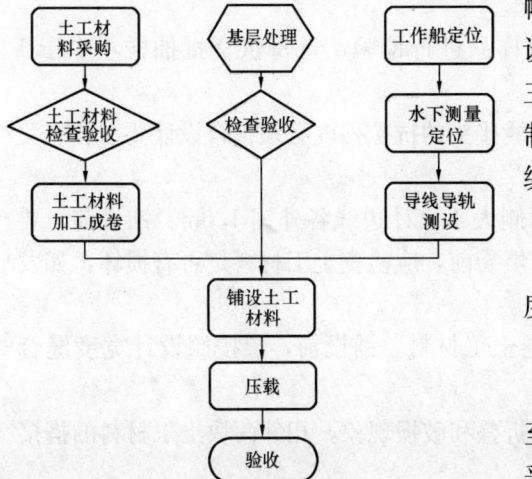

图 19-7　土工布、土工格栅铺设施工工艺流程图

1) 土工布上卷筒。将运输船上的成捆土工布和土工格栅吊至铺设船上的卷筒前平行展开，卷在铺设船卷筒上。卷的过程中应保证边缘的整齐，防止铺排船定位不准。土工材料上筒后，在端头绑扎一定数量的袋装砂，用于土工材料下沉使用。

2) 铺设船定位。根据测量施放的土工材料施工边缘桩调整船位，直至卷好的土工材料卷的边线与施放的边桩线重合后，铺排船定位完成。滚动滚筒，将土工布的开头铺设合格后，用袋装砂将土工布头压好，防止在铺排船移动时将土工布头移动，造成整条土工布铺设不合格。土工布压好后开动铺设船。

3) 土工布铺设。缓慢下降滑板前端使其与船甲板成一定角度时停止，再次检查卷筒上的土工材料边缘与边桩的位置偏差是否合格，如合格，检查土工材料铺设的起始位置偏差情况，偏差较大时，应予以调整，合格后启动卷筒使土工材料缓慢下降，至土工材料着地时停止，再次检查土工材料铺设搭接和位置的准确性。合格后缓慢平行于轴线移船，利用土工材料前端的袋装砂重量拉动卷筒转动，使土工材料平整地滑于水底，后面的抛砂袋船紧跟铺排船后，及时将铺设合格的土工材料用砂袋压好。

(3) 土工布陆上施工。

1) 驳载船趁高潮时将折叠成块的土工材料运输到指定地点，并临时卸在坝体一侧。

2) 低潮利用 GPS 放线。

3) 低潮时人工铺设。铺设时先将土工布一端用袋装砂压住，人工在泥面上向前拖动土工布，并尽量拉紧。土工材料铺设到位后及时抛填袋装砂，以防止潮水冲坏或移位。

(4) 土工格栅水上施工。对于海上施工部位的土工格栅利用 GPS 将边线每 15m 施放一个边桩，边桩采用脚手管打入原地面以下，保证在高潮时能够露出水面。将加工成 15m 长的土工格栅用船运到施工部位后展开，人工将土工格栅套在边桩上，然后用竹竿等工具将土工格栅沉到砂垫层表面。

(5) 陆上施工。小驳船趁高潮时将土工格栅运到指定的部位，然后人工趁低潮按放好的边线铺设。

5. 质量控制措施

(1) 所有土工材料应有厂家随产品提供的产品性能合格证书及试验报告，各项技术指标应符合设计，施工前应对土工材料的材质进行抽检。

(2) 对土工材料每 10 000m² 随机抽取一组样品进行检验，且每供货批抽样不少于 1个。

(3) 土工材料品种、规格、技术性能、拼幅缝接头的抗拉强度必须符合设计要求和有关规定。

(4) 软体排应根据设计要求铺设，在横向两侧大于设计边线各外铺 1.0m。铺设前，要清除水下凸起物。在土工材料上铺设砂垫层或充填袋前，应检查土工材料是否有损坏，如发现破损，应及时修补。

(5) 为了减少接缝，在尽可能使用宽幅长卷土工材料。铺设前，应按照设计宽度缝合好，卷成捆。

(6) 土工材料铺设应拉紧、铺平，不得发生折叠和破损现象，相邻两块土工材料的搭接长度不小于规范要求。

(7) 软体排定位后，要及时压铺充填袋，防止软体排位移。

（二）砂垫层抛填

1. 工程概况

本工程砂垫层抛设在土工基垫布上，厚度为 650mm。为防止砂垫层的流失，在两侧各抛填袋装砂。本工程抛填砂垫层总量为 92 190m³、袋装砂为 10 690m³。

2. 施工工艺流程

砂垫层施工工艺流程见图 19-8、图 19-9。

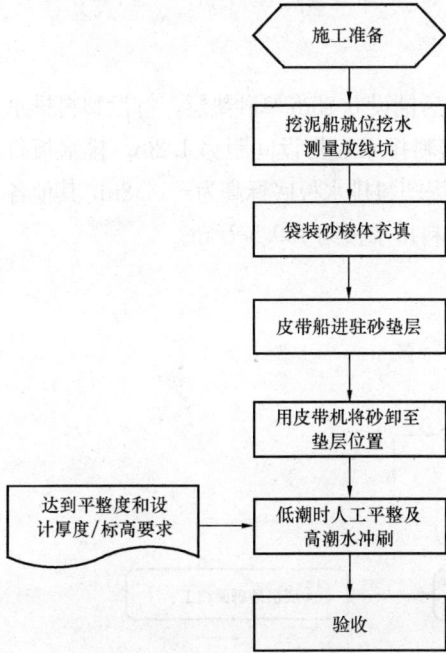

图 19-8 左侧流程：
施工准备 → 挖泥船就位挖水测量放线坑 → 袋装砂棱体充填 → 皮带船进驻砂垫层 → 用皮带机将砂卸至垫层位置 → 低潮时人工平整及高潮水冲刷（达到平整度和设计厚度/标高要求）→ 验收

图 19-9 右侧流程：
施工准备 → 挖泥船就位挖水坑 → 抛砂船将砂抛至滩面 → 抽砂泵就位砂堆 → 袋装砂棱体施工（测量放线；充填过程中污水泵从水坑抽水至砂堆）→ 砂垫层吹填 → 验收

图 19-8 砂垫层施工工艺流程图
（皮带船可进驻砂垫层时）

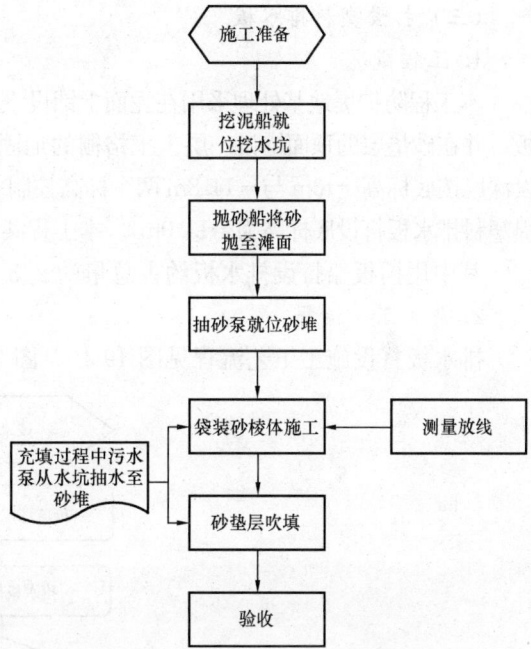

图 19-9 砂垫层施工工艺流程图
（皮带船不可进驻砂垫层时）

3. 工效计算

用皮带船抛填砂垫层每小时可抛填砂垫层 400m³，现场配备皮带船 6 条，每两个潮水运抛砂一次，可抛砂 2400m³。近岸处配备 10 台抽砂泵充填砂垫层，抽砂泵每台每小时可充填砂垫层 15m³。每个潮水可作业时间为 4h，可充填砂垫层 600m³。充砂泵充填砂垫层段为各防护堤靠近岸边 600m 处（总量 9000m³）。砂垫层抛填施工可满足塑料排水板的施工进度要求。

4. 主要工序施工方法

（1）袋装砂施工方法。将按设计断面加工成型的袋子事先铺设在土工基垫布上，并用竹签等材料固定好。加工好的袋子上面预留充砂孔，袋子就位后，用大型充砂泵充填饱满，达到设计要求的厚度。

（2）砂垫层施工方法。砂垫层施工分两种方法：一种为大船（500t 以上驳砂船）不能够进入的区域；另一种为大船能够进入的区域。

1）在大船不能够进入的区域，采用小船驳载，将砂运到指定的区域，卸在滩面上，然后用抽砂泵将抛在滩面上的砂吹填到指定的部位。

2）在大船能够进入的区域，采用船上的皮带机将砂抛到断面上后，利用水陆两栖反铲或浮箱配长臂反铲进行整平，直至满足设计和规范要求。

砂垫层吹填时，施工人员应根据设计位置勤对标，勤测水深，吹填后低潮检查，以防漏抛或局部隆起。

5. 质量控制措施

（1）严格控制砂的质量，确保质量符合设计要求和规范规定。

（2）严格控制砂垫层的范围和厚度，确保符合设计要求。

（3）砂垫层施工应考虑水流、波浪对砂粒产生漂流的影响，采用分段施工。

（三）打设塑料排水板

1. 工程概况

本工程防护堤地基处理采用在泥面上铺设土工基垫布后铺设 0.65m 厚砂垫层，打设塑料排水板，并在砂垫层的顶面铺设一层土工格栅的加固方法。塑料排水板打设间距为 1.2m，排水板打设深度按底标高−13m 与−14.8m 两个标高控制（其中南堤塑料排水板底标高为−14.8m，其他各堤塑料排水板打设底标高为−13.0m）。本工程共需打设塑料排水板约 159.5 万 m。

其中用插板船打设排水板约占总量的 2/3。

2. 施工工艺流程

排水板打设施工工艺流程见图 19-10、图 19-11。

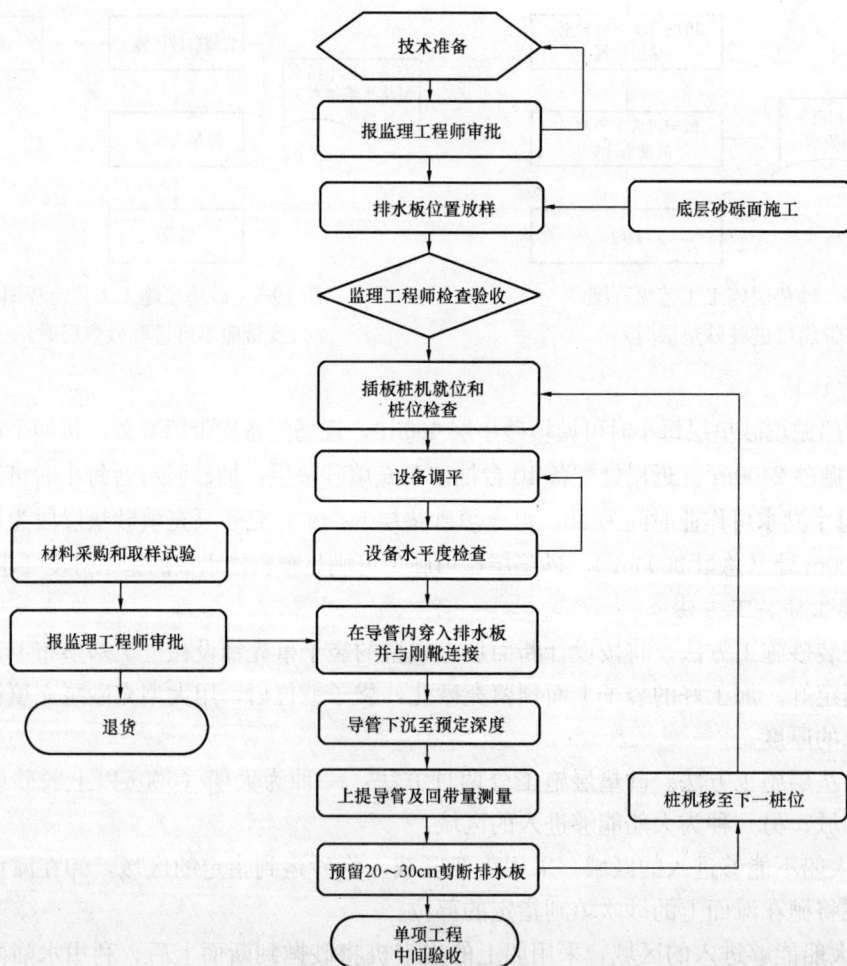

图 19-10　陆上打设塑料排水板施工工艺流程图

3. 工效分析

（1）陆上施工。配备履带振动式排水板插板机，施工灵活，移动迅速，抗倾覆能力强，施工效率较高。插板机上搭设 5m 高钢支架平台，以供高潮时电动机等停驻。趁低潮作业施工，每小时可插板 $25 \sim 30$ 根，即 400m 左右。每天两个潮水有效作业时间按 8h 计算，每台每天可施工 3200m，每月按有效作业天数 25 天计，每台每月可完成插板 80 000m。

总陆上插板工程量约为 50 万 m，利用 4 台插板机 1.5 个月即可全部完成，陆上排水板打设满足充填袋的施工进度要求。

（2）水上施工。水上施工分段及布置见图 19-12。

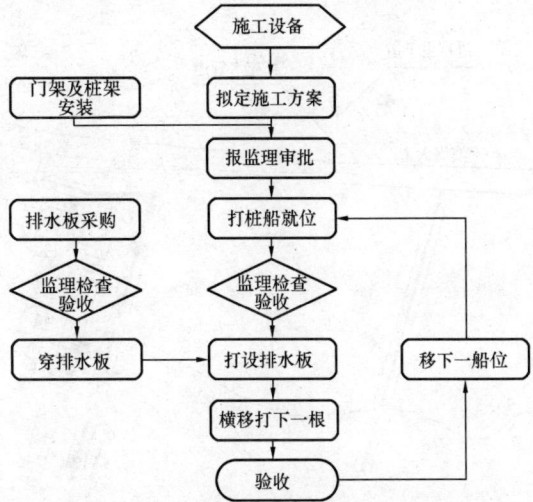

图 19-11　水上打设塑料排水板施工工艺流程图

水上施工配备插板船 4 艘，每艘船上有轨道式行走的插板机 4 台。深水区插板船可 24h 连续作业，每船每天可打设排水板 16 000m。这一效率可满足大型充填砂袋的施工需要。

4. 主要工序施工方法

（1）陆上施工。

1）塑料排水板技术指标见表 19-1。

表 19-1　　　　　　　　　　　　塑料排水板技术指标

项　目	单　位	指　标
芯带		聚丙烯
滤膜		丙纶
质量	g/m^2	100
厚度	mm	>3.0
整带拉伸强度	N/10cm	1300
通水能力	cm^3/s	$\geqslant 25$
滤膜拉伸强度（干）	N/m	2500
滤膜拉伸强度（湿）	N/m	2000
滤膜等效孔径	μm	75
滤膜渗透系数	cm/s	$\geqslant 5 \times 10^{-4}$

2）测量放线。利用全站仪或 GPS 每 50m 施放塑料排水板施工区域的四个脚点，并用钢筋做明显的标志。

3）塑料排水板打设。

①机组组装及定位。机械设备运至施工地段，在岸边进行组装，组装完成后，自行进入施工区域。发电机组设在插板机塔架上，行走电动机高潮时用倒链吊在塔架上，以避免海水侵蚀。

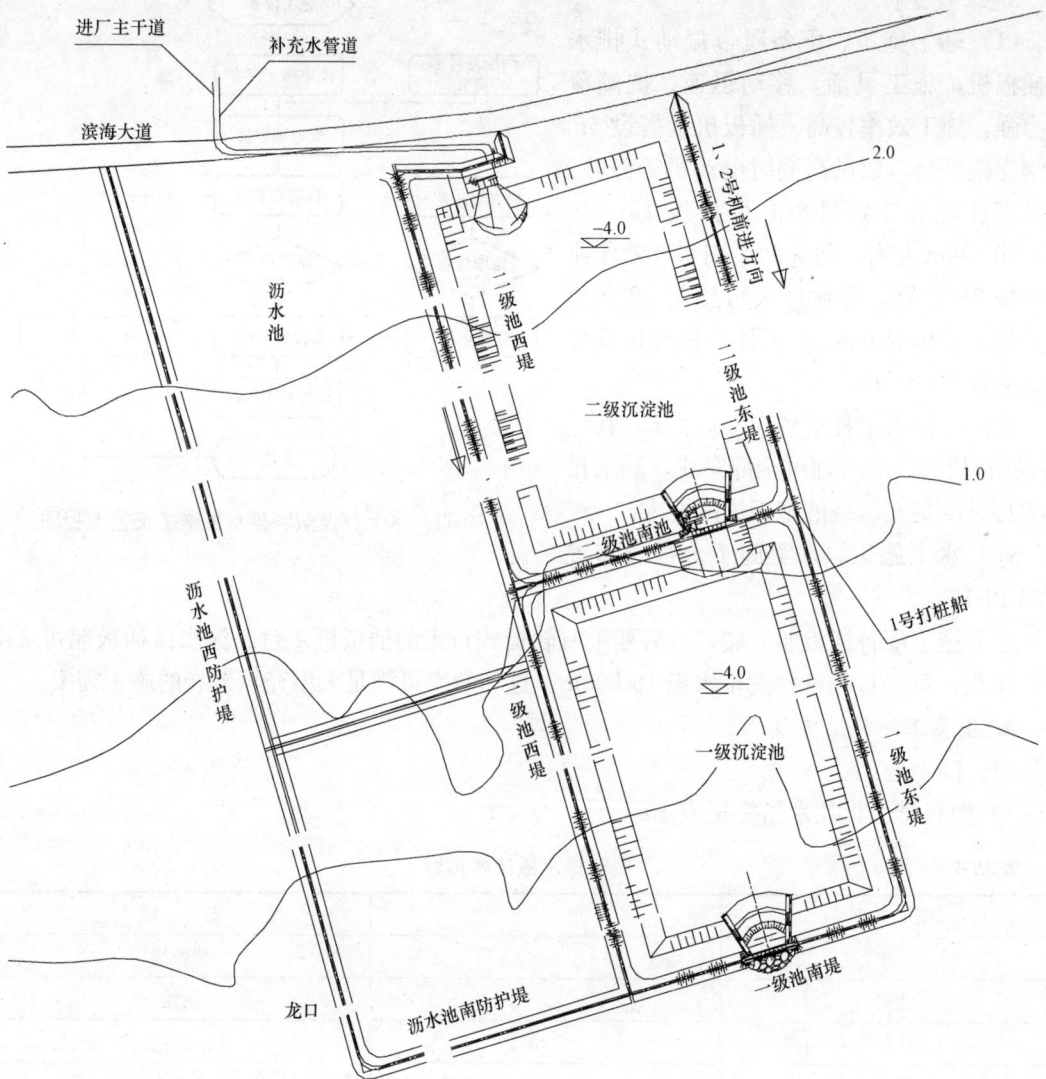

图 19-12　施工分段及布置图

②安装排水板。根据设计插板的深度要求，将插管长度定好，在插管和塔架上做好应插入排水板的深度记号。排水板从套管的插嘴进入套管内部，固定在套管底部的插销上，同时拉紧排水板，依靠排水板与插销之间的摩擦力连接在一起。

③沉管插板。插板前检查套管垂直度，若不符合要求，前后可调节门架位置，左右可调节套管位置，保证插板垂直度在 1.5% 以内。在套管上按照设计深度用红漆做上明显标识，开动插板机，将沉管下沉至标识处，即达到施工控制标高。

④提升套管及回带量测量。确定排水板已达到设计深度后，可提起套管，此时应观察套管插入孔，如与套管一起上升，则说明排水板回带，继续上提套管，直至排水板不再上升，量取此时套管的提升高度，即为排水板回带量。若大面积回带，应重新补插，并考虑改变插销形式，减小提升套管时插销与排水板的摩擦力，并增大排水板底端与泥土间的接触面积，以减少回带现象的发生，回带长度不得大于 30cm。

⑤剪断塑料排水板。当提升套管，套管底部离开底层土工布 50cm 时，人工从套管底部切断排水板，使排水板外露长度控制在 30cm 以上，然后将留下的排水板头弯曲插进管口，不得出现浅向偏差。

⑥插板机移动。在一个排水板打设完成后，即可移动插板机，插板机的位置采用以测量放线的四个脚点建立的方格网控制，保证塑料排水板的间距不大于 1.2m。

⑦检查。主要检查内容为表 19-2 中要求的项目，若检查不合格，则必须在不合格排水板位置的 20cm 范围内补打一块排水板，重新检查，直至合格，然后移动插板机至下一板位。打设过程中应逐根做好施工记录。

表 19-2　　　　　　　　　　　　陆上施工质量标准

项　　目		质　量　标　准
主要项目	塑料排水板的规格、质量	符合设计要求
	塑料排水板下沉过程	没有出现扭结、断裂和撕破滤膜
	塑料排水板的底标高	符合设计要求，顶端高出砂垫层
一般项目	塑料排水板回带量	回带长度不得超过 300mm，发生回带的数量不超过打设总数的 5%
允许偏差项目	平面位置（mm）	±100
	外露长度（mm）	0～100
	垂直度（%）	1.5

（2）水上施工。

1）现场准备。水上船插塑料排水板采用 GPS 定位，定位偏差为 2cm，可满足排水板打设平面控制质量要求标准。在水深及泥面标高确定后，结合有关尺寸，经简单计算，可得出插管长度与水深的对应关系，据此在插管上刻画标记，并在立架上设置与之相对应的水位标尺。施工时施工人员每 10min 测一次水深，根据实测水深控制插管的入水深度，保证打设质量。

塑料排水板海上打设采用 50m×11m 平板驳船改造而成。塑料排水板打设机有效作业宽度为 14.4m×11m。工作平台两侧设置导轨。

排水板打设前，安排打设顺序，设置施工船舶定位地锚、锚坠，布设板位控制点，并在砂垫层抛填验收合格后进行排水板施工。

2）塑料排水板打设。

①在施工区域下绞锚机 4 个，每两个布设在护堤轴线的两边（非工程区域），作为工作平台就位使用。

②安排工作平台进场定位，将改造好的插板船自航到工作区域附近，然后通过 4 个绞锚机将工作平台就位到指定的区域，位置偏差应能够保证塑料排水板打设位置精度的要求。

③打设：同陆上施工。

④塑料排水板打设至设计标高位置，拔出套管，确认合格后，移船定位打设下一组排水板。施工过程中由专人逐块对排水板打设进行记录，在下道工序施工前，请监理工程师验收，发现不能满足设计和规范要求的板位应及时补打。

5. 质量控制措施

（1）塑料排水板施工按下列技术要求进行质量控制：

1）船舶与打设架的定位均应保证塑料排水板打设的平面偏差不超过 100mm；标高控制偏差为 ±50mm。

2）打设时应严格控制套管垂直度，其偏差不宜大于 1.5%。

3）检查并记录每块板的施工情况，符合标准时移位打设下一块，否则应在原位边上补打。

4）打设塑料排水板时，严禁出现扭结、断裂和撕破滤膜等现象。

5）打设过程中逐块做好施工记录。

6）打设排水板验收合格后，及时用砂垫层砂料仔细填满打设时在板周围形成的孔洞，并将排水板埋至砂垫层中。

7）回带数量不得大于总量的 5%，回带长度不得大于 300mm。

（2）塑料排水板施工质量检验评定的项目、方法及标准如下：

1）塑料排水管的规格、质量和排水性能必须符合设计要求和有关规定。

检验方法：检查出厂合格证和抽样试验报告。同批号每 200 000m 检测一次，不同批次运输的分批检测。

2）塑料排水板下沉时，严禁出现扭结、断裂和撕破滤膜等现象。

检验方法：检查施工记录并观察。

3）塑料排水板的底标高必须符合设计要求，其顶端必须高出砂垫层 300mm 以上。

检验方法：检查施工记录并观察。

（四）大型充砂袋施工

1. 工程概况

本工程充砂袋工程量约为 19.69 万 m^3，砂垫层为 9.22 万 m^3。考虑到陆上来料价格高、附近无可用的临时码头等因素，全部为水上施工。

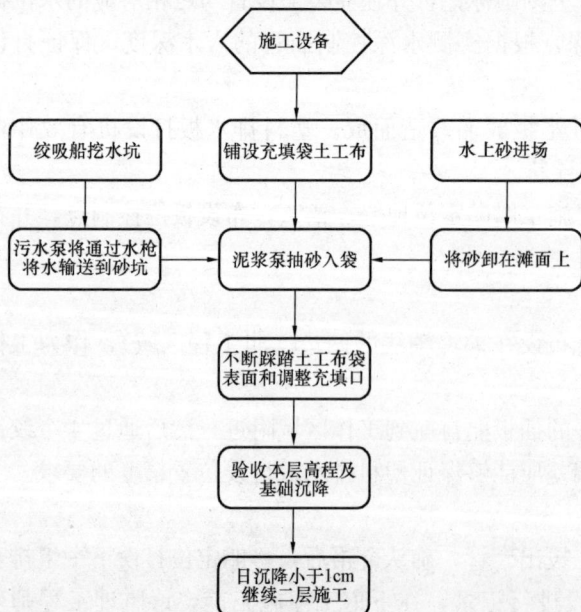

图 19-13　近岸处与深水区大型充砂袋施工工艺流程图

2. 施工工艺流程

近岸处与深水区大型充砂袋施工工艺流程见图 19-13。

3. 工效计算

本工程项目的吹砂船选择、砂料的来源和运输是工程的关键。

吹填砂通过海上运输到指定的部位，为能够充分保证砂料的来源，组织 2 个供砂的队伍，选取 2 个料场，确保在一个砂源正常供应的情况下工程能正常进行。

由于本施工区域内原泥面高，水深较浅，施工船舶受潮水影响大，有效施工时间短，应尽量选用平底的运砂船。

本工程选用 3 艘 1000m^3/h 的吹

砂定位船，每艘船配备抽砂泵 5 台套。吹砂船在吹短距情况下，可采取分批轮换作业，这样充砂泵可作适当的检修保养，可以充分提高船舶利用率，有利于加快施工进度。考虑到人工铺袋、工序衔接等影响，每小时有效吹砂工作量按 200m³ 计算，趁高潮时可同时停靠 2 艘运砂船，设备配备完全满足本工程的吹砂排距要求。

吹砂船按每天 2 个高潮位完成 4 艘运砂船的吹填计算，每日吹填时间 10h，吹填工程量 2000m³，每月有效工作日按 20 天计算，月产量可达 40 000m³，按此计算 3 台电吹船 2 个月即可完成全部工程量。

4. 主要工序施工方法

吹砂施工顺序为：施工准备→施工测量→吹填分区→选充砂船位置→铺设浮管→运砂船就位→铺设充填袋→吹砂→充填袋作业。

(1) 施工准备：扫海清障，检查施工区域，将砂垫层上的杂木、块石等清除。

(2) 测量放线：使用 GPS 按照计算好的坐标，对砂垫层内外边线进行放样，放样点用竹竿立标，间距为 30~50m。根据立标点施工人员进行对标，将内外边线标志加密至 5~10m，保证充灌袋铺设边线位置准确。

(3) 吹填分区。二级沉淀池东堤及南堤通过在沉淀池内开挖临时航道将砂船运送到工作面，其他隔堤砂船直接驶入工作面区域进行吹填。

(4) 吹填顺序为：二级沉淀池东堤（一级沉淀池南堤进水闸西侧）→二级沉淀池南堤进水闸东侧→一级沉淀池东堤→一级沉淀池南堤进水闸东侧→剩余其他防护堤。

(5) 袋体铺设与固定。

1) 浅水区的土工布袋采取低潮时人工铺设方式进行，最底层充填袋靠钢钎固定在砂垫层上（钢钎插设的位置需距离袋边 2.0m，底层充填完成后必须及时进行二层袋体充填，否则钢钎位置会引起粉细砂流失），其上各层袋子依靠与下层袋体间系带连接确定位置。

2) 深水区土工布袋靠双侧定位砂船加拉锚绳方法固定，铺设过程中采用交通船辅助牵引，并通过砂船上的卷扬机将袋体展平（见图 19-14）。因袋体长度较大，在四角固定的同时，袋体中间位置也加密拉绳，确保袋体整体宽度满足设计要求。

(6) 粉细砂的运输与充灌。因本工程防护堤大多数处于潮间带上，全部 +1.0m 等深线

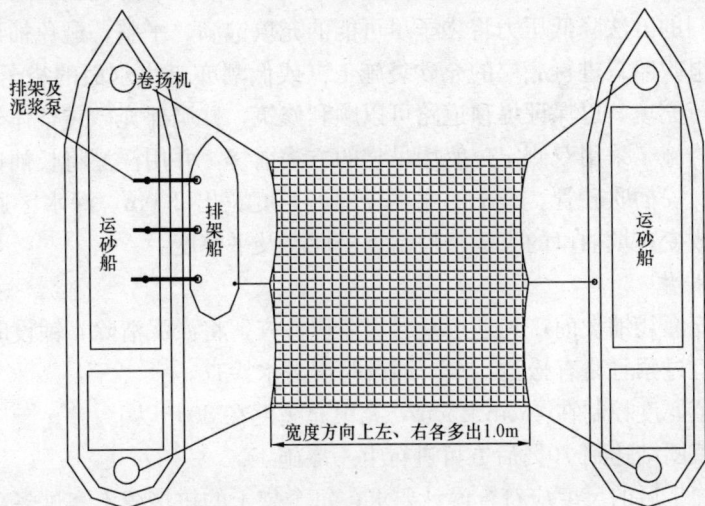

图 19-14 交通船辅助牵引示意图

以下砂船可以趁高潮时将砂运至防护堤吹填工作面附近。＋1.0m 等深线以上采用修建临时砂库及在砂库旁开挖给水坑的方法解决供砂及吹填砂用水问题。具体做法如下：

通过接通 1km 长电吹船管线将砂打至靠岸边位置，并用小泥浆泵将砂充灌成小充砂袋围堰，形成闭合的砂库，以确保砂不被冲失。砂库容量以满足 500m 堤心充砂量为准，为减少拆装管线的次数，砂库内砂料集中在一次进足。砂库布置在 500m 段中部，可兼顾两侧的充填袋施工。

在砂库边上用平板驳载反铲乘低潮时开挖给水坑，确保在低潮时能从坑内取出足够的水进行造浆完成泵送施工。本工程在岸边单工作面配备泥浆泵 3 台。经实践证明有效地解决了用水问题。

沉淀池东、西堤靠岸边的浅滩段，因沉淀池内设计要求要将滩面标高挖至－4.0m 标高，所以在不增加整体投入的情况下，优先在两个防护堤边开挖 60m 宽区域作为砂船通行的临时航道，砂船可以通过航道将砂运输至工作面，再通过排架船及电吹船等机械设备将粉细砂充灌至充砂袋中。

因全部的充砂袋施工都处于波浪变动区内（即高潮淹没在水中，低潮可以全部外露或者部分外露），为增加赶潮水作业的时间，先在低潮时充填底层袋，并随潮水上涨逐次充灌水面以上的充砂袋。整个充砂袋是以阶梯形向前进展的。

充砂袋所处的位置为坡滩面，滩面坡度约为 1‰，即每 500m 防护堤方增加一层袋子（单层充砂袋厚度为 500mm），在此 500m 范围内通过调整每层袋子的厚度使袋子控制在 ±100mm 范围的情况下，保证充砂袋顺利的衔接，确保袋子不出现竖向通缝，并满足袋体间搭接长度的要求。

本工程中所使用的电吹船功率大、运距长，对提高工程进度有显著作用。每台电吹船配备 6 个排架，每个排架上带有一台 30kW 泥浆泵，6 台泥浆泵抽取的砂浆全部打入一台 350kW 的主泵中（单台电吹船充填砂功效为 300m³/h），通过主泵将砂泵送到吹填工作面。因主管道输浆压力大，故在出浆管头位置加装变节，分出 6 个细软管分压后将砂浆灌入袋中。

施工中分流软管内压力仍然过大，难以控制充灌袋的平整度，左右边线也不如排架船充填得理想。为改善充填袋外观质量，施工中要在前期通过加大压力提高效率，后期待要填满时，通过调小截门的方法降低压力将袋子尽可能的充填饱满、平整，避免袖口位置出现大的凹坑。另外选用电吹船只进行底层的充砂袋施工（或低潮亦未出水面的袋子）。靠近顶面的袋子用排架船进行充填，以保证堤顶道路可以顺利修筑，并确保充砂袋整体外观质量。

深水区充砂袋施工采用双侧定位船用吊袋的方法铺袋，并用浮漂将长袖口浮出水面，工人在水面上移动、安插吹砂管。袋子的宽度较理论宽度宽出 2.0m。深水区通过控制单个袋子充砂总量和勤改变充填袖口的方法来控制袋子标高及平整度。

5. 质量控制措施

（1）土工布充灌袋铺设前，先进行基层的清理检查，将淤泥清除，铺设时力求平整且紧贴垫层，张拉不宜过紧且略有松弛，水下铺设时需潜水检查。

（2）每层充填厚度控制在 40cm±5cm，充填充满度在 80％以上。

（3）分层充填固结达到 70％后方可进行上一层施工。

（4）充填袋加工后的尺度应符合设计要求，每个袋子的拼接缝不宜过多，且相邻拼接缝的间距应大于 2.0m。断面成型后的外露部分最好不要有拼接缝。为便于袋子加工，袋布应选择较宽布幅，拼接缝制采用锦纶线，拼接处折叠 3 层，宽度约不小于 10cm，缝 3 道线（先缝一道，折叠后再缝两道）。也可采用粘接剂粘接，粘接部分宽度为 10cm。

（5）土工织物若出现了破损或孔洞，应及时修补。修补时采用相同材料。

（6）充填后的袋子边线与设计边线的水平误差不大于 ±10cm，高程不低于设计标高，断面总面积不得为负值。

（7）充填物容重检测每 400m 堤长取样不少于 1 组，每组至少 2 个试件。

（五）土工膜铺设

1. 工程概况

为保证沉淀池的蓄水，减少渗漏，在沉淀池防护堤外侧设计铺设土工膜 1 层，内侧铺设土工膜 2 层，共计 34.14 万 m^2。

2. 施工工艺流程

土工膜铺设施工工艺流程见图 19-15。

3. 工效计算

土工膜施工时，防护堤至少已经完成一层（2m 高度以上）的施工，低潮时全部能够外露。施工时小型驳船将卷制好的土工膜趁高潮运输至施工区域并卸在护坦上，人工趁低潮铺设就位。

4. 主要工序施工方法

（1）按图纸及规范要求采购入场，经现场抽样合格后，入库存放。

（2）应按照不同防护堤高度缝合好并卷成捆，护坡竖向加工成一幅，施工现场不留接缝，卷制在钢管上，每卷 30～50m。土工膜加工长度应比设计长度长 50～100mm，为了减少接缝，应尽可能使用宽幅长卷土工膜。

土工膜如需要连接应采用粘接法连接，粘接宽度不小于 10cm，粘接位置应没有砂石、泥土等污染。粘接好的接缝强度不应小于设计土工膜强度。

（3）驳船将土工膜趁高潮驳载至施工区域，然后人工趁低潮铺设。

（4）对底面的充填袋体表面进行清理，不得有杂物和尖锐的物体。

（5）土工膜铺设完毕验收合格后，用袋装碎石固定。

5. 质量控制措施

（1）土工膜的连接是保证防渗效果的关键环节。土工膜每 5000 m^2 随机抽取一组样品进行检验，且每供货批抽样不少于 1 个。其质量标准见表 19-3。

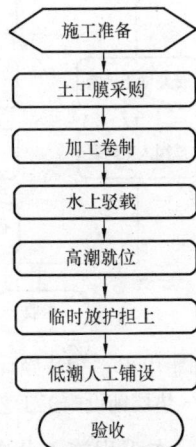

施工准备 → 土工膜采购 → 加工卷制 → 水上驳载 → 高潮就位 → 临时放护坦上 → 低潮人工铺设 → 验收

图 19-15 土工膜铺设
施工工艺流程图

表 19-3   土工膜——HDPE 型质量标准

项　　目		单　　位	质量标准
质量		g/m^2	400
膜厚度		mm	0.25～0.35
拉伸强度	纵向	kN/m	≥0.5
	横向	kN/m	≥0.5
拉伸应变	纵向	%	≤51
	横向	%	≤46
撕裂强度	纵向	kN	≥0.15
	横向	kN	≥0.15
CBR 顶破强度		kN	≥1.1
渗透系数		cm/s	≤2.6×10⁻¹¹

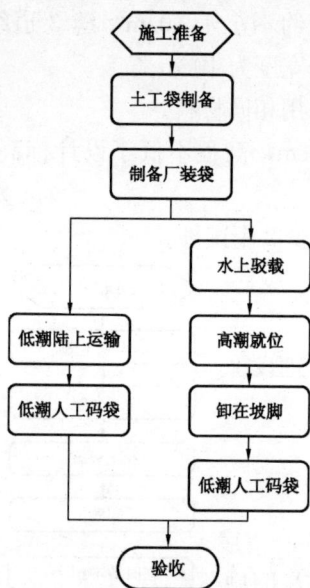

图 19-16　袋装碎石及袋装砂
垫层铺设施工工艺流程图

（2）对底面的充填袋体表面进行修整，不应有尖锐物体，铺设时发现土工膜若有破损现象，要及时修补或更换。

（3）铺设完成及时用袋装碎石或二片石固定，施工时要精心，确保不能破坏土工膜。

（六）袋装碎石及袋装砂垫层铺设

1. 工程概述

本工程袋装砂与袋装碎石设计在防护堤边坡充填袋外侧，主要作用是保护土工膜和找平充填袋坡面。为避免大块石料损伤坡面土工布或土工膜，在土工膜上码放一层袋装碎石。袋装砂 2.47 万 m^3，袋装碎石 1.97 万 m^3。

2. 施工工艺流程

袋装碎石及袋装砂垫层铺设施工工艺流程见图 19-16。

3. 工效计算

现场每个作业面配备工人 200 个，每人每天可装铺袋装砂（碎石）60 袋，约计 1.0 m^3。每天可施工 200 m^3。这样每天可前进 80～100m，可以满足抛石等后续工程施工的需要。

本工程施工范围内水深较浅，施工船舶无法一次直接抛填在护坡上，施工时用小型驳船趁高潮将袋装砂（碎石）驳载至施工区域，抛填在坡脚护坦上，人工低潮时倒运并铺设就位。

4. 主要工序施工方法

（1）采购级配好、无风化的碎石，临时码头上人工将碎石装袋。

（2）水上施工驳船驳载袋装碎石，趁高潮将袋装碎石驳载至施工区域，抛填在坡脚护坦上，人工低潮时倒运并铺设就位。

（3）陆上施工趁低潮时运输车将袋装碎石运输到需要施工的地段，人工卸车并按要求直接码放在护坡上。

5. 质量控制措施

（1）严格控制碎石质量，确保碎石的质量符合设计要求和规范规定；

（2）碎石全部采用新鲜无严重风化、无裂缝且不成片状的岩石；

（3）严格控制碎石垫层的范围和厚度，确保符合设计要求。

（七）二片石垫层铺设

1. 工程概况

本工程二片石设计在防护堤边坡袋装碎石上面，250mm 厚，共计铺设二片石 2.85 万 m^3。

2. 施工工艺流程

二片石垫层铺设施工工艺流程见图 19-17。

3. 工效计算

采用 20t 自卸汽车在靠近岸边护堤段，直接倒运石料至

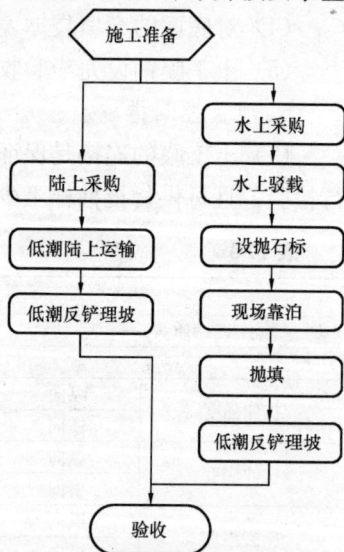

图 19-17　二片石垫层铺设施工工艺流程图

坡面。组织车辆14部,每台每天可倒运石料200m³,靠岸边运输能力可达到生产需要。在防护堤边设置石料驳载的临时码头,用500t运输船驳载石料到各个工作面。配备船只4条,每条每天可运载石料2趟,海上石料运输能力满足施工需求。

4. 主要工序施工方法

利用充填袋的顶面保护层作为施工便道,采用自卸汽车将石料运到指定的部位,卸车后,用反铲理坡成型,或海上来料抛填在护坦的部位,然后用反铲理坡成型。

(1) 采购级配好、无风化的二片石,由施工便道或海上运输至施工现场。

(2) 运输船乘高潮将二片石抛填在坡脚护坦上,反铲低潮时倒运并铺设就位。

(3) 陆上采购二片石,低潮时沿便道运输至施工路段,反铲铺设就位。

5. 质量控制措施

(1) 严格控制二片石质量,确保质量符合设计要求和规范规定;

(2) 严格控制二片石垫层的范围和厚度,确保符合设计要求;

(3) 精心施工,确保不能破坏土工膜。

(八) 块石抛填及理坡

1. 工程概况

本工程块石抛理共计24.77万m³,根据施工图纸还有部分抛填堤心石4.32万m³。陆上施工18m³,水上施工11.09m³。

2. 施工工艺流程

块石抛填及理坡施工工艺流程见图19-18。

3. 工效计算

同二片石垫层铺设施工。

4. 主要工序及施工方法

(1) 测量放线,立边坡标。

(2) 在修建充填袋保护层作为施工便道。

(3) 自卸车直接卸料在外坡上,卸料时应仔细控制每延米的块石数量,避免多抛和少抛。

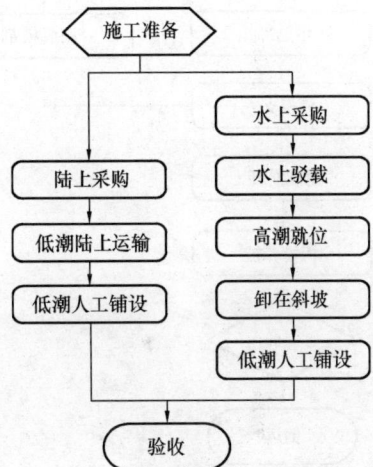

图 19-18 块石抛填及理坡施工工艺流程图

(4) 运输船趁高潮将二片石抛填在坡脚护坦上,反铲低潮时倒运并铺设就位。

(5) 用挖掘机赶潮理坡,人工辅助整理。

(6) 理坡。采用低潮时反铲理坡,陆上理坡采用埋桩测标高、人工拉线绳进行。

5. 质量控制措施

(1) 块石要求采用质地新鲜、坚硬完整、强度高、耐风化、具有良好抗水性的花岗岩。不得使用页岩、泥灰岩、黏土岩及扁平细长或已风化的块石。块石浸水饱和强度不低于30MPa,比重大于2.55t/m³。

(2) 边坡及棱体顶部使用全站仪及水准仪控制,确保达到要求。

(3) 抛填时应分层均匀抛填,严格控制加载速度。

(4) 施工控制标高为设计顶标高加上施工预留沉降量。垫层石平均轮廓线不得小于设计断面。抛石过程中,应贯彻勤对标、勤测水深、勤看潮位等原则,要严格控制和掌握抛石范围和标高,特别是堤心结构其垫层石抛投标高的控制。

（5）堤心石推填过程中，将规格较大的石料推至外坡面，对外坡形成较好的防护。

（九）栅栏板预制及安装

1. 工程概况

本工程栅栏板数量共计约 10 000 块，设计混凝土标号为 C35F300，含筋量为 76.9kg/m³。

标准段防护堤断面的栅栏板严格按照设计的结构图进行施工，其特殊部位（如接头、拐角等）视现场具体情况进行现浇或采用模袋混凝土护面施工。

2. 施工工艺流程

栅栏板预制及安装施工工艺流程见图 19-19。

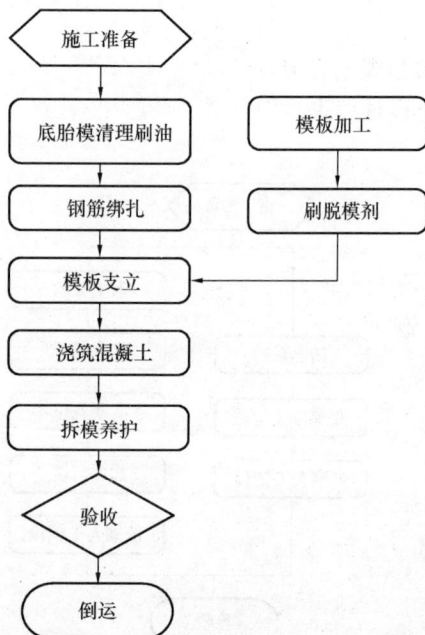

图 19-19　栅栏板预制及安装施工
工艺流程图

3. 工效计算

根据总体工期计划，冬季停工 2 个月，实际工期 10 个月，每月按有效工作日 25 天计，日均预制 40 块，需要加工模板 55 套，养护倒运平均按 5 天计算，计划布置栅栏板台座 200 个；按存放量 1 个月、栅栏板 5 层计算，计划存放栅栏板 1000 块，存放台座 200 个。

安装采用 50t 履带式起重机，在二层充填袋成型后，利用充填袋的保护层作为工作面，平板车运输栅栏板到指定部位；或用临时码头作为出运码头，方驳运输到施工工作面，起重船趁高潮安装。

4. 主要工序施工方法。

（1）模板结构：栅栏板模板采用钢板制成，相邻侧模之间用螺栓固定，内芯模也采用钢板焊接成整体。在底胎模上设止浆条，并用螺栓将芯模两头固定在侧模上。

（2）栅栏板预制底胎模采用混凝土地坪，侧模与底模采用帮包底形式。钢筋绑扎前人工清理底胎模，并均匀涂刷脱模剂。

（3）钢筋调直采用调直机，钢筋下料采用钢筋切断机，主筋弯折采用弯筋机弯曲，钢筋骨架箍筋用卷扬机拉直后，再卷盘成型。钢筋在钢筋场集中加工，预绑成型，运到现场安装。

（4）人工将模板清理干净，并均匀涂刷脱模剂。模板较轻，模板支拆采用人工进行。芯模利用两头的固定方钢作为起模的把手，通过人工拆除。

（5）混凝土采用搅拌站集中拌和，混凝土运输车水平运输。混凝土运输车直接入模或吊罐入模。浇捣应严格按照《水运工程混凝土质量控制标准》（JTJ 269—1996）的操作要求进行，以保证其施工质量。

（6）块体养护采用覆盖草帘或无纺土工布洒水养护。养护由专人负责，根据气象条件及时洒水，并做好记录。

（7）根据实际气温情况以同样试块，养护 3～5 天后，吊装运输到存放场地，块体出运存放用龙门式起重机吊装、平板车运输。

存放场地要进行适当平整，存放时若场地不足需加高时必须加垫木，堆放层数根据计算确定，栅栏板不得高于 5 层。

（8）安装前首先对垫层石进行验收，验收合格后方可进行安装，以防止风浪破坏。

（9）栅栏板用平板车从存放地点倒运至安装路段或临时码头，用平板车或方驳运输至指定部位，用 50t 履带式起重机从坡脚开始顺次向上安装。

（10）安装前，必须对块体进行逐块检查，构件质量必须符合设计要求，偏差小于允许偏差，不符合技术要求时应进行修整。

（11）吊运块体过程中，要用靠帮球或方木做缓冲，防止碰撞；如有损坏，应修补合格后再行安装。

（12）安装前，吊钩要缓慢升降，以防碰坏块体；安装后，要及时检查各项偏差，做好记录。

（十）合龙口施工

1. 工程概况

根据施工分区和平面布置，本工程拟在一级沉淀池东堤、二级沉淀池南堤各设置一座龙口。在龙口处沟底各吹筑 $200g/m^2$ 高强防老化布的充填砂管袋护底，收缩两侧护面形成龙口保护。两个合龙口的龙口保护宽度分别取为 200m 和 150m，龙口保护顶面高出地面 0.5m（约 1.5m 标高）。现以一级沉淀池东堤 200m 宽龙口为例阐述龙口施工方案。

2. 施工工艺流程

合龙口施工工艺流程见图 19-20。

3. 龙口合拢施工总体安排

（1）测量放样。根据施工图进行实地放样，定出龙口位置及各构筑物的特征线。

（2）龙口保护充泥管袋。龙口口门上部长度约为 240m，底部长度约为 200m。沿垂直于主堤轴线方向将 $200g/m^2$ 防老化编织布充泥袋分成 10 只袋体进行施工，袋体之间要求相接紧密、牢固，并在龙口内外边缘沿平行于主堤轴线方向充填龙口长度的整袋。

龙口护底防老化充砂管袋选择在平潮期潮差小的时候进行施工，并连

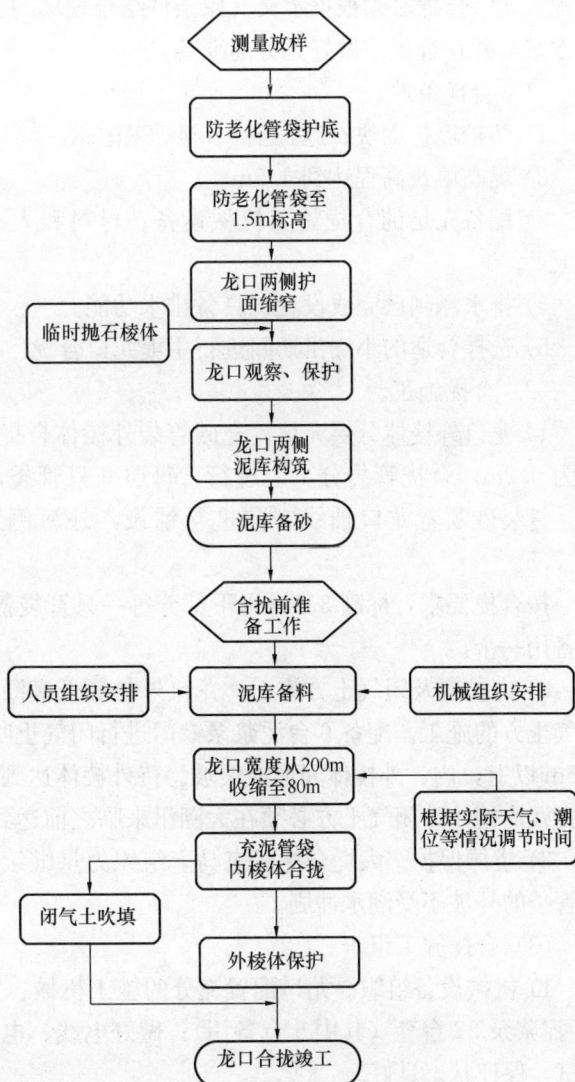

图 19-20 合龙口施工工艺流程图

续进行，龙口的护底充砂管袋在 1~2 个潮位之内完成。

充砂袋护底完成后，应将其管口绑扎牢固，对局部破损处要及时用人工缝补，并立即进行下一道工序的施工。

（3）砂库。砂库作为龙口合拢时主要的砂料存放场，布置在龙口两侧，库宽 100m，根据龙口合拢所需土方的 2 倍以上储砂量考虑。砂库充砂管袋隔堤的施工在龙口保护底层充泥管袋施工的同时开始。

砂库布置在龙口两侧的堤身内侧，结合龙口设置用充砂管袋形成围区，库内泥砂高程不小于 4.5m。

4. 主要工序施工方法

围堤龙口合拢闭气是此类工程一项极为重要的施工内容，关系到大堤施工的成败。本龙口初期设置宽度为 200m，待砂库建成、大堤堤身高程全线达到 5.0m 标高后，在小潮汛期间候潮提前 3~5 天先将龙口立堵，宽度收缩至 80m；最后 80m 采用平堵的方式将龙口最终合拢。龙口合拢必须根据水文气象条件结合现场的工况认真制定详细的合拢施工组织专项技术方案，并在合拢前做好充分的准备。

（1）合拢条件。

1）防护堤护面块石施工至 5.0m 高程。

2）堤心填筑高程达到 4.5m。

3）配备充足的合拢施工机械设备、材料和人力，泥库砂量超过合拢所需方量的 2 倍以上。

4）排水涵闸已完成设置，具备排水功能。

5）选择合适的小潮汛期间进行主堤龙口合拢。

（2）合拢施工。

1）龙口外棱体分层充填。充砂管袋外棱体合拢是大堤合拢的关键，吹砂管袋合拢顶标高为 5.2m。合拢管袋分 7 层进行，每层 6 只管袋，每层管袋砂施工按 0.5~0.6m 厚度控制，管袋砂顺着龙口轴线方向进行铺设，外海侧边坡坡度为 1：3，围内侧边坡坡度为 1：2.5。

按合拢要求，标高 3.0m 以下部分每一只管袋备用一个，标高 3.0m 以上部分每一层管袋备用一个。

2）内护底及闭气土方施工。龙口外护底低潮断水后，即用备用的抽砂泵开始充灌袋及闭气土方的施工。配备 6 台泥浆泵专门进行闭气土吹填，直至靠外护底充泥管袋侧高程达到 4.5m 以上，内、外棱体间形成缓坡。待外棱体达到设计标高后，集中所有的设备吹填闭气土方及内棱体，闭气土方必须在大潮汛来临之前达到设计断面，确保安全合拢。

3）袋体保护。大堤合拢后应马上组织力量继续在外护底外抛石，并采取措施保护外护面管袋的外坡不受潮水冲刷。

（3）合拢施工组织。

1）机械设备组织。龙口配置充分的施工机械：发电机 6 台（含备用），总容量 900kW/h；泥浆泵 22 台套（其中 6 台备用）；做好电线、电缆的架设；发电机、泥浆泵提前就位并调试，保证状态良好。

泵管全部连接好，预先放置于龙口两端，并有一定的备用量。

2）材料组织。提前将内、外棱体所需的充砂管袋全部加工好并分开编号，放在龙口附近，并准备50%的备用量。另在龙口两侧备有足够数量的块石、碎石包，以供合拢时防护所需；同时准备编织袋10 000只，以备急用。

3）劳动力组织。龙口合拢准备组织200人，具体有泥浆泵组80人，铺袋组40人，防护抢险组50人，动力组20人，后勤组10人。

4）交通、信息准备。合拢期间保证交通畅通；现场指挥、管理人员每人配备手机及对讲机，保证内外通信、政令畅通。

5）技术准备。组建强有力的指挥机构；配置技术人员（包括安全、质量、监督）10人，分两组24h轮流值班；合拢前召开专题技术交底和动员会，做到任务明确、责任到人。

（4）合拢保证措施。

1）组织保证。

① 现场成立合拢指挥部，项目经理任指挥，统一指挥龙口合拢。

② 合拢指挥部下设技术组、安全保障组、生产调度组、材料供应组、后勤组等。合拢前召开动员大会，号召全体参战人员同心协力，服从指挥。

③ 现场施工队下设泥浆泵班、铺袋班、防护班、动力班。

2）质量保证。

① 龙口合拢严格按设计图施工，施工中加强质量检查，每项工作完成后均需经质检员及监理检查、验收合格后方可进行下一道工序施工。

② 用于工程的所有材料必须满足设计要求，提前对合拢所用的材料进行试验，待检验合格，报监理部门认可后方可使用。

③ 各类布、管袋，防渗布等材料在搬运过程中要小心，不得损坏，发现损坏及时更换。

3）安全保证。

① 合拢前经理部组织，由专职安全员对施工人员进行安全技术交底，提高全体人员的安全意识。

② 对电源线架空铺设经常进行检查，发现破损及时处理，严防漏电、触电。

③ 泥库取土时必须在距泥库棱体管袋5m以外进行，且深度不能超过原滩地，以防塌方。

④ 水上作业一律穿救生衣，防止溺水事件。

⑤ 夜间作业要配备足够的照明，同时配备手持照明灯。

⑥ 确保交通畅通，备足交通、通信工具及抢险物资，若遇有突发事件，立即组织排除，确保大堤顺利合拢。

（5）合拢后大堤的保护。合拢结束后，安排专职检查组，认真仔细观察、检查棱体及堤脚滩面，昼夜巡逻大堤，以便能够及时发现险情，采取相应措施。

五、试验检测

为保证工程质量得到全面有效控制，所有产品均满足业主、规范、设计要求，在搅拌站建设满足工程需要的试验检测中心，配备满足施工要求的全套试验设备；施工现场建设满足混凝土浇筑施工需要的简易试验室，配备混凝土试件制作和压力试验设备、砂石料检测设备。

1. 试验检测计划表

根据施工实际情况，对相关试验项目进行检测，并编制试验检测计划表。

2. 外委试验检测计划

外委试验检测计划见表 19-4。

表 19-4 外委试验检测计划表

检验项目	试验项目内容	检测频率	检测单位	备注
混凝土	抗折强度、劈裂抗拉强度	—		
	抗冻试验	3 组/每单位工程		
	抗渗试验	1 组/每单位工程		
外加剂	固体物含量或含水量	50t/批	—	
	比重、容重			
	pH 值			
	溶解性			
	细度			
	外加剂性能对比试验			
建筑钢材理化性能及焊接	抗拉	每批号不超过 60t		
	弯曲			
	延伸率			
	冷弯			
砖（砌块）	容重			
	吸水率			
	强度			
土工	最大干密度、最佳含水率			

3. 试验室规划

（1）试验室规模。根据本工程需求，共设试验室 9 间，建筑面积 235m²，划分为力学室、养护室、库房、集料室、水泥室、混凝土性能室等。

（2）试验室人员配备。根据工程需要配备相应的工程试验检测人员。

（3）试验室仪器、设备资源及布置。试验检测室所配置仪器、设备均按期进行周检或自检，取得计量合格证，并均已通过年检审查。本工程试验检测中心仪器、设备配备见表 19-5。

表 19-5 主要材料试验、测量、质检仪器设备表

编号	仪器设备名称	规格型号	单位	数量	备注
1	电液式压力试验机	YA-2000	台	1	力学检测室
2	电液式万能试验机	WA-300	台	1	力学检测室
3	拉力试验机	LJ-1000	台	1	力学检测室
4	电动抗折试验机	DKZ-5000	台	1	力学检测室
5	土工试验器材		套	1	土工试验室
6	轻型击实仪	—	台	1	土工试验室
7	水泥胶砂搅拌机	JJ-5	台	1	水泥检测室
8	水泥胶砂振实台	ZS-15	台	1	水泥检测室

续表

编号	仪器设备名称	规格型号	单位	数量	备 注
9	水泥净浆搅拌机	NRJ-411A	台	1	水泥检测室
10	水泥胶砂流动度仪	NLD-2	台	1	水泥检测室
11	水泥稠度及凝结时间测定仪	标准	台	1	水泥检测室
12	水泥抗压夹具	标准	套	3	力学检测室
13	恒温恒湿养护箱	YH-0B	台	1	水泥检测室
14	水泥安定性沸煮箱	FZ-31	台	1	水泥检测室
15	水泥试模	40mm×40mm×160mm	套	9	水泥检测室
16	混凝土自落式搅拌机	TZJ-60	台	1	混凝土检测室
17	混凝土坍落度筒	100mm×200mm×300mm	个	5	混凝土检测室
18	混凝土回弹仪	HT-225	台	3	混凝土检测室
19	混凝土贯入阻力测定仪	HG-80	台	1	混凝土检测室
20	插入式混凝土振动棒	HG6-30	根	10	混凝土检测室
21	混凝土试模	150mm×150mm×150mm	套	60	混凝土检测室
		100mm×100mm×100mm	套	20	混凝土检测室
22	砂浆试模	70.7mm×70.7mm×70.7mm	套	10	混凝土检测室
23	砂子标准筛	$\phi200$	套	2	砂、石检测室
24	石子标准筛	$\phi300$	套	2	砂、石检测室
25	石子压碎指标测定仪	IZ-1	台	1	砂、石检测室
26	电热恒温干燥箱	202	台	1	砂、石检测室
27	电热鼓风干燥箱	101A-4	台	1	砂、石检测室
28	震击式标准摇筛机	ZBSX-92A	台	1	砂、石检测室
29	针片状规准仪	标准	套	2	砂、石检测室
30	容量筒	$\phi108×109mm$	个	2	砂、石检测室
		$\phi186×186mm$	个	2	砂、石检测室
		$\phi208×294mm$	个	2	砂、石检测室
		$\phi294×294mm$	个	2	砂、石检测室
		$\phi360×294mm$	个	2	砂、石检测室
31	玻璃筒	1000mL	个	2	混凝土检测室
		500mL	个	2	水泥检测室
		250mL	个	2	水泥检测室
		100mL	个	2	水泥检测室
		50mL	个	2	水泥检测室
		25mL	个	2	水泥检测室
32	容量瓶	500mL	个	2	砂、石检测室
33	钢直尺	300mm	支	2	混凝土检测室
34	钢角尺	150mm	支	1	混凝土检测室
35	塞尺	17片	支	2	混凝土检测室

编号	仪器设备名称	规格型号	单位	数量	备　注
36	框架水平仪	200mm×200mm	台	1	混凝土检测室
37	游标卡尺	300mm	支	1	混凝土检测室
		150mm	支	1	力学检测室
38	温度数字显示调节仪	XMT－122	台	1	养护室
39	数字温度计	WMY-01	支	1	混凝土检测室
40	干湿温度计	272-A	支	2	水泥检测室
41	水银玻璃温度计	200℃	支	4	养护室
		300℃	支	2	砂、石检测室
42	有机液体温度计	110℃	支	10	混凝土检测室
43	案秤	AGT6-10	台	1	砂、石检测室
44	台秤	TGT-100	台	1	混凝土检测室
45	架盘天平、砝码	JYT-20A	套	1	水泥检测室
		HC-TP11-10	套	1	砂、石检测室
		JYT-5	套	2	砂、石检测室
		JYT-10	套	1	砂、石检测室
		HC-TP11-50	套	1	砂、石检测室
46	电子秒表	SJ9-2	只	1	试验室
47	机械秒表	809	只	1	试验室
48	滴定管	25mL	支	2	砂、石检测室
		50mL	支	2	砂、石检测室
49	锥形瓶	250mL	个	2	砂、石检测室
50	粉煤灰标准筛	φ200	套	1	水泥检测室
51	水泥标准筛	φ200	套	1	水泥检测室
52	超声波检测仪	汕头-16	台	1	安装检测
53	X射线探伤机	GX-2505	台	1	安装检测
54	漆膜厚度测试仪	CTG-10	台	1	安装检测
55	电缆高压试验仪	—	套	1	安装检测
56	接地电阻测试仪	XCJH3-5/200	套	1	安装检测

六、施工技术计划

1. 典型施工计划

典型施工计划见表 19-6。

表 19-6　　　　　　　　　　　典型施工计划表

典型施工名称	计划实施时间	计划达到的目的
挡浪墙现浇	—	检验模板的质量和混凝土施工工艺能否满足质量的外观要求，检验施工工艺是否可行，在狭窄的施工作业面上各种施工机械能否满足工程的质量和工期要求

2. 技术总结编写计划

技术总结编写计划见表 19-7。

表 19-7 技术总结编写计划表

工程项目名称	计划完成时间	责任人	审核人
挡浪墙现浇	—		

3. 声像工作计划

根据工程的进展，每个工序都留有工程照片，重要的施工工序或进行工艺革新的工艺进行摄像，在整理竣工资料的时候进行归档。

每月根据工程的进展情况向企业报送工程照片，照片的内容主要有本月主要进行的工序和新开工项目。工程的质量和安全问题，质量控制的结果，能够真实地反映出本月工程的施工控制情况。

另外，施工组织设计中的其他内容，如施工进度计划，质量工作计划，职业健康安全、环境保护措施文明施工措施，工程用料使用计划，船机设备使用计划及劳动力使用计划本节均略。

第二节 海水淡化土建工程施工措施

一、海水淡化地基处理及开挖施工

（一）工程概况

某发电厂一期工程 2×1000MW 机组，海水淡化管道施工区域在坐标 $A = 4617.05 \sim 4775.285$ 与 $B = 1572.00 \sim 1292.30$ 之间。地基采用水泥粉煤灰碎石桩，共 1976 根，桩径为 400mm，呈等边三角形布桩，CFG 桩的设计桩底标高为 -16.000m；CFG 桩复合地基设计承载力特征值为 120kPa。

（二）施工工艺流程

海水淡化地基处理及开挖施工工艺流程见图 19-21。

（三）施工方法及要求

1. 施工前的准备工作

（1）熟悉图纸并按作业程序依次进行图纸会审，提前解决施工交叉及专业交叉问题，制订出施工方案。

（2）按图纸、其他设计文件及施工方案做好材料计划，备好各种原材料、周转性材料及措施性材料。

（3）编制施工作业指导书及工程质量检验计划，进行施工前的技术及安全交底。

（4）做好工具、器具、机械的校验、检修工作，以确保施工期间机械能正常运行。

（5）布置现场施工用水、用电，要保证施工期

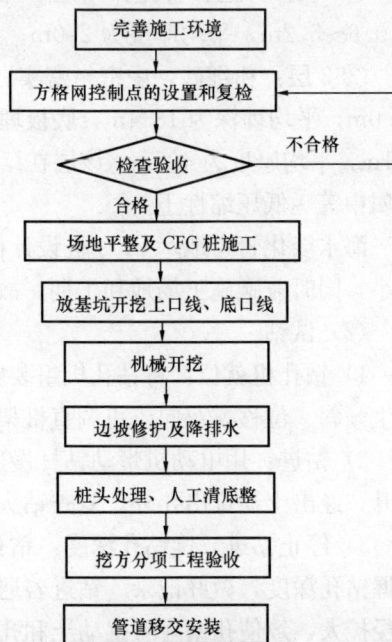

图 19-21 海水淡化地基处理及开挖施工工艺流程图

733

间的水、电及现场照明等工作。

(6) 完成施工方案及资源的报批工作。

2. 测量工程

(1) 轴线采用 SET210 型全站仪进行测放，过程加密控制桩采用 J2 经纬仪进行。标高用 S3 级水准仪从 J1、J4 号控制桩引测。

(2) 测好各方向的中心线及标高线，并经监理验收后方可进行开挖。

3. CFG 桩基施工

(1) 钻机选取。根据现有的初设阶段岩土工程勘测报告，厂区地层为第四系陆相、海相、海陆交互相沉积层。各土层性质分述如下：

第一大层（层号①）：约 3.0m 厚，本层为陆相沉积物，以黄褐色粉质黏土为主，在该层的顶部分布有素填土或淤泥。

素填土：黄褐色，湿～很湿，由粉质黏土组成，松散～稍密，属高压缩性土。一般厚度为 0.50～1.50m，平均厚度为 1.00m。

淤泥：属高压缩性土。一般厚度为 0.20～0.50m。局部地段人工挖掘了沟槽，淤泥沉积厚度相对较大，为 0.80～1.20m。

粉质黏土，属高压缩性土。一般厚度为 0.80～2.90m，平均厚度为 1.80m。该层在厂区内均有分布。

第二大层（层号②）：本层为海相沉积物，以灰色粉质黏土为主，夹有粉土、黏土、淤泥质粉质黏土和粉细砂层。按岩性特征及物理力学性质分为三个亚层：

②1 层：粉质黏土，该层土属高压缩性土。该层土底板埋深为 16.0～25.0m，平均埋深为 18.4m，层厚为 10.8～22.8m，平均厚度为 14.9m。该层在厂区内均有分布。

②2 层：粉土，灰色，中密～密实。本层整体厚度较小，主要以夹层形式存在，层厚为 0.6～5.2m，平均厚度为 2.0m。该层土属中等压缩性土。

②3 层：粉细砂，中密～密实。本层位于第二大层的底部，该层土顶板埋深为 17.6～22.0m，平均埋深为 18.4m，底板埋深为 20.2～29.5m，平均埋深为 23.4m，层厚为 1.8～8.1m，平均厚度为 4.5m。该层在厂区的大部分地段均有分布，仅煤场以西地段缺失。该层土属中等～低压缩性土。

海水淡化管道地基 CFG 桩设计桩底标高为 -16.0m，主持力层应处于②1 层，其渗水系数小，同时兼顾施工场地和工期，故采用干作业长螺旋钻机钻孔施工方案。

(2) 试钻。

1) 钻孔机就位：将钻孔机组装好后将钻孔机就位，钻孔机就位时，必须保持平稳，不发生倾斜、位移，双向校正调直桩架导杆，再用对位圈对桩位，读钻深标尺的零点。

2) 钻进：用电动机带动钻杆慢速转动，使钻杆头螺旋叶片旋转削土，土块随螺旋叶片上升，经出土器排出孔外。复查钻头垂直度，若钻杆无偏差，继续钻进。

3) 停止钻进，读钻孔深度：钻孔时要用钻孔机上的测深标尺或在钻孔机头下安装测绳，掌握钻孔深度，做好记录。钻进若遇有含水量较大的软塑黏土层时，必须防止钻杆晃动引起孔径扩大，致使孔壁附着扰动土和孔底增加回落土。

4) 压力灌注成桩：接通动力头上部高压胶管，开始泵压灌注，初灌至钻头埋深不小于 500mm，边压力灌注边逐步提拔钻杆，直至灌注至设计桩顶标高超出 500mm，停止压力灌注，将钻杆全部提出至钻头全部离开地面，停止动力头上升。

5）排土清运：钻出的泥土要专业人员清运，随钻随清，以保证有足够的工作面。

若试钻成功，应及时总结经验，加快施工进度，加大组织钻机施工力度。作业时应隔排跳桩施工，避免对施工完的桩造成扰动。

4. 操作要点

（1）桩机就位必须铺垫平稳，立柱垂直稳定牢固，钻头对准桩位。

（2）开钻前必须检查钻头上的楔形出料活门是否闭合，严禁开口钻进。

（3）钻进进程中未达设计标高不得反转或提杆，如因特殊情况要提升钻杆或反转，应将钻杆提升到地面，对钻头顶活门重新清洗、疏通、闭合。

（4）开始钻进或穿过软硬土层交界处时，应保证钻杆垂直，缓慢进入；在含有砖头、瓦块的杂填土层或含水量较大的软黏土层中钻进时，应尽量避免钻杆晃动，以免扩大孔径。

（5）钻进时，应注意观察电流值变化是否在正常工作状态。

（6）桩身混凝土强度等级 C20。压力灌注之前，应先开动泵输送泵，提前将拌和好的混凝土充满整个输送管道，并将储满输送泵料斗。

（7）压力灌注与钻杆提升配合好坏将严重影响着桩的质量，如钻杆提升晚将造成活门难以打开，致使泵压过大憋破胶管；如钻杆提升过快将使孔底产生负压，饱和土涌入产生沉渣，削弱桩的承载力。因此要求压力灌注与提升的配合要恰到好处，一般提升速度是当听到空心钻杆中有混凝土落声时提升钻杆为宜，以确保桩尖落实。

（8）压力灌注时泵送应连续进行。泵斗内要有一定的容量，容量应高出料斗 500mm 以上，以防吸进空气造成堵管。当泵斗混凝土低于进料口时，应及时通过口哨通知钻机停止提升钻杆，待混凝土补充足后再进行压力灌注、提升。

（9）钻进进程中，操作人员与指挥人员要密切注意钻进情况，如遇卡钻、钻杆剧烈抖动、钻杆偏斜等异常情况，应立即停钻，查明原因，采取相应措施，方可继续作业。

（10）对桩的位置垂直度要严格按照设计要求及 GB 50202—2002 要求控制，为保证有足够的工作面及提高成桩的质量，钻出的泥土要分批清运，必要时要随钻随清。

（11）施工期间，如需停电、停水，甲方应提前通知施工单位，以免造成质量事故及设备损坏。

（12）混凝土输送泵安放位置要与钻机的施工顺序配合，尽量减少变道，钻机与泵之间的距离一般在 600mm 以内为宜。

5. 开挖

基坑土方开挖主要采用机械大开挖，人工配合清槽的施工方法进行。开挖自上而下水平分层施工，设专人现场跟班测量，随时控制放坡情况和基底标高，边挖边检查坑底宽度及坡度，不够时及时修整，至设计标高时，再统一进行一次修坡清底，检查坑底宽和标高。为方便施工，在北侧留设 6m 宽坡道，坡度根据现场实际情况设为 1∶3～1∶6，同时采用破除桩头进行护坡垫道。

弃土必须及时运出，在基坑边缘上严禁堆土和堆放材料以及移动机械，以保证边坡的稳定。弃土应运至指定地点，并及时用装载机进行平整，严禁随意弃土，并安排专人对运土道路进行清理。

基坑开挖同时在边坡顶上设立挡水沿（包括局部深坑），挡水沿上宽 400mm、下宽

800mm、高500mm，挡水沿中心线距边坡600mm。挡水沿应彻底压实，并拉线将边坡棱角修理整齐，做到既美观，又切实起到挡水作用。

开挖后应在基坑四周挡水沿外侧300mm处设立安全围栏，安全围栏采用ϕ48脚手架管搭设。脚手架搭设要做到横平竖直，所有架管均应涂红白相间漆。搭设完后围栏上应挂警示牌，夜间也必须有明显的警示标志。

基坑挖完后应进行验槽，做好记录，如发现地基土质与地质勘测报告、设计要求不符时，应与监理研究及时处理。

从场地土的工程性质及场地土的工程地质条件看，场地地下水的稳定水位埋深较浅，基坑坑壁直立性较差，施工期间为保证基坑坑壁稳定，采用1∶2.5放坡的坡度值，适当放宽工作面。严禁在坡顶堆载，并注意来自坡顶施工机械的动载。

基坑开挖完成后，在基坑里面四周布置排水明沟和集水坑，然后用泥浆泵和潜水泵将水从集水井抽出，通过排水管排往设定的排水沟内，以降低基坑四周的自然水位。

6. 降排水

开挖完成后，在基坑四周离坡底边线约300mm处人工挖出一条上口宽约500mm，下口宽约300mm，深约500mm，有0.5%双向流水坡度的排水沟，坡向集水井。在四角和四边设置集水井，集水井截面为0.8m×0.8m，井壁用MU10红砖、MU5水泥砂浆砌120mm厚挡墙加固，并在井壁内放置直径为500mm水泥管。至基底以下井底应填以20cm厚碎石或卵石，水泵抽水龙头应包以滤网，防止泥砂进入水泵。降排水应连续进行，直至基础施工完毕，回填土后才停止。

7. 截桩

首先把控制网标高点引测到坑内桩头上，用红油漆做好标记，然后把这一基准点引测到各个桩头的四个角上，并用墨斗把基准线弹出来。桩头破碎采用人工破碎，工具使用大锤、风镐、手锤、錾子，施工人员戴好防护眼镜，抡大锤的人员不允许戴手套。根据具体的基础标高进行截桩。截桩时先使用空压机带风镐在桩侧面进行打眼后截断（采用3根钢钎间隔120mm，沿径向楔入桩体，直至上部桩体断开），桩顶采用小钎修平，然后人工进行细部处理，严禁直接用机械或工具从上部破桩。

根据切割墨线用钢筋錾子沿切割的桩头凿好印，先用钢筋錾子把印痕以上的四角主筋凿出来。施工时应轻轻凿，不能过于着急，以免损伤主筋，造成不必要的损失。主筋凿出后，把桩内箍筋全部剥开，用大锤和平尖錾子凿切割位置，用倒链将桩头拉倒。凿下来的桩头用起重机吊到运输车上，并运到指定地点码放整齐。凿完的桩头应剥平，并把松动的混凝土块清理干净。

最终桩顶标高误差控制在0~30mm范围内。

若因剥桩造成桩顶开裂、断裂，应按桩基混凝土接桩规定，将断面凿毛，刷素水泥浆后用高一级混凝土填补并振捣密实。

8. 桩基检测

当截桩工作完成后，立即提交设计单位进行桩基低应变检测，采用复合地基载荷试验，试验数量宜为总桩数的0.5%，并应抽取不少于总桩数20%的桩进行低应变动力试验，检测桩身完整性。待检测桩基合格后方可进行下道工序施工。

9. 褥垫层施工

复合地基施工并检测合格后，方可进行褥垫层施工。褥垫层材料使用级配砂石，最大粒径不大于 30mm，褥垫层虚铺 22～24cm 厚，采用平板振动仪振密，平板振动仪功率大于 1500kW，压振 3～5 遍，控制振速，振实后的厚度与虚铺厚度之比小于 0.90。

（四）施工注意事项

（1）钻机进场后应根据桩长来安装钻塔及钻杆，钻杆的连接应牢固，每施工 2～3 根后，应对钻杆进行紧固。

（2）钻机定位后，进行预检，钻尖与桩点偏差不得大于 10mm，刚接触地面时，下钻速度要慢。

（3）钻进速度应根据土层情况来定，杂填土、砂卵石层应谨慎钻进，施工前应根据试桩结果进行调整。

（4）钻出的土应随钻随清，钻至设计标高时，应将钻杆定位器打开，以便清除钻杆周围土方。

（5）钻到桩底设计标高，由质检员终孔验收后，进行压灌混凝土作业。

（6）混凝土输送泵泵管尽可能保持水平，长距离泵送时，泵管下应用道木垫实，当泵管需要倾斜时，应避免角度大于 4°。

（7）当气温高于 30℃时，要在混凝土输送泵管上覆盖两层湿草袋，每隔一段时间洒水湿润，以防管内混凝土失水离析，造成堵塞泵管。

（8）成桩施工各个工序应连续进行，成桩完成后应及时清除钻杆及软管内的残留混凝土，长时间停置时应用清水将钻杆、泵管以及地泵清洗干净。

（9）钻至桩底标高后，应立即将钻机上的软管与地泵泵管连接，并在软管内倒入水泥浆，以起到润滑软管和钻杆作用。

（10）钻杆的提升速度应与混凝土泵送量一致，充盈系数不小于 1.3。在淤泥质土中应适量放慢，桩顶标高应高出设计标高 500mm。

（11）施工中遇场地障碍或地下障碍，应及时与现场监理、业主代表联系，征求设计单位意见后执行。

（12）为防止桩移位和地基扰动必须注意以下事项：

1）挖土应采用后退开挖，自上而下水平分层进行，当挖至桩头设计标高＋500mm 后，采用人工开挖，严禁机械碰动桩头。为减小对工程桩的影响，桩间土采用人工清挖。

2）车辆行走尽量避开桩基，如确实无法避开时要确保桩上端有 500mm 以上覆土。

3）截桩时从侧面用风镐截桩，禁止直接从上部破桩。

4）根据开挖后现场实际情况在基底标高以上预留 500mm 以内一层土进行人工清理。

（13）土方开挖严格按照 1:2.5 放坡，不得偏陡。基坑开挖完成后，按照要求严格修理边坡，若边坡发现渗水较大的地方，应立即用砂袋砌筑进行护坡。

（14）注意对水泵和集水井的日常检查和维护，确保降排水连续进行，严防基坑进水和地面积水。

（15）开挖要严格对照图纸进行，人工配合机械开挖，严禁直接用机械挖到标高。

（16）人工清理基坑标高偏差为 -20～0mm，表面平整度不得大于 20mm，采用水准仪随时控制基坑底标高。

（17）人工清理基坑时严禁载重车辆进入基坑内，以防基底土质破坏，采用手推车外运土方。

（18）严禁超挖，若有超挖现象，严格按设计要求处理至管底标高，并经监理验收合格后方可进行下道工序。

（19）施工过程中若遇与雨雪天气，则在边坡上临时覆盖彩条布进行临时覆盖。

二、海水淡化区设备支架基础开挖及施工

（一）工程概况

某发电厂一期工程 2×1000MW 机组，海水淡化区设备支架位于 2 号水塔北侧，东西向布置。基础形式为条形连梁基础，南北共 4 组。每组轴线尺寸为 123.95m×6.00m。基础及连梁底标高为 -3.50m。承台、柱、地梁为 C40 混凝土，垫层为 C15 混凝土。±0.00m 相当于绝对标高 4.35m。

（1）0.500m 以下钢筋混凝土构件均需刷环氧煤沥青厚浆型涂料两遍，施工缝处抹聚合物水泥防水砂浆。

（2）基础钢筋保护层厚度：基础侧面及顶面、地梁、柱为 50mm；承台底面为 100mm。

（3）钢筋类别为 HPB235、HRB335。柱接头形式采用机械连接。

（二）施工工艺流程

1. 施工前的准备工作

（1）熟悉图纸，并按作业程序依次进行图纸会审，提前解决施工交叉及专业交叉问题，制订出施工方案。

（2）按图纸、其他设计文件及施工方案做好材料计划，备好各种原材料、周转性材料及措施性材料。

（3）编制施工作业指导书及工程质量检验计划，进行施工前的技术及安全交底。

（4）做好工具、器具、机械的校验、检修工作，以确保施工期间机械能正常运行。

（5）布置现场施工用水、用电，要保证施工期间的水、电及现场照明等工作。

（6）完成施工方案及资源的报批工作。

2. 测量工程

（1）基础轴线采用 SET210 型全站仪进行测放，过程加密控制桩采用 J2 经纬仪进行。标高用 S3 级水准仪从 4 号控制桩引测。

（2）测好各方向的中心线及标高线，并经监理验收后方可进行开挖。

3. 开挖

布置 2 台挖掘机自东向西进行退挖，每台挖掘机配备 2 台自卸运土车、1 辆装载机和 6 名清理土方工人。开挖自上而下水平分层进行，为避免破坏地基土，第一次挖到桩头上 300mm 处时，改为人工开挖直至基坑底标高 -3.60m。开挖过程中严格按照 1∶2 进行放坡，设专人现场跟班测量，随时控制放坡情况和基底标高，边挖边检查坑底宽度及坡度，不够时及时修整，至设计标高时，再统一进行一次修坡清底，检查坑底宽和标高。

为方便施工，在东侧留设 5.5m 宽坡道，坡度根据现场实际情况设为 1∶6～1∶8，同时采用渣土进行护坡。

弃土必须及时运出，在基坑边缘上严禁堆土和堆放材料以及移动机械，以保证边坡的稳定。弃土应按照指定地点进行弃土，并及时用装载机进行平整，严禁随意弃土，并安排专人

对运土道路进行清理。

基坑开挖同时在边坡顶上设立挡水沿，挡水沿上宽 0.4m、下宽 0.8m、高 0.5m，挡水沿中心线距边坡 0.6m。挡水沿应彻底压实，并拉线将边坡棱角修理整齐，做到既美观，又切实起到挡水作用（除运输道路可暂时不设以外，周围区域挡水沿应闭合）。

开挖后应在基坑四周挡水沿外侧 300mm 处设立安全围栏，安全围栏采用 φ48 脚手架管搭设。脚手架搭设要做到横平竖直，所有架管均应涂红白相间漆。搭设完后围栏上应挂警示牌，夜间也必须有明显的警示标志。

基坑挖完后应进行验槽，做好记录，如发现地基土质与地质勘测报告、设计要求不符时，应与监理研究及时处理。

4. 降排水

开挖完成后，在基坑四周离坡底边线约 300mm 处人工挖出一条上口宽约 500mm，下口宽约 300mm，深约 500mm，有 0.5% 双向流水坡度的排水沟，坡向集水井。在四角和四边设置集水井，集水井为红砖干砌，采用人工挖坑，并在管口上四周用砂石子堆砌至略高于地坪。基底以下井底应填以 20cm 厚碎石或卵石，水泵抽水龙头应包以滤网，防止泥砂进入水泵。水泵抽水后通过排水管从排水明沟排往泥浆池。根据实际情况降排水应连续进行，直至基础施工完毕，回填土后才停止。

5. 截桩

根据相关的资料桩顶设计标高 -3.40m 以上仍有 0.5m 桩头需要截去，截桩时，开挖到基底标高以后在桩基的 -3.40m 处周围画线，以此线为标准截去剩余桩头。截桩时先使用空压机带风镐在桩侧面破除保护层直至漏出钢筋，确保留有足够的锚固长度，打眼后截断，然后人工进行细部处理，清理桩表面及松动的碎渣，严禁直接用机械或工具从上部破桩。最终桩顶标高误差控制在 0~30mm，同时还要确保桩头主筋外漏长度不小于 800mm。把钢筋调直、调正，若破桩后发现钢筋长度不足 750mm，应进行伸长搭接焊接，双面搭接长度不小于 5 倍钢筋直径。

6. 垫层施工

(1) 垫层为 C15 混凝土。

(2) 垫层每边按要求要比基础宽至少 100mm，以保证模板施工的要求。

(3) 垫层施工时必须清理地基表面上的污泥、垃圾。

（三）细部放线与高程控制

(1) 用的经纬仪、水准仪、钢尺要经校核合格且在有效期内。

(2) 用经纬仪将纵横轴线引入基坑内，并测设在基础垫层面上，以红油漆标示出来，沿边口均匀做上红油漆标号，每条轴线均应双向控制，以便校核。

(3) 根据轴线放出基础的外边线。为减少高程控制的误差，由专业测量人员将基坑外附近的水准点转测到基础基坑内，并做出符合规范要求的高程控制点。

放线完后必须经各级质检人员验收。

（四）钢筋工程

1. 准备工作

(1) 所用施工材料必须有齐全的质量保证书。

(2) 检查钢筋材料的出厂合格证及钢筋抗拉试验报告单，并保证材料的可追溯性。钢筋领用由专人负责，认真做好钢筋质量的跟踪记录。

（3）检查钢筋品种、质量、规格、数量是否满足施工及设计要求。

（4）闪光对焊工作人员必须持证上岗，并做好焊前试焊。

（5）焊前做好焊接机械的调试工作，配置考试合格的焊工进行同条件试焊，委托检测中心做好钢筋闪光对焊接头试验报告。

（6）各种钢筋加工机械必须检验合格并挂牌后方可使用。

（7）准备绑扎用的铁丝、绑扎工具、绑扎架及控制混凝土保护层用的垫块。

2. 钢筋制作与绑扎

（1）钢筋接头主要采用闪光对焊（除柱子与上部结构的连接采用机械连接）。所有焊件均应由合格焊工进行焊接，且焊接试件必须试验合格。钢筋闪光对焊接头每班次 300 个同类型接头（同钢筋级别、同钢筋直径）作为一批。钢筋焊接前接头要打磨除锈，以确保钢筋焊接的质量；焊头要平直，不能弯曲；焊接钢筋同心度、平直度要满足要求。

（2）钢筋制作要严格按图纸和钢筋翻样表进行，并合理利用材料，尽量降低成本。

（3）钢筋制作完毕，要编号挂牌，分类放置，并要一头齐，不能乱放，放置时下部要用木方垫起，以防止污染。

（4）钢筋绑扎前要核对成品钢筋的型号、规格、直径、尺寸和数量是否与料单料牌相符，如有错漏，应纠正增补。钢筋表面应平直、洁净，不得有损伤，带有油渍、片状老锈和麻点的钢筋严禁使用。

（5）钢筋绑扎须按图纸要求控制好间距，绑扎要牢固，不得有松扣、缺扣现象。所有主筋均应按设计要求垫好混凝土预制垫块、控制保护层厚度。钢筋的级别、种类、直径应符合设计要求。

（五）模板工程

为加快施工进度，采用合理施工手段，结合基础形式，采用钢模板及木模板两种形式。

1. 木模板施工

（1）安装模板前先用经纬仪投出基础的中心线，再根据中心线定出基础的边线，用红油漆标好三角，以便于模板的安装和校正。

（2）用水准仪将标高直接引测到模板安装位置。

（3）按模板配板图拼装，错缝搭接，拼装尺寸准确，安装完毕用经纬仪或线坠校正。

（4）对拉螺栓须平直，为保证牢固可靠，对拉螺栓加双螺母固定。对拉螺栓应沿基础高度和水平方向等间距均匀排列，上下对齐。模板安装必须牢固可靠，表面平整，拼缝严密、不漏浆，中心要准确。

（5）模板支撑必须牢固，加固钢管必须与模板贴紧，所有 3 型扣件、螺帽必须备齐、拧紧。

（6）使用的模板及其支撑系统必须具有足够的承载能力、刚度和稳定性，能承受新浇筑的自重和侧压力。

（7）为保证混凝土表面光洁，模板在使用前应均匀涂刷模板油，不得污染钢筋。

（8）支模所设置的水平撑与剪刀撑按构造与整体稳定性布置。

（9）基础零米以上模板全部采用新木模板，模板施工加分格条，边角处选择塑料圆弧角模进行施工（见图 19-22）。

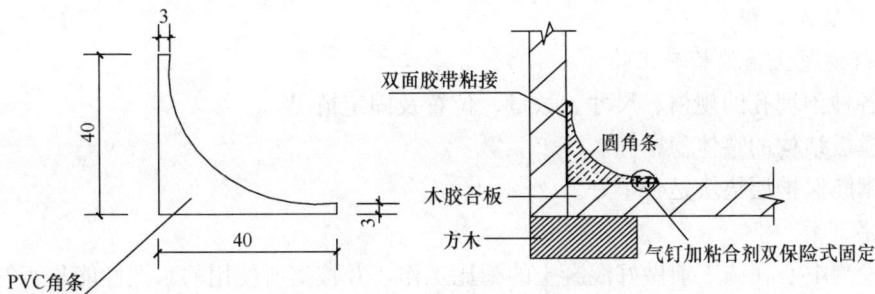

图 19-22 圆角条安装大样图（单位：mm）

（10）所有模板在使用前均应根据对拉螺栓设计的间距提前在后场打孔，将多余的毛刺清除掉，并涂刷清漆。严禁在现场使用电钻钻眼。

（11）当木胶板模板进行平面或转角拼接时，为了确保其密闭性，采用直口对接后在接口处用 48mm×100mm 方木加固。

（12）除模板楞木采用 48mm×100mm 方木（见图 19-23）外，其余均采用 φ48 钢管作楞进行固定，其间距不宜大于 150mm。所有的模板拼缝都必须采用双面胶带进行处理，防止产生漏浆现象。

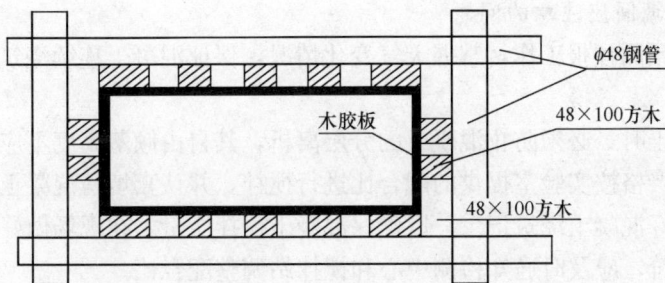

图 19-23 基础及柱头模板安装示意图（单位：mm）

（13）模板拆除时采用整装整拆，从上至下依次拆除，拆除时不得硬拉、硬撬，另外还要保护成品混凝土不受损坏。拆除后的模板不得从高处抛扔，必须采取传递的方法，轻拿轻放。选择平整的场地进行堆放，并及时清运出施工现场拉至后场进行模板的清理、刷脱模剂工作。一次使用后的模板严禁不清理就刷脱模剂、使用，严禁在施工现场刷脱模剂。

（14）拆除后的模板由于存在钉眼现象，不适合二次使用，因此在维修时钉眼处用橡胶锤敲平，另外采用 108 胶掺和白水泥、石膏粉做成腻子进行修补，待凝固后，用 150 号砂纸轻轻打磨，清理干净，最后刷上清漆防水，使用前刷油处理。

2. 钢模施工

（1）模板施工前，首先对基础放线进行验收。

（2）模板施工首先进行配板放样，并经本项技术负责人审批确认后施工。

（3）支模前应对模板进行挑选，对变形大、锈蚀和新模板未经脱漆处理的模板严禁使用。

采用 φ48 钢管加固模板（见图 19-23）。基础模板采用组合钢模板，采用内拉外支法施工。基础角部板缝处用双面胶条塞实。基础柱采用钢管作箍与支撑系统形成整体。

（六）混凝土工程

1. 浇筑混凝土前的检查工作

（1）各种预埋孔的规格、尺寸、数量、位置及固定情况。

（2）模板结构的整体稳定性。

（3）钢筋保护层垫块是否垫好。

2. 准备工作

（1）检测中心在施工前做好混凝土的配比工作，并核实所使用的水泥性能是否符合设计及规范要求，水泥的出厂时间是否符合要求。

（2）混凝土的浇灌实行挂牌制度，责任到人，以确保混凝土的质量。

（3）搅拌站要把搅拌楼、混凝土泵车、罐车等施工机械提前检修好，以保证混凝土浇筑时的正常供应。

（4）组织好现场施工人员、机械设备等；电工要安装好充足的照明设备；修筑好混凝土罐车的运输道路，并且能满足在雨天时正常运行。

3. 混凝土浇筑程序

基础混凝土采用分层浇筑，并保证上下层不留施工缝，每层混凝土的浇筑厚度控制在30cm 左右，每层浇筑应从低处开始。

4. 混凝土浇筑期间应注意的问题

（1）加强气象预测预报工作，掌握天气变化情况，保证混凝土连续浇筑的顺利进行及混凝土的质量。

（2）浇筑混凝土时，必须防止混凝土的分层离析，其自由倾落高度不应超过 2m。

（3）搅拌站应严格按实验室提供的配合比进行搅拌，并认真填写混凝土的搅拌记录。建筑工程处现场要做好混凝土浇筑记录，以确保混凝土搅拌质量。在现场做好坍落度试验，如坍落度与原规定不符，应及时通知检测中心和搅拌站调整配合比。

（4）混凝土施工过程中，检测中心应严格按规范提取试样做坍落度试验，并做出混凝土强度报告，做到对混凝土质量的跟踪检查及控制。

（5）混凝土浇筑过程中，应及时将浮浆清理至模板外，以保证混凝土的质量。

（6）为加强混凝土的振捣工作，施工时应分工明确，责任到人。

5. 混凝土捣固

（1）振捣器的操作，要做到"快插慢拔"。

（2）混凝土分层浇筑，在振捣上层时，应插入下层混凝土 5cm 左右，以消除两层之间的接缝，在振捣上层混凝土时，要在下层混凝土初凝之前进行。每一插点振捣时间一般为15～20s，应以混凝土表面不再显著下沉、不冒气泡、表面浮出灰浆为准。

（3）振捣器水平移动位置间距不应大于 450mm，振捣棒应离开模板 150mm，且尽量避免碰撞钢筋、预埋件等。

（七）施工注意事项

为防止桩移位和地基扰动必须注意以下事项：

（1）挖土应自南向北、自上而下水平分层、放坡退挖，以减少挖掘机对地基土体的压力，避免涌土、挤桩。

（2）严格控制开挖深度，严禁挖掘机碰撞桩基。桩间土采用人工清挖，挖掘机开挖其他部位的土方时，需围绕桩头开挖，每台挖掘机配备专人指挥。对已开挖出的工程桩，测量人员需有针对性的跟踪监测，如发现工程桩位置发生变化，应及时通知现场负责人员，立即停止施工。

（3）车辆行走尽量避开桩基，当确实无法避开时，要确保桩上端有 500mm 以上厚度的覆土。

（4）截桩时从侧面用风镐截桩，禁止直接从上部破桩。

（5）根据开挖后现场实际情况在基底标高以上预留 300mm 以内一层土进行人工清理。

（6）开挖过程中注意对基底土体的监测，发现有涌土现象立即停止开挖，增大退挖放坡系数，调整开挖深度及开挖速度。

（7）土方开挖严格按照 1∶2 放坡，不得偏陡。基坑开挖完成后，按照要求严格修理边坡。

（8）对照图纸控制开挖范围及标高，尽量少扰动桩基，保证桩顶标高满足设计要求。

（9）派专人对水泵和集水井进行日常检查和维护，确保降排水连续进行，严防基坑进水和地面积水。

（10）开挖要严格对照图纸进行，人工配合机械开挖，严禁直接用机械挖到标高。

（11）人工清理基坑标高偏差为 −20～0mm，表面平整度不得大于 20mm，采用水准仪随时控制基坑底标高。

（12）人工清理基坑时严禁载重车辆进入基坑内，以防基底土质破坏，采用手推车外运土方。

（13）开挖后如遇回填土，需请勘测单位现场验槽，若回填土均匀性、密实性不符合设计要求，应全部清除。严禁超挖，若确需超挖现象，经验槽后严格按设计要求采用级配砂石处理至基础底标高，压实系数不低于 0.96，并经监理验收合格。

（14）施工过程中若遇雷雨天气，则在边坡上临时覆盖编织布袋进行保护。

三、海水淡化区管道支架及 MED 附属建筑基础施工

（一）工程概况

某发电厂一期工程 2×1000MW 机组，海水淡化区设备管道支架及 MED 附属建筑工程包括海水淡化区管道支架、MED 凝结水及加药间、MED 综合泵房、MED 控制间、MED 备用变压器间。其中，MED 凝结水及加药间、MED 综合泵房位于每组海水淡化区设备支架的南侧，共 4 组。MED 备用变压器位于最南侧海水淡化设备支架 12m 外的东侧。MED 控制间位于最北侧海水淡化设备支架 11m 外的东侧。除 MED 备用变压器及控制间以外，其他建筑物都有设备基础。设备基础均支撑在地梁上，基础下与地梁间设 50mm 厚橡胶隔振垫。

混凝土强度等级：承台、柱、地梁、设备基础混凝土为 C40；构造柱混凝土为 C25；垫层为 C15。基础钢筋保护层厚度：基础顶及侧面、地梁、柱为 50mm；承台为 100mm。对于地下素混凝土构件和钢筋混凝土构件的防腐措施同锅炉基础施工方案。

（二）施工方案、措施

（1）海水淡化区管道支架基础。设备基础基础下与地梁间设 50mm 厚橡胶隔振垫，C40 碎石混凝土二次灌浆层厚 30mm。

（2）MED 凝结水及加药间及 MED 综合泵房设备基础与地梁间设 50mm 厚橡胶隔振垫，

采用 HSGM 防腐型灌浆料二次灌浆 30mm 厚，MED 综合泵房设备基础围堰内表面及围堰内地面和设备基础表面均贴耐酸瓷砖。零米以下采用 MU15 蒸压灰沙砖，M7.5 水泥砂浆砌筑。

施工顺序为：定位放线→机械开挖→人工清理桩间土→截桩头→人工清挖基底→C15 垫层→支架基础钢筋绑扎、支模→验收→浇筑混凝土→基础防腐→回填→地梁施工→回填→设备基础橡胶隔振垫铺垫及混凝土施工

（3）施工准备。

1）熟悉图纸，并将发现的问题提交有关部门进行图纸会审，提前解决图纸中影响施工的问题。

2）按图纸及设计变更及时做好材料计划，备好各种原材料及措施性材料。

3）编写施工作业指导书及工程质量检验计划，进行施工前的技术及安全交底。

4）做好工具、器具、机械的校验、检修工作，以确保施工期间机械能正常运行。

5）根据实际工期进行水泥、砂子、石子的备料，保证施工期间混凝土的正常供应。

6）会同搅拌站做好施工道路的准备工作，确定泵车的支车地点等。

7）布置施工用水、用电，确保施工期间的用水、用电正常。

（4）土方工程。

1）基坑土方开挖主要采用机械大开挖，人工配合清槽的施工方法进行。降排水采用明沟和集水井降水，泥浆泵和潜水泵进行排水。

2）开挖不得碰撞桩基，当挖至桩头标高后，桩间土采用人工清挖。为避免对地基土的扰动，根据开挖后现场实际情况在基底标高以上预留 300mm 厚土层进行人工清理。

3）土方运输沿北侧道路运至水塔西侧土方堆放场。

4）基坑开挖过程中，在基坑里面四周布置排水明沟和集水坑，然后用泥浆泵和潜水泵将水从集水井抽出，通过排水管排水，以降低基坑四周的自然水位。

（5）回填。

1）回填前应将基坑内的积水、淤泥、杂物清理干净。

2）回填前对需隐蔽的工程进行隐蔽验收。

3）根据现场情况及施工进度，采用级配砂石分层回填、碾压、夯实，分层厚度不大于 250mm，压实系数不小于 0.96。

4）每层虚铺厚度不得大于 250mm，在合适位置标志好回填厚度控制线和回填皮数。

5）打夯前应将填土初步整平，打夯要按一定方向进行，一夯压半夯，夯夯相接，行行相连，两遍纵横交叉，分层夯打。每层压实遍数为 3～4 遍。

6）回填夯实后应做回填试验，严格执行见证取样制度，每层 20～50m² 取样 1 组，每层不少于 1 组。

7）回填过程中注意成品保护，严禁损坏基础边角。

（6）垫层施工。

1）垫层混凝土为 C15。

2）垫层每边按要求要比基础宽至少 100mm，以保证模板施工的要求。

3）垫层施工时必须清理地基表面的污泥、垃圾。

（7）细部放线与高程控制。

1）用的经纬仪、水准仪、钢尺要经校核合格且在有效期内。

2）根据基础、沟道轴线放出中心线，并测设在基础垫层上，以红油漆标示，沿基础边弹上墨线，每条轴线均应双向控制，以便校核。

3）在同一行、同一列上基础施工时，应以钢尺复核其模板外口的平齐程度及相互间的距离。

（8）钢筋工程。

1）准备工作。

①所用施工材料必须有齐全的质量保证书。检查钢材等材料的出厂合格证及钢筋抗拉试验报告单，并保证材料的可追溯性。

②检查钢筋品种、质量、规格、数量是否满足施工和设计要求。

③准备绑扎用的铁丝、绑扎工具、绑扎架及控制混凝土保护层用的水泥砂浆垫块。

2）钢筋制作与绑扎。

①钢筋接头采用绑扎，钢筋制作要严格按图纸和钢筋翻样表进行，并合理利用材料，尽量降低成本。

②钢筋制作完毕，要编号、挂牌，分类放置，并要一头齐，不能乱放，放置时下部要用木方垫起，以防止污染。

③钢筋绑扎前要核对成品钢筋的型号、规格、直径、尺寸和数量是否与料单料牌相符，如有错漏应纠正增补；钢筋表面应平直、洁净，不得有损伤，带有油渍、片状老锈和麻点的钢筋严禁使用。

④钢筋绑扎须按图纸要求控制好间距，绑扎要牢固不得有松扣、缺扣现象。所有主筋均应按设计要求垫好混凝土预制垫块、控制保护层厚度。钢筋的级别、种类、直径应符合设计要求。

（9）模板工程。

1）用水准仪将标高直接引测到模板安装位置。

2）按模板配板图拼装，错缝搭接，拼装尺寸准确，安装完毕用经纬仪或线坠校正。

3）对拉螺栓须平直，为保证牢固可靠，对拉螺栓加双螺母固定。对拉螺栓应沿基础高度和水平方向等间距均匀排列，上下对齐。

4）模板安装必须牢固可靠，表面平整，拼缝严密、不漏浆，中心要准确。

5）模板支撑必须牢固，加固钢管必须与模板贴紧，所有3型扣件、螺帽必须备齐、拧紧（见图19-24）。

6）使用的模板及其支撑系统必须具有足够的承载能力、刚度和稳定性，能承受新浇筑混凝土的自重和侧压力。

7）为保证混凝土表面光洁，模板在使用前应均匀涂刷模板油，不得污染钢筋。

8）支模所设置的水平撑与剪刀撑按构造与整体稳定性布置。严禁在现场使用电钻钻眼。

9）当木胶板模板进行平面或转角拼接时，为了确保其密闭性能，采用直口对接后在接口处用48mm×100mm方木加固。

10）除基础模板楞木采用48mm×100mm方木外，其余均采用ϕ48钢管作楞进行固定，其间距不宜大于150mm。所有的模板拼缝都必须采用双面胶带处理，以防产生漏浆现象。

11）模板拆除时采用整装整拆，从上至下依次拆除，拆除时不得采取硬拉、硬撬等方

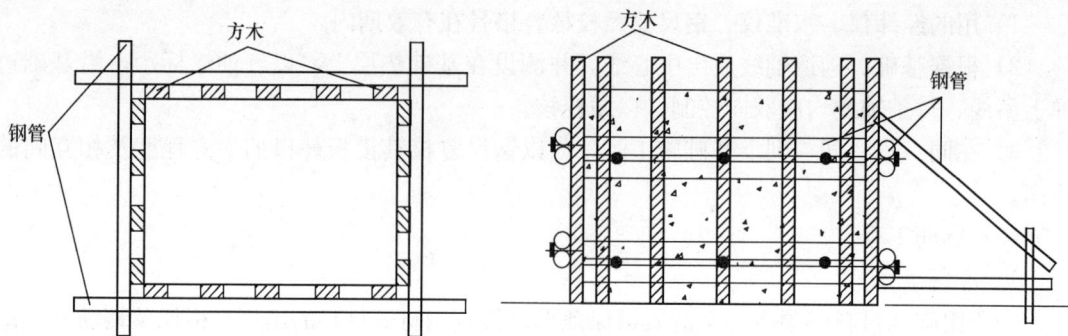

图 19-24　模板支撑加固示意图

法，另外还要保护成品混凝土不受损坏。拆除后的模板不得从高处抛扔，必须采取传递的方法，轻拿轻放。选择平整的场地进行堆放，并及时清运出施工现场拉至后场进行模板的清理、刷脱模剂工作。一次使用后的模板严禁不清理就刷脱模剂、使用，严禁在施工现场刷脱模剂。

12) 管道支架基础零米以上模板全部采用新木模板，边角处选择塑料圆弧角模进行施工。需要砌体抹灰的区域，模板可以周转使用。

13) 拆除后的模板由于存在钉眼现象，不适合二次使用，因此在维修时钉眼处用橡胶锤敲平，另外采用 107 胶掺和白水泥、石膏粉做成腻子进行修补，待凝固后，用 150 号砂纸轻轻打磨，清理干净，最后刷上清漆防水，使用前刷油处理。

(10) 混凝土工程。

1) 浇筑混凝土前的检查工作。

① 各种预埋件的规格、尺寸、数量、位置及固定情况。

② 模板结构的整体稳定性。

③ 钢筋保护层垫块是否垫好。

2) 准备工作。

① 检测中心在施工前做好混凝土的配比工作，并核实所使用水泥的性能是否符合设计及规范要求，水泥的出厂时间是否符合要求。

② 组织好现场施工人员、机械设备等；电工要安装好充足的照明设备；修筑好混凝土罐车的运输道路，并且能满足在雨天时正常运行。

3) 混凝土浇筑期间应注意的问题。

① 加强气象预测预报工作，掌握天气变化情况，保证混凝土连续浇筑的顺利进行及混凝土的质量。

② 浇筑混凝土时，必须防止混凝土的分层离析，其自由倾落高度不应超过 2m。

③ 搅拌站应严格按实验室提供的配合比进行搅拌，并认真填写混凝土的搅拌记录。建筑工程处现场要做好混凝土浇筑记录，以确保混凝土搅拌质量。在现场做好坍落度试验，如坍落度与原规定不符，应及时通知检测中心和搅拌站调整配合比。

④ 混凝土施工过程中，检测中心应严格按规范提取试样做坍落度试验，并做出混凝土强度报告，做到对混凝土质量的跟踪检查及控制。

⑤ 混凝土浇筑过程中，应及时将浮浆清理至模板外，以保证混凝土的质量。

⑥ 为加强混凝土的振捣工作，施工时应分工明确，责任到人。

4）混凝土捣固。

① 振捣器的操作，要做到"快插慢拔"。

② 混凝土分层浇筑，在振捣上层时，应插入下层混凝土 5cm 左右，以消除两层之间的接缝，在振捣上层混凝土时，要在下层混凝土初凝之前进行。每一插点振捣时间一般为 15~20s，应以混凝土表面不再显著下沉、不冒气泡、表面浮出灰浆为准。

③ 振捣器水平移动位置间距不应大于 450mm，振捣棒应离开模板 150mm，且尽量避免碰撞钢筋、预埋件等。

5）混凝土养护、验收。

① 混凝土采用蓄热养护。混凝土浇筑前，浇水湿润，基础顶面待混凝土终凝后立即覆盖一层塑料薄膜，形成不透风的围护层。浇水养护不少于 7 天。

② 混凝土的养护工作要设专人，要经常检查养护情况，并根据实际情况随时调整养护措施。

（11）基础二次灌浆。

1）二次灌浆采用 HSGM 防腐型灌浆料，二次灌浆厚度设计为 30mm。

2）施工前准备。

① 灌浆料浇灌施工前，应准备搅拌机具、模板、灌浆设备及养护物品。

② 设备就位调整完后，对已凿毛的混凝土表面进行彻底清扫，对设备底板、地脚螺栓用棉纱将锈、油污等清除干净。地脚螺栓孔中的积水必须清除干净。

③ 灌浆前 24h，对混凝土基础表面洒水以保持湿润状态，但表面不得有积水。

④ 浇灌前，对混凝土表面洒水湿润 24h，但表面不得有积水。

⑤ 混凝土清理完后，周围用木胶合板做模板，并用方木进行加固。所有的缝隙要用双面胶带或海绵条等密封（特别是模板与混凝土之间），以避免漏浆。

⑥ 模板高度应高出设备底板底面或要求灌浆高度 30mm。

3）搅拌。

① 灌浆料采用手电式搅拌器（电钻功率＞100W）搅拌。搅拌时先将水及少许灌浆料倒入桶内，搅拌 30s 左右，将剩余的灌浆料倒入桶内，总搅拌时间为 3~5min。搅拌时上下左右移动搅拌器，以使桶底和桶壁黏附的料能够充分搅拌，但叶片不要提出浆液面，以免空气被过多带入或造成浆料浪费。

② 搅拌用水宜使用饮用水，水温以 5~35℃为宜，且宜使搅拌好的浆料呈塑性状态（非大流动性）。不可用水量过大或过少，现场要用量筒进行计量。

4）浇筑。

① 灌浆料应尽量从一侧浇入，以利排出底板与混凝土之间的空气，使灌浆充实。严禁浇筑的同时用竹片、铁片等工具进行插捣和引流，以免产生气泡。

② 灌浆开始后必须连续浇筑，不能间断，尽可能缩短灌浆时间。

③ 灌浆至拆模期间所浇筑的台板不能振动，以免损坏未凝结的灌浆层。

④ 灌浆层表面若有泌水现象，可布撒灌浆料干料，以吸干水分。

⑤ 浇灌时应按照规定留置试块。

⑥ 明确责任制。每道工序安排专人负责，并做好施工纪录。

⑦ 灌浆期间安排专人现场监督。

⑧ 因即将处于雨季，要做好浇灌过程中防雨物资的准备。

5）收浆。灌浆料的初凝时间为 2～4h，终凝时间为 4～8h。必须在初凝后即对暴露在空气中的灌浆层表面进行收浆，收浆后需进行养护。

6）养护。收浆后应立即加盖湿润的麻袋片覆盖。终凝后对灌浆层进行浇水养护，要使棉毯始终处于湿润状态，养护期不少于 7 天。

（12）砌筑工程。

1）MU15 蒸压灰沙砖砌筑前，先根据砖墙位置弹出墙身轴线及边线，砌筑时应放皮数杆，皮数杆上划有砖墙厚度、灰缝厚度、门过梁、圈梁等构件位置，并且间距以不超过 15m 为宜。

2）砌筑前，砖应提前 1～2 天浇水湿润，含水率控制在 10％～15％。

3）混凝土地梁上的砂浆及其他杂物应清理干净，并浇水湿润。

4）检查柱中砖墙拉接筋的数量、规格、长度。

5）砖墙上下错缝，内外搭接，采用一顺一丁的砌筑形式。砌筑时采用"三一"砌法，墙面平整，每一块砖都搭丁头灰。砂浆应饱满，灰缝宽度（或厚度）一般为 10mm，但不应小于 8mm，也不应大于 12mm；水平灰缝砂浆饱满度不得低于 90％，竖向灰缝严禁用水冲浆灌缝。严禁游丁走缝，水平灰缝要平直。

四、海水淡化区管道支架及 MED 附属建筑上部结构施工

（一）工程概况

某发电厂一期工程 2×1000MW 机组，海水淡化区管道支架及 MED 附属建筑上部结构包括海水淡化管道支架、MED 综合泵房框架、MED 凝结水及加药间框架、MED 控制间及 MED 备用变压器间框架。其中海水淡化管道支架上部结构为清水混凝土框架与钢结构相结合的形式，共三层梁，4.00m 层及 8.17m 层为钢梁，11.45m 层为混凝土梁。其中 4.00m 层为现浇混凝土楼板，柱帽顶标高为 11.45m。框架柱、梁混凝土强度等级为 C40。钢构件除锈等级为 Sa2.5，所有钢结构防腐要求同主厂房钢结构。MED 综合泵房、MED 凝结水及加药间、MED 控制间及 MED 备用变压器间均为现浇混凝土框架，结构层顶标高均为 4.50m，屋顶为现浇混凝土屋面。0.00m 相当于绝对标高 4.35m。

（二）施工方案

（1）海水淡化管道支架上部结构施工采用梁锚柱的形式，框架分三次施工完成。

（2）混凝土框架分为两次施工，第一次从基础承台施工混凝土柱到框架梁底，第二次施工现浇混凝土梁及现浇板。

本措施结合冬季施工措施进行施工。

（三）施工方法及要求

1. 施工前的准备工作

（1）熟悉图纸并提交有关部门进行图纸会审及专业间会审，提前解决施工交叉及专业交叉问题，订出施工方案。

（2）按图纸、其他设计文件及施工方案做好材料计划，备好各种原材料、周转性材料及措施性材料。

（3）编制施工作业指导书及工程质量检验计划，进行施工前的技术及安全交底。

（4）做好工具、器具、机械的校验、检修工作，以确保施工期间机械能正常运行。

（5）布置现场施工用水、用电，要保证施工期间的水、电及现场照明等工作。

（6）将基础柱头凿毛、清理干净，并标出标高、中心线，且应将柱头钢筋除锈，不能用的箍筋应更换。

2. 脚手架工程

（1）脚手架应搭设在平整、坚实的地基上。地基表面处理：将地基表面的浮土和杂物清除干净，原有地基应平整。级配砂石、人工级配的砂石，应将砂石拌和均匀，压实系数达到设计要求。立杆下面需铺 50mm 厚的架板。

（2）所有钢管均为 $\phi48\times3.5$mm 钢管。排架搭设的高度超过 4m 时在排架的纵向和横向位置设置剪刀撑。

（3）在搭设之前必须对进厂的脚手架杆配件进行严格的检查，禁止使用规格和质量不合格的杆配件。

（4）排架搭设顺序为：根据排架图定位放线→摆放扫地杆→逐根竖立杆→随即与扫地杆扣紧→组合扫地小横杆并与立杆或扫地杆扣紧→组合第一步大横杆→组合第一步小横杆→组合第二步大横杆→组合第二步小横杆→组合第三、第四步大横杆和小横杆→……→加设剪刀撑→铺脚手板→搭设栏杆、踢脚板→拉设安全网、密目网→脚手架验收、挂牌。

（5）框架纵梁排架应按规范留出起拱高度，起拱度为全长的 2‰。

3. 钢筋施工

海水淡化管道支架分段进行施工，4.00m 层及 8.17m 层以上柱筋减少，KZ2 及 KZ5 钢筋变径，变径柱接头形式采用电渣压力焊形式。上部或其他部位也可采用机械连接接头。

MED 综合泵房、MED 凝结水及加药间、MED 控制间及 MED 备用变压器间柱接头采用电渣压力焊形式或机械连接接头。

（1）钢筋制作安装。

1）钢筋领料时，应检查钢筋等材料的出厂合格证及工地复检报告单，并应保证材料的可追溯性。

2）组织参加施工的电焊工进行焊前练习及模拟焊接，并委托检测中心对焊件进行力学性能试验，合格者方可进行正式焊接工作。

3）检查钢筋品种、规格、数量及质量是否符合设计要求，是否满足施工要求。

4）钢筋制作要严格按图纸和钢筋翻样表进行，并合理利用材料，尽量减少废料。钢筋制作时应考虑钢筋碰焊接头数量同一截面不超过 50％。

5）钢筋碰焊前接头要打磨除锈，以确保钢筋碰焊的质量，并按规范规定由检测中心随机抽头做试验。碰焊接头要平直，不能弯曲，若发现不合格的接头要按规范要求加倍取样，合格后方可使用。

6）钢筋制作完毕，要编号挂牌，分类放置，下部要用道木垫起，以防止油垢污染。

7）钢筋入模前，要核对成型钢筋的型号、规格、尺寸和数量是否与料单料牌相符，防止错绑、漏绑。

8）钢筋保护层厚度：框架柱为 50mm，梁为 40mm。钢筋的保护层垫块要按设计要求垫好，以满足钢筋保护的需要，垫块的放置要均匀，以防止钢筋下垂弯曲。

9）钢筋绑扎一定要按照图纸要求控制好间距，按设计间距绑扎。

10）钢筋绑扎要牢固，不得有松扣、缺扣现象。

11）钢筋工程属于隐蔽工程，在浇筑混凝土前应对钢筋及预埋件进行验收，并做好隐蔽记录。

12）钢筋施工时，柱的箍筋在两对角线主筋上划点，梁的箍筋则在架立筋上划点。

13）严格按照图纸所示的上下层钢筋形式施工，要保证间距、排距的正确、均匀，上铺木架板以利于人员行走，不允许踩在已经绑扎好的钢筋上进行绑扎。

（2）电渣压力焊。电渣压力焊焊接工艺程序为：安装焊接钢筋→安放引弧铁丝球→缠绕石棉绳装上焊剂盒→装放焊剂→接通电源（"造渣"工作电压 40～50V，"电渣"工作电压 20～25V）→造渣过程形成渣池→电渣过程钢筋端面熔化→切断电源，顶压钢筋，完成焊接→卸出焊剂，拆卸焊盒→拆除夹具。

1）焊接钢筋时，用焊接夹具分别钳固上下层待焊接的钢筋，上下层钢筋安装时，中心线要一致。

2）安放引弧铁丝球：抬起上层钢筋，将预先准备好的铁丝球安放在上下层钢筋焊接端面的中间位置，放下上层钢筋，轻压铁丝球，使之接触良好。放下上层钢筋时，要防止铁丝球被压扁变形。

3）装上焊剂盒：先在安装焊剂盒底部的位置缠上石棉绳，然后再装上焊剂盒，并往焊剂盒满装焊剂。

安装焊剂盒时，焊接口宜位于焊剂盒的中部，石棉绳缠绕应严密，防止焊剂泄漏。

4）接通电源，引弧造渣：按下开关，接通电源，在接通电源的同时将上层钢筋微微向上提，引燃电弧，同时进行"造渣延时读数"，计算造渣通电时间。

"造渣过程"：工作电压控制在 40～50V 之间，造渣通电时间约占整个焊接过程所需通电时间的 3/4。

5）随着造渣过程结束，即时转入"电渣过程"的同时进行"电渣延时读数"，计算电渣通电时间，并降低上层钢筋，把上层钢筋的端部插入渣池中，徐徐下送上层钢筋，直至"电渣过程"结束。

"电渣过程"：工作电压控制在 20～25V 之间，电渣通电时间约占整个焊接过程所需时间的 1/4。

6）顶压钢筋，完成焊接："电渣过程"延时完成，电渣过程结束，即切断电源，同时迅速顶压钢筋，形成焊接接头。

7）卸出焊剂，拆除焊剂盒、石棉绳及夹具。

卸出焊剂时，应将接料斗卡在剂盒下方，回收的焊剂应除去熔渣及杂物，受潮的焊剂烘焙干燥后可重复使用。

8）钢筋焊接完成后，应及时进行焊接接头外观检查，外观检查不合格的接头，应切除重焊。

（3）直螺纹连接。

1）由厂家根据工艺要求对接头施工的操作工人、技术管理和质量管理人员进行技术交底和技术培训，经考核合格发给上岗证后方可上岗操作。操作工人必须持证上岗。

2）对钢筋直螺纹接头进行工艺检验，确定其各项工艺参数合格后方可正式施工。

3）钢筋应先调直后下料，切口端面应与钢筋轴线垂直，不得有马蹄形或翘曲，不允许用气割等加热方式下料。

4）钢筋接头相互错开，在任一接头中心至 35 倍直径长度的区段内，有接头的受力钢筋截面面积占其总截面面积的百分率不超过 50%，且不与其垂直方向的钢筋接头相重叠。

5）钢筋丝头保护帽应在要将钢筋拧入套管时再取下，坚持取下一个丝头保护帽随即连接一根钢筋的施工顺序。不得集中取下多个丝头保护帽。

6）连接钢筋时，应对正轴线将钢筋拧入套管，直到用手拧不动为止，然后用扳手拧紧。不允许钢筋丝头没拧入套管就用扳手拧钢筋。

7）用扳手把钢筋接头拧紧后，随手画上油漆标记，以防钢筋接头漏拧。

8）钢筋与标准型套管连接时，必须用扳手拧紧，使两根钢筋丝头在套管中央位置顶紧。连接完毕后，套管两端外露的完整有效丝扣不得超过 2 扣。

9）竖向钢筋端头用正反丝扣接头。

4. 模板施工

海水淡化管道支架 4.00m 以上上部结构模板采用新木模板，柱角加圆角条。为达到清水混凝土施工对外观的要求，柱模板加固采用不加对拉螺栓的形式。柱箍间距自标高 3m 以下采用钢管加固，上下间距采用 300mm；3m 以上采用 400～500mm 的间距。

（1）施工前准备。

1）模板结构选型：应根据工程结构特点、平面几何形状、施工机具设备、模板及顶架料供应等条件综合比较后，选定最佳的结构形式，并在方案中注明其操作工艺及工艺流程。

2）木模板备料：应根据模板设计方案，并结合方案中施工流水段的划分进行综合考虑，合理确定模板的配置数量。

3）模板涂刷脱模剂，并按施工平面布置图中指定的位置分规格堆放整齐。

4）模板安装前，应根据设计图纸要求，放好纵横轴线（或中心线）和模板边线，定好水平控制标高。

5）模板施工前，应办完前一工序的分部或分项工程隐蔽验收手续。

6）模板安装前，根据模板、图纸要求和操作工艺标准向施工人员进行安全、技术交底。

（2）施工工艺。

1）柱模板。

① 立模程序：放线→设置定位基准→第一块模板安装就位→安装支撑→邻侧模板安装就位→连接两块模板，安装第二块模板支撑→安装第三、第四块模板及支撑→调直纠偏→安装柱箍→全面检查校正→柱模群体固定→清除柱模内杂物→封闭清扫口。

② 根据图纸尺寸制作柱侧模板（注意：外侧板宽度要加大两倍内侧板模厚度）后，按地面放好线的柱位置钉好压脚板，再安装柱模板，两垂直向加斜拉顶撑。柱模安完后，应全面复核模板的垂直度、对角线长度差及截面尺寸等项目。柱模板支撑必须牢固，预埋件、预留孔洞严禁漏设且必须准确、稳牢。

③ 安装柱箍：应自下而上进行，间距一般为 40～60cm。

2）梁模板。安装程序：放线→搭设支模架→安装梁底模→梁模起拱→绑扎钢筋与垫块→安装两侧模板→固定梁夹→安装梁柱节点模板→检查校正→安梁口卡→相邻梁模固定。

在柱子上弹出轴线、梁位置和水平线，钉柱头模板。

梁底模板：按设计标高调整支柱的标高，然后安装梁底模板，并拉线找平。当梁底板跨度≥4m 时，跨中梁底处应按设计要求起拱，如设计无要求时，起拱高度宜为全跨长度的 1～3‰。主次梁交接时，先主梁起拱，后次梁起拱。

梁下支柱支承在级配砂石上时，应将级配砂石平整夯实，满足承载力要求，并采取加木垫板或混凝土垫板等有效措施，确保混凝土在浇筑过程中不会发生支顶下沉等现象。

梁侧模板：根据墨线安装梁侧模板、压脚板、斜撑等。

柱下口预留模板孔洞，便于混凝土浇筑前清理垃圾。

检查无误后，用短钢管 $\phi48\times3.5mm$ 锁口，并与排架连接牢固。

所有柱梁支模前均应按设计正确固定铁件，铁件与模板连接可用 $\phi6$ 螺丝钻孔后紧固连接。

混凝土施工缝的接合面须凿毛并清理干净，提前 24h 浇水湿润。

混凝土梁按 3/1000 进行起拱。

3）板模板。

①支架使用碗扣架，其主要模数为 900mm×1200mm，按水平横杆长度 900、1200、1500mm 模数进行调节，立杆高度为 900、1200、1500mm 立杆走向应与轴一致。大龙骨采用 100mm×100mm 木方，间距为 900～1200mm；小龙骨间距为 250mm，最大不超过 300mm，小龙骨上口要确保水平一致。大于 4m 的大间距中间应起拱 6～12mm；木模板要拼缝密实，并加粘海绵条，模板上所有小洞要求补满，拼缝高低一致。

②梁、板支撑采用大头柱子和钢管相结合的支撑方法，立柱间距 1.2m，底部垫 50mm×100mm 的方木。顶板的主楞采用 100mm×100mm 的方木，次楞采用 50mm×100mm 的方木，过压刨宽窄一致，间距 300mm。检查合格后铺面板，拼缝处挤紧，拼条处用刨子刮直，缝隙小于 1mm，支完后清理干净。

③顶板采用 15mm 厚木模板。顶板搁栅采用 50mm×100mm 木方，间距 300mm，100mm×100mm 木方间距 1200mm 作为搁栅托梁（见图 19-25）。顶板模板拼缝采用硬拼缝，

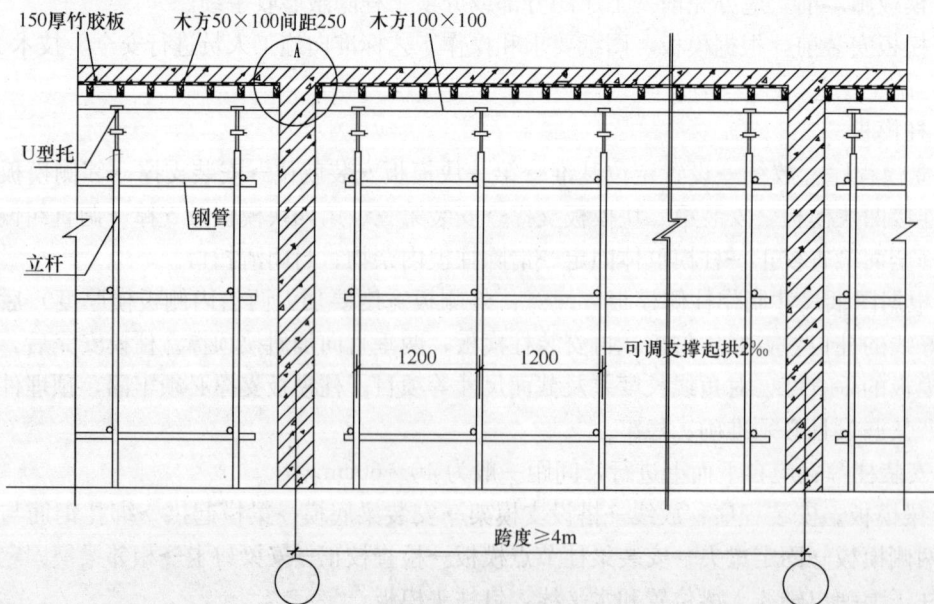

图 19-25　顶板支模图（单位：mm）

每间设一窄板，以便拆除时先拆窄板保护整板。现浇钢筋混凝土板与梁同时起拱，顶板主、次龙骨不得靠紧梁侧，因为考虑侧模提前拆模。

5. 混凝土施工

（1）为控制混凝土的质量，检测中心应严格按设计及规范要求做好混凝土的配合比工作。

（2）浇筑混凝土前的检查工作。

1）认真检查排架是否按措施搭设，脚手架各种配件是否在正常的工作状态。

2）检查各种预埋件预留孔洞的规格、尺寸、数量、位置及固定情况。

3）检查模板结构的整体稳定性。

4）检查钢筋插筋是否插好，钢筋保护层是否垫好。

（3）混凝土的浇筑实行挂牌制度，责任到人，以保证混凝土的质量。

（4）浇筑期间安排值班人员，协调现场混凝土浇筑工作。

（5）组织好现场施工人员、机械设备等；电工要安装好充足的照明设备；修筑好混凝土灌车的运输道路，并且能满足在雨天时正常运作。

（6）混凝土的浇筑采用集中供应方式，用搅拌车车运送至现场，采用泵车泵送入模，根据现场情况配合使用串筒或溜槽以控制混凝土的垂直入模高度。

（7）为保证混凝土连续施工，要求所有参加混凝土浇筑的人员要坚守岗位，分两班轮流上岗，两班之间办理交接手续，不允许脱岗。

（8）严格按配比搅拌混凝土。严格控制混凝土的坍落度，必须满足规范规定。

（9）掌握天气变化情况，以保证混凝土连续浇筑的顺利进行，确保混凝土质量。

（10）混凝土浇筑期间应注意的几个问题。

1）浇筑混凝土时，必须防止混凝土的分层离析，混凝土浇筑时，应严格控制坍落度。

2）施工班组现场要做好浇筑记录，为确保混凝土的搅拌质量，施工班组应按规定做坍落度试验。

3）混凝土施工过程中，严格按规范提取试样做坍落度试验，及留设混凝土试块；做到对混凝土质量的跟踪检查及控制。

（11）混凝土捣固。

1）振捣器的操作要做到"快插慢拔"。

2）混凝土应分层浇筑。在振捣上层混凝土时，应插入下层混凝土5cm左右，以消除两层之间的接缝。振捣上层混凝土要在下层混凝土初凝之前进行。

3）每一插点振捣时间一般为5～15s，应以混凝土表面呈水平不再显著下沉、不再出现气泡、表面浮出灰浆为准。

4）振捣器水平移动位置间距不应大于45cm。振捣器应防止紧靠模板振动，且尽量避免碰撞钢筋、预埋件等。

（12）模板四周标上控制标高，混凝土浇筑时严格按标高浇筑。

（13）混凝土养护工作要设专人日夜三班养护，要经常检查养护情况。现场设专人做好混凝土的浇筑、养护记录。混凝土的养护时间不应少于14天。

（14）柱混凝土的浇筑。

1）柱浇筑前在底部先铺垫与混凝土配合比相同的水泥砂浆，并使底部砂浆厚度为 50mm 左右。柱混凝土分层浇筑，每层浇筑柱混凝土的厚度为 50cm，振捣棒不得触动钢筋和预埋件，振捣棒插入点要均匀，防止多振或漏振。

2）柱高在 5m 之内，可在柱顶直接浇筑混凝土，超过 5m 时应在布料管上接一软管，伸到柱内，保证混凝土自由落体高度不得超过 4m。下料时使软管在柱上口来回挪动，使之均匀下料，防止骨浆分离。

3）柱子混凝土一次浇筑到梁底或板底，且高出梁底或板底 3cm（待拆模后，剔凿掉 2cm，使之漏出石子为止）。施工缝留在梁或板下面。由于柱和梁（或板）混凝土强度等级不同，在浇筑梁、板混凝土时，先浇筑柱头处混凝土，且在混凝土初凝前再浇筑梁、板混凝土。

4）浇筑完后应随时将伸出的搭接钢筋整理到位。

（15）梁、板混凝土浇筑。

1）梁、板混凝土应同时浇筑，浇筑方法由一端开始用"赶浆法"浇筑，即先浇筑梁，根据梁高分层浇筑成阶梯形，当达到板底位置时再与板的混凝土一起浇筑，随着阶梯形不断延伸，梁板混凝土浇筑连续向前进行。浇筑与振捣必须紧密配合，第一层下料慢些，梁底充分振实后再下第二层料，保持水泥浆沿梁底包裹石子向前推进，每层均应振实后再下料，梁底及梁帮部位要注意振实，振捣时不得触动钢筋及预埋件。

2）梁柱节点钢筋较密时，浇筑此处混凝土时用小粒径石子、同强度等级的混凝土通过塔式起重机吊斗浇筑，并用 $\phi30$ 振捣棒振捣。

3）浇筑板混凝土的虚铺厚度应略大于板厚，用平板振捣器垂直浇筑方向来回拖动振捣，并用铁插尺检查混凝土厚度，振捣完毕后用木刮杠刮平，浇水后再用木抹子压平、压实。施工缝处或有预埋件及插筋处用木抹子抹平。浇筑板混凝土时不允许用振捣棒铺摊混凝土。

需要注意水电预埋管处，防止因预埋造成该处钢筋上浮，形成露筋。同时注意门窗上口过梁处，混凝土面标高要控制好，既要防止露筋，也要防止混凝土面标高过高。

6. 钢梁吊装施工

（1）吊装准备。吊装前需先将吊装周围的场地平整压实，以满足起重机行走需要。由于钢梁标高 3.67m 正好位于上层混凝土梁 6.37m 以下，也可采用倒链吊装的形式。

（2）构件准备。

1）熟悉图纸，对各层钢梁的型号、主次梁之间的连接方式、钢梁与柱子的连接方式做系统、全面的了解。所有的吊装构件在吊装前必须经过验收合格，并做好明确的编号。在吊装前认真清点并核实构件编号，严禁混用、乱用。

2）构件运输和装卸车时，应在钢丝绳下垫软木，以防钢材棱角对钢丝绳造成损伤。构件堆放场地应平整、坚实。构件堆放时，两端用垫木垫起，防止构件产生弯曲、变形，构件两侧支撑牢固，防止倾倒。

（3）钢梁吊装。

吊装前要现场拉出框架之间净长尺寸，再结合板的具体尺寸计算出板缝尺寸、板长向与两侧梁之间的缝隙尺寸。采取吊装一块，就位一块，焊牢一块的施工方式。板要与柱上的埋件焊接好。

吊装前在框架柱上弹出钢梁安装中心线，安装中心线应按柱子纵横轴线投上去；为保证其位置准确,可提前在一端用一小块角钢按标高焊好用作定位钢梁的底标高,然后等钢梁一端定位后,用电焊通长电焊固定角钢,保证钢梁和柱埋件的连接。

吊装采用 25t 汽车式起重机,采取 2t 倒链两点吊法。正式起吊时,先用倒链找好角度,将钢梁吊至标高以上,再用溜绳使其对准中心。钢梁就位后必须待两端焊接牢固后方可松钩。吊装时采用爬梯上下,并设安全绳与自锁器。

(4) 钢梁焊接。

1) 施工人员在钢筋吊笼内进行焊接作业。

2) 所有连接部位均采用焊接,所有焊缝均为连续满焊。

3) 构件不得在受力状态下施焊。

4) 焊缝冷却过程中尽量避免振动,施焊时不得对构件进行推拉找正。

5) 焊缝应符合施工质量要求,焊波均匀,不得有裂缝、夹渣、焊瘤、烧穿弧坑和针状气孔等缺陷,焊接区不得有飞溅物。

6) 焊口在焊接前应清理、除锈,焊口内不得塞焊条或其他异物。

7) 切实做好焊口的防雨工作,防止焊口脆裂。

8) 钢梁焊接时,两端必须同时施焊,以免产生变形。

9) 焊接后,焊缝及其周围清理干净后,埋件处刷红丹防锈漆。

五、海水淡化区管道支架及 MED 附属建筑施工

(一) 工程概况

某发电厂一期工程 2×1000MW 机组,海水淡化区设备管道支架及 MED 附属建筑工程包括海水淡化区管道支架、MED 凝结水及加药间、MED 综合泵房、MED 控制间、MED 备用变压器间。各建筑物均为钢筋混凝土框架结构,建筑物的火灾危险性属戊类,设计耐火等级为二级,地震设防烈度为 8 度。

墙体:采用加气混凝土砌块填充墙,外墙厚 250mm,用 M5 砌块专用砂浆砌筑,砌块强度等级为 A5.0。

楼、地面:地面垫层填土压实系数不应小于 0.94。

外装修:外墙面采用溶剂型硅丙树脂外墙涂料。

(二) 施工工艺流程

砌体施工(圈梁、构造柱施工)→抹灰施工→屋面、地面施工→门窗安装→涂料施工→验收清理。

(三) 施工方法及要求

1. 砌体施工

(1) 0m 以下普通烧结砖砌筑。基础砌砖应弹出基础轴线和边线、水平标高。具体施工方法及要求如下:

1) 砖浇水:黏土砖必须在砌筑前浇水湿润,含水率为 10%~15%,不得干砖上墙,雨季不得使用含水率达饱和状态的砖砌墙。

2) 砂浆搅拌:砂浆配合比应认真按交底配合比下料,采用机械搅拌砂浆要搅拌均匀。

3) 组砌方法:砌体采用一顺一丁砌法。

4) 选砖:砌墙应选择棱角整齐、无弯曲裂纹、颜色均匀、规格基本一致的砖。敲击时声音响亮,焙烧过火变色、变形的砖可用在基础及不影响外观的内墙上。

5）盘角：砌墙前应先盘角，如有偏差要及时修整。盘角时要仔细对照皮数杆的砖层和标高，控制好灰缝大小，使水平灰缝均匀一致。大角盘好后再复查一次，平整度和垂直度完全符合要求才可以挂线砌筑墙。

6）挂线：砌筑一砖半墙必须双面挂线，如果长墙几个人使用一根通线，中间应设几个支线点，线要拉紧，每层砖都要穿线看平，使水平缝均匀一致、平直通顺。砌一砖厚混水墙宜采用外手挂线，可以照顾砖墙两面平整，为控制抹灰厚度奠定基础。

7）砌砖：砌筑第一皮砖时，必须用1∶3水泥砂浆找平。砌砖宜采用"三一"砌砖法。水平灰缝的砂浆饱满度应不低于80％。砖墙的转角处和交接应同时砌起，当不能同时砌起而必须留搓时，应砌成斜搓。砖墙砌应控制游丁走缝，在操作过程中，要认真执行自检，如发现有偏差，应随时纠正，严禁事后砸墙。砌筑砂浆应随拌随使用，必须在3h内用完，不得使用过夜砂浆，混水墙应随砌随将土头刮尽。雨天施工时，每日砌筑高度不宜超过1.2m，收工时，应覆盖砌体表面。

8）预留孔洞和拉结筋：门窗安装的预留孔、硬架支模、水暖管道均应按设计要求预留，不得事后剔凿。墙体抗震，拉结筋的位置、钢筋规格、数量、间距均按设计要求留置，不应错放、漏放。

9）构造柱做法：凡设有钢筋混凝土构造柱的结构工程，砌砖前均要根据设计图纸将构造柱位置进行弹线，并把构造柱插筋处理顺直。

（2）0m以上加气混凝土砌块砌筑。

1）施工注意事项如下：

①根据图纸放线，弹出墙身轴线与边线。开始砌筑前要先摆砖，摆出灰缝宽度。摆砖时要考虑砖墙及门窗间墙的砌筑方法，务必使各砌体的竖缝相互错开。在同一墙面上各部位的组砌方法要统一，并使上下一致，采用一顺一丁。

②墙中的洞口、埋件要在砌筑时留出、预埋。

③砌筑用的砌体、中砂、水泥要有合格证或实验报告，砌体砌筑前要浇水充分湿润。石灰膏要注意存放，防止干燥风化、冻结、污染。砂浆要由实验室开出配合比，严格按照配比施工，并留制试块。

④圈梁钢筋现场绑扎，钢筋搭接长度按40倍钢筋直径搭接；模板支设钢模板，ϕ48钢管加固；圈梁底模与砖墙交接的部位要用砂浆封堵，以免漏浆。混凝土施工时要一次施工完，严禁留设施工缝。

⑤加气混凝土砌块在砌筑前一天应浇水湿润，湿润后砖含水率宜为10％～15％；不宜采用即时浇水淋砖，即时使用。各种砌体，严禁干砖砌筑。

⑥砌体施工应弹好建筑物的主要轴线及砌体的砌筑控制边线，经技术人员进行技术复线，检查合格后，方可施工。

⑦首层砖墙、柱砌筑应弹出墙、柱边线、轴线、门窗洞口平面位置线；砌块砌筑前一天，应将预砌砌块墙与原结构相接处浇水湿润，确保砌体黏结。

2）具体施工方法及要求如下：

①施工工艺流程：弹线→找平→立皮数杆→排砖→盘角→挂线→砌筑及放预埋件→勾缝。

②操作工艺。

a. 拌制砂浆。

（a）根据试验室提供的砂浆配合比进行配料称量，水泥配料精确度控制在±2％以内；砂、石灰膏和细磨生石灰粉等配料精确度控制在±5％以内。

（b）砂浆应采用机械拌和，投料顺序应为先投砂、水泥、掺和料，后加水。拌和时间自投料完毕算起，不得少于1.5min。

（c）砂浆应随拌随用，水泥砂浆和水泥混合砂浆必须分别在拌成后3h和4h内使用完毕。

b. 砌块墙的砌筑。

（a）组砌方法。采用主规格砌块为主，镶砖为次，砌块应错缝搭接。搭砌长度不得小于块高的1/3，也不应小于15cm。

（b）排砖撂底。在每片砌块墙砌筑前，应按预先绘制好的墙面砌块排列图把各种规格的砌块和需要镶砖的规格尺寸进行排列摆放、调整，把每片墙需要修改部分记录在立面排列图上，以供实砌使用。

（c）砌块墙体的砌筑应从外墙的四角和内外墙的交接处砌起，然后通线全墙面铺开。砌筑时应采用满铺满坐的砌法，满铺砂浆层每边宜缩进砖边10～15mm。用拉线的方法检查其水平度。校正时可用人力轻微推动或用撬杠轻轻撬动砌块，可用木锤敲击砌块偏高处，镶砖补缺工作与安装坐砌紧密配合进行。竖向灰缝可用上浆法或加浆法填塞饱满，随后即通线砌筑墙体的中间部分。

（d）砌块与实心墙柱相接。砌块与实心墙柱相接位置应按设计图纸规定处理。如设计无规定，可预留2φ6钢筋作拉结筋，拉结筋沿墙高的间距为500mm，两端伸入墙（柱）内各不少于700mm。铺浆时将钢筋理直铺平。

（e）砌块墙的加固措施。墙体的加固措施应按设计图说明进行处理。若设计无明确规定，当墙体高度大于3m时，应沿每1.5m高度范围通长加设2φ8或3φ6钢筋水平带。当墙体水平长度大于8m时，应设钢筋混凝土构造柱。构造柱间距不大于8m，柱截面不小于180mm×240mm。构造柱和圈梁应在砌墙后才进行浇筑，以加强墙体的整体稳定性。

（f）砌块与门口连接。当采用预留洞口时，将预制好埋有木砖或铁件的砌块按洞口高度在2m以内每边砌筑3块，洞口高度大于2m时砌4块，用作安装固定门框用。门洞上方两边过梁支座范围内应用黏土砖砌筑不少于四皮的实心砖墙，以防应力集中导致出现裂纹。

（g）砌块与窗口连接。砌块与窗口的连接方法和砌块与门口的连接方法相同。

（h）砌块墙顶支承预制构件的处理。砌块墙顶需承托预制构件梁、檩条、楼板等时，其上砌筑的黏土实心砖墙皮数高度除按设计规定外，顶上的一皮砖应用丁砖砌筑。

（i）砌块墙与梁底（或板底）的连接。当砌块墙与梁底（或板底）的连接设计图纸没有明确规定时，可分别采用以下两种方法：沿梁底（或板底）要浇筑混凝土时，每1.5m水平长度预留2φ6拉结筋伸入墙一皮砌块高度的竖向灰缝内，与砌筑砂浆固结成整体。当梁底（或板底）没有预留拉结筋时，在墙顶与梁底（或板底）之间，用黏结砂浆斜砌一层（60°）黏土砖，上下顶紧、灌浆堵实。

2. 抹灰施工

（1）抹灰前准备。

1）抹灰部位的主体结构均已检查合格，门窗框及需要预埋的管道已安装完毕，并检查合格。

2）抹灰用的脚手架应先搭好，架子离开墙面 200～250mm。

3）将混凝土墙等表面突出部分凿平；对蜂窝、麻面、露筋、疏松等部分凿到实处，用 1:2.5 水泥砂浆分层补平；把外露钢筋头和铅丝头等清除。

4）对于砖墙，应在抹灰前 1 天浇水湿透；对于加气混凝土砌块墙面，因其吸水速度较慢，应提前 2 天进行浇水，每天宜 2 遍以上。

5）与混凝土结构等不同材质相接处的基体表面抹灰，应先铺钉金属网，并绷紧牢固，金属网与各相关基体的搭接宽度不应小于 100mm。

（2）一般工艺。施工顺序为：基层处理→套方、吊直、做灰及冲筋→做护角→抹底层和中层砂浆→抹罩面层灰。

抹灰时先外墙后内墙，先上面后下面。抹灰工程应分层进行，以使黏结牢固，防止出现开裂、空鼓现象。

1）基层处理：清除墙面的灰尘、污垢、碱膜、砂浆块等附着物，要洒水润湿。

2）套方、吊直，做灰饼。抹底层灰前必须先找好规矩，即四角规方，横线找平，立线吊直，弹出基准线和墙裙、踢脚板线。"做灰饼"时应先在左右墙角上各做一个标准饼，然后用线锤吊垂直线做墙下角两个标准饼（高低位置一般在踢脚线上口），再在墙角左右两个标准饼面之间通线，每隔 1.2～1.5m 及在门窗口阳角等处上下各补做若干个灰饼。

3）墙面冲筋：待灰饼结硬后，使用与抹灰层相同的砂浆，在上下灰饼之间做宽度为 30～50mm 的灰浆带，并以上下灰饼为准用压尺推平。冲筋完成应待其稍干后才能进行墙面底层抹灰作业。

4）做护角：根据砂浆墩和门框边离墙面的空隙，用方尺规方后，分别在阳角两边吊直和固定好靠尺板，抹出水泥砂浆护角，并用阴角抹子推出小圆角，最后利用靠尺板，在阳角两边 50mm 以外位置，以 40°斜角将多余砂浆切除、清净。

5）抹底层灰和中层灰：在墙体湿润的情况下抹底层灰，对混凝土墙体表面宜先刷水泥浆一遍，随刷随抹底层灰。底层灰宜用 1:1:6 水泥混合砂浆（或按设计要求），厚度宜为 5～7mm；待底层灰稍干后，再以同样砂浆抹中层灰，厚度宜为 7～9mm。若中层灰过厚，则应分遍涂抹。然后以冲筋为准，用压尺刮平、找直，木磨板磨平。中层灰抹完、磨平后，应全面检查其垂直度、平整度，阴阳角是否方正、顺直，发现问题要及时修补（或返工）处理，对于后做踢脚线的上口及管道背后位置等应及时清理干净。

6）抹罩面层。待底灰约六七成干时，即可罩面层。如停歇时间长，底层过分干燥，则应用水润湿。涂抹时先分两遍抹平，压实，其厚度不应大于 2mm。待面层稍干，"收身"（即经过铁抹子压磨灰浆表层不会变为糊状）时要及时压光，不得有匙痕、气泡、接缝不平等现象。天花板与墙边或梁边相交的阴角应呈一条水平直线，梁端与墙面、梁边相交处应呈垂直线。

3. 屋面施工

（1）找平层施工。

1）清理基层：将结构层所有杂物清走，彻底清除结构层上面的松散杂，并用水冲洗干净，将突出基层的混凝土疙瘩、钢筋头、落地砂浆等用凿子凿去。

2）根据设计坡度（包括天沟的坡度），拉线做基准块，按排水方向冲筋（打栏），冲筋距离在 1.5m 左右为宜。

3）操作前，先将底层洒水湿润，扫纯水泥浆 1 次。随刷随铺砂浆，表面光滑者应凿毛。

4）按配比拌和好水泥砂浆，水灰比不能过大，应拌和成干硬性砂浆（即砂浆外表湿润，手握成团，不泌水分为准），经过用 2m 压尺刮平打实后，用木磨板磨平，然后用铁抹子（灰匙）压实、磨光（最后一次压光应在砂浆初凝后，终凝前完成）。要注意把死坑、死角的砂眼抹平。

5）沟边、女儿墙脚、柱脚等应抹成圆弧。

6）找平层宜留置分格缝，缝宽一般为 20mm。分格缝应留设在预制板支承边的并缝处，纵横的最大间距不宜大于 6m。

7）养护：应在砂浆凝固后浇水养护，必要时可蓄水养护，养护时间不少于 7 天。干燥后先进行防水层施工，再进行隔热层施工。

（2）防水层施工。

1）基层处理。

① 砂浆或混凝土找平层应抹平、压光，表面应坚实，并充分干燥，不得有凹凸、松动、鼓包、起皮、裂缝、麻面等现象，用 2m 直尺检查基层表面平整度，偏差不得超过 5mm。

② 屋面排水坡度应符合相关标准要求；找平层与突出屋面的结构（如女儿墙、立墙、变形缝、管道、天窗等）交接处的阴阳角均应作成半径为 20mm 的圆弧或 45°（135°）折角。

③ 女儿墙顶端和檐口部位的滴水线应符合要求，水落口要适合于铺设卷材且周围排水良好；在铺设卷材防水层之前，应清除基层上灰尘、油脂等杂物，基层表面必须干净。

2）卷材防水层的铺设和黏结处理。

① 卷材的铺设方法和适用范围。根据工程类型、结构特点、防水部位及施工条件确定卷材的铺设方法，可采用满粘法或空铺法。三元乙丙卷材防水层分为单层和叠层构造。对于单层防水构造，三元乙丙卷材的厚度应不小于 1.5mm。

满粘法是采用专用基层胶粘剂把卷材全部黏结在基层上的施工方法。此法适用于各类工程的卷材与基层以及卷材与卷材之间的黏结。

② 卷材的放置。卷材在铺贴之前，需在合格基层上将卷材从紧卷状态下展开，使其从拉伸状态自由收缩，消除卷材在生产卷曲过程中产生的应力，避免以后卷材收缩造成不良后果。

③ 卷材防水层满粘法。

a. 铺设水平防水层。

（a）将卷材展开并定位：把卷材折回一半，使卷材底面有一半暴露；折回的卷材应平滑、无折皱。

（b）搅匀基层胶粘剂，并用绒毛滚刷或毛刷把胶均匀涂布在基层和卷材上，不要结球，并保证使两个表面都达到 100% 涂布，但在卷材搭接区不要涂基层胶粘剂；基层胶粘剂干燥至仍然发黏但指触不黏时，即可开始铺贴卷材。

（c）操作时应将卷材沿长度方向已涂胶一侧向外对折，对准基准线将涂过胶干燥的一半卷材滚铺进涂过胶的基层上。铺贴时不能拉伸卷材，并避免出现折皱缺陷；每铺完一幅卷材后，立即在卷材表面用力滚压，以保证卷材与其粘贴牢固；折回卷材未黏结的一半，按照上述工艺完成整幅卷材的铺贴。

b. 铺设垂直面防水层。垂直面防水层卷材应由下向上铺贴，涂胶及晾胶的方法与平面相同。

④ 卷材搭接缝的黏结和密封。

a. 卷材与卷杆的连接采用搭接方式，搭接宽度为短边 80mm、长边 80mm。

b. 相邻卷材搭接定位，用专用清洗剂清洁搭接区后，均匀涂刷搭接胶粘剂。

c. 待搭接胶粘剂干燥至仍有黏性但指触不黏时，沿底部卷材的内边缘 13mm 以内，挤涂 4mm 宽的内密封膏膏条。在所有的接缝上，特别是接缝相交处要确保密封膏不间断。

d. 在内密封膏挤涂完毕后，进行卷材搭接黏结作业，用手一边压合一边排除空气，使搭接部位黏合，不要拉伸卷材或使卷材出现折皱；随后立即用手持钢压辊以正向压力向接缝外边缘辊压，保证黏结牢固，滚压方向应与接缝方向垂直。

e. 用沾有配套清洗剂的布清理接缝，以接缝为中心线挤涂搭接密封膏，并用带有凹槽的专用刮板沿接缝中心线以 45°角刮涂压实外密封膏，使之定型。搭接密封膏应在搭接完成 2h 后施加，并应当日完成。

⑤ 防水层的保护和压载

a. 防水层完成并经检验合格后，方可进行保护层或压载层的施工。

b. 屋面防水层的保护：在卷材防水层铺设完成后，应根据图纸的要求，在防水层上涂刷浅色保护涂料。

3) 质量要求。

① 三元乙丙卷材防水工程完成后，不得有渗漏和积水现象。检验屋面有无渗漏和积水，排水系统是否顺畅，应在雨后、持续淋水 2h 或闭水试验后进行。

② 三元乙丙防水卷材及系统配套材料的品种、规格和性能应符合设计要求，质量应符合相关标准的规定。

③ 卷材防水层的外观应平整、顺直，不得有扭曲和折皱。

④ 卷材防水层的铺贴方法和铺贴顺序应符合工艺要求。其搭接宽度应正确，接缝应严密。卷材搭接区应黏结牢固，内、外密封膏膏条必须连续，不能间断。

⑤ 一般细部节点及复杂细部节点的附加防水处理应符合本工艺的要求。所有接缝、卷材端头、收头部位均应按工艺规定的专用密封材料封严，密封膏不能间断。粘贴自硫化三元乙丙片材料的部位无接缝，边缘用密封材料封严。

⑥ 保护层的设置应符合工艺规定。在刚性保护层与防水层之间应设置隔离层。块体保护层应铺砌平整、均匀严密。其分格缝的留设应正确。

4. 楼地面施工

(1) 施工前准备。

1) 在四周墙面弹出标高基准墨线。

2) 门框和楼地面预埋件、水电设备管线等均施工完毕并经检查合格。

3) 各种立管孔洞、缝隙等应先用细石混凝土灌实堵严（细小缝隙可用水泥砂浆灌堵）。

4) 基层结构及其他有关作业内容的隐蔽验收手续办理完成。

5) 前置施工的顶棚（天花）、墙柱饰面施工完毕。

6) 施工环境温度应符合规范要求，或采取防护措施。

7) 面砖在铺贴前一天应浸透、晾干备用。

（2）操作工艺。

1）注意事项。

① 地面垫层应铺设在均匀、密实的基土上，填土的压实系数不小于 0.94，地面工程待地下沟、坑、管道施工完毕后方可进行。

② 底层地面的混凝土垫层应设置纵向和横向缩缝。纵向缩缝可采用平头缝，间距 3～6m；横向缩缝宜采用假缝，间距不大于 6m，假缝的宽度为 10mm，高度为垫层厚度的 1/3，缝内应填水泥砂浆。

③ 整体地面的面层应设分格缝，分格缝应与垫层的缩缝对齐。此外，在主梁的两侧及柱的四周也应分别设置分格缝。

④ 块材应选用优等品，颜色、规格应一致。楼地面块材选用的各类材料，制作样板和选样，并确认后进行封样，并据此进行验收。

2）施工方法。

① 抹结合层。

a. 根据标高基准水平线，打灰饼及用压尺做好冲筋。

b. 浇水湿润基层，再刷水灰比为 0.5 的素水泥浆。

c. 根据冲筋厚度，用 1：3 干硬性水泥砂浆（以手握成团不沁水为准）抹铺结合层。结合层应用压尺及木抹子压平打实（抹铺结合层时，基层应保持湿润，已刷素水泥浆不得有风干现象，结合层抹好后，以人站上面只有轻微脚印而无凹陷为准）。

d. 对照中心线（十字线）在结合层面上弹饰面块料控制线（靠墙一行面料与墙边距离应保持一致，一般纵、横每 5 块面料设置一道控制线）。

② 饰面块料铺贴。

a. 对基层要求。基层表面应粗糙、洁净和湿润，并不得有积水现象；当在预制钢筋混凝土板上铺设时，应在已压光的板上划毛或凿毛，或涂刷界面处理剂。铺设地砖前，基层的抗压强度不得小于 1.2N/mm²，在铺设前应刷一遍水泥浆，其水灰比宜为 0.4～0.5，并随刷随铺。

b. 施工要点。

（a）在铺贴前，对砖的规格尺寸、外观质量、色泽等要进行预选，并预先润湿后晾干待用。

（b）铺贴前，根据楼、地面房间的尺寸及砖的规格尺寸进行预排，并对面砖的花纹和色调进行挑选排列，将色调好的排放在显眼部位，花色和规格较差的铺砌在较隐蔽处，尽可能使楼、地面的整体图画与色调和谐统一，体现砖饰面的艺术效果。

（c）面层铺贴前的弹线找中找方，应将相连房间的分格线连接起来，并弹出楼、地面标高线，以控制面层表面平整度。

（d）放线后，应先铺若干条干线作为基准起标筋作用，一般先由房间中部向两侧采取退步法铺砌。凡有柱子的大厅，宜先铺砌柱子与柱子中间的部分，然后向两边展开，

（e）铺贴时宜采用干硬性水泥砂浆作为结合层，结合层与板材应分段同时铺砌，铺砌应先进行试铺，待合适后，将板材揭起，在板材背面均匀地抹一层水泥浆作黏结，正式铺砌。

（f）铺砌时板材要四角同时下落，并用木锤或皮锤敲击平实，注意随时找平找直，要求四角平整，纵横向缝隙对齐。

(g) 铺砌的板材应平整，线路顺直，嵌填正确。板材间与结合层以及墙角、镶边和靠墙、柱处均应紧密结合，不得有空隙。

(h) 面砖应紧密、坚实，砂浆要饱满，表面应洁净、平整，并严格控制面层标高。

(i) 面砖的缝隙宽度，当紧密铺贴时不宜大于 1mm；当虚缝铺贴时一般为 5～10mm，或按设计要求。

(j) 大面积施工时，应采取分段顺序铺贴，按标准拉线镶贴，并随时做好各道工序的检查和复验工作，以保证铺贴质量。

(k) 面层铺贴 24h 内，根据各类砖面层的要求，分别进行擦缝、勾缝和压缝工作。缝的深度宜为砖厚度的 1/3，擦缝和勾缝应采用同品种、同颜色的水泥。同时应随施工随即清理面层的水泥，并做好面层的养护和保护工作，待结合层的砂浆强度达到要求后，进行打蜡工作。

5. 门窗安装施工

安装前先做抹灰标筋，根据门窗的尺寸、标高、开启方向，在墙上划出口窗位置线。有贴脸的门窗和与墙面平齐的门窗应注意抹灰厚度，以免接搓不平。安装门窗的标高以墙面上弹的 50cm 水平线为依据，用木楔将框临时固定在门窗洞口。为使相邻门框顺平和墙面抹灰交圈，要在墙面上拉水平线找齐，并用水平尺将水平线引入洞口，再用线坠校正垂直。具体施工步骤如下：

(1) 安框：在安装制作好的塑钢门窗框时，吊锤线后要卡方。待两条对角线长度相等、表面垂直后，先用木楔子将四周固定，用射钉枪打入射钉，使框固定在洞口四周的墙体上。

(2) 塞灰：塑钢窗门框在塞灰前经过平整度、垂直度等的安装质量复查后，再将框四周清扫干净，洒水湿润基层。用 1∶2 水泥砂浆分层塞灰（一般两遍以上）、夯实、压平，并留出面层的抹灰厚度。

(3) 抹面：塑钢框四周的塞灰砂浆达到一定强度后（一般需经过 24h），才能取下框旁的木楔，继续补灰，然后抹面层，压平、抹光。

(4) 装扇：框装扇必须保证框扇立面在同一平面内，要达到周边密封，启闭灵活。如是门扇，下方要安装地弹簧，可向内外自由开闭。

6. 涂料施工

(1) 清理墙、柱表面：首先将墙、柱表面起皮及松动处理干净，铲净灰渣，然后将墙、柱表面扫净。

(2) 修补墙、柱表面：修补前，先涂刷一遍用 3 倍水稀释的 108 胶水。然后用水石膏将墙、柱表的孔洞、缝隙补平，干燥后用砂纸将突出处磨掉，将浮尘扫净。

(3) 刮腻子：遍数可由墙面平整度决定，一般为两遍，腻子以纤维素溶液、福粉，加少量 108 胶、光油和石膏粉拌和而成。第一遍用抹灰钢光匙横向满刮，一刮板紧接着一刮板，接头不得留搓，每刮一刮板最后收头要干净、平顺。干燥后用砂纸将浮腻子及斑迹磨平、磨光，再将墙、柱表面清扫干净。第二遍用抹灰钢光匙竖向满刮，所用材料及方向同第一遍腻子，干燥后用砂纸磨平并扫干净。

(4) 刷第一遍涂料：涂刷顺序是先刷顶板后刷墙、柱面，墙、柱面是先上后下。涂料用排笔涂刷。使用新排笔时，将活动的排笔毛拔掉。涂料使用前应搅拌均匀，适当加水稀释，防止头遍漆刷不开，由于涂料膜干燥较快，因此应连续迅速操作。涂刷时，从一头开始，逐渐向另一头推进，要上下顺刷，互相衔接，后一排笔紧接前一排笔，避免出现干燥后接头，待第一遍涂料干燥后，复补腻子，腻子干燥后，用砂纸磨光，清扫干净。

（5）刷第二遍涂料：第二遍涂料操作同第一遍。

以上是混凝土及抹灰表面涂刷中级涂料的做法。施涂普通级或高级涂料时，要相应减少或增加工序，其余做法与施涂中级涂料时基本相同。

7. 油漆工程

所有室外外露铁件（钢梯、钢栏杆）均需严格防腐。

油漆前应先将基层处理干净，钢结构要除锈。油漆涂刷前被涂构件的表面要干燥，环境温度不低于10℃，大风、雾、雨天气时不能施工。油漆施工时不宜过稀或过稠，以防透底或流坠。油漆要涂刷均匀，不得漏刷，涂刷时要横平竖直、纵横交错、均匀一致。

参 考 文 献

［1］陆寅白，王积顺．电力工程施工组织设计手册　火电卷（通用部分）．北京：中国水利水电出版社，2004.

［2］王令方，陆寅白，王承春．电力工程施工组织设计手册　火电卷（200MW、300MW 和 350MW 机组部分）．北京：中国水利水电出版社，2004.

［3］徐相奎，孟祥泽．电力工程施工组织设计手册　火电卷（600MW 及以上机组部分）．北京：中国水利水电出版社，2004.

［4］朱育才．火电送变电基本建设工程档案资料工作手册．北京：中国水利水电出版社，2004.

［5］张玉宝．600MW 火电机组工程施工作业指导书．北京：中国水利水电出版社，2006.

［6］朱育才．火电施工竣工技术资料标准化表格应用手册．北京：中国水利水电出版社，2006.

［7］田复兴．起重机械安全管理实用指南．北京：中国水利水电出版社，2010.

［8］编委会．建筑施工手册．5 版．北京：中国建筑工业出版社，2012.

［9］编委会．建筑业 10 项新技术（2010）应用指南．北京：中国建筑工业出版社，2011.

［10］吴洁．建筑施工技术．北京：中国建筑工业出版社，2009.

［11］侯永铨．建筑施工工艺标准．北京：中国建筑工业出版社，2006.

［12］胡伦坚．建筑工程施工工艺手册．北京：机械工业出版社，2008.

［13］编委会．工程建设国家级工法汇编（2007～2008 年度）．北京：中国建筑工业出版社，2011.

［14］编委会．工程建设国家级工法汇编（2009～2010 年度）．北京：中国建筑工业出版社，2013.

［15］中国电力建设企业协会．中国电力建设工法汇编（2009 年度）．北京：中国电力出版社，2009.

［16］中国电力建设企业协会，中国电力建设工法汇编（2010 年度）．北京：中国电力出版社，2010.

［17］中国电力建设企业协会，中国电力建设工法汇编（2010 年度）．北京：中国电力出版社，2011.

［18］中国电力建设企业协会，中国电力建设工法汇编（2012 年度）．北京：中国电力出版社，2012.